第二届国际电力电子技术与应用会议(IEEE PEAC 2018)

第二届国际电力电子技术与应用会议(IEEE PEAC 2018)11月在深圳召开

800余位代表参加会议

第二届国际电力电子技术与应用会议(IEEE PEAC 2018)

大会主席、中国电源学会理事长徐德鸿教授主持开幕式

大会名誉主席李泽元教授致辞并作大会报告

大会主席、IEEE PELS时任主席Alan Mantooth教授致辞并作大会报告

技术程序委员会主席马皓教授进行会议介绍

大会报告人：Frede Blaabjerg教授

大会报告人：Hirofumi Akagi教授

第二届国际电力电子技术与应用会议(IEEE PEAC 2018)

大会报告人：David J. Perreault教授

大会报告人：Don Tan 博士

大会报告人：陈四雄研究员

大会报告人：Tatsuhiko Fujihira博士

大会报告人：Gourab Majumdar博士

大会报告现场听众

第二届国际电力电子技术与应用会议(IEEE PEAC 2018)

专题讲座

技术报告会场

墙报交流

大会评选出15篇优秀论文现场颁发证书

颁发优秀合作伙伴奖牌

展会现场

大赛启动仪式与会人员合影

决赛报告现场

决赛现场测试

获奖作品展示

大赛承办单位西安交通大学杨旭教授主持颁奖仪式

大赛主席徐德鸿教授颁发特等奖

GaN Systems杯第四届高校电力电子应用设计大赛、组织建设

冠名赞助单位GaN Systems副总裁Paul Wiener致辞

联合赞助单位宁波希磁科技总经理王建国致辞

PELS & CPSS 首批联合分会正式成立

IEEE PELS 时任主席Alan Mantooth教授在成立仪式中致辞

中国电源学会女科学家工作委员会正式成立

中国电源学会会员发展工作委员会正式成立

台达杯Empower a Billion Lives(EBL)国际竞赛

决赛答辩现场

技术演示

墙报交流

IEEE PELS主席Frede Blaabjerg教授致辞

冠名赞助单位台达电子章进法博士致辞

颁发特等奖

专题交流

第二届新能源车充电与驱动技术大会

第四届高校电力电子学科青年学者论坛

第八届功率变换器磁元件学术年会

第七届全国特种电源学术交流会

2018功率半导体器件与集成技术学术研讨会

2018中国光伏行业年度大会暨智慧能源创新论坛

功率变换器磁技术分析、测试与应用高级研修班

光储系统设计与应用专题研修班

新能源车充电与驱动技术专题研修班

新一代功率半导体器件发展及应用高级研修班

高效率高功率密度电源技术与设计高级研讨班

学员参观顾桥煤矿采煤沉陷区
150MW水面漂浮光伏电站项目

工作会议

中国电源学会八届二次常务理事会议

中国电源学会八届三次常务理事会议

《电源学报》编委会议

中国电源学会2018年团体标准审查会议

中国电源行业年鉴 2019

中国电源学会　编著

机 械 工 业 出 版 社

《中国电源行业年鉴 2019》由中国电源学会编著，对电源行业整体发展状况进行了综合性、连续性、史实性的总结和描述，是电源行业权威的资料性工具书。《中国电源行业年鉴 2019》共分为八篇，前两篇为政策法规、宏观经济及相关行业运行情况，主要介绍了与电源行业相关领域的政策法规、宏观经济及相关行业运行情况，为行业发展和各单位的决策提供指导和参考；后六篇为电源行业发展报告及综述、电源行业新闻、科研与成果、电源标准、主要电源企业简介、电源重点工程项目应用案例及相关产品，从各个方面介绍了 2018 年电源行业的发展状况。

《中国电源行业年鉴 2019》可供相关政府职能部门、生产企业、高等院校、科研院所、采购单位、检测服务机构和电源工程技术人员参考。

图书在版编目（CIP）数据

中国电源行业年鉴. 2019/中国电源学会编著. —北京：机械工业出版社，2019. 8

ISBN 978-7-111-63254-2

Ⅰ. ①中…　Ⅱ. ①中…　Ⅲ. ①电源-电力工业-中国-2019-年鉴
Ⅳ. ①TM91-54

中国版本图书馆 CIP 数据核字（2019）第 144053 号

机械工业出版社（北京市百万庄大街 22 号　邮政编码 100037）
策划编辑：林春泉　责任编辑：林春泉
责任校对：张晓蓉　封面设计：鞠　杨
责任印制：郜　敏
北京圣夫亚美印刷有限公司印刷
2019 年 8 月第 1 版第 1 次印刷
210mm×297mm · 35.75 印张 · 9 插页 · 1554 千字
0001—1000 册
标准书号：ISBN 978-7-111-63254-2
定价：298.00 元

电话服务	网络服务
客服电话：010-88361066	机　工　官　网：www.cmpbook.com
010-88379833	机　工　官　博：weibo.com/cmp1952
010-68326294	金　　书　　网：www.golden-book.com
封底无防伪标均为盗版	机工教育服务网：www.cmpedu.com

《中国电源行业年鉴 2019》编辑委员会

（排名不分先后）

《中国电源行业年鉴 2019》编辑部

主　任：陈国珍

编　辑：杨乃芬　柴　博　陈　帆　胡　珺　李　涓　贾志刚

张　鑫　崔凌云　张　婷　耿　越　马　聪

前　言

《中国电源行业年鉴》（简称《年鉴》）是由中国电源学会编著的电源行业权威的资料性工具书，每年出版一期，对上一年度电源行业整体发展状况进行综合性、连续性、史实性的总结和描述，为政府有关部门，为行业科研、生产、采购和应用提供服务和参考。

中国电源学会于1983年成立，是国家一级社团法人，以促进我国电源科学技术进步和电源产业发展为己任，既团结了全国电源界的专家学者和广大科技人员，也汇聚了众多的会员企业。中国电源学会经过30余年的努力和奋斗，为我国电源科技进步和产业发展做出了重要贡献，对电源行业发展状况有着深入和全面的了解，是编辑出版《年鉴》的最具权威性的单位。

本年度《年鉴》共分为八篇，整体内容划分为两个部分。

第一部分是前两篇：政策法规、宏观经济及相关行业运行情况，主要介绍了与电源行业相关的国家政策法规和宏观经济环境及相关行业运行情况，为电源行业的发展和各个单位的决策提供指导和参考。

第二部分是后六篇：电源行业发展报告及综述、电源行业新闻、科研与成果、电源标准、主要电源企业简介、电源重点工程项目应用案例及相关产品，从各个方面介绍了2018年电源行业的发展状况。

电源行业发展报告及综述篇，进一步丰富了市场分析的细分领域，同时增加了对于相关领域技术发展的综述性文章。

电源行业新闻篇，包括学会大事记及行业要闻，记录2018年电源及相关领域重大事件。

科研与成果篇包括2018年度国家科学技术奖电源及相关领域获奖成果、国家自然科学基金电源及相关领域立项项目名单、国家科技重大专项立项项目名单、高等学校科学研究优秀成果奖（科学技术）通用项目电源及相关领域获奖成果，同时通过学会渠道广泛征集更新了我国电源及相关领域科研团队信息及研究项目信息。

电源标准篇，对2018年内终止、废止及新实施的标准做了介绍。同时，学会团体标准建设综述，包含了学会团体标准起草组织、审查发布等各阶段工作情况介绍，以及学会即将发布的团体标准概要。

主要电源企业简介篇，对企业按照地区和主要产品进行分类索引，方便读者查阅。

电源重点工程项目应用案例及相关产品篇，新增电源重要工程案例，以目录形式收录更多电源重要工程案例及新产品，以便读者把握行业发展态势，同时仍选择优秀产品进行了整版介绍。

在本年度《年鉴》编辑过程中，赛迪顾问股份有限公司、深圳中为智研咨询有限公司、中国电源学会信息系统供电技术专业委员会、中国电源学会磁技术专业委员会等撰写或推荐了相关行业发展报告及技术综述。学会各专业委员会、会员企业、高等院校、科研院所为《年鉴》提供了内容素材，勤发电子股份有限公司、东莞市石龙富华电子有限公司、鸿宝电源有限公司、厦门赛尔特电子有限公司等单位为《年鉴》的出版提供了经费的支持，在此一并表示感谢。

《年鉴》是资料性工具书，是电源行业发展的历史记录，希望电源界各个方面，包括企业、高等院校、科研机构、标准制定和咨询服务机构为下一年度《年鉴》提供资料，撰写文章，更全面地反映行业发展状况。

由于《年鉴》出版时间较短，编辑出版水平有待提高，希望社会各界多提意见和建议，对本年度《年鉴》的疏漏、错误之处，敬请批评指正。

《中国电源行业年鉴》编辑部
2019年5月

中国电源学会简介

中国电源学会（以下简称学会）成立于1983年，以电源科技界、学术界和企业界的凝聚优势，团结组织电源科技工作者，促进电源科学普及与技术发展，促进产学研相结合。

学会汇聚了全国电源界的科技工作者及众多的电源企业，目前有个人会员5000余人，他们当中有院士、科学家、工程技术人员、企业高管、教师及学生；有企业会员478家，其中副理事长单位7家，常务理事单位22家，理事单位51家，包含了国内外知名的电源企业。同时，学会与几千家企业保持着联系，形成了覆盖全国的服务和信息网络。

学会下设直流电源、照明电源、特种电源、变频电源与电力传动、元器件、电能质量、电磁兼容、磁技术、新能源电能变换技术、信息系统供电技术、无线电能传输技术及装置、新能源车充电与驱动共12个专业委员会，以及学术、组织、专家咨询、国际交流、科普、编辑、标准化、青年、女科学家、会员发展共10个工作委员会。另外还有业务联系的10个具有法人资格的地方电源学会。

学会每年举办各种类型的学术交流会。两年一届的大型学术年会至今已经成功举办了22届，会议规模超过1400人，是国内电源界水平最高、规模最大的学术会议。每两年举办一届国际电力电子技术与应用会议暨博览会（IEEE International Power Electronics and Application Conference and Exposition，简称：IEEE PEAC），是中国电源领域首个国际性会议。此外学会每年还举办各种类型的专题研讨会。

中国电源学会的主要出版物有：《电源学报》以及《电力电子技术及应用英文学报》（CPSS-TPEA）、《中国电源行业年鉴》、电力电子技术英文丛书、《中国电源学会通讯》（电子版）、学会微信公众号等。同时，学会还组织编辑出版系列中文丛书、技术专著以及各种学术会议论文集。

学会设立“中国电源学会科学技术奖”，两年一届，奖励在我国电源领域的科学研究、技术创新、新品开发、科技成果推广应用等方面做出突出贡献的个人和单位。

学会每年举办高校电力电子应用设计大赛，加强国内高校电力电子相关专业学生的相互交流，提高学生创造力及工程实践能力。

学会于2016年正式启动团体标准工作，本着“行业主导、需求为先、系统规划、务实高效”的原则，大力推动团体标准建设，以满足行业发展需要，促进电源行业技术进步、自主创新和产业升级。

学会积极开展继续教育活动，每年举办不同主题的培训班。同时，开展一系列行业服务活动，如科技成果鉴定、技术服务、技术咨询、参与工程项目评价等。

学会地址：天津市南开区黄河道467号大通大厦16层　邮编：300110

电话：022-27680796　022-27634742　传真：022-27687886

网站：www.cpss.org.cn　邮箱：cpss@cpss.org.cn

中国电源学会组织机构名单

主要领导人名单

理 事 长：徐德鸿

副理事长：韩家新 罗 安 张 波 曹仁贤 陈成辉 刘进军 阮新波 汤天浩

秘 书 长：张 磊

副秘书长：陈 敏

常务理事名单

于 玮、马 皓、王 聪、邓建军、史平君、吕征宇、刘程宇、刘进军、刘 强、汤天浩、阮新波、孙耀杰、孙 跃、李崇坚、李耀华、肖 曦、吴煜东、张 波、张 磊、张庆范、张卫平、张 兴、陈 为、陈成辉、陈道炼、陈亚爱、卓 放、罗 安、周雒维、周志文、查晓明、耿 华、徐德鸿、徐殿国、高 勇、曹仁贤、盛 况、康 勇、彭 伟、韩家新、傅 鹏、谢少军

理事名单

于 玮、于吉永、马 皓、马俊礼、马新群、王 聪、王兴贵、王明彦、王念春、王建国、王映波、王懿杰、车延博、牛新国、邓建军、卢 刚、叶德智、史平君、丘东元、白 维、白小青、吕征宇、朱国锭、朱忠尼、刘 扬、刘 芳、刘进军、刘树林、刘晓东、刘晓宇、刘程宇、刘 强、汤天浩、许建平、阮新波、孙向东、孙 跃、孙耀杰、苏义鑫、杜 雄、李 虹、李崇坚、李耀华、杨 旭、杨 耕、杨玉岗、杨成林、肖 飞、肖 曦、吴汉熙、吴煜东、何春华、佟为明、余克壮、汪之涵、沈国桥、张 波、张 森、张 磊、张卫平、张文学、张代润、张庆范、张 兴、张纯江、张承慧、张剑波、陆一星、陆益民、陈 为、陈 敏、陈一逢、陈子颖、陈永真、陈亚爱、陈成辉、陈国荣、陈桥梁、陈海荣、陈道炼、陈冀生、茆美琴、林 桦、卓 放、易扬波、罗 安、周 波、周世兴、周志文、周京华、周维来、周雒维、郑大鹏、孟海军、赵成勇、赵志刚、赵希峰、赵善麒、胡先红、胡家兵、查晓明、柏子平、段卫垠、侯振义、姚飞平、袁宝山、耿 华、钱 平、徐世六、徐仲周、徐国卿、徐殿国、徐德鸿、高 峰、高大庆、高 勇、涂春鸣、黄敏超、曹仁贤、盛 况、崔纳新、康劲松、康 勇、彭 伟、韩 雁、韩家新、程 泽、傅 鹏、焦海波、舒 杰、温旭辉、谢少军、蔡 旭、戴永军、戴瑜兴、鞠文耀

分支机构及主任委员名单

工作委员会：

学术工作委员会	马 皓
组织工作委员会	王 萍
国际交流工作委员会	刘进军
科普工作委员会	章进法
编辑工作委员会	阮新波
标准化工作委员会	康 勇
青年工作委员会	杜 雄
女科学家工作委员会	李 虹

会员发展工作委员会	汤天浩
专业委员会：	
直流电源专业委员会	张卫平
照明电源专业委员会	徐殿国
特种电源专业委员会	邓建军
变频电源与电力传动专业委员会	李崇坚
元器件专业委员会	高　勇
电能质量专业委员会	卓　放
电磁兼容专业委员会	张　波
磁技术专业委员会	陈　为
新能源电能变换技术专业委员会	曹仁贤
信息系统供电技术专业委员会	谢少军
无线电能传输技术及装置专业委员会	孙　跃
新能源车充电与驱动专业委员会	徐德鸿

地方学会及理事长名单

（按学会名称汉语拼音顺序排列）

重庆市电源学会	徐世六
福建省电源学会	陈道炼
广东省电源学会	张　波
陕西省电源学会	杨　旭
上海市电源学会	蔡　旭
四川省电源学会	许建平
天津市电源研究会	程　泽
武汉市电源学会	林　桦
西安市电源学会	侯振义
浙江省电源学会	吕征宇

中国电源学会理事单位名单

（按单位名称汉语拼音字母顺序先行后列排序）

副理事长单位

广东志成冠军集团有限公司
科华恒盛股份有限公司
深圳市航嘉驰源电气股份有限公司
台达电子企业管理（上海）有限公司
阳光电源股份有限公司
易事特集团股份有限公司
中兴通讯股份有限公司

常务理事单位

安徽博微智能电气有限公司
安泰科技股份有限公司非晶金属事业部
北京动力源科技股份有限公司
北京中大科慧科技发展有限公司
东莞市石龙富华电子有限公司
佛山市欣源电子股份有限公司
广州金升阳科技有限公司
航天柏克（广东）科技有限公司
合肥华耀电子工业有限公司
鸿宝电源有限公司
华东微电子技术研究所
宁波赛耐比光电科技股份有限公司
深圳华德电子有限公司
深圳市汇川技术股份有限公司
深圳市英威腾电源有限公司
深圳威迈斯新能源股份有限公司
石家庄通合电子科技股份有限公司
温州大学
温州现代集团有限公司
无锡芯朋微电子股份有限公司
先控捷联电气股份有限公司
浙江东睦科达磁电有限公司

理事单位

爱士惟新能源技术（江苏）有限公司
北京创四方电子股份有限公司
北京大华无线电仪器有限责任公司
北京中科泛华测控技术有限公司
成都金创立科技有限责任公司
重庆荣凯川仪仪表有限公司
佛山市杰创科技有限公司
广东全宝科技股份有限公司
广州回天新材料有限公司
广州致远电子有限公司
杭州博睿电子科技有限公司
杭州飞仕得科技有限公司
合肥博微田村电气有限公司
核工业理化工程研究院
江苏固德威电源科技股份有限公司
江苏宏微科技股份有限公司
龙腾半导体有限公司
罗德与施瓦茨（中国）科技有限公司
南京中港电力股份有限公司
南通新三能电子有限公司
宁夏银利电气股份有限公司
赛尔康技术（深圳）有限公司
山顿电子有限公司
陕西柯蓝电子有限公司
上海长园维安微电子有限公司
上海超群无损检测设备有限责任公司
上海科梁信息工程股份有限公司
深圳超特科技股份有限公司
深圳可立克科技股份有限公司
深圳欧陆通电子股份有限公司

深圳市保益新能电气有限公司
深圳市迪比科电子科技有限公司
深圳市商宇电子科技有限公司
深圳市中电熊猫展盛科技有限公司
田村（中国）企业管理有限公司
西安爱科赛博电气股份有限公司
西安翌飞核能装备股份有限公司
英飞凌科技（中国）有限公司
浙江德力西电器有限公司
浙江榆阳电子有限公司
珠海格力电器股份有限公司
深圳市铂科新材料股份有限公司
深圳市京泉华科技股份有限公司
深圳市智胜新电子技术有限公司
四川长虹精密电子科技有限公司
无锡新洁能股份有限公司
西安伟京电子制造有限公司
厦门市爱维达电子有限公司
英飞特电子（杭州）股份有限公司
浙江矛牌电子科技有限公司
中国长城科技集团股份有限公司

目　录

第一篇　政 策 法 规

第二篇　宏观经济及相关行业运行情况

第三篇　电源行业发展报告及综述

第四篇 电源行业新闻

第五篇 科研与成果

第六篇 电源标准

第七篇　主要电源企业简介（同类企业按单位名称汉语拼音字母顺序排列）

第八篇　电源重点工程项目应用案例及相关产品

第一篇　政策法规

智能光伏产业发展行动计划（2018—2020年）

发布单位：工业和信息化部

光伏产业是基于半导体技术和新能源需求而兴起的朝阳产业，是未来全球先进产业竞争的制高点。为进一步提升我国光伏产业发展质量和效率，加快培育新产品、新业态和新动能，实现光伏智能创新驱动和持续健康发展，支持清洁源智能升级及应用，制定本行动计划。

总体要求：全面贯彻党的十九大精神，以习近平新时代中国特色社会主义思想为指导，牢固树立和贯彻落实新发展理念，深入实施《中国制造2025》，以推进供给侧结构性改革为主线，以构建智能光伏产业生态体系为目标，坚持市场主导、政府引导，坚持创新驱动、产用融合，坚持协同施策，分步推进，加快提升光伏产业智能制造水平，推动互联网、大数据、人工智能等与光伏产业深度融合，鼓励特色行业智能光伏应用，促进我国光伏产业迈向全球价值链中高端。

工作目标：到2020年，智能光伏工厂建设成效显著，行业自动化、信息化、智能化取得明显进展：智能制造技术与装备实现突破，支撑光伏智能制造的软件和装备等竞争力显著提升；智能光伏产品供应能力增强并形成品牌效应，“走出去”步伐加快：智能光伏系统建设与运维水平提升并在多领域大规模应用，形成一批具有竞争力的解决方案供应商；智能光伏产业发展环境不断优化，人才队伍基本建立，标准体系、检测认证平台等不断完善。

一、加快产业技术创新，提升智能制造水平

（一）推动光伏基础材料生产智能升级

支持多晶硅生产、收获、运输、破碎、分拣、清洗、包装等环节的机械化与自动化；实现有毒有害物质排放和危险源的自动检测与监控、安全生产的全方位监控，建立多晶硅生产在线应急指挥联动系统。提升铸锭炉、单晶炉等自动化水平，研究长晶自动控制系统，推广自动喷涂、自动倒角、金刚线截断、开方和磨面自动上下料以及自动检测等设备。鼓励金刚线切割、自动插片、自动粘胶、全自动硅片清洗及自动分选机、自动粘脱胶设备等应用。提升工序间自动化传输和流水线作业能力。（工业和信息化部牵头负责）

（二）加快先进太阳电池及部件智能制造

推广电池生产自动制绒、自动上下料、自动导片机、自动插片机等设备，提升智能感知衔接能力。鼓励自动串焊机、自动摆串机、智能层压机、自动焊接机、自动削边机、自动装框机、自动灌胶机、自动磨角、双玻组件自动封边等组件生产设备使用；研发并应用叠层自动焊机、接线盒自动焊接、第二层EVA/背板自动铺设、自动包装、EL图片自动分析等设备。推动逆变器检测、包装、运输、现场安装等环节机械化、自动化与智能化，建立完善的整机及各部件数据的记录及质量追溯机制，提升逆变器制造效率和产品可靠性；开发智能化逆变器产品，提升电站监控运维水平。（工业和信息化部牵头负责）

（三）提高光伏产品全周期信息化管理水平

鼓励企业采用ERP（企业资源计划）、MES（生产过程执行系统）、PLC（可编程逻辑控制器）、SCADA（数据采集与监视控制系统）、SRM（供应链管理系统）、PLM（产品生命周期管理系统）、CRM（客户关系管理系统）等信息化管理系统，实现产品设计、工艺研发、材料供应、资源调度、环境监控、设备管理、质量管控、库存管理等生产流程全信息化管理。在自动化流水线基础上，进一步实现生产线集中监控与智能化管理调配，包括生产数据自动获取、工业编码系统开发、实时质量监控、分析与处理等，通过信息监控调度和数据分析支撑加快工艺制程改善和智能化升级。（工业和信息化部牵头负责）

二、推动两化深度融合，发展智能光伏集成运维

（四）提升智能光伏终端产品供给能力

鼓励研制具有优化消除阴影遮挡功率损失、失配损失、消除热斑、智能控制关断、实时监测运行等功能的智能光伏组件。发展集电力变换、远程控制、数据采集、在线分析、环境自适应等于一体的智能逆变器、控制器、汇流箱、储能系统、跟踪系统以及适用于智能光伏系统的高效电力电子器件等关键部件。开发即插即用、可拆卸、安全可靠、使用便利的户用智能光伏产品及系统，规范户用光伏市场。推动先进光伏产品与消费电子、户外产品、交通工具、航空航天、军事国防等结合，鼓励发展太阳能充电包、背包、衣物、太阳能无人机、快装电站等丰富多样的移动产品。（工业和信息化部牵头，各有关部门按职责分工负责）

（五）推动光伏系统智能集成和运维

运用互联网、大数据、人工智能、5G通信等新一代信息技术，推动光伏系统从踏勘、设计、集成到运维的全流程智能管控。支持无人机在光伏系统建设踏勘中应用，在云端完成2D/3D建模。鼓励开发智能化光伏设计系统，综合考虑勘测地理信息数据、屋顶承重能力、当地辐照条件、产品价格等因素，对不同组件、逆变器、电气方案、支架方式等进行模拟方案比对；开发智能光伏发电施工管理系统，促进其在采购、施工过程、质量检测、电站测试、验收等方面应用，实现工程进度实时监控、成本控制、库存管理、人员调配与施工问题预警。（工业和信息化部牵头，

各有关部门按职责分工负责）

以提升光伏系统效率、降低运维成本为导向，支持开发光伏电站系统智能清洗机器人、智能巡检无人机等产品。应用信息技术手段，发展具有光伏电站运行监测数据采集、集中远程监控、故障检测、记录、报警、分析和处理等功能的智能光伏发电监控系统。支持推广智能光伏发电监控系统的应用，建立智能区域集控运维中心和移动运维平台，实现集中管理与远程管理。应用大数据分析与处理技术，自动生成运维建议和电子工作票，实现远端系统“无人值班，少人值守”。支持采用智能机器人、无人机等技术替代人工运维管理。（工业和信息化部牵头，各有关部门按职责分工负责）

三、促进特色行业应用示范，积极推动绿色发展

（六）开展智能光伏工业园区应用示范

深入落实《信息产业发展指南》《工业绿色发展规划（2016—2020年）》，鼓励工业园区、新型工业化产业示范基地等建设光伏应用项目，制定可再生能源能占比的具体评价办法，提升清洁能源使用比例，推动工业园区等绿色发展。 （工业和信息化部牵头，各有关部门按职责分工负责）

（七）开展智能光伏建筑及城镇应用示范

在有条件的城镇建筑屋顶（如政府建筑、公共建筑、商业建筑、厂矿建筑、设施建筑等），采取“政府引导、企业自愿、金融支持、社会参与”的方式，或引入社会资本出租屋顶、EMC节能服务合同管理等多种商业模式，建设独立的“就地消纳”分布式建筑屋顶光伏电站和建筑光伏一体化电站，促进分布式光伏应用发展。积极开展市、县、开发区一级的“城市级分布式建筑光伏电站”示范工程建设，由政府组织和引导作为成为公共建设项目，实现智能光伏建筑大数据在线监测管理。（住房和城乡建设部牵头，各有关部门按职责分工负责）

在光照资源优良、电网接入消纳条件好的城镇和农村地区，结合新型城镇化建设、旧城镇改造、新农村建设、易地搬迁等渠道，统筹推进居民屋顶智能光伏应用，形成若干光伏小镇、光伏新村。积极在有条件的农村地区小型建筑、独立农舍推广“光伏取代燃煤取暖”技术应用。（住房和城乡建设部牵头，各有关部门按职责分工负责）

（八）开展智能光伏交通应用示范

推动交通领域光伏电站及充电桩示范建设，鼓励光伏发电在公路声屏障、公路交通指示标志、太阳能路灯、公路服务区（停车场）、公交场站、港口码头、航标等导助航设施、海上工作趸船、海岛工作站点等领域的应用。探索光伏和新能源汽车融合应用路径。（交通运输部牵头，各有关部门按职责分工负责）

（九）开展智能光伏农业应用示范

支持光伏与农业融合发展，开展立体式经济开发，在有条件的地方实现农业设施棚顶安装太阳能组件发电、棚下开展农业生产的形式，将光伏发电与农业设施有机结合，在种养殖、农作物补光、光照均匀度与透光率调控、智能运维、高效组件开发等方面开展深度创新；鼓励光伏农业新兴商业模式探索，推进农业绿色发展，促进农民增收。（农业农村部牵头，各有关部门按职责分工负责）

（十）开展智能光伏电站应用示范

在符合光伏“领跑者”计划要求的前提下，优先支持基于智能光伏的先进光伏产品，鼓励结合领跑者基地建设开展智能光伏试点，在大型光伏电站及分布式应用中积极推广。鼓励结合荒山荒地和沿海滩涂综合利用、采煤沉陷区等废弃土地治理等多种方式，因地制宜开展智能光伏电站建设，促进光伏发电与其他产业有机融合。（国家能源局牵头，各有关部门按职责分工负责）

（十一）开展智能光伏扶贫应用示范

围绕脱贫攻坚目标，推进光伏扶贫工程，在禁止以任何方式占用永久基本农田的前提下，在具备条件的建档立卡贫困村建设村级光伏扶贫电站。鼓励先进光伏产品及系统应用，优先保证光伏扶贫产品质量和系统性能；加大信息技术应用，通过大数据、物联网等技术手段实现光伏扶贫数据采集、系统监控、运维管理的智能化；结合光伏扶贫电站模式及地域分布特点，因地制宜加强光伏扶贫与各类“光伏+”综合应用的整合，创新光伏扶贫模式。（国务院扶贫办牵头，各有关部门按职责分工负责）

四、完善技术标准体系，加快公共服务平台建设

（十二）建立健全智能光伏技术标准体系

以《太阳能光伏产业综合标准化技术体系》为基础，加快智能光伏标准体系研究。重点开展智能化光伏组件、接线盒、逆变器、控制器、追踪系统、户用光伏系统等产品及测试方法标准制定，加强光伏产品生产及管理系统互联互通标准、智能制造工厂/数字化车间模型标准、智能制造关键设备标准、智能制造设备故障信息数据字典标准、制造过程在线检测、追溯及数据采集标准等智能生产及评价标准研究。加强光伏系统智能运维标准研究，包括智能清洗、智能巡检、智能排障等，制定智能运维平台设计及评价规范，规范光伏系统运维平台通信接口、数据格式、传输协议等。（工业和信息化部牵头，各有关部门按职责分工负责）

（十三）加快建设智能光伏公共服务平台

围绕智能光伏产业发展需求，推动产学研用结合，建设技术创新平台，开展一批关键性、前沿性技术研发；支持有能力、有资质的企事业单位建设国家级智能光伏检测认证公共服务平台，围绕智能光伏各环节开展检测认证、评级等服务，为电站系统设计、设备选型提供依据；支持地方、园区、龙头企业等建设一批公共服务平台，开展技术研发、产品设计、财税政策、战略研究等科技及专业服务；支持智能光伏领域众创、众包、众扶、众筹等创业支撑平台建设，推动建立一批智能光伏产业生态孵化器、加速器，鼓励为初创企业提供资金、技术、市场应用及推广等扶持。（各有关部门按职责分工负责）

五、加强综合政策保障，统筹推动产业健康发展

（十四）加强组织协调和政策协同

工业和信息化部会同住房和城乡建设部、交通运输部、

农业农村部、国家能源局、国务院扶贫办等建立统筹协调工作机制，密切协作配合，探索体制机制创新，共同研究解决行动计划落实中遇到的重大问题，推动行动计划顺利实施。结合自身职责确定年度工作目标，确保行动计划各项任务措施落实到位。(工业和信息化部牵头，各有关部门按职责分工负责)

各地工业和信息化、住房和城乡建设、交通运输、农业、能源、扶贫等主管部门要高度重视智能光伏产业发展，因地制宜制定实施方案，建立地方协调工作机制，明确各部门资源投入，积极形成合力，联合开展试点示范，科学组织实施。(地方各有关部门按职责分工负责)

(十五) 推动智能光伏试点应用

开展多元化智能光伏试点示范，培育一批国家智能光伏示范企业，支持若干行业特色智能光伏项目建设。引导光伏企业与软件开发、信息管理、系统集成及互联网、大数据等企业共同参与试点示范建设，鼓励光伏企业与信息、交通、建筑、农业、能源、扶贫等领域企业探索可推广、可复制的智能光伏建设模式。相关部门适时对各地工作实施进展和效果进行评估，总结先进经验并向全国推广。(工业和信息化部牵头，各有关部门按职责分工负责)

(十六) 加大多元化资金投入

发挥光伏产业市场化运营充分特点，支持建立智能光伏领域产业发展基金，探索政府和社会资本合作(PPP)模式，形成合作、开放、创新氛围，通过市场机制引导多方资本促进智能光伏产业发展。充分利用中央财政相关专项资金、地方财政资金等渠道，推动相关资源集约化整合和精准投放，加大对智能光伏产业扶持力度。(各有关部门按职责分工负责)

(十七) 促进光伏市场规范有序发展

逐步完善智能光伏相关标准检测认证等体系，推动智能光伏标准化、模块化发展。深入实施《光伏制造行业规范条件》和光伏“领跑者”计划，建立智能光伏产品及服务推广目录，促进试点示范应用。加强行业协会、中介机构等对消费者的使用培训服务，进一步支持智能光伏进入千家万户。(工业和信息化部牵头，各有关部门按职责分工负责)

电力行业应急能力建设行动计划（2018—2020年）

发布单位：国家能源局

为贯彻习近平新时代中国特色社会主义思想和党的十九大精神，落实党中央、国务院关于安全生产应急管理工作的决策部署，全面加强电力行业应急能力建设，进一步提高电力突发事件应对能力，依据《中共中央国务院关于推进安全生产领域改革发展的意见》《国家突发事件应急体系建设“十三五”规划》《国家大面积停电事件应急预案》等，制定本计划。

一、面临的形势

党的十九大以来，党中央提出要加强、优化、统筹国家应急能力建设，构建统一领导、权责一致、权威高效的国家应急能力体系，提高保障生产安全、维护公共安全、防灾减灾救灾等方面能力，确保人民生命财产安全和社会稳定。《国家突发事件应急体系建设“十三五”规划》等国家级规划对应急管理工作做出了明确部署，要求全面提升应急救援处置效能。

目前，我国电力系统呈现大规模特高压交直流混联、新能源大量集中接入等特点，运行控制难度加大。自然灾害频发多发，外力破坏时有发生，大面积停电风险依然存在。电力生产安全事故未有效杜绝，应急救援处置能力亟待提高。电力工业不断发展，电力体制改革继续深化，应急管理责任体系仍需完善，应急管理方法和技术手段有待创新，应急产业的支撑保障作用亟需加强。

二、指导思想、基本原则和建设目标

（一）指导思想

全面贯彻党的十九大和十九届二中、三中全会精神，以习近平新时代中国特色社会主义思想为指导，认真落实党中央、国务院关于安全生产应急管理工作的决策部署，牢固树立安全发展理念，弘扬生命至上、安全第一的思想，坚持党政同责、一岗双责、齐抓共管，加强制度保障、应急准备、预防预警、救援处置、恢复重建等方面能力建设，促进电力应急产业发展，着力提升人身伤亡事故、重特大设备事故和大面积停电事件应急救援处置能力，最大程度减少电力突发事件造成的损失和影响，为实现电力高质量发展提供有力保障。

（二）基本原则

1. 行业指导、分工负责。国家能源局负责指导协调全国电力应急能力建设工作。国家能源局各派出能源监管机构、各省（自治区、直辖市）政府及新疆生产建设兵团电力管理等有关部门按照职责组织、指导、协调本地区电力应急能力建设工作。各电力企业和有关单位，根据各自情况，负责组织实施本单位电力应急能力建设工作。

2. 面向实战、突出重点。针对电力应急管理工作实际，以提高应急救援处置实战效果为导向，抓重点、补短板、强弱项，着重解决组织机构不健全、制度体系不完善、应急准备不足、指挥协调不畅、信息共享不充分等突出问题，全方位系统规划应急能力建设工作。

3. 资源整合、优势互补。强化电力应急资源保障能力，充分利用和有机整合电力行业现有资源，提高电力应急基础设施利用率，发挥信息与智力资源优势。进一步汇集调动社会资源，增强电力应急支撑保障能力，实现应急资源共享和优势互补。

4. 技术引领、创新驱动。深入贯彻落实国家创新发展战略，利用电力和信息通信技术发展成果，发挥电力应急产业支撑保障作用，在风险辨识与评估、监测预警、响应决策、协同处置、装备升级等各个环节引入新技术、新方法、新设备，创新电力应急救援处置手段，提高电力应急科技水平。

（三）建设目标

1. 总体目标

立足电力行业应急管理工作实际，建立与全面建成小康社会相适应、各区域平衡发展、与电力安全生产风险特征相匹配、覆盖应急管理全过程的电力应急管理体系，制度保障、应急准备、预防预警、救援处置、恢复重建等方面能力得到全面提升，社会协同应对能力进一步改善，应急产业支撑保障能力大幅提高，全面实现电力突发事件科学高效应对。

2. 分类目标

（1）制度保障能力有效提升。完善电力应急管理责任制度，实现省、市、县三级大面积停电事件应急预案全覆盖，建立电力企业应急管理评价指标体系。加强电力应急管理机构建设，县级以上地方各级政府和大中型电力企业电力应急管理机构健全、职责明确。完善电力应急管理规章制度和标准规范，建立统一、规范的电力应急管理标准体系。构建电力应急能力评估长效机制，电力企业应急能力持续提高。

（2）应急准备能力显著加强。加强应急预案编制管理，提高预案针对性、科学性和可操作性，实现重点岗位、重点部位现场处置方案全覆盖，开展智慧预案应用。加强应急演练管理，强化应急宣教培训，建设一批国家级电力应急培训演练基地，实现大中型电力企业应急管理和救援处置人员培训全覆盖。

（3）预防预警能力大幅提高。加强重要城市和灾害多发地区关键电力基础设施防灾建设，提高电网防灾抗灾能力。强化自然灾害监测预警，建成电力系统自然灾害监测预警平台。强化电力企业人身伤亡事故风险预控能力建设，大中型电力企业实现安全事故风险全评估。加强水电站大坝安全应急管理，建成水电站安全与应急管理平台。

（4）救援处置能力不断增强。完善电力企业与县级以上地方各级政府有关部门的应急协调机制。建成多支能够承担重大电力突发事件抢险救援任务的电力应急专业队伍，加强社会应急救援力量储备，实施电力应急专家领航计划。初步建立电力应急物资和装备储备体系，启动西南水电工程应急救援基地建设，建成源网荷友好互动大面积停电先期处置综合应用项目。

（5）恢复重建能力继续强化。完善灾后评估机制，建立灾情统计系统。加强系统恢复能力建设，完善黑启动方案，创新灾变调度辅助技术，优化恢复策略。加强重要电力用户供电风险分析、应急电源配置和应急演练参与。加强新型业态应急能力建设，激励社会化服务供给，实现主体责任全覆盖。

（6）电力应急产业加快发展。明确电力应急产业发展方向，开展关键电力应急技术研究应用。组建电力行业应急科研机构，促进电力应急科技文化创新。推进电力应急产业融合发展，构建电力应急产业合作机制，建设国家级电力应急产业发展基地。

3. 量化指标

序号	指标名称	指标值
1	省、市、县三级大面积停电事件应急预案编修完成率	100%
2	省、市两级地方政府电力应急管理机构完备率	100%
3	大中型电力企业电力应急管理机构完备率	100%
4	大中型电力企业应急能力建设评估完成率	100%
5	大中型电力企业应急管理和救援处置人员培训覆盖率	100%
6	大中型电力企业安全事故风险评估率	100%
7	灾害导致重大以上大面积停电减供负荷恢复80%以上及停电重点地区、重要城市负荷恢复90%以上的时间	小于7天
8	一级以上重要电力用户供电风险分析实施率	100%
9	一级以上重要电力用户自备应急电源规范配置率	100%

三、主要建设任务及要求

（一）制度保障能力建设

1. 完善电力应急管理责任制度。按照统一领导、综合协调、属地为主、分工负责的原则，完善国家指导协调、地方政府属地指挥、企业具体负责、社会各界广泛参与的电力应急管理体制。推进县级以上地方各级政府有关部门落实大面积停电事件属地应急处置责任，力争2018年底前完成地市级大面积停电事件应急预案编修工作，2019年底前完成县区级大面积停电事件应急预案编修工作。严格落实电力企业主要负责人是安全生产应急管理第一责任人的工作责任制，明确其他相关负责人的应急管理责任，建立科学合理的应急管理评价指标体系，落实相关岗位人员责任考核制度。

重点项目：电力企业应急管理评价指标体系

建设目标：研究制定科学有效、全员覆盖、闭环演进的电力企业应急管理评价指标体系，有效指导电网、发电和电力建设企业应急工作。

2. 加强电力应急管理机构建设。推动县级以上地方各级政府电力应急管理机构建设，建立健全省、市两级地方政府电力应急管理机构，明确相关职责，配齐管理人员。建立健全县区级以上电网企业、大中型发电企业和电力建设企业电力应急管理机构，地市级以上电网企业、大中型发电企业和电力建设企业配备专职人员，县级电网企业和其他电力企业酌情配备管理人员。

3. 完善电力应急管理法规规章。梳理电力行业现行法规制度体系，制定完善电力应急管理规章和规范性文件，推进电力应急管理法治建设。修订《〈电力安全事故应急处置和调查处理条例〉释义》，结合电力发展新形势，加强电力安全事故应急处置制度建设。研究制定电力企业水电站大坝运行安全应急管理制度，明确大坝应急管理责任，规范大坝应急管理工作。

4. 完善电力应急管理标准规范。充分发挥能源行业电力应急技术标准化委员会的作用，重点制定电力突发事件监测预警、电力应急队伍建设、应急物资装备储备、应急指挥信息系统、电力应急预案演练、电力突发事件应急处置后评估等标准，推进电力应急管理标准化建设。积极参与国际应急管理标准制定，加快电力应急管理与国际接轨。

重点项目：电力应急管理标准体系

建设目标：建立统一的电力应急管理标准体系，重点制定急需的关键基础标准，提升电力应急管理标准化水平。

5. 构建电力应急能力评估长效机制。持续开展电力企业应急能力建设评估，建立定期评估机制和行业对标体系，汇总分析行业评估数据，实现持续改进和闭环管理。县级以上地方各级政府电力应急管理机构组织开展大面积停电事件应急能力评估，强化属地应急处置指挥能力。加强电力突发事件应急处置后评估，总结和吸取应急处置经验教训。

重点项目：电力企业应急能力建设综合数据分析平台

建设目标：建设覆盖大中型以上电力企业的应急能力大数据分析平台，为政府有关部门决策、企业应急能力对标和关键任务设定提供支持。

（二）应急准备能力建设

1. 加强应急预案编制管理。制定《电力企业应急预案编制导则》《水电站大坝运行安全应急预案编制导则》。完善电力企业应急预案体系，编制现场应急处置卡，突出风险评估和应急资源调查，充分运用智能推演、态势感知、情景构建等预案编制技术，提高预案的针对性、科学性和可操作性。

重点项目：电力应急智慧预案系统

建设目标：研究电力突发事件演化机制、情景构建和智能推演技术，建立电力突发事件风险致灾模型，建设电力应急智慧预案系统，为电力应急预案编制提供支持。

2. 提升应急演练能力。推进电力突发事件应急演练由示范性、展示性向实战化、基层化、常态化、全员化转变。加强现场处置方案演练，做到岗位、人员、过程全覆盖。强化应急演练管理，规范方案制定和评估总结，对多部门、多单位参与的综合演练进行评估。推广桌面演练流程技术和虚拟现实技术应用，提升应急演练质量和实效。

3. 强化应急宣教培训。依托重点电力企业，建设若干国家级电力应急培训演练基地，突出专业性为主、技能培训优先、培训内容多样的特点，为开展电力应急实训演练提供硬件支撑。组织开展电力应急管理人员和专业救援处置人员专业技能与心理素质培训。依托高校智库、研究机构、行业协会等，推动设立电力应急相关学科专业，合作培养电力应急科技和管理人才。

重点项目：国家级电力应急培训演练基地

建设目标：依托重点电力企业，建设国家级电力应急培训演练基地，培养电力应急管理人员和救援处置人员，开展多种类型的应急演练；试用检验重大电力应急技术装备；研究特大城市、重大活动电力应急工作。

4. 提高涉外电力突发事件应急能力。电力企业在境外项目建设和运营管理中，结合当地实际，编制电力应急预案及操作手册，明确电力突发事件信息报送流程和要求，定期开展应急演练。

（三）预防预警能力建设

1. 提高电网防灾抗灾能力。深入开展电网风险研究，突出电网规划引领作用，统筹电源、电网建设和用户防灾资源，按照“重点突出、差异建设、技术先进、经济合理”的原则，适当提高电网设施灾害设防标准，有序推进重要城市和灾害多发地区关键电力基础设施防灾建设。根据需要强化跨行政区电力应急支援能力建设。加大电力设施保护工作力度，配合有关部门持续开展电力设施周边环境治理，严格管理电力设施附近的施工作业活动。

2. 强化自然灾害监测预警。发挥气象部际联席会议作用，提高重特大自然灾害监测预警能力。电力企业强化自然灾害监测预警能力，与有关部门加强沟通合作，规范发布预警信息。选取代表性地区电网，建设自然灾害监测预警平台，重点研究自然灾害时空分布特征、电力系统承灾脆弱性、影响破坏规律、风险评价及预警模型等。

重点项目：面向电力系统风险特征的自然灾害监测预警平台

建设目标：以监测预警平台为载体，推进电力系统监测预警关键技术研究应用，逐步实现电力系统自然灾害致灾机理-趋势感知-损失预测-预警生成-信息发布的一体化平台管理。

3. 强化人身伤亡事故风险预控能力。完善安全生产风险分级管控和隐患排查治理双重预防机制，强化重大电力基础设施、施工和生产作业现场安全管理。利用物联网、大数据等技术实现风险和隐患全过程动态识别和预警，重点加强对可能发生重大以上人身伤亡事故的人员密集作业区、高危作业场所、重点作业环节的风险评估和现场管控。建立应急救援现场危害识别、监测与评估机制，规范现场救援处置程序，强化作业前应急推演，落实安全防护措施，防止发生次生衍生事故。

4. 加强水电站大坝安全应急管理。厘清大坝安全应急管理职责，科学设置大坝应急管理机构，建立健全电力企业、地方政府、相关单位大坝应急协调联动机制，研究推进流域梯级水电站安全与应急管理。创新大坝应急管理和技术，加强大坝除险加固、隐患治理和运行管理，提高大坝本质安全和运行安全水平。加强大坝安全在线监测分析和安全评估，建设大坝安全与应急管理相关平台。完善大坝安全应急预案，加强联合应急演练。

重点项目：水电站（大坝）安全与应急管理平台

建设目标：整合水电站安全与应急数据，完善安全在线监测、风险预测预警、预案修编演练、应急资源调配和应急辅助决策等功能，建设水电站（大坝）安全与应急管理相关平台，提升企业自主管理科技水平，创新强化政府应急管理手段，推进流域水电整体安全与应急管理。

（四）救援处置能力建设

1. 完善应急指挥协调联动机制。健全电力企业与县级以上地方各级政府有关部门的应急协调机制，加强企业之间、行业之间的应急协同联动。建立国家统筹、区域协调、跨省联动的大面积停电事件应急指挥协调联动机制，开展省、市、县三级大面积停电事件综合应急演练，推动国家级城市群大面积停电事件联合应急演练，重点提高跨省、跨区域协同应对能力。

2. 加强电力应急专业队伍建设。依托重点电力企业，建设多支具有不同专业特长、能够承担重大电力突发事件抢险救援任务的电力应急专业队伍。加强队伍管理和专业培训，按照标准配备应急装备，提高现场处置和协同作战能力。

3. 加强社会应急救援力量储备。组织具有相应资质的社会应急救援力量开展必要的电力专业培训和演练，建设社会救援力量基础信息共享平台，推进建立社会救援力量调用补偿机制，形成有能力、有组织、易动员的电力应急抢险救援后备队伍。

4. 加强应急专家队伍建设。建设国家、地方、企业各层面电力应急专家队伍，实施相关专业领域专家领航计划，形成分级分类、覆盖全面的应急专家资源网。完善专家管理、应急会商和辅助决策机制，组织专家开展专业咨询、培训演练、课题研究等。

重点项目：电力应急专家领航计划

建设目标：建立国家电力应急专家库，为重大电力突发事件应急会商、救援处置、评估总结以及日常培训演练、咨询服务等提供支持。

5. 加强应急物资储备与调配。利用电力企业现有资源，在自然灾害多发地区设置省级电力应急物资储备库，统筹调配，满足跨省、跨区域应急处置需求。完善电力企业应急物资储备体系，推进建立联储联备、产储联合等物资保障机制，研究建立应急处置后续结算机制，实现应急物资共享和动态管理。

> **重点项目：** 西南水电工程应急救援基地
> **建设目标：** 在重点省份建立水电工程应急救援基地，为西南水电工程应急抢险救援提供支持，为水电行业提供培训演练和技术研发平台。

6. 加强应急指挥平台功能建设。推进县级以上地方各级政府与电力企业应急指挥平台之间的互联互通。充分运用信息化技术手段，完善应急指挥平台智能辅助决策等功能。加强应急队伍信息采集终端配置，实现电力突发事件多维度信息的准确快速报送。完善应急指挥平台运行维护机制，保证平台有效运转。

7. 强化大面积停电事件先期处置能力。结合电网运行新形势、新特点，完善电网运行安全管理机制，创新大面积停电事件先期处置手段，研究建立大面积停电先期处置的社会资源征用和费用补偿机制，提高电网抵御大面积停电的能力。

> **重点项目：** 大面积停电先期处置综合应用项目
> **建设目标：** 研究建立大规模源网荷友好互动的体制、机制与程序，创新提升大面积停电先期处置综合能力。

（五）恢复重建能力建设

1. 灾后评估机制建设与完善。完善电力突发事件灾害评估机制，健全评估标准体系，规范评估内容、程序和方法。建立灾情统计系统，及时掌握电力供应、系统运行、设施受损和供电中断等情况，为制定抢险救援方案和恢复重建规划提供可靠依据。

2. 加强系统恢复能力建设。完善电网黑启动方案，优化黑启动电源布局。对具备 FCB 和孤岛运行功能的发电厂，研究建立鼓励机制。推进电网灾变模式下调度辅助决策、主动配电网多电源协调控制、源网荷储协同恢复等技术的研究应用。

3. 重要电力用户应急能力建设。县级以上地方各级政府有关部门依据国家有关规定，确定本地区重要电力用户名单。国家能源局各派出能源监管机构配合省级政府有关部门督导重要电力用户按照规定配置自备应急电源并配合开展大面积停电应急演练。电网企业开展重要电力用户供电风险分析，根据需要加强对重要电力用户自备应急电源安全使用的指导。

4. 加强新型业态应急能力建设。具有配电网经营权的售电公司、微电网、局域电网等新型业态组织，落实本营业区供电安全应急主体责任。研究新型业态组织应急管理问题，探索适合新型业态发展需要的电力应急管理机制和措施。

> **重点项目：** 电力市场新兴主体的社会化应急业务运营项目
> **建设目标：** 创新探索管理方法、技术手段和服务模式，实现专业化建设、社会化分工与市场化机制有机结合，优化电力应急资源配置，增强电力市场新兴主体应急保障能力。

（六）促进电力应急产业发展

1. 明确电力应急产业发展方向。结合国家应急产业规划要求，探索电力应急产品、技术和服务综合应用解决方案，推进自然灾害监测预警系统、生产现场前端智能设备、救援人员防护产品、高空救援技术与装备、极端条件应急通信设备、模块化电力应急装备、移动式应急变电站及智能应急电源等产品的研发应用。

> **重点项目：** 关键电力应急装备产业发展
> **建设目标：** 强化电力突发事件应急装备保障，提升极端条件下电力突发事件应对能力，推进关键电力应急装备产业化发展。

2. 促进电力应急科技文化创新。依托全国电力安委会企业成员和行业学术团体，组建电力行业应急技术研究机构。研究建设电力应急产业标准体系，推进关键应急技术和产品研发，推广先进应急文化。重点开展大面积停电事件和自然灾害应急处置重大科技问题研究。

> **重点项目：** 电力企业档案应急服务机制建设
> **建设目标：** 研究电力企业档案应急服务机制，加强档案管理与应急管理协调联动，为高效应对电力突发事件提供指导和依据。

3. 推进电力应急产业融合发展。落实军民融合发展战略，研究探索军工技术向电力应急领域转移转化。加强与信息通信、装备制造、交通运输、金融保险、文化传媒等行业的沟通，促进应急应战协同发展。

4. 构建电力应急产业合作机制。以问题为导向、以技术为主线、以需求为动力，构建电力应急产业发展与技术体系。选择合适地区，与地方政府共建国家级电力应急产业发展基地。建立电力应急产业联盟，加强交流合作，促进资源共享和供需对接。

> **重点项目：** 国家级电力应急产业发展基地
> **建设目标：** 选择装备制造、技术研发、标准认证等资源和区位优势地区，建设国家级电力应急产业发展基地，推进军民融合发展和国际合作，搭建科技创新平台，研发先进应急产品，提供优质应急服务。

四、保障措施

（一）加强组织领导

各省（自治区、直辖市）政府及新疆生产建设兵团电力管理等有关部门、国家能源局各派出能源监管机构和电力企业要加强组织领导，密切协调配合，制定实施方案，分解建设任务，合理安排进度，有序推进电力应急能力建设。

（二）完善投入机制

电力企业要落实应急专项经费，县级以上地方各级政府电力管理等有关部门要落实应急专项资金，为实施本计划提供资金保障。电力企业要充分发挥金融、保险的作用，为电力应急能力建设提供辅助服务。

（三）强化实施评估

各单位要加强目标管理和过程管控，将建设任务纳入安全生产应急管理综合评价范围，定期总结评估，及时协调解决实施过程中发现的问题，保障计划顺利实施。

国家技术转移体系是促进科技成果持续产生，推动科技成果扩散、流动、共享、应用并实现经济与社会价值的生态系统。建设和完善国家技术转移体系，对于促进科技成果资本化产业化、提升国家创新体系整体效能、激发全社会创新创业活力、促进科技与经济紧密结合具有重要意义。党中央、国务院高度重视技术转移工作。改革开放以来，我国科技成果持续产出，技术市场有序发展，技术交易日趋活跃，但也面临技术转移链条不畅、人才队伍不强、体制机制不健全等问题，迫切需要加强系统设计，构建符合科技创新规律、技术转移规律和产业发展规律的国家技术转移体系，全面提升科技供给与转移扩散能力，推动科技成果加快转化为经济社会发展的现实动力。为深入落实《中华人民共和国促进科技成果转化法》，加快建设和完善国家技术转移体系，制定本方案。

促进新一代人工智能产业发展三年行动计划（2018—2020年）

发布单位：工业和信息化部

当前，新一轮科技革命和产业变革正在萌发，大数据的形成、理论算法的革新、计算能力的提升及网络设施的演进驱动人工智能发展进入新阶段，智能化成为技术和产业发展的重要方向。人工智能具有显著的溢出效应，将进一步带动其他技术的进步，推动战略性新兴产业总体突破，正在成为推进供给侧结构性改革的新动能、振兴实体经济的新机遇、建设制造强国和网络强国的新引擎。为落实《新一代人工智能发展规划》，深入实施“中国制造2025”，抓住历史机遇，突破重点领域，促进人工智能产业发展，提升制造业智能化水平，推动人工智能和实体经济深度融合，制订本行动计划。

一、总体要求

（一）指导思想

全面贯彻落实党的十九大精神，以习近平新时代中国特色社会主义思想为指导，按照“五位一体”总体布局和“四个全面”战略布局，认真落实党中央、国务院决策部署，以信息技术与制造技术深度融合为主线，推动新一代人工智能技术的产业化与集成应用，发展高端智能产品，夯实核心基础，提升智能制造水平，完善公共支撑体系，促进新一代人工智能产业发展，推动制造强国和网络强国建设，助力实体经济转型升级。

（二）基本原则

系统布局　把握人工智能发展趋势，立足国情和各地区的产业现实基础，顶层引导和区域协作相结合，加强体系化部署，做好分阶段实施，构建完善新一代人工智能产业体系。

重点突破　针对产业发展的关键薄弱环节，集中优势力量和创新资源，支持重点领域人工智能产品研发，加快产业化与应用部署，带动产业整体提升。

协同创新　发挥政策引导作用，促进产学研用相结合，支持龙头企业与上下游中小企业加强协作，构建良好的产业生态。

开放有序　加强国际合作，推动人工智能共性技术、资源和服务的开放共享。完善发展环境，提升安全保障能力，实现产业健康有序发展。

（三）行动目标

通过实施四项重点任务，力争到2020年，一系列人工智能标志性产品取得重要突破，在若干重点领域形成国际竞争优势，人工智能和实体经济融合进一步深化，产业发展环境进一步优化。

——人工智能重点产品规模化发展，智能网联汽车技术水平大幅提升，智能服务机器人实现规模化应用，智能无人机等产品具有较强全球竞争力，医疗影像辅助诊断系统等扩大临床应用，视频图像识别、智能语音、智能翻译等产品达到国际先进水平。

——人工智能整体核心基础能力显著增强，智能传感器技术产品实现突破，设计、代工、封测技术达到国际水平，神经网络芯片实现量产并在重点领域实现规模化应用，开源开发平台初步具备支撑产业快速发展的能力。

——智能制造深化发展，复杂环境识别、新型人机交互等人工智能技术在关键技术装备中加快集成应用，智能化生产、大规模个性化定制、预测性维护等新模式的应用水平明显提升。重点工业领域智能化水平显著提高。

——人工智能产业支撑体系基本建立，具备一定规模的高质量标注数据资源库、标准测试数据集建成并开放，人工智能标准体系、测试评估体系及安全保障体系框架初步建立，智能化网络基础设施体系逐步形成，产业发展环境更加完善。

二、培育智能产品

以市场需求为牵引，积极培育人工智能创新产品和服务，促进人工智能技术的产业化，推动智能产品在工业、医疗、交通、农业、金融、物流、教育、文化、旅游等领域的集成应用。发展智能控制产品，加快突破关键技术，研发并应用一批具备复杂环境感知、智能人机交互、灵活精准控制、群体实时协同等特征的智能化设备，满足高可用、高可靠、安全等要求，提升设备处理复杂、突发、极端情况的能力。培育智能理解产品，加快模式识别、智能语义理解、智能分析决策等核心技术研发和产业化，支持设计一批智能化水平和可靠性较高的智能理解产品或模块，优化智能系统与服务的供给结构。推动智能硬件普及，深化人工智能技术在智能家居、健康管理、移动智能终端和车载产品等领域的应用，丰富终端产品的智能化功能，推动信息消费升级。着重在以下领域率先取得突破：

（一）智能网联汽车

支持车辆智能计算平台体系架构、车载智能芯片、自动驾驶操作系统、车辆智能算法等关键技术、产品研发，构建软件、硬件、算法一体化的车辆智能化平台。到2020年，建立可靠、安全、实时性强的智能网联汽车智能化平台，形成平台相关标准，支撑高度自动驾驶（HA级）。

（二）智能服务机器人

支持智能交互、智能操作、多机协作等关键技术研发，提升清洁、老年陪护、康复、助残、儿童教育等家庭服务机器人的智能化水平，推动巡检、导览等公共服务机器人以及消防救援机器人等的创新应用。发展三维成像定位、智能精准安全操控、人机协作接口等关键技术，支持手术机器人操作系统研发，推动手术机器人在临床医疗中的应用。到2020年，智能服务机器人环境感知、自然交互、自主学习、人机协作等关键技术取得突破，智能家庭服务机器人、智能公共服务机器人实现批量生产及应用，医疗康复、助老助残、消防救灾等机器人实现样机生产，完成技术与功能验证，实现20家以上应用示范。

（三）智能无人机

支持智能避障、自动巡航、面向复杂环境的自主飞行、群体作业等关键技术研发与应用，推动新一代通信及定位导航技术在无人机数据传输、链路控制、监控管理等方面的应用，开展智能飞控系统、高集成度专用芯片等关键部件研制。到2020年，智能消费级无人机三轴机械增稳云台精度达到0.005度，实现360度全向感知避障，实现自动智能强制避让航空管制区域。

（四）医疗影像辅助诊断系统

推动医学影像数据采集标准化与规范化，支持脑、肺、眼、骨、心脑血管、乳腺等典型疾病领域的医学影像辅助诊断技术研发，加快医疗影像辅助诊断系统的产品化及临床辅助应用。到2020年，国内先进的多模态医学影像辅助诊断系统对以上典型疾病的检出率超过95%，假阴性率低于1%，假阳性率低于5%。

（五）视频图像身份识别系统

支持生物特征识别、视频理解、跨媒体融合等技术创新，发展人证合一、视频监控、图像搜索、视频摘要等典型应用，拓展在安防、金融等重点领域的应用。到2020年，复杂动态场景下人脸识别有效检出率超过97%，正确识别率超过90%，支持不同地域人脸特征识别。

（六）智能语音交互系统

支持新一代语音识别框架、口语化语音识别、个性化语音识别、智能对话、音视频融合、语音合成等技术的创新应用，在智能制造、智能家居等重点领域开展推广应用。到2020年，实现多场景下中文语音识别平均准确率达到96%，5米远场识别率超过92%，用户对话意图识别准确率超过90%。

（七）智能翻译系统

推动高精准智能翻译系统应用，围绕多语言互译、同声传译等典型场景，利用机器学习技术提升准确度和实用性。到2020年，多语种智能互译取得明显突破，中译英、英译中场景下产品的翻译准确率超过85%，少数民族语言与汉语的智能互译准确率显著提升。

（八）智能家居产品

支持智能传感、物联网、机器学习等技术在智能家居产品中的应用，提升家电、智能网络设备、水电气仪表等产品的智能水平、实用性和安全性，发展智能安防、智能家具、智能照明、智能洁具等产品，建设一批智能家居测试评价、示范应用项目并推广。到2020年，智能家居产品类别明显丰富，智能电视市场渗透率达到90%以上，安防产品智能化水平显著提升。

三、突破核心基础

加快研发并应用高精度、低成本的智能传感器，突破面向云端训练、终端应用的神经网络芯片及配套工具，支持人工智能开发框架、算法库、工具集等的研发，支持开源开放平台建设，积极布局面向人工智能应用设计的智能软件，夯实人工智能产业发展的软硬件基础。着重在以下领域率先取得突破：

（一）智能传感器

支持微型化及可靠性设计、精密制造、集成开发工具、嵌入式算法等关键技术研发，支持基于新需求、新材料、新工艺、新原理设计的智能传感器研发及应用。发展市场前景广阔的新型生物、气体、压力、流量、惯性、距离、图像、声学等智能传感器，推动压电材料、磁性材料、红外辐射材料、金属氧化物等材料技术革新，支持基于微机电系统（MEMS）和互补金属氧化物半导体（CMOS）集成等工艺的新型智能传感器研发，发展面向新应用场景的基于磁感、超声波、非可见光、生物化学等新原理的智能传感器，推动智能传感器实现高精度、高可靠、低功耗、低成本。到2020年，压电传感器、磁传感器、红外传感器、气体传感器等的性能显著提高，信噪比达到70dB、声学过载点达到135dB的声学传感器实现量产，绝对精度100Pa以内、噪音水平0.6Pa以内的压力传感器实现商用，弱磁场分辨率达到1pT的磁传感器实现量产。在模拟仿真、设计、MEMS工艺、封装及个性化测试技术方面达到国际先进水平，具备在移动式可穿戴、互联网、汽车电子等重点领域的系统方案设计能力。

（二）神经网络芯片

面向机器学习训练应用，发展高性能、高扩展性、低功耗的云端神经网络芯片，面向终端应用发展适用于机器学习计算的低功耗、高性能的终端神经网络芯片，发展与神经网络芯片配套的编译器、驱动软件、开发环境等产业化支撑工具。到2020年，神经网络芯片技术取得突破进展，推出性能达到128TFLOPS（16位浮点）、能效比超过1TFLOPS/w的云端神经网络芯片，推出能效比超过1TOPS/w（以16位浮点为基准）的终端神经网络芯片，支持卷积神经网络（CNN）、递归神经网络（RNN）、长短期记忆网络（LSTM）等一种或几种主流神经网络算法；在智能终端、自动驾驶、智能安防、智能家居等重点领域实现神经网络芯片的规模化商用。

（三）开源开放平台

针对机器学习、模式识别、智能语义理解等共性技术和自动驾驶等重点行业应用，支持面向云端训练和终端执行的开发框架、算法库、工具集等的研发，支持开源开发平台、开放技术网络和开源社区建设，鼓励建设满足复杂训练需求的开放计算服务平台，鼓励骨干龙头企业构建基于开源开放技术的软件、硬件、数据、应用协同的新型产业生态。到2020年，面向云端训练的开源开发平台支持大规模分布式集群、多种硬件平台、多种算法，面向终端执行的开源开发平台具备轻量化、模块化和可靠性等特征。

四、深化发展智能制造

深入实施智能制造，鼓励新一代人工智能技术在工业领域各环节的探索应用，支持重点领域算法突破与应用创新，系统提升制造装备、制造过程、行业应用的智能化水平。着重在以下方面率先取得突破：

（一）智能制造关键技术装备

提升高档数控机床与工业机器人的自检测、自校正、自适应、自组织能力和智能化水平，利用人工智能技术提升增材制造装备的加工精度和产品质量，优化智能传感器与分散式控制系统（DCS）、可编程逻辑控制器（PLC）、数据采集系统（SCADA）、高性能高可靠嵌入式控制系统等控制装备在复杂工作环境的感知、认知和控制能力，提高数字化非接触精密测量、在线无损检测系统等智能检测装备的测量精度和效率，增强装配设备的柔性。提升高速分拣机、多层穿梭车、高密度存储穿梭板等物流装备的智能化水平，实现精准、柔性、高效的物料配送和无人化智能仓储。

到2020年，高档数控机床智能化水平进一步提升，具备人机协调、自然交互、自主学习功能的新一代工业机器人实现批量生产及应用；增材制造装备成形效率大于450cm^3/h，连续工作时间大于240h；实现智能传感与控制装备在机床、机器人、石油化工、轨道交通等领域的集成应用；智能检测与装配装备的工业现场视觉识别准确率达到90%，测量精度及速度满足实际生产需求；开发10个以上智能物流与仓储装备。

（二）智能制造新模式

鼓励离散型制造业企业以生产设备网络化、智能化为基础，应用机器学习技术分析处理现场数据，实现设备在线诊断、产品质量实时控制等功能。鼓励流程型制造企业建设全流程、智能化生产管理和安防系统，实现连续性生产、安全生产的智能化管理。打造网络化协同制造平台，增强人工智能指引下的人机协作与企业间协作研发设计与生产能力。发展个性化定制服务平台，提高对用户需求特征的深度学习和分析能力，优化产品的模块化设计能力和个性化组合方式。搭建基于标准化信息采集的控制与自动诊断系统，加快对故障预测模型和用户使用习惯信息模型的训练和优化，提升对产品、核心配件的生命周期分析能力。

到2020年，数字化车间的运营成本降低20%，产品研制周期缩短20%；智能工厂产品不良品率降低10%，能源利用率提高10%；航空航天、汽车等领域加快推广企业内外并行组织和协同优化新模式；服装、家电等领域对大规模、小批量个性化订单全流程的柔性生产与协作优化能力普遍提升；在装备制造、零部件制造等领域推进开展智能装备健康状况监测预警等远程运维服务。

五、构建支撑体系

面向重点产品研发和行业应用需求，支持建设并开放多种类型的人工智能海量训练资源库、标准测试数据集和云服务平台，建立并完善人工智能标准和测试评估体系，建设知识产权等服务平台，加快构建智能化基础设施体系，建立人工智能网络安全保障体系。着重在以下领域率先取得突破：

（一）行业训练资源库

面向语音识别、视觉识别、自然语言处理等基础领域及工业、医疗、金融、交通等行业领域，支持建设高质量人工智能训练资源库、标准测试数据集并推动共享，鼓励建设提供知识图谱、算法训练、产品优化等共性服务的开放性云平台。到2020年，基础语音、视频图像、文本对话等公共训练数据量大幅提升，在工业、医疗、金融、交通等领域汇集一定规模的行业应用数据，用于支持创业创新。

（二）标准测试及知识产权服务平台

建设人工智能产业标准规范体系，建立并完善基础共性、互联互通、安全隐私、行业应用等技术标准，鼓励业界积极参与国际标准化工作。构建人工智能产品评估评测体系，对重点智能产品和服务的智能水平、可靠性、安全性等进行评估，提升人工智能产品和服务质量。研究建立人工智能技术专利协同运用机制，支持建设专利协同运营平台和知识产权服务平台。到2020年，初步建立人工智能产业标准体系，建成第三方试点测试平台并开展评估评测服务；在模式识别、语义理解、自动驾驶、智能机器人等领域建成具有基础支撑能力的知识产权服务平台。

（三）智能化网络基础设施

加快高度智能化的下一代互联网、高速率大容量低时延的第五代移动通信（5G）网、快速高精度定位的导航网、泛在融合高效互联的天地一体化信息网部署和建设，加快工业互联网、车联网建设，逐步形成智能化网络基础设施体系，提升支撑服务能力。到2020年，全国90%以上地区的宽带接入速率和时延满足人工智能行业应用需求，10家以上重点企业实现覆盖生产全流程的工业互联网示范建设，重点区域车联网网络设施初步建成。

（四）网络安全保障体系

针对智能网联汽车、智能家居等人工智能重点产品或行业应用，开展漏洞挖掘、安全测试、威胁预警、攻击检测、应急处置等安全技术攻关，推动人工智能先进技术在网络安全领域的深度应用，加快漏洞库、风险库、案例集等共享资源建设。到2020年，完善人工智能网络安全产业布局，形成人工智能安全防控体系框架，初步建成具备人工智能安全态势感知、测试评估、威胁信息共享以及应急处置等基本能力的安全保障平台。

六、保障措施

（一）加强组织实施

强化部门协同和上下联动，建立健全政府、企业、行业组织和产业联盟、智库等的协同推进机制，加强在技术攻关、标准制定等方面的协调配合。加强部省合作，依托国家新型工业化产业示范基地建设等工作，支持有条件的地区发挥自身资源优势，培育一批人工智能领军企业，探索建设人工智能产业集聚区，促进人工智能产业突破发展。面向重点行业和关键领域，推动人工智能标志性产品应用。建立人工智能产业统计体系，关键产品与服务目录，加强跟踪研究和督促指导，确保重点工作有序推进。

（二）加大支持力度

充分发挥工业转型升级（中国制造2025）等现有资金以及重大项目等国家科技计划（专项、基金）的引导作用，支持符合条件的人工智能标志性产品及基础软硬件研发、应用试点示范、支撑平台建设等，鼓励地方财政对相关领域加大投入力度。以重大需求和行业应用为牵引，搭建典型试验环境，建设产品可靠性和安全性验证平台，组织协同攻关，支持人工智能关键应用技术研发及适配，支持创新产品设计、系统集成和产业化。支持人工智能企业与金融机构加强对接合作，通过市场机制引导多方资本参与产业发展。在首台（套）重大技术装备保险保费补偿政策中，探索引入人工智能融合的技术装备、生产线等关键领域。

（三）鼓励创新创业

加快建设和不断完善智能网联汽车、智能语音、智能传感器、机器人等人工智能相关领域的制造业创新中心，设立人工智能领域的重点实验室。支持企业、科研院所与高校联合开展人工智能关键技术研发与产业化。鼓励开展人工智能创新创业和解决方案大赛，鼓励制造业大企业、互联网企业、基础电信企业建设“双创”平台，发挥骨干企业引领作用，加强技术研发与应用合作，提升产业发展创新力和国际竞争力。培育人工智能创新标杆企业，搭建人工智能企业创新交流平台。

（四）加快人才培养

贯彻落实《制造业人才发展规划指南》，深化人才体制机制改革。以多种方式吸引和培养人工智能高端人才和创新创业人才，支持一批领军人才和青年拔尖人才成长。依托重大工程项目，鼓励校企合作，支持高等学校加强人工智能相关学科专业建设，引导职业学校培养产业发展急需的技能型人才。鼓励领先企业、行业服务机构等培养高水平的人工智能人才队伍，面向重点行业提供行业解决方案，推广行业最佳应用实践。

（五）优化发展环境

开展人工智能相关政策和法律法规研究，为产业健康发展营造良好环境。加强行业对接，推动行业合理开放数据，积极应用新技术、新业务，促进人工智能与行业融合发展。鼓励政府部门率先运用人工智能提升业务效率和管理服务水平。充分利用双边、多边国际合作机制，抓住“一带一路”建设契机，鼓励国内外科研院所、企业、行业组织拓宽交流渠道，广泛开展合作，实现优势互补、合作共赢。

落实《中长期青年发展规划（2016—2025年）》实施方案

发布单位：科技部

为认真贯彻落实《中长期青年发展规划（2016—2025年）》（中发〔2017〕12号），进一步发挥科技部在助推青年成长成才中的作用，制定本实施方案。

一、总体要求

认真学习贯彻习近平总书记系列重要讲话精神和治国理政新理念新思想新战略，深入落实创新驱动发展战略，坚持党管青年原则，牢牢把握为实现中华民族伟大复兴中国梦而奋斗的时代主题，着力营造有利于青年人才创新创业的良好环境，着力发挥科技创新对青年事业发展的推动作用，着力激发青年投身科技事业的热情，充分照顾青年的特点和利益，优化青年成长环境，服务青年紧迫需求，维护青年发展权益，促进青年全面发展，引导青年更好成长为建设创新型国家和世界科技强国的生力军和突击队。

二、重点任务

（一）青年教育

1. 提高学校育人质量。丰富学生创新实践平台，深入开展“挑战杯”竞赛和中国青少年科技创新奖评选，支持培育学生科技创新社团，营造校园科技创新氛围，为学生开展科技创新探索提供必要条件（牵头单位：政策司；参加单位：基础司、奖励办、中信所、火炬中心）。

2. 强化社会实践教育。在青年中广泛开展科普教育和群众性科技创新活动，引导广大青年讲科学、爱科学、学科学、用科学。面向科技部青年开展“根在基层”系列调研实践活动，引导青年深入基层和科技一线，与基层干部群众同吃同住同劳动，通过实地调研、访谈交流、体验基层工作等方式，充分反映基层科技创新需求和科技工作情况，为推动科技政策实施和科技体制改革等提供重要参考（牵头单位：政策司、机关党委；参加单位：各有关单位）。

3. 培育青年人才队伍。实施青年英才开发计划，在重点学科领域培育扶持一批青年拔尖人才；在高水平研究型大学和科研院所优势基础学科建设一批国家青年英才培养基地。加大教育、科技和其他各类人才工程项目对青年人才培养支持力度，在国家重大人才工程项目中设立青年专项。加强知识产权保护，鼓励青年人才创新创造。鼓励和支持青年人才参与战略前沿领域研究，着力培育一批青年科技创新领军人才。坚持自主培养开发与海外引进并举，用好国内优秀人才，吸引海外高层次青年人才和急需紧缺青年专门人才。鼓励并支持社会公益基金参与青年科技人才培育活动，鼓励科技部青年到基层一线、艰苦环境中进行挂职锻炼，开展青年干部多岗位交流，支持优秀青年科技人才到国际组织工作，鼓励青年干部到驻外岗位工作。修订《中共科技部党组关于加强和改进青年工作的意见》，为科技部青年成长成才搭建平台（牵头单位：政策司、人事司、机关党委；参加单位：资管司、基础司、人才中心）。

（二）青年健康

4. 加强青年心理健康教育和服务。注重加强对青年的人文关怀和心理疏导，引导青年自尊自信、理性平和、积极向上，培养良好心理素质和意志品质。促进青年身心和谐发展，指导青年正确处理个人与他人、个人与集体、个人与社会的关系。加强青年心理健康知识宣传普及，提供心理卫生知晓率。针对青年特点，开展青年喜闻乐见的活动，缓解青年在职业、生活和情感等方面的压力（牵头单位：机关党委、人事司；参加单位：政策司）。

（三）青年就业创业

5. 推动完善促进青年就业创业政策体系。发挥公共财政促进青年就业作用，完善落实财政金融扶持政策，扶持发展现代服务业、战略性新兴产业、劳动密集型企业和小微企业，吸纳青年就业。进一步完善青年创业就业配套政策及法律法规。青年创新创业服务体系更加完善，创新创业活力明显提升（牵头单位：政策司、高新司、火炬中心；参加单位：创发司、资管司）。

6. 加强青年就业服务。实施青年就业见习计划，按照“项目化运作、社会化动员、规范化管理”思路，在企业、社区、科研院所建设一批见习、实习基地，开发一批具有职业发展空间、技能训练机会的见习、实习岗位。创新就业信息服务方式方法，注重运用互联网技术打造适合青年特点的就业服务模式。加强青年职业培训，健全面向青年的劳动预备制培训计划，落实职业培训补贴政策（牵头单位：政策司、高新司；参加单位：人事司、机关党委、人才中心）。

7. 推动青年投身创业实践。建立青年创业人才汇聚平台，建设青年创业导师团队，开展普及性培训和“一对一”辅导相结合的创业培训活动，帮助青年增强创业意识、增进创业本领。推动青年创业第三方综合服务体系建设，搭建各类青年创业孵化平台，完善政策咨询、融资服务、跟踪扶持、公益场地等孵化功能。加大青年创业金融服务落地力度，优化银行贷款等间接融资方式，支持创业担保贷款发展，拓宽股权投资等直接融资渠道。支持青年创业基金发展，发挥好国家新兴产业创业投资引导基金、中小企业发展基金和科技成果转化引导基金等政府引导基金的作用，带动社会资本投入，解决青年创业融资难题。建设青年创业项目展示和资源对接平台，搭建青年创业信息公共服务网络，办好青年创新创业大赛、展交会、博览会等创业品牌活动。完善互联网创新创业政策，实施青年电商培育工程。推动形成鼓励创新、宽容失败的体制机制和社会环境，更好激发青年创新潜能和创业活力（牵头单位：资管司、火炬中心；参加单位：政策司、创发司）。

（四）青年社会融入与社会参与

8. 鼓励青年在经济社会发展中充分发挥生力军和突击队作用。组织动员广大青年积极投身脱贫攻坚，充分发挥青年企业家、青年科技工作者、青年致富带头人、青年志愿者等群体作用，为贫困地区改善区域发展环境、促进经济社会发展提供资金、人才、技术、管理等支持。坚持围绕大局、服务社会需求、突出青年特色，深化青年志愿服务工作，组织引导广大青年大力弘扬“奉献、友爱、互助、进步”的志愿精神（牵头单位：政策司、农村司、机关党委；参与单位：各有关单位）。

三、组织实施

在部党组统一领导下，部内各单位要高度重视青年工作，配合牵头单位切实做好《规划》相关任务的落实，领导班子每年要专题研究青年工作，有针对性地解决青年的实际问题，各基层党组织书记在年终党建述职评议时增加青年工作的内容。各单位青年小组要在基层党组织的领导下积极发挥作用，为青年成长成才搭建平台。机关党委要督促各单位把青年工作纳入党的工作总体布局，与党建工作同部署同检查同考核。机关团委要加强对各单位青年工作的组织协调和督促指导，建立健全青年工作考核激励机制。

分散式风电项目开发建设暂行管理办法

发布单位：国家能源局

第一章 总 则

第一条 为推进分散式风电发展，规范分散式风电项目建设管理，根据《中华人民共和国可再生能源法》《中华人民共和国电力法》《中华人民共和国行政许可法》《中华人民共和国土地管理法》以及《分布式发电管理暂行办法》，制定本办法。

第二条 分散式风电项目是指所产生电力可自用，也可上网且在配电系统平衡调节的风电项目。项目建设应满足以下技术要求：

（一）接入电压等级应为110千伏及以下，并在110千伏及以下电压等级内消纳，不向110千伏的上一级电压等级电网反送电。

（二）35千伏及以下电压等级接入的分散式风电项目，应充分利用电网现有变电站和配电系统设施，优先以T或者π接的方式接入电网。

（三）110千伏（东北地区66千伏）电压等级接入的分散式风电项目只能有1个并网点，且总容量不应超过50兆瓦。

（四）在一个并网点接入的风电容量上限以不影响电网安全运行为前提，统筹考虑各电压等级的接入总容量。

国家关于分布式发电的政策和管理规定均适用于分散式风电项目；110千伏（东北地区66千伏）电压等级接入的分散式风电项目，接入系统设计和管理按照集中式风电场执行。

第三条 鼓励各类企业及个人作为项目单位，在符合土地利用总体规划的前提下，投资、建设和经营分散式风电项目。鼓励开展商业模式创新，吸引社会资本参与分散式风电项目开发，充分激发市场活力。

第四条 各省级能源主管部门在国务院能源主管部门的组织和指导下，负责本地区分散式风电项目的开发规划、建设管理以及质量和安全监督管理职责。

第二章 规 划 指 导

第五条 地方各级能源主管部门会同国土、环保、规划等部门和相关企业，依据当地土地利用总体规划和风能资源、电网接入、清洁能源消纳能力等开发建设条件，制订当地分散式风电开发建设规划，并依法开展环境影响评价工作，编制规划环境影响报告书，同时结合实际情况及时对规划进行滚动修编。分散式风电开发建设规划应做好与《风电发展“十三五”规划》的衔接，在落实消纳条件和分散式风电技术要求的条件下，严格按照《国家能源局关于可再生能源发展“十三五”规划实施的指导意见》对风电建设规模的相关要求以及我局关于风电预警管理的相关规定编制，不得随意扩大建设规模。

规划编制可按以下流程开展：1. 能源主管部门根据土地、资源等提出规模及布点方案；2. 电网企业据此方案，基于电网、负荷，按照电网接入条件约束进行容量和布点的优化；3. 能源主管部门公开发布分散式风电规划报告并进行滚动修编。

第六条 全面拓宽应用领域。鼓励分散式风电项目与太阳能、天然气、生物质能、地热能、海洋能等各类能源形式综合开发，提高区域可再生能源利用水平；与生态旅游、美丽乡村、特色小镇等民生改善工程深入结合，促进县域经济发展；与智慧城市、智慧园区、智慧社区等有效融合，为构建未来城市（社区）形态提供能源支撑；与海岛资源开发利用充分结合，促进发展海洋经济、拓宽发展空间。

第七条 各级电网企业应积极配合分散式风电开发建设规划制订工作，提供本地区电网建设规划、潮流、新能源消纳等相关信息，并明确各并网点及其潜在接入容量等数据。鼓励分散式风电等分布式发电建设条件好的市（县）及地区电网企业编制分布式新能源电网接入和消纳的专项规划。

第八条 分散式风电项目开发建设规划应与土地利用、生态保护、乡村发展、电网建设等相关规划有效衔接，并符合城乡规划，避免分散式风电开发建设规划与其他规划冲突。

第三章 项目建设和管理

第九条 各地方要简化分散式风电项目核准流程，建立简便高效规范的核准管理工作机制，鼓励试行项目核准承诺制。地方能源主管部门制订完善的分散式风电项目核准管理工作细则，建立简便高效规范的工作流程，明确项目核准的申报材料、办理流程和办理时限等，并向社会公布。对于试行项目核准承诺制的地区，地方能源主管部门不再审查前置要件，审查方式转变为企业提交相关材料并做出信用承诺，地方能源主管部门审核通过后，即对项目予以核准。

第十条 鼓励各地方政府设立以能源主管部门牵头的“一站式”管理服务窗口，建立国土、环保等多部门高效协调的管理工作机制，并与电网企业有效衔接，建立与电网接入申请、并网调试、电费结算和补贴发放等相结合的分散式风电项目核准等“一站式”服务体系。

第十一条 分散式风电项目开发企业在项目取得土地、规划、环保等职能部门的支持性文件后，按照地方政府有关规定，向相应的项目核准机关报送项目申请报告。各地相关部门要针对分散式风电项目的特点简化工作流程，降低项目前期成本。

第十二条　开发企业应按照核准文件的要求进行建设。项目核准后两年内不开工建设的，按照《企业投资项目核准和备案管理办法》（国家发展和改革委员会令第2号）处理。项目开工以第一台风电机组基础浇筑为标志。

第十三条　在满足国家环保、安全生产等相关要求的前提下，开发企业可使用本单位自有建设用地（如园区土地），也可租用其他单位建设用地开发分散式风电项目。

分散式风电项目不得占用永久基本农田。对于占用其他类型土地的，应依法办理建设用地审批手续；在原土地所有权人、使用权人同意的情况下，可通过协议等途径取得建设用地使用权。

第十四条　分散式风电项目申请核准时可选择“自发自用、余电上网”或“全额上网”中的一种模式。自发自用部分电量不享受国家可再生能源发展基金补贴，上网电量由电网企业按照当地风电标杆上网电价收购，其中电网企业承担燃煤机组标杆上网电价部分，当地风电标杆上网电价与燃煤机组标杆上网电价差额部分由可再生能源发展基金补贴。对未严格按照技术要求建设的分散式风电项目，国家不予补贴。

第十五条　鼓励开发企业将位于同一县域内的多个电网接入点的风电机组打捆成一个项目统一开展前期工作，办理相关支持性文件，进行项目前期工作和开发建设。

第四章　电网接入

第十六条　通过110千伏（东北地区66千伏）电压等级接入的分散式风电项目，应满足国家标准GB/T 19963《风电场接入电力系统技术规定》及其他国家/行业相关标准的技术要求；通过35千伏及以下电压等级接入的分散式风电项目，应满足国家标准GB/T 33593《分布式电源并网技术要求》及其他国家/行业相关标准的技术要求。

第十七条　电网企业应为纳入专项规划的35千伏及以下电压等级的分散式风电项目接入电网提供便利条件，为接入系统工程建设开辟绿色通道。接入公共电网的分散式风电项目，接入系统工程以及接入引起的公共电网改造部分由电网企业投资建设。接入用户侧的分散式风电项目，在用户范围内的接入系统工程由项目业主投资建设，接入引起的公共电网改造部分由电网企业投资建设。

第十八条　电网企业应完善35千伏及以下电压等级接入分散式风电项目接网和并网运行服务。由地市或县级电网企业设立分散式风电项目“一站式”并网服务窗口，按照简化程序办理电网接入，提供相应并网服务，并及时向社会公布配电网可接入容量信息。

第十九条　35千伏及以下电压等级接入分散式风电项目办理并网手续的工作流程、办理时限，参照以下要求执行：

（一）地市或县级电网企业客户服务中心为分散式风电项目业主提供并网申请受理服务，向项目业主填写并网申请表提供咨询指导，接受相关支持性文件，不得以政府核准文件、客户有效身份证明之外的材料缺失为由拒绝并网申请。

（二）电网企业为分散式风电项目业主提供接入系统方案制订和咨询服务，并在受理并网申请后20个工作日内，由客户服务中心将接入系统方案送达项目业主，经项目业主确认后实施。

（三）分散式风电项目主体工程和接入系统工程竣工后，客户服务中心受理项目业主并网调试申请，接收相关材料。

（四）电网企业在受理并网调试申请后，10个工作日内完成关口电能计量装置安装服务，并与项目业主（或电力用户）签署购售电合同和并网调度协议。合同和协议内容参照有关部门制订的示范文本内容。

（五）电网企业在关口电能计量装置安装完成后，10个工作日内组织并网调试，调试通过后直接转入并网运行。

（六）电网企业在并网申请受理、接入系统方案制订、合同和协议签署、并网调试全过程服务中，不收取任何费用。

第二十条　电网企业应按规定的并网点及时完成应承担的接网工程，在符合电网运行安全以及网络与信息安全技术要求的前提下，尽可能在用户侧以较低电压等级接入，允许内部多点接入配电系统，避免安装不必要的升压设备。

第二十一条　电网企业应根据分散式风电接入方式、电量使用范围，本着安全、简便、及时、高效的原则做好并网管理，提供相关服务。

第二十二条　分散式风电与电网的产权分界点为风电机组集电线路最靠近电网的最后一台风电机组处，电量计量点原则上尽可能接近产权分界点，在技术条件复杂时可由开发企业与当地电网企业协商确定。电网企业提供的电能计量表应可明确区分项目总发电量、“自发自用”电量和上网电量。

第二十三条　完善分散式风电项目电费结算和补贴拨付。

（一）电网企业按月（或双方约定）与分散式风电项目单位（含个人）结算电费和转付国家补贴资金，按分散式风电项目优先原则做好补贴资金使用预算和计划，保障国家补贴资金及时足额转付到位。

（二）电网企业应按照有关规定配合当地税务部门处理好购买自然人（个人）分散式风电项目电力产品发票开具和税款征收问题。

（三）电网企业应做好项目电费结算和补贴发放情况的统计，并按要求向国务院能源主管部门及其派出机构、省级能源主管部门报送相关信息。

（四）分散式风电项目并网调试完成，并具备正式结算条件后，由电网企业按季度按流程向财政部、国家发展改革委、国家能源局申报纳入可再生能源发电补贴目录。

第二十四条　对于接入10千伏及以上电压等级电力系统的分散式风电项目，开发企业应确保其安装的风电机组型号通过了相关国家标准、行业标准所规定的测试，并网运行时电能质量和所在公共电网的接入点电压合格。分散式风电应充分利用自身无功电压调节能力，补偿分散式风电接入带来的无功和电能质量控制需求。电网企业根据当地电网运行需要，统一建立覆盖本地区的功率预测预报体系。

第二十五条　分散式风电项目根据其所用的风电机组技术特性运行，在确保电力系统网络与信息安全的前提下，向地市或县级电网调度部门上传运行信息。

第五章　运行管理

第二十六条　分散式风电项目运营主体应当遵守电力业务许可制度，依法开展发电相关业务，并接受国务院能源主管部门及其派出机构的监管。

第二十七条　加强分散式风电项目监测和评价。电网企业应与分散式风电项目建立沟通协调机制，及时掌握分散式风电运行情况。在电网和分散式风电项目检修期间，做好接入点隔离措施。

第二十八条　完善产业技术服务体系。通过市场机制培育分散式风电项目规划设计、工程建设、评估认证、运行维护等环节的专业化服务能力，满足分散式风电项目多元化参与主体的技术需求。

第二十九条　探索新型专业化的运维商业模式。鼓励分散式风电项目应用智能化运行管理技术，实现无人值守的运行模式；鼓励开发企业委托第三方专业机构提供运维服务。

第三十条　完善分散式风电项目机组退役管理。制订风电机组剩余寿命评估标准，在风电机组并网运行达到设计寿命前1~2年内，对机组状况、运行条件及剩余寿命等进行综合评估，按照标准要求对机组采取延期服役或拆除处理。

第六章　金融和投资开发模式创新

第三十一条　创新投融资机制。鼓励各类企业、社会机构、农村集体经济组织和个人参与投资分散式风电项目，实现投资主体多元化。

（一）鼓励项目所在地政府建立分散式风电项目融资服务平台，与银行、保险公司等金融机构合作开展金融服务创新，如设立公共担保基金、风险补偿基金等。鼓励项目所在地政府结合民生项目对分散式风电项目提供贷款贴息。

（二）鼓励银行等金融机构，在有效防控风险的前提下，综合考虑社会效益和商业可持续性，积极为分散式风电项目提供金融服务，探索以项目售电收费权和项目资产为质押的贷款机制。

（三）在确保不增加地方政府隐性债务的前提下，鼓励合法合规地采用融资租赁方式为分散式风电项目提供一体化融资租赁服务；鼓励各类基金、保险、信托等与产业资本结合，探索建立分散式风电项目投资基金；鼓励担保机构对中小企业和个人提供建设分散式风电项目的信用担保，支持分散式风电入户、入社区（乡村和工业园区等）。

第三十二条　积极开展商业模式创新。在农民自愿的前提下，可以将征地补偿费和租用农用地费作为资产入股项目，形成集体股权，并量化给农村集体经济组织成员，建立公平、公正、公开的项目收益分配制度，以组、村、乡镇不同层级农村集体经济组织为股权持有者，其成员为集体股权受益主体，推动实现共享发展。鼓励社会资本采取混合所有制、设立基金、组建联合体等多种方式，以PPP合作模式参与地方政府主导的分散式风电项目投资建设。

第三十三条　鼓励项目所在地开展分散式风电电力市场化交易试点，允许分散式风电项目向配电网内就近电力用户直接售电，市场化交易范围、交易方式、交易电价、输配电价、交易各主体权利和义务等按照分布式发电市场化交易相关规定执行。

第七章　附　则

第三十四条　本办法自颁布之日起实施，有效期5年。

第三十五条　本办法由国家能源局负责解释。

国家发展改革委、国家能源局关于提升电力系统调节能力的指导意见

发布单位：国家发展改革委国家能源局

各省、自治区、直辖市及计划单列市、新疆生产建设兵团发展改革委（能源局）、经信委（工信委、工信厅）、国家能源局各派出监管机构，国家电网公司、南方电网公司，华能、大唐、华电、国电投、国能投集团公司，国投公司、华润集团，中国国际工程咨询公司、电力规划设计总院：

为贯彻落实党的十九大精神，按照2017年中央经济工作会议部署，以习近平新时代中国特色社会主义思想为指导，扎实推动能源生产和消费革命，推进电力供给侧结构性改革，构建高效智能的电力系统，提高电力系统的调节能力及运行效率。现提出以下指导意见：

一、重要意义

党的十九大报告指出，要推进能源生产和消费革命，构建清洁低碳、安全高效的能源体系。2017年中央经济工作会议提出，要增加清洁电力供应，促进节能环保、清洁生产、清洁能源等绿色产业发展。当前，我国电力系统调节灵活性欠缺、电网调度运行方式较为僵化等现实造成了系统难以完全适应新形势要求，大型机组难以发挥节能高效的优势，部分地区出现了较为严重的弃风、弃光和弃水问题，区域用电用热矛盾突出。为实现我国提出的2020年、2030年非化石能源消费比重分别达到15%、20%的目标，保障电力安全供应和民生用热需求，需着力提高电力系统的调节能力及运行效率，从负荷侧、电源侧、电网侧多措并举，重点增强系统灵活性、适应性，破解新能源消纳难题，推进绿色发展。

二、加快推进电源侧调节能力提升

（一）实施火电灵活性提升工程

根据不同地区调节能力需求，科学制定各省火电灵活性提升工程实施方案。“十三五”期间，力争完成2.2亿千瓦火电机组灵活性改造（含燃料灵活性改造，下同），提升电力系统调节能力4600万千瓦。优先提升30万千瓦级煤电机组的深度调峰能力。改造后的纯凝机组最小技术出力达到30%~40%额定容量，热电联产机组最小技术出力达到40%~50%额定容量；部分电厂达到国际先进水平，机组不投油稳燃时纯凝工况最小技术出力达到20%~30%。

（二）推进各类灵活调节电源建设

加快已审批的选点规划推荐的抽水蓄能电站建设，适时开展新一轮选点规划，加快推进西南地区龙头水库电站建设。“十三五”期间，开工建设6000万千瓦抽水蓄能电站和金沙江中游龙头水库电站。到2020年，抽水蓄能电站装机规模达到4000万千瓦（其中“三北”地区1140万千瓦），有效提升电力系统调节能力。

在气源有保障、调峰需求突出的地区发展一定规模的燃气机组进行启停调峰，“十三五”期间，新增调峰气电规模500万千瓦，提升电力系统调节能力500万千瓦。

积极支持太阳能热发电，推动产业化发展和规模化应用，“十三五”期间，太阳能热发电装机力争达到500万千瓦，提升电力系统调节能力400万千瓦。

（三）推动新型储能技术发展及应用

加快新型储能技术研发创新，重点在大容量液流、锂离子、钠硫、铅炭电池等电化学储能电池、压缩空气储能等方面开展创新和推广，提高新型储能系统的转换效率和使用寿命。在调峰调频需求较大、弃风弃光突出的地区，结合电力系统辅助服务市场建设进度，建设一批装机容量1万千瓦以上的集中式新型储能电站，在“三北”地区部署5个百兆瓦级电化学储能电站示范工程。开展在风电、光伏发电项目配套建设储能设施的试点工作。鼓励分布式储能应用。到2020年，建成一批不同技术类型、不同应用场景的试点示范项目。

三、科学优化电网建设

（四）加强电源与电网协调发展

坚持市场需求为导向，在确定电源规划和年度实施方案过程中，组织相关方确定电力消纳市场、送电方向，同步制定接入电网方案，明确建设时序。根据不同发电类型和电网工程建设工期等，合理安排电源及配套电网项目的核准建设进度，确保同步规划同步实施同步投产，避免投资浪费。

（五）加强电网建设

加强新能源开发重点地区电网建设，解决送出受限问题。落实《电力发展“十三五”规划》确定的重点输电通道，“十三五”期间，跨省跨区通道新增19条，新增输电能力1.3亿千瓦，消纳新能源和可再生能源约7000万千瓦。进一步完善区域输电网主网架，促进各电压等级电网协调发展。

开展配电网建设改造，推动智能电网建设，满足分布式电源接入需要，全面构建现代配电系统。按照差异化需求，提高信息化、智能化水平，提高高压配电网“N-1”通过率，加强中压配电网线路联络率，提升配电自动化覆盖率。

（六）增强受端电网适应性

开展专项技术攻关，发展微电网等可中断负荷，解决远距离、大容量跨区直流输电闭锁故障影响受端安全稳定运行问题，提升受端电网适应能力，满足受端电网供电可靠性。

四、提升电力用户侧灵活性

（七）发展各类灵活性用电负荷

推进售电侧改革，通过价格信号引导用户错峰用电，实现快速灵活的需求侧响应。开展智能小区、智能园区等电力需求响应及用户互动工程示范。开展能效电厂试点。鼓励各类高耗能企业改善工艺和生产流程，为系统提供可中断负荷、可控负荷等辅助服务。全面推进电能替代，到2020年，电能替代电量达到4500亿千瓦时，电能占终端能源消费的比重上升至27%。在新能源富集地区，重点发展热泵技术供热、蓄热式电锅炉等灵活用电负荷，鼓励可中断式电制氢、电转气等相关技术的推广和应用。

（八）提高电动汽车充电基础设施智能化水平

探索利用电动汽车储能作用，提高电动汽车充电基础设施的智能化水平和协同控制能力，加强充电基础设施与新能源、电网等技术融合，通过“互联网+充电基础设施”，同步构建充电智能服务平台，积极推进电动汽车与智能电网间的能量和信息双向互动，提升充电服务化水平。

五、加强电网调度的灵活性

（九）提高电网调度智能水平

构建多层次智能电力系统调度体系。优化开机方式，确定合理备用率。开展风电和太阳能超短期高精度功率预测、高渗透率新能源接入电网运行控制等专题研究，提高新能源发电参与日内电力平衡比例。实施风光功率预测考核，将风电、光伏等发电机组纳入电力辅助服务管理，承担相应辅助服务费用，实现省级及以上的电力调度机构调度的发电机组全覆盖。国家能源局批复的电力辅助服务市场改革试点地区，按照批复方案推进执行。完善日内发电计划滚动调整机制，调度机构根据风光短期和超短期功率预测信息，动态调整各类调节电源的发电计划以及跨省跨区联络线输送功率。

探索电力热力联合智能调度机制，在调度机构建立热电厂电力热力负荷实时监测系统，并根据实际热力负荷需求确定机组发电曲线。研究制定储热装置、电热锅炉等灵活热源接入后的智能调度机制。

（十）发挥区域电网调节作用

建立常规电源发电计划灵活调整机制，各区域电网内共享调峰和备用资源。研究在区域电网优化开机方式，提升新能源发电空间。在新能源送出受限地区，开展动态输电容量应用专题研究。

（十一）提高跨区通道输送新能源比重

优化在运跨省跨区输电通道运行方式。调整和放缓配套火电建设的跨区输电通道，富余容量优先安排新能源外送，力争“十三五”期间，“三北地区”可再生能源跨区消纳4000万千瓦以上。水电和风电输电通道同时送入的受端省份，应研究水电和风电通道送电曲线协调配合方式，充分发挥风电和水电的互补效益，增加风电通道中风电占比。

六、提升电力系统调节能力关键技术水平

（十二）提高高效智能装备水平

依托基础研究和工程建设，组织推动提升电力系统调节能力关键装备的技术攻关、试验示范和推广应用。突破一批制约性或瓶颈性技术装备和零部件的技术攻关，推动一批已完成技术攻关的关键技术装备开展试验示范，进一步验证技术路线和经济性，推广一批完成试验示范的技术装备实现批量化生产和产业化应用。

（十三）升级能源装备产业体系

在电力装备领域，形成一批具有自主知识产权和较强竞争力的装备制造企业集团，形成具有比较优势的较完善产业体系和产学研用有机结合的自主创新体系，总体具有较强国际竞争力，实现引领能源装备制造业转型升级。

（十四）加强创新推动新技术应用

建立企业、研究机构、高校多方参与的提升电力系统调节能力技术创新应用体系。加强火电灵活性改造技术的研发和应用，推进能源互联网、智能微电网、电动汽车、储能等技术的应用。着力通过技术进步和规模化应用促进电力系统与信息技术的融合和电储能技术成本的降低。

七、建立健全支撑体系

（十五）完善电力辅助服务补偿（市场）机制

按照“谁受益、谁承担”的原则，探索建立发电企业和用户参与的辅助服务分担共享机制。进一步完善和深化电力辅助服务补偿（市场）机制，实现电力辅助服务补偿力度科学化，合理确定火电机组有偿调峰的调峰深度，并根据系统调节能力的变化进行动态调整，合理补偿火电机组、抽水蓄能电站和新型储能电站灵活运行的直接成本和机会成本。鼓励采用竞争方式确定电力辅助服务承担机组，鼓励自动发电控制和调峰服务按效果补偿，鼓励储能设备、需求侧资源参与提供电力辅助服务，允许第三方参与提供电力辅助服务。

（十六）鼓励社会资本参与电力系统调节能力提升工程

支持社会资本参与火电灵活性改造，以及各类调峰电源和大型储能电站建设。支持地方开展抽蓄电站投资主体多元化和运行模式探索。鼓励以合同能源管理等第三方投资模式建设、运营电厂储热、储能设施。火电厂在计量出口内建设的电供热储能设施，按照系统调峰设施进行管理并对其深度调峰贡献给予合理经济补偿，其用电参照厂用电管理但统计上不计入厂用电。

（十七）加快推进电力市场建设

加快电力市场建设，大幅度提高电力市场化交易比重，建立以市场为导向的促进新能源消纳的制度体系。逐步建立中长期市场和现货市场相结合的电力市场，通过弹性电价机制释放系统灵活性。研究利用市场机制支持储能等灵活调节电源发展的政策，充分反映调节电源的容量价值。在电力现货市场建立之前，通过峰谷电价、分时电价等价

格机制，支持电力系统调节平衡。大力推进售电侧改革，鼓励售电公司制定灵活的售电电价，促进电力消费者与生产者互动。以北方地区冬季清洁取暖为重点，鼓励风电企业、供暖企业参与电力市场交易，探索网、源、荷三方受益的可持续发展机制。

（十八）建立电力系统调节能力提升标准体系

开展有关电力系统调节能力提升的标准制订和修编工作。对现有火电厂技术标准进行修编，“三北”地区新建煤电达到相应灵活运行标准，新建热电机组实现“热电解耦”技术要求。研究编制新型储能技术以及需求侧智能化管理的相关标准。借鉴国际电力系统灵活运行先进经验，促进电力系统调节能力提升技术标准的国际交流与合作。

八、按职责分工抓紧组织实施

（十九）加强组织领导

国家发展改革委、国家能源局牵头开展电力系统调节能力提升工程及监管相关工作，统筹协调解决重大问题。各省级人民政府相关主管部门因地制宜研究制定本省（区、市）电力系统调节能力提升工程实施方案，将电力系统调节能力提升效果纳入节能减排考核体系。电力现货市场建设试点地区可结合市场设计方案，自行设计提高电力系统调节能力及运行效率的调度机制。各电网企业和发电企业是提升电力系统调节能力的实施主体，要积极制定实施计划，落实项目资金，推动项目建设。国家能源局各派出能源监管机构会同各地方能源主管部门负责电力系统调节能力提升工程的具体监管工作，国家能源局各派出能源监管机构负责组织推进当地电力辅助服务补偿（市场）工作及日常事务的协调处理。各单位要根据指导意见相关要求，统筹谋划，协作配合，科学组织实施，务实有序推进相关工作。

（二十）强化监督管理

国家能源局各派出能源监管机构会同各地方能源主管部门对电力系统调节能力提升工程开展专项监管。对于实施方案整体落实不到位的省份，将削减其新能源等电源建设指标。对已享受相关优惠政策但实际运行效果未达到的项目，将向社会公布，视情节取消相关优惠政策。对已纳入灵活性改造范围的火电机组，未按时完成改造或未达到规定调节效果的，将暂时削减其计划发电量。国家能源局将按年度对全国电力系统调节能力提升工程的进展情况进行评价考核。

提升新能源汽车充电保障能力行动计划

发布单位：国家发展改革委

我国新能源汽车正处于市场化发展的关键时期，充电基础设施是新能源汽车推广应用的重要基础之一。近年来，在党中央、国务院的正确领导下，在各有关方面的大力支持下，我国充电基础设施快速发展，已建成充电桩数量超过60万个，为新能源汽车提供了配套能源保障，在能源供给侧结构性改革和大气污染防治等方面发挥了重要作用。

当前，新能源汽车和充电设施尚处于发展过程中，特别是充电基础设施依然面临着建设落地难、运营效率低等问题，仍是制约新能源汽车发展的短板之一，新能源汽车充电保障能力亟待提升。为加快推进充电基础设施规划建设，全面提升新能源汽车充电保障能力，推动落实《电动汽车充电基础设施发展指南（2015—2020年）》，根据《国务院办公厅关于加快电动汽车充电基础设施建设的指导意见》（国办发〔2015〕73号）要求，特制定本行动计划。

一、总体要求

深入贯彻习近平新时代中国特色社会主义思想，落实党中央、国务院关于加快新能源汽车发展的决策部署，以新能源汽车推广应用为出发点，以提升充电保障能力为行动目标，推动充电基础设施高质量发展，为新能源汽车发展提供坚实能源保障，为新能源汽车用户提供更高效便捷的充电服务。

二、工作目标

力争用3年时间大幅提升充电技术水平，提高充电设施产品质量，加快完善充电标准体系，全面优化充电设施布局，显著增强充电网络互联互通能力，快速升级充电运营服务品质，进一步优化充电基础设施发展环境和产业格局。

三、重点任务

（一）提高充电设施技术质量

加强充电技术研究和充电设施产品开发，满足充电可靠性要求，促进充电设施智能化，实现充电连接轻量化，探索充电方式无线化，改善用户充电体验，满足新能源汽车不同场景的充电需求。充分发挥整车、动力电池、充电设备生产、设施运营等企业主体作用，加快技术创新，加强品质管控，促进充电技术的创新开发应用，确保充电设备质量优良、环境友好、使用便捷、安全可靠。严格执行充电接口及通信协议标准，加强跨专业合作，跟踪先进充电技术的发展，加快大功率充电、无线充电、智能充电等技术的研发应用，共同提升电动汽车充电保障能力。

（二）提升充电设施运营效率

充电设施运营企业要全面提升设施运营维护水平，加强管理和资源保障，采购符合标准的充电设备，系统排查现有设施设备运行状态，确保运营安全，积极盘活“僵尸桩”，结合服务场景科学配置车桩比例，切实提升充电设施利用效率和服务能力。继续探索出租车、租赁车等特定领域电动汽车换电模式应用。

（三）优化充电设施规划布局

各地能源主管部门要牵头会同相关方面，加强协同，形成合力，根据中长期新能源汽车保有量、区域分布、类型结构等，梳理总结行驶停放及充电规律，分析充电需求场景，优化车桩匹配，及时滚动编制充电设施建设专项规划，并将其纳入城乡整体规划，指导充电设施科学合理布局，千方百计解决老旧居民区充电桩、城市中心公共充电设施等建设难题，补齐充电网络短板，有效缓解充电设施利用率低和车辆充电不便利并存的矛盾。

进一步明确和细化充电基础设施的用地政策，保证公交车、出租车、物流车、分时租赁车、共享汽车等运营类新能源汽车充电设施的建设用地，以及有明确需求的其他新能源车辆的充电专用场地，提高充电保障能力。针对老旧、电力增容困难且有充电需求的居民区要在周边合理范围内，科学规划公共充电设施建设用地。在企事业单位停车场按需配建充电设施，鼓励在商业区、旅游区停车场因地制宜建设充电设施。深度挖掘城市停车空间，加强停车场规划与充电设施规划的衔接，支持结合停车场一体建设充电设施，并鼓励通过化零为整的方式，将分散的各类城市停车充电设施集中委托给停车场管理单位或有实力的充电服务企业，开展规模化建设或经营。进一步落实简化规划审批要求，重点加快居民自有停车库、停车位建桩，企事业单位既有停车位建桩，以及运营商在城市公共停车场建桩的推进速度。建立和完善充电设施建设用地及其相关管理标准、规范，明确场地方、建设方、运营方责任和管理措施。

（四）强化充电设施供电保障

将充电设施电力接入作为发展新能源汽车基础配套设施范畴统筹考虑。对用户充电规律、充电电量、使用场景进行系统研究预测，将设施供电纳入配电网专项规划，保证供电容量满足需求并具有包容性。电网企业要按照相关专项规划，做好基础设施配套电网建设与改造，合理建设充电设施接入系统工程，相关成本纳入电网输配电价。各供电企业要进一步规范接电报装流程，落实开辟绿色通道和限时办结的要求，为充电设施建设提供便利、高效服务。

加强居民区充电设施接入服务。新建居民区应统一将供电线路敷设至固定停车位（或预留敷设条件），预留用电容量。全面摸排现有居民区停车位安装充电桩及供电现状，研究探索公共电网对物业管理停车位直接供电模式，加快推广电动汽车智能化有序充电，针对老旧居民区电力容量不够等问题，引导电动汽车低谷充电，挖掘现有电网设备利用潜力，千方百计满足“一车一桩”接电需求。保障公交、出租、物流、环卫等专用充电设施用电需求。

根据专用电动车辆的增长情况，提前做好配网规划，并保障充电设施红线外供配电设施投资建设，实现配套电网建设工程与充电设施同步施工、同步接电，服务专用领域电动汽车规模化应用。

（五）推进充电设施互联互通

着力提升充电互联互通水平，加快构建和完善充电基础设施信息互联互通网络，有效解决充电用户找桩难、联通难、结算难等问题，为充电用户提供更好的充电服务保障，促进产业科学健康发展。

推进国家充电基础设施信息服务平台和国家新能源汽车监管平台协同发展。研究建立数据共享机制，实施新能源汽车充电溯源管理，做到充电行为数据可追溯、节能减排数据可计算、车桩信息数据可统计。推进国家级信息平台与重点城市信息平台、企业平台的互联互通，逐步形成充电设施信息服务网络。

各充电设施运营企业要提升信息化水平，面向用户提供充电服务信息，准确提供充电设施的状态信息，强化所属设备的支付结算、运行维护和充电安全等信息管理。鼓励整车企业优化新能源汽车运行监测平台，与充电设施运营、出行服务等企业对接，实现信息互联互通。

（六）完善充电设施标准体系

做好标准顶层设计和体系规划，发挥标准技术引领、规范充电设施市场的作用，促进新能源汽车与充电设施行业标准间的协调统一。加快推进充电标准化进程，建立形成国家标准、行业标准、团体标准有效互补的充电标准体系，满足充电技术发展需要。

结合新技术、新工艺、新材料发展，完善传导充电、无线充电标准体系。提高产品质量要求，完善充电设施关键元器件、材料、工艺团体标准，制定高温高湿沿海地区、低温严寒地区充电设施防护标准。制定电动客车大功率充电技术标准，开展乘用车大功率充电技术研发及标准预研工作，制定电动汽车无线充电互操作标准，启动无线充电互操作测试，研究大电流交流充电标准。研究电动汽车、充电设施与电网互动标准体系，结合有序充电、充电电力需求侧管理、微电网-充放电示范试点，加快制定电网互动标准。

继续开展充电互操作性测试活动，提升相关实验室的检验检测能力。加强充电信息安全标准建设，完善充电设施、新能源汽车充电信息安全测试评价标准。完善互联互通标准，制定充电设施-充电服务平台、充电服务平台-整车平台通信协议标准，满足国家级、城市级信息平台建设需要，以及个人桩分享、即插即充充电业务需求。

积极开展电动汽车充电设施国际标准化工作，参与国际充电标准制定。推动我国充电标准国际化，提高我国在国际标准中的地位，服务行业企业走出去。

四、保障措施

（一）积极鼓励商业模式创新

进一步加大对充电设施运营模式创新的支持力度。在公共、私人、专用充电服务领域创新商业模式，鼓励打造商业模式创新示范工程，为电动汽车用户提供更好的充电服务体验与综合增值服务，促进形成健康、可持续发展的商业生态环境。

鼓励整车、充电设施运营服务、出行服务等企业开展合作，促进充电服务专业化发展，通过众筹建桩、电力市场、车位经营、车辆租赁、广告服务、大数据应用、电动汽车充放电等多种方式增加运营收入。开拓电动汽车销售、租赁、维修保养等服务市场，探索创新公交、出租、环卫、物流、分时租赁、网约、共享、通勤、旅游巴士等专用充电领域商业运营模式。鼓励充电场站与商业地产相结合的发展方式，提升商场、超市、电影院、便利店、旅游景区等公共领域充电服务水平。

（二）持续加大政策支持力度

加大相关部门间统筹协调力度，系统解决项目建设用地、电力接入、配建预留、燃油车占位、运营盈利难等共性问题。鼓励地方充分发挥“十三五”中央财政充电基础设施奖补政策作用，促进整车行业与充电设施建设运营行业合作，调动社会资本积极性，为私人用户提供建桩充电保障。引导地方财政补贴从补购置转向补运营，逐渐将地方财政购置补贴转向支持充电基础设施建设和运营、新能源汽车使用和运营等环节。支持采用“互联网+”等方式，加强对享受补贴充电设施的事中事后考核监管，确保相关充电设施产品符合国家相关标准并发挥实效。

国家能源应用技术研究及工程示范项目管理暂行办法补充规定

发布单位：国家能源局

为进一步完善国家能源应用技术研究及工程示范项目过程管理和验收工作，根据《国务院关于改进加强中央财政科研项目和资金管理的若干意见》（国发〔2014〕11号）、《国家重点研发计划管理暂行办法》（国科发资〔2017〕152号）等要求，现对《国家能源应用技术研究及工程示范项目管理暂行办法》（国能科技〔2013〕227号）中关于项目过程管理和验收工作条款做出如下补充规定。

第一章 管理职责

第一条 国家能源局是国家能源应用技术研究及工程示范项目过程管理和验收的组织部门，主要职责是：

（一）研究制定国家能源应用技术研究及工程示范项目相关管理制度；

（二）组织开展项目年度及中期管理、监督检查等；

（三）根据项目所属行业，按照国家有关招投标、政府采购法律法规择优确定第三方机构独立开展项目的调整变更评审、年度及中期评审、验收等工作；

（四）其他有关项目管理工作。

第二条 项目牵头单位负责项目的具体组织实施工作，主要职责是：

（一）按照签订的项目任务合同书组织实施项目，履行项目任务合同书各项条款，落实配套条件，完成项目研发任务和目标；

（二）严格执行国家科研项目实施及资金使用各项管理规定，建立健全科研、财务等内部管理制度，落实国家激励科研人员的政策措施；

（三）牵头组织编报项目年度报告、项目中期报告，及时按程序报批项目执行中的重大事项及调整变更事项等；

（四）接受国家能源局指导，并牵头配合做好项目监督检查、评审验收等工作；

（五）其他有关项目组织实施的牵头工作。

第三条 项目下设课题的，课题承担单位应强化课题责任，依据项目实施总体要求完成课题任务、实现课题目标。课题承担单位须接受项目牵头单位的指导、协调和监督，对项目牵头单位负责。

第四条 第三方机构根据委托函，本着公平、公正、独立的原则，充分发挥第三方作用，开展好项目的年度和中期评审、变更调整评审及验收等工作，提出具有专业性、权威性和公信力的意见，并对相关结论独立承担法律责任。

第二章 项目过程管理

第五条 项目牵头单位和课题承担单位应根据项目任务合同书确定的目标任务和分工安排，履行各自的责任和义务，按进度高质量完成相关研发任务，并在此基础上共同实现项目总体目标。

第六条 课题承担单位应积极配合项目牵头单位组织开展的督导检查和统筹协调等有关工作，及时向项目牵头单位报告研究进展和重大事项，支持项目牵头单位强化项目课题间的协同，加强课题研究成果的集成。

第七条 项目牵头单位应切实履行好牵头责任，制定具体的项目组织实施方案，全面掌握项目进展情况，加强统筹协调，推动项目各课题协同攻关。对项目执行及资金使用等情况进行监督检查，于每一项目年结束前及项目实施中期（执行周期3年及以上项目），分别向国家能源局报送项目年度执行情况报告和项目中期执行情况报告，并及时报告影响项目实施的重大事项等。

第八条 国家能源局根据项目牵头单位报送的项目年度执行情况报告、项目中期执行情况报告及项目重大事项报告等，委托第三方机构组织开展项目相关评审工作，并以评审意见为依据，提出项目任务合同后续实施意见，同时抄送财政部。实施意见一般分为执行、变更、撤销、终止四种情况。

第九条 项目不得擅自调整和变更，执行中确需调整或变更的，由项目牵头单位及时提出书面申请，按程序报送国家能源局。国家能源局委托第三方机构组织开展项目变更或调整评审，并以评审意见为依据提出批复意见，同时抄送财政部。

项目延期如无特殊原因应在项目合同到期6个月前提出，原则上只允许延期1次，延期时间原则上不超过1年。未按要求提出延期申请的，原则上按照正常进度组织验收工作。

国拨资金和自筹资金配比调整，在事先协商一致基础上，适用本条款。

第十条 项目实施中遇到下列情况之一的，项目牵头单位均可提出撤销或终止项目的建议。国家能源局委托第三方机构组织对已开展工作、资金使用、已购设备仪器、阶段性成果、知识产权等情况开展评审，并以评审意见为依据提出批复意见，同时抄送财政部。

（一）经实践证明，项目技术路线不合理、不可行，或项目无法实现项目任务合同书规定的进度且无改进办法；

（二）项目执行中出现严重的知识产权纠纷；

（三）完成项目任务所需的资金、原材料、人员、支撑条件等未落实或发生改变导致研究无法正常进行；

（四）组织管理不力或者发生重大问题导致项目无法

进行；

（五）项目实施过程中出现严重违规违纪行为，严重科研不端行为，不按规定进行整改或拒绝整改；

（六）项目任务合同书规定其他可以撤销或终止的情况。

第三章 项目验收管理

第十一条 项目验收由国家能源局根据相关文件要求，委托第三方机构具体组织实施。承担项目验收工作的第三方机构执行回避制度。

第十二条 项目执行期满后，由国家能源局启动项目验收工作。项目验收工作应在项目验收启动后3个月内完成，不得无故逾期。申请提前验收的，提前时间一般不超过6个月。项目下设课题的，项目牵头单位在项目验收前组织完成课题验收。

涉及项目延期等调整变更的，项目验收以国家能源局批复意见为准。

第十三条 财务验收审计报告是项目验收的重要依据。项目牵头单位应按照国家有关招投标、政府采购法律法规确定具有财政部、科技部认可的国家科研项目财务验收审计资格的会计师事务所开展项目财务审计。会计师事务所出具的项目财务审计报告，原则上可在项目验收阶段直接使用。如无特殊情况，国家能源局不再另行组织审计。

第十四条 项目验收专家组应由技术、管理和产业等方面专家共同组成，人数一般不少于10人（至少含2名财务专家）。验收专家原则上从能源领域选择，并执行回避制度。

第十五条 项目验收专家在审阅资料、听取汇报、实地考察、观看演示、提问质询的基础上，填写《国家能源应用技术研究及工程示范项目课题验收专家评议表》（格式参见附件1），形成通过验收、不通过验收或结题的课题任务验收专家意见。

（一）按期保质完成任务合同书确定的目标和任务，为通过验收；

（二）因非不可抗拒因素未完成任务书确定的主要目标和任务，或存在应报批调整变更事项未报批、验收中弄虚作假及不配合验收等情况的，为不通过验收；

（三）因不可抗拒因素未完成任务合同书确定的主要目标任务的，按照结题处理。

形成课题任务验收专家意见的同时，项目验收财务专家应根据项目财务审计报告形成课题财务验收专家意见。

第十六条 根据课题验收专家意见，验收专家组讨论形成通过验收、不通过验收或结题的课题验收专家组意见，并填写《国家能源应用技术研究及工程示范项目课题验收意见表》（格式参见附件2）。

第十七条 国家能源局根据项目验收专家组意见形成项目验收结论，并向项目牵头单位下达《国家能源应用技术研究及工程示范项目验收结论书》（格式参见附件3），同时抄送财政部。

第十八条 项目通过验收后，在项目牵头单位的组织下，课题承担单位应在3个月内办理财务结账手续。项目资金如有结余的，按照《国务院关于改进加强中央财政科研项目和资金管理的若干意见》《中央部门财政拨款结转和结余资金管理办法》中的相关规定处理。

第十九条 未通过验收的项目，项目牵头单位应在接到《国家能源应用技术研究及工程示范项目验收结论书》后的3个月内组织完成整改工作，并由项目牵头单位以书面形式按程序向国家能源局提出验收申请。再次验收不通过的项目，视为不通过验收。

第二十条 项目牵头单位应及时做好项目通过验收后的文件资料整理和归档工作，并将电子材料汇总后按程序报送国家能源局。项目通过验收后3年内，项目牵头单位及课题承担单位都有义务配合国家能源局做好已验收项目的后续有关工作。

第二十一条 涉密项目的验收工作，应严格按照《中华人民共和国保守国家秘密法》《科学技术保密规定》等相关法律法规执行。

第四章 相关责任

第二十二条 项目过程管理和验收工作相关责任追究按照《国家能源应用技术研究及工程示范项目管理暂行办法》（国能科技〔2013〕227号）有关规定执行。对项目牵头单位、课题承担单位、第三方机构和验收专家存在失职，渎职，滥用职权，玩忽职守，徇私舞弊，弄虚作假，以及截留、挪用、挤占、骗取财政补助资金等违纪违法行为的，将按照国家相关规定追究相关单位和责任人的责任。涉嫌犯罪的，移送司法机关处理。

第五章 附则

第二十三条 国家能源应用技术研究及工程示范项目过程管理及验收工作所需经费按照《国务院关于改进加强中央财政科研项目和资金管理的若干意见》执行，在项目资金中列支。

第二十四条 本补充规定适用于“国家能源应用技术研究及工程示范项目”的管理，如《国家能源应用技术研究及工程示范项目管理暂行办法》（国能科技〔2013〕227号）与本补充规定内容不一致，以本补充规定为准。

第二十五条 本补充规定由国家能源局能源节约和科技装备司负责解释。

第二十六条 本补充规定自发布之日起施行。

第二篇　宏观经济及相关行业运行情况

中华人民共和国
2018 年国民经济和社会发展统计公报（节选）

来源：国家统计局

2019 年 2 月 28 日

2018 年，面对复杂严峻的国际环境和艰巨繁重的改革发展稳定任务，在以习近平同志为核心的党中央坚强领导下，各地区各部门以习近平新时代中国特色社会主义思想为指导，全面贯彻党的十九大和十九届二中、三中全会精神，按照党中央、国务院决策部署，统筹推进“五位一体”总体布局，协调推进“四个全面”战略布局，坚持稳中求进工作总基调，深入贯彻新发展理念，落实高质量发展要求，以供给侧结构性改革为主线，着力深化改革扩大开放，坚决打好防范化解重大风险、精准脱贫、污染防治三大攻坚战，有效应对外部环境深刻变化，统筹稳增长、促改革、调结构、惠民生、防风险，做好稳就业、稳金融、稳外贸、稳外资、稳投资、稳预期工作，经济运行总体平稳、稳中有进，质量效益稳步提升，人民生活持续改善，保持了经济持续健康发展和社会大局稳定，朝着实现全面建成小康社会的目标迈出了新的步伐。

一、综合

初步核算，全年国内生产总值 900309 亿元，比上年增长 6.6%。其中，第一产业增加值 64734 亿元，增长 3.5%；第二产业增加值 366001 亿元，增长 5.8%；第三产业增加值 469575 亿元，增长 7.6%。第一产业增加值占国内生产总值的比重为 7.2%，第二产业增加值比重为 40.7%，第三产业增加值比重为 52.2%。全年最终消费支出对国内生产总值增长的贡献率为 76.2%，资本形成总额的贡献率为 32.4%，货物和服务净出口的贡献率为-8.6%。人均国内生产总值 64644 元，比上年增长 6.1%。国民总收入 896915 亿元，比上年增长 6.5%。全国万元国内生产总值能耗比上年下降 3.1%。全员劳动生产率为 107327 元/人，比上年提高 6.6%。

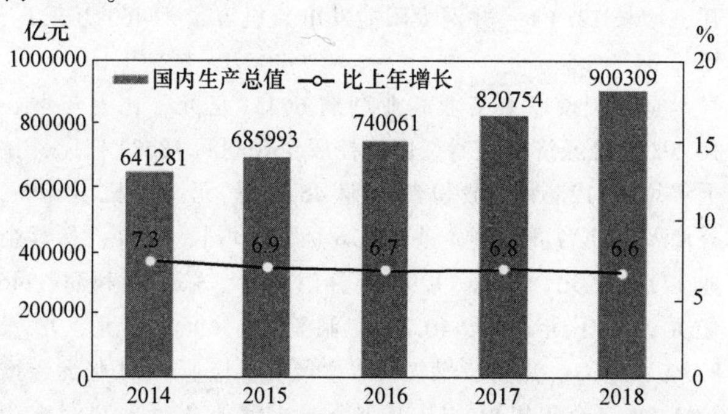

图 1　2014—2018 年国内生产总值及其增长速度

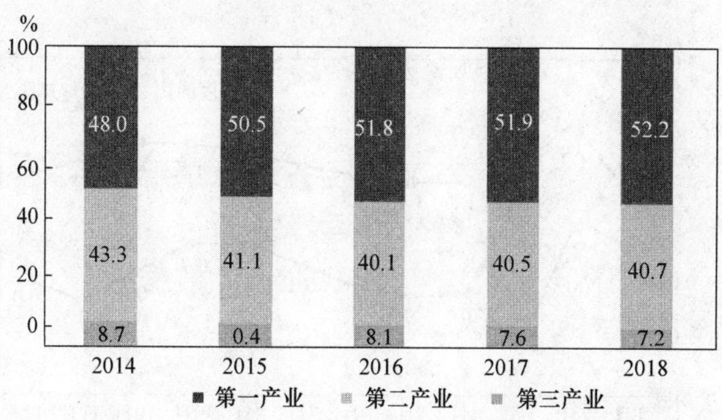

图 2　2014—2018 年三个产业增加值占国内生产总值比重

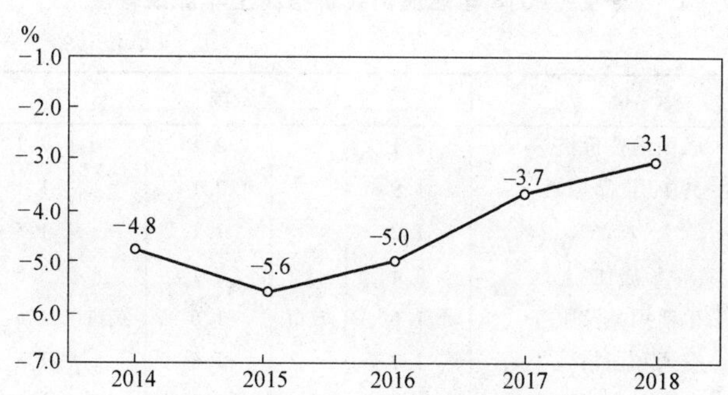

图 3　2014—2018 年万元国内生产总值能耗降低率

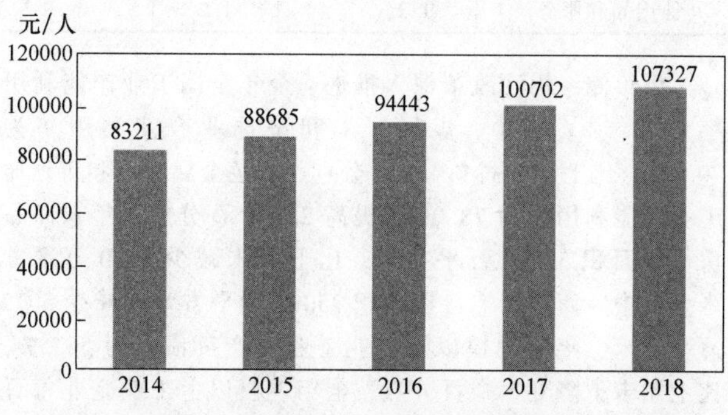

图 4　2014—2018 年全员劳动生产率

全年居民消费价格比上年上涨 2.1%。工业生产者出厂价格上涨 3.5%。工业生产者购进价格上涨 4.1%。固定资产投资价格上涨 5.4%。农产品生产者价格下降 0.9%。12 月份 70 个大中城市新建商品住宅销售价格月同比上涨的城市个数为 69 个，下降的为 1 个。

表 1　2018 年年末人口数及其构成

指　　标	年末数(万人)	比重(%)
全国总人口	139538	100.0
其中:城镇	83137	59.58
乡村	56401	40.42
其中:男性	71351	51.1
女性	68187	48.9
其中:0—15 岁(含不满 16 周岁)	24860	17.8
16—59 岁(含不满 60 周岁)	89729	64.3
60 周岁及以上	24949	17.9
其中:65 周岁及以上	16658	11.9

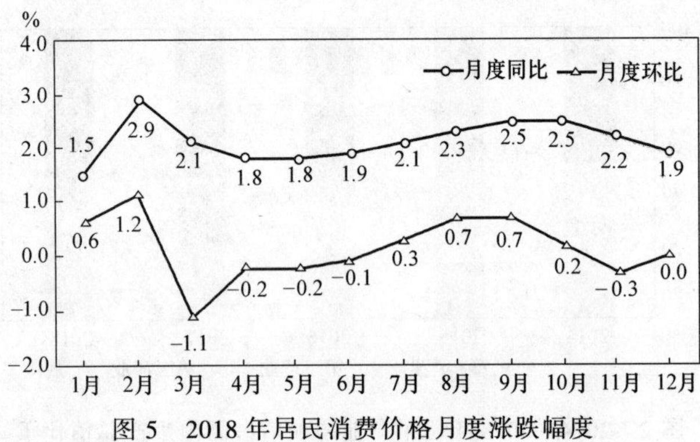

图 5　2018 年居民消费价格月度涨跌幅度

表 2　2018 年居民消费价格比上年涨跌幅度

单位：%

指　标	全国				
居民消费价格	2.1		2.1		2.1
其中:食品烟酒	1.9		2.1		1.1
衣着	1.2		1.1		1.5
居住	2.4		2.1		3.3
生活用品及服务	1.6	城市	1.6	农村	1.6
交通和通信	1.7		1.6		1.8
教育文化和娱乐	2.2		2.3		2.2
医疗保健	4.3		4.6		3.7
其他用品和服务	1.2		1.2		1.2

供给侧结构性改革深入推进。全年全国工业产能利用率为 76.5%。其中，煤炭开采和洗选业产能利用率为 70.6%，比上年提高 2.4 个百分点；黑色金属冶炼和压延加工业产能利用率为 78.0%，提高 2.2 个百分点。年末商品房待售面积 52414 万平方米，比上年末减少 6510 万平方米。其中，商品住宅待售面积 25091 万平方米，减少 5072 万平方米。年末规模以上工业企业资产负债率为 56.5%，比上年末下降 0.5 个百分点。全年规模以上工业企业每百元主营业务收入中的成本为 83.88 元，比上年下降 0.20 元。全年生态保护和环境治理业、农业固定资产投资（不含农户）分别比上年增长 43.0%和 15.4%。

新动能持续发展壮大。全年规模以上工业中，战略性新兴产业增加值比上年增长 8.9%。高技术制造业增加值增长 11.7%，占规模以上工业增加值的比重为 13.9%。装备制造业增加值增长 8.1%，占规模以上工业增加值的比重为 32.9%。全年规模以上服务业中，战略性新兴服务业营业收入比上年增长 14.6%。全年高技术产业投资比上年增长 14.9%，工业技术改造投资增长 12.8%。全年新能源汽车产量 115 万辆，比上年增长 66.2%；智能电视产量 11376 万台，增长 17.7%。全年网上零售额 90065 亿元，比上年增长 23.9%。

二、工业和建筑业

全年全部工业增加值 305160 亿元，比上年增长 6.1%。规模以上工业增加值增长 6.2%。在规模以上工业中，分经济类型看，国有控股企业增加值增长 6.2%；股份制企业增长 6.6%，外商及港澳台商投资企业增长 4.8%；私营企业增长 6.2%。分门类看，采矿业增长 2.3%，制造业增长 6.5%，电力、热力、燃气及水生产和供应业增长 9.9%。

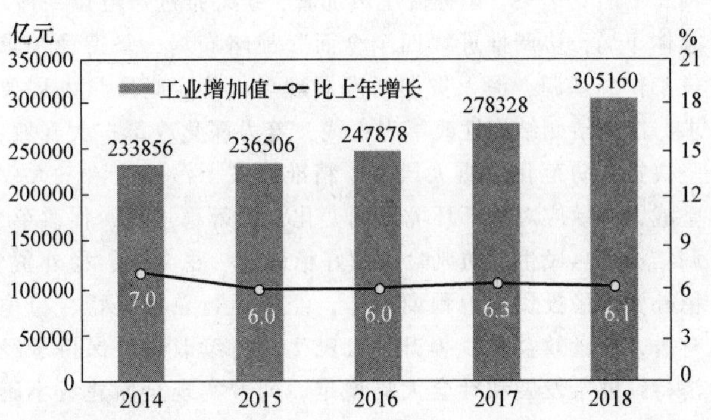

图 6　2014—2018 年全部工业增加值及其增长速度

全年规模以上工业中，农副食品加工业增加值比上年增长 5.9%，纺织业增长 1.0%，化学原料和化学制品制造业增长 3.6%，非金属矿物制品业增长 4.6%，黑色金属冶炼和压延加工业增长 7.0%，通用设备制造业增长 7.2%，专用设备制造业增长 10.9%，汽车制造业增长 4.9%，电气机械和器材制造业增长 7.3%，计算机、通信和其他电子设备制造业增长 13.1%，电力、热力生产和供应业增长 9.6%。

年末全国发电装机容量 189967 万千瓦，比上年末增长 6.5%。其中，火电装机容量 114367 万千瓦，增长 3.0%；水电装机容量 35226 万千瓦，增长 2.5%；核电装机容量 4466 万千瓦，增长 24.7%；并网风电装机容量 18426 万千瓦，增长 12.4%；并网太阳能发电装机容量 17463 万千瓦，增长 33.9%。

全年规模以上工业企业利润 66351 亿元，比上年增长 10.3%。分经济类型看，国有控股企业利润 18583 亿元，比上年增长 12.6%；股份制企业 46975 亿元，增长 14.4%，外商及港澳台商投资企业 16776 亿元，增长 1.9%；私营企业 17137 亿元，增长 11.9%。分门类看，采矿业利润 5246 亿元，比上年增长 40.1%；制造业 56964 亿元，增长 8.7%；电力、热力、燃气及水生产和供应业 4141 亿元，增长 4.3%。全年规模以上工业企业主营业务收入利润率为 6.49%，比上年提高 0.11 个百分点。

表3　2018年主要工业产品产量及其增长速度

产品名称	单位	产量	比上年增长(%)
纱	万吨	2958.9	-7.3
布	亿米	657.3	-4.9
化学纤维	万吨	5011.1	2.7
成品糖	万吨	1524.1	3.5
卷烟	亿支	23358.7	-0.4
彩色电视机	万台	18834.8	18.2
其中:液晶电视机	万台	18825.2	19.5
家用电冰箱	万台	7993.2	-3.9
房间空气调节器	万台	20486.0	14.7
一次能源生产总量	亿吨标准煤	37.7	5.0
原煤	亿吨	36.8	4.5
原油	万吨	18910.6	-1.3
天然气	亿立方米	1602.7	8.3
发电量	亿千瓦小时	71117.7	7.7
其中:火电	亿千瓦小时	50738.6	6.7
水电	亿千瓦小时	12342.3	3.0
核电	亿千瓦小时	2943.6	18.7
粗钢	万吨	92800.9	6.6
钢材	万吨	110551.7	5.6
十种有色金属	万吨	5702.7	3.7
其中:精炼铜(电解铜)	万吨	902.9	0.7
原铝(电解铝)	万吨	3580.2	7.5
水泥	亿吨	22.1	-5.3
硫酸(折100%)	万吨	9129.8	-0.9
烧碱(折100%)	万吨	3420.2	2.7
乙烯	万吨	1841.0	1.1
化肥(折100%)	万吨	5424.4	-7.9
发电机组(发电设备)	万千瓦	10600.5	-10.3
汽车	万辆	2781.9	-4.1
其中:基本型乘用车(轿车)	万辆	1160.1	-2.9
运动型多用途乘用(SUV)	万辆	927.4	-7.7
大中型拖拉机	万台	24.3	-29.3
集成电路	亿块	1739.5	11.2
程控交换机	万线	1006.6	7.3
移动通信手持机	万台	179846.4	-4.8
微型计算机设备	万台	30700.2	0.1
工业机器人	万台(套)	14.8	6.4

三、国内贸易

全年社会消费品零售总额380987亿元，比上年增长9.0%。按经营地统计，城镇消费品零售额325637亿元，增长8.8%；乡村消费品零售额55350亿元，增长10.1%。按消费类型统计，商品零售额338271亿元，增长8.9%；餐饮收入额42716亿元，增长9.5%。

在限额以上单位商品零售额中，粮油、食品类零售额比上年增长10.2%，饮料类增长9.0%，烟酒类增长7.4%，服装、鞋帽、针纺织品类增长8.0%，化妆品类增长9.6%，金银珠宝类增长7.4%，日用品类增长13.7%，家用电器和音像器材类增长8.9%，中西药品类增长9.4%，文化办公用品类增长3.0%，家具类增长10.1%，通信器材类增长7.1%，建筑及装潢材料类增长8.1%，石油及制品类增长13.3%，汽车类下降2.4%。

全年实物商品网上零售额70198亿元，比上年增长25.4%，占社会消费品零售总额的比重为18.4%，比上年提高3.4个百分点。

四、固定资产投资

全年全社会固定资产投资645675亿元，比上年增长5.9%。其中固定资产投资（不含农户）635636亿元，增长5.9%。分区域看，东部地区投资比上年增长5.7%，中部地区投资增长10.0%，西部地区投资增长4.7%，东北地区投资增长1.0%。

在固定资产投资（不含农户）中，第一产业投资22413亿元，比上年增长12.9%；第二产业投资237899亿元，增长6.2%；第三产业投资375324亿元，增长5.5%。民间固定资产投资394051亿元，增长8.7%，占固定资产投资（不含农户）的比重为62.0%。基础设施投资增长3.8%。六大高耗能行业投资增长1.4%。

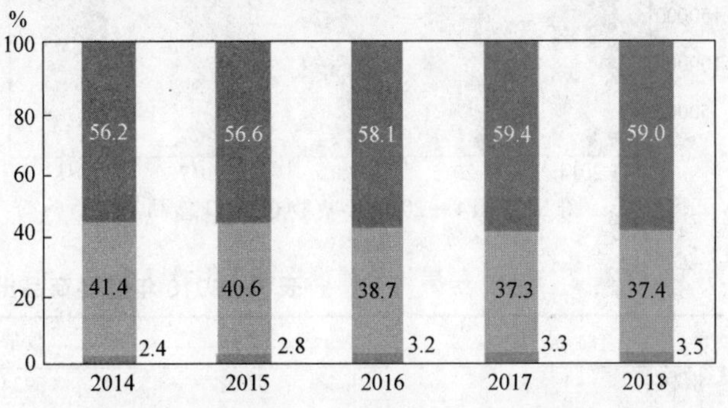

图7　2014—2018年三个产业投资占固定资产投资（不含农户）比重

表4　2018年分行业固定资产投资（不含农户）增长速度

行　业	比上年增长(%)
总计	5.9
农、林、牧、渔业	12.3
采矿业	4.1
制造业	9.5
电力、热力、燃气及水生产和供应业	-6.7
建筑业	-13.9
批发和零售业	-21.5
交通运输、仓储和邮政业	3.9
住宿和餐饮业	-3.4
信息传输、软件和信息技术服务业	4.0
金融业	-13.1
房地产业	8.3
租赁和商务服务业	14.2
科学研究和技术服务业	13.6
水利、环境和公共设施管理业	3.3
居民服务、修理和其他服务业	-14.4
教育	7.2
卫生和社会工作	8.4
文化、体育和娱乐业	21.2
公共管理、社会保障和社会组织	-18.0

表 5 2018 年固定资产投资新增主要生产与运营能力

指 标	单位	绝对数
新增 220 千伏及以上变电设备	万千伏安	22082
新建铁路投产里程	公里	4683
其中：高速铁路	公里	4100
增、新建铁路复线投产里程	公里	4711
电气化铁路投产里程	公里	6474
新改建公路里程	公里	356045
其中：高速公路	公里	6063
港口万吨级码头泊位新增通过能力	万吨/年	26428
新增民用运输机场	个	6
新增光缆线路长度	万公里	578

图 8 2014—2018 年货物进出口总额

五、对外经济

全年货物进出口总额 305050 亿元，比上年增长 9.7%。其中，出口 164177 亿元，增长 7.1%；进口 140874 亿元，增长 12.9%。货物进出口顺差 23303 亿元，比上年减少 5217 亿元。对“一带一路”沿线国家进出口总额 83657 亿元，比上年增长 13.3%。其中，出口 46478 亿元，增长 7.9%；进口 37179 亿元，增长 20.9%。

表 6 2018 年货物进出口总额及其增长速度

指 标	金额(亿元)	比上年增长(%)
货物进出口总额	305050	9.7
货物出口额	164177	7.1
其中：一般贸易	92405	10.9
加工贸易	52676	2.5
其中：机电产品	96457	7.9
高新技术产品	49374	9.3
货物进口额	140874	12.9
其中：一般贸易	83947	14.3
加工贸易	31097	6.6
其中：机电产品	63727	10.3
高新技术产品	44340	12.2
货物进出口顺差	23303	—

表 7 2018 年主要商品出口数量、金额及其增长速度

商 品 名 称	单位	数量	比上年增(%)	金额(亿元)	比上年增长(%)
钢材	万吨	6934	-8.1	3984	7.7
纺织纱线、织物及制品	—	—	—	7851	5.1
服装及衣着附件	—	—	—	10413	-2.3
鞋类	万吨	448	-0.4	3095	-5.4
家具及其零件	—	—	—	3544	4.8
箱包及类似容器	万吨	316	2.0	1787	-1.0
玩具	—	—	—	1662	2.3
塑料制品	万吨	1312	12.3	2870	9.3
集成电路	亿个	2171	6.2	5591	23.5
自动数据处理设备及其部件	万台	147296	-4.4	11355	6.0
手持或车载无线电话机	万台	111918	-7.8	9343	9.8
集装箱	万个	340	13.5	685	20.9
液晶显示板	万个	175810	-9.3	1527	-12.5
汽车	万辆	115	11.3	972	8.3

表 8 2018 年主要商品进口数量、金额及其增长速度

商品名称	单位	数量	比上年增长(%)	金额(亿元)	比上年增长(%)
谷物及谷物粉	万吨	2047	-20.0	385	-12.4
大豆	万吨	8803	-7.9	2502	-6.9
食用植物油	万吨	629	9.0	313	2.0
铁矿砂及其精矿	万吨	106447	-1.0	4984	-4.0
煤及褐煤	万吨	28123	3.9	1613	4.9
原油	万吨	46190	10.1	15882	43.1
成品油	万吨	3348	13.0	1333	35.6
天然气	万吨	9039	31.9	2552	62.1
初级形状的塑料	万吨	3284	14.5	3718	13.2
纸浆	万吨	2479	4.5	1300	25.1
钢材	万吨	1317	-1.0	1083	5.5
未锻轧铜及铜材	万吨	530	12.9	2469	16.5
集成电路	亿个	4176	10.8	20584	16.9
汽车	万辆	113	-8.5	3331	-2.7

表 9　2018 年对主要国家和地区货物进出口金额、增长速度及其比重

国家和地区	出口额（亿元）	比上年增长（%）	占全部出口比重（%）	进口额（亿元）	比上年增长（%）	占全部进口比重（%）
欧盟	26974	7.0	16.4	18067	9.2	12.8
美国	31603	8.6	19.2	10195	-2.3	7.2
东盟	21066	11.3	12.8	17722	11.0	12.6
日本	9709	4.4	5.9	11906	6.2	8.5
韩国	7174	3.1	4.4	13495	12.3	9.6
中国香港	19966	5.7	12.2	564	13.8	0.4
中国台湾	3212	7.9	2.0	11714	11.0	8.3
巴西	2214	12.9	1.3	5119	28.2	3.6
俄罗斯	3167	9.1	1.9	3909	39.4	2.8
印度	5054	9.5	3.1	1242	12.2	0.9
南非	1072	6.9	0.7	1799	8.9	1.3

全年服务进出口总额 52402 亿元，比上年增长 11.5%。其中，服务出口 17658 亿元，增长 14.6%；服务进口 34744 亿元，增长 10.0%。服务进出口逆差 17086 亿元。

全年外商直接投资（不含银行、证券、保险领域）新设立企业 60533 家，比上年增长 69.8%。实际使用外商直接投资金额 8856 亿元，增长 0.9%，折 1350 亿美元，增长 3.0%。其中“一带一路”沿线国家对华直接投资新设立企业 4479 家，增长 16.1%；对华直接投资金额 424 亿元，增长 13.2%，折 64 亿美元，增长 16.0%。全年高技术制造业实际使用外资 898 亿元，增长 35.1%，折 137 亿美元，增长 38.1%。

表 10　2018 年外商直接投资（不含银行、证券、保险领域）及其增长速度

行　业	企业数（家）	比上年增长（%）	实际使用金额（亿元）	比上年增长（%）
总计	60533	69.8	8856	0.9
其中：农、林、牧、渔业	741	5.0	53	-26.4
制造业	6152	23.4	2713	20.1
电力、热力、燃气及水生产和供应业	284	-23.7	291	23.6
交通运输、仓储和邮政业	754	45.8	314	-16.0
信息传输、软件和信息技术服务业	7222	127.9	773	-44.4
批发和零售业	22853	86.1	643	-16.5
房地产业	1053	42.9	1489	31.4
租赁和商务服务业	9099	78.9	1196	6.4
居民服务、修理和其他服务业	485	39.0	37	-2.6

全年对外非金融类直接投资额 7974 亿元，比上年下降 1.6%，折 1205 亿美元，增长 0.3%。其中，对“一带一路”沿线国家非金融类直接投资额 156 亿美元，增长 8.9%。

表 11　2018 年对外非金融类直接投资额及其增长速度

行　业	金额（亿美元）	比上年增长（%）
总计	1205	0.3
其中：农、林、牧、渔业	18	-20.3
采矿业	92	11.3
制造业	188	-1.6
电力、热力、燃气及水生产和供应业	32	-0.9
建筑业	74	0.8
批发和零售业	106	-57.5
交通运输、仓储和邮政业	58	92.7
信息传输、软件和信息技术服务业	68	-33.7
房地产业	40	82.0
租赁和商务服务业	446	27.6

全年对外承包工程完成营业额 11186 亿元，比上年下降 1.7%，折 1690 亿美元，增长 0.3%。其中，对“一带一路”沿线国家完成营业额 893 亿美元，增长 4.4%，占对外承包工程完成营业额比重为 52.8%。对外劳务合作派出各类劳务人员 49 万人。

六、居民收入消费和社会保障

全年全国居民人均可支配收入 28228 元，比上年增长 8.7%，扣除价格因素，实际增长 6.5%。全国居民人均可支配收入中位数 24336 元，增长 8.6%。按常住地分，城镇居民人均可支配收入 39251 元，比上年增长 7.8%，扣除价格因素，实际增长 5.6%。城镇居民人均可支配收入中位数 36413 元，增长 7.6%。农村居民人均可支配收入 14617 元，比上年增长 8.8%，扣除价格因素，实际增长 6.6%。农村居民人均可支配收入中位数 13066 元，增长 9.2%。按全国居民五等份收入分组，低收入组人均可支配收入 6440 元，中间偏下收入组人均可支配收入 14361 元，中间收入组人均可支配收入 23189 元，中间偏上收入组人均可支配收入

36471元，高收入组人均可支配收入70640元。全国农民工人均月收入3721元，比上年增长6.8%。

全年全国居民人均消费支出19853元，比上年增长8.4%，扣除价格因素，实际增长6.2%。按常住地分，城镇居民人均消费支出26112元，增长6.8%，扣除价格因素，实际增长4.6%；农村居民人均消费支出12124元，增长10.7%，扣除价格因素，实际增长8.4%。全国居民恩格尔系数为28.4%，比上年下降0.9个百分点，其中城镇为27.7%，农村为30.1%。

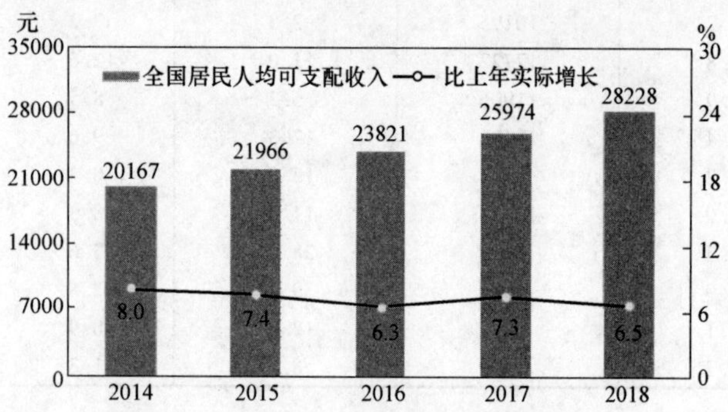

图9 2014—2018年全国居民人均可支配收入及其增长速度

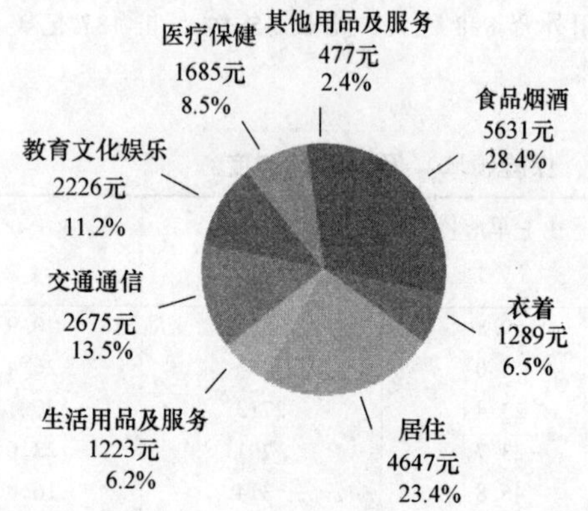

图10 2018年全国居民人均消费支出及其构成

七、资源、环境和应急管理

初步核算，全年能源消费总量46.4亿吨标准煤，比上年增长3.3%。煤炭消费量增长1.0%，原油消费量增长6.5%，天然气消费量增长17.7%，电力消费量增长8.5%。煤炭消费量占能源消费总量的59.0%，比上年下降1.4个百分点；天然气、水电、核电、风电等清洁能源消费量占能源消费总量的22.1%，上升1.3个百分点。重点耗能工业企业单位烧碱综合能耗下降0.5%，单位合成氨综合能耗下降0.7%，吨钢综合能耗下降3.3%，单位铜冶炼综合能耗下降4.7%，每千瓦时火力发电标准煤耗下降0.7%。全国万元国内生产总值二氧化碳排放下降4.0%。

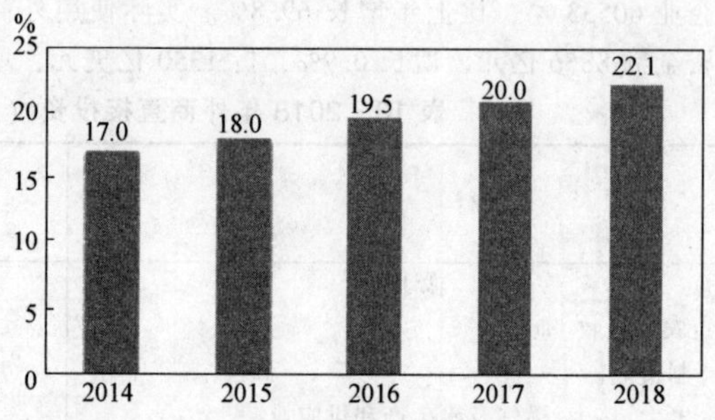

图11 2014—2018年清洁能源消费量占能源消费总量的比重

表 12　2018 年工业主要产品产量

发电机组指标	12 月	11 月	10 月	9 月	8 月	7 月	6 月	5 月	4 月	3 月	2 月
发电机组(发电设备)产量_当期值(万千瓦)	808.6	872.6	859.5	1162.5	845.6	679	1319.7	1286.7	555.2	1029.9	
发电机组(发电设备)产量_累计值(万千瓦)	10600.5	9805.5	8936.4	8120.2	6950.6	6108.4	5433.2	4114.8	2828.2	2287.1	1286.8
发电机组(发电设备)产量_同比增长(%)	-31.6	-5.7	-13	-0.4	12.2	-21.8	-11	22	-48.7	-5.6	
发电机组(发电设备)产量_累计增长(%)	-9.3	-6.8	-7	-7.7	-9.2	-11.6	-9.7	-10.2	-19.9	-6.8	-6.3
电工仪器仪表指标	12 月	11 月	10 月	9 月	8 月	7 月	6 月	5 月	4 月	3 月	2 月
电工仪器仪表产量_当期值(万台)	2366.2	1966.5	1811.1	1916.1	1813.1	1890.4	1898.1	2044.1	1889.3	1875.3	
电工仪器仪表产量_累计值(万台)	22112.6	19757.8	17791.3	15980.2	14066.2	12253.3	10318.8	8377.8	6334.2	4383.1	2656.7
电工仪器仪表产量_同比增长(%)	2.6	-10.8	-1.7	-11.8	-8.7	5.1	-8.7	17.1	8.2	4.3	
电工仪器仪表产量_累计增长(%)	-2.6	-3.2	-2.4	-0.2	2.3	4.4	3.2	6.2	3	5.7	15.4
集成电路指标	12 月	11 月	10 月	9 月	8 月	7 月	6 月	5 月	4 月	3 月	2 月
集成电路产量_当期值(亿块)	144	152.8	130.1	145.5	146.8	150.9	157	156.2	143.8	149.6	
集成电路产量_累计值(亿块)	1739.5	1577.1	1422	1291.1	1147	1000.7	849.6	692.7	537.3	399.9	266.7
集成电路产量_同比增长(%)	-2.4	7	-7.3	-0.2	5.8	12	17	17.2	14.3	10.8	
集成电路产量_累计增长(%)	9.7	9.8	9.8	11.7	13.4	14.5	15	14.6	13.6	15.2	33.3
工业机器人指标	12 月	11 月	10 月	9 月	8 月	7 月	6 月	5 月	4 月	3 月	2 月
工业机器人产量_当期值(套)	11961	11104	9590	11448	14068	13669	13777	13659.2	13495.9	14036	
工业机器人产量_累计值(套)	147682	131495	118452	108271	101717	87709	73849.1	60071.1	46412.9	32950	18770
工业机器人产量_同比增长(%)	-12.1	-7	-3.3	-16.4	9	6.3	7.2	35.1	35.4	34.4	
工业机器人产量_累计增长(%)	4.6	6.6	8.7	9.3	19.4	21	23.9	33.7	32.2	29.6	25.1

（续）

移动通信基站设备指标	12月	11月	10月	9月	8月	7月	6月	5月	4月	3月	2月
移动通信基站设备产量_当期值（万信道）	5269.1	4987.7	4726.8	4478.3	4951.9	4813.5	3037.2	2721.8	2296.1	2421	
移动通信基站设备产量_累计值（万信道）	43225.2	38019.9	33032.2	28305.4	23827.1	18875.2	14507.1	11466.1	8732.3	7211.9	4143.5
移动通信基站设备产量_同比增长（%）	189.9	134.1	145.8	123.4	97.1	93.2	6	-5.5	0.3	0.9	
移动通信基站设备产量_累计增长（%）	59	49.5	41.8	32.4	23	12.2	-0.9	-2.7	-1.9	4.6	-0.6
移动通信手持机指标	12月	11月	10月	9月	8月	7月	6月	5月	4月	3月	2月
移动通信手持机（手机）产量_当期值（万台）	16843.4	17404.3	15448.5	15771.1	14860.3	13518.4	14109.3	13957.6	14366.7	15243.6	
移动通信手持机（手机）产量_累计值（万台）	179846.4	164078.3	143071.9	126989	111330.1	98950.4	85082.2	70853.4	56479.3	41558	26331.7
移动通信手持机（手机）产量_同比增长（%）	-9.4	-8.4	-11.6	-10.6	0.6	-8.2	-6.7	2.5	2.8	-1.4	
移动通信手持机（手机）产量_累计增长（%）	-4.1	-2.4	-4	-1.5	0.2	2	3.4	3.8	3.2	0.5	-0.1
电子计算机整机指标	12月	11月	10月	9月	8月	7月	6月	5月	4月	3月	2月
电子计算机整机产量_当期值（万台）	3011	3264.8	3094.1	3523.9	3377.6	2892.6	3235.7	3002.5	2444.5	3254.6	
电子计算机整机产量_累计值（万台）	35192.4	31733.6	28455.6	25381.8	21871.7	18609.5	16436.7	13237.5	10161.7	7708.4	4467.6
电子计算机整机产量_同比增长（%）	-1.8	-1	3.1	7	14.2	9.4	0.1	11.1	-2.6	4.8	
电子计算机整机产量_累计增长（%）	4.5	4.8	5.1	8	7.7	7.3	7.8	6.3	4.2	6.5	6.3
微型计算机设备指标	12月	11月	10月	9月	8月	7月	6月	5月	4月	3月	2月
微型计算机设备产量_当期值（万台）	2768.6	2979.9	2824.3	3072.5	2762.3	2346.7	2635.1	2518.9	2002.3	2813.9	
微型计算机设备产量_累计值（万台）	30700.2	27781.8	24853.5	22034.5	18959	16200	13808.3	11223.9	8631	6627.1	3680.5
微型计算机设备产量_同比增长（%）	0.4	3.2	9	2.5	-1.5	-5.6	-10.1	3.3	-11.3	-1.4	
微型计算机设备产量_累计增长（%）	-1	-1.6	-1.8	-1.1	-1.7	-1.6	0.5	-0.2	-2	1.3	-0.1
彩色电视机指标	12月	11月	10月	9月	8月	7月	6月	5月	4月	3月	2月
彩色电视机产量_当期值（万台）	2112.1	2026.1	2078.3	2033.8	1883.8	1518.5	1415.3	1555.8	1584.9	1703.7	
彩色电视机产量_累计值（万台）	20381.5	18294.8	16265.7	14183.5	12143.2	10274.7	8686.8	7339.3	5818.4	4285.1	2716.5
彩色电视机产量_同比增长（%）	10.5	7.9	17	10.6	18.4	16	4.2	24.3	20.4	9.8	
彩色电视机产量_累计增长（%）	14.6	14.9	15.7	15.6	16.9	16.6	15.1	17.8	15.5	15.3	25.5

（续）

汽车指标	12月	11月	10月	9月	8月	7月	6月	5月	4月	3月	2月
汽车产量_当期值(万辆)	252.6	258.2	237	242.6	203.2	206.4	233.9	238.8	245	270.2	
汽车产量_累计值(万辆)	2796.8	2582	2322.6	2084.2	1840.8	1637.7	1430.1	1199.3	958.3	713.1	441.8
汽车产量_同比增长(%)	-14.9	-16.7	-9.2	-10.6	-4.4	-0.5	5.3	9.5	10.8	0.9	
汽车产量_累计增长(%)	-3.8	-2.3	-0.4	0.6	2.2	3.2	3.5	2	0.4	-2.6	-5
基本型乘用车(轿车)指标	12月	11月	10月	9月	8月	7月	6月	5月	4月	3月	2月
基本型乘用车(轿车)产量_当期值(万辆)	103	104.2	97.9	102.8	88.3	90.4	100.2	103.9	100.2	103.7	
基本型乘用车(轿车)产量_累计值(万辆)	1160.1	1067.8	963.7	866.3	762.8	674.6	583.4	487.7	383.8	282.9	178.8
基本型乘用车(轿车)产量_同比增长(%)	-17.1	-18	-7.1	-8.6	0.3	4.3	12	20.5	15.7	-1.6	
基本型乘用车(轿车)产量_累计增长(%)	-1.8	-0.3	2.1	3.3	5.1	5.8	5.6	4.3	0.6	-4.1	-5.8
运动型多用途乘用车(SUV)指标	12月	11月	10月	9月	8月	7月	6月	5月	4月	3月	2月
运动型多用途乘用车(SUV)产量_当期值(万辆)	77.6	85.4	81.4	80.9	65.6	64.1	73.9	72.7	81.2	95	
运动型多用途乘用车(SUV)产量_累计值(万辆)	927.4	859.2	774.6	692.6	610.7	545.1	482.7	406.8	334.1	252.9	158
运动型多用途乘用车(SUV)产量_同比增长(%)	-21.9	-20.1	-9.7	-13	-8.9	-6.7	1.5	1.8	11.2	5.4	
运动型多用途乘用车(SUV)产量_累计增长(%)	-6.7	-4.1	-1.7	-1.1	0.8	2.1	3.6	2.6	3.1	1.1	-1.6
动车组指标	12月	11月	10月	9月	8月	7月	6月	5月	4月	3月	2月
动车组产量_当期值(辆)	458	309	258	232	197	83	300	211	153	211	
动车组产量_累计值(辆)	2724	2266	1957	1699	1467	1270	1187	887	676	507	296
动车组产量_同比增长(%)	33.9	12	-14.6	-12.1	0.5	-46.1	-24.6	189	-11.6	-1.4	
动车组产量_累计增长(%)	4.9	0.4	-1.1	1.5	4	4.6	11.8	33.6	14.4	21.3	45.1

（数据来源：国家统计局）

表 13 2018 年能源主要产品产量

发电量指标	12 月	11 月	10 月	9 月	8 月	7 月	6 月	5 月	4 月	3 月	2 月
发电量_当期值(亿千瓦时)	6199.9	5543	5330.2	5483.1	6404.9	6400.2	5550.6	5443.3	5107.8	5283.4	
发电量_累计值(亿千瓦时)	67914.2	61626	55816.3	50361.7	44800.7	38373.3	31945.3	26361.2	20876.5	15762.7	10454.5
发电量_同比增长(%)	6.2	3.6	4.8	4.6	7.3	5.7	6.7	9.8	6.9	2.1	
发电量_累计增长(%)	6.8	6.9	7.2	7.4	7.7	7.8	8.3	8.5	7.7	8	11
风力发电量指标	12 月	11 月	10 月	9 月	8 月	7 月	6 月	5 月	4 月	3 月	2 月
风力发电量_当期值(亿千瓦时)	338.2	263.8	248.1	233.5	187.6	233.2	228.4	284.8	328.4	305.7	
风力发电量_累计值(亿千瓦时)	3253.2	2896.8	2624.5	2367.3	2128.7	1948.5	1712.5	1484.2	1197.2	871.6	568.1
风力发电量_同比增长(%)	20.6	-9.5	4.2	13.5	0.6	24.7	11.4	6.7	22.6	30.6	
风力发电量_累计增长(%)	16.6	15.7	18.8	20.1	20.5	23	22.9	24.8	29.4	33.8	34.7
太阳能发电量指标	12 月	11 月	10 月	9 月	8 月	7 月	6 月	5 月	4 月	3 月	2 月
太阳能发电量_当期值(亿千瓦时)	62.4	70.5	79.5	71	75.2	77.2	79.2	77.5	77	78	
太阳能发电量_累计值(亿千瓦时)	894.5	830.2	746.7	660.9	574.7	503.5	427.2	346.6	267.9	198.8	131.4
太阳能发电量_同比增长(%)	2.2	2.5	18.8	2.9	12.2	10.9	21.1	14.8	26.4	27.9	
太阳能发电量_累计增长(%)	19.6	17.6	17.2	17.9	19.1	20	24.5	26.3	29.2	33.5	36

（数据来源：国家统计局）

表 14　2018 年固定资产投资情况

指　　标	12 月	11 月	10 月	9 月	8 月	7 月	6 月	5 月	4 月	3 月	2 月
固定资产投资完成额_累计值(亿元)										100763	44626
固定资产投资完成额_累计增长(%)	5.9	5.9	5.7	5.4	5.3	5.5	6	6.1	7	7.5	7.9
国有及国有控股固定资产投资额_累计增长(%)	1.9	2.3	1.8	1.2	1.1	1.5	3	4.1	6.5	7.1	9.2
房地产开发投资额_累计增长(%)	9.5	9.7	9.7	9.9	10.1	10.2	9.7	10.2	10.3	10.4	9.9
第一产业固定资产投资完成额_累计值(亿元)										2900	1132
第一产业固定资产投资完成额_累计增长(%)	12.9	12.2	13.4	11.7	14.2	13.7	13.5	15.2	16.8	24.2	27.8
第二产业固定资产投资完成额_累计值(亿元)										35813	14850
第二产业固定资产投资完成额_累计增长(%)	6.2	6.2	5.8	5.2	4.3	3.9	3.8	2.5	2.5	2	2.4
第三产业固定资产投资完成额_累计值(亿元)										62050	28644
第三产业固定资产投资完成额_累计增长(%)	5.5	5.6	5.4	5.3	5.5	6	6.8	7.7	9.3	10	10.2
新建固定资产投资完成额_累计增长(%)	5.3	4.4	4.5	3.8	3.3	3.8	4.5	4.9	5.6	5.6	6.8
扩建固定资产投资完成额_累计增长(%)	-5.1	-2	-2.1	-1.5	-0.7	0.1	0.9	-0.1	-1.6	0.8	-2.6
改建固定资产投资完成额_累计增长(%)	12.4	11.3	11.6	10.6	11.1	9.9	10.6	9.4	14.5	16.8	19.6
建筑安装工程固定资产投资完成额_累计增长(%)	3.6	3.2	3.4	2.9	2.9	3	3	3.6	4.7	5.5	7
设备工器具购置固定资产投资完成额_累计增长(%)	2.6	2.9	0.5	1	0.8	1.4	3.4	2.8	4.9	3.7	2.3
其他费用固定资产投资完成额_累计增长(%)	20	21.7	22.2	22.4	22.2	23	24.2	23.2	22.1	22.7	19.6

（数据来源：国家统计局）

2018 年电子信息制造业运行情况

来源：工业和信息化部

2018 年，我国电子信息制造业面对错综复杂的国内外形势，按照高质量发展要求，加快结构调整和转型升级，行业运行呈现总体平稳、稳中有进态势，生产和投资增速在工业中保持领先，出口平稳增长，在经济社会发展中的支撑引领作用进一步增强。

一、总体情况

2018 年，规模以上电子信息制造业增加值同比增长 13.1%，快于全部规模以上工业增速 6.9 个百分点。12 月份同比增长 10.5%。

2018 年，规模以上电子信息制造业实现出口交货值同比增长 9.8%，增速比 2017 年回落 4.4 个百分点。12 月份同比增长 2.0%。

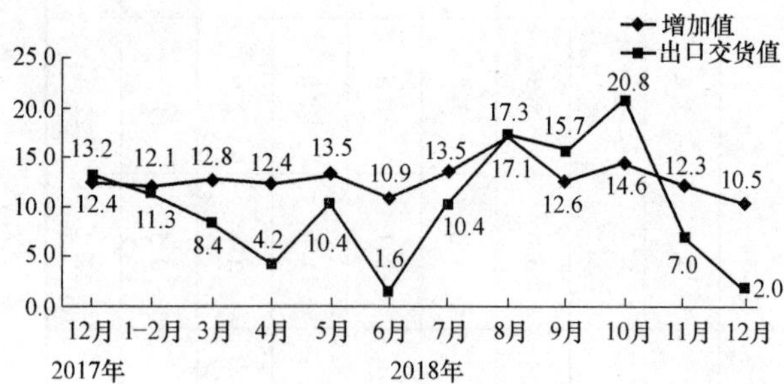

图 1 2017 年 12 月以来电子信息制造业增加值和出口交货值分月增速（%）

2018 年，规模以上电子信息制造业主营业务收入同比增长 9.0%，利润总额同比下降 3.1%，主营收入利润率为 4.51%，主营业务成本同比增长 9.1%。12 月末，全行业应收账款同比增长 14.8%。

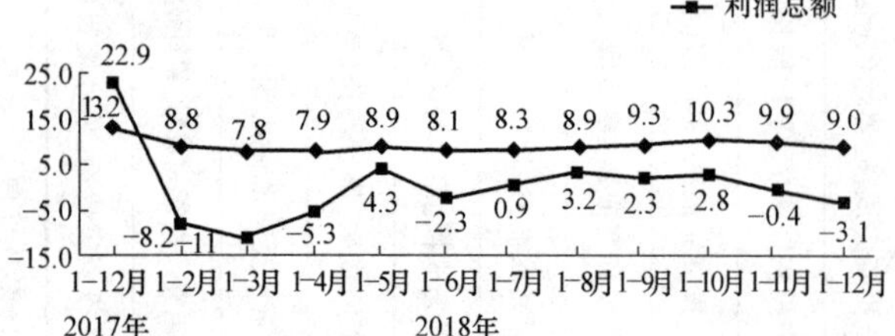

图 2 2017 年 12 月以来电子信息制造业主营业务收入、利润增速变动情况（%）

2018 年，电子信息制造业生产者出厂价格同比下降 1.4%。12 月份同比增长 0.4%，环比持平。

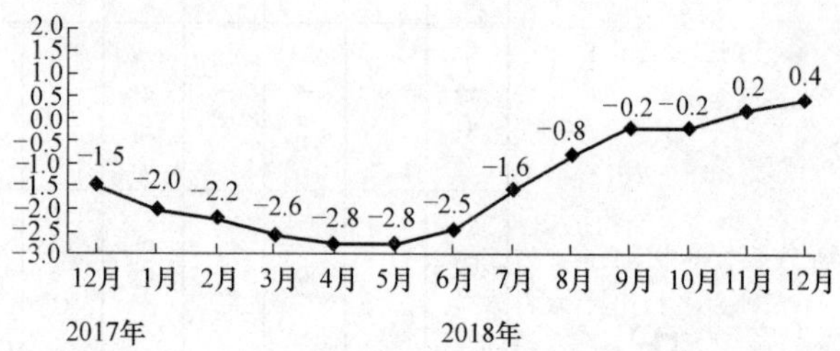

图 3 2017 年 12 月以来电子信息制造业 PPI 分月增速（%）

2018 年，电子信息制造业固定资产投资同比增长 16.6%，高于制造业整体投资增速 7.1 个百分点。

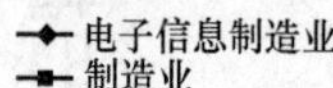

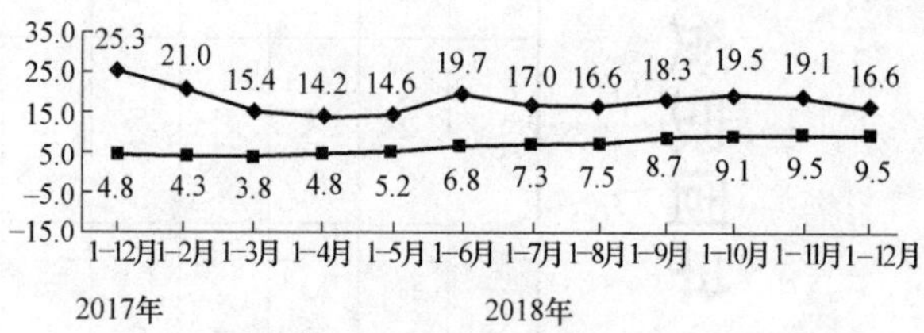

图 4 2017 年 12 月以来电子信息制造业固定资产投资增速变动情况（%）

二、主要分行业情况

（一）通信设备制造业

2018 年，通信设备制造业增加值同比增长 13.8%，出口交货值同比增长 12.6%。主要产品中，手机产量同比下降 4.1%，其中智能手机同比下降 0.6%。

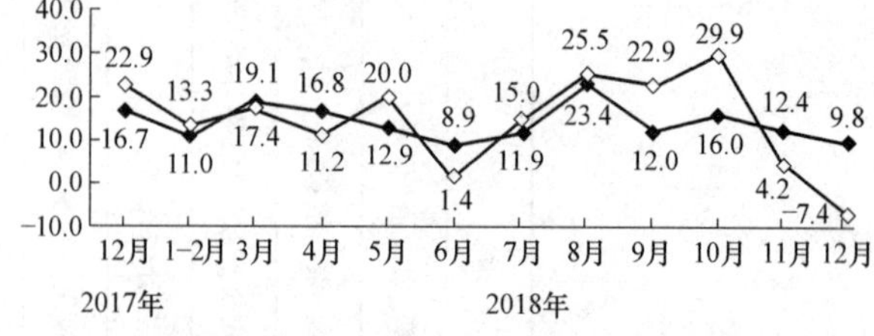

图 5 2017 年 12 月以来通信设备行业增加值和出口交货值分月增速（%）

2018 年，通信设备制造业主营业务收入同比增长 9.6%，受上年基数较高等因素影响利润同比下降 11.8%（2017 年为增长 38.0%）。

（二）电子元件及电子专用材料制造业

2018 年，电子元件及电子专用材料制造业增加值同比增长 13.2%，出口交货值同比增长 14.0%。主要产品中，电子元件产量同比增长 12.0%。

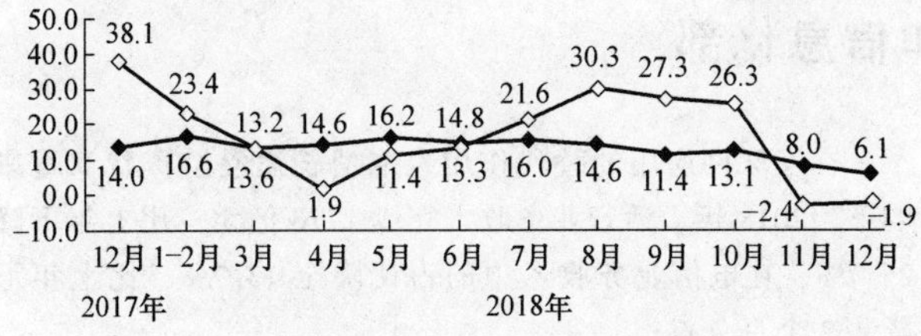

图 6　2017 年 12 月以来电子元件行业增加值和出口交货值分月增速（%）

2018 年，电子元件及电子专用材料制造业主营业务收入同比增长 10.9%，利润同比增长 20.6%。

（三）电子器件制造业

2018 年，电子器件制造业增加值同比增长 14.5%，出口交货值同比增长 7.0%。主要产品中，集成电路产量同比增长 9.7%。

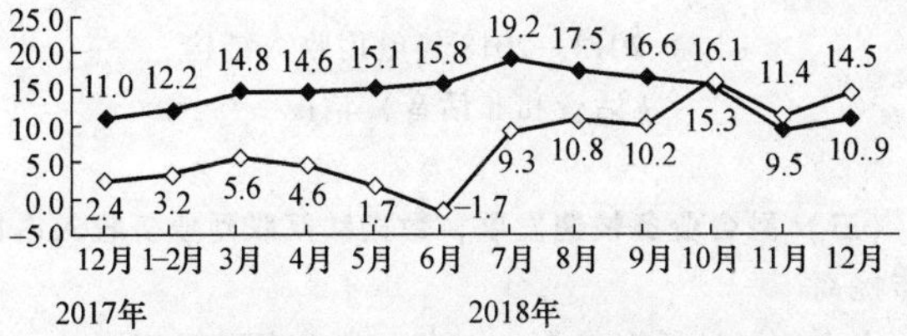

图 7　2017 年 12 月以来电子器件行业增加值和出口交货值分月增速（%）

2018 年，电子器件制造业主营业务收入同比增长 9.9%，利润同比下降 9.8%（2017 年为增长 27.9%）。

（四）计算机制造业

2018 年，计算机制造业增加值同比增长 9.5%，出口交货值同比增长 9.4%。主要产品中，微型计算机设备产量同比下降 1.0%；其中笔记本电脑产量同比增长 0.6%，平板电脑产量同比增长 2.8%。

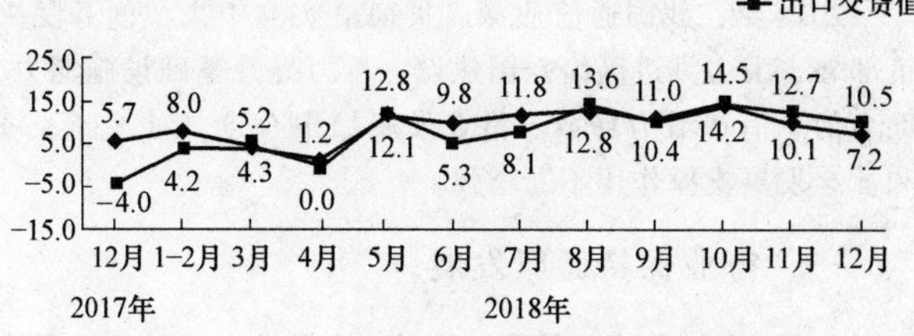

图 8　2017 年 12 月以来计算机制造业增加值和出口交货值分月增速（%）

2018 年，计算机制造业主营业务收入同比增长 8.7%，利润同比增长 4.7%。

2018 年通信业统计公报

来源：工业和信息化部

2018 年，我国通信业深入贯彻落实党中央、国务院决策部署，大力推进网络强国建设，着力提升基础设施能力，助力信息消费活力释放。行业发展稳中有进，对国民经济和社会发展支撑作用不断增强。

一、行业保持健康发展

（一）电信业务总量高速增长，电信收入增速保持平稳

初步核算，2018 年电信业务总量达到 65556 亿元（按照 2015 年不变单价计算），比上年增长 137.9%。电信业务收入累计完成 13010 亿元，比上年增长 3.0%。

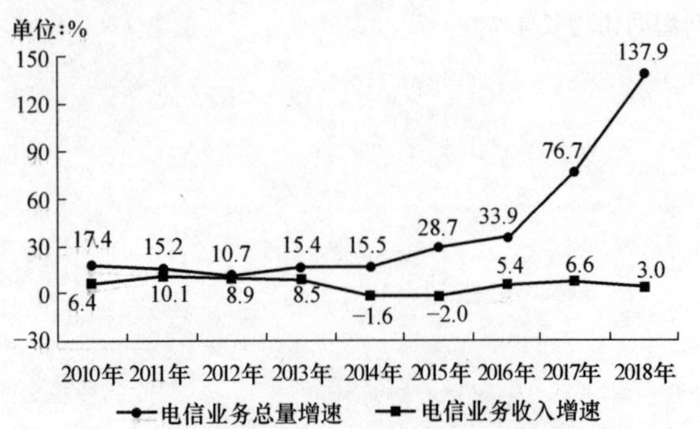

图 1　2010—2018 年电信业务总量与电信业务收入增长情况

（二）固定通信业务增长加快，话音业务收入占比继续下降

2018 年，固定通信业务收入完成 3876 亿元，比上年增长 9.1%，在电信业务收入中占 29.8%，占比较上年提高 1.7 个百分点；移动通信业务实现收入 9134 亿元，比上年增长 0.6%，在电信业务收入中占 70.2%。

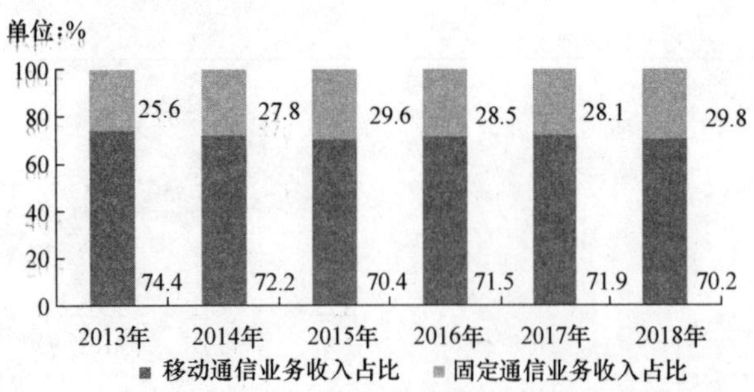

图 2　2013—2018 年移动通信业务和固定通信业务收入占比情况

在互联网应用的替代作用及取消长途漫游资费双重影响下，2018 年，话音业务收入完成 1776 亿元，比上年下降 25.7%，在电信业务收入中的占比降至 13.7%，比上年下降 4.2 个百分点。

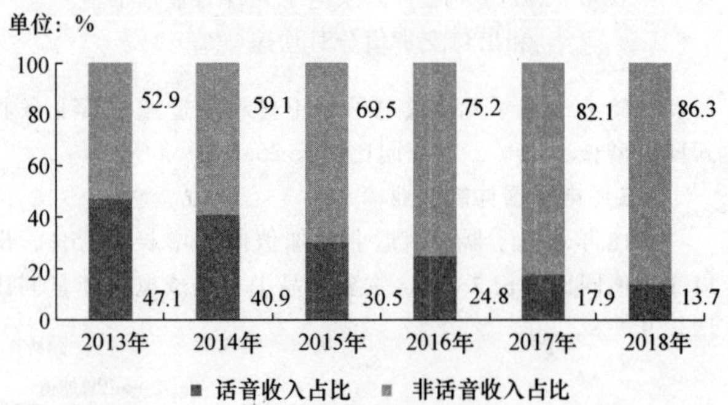

图 3　2013—2018 年电信收入结构（话音和非话音）情况

（三）融合业务快速发展，数据和互联网业务收入占比稳步提高

大力拓展光纤宽带接入业务，带动家庭智能网关、视频通话、IPTV 等融合服务加快发展，用户价值不断提升。2018 年，固定数据及互联网业务收入完成 2072 亿元，比上年增长 5.1%，在电信业务收入中占比由上年的 15.6%提升到 15.9%；移动数据及互联网业务收入 6057 亿元，比上年增长 10.2%，在电信业务收入中占比从上年的 43.5%提高到 46.6%。IPTV 业务收入比上年增长 19.4%；物联网业务收入比上年大幅增长 72.9%。

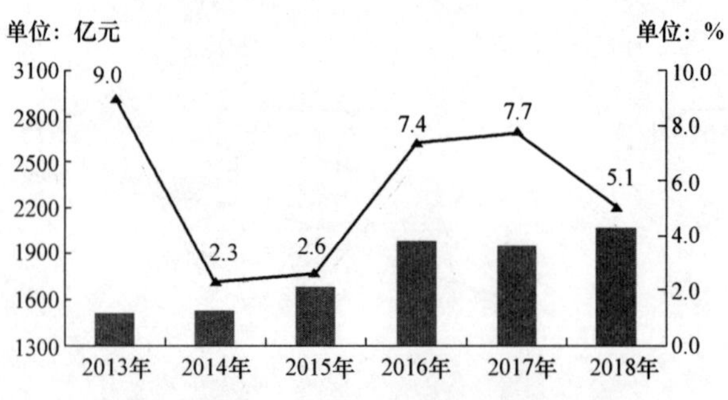

图 4　2013—2018 年固定数据及互联网业务收入发展情况

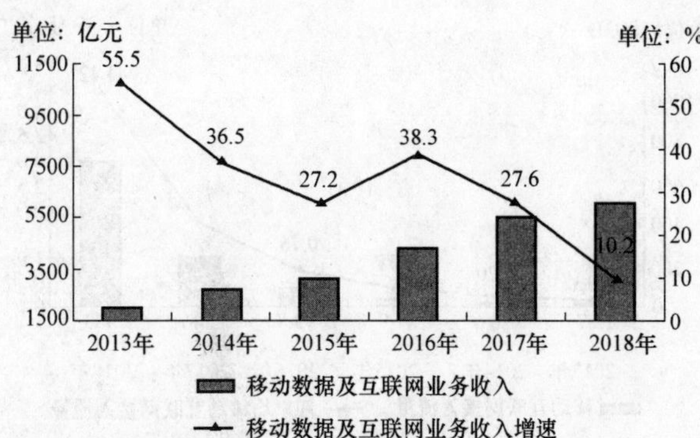

图5　2013—2018年移动数据及互联网业务收入发展情况

二、网络提速和普遍服务效果显著

（一）电话用户规模稳步扩大，移动电话普及率大幅提升

2018年，全国电话用户净增1.37亿户，总数达到17.5亿户，比上年末增长8.5%。全年净增移动电话用户达到1.49亿户，总数达到15.7亿户，移动电话用户普及率达到112.2部/百人，比上年末提高10.2部/百人。全国已有24个省市的移动电话普及率超过100部/百人。固定电话用户总数1.82亿户，比上年末减少1151万户，普及率为13.1部/百人。

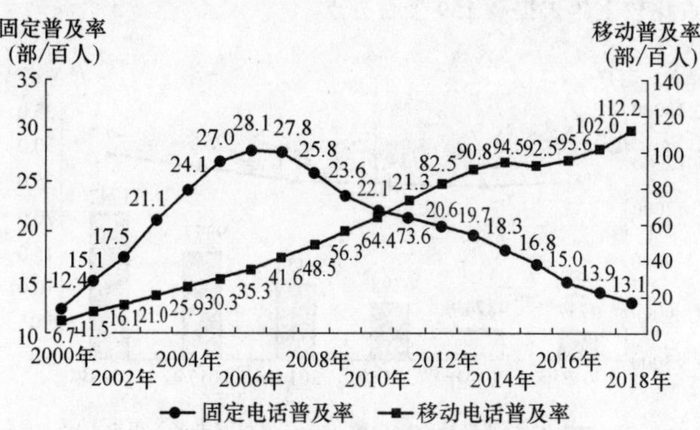

图6　2000—2018年固定电话及移动电话普及率发展情况

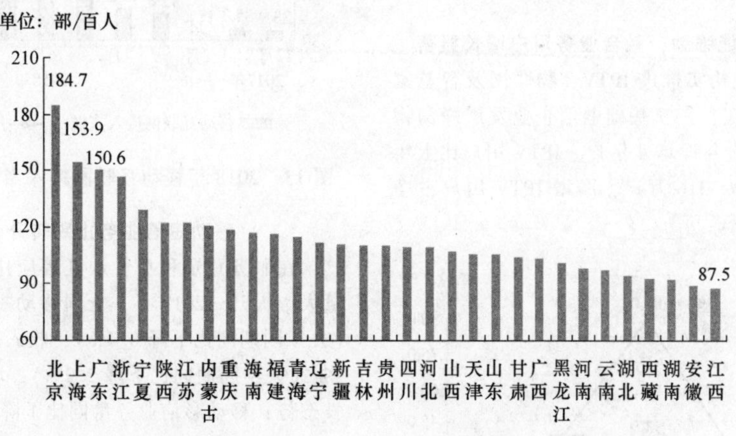

图7　2018年各省（区、市）移动电话普及率情况

（二）网络提速加快，百兆光纤宽带接入用户占比超七成

继续加快光纤带宽升级，接入网络基本实现全光纤化。截至12月底，移动宽带用户（即3G和4G用户）总数达13.1亿户，全年净增1.74亿户，占移动电话用户的83.4%。4G用户总数达到11.7亿户，全年净增1.69亿户。

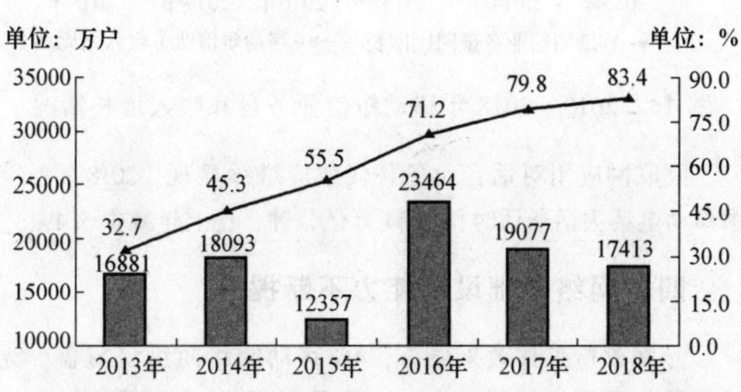

图8　2013—2018年移动宽带（3G/4G）用户发展情况

截至12月底，三家基础电信企业的固定互联网宽带接入用户总数达4.07亿户，全年净增5884万户。其中，光纤接入（FTTH/O）用户3.68亿户，占固定互联网宽带接入用户总数的90.4%，较上年末提高6.1个百分点。宽带用户持续向高速率迁移，100Mbps及以上接入速率的固定互联

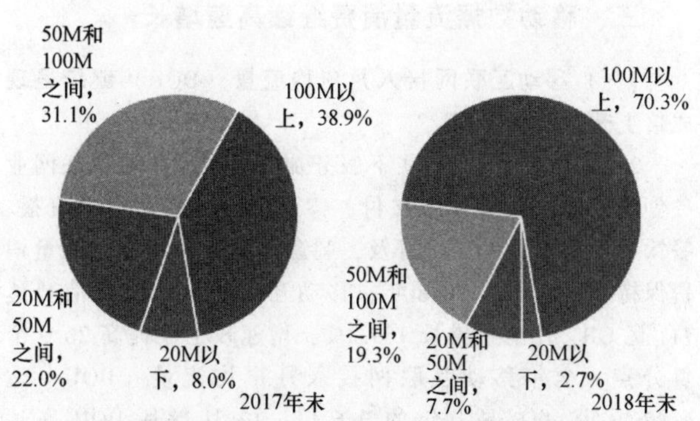

图9　2017—2018年固定互联网宽带各接入速率用户占比情况

网宽带接入用户总数达 2.86 亿户，占固定宽带用户总数的 70.3%，占比较上年末提高 31.4 个百分点。

（三）网络扶贫继续推进，农村宽带用户增长加速

截至 12 月底，全国农村宽带用户全年净增 2364 万户，总数达 1.17 亿户，比上年末增长 25.2%，增速较城市宽带用户高 11.4 个百分点；在固定宽带接入用户中占 28.8%，占比较上年末提高 1.9 个百分点。

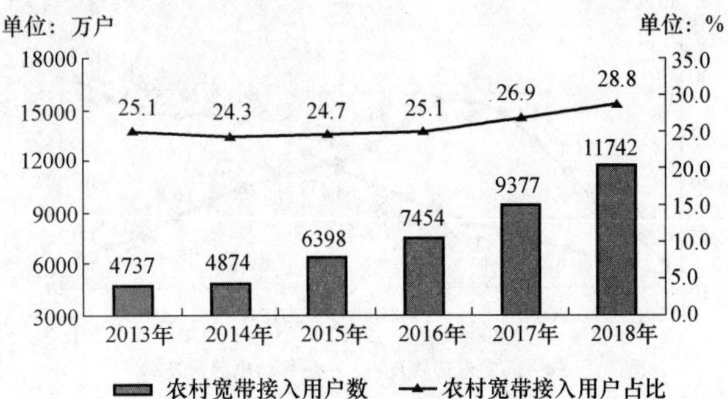

图 10 2013—2018 年农村宽带接入用户及占比情况

（四）新业务发展动能强劲，融合业务用户增长显著

加快培育新兴业务，扎实推进 IPTV、物联网及智慧家庭等新业务。截至 12 月底，三家基础电信企业发展蜂窝物联网用户达 6.71 亿户，全年净增 4 亿户。IPTV 用户比上年末增长 27.1%，全年净增 3316 万户，净增 IPTV 用户占净增光纤接入用户的 44.6%。

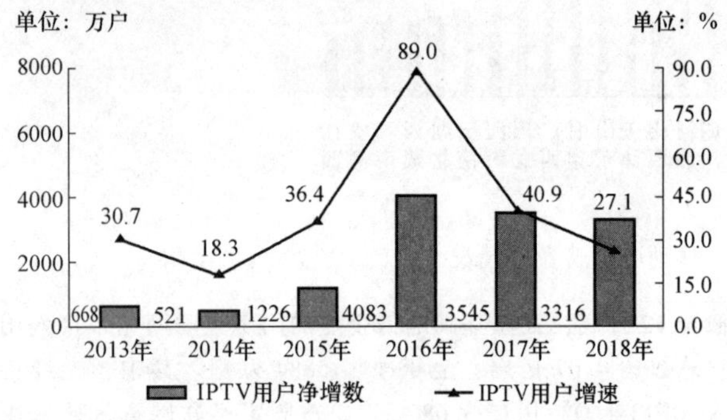

图 11 2013—2018 年 IPTV 用户发展情况

三、移动数据流量消费继续高速增长

（一）移动互联网接入月户均流量（DOU）继续呈现成倍上升态势

2018 年，各种线上线下服务加快融合，移动互联网业务创新拓展，带动移动支付、移动出行、移动视频直播、餐饮外卖等等应用加快普及，刺激移动互联网接入流量消费保持高速增长。2018 年，移动互联网接入流量消费达 711 亿 GB，比上年增长 189.1%，增速较上年提高 26.9 个百分点。全年移动互联网接入月户均流量（DOU）达 4.42GB/月/户，是上年的 2.6 倍；12 月当月 DOU 高达 6.25GB/月/户。其中，手机上网流量达到 702 亿 GB，比上年增长 198.7%，在总流量中占 98.7%。

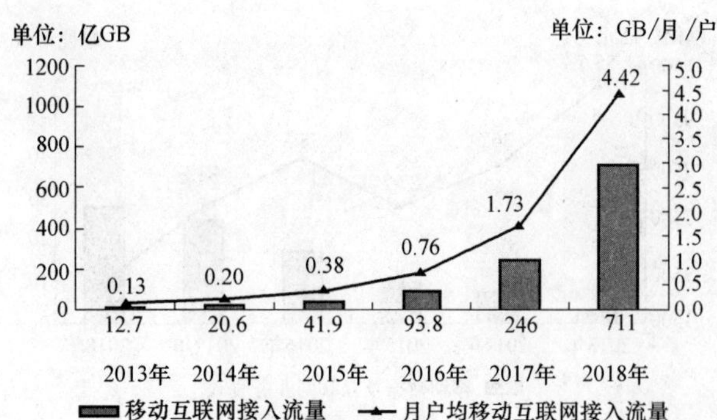

图 12 2013—2018 年移动互联网流量及月 DOU 增长情况

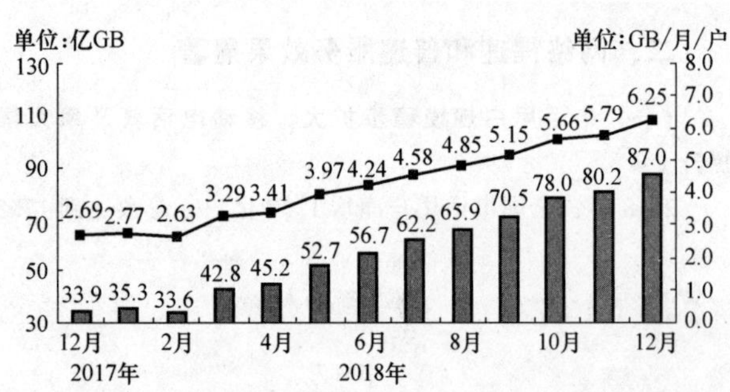

图 13 2018 年移动互联网接入当月流量及当月 DOU 情况

（二）移动短信业务止跌转升，话音业务量小幅下滑

在服务登录和身份认证等应用带动下，移动短信业务量大幅提升。2018 年，全国移动短信业务量同比增长 14%（去年同期同比下降 0.4%）；收入完成 392 亿元，同比增长 9%（去年同期同比下降 3.2%），增速自年初以来保持正增长态势；移动彩信业务量同比下降 15.9%。

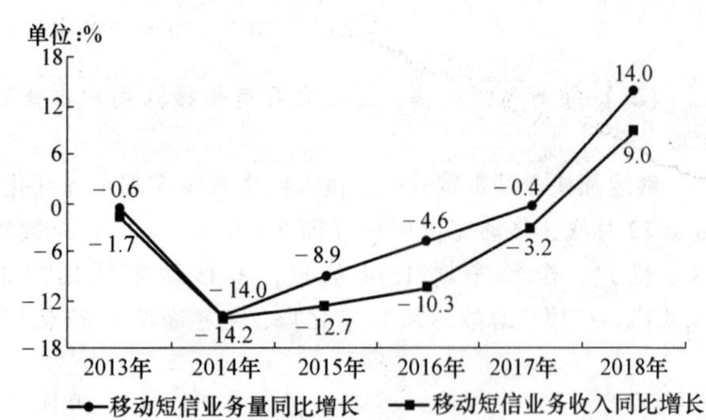

图 14 2013—2018 年移动短信业务量和收入增长情况

互联网应用对话音业务替代效应继续显现。2018 年，全国移动电话去话通话时长 2.54 万亿分钟，比上年减少 5.4%。

四、网络基础设施能力不断提升

光网改造工作效果显著，4G 移动网络向纵深覆盖。光纤宽带部署规模不断扩大，完成骨干网 IPv6 部署，构建云网互联平台，夯实为各行业提供服务的网络能力。4G 网络覆盖盲点不断消除，移动网络服务质量持续提升。2018 年，

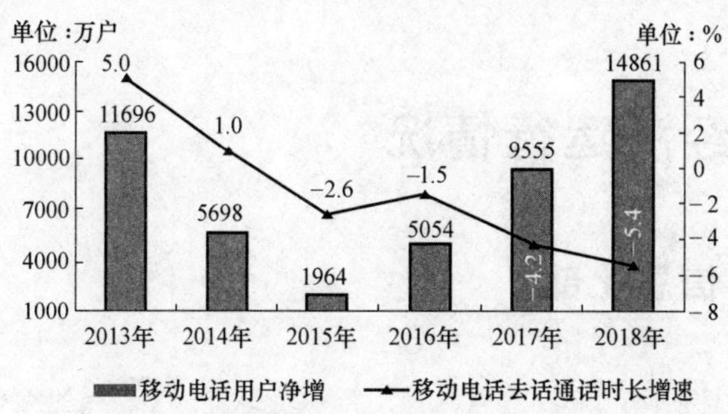

图 15　2013—2018 年移动电话用户和通话量增长情况

新建光缆线路长度 578 万公里，全国光缆线路总长度达 4358 万公里。互联网宽带接入端口“光进铜退”趋势更加明显，截至 12 月底，互联网宽带接入端口数量达到 8.86 亿个，比上年末净增 1.1 亿个。其中，光纤接入（FTTH/0）端口比上年末净增 1.25 亿个，达到 7.8 亿个，占互联网接入端口的比重由上年末的 84.4%提升至 88%。xDSL 端口比上年末减少 578 万个，总数降至 1646 万个，占互联网接入端口的比重由上年末的 2.9%下降至 1.9%。

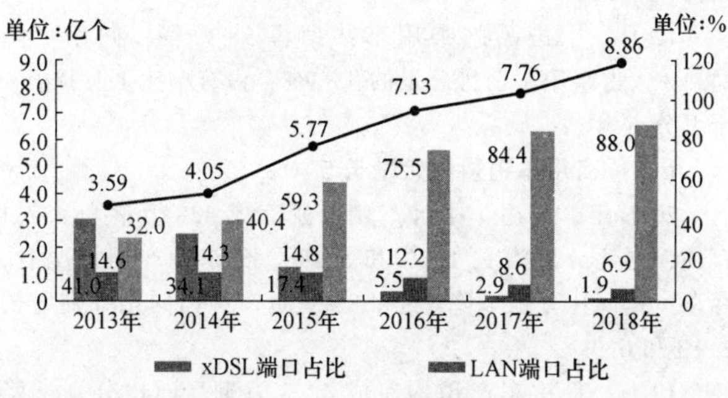

图 16　2013—2018 年互联网宽带接入端口发展情况

2018 年，全国净增移动通信基站 29 万个，总数达 648 万个。其中 4G 基站净增 43.9 万个，总数达到 372 万个。

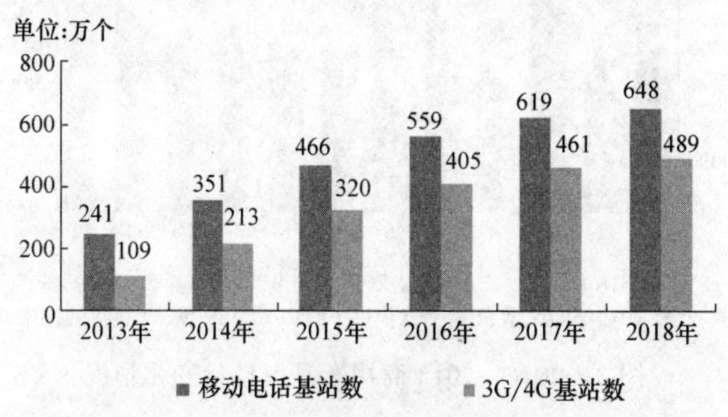

图 17　2013—2018 年移动电话基站发展情况

五、东、中、西部地区协调发展

（一）东、中、西部地区电信业务收入份额稳定

2018 年，东部地区实现电信业务收入 6974 亿元，占全国电信业务收入比重为 53.4%，与上年持平。西部地区收入占 23.7%，比上年提升 0.1 个百分点。中部地区收入占 22.9%，比上年下降 0.1 个百分点。

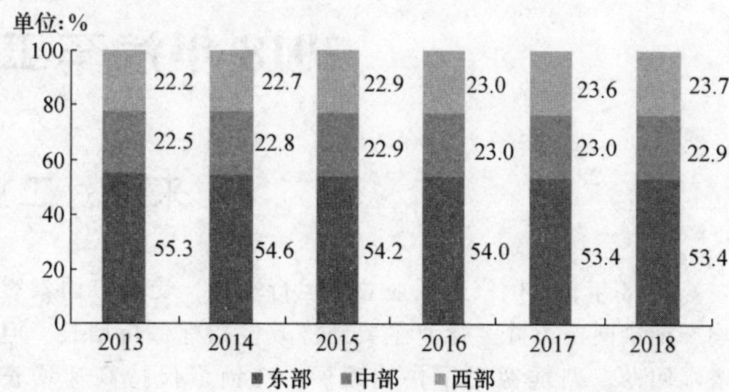

图 18　2013—2018 年东、中、西部地区电信业务收入比重

（二）东部百兆及以上固定互联网宽带接入用户占比领先

截至 12 月底，东、中、西部地区 100Mbps 及以上固定互联网宽带接入用户分别达到 14003 万户、7767 万户和 6871 万户，比上年末分别增长 89.9%、149.5%和 124.7%，在本地区宽带接入用户中占比分别达到 71.7%、70.6%和 67.4%。中部地区增速明显加快，增速比东部和西部分别快 59.6 和 24.8 个百分点；东部地区 100M 及以上宽带接入用户占比较上年末大幅提高 36.2 个百分点。

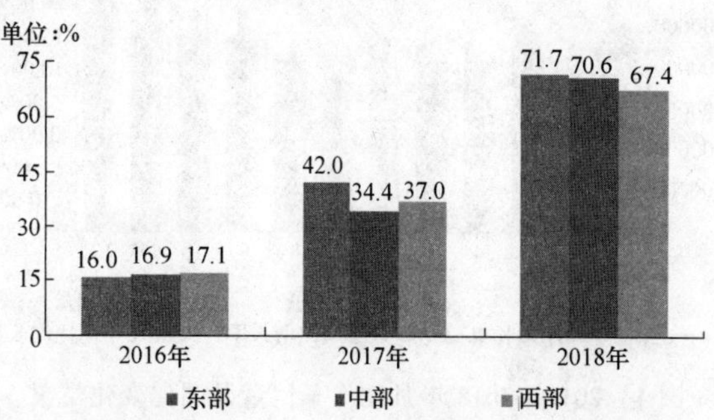

图 19　2016—2018 年东、中、西部地区 100Mbps 及以上固定宽带接入用户渗透率情况

（三）西部地区移动互联网流量增速全国领先

2018 年，东、中、西部地区移动互联网接入流量分别达到 335 亿 GB、175 亿 GB 和 201 亿 GB，比上年分别增长 176.7%、192.2%和 209.2%，西部增速比东部、中部增速分别高 32.5、17 个百分点。西部地区月户均流量达到 5GB/月/户，比东部和中部分别高 854MB/月/户和 776MB/月/户。

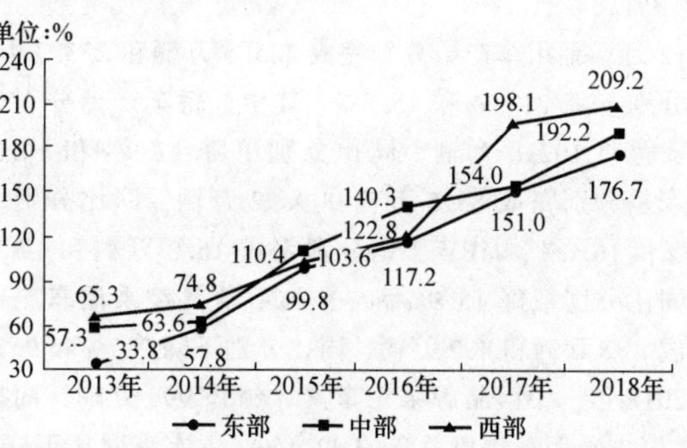

图 20　2012—2018 年东、中、西部移动互联网接入流量增速情况

2018年汽车工业经济运行情况

来源：工业和信息化部

2018年，我国汽车工业总体运行平稳，受多方因素影响产销量同比下降，行业主要经济效益指标保持增长，但增幅回落。新能源汽车快速发展，产销量保持高速增长态势。

一、汽车销量同比下降2.8%

2018年，汽车产销分别完成2780.9万辆和2808.1万辆，同比分别下降4.2%和2.8%。

12月，汽车产销分别完成248.2万辆和266.1万辆，同比分别下降18.4%和13%。

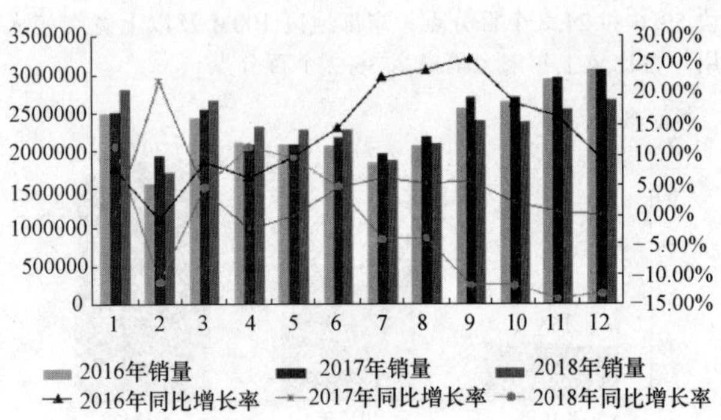

图1 2016—2018年月度汽车销量及同比变化情况

（一）乘用车销量同比下降4.1%

2018年，乘用车累计产销分别完成2352.9万辆和2371万辆，同比分别下降5.2%和4.1%。其中，轿车产销分别完成1146.6万辆和1152.8万辆，同比分别下降4%和2.7%；SUV产销分别完成995.9万辆和999.5万辆，同比分别下降3.2%和2.5%；MPV产销分别完成168.5万辆和173.5万辆，同比分别下降17.9%和16.2%；交叉型乘用车产销分别完成42万辆和45.3万辆，同比分别下降20.8%和17.3%。

12月，乘用车产销分别完成205.5万辆和233.3万辆，同比分别下降21.3%和15.8%。其中，轿车产销分别完成101万辆和102.8万辆，同比分别下降17.9%和14.3%；SUV产销分别完成83.5万辆和98.2万辆，同比分别下降26.4%和16.3%；MPV产销分别完成16.8万辆和17.6万辆，同比分别下降15.9%和22.9%；交叉型乘用车产销分别完成4.2万辆和4.7万辆，同比分别下降7.7%和9.7%。

2018年，中国品牌乘用车累计销售998万辆，同比下降8%，占乘用车销售总量的42.1%，占有率同比下降1.8个百分点；其中，轿车销量239.9万辆，同比增长1.9%，市场份额20.8%；SUV销量580万辆，同比下降6.7%，市

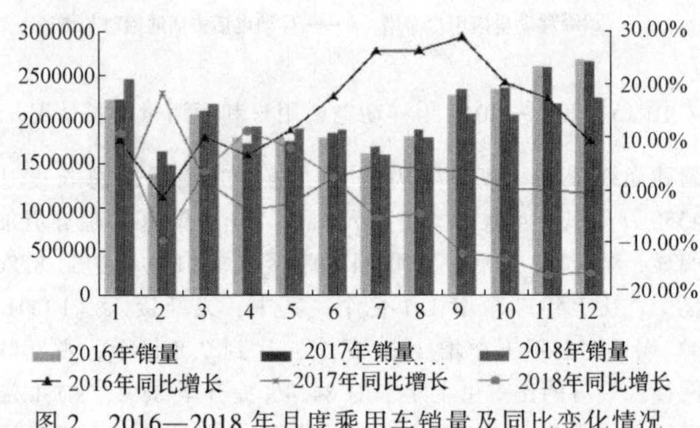

图2 2016—2018年月度乘用车销量及同比变化情况

场份额58%；MPV销量132.8万辆，同比下降23.1%，市场份额76.6%。

12月，中国品牌乘用车共销售98万辆，同比下降24.3%，占乘用车销售总量的43.9%，占有率比上月提升2个百分点。

（二）商用车销量同比增长5.1%

2018年，商用车累计产销分别完成428万辆和437.1万辆，同比分别增长1.7%和5.1%。分车型产销情况看，客车产销同比分别下降7%和8%；货车产销同比分别增长2.9%和6.9%。

12月，商用车产销均完成42.8万辆，同比分别下降1%和增长5.2%。

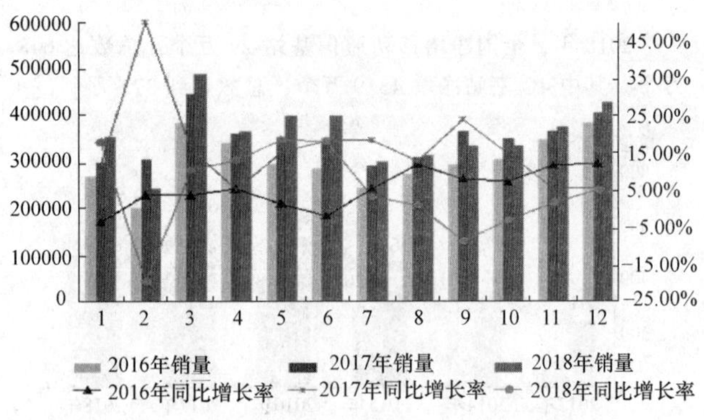

图3 2016—2018商用车月度销量变化情况

二、新能源汽车销量同比增长61.7%

2018年，新能源汽车产销分别完成127万辆和125.6万辆，同比分别增长59.9%和61.7%。其中，纯电动汽车产销分别完成98.6万辆和98.4万辆，同比分别增长47.9%和50.8%；插电式混合动力汽车产销分别为28.3万辆和27.1万辆，同比分别增长122%和118%；燃料电池汽

车产销均完成 1527 辆。

12 月，新能源汽车产销分别完成 21.4 万辆和 22.5 万辆，同比分别增长 43.4%和 38.2%。其中，纯电动汽车产销分别完成 17.7 万辆和 19.2 万辆，同比分别增长 37.2%和 33.5%；插电式混合动力汽车产销分别完成 3.6 万辆和 3.2 万辆，同比分别增长 78%和 67.9%。

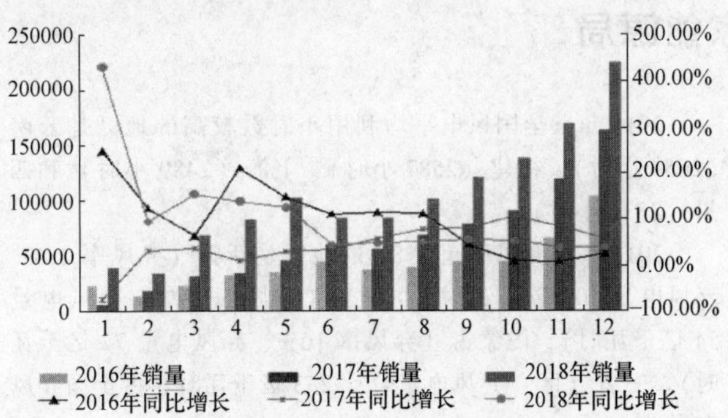

图 4　2016—2018 年月度新能源汽车销量及同比变化情况

三、1-11 月重点企业主营业务收入同比增长 5.7%

1-11 月，汽车工业重点企业（集团）累计实现主营业务收入 37907.7 亿元，同比增长 5.7%。累计实现利税总额 5638.8 亿元，同比下降 2.2%。

四、汽车出口同比增长 16.8%

2018 年，汽车整车出口 104.1 万辆，同比增长 16.8%。分车型情况看，乘用车出口 75.8 万辆，同比增长 18.5%；商用车出口 28.3 万辆，同比增长 12.5%。

12 月，汽车整车出口 8 万辆，同比下降 16.5%。分车型情况看，乘用车出口 5.7 万辆，同比下降 26.3%；商用车出口 2.4 万辆，同比增长 22.2%。

（注：上述数据来自汽车工业协会）

2018 年风电并网运行情况

来源：国家能源局

据行业统计，2018 年，新增并网风电装机 2059 万千瓦，累计并网装机容量达到 1.84 亿千瓦，占全部发电装机容量的 9.7%。2018 年风电发电量 3660 亿千瓦时，占全部发电量的 5.2%，比 2017 年提高 0.4 个百分点。2018 年全国风电平均利用小时数 2095 小时，同比增加 147 小时；全年弃风电量 277 亿千瓦时，同比减少 142 亿千瓦时，平均弃风率 7%，同比下降 5 个百分点，弃风限电状况明显缓解。

2018 年，全国风电平均利用小时数较高的地区是云南（2654 小时）、福建（2587 小时）、上海（2489 小时）和四川（2333 小时）。

2018 年，弃风率超过 8% 的地区是新疆（弃风率 23%、弃风电量 107 亿千瓦时），甘肃（弃风率 19%、弃风电量 54 亿千瓦时），内蒙古（弃风率 10%、弃风电量 72 亿千瓦时）。三省（区）弃风电量合计 233 亿千瓦时，占全国弃风电量的 84%。

表 1　2018 年风电并网运行统计数据

省(区、市)	累计并网容量	发电量	弃风电量	弃风率	利用小时数	各省(区、市)承诺的 2018 年弃风率控制目标
合计	18426	3660	277	7.00%	2095	
北京	19	3			1866	0%
天津	52	8			1830	0%
河北	1391	283	15.5	5.20%	2276	6.7%(冀北新能源平均)
山西	1043	212	2.4	1.10%	2196	4.2%(新能源平均)
内蒙古	2869	632	72.4	10.30%	2204	12%
辽宁	761	165	1.6	1.00%	2265	8%
吉林	514	105	7.7	6.80%	2057	—
黑龙江	598	125	5.8	4.40%	2144	—
上海	71	18			2489	0%
江苏	865	173			2216	0%
浙江	148	31			2173	0%
安徽	246	50			2150	保 10%争 0%
福建	300	72			2587	0%
江西	225	41			1940	0%
山东	1146	214	3	1.40%	1971	2%左右
河南	468	57			1746	0%
湖北	331	64			2159	确保 10%争取 0%
湖南	348	60			2054	4%(新能源平均)
广东	357	63			1770	0%
广西	208	42			2294	0%
海南	34	5			1524	—
重庆	50	8			1968	0%
四川	253	55			2333	0%
贵州	386	68	0.8	1.10%	1821	3%
云南	857	220			2654	确保 10%争取 0%

（续）

省(区、市)	累计并网容量	发电量	弃风电量	弃风率	利用小时数	各省(区、市)承诺的2018年弃风率控制目标
西藏	1	0.1			1863	—
陕西	405	72	1.6	2.20%	1959	弃电率下降1.8%，控制在2.2%
甘肃	1282	230	54	19.00%	1772	23%
青海	267	38	0.6	1.60%	1524	0%
宁夏	1011	187	4.4	2.30%	1888	—
新疆	1921	359	106.9	22.90%	1951	26%

注：1. 容量单位：万千瓦；电量单位：亿千瓦时。

2. 并网容量、发电量、利用小时数来源于中电联。

3. 弃风电量、弃风率来源于国家可再生能源中心、相关电网企业。数据为空白的表示不存在弃风现象。

4. 各省（区、市）承诺的全年弃风率控制目标为各省（区、市）在落实《解决弃水、弃风、弃光问题实施方案》工作方案中承诺的2018年全年弃风率控制目标，“—”表示工作方案中未提出弃风控制目标。

2018 年全国电力工业统计数据

来源：国家能源局

2019 年 1 月 18 日，国家能源局发布 2018 年全国电力工业统计数据。

表 1 全国电力工业统计数据一览表

指标名称	计算单位	全年累计	
		绝对量	增长
全国全社会用电量	亿千瓦时	68449	8.5
其中:第一产业用电量	亿千瓦时	728	9.8
第二产业用电量	亿千瓦时	47235	7.2
工业用电量	亿千瓦时	46456	7.1
第三产业用电量	亿千瓦时	10801	12.7
城乡居民生活用电量	亿千瓦时	9685	10.4
全口径发电设备容量	万千瓦	189967	6.5
其中:水电	万千瓦	35226	2.5
火电	万千瓦	114367	3
核电	万千瓦	4466	24.7
并网风电	万千瓦	18426	12.4
并网太阳能发电	万千瓦	17463	33.9
6000 千瓦及以上电厂供电标准煤耗	克/千瓦时	308	-1.8
全国线路损失率	%	6.21	-0.3
6000 千瓦及以上电厂发电设备利用小时	小时	3862	73
其中:水电	小时	3613	16
火电	小时	4361	143
电源基本建设投资完成额	亿元	2721	-6.2
其中:水电	亿元	674	8.4
火电	亿元	777	-9.4
核电	亿元	437	-3.8
电网基本建设投资完成额	亿元	5373	0.6
发电新增设备容量	万千瓦	12439	-4.6
其中:水电	万千瓦	854	-33.7
火电	万千瓦	4119	-7.5
新增 220 千伏及以上变电设备容量	万千伏安	22082	-8.9
新增 220 千伏及以上输电线路回路长度	千米	41035	-0.9

注：1. 全社会用电量指标是全口径数据。

2. 三个产业划分按照 2018 年 3 月《国家统计局关于修订〈三个产业划分规定（2012）〉的通知》（国统设管函〔2018〕74 号）相应调整，为保证数据同口径可比，上年同期数据根据新标准重新进行了分类。

第三篇 电源行业发展报告及综述

2018年中国电源学会会员企业30强名单

序号	企　业	主要产品领域
1	阳光电源股份有限公司	光伏逆变器、风能变流器、储能变流器等
2	台达电子企业管理(上海)有限公司	通信电源及系统、UPS、计算机及网络设备用交换式电源供应器、计算机及消费电子适配器、直流模块电源、照明及背光电源、变频器及工业自动化系统、太阳能、风能变换器及新能源发电系统、新能源汽车车载
3	深圳市汇川技术股份有限公司	变频器、伺服驱动器、PLC、HMI、伺服/直驱电机、传感器、一体化控制器及专机、工业视觉、机器人控制器、电动汽车电机控制器等
4	易事特集团股份有限公司	UPS、EPS、分布式发电、电动汽车充电桩
5	科华恒盛股份有限公司	信息化设备用UPS、工业动力UPS系统设备、建筑工程电源、数据中心产品、新能源产品、配套产品
6	深圳科士达科技股份有限公司	UPS、精密空调、蓄电池、机柜、光伏逆变器、储能
7	深圳麦格米特电气股份有限公司	变频器、伺服驱动器、驱动系统、车用电机控制器、光伏逆变器等
8	深圳市英威腾电气股份有限公司	UPS、EPS、逆变电源及机房配套产品
9	亚源科技股份有限公司	电源适配器
10	茂硕电源科技股份有限公司	开关电源、LED室内/户外照明产品驱动、FPC、光伏逆变器、智能充电桩
11	上海科泰电源股份有限公司	柴油发电机组、直流变频机组、移动电源车
12	深圳市禾望电气股份有限公司	风电变流器、光伏逆变器、模块及配件业务
13	伊戈尔电气股份有限公司	LED驱动电源、变压器等
14	深圳可立克科技股份有限公司	开关电源、LED驱动电源、磁性器件、新能源产品等
15	山特电子(深圳)有限公司	UPS等
16	深圳欧陆通电子股份有限公司	电源适配器、工业IT电源等
17	杭州中恒电气股份有限公司	通信电源、高压直流(HVDC)电源、电力操作电源、新能源电动汽车充换电系统、智慧照明、储能等产品及电源一体化解决方案
18	英飞特电子(杭州)股份有限公司	LED驱动电源、开关电源等
19	北京动力源科技股份有限公司	通信电源、直流电源、高压变频器及综合节能等
20	东莞市石龙富华电子有限公司	ITE电源、适配器
21	东莞立德电子有限公司	交换式电源供应器
22	深圳欣锐科技股份有限公司	车载充电机、车载电源集成产品、车载DC-DC变换器等
23	广东志成冠军集团有限公司	UPS、EPS等
24	广州金升阳科技有限公司	模块电源、军用电源等
25	伊顿电源(上海)有限公司	UPS等
26	深圳威迈斯新能源股份有限公司	车载电源(OBC、DC-DC)等
27	合肥华耀电子工业有限公司	工业开关电源、LED驱动电源、军品电源、新能源充电机
28	常州市创联电源科技股份有限公司	LED驱动电源
29	深圳市瑞晶实业有限公司	车载充电器、适配器
30	深圳市英威腾电源有限公司	UPS等

注：1. 此名单以会员企业提供的2018年企业销售数据、上市公司年报等数据为依据得出，未提供数据的会员企业未进行排行。

2. 此名单中仅对主要产品为电源整机的会员企业进行了排行，主要产品为蓄电池、锂电池、功率器件等配套产品的会员企业未列入其中，如理士国际技术有限公司 、上海吉电电子技术有限公司等。

3. 同时涉及电源产品以外其他产品的会员企业，根据电源部分的经营数据进行排行。

2018年度中国电源行业发展报告

中自产业服务集团

一、调研背景

（一）调查对象

在承继历届电源研究及调查优势与成功经验的基础上，2018年中国电源产业调查的范围延伸到了电源市场的各个板块，包括业内专家学者、厂商、传统渠道商、IT渠道商、系统集成等企业和机构。具体包括：最终用户、产品供应商、维护与支持提供商、渠道商和系统集成商。

（二）数据来源与调查方法

本届调查方法主要采取了电话呼叫、问卷调查、线上调查、公开渠道搜集等方式收集信息，并辅助以焦点小组讨论，以及专家集中评审等多种方式，以期更加全面、科学地调查和评估中国电源产业发展状况、电源产品市场与企业的基本状况。在抽样过程中，综合运用了双重抽样、逐次抽样、分阶段抽样、分层抽样、整群抽样和等距抽样等多种方法，以确保调查数据的精确度，综合衡量其优劣。

（三）样本分布（见表1）

表1 2018年中国电源调查样本区域分布

区 域	比例
华北（北京、天津、河北）	12.31%
华东（上海、江苏、浙江、安徽、山东、福建）	40%
华南（广东、广西）	39.23%
华中（河南、湖北、湖南）	3.08%
西南（重庆、四川）	3.84%
西北（陕西、宁夏）	1.54%
合计（130家）	100%

数据来源：中国电源学会；中自集团2019年5月。

（四）合作机构介绍

1. 中国电源学会

中国电源学会成立于1983年，是在国家民政部注册的国家一级社团法人，业务主管部门是中国科学技术协会。中国电源学会的专业范围包括：通信电源、不间断电源（UPS）、通用交流稳压电源、直流稳压电源、变频电源、特种电源、蓄电池、变压器、元器件和电源配套产品等。

中国电源学会下设直流电源、照明电源、特种电源、变频电源与电力传动、元器件、电能质量、电磁兼容、磁技术、新能源电能变换技术、信息系统供电技术、无线电能传输技术及装置、新能源车充电与驱动共12个专业委员会，以及学术、组织、专家咨询、国际交流、科普、编辑、标准化、青年女科学家、会员发展共10个工作委员会。另外，还有业务联系的10个具有法人资格的地方电源学会。

学会每年举办各种类型的学术交流会。两年一届的大型学术年会至今已经成功举办了22届，会议规模超过1400人，是国内电源界水平最高、规模最大的学术会议。每四年举办一届国际电力电子技术与应用会议暨博览会（IEEE International Power Electronics and Application Conference and Exposition，IEEE PEAC），是中国电源领域首个国际性会议。此外学会每年还举办各种类型的专题研讨会。

中国电源学会的主要出版物有《电源学报》《中国电源行业年鉴》《电力电子技术及应用英文学报》（CPSS-TPEA）、电力电子技术英文丛书、《中国电源学会通信》（电子版）、学会微信公众号等。同时，学会还组织编辑出版系列中文丛书、技术专著以及各种学术会议论文集。

学会设立“中国电源学会科学技术奖”，两年一届，奖励在我国电源领域的科学研究、技术创新、新品开发、科技成果推广应用等方面做出突出贡献的个人和单位。学会积极开展继续教育活动，每年举办不同主题的培训班。同时，开展一系列行业服务活动，如科技成果鉴定、技术服务、技术咨询、参与工程项目评价等。

2. 中自产业服务集团

中自产业服务集团（简称“中自集团”）是集杂志、网站、会议、研究及数字移动媒体为一体的中国自动化产业链整合传播、营销、咨询和投资服务机构，拥有网刊会及数字移动合一的专业平台以及政府部门、行业组织、专家学者、企业家、用户、投资机构等各种社会资源。旗下有《变频器世界》《智慧工厂》（原《PLC&FA》杂志）、《智能机器人》等品牌期刊，历经20年的发展，奠定了其在业界的权威地位，在国内外享有较高声誉。更有中自网www.ca168.com、中自移动数字传媒www.cadmm.com等专业网站。中自集团通过传媒优势，整合各种资源，与国内外著名自动化组织、企业建立了广泛的联系和交流，每年举办数十个论坛和研讨会。其中“变频器行业企业家论坛”“电力电子论坛”“自动化大会”已成为每年一度的行业权威盛会，对推动中国自动化行业持续发展起到了积极的作用。

近20年来，中自集团致力于为中国自动化产业发展提供专业的传播、营销和咨询服务，推动这一市场持续快速发展。并随着企业对跨越式发展的追求，于2009年涉足对这一产业的投融资服务，为业内高成长性企业对接资本市场提供专业支持。中自集团先后开展了一系列服务，协助十多家企业登陆资本市场，也为国际企业在中国市场实现成功并购提供专业咨询，典型案例包括但不限于：指导并协助多家企业获得国家发改委、科技部及工信部的专项基金支持，为上市打好坚实基础；为证监会发审委提供行业研究报告及相关企业业绩证明；为某企业引进投资、解决用地问题，协助登陆资本市场；参与并促成业内几宗大的并购；为业内企业上市及融资提供专业支持。

目前，中国自动化及新能源领域的高成长性企业不断涌现，经过集团筛选的适合投资的企业也达到数十家。中自集团拟从种子期的培育、发展期的投资以及上市前的包装等各个阶段提供服务。同时，由于国内资本市场竞争激烈以及同一行业上市容量有限等因素，部分企业将选择海外上市等渠道；另一方面，海外有实力的企业也将在中国寻求并购等，以快速进入这一全球最大的市场。因此，中自集团也在与海外有关专业机构合作，为相关企业提供多渠道、多形式的投融资服务。

中自集团现已拥有1000余家企业合作伙伴，常年企业合作伙伴300余家，粉丝级合作伙伴100余家，拥有庞大数据的读者俱乐部、企业家俱乐部及媒体联盟，秉承铁肩担道义的传媒使命，经过近15年的发展，中自集团已由单一媒体成功转型为中国自动化产业立体传播、营销、咨询和投资服务机构。除了一如既往地做好整合传播和全产业链营销工作外，在新的历史机遇面前，中自集团整合各种优质资源，打造创新服务平台，借此推进企业与高校、资本以及供应链的深入对接，加快创新成果转化，共建技术协作平台，借助资本推动，为业内成长性企业腾飞提供实质性保障，并一起联合更多相关机构为产业持续发展做出更大贡献。

二、2018年电源行业市场概况分析

(一) 2018年中国电源行业市场规模分析

2018年是实施“十三五”规划承上启下的关键一年，5G、大数据、云计算、“互联网+”“中国制造2025”、轨道交通、新能源电动汽车等都瞄准新一代信息技术、高端装备等战略重点产业，成为电源行业新的增长点。

工信部公布的《云计算发展三年行动计划（2017—2019年）》明确提出，到2019年，我国云计算产业规模将达到4300亿元，未来云计算产业链市场空间巨大，电源系统市场的增量空间将持续扩大。

“十三五”能源规划的提出，以新能源为支点的我国能源转型体系正加速变革，大力发展新能源已上升到国家战略高度。国家出台了一系列政策措施积极扶持新能源产业，风电、光伏发电、微网储能、分布式能源等成为新能源发展的重点，新能源行业已进入发展的快车道。

此外，新能源电动汽车领域，也迎来了快速发展的机遇期。根据统计，自2008年以来，我国共计出台新能源汽车产业国家及地区政策200余项，已逐步形成了较为完善的政策体系，从宏观统筹、推广应用、行业管理、财税优惠、技术创新、基础设施等方面全面推动了我国新能源汽车产业的快速发展，并初步实现了引领全球的龙头作用。根据《“十三五”国家战略性新兴产业发展规划》要求，到2020年，纯电动汽车和插电式混合动力汽车当年产销200万辆以上，累计产销量超过500万辆，燃料电池汽车、车用氢能源产业与国际同步发展。仅2018年前10月，国家出台了20项与新能源汽车相关的政策，引导新能源汽车健康有序的发展。

随着上述应用行业的高速发展，2018年中国电源产业呈现出良好的发展态势，产值规模同比2017年增长率为5.95%，总产值达2459亿元（见表2和图1）。中国电源行业的规模分析主要指产值，包含国内销售、出口、OEM/ODM等几个部分，本报告涉及的数值如未特意表明均指产品产值（不包含港、澳、台等地区，以下同）；另外报告分析的电源行业仅指电子电源，不包括化学电源和物理电源。

表2 2015—2018年中国电源产业产值规模

年份	2015年	2016年	2017年	2018年
产值/亿元	1924	2056	2321	2459
增长率(%)	6.10	6.90	12.90	5.95

数据来源：中国电源学会；中自集团2019年5月。

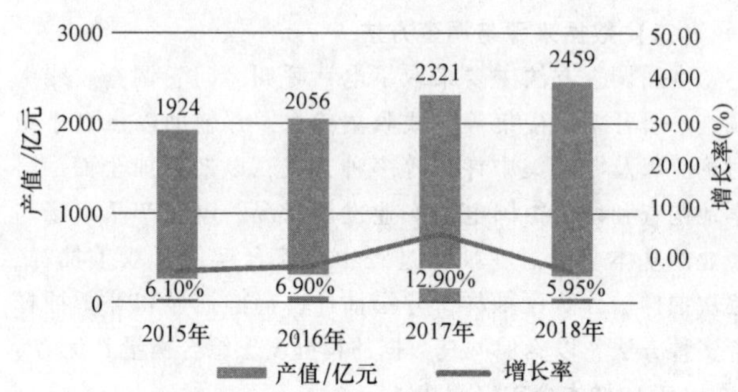

图1 2015—2018年中国电源产业产值规模

(二) 2018年中国电源行业市场特征分析

1. 中国电源行业进入门槛分析

（1）技术壁垒

电源技术是采用半导体功率器件、电磁元件、电池等元器件，运用电气工程、自动控制、微电子、电化学、新能源等技术，将粗电加工成高效率、高质量、高可靠性的交流、直流、脉冲等形式的电能（一门多学科交叉的科学技术）。高性能电源产品具有高效率、高可靠性、高功率密度和优良的电磁兼容性等特性，需要专精于电路、结构、软件、工艺、可靠性等方面的技术人员构成的团队共同进行研发，其中高端电源领域对制造工艺、可靠性设计等方面的要求更高，需要长期、大量的工艺技术经验积累和研发投入。按照国际行业标准建立开发、测试的管理平台，需要更高水平的知识产权识别和管理能力，同时需要投入大量满足国际标准的测试仪器设备。

（2）企业资质认证壁垒

通信、航空、航天、国防、铁路等领域的设备制造商需要对电源厂家的资产规模、管理水平、历史供货情况、生产能力、产品性能、销售网络和售后服务保证能力等方面进行综合评审，只有通过设备厂商的资质认定，电源厂家才能进入其采购范围。为获得以上所述行业设备厂商的资质认证，企业一般需要先行通过行业或管理机构的第三方认证。国防军工行业客户一般要求GJB 9000军工产品质

量管理体系认证等资质；国际通信客户一般要求 ISO 9000、ISO 14000 等资质；新能源汽车客户一般要求 ISO/TS 16949、ISO 14000、ISO 9000、ISO 26262 等资质。

（3）规模效应壁垒

电源产品所选用的电子元器件及配套材料具有很强的通用性，因此可以形成规模效应。电源生产企业只有形成规模效应，通过批量生产产品，才能有效地降低产品成本，取得价格优势，获得相应的市场份额。

2. 中国电源行业市场集中度与竞争分析

中国电源企业主要分布在三个区域——华东、华南、华北，这三大区域经济发展最快，轻重工业均较发达，信息化建设和科技研发水平较高，为技术密集型的电源行业的研发、生产、销售提供了充分的条件和便利的场所。中国电源行业已形成了高度市场化的状态，生产电源产品的厂商数量众多，市场集中度较低，且企业规模普遍差别很大。

（1）开关电源

中国开关电源行业市场化程度较高，呈现完全竞争的市场格局。

开关电源行业已形成了完善的产业链（见图 2），上游国际主流元器件供应商控制了开关电源 IC 芯片的制造技术，中游电源制造商根据其掌握的不同水平的电源制造专业技术和生产能力为下游客户提供不同技术水平、类型的电源产品。开关电源行业下游为行业用户，主要包括：工业自动化控制、军工设备、科研设备、LED 照明、工控设备、通信设备、电力设备、仪器仪表、医疗设备、半导体制冷制热、空气净化器和安防监控等；其他个人、家庭产品包括：电子冰箱、液晶显示器、LED 灯具及灯带、通信设备、视听产品、计算机机箱、数码产品和仪器类等。

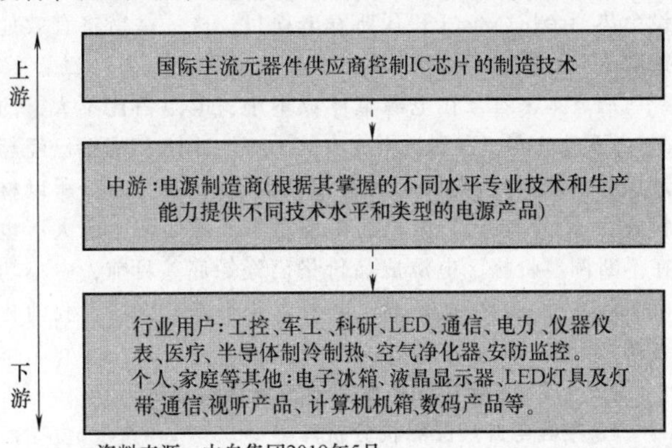

资料来源：中自集团2019年5月。

图 2　开关电源上下游

我国开关电源在发展的过程中呈现出小型化、薄型化、轻量化、高频化趋势。因为，随着开关电源应用领域的不断拓展，用户对开关电源便携性要求越来越高。而在一定范围内，开关频率的提高，不仅能有效地减小电容、电感及变压器的尺寸，而且还能够抑制干扰，改善系统的动态性能，因此小型化、薄型化、轻量化、高频化将是开关电源的主要发展方向。

（2）UPS

国内市场，从产品来看，容量在 20kVA 以下的中小功率市场规模持续缩水，销售额已由 2015 年的 22.68 亿元下滑至 2018 年的 20 亿元，连续四年负增长。一方面是因为中小功率的 UPS 产品价格相对较为低廉；另一方面是因为 UPS 市场持续向大功率（容量在 20kVA 以上的 UPS 产品）迁移，主要运用在电信、工业、金融、政府等行业的大型数据中心和高端市场。近年来，国家在公路、轨道交通等交通方面，以及电力、医疗、海洋等附属设施和信息化建设方面大规模的投资，带动了大功率 UPS 产品的应用。因此，从行业分布来看，电信、互联网、政府、银行、制造是 UPS 市场销售额前五的行业。

而大部分发展中国家的市场成熟度较低，小功率 UPS 市场需求巨大，在线式 UPS 中高端产品市场尚处于培育期，跨国 UPS 巨头对当地市场介入程度不深，本土制造厂商缺乏竞争实力。因此，市场竞争以经销商进口产品为主，市场呈自由竞争格局。鉴于发展中国家市场潜力巨大，发展迅速，且市场进入门槛不高，本土公司可采取与当地知名经销商合作的策略，扩大中低端市场份额，确立差异化竞争优势，逐步树立自有品牌形象，并在中高档产品方面发挥比较成本优势，积极与跨国企业展开竞争。

（3）模块电源

国内模块电源技术含量不高，市场占有率低，尤其是在中大功率领域，模块电源效率低，体积大，不能满足要求。我国有模块电源生产厂家约几百家，以私营企业、小型企业为主，整体竞争力水平较低，行业集中度较低，市场排名前 10 家厂商的市场占有率不到 60%，且多数是国际品牌，本土品牌较少。尤其在中低端模块电源产品市场，行业基本呈现完全竞争状况，而在高端产品市场，由于相应的技术、工艺等的制约，市场集中度较高，但行业市场规模较小，市场份额主要被领先的国际跨国公司占据。

在模块电源领域，行业集中度较低，外资企业凭借较高的技术水平，品牌优势和遍及全球的营销网络等迅速抢占国内市场份额，而内资企业则相对逊色。

从销售收入占比来看，市场份额前三名均被国外企业占据。行业应用市场较广泛，模块电源以其更高的转换效率，稳定耐用的性能特点，可适用于各种恶劣的工作环境，使用方便、易于维护，广泛应用于铁路、通信、航天航空、军工、船舶、电子信息、电力、新能源、工控、仪器仪表、交通车载等领域。而电子信息产业、航天航空、新能源等应用领域是国家计划优先鼓励发展的产业，受到国家政策扶持。尤其是在高可靠和高技术领域发挥着不可替代的重要作用。从模块电源产品的上游行业技术发展来看，随着电子、纳米以及新材料技术的进步，以及尖端设备和用户的需求，模块电源将会继续向小型化、系统化、片式化、高集成、高精密、高性能、高可靠性、高抗辐射和低功耗等方向发展。

（4）新能源电源

随着国内光伏逆变器市场表现出巨大的潜力，逆变器市场竞争更为激烈，逆变器价格越来越接近盈利临界点。大型光伏逆变器企业间并购整合与资本运作日趋频繁。更低的价格对光伏逆变器生产厂商的技术研发水平、产品生产实力等方面都提出极高要求。缺乏自主研发技术，以购买元器件组装为主的中小逆变器生产企业将面临生存考验，难以获得持续发展。而注重技术积累和技术创新、具有深厚技术研发能力的主流厂商，凭借各方面所拥有的综合优势将获得更大的发展空间。

国内风电变流器厂商整体起步较晚，在风电行业发展初期，主要的风电变流器厂商包括ABB、西门子、Converteam等。随着国家支持政策的陆续出台，风电变流器的进口替代与国产化率显著提升，以禾望电气为代表的国内产品在国内市场逐渐占据主导地位，进口产品的市场占有率逐年下滑，部分企业甚至淡出了国内风电市场竞争。国内风电变流器市场的主流产品为1.5MW与2MW，国内厂商通过多年的研发在技术实力上已经达到了国外领先厂商的水平。

(5) 变频器电源

国内大部分本土企业成立时间不长，产品进入市场的时间也较短，因此在产品成熟度和知名度方面还很难与国外品牌媲美，与国外品牌仍存在一定差距。

低压变频器市场集中度有所下降，除了两大巨头ABB、西门子占据21%的市场份额，3~10名的市场占有率相差不大，外资品牌在国内变频器市场的占有率仍维持在60%~70%。而国产品牌近年来虽有上升趋势，但是市场占有率提升方面仍不明显，如汇川市占率为6%，位列第三位；英威腾为4%，跻身前十大低压变频器厂商。

国内品牌如汇川技术等，与国际品牌ABB、西门子的差距日渐缩小。ABB、西门子等以中高端市场为主，产品应用主要集中在起重、冶金、建材、机床和食品饮料等项目型市场；而处于第二阵营的汇川、台达、施耐德等则主要专注于中低端的OEM和高端风机泵类市场。从市场份额来看，汇川技术目前牢牢占据低压变频器市场份额第三的位置。

3. 中国电源行业利润情况分析

近年来，中国电源行业利润总额呈现波动态势，经历了2013年下降之后，2014—2016年连续三年增长。近三年来，受新能源汽车和分布式电站的发展，行业盈利能力不断提升。

2018年大多数电源行业上市企业利润均实现增长。2018年归属上市公司股东的净利润最多的为汇川技术，净利润为11.7亿元，比上年同期增长10.08%。其次是阳光电源，归属于上市公司股东的净利润为8.1亿元，但却比上年同期增长-20.95%。2018年，我国电源行业净利润总额约为90亿元。

(1) 行业产品获利能力趋于平稳

2011—2017年，中国电源行业毛利率保持平稳态势，维持在16%左右。2018年电源行业上市企业的毛利率普遍下降1%~30%不等，汇川技术的毛利率下降7.34%，阳光电源的毛利率下降8.8%。上市企业里只有四家的毛利率实现了增长，分别是易事特32.71%、合康新能增长24.25%、通合科技2.14%、中恒电气0.7%。分析样本企业得出，大多数企业生产的产品为低端产品，产能过剩，价格下降，盈利空间缩小；部分企业出现成本费用控制力削弱的现象，三项费用增长率较高，导致毛利率出现大幅度下降。

(2) 行业资产获利能力有所提升

从数值上看，2011—2015年，中国电源行业总资产报酬率平稳，均保持在15%左右。这主要是由于2011年以来，大量电源企业上市，融资能力增强，经过新项目的实施、运营之后，资产获利能力均保持在一个稳定的水平。2016年，受利润增长的影响，行业总资产报酬率大幅提升；2017年总资产报酬率约为20.86%，较2016年有所下降，但仍维持在较高水平；2018年，我国电源行业总资产报酬率约为18.36%，较2017年有所下降。

(3) 行业资本运营水平稳定

大多数上市企业总资产周转率都在1之下，应收账款周转天数同比增长，回款几乎都在3个月到一年，只有四家企业应收账款周转天数在2个月左右；60%上市企业的资产负债率在20%~40%，40%上市企业的资产负债率在40%~70%；科陆电子2018年资产负债率高达72.76%，同比2017年增长了7.19%；茂硕电源2018年资产负债率67.35%，同比2017年增长了20.42%；2012—2018年，行业资本运营水平比较稳定。

(4) 2018年行业利润水平分析

影响行业利润规模的影响因素，主要包括：销售量、生产成本、价格和税收等。

“十三五”期间，我国将加快分布式电源的建设。放开用户侧分布式电源的建设，推广“自发自用、余量上网、电网调节”的运营模式，鼓励企业、机构、社区和家庭根据自身条件，投资建设屋顶式太阳能、风能等各类分布式电源。鼓励在有条件的产业聚集区、工业园区、商业中心、机场、交通枢纽及数据存储中心和医院等推广建设分布式能源项目，因地制宜发展中小型分布式中低温地热发电、沼气发电和生物质气化发电等项目。支持工业企业加快建设余热、余压、余气和瓦斯发电项目。这一举措将有效地推动电源行业的需求增长。

从成本来看，在电源整体成本中，电阻占比不大，约3%；不过电容却占到材料成本的10%，2018年涨幅已经超过100%，这等于电源毛利直接减少10个百分点，所以材料成本压力比较大。激烈的市场竞争环境促使电源大厂也在不断调整价格，电源成品价格已经探底。目前，中小功率电源本身毛利率就不高，电源企业已基本无法自我消化材料涨价带来的成本压力。

(三) 2018年中国电源行业市场结构分析

1. 中国电源产品结构分析

由于电源产品覆盖的产品种类众多，同时还大量存在各种非标准化的定制化电源产品。根据中国电源学会长期跟踪研究的结果，对UPS、通信电源、电力电源等重点电源进行了重点的分析研究。当前，对于电源的分类，还没有形成统一的口径，我们的研究主要从以下几个维度进行细分：

按功率变换形式分类，目前的输入功率主要有：交流电源（AC）和直流电源（DC）两类，负载要求也主要有AC和DC两类。所以，电力电子电源产品有四大类：AC-DC电源转换产品；DC-DC电源转换产品；DC-AC电源转换产品；AC-AC电源转换产品。

按电源产品功能和效果分类，主要有：开关电源（包含通信电源、照明电源、PC电源、服务器电源、适配器、电视电源、家电电源等）；UPS（包含AC UPS和DC UPS等）；逆变器（包含光伏逆变器、车载逆变器等）；线性电源（包含电镀电源、高端音响电源等）；其他（包含变频器、特种电源等）。

按照电源生产的商业模式不同，可分为定制电源和标准电源。定制电源是利用电力电子器件、相关自动化控制技术及嵌入式软件技术对电能进行变换及控制，并为满足客户特殊需要而定制的一类电源。按照行业的细分又可以划分为消费类定制电源和工业类定制电源两大类。标准电源是根据国内外的电源标准和要求制造的电源，标准电源针对的是所有需求的用户，是统一、标准化的产品，不是仅针对满足某些特定需求的用户而定制的产品。

根据中国电源学会的研究表明，规模较大的电源类型有IT及消费类电源、通信电源、照明电源、UPS、变频器、逆变器等。

开关电源应用十分广泛，主要应用于工业自动化控制、军工设备、科研设备、LED照明、工控设备、通信设备、电力设备、仪器仪表、医疗设备、半导体制冷制热、空气净化器、电子冰箱、液晶显示器、视听产品、安防、计算机机箱、数码产品和仪器类等领域。目前，除了对直流输出电压纹波要求极高的场合外，开关电源已经全面取代了线性稳压电源，主要用于小功率场合。在许多中等容量范围内，开关电源逐步取代了相控电源，例如，通信电源领域、电焊机、电镀装置等电源。

其中照明电源又可以分为镇流器、LED驱动电源、其他等三类。计算机电源主要指传统PC电源和一体化PC电源两类，传统PC电源基本趋于饱和，增长乏力，但是一体化PC电源成长性非常好。通信类电源主要包含通信电源、直放站电源等，随着国家4G的落实和5G的启动，预计“十三五”期间通信电源会保持较好的增长势头。

逆变器主要包含光伏逆变器、便携式逆变器、车载逆变器等类型。其中，光伏逆变器随着绿色能源的兴起，成为最重要的逆变器品类，取得了快速的增长。

UPS主要分为后备式、在线式和在线互动式三个种类，其中在线式UPS占据整体规模的80%左右。UPS主要应用在数据中心、办公场所、工业生产、交通等领域和行业。随着数据中心在中国的快速发展，UPS的市场规模也会持续发展。

变频器主要分为低压变频器和中高压变频器，当前以低压变频器为主，但高压变频器的市场潜力更大一些。传统的起重行业、电梯行业以及注塑机等行业增长速度虽然有所减缓，但数字城市和智能交通的高速建设和发展将带动变频器细分产品的平稳增长。

线性电源主要应用在研究机构、工矿企业以及其他工业领域，需求比较平稳，每年市场规模变化不大。

受益于国家相关政策的推动，新能源汽车充电站、充电桩以及相关驱动控制器市场出现爆发式增长，市场规模日渐扩大。

2. 2018年中国电源区域结构分析

从中国电源产业的区域分布结构来看，目前大部分的电源仍在华南、华东两大区域生产，这些区域也正是中国制造业最为发达和集中的区域。根据对电源学会会员企业资料的统计分析，华南占比最大，华东次之，详情见表3。

表3 2018年中国电源区域结构分析结果

（以会员企业为样本）

区　域	比例（企业数目）	市场占比
华北（北京、天津、河北）	12.31%	4.00%
华东（上海、江苏、浙江、安徽、山东、福建）	40.00%	39.07%
华南（广东、广西）	39.23%	56.62%
华中（河南、湖北、湖南）	3.08%	0.11%
西南（重庆、四川）	3.84%	0.04%
西北（陕西、宁夏）	1.54%	0.16%
合计（130家）	100%	100%

数据来源：中国电源学会；中自集团2019年5月。

3. 2018年中国电源行业结构分析

随着新兴行业的快速发展，以往占市场比重不大的行业如新能源汽车、新能源、LED驱动、IT通信等对电源的需求呈现出了快速增长的势头，增长速度相对较快。具体市场结构来看（见图3），IT及消费类电子、工业控制、新能源、新电动车占应用市场前列，占比分别约为55.72%、21.07%、9.06%、5.52%；LED驱动为3.58%；医疗和其他领域加起来占5.05%。

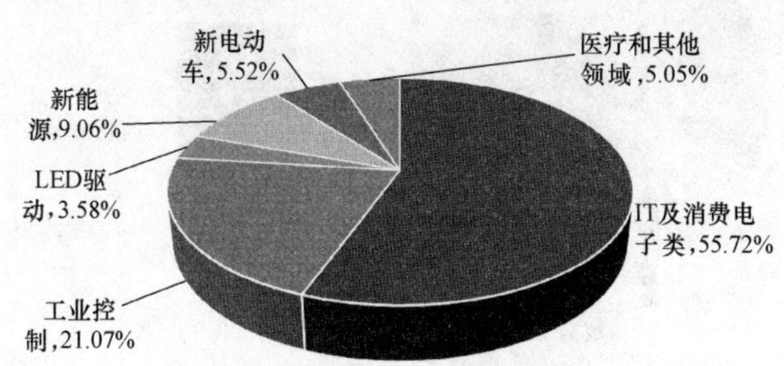

数源来源：中国电源学会；中自集团2019年5月。

图3 2018年中国电源行业结构示意图

三、2018年中国电源企业整体概况

（一）2018年中国电源企业数量分布

由于电源产业相关产品的多样性以及产品应用的广泛性，使得电源产业中相关的电源企业数量相对较多。同时，由于电源产品制造的技术门槛以及资金要求都不是太高，这也客观上导致了电源产品相关研发和生产的企业数量众多。但随着近年来电源产品标准化程度和竞争程度的不断提高，以及市场对产品技术水平的要求日益提升，一些缺乏核心技术和开发能力的中小企业生存环境日趋严酷，电源产业显现出由分散向相对集中转变的态势。2018年中国

电源企业数量将近1.6万家（见表4和图4）。

表4 2015—2018年中国电源企业数量分析

年份	2015年	2016年	2017年	2018年
企业数量/千家	17.8	17.1	16.0	15.9
增长率	0.89%	-3.90%	-6.50%	-0.60%

数据来源：中国电源学会；中自集团2019年5月。

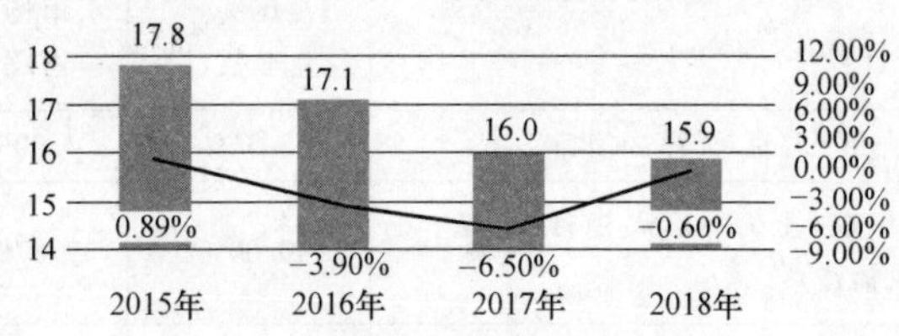

数据来源：中国电源学会；中自集团2019年5月。

图4 2015—2018年中国电源企业数量分析

（二）2018年中国电源企业区域分布

如图5所示，中国电源企业主要分布在三个区域，一是珠江三角洲，主要是深圳、东莞、广州、珠海、佛山等地；二是长江三角洲，主要是上海、苏南、杭州、合肥一带；三是北京及周边地区。武汉、西安、成都等地也有一定的分布。这三大区域经济发展最快，轻重工业均较发达，信息化建设和科技研发水平较高，为技术密集型的电源行业的研发、生产以及销售提供了充分的条件和便利的场所。

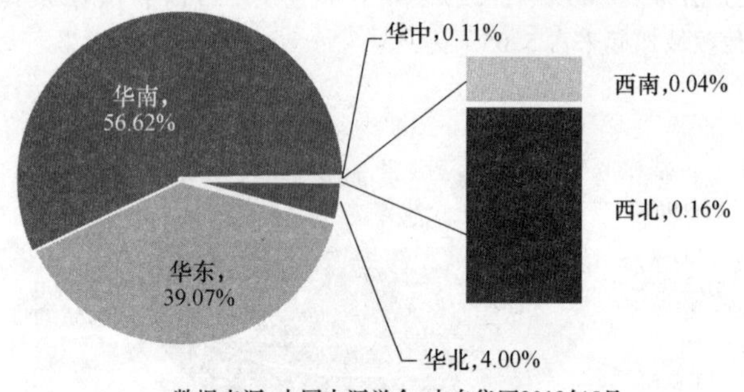

数据来源：中国电源学会；中自集团2019年5月。

图5 2018年中国电源企业区域分布示意图

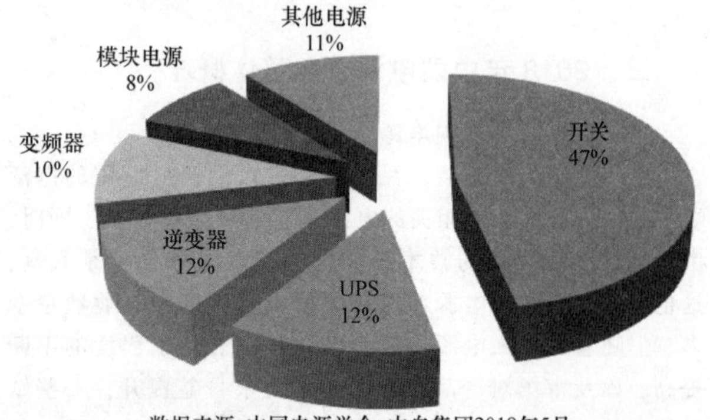

数据来源：中国电源学会；中自集团2019年5月。

图6 中国电源企业细分领域分布

（三）2018年中国电源企业类型分布

我国电源市场经过历练得到了长足的发展，形成了较完整的产业链，各产品领域发展已先后进入竞争激烈期，企业数量大都增长缓慢，甚至出现负增长。根据电源学会会员企业资料，2018年中国电源企业类型分布大致如图6所示。

四、2018年电源市场产品结构分析

电源是向电子设备提供功率的装置（也称电源供应器），能够将电力能源的形式进行控制、转换的装置。电源产品覆盖的产品种类众多，同时还大量存在各种非标准化的定制的电源产品，当前对电源的分类，还没有形成统一的口径，根据中国电源学会长期跟踪研究的结果，我们的研究主要从以下几个维度进行细分：

1）按转换类型的不同，可细分如下：①根据转换的形式分类：AC-AC、AC-DC、DC-DC、DC-AC；②根据转换的方法分类：线性电源、开关电源；③根据调控的效果分类：稳压、恒流、调频、调相。但电源应用范围广泛，电源产品种类繁多，同时还大量存在各种非标准化的定制的电源产品。

2）按电源功能的不同，可分为：①开关电源（包含通信电源、照明电源、PC电源、服务器电源、适配器、电视电源、家电电源等）；②UPS（包含AC UPS和DC UPS等）；③逆变器（包含车载逆变器，光伏逆变器等）；④变频器和其他电源等。

中国电源产品结构占比如图7所示。

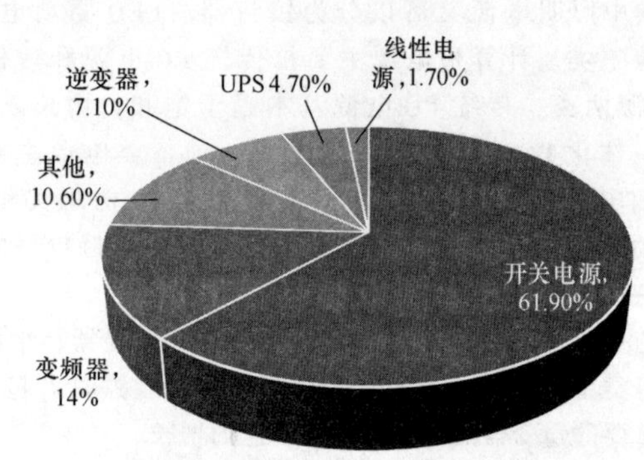

数据来源：中国电源学会；中自集团2019年5月。

图7 中国电源产品结构占比

根据统计的便利性，下面按电源功能分类进行产品结构分析：

（一）开关电源市场分析

近年来，我国开关电源市场稳定增长，由于其具有小体积、重量轻、高功率密度、高效率、低功耗、高可靠性和稳定输出等众多优势，广泛应用于各大领域。开关电源可分为标准化产品和非标准化产品，标准化产品主要应用在消费电子及PC电源领域，非标准化产品主要应用在工业、新能源、通信等领域。根据下游应用行业发展情况，预计开关电源行业当前的销售额平均每年有7%～10%的增长。

根据电源学会对会员企业的统计分析，包括占市场份额较大的 TDK-Lambda（无锡东电化兰达电子有限公司）、台达、可立克、茂硕等。其中 TDK-Lambda 立足中国超过 20 年，保持全球工业电源最大市场占有率，TDK-Lambda 2018 年市场增长率约为 10.29%，销售额为 7.5 亿元。2018 年开关电源市场整体增长率约为 8.03%，市场规模约为 1429 亿元（见表 5 和图 8）。

表 5　2015—2018 年中国开关电源产品市场分析

年份	2015 年	2016 年	2017 年	2018 年
开关电源/亿元	1149.8	1215.3	1323.3	1429.50
增长率	5.10%	5.70%	8.89%	8.03%

数据来源：中国电源学会；中自集团 2019 年 5 月。

图 8　2015—2018 年开关电源市场规模变化趋势

从我国开关电源的应用领域来看（见图 9），目前我国开关电源主要集中在工业领域，占比达 53.94%，其次为消费电子类领域，占比达 33.05%。两者总占比超过 85% 以上，行业需求领域集中度非常高。未来，随着一些新兴行业的快速发展，预计以往占市场比重不大的行业如电力、交通、新能源等对开关电源的需求将呈现出快速增长的势头，增长速度相对较快。

全国开关电源的供应商主要分布在华北、华东和华南，分布在其他区域的企业只有 26%。从产业集群来看，主要形成了珠三角地区、长三角地区，以及北京、天津、河北附近的首都经济圈地区三大产业区，另外在西安、武汉也有少量开关电源企业分布。

（二）不间断电源市场分析

过去，UPS 主要应用于工业制造领域，近几年 UPS 新增市场空间主要来自于国内各行业的信息化建设。2017 年随着“互联网+”时代的到来，IT 技术的迅速发展，移动互联网、物联网、云计算等数据业务需求呈现爆炸式增长。

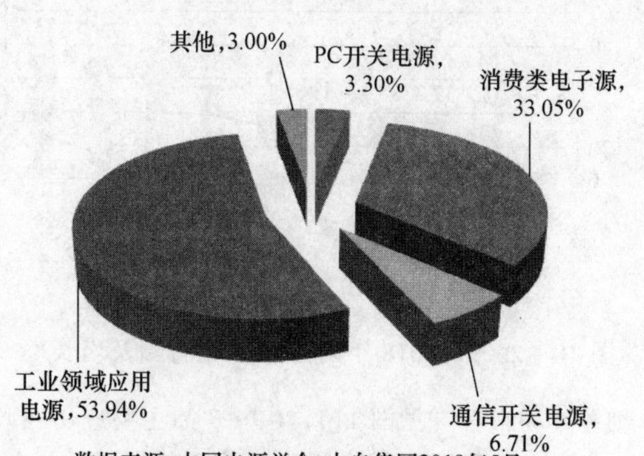

图 9　中国开关电源按应用领域细分市场分布图

我国作为一个发展中的新兴数据中心市场，近几年保持 40%左右的增速发展，从而带动 UPS 产品的需求快速增长。而且随着电信、轨道交通等领域信息化加大建设，以及由资源共享需求和绿色节能驱动规模化、集约化大型数据中心建设，中大功率 UPS（≥10kVA）市场份额逐步提升，已逐渐取代小功率 UPS 成为市场的主角。

从行业发展前景来看，我国 UPS 行业具有如下两方面利好因素。

首先，国内信息化建设提速。2016 年 7 月 27 日，中共中央办公厅、国务院办公厅印发《国家信息化发展战略纲要》，纲要明确了信息化应贯穿我国现代化始终，在生态、法治、军队、教育、工业等各领域建设都要起到关键作用。可以预见，未来很长一段时间，国家将进一步加大在各行业特别是金融、教育等领域信息化建设的投资。UPS 作为信息化建设基础设施的重要组成部分，受益颇多。

其次，互联网数据中心业务市场爆发。数据中心是云计算的基础设施，互联网数据中心（IDC）业务牌照放开后，阿里云、腾讯云、华为等巨头进入市场，数据显示，2017 年全球云计算市场规模约为 2602 亿美元，国内云计算 2017 年市场规模为 3394.1 亿元，同比增长 22.73%。云计算的加速发展助推了数据中心的不断升级和扩容。由于 IDC 是高速互联网调控中心，用户对信息资源的远程处理、存储和转送的时效性要求极高，即使是几秒钟的停机也会给整个互联网的安全运行和用户的生产经营带来无法估量的损失，因此 UPS 是 IDC 建设不可或缺的部分，UPS 行业将会因此而受益。

根据电源学会对市场主要企业（占市场份额 60%左右）的分析统计，2018 年 UPS 的市场增长率约为 13.08%，销售额约为 83 亿元（见表 6 和图 10）。

表 6　2009—2018 年中国 UPS 产品销售额

年份	2009 年	2010 年	2011 年	2012 年	2013 年	2014 年	2015 年	2016 年	2017 年	2018 年
UPS 销售额/亿元	31.7	34	37.2	38.3	41	47.6	57	68.4	73.4	83
增长率	—	7.26%	9.41%	2.96%	7.05%	16.10%	19.75%	20.00%	7.31%	13.08%

数据来源：中国电源学会；中自集团 2019 年 5 月。

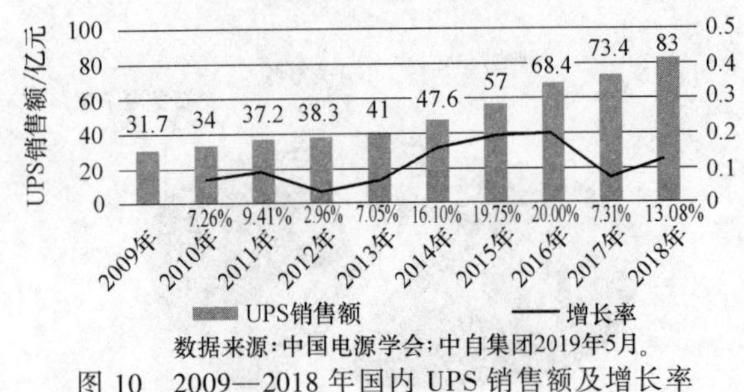

数据来源：中国电源学会；中自集团2019年5月。

图 10　2009—2018 年国内 UPS 销售额及增长率

细分市场来看（见图 11），UPS 产品主要应用在政府、电信、金融、互联网、制造等五大行业，销售额占比超过 50%，交通、医疗、保险行业增速最快。

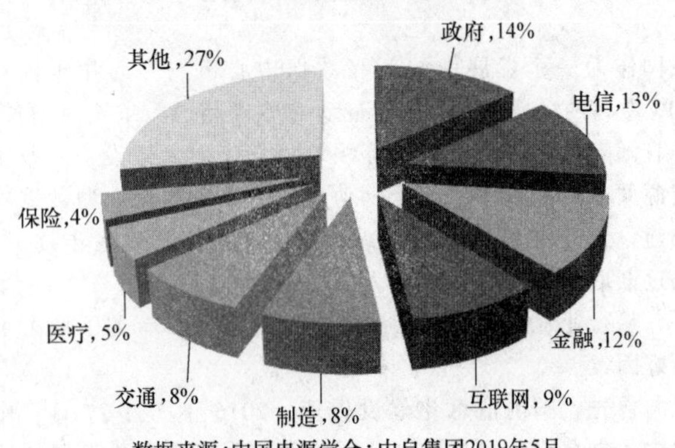

数据来源：中国电源学会；中自集团2019年5月。

图 11　中国 UPS 应用领域结构图

（三）逆变器市场分析

根据阳光电源 2018 年的财报显示，2018 年，阳光电源全球出货量 16.7GW，同比增长 1.2%，其中国内出货量 11.9GW，同比下跌 9.8%，国外出货量 4.8GW，同比增长 45.5%。按照阳光电源 16.7GW 的出货量、15%的市场占有率，则推算逆变器全球出货量为 111GW。

自 2013 年以来，五大光伏逆变器厂商每年度的市场份额不断增加，但 2018 年出现了反转。据 Wood Mackenzie 电力与可再生能源统计，2018 年，全球前五大逆变器供应商的市场份额总和下降，由原先的 62%降至 56%。前五大厂商的市场份额被排名 6~10 位的企业所瓜分，后五家企业的市场份额总和从 15%增加至 19%。韩国目前占据了 25%的市场份额，美国占 14%，中国占 13%。展望未来，预计并网储能逆变器出货量将以 25%的复合年增长率增长，到 2022 年将达到近 7GW，而收入将达到约 6 亿美元。

亚太地区仍然是 2018 年最大规模的逆变器市场，该地区的逆变器出货量占全球总量的 64%。美国和加拿大的光伏逆变器出货量增长了 21%，拉丁美洲、中东/非洲和土耳其增长了约 40%，欧洲增长了 50%。前五大逆变器供应商在 2018 年失去市场份额的几个市场也是当年增长最快的市场。欧洲、拉丁美洲、中东与非洲市场即为如此。

光伏逆变器按照适用场所分为集中式逆变器、集散式逆变器、组串式逆变器以及微型逆变器。2018 年，光伏逆变器市场仍然主要以集中式逆变器和组串式逆变器为主，微型和集散式逆变器占比较小。随着分布式光伏市场的快速增长及集中式光伏电站中组串式逆变器占比的增高，组串式逆变器在 2018 年的市场占比达到了 60.40%。集散式光伏逆变器相比集中式逆变器提升 MPPT 控制效果，且相比组串式逆变解决方案拥有较低的建造成本。因此，市场份额呈现出逐年上升的趋势。2018—2025 年不同类型逆变器的市场份额预测如图 12 所示。

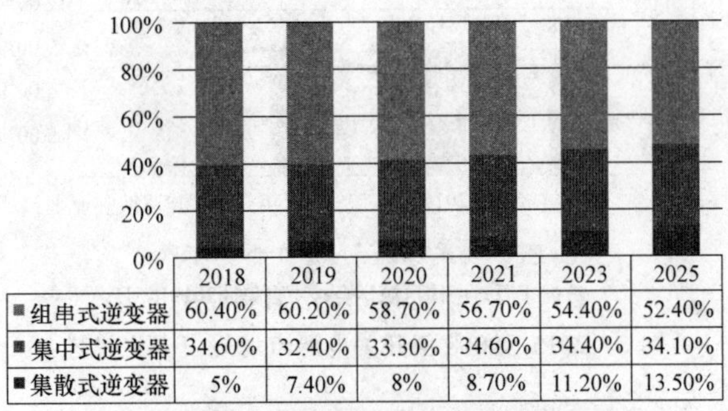

	2018	2019	2020	2021	2023	2025
组串式逆变器	60.40%	60.20%	58.70%	56.70%	54.40%	52.40%
集中式逆变器	34.60%	32.40%	33.30%	34.60%	34.40%	34.10%
集散式逆变器	5%	7.40%	8%	8.70%	11.20%	13.50%

数据来源：中国电源学会；中自集团2019年5月。

图 12　2018—2025 年不同类型逆变器的市场份额预测

2018 年，集中式逆变器的中国效率平均在 98.3%左右，集散式逆变器在 98.4%左右，组串式逆变器在 98.4%左右。逆变器内部的功率半导体器件以及磁性器件在工作过程中所产生的损耗是影响逆变器效率的重要因素。随着未来硅半导体功率器件技术指标的进一步提升，碳化硅等新型高效半导体材料工艺的日益成熟，磁性材料单位损耗的逐步降低，并结合更加完善的电力电子变换拓扑和控制技术，逆变器效率未来仍有进一步提升的空间。图 13 给出了 2018—2025 年不同类型逆变器中国效率变化趋势。

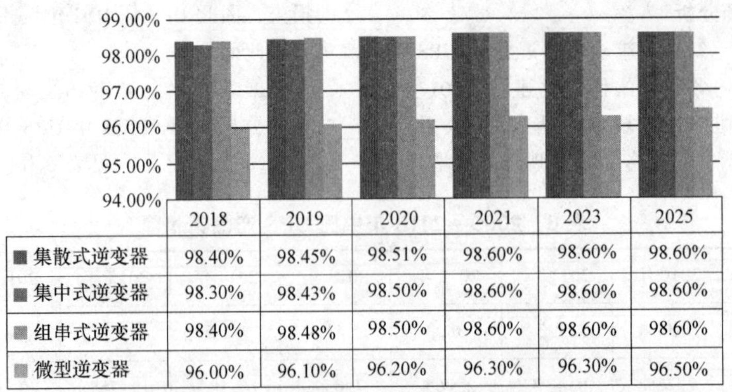

	2018	2019	2020	2021	2023	2025
集散式逆变器	98.40%	98.45%	98.51%	98.60%	98.60%	98.60%
集中式逆变器	98.30%	98.43%	98.50%	98.60%	98.60%	98.60%
组串式逆变器	98.40%	98.48%	98.50%	98.60%	98.60%	98.60%
微型逆变器	96.00%	96.10%	96.20%	96.30%	96.30%	96.50%

数据来源：中国电源学会；中自集团2019年5月。

图 13　2018—2025 年不同类型逆变器的中国效率趋势

未来几年，全球越来越多地使用更高的平均额定功率，例如1MW以上的电表，以及更多直流耦合或混合逆变器，可以处理住宅应用中的太阳能和储能。交流耦合解决方案仍然是改造的首选解决方案。但是，在预测期内，预计大型直流耦合逆变器将越来越多地安装在美国和中国等前端市场，因为能量存储越来越多地与太阳能共存。但是，另一方面由于存储装置的广泛地理分布以及越来越多的新供应商进入市场，能量存储逆变器领域的竞争格局仍然“高度不稳定”。因此，合并、收购和退出的数量将继续增加。其他领先的供应商，如 Dynapower 正在与 SMA 和 Raychem 等某些供应商合作，以帮助其在美国和印度等市场销售直流耦合逆变器。

2018年，我国光伏产业继续保持稳增长态势。一是产业规模保持增长，多晶硅、硅片、电池片、组件产量均保持不同程度的同比增长。二是技术水平不断提升，2018年，在内外部环境的共同推动下，我国光伏企业加大工艺技术研发力度，生产工艺水平不断进步。三是对外贸易平稳增长，在产品价格继续下滑的情况下，受全球光伏市场继续增长以及我国海外基地产能逐步释放的拉动，我国光伏产品出口量继续增长，各环节出口量再创新高。四是国内市场保持平稳，因2018年5月中国光伏市场政策调整，华为的全球市场份额在2018年下降了4个百分点，其他多数中国供应商也受到不同程度的冲击。2018年逆变器产品销售额为85.08亿元人民币，同比增长18.99%（见表7和图14）。

表7　2014—2018年中国逆变器电源产品结构分析

年份	2014年	2015年	2016年	2017年	2018年
逆变器销售额/亿元	42.08	50.49	60.08	71.5	85.08
增长率	—	19.99%	18.99%	19.01%	18.99%

数据来源：中国电源学会；中自集团2019年5月。

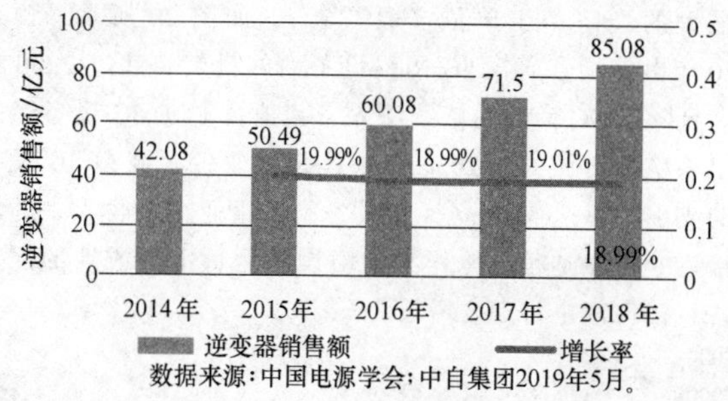

图14　2014—2018年国内逆变器销售额及增速

2018年我国逆变器出货量达到140.11亿个，同比增长16%（见图15）。

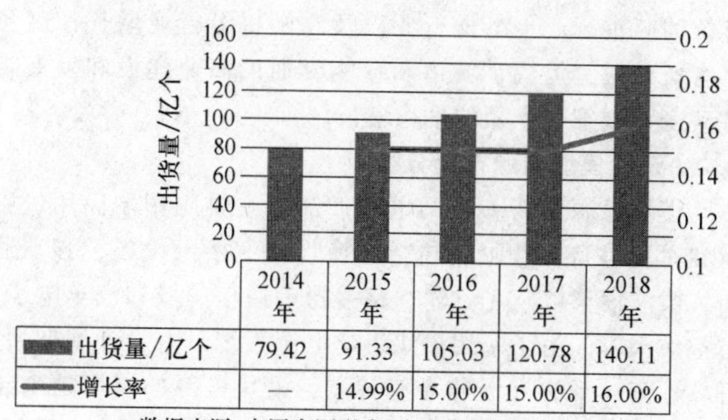

图15　2014—2018年国内逆变器出货量及增速

（四）变频器及其他产品市场分析

自2012年以来，我国传统经济面临着去库存与调结构的局面。受之影响，工业自动化产品所服务的下游OEM设备制造、项目型市场都承受着较大的转型压力。

近几年我国低压变频器由于下游应用于增速较稳定的OEM市场，表现好于中高压变频器，但近三年低压变频器市场规模整体有所下滑。中高压变频器则主要应用于项目型市场，主要为外资垄断，中压市场主要应用于煤炭行业，竞争厂商少，汇川技术为国产品牌领导者。

经过4年多的调整，自2016年以来，我国设备制造业和项目型市场发生了一些结构性的变化，市场需求也出现了较高质量的复苏。一方面，随着新技术或新工艺的应用及设备升级换代的影响，一些传统的设备制造业出现了结构性增长。另一方面，随着我国制造业的自动化或智能化水平提升，以3C制造为代表的新兴设备制造也取得了快速发展。自2016年下半年以来，我国的工业自动化产品市场需求出现了较快增长。2017年中国工业自动化市场规模增长率达到16.9%，但2018年增长趋缓，同比增长才6.2%，由此带来变频器类产品同比也趋缓（见表8和图16）。

图16　中国变频器市场规模及增长情况

表8　2012—2018年中国变频器市场分析

年份	2012年	2013年	2014年	2015年	2016年	2017年	2018年
变频器/亿元	234.65	237.76	231.3	208.03	176	195.5	202.8
增长率	-14.36%	1.33%	-2.72%	-10.06%	-15.40%	11.08%	3.73%

数据来源：中国电源学会；中自集团2019年5月。

变频器主要分为低压变频器和中高压变频器，当前以低压变频器为主，但是高压变频器的市场潜力更大一些。传统的起重行业、电梯行业以及注塑机等行业增长速度虽然有所减缓，但数字城市和智能交通的高速建设和发展将带动变频器细分产品的平稳增长。

（五）模块电源市场分析

模块电源是新一代的电源产品，主要应用于民用、工业和军用等众多领域，包括交换设备、接入设备、移动通信、微波通信以及光传输、路由器等通信领域和汽车电子、航空航天等。由于采用模块组建电源系统具有设计周期短、可靠性高、系统升级容易等特点，模块电源的应用越来越广泛。尤其近几年由于数据业务的飞速发展和分布式供电系统的不断推广，模块电源发展十分迅速。

数据显示，近年来，我国模块电源市场需求呈现稳步上升的态势，2012 年我国电源销售规模为 35 亿元，2016 年上升至 59.4 亿元，2013—2016 年复合增长率为 14.14%，比开关电源年均 6.41% 高 7.73 个百分点。行业发展迅速，2017 年模块电源的需求量约为 63.9 亿元，2018 年则约为 80 亿元（见图 17）。

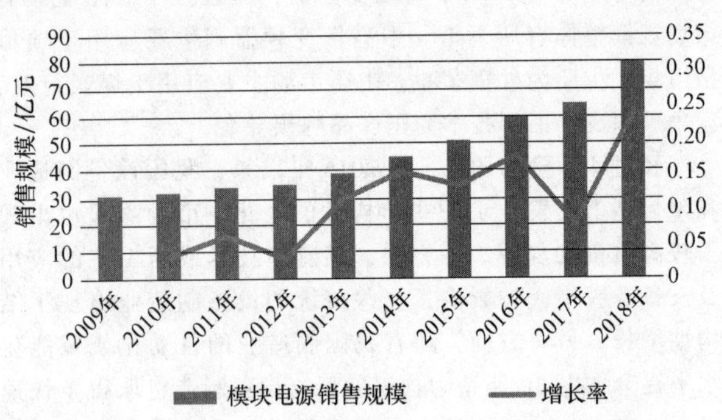

图 17　2009—2018 年中国模块电源市场规模及增长情况

五、2018 年中国电源市场应用行业结构分析

（一）IT 及消费电子行业

1. 通信行业分析

2017 年，受技术和市场周期影响，全球电信投资下滑，国内通信电源行业亦经历了基础投资规模缩减的状况。相较于前三年（2014 年、2015 年、2016 年）的 4G 大规模建设投资，2017 年包括中国铁塔及中国移动、中国电信、中国联通在内的电信运营商在 4G 基础建设方面投资均出现不同程度的下降。2018 年，全国净增移动通信基站 29 万个，总数达 648 万个；市场规模达到 128 亿元，同比增长 6.67%（见表 9、图 18 和图 19）。

表 9　2015—2018 年中国通信电源产品市场分析

年份	2015 年	2016 年	2017 年	2018 年
通信电源/亿元	85	102	120	128
增长率	18.80%	20.00%	17.65%	6.67%

数据来源：中国电源学会；中自集团 2019 年 5 月。

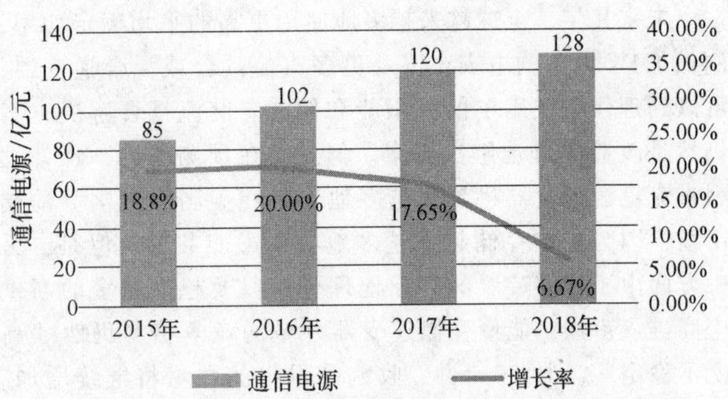

图 18　2015—2018 年中国通信电源行业市场规模

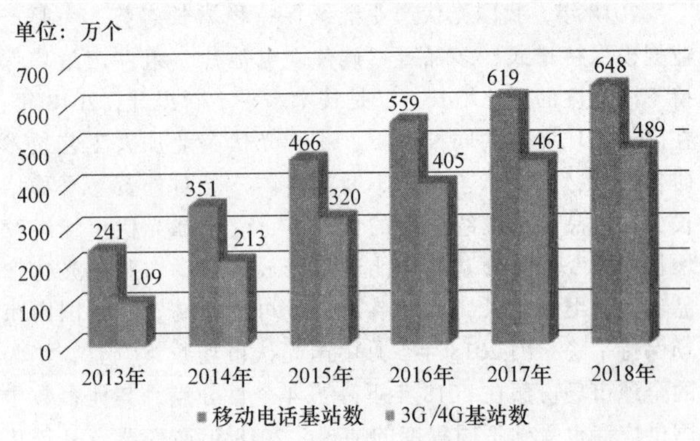

图 19　2013—2018 中国移动电话基站发展情况

2018 年政府工作报告将 5G 规划进“中国制造 2025”，我国有望率先实现 5G 商用引领全球，5G 时代即将到来。中国联通公布了最新 5G 商用时间表：2018 年进行 5G 规模试验，2019 年进行 5G 预商用，2020 年正式商用 5G。据 GSMA 预测，到 2025 年，全球将有 12 亿个 5G 连接，中国将占据其中约 1/3 的份额，领先欧洲的 19% 和美国的 16%。根据中国信息通信研究院（工信部电信研究院）2017 年 6 月发布的《5G 经济社会影响白皮书》，5G 商用将开启运营商的网络大规模建设高峰，尤其是初期，设备制造商将成为最大的经济产出单位（收益者）。如图 20 所示，预计 2020 年电信运营商在 5G 网络设备商的投资将超过 2200 亿元。且随着 5G 商用的持续深入，其他行业在 5G 设备上的支出将稳步增长，到 2030 年预计各行业各领域在 5G 设备上的支出将超过 5200 亿元，设备制造企业在总收入中的占比接近 69%。通信电源作为网络设备运行不可或缺的配套设备，销售额也将随之增长。

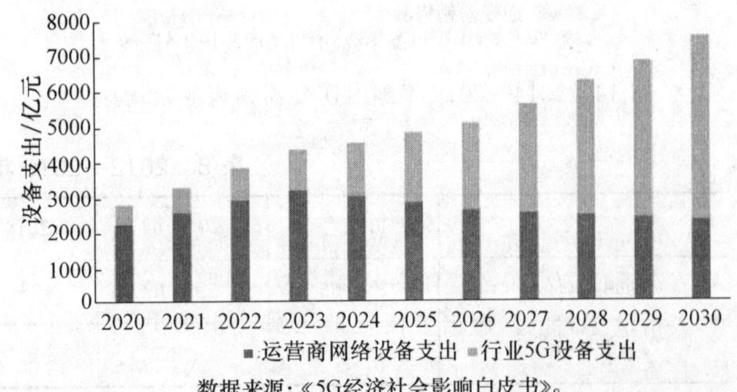

图 20　运营商和各行业 5G 网络设备支出预计

2. 数据中心分析

全球进入"互联网+"时代，万物互联、云计算、AI、大数据等技术在各行各业广泛渗透，并伴随着5G时代即将来临，数据的产生、处理、交换、传递呈几何级增长，从而驱动数据中心产业加速发展。

从2017年开始，伴随着大型化、集约化的发展，全球数据中心的减少导致2018年数据中心机架数量有所减小。2015年全球数据中心机架数为479.7万架，至2017年底全球部署机架数达到493.3万架，至2018年全球数据中心机架数约为489.9万架。

2013—2017年，我国IDC市场规模不断提升，年均复合增长率在35%以上，至2017年中国IDC市场总规模为946.1亿元，同比增长率为32.41%，增长率放缓5.4个百分点。2018年我国IDC市场保持快速增长，市场总规模达到1277.2亿元，同比增长35%（见表10和图21）。

随着5G、物联网等终端侧应用场景的技术演进与迭代，终端侧上网需求量将呈现高速增长，同时新兴技术对IDC的应用场景也将进一步扩大，IDC市场需求随之拉升。预计2020年，中国IDC市场将迎来新一轮大规模增长，市场规模将超2000亿元。

表10　2014—2018年中国数据中心投资规模分析

年份	2014年	2015年	2016年	2017年	2018年
数据中心投资规模/亿元	372.14	518.51	714.5	946.1	1277.2
增长率	41.80%	39.33%	37.80%	32.41%	35.00%

数据来源：中国电源学会；中自集团2019年5月。

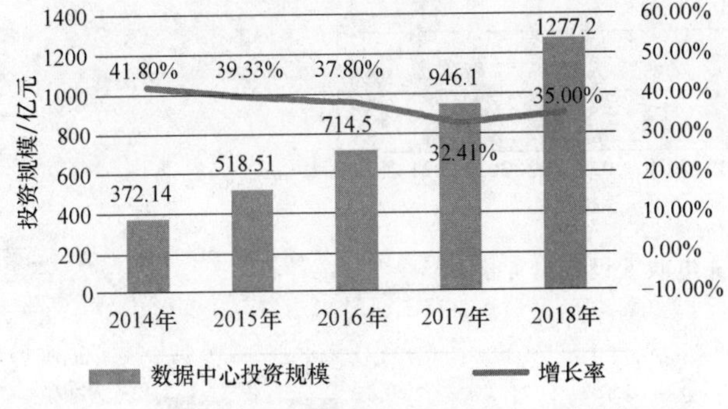

图21　2014—2018年中国数据中心IT投资规模与预测图

目前，数据中心供电系统有UPS和HVDC两种方案。UPS（Uninterruptible Power System）为不间断电源，是一种输入和输出均为交流电的电源。当市电输入正常时，将其稳压后供应给设备使用；当市电中断后，将电池的直流电能转换为交流电供给设备（负载）使用。HVDC（High Voltage Direct Current）为高压直流电源（相对传统的48V直流通信电源而言，有240V和336V两种制式），是一种输入市电交流电，输出直流电的电源。相较于UPS，HVDC在备份、工作原理、扩容以及蓄电池挂靠等方面存在显著的技术优势，因而具有运行效率高、占地面积少、投资成本和运营成本低的特点。

整体行业在绿色节能的主题背景下，高密度场景应用需求、能耗、资源整合等多方面的挑战给当前的数据中心产业提出更高的要求，在此市场需求推动下，数据中心将朝着模块化、集约化、规模化的趋势发展。模块化的数据中心能实现快速部署、柔性扩充等方面的建设需求；集约化数据中心部署则可以节省数据中心之间的交互成本，有利于降低部署和运维成本；规模化的数据中心则是可以充分满足海量数据的处理需求。

3. 移动智能终端行业

智能穿戴、智能手机等产业的兴起使得作为其动力源的电池技术的地位越发重要，移动电源在当前的生活中已经广泛应用在智能终端等设备中作为后备动力源。随着智能穿戴、智能手机等产业的兴起，移动电池的应用会更加广泛，成为最重要的补充动力来源之一。移动电源作为一个处于快速增长且每年都有大量企业进入的新产业，近年在移动互联网和智能手机的带动下呈现出了稳定发展的状态。

受智能手机终端等移动设备销量增长放缓，作为终端配件之一的移动电源同样面临增长乏力的困境。但因消费者对移动智能终端的更换周期较短，出货量依旧会处在一个很高的水平。而且行业处于创新阶段，新产品新技术不断涌现，如可穿戴设备、AR/VR等领域。据预测，全球在增强现实（AR）和虚拟现实（VR）上的支出在2018年将达到178亿美元，相比2017年的91亿美元预计将增长95.60%，2017—2021年复合年增长率预计为98.80%左右。2017年全年可穿戴设备将出货1.16亿部，到2021年将达到2.52亿台。

移动数码产品的发展趋势一是外观追求小型化，二是功能追求多样化。外观小型化必然要减小电池体积（容量）；功能多样化，特别是使用彩色LCD显示屏时，会加速电池能量的消耗，大幅度缩短移动设备的工作时间。在未来相当长的时间内，要大幅度提高电池容量几乎是不可能的。统计数据表明，电池容量每10年才提高20%。因此，如何随时随地为移动数码产品充电、供电，延长移动数码产品的使用时间，是目前和未来移动数码产品用户所面临的最大问题。移动电源可作为数码产品的充电电源或外接电源使用，既可对数码产品进行多次充电，也可对数码产品进行长时间连续供电，可解决数码产品在户外条件下无法充电和不能长时间工作的问题。移动电源产品未来的市场潜力很大，但目前尚处于进入市场的初期导入期。一旦市场被启动，成长速度会很快，立即会进入高速成长期。

当前中国及全球主要国家都在积极部署5G试验。2017年年初工信部、国家发改委发布《信息通信行业发展规划（2016—2020年）》，目标在"十三五"期末启动5G商用。随着5G时代的到来，智能机消费有望迎来新一波消费热潮，也将带动移动电源市场的再次快速发展。表11和图22所示为2014—2018年中国移动电源产品市场规模。

表 11 2014—2018 年中国移动电源产品市场分析

年份	2014 年	2015 年	2016 年	2017 年	2018 年
移动电源/亿元	268.3	284.9	301.1	320.4	336.5
增长率	4.40%	6.19%	5.69%	6.41%	5.02%

数据来源：中国电源学会；中自集团 2019 年 5 月。

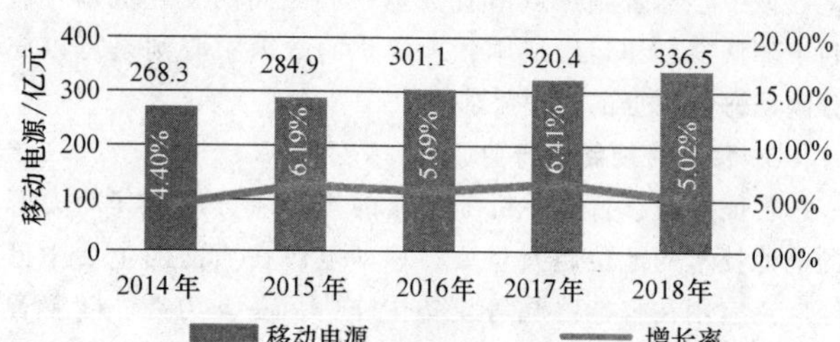

图 22 2014—2018 年中国移动电源市场规模

4. 无线充电

在 iPhone 8 和 iPhone X 搭载无线充电技术后，全球无线充电市场已被激活。随着无线充电方案技术瓶颈的不断突破，无线充电有望成为智能手机、智能家居乃至整个物联网设备的标配。根据数据，全球无线充电市场在 2018 年的市场规模约 50 亿美元，预计到 2022 年会增长至 140 亿美元，年均增长率达 27%（见图 23）。

图 23 2016—2022 年全球无线充电市场规模及预测

根据数据（见图 24），2017 年全球无线充电接收端产品出货达 3.25 亿，其中智能手机约有 3 亿。另外，发射端约有 0.75 亿规模。预计到 2020 年，无线充电接收端出货量将突破 10 亿件，发射端在 2021 年也将达约 5 亿件的规模，全球无线充电市场规模将从 2015 年的 17 亿美元增长至 2024 年的 145 亿美元，年复合增长率达到 27%。

伴随着行业龙头苹果、三星等手机厂商的主力推进无线充电功能，无线充电技术将加快普及速度，逐步从智能手机向平板计算机、笔记本计算机、医疗设备等多方面渗透，带动行业整体发展。利好产业链无线充电方案设计、电源芯片企业、磁性材料、FPC 和模组封装企业。

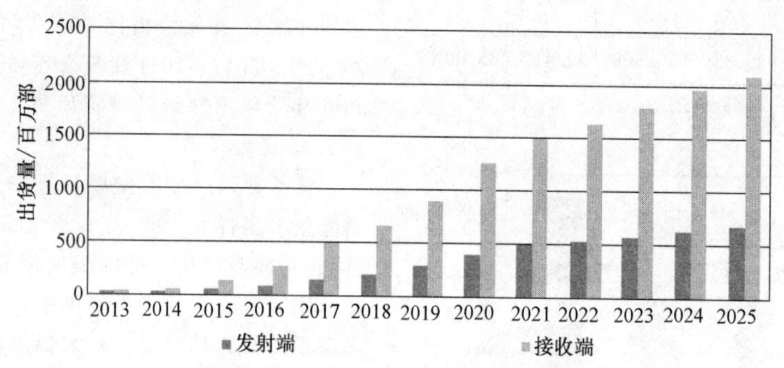

图 24 2013—2025 年无线充电收发设备出货量

我国无线充电市场发展落后于国外，无论在智能手机还是在新能源汽车领域整体应用仍处于推广阶段，产品存在充电效率低、充电距离短、标准混乱等问题，市场规模较小。2014—2016 年，我国无线充电技术市场保持了高速增长，市场应用以智能手机无线充电器为主，2018 市场规模增加到 2.43 亿元（见表 12 和图 25）。

表 12 2015—2018 年中国无线充电市场分析

年份	2015 年	2016 年	2017 年	2018 年
无线充电/亿元	0.8	1.5	2.4	2.43
增长率	150%	87.50%	60.00%	1.25%

数据来源：中国电源学会；中自集团 2019 年 5 月。

图 25 2015—2018 年中国无线充电技术市场规模分析

（二）交通行业

1. 新能源汽车行业

据中汽协数据显示（见表 13 和图 26），2018 年，新能源汽车产销分别完成 127 万辆和 125.6 万辆，比上年同期分别增长 59.9% 和 61.65%。其中纯电动汽车产销分别完成 98.6 万辆和 98.4 万辆，比上年同期分别增长 47.9% 和 50.8%；插电式混合动力汽车产销分别完成 28.3 万辆和 27.1 万辆，比上年同期分别增长 122% 和 118%；燃料电池汽车产销均完成 1527 辆。

表 13 2011—2018 年中国新能源汽车销量

年份	2011 年	2012 年	2013 年	2014 年	2015 年	2016 年	2017 年	2018 年
汽车销量/辆	8159	12791	17642	74763	331092	506000	777000	1256000
增长率	—	56.77%	37.93%	323.78%	342.86%	52.83%	53.56%	61.65%

数据来源：中国电源学会；中自集团 2019 年 5 月。

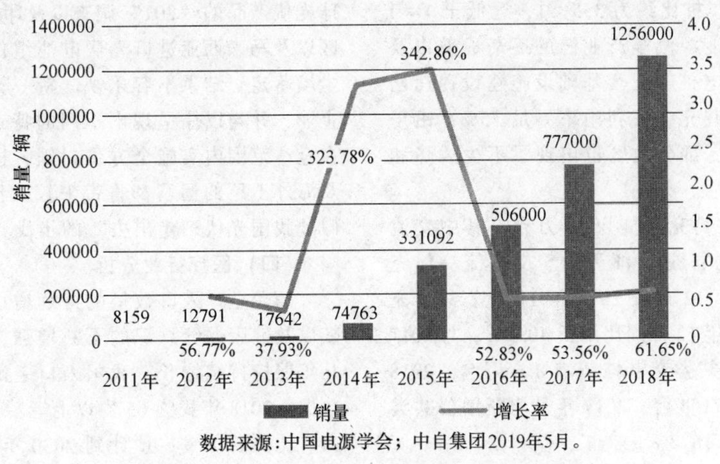

图 26 2011—2018 年中国新能源汽车销量

全球新能源汽车销售量从 2011 年的 8159 辆增长至 2019 年的 125.6 万辆，7 年时间销量增长 154 倍。未来随着支持政策持续推动、技术进步、消费者习惯改变、配套设施普及等因素影响不断深入，预计 2022 年全球新能源汽车销量将达到 600 万辆，全球电动汽车锂电池需求量将超过 325GW·h。图 27 所示为新能源汽车“三电系统”。

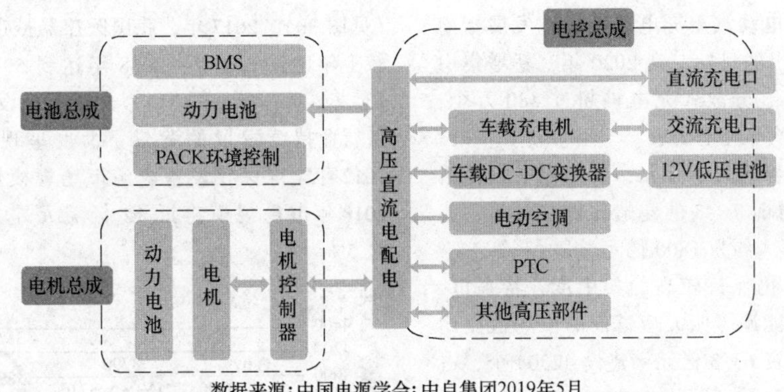

图 27 新能源汽车“三电系统”

车载充电机（见图 28）是新能源汽车必不可少的核心零部件，其市场规模随着新能源汽车市场的快速增长而扩大。2018 年，电动汽车车载充电机市场规模约 42 亿元，未来几年随着新能源汽车产量的逐年提升，预计到 2020 年国内电动汽车车载充电机市场规模将达到 77 亿元（见图 29）。

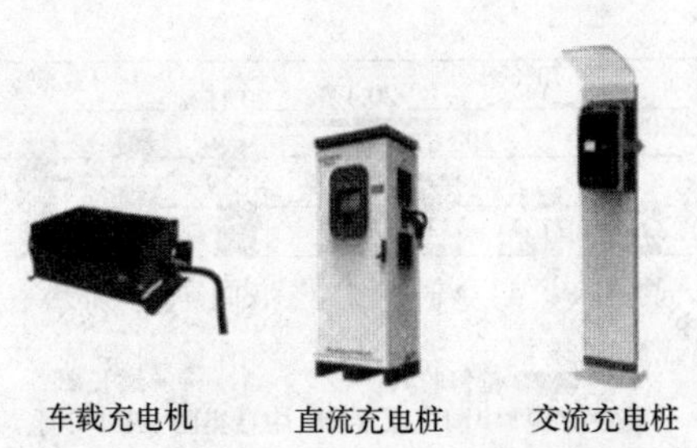

图 28 车载充电机、交流/直流充电桩

2. 充电站/桩（见图 28）

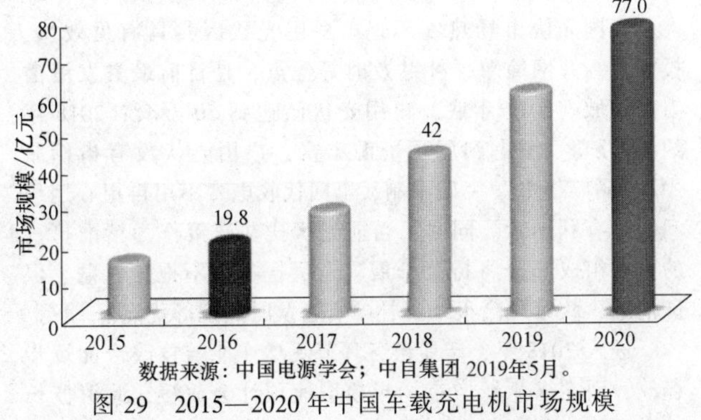

图 29 2015—2020 年中国车载充电机市场规模

目前，我国的充电桩行业尚处在基础设施完善的初期，除了几个一线城市之外，人们很少能找到比较明显的充电站。但随着这几年国家的大力支持，我国的充电桩企业与充电桩与日俱增，发展速度迅速。

据国家能源局披露的数据显示，截至2017年底，我国各类充电桩达到45万个，其中全国私人专用充电桩24万个，公共充电桩21万个，保有量位居全球首位，是2014年的14倍。尽管目前建设数量较大，但仍然滞后新能源汽车发展，目前新能源汽车车桩比约为3.5：1，远低于1：1的建设目标。随着整个新能源汽车产业链的逐渐成熟以及市场需求的逐步释放，充电桩等配套基础设施建设提速已成燃眉之急。而且目前公共充电桩利用率不足15%，由于布局不合理，维护不到位，部分地区也出现了不少故障和僵尸桩。

截至2018年底，公共类充电桩为30万台，其中交流充电桩为19万台、直流充电桩为11万台、交直流一体充电桩为0.05万台。2018年12月较2018年11月公共类充电桩增加了1万台。2018年12月同比增长40.1%。与2017年底数据相比，2018年公共类充电桩新增8.6万台。2018年月均新增公共类充电桩7154台，2017年月均新增公共类充电桩6054台，增速提高18.2%。

运营商方面，截至2018年底，30万台公共充电基础设施中，特来电运营为12.1万台、国网运营为5.7万台、星星充电运营为5.5万台、上汽安悦运营为1.5万台、中国普天运营为1.4万台，这五家运营商占总量的87.2%，其余的运营商占总量的12.8%。

根据国家发改委在《电动汽车充电基础设施发展指南（2015—2020年）》中提出的目标，到2020年，新增集中式充换电站超过1.2万座，分散式充电桩超过480万个，以满足全国500万辆电动汽车充电需求。

目前，慢充充电桩单价约为1万元，快充充电桩价格约为10万元，按照北京目前7：3的建造比例来计算，我国2020年充电桩行业规模大约为1800亿元。

充电桩的建设和运营仍保持较高的集中度，特来电、国网、星星充电、普天新能源等四大运营商的市场占比约为86%。其中国家电网投资63.3亿元，建设42304个，占比61%；特锐德投资30亿元，建设97559个，占比29%；万帮新能源投资8.1亿元，建设28521个，占比8%；中国普天投资2.1亿元，建设14660个，占比2%。

（三）光伏行业分析

我国光伏市场热度不退。户用光伏因其具有见效快、投资小、并网简单、补贴及时等优点，是目前最具发展潜力的领域。2017年底，户用光伏已达到50万套；2018年约80万套。考虑到屋顶资源丰富，户用光伏没有指标瓶颈，“隔墙售电”突破限制，电网代收电费不用再担心违约问题等有利因素。同时，当前光伏扶贫政策作为精准扶贫的重要组成部分将持续开展，光伏扶贫有不拖欠补贴、保证消纳、政策风险很小、补贴资金及时到位等优点。

进入2018年，产业链各环节新增产能与技改产能逐步释放，而需求侧新增市场规模增速预计会放缓，此消彼长的局面将导致光伏市场供需失衡，上下游各环节产品价格将进一步下跌，企业将会承受较大压力。同时，企业间分化迹象加剧，各个环节竞争激烈，没有品质和成本优势的企业将会出局。

受我国补贴下降、各环节产能扩张，美国“201”双反、日本FIT补贴政策下调等因素的影响，光伏全产业链很可能会出现联动降价。

我国的光伏产业发展快速，使其成为部分国家贸易保护的主要对象，光伏贸易摩擦频发。2018年，美国针对全球光伏产品的“201”调查以及印度针对中国大陆、台湾地区以及马来西亚进口光伏电池组件产品的反倾销措施均已尘埃落定，结果不容乐观。新一轮贸易调查更加关注中国企业，并与以往呈现出不同的特点，意图对我国光伏产品在全球范围内实施全方位封锁，这对我国光伏产品出口以及海外工厂的运营都将带来较大挑战。贸易摩擦频发，阻碍了我国光伏“走出去”的步伐。

（四）医疗行业分析

随着全球人口数量的持续增加、社会老龄化程度的提高以及健康保健意识的不断增强，全球医疗设备市场在近几年保持持续增长。我国人口老龄化速度正在加快。根据数据，2018年我国65岁以上老龄人口将超过1.5亿，占总人口比例的11%，预计到2030年，中国65岁以上老龄人口将超过2.4亿，占中国人口总量的17.1%，占全球老龄人口的1/4。全球医疗器械行业持续增长，推动医疗设备电源需求。

2017年，全球医疗器械市场规模为4030亿美元，较上年增长4.13%；2018年为4250亿美元，较上年增长5.46%（见图30）。2017年，我国医疗器械市场规模为5233亿元，较上年增长8.37%；2018年达到5927亿元，较上年增长13.26%左右（见图31）。全球医疗设备电源市场在医疗设备行业持续发展的背景下，也呈现出稳定增长的态势，2012年全球医疗设备电源市场规模约为6.42亿美元，到2018年市场规模将近12亿美元左右，年复合增长率超过5%。

图30 2012—2018年全球医疗器械市场规模

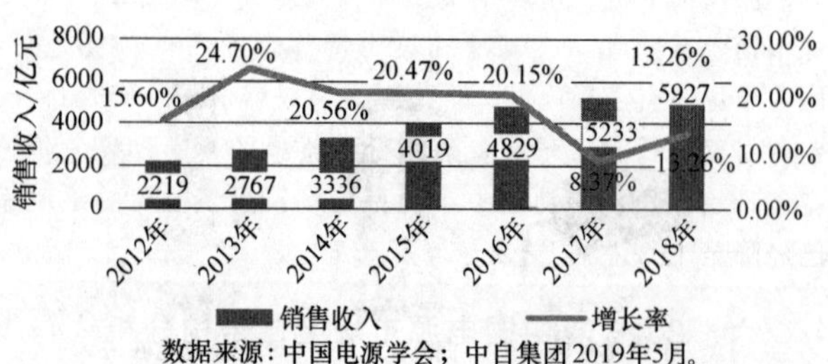

图31 2012—2018年中国医疗器械市场销售收入及增速

（五）LED照明行业

随着全球各国日益关注节能减排，作为最具优势的新型高效节能照明产品LED成为世界各国节能照明重点推广产品，导致全球LED照明市场迅速发展。2018年全球LED产值规模达到629亿美元（见图32）。高工产研LED研究所（GGII）数据显示，2018年全球LED照明渗透率已经达到42.5%，2018年中国LED照明市场规模达到5985亿元，同比增长12.5%，其中户外照明市场规模达到950亿元，LED已经成为商业照明、家居照明、户外照明的绝对力量。

LED驱动电源是LED照明产品不可或缺的一部分，也是影响LED照明产品稳定性的主要因素。全球LED照明市场的快速增长推动了LED照明驱动电源行业的不断发展，高工产研LED研究所（GGII）统计数据显示，2018年中国LED照明驱动电源产值规模达到293亿元，同比增长19.6%，占全球产值的比例达到63%。LED照明驱动电源市场巨大，预计2019年中国LED驱动电源产值规模将达315亿元，同比增长12.5%，到2020年，中国LED照明驱动电源市场规模有望达到389亿元。

截至2018年底，中国有一定规模的LED照明驱动电源企业400家左右，其中9成驱动电源企业涉及LED照明驱动电源。LED驱动电源主要包括功能驱动电源和景观照明驱动电源，LED功能驱动市场规模大，但进入者多，规模相对分散，导致小企业市场订单少，经营困难而退出市场。

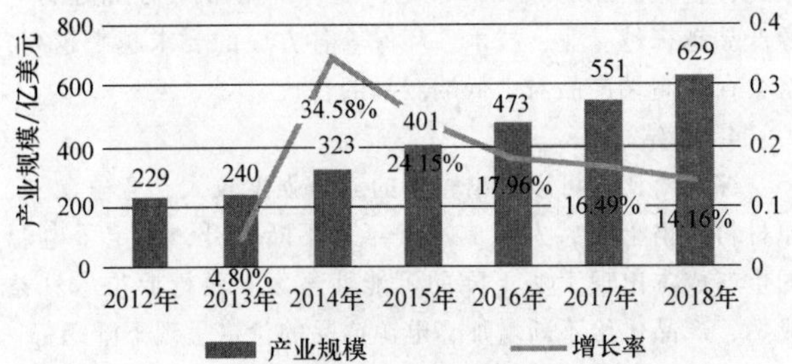

数据来源：中国电源学会；中自集团2019年5月。

图32　2012—2018全球LED照明产业规模及增速

LED驱动电源的销售市场主要集中在中国、欧洲、美国和日本等区域。中国是LED驱动电源的主要生产基地，特别是珠三角和长三角地区，由于电子配套产业链完善，并且劳动力成本（包括研发人员成本）相对较低，已成为全球LED驱动电源行业的主要集聚地。2015年全球接近69%的LED驱动电源由中国大陆企业生产，销售额达24.50亿美元。

LED驱动电源因为其具有较高的技术壁垒、品牌壁垒和产品认证壁垒，市场集中度比较高。在全球LED驱动电源市场上，明纬、飞利浦和英飞特等企业占据领导地位，国内市场还有茂硕电源、上海鸣志、崧盛电子、健森科技、广州凯盛、石龙富华等。随着行业竞争的不断加剧，价格竞争日趋激烈，特别是中小功率市场，很多公司的毛利率已经降至15%左右。

六、2018年中国电源市场区域结构分析

中国电源企业主要分布在三个区域：一是珠江三角洲，主要是深圳、东莞、广州、珠海、佛山等地；二是长江三角洲，主要是上海、苏南、杭州一带；三是北京及周边地区；武汉、西安、成都等地也有一定的分布。这三大区域经济发展最快，轻重工业均较发达，信息化建设和科技研发水平较高，为技术密集型的电源行业的研发、生产以及销售提供了充分的条件和便利的场所。中国电源行业已形成了高度市场化的状态，生产电源产品的厂商数量众多，市场集中度较低，且企业规模普遍差别很大。

（一）华东区域分析

华东地区正在向“国际制造业基地”发展。其工业生产总值不仅占据全国重要地位，而且增长率也高于全国水平。作为国内最具综合经济实力、人口密集度最高、最富裕、市场购买力最强的区域之一，华东区域历来被企业视为重点布局区域。华东地区包含上海市、江苏省、浙江省、安徽省、山东省、江西省等省市。第一类：常州、嘉兴、无锡、上海、舟山、南京、苏州、宁波、绍兴、湖州等地区，其中常州、嘉兴、无锡、上海、舟山为一个亚类，南京、苏州、宁波、绍兴、湖州为一个亚类。华东地区总体上已经进入工业化中期，工业化总体水平高于全国平均水平，工业化发展速度也快于全国平均速度。第二类：泰州、杭州、扬州。导致华东地区工业化进程差异的原因是地区之间经济发展水平（指标为人均收入水平）、产业结构（指标为三次产业占GDP比重）。依靠发展第二产业是迅速推进工业化重要手段。华东地区各省市的各地级市工业化进程也不均衡。从华东地区各地级市的工业化进程来看，各地级市之间的工业化进程差异也很大。上海市工业化水平最高，处于后工业化阶段，内部差异小。

（二）华南区域分析

华南地区一般包含广西壮族自治区、广东省、海南省、福建省、台湾省以及香港、澳门两个特别行政区。珠江三角洲经济区，简称珠三角经济区，是组成珠江的西江、北江和东江入海时冲击沉淀而成的一个三角洲，面积大约10000多平方公里。一般来说，它的最西点定义在三水。2009年1月8日，《珠江三角洲地区改革发展规划纲要（2008—2020年）》规划范围以广东省的广州、深圳、珠海、佛山、江门、东莞、中山、惠州和肇庆为主体，辐射泛珠江三角洲区域。

（三）华北区域分析

华北地区包括北京、天津、河北、山西、内蒙古等省市自治区。华北地区有发展经济得天独厚的条件，两大直辖市北京、天津作为华北经济圈的核心城市，130公里的超近距离，使两者联系起来极为便利，且河北的一些城市穿插其间，构成了区域特色。北京作为中国的首都，是全国政治、文化中心和圈际交流中心，又是全国公路、铁路枢纽，有全国最大的航空港，具有特殊的区位优势；北京高新技术产业发达，资金雄厚。人力资源丰富，有中国其他城市无法比拟的优越性。天津是老工业基地，轻工业比较发达，并且是国际性现代化港口城市；天津的滨海新区有120多平方公里的土地资源。河北省面积为18.8万平方公里，在空间地理位置上构成北京、天津的腹地，为其提供充足的土地和劳动力等生产要素，也是北京、天津产业转

移的大后方。

（四）其他区域分析

西部大开发的范围包括重庆、四川、贵州、云南、西藏、陕西、甘肃、青海、宁夏、新疆、内蒙古、广西等12个省、自治区、直辖市，面积为685万平方公里，占全国的71.4%。2002年末人口3.67亿人，占全国的28.8%。2016年国内生产总值为156529.19亿元，占全国的21%。西部地区资源丰富，市场潜力大，战略位置重要。但由于自然、历史、社会等原因，西部地区经济发展相对落后，人均国内生产总值仅相当于全国平均水平的2/3，不到东部地区平均水平的40%，迫切需要加快改革开放和现代化建设步伐。当前和今后一段时期，是西部地区深化改革、扩大开放、加快发展的重要战略机遇期。要重点抓好基础设施和生态环境建设；积极发展有特色的优势产业，推进重点地带开发；发展科技教育，培育和用好各类人才；国家要在投资项目、税收政策和财政转移支付等方面加大对西部地区的支持，逐步建立长期稳定的西部开发资金渠道；着力改善投资环境，引导外资和国内资本参与西部开发；西部地区要进一步解放思想，增强自我发展能力，在改革开放中走出一条加快发展的新路。

七、中国电源产业发展趋势

（一）上下游产业发展对未来电源行业成本价格影响分析

电源产业链上中下游分别为原材料供应商、电源制造商、整机设备制造商、行业应用客户。

1）上游主要为控制芯片、功率器件、变压器、PCB等电子器件供应商。

2）中游主要为模块电源、定制电源、大功率电源及系统制造商。

3）下游主要为通信设备、航空航天及军工整机、铁路设备等制造商。

1. 供应商议价能力

根据表14的分析可以得出，现阶段电源行业原材料供应商对电源行业的议价能力较弱。

表14 电源行业供应商议价能力分析

指标	表现	结论
企业数量	电源行业各类原材料供应商数量众多，市场呈现完全竞争状态	企业数量较多，议价能力较弱
产品独特性	电源需要的原材料基本为普通材料，没有太多的特殊要求。因此，产品独特性较低	同质化导致其议价能力较低
前向一体化能力	电源行业需要的原材料为一些基本材料，与电源制造差距较大。因此，材料供应商实现前向一体化的能力较弱	运营商前向一体化能力较弱

2. 购买商议价能力

综合来看，电源行业主要实行定制的生产模式，且存在较大的转换成本（见表15）。因此，电源购买商对电源行业的议价能力较强。

表15 电源行业购买商议价能力分析

指标	表现	结论
用户数量	电源产品广泛应用于通信、电力、轨道交通、计算机、医疗等多领域，客户数量众多	用户数量多，市场大，议价能力较弱
购买数量	电源产品在下游产品中所占的比重较小，用户购买数量较少	议价能力较弱
转换成本	应用于不同领域的电源产品差异性较大，产品异质性较高，转换成本较高	议价能力较强
同质化程度	应用于不同领域的电源产品差异性较大，产品异质性较高，且大多下游企业要求电源生产企业为其定制相应的产品	议价能力较强
应收账款周转天数	大多数上市企业总资产周转率都在1以下，应收账款周转天数同比增长，回款几乎都在3个月到1年	议价能力较强

3. 替代品威胁

电源作为用电设备中必不可少的设备，不存在替代品。因此，替代品威胁较小。但是，随着下游市场对所需的电源产品越来越专业，技术、环保等各方面的要求越来越高，将会存在高端产品对中低端产品的替代。

4. 总结

综合对比，可以看出整体的竞争强度较大，竞争激烈，原材料价格上涨，人工成本近年来不断上升，决定了电源的生产成本出现大幅下降的可能性不大。而行业技术日益成熟，产品供给不断增加，电源产品的价格呈现下降趋势。

（二）未来行业发展趋势分析

首先，电源产品将呈现绿色化、高频化。21世纪的节电和环境保护，将使多种智能开关技术广泛应用，电源供电结构由集中式向分布式发展。分布供电方式具有节能、可靠、经济、高效和维护方便等优点。该方式不仅被现代通信设备采用，而且已为计算机、航空航天、工业控制系统等采纳，还是超高速型集成电路低电压电源最理想的供电方式。在大功率场合，比如电镀、电解电源、电力机车牵引电源、中频感应加热电源、电动机驱动电源等领域也有广阔的应用前景。同时，电源已由传统集中式供电制向分布式供电制发展。采用分布式供电制后，单模块电源的容量一般较小，因而可以实现高频化。

而随着产品性能发展到一定阶段后，人性化设计显得尤为重要，为了让用户更轻松、更自如地应用产品，产品的使用方便性、全自动功能、环境适用功能、环保和节能功能越来越多，为用户的安装和使用提供方便。

对电源企业而言，未来要更多地直接与用户接触，了解用户需求，使产品设计更加适合用户需求，推动电源产品的发展，使得产品更加成熟，从产品结构而言，一体化、多元化的电源产品将是未来发展的趋势。因此，设计服务将是电源最重要的增值服务之一，尤其是为客户提供实际的解决方案，在行业技术要求比较强的定制电源制造业，从 OEM 到 ODM 在价值链上增加了设计环节，向产业链上游延伸，逐步占领高端增值环节。

此外，电源产品由于其产品的多样性以及应用的广泛性，使得未来电源企业在销售的渠道模式上将不能简单采取某种固定的渠道模式。未来的渠道销售模式，一定是根据产品自身的特点以及产品应用的行业特征，进行一种多样性的渠道策略组合，即采用网络销售、体验式销售、垂直营销等相结合的多种销售渠道。

（三）未来电源产业市场发展预测

近年来，全球经济体动荡不安，多国经济下滑，受经济和市场下行的影响，行业需求持续疲软，尤其是出口受到重创。但国内宏观经济持续稳步发展和全球产业加速转移，我国在全球电源市场发展占比稳步提升，成长起来一批在细分领域具有一定规模和核心竞争力的企业。同时，随着国内宏观经济的持续发展，尤其是国内对新能源汽车、光伏发电、数据中心、LED 照明等产业的持续性投入，进一步推动了国内电源产业的迅速增长。

根据电源行业历史数据，以及相关因素影响分析，中国电源产业产值预计见表 16 和图 33。

表 16　2019—2023 年中国电源产业产值增长速度预测

年份	2019 年	2020 年	2021 年	2022 年	2023 年
产值/亿元	3189	3355	3603	3897	4221
增长率	6.73%	5.21%	7.39%	8.16%	8.31%

数据来源：中国电源学会；中自集团 2019 年 5 月。

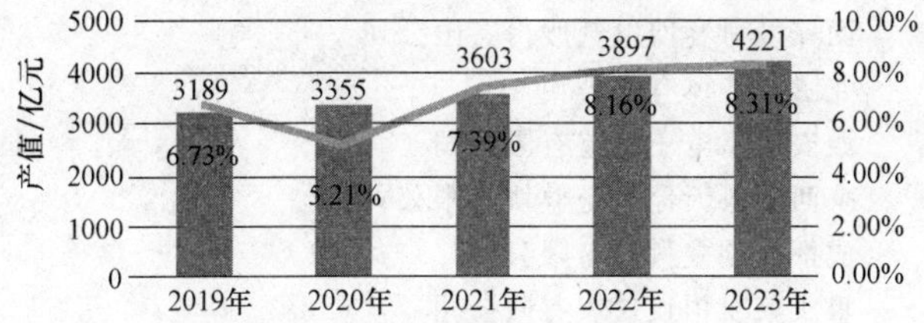

图 33　2019—2023 年中国电源产业产值增长速度预测

八、鸣谢单位（排名不分先后）

安泰科技股份有限公司
北京大华无线电仪器有限责任公司
北京力源兴达科技有限公司
罗德与施瓦茨（科技）有限公司
北京群菱能源科技有限公司
森社电子有限公司
北京韶光科技有限公司
北京汐源科技有限公司
北京英博电气股份有限公司
北京长城电子装备有限责任公司
北京智源新能电气科技有限公司
北京中大科慧科技发展有限公司
北京中科泛华测控技术有限公司
石家庄先控捷联电气股份有限公司
天津市华明合兴机电设备有限公司
田村（中国）企业管理有限公司
安徽博微智能电气有限公司
合肥博微田村电气有限公司
合肥华东微电子技术研究所
合肥华耀电子工业有限公司
合肥科威尔电源系统有限公司
合肥阳光电源股份有限公司
福州福光电子有限公司
厦门兴厦控恒昌自动化有限公司
常熟凯玺电子电气有限公司
常州市创联电源科技股份有限公司
常州市中光电器有限公司/安徽中鑫半导体有限公司
江苏宏微科技股份有限公司
江苏坚力电子科技股份有限公司
江苏南通新三能电子有限公司
苏州赫能（苏州）新能源科技有限公司
苏州锴威特半导体有限公司
苏州市申浦电源设备厂
苏州西伊加梯电源技术有限公司
无锡东电化兰达电子有限公司
无锡芯朋微电子股份有限公司
江苏兴顺电子有限公司
扬州凯普电子有限公司
济南晶恒电子有限责任公司
山东镭之源激光科技股份有限公司
山东山大华天科技集团股份有限公司
上海大周信息科技有限公司
登钛电子技术（上海）有限公司
上海吉电电子技术有限公司
上海科梁信息工程股份有限公司
上海科泰电源股份有限公司
敏业信息科技（上海）有限公司
上海申睿电气有限公司
上海申世电气有限公司
上海思源清能电气电子有限公司
上海台达电子企业管理有限公司
上海文顺电器有限公司
上海阳顿电气制造有限公司
上海伊顿电源（上海）有限公司
上海远宽能源科技有限公司
上海瞻芯电子科技有限公司
上海长园维安微电子有限公司
浙江德力西电器有限公司
浙江东睦科达磁电有限公司
浙江高泰昊能科技有限公司
杭州奥能电源设备有限公司
杭州博睿电子科技有限公司

杭州飞仕得科技有限公司
杭州易泰达科技有限公司
浙江鸿宝电源有限公司
浙江暨阳电子科技有限公司
宁波赛耐比光电科技股份有限公司
温州大学
广东创电科技有限公司
东莞康舒电子有限公司杭州分公司
东莞立德电子有限公司
东莞全天自动化能源科技有限公司
东莞市必德电子科技有限公司
东莞市金河田实业有限公司
东莞市石龙富华电子有限公司
东莞易事特集团股份有限公司
佛山市杰创科技有限公司
佛山市南海赛威科技技术有限公司
佛山市顺德区冠宇达电源有限公司
佛山市顺德区国力电力电子科技有限公司
佛山市欣源电子股份有限公司
广州德肯电子有限公司
广州高雅信息科技有限公司
广州回天新材料有限公司
广州金升阳科技有限公司
广州市宝力达电气材料有限公司
广州市昌菱电气有限公司
广东航天柏克科技有限公司
深圳华德电子有限公司
深圳可立克科技股份有限公司
深圳欧陆通电子股份有限公司
深圳青铜剑科技股份有限公司
深圳山特电子（深圳）有限公司
深圳市保益新能电气有限公司
深圳市铂科新材料股份有限公司
深圳市航嘉驰源电气股份有限公司
深圳市皓文电子有限公司
深圳市核达中远通电源技术股份有限公司
深圳市华天启科技有限公司
深圳市金威源科技股份有限公司
深圳市巨鼎电子有限公司
深圳市康奈特电子有限公司
深圳市瑞必达科技有限公司
深圳市瑞晶实业有限公司
深圳市商宇电子科技有限公司
深圳市英威腾电源有限公司
深圳市知用电子有限公司
深圳市智胜新电子技术有限公司
深圳市中电熊猫展盛科技有限公司
深圳市中科源电子有限公司
深圳威迈斯新能源股份有限公司
深圳协丰万佳科技有限公司
深圳亚源科技股份有限公司
深圳英富美（深圳）科技有限公司
肇庆理士国际技术有限公司
广东志成冠军集团有限公司
珠海格力电器股份有限公司
珠海泰芯半导体有限公司
南宁市山顿电子有限公司
郑州科能达科技有限公司
武汉新瑞科电气技术有限公司
湖南晟和电源科技有限公司
长沙竹叶电子科技有限公司
夏银利电气股份有限公司
西安爱科赛博电气股份有限公司
龙腾半导体有限公司
西安伟京电子制造有限公司
陕西中科天地航空模块有限公司
成都金创立科技有限公司
重庆荣凯川仪仪表有限公司

2018 年电源上市企业年报分析

中国电源学会

2018 年，随着我国整体经济实现稳中有进以及全社会电气化程度日趋提高，电源作为重要支撑产业的战略地位提升，我国电源行业市场规模进一步扩大。2018 年总产值达 2459 亿元，同比增长 5.59%。

另一方面，受资本市场寒冬、IPO 从严发审等因素影响，2018 年 A 股上市企业数量仅为 2017 年的 1/4。其中，仅有 1 家电源企业上市，而 2017 年同期有 8 家。截至 2018 年底，沪深两市电源上市企业数量共 25 家。

这里统计的电源上市企业是指以生产、销售电源整机为主营业务的沪深交易所上市企业，不包括新三板挂牌企业。其产品包括不间断电源（UPS）、开关电源、LED 驱动电源、模块电源、充电桩/充电电源、电机控制器、光伏逆变器、变频器、特种电源等；不包括为电源企业生产或研发配套产品的企业，如功率器件及半导体芯片、集成电路、滤波器、电阻器、电容器、变压器、磁性材料等厂商；另外，电源业务只占小部分的综合型上市企业，因无法准确剥离电源相关业务数据，也未统计在内。

总体来看，电源上市企业数量虽然不多，但其公司规模、市场占有率、财务表现、研发投入等多项指标均领跑电源行业，是产业发展以及技术创新的风向标。本文通过解读其 2018 年度财务报告，并对比最近几年财务数据，希望在一定程度上反映电源行业发展情况，为电源企业提供参考。

一、总体情况概述

（一）电源企业上市板块及所属主要行业情况

报告中列出的电源上市企业共 25 家，其中上证主板 3 家，深证中小板 10 家，深证创业板 12 家（见图 1）。

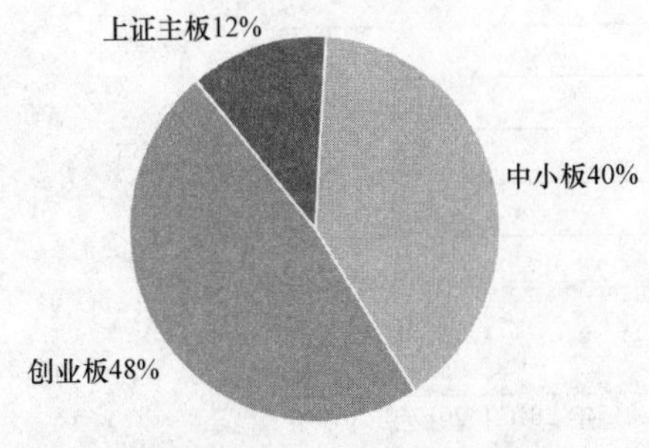

图 1　电源上市企业所属板块

按照证监会规定的行业分类，其中 21 家企业属于电气机械和器材制造业，另外 4 家企业属于计算机、通信和其他电子设备制造业。

按照申万标准分类，11 家属于电源设备，6 家属于电气自动化设备，3 家属于电子制造，另有 5 家企业分别属于电机、高低压设备、光学光电子、其他电子行业和汽车零部件行业。

按照全球行业分类，17 家属于资本品行业，7 家属于技术硬件与设备行业，2018 年新上市的欣锐科技属于汽车与汽车零部件行业。

具体情况见表 1（同一板块中上市企业按上市时间排序，本报告中图表无特殊说明，排序同表 1）。

从表 1 和图 2 中也可以看出，相对其他成熟行业，电源行业的上市历程依然处于起步阶段，发展速度也较为缓慢。从 2004 年第一家电源企业——动力源登陆上证主板到 2016 年 13 年间，电源上市企业数量逐步增加到 16 家。2017 年，一方面，电源作为重要支撑产业的战略地位提升；另一方面，IPO 审核加速，电源企业上市步伐明显开始加快，一年新增 8 家。2018 年，由于资本市场经济、政策环境变化，全年只新增 1 家。

数据显示，2010 年也较为特殊，这一年新增电源上市企业 6 家。这与当时国内外经济环境和资本市场政策也有关系。走过 2008 年、2009 年金融风暴的低谷，世界经济企稳复苏，中国经济继续保持平稳而繁荣的增长态势，投资者信心逐步恢复，中国企业上市及融资热情高涨。同时由创业板开闸引起的企业上市浪潮仍在持续，全年共有 347 家企业在境内资本市场上市，融资额为 720.59 亿美元，上市数量和融资额均刷新 2007 年记录。这 6 家电源上市企业也是当年上市大军的一部分。

除此以外，2010 年电源企业集中上市也是国内电源行业阶段性发展的结果。当年上市的几家企业科华恒盛、科士达、英威腾、合康新能、汇川技术、中恒电气集中在 UPS、变频器、通信电源领域。这些产品标准化程度较高，有利于企业开展规模化经营并率先在资本市场取得突破。

（二）电源企业主要产品及业务情况

本报告所摘录的电源企业主体业务主要分布在新能源、新能源汽车、电力、工业自动化控制、轨道交通、节能环保、通信等行业，与国家近几年的基础建设投资及政策重点关注行业领域高度一致。根据年报中的内容，各企业主要产品及业务情况见表 2。

表1 电源企业上市板块及所属主要行业（同类别企业按上市时间先后排序）

上市板块	企业名称	证券代码	上市时间	所属主要行业		
				证监会分类	申万分类	全球行业分类
上证主板	动力源	600405	2004/4/1	计算机、通信和其他电子设备制造业	电源设备	资本品
	鸣志电器	603728	2017/5/9	电气机械和器材制造业	电源设备	资本品
	禾望电气	603063	2017/7/28	电气机械和器材制造业	电源设备	资本品
中小板	科陆电子	002121	2007/3/6	电气机械和器材制造业	电气自动化设备	资本品
	奥特迅	002227	2008/5/6	电气机械和器材制造业	电源设备	资本品
	英威腾	002334	2010/1/13	电气机械和器材制造业	电气自动化设备	资本品
	科华恒盛	002335	2010/1/13	电气机械和器材制造业	电气自动化设备	资本品
	中恒电气	002364	2010/3/5	电气机械和器材制造业	电气自动化设备	资本品
	科士达	002518	2010/12/7	电气机械和器材制造业	电源设备	资本品
	茂硕电源	002660	2012/3/16	计算机、通信和其他电子设备制造业	电子制造	技术硬件与设备
	可立克	002782	2015/12/22	计算机、通信和其他电子设备制造业	电子制造	资本品
	麦格米特	002851	2017/3/6	电气机械和器材制造业	电子制造	技术硬件与设备
	伊戈尔	002922	2017/12/29	电气机械和器材制造业	其他电子	资本品
创业板	合康新能	300048	2010/1/20	电气机械和器材制造业	电气自动化设备	资本品
	汇川技术	300124	2010/9/28	电气机械和器材制造业	电气自动化设备	技术硬件与设备
	阳光电源	300274	2011/11/2	电气机械和器材制造业	电源设备	资本品
	易事特	300376	2014/1/27	电气机械和器材制造业	电源设备	资本品
	通合科技	300491	2015/12/31	电气机械和器材制造业	电源设备	技术硬件与设备
	蓝海华腾	300484	2016/3/22	电气机械和器材制造业	高低压设备	资本品
	英飞特	300582	2016/12/28	计算机、通信和其他电子设备制造业	光学光电子	技术硬件与设备
	新雷能	300593	2017/1/13	电气机械和器材制造业	电源设备	技术硬件与设备
	英搏尔	300681	2017/7/25	电气机械和器材制造业	电机	资本品
	盛弘股份	300693	2017/8/22	电气机械和器材制造业	电源设备	技术硬件与设备
	英可瑞	300713	2017/11/1	电气机械和器材制造业	电源设备	资本品
	欣锐科技	300745	2018/5/23	电气机械和器材制造业	汽车零部件	汽车与汽车零部件

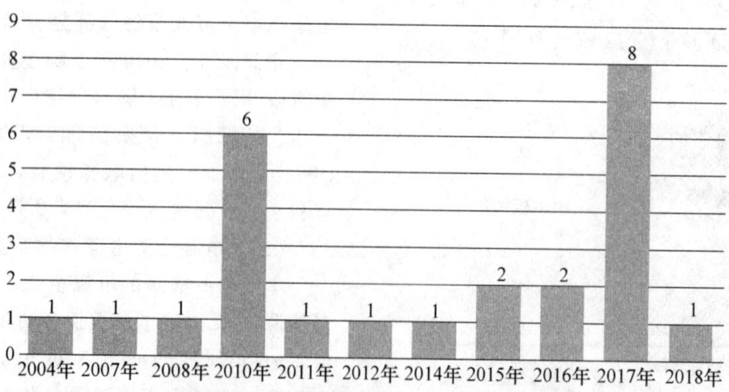

图2 各年份上市企业数量（未标记年份为0）

表 2　电源上市企业主要产品及业务

企业名称	主营产品和服务
动力源	通信电源、直流电源、高压变频器及综合节能等
鸣志电器	控制电机及其驱动系统、LED 控制与驱动类
禾望电气	风电变流器、光伏逆变器、模块及配件业务
科陆电子	智能电网、综合能源管理及服务、储能
奥特迅	UPS、电动汽车充电电源、电能质量治理装置
英威腾	变频器、控制器、光伏逆变器、新能源车电控系统等
科华恒盛	信息化设备用 UPS、工业动力 UPS 系统设备、建筑工程电源、数据中心产品、新能源产品、配套产品
中恒电气	通信电源等
科士达	UPS、光伏逆变器、储能
茂硕电源	开关电源、LED 室内/户外照明产品驱动、FPC、光伏逆变器、智能充电桩
可立克	开关电源、LED 驱动电源、磁性器件、新能源产品等
麦格米特	变频器、伺服驱动器、驱动系统、车用电机控制器、光伏逆变器等
伊戈尔	LED 驱动电源、变压器等
合康新能	高、中低压及防爆变频器在内的全系列变频器产品、伺服产品、新能源汽车及相关产品
汇川技术	变频器、伺服驱动器、PLC、HMI、伺服/直驱电动机、传感器、一体化控制器及专机、工业视觉、机器人控制器、电动汽车电机控制器等
阳光电源	光伏逆变器、风能变流器、储能变流器等
易事特	UPS、EPS、光伏逆变器及光伏发电系统集成产品、电动汽车充电桩
通合科技	充电桩、电动汽车车载电源、电力操作电源模块和电力操作电源系统
蓝海华腾	电动汽车电机控制器、中低压变频器
英飞特	LED 驱动电源、开关电源等
新雷能	模块电源、厚膜工艺电源及电路、逆变器、特种电源等
英搏尔	电机控制器为主，车载充电机、DC/DC 变换器等
盛弘股份	电动汽车充电桩、电能质量设备等
英可瑞	汽车充电电源、电力电源、通信电源、工业电源等
欣锐科技	车载充电机、车载电源集成产品、车载 DC/DC 变换器等

这 25 家企业，按照其重点产品可以进一步归类（注：这里的重点产品是指销售收入占企业营业总收入 40%以上的产品，无重点产品的企业归入多元产品一类），如表 3 和图 3 所示。

表 3　电源上市企业按重点产品分类
（同类别企业按上市时间先后排序）

重点产品	上市企业	企业数	占比
开关电源（包括通信电源、LED 驱动电源等）	动力源、中恒电气、茂硕电源、可立克、英飞特、伊戈尔	6	24%
UPS	奥特迅、科华恒盛、科士达	3	12%
变频器	英威腾、合康新能、汇川技术	3	12%
充电桩/充电电源	通合科技、英可瑞、盛弘股份、欣锐科技	4	16%
电机控制器、驱动系统	蓝海华腾、鸣志电器	2	8%
新能源电源	阳光电源、禾望电气	2	8%
模块电源	新雷能	1	4%
智能电网	科陆电子	1	4%
多元产品	易事特、麦格米特、英搏尔	3	12%
	总计	25	100%

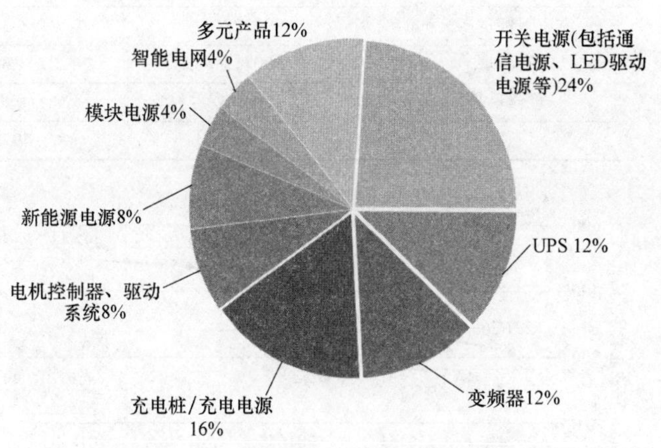

图 3　电源上市企业主要产品分类

（三）2018 年电源上市企业规模分析

营业收入、资产总额和企业人数是一个企业的基础数据，也是反映企业规模的主要指标。25 家电源上市企业 2018 年的营业收入（包括主营业务收入和非主营业务收入）、资产总额、企业人数，见表 4。

2018 年度营业收入阳光电源首次突破 100 亿元，这也是国内首家年营业收入突破百亿的电源企业。此外，50 亿~100 亿元 1 家（汇川技术），20 亿~50 亿元之间有 6 家，10 亿~20 亿元之间的有 6 家，4 亿~10 亿元之间的有 8 家，1 亿~4 亿元之间的有 3 家。25 家电源上市企业 2018 年的营业收入总额为 497.43 亿元，同比上升 3.81%（见图 4）。

表 4 电源上市企业 2018 年营业收入、资产总额、企业人数（按 2018 年度营业收入排序）

企业名称	证券代码	营业收入/亿元	资产总额/亿元	企业人数/人
阳光电源	300274	104	189.6	3421
汇川技术	300124	58.7	103.20	7769
易事特	300376	46.5	119.50	1626
科陆电子	002121	37.9	134.10	3975
科华恒盛	002335	34.4	76.29	4038
科士达	002518	27.1	37.07	2723
麦格米特	002851	23.9	13.44	2682
英威腾	002334	22.3	34.11	3426
鸣志电器	603728	18.9	25	3000
茂硕电源	002660	13.4	15.16	1738
合康新能	300048	12.1	41.44	1806
禾望电气	603063	11.8	37.00	838
可立克	002782	10.9	119.50	3355
伊戈尔	002922	10.9	13.42	2461
中恒电气	002364	9.84	25.47	1783
英飞特	300582	9.65	15.62	1042
动力源	600405	9.1	25.83	2675
欣锐科技	300745	7.17	17.44	1208
英搏尔	300681	6.55	12.26	963
盛弘股份	300693	5.31	8.88	683
新雷能	300593	4.77	4.88	1477
蓝海华腾	300484	4.02	10.59	458
奥特迅	002227	3.53	11.75	614
英可瑞	300713	3.07	9.78	477
通合科技	300491	1.62	5.16	384
总计		497.43	1106.49	54622

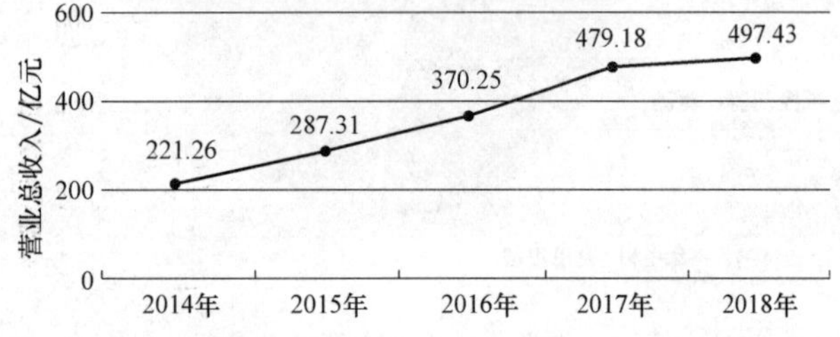

图 4 电源上市企业 2014—2018 年度营业总收入

2018 年 25 家电源上市企业资产总额总计 1106.49 亿元，其中资产总额 100 亿元以上的有 5 家，50 亿~100 亿元之间的有 1 家；10 亿~50 亿元之间的有 15 家。10 亿元以下的有 4 家。其中阳光电源以 189.6 亿元的资产总额排在第一位。

2018 年 25 家电源上市企业在职总人数是 54622 人，其中人员规模在 1000 人以上的有 18 家，300~1000 人的有 7 家，汇川技术以 7769 人排名第一。

按国家统计局发布的《统计上大中小微型企业划分办法（2017）》中工业类大中小企业划分标准，满足企业人员超过 1000 人同时营业收入超过 40000 万元划为大型企业；企业人数 300~1000 人同时营业收入 2000 万~40000 万元的为中型企业。企业人数在 20~300 人且营业收入在 300 万~2000 万元的为小型企业。

按此标准，25 家电源上市企业中有 19 家属于大型企业，5 家属于中型企业，1 家属于小型企业。

值得注意的是，25 家电源上市企业中有 22 家营业收入在 4 亿元以上，高于大型企业营业收入的最低标准，禾望电气、蓝海华腾、英博尔、盛弘股份 4 家企业是由于企业人数低于 1000 人，下划一档归入中型企业。这也是由于电源上市企业大部分技术装备程度比较高，所需劳动力或手工操作的人数比较少。

电源行业有 1.6 万多家企业，大部分都是中小型企业。从表 4 可以看出，电源上市企业是行业中规模较大、实力较强的龙头企业。

二、财务数据分析

通过年报数据对电源上市企业分析，主要通过以下四个方面进行，分别是营运能力（包括总资产周转率、应收账款周转天数、存货周转天数三个指标）；获利能力（包括毛利率、净利率、加权净资产收益率、每股收益四个指标）；偿债能力（包括流动比率、速动比率、资产负债率三个指标）；发展潜力（包括营业收入增长率、净利润增长率两个指标）。

（一）营运能力指标分析

企业的营运能力是指企业充分利用现有资源创造价值的能力，主要是从企业资金使用的角度来进行的。营运能力的强弱关键取决于周转速度。

本报告从总资产周转率、应收账款周转天数、存货周转天数三个指标进行一一列举分析。

1. 总资产周转率

总资产周转率是综合评价企业全部资产的经营质量和利用效率的重要指标，通常被定义为营业收入与平均资产总额之比。周转率越大，说明总资产周转越快，销售能力越强。

从表5中可以看出，2018年，可立克、麦格米特、鸣志电器的资产周转率在电源上市企业中排名前三，分别为0.98、0.87和0.82，从这一指标来看，这些企业在同行业中资产周转速度快，资产利用率较高。

表5　2014—2018年电源上市企业总资产周转率

公司名称	2014年	2015年	2016年	2017年	2018年
动力源	0.55	0.55	0.51	0.44	0.33
科陆电子	0.51	0.3	0.28	0.32	0.26
奥特迅	0.51	0.35	0.36	0.35	0.32
科华恒盛	0.81	0.63	0.43	0.43	0.5
英威腾	0.62	0.56	0.57	0.73	0.67
合康新能	0.34	0.3	0.34	0.28	0.27
中恒电气	0.55	0.59	0.42	0.33	0.38
汇川技术	0.53	0.52	0.53	0.56	0.61
科士达	0.66	0.65	0.65	0.82	0.74
阳光电源	0.7	0.78	0.65	0.64	0.6
茂硕电源	0.57	0.61	0.63	0.76	0.71
易事特	0.93	1.06	0.77	0.73	0.41
可立克	1.21	0.92	0.83	0.85	0.98
通合科技	0.66	0.48	0.41	0.37	0.29
蓝海华腾	0.94	1	0.99	0.55	0.37
英飞特	1.08	0.79	0.51	0.48	0.64
新雷能	0.76	0.71	0.69	0.52	0.45
麦格米特	0.7	0.8	0.9	0.8	0.87
鸣志电器	1.38	1.21	1.3	0.96	0.82
英搏尔	1.87	1.5	0.92	0.78	0.61
禾望电气	0.65	0.66	0.47	0.38	0.36
盛弘股份	1.06	1.13	1.07	0.71	0.63
英可瑞	0.93	1.26	1.22	0.61	0.32
伊戈尔	1.09	1.08	1.1	1.05	0.81
欣锐科技	1.7	1.22	0.87	0.49	0.5
平均	0.85	0.79	0.70	0.60	0.54

从图5中可以看出，电源上市企业五年来资产周转率平均值都小于1，这是一个资金投入量大、回收期长的资本密集型行业。2014—2018年，电源上市企业的五年总资产周转率呈现逐年下降的趋势，说明市场竞争日趋激烈，行业赚钱越来越难。

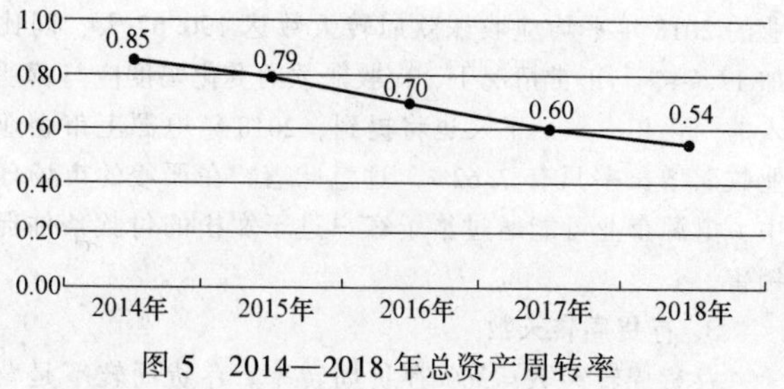

图5　2014—2018年总资产周转率

2. 应收账款周转天数

应收账款周转天数=360/应收账款周转率。应收账款周转率是指企业的应收账款在一定时期内周转的次数，是销售收入与应收账款平均值的比率，用来估计营业收入变现的速度和管理的效率。应收账款周转率越高，应收账款周转天数越短，表明公司收账速度快，平均收账期短，坏账损失少，资产流动快，偿债能力强。

根据中国上市公司研究院推出的2018年“上市公司应收账款周转天数榜”统计，2018年非金融A股上市公司应收账款周转天数中位数近72天，与上年相比周转天数有所增加，平均回款速度为近五年最低水平。

但不同行业之间的应收账款周转天数差别很大。通常情况下，电气机械和器材制造业应收账款周转天数高于其他行业，但历年平均值在120天左右。由表6可以看出，大部分电源企业应收账款周转天数高于行业平均值。一方面，这与行业本身生产周期长、设备安装复杂、产品投入运营时间长等特点有关，另一方面也反映出电源企业在产业链中缺乏足够的议价能力。

表6 2014—2018年电源上市企业应收账款周转天数 （单位：天）

公司名称	2014年	2015年	2016年	2017年	2018年
动力源	241.63	245.12	265.49	277.42	323.06
科陆电子	199.43	267.29	270.62	243.57	272.23
奥特迅	230.12	317.76	273.4	264.87	268.6
科华恒盛	137.08	163.03	163.52	145.55	137.31
英威腾	63.75	91.43	97.53	103.04	138.73
合康新能	364.06	355.7	234.54	274.65	298.41
中恒电气	210.63	214.08	246.29	276.71	272.9
汇川技术	67.77	82.57	94.04	96.07	103.82
科士达	129.41	141.65	149.8	129.36	161.53
阳光电源	189.35	202.09	204.3	178.43	197.18
茂硕电源	165	153.52	150.14	116.44	126.82
易事特	148.59	133.48	162.51	156.13	249.28
可立克	88.08	96.14	89.92	90.48	86
通合科技	98.71	111.34	138.06	204.71	285.87
蓝海华腾	96.44	147.07	117.64	184.35	290.01
英飞特	57.73	59.86	71.48	80.69	67.49
新雷能	121.7	107.98	97.83	118.24	126.71
麦格米特	98.53	96.25	86.37	88.51	83.96
鸣志电器	83.68	82.7	79.81	85.19	78.65
英搏尔	60.54	82.31	136.23	123.04	126.21
禾望电气	216.58	229.24	329.9	342.89	309.67
盛弘股份	158.91	164.75	171.54	187.72	181.18
英可瑞	137.91	117.01	140.63	221.51	343.09
伊戈尔	74	68.74	63.29	58.59	70.85
欣锐科技	71.08	110.52	98.95	142.65	167.17
平均	140.43	153.67	157.35	167.63	190.67

另外，如图6所示，2014年以来应收账款周转天数保持小幅增长的趋势，但2018年开始增速，25家电源上市企业的2018年平均应收账款周转天数达190.67天，同比增加13.74%。正常情况下，应收账款的变化幅度应与营业收入的变化相一致。下文也将提到，2018年电源上市企业营业收入增长率只有7.62%。这意味着，在严峻的市场环境中，电源企业可能通过给予客户过于宽松的付款条件促进销售。

图6 2014—2018年应收账款周转天数

3. **存货周转天数**

存货周转天数=360/存货周转率。存货周转率是营业成本与存货平均总额的比率。存货周转天数是反映企业销售能力强弱、存货是否过量和资产流动能力的一个指标，也是衡量企业生产经营各环节中存货运营效率的一个综合性指标。周转天数越少，说明存货变现的速度越快。存货占用资金时间越短，存货管理工作的效率越高。

25家电源上市企业的2018年存货周转天数平均值为143.45，2017年为135.52，同比提高5.85%（见表7和图7）。

表7　电源上市企业存货周转天数　（单位：天）

公司名称	2014年	2015年	2016年	2017年	2018年
动力源	158.09	139.3	132.91	127.53	171.64
科陆电子	120	135.29	151.67	144.11	164.01
奥特迅	225.99	320.96	342.62	387.9	336.2
科华恒盛	66.12	81.01	83.56	58.76	56.48
英威腾	93.66	116	149.45	126.99	141.33
合康新能	331.36	350.08	221.87	217.77	265.86
中恒电气	208.03	183.68	196.01	174.78	163.94
汇川技术	122.88	128.06	125.81	122.35	120.85
科士达	99.27	99.99	101.34	74.62	73.09
阳光电源	125.09	110.15	105.81	103.37	111.62
茂硕电源	59.37	61.59	68	56.5	56.85
易事特	76.46	48.56	39.55	36.57	56.97
可立克	46.51	54.99	53.03	52.93	51
通合科技	111.19	122.35	96.08	95.45	144.06
蓝海华腾	139.27	122.47	104.59	149.01	218.31
英飞特	51.34	53.25	59.2	83.89	84.45
新雷能	228.22	269.44	236.19	258.03	279.04
麦格米特	143.08	156.78	152.14	145.54	139.76
鸣志电器	68.82	82.67	77.48	82.89	86.1
英搏尔	126.97	135.19	165.34	140.2	125.09
禾望电气	305.32	258.01	262.3	207.99	182.03
盛弘股份	147.58	104.96	129.53	155.41	136.08
英可瑞	203.07	134.3	112.49	112.11	170.17
伊戈尔	64.79	67.09	78.43	74.89	76.58
欣锐科技	110.58	120.96	116.53	198.4	174.64
平均	137.32	138.29	134.48	135.52	143.45

图7　2014—1018年存货周转天数

（二）获利能力分析

对电源上市企业获利能力的分析，本报告从毛利率、净利率、加权平均净资产收益率和每股收益四个指标进行。

1. 毛利率

毛利率是毛利与销售收入（或营业收入）的百分比，反映的是一个商品经过生产转换内部系统以后增值的那一部分。由表8和图8可以看出，2018年电源行业上市企业平

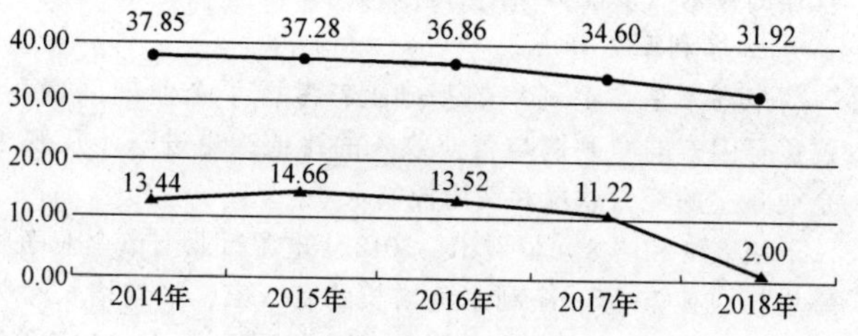

图8　2014—2018年毛利率、净利率

表8 2014—2018年电源上市企业毛利率（%）

公司名称	2014年	2015年	2016年	2017年	2018年
动力源	33.79	32.31	32.87	31.98	30.82
科陆电子	30.99	32.29	31.86	29.89	26.44
奥特迅	41.39	33.63	33.21	40.88	31.79
科华恒盛	32.2	34.58	36.9	33.72	29.96
英威腾	42.59	42.69	39.52	37.79	37.26
合康新能	36.21	39.03	35.57	22.43	27.87
中恒电气	46.01	41.84	44.45	32.97	33.2
汇川技术	50.23	48.47	48.12	45.12	41.81
科士达	30.43	33.99	36.81	32.84	29.74
阳光电源	25.22	23.7	24.59	27.26	24.86
茂硕电源	14.7	21.23	22.2	19.64	18.96
易事特	24.08	17.45	17.26	19.23	25.52
可立克	21.82	21.68	23.8	22.1	23.44
通合科技	50.62	50.26	40.35	35.44	36.2
蓝海华腾	48.52	46.59	44.75	39.85	37.45
英飞特	37.12	38.47	35.28	32.3	33.53
新雷能	43.95	47.89	47.69	45.23	42.71
麦格米特	25.46	29.01	33.77	31.33	29.49
鸣志电器	34.24	36.68	39.17	38.14	34.99
英搏尔	31.74	35.78	28.4	31.86	23.98
禾望电气	58.91	55.77	55.43	57.46	44.95
盛弘股份	67.72	51.74	51.34	49.99	46
英可瑞	54.61	46.52	43.58	40.57	37.5
伊戈尔	25.74	26.21	29.94	28.3	22.76
欣锐科技	37.85	44.29	44.56	38.68	26.74
平均	37.85	37.28	36.86	34.60	31.92

均毛利率高达31.92%，最高值盛弘股份46%，最低值茂硕电源也达到18.96%。数据宝与中国上市公司研究院联合发布的数据显示，2018年A股上市公司整体销售毛利率小幅度提升，销售毛利率水平为19.89%，接近近六年最高水平。横向对比，虽然电源上市企业的毛利率在逐年小幅下降，但总体来说远高于制造行业平均值，也说明企业具有较强的技术研发能力，产品附加值较高。

2. 净利率

净利率是在毛利率的基础上，考虑了企业期间费用、税负等因素的净利润与营业收入的比值，更进一步反映了企业真实的经营状况和费用控制水平。

由表9和图8可以看出，2018年电源行业上市企业净利率增长的有20家，净利率负增长的有5家，平均增长率为2%；且20家企业的净利率增长率同比下降。而这25家企业在前4年，除了茂硕电源2014年负增长以外，其他的企业都是净利润正增长，且每年净利率增长率都在11%以上。

据前瞻产业研究院发布的一份报告《2018年电源行业市场现状分析》显示，在电源整体成本中，电容占到材料成本的10%，2018年涨幅已经超过100%，这等于电源毛利直接减少10个百分点，所以材料成本压力比较大。激烈的市场竞争环境促使电源大厂也在不断调整价格，电源成品价格已经探底。目前，中小功率电源本身毛利率就不高，电源企业已基本无法自我消化材料涨价带来的成本压力。

虽然作为行业领军企业的电源上市企业，毛利润表现高于行业平均水平，但净利润空间也已经被严重压缩。

可以预见，随着行业上游原材料涨价、以及人工成本增加等，电源行业竞争越发激烈，电源企业保持高额利润空间以及良好业绩依然面临着诸多挑战。

3. 加权净资产收益率

加权净资产收益率是指报告期内净利润与平均净资产的比率，强调经营期间净资产赚取利润的结果，是一个动态的指标，反映的是企业的净资产创造利润的能力。一般来说，企业净资产收益率越高，企业自有资本获取收益的能力越强，运营效果越好，对企业投资人、债务人的保证程度越高。

加权净资产收益率高于同期银行利率是上市公司经营的合格线。由表10和图9可以看出，电源上市企业2014—2017年加权净资产收益率的平均值分别为22.47、23.55、16.67、11.53，远高于同期银行利率，也高于当年A股整体净资产收益率。但2018年大幅下跌到2.27%，与同期银行利率基本持平。如果剔除两个对平均值影响较大的负值，其余23家企业的加权平均净资产收益率为5.29%。而根据Wind资讯统计，3602家A股上市公司2018年加权净资产收益率9.75%（剔除金融业后，为8.26%）。可见，2018年，电源上市企业的加权净资产收益率低于上市企业总体表现。

表9 2014—2018年电源上市企业净利率（%）

公司名称	2014年	2015年	2016年	2017年	2018年
动力源	4.9	4.49	2.14	1.7	-30.57
科陆电子	6.6	8.93	8.76	9.04	-32.09
奥特迅	17.72	2.55	2.5	4.08	2.94
科华恒盛	9.24	9.44	10.18	18.26	2.65
英威腾	15.12	13.89	4.91	10	7.98
合康新能	7.66	8.62	15.69	4.08	-23.27
中恒电气	20.92	17.44	18.2	6.8	7.22
汇川技术	30.77	30.1	26.78	22.84	20.58
科士达	10.91	15.1	17.15	13.61	8.53
阳光电源	9.25	9.33	9.1	11.41	7.88
茂硕电源	-7.88	3.34	1.07	1.51	-20.42
易事特	8.78	7.57	8.97	9.75	12.46
可立克	7.88	7.69	7.09	6.21	7.77
通合科技	24.83	23.04	18.43	4.94	-8.74
蓝海华腾	24.76	22.9	22.91	22.15	6.1
英飞特	14.64	17.68	10.23	3.28	7.28
新雷能	9.02	11.18	12.65	10.28	7.84
麦格米特	6.36	8.01	13.07	10.44	10.76
鸣志电器	8.32	8.36	10.64	10.2	8.8
英搏尔	15.18	21.66	16.04	15.72	8.11
禾望电气	33.62	34.94	32.45	26.49	8.89
盛弘股份	19.94	14.04	14.3	10.2	9.13
英可瑞	22.37	23.68	25.13	22.14	5.04
伊戈尔	3.35	15.89	8.09	6.78	3.66
欣锐科技	11.63	26.59	21.58	18.65	11.5
平均	13.44	14.66	13.52	11.22	2.00

表10 2014—2018年电源上市企业加权净资产收益率（%）

公司名称	2014年	2015年	2016年	2017年	2018年
动力源	6.25	6.47	3.3	1.8	-22.46
科陆电子	9.05	9.82	11.01	10.96	-29.63
奥特迅	11.6	1.26	1.16	1.85	1.28
科华恒盛	11.82	12.16	7.02	13.1	2.22
英威腾	11.83	9.92	3.94	12.94	12.66

（续）

公司名称	2014 年	2015 年	2016 年	2017 年	2018 年
合康新能	2.9	3.37	7.47	2.74	-10.04
中恒电气	14.05	13.54	9.96	2.74	3.38
汇川技术	20.55	21.91	21.49	20.98	19.99
科士达	10.32	14.28	16.07	17.72	9.89
阳光电源	13.04	16.35	12.6	15.47	11.05
茂硕电源	-7.5	1.95	-0.21	1.51	-35.4
易事特	17.38	23.11	20.31	17.86	12.23
可立克	14.06	12.37	7.41	6.99	10.39
通合科技	21.96	21.14	10.26	2.62	-3.41
蓝海华腾	30.48	31.97	32.02	19.57	3.47
英飞特	25.61	27.69	16.06	2.73	7.37
新雷能	12.63	11.26	13.02	6.75	6.28
麦格米特	7.47	10.25	17.27	10.06	13.92
鸣志电器	18.16	16.52	22.46	12.93	9.45
英搏尔	128.97	90.96	27.91	27.17	8.26
禾望电气	31.95	33.42	20.41	12.74	2.26
盛弘股份	38.45	32.95	29.5	12.61	8.17
英可瑞	28.71	53.38	50.68	24.21	1.68
伊戈尔	7.29	38.77	16.52	16.27	4.7
欣锐科技	74.7	74	39.17	13.98	9.01
平均	22.47	23.55	16.67	11.53	2.27

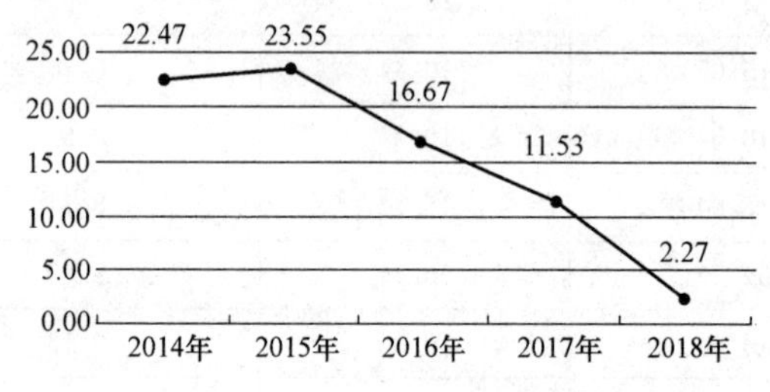

图 9 2014—2018 年加权净资产收益率（%）

4. 每股收益

每股收益，是衡量上市公司盈利能力最重要的财务指标。它反映普通股的获利水平。该指数越高，表明企业所创造的利润越多。一般绩优股的每股收益稳定在 0.3 元以上。

由表 11 和图 10 可以看出，2015—2018 年 25 家电源上市企业平均每股收益为 0.72 元、0.66 元、0.54 元，均处于比较“值钱”的行列。但 2018 年下跌到 0.19 元。数据显示，2018 年，沪深两市 3622 家上市公司平均实现每股收益 0.52 元。2018 年电源上市企业在这一指标上低于上市企业总体表现。

表 11 2015—2018 年电源上市企业每股收益（单位：元）

公司名称	2015 年	2016 年	2017 年	2018 年
动力源	0.117	0.062	0.04	-0.499
科陆电子	0.4383	0.2293	0.2898	-0.8663
奥特迅	0.0438	0.0413	0.0673	0.0472
科华恒盛	0.66	0.67	1.55	0.27
英威腾	0.2081	0.0933	0.2992	0.2972
合康新能	0.15	0.23	0.06	-0.22
中恒电气	0.27	0.29	0.11	0.14
汇川技术	1.03	0.59	0.65	0.71
科士达	0.79	0.67	0.64	0.4

（续）

公司名称	2015年	2016年	2017年	2018年
阳光电源	0.65	0.41	0.71	0.56
茂硕电源	0.06	-0.01	0.05	-0.93
易事特	1.11	0.9	0.31	0.24
可立克	0.4475	0.1383	0.1348	0.1995
通合科技	0.71	0.51	0.07	-0.1
蓝海华腾	1.82	1.59	0.62	0.12
英飞特	0.94	0.68	0.13	0.36
新雷能	0.39	0.51	0.31	0.31
麦格米特	0.4247	0.8232	0.6873	0.7236
鸣志电器	0.4084	0.6534	0.579	0.4345
英搏尔	1.69	1.15	1.31	0.7
禾望电气	0.92	0.73	0.6	0.13
盛弘股份	0.73	0.93	0.61	0.35
英可瑞	1.43	2.3	1.9	0.13
伊戈尔	1.42	0.72	0.79	0.32
欣锐科技	1.19	1.55	1.07	0.8
平均	0.72	0.66	0.54	0.19

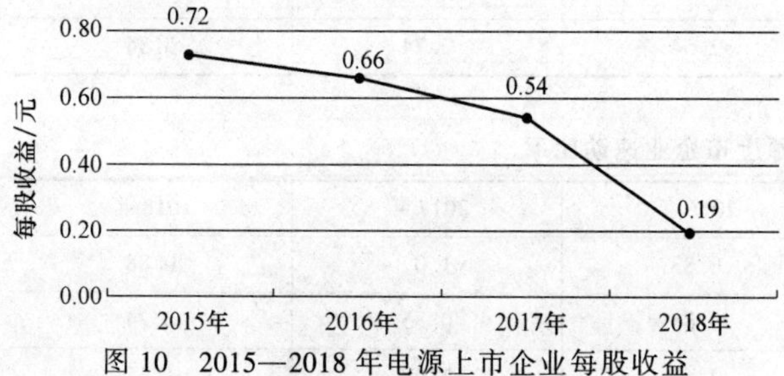

图10 2015—2018年电源上市企业每股收益

(三) 偿债能力分析

对于负债偿债能力分析，本报告从流动比率、速动比率以及资产负债率三个指标进行。

1. 流动比率

流动比率是企业流动资产对流动负债的比率，用来衡量企业流动资产在短期债务到期以前，可以变为现金用于偿还负债的能力。一般说来，比率越高，说明企业资产的变现能力越强，短期偿债能力也越强；反之则弱。一般认为流动比率应在2以上比较安全。

由表12和图11可以看出，2018年电源上市企业的流动比率均值是2.34，处在相对安全的区间。

2. 速动比率

速动比率指速动资产对流动负债的比率。它是衡量企业流动资产中可以立即变现用于偿还流动负债的能力，一般认为不应该低于1。由表13和图11可以看出，2018年电源上市企业的速动比率均值是1.90，结合流动比率，可以看出电源上市企业的短期偿债能力较强，财务安排相对谨慎。

3. 资产负债率

资产负债率是期末负债总额与资产总额的比率。资产负债率反映在总资产中有多大比例是通过借债来筹资的，也可以衡量企业在清算时保护债权人利益的程度。

如果资产负债率过高，表明企业财务风险较大。过低则意味着没有充分利用资金杠杆。

表12 2014—2018年电源上市企业流动比率

公司名称	2014年	2015年	2016年	2017年	2018年
动力源	1.27	1.19	1.02	1.3	1.15
科陆电子	0.96	0.84	1.05	1.04	0.9
奥特迅	3.83	3.65	3.97	2.96	2.7
科华恒盛	1.78	1.31	2.42	1.41	1.27
英威腾	5.24	4.52	2.81	1.79	1.7
合康新能	3.61	2.62	2.01	1.59	1.65
中恒电气	5.01	2.86	7.48	7.27	6.56

（续）

公司名称	2014年	2015年	2016年	2017年	2018年
汇川技术	4.09	2.97	2.24	2.24	2.19
科士达	2.96	2.68	3.22	2.22	2.67
阳光电源	1.81	1.45	1.77	1.67	1.56
茂硕电源	1.57	1.25	1.04	1.03	0.94
易事特	1.76	1.1	1.41	1.07	1.08
可立克	1.7	3.68	3.37	2.62	2.79
通合科技	3.75	4.48	2.88	2.68	3.95
蓝海华腾	4.15	2.95	2.42	2.38	2.52
英飞特	1.32	0.64	1.49	0.99	1
新雷能	2.67	3.36	3.19	5.16	2.55
麦格米特	1.77	1.66	1.7	2.15	1.77
鸣志电器	1.98	1.62	1.89	3.66	3.37
英搏尔	1.1	1.67	2.11	3.73	1.86
禾望电气	2.96	3.4	4.53	6.92	3.34
盛弘股份	2.47	1.88	2.17	3.62	2.98
英可瑞	2.91	1.84	3.04	4.32	3.63
伊戈尔	0.86	1.5	1.29	2.15	1.92
欣锐科技	1.33	1.8	3.02	2.53	2.49
平均	2.51	2.28	2.54	2.74	2.34

表13 2014—2018年电源上市企业速动比率

公司名称	2014年	2015年	2016年	2017年	2018年
动力源	1	0.93	0.83	1.07	0.88
科陆电子	0.79	0.7	0.85	0.85	0.74
奥特迅	2.87	2.57	2.6	1.99	1.67
科华恒盛	1.51	1.1	2.2	1.27	1.08
英威腾	4.57	3.83	2.19	1.39	1.26
合康新能	2.52	1.96	1.49	1.17	1.21
中恒电气	3.61	2.19	6.34	6.32	5.54
汇川技术	3.64	2.6	1.97	1.91	1.83
科士达	2.48	2.28	2.73	1.9	2.3
阳光电源	1.48	1.11	1.52	1.37	1.3
茂硕电源	1.38	1.05	0.86	0.85	0.82
易事特	1.5	0.94	1.31	0.95	1.02
可立克	1.3	3.18	2.92	2.24	2.32
通合科技	3.19	4.03	2.64	2.4	3.46
蓝海华腾	3.41	2.36	2.04	2.04	2.06
英飞特	1.02	0.46	1.34	0.7	0.73
新雷能	1.76	2.27	2.24	3.76	1.73
麦格米特	1.19	1.04	1.14	1.56	1.2
鸣志电器	1.47	1.19	1.41	3.13	2.72

（续）

公司名称	2014 年	2015 年	2016 年	2017 年	2018 年
英搏尔	0.52	1.05	1.29	2.94	1.47
禾望电气	2.17	2.77	3.9	6.41	2.83
盛弘股份	2.09	1.55	1.71	3.14	2.56
英可瑞	2.12	1.32	2.47	3.92	3.18
伊戈尔	0.61	1.17	0.87	1.75	1.52
欣锐科技	0.85	1.41	2.58	1.99	2.02
平均	1.96	1.80	2.06	2.28	1.90

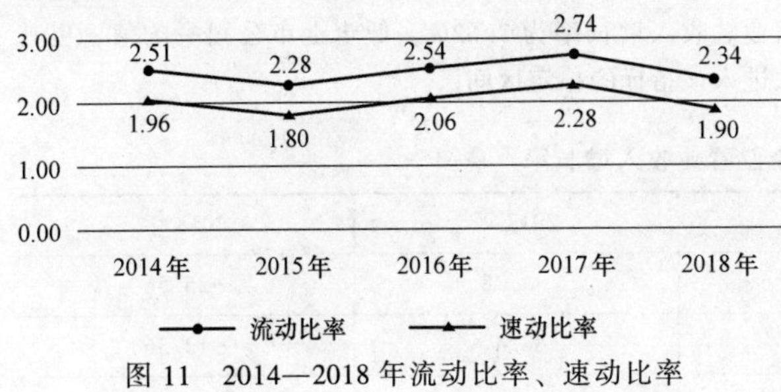

图 11 2014—2018 年流动比率、速动比率

一般认为，资产负债率在 40%～60%之间比较适宜。Wind 数据统计，2018 年，A 股上市公司剔除掉银行与非银金融板块后，全行业资产负债率为 60.66%，与 2017 年末的 59.91%相比微幅上升。

而由表 14 和图 12 可以看出，2018 年电源上市企业的平均资产负债率是 39.97%，反映出电源上市企业融资较少，财务杠杆比率较低，资金管理比较保守。

（四）发展潜力

对电源上市企业发展潜力的分析，从营业收入增长率、净利润增长率两个指标进行分析。

表 14 2014—2018 年电源上市企业资产负债率（%）

公司名称	2014 年	2015 年	2016 年	2017 年	2018 年
动力源	58.11	64.86	67.92	52.02	58.32
科陆电子	68.42	76.38	77.15	67.88	72.76
奥特迅	21.07	22.93	20.5	24.53	27.73
科华恒盛	41.55	51.98	35.66	40.83	52.98
英威腾	15.28	17.13	27.92	39.22	41.02
合康新能	19.78	25.74	45.97	43.56	43.59
中恒电气	20.29	24.33	9.74	11.27	12.44
汇川技术	21.95	27.86	37.52	36.71	36.74
科士达	27.33	30.04	29.24	40.54	31.53
阳光电源	51.5	58.19	48.84	56.78	57.85
茂硕电源	38.47	46.34	54.4	55.93	67.35
易事特	56.8	69.51	59.51	59.11	58.33
可立克	33.46	19.4	21.02	27.42	23.81
通合科技	27.9	24.84	26.71	28.41	19.82
蓝海华腾	23.42	31.52	39.11	36.99	33.44
英飞特	42.02	54.41	46.52	37.14	38.7
新雷能	32.42	26.8	36.82	26.52	44.95
麦格米特	40.91	45.63	47.06	38.05	47.07
鸣志电器	37.6	39.68	36.2	22.08	25.03
英搏尔	83.69	51.74	42.91	29.05	46.96
禾望电气	33.88	29.67	23.01	15.31	32.9
盛弘股份	41.81	51	45.38	27.06	31.31
英可瑞	28.72	50.48	30.65	21.78	23.36
伊戈尔	61.07	44.35	46.98	35.07	33.17
欣锐科技	79.79	55.8	32.44	37.63	38.08
平均	40.29	41.62	39.57	36.44	39.97

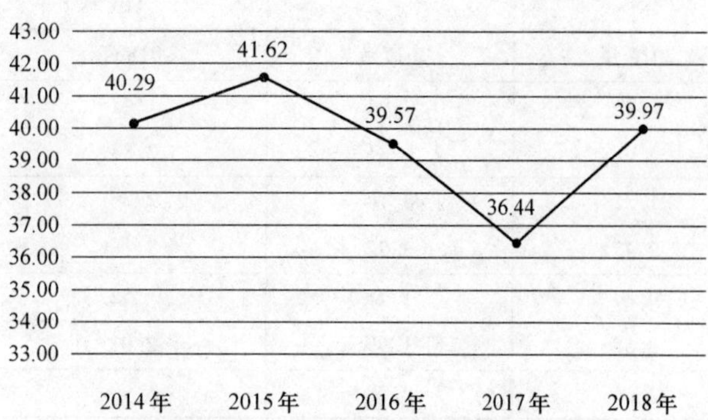

图 12　2014—2018 年电源上市企业资产负债率（%）

1. 营业收入增长率

营业收入增长率可以用来衡量公司的产品生命周期，判断公司发展所处的阶段。一般来说，如果营业收入增长率超过 10%，说明公司产品处于成长期，将继续保持较好的增长势头，尚未面临产品更新的风险，属于成长型公司。如果主营业务收入增长率在 5%～10%之间，说明公司产品已进入稳定期，可能不久进入衰退期，需要着手开发新产品。如果该比率低于 5%，说明公司产品已进入衰退期，保持市场份额已经很困难，一般认为，当主营业务收入增长率低于-30%时，说明公司主营业务大幅滑坡，预警信号产生。

据 Wind 数据统计，A 股上市公司 2018 年实现营业收入 43.89 万亿元，同比 2017 年增长 12.37%。

由表 15 和图 13 可以看出，2018 年 25 家电源上市企业营业总收入增长率为 7.62%，低于上市公司平均值，也首次进入该指标的稳定区间。

表 15　2015—2018 年电源上市企业营业收入增长率（%）

公司名称	2015 年	2016 年	2017 年	2018 年
动力源	18.96	14.36	-4.38	-25.56
科陆电子	15.7	39.82	38.4	-13.36
奥特迅	-24.94	5	1.54	-3.82
科华恒盛	12.39	6.01	36.29	42.63
英威腾	2.41	22.21	60.3	4.98
合康新能	20.99	75.52	-4.69	-10.71
中恒电气	40.09	5.86	-2.81	13.62
汇川技术	23.54	32.11	30.53	22.96
科士达	9.99	14.67	55.94	-0.55
阳光电源	49.21	31.39	48.01	16.69
茂硕电源	46.79	40.21	27.77	-19.02
易事特	87.01	42.44	39.51	-36.43
可立克	0.17	11.65	11.26	18.33
通合科技	23.65	20.04	-2.59	-25.31
蓝海华腾	51.34	118.79	-14.58	-30.6
英飞特	16.9	24.08	16.79	26.47
新雷能	3.62	15.44	-0.69	37.65
麦格米特	28.12	41.98	29.48	60.17
鸣志电器	4.53	25.7	10.43	16.31
英搏尔	125.52	-4.34	31.56	22.09
禾望电气	30.78	-15.12	8.71	34.53
盛弘股份	95.54	45.82	1.03	17.72
英可瑞	173.68	51.97	-2.13	-19.27
伊戈尔	-0.94	10.29	30.47	-5.27
欣锐科技	229.67	69.35	-16.17	46.14
平均	43.39	29.81	17.2	7.62

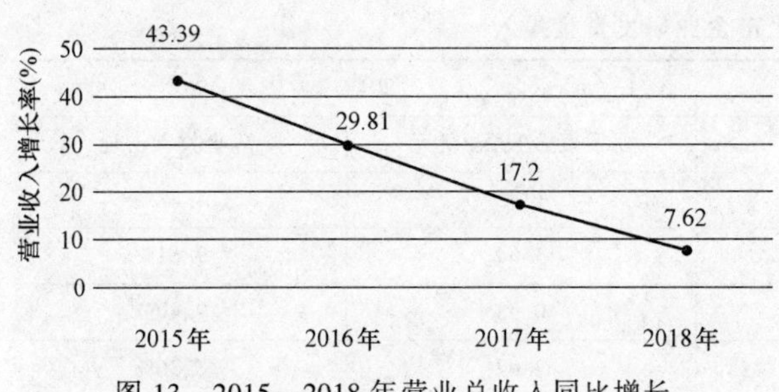

图 13　2015—2018 年营业总收入同比增长

2. 净利润增长率

净增长率越高，说明企业获利能力越强，企业发展所需的自有资金积累越充分，发展基础越牢固，反之，说明企业获利能力越弱，发展基础越弱。

由表 16 可以看出，2018 年 25 家电源上市企业中有 17 家净利润负增长，平均下滑 193.76%。其中动力源和茂硕电源分别大幅下滑 1501.62%和 2057.6%。如果剔除这两家企业，平均净利润下滑 55.86%。

Wind 数据统计，上市公司 2018 年净利润合计 3.27 万亿元，同比下滑 1.5%，增速创近年来新低。且不同板块利润增长情况差异明显，2018 年沪市主板净利润同比增长 5%，而中小板和创业板由于受到商誉减值的巨大冲击，净利润分别同比下滑 33%和 79%。

三、企业研发情况

电源行业已逐步发展为技术驱动型行业，对于各电源企业来说，想要在激烈的行业竞争中生存，掌握相应的核心技术才是最根本的手段，所以从研发的资金和人员投入等也能在一定程度上看出企业的竞争力以及发展潜力。各企业年报中的情况分析如下。

首先，从研发资金投入占营业收入的比例看。按照国家高新技术企业认定标准中对于研发费用的规定，对于最近一年销售收入在 2 亿元以上的企业，研发投入比例需要达到 3%以上。2018 年 25 家电源上市企业中全部高于这个比例平均占比高达 9%，2017 年也只有一家低于 3%（见表 17）。可见大多数企业对于研发方面非常看重的。

其次，从研发人员数量和占比看。年报反映出电源上市企业普遍研发人员占比较高。2017 年和 2018 年 25 家电源企业研发人数占比平均值分别为 25.8%和 26.25%，占比在 10%以上的有 23 家，行业前 10 名占比都在 30%以上（见表 18）。

表 16　2015—2018 年电源上市净利润入增长率（%）

公司名称	2015 年	2016 年	2017 年	2018 年
动力源	9.23	-45.57	-26.4	-1501.62
科陆电子	56.09	38.53	68.75	-411.19
奥特迅	-88.29	-4.67	62.8	-28.91
科华恒盛	14.94	17.57	148.42	-82.46
英威腾	-8.05	-54.28	231.81	-0.74
合康新能	18.79	244.64	-62.22	-450.72
中恒电气	14.14	10.32	-59.71	20.15
汇川技术	21.46	15.14	13.76	10.08
科士达	53	26.75	25.55	-38.05
阳光电源	50.17	30.14	85	-20.95
茂硕电源	—	-111.14	—	-2057.6
易事特	60.82	69	51.4	-20.93
可立克	-2.33	2.99	-2.5	48.03
通合科技	14.73	-3.98	-73.88	-232.17
蓝海华腾	39.95	118.88	-17.39	-80.88
英飞特	41.58	-28.17	-62.59	180.9
新雷能	28.41	30.59	-19.26	0.54
麦格米特	50.13	93.85	6.73	72.66
鸣志电器	5.51	59.97	5.85	0.53
英搏尔	221.82	-29.16	28.94	-37.04
禾望电气	35.92	-21.17	-11.24	-76.91
盛弘股份	37.69	48.5	-27.95	5.36
英可瑞	189.72	61.26	-13.78	-85.74
伊戈尔	385.55	-43.46	8.55	-46.52
欣锐科技	654.03	37.44	-27.56	-9.88
平均	—	22.56	—	193.76

表 17 2017—2018 年电源上市企业研发资金投入

企业名称	2017 年		2018 年	
	研发资金投入/亿元	营业收入占比	研发资金投入/亿元	营业收入占比
动力源	1.14	9.35%	1.32	14.48%
科陆电子	3.02	6.89%	3.64	9.61%
奥特迅	0.43	11.69%	0.33	9.40%
科华恒盛	2.11	9%	2.87	8.36%
英威腾	2.37	11.18%	2.59	11.62%
合康新能	1.36	10.06%	1.04	8.66%
中恒电气	0.97	11.21%	0.99	10.06%
汇川技术	5.92	12.40%	7.12	12.12%
科士达	1.28	4.68%	0.41	5.18%
阳光电源	3.52	3.96%	4.82	4.65%
茂硕电源	0.62	3.77%	0.58	4.37%
易事特	2.21	3.03%	1.97	4.23%
可立克	0.28	2.98%	0.36	3.28%
通合科技	0.31	14.09%	0.25	15.23%
蓝海华腾	0.50	8.61%	0.42	10.36%
英飞特	0.72	9.38%	0.65	6.69%
新雷能	0.69	20.06%	0.82	17.29%
麦格米特	1.77	11.81%	2.52	10.52%
鸣志电器	0.76	9.71%	0.94	4.96%
英搏尔	0.34	6.42%	0.46	7.03%
禾望电气	1.07	12.17%	1.20	10.20%
盛弘股份	0.43	9.48%	0.48	9.09%
英可瑞	0.25	6.66%	0.38	12.22%
伊戈尔	0.49	4.28%	0.54	4.94%
欣锐科技	0.60	12.28%	0.66	9.26%
平均	1.33	9%	1.49	9%

表 18 2017—2018 年电源上市企业研发人数

企业名称	2017 年			2018 年		
	研发人数	研发人数占比	总人数	研发人数	研发人数占比	总人数
动力源	401	14.14%	2835	471	17.61%	2675
科陆电子	1972	39.62%	4977	1,564	34.96%	3975
奥特迅	276	40.06%	689	221	35.99%	614
科华恒盛	948	25.00%	3792	1,027	25.43%	4038
英威腾	1239	42.01%	2949	1,357	42.00%	3426
合康新能	602	24.46%	2461	423	23.42%	1806
中恒电气	569	29.22%	1947	542	30.40%	1783
汇川技术	1697	25.63%	6619	2006	25.82%	7769
科士达	395	14.16%	2789	410	15.06%	2723

（续）

企业名称	2017 年			2018 年		
	研发人数	研发人数占比	总人数	研发人数	研发人数占比	总人数
阳光电源	983	36.94%	2661	1367	39.96%	3421
茂硕电源	273	10.41%	2622	175	10.07%	1738
易事特	705	43.54%	1619	618	41.37%	1626
可立克	107	3.04%	3520	169	5.04%	3355
通合科技	117	28.46%	411	112	29.17%	384
蓝海华腾	212	42.48%	499	206	44.98%	458
英飞特	215	17.92%	1200	214	20.54%	1042
新雷能	370	35.54%	1041	512	34.66%	1477
麦格米特	661	28.04%	2357	715	26.66%	2682
鸣志电器	253	10.01%	2527	270	9.00%	3000
英搏尔	110	14.29%	770	149	15.47%	963
禾望电气	229	32.25%	710	287	34.25%	838
盛弘股份	195	0.3213	607	205	30.01%	683
英可瑞	62	22.22%	279	132	27.67%	477
伊戈尔	243	7.87%	3089	285	11.58%	2461
欣锐科技	274	25.58%	1071	315	25.24%	1208
平均	524.32	25.80%	2161	550.08	26.25%	2185

四、小结

在市场经济条件下，上市公司公开披露的年报传递了其财务状况、经营成果和现金流量等信息，是评估企业价值的重要来源，也是检验上市公司盈利与成长性的最好工具。本报告了整理 2018 年度 25 家重点电源上市企业年报，并对比了最近几年的财务数据和关键指标。

总体来看，电源上市企业是电源行业中的领军企业，规模较大，财务安排相对稳健。最近几年，以上市企业为代表的电源行业都非常重视研发，经历了高毛利率、高净利率的时期，营运能力、获利能力也快速增长。但是 2018 年受整体经济形势以及政策趋紧影响，企业的生存环境愈发艰难，各项财务指标总体表现不尽理想。电源企业要在复杂的经济环境以及日益激烈的市场竞争中求生存、谋发展，需要了解和关注各项财务指标背后的原因和意义，采取有效措施促进企业的发展。

也要注意到，虽然同是电源上市企业，但所属行业细分领域不同，各家企业的业绩表现、财务状况也有很大差异，要对每家企业做出准确的判断，还必须结合实际情况，深入企业内部，对其商业模式、战略管理，以及公司治理等进行更深入的分析。

附录　电源上市企业证券简称与企业全称对照

证券简称	企业全称
动力源	北京动力源科技股份有限公司
鸣志电器	上海鸣志电器股份有限公司
禾望电气	深圳市禾望电气股份有限公司
科陆电子	深圳市科陆电子科技股份有限公司
奥特迅	深圳奥特迅电力设备股份有限公司
英威腾	深圳市英威腾电气股份有限公司
科华恒盛	科华恒盛股份有限公司
中恒电气	杭州中恒电气股份有限公司
科士达	深圳科士达科技股份有限公司
茂硕电源	茂硕电源科技股份有限公司
可立克	深圳可立克科技股份有限公司
麦格米特	深圳麦格米特电气股份有限公司
伊戈尔	伊戈尔电气股份有限公司
合康新能	北京合康新能科技股份有限公司
汇川技术	深圳市汇川技术股份有限公司
阳光电源	阳光电源股份有限公司
易事特	易事特集团股份有限公司
通合科技	石家庄通合电子科技股份有限公司
蓝海华腾	深圳市蓝海华腾技术股份有限公司
英飞特	英飞特电子(杭州)股份有限公司
新雷能	北京新雷能科技股份有限公司
英搏尔	珠海英搏尔电气股份有限公司
盛弘股份	深圳市盛弘电气股份有限公司
英可瑞	深圳市英可瑞科技股份有限公司
欣锐科技	深圳欣锐科技股份有限公司

2018—2019 年中国 UPS 市场研究年度报告

赛迪顾问股份有限公司

一、市场综述

随着数字经济的快速发展，新一代信息技术与传统行业融合更加紧密，高频化、绿色化成为推动全球 UPS 发展的主要推动力。作为 IT 设备的供电保障系统，2018 年全球 UPS 市场规模增速进一步提高，规模达到 68.9 亿美元。受超大型数据中心影响，亚太、欧洲等地 UPS 市场规模增长较快，亚太（除日本）市场仍是全球 UPS 的亮点，2018 年增长速度为 5.6%，其中中国市场速度达到 10.3%。由于快速部署、弹性扩展等优势，模块化 UPS 成为国内外主流厂商重点发展的产品，无论是全球市场还是中国市场，模块化 UPS 市场占比都以较快的速度进一步增加。超大规模数据中心与边缘数据中心协同发展、锂电池助力 UPS 拓展储能应用领域等将推动 UPS 朝智能化、集成化方向发展并助力 UPS 与电网产生更多交互作用。

（一）市场规模与结构

1. 全球 UPS 市场稳步增长

随着云计算、物联网、人工智能、大数据等新兴技术与传统产业的融合越发紧密，全球数据中心 IT 应用投资呈现稳定增长态势。UPS 作为 IT 设备供电保障系统，全球销售额也在稳步上升。2018 年全球 UPS 市场规模达到 68.9 亿美元，增速 2.9%，如图 1 所示。

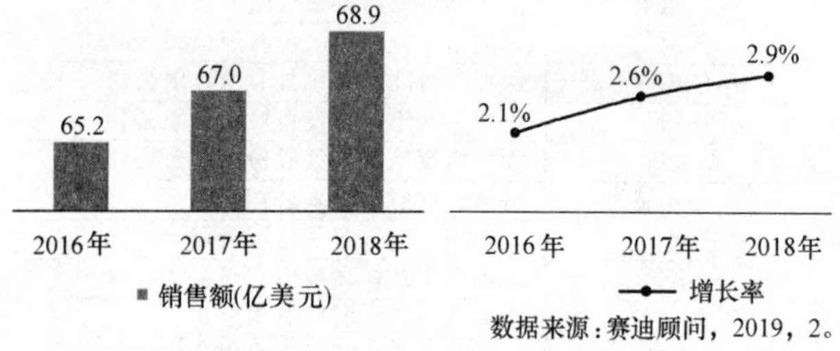

数据来源：赛迪顾问，2019，2。

图 1　2016—2018 年全球 UPS 系统市场规模与增长

2. 2018 年中国 UPS 市场增速放缓

随着新一代信息技术的快速发展，互联网、大数据、人工智能与制造业融合持续深化，UPS 成为推动我国建设制造强国、加速工业强基工程的重要动力。云计算技术的成熟和云服务价格的下降也使企业上云比例和应用深度显著提高，私有云、公有云在政府、教育、医疗等行业的应用逐渐成熟等都成为推动中国 UPS 增长的主要驱动力。但由于数据中心造成能源、资源大量消耗，政府、企业不再盲目增设数据中心，这也在一定程度上放缓了 2018 年中国 UPS 市场增速。2018 年中国 UPS 整体市场规模达到 68.1 亿元，增速略有减少，同比增长 10.3%，如图 2 所示。

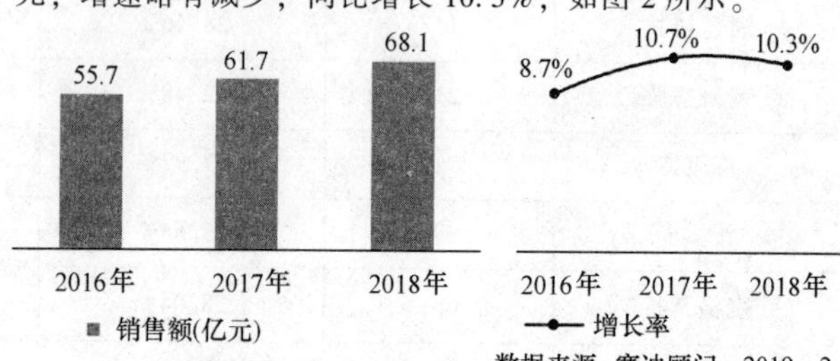

数据来源：赛迪顾问，2019，2。

图 2　2016—2018 年中国 UPS 市场规模及增长

3. 大功率和模块化趋势仍然继续

从功率段结构看，2018 年中国 UPS 市场细分领域仍然向大功率迁移，100kVA 以上的产品占比进一步扩大，超过整体市场的 44.0%。200kVA 以上的产品保持 12% 的增速，稳居整体市场第一大产品，占整体市场比例达到 33.7%。20~60kVA 的细分市场比例达到 14.1%，在整体市场份额排名第三，如图 3 所示。

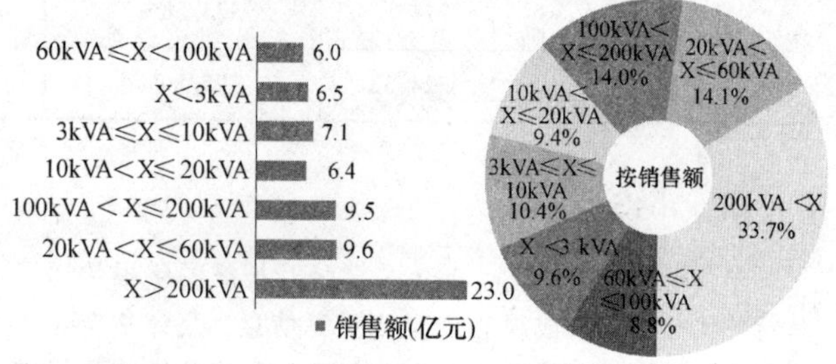

数据来源：赛迪顾问，2019，2。

图 3　2018 年中国 UPS 市场产品结构（按具体功率段）

赛迪顾问将中国 UPS 市场细分为中小功率市场和大功率市场。中小功率市场是指容量在 20kVA 以下的 UPS 产品，其中容量在 10kVA 以下的产品为小功率机，而容量在 10~20kVA 的产品为中功率机；而大功率市场是指容量在 20kVA 以上的 UPS 产品。

根据赛迪顾问统计（见图 4），2018 年中国中小功率

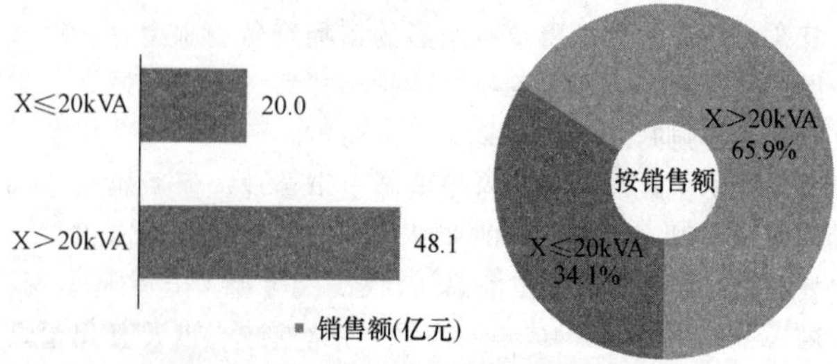

数据来源：赛迪顾问，2019，2。

图 4　2018 年中国 UPS 市场产品结构（分为大功率和中小功率）

UPS 整体市场销售额为 20 亿元人民币，较 2017 年下降了 5.36%；2018 年中国大功率 UPS 整体市场销售额为 48.1 亿元人民币，与 2017 年相比获得快速增长，同比增长 18.6%。

从系统架构来看（见图 5），2018 年模块化 UPS 保持快速增长，占比进一步增加，规模为 22 亿元，与 2017 年相比增长 24.9%，份额达到整体 UPS 市场的 32.3%。

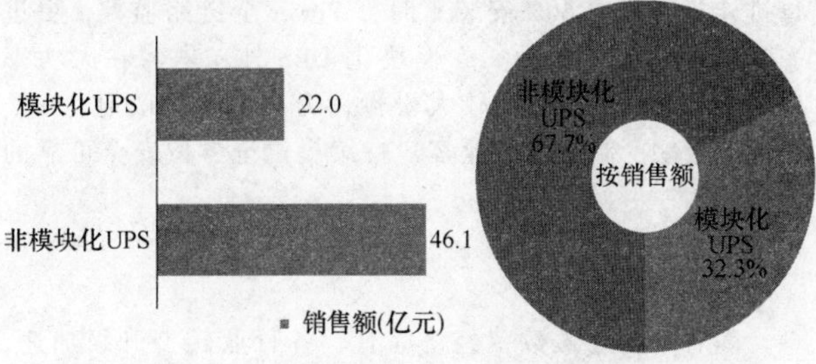

数据来源：赛迪顾问，2019，2。

图 5 2018 年中国 UPS 市场产品结构（按系统架构）

4. 中南、华东和华北稳居 UPS 区域市场三甲

赛迪顾问调研数据显示（见图 6），2018 年中南、华东、华北依然为中国 UPS 市场的主要区域，共占 77% 的市场份额，这和数据中心的投资区域相一致。其中中南地区增长较快，成为最大市场，占整体市场的 29.3%。华东其次，占整体市场的 28.3%；华北占比为 27.8%。随着一线城市对数据中心 PUE（电能使用效率）限制愈严，北上广深周边成为数据中心的次佳选择，这些地区不仅靠近市场、避免 PUE 的严格限制，又往往伴随更低的土地、人力成本，相应的 UPS 市场也随之发生区域转移，阿里巴巴浙江云计算数据中心、武汉临空港数据中心等数据中心正是在此背景下建立起来的。

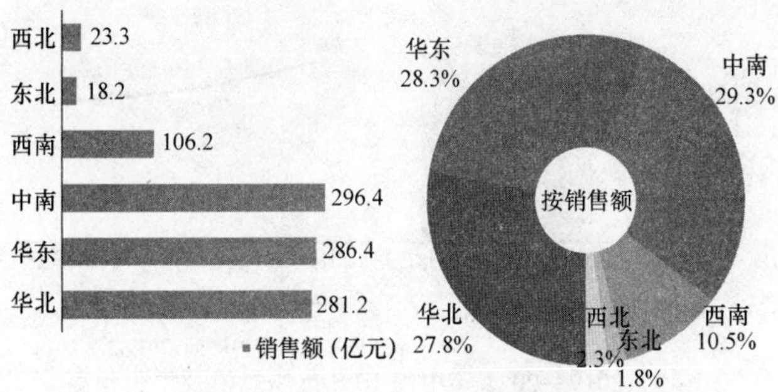

数据来源：赛迪顾问，2019，2。

图 6 2018 年中国 UPS 市场区域结构

5. 电信、互联网是 UPS 主要应用且增速较快的应用行业

电信运营、金融、互联网、政府、制造等行业是 2018 年 UPS 主要应用行业。赛迪顾问调研数据显示（见图 7），依靠天然的基础设施资源优势，电信运营商在 2018 年应用市场结构中仍然占比最高，规模达到 13.5 亿元，占整体市场的 19.8%。随着互联网企业建设大型甚至超大型数据中心的布局加速，互联网服务商在 2018 年应用市场结构中占比 14.9%，规模达到 10.1 亿元。由于自建数据中心规模减少及 UPS 租赁业务的增多，政府在 2018 年应用市场结构中占比下降，为 10.4%。包含银行、证券、保险等在内的金融行业市场占整体市场规模基本与去年持平，占比约为 14.0%。随着各地城市的发展以及轨道交通建设规模的扩张，交通行业是 2018 年成长较快的行业。

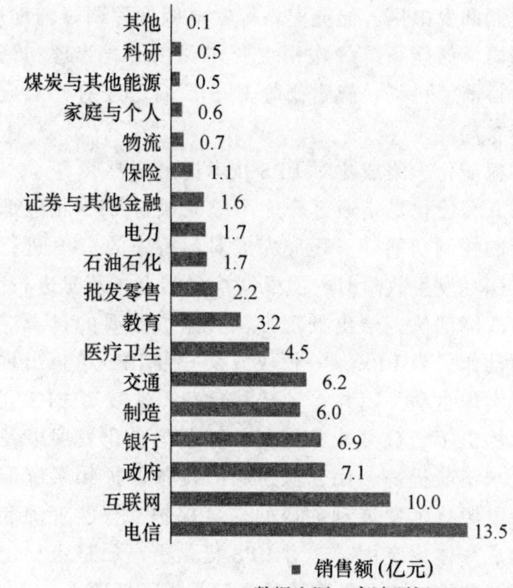

数据来源：赛迪顾问，2019，2。

图 7 2018 年中国 UPS 市场行业结构

6. 企业对 UPS 的需求增速最大

赛迪顾问调研数据显示（见图 8），2018 年，企业用户对 UPS 的需求比例仍然最大，达到 72.3%。随着云计算在政府领域的运用，政府将部分业务转移到政务云上，政府自建数据中心增速下降较快，2018 年，政府与公共事业占整体市场比例下滑，为 26.8%。家庭与个人占整体市场比例与 2017 年大致持平，为 0.9%。

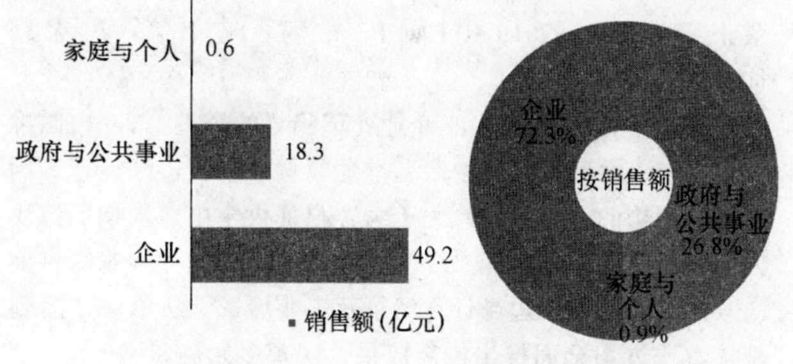

数据来源：赛迪顾问，2019，2。

图 8 2018 年中国 UPS 市场用户类型结构

（二）市场格局分析

1. 行业重大事件及影响分析

● 超大规模数据中心与边缘数据中心协同发展

数据中心目前出现两种并行但却完全相反的发展业态。一方面，许多企业将多个站点合并成一个或几个相对集中且规模较大的设施，企业对于海量数据的汇聚、离线计算等需求促使许多超大型数据中心的出现。另一方面，随着物联网、5G 的发展，实时决策、实时反馈、实时交互等显著优势使得市场上对边缘数据中心机房的需求激增。其中，作为超大规模数据中心和云计算的补充，边缘数据中心的发展已经进入白热化。边缘数据中心和超大规模数据中心的互联互通、互补协同已成为当前发展潮流。

● 锂电池助力 UPS 系统创新应用领域

诸如锂电池的新型电池替代品将为UPS系统的创新应用带来契机，UPS系统可与电池系统组成储能系统，与电力系统进行更好的交互作用，对工厂、企业、商场、家庭等用电侧和发电厂、储能电站等发电侧发挥调峰辅助服务。在短期内，储能系统的作用主要体现在负载管理和调峰功能上。目前，科华、施耐德等UPS厂商已经对储能应用领域进行布局。

• 智能化、集成化对UPS技术提出新要求

UPS智能化是指通过智能系统完成对UPS相应部分正常运行的控制功能外，还应完成对运行中的UPS进行实时监测，UPS发生故障时，能根据检测结果，及时进行分析，诊断出故障部位，给出处理方法并采取必要的自身应急保护控制动作。当UPS某一模块或某一台UPS单机出现问题时，可实现自动关闭并自动转移负载，这就对UPS冗余并机技术提出了较高要求。同时，随着信息化发展以及电源保护要求不断提高，UPS从初始的设备保护和系统保护的纯后备电源技术发展到如今的信息保护、智能管理和整体机房集成一体化应用，这对UPS提供更高质量更稳定的电源、实时监控、应急处理等技术都提出了新要求。

2. 主力厂商表现及评价

• Vertiv（维谛技术）：致力于做数字化转型的动力提供者

凭借行业变革解决方案的历史和良好的创新声誉，Vertiv继续提高电源、冷却、访问和控制、监控和可管理性方面的标准，持续在数据中心领域业务、产品研发、渠道发展以及客户满意度方面加大投入。凭借在数据中心、IT、工业等市场上的出色表现，Vertiv在2018年中国UPS市场占有16.49%的市场份额，并在2019年中国IT市场年会上荣获了“2018—2019中国UPS市场占有率第一”荣誉称号。

在数字化转型成为IT企业变革趋势的今天，Vertiv瞄准客户需求，面对云数据中心、本地数据中心、边缘计算等网络基础架构的不同痛点致力于为客户提供全生命周期的解决方案和服务，助力企业数字化转型升级。未来，Vertiv将面向数据中心场景、边缘计算场景及工业场景，从单一产品到整体解决方案全面推出创新成果，实现多元创新。

• 科华恒盛：加速转型升级，推动传统业务迈向新高度

从单纯的产品供应商转型升级为系统解决方案提供商，2018年科华恒盛开始参与更多的超级工程建设，如助力港珠澳大桥超级工程、为中国海油海上钻井平台关键设备提供海工类电源保障系统、推动世界首条类6代大规模柔性显示屏生产线顺利投产。在轨道交通、石油化工领域，科华恒盛通过技术创新、整合资源，聚焦于开发按需定制包含电源保障及综合监控在内的解决方案及服务。在推动传统业务转型升级方面，2018年科华恒盛在推进智慧电能、云基础服务、新能源三大业务有机融合方面取得重大进步，新业务模式全面发力，深入行业需求，在数据中心、交通、工业、新能源、金融等领域多点突破。

• 华为：模块化、大功率UPS领域持续发力，在运营商、政府等领域多点突破

在模块化UPS需求总量逐年增加、UPS整体市场占比持续提升的背景下，华为模块化UPS产品，特别是华为高频模块化UPS，以在线式双变换和部件模块化冗余设计、DSP全数字化控制、可靠性高、功率密度高等特点表现突出，位列2018年中国模块化UPS市场占有率第一。在2018年的HUAWEI CONNECT大会上，华为发布了FusionPower1.2MW融合供配电解决方案，为中大型数据中心提供可靠供电。FusionPower供配电融合设计节约40%占地，顶部母排连接，节省60%安装工时，iPower全链路监控，更进一步提升系统可靠性。除模块化UPS外，华为在大功率UPS（>200kVA）占据较大份额，为运营商，政府、ISP、交通、金融、制造等行业客户持续提供全方位安全可靠的动力保障。

二、未来展望

随着中国进入数字经济时代，各行业转型升级加速，企业对IT基础设备投资增长将成为未来几年UPS发展的主要驱动力。同时，边缘计算的白热化发展以及数据中心的绿色化、规范化运行等也将推动UPS向集成化、智能化、绿色化方向升级。预计到2021年，中国UPS市场规模将达到85.3亿元，年增长率将会保持在7%左右。就产品结构而言，模块化UPS的占比将逐年增加，到2021年模块化UPS市场规模将突破30亿元，占比为36.1%。伴随着5G、边缘计算等技术的发展以及储能市场的拓展，未来UPS将会向预制化、定制化方向发展，并与电网产生更多互动。

（一）市场规模与结构预测

1. 未来三年市场规模年均复合增长率为7.29%

预计到2021年，中国UPS市场规模将达到85.3亿元，年增长率将会保持在7%左右，随着基础设施建设的完善，数据中心投资将有所放缓，从而影响UPS市场的增长，未来三年UPS市场的增速会有所放缓，如图9所示。

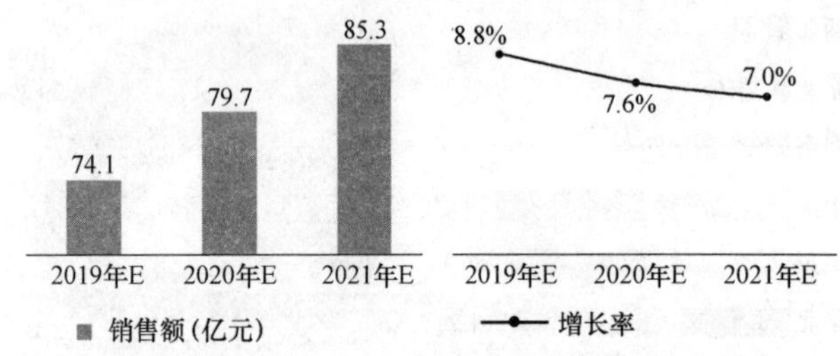

数据来源：赛迪顾问，2019，2。

图9 2019—2021年中国UPS市场规模及增长预测

2. 模块化UPS的占比将逐年增加

从产品结构变化趋势来看，预计2019—2021年，模块化UPS市场将继续保持较快的增长速度，实现10%左右的速度增长，到2021年模块化UPS市场规模将突破30亿元，占比接近36%，如图10所示。

3. 中南、华东、华北地区仍然领跑

未来三年，区域结构的总体格局不变，到2021年中南、华东、华北地区仍是UPS市场的主战场，如图11所示。随着一线城市对数据中心PUE限制愈发严格，北上广深等周边城市将成为数据中心的首选。同时，数据中心也开始向气候适宜、能源充足等自然条件优越的地区部署，内蒙古、贵州、黑龙江等区域成为新建数据中心的热门选址，这些地区的新建数据中心将呈现出绿色节能、高效智能等特点。

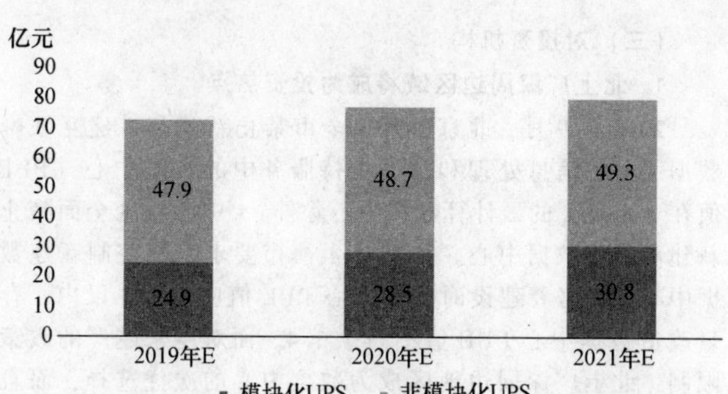

图 10　2019—2021 年中国 UPS 市场产品结构预测

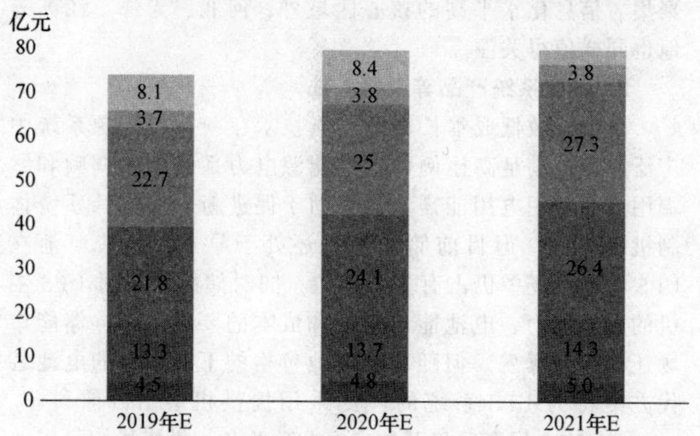

图 11　2019—2021 年中国 UPS 市场区域结构预测

4. 电信、互联网等行业保持较快增长

未来三年电信行业依旧是最大的 UPS 应用行业，运营商布局边缘数据中心、超大规模数据中心等将助推 UPS 在电信领域的深入应用。另外，互联网、金融、制造、交通等行业也会成为未来三年 UPS 应用领域中主要的细分行业（见表 1）。

表 1　2019—2021 年中国 UPS 市场行业结构（单位：亿元）

行业	2019 年	2020 年	2021 年
电信运营	14.75	16.19	17.63
互联网	11.24	12.11	13.09
银行	7.55	8.05	8.19
制造	7.27	7.79	8.27
交通	6.67	7.09	7.59
医疗卫生	6.93	7.47	8.02
教育	4.89	5.26	5.63
批发零售	3.60	3.87	4.15
石油石化	2.22	2.31	2.47
电力	1.85	1.97	2.10
证券与其他金融	1.78	1.94	2.13
保险	1.74	1.87	2.00
物流	1.20	1.29	1.38
家庭与个人	0.67	0.67	0.69
煤炭与其他能源	0.63	0.64	0.68
科研	0.53	0.55	0.61
其他	0.50	0.54	0.58

数据来源：赛迪顾问，2019，2。

5. 企业、公共事业市场 UPS 应用需求将继续扩大

从市场用户类型结构变化趋势来看（见图 12），预计 2019—2021 年，随着企业上云趋势的演进、边缘计算的白热化发展以及超大型/边缘数据中心的建设，企业仍然是数据中心投资主体的中坚力量。随着政府自建数据中心数量的下降以及政府业务逐渐云化，未来政府租赁 UPS 将成为趋势，政府对 UPS 的应用需求会“转移”至电信等企业用户对 UPS 的需求。同时，教育、交通、医疗卫生等公共事业规模会继续扩张，预计 2021 年政府与公共事业市场规模将扩大到 27.55 亿元。

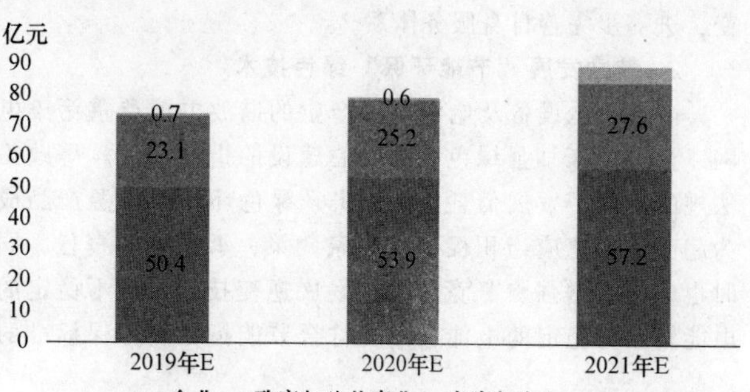

图 12　2019—2021 年中国 UPS 市场用户类型结构预测

（二）重大市场变化

1. 5G、边缘计算将成为 UPS 发展的创新驱动力

5G 网络发展下，高速度、高容量和低延迟会成为未来数据中心最大的发展特点，这将倒逼供电系统朝高可靠性和高可用性方向发展。UPS 供应商不仅要为他们提供管理电源设备的能力，还要在设备的整个生命周期内对其进行管理并确保其不间断性，以提升数据中心的可优化性和高可靠性。同时，采用 5G 网络也意味着用户对边缘数据中心需求的快速增长，因此边缘技术的创新应用将成为数据中心演进、UPS 发展的重要驱动力。

2. UPS 与电池组成储能系统将与电网产生更多交互

由于智能电网、新能源以及储能成本的降低，越来越多的数据中心所有者开始考虑通过锂电池储能来降低成本和实现数据中心的可持续性发展。中国作为全球最大的锂电池生产国，过剩的锂电池产能可以应用于风光储能、电网调频调峰等新应用领域。因此，未来 UPS 将利用创新技术，与电池组成储能系统，不仅可以满足各行业企业用电需求，还可以实现全天候支持电网公司运营以及促进新一代能源系统发展。

3. 预制化、模块化成为 UPS 未来发展方向

许多企业站点的合并、第三方数据中心管理已经接管了以前出现的内部计算功能，这些整合导致大型甚至超大型数据中心的出现。随着网络巨头、托管服务供应商建造超大规模数据中心的进程加快，超大规模数据中心的建设对部署周期要求越来越高，10～100MW 的数据中心项目需要在不到一年的时间里完成设计、建造、运营。采用预制化、模块化的撬块将是实现超大规模数据中心对建设周期高要求的关键保障，采用预制模块化方案经过预先测试，在数据中心部署现场实现即插即用，另外模块化 UPS 在效率、可维护性、可拓展性方面也有不可替代的优势。

三、赛迪建议

（一）对厂商

1. 鼓励向数据中心解决方案提供商转型升级

随着信息化发展、电源保护应用领域的扩大以及用户要求的提高，UPS 的职能范围也逐渐延伸，模块化 UPS 电源集约化发展趋势显著。未来，模块化 UPS 供应商应由只提供单一的模块化 UPS 产品向提供高效模块化 UPS 产品、适用于不同规模数据中心的全系列精密空调为核心的温控系统以及智能管理系统等数据中心整体解决方案提供商转变，进一步完善自身服务体系。

2. 鼓励发展“节能环保”绿色技术

随着用电设备及电源装置产生的谐波电流严重污染电网以及《关于加强绿色数据中心建设的指导意见》等政策法规的出台，发展低耗、无污染、绿色环保的电源产品成为趋势。企业应当积极响应国家政策，承担企业责任，同时也应努力增强自身竞争力，发展逆变技术，将不稳定的电能转换为稳定的电能，推动符合节能指标和环保标准的产品。

（二）对用户

1. 全面推进绿色数据中心建设

2019 年 2 月 12 日，工业和信息化部、国家机关事务管理局、国家能源局三部门联合发布了《关于加强绿色数据中心建设的指导意见》。《意见》提出大力推动绿色数据中心创建、运维和改造，引导数据中心走高效、清洁、集约、循环的绿色发展道路。当前，建立绿色数据中心的难点在于电能使用效率值的提升，尤其是如何提升已建数据中心的电能使用效率值，应用高效节能的模块化 UPS 系统、最大程度提高能源效率应是帮助用户建立绿色数据中心的重要途径。

2. 强化数据中心电源管理

在 5G 网络建设期，运营商关注的是网络建设的低成本和高效率，这要求数据中心要有节能高效、安全可靠、灵活部署的 UPS 产品。在这其中，UPS 厂商不仅需要提供管理电源设备的服务，还要对设备的整个生命周期以及发电、配电、变换等各个环节进行实时监测以确保电源的稳定性与不间断性。对于 UPS 用户而言，这意味着需要与优质 UPS 厂商、电力管理公司合作，提升数据中心的可优化性和高可靠性，为 5G 的部署做好准备。

（三）对投资机构

1. 北上广深周边区域将成为投资热点

2018 年 9 月，北京市要求全市禁止新建和扩建互联网数据服务、信息处理和存储支持服务中的数据中心（PUE 值在 1.4 以下的云计算数据中心除外），中心城区全面禁止新建和扩建数据中心。10 月，上海市要求严格控制新建数据中心，在必要建设时数据中心 PUE 值应在 1.3 以内，存量改造数据中心 PUE 值不高于 1.4。面对越来越严的政策限制，北上广深周边地区成为数据中心的次优选择，而且这些区域还拥有靠近市场、较低的人力和地价成本、政策环境较宽松等优势，投资机构除了关注北上广深这些用户聚集、信息化水平高的核心区域外，河北、天津、江苏等地也同样值得关注。

2. 储能系统产品等值得关注

发展高效低成本长寿命储能技术在新一代能源系统中广泛应用，满足高比例可再生能源电力系统调峰调频和终端用户高效用电用能需求，有助于促进新一代能源系统体制机制创新。但目前储能技术还处于早期，铅酸电池在 UPS 电池市场中仍占有主导地位，同时储能系统对 UPS 主机的充电能力、电池能量密度和成本的要求较高，储能市场还未完全爆发。但随着锂电池价格的下降，新的电池替代方案将为 UPS 系统的广泛采用提供机会。目前科华、vertiv 等 UPS 厂商已经开始布局此项业务，投资机构可以关注相关的储能系统产品。

注： 1. 本报告研究的 UPS 市场，主要指商用 UPS 主机市场，不包括电池及配件市场，以及工业级 UPS。

2. 本报告的销量统计是指到达最终用户的销量，而不是厂商的出货量。由于统计标准的变化，本报告中部分历史数据会根据对历年市场的再评价做出部分调整。

撰稿单位简介： 赛迪顾问股份有限公司（简称“赛迪顾问”）直属于工业和信息化部中国电子信息产业发展研究院，是中国首家上市咨询公司（股票代码：HK08235）。旗下拥有赛迪投资顾问、赛迪企业管理顾问、赛迪县域经济顾问、赛迪信息工程设计和赛迪监理五家控股子公司。

赛迪顾问股份有限公司总部设在北京，并在上海、广州、深圳、西安、武汉、南京、成都、贵州等地设有分支机构，拥有 300 余名专业咨询人员，业务网络覆盖全国 200 多个大中型城市。建有 100 多个数据库，数据涵盖宏观、中观、微观等多个经济领域，年度发布 200 多篇行业研究报告。

2018—2019 年信息系统供电技术现状与发展概述

中国电源学会信息系统供电技术专业委员会

一、前言

信息系统是指一个由人、计算机及其他外围设备等组成的能进行信息的收集、传递、存储、加工、维护和使用的系统。整个系统涵盖了四个要素：信息需求、信息的可采集与可加工、信息与人的交互以及信息管理。当前智能化、通信、互联网等信息交互与全社会的民生工程息息相关。信息采集器件、加工设备、信息处理设备、信息传递设备的供电技术则是信息系统的基础保障。

近年来随着互联网、大数据、人工智能、超算等信息技术的快速发展，国家与各部委陆续发布了关键的与民生工程息息相关的信息系统方面的政策。例如，2015 年 5 月《中国制造 2025》、2015 年 9 月《促进大数据发展行动纲要》、2016 年 7 月《国家信息化发展战略纲要》、2016 年 12 月《“十三五”国家信息化规划》、2016 年 12 月《信息通信行业发展规划（2016—2020 年）》和《信息通信行业发展规划物联网分册（2016—2020 年）》、2017 年 4 月《工业和信息化部关于加强“十三五”信息通信业节能减排工作的指导意见》、2018 年 8 月《扩大和升级信息消费三年行动计划（2018—2020 年）》、2019 年 1 月《关于加强绿色数据中心建设的指导意见》，这些政策和发展纲要包含了对新型计算、高速互联、信息存储、体系化安全保障等信息化系统的发展要求和规划。

2018 年 10 月中国电源学会信息系统供电技术专委会发布《信息系统供电技术白皮书》（以下简称《白皮书》），从供电系统、不间断电源设备的设计理论、技术发展等方面，针对可靠性、可用性、可扩展性、新能源应用等不间断供电系统应用需求，分析、对比当前国内外数据中心常见的不间断供电系统架构特点，系统阐述数据中心优化供电架构方案，以期展望未来技术发展。同时，《白皮书》提供了不间断供电架构的可靠性模型与计算方法、系统可靠度与可用度的关系、不间断供电架构节能与能效提升对数据中心电源使用能效（PUE）指标的影响，以及国内外数据中心基础设施及供电技术等主要标准概况等。《白皮书》起草及出版可为数据中心不间断供电系统设计、建设提供专业的技术参考，助力业内云基础设施建设，推进数字经济技术的科学发展。

如何确保信息系统的安全与可靠供电是信息系统供电技术专委会研究的主要方向。本年度综述将对国内信息系统中迅猛发展且对安全、可靠性要求特别严格的数据中心供配电架构、UPS 产品与技术、直流输出 UPS（HVDC）产品与技术、通信电源产品与技术的年度市场数据和发展情况进行简要统计和阐述。

二、2018—2019 年信息系统供电技术主要相关市场情况

1. 2018—2019 年中国数字转型市场发展趋势

随着数字经济成为引领科技革命和产业变革的核心力量，未来三年企业数字转型投资预计保持比较高的持续增长。图 1 是赛迪顾问股份有限公司（简称赛迪顾问）在 2019 年 IT 市场年会发布的报告，报告中给出的 2019 年中国十大行业数字转型支出预测，总额达到 9358 亿元，增长率预计 2019 年为 14.2%、2020 年为 14.3%、2021 年为 15.6%。在数字转型支出中，数据中心是其中投资最为集中的环节。

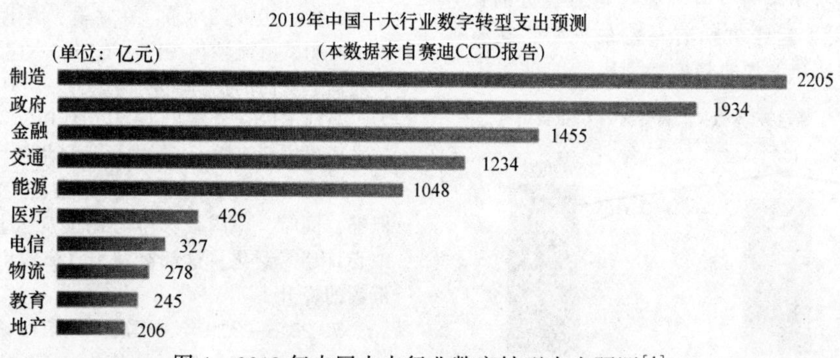

图 1　2019 年中国十大行业数字转型支出预测[1]

2. 2018—2019 年中国数据中心市场发展趋势

在数字转型、IT 云化的驱动下，数据中心的发展稳步增长。图 2 和图 3 分别是 2018—2021 年和 2017—2021 年数据中心市场发展趋势及数据中心市场中受高功率密度需求和标准模块化需求推进的模块化数据中心市场发展预测，根据赛迪顾问的 2019 年 IT 市场年会报告针对中国数据中心市场增量细分市场领域描述，互联网和电信的增量投资占比达 33.1%，成为整体增量投资增长的主力，金融、政府

和制造也分别以 13.5%、12.7%、12%的占比，成了整体数据中心增量的主要部分。随着市场对数据中心的节能减排以及工程造价、工期等方面的要求越来越严格，高功率密度、模块化的数据中心应用在阿里、百度、腾讯等几个主要大型互联网公司得到了快速的应用和规模化部署，其中华为、科华恒盛、维蒂技术（Vertiv）、科士达等公司在微模块数据中心的建设发展中表现十分突出。

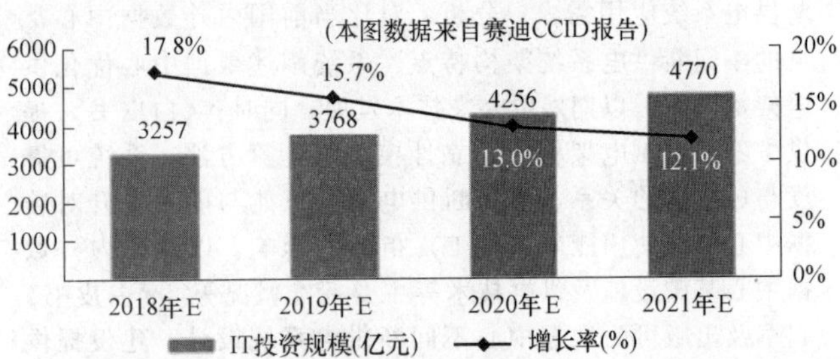

图 2 2018—2021 年中国数据中心市场发展预测图[1]

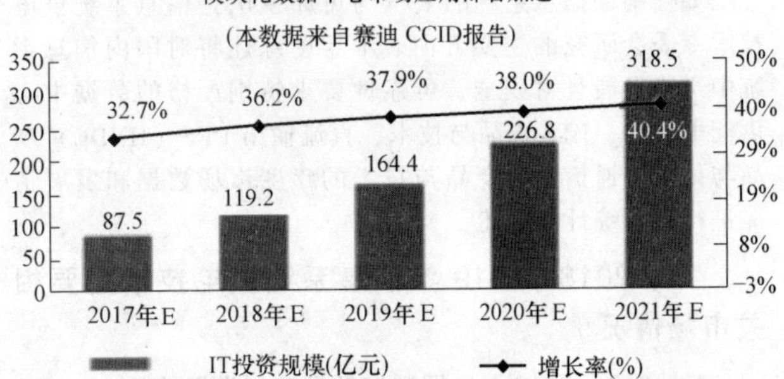

图 3 2017—2021 年模块化的数据中心应用规模预测[1]

3. 2018—2019 年中国信息系统供电 UPS 市场发展及趋势

如图 4 所示，2018 年中国 UPS 市场总规模达到 66.95 亿元，增速 8.5%，对比 2017 年的 10.7%略微下降，电信、金融、互联网和政府等仍然是主要的应用行业。整体 UPS 产品方向由于受到互联网快速发展影响，各种大中型数据中心、企业数据中心需求推动下导致大功率 UPS 的市场比重呈现逐步扩大趋势；模块化 UPS 产品经过近几年的技术沉淀与可用性进一步充分验证，在质量与可靠性方面提升较大，并由于在安装、运维方面有一定的优势，在整体 UPS 的产品占比中有逐年增加的趋势。

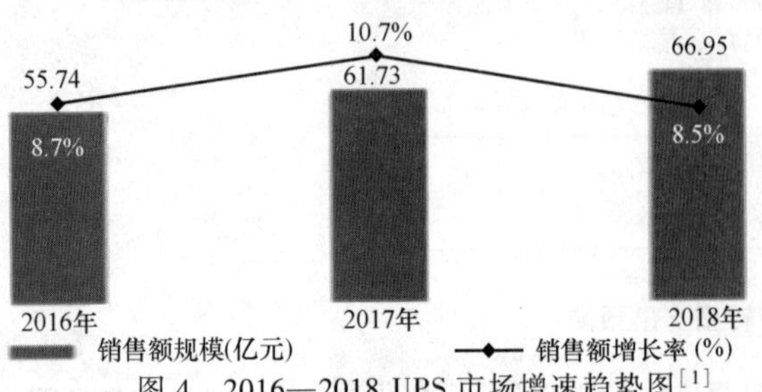

图 4 2016—2018 UPS 市场增速趋势图[1]

在当前国内 UPS 市场中，大功率方面有 Vertiv、科华恒盛、施耐德等主流品牌，在模块化 UPS 方面则以华为、科华恒盛、先控捷联、英威腾等国内品牌为主；在中小功率 UPS 上，虽然市场的增长速度有所下降，但整体市场还是有所增长，主流的中小功率 UPS 提供商有伊顿（山特）、科士达、施耐德、科华恒盛、Vertiv、台达等。

从近几年的市场占有率变化情况看，随着国内品牌对 UPS 技术研发投入的稳步加大，技术与工艺能力得到大幅度提升，国内主流品牌与国外 500 强品牌的差距在快速减小，国内第一梯队厂商在系统方案、主要性能指标及工艺上已经基本达到国外 500 强品牌的同等水平，且在交货和技术服务上有比较明显的优势。

2019 年国内 UPS 市场规模预计将达到 71.1 亿元，相比 2018 年预计增长率为 6.2%，整体增长率呈下降趋势。

4. 2018—2019 年中国信息系统供电直流输出 UPS（HVDC）市场发展及趋势

经过近 10 年的发展，直流输出电源 240V/336V 系统（行业内也有称高压直流（HVDC）系统，专委会从技术上认为比较贴切的名称应该是直流 UPS，本文以下均简称直流输出 UPS（HVDC））的可靠性和系统应用方案已经逐渐得到客户的认可。图 5 是中国电源学会信息系统供电技术专委会在根据行业几个主要直流输出 UPS（HVDC）厂家的年报和经营数据统计以及预测，2018 年直流输出 UPS（HVDC）供电市场达到了 1 亿元，预计 2019 年及未来三年直流输出 UPS（HVDC）的市场增长应不低于 100%，在 2021 年直流输出 UPS（HVDC）有可能达到数据中心电源市场的 10%~20%规模。相比预计数据虽然目前还没有比较权威的实际统计数据，但估计 2018 年直流输出 UPS（HVDC）实际市场规模与预计数据相差不大。

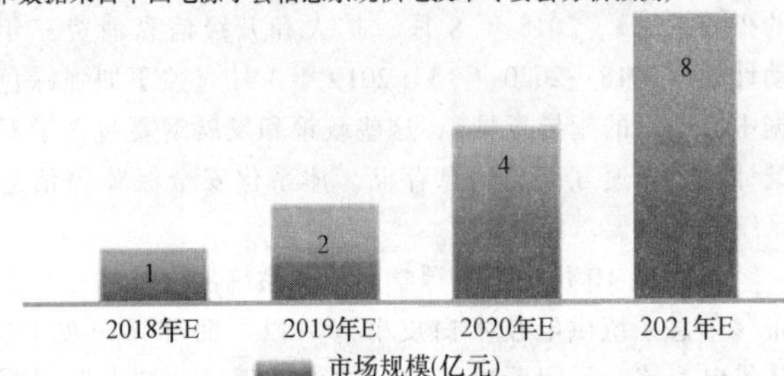

图 5 2018—2021 年高压直流供电市场预测图

2017—2019 三年来，在阿里、腾讯等大型互联网公司数据中心中，直流输出 UPS（HVDC）应用规模逐步扩大，三大通信运营商的招标直流输出 UPS（HVDC）比重也逐渐加大。当前国内直流输出 UPS（HVDC）市场中，产品与方案的主要提供商有 Vertiv、中恒、科华恒盛、台达、动力源等。

2019 年有望出台针对直流输出 UPS（HVDC）的国家标准，同时，中国数据中心的能耗要求日趋严格以及数据中心日趋大型化，这都有利于直流输出 UPS（HVDC）市场份额的提升。

5. 2018—2019 年中国 5G 通信市场发展及趋势

2018—2019 年随着国家对信息和通信行业发展规划进一步的推进，5G 快速商业化发展。未来 5G 的应用将无处不在，涉及物联网、车联网、智能手机、AR/VR、网络规划运维、通信网络设备等。作为 5G 中最基础的通信电源开启了电信和数据通信“双引擎”，有望继续迎来高增长。小型化和高效率是通信电源的主流技术方向。5G 电源的解决方案和4G大体相同，包括交流供电、48V直流供电、高压直流（HVDC）、直流远供等，主要电源解决方案提供商与上面的直流输出UPS（HVDC）相似，将主要集中在华为、中兴、Vertiv、台达、中恒、科华恒盛、动力源以及国外的伊顿、ABB、施耐德等。图6是5G通信市场发展预测。

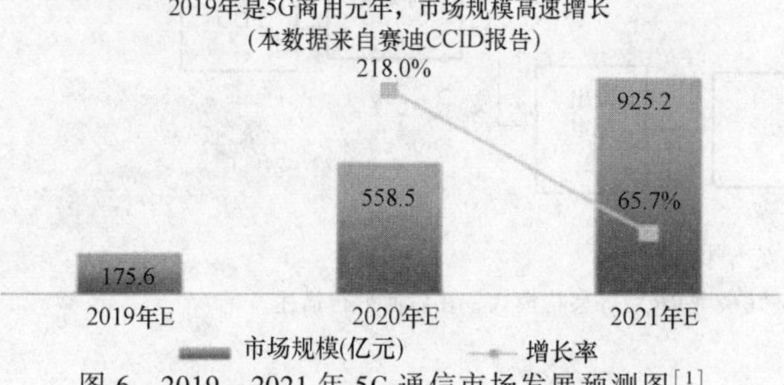

图6　2019—2021年5G通信市场发展预测图[1]

6. 2018—2019年中国服务器市场发展及趋势

整体中国服务器市场呈现IT基础架构云化的趋势明显，公有云和私有云架构的服务器合计占整个服务器市场的比例达61.3%，而传统的IT基础架构在服务器市场中占比仅仅为38.7%，且中国服务器市场整体的生态竞争日益加剧，国产品牌开始引领整个市场。图7是服务器市场预测。

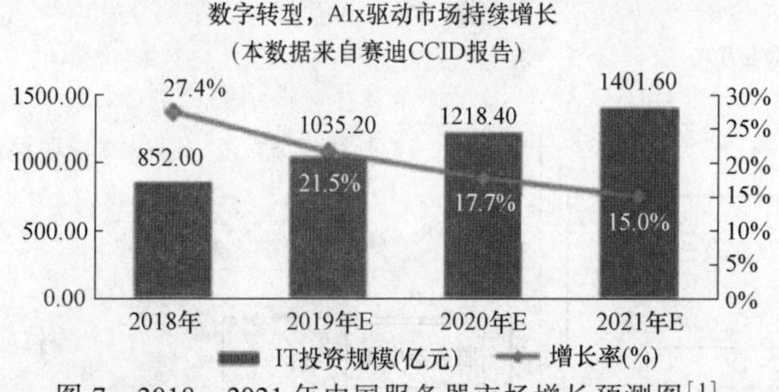

图7　2018—2021年中国服务器市场增长预测图[1]

服务器电源属于服务器内部配套，基本市场与服务器同比增长。服务器电源的主要配套厂商有华为、中兴、台达、Artesyn Technologies（Artesyn，原艾默生）、BPS Asia Pacific Electronics（Belpower，原宝威亚太）、中恒等。

三、信息系统供配电技术典型应用方案

1. 信息系统中交流UPS与供配电系统主流架构及应用方案

关于数据中心供配电系统架构，根据GB 50174—2017《数据中心设计规范》在附录“电气”中规定：C级数据中心应满足基本需要（N）；B级数据中心宜N+1冗余；A级数据中心应满足容错要求，可采用2N系统，也可采用其他避免单点故障的系统配置。

当前较为主流的A级数据中心供配电系统基本采用如下两种典型架构：

（1）*N*+1（*N*+*X*）系统

“*N*+*X*”配置就是*N*扩容系统基础上，增加1台或*X*台UPS形成具备可靠性冗余的不间断供电系统构架，从而实现当1台或最多*X*台UPS出现故障时，剩余的*N*台仍然能保证IT设备的正常运行，如图8所示。

N+1配置方式设备占用空间少，日常运行效率较高，初始投资少，操作维护简单。当市电电源满足一定要求时，一路（*N*+1）UPS和一路市电供电方式，也可以满足A级机房对于配电系统的要求。

（2）2*N*系统

2*N*不间断供电系统构架为IT负载同时配置两路不间断供电回路，不间断供电回路中的不间断电源设备可以是交流UPS也可以是直流UPS，但采用交流UPS较为常见，如图9所示。该供电系统可以最大程度地满足IT设备不间断供电可靠性要求。

为了实现供电节能和降本的目的，近年来在2*N*系统中，用市电直供替代其中一路不间断供电，是2*N*供电系统成本优化方案。

2. 直流输出UPS（HVDC）主流架构及应用方案

直流输出240V/336V电源系统主要由交流配电柜、整流柜（整流模块、监控模块）、直流配电柜、电池（含电池管理）柜四大部分构成。240V/336V高压直流电源系统包括带PFC功能的交流/直流（AC/DC）三相市电有源整流电路、直流/直流（DC/DC）变换电路、输出滤波电路、监控器、电池组等部分。在市电正常时，输入通过PFC升压成稳定直流电压，供给DC/DC变换器，输出稳定的240V/336V直流（浮充电压为DC273V/380V），同时完成对电池的充电；当市电异常时，由蓄电池直接给负载供电。

典型的三种直流输出UPS（HVDC）主流架构及应用方案如图10所示。

其中图10a为常见供电方式，负载设备单回路供电，性

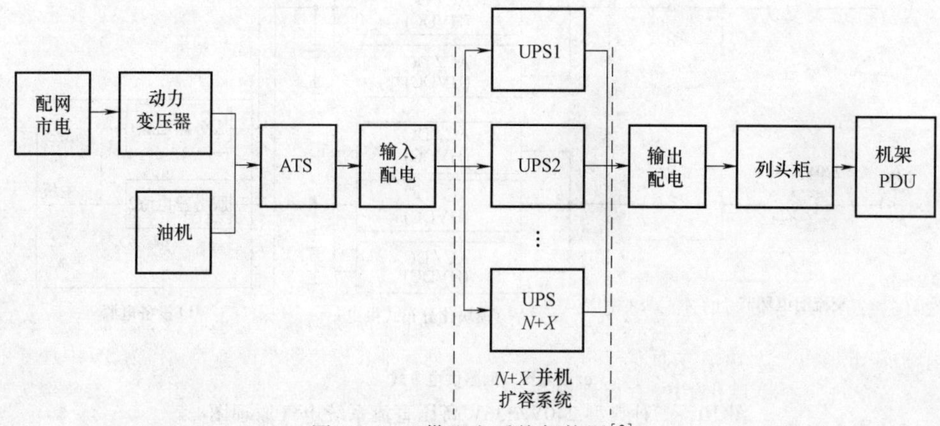

图8　*N*+*X*供配电系统架构图[2]

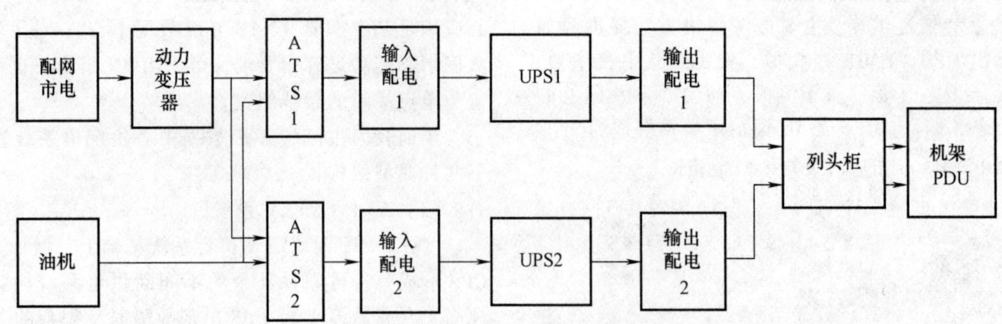

图 9 2*N* 供配电系统架构图[2]

注：2*N* 系统可演变扩展应用分布冗余（DR）和后备冗余（RR）等架构模式，在后面另行描述。

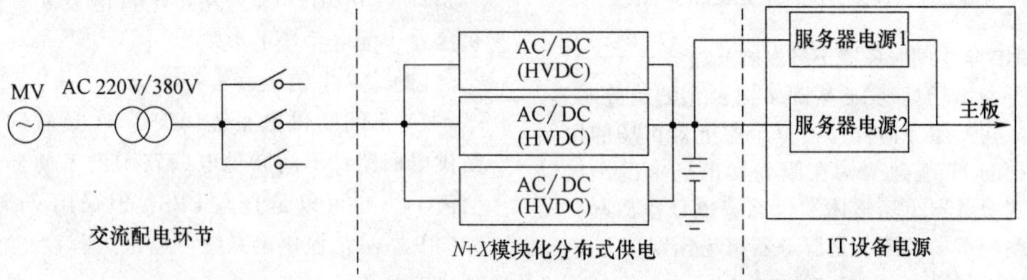

MV AC 220V/380V
AC/DC (HVDC)
AC/DC (HVDC)
AC/DC (HVDC)
服务器电源1
服务器电源2
主板
交流配电环节
N+*X*模块化分布式供电
IT设备电源

a) 单系统直流回路供电方式

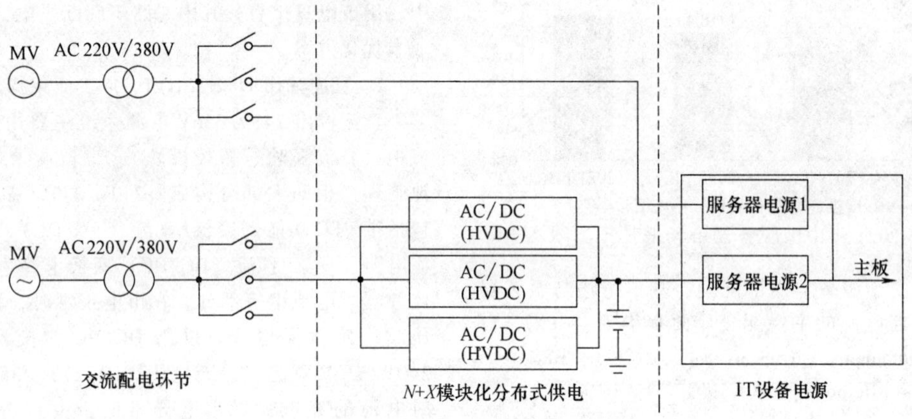

MV AC 220V/380V
MV AC 220V/380V
AC/DC (HVDC)
AC/DC (HVDC)
AC/DC (HVDC)
服务器电源1
服务器电源2
主板
交流配电环节
N+*X*模块化分布式供电
IT设备电源

b) 一交一直供电方式

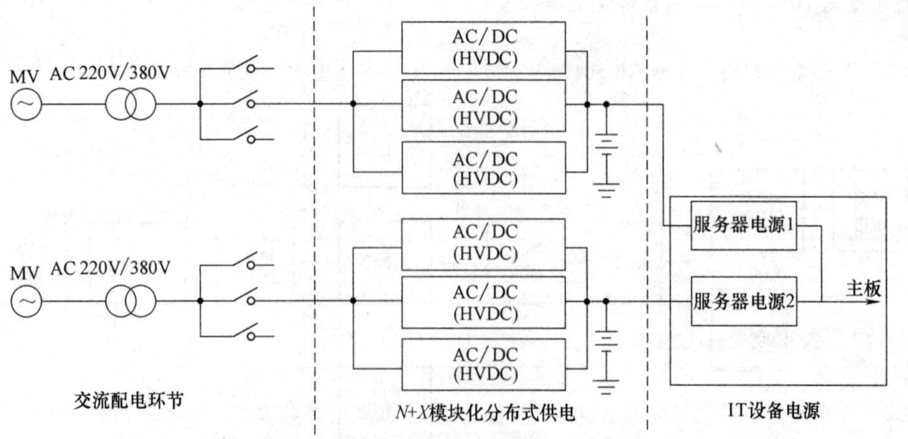

MV AC 220V/380V
AC/DC (HVDC)
AC/DC (HVDC)
AC/DC (HVDC)
MV AC 220V/380V
AC/DC (HVDC)
AC/DC (HVDC)
AC/DC (HVDC)
服务器电源1
服务器电源2
主板
交流配电环节
N+*X*模块化分布式供电
IT设备电源

c) 双系统双回路供电方式

图 10 三种典型 240V/336V 高压直流系统电气原理图

价比高，可靠度方面稍微弱一些；图 10b 为一交一直供电方式，属低成本的双交流回路供电架构，比图 10a 仅增加一路市电供电，可靠度有一定的提升，效率高，成本合理，当前几个主要互联网企业（如腾讯、阿里等）已经有规模应用；图 10c 供电系统整个回路采用典型的 2*N* 构架，供电可靠性更高，但系统成本高，实际应用较少。

3. 通信系统（5G）48V 开关电源主流架构及应用方案

分立式-48V 开关电源系统和前面所述高压直流基本一样，包含交流配电柜、整流柜（整流模块+监控模块）、直流配电柜和电池（可含电池管理）柜。应该说，直流输出 UPS（HVDC）的系统供电构架是从-48V 开关电源系统演化而来的，除了输出电压大小与 HVDC 的输出电压 DC240V/336V 不同以及相应的直流开关、安全等级配置等不同外，电路结构基本一致，对-48V 供电构架只提供简要拓扑图（见图 11），不再重复详细描述。

4. 中低压配电系统主流架构及应用方案

目前信息系统主流的配电系统架构主要还是以典型的 2*N* 架构为主（见图 12）。为了节省供电系统投资成本，从典型 2*N* 供配电架构还衍生出了 DR 架构、RR 架构。

（1）典型 2*N* 架构的交流配电系统（以 10kV 变配电三级架构原理拓扑为例）

10kV 变配电系统的应用分析见表 1。

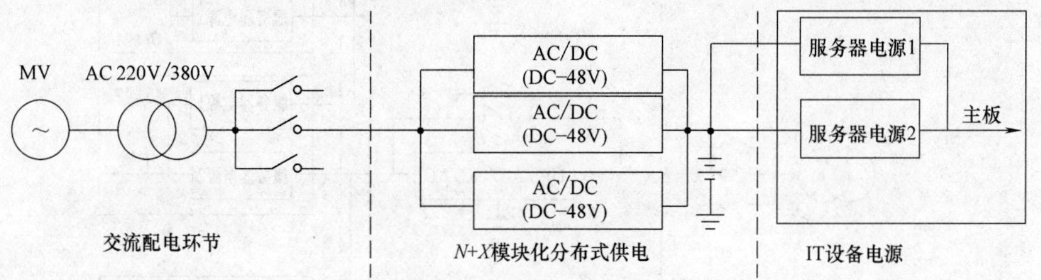

图 11　典型-48V 直流开关电源系统构架图

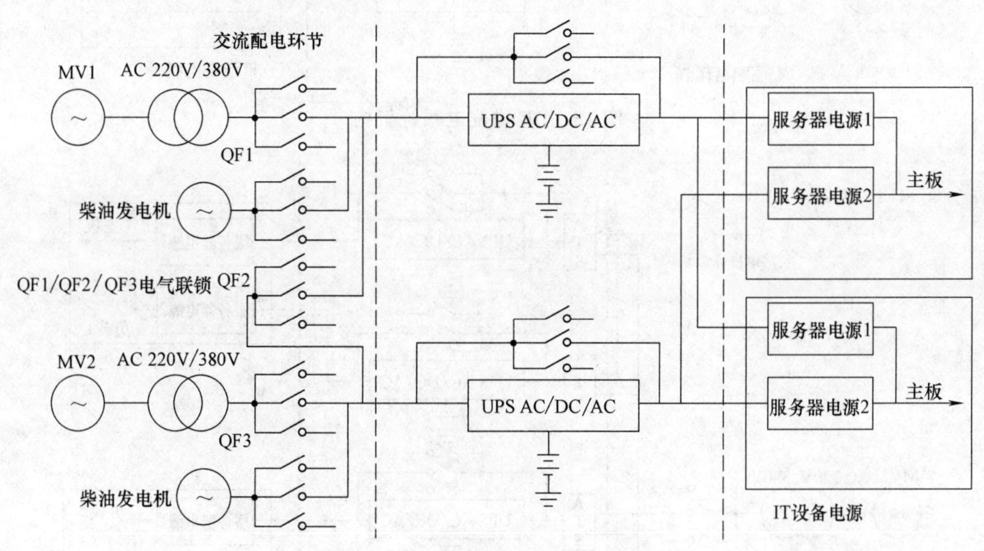

图 12　典型 2*N* 架构 10kV 变配电系统原理图

表 1　10kV 变配电系统应用分析表

系统特点	(1)整个配电系统从低压配电柜至末端 PDU 均采用 2*N* 模式，互为备份的两套低压配电系统配置母联开关 (2)目前末端配电一般采用两路 UPS(交流或直流输出 UPS)供电、一路市电+一路 UPS 电(交流或直流输出 UPS)
适用场景	主要用于数据中心 A 级机房+T3 级机房+T4 级机房配电架构
优劣分析	(1)优势：配电级别高，供电可靠性高 (2)劣势：投资较高

（2）从典型 2*N* 系统衍生的两种交流配电架构

1）DR（Distribution Redundancy，分布冗余）系统

由 $N(N\geqslant3)$ 个配置相同的供配电单元组成，*N* 个单元同时工作。将负载均分为 *N* 组，每个供配电单元为本组负载和相邻负载供电，形成“手拉手”供电方式。对于 $N=3$ 的情况，正常运行时，每个供配电单元的负荷率为 66%。当一个供配电系统发生故障，其对应负载由相邻供配电单元继续供电。$N=3$ 的 DR 供配电系统架构如图 13 所示。

图 13 的供电架构，在各部分负载均等条件下，可降低单台 UPS 容量和总容量，但可靠性低于 2N 架构的系统。三组负载是一个完整的系统，每一组负载因供电故障而宕机时，另两组负载也不能正常运行。所以，为这三组负载供电的三台电源，只允许一台故障，当两台同时故障时整个系统会瘫痪，所以是一个 2+1 架构的系统，可靠性低于 2N（实际上是 1+1）架构的系统。

自然，负载分的组数越多（所谓的分布式供电），系统可靠性越低。

2）RR（Reserve Redundancy，后备冗余）系统

由多个交流供配电单元组成，其中一个配电单元作为其他单元的备用。当一个交流配电单元发生故障，通过电源切换装置 ATS，备用单元继续为负载供电。RR 供配电系统架构如图 14 所示。

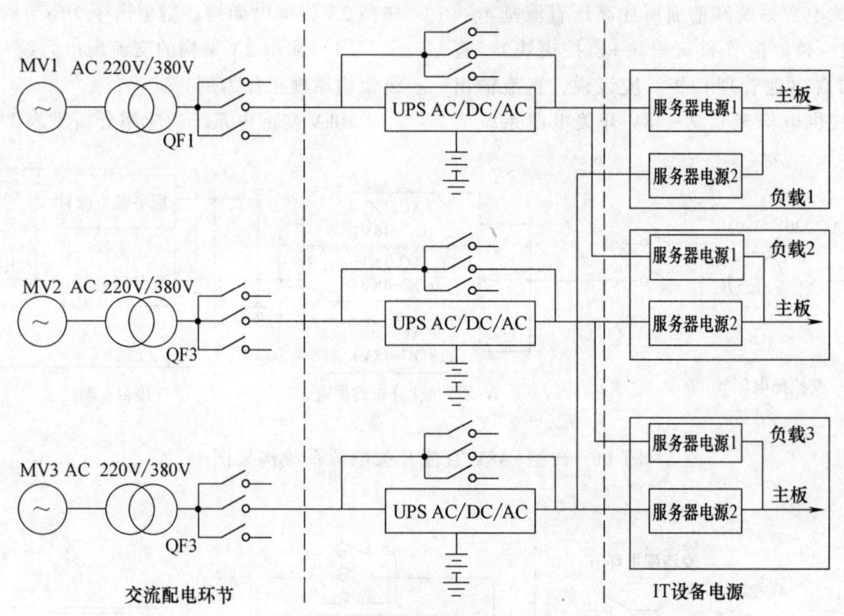

图 13 DR 供配电系统架构

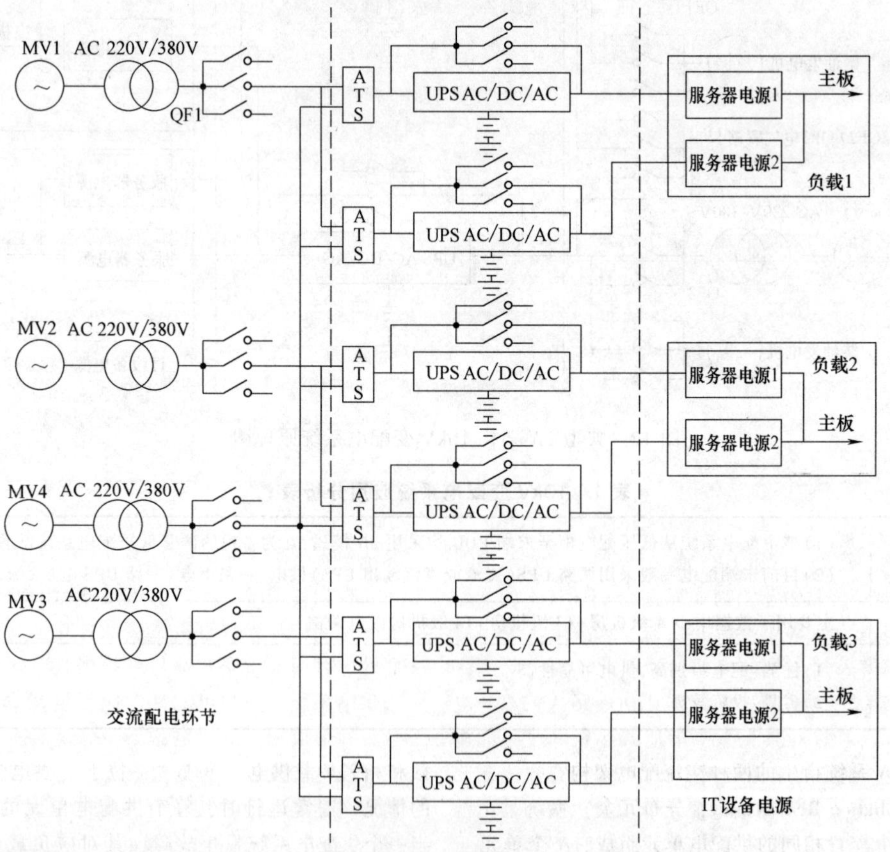

图14 RR 供配电系统架构图

图 14 与图 13 一样，在各部分负载均等条件下，可取之处在于可降低每路的容量，但是也存在同样的问题，由于备用单元的容量与其他单元的容量相同，只允许一路故障，由备用单元通过切换单元 ATS 继续供电，当两路同时故障时导致系统瘫痪，可靠性表征为 $N+1$ 系统，可靠性远低于 1+1（即 $2N$）系统。

总之，当强调系统的可靠性时，DR 与 RR 架构的系统是不宜推广的。

四、信息系统供电技术发展展望

1. 供电构架、可靠性、系统效率持续优化

数据中心供电系统构架的核心是不间断电源系统（Uninterruptible Power System），组成该系统的主要设备有交流 UPS 或直流 UPS。为满足数据中心不同可靠性等级的供电要求，目前业界采用不同的不间断供电构架解决方案。

典型数据中心交/直流不间断供电构架如图 15 所示。

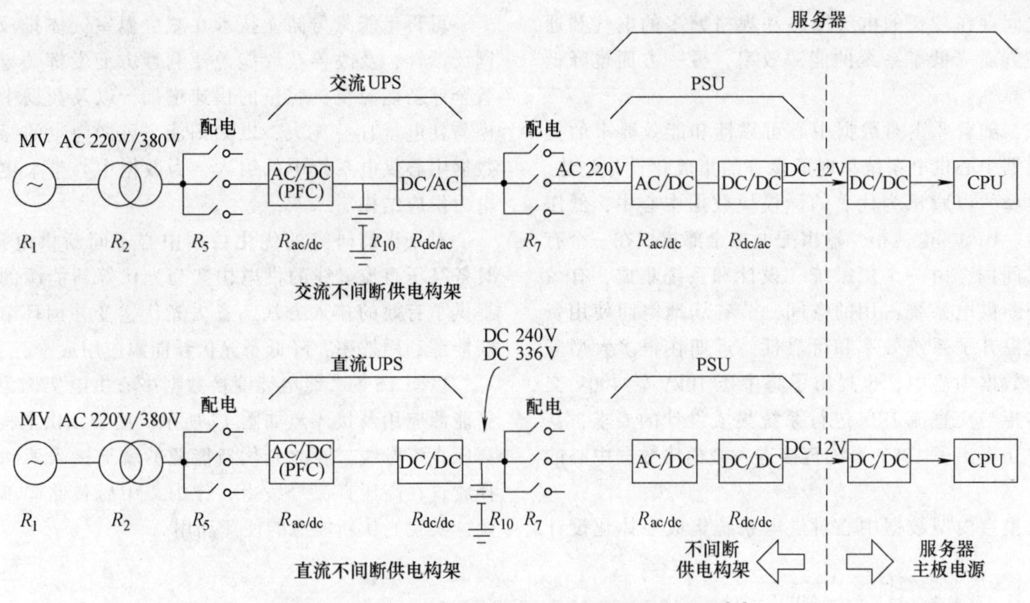

图 15　当前主流不间断供电构架变换结构图[2]

如图 15 所示，现在主流数据中心不间断供电构架，无论是交流 UPS 不间断供电构架、还是直流 UPS 供电构架，从交流 380V 到服务器电源 DC12V 输入点，基本都是 4 级电能变换。

对于交流 UPS 不间断供电系统，交流 UPS 采用 AC/DC 与 DC/AC 两级变换，后备储能单元置于两级变换中间。对于服务器 PSU，通常采用交流 220V 输入，直流+12V 输出。业界在分析 PSU 时，通常认为只存在一级 AC/DC 变换。但现实情况是 PSU 中实际存在 AC/DC 和 DC/DC 两级变换，对于具备 PFC 技术的 PSU，第一级 AC/DC 为 PFC 整流环节，而后级将整流后的高压直流 DC/DC 降压到 IT 负载所需的 DC+12V。

对于直流不间断供电系统（240V、336V 或 48V 开关电源），业界在分析直流 UPS 时，通常认为它只有 AC/DC 一级变换环节。但事实上，直流 UPS 通常都有 AC/DC 与 DC/DC 两级电能变换。这是由于当前业界直流 UPS 技术的现行方案通常采用 Boost 型 PWM 整流变换器，它决定了输出直流电压必须高于输入相电压的峰峰值。因此，为了既满足市电输入 PFC 值为 1 的要求，又要实现 DC+268V（240V 电池的浮充电压）或 DC+380V（336V 电池的浮充电压）输出供电电压的需要，则需要采用后级 DC/DC 实现直流隔离降压变换。对于 240V 直流不间断电源系统构架，服务器电源 PSU 一般采用通用的交流服务器电源，也有两级变换（见图 15 中直流不间断供电拓扑）。

从目前电力电子行业变换效率发展水平来看，AC/DC、DC/AC 和 DC/DC 单级变换最高效率基本都可以达到 98%。对于服务器 PSU，目前两级变换效率根据 80PLUS 服务器电源认证，钛金效率最高可达 96%。变压器及配电等其他损耗最大可按 3%估算，即效率 97%。

那么，各不间断供电构架下最高效率计算可得（从交流高压输入到服务器 12V 输入点）

1）交流 UPS 不间断供电系统：

$$\eta_{交流}=98\%\times98\%\times96\%\times97\%\approx89.4\%$$

2）直流 UPS 不间断供电系统：

$$\eta_{直流}=98\%\times98\%\times96\%\times97\%\approx89.4\%$$

可见，事实上交流不间断供电构架与直流不间断供电构架最高效率基本一致。同时，对于系统工作在这 25%或 100%负载情况下，从现有技术分析而言，交流不间断供电系统与直流不间断供电系统的系统供电效率也基本一致。

根据数据中心不间断供电系统分析结果，供电系统电能变换架构与级数直接影响数据中心供电系统的效率、可靠性、可用性、安全性与可扩展性。因此，为提升数据中心供电系统效率与可靠性，应尽量减少系统的电能变换级数，并形成相应的供电构架。考虑到前述现有供电系统存在 4 级电能变换，可通过合并、缩减功率变换级数，并根据后备储能电池挂接位置、直流配电方案形成数据中心 3 级、2 级、1 级等电能变换的不间断供电构架设计方案。

详细的构架优化、级数优化和效率提升、可靠性分析

可参见本文参考文献［2］。

2. 供电系统呈现集成一体化设计趋势

对于数据中心业主而言，数据中心追求的是系统整体的高可靠性、高可用性、快速部署、PUE 值好、运维便利等要素。而在传统的数据中心供电系统规划中，一般是按照每一个功能模块，由不同的厂家单独设计和生产，在现场也是按照功能独立安装调试，例如子系统功能模块包括 10kV 变压器柜、400V 交流低压配电柜、交直流 UPS、输出配电和 PDU、电池柜系统、服务器电源柜等，这必然导致这些系统之间存在较长的电气回路和规格繁多的电气和通信接口，一方面降低了系统的能源效率，另一方面也降低了系统的可靠性。

近年来，随着业主对数据中心可靠性和能效要求的提高，整个数据中心供电系统呈现了显著的集成化设计趋势。例如，在典型的以腾讯为代表的微模块数据中心中，低压交流配电柜、UPS、电池柜、输出配电柜全部集成在一个有限的机柜空间内，由一个厂家统一设计和系统集成，有效降低了不间断供电系统占用的空间，节省场地空间使用费用，同时也提升了系统效率和可靠性。近期在很多大型互联网客户的数据中心中，也提出了将中压 10kV 转 400V 交流的变压器柜与交直流 UPS 进行系统集成设计的要求，甚至有些客户还提出了 10kV 系统直接进入微模块数据中心的尝试。

除了大型室内型数据中心对供电系统集成一体化设计存在显著需求外，很多户外集装箱型数据中心的应用，对供配电系统的集成一体化设计也提出了很多新的工程应用需求，以便满足在户外现场条件下的高可靠供电保障和快速部署。

信息系统供电集成一体化设计除了可以有效提升信息系统用户供电可靠性和能效外，对于供电系统的标准化设计、生产、运输、安装、快速交付、维护等都存在显著的优势，是未来信息供电系统发展的一个重要趋势。

3. 新能源在信息系统供电中应用的研究成为一种趋势

可再生能源与储能技术在减少温室气体排放、提升电网灵活性，及改善获取能源便利性方面发挥关键作用。随着全球新能源装机容量的快速增加，以及数据中心建设规模与耗电量日益庞大，以太阳能、风能为主的绿色能源在数据中心供电系统中的引入，为数据中心带来更加丰富的电力供应结构。

对于当前研究的优化数据中心不间断供电拓扑而言，具备高压直流母线的供电构架为光伏等新能源的就地消纳提供了有效的接入方法，省去光伏逆变并网环节，提升了新能源利用效率，降低了光伏新能源应用成本。

以图 16 的 2 级电能变换数据中心供电架构为例，光伏新能源应用及接入点如图 17 所示。由于该供电构架设计有高压直流母线，因此光伏新能源的就地接入消纳点可以选择放置在高压直流母线上，作为集中后备储能单元的一个源，实现光伏新能源的便捷利用。

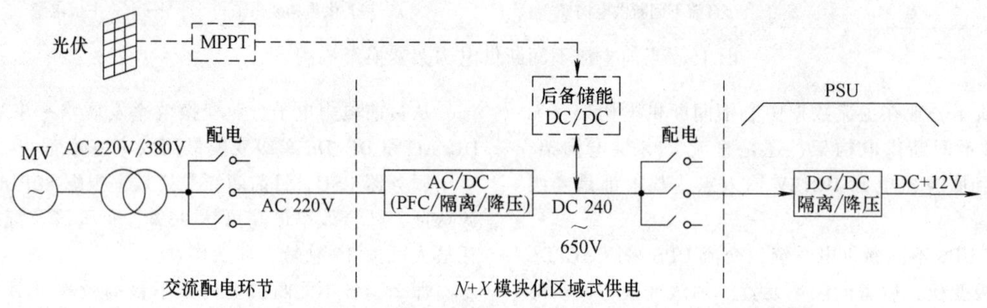

图 16　2 级电能变换供电构架的新能源应用

微电网（Micro-Grid）是指由分布式电源、储能装置、能量转换装置、负荷、监控和保护装置等组成的小型发配电系统。微电网是一个能够实现自我控制、保护和管理的自治系统，既可以与外部电网并网运行，也可以孤网运行。多能源微电网是进一步提高清洁能源渗透率和利用效率，改善能源结构转型的重要方法。对于数据中心这类耗能大户，在能源特别是新能源相对集中的区域建设数据中心也是行业发展的一个趋势。

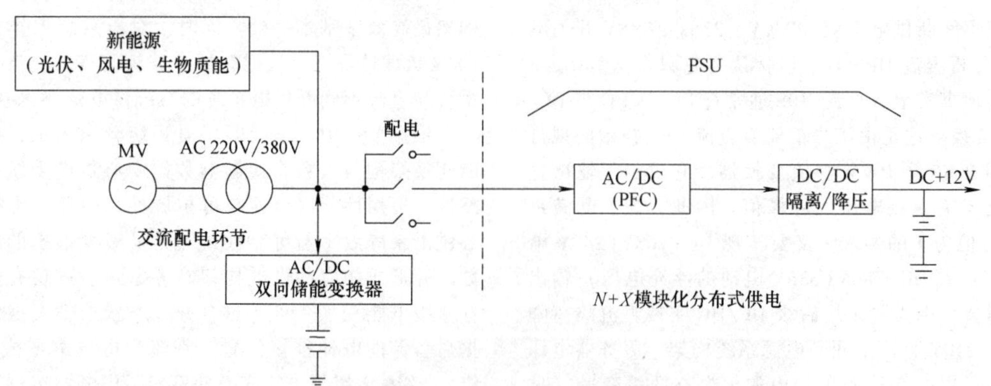

图 17　多能源微电网在数据中心不间断供电系统中的应用

如图17所示，由电网、新能源、双向储能变换系统组成的多能源微电网，为数据中心2级不间断供电构架提供高穿透率清洁能源。第一，可以有效提升新能源在数据中心供电系统中应用的渗透率；第二，可以解决边远地区数据中心的电网波动问题；第三，还可以为数据中心提供除油机外的第3路后备式能源，同时有效减少为实现不间断供电需求的分布式储能配置容量，提高数据中心不间断供电系统的经济性。

4. 同源技术市场持续快速发展

(1) 光伏与储能技术

绿色发展是构建现代化经济体系的必然要求，是解决污染问题的根本之策。2019年的政府工作报告提出，要抓紧解决机制和技术问题，优先保障可再生能源发电上网，有效缓解弃水、弃风、弃光状况。经过十多年的发展，光伏行业的技术成本下降幅度超过90%。作为光伏行业核心部件之一的光伏并网逆变器，其电源的核心是一个DC/AC变换器（见图18），国内的产品相关指标已经达到业界领先的水平。目前光伏逆变器主要的生产厂商有合肥阳光电源、华为、科华恒盛、科士达、上能等。

从光伏并网技术衍生的还有光储一体化、光储充一体化等应用方案，属于光伏与储能等相关同源的电力变换技术相结合。方案系统可支持传统电力平稳运行，促进可再生能源并网消纳，支撑分布式能源、电动汽车充电和能源互联网发展，已获得越来越多的重视和认可。随着电化学储能的关键部件——锂电池的快速发展，现在电化学储能的基本应用方案日益成熟并获得广泛应用。

(2) 新能源汽车直流充电技术

中国政府对新能源汽车的聚焦始于2001年，经过10余年发展已经上升到国家战略高度。国家计划2020年新能源汽车保有量达500万辆，车桩比达2∶1。随着产业发展，中国新能源车市场正在从政策导向到需求导向转型，国家从税费、财政补贴等方面逐步从整车往充电基础设施方面发展，各地充电基础设施的补贴政策从2017年开始密集出台。新能源汽车充电基础设施迎来爆发增长周期。

充电桩市场的应用方案基本以慢充模式的交流桩和快速充电模式的直流桩为主，其中因公交行业需求衍生的充电堆及柔性充电方案等可以归结为直流桩范围，以直流桩为例具体拓扑图如图19所示。

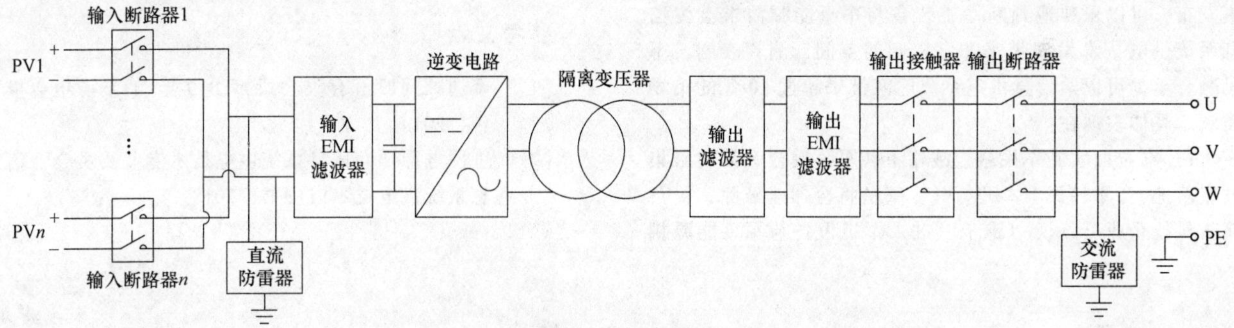

图18　光伏并网逆变器拓扑图

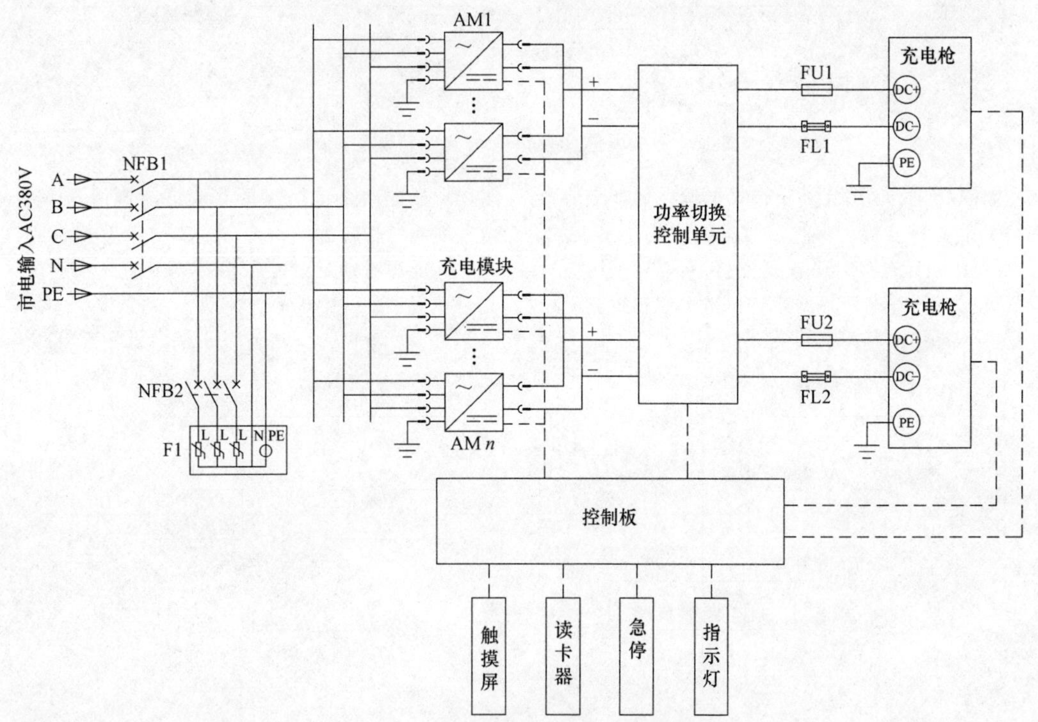

图19　直流充电桩基本电气原理图

现在市场上的快速补电的充电桩以 60kW/120kW 功率单枪或者双枪为主，里面内置与高压直流开关电源同源技术的 AC/DC、DC/DC 变换拓扑的直流模块组合，整桩可以根据车辆动力电池能量管理系统发出的荷电状态要求输出一定电压电流。单功率模块市场上以 15kW/20kW 为主。

新能源汽车基础充电设施产业经过一轮爆发式增长以及不良企业“骗补”风波后市场也经过一轮洗牌，据统计 2018 年排名比较靠前的新能源汽车充电产品与方案提供商为特锐德（特来电）、许继、华为、科华恒盛、中兴、科陆、奥特迅、盛弘、科士达、英可瑞、麦格米特等。

5. 军工装备与军事能源需求为信息系统供电技术发展带来广阔的空间

军民融合在 2015 年上升为国家战略以来，国家不断推动军民融合发展。军民融合作为兴国强军之策，是我国国防工业一系列改革的主导思想和基础。军事领域往往是能源革命的“试验田”和“助推剂”。火药、煤炭、石油、核裂变、新能源等每一次相关技术革命，大多在军事领域先行先试，极大地带动和促进了科技进步与经济社会发展。

当前通过国家战略的推进，军民融合的相关政策的密集发布，可以乐观地判断军工装备与军事能源需求会为信息系统供电技术发展带来非常广阔的空间，测算表明，军民融合至少可以给信息供电系统厂家带来超过 10 亿的市场需求。具体表现在：

1）在全面实施军民融合战略下，军民融合政策的密集发布落地，“军转民”“民参军”壁垒将会加速破除，民营高新科技企业可以说“跑步”进入军工设备与军事能源相关的各行业内。

2）原来军工体系相对比较封闭，老国企和军工企业的技术解决方案相对比较保守，全面实施改革有一定难度，而民营企业较为先进的技术与方案在替代一些军工解决方案上能够发挥更为积极的作用。

3）军方与信息系统供电技术专业密切相关的市场需求旺盛，例如，航空的地面控制电源、军工装备的配套电源、UPS、逆变器、数据中心、核裂变控制电源、移动指挥电源等方面。

五、小结

在 2018—2019 年中，虽然全球国际化市场出现较大的贸易摩擦，但是国内信息系统供电的主流产品市场仍然呈现稳步发展的态势，产品和技术也继续快速发展，主流的国内电源品牌厂家的市场份额持续扩大并替代进口品牌。

随着电力电子技术和互联网技术的不断发展，以及信息供电系统应用场景多样化，客户的要求越来越高，信息供电系统的效率优化与节能、集成化设计、新能源应用、军工市场将会是未来信息供电技术发展的四个重要方向。

参考文献

［1］　赛迪顾问股份有限公司，2019 年 IT 市场年会报告，2019。

［2］　中国电源学会信息系统供电技术专业委员会，信息系统供电技术白皮书，2018。

数据中心不间断供电技术白皮书（第一版）

中国电源学会信息系统供电技术专业委员会、厦门科华恒盛股份有限公司

一、编制背景与说明

随着互联网技术与应用的快速发展，云计算、云存储、大数据等相关新型互联网业务规模与日俱增，数据中心进入规模化建设阶段。根据2016年中国IDC圈发布的《2016—2017年IDC产业发展研究报告》，2016年我国互联网数据中心（IDC）产业市场继续保持37.8%的高速增长率，市场总规模达到714.5亿元，未来三年将持续上升，预计2019年将接近1900亿元。数据中心巨大规模的建设与应用，导致数据中心对供电需求快速增长，根据ICT Research机构测算，2016年中国数据中心耗电量已逾1000亿千瓦时之巨，相当于三峡水电站年发电总量。与此同时，全球数据中心用电量也已超过10000亿千瓦时。据美国媒体调查，全球各大网站仅数据中心的用电功率，就相当于30个核电站的供电功率，巨大的用电容量给数据中心的建设和运营都带来了全新的挑战。

目前在数据中心运营过程中，由于电力故障、设备故障、雷击事件等导致的数据中心用电安全事故时有发生。2016年4月，中国银监会通报北京某数据中心供电中断，造成某村镇银行和多家金融机构托管在该机房的所有设备宕机，服务全部中断。2015年6月，因为香港运营商IDC电力问题导致阿里云香港节点出现全线宕机，业务中断超过12小时，甚至出现部分用户数据损毁。同月，因青云（QingCloud）广东1区（GD1）所在IDC遭遇雷暴天气引发电力故障，全部硬件设备意外关机重启，造成QingCloud官网及控制台短时无法访问、部署于GD1的用户业务暂时不可用。事实上，数据中心的用电故障带来的损失不仅仅是数百上千万美元的直接经济损失，对于众多国际知名品牌与上市公司来说，品牌和股价等隐形价值的负面影响难以估量。

在节约能源方面，数据中心举足轻重，不仅对提倡绿色节约型社会意义重大，也直接关系到数据中心运营效益。电力是数据中心长期运营成本中的主要成本，根据IBM公司的统计表明，能源成本占数据中心总运营成本的60%。因此，数据中心在运营期间如何有效节约电力成本是数据中心绿色节能的关键所在。以厦门科华恒盛投建的北京亦庄数据中心运营数据分析为例，数据中心建设有4000个机柜，单柜平均按3.5kW负荷计算，全年仅服务器负载在满载运行下电力消耗将高达1.23亿千瓦时。在此基础上如每年可实现节能1%，则所减少的全年电力消耗可达120万千瓦时！可见，作为数据中心基础设施关键组成部分的不间断供电系统，其设计方案的合理性、经济性直接影响数据中心运行安全与运营效益。

随着新型功率半导体器件的发展、新型电力电子电能变换拓扑的发明与应用，以及现代控制理论与数字控制技术的发展，数据中心不间断供电技术得到了显著的提升，对供电系统的可靠性、成本与节能、配置灵活性和可扩展性等提供了有效的技术支撑。

当前，业界对数据中心不间断供电系统的认识、研究大多数停留在工程集成应用层面，主要围绕现有产品、技术开展可靠性与节能等方面研究。亟需从供电系统、不间断电源设备的设计理论与技术等专业角度，系统地研究数据中心不间断供电技术。

本白皮书从用户对数据中心不间断供电系统的应用需求入手，包括可靠性、可用性、可扩展性、节能、安全性和新能源等需求，分析和对比当前国内外数据中心常见不间断供电架构的特点，系统地研究数据中心优化供电架构方案，并以此展望未来技术发展。同时，附件给出了不间断供电架构的可靠性模型与计算方法、可靠度与可用度的关系、不间断供电架构节能与能效提升对数据中心电源使用能效（PUE）指标的影响，以及国内外数据中心基础设施及供电技术等主要标准概况等。本白皮书可为数据中心不间断供电系统设计与建设提供专业的技术参考。

本白皮书依托中国电源学会信息系统供电技术专业委员会，由厦门科华恒盛股份有限公司负责牵头起草，并组织相关行业专家编制。主要参编人员有陈四雄、易龙强、张广明、谢少军、何春华、彭广香、苏先进、曾奕彰、沈小娟、詹碧英，此外中国电源学会与专委会秘书处也为白皮书起草、审阅、参考资料查阅、会议组织等提供了必要的支持工作。

二、当代数据中心对不间断供电技术需求

2.1　用户需求

用户需求是推动数据中心不间断供电技术发展的源动力。随着互联网和大数据产业的不断发展，数据中心的数据信息量越来越大，实时在线的用户数也越来越多，由于电力中断而导致的相同时间的业务停运所造成的经济损失不断上升。因此，业主对数据中心的不间断供电系统在可靠性、节能、可用性、可扩展性、安全、新能源应用等方面均提出了更高的要求。

2.1.1　可靠性

大型数据中心供电的任何故障都可能给业主和客户带来重大的经济损失或者灾难性的后果。因此，数据中心能

否可靠运营的关键之一是 IT 设备的不间断供电。在保证不间断供电的前提下，不断提升不间断供电构架的可靠性，是数据中心用户一直以来的核心需求。

根据当前不同规模数据中心的划分，不同级别的数据中心对数据中心不间断供电的需求有所不同。国家标准 GB 50174—2017《数据中心设计规范》中，将电子信息机房分为 A、B、C 三级；美国 TIA-942-A《数据中心通信网络基础设施标准》将数据中心分为Ⅳ、Ⅲ、Ⅱ、Ⅰ四级。这些规范对数据中心供电系统的不间断和可靠性需求如表 2.1 所示。

表 2.1 机房分级与供电可靠性对比

GB 50174—2017	A 级机房		B 级机房	C 级机房
《数据中心设计规范》不间断供电与可靠性需求说明	应由双重电源供电，变压器 2N 配置，后备柴油发电机 N+X 冗余配置，允许电压波动范围+7%～-10%，允许断电持续时间 0～10ms，不间断电源系统配置 2N 或 N+1 冗余		宜由双重电源供电，变压器 N+1 配置，当供电电源只有一路时需设备后备柴油发电机系统并采用 N+1 冗余配置，允许电压波动范围+7%～-10%，允许断电持续时间为 0～10ms，不间断电源系统配置 N+1 冗余	两回线路供电，变压器 N 配置，当不间断电源系统的供电时间满足信息存储要求时可不设置柴油发电机，允许电压波动范围+7%～-10%，允许断电持续时间为 0～10ms，不间断电源系统采用 N 扩容系统，配置无冗余
TIA-942-A	Ⅳ级数据中心	Ⅲ级数据中心	Ⅱ级数据中心	Ⅰ级数据中心
《数据中心通信网络基础设施标准》不间断供电与可靠性需求说明	不间断电源分布模块冗余或集中冗余，2N 冗余配置，具备自动旁路与维修旁路功能，电池后备时间 15 分钟，柴油发电机组为整体机房负载提供后备电源且 2N 冗余配置	不间断电源分布模块冗余或集中冗余，N+1 冗余配置，具备自动旁路与维修旁路功能，电池后备时间 10 分钟，柴油发电机组为整体机房负载提供后备电源且 N+1 冗余配置	不间断电源单机或并联模块，N 配置，具备自动旁路与维修旁路功能，电池后备时间 7 分钟，柴油发电机组为 UPS 系统与机械动力系统提供后备电源且无冗余要求	不间断电源单机或并联模块，N 配置，无旁路与维修旁路要求，电池后备时间 5 分钟，柴油发电机组只为 UPS 系统提供后备电源且无冗余要求

在上表中，对数据中心供电的电压波动、断电时间、冗余构架等都提出了明确的要求。

数据中心不间断供电系统一般包括高压配电系统、变压器、柴油发电机组、低压配电系统、防雷器、UPS、电池组、列头柜、机架分配单元（PDU）、连接器等组成环节。每一个环节都对应着一定的可靠性，而且它们之间的可靠性指标可能相差很大，而一个系统的可靠性往往取决于可靠性最低的那个环节，任何一个环节失效，都可能导致不间断供电系统的故障。目前，各数据中心客户对系统的可靠性都提出了明确的要求，各大互联网运营商建设机房中明确要求各系统的设计须满足 GB 50174—2017《数据中心设计规范》及相关标准中的强制性要求。

为保证重要数据中心不间断供电的高可靠性，除了提升每一个环节和设备的基础可靠性之外，客户还希望从系统规划设计的角度，通过对供电系统进行设备冗余、不间断供电回路冗余设计等方法来实现。例如针对单回路供电系统，不间断供电设备可采用“1+1”系统、“N+1”系统、“N+X”系统等设备并联冗余方法；针对供电回路的可靠性冗余，可采用“2N”冗余系统等。

当然，任何的设备冗余或者回路冗余都将带来不间断供电系统的成本上升，如何平衡不间断供电的可靠性和系统成本也就成为客户和供电系统设计者在数据中心规划前期需要重点考虑的问题。

2.1.2 可用性

随着数据中心单位时间运行价值的提升，客户对数据中心的可用性也提出了明确的要求。

在 GB/T 2900.13—2008《电工术语 可信性与服务质量》中，可用性的定义如下：在所要求的外部资源得到提供的情况下，产品在给定的条件下，在给定的时刻或时间区间内处于能完成要求的功能的状态的能力。

对于数据中心不间断供电系统，根据当前不同规模数据中心的划分，不同级别的数据中心对数据中心供电系统可用性要求，见表 2.2 所示。

表 2.2 机房分级与可用性要求

GB 50174—2017	A 级机房		B 级机房	C 级机房
《数据中心设计规范》可用性要求	“容错”系统，可用性最高		“冗余”系统，可用性居中	“基本需求”，可用性最低
TIA-942-A	Ⅳ级数据中心	Ⅲ级数据中心	Ⅱ级数据中心	Ⅰ级数据中心
《数据中心通信网络基础设施标准》可用性要求	“容错的”，场地基础设施的容量和能力能够允许任何有计划地操作而不导致关键设备破坏。	“不间断维护的”，场地基础设施在任何情况下的任何有计划地操作都不会中断计算机硬件运行。	“有冗余部件的”，对比 1 级数据中心，有冗余部件的 2 级的设备较难受到有计划或者无意的行为影响而遭受破坏。	“基础的”，易受有计划的或无意的行为影响而遭受破坏的。

注：TIA-942-A《数据中心通信网络基础设施标准》对数据中心等级定义最先由 Uptime 学院在它的白皮书《采用分类等级的方式定义场地基础设施性能的工业标准》中定义。

从可用性角度而言，数据中心连续供电的能力可用可用度（A）来衡量。在系统与设备失效率与修复率均为恒定情况下，稳态可用度可表示为平均可用时间同平均可用时间与平均不可用时间的和之比。设备的平均可用时间可采用 MTBF（Mean Time Between Failures，平均无故障时间或平均开工时间）计算，平均不可用时间可采用 MTTR（Mean Time To Repair，平均故障修复时间或平均停工时间）计算，则可用度（A）计算公式为

$$A=\frac{\text{MTBF}}{\text{MTBF}+\text{MTTR}} \tag{2.1}$$

2.1.3　可扩展性

可扩展性是指在机房规划设计和建设中，不间断供电系统的设备布局设计和安装工程需要为日后系统的可改造和升级功能提供必要的条件。可扩展性的需求主要源自于负载设备的变化升级、数据中心分期建设及系统扩容等客户对未来数据中心建设的不确定性。

由于 IT 技术的快速发展，数据中心内 IT 设备可能在 2~3 年内发生显著的变化，机架内用电设备功率密度的不断提升就给数据中心供配电提出了更高要求、单电源设备与双电源设备对配电要求不同、交流设备与直流设备对配电要求也不同等。例如，一个机柜如果安装早期的服务器，只能容纳 10 台；发展到今天，一个机柜则可容纳 40 个 1U 的服务器。这就需要在机房建设设计之初，考虑电力基础设施能否适应这种功率密度不断提升所带来的升级要求。

另外，由于数据中心基础设施的建设属于重资产投入。如果客户没有立刻进驻，则一次性的基础设施投入可能导致项目收益率下降，严重影响数据中心业主的经济效益。因此，数据中心业主会根据客户需求进度，分期建设相应区域的数据中心，例如，目前的微模块数据中心就是典型的分期建设解决方案。数据中心的分期建设需求，对于不间断供电系统的可扩展性也提出相应的可扩展性要求。

2.1.4　节能

从数据中心对电力的规划和实际需求来看，数据中心是重要的高耗能产业。以目前常见的拥有 1000 个机柜的中型数据中心为例，假定平均每个机柜负载量按 3.5kW 估算，则每年的用电量可达 3066 万千瓦时。如果国家商业平均电价按 1 元/千瓦时计算，则年均电费逾三千万人民币。根据行业运营经验，数据中心电费在整个运维费用中所占比例可超过 60%的水平。可见，对于中大型数据中心，用电节能十分重要。目前越来越多的数据中心在建设时将数据中心能源使用效率（PUE）值列为一个关键指标，追求更低的 PUE 值，建设绿色节能数据中心已经成为业内共识。

根据行业经验，在数据中心的总供电能耗里，IT 设备能耗约占 50%，空调制冷系统约占 35%，照明及配电能耗约占 15%。因此，除了采用能耗低的 IT 设备以及各种降低空调制冷系统的能耗和提升效能等方法外，提升不间断供电系统运行效率也是实现显著节能效果的途径之一。

从技术的角度看，优化不间断供电构架、采用高效率不间断供电设备、提高不间断供电系统及电源设备的利用率、采用智能化能效管理方案等，都是十分有效的节能方法。这些方法不但可以有效减少不间断电源系统的自身损耗，还可因损耗的减少继续降低数据中心制冷需求，从而实现进一步的系统节能。

2.1.5　安全

数据中心对不间断供电系统安全需求除了要求不间断外，还主要涉及设备安全与人身安全需求。

在数据中心的日常运行中，除了直接断电会影响 IT 系统安全运行并可能造成重大经济损失外，供电回路的雷击浪涌脉冲、供电的电能质量、供电回路的零地共模干扰等也将对 IT 系统产生显著的安全威胁。例如，未经可靠防雷保护的供电电缆、通信电缆引入数据中心可能引起数据中心 IT 设备工作异常，甚至是设备损坏；供电回路的电压波动、谐波成分也会导致设备无法正常运行，造成业务中断；供电回路的零地共模干扰进入计算机的数据传输路径时，将直接影响系统数据可靠性，导致传输数据丢包、误码甚至数据崩溃，过大的噪声干扰也可能导致计算机设备内的半导体器件发生混乱或者损坏。

另外，数据中心除了规划、设计与建设外，合理的运维也是保证数据中心可靠运行和良好经济效益的关键。但是，在人员的运维过程中，不合理的电气安全设计，不合理的接地保护都可能增大运维人员被电击的隐患。因此，保证运维人员的电气安全也显得尤为关键。

数据中心不间断供电系统安全设计中，通常采用适当的电气隔离与合理接地的方法，以提升设备安全水平和人员安全水平。例如，通过合理的电气隔离，可以有效避免雷击能量、零地共模干扰对负载的影响；通过合理的能量变换隔离，可以有效改善不间断供电系统的电能质量，保证 IT 负载的可靠运行；通过合理的电气隔离和接地，可有效提升运维人员的人身安全保证。

2.1.6　新能源

随着数据中心的大规模建设与应用，作为耗能大户的数据中心行业，电力费用是数据中心最主要的运营成本，可占数据中心总运营成本的 60%以上。另外，新能源的应用技术不断成熟，应用成本逐步贴近传统能源。因此，数据中心业主对新能源的引入与应用保持了高度的关注。

新能源包括太阳能、生物质能、风能等，其最大优势就是环保、可持续。提高新能源在数据中心能源消耗中占比是实现绿色数据中心、降低数据中心运营成本的重要手段之一。然而，新能源往往具有不稳定性、间歇性和随时间变化等特点，这使得新能源在数据中心中的高效可靠应用过程中面临诸多新挑战。不过，储能技术的发展和成本的不断降低，给绿色能源在数据中心的引入带来更加丰富的电力拓扑结构和调控手段。分布式储能技术与数据中心供电系统的结合是提升数据中心可再生能源渗透率的有效方法。

近些年，西方发达国家一些领先企业在光伏发电、生物质发电、风力发电、地热发电、潮汐发电等可再生能源的开发以及在数据中心供能运用方面进行了成功的尝试，

建设了一批采用可再生能源供电的绿色数据中心。比如美国，采用生物质发电、光伏发电、风力发电的可再生能源组合，为部分数据中心提供了超过 100MW 的供电保障能力。美国苹果公司、谷歌、亚马逊、微软等全球科技巨头，自 2007 年开始，便积极投身于可再生能源的研究和应用。其中，谷歌计划在 2025 年之前，数据中心实现完全由清洁能源供电。美国苹果公司在过去一年扩建的 3 个数据中心使用的都是可再生能源。与此同时，我国不少企业也在尝试大力发展建设绿色新能源数据中心，利用光伏发电、生物质发电以及冷热电三联供技术的组合应用，建设完全使用可再生能源、实现零碳排放的数据中心。

2.2　白皮书技术研究范围说明

从上述需求分析可知，数据中心用户对于不间断供电系统的关注重点在于供电系统可靠性、能效与节能、运维与管理。因此，本白皮书将聚焦于当前数据中心不间断供电技术关键领域进行研究分析，主要包括：供电系统构架优化研究、供电系统能效与节能、供电系统可靠性建模与计算、可靠度与可用度的关系等方面。

三、当代数据中心不间断供电技术现状

3.1　数据中心供配电系统现状

3.1.1　电力供给

当前，我国数据中心供电主要采用公用城市配电网电力供应。根据 GB 50613—2010《城市配电网规划规范》，城市配电网是指从输电网接受电能，再分配给城市电力用户的电力网。城市配电网通常是指 110kV 及以下的电网，分为高压配电网、中压配电网和低压配电网。其中 35kV、66kV、110kV 电压为高压配电网，3kV、6kV、10kV、20kV 电压为中压配电网，0.38kV（220/380V）电压为低压配电网。随着工厂用电水平的提高，3kV、6kV 电压等级已经基本不用于公共配电，20kV、66kV 也较少使用。根据当前数据中心建设规模，一次配电主要涉及 10kV 中压城市配电网电压，随着数据中心建设规模和用电量的日益庞大，为减少一次线损，也可采用 35kV 甚至 110kV 作为其一次配电。

根据《工业与民用配电设计手册　第三版》，各配电电压等级与送电能力、线路类型和供电距离的基本关系如表 3.1 所示。

表 3.1　配电电压等级与送电能力、线路类型和供电距离的基本关系

配电电压	配电容量	供电距离	线路类型
35kV	15MW	≤20km	电缆
35kV	2~8MW	20~50km	架空线
10kV	5MW	≤6km	电缆
10kV	0.2~2MW	6~20km	架空线
6kV	3MW	≤3km	电缆
6kV	0.1~1.2MW	4~15km	架空线

2017 年 6 月 22 日，国家能源局和中国电力企业联合会在京联合召开 2017 年电力可靠性指标发布会。报告指出，2016 年全国电网 220 千伏及以上变压器、断路器、架空线路三类设施可用系数分别达到 99.867%、99.958% 和 99.570%，普遍优于北美。全国城市用户平均停电时间 5.2 小时/户，农村用户平均停电时间 21.23 小时/户。2015 年全国 10 千伏用户平均供电可靠率 RS1 为 99.88%，平均停电时间 10.50 小时/户，预安排和故障平均停电时间占比 7∶3，用户平均停电次数 2.52 次/户。其中，城市用户平均供电可靠率 RS1 为 99.953%，平均停电时间 4.08 小时/户；农村用户平均供电可靠率 RS1 为 99.855%，平均停电时间 12.74 小时/户；城市供电可靠率比农村高 0.098 个百分点，平均停电时间相差 8.66 小时/户。

3.1.2　数据中心供配电

数据中心供配电系统是从供电电源线路引入数据中心，经高、低压供配电设备到信息负载设备。供配电设备主要由中低压配电柜、柴油发电机、自动转换开关（ATS）、低压配电系统、不间断电源（UPS）、机房列头柜和机架配电系统等组成。

1）数据中心常用电压制式

常见各配电回路及供配电设备常用电压制式与电压等级如表 3.2 所示。

表 3.2　数据中心常见电压制式与标称电压

分　类	标称电压	制式	说　明
一次配电	110kV、35kV、10kV、6kV、220/380V	交流	一次配电、柴油发电机
二次配电	220/380V	交流	二次配电、柴油发电机
交流 UPS 系统	220/380V	交流	交流供电系统
直流 UPS 系统	240V、336V	直流	直流供电系统
交流负载	220V/380V	交流	服务器电源、制冷、照明、安防、网络设备、维修电源
直流负载	48V、12V	直流	服务器

2）数据中心二次配电

数据中心低压配电系统主要是一次侧配电入户后经变压器降压为 220/380V 的交流配电系统，用于对数据中心各类电器设备的电力分配与配电保护。低压配电系统的设计

主要包括低压供配电方案、低压配电保护和配电接地系统。在数据中心配电系统中，当负载发生故障时，应有继电保护装置能自动、迅速、有选择地将故障元件从电力系统中切除，以保证无故障部分迅速恢复正常运行，并使故障件免于继续遭受损害。

ATS（Automatic Transfer Switch）全称为“自动转换开关”，主要用于负载电路从一个电源自动换接至另一个（备用）电源的开关电器，以确保重要负荷连续、可靠运行。从供电可靠性角度考虑，GB 50174—2017《数据中心设计规范》的8.1.17规定，正常电源与备用电源之间的切换采用自动转换开关电器时，自动转换开关电器宜具有旁路功能，或采取其他措施，在自动转换开关电器检修或故障时，不应影响电源的切换。此外，国家标准 GB/T 14048.11—2008《低压开关设备和控制设备　第6-1部分：多功能电器　转换开关电器》，定义了适用于额定电压交流不超过1000V或直流不超过1500V的转换开关电器，规范了转换开关应遵循的特性、试验方法等。

数据中心的列头柜配电与机架配电是数据中心低压配电系统的重要组成部分。列头柜是一列机柜设备最前端的一个机柜，主要功能是对这一列柜的交流或者直接负载提供电源，起到配电、监控、测量、保护、告警等作用。而电源分配单元PDU是数据中心机架配电设备，实现电源的分配和管理的功能。

3）数据中心柴油发电机

随着数据中心技术进步和规模的扩大，单机架功率密度提高。严峻的热量管理要求，使数据中心连续运行的条件由连续供电变成既要连续供电又要连续制冷。连续供电由备用能源电池通过不间断电源（UPS）完成，而连续制冷则必须由可连续运行的备用交流能源发电机担当，且发电机必须在机房最高功率密度机架连续制冷要求允许的时间内启动并完成转换。因此，发电机已经成为数据中心必备的并可及时投入运行的核心设备。

柴油发电机组一般由柴油机、发电机、控制箱、燃油箱、起动和控制用蓄电瓶、保护装置、应急柜等部件组成。柴油机允许使用的最大功率受零件的机械负荷和热负荷的限制，允许连续运转的最大功率称之为额定功率，柴油机的使用不能超过额定功率。

目前，市面常见柴油发电机组输出额定功率与额定电压、供电制式如表3.3所示。

表3.3　常见柴油发电机组输出额定功率与输出电压供电制式

额定功率/kW	额定电压/V	供电方式
1~7	220	单相
10~15	220/380	单相/三相
20~100	220/380	三相四线
220~1000	220/380或者中压	三相四线
1000以上	3kV/4.5kV/6.3kV/10.5kV/12kV	三相四线

4）数据中心接地系统

数据中心接地系统主要目的是为数据中心提供一个既能保证设备安全可靠运行，又能确保操作、运维人员的人身安全。第一种应用属于IT设备的功能性接地，第二种应用属于保护性接地。

数据中心接地规范可参考附件相关标准：

• GB/T 16895.1—2008《低压电气装置　第1部分：基本原则、一般特性评估和定义》（其对应的国际标准为IEC 60364-1《Electrical installations of buildings-Fundamental principles》）中条款3.1.2导体的配置和系统接地中，规范了低压交流供配电系统接地型式。

• TIA-942-A《数据中心通信网络基础设施标准》说明了保证贯穿机架材料的电力连续性以及使机架和机架上安装的设备正确接地方法。

• GB 14050—2008《系统接地的型式及安全技术要求》规定了交流220V/380V系统接地型式（TN、TT、IT）及系统接地的安全技术要求，主要阐述TN、TT、IT系统的接地型式与安全要求。

• GB 50065—2011《交流电气装置的接地设计规范》规定了交流电气装置的接地设计要求，包括：高压电气装置接地，发电厂和变电站的接地网，高压架空线路和电缆线路的接地，高压配电电气装置的接地，低压系统接地型式、架空线路的接地、电气装置的接地电阻和保护总等电位联结系统，低压电气装置的接地装置和保护导体。

根据当前低压电气装置系统接地型式，主要分为TT、TN和IT三类系统，如图3.1所示。接地系统中，以TN系统应用最为广泛，TN系统根据其保护零线是否与工作零线分开而划分为TN-C、TN-S、TN-C-S系统。按照GB 50174—2017《数据中心设计规范》及GB 50057—2010《建筑物防雷设计规范》的规定，数据中心机房的低压系统优先采用中性点直接接地的TN-S系统。用户亦可根据成本与工程实际需求选择其它合适的接地系统，但必须确保设备可靠运行与人身安全。

3.1.3　负载供电

1）服务器

数据中心供电系统主要负载是IT服务器，其负载功率占总配电容量的50%以上。目前，常见服务器电源输入形式有$220V_{ac}$、$48V_{dc}$与$12V_{dc}$三种。对于$220V_{ac}$与$48V_{dc}$电源输入服务器，其内部还有一个电源模块把输入电压降压到$12V_{dc}$为服务器主板供电。目前，服务器通常采用单输入电源或双输入冗余电源供电。而在中高端服务器中为了保证供电需求和可靠性，大多采用双电源输入供电冗余。目前，通常情况下双电源只有一路供电，另一路处于备用状态，当供电电源停电或故障时双电源设备可投切到备用电源用以保障设备正常供电。现在的服务器也可以实现双电源均流供电模式，需要在用户使用前明确。

常见服务器电源拓扑如图3.2所示，其主要由PFC整流与隔离DC/DC两级功率变换组成。按标准主要可以分为ATX电源和SSI电源两种：

ATX标准是Intel在1997年推出的一个规范，使用较为普遍，主要用于台式机、工作站和低端服务器，输出功率一般在125~350W之间。

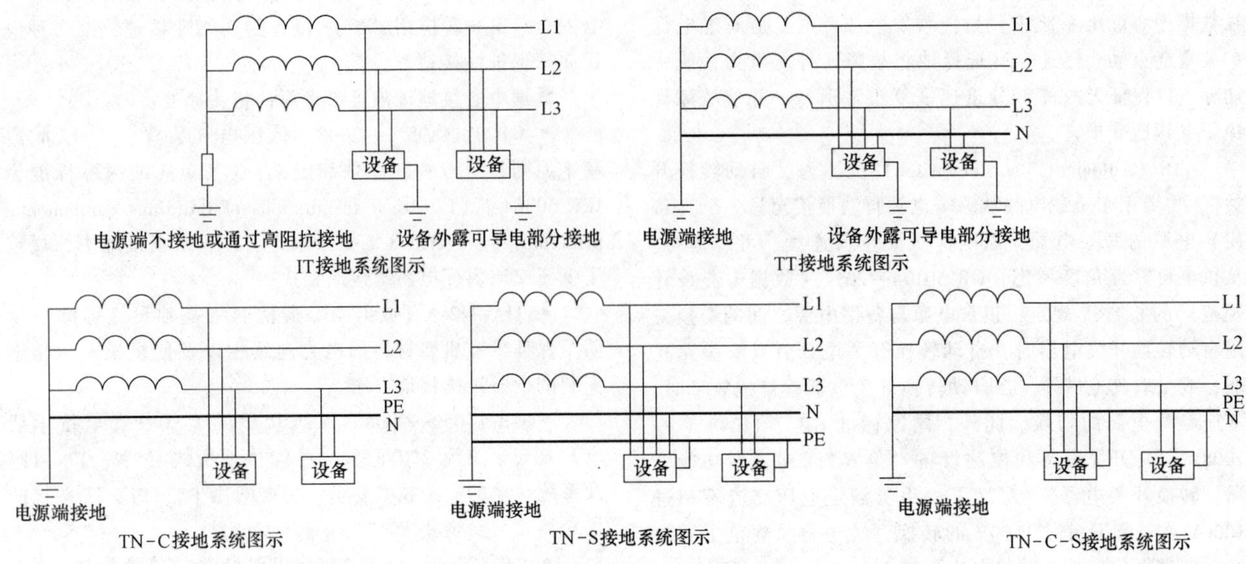

图 3.1 低压电气装置系统接地图示

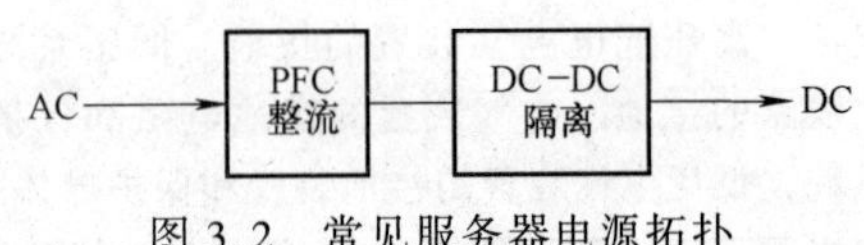

图 3.2 常见服务器电源拓扑

SSI（Server System Infrastructure）规范是随着服务器技术的发展而产生的，是 Intel 联合一些主要的 IA 架构服务器生产商推出的新型服务器电源规范，适用于各种档次的服务器。

它们主要输入输出电压与功率容量如表 3.4 所示。

表 3.4 ATX 与 SSI 服务器电源标准

电源标准	子项	容量(瓦)	输入电压	输出电压
ATX		125~350	AC90~270V	3.3V,5V,-5V,12V,-12V,5VSB
SSI	EPS	300~400	AC90~264V	3.3V,5V,12V,-12V,5VSB
	TPS	180~275	AC90~264V	3.3V,5V,12V,-12V,5VSB,Vbias
	MPS	375~450	AC90~264V	3.3V,5V,12V,-12V,5VSB
	DPS	≥800	AC180~264V	+48V,+12VSB

2）制冷设备

数据中心制冷设备主要包括：空调系统、新风系统及水泵等相关设备。制冷系统功率约占数据中心配电容量近35%，其主要输入电源制式为单路 $220V_{ac}/380V_{ac}$，未来随着数据中心可靠性需求的进一步提升，可能会出现对制冷设备要求双输入供电冗余的需求。

其中，数据中心常用空调包括小功率的列间精密空调（一般制冷量 10kW 以下）、中等功率精密空调（一般制冷量 10~100kW）、大功率中央空调（一般制冷量 100kW 以上）三大类，额定耗电功率一般为空调设备制冷量功率的30%。而新风系统与水泵的耗电功率显著小于空调制冷系统耗电功率。

3）照明及其他负载特性

除数据中心主要用电负荷服务器与制冷设备以外，其他负荷主要还包括照明、网络、安防、运维 IT 设备等。这些负载耗电量占数据中心能源总量的 15%，主要工作电源制式为交流 $220V_{ac}$电源。其中，照明功率根据经验约为每平方英尺 2W 或者每平方米 21.5W。

3.2 数据中心不间断供电构架现状

数据中心供电系统构架的核心是不间断电源系统（Uninterruptible Power System)，组成该系统的主要设备有交流 UPS 或直流 UPS。为满足数据中心不同可靠性等级的供电要求，目前业界采用不同的不间断供电构架解决方案。

对于 Tier Ⅰ级机房供电系统，不间断电源系统配置无冗余。对于 Tier Ⅱ级机房供电系统，不间断电源系统则采用设备多机并联冗余方案，即“*N*+*X*”不间断冗余供电系统。其中“*N*”为扩容系统，“*X*”为冗余并机数量，不间断供电设备常见形式为交流 UPS。事实上，如果设计采用直流不间断供电系统，直流 UPS 也适用。对于规模较大、可靠性要求较高的 Tier Ⅲ级或 Tier Ⅳ级机房供电系统，不间断电源系统则采用“2*N*”供电系统。“2*N*”供电系统不但实现了不间断供电功能，还大幅度提高了不间断供电系统的可靠性。另外，为进一步提升可靠性，每路不间断供电回路中还可以采用“*N*+*X*”设备冗余系统。

根据标准要求，数据中心交流配网市电有采用双重电源、两回线路供电的方式，以下分析中采用单框图代表各种配网市电的方式进行分析。

下面针对单回路不间断供电构架与双回路不间断供电构架分别进行阐述。

3.2.1 单回路不间断供电构架

对于单回路不间断供电构架，对不间断供电设备常采用 1+1 并机供电、N 并机扩容、N+1 并机供电、N+X 并机供电等方式。其中，不间断供电设备常采用交流 UPS，事实上采用直流 UPS 也是可以的，下述 UPS 代表交流或直流 UPS 设备。

1）1+1 并机冗余不间断构架

如图 3.3 所示，系统中市电与油机通过 ATS 进行双路切换，后经配电输入 1+1 UPS，最后再通过列头柜、机架 PDU 配送给负载。

2）N 并机扩容不间断构架

如图 3.4 所示，与图 3.3 不同的是不间断电源根据数据中心分期建设需求，采用 N 并机扩容系统，可分期投入设备。

3）N+1 与 N+X 并机冗余不间断构架

如图 3.5 所示，与图 3.4 不同，“N+1”“N+X”配置就是 N 扩容系统基础上，增加 1 台或 X 台 UPS 形成具备可靠性冗余的不间断供电系统构架。从而实现当 1 台或最多 X 台 UPS 出现故障时，剩余的 N 仍然能保证 IT 设备的正常运行。

3.2.2 双回路不间断供电构架

1）2N 系统不间断供电构架

如图 3.6 所示，2N 系统不间断供电构架即为 IT 负载同时配置两路不间断供电回路，不间断供电回路中的不间断电源设备可以是交流 UPS 也可以是直流 UPS，但采用交流 UPS 较为常见。该供电系统可以最大程度地满足 IT 设备不间断供电可靠性要求。

为了实现供电节能的目的，近年来在 2N 系统中，用市电直供替代其中一路不间断供电，形成了下述两种双回路供电构架。

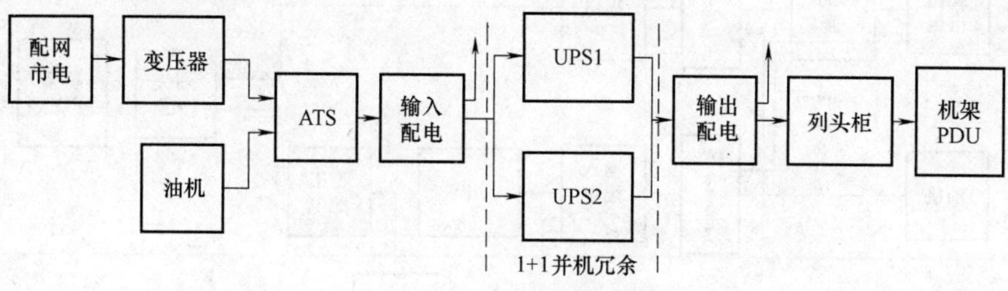

图 3.3 1+1 并机冗余系统

图 3.4 N 并机扩容系统

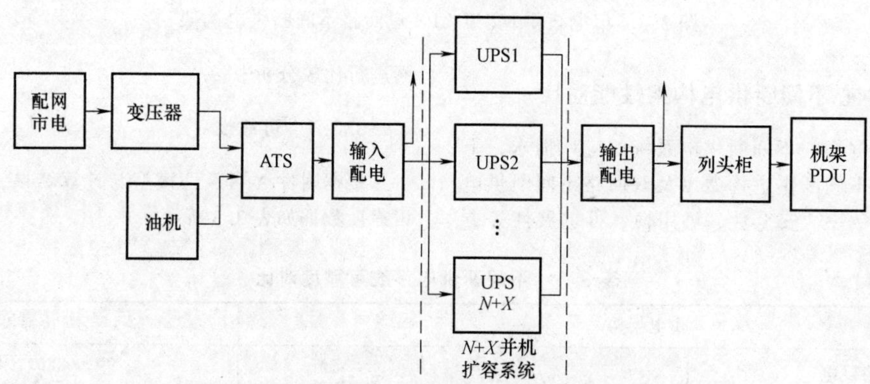

图 3.5 N+1 与 N+X 并机冗余系统

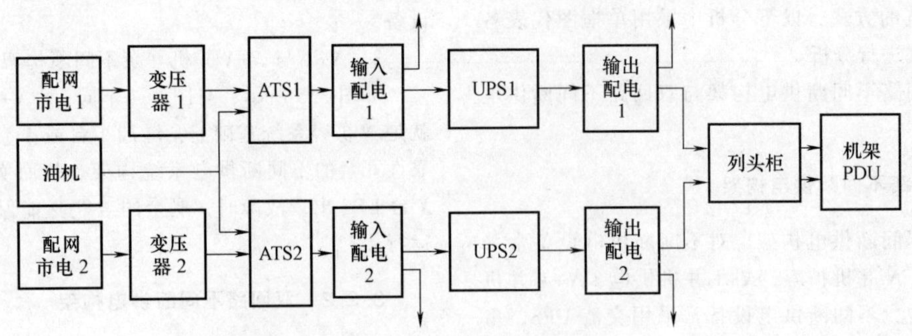

图 3.6 典型 2N 供电冗余系统示意图

2）市电直供+直流 UPS 双回路不间断供电构架

如图 3.7 所示，不间断供电回路采用直流不间断供电系统，另一路供电回路直接采用市电直供方式。与 2N 系统不同点在于，本供电构架只有一路为不间断供电电源，另一路是没有不间断设备保护的市电。

3）市电直供+交流 UPS 双回路不间断供电构架

如图 3.8 所示，与图 3.7 供电构架差异在于，市电直供+交流 UPS 供电构架采用交流 UPS，且电池的挂接位置不同。由于将市电直供给负载，则交流电网输入的雷击、浪涌、谐波、闪断等电能质量问题将直接传导给负载，可能引起负载运行问题。

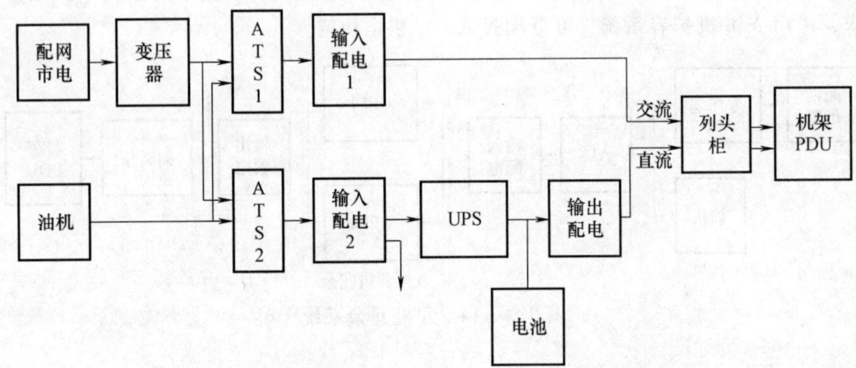

图 3.7 市电直供+直流 UPS 双回路不间断供电构架

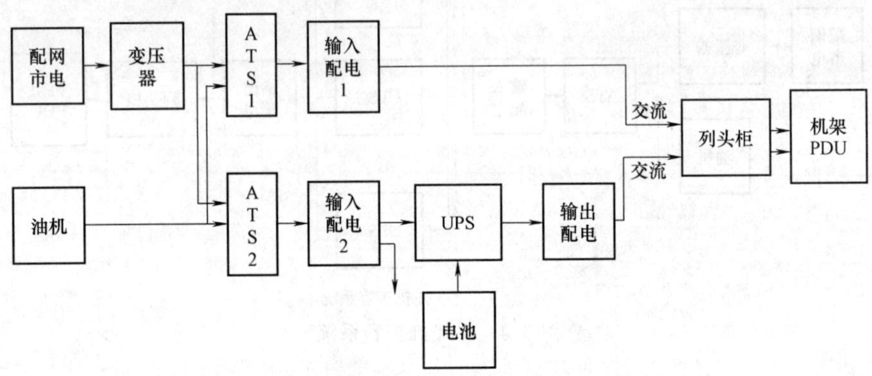

图 3.8 市电直供+交流 UPS 双回路不间断供电构架

3.3 数据中心不间断供电构架性能对比

根据客户对数据中心不间断供电系统的应用需求，下面针对上述单回路不间断供电构架以及双回路不间断供电构架，从可靠性、效率、安全性、可用性、可扩展性等方面进行比较分析。

3.3.1 可靠性

根据附件 A 可靠性模型与计算结果，各类供电构架的可靠度数据如表 3.5 所示。

表 3.5 不间断供电系统可靠度对比

供电架构			可靠度
单回路供电 （设备冗余/扩容 $N=5, X=2$）	1+1	交流	99.9988021949358%
		直流	99.9988021949767%

（续）

供电架构			可靠度
单回路供电（设备冗余/扩容 $N=5, X=2$）	N	交流	99.9984824130106%
		直流	99.998802188852%
	$N+1$	交流	99.9988021943632%
		直流	99.9988021949767%
	$N+X$	交流	99.9988021949767%
		直流	99.9988021949767%
双回路供电（系统冗余）	$2N$	交流	99.9999999840796%
		直流	99.9999999856526%
	市电直供+交流 UPS	交流	99.9999999712784%
	市电直供+直流 UPS	直流	99.9999997727342%

注：需要说明，数据中心的可靠性概念与数据中心供电系统的可靠性概念不同，供电系统的可靠性只是数据中心可靠性中的一环。

根据上表数据，得出以下结论：

1）不间断供电系统可靠性主要受制于后级串行设备

表 3.7 可见，单回路不间断供电系统可靠度都在 99.9988%附近，结果基本趋同。主要原因在于从 UPS 供电输出配电到 IT 设备负载供电侧的串行设备数量与结构相同，而 UPS 输出前级可靠度远高于后级串行设备的可靠度。可见，供电系统的可靠性还受制于后级串行可靠性最薄弱的环节。

2）双回路不间断供电系统可靠性极高

由于 2N 系统双总线独立供电构架特性，2N 系统供电可靠度计算结果几乎接近 100%。可见，对于 A 级或 Tier IV 级机房，即便是在 2N 供电系统成本较高的情况下，2N 供电系统仍然是该类机房的必备选择。

“市电直供+直流 UPS”的双回路不间断供电系统本身也因为采用两回路并联对负载供电，因此也极大提升了系统供电可靠性。同理，“市电直供+交流 UPS”供电系统的可靠度指标也得到了大幅度提升。可见负载供电可靠性的提升实质上是由双回路供电所带来的。由于市电直供+直流 UPS 相对于市电直供+交流 UPS，在供电上将电池直挂负载侧，因此在可靠性上较采用交流 UPS 供电构架有一定提升。

3）在大型数据中心中不间断供电系统推荐优先采用典型 2N 系统

相对于 2N 供电系统，“市电直供+ UPS”供电构架中，由于将市电通过配电柜直供给负载，则交流电网输入的雷击、浪涌、谐波、闪断等电能质量问题将直接传导给负载，可能引起负载运行问题。因此，在大型数据中心中不间断供电系统推荐优先采用图 3.6 的典型 2N 系统。

3.3.2 效率

1）不间断供电设备级数与效率

目前，数据中心不间断供电系统主要设备交流 UPS 与直流 UPS 都是通过电力电子技术实现的功率变换。随着功率半导体器件、功率变换技术的进步，变换拓扑、变换效率、交直流变换的灵活性都得到了显著发展，为 UPS 设备从根本上去掉输出隔离变压器创造了物质条件，使其在高频化、小型化、节能化和绿色环保化方面取得了长足的进展，这就是人们所说的“高频机”。这种机型集中体现了 UPS 电路技术的进步，代表着 UPS 技术的发展方向。与传统的带输出变压器的 UPS 相比，它在进一步缩小体积、减轻重量、改善性能、提高效率、降低成本等方面，都取得了显著的改善和进步，成为现代数据中心 UPS 设备的首选机型。

目前，应用于数据中心的高频交流 UPS 设备都是如图 3.9 所示的 AC/DC+DC/AC 的双级变换结构，交流市电输入通过 PWM AC/DC 变换器实现了 PWM 整流与输入电流谐波抑制，并与电池形成双路直流，经 DC/AC 逆变器转换为交流给负载供电。交流 UPS 通过采用高频化技术、新型电力电子器件、新型数字化控制技术，在缩小体积、减轻重量、改善性能、提高效率、降低成本等方面，实现了大幅提升与显著进步。目前，典型高频 UPS 在双级变换下的效率超过 96%。

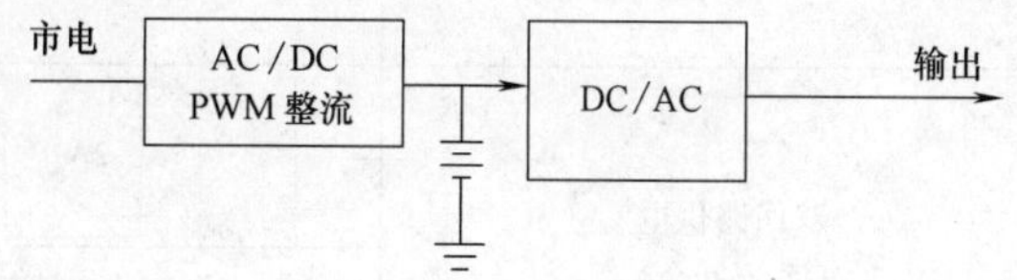

图 3.9　交流 UPS 设备结构

如图 3.10 所示，直流 UPS 设备结构一般由 AC/DC+DC/DC 的双级变换组成，市电通过 PWM AC/DC 变换器转换为直流，实现了 PWM 整流与输入电流谐波抑制，再由 DC/DC 进行直流变换，与电池一起为负载提供双路供电，常见直流输出为+240V 系统或+336V 系统。目前，通过采用高频化技术、新型电力电子器件、新型数字化控制技术，直流 UPS 供电效率达到了 96%~97%的水平。

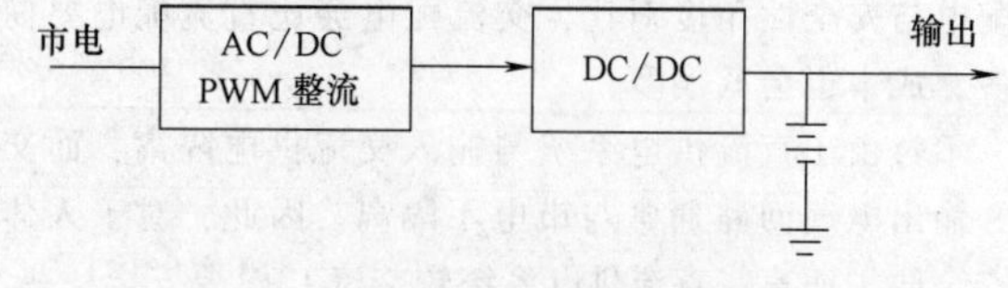

图 3.10　直流 UPS 设备结构

由此可见，直流 UPS 与交流 UPS 电源都是两级功率变换结构。除输出交直流电压制式外，直流 UPS 与交流 UPS 的差异在于直流 UPS 后备储能电池置于 AC/DC 与 DC/DC 两级变换后，而交流 UPS 后备电池置于 AC/DC 与 DC/AC 两级变换的中间，直流 UPS 后备储能电池较交流 UPS 少经历一级功率变换。

2）不间断供电系统效率对比

从目前电力电子行业变换效率发展水平来看，AC/DC、DC/AC 与 DC/DC 单级变换最高效率基本都可以达到 98%，因此 UPS 设备无论是交流输出还是直流输出基本都可取 96%。供电系统中的变压器及配电等其他损耗最大可按 3% 估算，即效率 97%。那么，从市电输入到 IT 设备负载配电前，各不间断供电构架下最高效率计算可得

a）对于单回路供电构架

由于系统采用 1+1、N 扩容、N+1、N+X 等并联供电方式，不间断设备工作效率均为单机工作效率。因此，对于交流 UPS 不间断供电系统，供电效率为

$$\eta_{交流}=96\%\times97\%=93.1\%$$

对于直流 UPS 不间断供电系统，供电效率为

$$\eta_{直流}=96\%\times97\%\approx93.1\%$$

b）对于双回路供电构架

对于 2N 供电系统，其系统供电无论是两路在线冗余还是两路主备冗余，其供电效率均与单回路供电效率一致。

对于交流不间断供电系统，供电效率为

$$\eta_{交流}=96\%\times97\%\approx93.1\%$$

对于直流不间断供电系统，供电效率为

$$\eta_{直流}=96\%\times97\%\approx93.1\%$$

为了提升系统供电效率，行业也出现了“市电直供+交直流 UPS”的供电方式。负载的两个供电回路中，一路市电直供效率为配电系统效率，即为 97%；另一路供电回路为交直流不间断供电系统效率，即为 93.1%，此时系统供电效率为其双回路供电效率在 93.1%~97%之间，因此提升了系统的供电效率。如果在“市电直供+交直流 UPS”供电方式下，可实现市电直供回路为主供电回路，而交直流 UPS 不间断供电回路为辅供电回路的供电模式，则日常供电系统效率可实现 97%的最大供电效率。但仍需注意的是，由于市电直供负载，则交流电网输入的雷击、浪涌、谐波、闪断等电能质量问题将直接影响负载，可能引起负载运行问题。

经上述分析，各类供电构架的供电效率数据如表 3.6 所示。

表 3.6 不间断供电系统供电效率对比

供电架构			供电系统效率
单路供电 （设备冗余/扩容 N=5，X=2）	1+1	交流	93.1%
		直流	93.1%
	N	交流	93.1%
		直流	93.1%
	N+1	交流	93.1%
		直流	93.1%
	N+X	交流	93.1%
		直流	93.1%
双回路供电 （系统冗余）	2N	交流	93.1%
		直流	93.1%
	市电直供+交流 UPS	交流	93.1%~97%
	市电直供+直流 UPS	直流	93.1%~97%

3.3.3 安全性

从配电角度而言，由于交流 UPS 输出为交流，过电流保护与配电较为成熟。而直流 UPS 输出一旦发生过电流、短路，直流拉弧问题比较难以解决，过电流保护与配电较为复杂，不易隔离事故，并易于造成二次事故发生。因此，从配电与安全性角度对比，交流配电会比直流配电要简单很多，成本也会低很多。

不过由于直流供电系统与输入交流供电隔离，而交流 UPS 输出电气回路通常与市电不隔离。因此，对于人体触电安全防护而言，直流供电系统较交流 UPS 要安全一些。

经上述分析，交流与直流不间断供电构架安全性对比如表 3.7 所示。

3.3.4 直流后备储能

由于直流后备储能容量是一个固定量，即后备供电时间是固定不变的，当市电故障时间大于电池备用时间时，系统最终将不能保证负载持续供电。于是，直流后备储能由不间断供电的主要备用能源变为用于市电故障后备用发电机启动和切换时间内维持向负载供电的过渡备用能源。对直流后备储能时间的要求变化为最短后备时间大于发电机启动和与市电完成转换的时间。

表 3.7　交流与直流不间断供电构架安全性对比

比较点	采用交流 UPS 不间断供电构架	采用直流 UPS 不间断供电构架
零地电压	存在一定的零地电压	不考虑零地电压
人员安全	存在触电隐患	直流与电网隔离,触电隐患低
配电与保护	简单、容易分断、保护简单	复杂、直流灭弧较难,可能造成二次事故
系统配电成本	成本低	成本高

根据前述，不同交直流供电构架下主要差异点在于直流后备电池的挂接点不同，直流不间断供电系统相对交流不间断供电系统，电池从不间断供电设备的两级变换器之间移到两级变换之后的负载侧。图 3.9 与图 3.10 展示了交流 UPS 供电与直流 UPS 中系统电池挂接点区别。

相对于交流 UPS，直流 UPS 电池直接挂于负载电源输入前，少经历一级功率变换。因此，从供电系统可靠性而言，要略高于交流 UPS 系统。

对于设备效率，由于交、直流 UPS 都是两级功率变换，在线运行效率都大致相当，与电池挂接点位置关系不大。

3.3.5　可用性

根据附件 A 可靠性模型与计算结果和可用性计算公式 $A=\frac{MTBF}{MTBF+MTTR}$，对各供电构架下可用性进行对比分析如表 3.8 所示（表中对于单机系统 MTTR 采用行业典型时间 8 小时计算，对于模块化电源系统 MTTR 采用行业典型时间 0.5 小时计算）。

表 3.8　供电构架可用性对比

供电架构			可靠度	MTBF(小时)	MTTR(小时)	A
单路供电（设备冗余/扩容 $N=5,X=2$）	1+1	交流	99.9988021949358%	83485.54	8	99.9904184202511%
		直流	99.9988021949767%	83485.54	8	99.9904184205783%
	N	交流	99.9984824130106%	65893.58	0.5	99.9992412065053%
		直流	99.998802188852%	83485.11	0.5	99.9994010944260%
	$N+1$	交流	99.9988021943632%	83485.50	0.5	99.9994010971816%
		直流	99.9988021949767%	83485.54	0.5	99.9994010974883%
	$N+X$	交流	99.9988021949767%	83485.54	0.5	99.9994010974883%
		直流	99.9988021949767%	83485.54	0.5	99.9994010974679%
双回路供电（系统冗余）	$2N$	交流	99.9999999840796%	6281249872.05	8	99.9999998726368%
					0.5	99.9999999920398%
		直流	99.9999999856526%	6969903446.57	8	99.9999998852208%
					0.5	99.9999999928263%
	市电直供+ UPS	交流	99.9999999712784%	3481699834.96	8	99.9999997702272%
					0.5	99.9999999856392%
	市电直供+ UPS	直流	99.9999999727342%	3667598138.15	8	99.9999997818736%
					0.5	99.9999999863671%

表中可靠度数据延用表 3.5 各系统可靠度数据，通过以上分析可得出下面的结论：

1）模块化 UPS 和高压直流供电系统的可用性比单机 1+1 的可用性高，根本原因是模块化 UPS 的模块故障后可热插拔修复。

2）$2N$ 等双回路供电系统因为可靠度非常高，因此无论是将 8 小时维护时间计算在内还是将 0.5 小时维护时间计算在内，它们的可用度都仍然非常高。

3）参照表 3.5 可靠度数据来看，各系统可靠度数据与可用度数据较为接近，但它们所代表的含义完全不同、不应混淆，详细的差异说明可参见附录 B 可靠度与可用度关系说明。

3.3.6　可扩展性

在数据中心解决方案中，另外客户十分关注的因素是可扩展性和成本，这将直接影响到数据中心的投资回收期。

当设计一个内部的数据中心时，成本控制和性能取决于建设标准不能过高或过低。如果用户过度建设，那么将会浪费资源。因此，数据中心设施必须满足目前业务的需要，但也必须能够满足未来扩展的需求。

从目前各数据中心不间断供电构架来看，由于交直流UPS并机扩容技术发展和不断成熟，无论是集中式供电，还是模块化供电，都可以很好地解决数据中心并机扩容的问题。而真正影响数据中心供电扩容的主要因素还是在于配电及配电系统的前期规划和设计。因此，数据中心合理的分区域配电系统设计，才是解决数据中心不间断供电系统可扩展性的关键。

3.4　总结

1）根据可靠性要求不同，数据中心不间断供电系统主要有单回路供电系统与双回路供电系统。无论是单回路供电系统还是双回路供电系统，系统中的不间断供电设备都可以应用交流 UPS 或直流 UPS。

2）交流/直流 UPS 不间断供电设备的电能变换级数一般都是 2 级。在相同不间断供电构架下，采用交流 UPS、直流 UPS 的系统效率基本相同。

3）由于 2*N* 系统双总线独立供电构架特性，2*N* 系统供电可靠度、可用性都非常高，虽然 2*N* 供电系统成本较高，但 2*N* 供电系统仍为高等级数据中心的优先选择。

4）“市电直供+交流/直流 UPS”的供电模式对负载而言，实质上也属于双回路供电系统。但相对于 2*N* 供电系统，“市电直供+交/直流 UPS”供电构架中，由于将市电直供给负载，则交流电网输入的雷击、浪涌、谐波、闪断等电能质量问题将直接影响负载，可能引起负载运行问题。

四、数据中心不间断供电技术优化与发展

4.1　当前供电构架结构分析

根据第 3 章分析可知，双回路供电系统可靠性远高于单回路供电系统，但双回路供电构架中每个供电回路的结构与单回路供电结构完全相同。因此，下文中的性能对比与优化只需针对单回路供电构架进行分析。

交/直流不间断供电构架如图 4.1 所示，在直流供电构架应用中，由于服务器电源 PSU 通常采用通用电源，其第一级在图中仍然标示为 AC/DC。

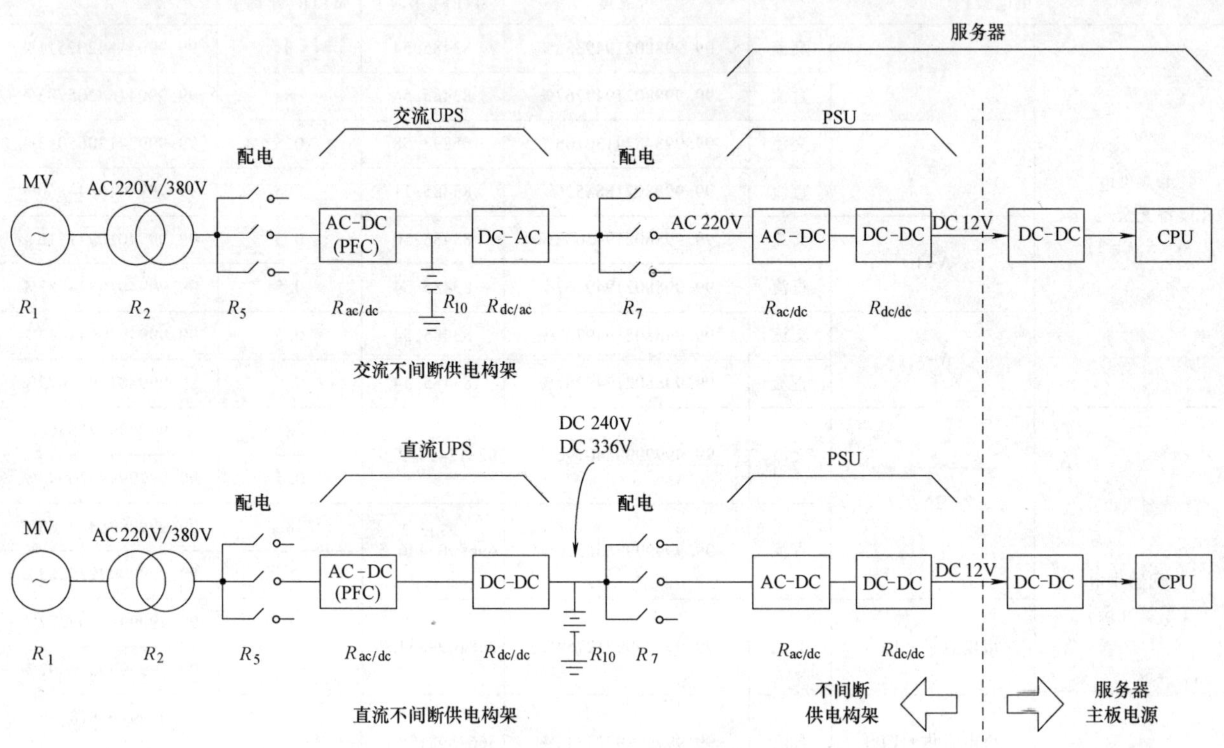

图 4.1　当前主流不间断供电构架变换结构

图中可知，无论是交流不间断供电构架还是直流不间断供电构架，前端市电、油机与 ATS 到配电给不间断设备输入基本是相同的，从不间断设备输出到 12V 负载供电输入也基本是相同的。因此，为简化问题分析，本文讨论的数据中心不间断供电构架范围将从 AC220/380V 交流市电配电起，到服务器 DC+12V 电源止，不涉及服务器内部主板电能变换环节，所涉及变换级数、供电效率、可靠性等均在该范围内讨论。

此外，下文所涉及效率计算也与第 3 章中讨论不同供电构架下效率分析也有所不同，下文分析效率在第 3 章基础上，还考虑了服务器电源效率。

4.1.1　电能变换环节分析

如图 4.1 所示，现在主流数据中心不间断供电构架，无论是交流 UPS 不间断供电构架，还是直流 UPS 供电构架基本都是 4 级电能变换。

对于交流UPS不间断供电系统，交流UPS采用AC/DC与DC/AC两级变换，后备储能单元置于两级变换中间。对于服务器PSU，通常采用AC220V输入，DC+12V输出。业界在分析PSU时，通常认为只存在一级AC/DC变换。但现实情况是PSU中实际存在AC/DC和DC/DC两级变换，对于具备PFC技术的PSU，第一级AC/DC为PFC整流环节，而后级将整流后的高压直流DC/DC降压到IT负载所需的DC+12V。

对于直流不间断供电系统，业界在分析直流UPS时，通常认为它只有AC/DC一级变换环节。但事实上，直流UPS通常都有AC/DC与DC/DC两级电能变换。这是由于当前业界直流UPS技术的现行方案通常采用Boost型PWM整流变换器，它决定了输出直流电压必须高于输入相电压的峰峰值。因此，为了既满足市电输入PFC值为1的要求，又要实现DC+240V或DC+336V输出供电电压的需要，则需要采用后级DC/DC实现直流隔离降压变换。对于240V直流不间断电源构架，服务器电源PSU一般采用通用交流服务器电源，也有两级变换，如图4.1中直流不间断供电拓扑所示。

4.1.2 效率分析

从目前电力电子行业变换效率发展水平来看，AC/DC、DC/AC和DC/DC单级变换最高效率基本都可以达到98%。对于服务器PSU，目前两级变换效率根据80PLUS服务器电源认证，钛金效率最高可达96%，如表4.1所示。变压器及配电等其他损耗最大可按3%估算，即效率97%。

那么，各不间断供电构架下最高效率计算可得

1）交流UPS不间断供电系统

$$\eta_{交流}=98\%\times98\%\times96\%\times97\%\approx89.4\%$$

2）直流UPS不间断供电系统

$$\eta_{直流}=98\%\times98\%\times96\%\times97\%=89.4\%$$

可见，事实上交流不间断供电构架与直流不间断供电构架最高效率基本一致。同时，对于系统工作在这25%或100%负载情况下，从现有技术分析而言，交流不间断供电系统与直流不间断供电系统的系统供电效率也基本一致。

表4.1 服务器电源80PLUS认证效率

	80 PLUS BRONZE 铜牌	80 PLUS SILVER 银牌	80 PLUS GOLD 金牌	80 PLUS PLATINUM 白金牌	80 PLUS TITANIUM 钛金牌
负载	转换效率				
20%	81%	85%	88%	90%	94%
50%	85%	89%	92%	94%	96%
100%	81%	85%	88%	91%	91%

4.1.3 可靠性分析

对于图4.1所示不间断供电构架，根据附录A.3可靠度计算模型与数据，则交直流供电构架下可靠度计算结果如下：

$$R_{交流}=[1-(1-R_1\cdot R_2\cdot R_5\cdot R_{ac/dc})\cdot(1-R_{10})]\cdot R_{dc/ac}\cdot R_7\cdot R_{ac/dc}\cdot R_{dc/dc}=99.998551075967\% \tag{4.1}$$

$$R_{直流}=[1-(1-R_1\cdot R_2\cdot R_5\cdot R_{ac/dc}\cdot R_{dc/dc})\cdot(1-R_{10})]\cdot R_7\cdot R_{ac/dc}\cdot R_{dc/dc}=99.999001071151\% \tag{4.2}$$

上式计算结果为供电系统可靠度，而非单电源设备的可靠度。可靠度计算数据可参见附录A表A.1，上述计算过程是采用单机不间断供电设备进行计算。对于采用N+1、N+X等不间断电源冗余方案，各电源系统可靠度按各自冗余设计计算，电源系统可靠度会有相应提升，但计算结果并不影响交、直流供电构架可靠性的对比结果。

从计算结果可知，直流不间断供电构架的可靠度比交流不间断供电构架略高0.000449995184%。究其原因，从计算式与计算过程分析来看，不间断供电构架可靠性最终受不间断电源的后级串联设备影响。而直流供电构架的储能单元在形式上从交流供电构架的第1级变换后移至第2级变换后，使得后备储能单元对负载供电少经过1级变换，因此可靠性得以一定提升。

从供电系统可靠度不能直观感受到两供电系统的差异，下述从交直流供电系统年失效率的角度进行比较。根据系统可靠性与系统等效失效率的关系：

$$R=e^{-\frac{t}{MTBF}} \tag{4.3}$$

$$\lambda=\frac{1}{MTBF} \tag{4.4}$$

可得

$$\lambda_{交流}=1.448934530248\cdot10^{-5}h^{-1}=0.1269\text{次/年} \tag{4.5}$$

$$\lambda_{直流}=0.9989338384882\cdot10^{-5}h^{-1}=0.0875\text{次/年} \tag{4.6}$$

上述计算结果应理解为各自供电系统下，组成系统的各设备所导致的整个供电系统的失效率，即IT负载供电异常的频次。可见，在上述不间断供电系统构架模型下，采用交流供电构架下的IT负载供电异常频次是采用直流供电

构架的 1.4 倍。

上述为理论分析结果，对实际供电系统，由于交流 UPS 存在旁路冗余供电、直流 UPS 的后备储能单元通常会有多组电池并联，不间断供电系统造成负载宕机的实际概率会小于上述计算结果。此外，从上述分析结果来看，单路交直流 UPS 的不间断供电系统不能满足大型数据中心或重要负载的供电可靠性要求，一般需要采用 2N 供电构架或分布式储能不间断供电方案，详见附录可靠度计算分析说明。

4.1.4 安全性分析

通常而言，交直流供配电的大体原则是，交流电在配电环节是较为安全可靠的，而经过隔离的直流电在用电操作环节是较为安全的，不存在人员单点触电隐患。

因此，相比较而言，交流 UPS 不间断供电构架，无论是集中供电方式、区域供电方式还是分布式供电方式下配电系统都较容易实现，且成熟、安全、可靠和成本低。

对于直流 UPS 不间断供电构架，高压直流电在配电环节中需要考虑更多的直流断路、灭弧、保护等相关措施，高压直流分断难、配电成本高。因此，直流 UPS 不间断供电构架更适合于系统设计完善，运维保障能力强的应用场合。

4.2 后备储能单元挂接点分析

从当前供电系统电能变换过程与直流储能单元挂接可能性分析，存在图 4.2 所示的 4 种挂接方式。

特别强调，这里及本文所述的后备储能单元可以是电池组单元，也可以是电池组加双向 DC/DC 变换器组成的储能单元。但为了表述方便，本文图中所述后备储能单元仅给出电池组示意图。

典型交流不间断供电系统，后备储能电池置于第 1 级电能变换器后；而典型直流 UPS 不间断供电系统，后备储能电池置于第 2 级电能变换器后。由于现代数据中心用电功耗的提升，后备直流储能逐步变为用于市电故障后备用发电机启动和切换时间内维持向负载供电的过渡备用能源，而发电机已经成为数据中心必备的并可及时投入运行的核心设备。因此，将直流后备储能电池放置于负载供电终端成为可能。目前，行业也出现了一些将后备储能电池置于服务器 PSU 电源第 3 级与第 4 级后的应用方案。

从电力电子技术角度而言，后备储能单元挂接于供电系统的哪级变换后都是可行的。但数据中心供电系统的核心要求是高可靠不间断供电，因此下面从后备储能单元挂接点对数据中心供电系统可靠度影响进行分析。

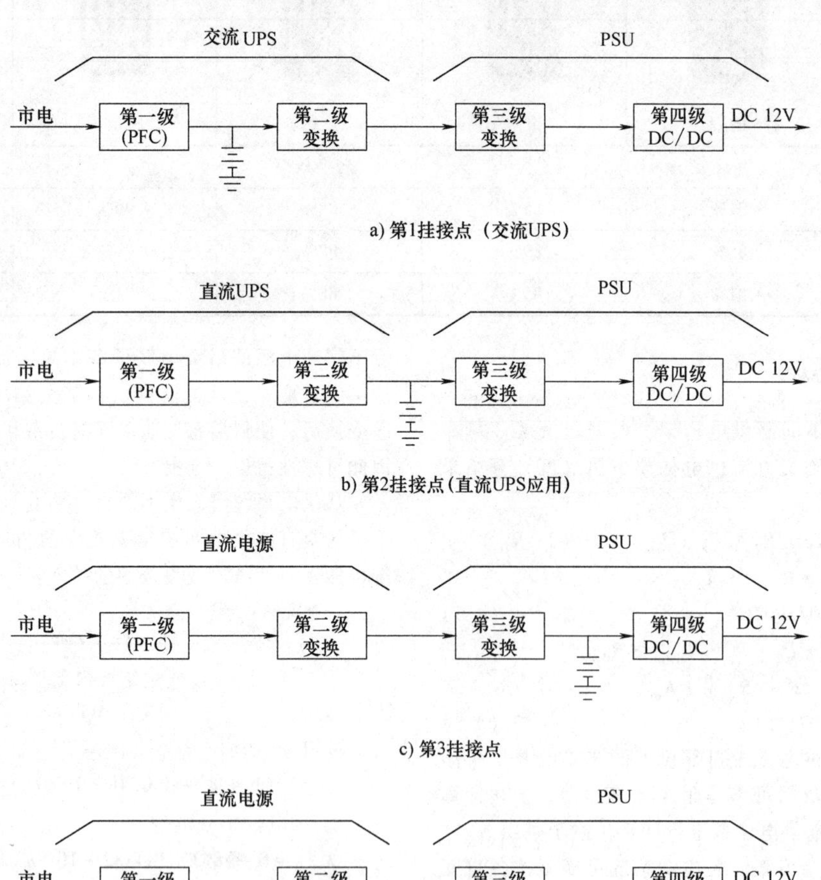

图 4.2 现有供电构架后备储能单元配置点

假设各电能变换环节的可靠度为$R_{第X级}$，电池的可靠度为$R_{电池}$，那么根据可靠度串并联计算模型，各挂接点下可靠度计算公式如下：

$$R_{第1挂接点}=[1-(1-R_{第一级})\cdot(1-R_{电池})]\cdot R_{第二级}\cdot R_{第三级}\cdot R_{第四级} \tag{4.7}$$

$$R_{第2挂接点}=[1-(1-R_{第一级}\cdot R_{第二级})\cdot(1-R_{电池})]\cdot R_{第三级}\cdot R_{第四级} \tag{4.8}$$

$$R_{第3挂接点}=[1-(1-R_{第一级}\cdot R_{第二级}\cdot R_{第三级})\cdot(1-R_{电池})]\cdot R_{第四级} \tag{4.9}$$

$$R_{第4挂接点}=1-(1-R_{第一级}\cdot R_{第二级}\cdot R_{第三级}\cdot R_{第四级})\cdot(1-R_{电池}) \tag{4.10}$$

以附录可靠度计算数据为例，各级变换器可靠度认为一致，即$R_{第X级}=99.999549974724\%$，$R_{电池}=99.9999287\%$，各挂接点方案的不间断供电系统的可靠度及系统失效率计算结果如表4.2所示。

表4.2 不同挂接点的可靠度和系统失效率

挂接点	可靠度	失效率	挂接点	可靠度	失效率
第一挂接点	99.998650005754%	0.11826次/年	第三挂接点	99.999549999038%	0.03942次/年
第二挂接点	99.999100001383%	0.07884次/年	第四挂接点	99.999999998717%	0.011242×10^{-5}次/年

从表中可靠度与失效率结果来看，结论如下：

1）后备储能单元挂接点越靠后，系统不间断供电的可靠性越高，出现供电异常的频率也越低。电池挂接在最后一级，系统供电可靠度最高。

2）交流UPS不间断供电系统的电池挂接在第一挂接点，可靠性略低于电池挂接于第二个挂接点的直流UPS不间断供电系统。

3）从后备储能的每一个挂接点看，对于后级系统而言就是一个双回路供电系统，根据双路供电可靠性模型计算，该系统的可靠性主要取决于电池接入点的后级串联模型的可靠性。

根据电力电子变换技术特点和上述可靠性分析，后备储能各挂接点位置的供电系统技术特性的比较见表4.3。

表4.3 后备储能挂接点对比分析

挂接点特性	第一级变换后	第二极变换后	第三级变换后	第四级变换后
适用场合	集中或区域后备储能	集中或区域后备储能	分布式	分布式
后备储能电压等级	高	中/高	中/低	低
直流配电情况	需要考虑大容量电池直流配电与保护，直流环节设备内处理	需要考虑大、中容量直流配电与保护	较简单，需要考虑小容量直流配电与保护	简单，只需考虑小容量直流配电与保护
储能单元与交流电气隔离	一般不隔离	隔离，较安全	一般隔离，较安全	完全隔离，安全
储能回路直流故障隔离	设备电力电子开关可以有效切断储能单元，第2级变换器可将负载与储能回路故障有隔离	储能单元直挂负载回路，直流故障直接影响后级负载	储能容量小，设备电力电子开关可以有效切断储能直流回路	储能容量小，电池完全分布配置，故障只会影响单独负载
供电可靠性	一般	中	高	极高

4.3 供电构架方案优化设计

根据前述数据中心不间断供电系统分析结果，供电系统电能变换级数直接影响数据中心供电系统的效率与可靠性。因此，为提升数据中心供电系统效率与可靠性，应尽量减少系统的电能变换级数。下面对3级电能变换、2级电能变换和1级电能变换的数据中心不间断供电构架的可行性进行分析。

4.3.1 不间断供电构架优化——3级电能变换构架

在不间断供电系统优化过程中，原供电系统为4级电能变换。由于数据中心供电系统都是交流配电开始到IT负载12V直流供电，因此在4级到3级的优化过程中，第1级AC/DC需要完成PFC功能实现交流到直流的变换，而后一级需要将直流变换为服务器所需的12V电源。因此，4级到3级电能变换的优化可以从中间变换环节入手进行化简，即将中间两级变换合并为1级DC/DC变换，从而得到AC/DC+DC/DC+DC/DC的3级变换结构，并根据后备储能电池挂接位置形成下述3种供电构架。

4.3.1.1 3级电能变换构架A——后备储能挂接于第1级变换后

采用第1级变换输出作为后备储能直流母线，形成如图4.3所示的直流母线集中储能式供电构架。

1. 供电构架分析

系统第1级电能变换采用集中式供电结构，形成的高压直流母线再对后级供电形成高压直流配电。第2级DC/DC变换在列头柜边形成区域式供电，这样做的好处在于可以实现后备储能单元的集中供电便于数据中心供电结构区域化设计与合理配置，高压直流母线供电可以有效降低系统损耗，集中式供电与后备储能单元的应用可以减少系统

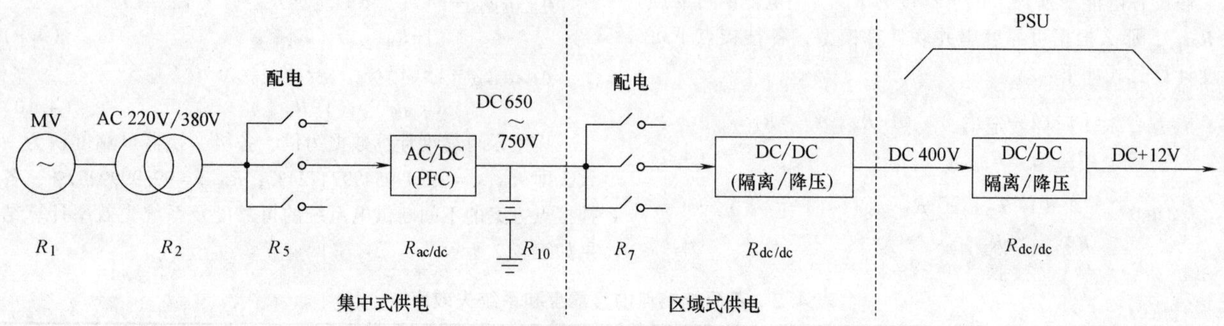

图 4.3 3 级电能变换 A

的维护量。该供电构架比较适合大型数据中心不间断供配电结构应用中。

不过由于存在两级高压直流母线配电，它的缺点在于系统直流母线配电与保护将变得较为复杂、成本高，因此安全性是该供电结构重点解决和处理的问题。

2. 供电配电分析

系统输入采用交流配电到各楼层，高压直流电源可在数据中心各楼层进行集中式配置，然后采用高压直流配电到服务器列头柜。第二级直流电源可采用 $N+X$ 模块化电源，在列头柜附近形成区域式配电。

3. 后备储能分析

采用高压直流母线集中后备储能，储能单元可以集中配置，维护方便，同时方便接入光伏新能源就地消纳，还可以形成电力削峰填谷等储能技术应用。它的缺点在于，由于直流高压配电，配电安全保护复杂、成本高，且容易形成单点故障进而引发系统供电故障。

4. 效率分析

优化后的不间断供电构架，从市电到 IT 负载有 3 级电能变换，提升整体供电系统的供电效率。根据当前电力电子变换器技术，由于钛金效率两级最高可达 96%，可假定第 3 级在现在效率基础上去掉 1 级变换后效率提升为 97%。则优化后的供电效率为

$$\eta=\eta_{第一级}\times\eta_{第二级}\times\eta_{第三级}\times\eta_{配电}=98\%\times98\%\times97\%\times97\%\approx90.4\%$$

相对原 4 级电能变换系统，效率可提升近 1%，相应系统损耗降低了近 10%。

5. 可靠性分析

系统的供电可靠度为

$$R=[1-(1-R_1\cdot R_2\cdot R_5\cdot R_{ac/dc})\cdot(1-R_{10})]\cdot R_7\cdot R_{dc/dc}\cdot R_{dc/dc}=99.999001071472\% \tag{4.11}$$

相应供电系统的失效率为 0.0875 次/年。

4.3.1.2 3 级电能变换构架 B——后备储能挂接于第 2 级变换后

采用第 2 级变换输出作为后备储能直流母线，形成如图 4.4 所示的直流母线集中式或区域式储能的不间断供电构架。

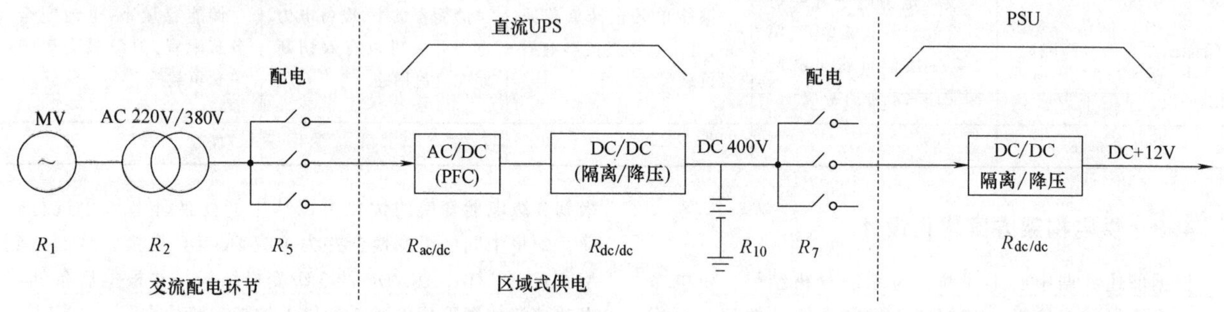

图 4.4 3 级电能变换 B

1. 供电构架分析

供电系统中，第 1 级采用高频 PWM AC/DC 变换技术，不仅可以提高市电输入功率因数校正和电流谐波抵制。第 2 级功率变换，除实现电压等级变换外，还实现市电与直流输出的电气隔离，方便后备储能单元的接入。第 2 级隔离输出电压可考虑应用在 DC240~400V 电压范围。

在第 3 级电能变换上，直接采用业界先进的 DC/DC 隔离变换器，将直流母线电压降至服务器标准供电电压，同时实现直流母线与服务器电源的电气隔离，变换按目前钛金效率最高可提升至 96%。

2. 供电配电分析

系统输入采用交流配电到各楼层，从而简化系统配电，降低系统配电成本。

直流 UPS 电源可采用 $N+X$ 模块化电源，并形成区域式配电，即在列头柜附近进行直流配电，减少直流传输距离，降低直流配电成本。

3. 后备储能分析

系统后备储能在直流 UPS 电源输出端、服务器 PSU 输入前，采用电池直挂方式。后备储能单元放置在此的主要优点在于，系统简单，利用区域式的半集中配置，维护性

好且安全可靠。

4. 效率分析

优化后的不间断供电构架，从市电到 IT 负载有 3 级电能变换，提升整体供电系统的供电效率。根据当前电力电子变换器技术，同样假定第 3 级变换采用优化效率为 97%。优化后的供电效率为

$$\eta=\eta_{第一级}\times\eta_{第二级}\times\eta_{第三级}\times\eta_{配电}=98\%\times98\%\times97\%\times97\%\approx90.4\%$$

相对原 4 级电能变换系统，效率可提升近 1%，相应系统损耗降低了近 10%。

5. 可靠性分析

由于系统少串联了一级功率变换，因此系统可靠度相应提升。

$$R=[1-(1-R_1\cdot R_2\cdot R_5\cdot R_{ac/dc}\cdot R_{dc/dc})\cdot(1-R_{10})]\cdot R_7\cdot R_{dc/dc}=99.999451068681\% \quad (4.12)$$

相应的供电系统失效率为 0.0481 次/年。

4.3.1.3　3 级电能变换构架 C——后备储能挂接于第 3 级变换后

采用第 3 级变换输出作为后备储能直流母线，形成如图 4.5 所示的直流母线分布式储能式供电构架。

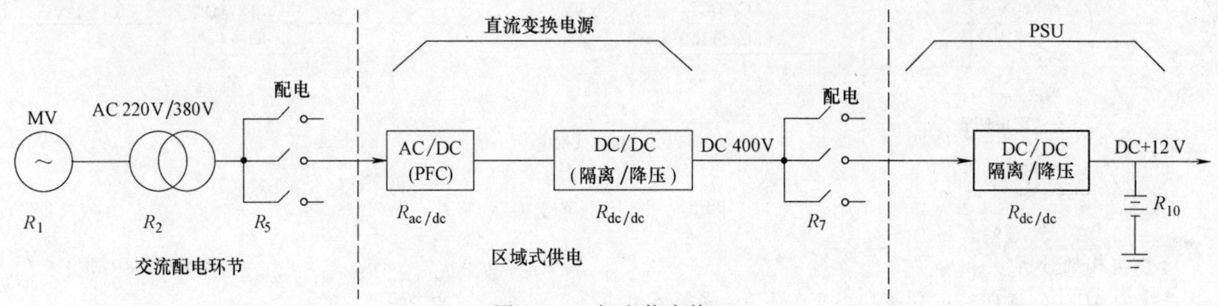

图 4.5　3 级电能变换 C

1. 供电构架分析

与前述供电构架结构一致，只是储能单元后移至负载输入前，形成当前业界正在尝试的分布式储能不间断供电构架。其他供电构架的主要结构与前述 3 级电能变换供电构架一致。

2. 供电配电分析

系统输入采用交流配电到各楼层，直流 UPS 电源可采用 $N+X$ 模块化电源，并形成区域式配电，即在列头柜附近进行直流配电。

服务器电源可以在机柜集中配置，也可以分散在各服务器 PSU 中。

3. 后备储能分析

后备储能挂接于服务器 PSU 的电源输出 DC+12V 处。电池可以分布于 PSU 中，或在服务器机架集中配置。

它的优点在于采用分布式储能单元，不容易形成集中故障点，且操作电压低、安全可靠；缺点是需要对 PSU 单元深度定制，且储能单元过于分散，维护性比较差。

4. 效率分析

优化后的不间断供电构架，从市电到 IT 负载有 3 级电能变换，提升整体供电系统的供电效率。优化后的供电效率为

$$\eta=\eta_{第一级}\times\eta_{第二级}\times\eta_{第三级}\times\eta_{配电}=98\%\times98\%\times97\%\times97\%\approx90.4\%$$

相对原 4 级电能变换系统，效率可提升近 1%，相应系统损耗降低了近 10%。

5. 可靠性分析

由于，后备储能单元直挂负载前，即为负载形成了一个双路供电的 2N 系统，因此可靠性显著提升。

$$R=1-(1-R_1\cdot R_2\cdot R_5\cdot R_{ac/dc}\cdot R_{dc/dc}\cdot R_7\cdot R_{dc/dc})\cdot(1-R_{10})=99.999999973894\% \quad (4.13)$$

相应供电系统的失效率为 0.02287×10^{-4} 次/年。可见，分布式系统的供电可靠性非常高，系统失效率也非常低。

4.3.1.4　3 级电能变换构架对比

将前述三种 3 级电能变换不间断供电分析结果汇总于表 4.4 便于对比分析：

表 4.4　3 级电能变换构架对比

	3 级电能变换构架 A	3 级电能变换构架 B	3 级电能变换构架 C
系统效率	90.4%	90.4%	90.4%
可靠度	99.999001071472%	99.999451068681%	99.999999973894%
系统失效率	0.0875 次/年	0.0480 次/年	0.0229×10^{-4} 次/年
技术成熟度	技术可实现，无实际应用	技术成熟，已有应用方案	技术成熟，需要定制方案
优点	集中维护方便，利于工程设计、施工	集中式维护，电池与市电隔离，较安全	不间断供电可靠性高、系统供配电安全、电池与市电隔离，电池电压低
缺点	高压直流配电复杂，存在 DC650~750V 与 DC240~400V 两种直流配电、成本高，电池与市电可能不隔离	存在 DC240~400V 直流配电，直流配电成本较高	存在 DC240~400V 直流配电，直流配电成本较高，后备储能分散，维护难、工作量大
方案可行性	不推荐	推荐	推荐

4.3.2　不间断供电构架优化设计——2 级电能变换架构

考虑到前述供电系统仍然存在 3 级电能变换，可继续合并、缩减功率变换级数形成数据中心 2 级电能变换的不间断供电构架设计方案。即将 3 级供电构架中后 2 级 DC/DC 变换合并成 1 级 DC/DC 变换，并根据后备储能电池挂接位置、直流配电方案形成下述 3 种供电构架。

4.3.2.1　2 级电能变换构架 A——后备储能挂接于第 1 级变换后集中式储能方案

将 3 级直流 UPS 供电构架 B 进行优化，优化合并前两级电能变换单元，形成一级变换单元，可以演变出基于直流母线集中储能的 2 级电能变换构架 A，如图 4.6 所示。

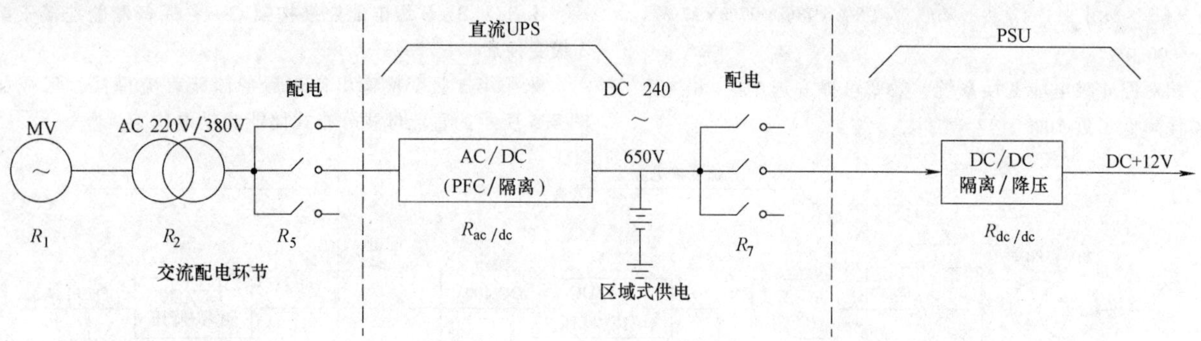

图 4.6　2 级电能变换 A

1. 供电构架分析

系统为 AC/DC 与 DC/DC 两级功率变换环节，系统第 1 级采用 PWM AC/DC 整流变换技术，除实现 PFC 整流外，还实现隔离或降压功能。第 2 级电能变换 DC/DC 的降压变换，输出服务器标准 DC+12V 供电电压。

本供电构架可以应用于集中式或区域式供电模式。

2. 供电配电分析

第 1 级电能变换单元输出形成直流母线，储能单元挂接于直流母线，高压直流配电到各服务器机柜为第二级 DC/DC 变换器供电，形成 DC+12V 负载电源为负载供电。

3. 后备储能分析

第 1 级电能变换后形成高压母线，后备储能单元直挂母线，这种方案可应用于集中式或区域式储能，可以简化系统维护工作难度，降低维护工作量。

4. 效率分析

优化后的不间断供电构架，从市电到 IT 负载只有 2 级电能变换，提升整体供电系统的供电效率。优化后的供电效率为

$$\eta = \eta_{第一级} \times \eta_{第二级} \times \eta_{配电} = 98\% \times 97\% \times 97\% \approx 92.2\%$$

相对原 4 级电能变换系统效率可提升近 3%，对应供电系统损耗较原系统降低了近 26%。

5. 可靠性分析

由于系统少串联了一级功率变换，因此系统可靠度将进一步提升。

$$R = [1-(1-R_1 \cdot R_2 \cdot R_5 \cdot R_{ac/dc}) \cdot (1-R_{10})] \cdot R_7 \cdot R_{dc/dc} = 99.999451069001\% \tag{4.14}$$

相应供电系统的失效率为 0.0481 次/年。

4.3.2.2　2 级电能变换构架 B——后备储能挂接于第 1 级变换后分布式储能方案

在 2 级电能变换构架 A 基础上，将第一级 AC/DC 电能变换、储能单元与后级变换器直接集成于服务器 PSU 中，可形成如图 4.7 所示的分布储能供电构架。与 2 级电能变换构架 A 相比，由于第一级变换输出直流不引出设备外部，因此第一级变换可不做隔离要求。

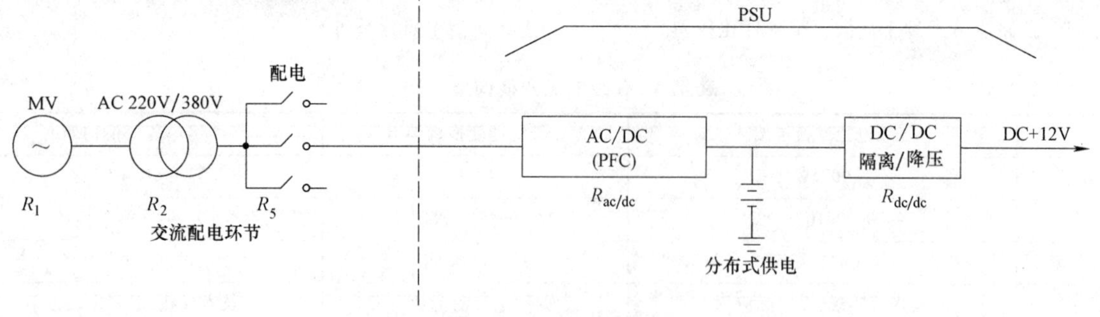

图 4.7　2 级电能变换 B

1. 供电构架分析

供电系统只剩下 AC/DC 与 DC/DC 两级功率变换环节，电力变换第一级仍实现 PFC 功能，第二级功率变换实现 DC/DC 隔离降压变换，输出服务器标准 DC+12V 供电电压。

本供电构架可以应用于分布式供电模式。

2. 供电配电分析

系统交流配电直接送到服务器 PSU。

3. 后备储能分析

将后备储能单元设计在 AC/DC 与 DC/DC 之间，形成分布储能的供电方案，每个 PSU 单独配置一套后备储能单元。

4. 效率分析

优化后的不间断供电构架，从市电到 IT 负载只有 2 级电能变换，提升整体供电系统的供电效率。优化后的供电效率为

$$\eta=\eta_{第一级}\times\eta_{第二级}\times\eta_{配电}=98\%\times97\%\times97\%\approx92.2\%$$

相对原 4 级电能变换系统效率可提升近 3%，对应供电系统损耗降低了近 26%。

5. 可靠性分析

由于系统少串联了一级功率变换，因此系统可靠度相应提升。

$$R=[1-(1-R_1\cdot R_2\cdot R_5\cdot R_{ac/dc})\cdot(1-R_{10})]\cdot R_{dc/dc}=99.999549974606\% \quad (4.15)$$

相应供电系统的失效率为 0.0394 次/年。

4.3.2.3 2 级电能变换构架 C——后备储能挂接于第 2 级变换后分布式储能方案

在 2 级电能变换构架 B 的基础上，将后备储能单元后移到第二级电能变换单元后，形成 DC+12V 分布储能供电系统，如图 4.8 所示。

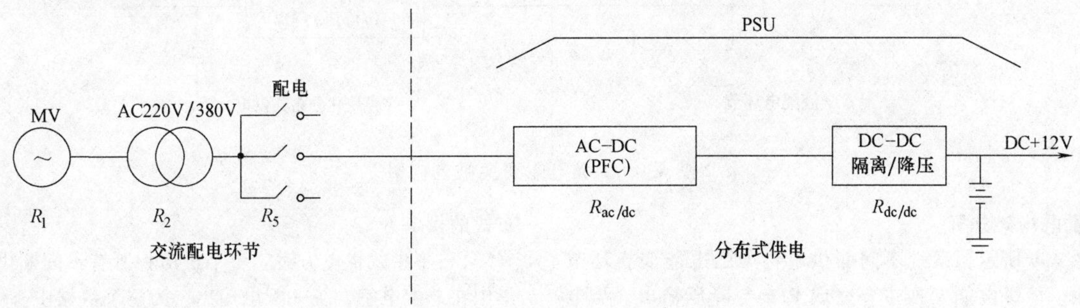

图 4.8 2 级电能变换 C

1. 供电构架分析

系统第一级变换采用 PFC 整流 AC/DC 变换技术，主要实现系统的功率因数校正。第 2 级电能变换为 DC/DC 变换，主要实现隔离与降压功能，输出服务器标准 DC+12V 供电电压。

本供电构架可以应用于分布式供电模式。对于大型数据中心，发电机成为必备后备供电设备，且启动时间一般为 1 分钟以内。因此，分布式储能备置时间可缩短到分钟级（例如，配置小容量的锂电池、甚至是超级电容），使得本方案具备更强的工程可用性。

2. 供电配电分析

系统输入采用交流配电到各服务器列头柜，服务器 PSU 主要在各服务器机柜进行集中冗余配置。

3. 后备储能分析

后备储能采用 DC+12V 分布式储能方案，储能单元分布于 PSU 中，或在服务器机架集中配置。

4. 效率分析

优化后的不间断供电构架，从市电到 IT 负载只有 2 级电能变换，提升整体供电系统的供电效率。优化后的供电效率为

$$\eta=\eta_{第一级}\times\eta_{第二级}\times\eta_{配电}=98\%\times97\%\times97\%\approx92.2\%$$

相对原 4 级电能变换系统效率可提升近 3%，对应供电系统损耗降低了近 26%。

5. 可靠性分析

由于系统少串联了一级功率变换，因此系统可靠度将进一步提升。

$$R=1-(1-R_1\cdot R_2\cdot R_5\cdot R_{ac/dc}\cdot R_{dc/dc})\cdot(1-R_{10})=99.999999974285\% \quad (4.16)$$

相应供电系统的失效率为 0.02252634×10^{-4}次/年。

4.3.2.4 2 级电能变换构架对比

将前述三种 2 级电能变换不间断供电分析结果汇总于表 4.5 所示。

表 4.5 2 级电能变换构架对比

	2 级变换构架 A	2 级变换构架 B	2 级变换构架 C
供电效率	92.2%	92.2%	92.2%
可靠度	99.999451069001%	99.999549974606%	99.999999974285%
失效率	0.0481 次/年	0.0394 次/年	0.0225×10^{-4}次/年
技术成熟度	无成熟技术方案,需要深度定制	无成熟技术方案,需要深度定制	技术成熟,但需要深度定制
储能方式	集中与区域式	分布式	分布式
优点	电池集中储能,便于维护	交流母线供配电,较安全	交流母线供配电安全,不间断供电可靠性高
缺点	高压配电成本高	电源设计较复杂,后备储能过于分散,维护难、工作量大	后备储能过于分散,维护难、工作量大
方案可行性	可推荐	推荐	推荐

4.3.3 不间断供电构架优化设计——1 级电能变换架构

从 2 级电能变换构架分析，理论上可将 AC/DC 与 DC/DC 变换继续合并为 1 级变换构架。从上述分析可知，如果仅从电能变换效率角度出发，供电构架采用单级电能变换时，系统效率最高。但对于现有电力电子技术而言，从市电 AC220/380V 整流、隔离降压为服务器 PSU 电源+12V，目前缺乏合适的技术方案同时满足高输入功率因数、低电流谐波与高输出负载动态特性。不过，随着氮化镓（GaN）、碳化硅（SiC）等宽禁带半导体器件的应用，以及新型电力电子功率变换拓扑与数字控制技术的出现，不排除在将来会出现能满足上述要求的单级、高效、隔离降压的 AC/DC 功率变换器，如图 4.9 所示。

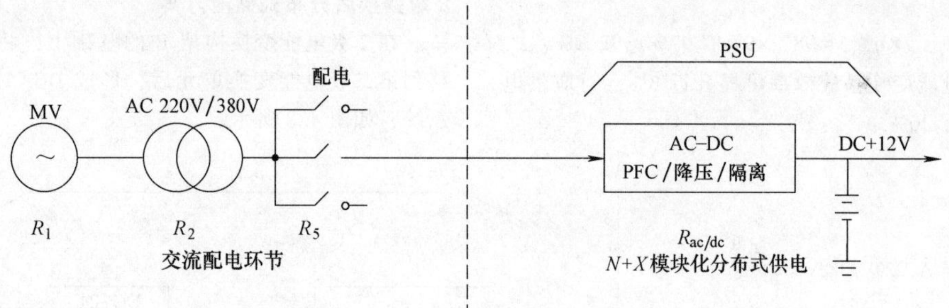

图 4.9 1 级电能变换供电构架

1. 供电构架分析

如图 4.9 所示，系统不间断供电构架的电能变换环节只有 1 级。该级电能变换主要完成 PFC 与降压输出，与电气隔离。因此，在该供电构架下，整个数据中心供电系统构架完全简化，只需前级提供双市电供电切换或市电+油机供电切换即可。

2. 供电配电分析

系统只剩下交流配电，系统配电简单、安全、可靠。

3. 效率分析

由于变换环节只有 1 级，因此系统供电效率将大幅度提升。

$$\eta = 97\% \times 97\% \approx 94.1\%$$

相对于原 4 级系统，因此系统供电效率提升近 5%，整个系统损耗较原系统损耗下降了近 44%。

4. 后备储能分析

后备储能采用 DC+12V 分布式储能方案，电池分布于 PSU 中，或在服务器机架集中配置。

5. 可靠性分析

由于采用完全分布式的供电构架，因此系统不间断供电可靠性将非常高。

$$R = 1-(1-R_1 \cdot R_2 \cdot R_5 \cdot R_{ac/dc}) \cdot (1-R_{10}) = 99.999999974606\% \tag{4.17}$$

相应供电系统的失效率为 0.000002224514 次/年。

4.4 优化供电构架与现有构架性能对比

将上述优化后各数据中心不间断供电构架的主要性能指标、相关参数与技术特点，与现有数据中心不间断供电构架进行对比，形成列表如表 4.6 所示。

4.5 集中式、区域式、分布式供电的合理应用

数据中心用户和设计者在规划设计系统供电方案时，因数据中心的规模不同、等级不同、布局不同、维护要求不同、对分期建设的需求不同等，需要对供电方案的整体布局进行系统规划设计，合理选择集中式、区域式还是分布式的供电方案。

1）集中式供电方案：整个机房将所有不间断供电设备集中在总配电室，统一配电输出，为整个数据中心供电。

2）区域式供电方案：整个数据中心按机房布局或按 IT 设备功能被划分为若干区域，每个区域由一个集中式不间断供电系统集中供电。

3）分布式供电方案：由多个不间断供电设备分别对各自的 IT 设备提供分布式不间断供电保护，一般每套不间断供电设备功率较小。

三种供电系统方案对比见表 4.7 所示。

集中、区域与分布式供电系统方案各有优缺点，都有它们的应用场合。实际应用中既可以是集中式，也可以是区域式和分布式，还可以是它们的混合供电模式。

合理地选择集中式、区域式、分布式供电方案，可以有效提升数据中心供电可靠性与可用性，并取得较好的经济效益。

4.6 模块化电能变换设备的应用

模块化电源是一种具有功率模块冗余的可扩充、可快速修复的模块化电能变换装置，可以有效提高系统可靠性，降低系统维护时间。模块化电源的出现主要就是为了提升数据中心供电系统的高可用性而出现的技术方案。

与一体化电源相比，模块化电源的优点在于：

1）可靠性：模块化电源具有 $N+X$ 的架构特性，可以有效提升单回路供电系统可靠度与 MTBF。

2）扩展性：只要系统总容量预先明确规划，模块化设备可根据负载增加或成本预算实现随需扩容，满足数据中心分期建设需求。

3）可用性：更换维修时无需停机等待修复，无需设备厂家专业技术人员在场，用户在线状态下对故障模块进行更换即可。

4）节能：具备休眠功能，可以使电源系统工作在最优运行模式，实现供电系统高效率、低谐波，减少用户的运行成本。

表 4.6　各种优化供电构架性能对比

	交流 UPS 不间断供电构架	直流 UPS 不间断供电构架	3 级电能变换供电构架			2 级电能变换供电构架			1 级电能变换供电构架
			3 级构架 A	3 级构架 B	3 级构架 C	2 级构架 A	2 级构架 B	2 级构架 C	
变换级数	4	4	3	3	3	2	2	2	1
系统效率	89.4%	89.4%	90.4%	90.4%	90.4%	92.2%	92.2%	92.2%	94.1%
系统可靠度（%）	99.998551075967	99.999001071151	99.999001071472	99.999451068681	99.999999973894	99.999451069001	99.999549974606	99.999999974285	99.999999974606
失效率（次/年）	0.1269	0.0875	0.0875	0.0481	0.0229×10^{-4}	0.0481	0.0394	0.0225×10^{-4}	0.0222×10^{-4}
储能方式	集中、区域	集中、区域	集中、区域	集中、区域	分布	集中、区域	分布	分布	分布
技术成熟度	成熟	成熟	技术可实现，无实际应用	技术成熟，已有应用方案	技术成熟，需要定制方案	无成熟技术方案，需要深度定制	无成熟技术方案，需要深度定制	技术成熟，但需要深度定制	技术不成熟，无工程化方案
优点	技术成熟、可靠、应用广	技术成熟、供电可靠性有所提升	集中维护方便，利于工程设计、施工	集中式维护，电池与市电隔离，较安全	不间断供电可靠性高、系统供配电安全、电池与市电隔离，电池电压低	集中式维护，电池与市电隔离，较安全	储能单元位于设备内，直流供电距离短、较安全	不间断供电可靠性高、系统供配电安全	系统供配电安全、不间断供电可靠性高
缺点	效率相对低一些	效率相对低一些	高压直流配电复杂，存在 DC650~750V 与 DC240~400V 两种直流配电、成本高，电池与市电可能不隔离	存在 DC240~400V 直流配电，直流配电成本较高	存在 DC240~400V 直流配电，直流配电成本较高后备储能分散，维护难、工作量大	高压配电成本高	电源设计较复杂，后备储能分散，维护难、工作量大	后备储能分散，维护难、工作量大	后备储能分散，维护难、工作量大
方案可行性	现行主流方案，容易实施	现行主流方案，容易实施	技术上可行，缺点明显，不推荐使用	即为当前直流 UPS 供电构架的优化，实用性强	技术可行，需要 PSU 深度定制，由于多两级功率变换，实用性不强	当前直流 UPS 供电构架进一步优化方案，技术实现方案有一定困难	技术可行，需要 PSU 深度定制	技术可行，需要 PSU 深度定制，实用性强	目前技术方案不成熟
推荐指数	★★	★★	★	★★★	★★	★	★★★	★★★★	—

表 4.7 集中式、区域式、分布式供电系统布局方案的比较

比较内容		布局方案		
		集中式	区域式	分布式
可靠性	供电系统可靠度	低	中	高
可用性	故障隔离性,大面积故障停电概率	大	中	小
	故障修复难度和修复速度	难	中	易
可扩展性	对不间断供电系统的变更和扩容	难	中	易
可维护性	维护难度	大	中	小
	维护工作量	小	中	大
成本	建设成本	低	中	高
	扩容或变更成本	高	中	小
	运行成本(设备容量利用率和效率、电费)	高	中	小

与一体化电源相比，模块化电源的缺点有：日常维护工作量大，总体建设成本较高。

根据数据中心建设实际情况，合理地选择模块化供电方案，可以有效提升数据中心供电可靠性与可用性，并取得较好的经济效益。

4.7 不间断供电技术发展与展望

4.7.1 新型功率拓扑、新型器件的应用

上述不间断供电系统优化中的 1 级电能变换供电构架，供电构架采用单级电能变换时，系统效率最高，是数据中心不间断供电构架的未来发展方向。但目前缺乏同时满足高输入功率因数、低电流谐波与高输出负载动态特性的合适技术方案。不过，随着新型电力电子功率变换拓扑与数字控制技术的出现，不排除在将来会出现能满足上述要求的单级、高效、隔离降压的 AC-DC 功率变换器。

以氮化镓（GaN）、碳化硅（SiC）等宽禁带化合物为代表的第三代半导体材料成为全球半导体研究前沿和热点。宽禁带半导体材料具有高击穿电场强度、高截止频率、高热传导率、高结温和良好的热稳定性、强抗辐射能力等优越性能，是电力电子器件的下一代“核芯”，这些特点的具备使得其可以在传统器件所不能胜任的高温、强辐射环境中得到应用。此外，基于宽禁带半导体材料的电力电子器件还具有开关速度快、开关损耗小的特点，可以有效提升数据中心不间断供电构架的系统效率，减小不间断供电设备的体积，提升功率密度。

4.7.2 新能源应用

可再生能源与储能技术在减少温室气体排放、提升电网灵活性，及改善获取能源便利性方面发挥关键作用。随着全球新能源装机容量的快速增加，以及数据中心建设规模与耗电量日益庞大，以太阳能、风能为主的绿色能源在数据中心供电系统中引入，为数据中心带来更加丰富的电力供应结构。

对于当前研究的优化数据中心不间断供电拓扑而言，具备高压直流母线的供电构架为光伏等新能源的就地消纳提供了有效的接入方法，省去光伏逆变并网环节，提升了新能源利用效率，降低了光伏新能源应用成本。

以 2 级电能变换数据中心供电架构为例，光伏新能源应用及接入点如图 4.10 所示。由于该供电构架设计有高压直流母线，因此光伏新能源的就地接入消纳点可以选择放置在高压直流母线上，作为集中后备储能单元的一个源，实现光伏新能源的便捷利用。

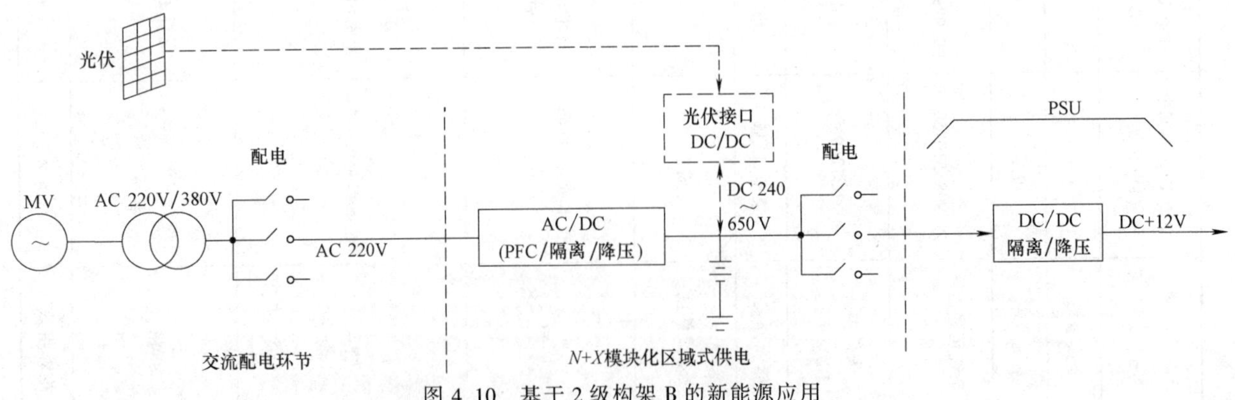

图 4.10 基于 2 级构架 B 的新能源应用

4.7.3　多能源微网在数据中心供电中的应用

微电网（Micro-Grid）是指由分布式电源、储能装置、能量转换装置、负荷、监控和保护装置等组成的小型发配电系统。微电网是一个能够实现自我控制、保护和管理的自治系统，既可以与外部电网并网运行，也可以孤网运行。多能源微电网是进一步提高清洁能源渗透率和利用效率，改善能源结构转型的重要方法。对于数据中心这类耗能大户，在能源特别是新能源相对集中的区域建设数据中心也是行业发展的一个趋势。

如图4.11所示，由电网、新能源（光伏、风能、燃气发电、燃料电池、生物质能）以及双向储能变换系统组成的多能源微网，为数据中心2级不间断供电构架提供高穿透率清洁能源。第一，可以有效提升新能源在数据中心供电系统的应用中的穿透率；第二，可以解决数据中心在边远地区的电网波动问题；第三，还可以为数据中心提供除油机外的第3路后备式能源，同时有效减少为实现不间断供电需求的分布式储能配置容量，提高数据中心不间断供电系统的经济性与可用性。

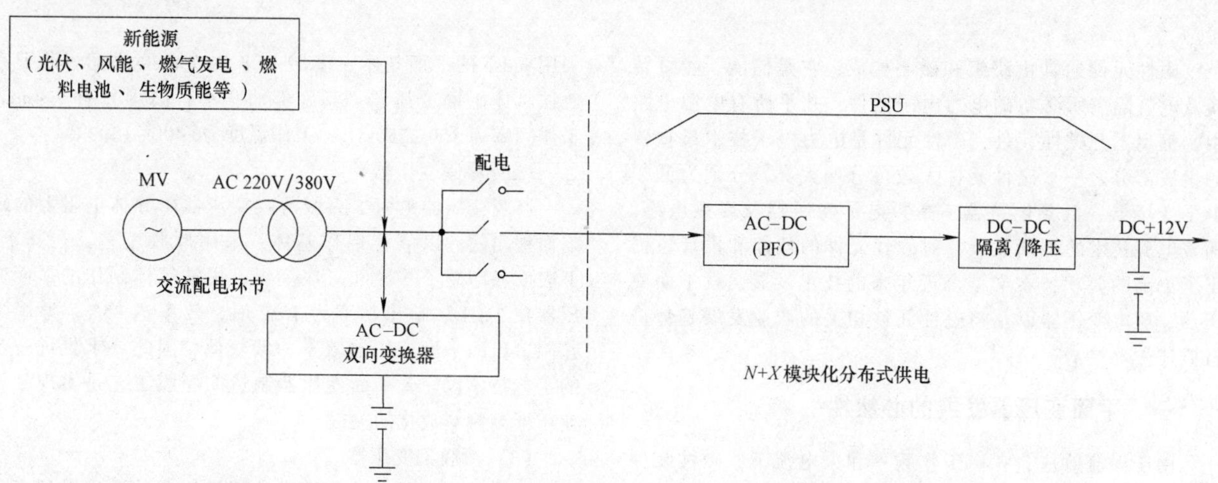

图4.11　基于2级构架C的多能源微电网在数据中心不间断供电系统中的应用

本年鉴收录《数据中心不间断供电技术白皮书（第一版）》正文部分，附录部分仅列出目录供读者参考。如需查看具体内容，可联系白皮书编制单位中国电源学会信息系统供电技术专业委员会，联系电话0592-5168721。

附录目录

磁性元件技术发展趋势综述

中国电源学会磁技术专业委员会
田村（中国）企业管理有限公司
聂应发

磁性元件通常由绕组和磁心构成，它是储能、能量转换及电气隔离所必备的电力电子器件，几乎所有电源电路中，都离不开磁性元件，磁性元件是电力电子技术最重要的组成部分之一。磁性元件大致可分四大类，分别为低频电子变压器、低频电抗器、高频电子变压器及高频电感。随着电源技术的不断发展，对磁性元件的性能和设计也提出了更高的要求，本文结合近年来的技术发展，就平面变压器、压电变压器以及与磁性元件相关的产业发展趋势进行概述。

一、平面变压器发展的必然性

由于涡流效应，在高工作频率和大电流下，磁性元件线圈损耗显著增加，这不仅降低了效率，而且引起温升增大，增加了热设计困难，限制了开关功率变换器功率密度的进一步提高。因此研究线圈损耗模型、设计技术、开发新型线圈结构以减小其损耗在工业界有迫切的要求，这也是电力电子高频磁技术一个非常重要的研究内容。国外学术界与工业界对此展开了积极研究，国内虽对磁集成等高频磁技术展开了一定的研究，但对线圈技术的研究则较少。

传统的绕线式磁性元件，由于线圈结构单一、散热特性以及参数一致性差等问题，已无法满足开关电源高频化和低截面的发展趋势。具有低截面的平面磁性元件（planar magnetic components）很好克服了传统磁性元件的不足，获得广泛应用。由于平面变压器功率密度高、窗口高度低，而且工作频率与电流越来越高，对线圈结构和设计技术提出更高的要求，尤其是对于高频率和大电流的应用场合，为了兼顾高频涡流效应和载流面积所采用的并联线圈结构，一些传统的线圈结构和设计方法不再适用。在平面变压器中，铜箔/印制电路板（Printed Circuit Board，PCB）线圈应用广泛。

1. 平面变压器的分类

平面变压器按设计制作工艺的不同，可分为PCB型、厚膜型、薄膜型、亚微米型4种。

（1）PCB型变压器

PCB型变压器可省去绕组骨架，能增大散热面积，能减小在高频工作时由趋肤效应和邻近效应所引起的涡流损耗，也能增大电流密度，其电流密度最高可达20A/mm^2，功率大，工艺简单。但用PCB，窗口利用率低，仅为0.25~0.3，传统变压器的窗口利用率为0.4，其体积也较大。PCB型变压器其功率可高达20kW，频率可达兆赫数量级。采用pulse的平面技术，多层PCB夹在磁心之间，薄型高效铁氧体平面变压器，其底部面积小，高度只有7.4mm，工作频率为150~750kHz，工作温度为-400~1300℃。

（2）厚膜变压器

厚膜变压器是为了克服薄膜变压器中导体电阻大的缺陷而提出的。以氧化铝作基体，采用厚膜工艺，在其上、下表面各印制了一次和二次绕组，用铁氧体制作的平面变压器在2MHz，输出功率为75W时，效率达85%。厚膜工艺制造出的平面变压器效率一般较低，因此寻求更进一步的工艺技术以完善平面变压器制造的厚膜工艺是实现平面变压器高频集成化的关键。

（3）薄膜型变压器

薄膜型变压器是一种用磁性薄膜研制的叠层微型变压器，采用薄膜后高度低于1mm，工作频率超过1MHz，其体积小，易于集成，但只适用于小功率情况。它们绝大多数采用金属磁性材料，如坡莫合金、铁硅铝和非晶合金。主要是因为它们有高饱和磁感应强度和高磁导率。Tsuijimotl等人用带式（铜厚35μm，长34mm，宽3mm）加以绝缘膜（厚100μm）、非晶CoNbZr膜（1.8μm）构成一种能在高频下输出电压可控的薄膜变压器——针孔型变压器，还制成了厚度为210μm的片式变压器。它是采用两层10μm厚的CoZr非晶薄膜做成的，用于5V、0.3A、1MHz的开关电源，77.5%铁氧体材料（以MnZn系为主）也可以制成薄膜型变压器，但用常规的方法很难制出合适的微型磁膜，故需开发新的成膜技术。目前国外主要采用PVD、CVD等沉积技术配合化学蚀刻，激光烧蚀法、光照射低温镀膜法等成膜技术。Yamaguchi K等设计制作的微型变压器，其面积只有2.4mm×3.1mm，在10MHz时效率可达67%。

（4）亚微米型变压器

亚微米型变压器是利用化学法合成，采用低温（900℃）烧结的NiCuZn铁氧体为介质材料，以Ag为内电极，用流延和丝网印刷技术的方法制备而成的，其体积小、质量轻、易于集成、工艺简单。两种片式亚微米型变压器，外形尺寸分别为2.1cm×2.1cm×1mm和8mm×8mm×1mm，设计电压比分别为6和4，工作频率为1~10MHz。亚微米型平面变压器结构新颖，改变了传统变压器的结构特征，将变压器一次和二次绕组采用丝网印刷技术烧制在铁氧体材料中，外型类似表贴的集成电路器件。对亚微米型平面变压器的电气性能测试表明：①空载情况下，电压比先随着输入电压的增加而增大，而后随着输入电压的增加而减小，在一定输入电压范围内达到最大值。另外，电压比随着输入信号频率的增加而增大。②在一定输入频率和电压情况下，输出功率随负载的增大先升高再降低，存在一个输出功率最大的负载电阻值。③在一定输入电压和输出负载的情况下，随着输入电压频率的增加，变压器的电压比逐渐增大，当输入电压频率高于某一临界值后，电压比基本保持不变。波形畸变程度随着输入电压频率的增加而减小。④在一个固定输入频率下，存在一个饱和负载电阻值，当负载电阻值小于饱和负载电阻值时，则变压器的输出电压随负载增大而增大，但当负载电阻值大于饱和负载电阻值时，输出电压的变化很小或基本保持不变。随着频率的升高，饱和负载电阻值逐渐增大。在负载电阻值等于饱和负载电阻值时，变压器的电压比基本不随输入电压的变化而变化，但随着输入电压的升高，输入输出电压的波形畸变程度增强。

2. 平面变压器的几个种类

PCB 型变压器是专门设计用于 PCB 的变压器。其通常为明装装置，位于 PCB 表面，提供可能需要的任何电压或电流变换。

这些装置具有各种不同的性能和尺寸，确保其种类可供任何可以想象到的产品进行选择。同时也有廉价的部件，使 PCB 以更加经济可行的方式生产电子元器件。

还有一种无芯的 PCB 型变压器。这使得变压器的尺寸大大降低，尽管这些装置基本还处于实验阶段。但该装置的应用范围仍是巨大的。

PCB 型变压器用于各种不同的应用中。在计算机硬件中，变压器可逐步将电压降低至安全水平，使其不可或缺。其还被应用于各种不同的生产过程中，及其他需要变压器的消费性装置中。与使用大型变压器相比，PCB 型变压器可真正节约大量资金并在设计中节省大量空间。

3. 平面变压器结构设计

（1）绕组结构

平面变压器的绕组是利用 PCB 上的螺旋形印制线来实现的。PCB 中间被挖空用于安装磁心。各 PCB 之间由绝缘胶布或空白 PCB 绝缘。磁心直接将 PCB 夹在中间，然后通过胶带或夹子固定。平面变压器的高度得到了有效地降低，同时进一步节省了体积。印制线成扁平状，其厚度一般为 35μm/70μm。在频率小于 14MHz 时，铜的趋肤深度都小于印制线厚度的一半。通常开关电源频率远小于这个值，所以平面变压器的趋肤效应可以忽略。

在多层 PCB 之间要有供绕组互联的“通孔”，绕组间的匝数通过“通孔”以串联或并联的方式彼此构成电连接。每层 PCB 都布有一排通孔且位置对齐，但是每层绕组只用其中的两个通孔实现绕组串联。在低压大电流的场合，也可以通过通孔实现绕组并联，以提高变压器的电流处理能力。

（2）变压器磁心

选择合适的磁心是保证变压器性能的关键问题。平面变压器一般采用高频功率铁氧体软磁材料制成的 E 型、EC 型、ETD 型、EER 型和 RM 型等磁心。

E 型磁心制造工艺简单，售价较便宜，是现在平面变压器很流行的磁心形状。E 型磁心有大的绕组空间，能够提供足够的空间供大截面积的引线引出，可允许大电流通过。同时 E 型磁心可以进行不同方向的安装，又由于其散热非常好，可以叠加应用更大的功率，一般大功率变压器都使用这种磁心。但是它的缺点是不能提供自我屏蔽，同时磁心中间柱是长方体，不能有效利用 PCB 上的空间，使单匝绕组的长度增加，PCB 绕组的截面积变大，变压器的所占体积也相对较大。

RM 这种类型磁心有以下几个优点：一是由于磁心中间柱和边缘四周都呈圆形，可降低铜线的匝长，从而降低铜损；二是能够充分利用 PCB 上的空间，可以减小 PCB 绕组的截面积，将其设计成正方形形式，这样磁心漏感较小。并且 RM 型磁心的屏蔽效果也比 E 型磁心要好。

EC、ETD 和 EER 型磁心介于 E 型和罐型之间。这类磁心和 E 型磁心一样，它们能提供足够的空间供大截面的引线引出，适合现在开关电源低压大电流的趋势；这类磁心的散热也非常好；由于中间柱为圆柱形，与 E 型相比具有 RM 型的一些优点。但是这类磁心和 E 型磁心一样屏蔽效果不好。

（3）寄生效应与绕组布局

平面变压器的一、二次绕组交织可以最大限度减小漏电感，并且可控制漏电感的大小。然而，平面变压器漏电感减小的同时，寄生电容却增大。而若要减小寄生电容，则需增大层与层之间的距离，这就与减小漏感相矛盾。同时为提高平面变压器的功率水平，绕组大多采用并联形式以提高电流处理能力。但是各绕组层之间的相对位置、连接方式或其他偶然因素的影响，都会造成各并联绕组层之间不均流，从而给绕组带来附加损耗。

以两种类型的平面变压器研究其寄生效应。每一类变压器的绕组结构各不相同，所以它们有不同的漏感和寄生电容，由于一次绕组与二次绕组间的寄生电容 C_{ps} 严重影响着变压器的高频特性，故要其尽量小。在多层 PCB 变压器结构中，其绕组是由平行的扁平面导电条状铜箔组成的，由于平面变压器的结构特性将会有较大的寄生电容。

平面变压器与常规变压器相比漏感比较小，但是有相对较高的绕组间寄生电容。

二、压电变压器

压电陶瓷变压器的基本工作原理是利用电路上的电能-压电谐振的机械能-电能的机电能量的二次变换，在谐振频率上获得最高升压输出，即当把一定频率的交变电场加在压电片驱动部分时，由逆压电效应产生机械形变，由此引起机械谐振，并沿瓷片的长度方向传播。这种机械谐振，又通过正压电效应，使瓷片的发电部分端面聚集大量束缚电荷；束缚电荷越多，吸引的空间电荷越多，从而在发电部分的端部电极上获得相当高的电压输出。压电陶瓷变压器具有能量转换率高、体积小、厚度薄、升压比高、安全稳定等显著特点。无电磁干扰和电磁兼容等问题，不惧短路，负载短路时自动保护不输出高压，即使短路也不会燃烧，安全可靠性好。在使用电磁变压器的电子系统中，变压器往往占据了很大一部分空间，而且变压器所产生的电磁干扰对于电子系统来说也是很棘手的问题。而压电变压器相比传统的电磁变压器，具有高的升压比和小的体积，并且不产生电磁干扰，在商业应用中逐渐得以重视。业界预测，未来几年，压电变压器必将大规模取代电磁变压器，但也有不足之处，具体如下：

1）压电变压器工作过多依赖谐振频率，致其可靠性下降。

当温度从-20℃升至60℃时，谐振频率最大偏离值为58Hz。谐振频率随温度变化太快导致压电变压器可靠性下降。

2）压电变压器工作过程中要经过两次能量转换，能量损耗大。

电磁变压器的工作原理是电—磁—电，压电变压器是电—机—机—电。在这过程中，存在介电损耗和机械损耗。

3）压电变压器高升压比和大功率输出难以同时实现。

4）压电变压器结构尺寸还比较大，不能适应集成化的要求。

压电变压器由于本身的优势而广为人知，最重要的是压电变压器比电磁变压器少用了磁心，成本上可以节省很大一部分。它无疑是电子变压器的未来发展方向，但想获得大规模推广，显然还有很长一段路要走。

三、提高电源功率密度的主要方向

随着电子集成化的发展，器件、设备小型化的趋势越来越明显，对电源而言也是如此。高功率密度、小型化、轻薄化、片式化一直是电源技术发展的方向。电源的小型化主要由以下因素决定，我们必须从以下着手。

1. 工作频率

开关电源工作频率的提高可以提高功率密度。在相同的指标要求下，电路工作频率提高了，需要更高频率功率管，那么在电路中就可以使用更小的输出电感和滤波电容，这也就意味着，电感和电容的体积将大大减小，因此整个电路的体积和重量都将得到改善。但是我们必须要注意到随着开关频率的不断提高，开关元件和无源元件的损耗也增加，高频寄生参数以及高频电磁干扰等新的问题也随之产生。

在以往的开关电源中，变压器的体积往往占据了整个电源体积的大半部分，其实提高工作频率对减小变压器的体积是非常明显的。

变压器的有效体积（mm^3）为

$$V_E = 0.7\times10^3\ \frac{(2+r)^2 P_O}{\eta r f}$$

式中，r是电流纹波率，即$r=\Delta I/I_{DC}$；f是开关频率；P_O是额定输出功率。

可以看出磁心的体积与开关频率f成反比，因此频率越高，磁心就可以越小，自然变压器的体积也越小。一般的高频变压器可以轻易做到几百kHz的频率，对比一下相同功率下的工频变压器，你会发现体积相差之大。

2. 采用新型变压器

随着工艺技术的提高，为进一步减小变压器的体积，可以采用平面变压器和压电变压器，可使高频功率变换器实现轻、小、薄和高功率密度。平面磁心开发成功，可实现平面化的变压器设计。由于平面变压器要求磁心、绕组是平面结构，所以应该采用多层PCB绕组。平面变压器的特点是高频，高度很小而工作频率很高。压电变压器利用压电陶瓷材料特有的“电压-振动”变换和“振动-电压”变换的性质传送能量，其等效电路如同一个串并联谐振电路，是功率变换领域的研究和应用的热点之一。

3. 模块化和集成化

大量的无源器件增加了电源的体积，如果我们能将这些无源器件集成在一起，不仅可以减小电源的体积，也可以大大降低电源的成本，从而扩大利润。将电源系统集成在一个芯片上，就可以使电源产品更为紧凑，体积更小，同时也减小了引线长度，从而减小了寄生参数。低温共烧陶瓷（LTCC）集成技术已成为无源集成的主流技术。应用LTCC技术将电源电路中的无源器件内埋，并集成在一起，又由于在LTCC技术的基础上，可以进行三维的电路设计，从而降低电源电路的体积，同时无源器件的集成内埋，使得安装成本也相应地减少，一举两得。此外，还可以在元器件选型和PCB布局上考虑，简化电路，选用小封装的元器件，进行合理紧凑的PCB布局，从而进一步缩小电源的体积。

四、高频电子变压器的发展方向

高频电子变压器的最大特点就是高频化。从变压器的工作原理来看，提高工作频率，可以减少变压器的体积和重量，也就是实现短小轻薄化，从而提高单位体积（或重量）传输功率，也就是高功率密度化。这些都是高频电子变压器本身固有的特点和直接带来的结果，而不能简单地把高频化、短小轻薄化、高功率密度化，作为高频电子变压器的发展方向。下面从高频电子变压器的整体结构、磁心材料和结构、线圈材料和结构几个方面，提出一些发展方向的意见。

1. 整体结构

为适应电子设备越来越轻薄短小，高频电子变压器一个主要发展方向是从立体结构向平面结构、片式结构、薄膜结构发展，从而形成一代又一代的新的高频电子变压器：平面变压器、片式变压器、薄膜变压器。高频电子变压器的整体结构的发展，不但形成新的磁心结构和线圈结构，采用新的材料，而且对设计方面和生产工艺方面也带来新的发展方向。在设计方面，除了要研究各种新结构的电磁场分布，如何达到最佳的优化设计，还要研究多层结构的各种问题。在生产工艺方面，要研究各种新的加工方法，从而保证性能的一致性和实现加工工艺的机械化和自动化等。在MHz级高频电子变压器中，越来越多的应用领域采用空心变压器。探讨空心变压器的结构、设计方法、制造工艺和应用特点也是其研究和发展方向。另外，压电变压器等新工作原理的高频电子变压器的研究也是发展方向，经过近十年的研究开发，压电变压器已经在一些领域中得到了实际应用。采用计算机对整体结构方案进行优化和具体设计，是现在各种电子元器件的主要发展方向之一，当然也是高频电子变压器的一个主要发展方向。这样可以缩短设计时间，减少材料用量，缩短生产周期，降低成本。

2. 磁心材料和结构

磁心在采用软磁材料，以电磁感应原理工作的高频电子变压器中是最关键的部件。磁心材料的主要发展方向是降低损耗，加宽使用的温度范围和降低成本。磁心结构的主要发展方向是如何形成形状和尺寸最佳（对电磁性能、散热、用量和成本等参数）的平面磁心、片式磁心和薄膜磁心。现在各种软磁材料，都在不断地改进和开发，以竞争高频电子变压器的市场。软磁铁氧体是现在高频电子变压器使用的主要磁心材料，发展方向是开发性能更好地新品种和降低成本的新工艺。在材料新品种方面，日本 TDK 公司在 2003 年开发出宽温低损耗材料 PC95，在 25～120℃温度范围内损耗都小于 350mW/cm^3（在 100kHz、200mT 条件下）。在 80℃时损耗最小，为 280mW/cm^3。25℃时 B_s 为 540mT，100℃时，B_s 为 420mT。还开发出高温高饱和磁密材料 PE33，居里温度 $T_c>290$℃，在 100℃下，B_s 为 450mT。在 100℃、100kHz、200mT 条件下，$P_c\leqslant 1100$mW/cm^3，日本 FDK 公司，德国 EPCOS 公司、Ferrocube 公司也开发出类似的高温高饱和磁密材料。高磁导率材料也有许多新品种，如 TDK 公司的脉冲变压器用 H5C5，μ_i 为 30000 左右。抗电磁干扰电感器用 HS10，同时具有良好的频率特性和阻抗特性，在 500kHz 仍具有较高磁导率，虽然初始磁导率不高，只有 10000 左右。高磁导率高饱和磁密材料 DN50，在 25℃时 B_s 为 550mT，在 100℃时 B_s 为 380mT，μ_i 为 5200 左右，居里温度 $T_c\geqslant 210$℃。在新工艺方面，自蔓延高温合成法（SHS）是近年来的研究热点，其原理是利用反应物内部的化学能来合成材料。整个工艺极为简单，能耗低，生产效率与产品纯度高，对环境无污染，已经成功合成 Mg、MgZn、MnZn、NiZn 铁氧体，正在实现产业化。火花等离子烧结法（SPS），可以成功地制成多层 MnZn 铁氧体和坡莫合金复合软磁材料磁心，同时具有 MnZn 铁氧体的高频低损耗特性和坡莫合金的高磁导率高饱和磁密特性，这种复合软磁材料磁心，将使高频电子变压器的性能明显地提高。其他工艺如自燃烧合成法、快速燃烧合成法、水热合成法、新型水热合成法、机械合金法、微波烧结等，近年来均开展了大量研究，都符合提高性能和降低成本的发展方向。由于软磁铁氧体的饱和磁密低，在 20～100kHz 的较高频范围内，性能价格比的优势不如 100kHz 以上的高频范围那样明显，其他几种软磁材料在 20～100kHz 的较高频范围内，与软磁铁氧体展开激烈的竞争。各种软磁材料都有各自的特点，因此，如何在具体的高频电子变压器产品中，充分发挥各种软磁材料的优点以达到更好的性能价格比，是高频电子变压器所用的软磁材料的发展方向。硅钢的特点是饱和磁密高，性能稳定，价格较低，近年来发展了一系列高频用硅钢，包括超薄带硅钢、6.5%硅钢、梯度硅钢和含铬的硅钢。特别是含铬的硅钢已经用于 25kHz 和 70kHz 的电子变压器中。现在硅钢使用的工作频率已达到 325kHz。高磁导坡莫合金的特点是磁导率高，环境适应性好，但是价格贵，近年来发展的坡莫合金超薄带，使用的工作频率已超过 1MHz，在特殊要求的地方和军工设备中使用。钴基非晶合金是现有软磁材料中高频损耗最低的一种材料，价格贵，但是，在 200kHz 以上的高频中使用，磁心重量小，价格因素不突出，目前在 200kHz 和 1MHz 的高频电子变压器中大量使用。软磁复合材料现在成为高频电子变压器用磁心材料的一大发展方向，它与传统的软磁铁氧体和软磁合金相比，其磁性金属粒子或者薄膜，可以分布在非导体和其他材料中，使高频损耗明显降低，提高了工作频率。同时，其加工工艺既可采用热压法加工成粉芯，也可以利用现在的塑料工程技术，注塑成复杂形状的磁心，具有密度小、重量轻、生产效率高、成本低、产品重复性和一致性好等特点。还可以采用不同的配比，改变磁性。上面已介绍软磁铁氧体和坡莫合金组成的复合材料的例子，现在已开发出工作频率 10kHz 以上的软磁复合材料粉芯，在高频用滤波电感器中可代替软磁铁氧体。根据高频电子变压器整体结构的发展要求，磁心结构的发展方向是平面磁心、片式磁心和薄膜磁心。平面磁心以前有的是用原来的软磁铁氧体磁心进行改造，现在已有专门用于平面变压器的各种低高度软磁铁氧体磁心。将来还可能开发出各种低高度软磁复合材料磁心。片式变压器的磁心除了将平面磁心进一步压缩外，也有采用共烧法制造的片式磁心。薄膜磁心和磁性材料是现在高频电子变压器最活跃的发展方向之一，将成为 MHz 级高频电子变压器的主要磁心材料和结构，有可能将薄膜电子变压器的高度做到 1mm 以下，可以装入各种卡片内。现在希望能把材料开发、电子变压器制造和应用单位联合起来，尽快把国内开发出的薄膜软磁材料变成电子信息产品中的高频电子变压器磁心，形成国内有自主知识产权的薄膜变压器。

3. 线圈材料和结构

随着高频电子变压器整体结构的发展，线圈结构主要的发展方向是平面线圈、片式线圈和薄膜线圈，其中又包括多层结构。各种线圈结构的材料选用，也有一些新发展。立体结构的高频变压器线圈，导线材料由于考虑趋肤效应和邻近效应，采用多股绞线（里兹线），有时也采用扁铜线和铜带。绝缘材料采用耐热等级高的材料，以便提高允许温升和缩小线圈体积，采用双层和三层绝缘导线，可以减少线圈尺寸。举一个例子，最近，国内开发出以纳米技术把云母泳涂在铜线上的 C 级绝缘电磁线，已经在工频电机和变压器中应用，取得良好的效果，估计在高频电子变压器中也会得到应用。平面结构线圈，导线采用铜箔，大多数采用单层和多层 PCB 制造，也有采用一定图形的铜箔，多个折叠而成的。绝缘材料一般采用 B 级材料。薄膜结构线圈，导线采用铜、银和金薄膜，制成梳形、螺旋形、运动场形等图形，绝缘材料采用 H 级和 C 级材料。也有采用多层结构的，或者是几个多层线圈组合起来，或者是几个线圈和几个磁心交叉重叠而成。总之，薄膜变压器是现在正在大力开发的高频电子变压器，许多结构并不定型，也许，还会出现许多新的线圈结构。

五、与磁性元件相关产业的发展趋势

关注点一：功率半导体器件性能

1998 年，Infineon 公司推出冷 MOS 管，它采用“超级结”（Super-Junction）结构，故又称超结功率 MOSFET。工作电压为 600~800V，通态电阻几乎降低了一个数量级，仍保持开关速度快的特点，是一种有发展前途的高频功。

IGBT 刚出现时，电压、电流额定值只有 600V、25A。很长一段时间内，耐压水平限于 1200~1700V，经过长时间的探索研究和改进，现在 IGBT 的电压、电流额定值已分别达到 3300V/1200A 和 4500V/1800A，高压 IGBT 单片耐压已达到 6500V，一般 IGBT 的工作频率上限为 20~40kHz，基于穿通（PT）型结构应用新技术制造的 IGBT，可工作于 150kHz（硬开关）和 300kHz（软开关）。IGBT 的技术进展实际上是通态压降、快速开关和高耐压能力三者的折中。随着工艺和结构形式的不同，IGBT 在 20 年的发展进程中，有以下几种类型：穿通（PT）型、非穿通（NPT）型、软穿通（SPT）型、沟漕型和电场截止（FS）型。碳化硅（SiC）是功率半导体器件晶片的理想材料，其优点是，禁带宽、工作温度高（可达 600℃）、热稳定性好、通态电阻小、导热性能好、漏电流极小、PN 结耐压高等，有利于制造出耐高温的高频大功率半导体器件。

可以预见，碳化硅将是 21 世纪最可能成功应用的新型功率半导体器件材料。

关注点二：开关电源功率密度

提高开关电源的功率密度，使之小型化、轻量化，是人们不断努力追求的目标。电源的高频化是国际电力电子界研究的热点之一。电源的小型化、减轻重量对便携式电子设备（如移动电话、数字相机等）尤为重要。使开关电源小型化的具体办法有：

一是高频化。为了实现电源高功率密度，必须提高 PWM 变换器的工作频率，从而减小电路中储能元件的体积重量。

二是应用压电变压器。应用压电变压器可使高频功率变换器实现轻、小、薄和高功率密度。压电变压器利用压电陶瓷材料特有的“电压-振动”变换和“振动-电压”变换的性质传送能量，其等效电路如同一个串并联谐振电路，是功率变换领域的研究热点之一。

三是采用新型电容器。为了减小电力电子设备的体积和重量，必须设法改进电容器的性能，提高能量密度，并研究开发适合于电力电子及电源系统用的新型电容器，要求电容量大、等效串联电阻小、体积小等。

关注点三：高频磁与同步整流技术

电源系统中应用大量磁性元件，高频磁性元件的材料、结构和性能都不同于工频磁性元件，有许多问题需要研究。对高频磁性元件所用磁性材料有如下要求：损耗小，散热性能好，磁性能优越。适用于兆赫级频率的磁性材料为人们所关注，纳米结晶软磁材料也已开发应用。

高频化以后，为了提高开关电源的效率，必须开发和应用软开关技术。它是过去几十年国际电源界的一个研究热点。

对于低电压、大电流输出的软开关变换器，进一步提高其效率的措施是设法降低开关的通态损耗。例如同步整流 SR 技术，即以功率 MOS 管反接作为整流用开关二极管，代替肖特基二极管（SBD），可降低管压降，从而提高电路效率。

关注点四：分布电源结构

分布电源系统适合于用作超高速集成电路组成的大型工作站（如图像处理站）、大型数字电子交换系统等的电源，其优点是，可实现 DC/DC 变换器组件模块化；容易实现 $N+1$ 功率冗余，提高系统可靠性；易于扩增负载容量；可降低 48V 母线上的电流和电压降；容易做到热分布均匀，便于散热设计；瞬态响应好；可在线更换失效模块等。

现在分布电源系统有两种结构类型，一种是两级结构，另一种是三级结构。

关注点五：PFC 变换器

由于 AC/DC 变换电路的输入端有整流元件和滤波电容，在正弦电压输入时，单相整流电源供电的电子设备，电网侧（交流输入端）功率因数仅为 0.6~0.65。采用 PFC（功率因数校正）变换器，电网侧功率因数可提高到 0.95~0.99，输入电流 THD 小于 10%。既治理了电网的谐波污染，又提高了电源的整体效率。这一技术称为有源功率因数校正（APFC）。单相 APFC 国内外开发较早，技术已较成熟；三相 APFC 的拓扑类型和控制策略虽然已经有很多种，但还有待继续研究发展。一般高功率因数 AC/DC 开关电源，由两级拓扑组成，对于小功率 AC/DC 开关电源来说，采用两级拓扑结构总体效率低、成本高。如果对输入端功率因数要求不特别高，将 PFC 变换器和后级 DC/DC 变换器组合成一个拓扑，构成单级高功率因数 AC/DC 开关电源，只用一个主开关管，可使功率因数校正到 0.8 以上，并使输出直流电压可调，这种拓扑结构称为单管单级即 S4PFC 变换器。

关注点六：电磁兼容性

高频开关电源的电磁兼容问题有其特殊性。功率半导体开关管在开关过程中产生的 di/dt 和 dv/dt，引起强大的传导电磁干扰和谐波干扰。有些情况还会引起强电磁场（通常是近场）辐射。不但严重污染周围电磁环境，对附近的电气设备造成电磁干扰，还可能危及附近操作人员的安全。同时，电力电子电路（如开关变换器）内部的控制电路也必须能承受开关动作产生的电磁干扰及应用现场电磁噪声的干扰。上述特殊性，再加上电磁干扰测量上的具体困难，在电力电子的电磁兼容领域里，存在着许多交叉科学的前沿课题有待人们研究。近几年研究成果表明，开关变换器中的电磁噪声源，主要来自主开关器件的开关作用所产生的电压、电流变化。变化速度越快，电磁噪声越大。

第四篇　电源行业新闻

学会大事记

第二届国际电力电子技术与应用会议暨博览会（IEEE PEAC 2018）11月在深圳成功举办

2018年11月4~7日，由中国电源学会与IEEE电力电子学会（PELS）联合主办的第二届国际电力电子技术与应用会议暨博览会（简称：IEEE PEAC 2018）在深圳隆重举行。中国电源学会理事长徐德鸿教授，美国工程院院士、中国工程院外籍院士李泽元教授，中国工程院院士臧克茂教授，IEEE电力电子学会主席Alan Mantooth教授，美国电源制造商协会主席Stephen Oliver先生，韩国电力电子学会主席Eui-Cheol Nho教授等受邀出席本次会议，同时有来自31个国家和地区的电力电子学术界和产业界的800余位代表参加本次会议。

PEAC是电力电子领域的国际性专业会议，也是该领域由中国电源学会发起并定期在中国举办的大型国际学术会议。会议同时得到了美国电源制造商协会（PSMA）、韩国电力电子学会（KIPE）、日本电气工程师学会-工业应用学会（IEEJ-IAS）、国家自然科学基金委员会（NSFC）等支持。

会议聚焦电力电子、能源变换及其应用，尤其是电源及相关技术，共收到投稿论文722篇，录用论文479篇，较首届会议取得大幅度增长。围绕电力电子最新技术及应用相关内容，本次大会采用大会报告、专题讲座、分会场报告、墙报交流、展览展示等多种形式，就本领域的最新技术、科研成果和工程教育进行全方位、多角度的交流和讨论，同时结合台达杯——“寻找创意之光点亮亿万人生”国际创意设计大赛、GaN Systems杯2018高校电力电子应用设计大赛、中美电源技术发展论坛等同期活动，日程紧凑、形式多样、亮点纷呈，让参会人员共享了一场空前的学术盛宴。

11月4日，会议正式开幕前，组委会邀请国内外相关领域的知名专家开设12场专题讲座，针对目前行业共同关注的可靠性、交流电机驱动、虚拟同步发电机、并网逆变器稳定分析、锂电池充电、控制技术、系统交互和小信号分析以及宽禁带器件等技术话题进行深入讲解。台达杯——“寻找创意之光点亮亿万人生”国际创意设计大赛、GaN Systems杯2018高校电力电子应用设计大赛也在不同的会场紧张进行。

展览会也同时开幕，本次会议共有38家电源及相关配套产品企业参加展览，众多展商的参与，也是本次会议的亮点之一。

11月5日上午8：30，会议正式开始，大会主席、中国电源学会理事长、浙江大学徐德鸿教授主持开幕式并致开幕辞，会议荣誉主席、美国国家工程院院士李泽元教授、IEEE PELS主席、阿肯色大学Alan Mantooth教授致欢迎辞，会议程序委员会主席、浙江大学马皓教授介绍了会议主要情况。

在会议开幕式上，同时举行了PELS & CPSS联合分会成立暨授牌仪式。IEEE PELS主席Alan Mantooth教授、中国电源学会理事长徐德鸿教授为上海、浙江/江苏/安徽、西安三个地区的联合分会授牌。

在大会报告环节，特邀包括美国工程院院士、弗吉尼亚理工大学李泽元教授（Fred C. Lee）、阿肯色大学Alan Mantooth教授、丹麦奥尔堡大学Frede Blaabjerg教授、IEEE PELS前主席Don Tan博士、美国麻省理工学院David J. Perreault教授、日本东京工业大学Hirofumi Akagi教授、厦门科华恒盛股份有限公司陈四雄副总裁、富士电机首席技术官Tatsuhiko Fujihira博士、三菱电机资深专家Gourab Majumdar博士等9位国际知名专家进行大会特邀报告。9位专家以国际视野的全新角度，紧扣电力电子领域发展的不同热点议题，分享了对于该领域的前瞻思考和独到见解，9场精彩主题演讲受到了与会者的热烈欢迎。

11月6~7日，大会分会场交流正式开启，48个主题256场技术报告，10个主题32场工业报告，亮点不断。与会论文作者和产业界资深工程师就电力电子全领域的最新成果进行了充分的交流和探讨，内容涉及新颖开关电源：直流变换技术、功率因数校正技术；逆变器及其控制技术；SiC、GaN器件、新型功率器件及其应用；磁元件和集成磁技术；无线电能传输技术；控制、建模、方针和系统可靠性；新能源电能变换及储能技术；以及电力电子技术在输配电、电动汽车、铁路、海运、航空、照明、消费电子、数据中心和通信等领域的应用等精彩话题。此外，会议还进行了2个主题的墙报交流活动，总计223篇论文在这一环节进行了交流。本次会议特设优秀分会场报告人评选活动，最终48位技术报告人和10位墙报报告人获选，由会场主席现场颁发了证书。

11月7日晚，隆重举行了会议颁奖仪式及晚宴。经过会议程序委员会及各专业主席的推荐和评选，本次会议共评选出15篇优秀论文并进行了颁奖。

为期4天的会议于11月7日落下帷幕，800余位国内外专家、学者和科研技术人员在进行深入探讨的同时会老友、结新朋，使本次会议成为一场大咖云集的学术盛宴。第三届IEEE PEAC会议将于2020年举行。

台达杯——“寻找创意之光点亮亿万人生”国际创意设计大赛亚太赛区决赛11月在深圳华丽收官

2018年11月4~6日，台达杯——“寻找创意之光点亮亿万人生”国际创意设计大赛亚太赛区决赛（Delta Cup—IEEE Empower a Billion Lives Pacific Asia，简称Delta Cup—EBL Pacific Asia）在深圳圆满收官。

竞赛指导委员会主席、中国电源学会理事长徐德鸿教授，IEEE PELS下届当选主席、丹麦奥尔堡大学Frede Blaabjerg教授，竞赛组织委员会主席、中国电源学会副理事长汤天浩教授，评审委员会主席、伊利诺伊大学厄巴纳-香槟分校Philip Krein教授，中国电源学会监事长、台达电子工业股份有限公司（以下简称台达电子）的章进法博士以及7位国内外专家评委和10支决赛参赛队代表等应邀参加本次竞赛。

IEEE Empower a Billion Lives是由IEEE电力电子学会（IEEE PELS）发起举办的一项旨在帮助全球贫困缺电地区寻找基础电力供应解决方案的国际性竞赛活动。该项竞赛在全球设立5个赛区：亚太、美国、欧洲、非洲和南亚赛区，其中，亚太赛区由中国电源学会主办、台达电子提供冠名赞助支持。

“目前，全球有30亿人仍处在缺电环境中，其中超过10亿人完全没有电力供应。在此背景下，中国电源学会与IEEE电力电子学会携手，举办首届‘寻找创意之光点亮亿万人生’国际创意设计大赛亚太区域竞赛，以寻找具有商业可行性的创新解决方案，具有十分重要的意义。”亚太赛区指导委员会主席、中国电源学会理事长徐德鸿教授表示。

EBL亚太赛区竞赛于今年4月份启动，在前期的积极动员和准备下，预赛环节共收到了来自10个国家和地区的43份项目方案。经过来自产学研各个领域的国内外评审专家的严格评审，最终10支参赛队通过了预赛，晋级亚太赛区决赛。

本次决赛评审程序包括项目陈述、技术展示、墙报交流等环节。11月4日早8：30，亚太赛区决赛正式拉开帷幕，在首先进行的项目陈述环节，10支参赛队从技术创新性、商业模式和项目可行性等方面对各自的方案进行陈述，并回答了评委的提问。评委也对各个参赛队如何完善项目提出了指导性的意见和建议。

评审会上，评委们综合考虑各个队伍的创新性、技术先进性、商业可行性以及社会影响力等因素，讨论产生了本次竞赛获奖队伍名单。

评审委员会主席Philip Krein教授介绍，EBL亚太赛区参赛队，有的来自商业公司，有的来自各大高校，他们发挥各自聪明才智，提供了解决全球贫困地区用电问题的不同方案。我们很高兴，今天看到了一些非常有创意、技术水准很高的方案，希望这些方案在未来能够不断成熟，为世界带来新的改变。

11月6日晚，EBL亚太赛区颁奖仪式隆重举行，由竞赛组织委员会主席汤天浩教授主持，参加PEAC2018国际会议的800多名与会者一同见证了本次盛宴。

IEEE电力电子学会当选主席Frede Blaabjerg教授在颁奖仪式上致辞，他表示IEEE电力电子学会很高兴能与中国电源学会共同举办首届EBL亚太区域竞赛。参赛队伍们在比赛中提出的能源解决方案，可能在数年内成为现实，为“点亮亿万人生”发挥更大的作用。

经过激烈角逐和严格评审，最终来自法国的参赛队Okra/EDMteam赢得EBL亚太赛区最高奖并获得1万美元奖金。独立参赛队Solageo&Partners，来自台湾科技大学等单位的Apollo参赛队，复旦大学的FDU_ LightingUp参赛队，来自哈尔滨工业大学（深圳）的GreenSpark参赛队分别获得分组优胜奖。来自清华大学的参赛队Dream Grid获得学生队优胜奖。

徐德鸿教授、Frede Blaabjerg教授、Philip Krein教授和章进法博士分别为最高奖、分组优胜奖、学生队优胜奖颁发获奖证书。

最高奖Okra/EDMteam参赛队表示，非常感谢中国电源学会与IEEE电力电子学会提供了这样宝贵的机会，能够与来自世界各地的队员们一起为“点亮亿万人生”这项伟大的事业共同努力，这是一次意义重大且非常难忘的经历，整个竞赛的组织也非常棒，我们非常高兴能够参加这次比赛。

Track 1A分组优胜奖复旦大学参赛队表示，EBL竞赛是一项融合了技术和商业的综合性比赛，它要求参赛队员在具体的应用环境下，寻找解决能源问题的对策。这是一项很有挑战也很有意思的任务，这也是我们参加这项竞赛的原因。

EBL亚太区域竞赛的成功举办获得了台达电子（Delta Electronics，Inc.）的冠名赞助支持。台达电子长期关注环境议题，秉持“环保节能爱地球”的经营使命，持续开发创新节能产品及解决方案，已成为全球领先的节能解决方案提供者。同时台达电子积极参与并赞助各类社会公益活动，范围涵盖环境教育、绿色建筑推广、人才培育、学术研发等，已成为履行企业社会责任的领导企业。

在颁奖仪式中，台达电子的章进法博士致辞并表示，“寻找创意之光点亮亿万人生”国际创意设计大赛的理念与台达电子“环保节能爱地球”的经营使命不谋而合，台达电子非常高兴有机会参与并支持这样的比赛。

本次亚太赛区获奖团队将于2019年9月赴美国参加IEEE ECCE会议期间举行的EBL全球总决赛。

GaN Systems杯第四届高校电力电子应用设计大赛11月在深圳圆满举行

2018年11月4~6日，GaN Systems杯第四届高校电力电子应用设计大赛在中国电源学会与IEEE-电力电子学会（PELS）联合主办的IEEE PEAC2018国际会议期间同期举行。华中科技大学在众多参赛队伍中脱颖而出，斩获决赛特等奖。此外，2支队伍获得一等奖，2支队伍获得二等奖，5支队伍获得优胜奖。

高校电力电子应用设计大赛是中国电源学会自2015年发起的一项面向全国高校学生的一项具有探索性的工程实践活动，是全国电力电子领域最高水平的大学生竞赛。目前，已成功举办四届。本届大赛由中国电源学会、中国电源学会科普工作委员会主办，西安交通大学承办，得到了冠名赞助商GaN Systems Inc.和联合赞助商宁波希磁电子科技有限公司的大力支持，并且得到Chroma公司的测试设备支持。

第四届高校电力电子应用设计大赛的主题是高效高功率密度双向DC-DC变换器设计，是面向储能应用的基础变换器技术，并要求基于新型功率半导体器件GaN的设计，同时在控制方面会涉及数字化控制技术，这些都充分反映电力电子发展的最新动态和产业发展趋势，所以今年的竞赛内容比以往几届都更加挑战，也更具创新的空间。

自2018年3月初启动以来，本届大赛得到了社会各界和高校师生的广泛关注，共吸引了全国41所高校共计43支队伍报名参赛。2018年6月9日，大赛组委会在西安举行了启动仪式，并召开了评审委员会会议，对报名参赛的项目计划书进行首次评审。评选出20支队伍进入初赛，同时给各参赛队提出了方案修改和改进意见。

进入初赛的各参赛队采用冠名赞助商GaN Systems Inc.和联合赞助商宁波希磁电子科技有限公司分别提供的GaN器件和电流传感器器件开始了参赛作品的设计工作，并于8月底提交了阶段研究报告和样机。

本次决赛开幕式上，中国电源学会监事长章进法博士致辞，对进入决赛的参赛队表示了热烈的祝贺，同时对各位评审专家、赞助商代表等与会者的到来表示了欢迎。章进法博士还指出，高校电力电子应用设计大赛为广大高校电力电子及相关专业学生提供了一个学以致用、理论联系实践的展示平台，激励更多学生进行电力电子技术领域的创新。同时，也有利于推动高等学校专业教学改革，促进电力电子技术产业化人才的培养。

GaN Systems Inc. 战略市场部副总裁 Paul Wiener 出席开幕式并发表致辞。Paul Wiener 先生向与会者介绍了新型 GaN 器件的优势和前景，并肯定了中国电源学会主办的高校电力电子应用设计大赛对促进新型功率器件的普及和发展所起的重要作用。

本届大赛的联合赞助商宁波希磁电子科技有限公司董事长王建国先生也发表致辞，预祝大赛圆满成功。

之后的决赛环节，分汇报答辩和样机性能测试两个环节。尽管今年比赛题目极具挑战性，但是参赛队伍所提出的技术方案非常新颖，且各具特色。而且经过初评、预赛的不断改进，汇报方案也有了很大完善和提升，在回答评委答辩时逻辑清晰，思路敏捷，展现出当代大学生的专业素质和个人风采。

此外，决赛作品非常精致，性能、功率密度很高，并向 800 多名与会者公开展示，获得了广泛的关注和肯定。有企业代表参观过作品后，希望联系相关参赛队进行合作。

本次评委委员会委员包括中国电源学会监事长、科普委员会主任、台达上海设计中心主任章进法博士；中国电源学会科普委员会副主任、上海海事大学汤天浩教授；中国电源学会科普委员会副主任、浙江大学吕征宇教授；南京航空航天大学陈新教授；西安交通大学裴云庆教授；敏业信息科技（上海）有限公司研发总监黄敏超博士；宁波希磁电子科技有限公司董事长王建国先生；GaN Systems Inc. 应用工程师李全春先生。

评审小组对各参赛队提出的研究报告进行了严格而又慎重的评审，主要针对研究报告所体现的项目实施情况、项目完整性和创新性等方面进行综合评估，并结合样机现场测试情况，经过充分讨论，产生了获奖名单。

本次大赛唯一的特等奖花落华中科技大学，杭州电子科技大学以及西安交通大学获得一等奖，浙江大学、南京航空航天大学获得二等奖。进入决赛的另外五所高校，即北方工业大学、黑龙江科技大学、天津大学、上海电力大学以及南京理工大学获得优胜奖。

11 月 6 日晚，GaN Systems 杯第四届高校电力电子应用设计大赛颁奖仪式在 IEEE PEAC2018 颁奖晚宴之前举行。800 多人的会场座无虚席。颁奖仪式由竞赛承办方、西安交通大学教授杨旭主持，并代表承办方致辞，回顾了本次大赛情况，介绍了今年大赛参赛队伍多以及参赛水平高等特点。

在现场向获奖参赛队颁发了证书，同时向大赛冠名赞助商 GaN Systems Inc. 以及联合赞助商宁波希磁电子科技有限公司颁发了奖牌。

IEEE PELS 与 CPSS 首批联合分会正式成立

2018 年 11 月 5 日，IEEE 电力电子学会（简称 IEEE PELS）与中国电源学会（简称 CPSS）联合分会（JointChapter）成立暨授牌仪式在深圳举行。来自国内外的 800 余名与会者见证了这一盛事。IEEE PELS 主席 Alan Mantooth 主席、中国电源学会理事长徐德鸿教授出席成立大会，并为上海、浙江/南京/安徽、西安三个地区的联合分会授牌。

IEEE PELS 主席 Alan Mantooth 主席在授牌仪式中致辞，他向联合分会的成立表示衷心的祝贺，并指出三个联合分会的成立，是 PELS 与 CPSS 长期以来良好合作的又一成果，将有效提升 PELS 在有关地区会员的服务质量，同时也将进一步扩大 PELS 在中国的影响力，希望未来能够与 CPSS 开展更加深入和广泛的合作。

中国电源学会理事长徐德鸿教授主持授牌仪式。徐德鸿教授介绍了 PELS&CPSS 联合分会成立的情况，同时指出近年来，中国电源学会与 IEEE 电力电子学会逐步建立了全方位合作关系，共同致力于为电源及电力电子领域专业技术人才搭建国际交流平台，推动电力电子技术的快速发展。三个联合分会的成立，将进一步促进我国电源科技人员国际交流、推动电源科技领域创新发展，有效增强 CPSS 与 PELS 双方的合作关系，徐德鸿理事长最后祝愿三个联合分会在未来能够取得长足的发展。

成立仪式最后，徐德鸿理事长和 Alan Mantooth 主席共同为上海联合分会主席汤天浩教授、浙江/南京/安徽联合分会主席吕征宇教授、西安联合分会主席王来利教授颁发了牌匾。

2018 国际电力电子创新论坛 3 月在上海圆满举行

由中国电源学会和慕尼黑博览集团共同举办的 2018 国际电力电子创新论坛于 2018 年 3 月 14~15 日在上海新国际博览中心成功举办。本次论坛聚焦行业三大热点，包括电力电子新器件与电源创新技术、智能电网的电源应用与关键技术、新能源汽车与充电控制技术——智能交通电气化的核心三个主题分会场。中国电源学会副理事长、上海海事大学汤天浩教授，上海交通大学蔡旭教授，上海大学徐国卿教授主持各主题会议，会议共计演讲 21 场，到会总人数共计 686 人。

2018 中国新能源车充电与驱动技术大会 5 月在深圳成功召开

2018 年 5 月 11~13 日，由中国电源学会新能源车充电与驱动专委会和中国新能源车充电与创新技术联盟主办的 2018 中国新能源车充电与驱动技术大会（EVCP2018）在深圳举行并取得圆满成功。本次大会集讲座、报告、研讨、展览于一体，涵盖了国际顶尖水平的学术报告、全方位多角度的学术交流以及标准研讨等同期活动，成为中国新能源车领域规模较大、学术水平较高、论文交流较多以及影响力较大的综合性学术盛会。

2018 中国新能源车充电与驱动技术大会是继 2016 年成功举办新能源车充电与驱动首届技术大会（EVCP2016）后的第二届大会，在规模上、内容上更进一步。本次会议聚集了来自境内外新能源车充电与驱动技术相关领域的学术界、产业界和政府部门的高层人士以及相关专业在校研究生等共计500余人，录用论文88篇。会议特邀6场大会报告，3场技术讲座，20个技术报告分会场、88场报告，5个工业报告分会场、27场报告，评选出21篇优秀论文及4家优秀合作伙伴企业。会议现场共有17家企业展示了最新产品，年会期间还举行了中国电源学会新能源车充电与驱动专委会第一届第三次年会、中国电源学会《锂离子电池模块通用标准接口技术规范》和《锂离子动力电池模组测试系统标准》等两个团体标准的研讨会，以及参观比亚迪股份有限公司等丰富活动。

本次会议得到了主赞助商兼承办方深圳麦格米特电气股份有限公司，金牌赞助商富士电机（中国）有限公司，银牌赞助商宁国市裕华电器有限公司和深圳市智胜新电子技术有限公司的大力支持。

5月11日下午，会议正式开幕前，组委会组织了3场专题讲座，针对目前行业共同关注的新能源汽车电机驱动技术、车载变换器磁元件设计技术、锂离子电池的充电技术等话题特邀相关专家进行了深入讲解。

当天晚上，中国电源学会新能源车充电与驱动专委会召开了一届三次委员工作会议，审议了2017年以来专委会各项工作的进展情况报告，EVCP2018技术大会的组织工作情况报告，专委会委员对本专业领域的企业参访活动的计划与实施情况报告，以及专委会委员增补人员名单，并且对今后专委会的发展和工作重点进行了广泛热烈的讨论。

5月12日早上，本届技术大会开幕式正式举行，由会议秘书长沈国桥博士担任主持。中国电源学会理事长徐德鸿教授致开幕辞，会议承办单位深圳麦格米特电气股份有限公司创始人、董事长童永胜博士致欢迎辞，大会程序委员会主席、清华大学杨耕教授代表组委会报告了本届大会组织情况。

开幕式后，进入大会报告环节，中国工程院院士、香港大学陈清泉教授，中国工程院院士、湖南大学罗安教授，中国电动汽车百人会副秘书长、清华大学王贺武博士，深圳麦格米特电气股份有限公司廖海平博士，富士电机株式会社藤平龙彦博士，精进电动科技股份有限公司蔡蔚博士等国内外知名专家受邀进行报告，受到参会代表的热烈欢迎。

5月12日下午至13日全天，会议设置9个主题、20个技术报告分会场，共计88场报告，展示最新论文和研究成果，使参会者就新能源车各领域技术进行了充分交流。主要涉及内容包括：国内外交通电气化的研究与发展综述性内容涉及车用燃料电池及其系统，电机及驱动系统集成与控制，智能充放电与能源互联网，新能源车元器件设计、集成与可靠性技术，车用电池PACK、建模以及BMS，新型功率半导体器件及其应用技术，车载充电机、双向DC-DC、DC-AC功率变换技术，电动车辆无线充电技术及系统，快速充/换电技术与充电站系统等。

会议同时设置4个主题、5个工业报告分会场，共计27场报告，聚焦新能源车辆相关工程技术，汇集行业精英，分享成果和经验。涉及主题包括：车用关键元器件技术，驱动控制与动力总成，充电与电池管理技术，车载电源、充电器与电能变换技术等。

为推动新能源车相关标准的立项、制定和完善工作，满足行业发展需要，促进新能源车行业技术进步、自主创新和产业升级，12日下午，会议专门组织了与新能源车锂电池技术相关的标准研讨会，包括中国电源学会《锂离子电池模块通用标准接口技术规范》和《锂离子动力电池模组测试系统标准》两个团体标准。来自电动汽车整车厂、检测机构、高等院校、电池厂、零部件企业等单位的近40位专家与企业代表参与了标准的讨论。

为鼓励和表彰广大新能源车技术领域的技术研究与开发工作，以及相关企业对新能源车技术大会的大力支持，4日晚间，大会组委会专门举办了EVCP2018技术大会颁奖典礼。大会颁奖仪式由本届会议程序委员会主席杨耕教授主持，现场颁发了21篇EVCP2018优秀论文奖及4家对本次大会做出突出贡献的企业以及优秀合作伙伴奖。中国工程院院士、香港大学陈清泉教授中国电源学会理事长、浙江大学徐德鸿教授向获奖论文作者代表颁发证书，向本次会议顺利召开提供大力支持的4家企业单位颁发了优秀合作伙伴奖奖杯。

此外，本次EVCP2018技术大会设置了产品展览区，会议现场有17家企业集中展示了车辆电源及电动汽车相关领域新产品、新应用、新成果，反映电源产业技术创新水平，促进产学研用交流与合作。

中国电源学会第四届高校电力电子学科青年学者论坛7月在北京圆满举行

2018年7月6~8日，由中国电源学会青年工作委员会主办、清华大学承办的“第四届高校电力电子学科青年学者论坛暨委员大会”在北京顺利召开，会议吸引了来自全国各地43所高校的180余名青年学者参加。

高校电力电子学科青年学者论坛由中国电源学会（青年工作委员会）发起并主办，湖南大学、浙江大学、华中科技大学、上海交通大学、重庆大学、清华大学、哈尔滨工业大学、南京航空航天大学、北京交通大学等单位支持，旨在促进我国高校青年学者之间的学术交流，活跃本学科领域的学术气氛，推动电力电子与电力传动学科的发展，并通过开展专业前沿与职业规划研讨，助力青年学者发展。

本次论坛旨在为青年学者提供一个理论研究与创新、前沿学术交流与研讨、科研能力建设与培养的高端性、开放性和公益性平台，进一步促进电力电子学科青年学者的学术交流、学科发展和人才培养。7月7日的开幕式由中国电源学会青年工作委员会主任耿华博士主持，中国电源学会副理事长、华南理工大学张波教授和清华大学电机系主任曾嵘教授分别从学科前沿、对青年学者的希望等角度作了热情洋溢的致辞。

随后，论坛围绕着“能源互联网技术及电力电子”、“新型器件及电力电子装备”两大主题，通过主旨报告和专题沙龙研讨的形式，探讨了面向未来多能源高效利用中的新型电力电子技术以及该领域青年学者科研治学的方法和感悟。主旨报告人均为领域内的知名学者或优秀青年学者，报告内容包括电力电子器件、电力电子拓扑及应用、能源互联网中的电力电子技术等。报告人包括中国电源学会副理事长阮新波教授、中国电源学会副理事长张波教授、上海交通大学朱淼教授、清华大学谢小荣教授、浙江大学钟文兴研究员、湖南大学汪洪亮教授、东南大学邓富金教授、Chroma公司林志興课长和英飞凌公司张建浩工程师。专题沙龙讨论分别聚焦两大主题，采取专题特邀报告+开放式讨论+专家总结点评方式展开，主持人分别为山东大学高峰教授、清华大学郭庆来副教授、南京航空航天大学张之梁教授和湖南大学王俊教授。

论坛获得了现场参与青年学者的热烈响应和好评。中国电源学会（青年工作委员会）未来将进一步紧密团结全国广大电源行业青年工作者，通过开展国内外电源技术的学术交流和产学研合作，开拓国际视野，发现和培养一批优秀的青年工作者，构建开放、灵活和民主的交流平台，营造宽松、和谐、团结的学术氛围，促进国内外电源技术青年工作者的交流互动，提高我国电源行业青年工作者的研究水平和国内外影响力，为我国电源行业和国民经济的发展做出贡献。

中国电源学会第八届功率变换器磁元件学术年会8月在南平圆满举办

2018年8月16日，中国电源学会第八届磁技术专业委员会委员及参会代表200余人出席了第八届功率变换器磁元件学术年会，围绕近两年来功率变换器磁元件最新技术及应用成果、未来发展趋势等展开了深入探讨。南京航空航天大学陈乾宏教授、辽宁工程技术大学杨玉岗教授、深圳伊戈尔沭磁科技邵革良首席科学官、佛山市中研非晶科技股份有限公司朱勇首席磁应用技术官、台达电子企业管理（上海）有限公司卢增艺博士后、南京新康达赵光总经理等数位高校学者和企业高层的共10个大会报告和24个技术报告轮番呈上，为与会人员带来一场难得的技术盛宴。

中国电源学会照明电源专业委员会第三届技术交流年会8月在杭州成功举办

中国电源学会照明电源专业委员会第三届技术交流年会8月在杭州举办。英飞特电子（杭州）股份有限公司熊代富研发副总经理、重庆大学罗全明教授、哈尔滨工业大学王懿杰教授、西南交通大学马红波副教授做了高效LED驱动技术的报告；矽力杰高级市场总监Winston Wang、上海晶丰明源半导体有限责任公司孙顺根技术总监、杭州士兰微电子的蔡拥军市场总监针对LED照明的电源管理芯片及未来无线照明技术作了精彩的报告，一些关于市场的理念令与会的各高校委员耳目一新；重庆师范大学龙兴明教授则对汽车照明的封装和可靠性介绍了自己的研究成果；福州大学何立松博士代表林维明教授作了光通信的技术报告；欧普照明采购高级经理左壮博士介绍了欧普作为照明界的领头羊在器件采购、成本控制和科技创新方面的情况。哈尔滨工业大学张相军副教授作了面向特征谱段的紫外线驱动参数优化实验研究方法的报告。

中国电源学会第七届全国特种电源学术交流会9月在昆明成功举办

中国电源学会特种电源专业委会第七届全国特种电源学术交流会于2018年9月26~30日在昆明召开。本次大会由中国电源学会特种电源专业委员会主办、中国工程物理研究院流体物理研究所承办。

中国工程物理研究院、中国科学院等离子体物理研究所、国防科技大学、华中科技大学大、中电集团38所等来自全国数十家重点科研院所、高校、研发厂商的180余名代表参加了大会。中国电源学会张磊秘书长，第七届特种电源专委会主任委员史平君，中国工程物理研究院流体物理研究所邓建军院士、章林文副总师、李洪涛主任等出席了大会，本次大会是历届会议规模最大的一次学术交流盛会。

第七届全国特种电源学术交流会由史平君主持。本次大会是特种电源领域一次规模大、学科多的高水平学术活动，主要围绕特种电源及其相关技术领域展开讨论与交流。大会主题覆盖电源电路拓扑及仿真技术、高功率逆变技术、功率器件及其应用、电源控制技术及电磁兼容技术、高功率脉冲电源技术及应用、特种电源应用技术等多个领域。会议邀请了10位相关领域的专家分别做了特邀报告和大会报告。学术交流会收到96篇论文报告，分两个分会场以及张贴报告等多种形式开展交流和展示。大会评选出了10篇优秀论文予以表彰。

中国电源学会特种电源专业委员会主办的全国特种电源学术交流会为我国特种电源技术及从事相关领域研究的科研人员提供了专业的学术交流平台。同时，大会也为相关企业提供了一个参与会议、展示产品和提升品牌的不可多得的重要渠道。会议的成功举办将极大促进我国特种电源及相关技术领域的科技进步，加速并拓展其在国防和工业等领域的应用。

中国电源学会第八届功率半导体学术研讨会10月在南京圆满举行

2018年10月26~27日，由中国电源学会（CPSS）元器件专委会（ECDC）主办，东南大学、南京市集成电路产业联盟、南京集成电路产业服务中心承办的中国电源学会第八届元器件专委会功率半导体学术研讨会在南京隆重召开。

10月27日的功率半导体学术研讨会聚焦功率半导体器件的新材料、新技术、新器件和新应用的发展动态和技术进步，此次会议汇聚了来自国内外170多名专家学者，同时邀请了国内外知名学者为大家作了六场内容丰富精彩的专业学术报告。

会议由中国电源学会元器件专委会秘书长、江苏宏微科技股份有限公司赵善麒博士主持大会开幕式，并邀请南京江北新区软件园、集成电路产业服务中心周荣副主任、元器件专委会主任委员西安工程大学高勇教授、元器件专委会副主任委员东南大学孙伟锋教授致欢迎辞。

大会邀请美国Rensselaer Polytechnic Instiute（RPI）T. P. Chow教授、香港科技大学陈敬教授、西安交通大学刘进军教授、英飞凌科技陈子颖高级经理、江苏宏微科技股份有限公司芯片事业部俞义长总监、东南大学孙伟锋教授分别作了精彩的专业学术报告。

T. P. Chow 教授就第三代半导体技术中最核心的功率 SiC 器件的最近研究成果、面临的可靠性挑战做了详细介绍，并展望了未来技术发展趋势。

陈敬教授针对目前第三代半导体 GaN 全集成技术与大家作了深入讲解与展望。

刘进军教授与大家分享了大容量电子电子装备的发展趋势、技术挑战、综合分析及可靠性评估思路。

英飞凌、宏微科技、东南大学等单位的专家在大功率 IGBT 器件及模块、大功率 SiC 器件及模块的设计、封装和应用技术方面分别作了精彩的专题报告。这些报告引起了与会代表的极大兴趣，会场反响热烈。

10 月 27 日下午，中国电子科技集团第五十五研究所柏松主任、三菱电机机电（上海）有限公司马先奎应用技术经理针对第三代半导体进行了主旨发言。与会专家、学者 60 余人以圆桌讨论的形式，就第三代半导体器件与应用技术中的可靠性等技术难题、国内发展现状、未来技术动向等大家感兴趣的话题，进行了热烈、深入的交流讨论。

此次研讨会议及圆桌会议，汇聚了国内外来自于功率有源器件、无源器件及应用的 34 家企业专家、工程师们和 21 所高校及研究所教授、学者们，共同探讨了功率半导体器件的新材料、新技术、新器件及新应用的发展之路。两年一届的元器件专委会学术研讨会，致力于搭建元器件研发和生产单位与功率系统研发和生产单位的交流平台，促进了电源、电机驱动等行业上下游的链条式发展，跟踪和引进了国际最先进的元器件发展动态和技术。

中国电源学会第二届信息系统供电技术专业委员会技术交流会 10 月在上海成功举办

中国电源学会第二届信息系统供电技术专业委员会技术交流会于 2018 年 10 月 27 日在上海成功召开。章进法博士、汤天浩教授、谢少军教授、张广明研究员、彭广香高工和陈四雄高工分别作了《信息系统电源架构及电源技术发展状况》、《信息系统供电与用电的节能减排思考》、《新型三相整流器技术研究》、《重视数据中心供电系统设计与应用的若干概念问题》、《数据中心供电发展现状及演进路线探讨》、《数据中心供电技术白皮书》等专业学术和技术报告。

技术交流会期间谢少军教授还主持了《数据中心不间断供电技术白皮书》发布仪式。该白皮书由专委会陈四雄、张广明、谢少军、何春华等行业权威专家起草，为数据中心不间断供电系统设计、建设提供专业技术参考，助力业内云基础设施建设，推进数字经济时代新兴业态和商业模式的发展。

会议组织与会人员在 10 月 27 日上午分两批参观了科华恒盛（上海市北）云计算中心，期间，科华公司技术人员向参观人员详细介绍了数据中心的基本情况。

2018 年中国光伏行业年度大会暨智慧能源创新论坛圆满举行

中国电源学会新能源电能变换技术专业委员会于 2018 年 11 月 21~22 日在合肥组织了主题报告及交流，上海海事大学汤天浩教授、清华大学耿华研究员、南车株洲电力机车研究所王卫安副总经理、阳光电源张彦虎博士分别作了《海洋新能源的电能变换技术》、《新能源发电集群控制与优化》、《基于能源互联网的轨道交通牵引供电技术》、《新能源技术发展趋势探讨》等专业学术和技术报告。

会议同期 11 月 22 日，专委会还与中国光伏行业协会等单位，共同主办了 2018 年中国光伏行业年度大会暨智慧能源创新论坛，并邀请行业主管部门、研究机构、咨询分析机构和企业高管，一起探讨了新形势下未来我国光伏行业发展的新格局。

中国电源学会女科学家工作委员会第一届女科学家学术论坛 12 月在保定圆满举行

中国电源学会女科学家工作委员会第一届女科学家学术论坛于 2018 年 12 月 1 日在河北省保定市成功举办。本次大会由中国电源学会主办，江西艾特磁材有限公司承办。女工委主任李虹教授担任主持人。

上午的学术论坛环节邀请了三位主讲嘉宾。其中，程东红副会长作了“让性别意识走进科学技术工作的主流”的主题报告，报告通过详实地统计数据和事实，针对性别平等、性别意识在科技工作中的现状进行了阐述，提出了具体的建议。毕天姝教授作了“中国女科技人员发展及相关建议”的主题报告，针对中国工程领域女科技人员的发展现状进行了分析，并结合调研结果指出当今发展女科技人员的意义和改善目前现状的措施与建议。张兴教授作了“高渗透率并网逆变器稳定控制问题的几点思考”的主题报告，对逆变器建模、并网逆变器多电流环设计和并网谐波不稳定及判据提出了看法与思考，对女科技人的科研工作具有良好的启发作用。

12 月 1 日下午，合肥工业大学杜燕和杭州电子科技大学杭丽君两位老师主持了题为“女性职业发展”的主题沙龙，期间与会人员针对女性在发展过程中如何获得社会和国家的关注与支持、如何抓住事业发展的关键点展开了热烈的讨论，特邀嘉宾程东红副会长和张兴教授分别对大家的发言作了点评；北京航空航天大学王莉娜和西南交通大学杨平两位老师主持了题为“家庭事业平衡”的主题沙龙，程东红副会长、广州大学杨汝教授、西南交通大学何晓琼副教授、佛山科技技术学院屈莉莉教授和四川大学周群教授和大家分享了自己的经验和建议；浙江大学杨树和合肥工业大学马铭遥两位老师主持了题为“研究生教育”的主题沙龙活动，浙江大学孙丹教授、杭州电子科技大学杭丽君教授、浙江工业大学陈怡教授都发表了自己观点，表示研究生的培养应该因材施教，增加相互交流，营造良好的实验室大环境等。在主题沙龙期间，全体参会人员积极参与、各抒己见，对相关问题进行了深入的探讨和交流。最后，女工委主任李虹教授祝贺此次论坛圆满落幕。大会在热烈的气氛中圆满结束。

中国电源学会 2018 年电源技术青年创新与发展论坛 12 月在重庆成功举办

中国电源学会 2018 年电源技术青年创新与发展论坛于 2018 年 12 月 21 ~ 23 日在美丽的山城——重庆顺利召开。

本次会议由中国电源学会青年工作委员会主办，重庆大学输配电装备及系统安全与新技术国家重点实验室承办。

本论坛邀请了浙江大学徐德鸿教授、华南理工大学张波教授、南京航空航天大学阮新波教授、西安交通大学刘进军教授、台达电子企业管理（上海）有限公司章进法教授、西安交通大学宋国兵教授、清华大学耿华教授、湖南大学帅智康教授、山东大学高峰教授、清华大学张品佳研究员，以及青铜剑科技和巍巍博士等11名知名专家学者分别作了《碳化硅软开关三相变流器的研制》、《一种新的逆变器空间矢量调制方式——m模态SVPWM控制》、《具有自然均压均流特性的多模块输入串联输出并联系统》、《对逆变电源下垂控制与虚拟同步机控制的再认识》、《网络电源系统架构及电源技术发展状况》、《电力装备电力电子化趋势下电力系统控制保护面临的挑战》、《新能源发电系统优化与控制》、《微电网暂态稳定性问题研究》、《多并网变换器全局同步脉宽调制原理及其应用技术》、《电力传动系统智能传感方法及应用》、《车规级碳化硅功率器件》的大会报告。

中国电源学会分支机构换届及成立大会成功召开

2018年8月16日，中国电源学会磁技术专业委员会在福建南平召开第八届换届大会，共选举出中国电源学会第八届磁技术专业委员会委员83人，其中陈为当选主任委员，王建刚、朱勇、杨玉岗、陈晖、赵光、卢增艺、张晓东、陈庆彬、陈乾宏等人当选副主任委员。至此，中国电源学会第八届磁技术专业委员会正式成立。

中国电源学会电磁兼容专业委员会于2018年8月16日在江苏省苏州市香格里拉大酒店召开了第八届换届大会暨第一次全体委员会议。来自全国各地的近40多名会议代表参加了此次会议。大会按照中国电源学会分支机构换届选举相关规定，首先从候选委员中选举产生了由40名委员组成的新一届电磁兼容专业委员会；再从当选委员中，选举产生张波为主任委员，陈恒林、李虹、裴雪军、和军平、孟进为副主任委员，并聘任黄学军为秘书长。

2018年8月20日，中国电源学会电能质量专业委员会在苏州清山会议中心举办了第三届换届大会，会议选举产生了第三届电能质量专委会委员及领导成员。其中卓放当选主任委员，姜齐荣、吕征宇、任丕德、张苹、刘军成、朱明星、白小青和袁晓冬8人当选副主任委员，聘任白小青为秘书长，黄炜为副秘书长。至此，中国电源学会第三届电能质量专委会正式成立。

2018年9月16日，中国电源学会照明电源专业委员会第三次换届会议于杭州白马湖建国饭店举行。经投票选举，49名委员候选人成功当选，之后由新当选委员投票选举出了新一届专委会主要领导，分别是：主任委员哈尔滨工业大学徐殿国教授、副主任委员英飞特电子（杭州）股份有限公司研发副总经理熊代富高级工程师、副主任委员哈尔滨工业大学王懿杰教授（35岁），副主任委员浙江大学吴新科教授。

中国电源学会第八届特种电源专业委员会换届会于2018年9月26~30日在昆明召开。来自科研院所、高校和企业的100多名代表经投票选举产生了由71位专家、学者组成的第八届中国电源学会特种电源专业委员会，邓建军院士当选专委会主任委员。

中国电源学会第八届直流电源专业委员会换届大会于2018年10月13日在江苏南京召开，来自全国各地科研院所、高校、企业的代表经无记名投票选举产生了由47名专家、学者组成的中国电源学会第八届直流电源专业委员会，新当选的委员又选举产生了新一届专委会领导，张卫平当选为专委会的主任委员，阮新波、马皓、周世兴、章进法、杨旭、陈武当选为副主任委员，全体委员表决通过了主任委员提名陈亚爱为秘书长的提议。

2018年10月26~27日，中国电源学会第八届元器件专委会换届大会在南京隆重召开。各参会代表投票选举了中国电源学会元器件专业委员会第八届委员，96名委员候选人成功当选之后由新当选委员投票并选举出了新一届专委会主要领导。主任委员由西安工程大学高勇教授担任，副主任委员由以下六位专家担任，分别是（副主任委员排序按照姓氏排序）：株洲南车时代电气股份有限公司刘国友副总工程师、东南大学孙伟锋教授、电子科技大学张波教授、英飞凌科技陈子颖高级经理、天津大学梅云辉教授、浙江大学盛况教授。随后，新一届主任委员高勇教授提名聘任江苏宏微科技股份有限公司赵善麒博士为秘书长，由会议代表表决通过。

中国电源学会第二届信息系统供电技术专业委员会换届大会于2018年10月27日在上海成功召开。南京航空航天大学谢少军教授当选为第二届专委会主任委员，厦门科华恒盛股份有限公司陈四雄副总裁、《UPS》杂志总编何春华高工、北方工业大学陈亚爱教授、先控捷联电气股份有限公司陈冀生总经理、军事科学院系统工程研究院网络信息研究所孟海军高工、国网思极紫光云数科技有限公司技术总监彭广香高工、厦门大学孟超副研究员当选为副主任委员。经新当选主任委员提名并由会议代表表决通过了漳州科华技术有限责任公司研发中心副总经理曾奕彰高工为新一届专委会秘书长。

中国电源学会第八届标准化工作委员会换届大会于2018年11月3日在广东省东莞市成功召开。来自企业单位、高校、科研院所和检测机构的参会代表投票选举中国电源学会标准化工作委员会第八届委员，49名委员候选人成功当选。之后，由新当选委员投票选举产生了中国电源学会标准化工作委员会的主要领导。华中科技大学康勇教授当选为中国电源学会第八届标准化工作委员会主任委员，湖南大学汪洪亮教授、中国电源学会李占师老师、中兴通讯股份有限公司胡先红高工、国家电子计算外部设备质量监督检验中心陈益云高工和华为技术有限公司黄伯宁总工当选为副主任委员。随后，新一届主任委员康勇教授提名聘任广东志成冠军集团有限公司李民英总工程师为秘书长，由会议代表表决通过。至此，中国电源学会第八届标准化工作委员会正式成立。

中国电源学会新能源电能变换技术专业委员会换届大会于2018年11月21~22日在安徽合肥召开。来自全国各地科研院所、高校、企业的委员及其授权代表经无记名投票选举产生了由72名专家、学者组成的中国电源学会第二届新能源电能变换技术专业委员会。新当选的委员经过第二轮选举产生了新一届专委会主要领导，曹仁贤当选为专委会的主任委员，张兴、汤天浩、谢少军、郑大鹏、耿华、王卫安当选为副主任委员，全体委员表决通过了主任委员提名的张友权为专委会秘书长、王佳宁为副秘书长的提议。

中国电源学会女科学家工作委员会成立大会暨第一届女科学家学术论坛于 2018 年 12 月 1 日在河北省保定市成功举办。来自高校、科研院所和企业单位的参会代表投票选举第一届女工委委员共 73 名。北京交通大学李虹教授当选主任委员，华南理工大学丘东元教授、重庆大学孙鹏菊副教授、湖南大学程苗苗副教授、杭州电子科技大学杭丽君教授、西安交通大学陈文洁教授、西安理工大学支娜副教授、北京航空航天大学王莉娜副教授、武汉理工大学朱国荣教授、浙江大学杨树研究员和中南大学董密教授当选副主任委员。接着，新一届的主任委员李虹教授提名江西艾特磁材董事长毛圣华工程师为秘书长，合肥工业大学杜燕副教授和西南交通大学杨平老师为副秘书长，与会代表表决一致通过。

中国电源学会会员发展工作委员会成立会议暨第一次工作会议于 2018 年 12 月 9 日在上海成功召开。会议选举产生了中国电源学会首届会员发展工作委员会成员。上海海事大学汤天浩教授当选为中国电源学会会员发展工作委员会主任委员，浙江大学吕征宇教授、华中科技大学林桦教授、西安交通大学裴云庆教授、阳光电源股份有限公司副总裁张友权、深圳市汇川技术股份有限公司汇川大学执行校长胡年华、清华大学耿华教授、深圳市中自信息技术有限公司刘强董事长当选为副主任委员，同时选举产生 21 位委员。会员发展工作委员会主任委员汤天浩教授提名聘任上海海事大学韩金刚为秘书长，南京航空航天大学陈新教授、中国电源学会杨乃芬为副秘书长，由会议代表表决通过。

中国电源学会第二届青年工作委员会换届大会于 2018 年 12 月 21~23 日在美丽的山城——重庆顺利召开。参会代表共计 150 余人。会议选举产生了第二届青工委委员、常务委员和主要负责人。重庆大学杜雄教授当选为第二届青工委主任委员，浙江大学陈敏副教授、东南大学陈武教授、湖南大学陈燕东副教授、上海交通大学李睿副教授、华中科技大学林磊教授、哈尔滨工业大学王高林教授、西安交通大学王来利教授、易事特集团股份有限公司于玮副总裁、南京航空航天大学张之梁教授、清华大学郑泽东副教授当选为副主任委员。新当选主任委员杜雄教授提名深圳青铜剑科技股份有限公司和巍巍副总裁为秘书长；深圳基本半导体有限公司副总经理张振中博士、重庆大学罗全明教授、孙鹏菊副教授、西南交通大学杨平副教授为副秘书长；清华大学耿华教授为名誉主任；湖南大学涂春鸣教授、浙江大学李武华教授、上海交通大学朱淼教授、湖南大学帅智康教授和王俊教授为名誉委员；由会议表决通过。

2018 年 12 月 23 日，中国电源学会第二届无线电能传输技术及装置委员会换届大会在重庆前卫科技集团有限公司隆重召开。新一届委员会委员规模达到 77 人。接下来，经新当选委员选举，重庆大学孙跃教授当选主任委员，重庆前卫科技集团徐猛董事长、哈尔滨工业大学朱春波教授、华南理工大学张波教授、浙江大学马皓教授、中科院电工所刘国强研究员、广西电网公司高立克主任、中国电力科学研究院有限公司魏斌、江苏方天集团翟学锋、青岛大学王春芳教授等 9 名专家当选副主任委员。而后，新当选主任委员提名了重庆前卫科技集团何兴友主任担任委员会秘书长，重庆大学戴欣教授担任委员会副秘书长，并由会议表决通过。

2018 年光储系统设计与应用专题研修班 7 月在合肥成功举办

由中国电源学会主办，合肥工业大学、中国电源学会新能源电能变换技术专业委员会、科普工作委员会承办的光储系统设计与应用专题研修班于 2018 年 7 月 28~30 日在合肥成功举办，来自全国各院校及企事业单位 80 余名代表参加了本次研修班。

中国电源学会秘书长张磊主持开幕式并介绍本次授课专家。本次专题研修班承办单位合肥工业大学电气与自动化工程学院张兴教授致开幕辞。本次专题研修班从当前大规模光伏系统和储能技术应用新趋势、弱电网下光伏并网电源设计、基于宽禁带器件的光伏电源设计、储能变流器及其系统调频技术、光伏阵列匹配优化技术、光伏交直流微电网技术、光伏虚拟同步机技术等全面解读国内光伏与储能产业新技术、新动向。课程理论联系实际，从提高我国光伏、储能产业技术人员的技术水平和创新能力角度出发，着眼设计基础，同时也聚焦热点问题，通过授课与大型光伏电站现场考察、研讨相结合，有效提高学员的技术及应用能力，推动我国光伏产业的进一步发展。

本次研修班邀请了合肥工业大学张兴教授、上海交通大学蔡旭教授、南京航空航天大学谢少军教授、北方工业大学张卫平教授、中国电力科学研究院有限公司储能与电工新技术研究所李建林博士、北京交通大学李虹教授、浙江省电力公司电力科学研究院张雪松教授级高工、上海鹰峰电力电子有限公司总经理洪英杰等 8 位国内知名学者专家从多角度分析了光伏产业的发展前景及技术新方法，课程内容涵盖了弱电网下光伏并网逆变器的强鲁棒性控制技术、储能系统参与电网调频的关键技术解析、基于 GaN/SiC MOSFET 的光伏逆并网变器设计与分析、大型 PV 阵列分析方法与功率优化的技术基础、高密度分布式光伏接入交直流混合微电网关键技术及工程示范、大功率储能逆变器技术、无源器件在光伏逆变器中的设计与应用、光伏虚拟同步机及其控制。提高了工程师们实际工作中分析、解决问题的能力，提升了光储系统设计水平和技术含量。

7 月 30 日上午，全体学员现场考察凤台县顾桥镇煤矿采煤沉陷区 150MW 水面漂浮光伏电站项目，该光伏电站是目前全球最大的在建水面漂浮光伏电站。通过现场工程师的讲解，大家对于水上光伏电站系统建设、检测与维护有了直观的认识，收获颇丰。

经过两天半的紧张授课，研修班圆满结束，大家对本次研修班给予了充分的认可，认为在授课内容设置上理论讲解与参观考察相结合，对于工程师在光储系统设计的实际研发具有很强的针对性和指导性。

新能源车充电与驱动设计与应用高级研修班 10月在杭州圆满举办

由中国电源学会主办，中国电源学会新能源车充电与驱动专业委员会、浙江大学、中国电源学会科普工作委员会承办的“新能源车充电与驱动设计与应用高级研修班”于2018年10月12~14日在杭州市浙江大学玉泉校区电气工程学院电机工程楼成功举办，来自全国各院校及企事业单位的50余名代表参加了本次研修班。

中国电源学会新能源车充电与驱动专业委员会副秘书长、浙江大学张军明教授主持了开班典礼，中国电源学会理事长、中国电源学会新能源车充电与驱动专业委员会主任委员、浙江大学徐德鸿教授致开班贺词并且担任主讲老师，本次课程主要围绕电动、混合动力汽车系统构架、先进驱动控制技术、电池管理与充电技术、宽禁带GaN器件及车用相关元器件等专题进行了全面、深入的探讨和分析。

随着电动及混合动力汽车的普及，越来越多的企业及个人对于电动汽车领域的技术越来越感兴趣。本次专题研修班是连续第四年在国内举办，研修班同时邀请了美国国家工程院院士、IEEE Fellow，Kaushik Rajashekara博士；北京交通大学姜久春教授；上海大学徐国卿教授；浙江大学杨树博士；深圳市智胜新电子技术有限公司余克壮总经理共同授课。课程从电动/混合动力汽车系统及其结构、新能源汽车电力电子与先进驱动控制技术、宽禁带GaN器件及功率集成技术、电容器技术在新能源汽车的应用要求与解决方案、新能源汽车电池管理技术、新能源汽车充电电源技术等方面系统地讲解新能源车的设计方法和技术方向。

经过三天的紧张授课，研修班圆满结束，大家对本次研修班给予了充分的认可，认为在授课内容设置上理论与实践相结合，对于工程师的实际研发工作具有很强的针对性和指导性。

新一代功率半导体器件发展及应用高级研修班 11月在上海圆满举办

由中国电源学会主办，上海海事大学承办的国际高端专家先进技术课程——“新一代功率半导体器件发展及应用高级研修班”于2018年11月19~21日在上海海事大学物流工程学院成功举办。

本次高级研修班是连续第五年在上海海事大学物流工程学院举办，特邀德国科学院院士、国际著名电力电子专家Leo Lorenz博士担任主讲，他曾在全球各地的著名高等学校、研究机构和国际会议讲授过该类课程，深受欢迎。同时还邀请了中国电源学会理事长、浙江大学徐德鸿教授，清华大学李永东教授，西安交通大学杨旭教授与德国英飞凌公司、加拿大GaN Systems公司共同授课。来自全国企事业单位、高校、在校研究生等50余人参加了此次研修班。

本次研修班Leo Lorenz博士全面、系统地介绍了最新功率半导体器件，着重破解业界在紧凑与高效电源应用方面的难题。通过课程的学习和相互交流，使研修人员能更深刻地理解新的功率器件的原理与参数特性并掌握应用技术的关键，为在电动汽车、电气驱动与机器人等领域的应用奠定了坚实的技术基础。徐德鸿教授、李永东教授、杨旭教授分别针对电力电子技术与应用展望、新一代电力电子技术在电气化交通系统中的应用、GaN器件的应用与集成化等众多前沿技术作了精彩的报告。另外，英飞凌、加拿大Gan System公司、杭州飞仕得科技有限公司等知名企业高级研发人员也对GaN器件技术与应用、GaN器件特性及应用、大功率IGBT数字驱动技术等课题作了精彩的宣讲。课堂间隙中更是对于工作中、学习中不甚了解的问题提出了疑问，老师们则认真地回答着大家的问题，不时地引起大家的惊呼和鼓掌。经过3天的听课学习，与会代表纷纷表示参加此次活动收获颇丰，真正地学习到了相应的技术，对于以前一些模糊不清的理念和技术难点也有了茅塞顿开的感觉。

高效率高功率密度电源技术与设计高级研讨班 12月在南京成功举办

由中国电源学会主办，南京航空航天大学、中国电源学会科普工作委员会承办的“高效率高功率密度电源技术与设计高级研讨班”于2018年12月15~16日在南京航空航天大学自动化学院成功举办，来自全国各企事业单位、高校科研院所的代表40余人参加了本次研讨班。

本次高级研讨班是中国电源学会连续第四次和南京航空航天大学联合举办，本次研讨班特邀南京航空航天大学自动化学院副院长、博士生导师、“长江学者”特聘教授、中国电源学会副理事长、直流电源专业委员会主任、学术工作委员会副主任阮新波教授；台达（上海）电力电子设计中心主任、中国电源学会监事长章进法博士；西安交通大学杨旭教授等国内知名专家学者担任主讲老师，同时邀请了南京航空航天大学陈新教授、南京理工大学姚凯副教授和苏州大学季清副教授共同授课。

本次研讨班是面向企业技术人员开展的一次综合性电力电子技术理论知识培训，内容涉及高效率电源变换器、三电平变换器、全桥变换器的设计方法；GaN器件的应用关键技术；PFC变换器设计方法；EMI预测与抑制以及航空电源技术。理论讲解结合实例分析，让参会人员快速地掌握高效率、高功率密度电源的设计方法，拓展技术人员的知识层面，提高企业人员的研发设计能力。

参加本次研讨班的代表们绝大部分为企业总工程师、高级工程师以及研究员、教授、副教授等高级技术人才。几位老师精彩地讲解以及对于一些问题有针对性的解答得到了大家的认同。课间大家更是围住了老师们，对工作中、技术上遇到的问题和技术难点提出了询问，老师们以图文并茂的解答方式不时引起大家的赞叹。

12月16日下午，与会代表们参观了南京航空航天大学自动化学院阮新波老师的实验室，从电源整机到各类变换器样机，每一件样品前都有代表们驻足观看。围观调试设备更是人头攒动，实验室老师对设备的讲解以及实验演示对大家充满了吸引力。

经过两天的紧张授课，本次研讨班圆满结束，大家对本次研讨班的举办给予了充分的认可，认为在授课内容设置上理论与实践相结合，加深了学员对各类变换器设计的直观理解，对于工程师的实际研发工作具有很强的针对性和指导性。

行业要闻

2018年全社会用电量同比增长8.5%创7年增速新高

1月18日，国家能源局发布2018年全社会用电量等数据。2018年，全社会用电量68449亿kW·h，同比增长8.5%。创2012年以来增速新高。

从分产业看，第一产业用电量为728亿kW·h，同比增长9.8%；第二产业用电量为47235亿kW·h，同比增长7.2%；第三产业用电量为10801亿kW·h，同比增长12.7%；城乡居民生活用电量为9685亿kW·h，同比增长10.4%。

2018年，全国6000kW以上电厂发电设备累计平均利用小时为3862小时，同比增加73小时。其中，水电设备平均利用小时为3613小时，同比增加16小时；火电设备平均利用小时为4361小时，同比增加143小时。

2018年，全国电源新增生产能力（正式投产）为12439×10^4kW，其中水电为854×10^4kW，火电为4119×10^4kW。

2018年电力大事记

EDF签署阿联酋核电厂运行与维护服务协议

11月21日，法国电力公司（EDF）将根据与阿联酋核能公司的子公司Nawah Energy Co.（Nawah）签署的长期框架协议，在阿拉伯联合酋长国（阿联酋）运营和维护Barakah核能发电厂（ENEC），签署EDF为Nawah提供服务，包括运行安全，辐射防护，燃料循环管理和环境监测。法国电力公司（EDF）的母公司也同意提供“专业知识”，包括工程研究，现场支持，培训和基准测试会议。涉及整个公司，包括子公司Framatome，以及EDF的一些传统合作伙伴。这项为期10年的承诺预计将有助于Barakah的质量和安全，Barakah是阿拉伯世界第一个商业核电站。该发电厂的开发商正准备在其4台1,400MW机组中的第一台开始运营，该机组由韩国电力公司和韩国水电与核电公司设计。

电池将有助于水电站支持电网稳定

Fortum水电站资产管理负责人MartinLindström说，芬兰电力公司Fortum将部署一个5MW/6.2MW·h的电池系统，为该公司在瑞典的44MW的Forshuvud水电站提供频率调节服务。电池主要用于储存能量。现在我们尝试将电池连接到水电站，以提高北欧电网的调节能力。他指出，这项耗资300万欧元的项目预计明年上半年上线，这将有助于在瑞典的水电站增加风电容量时的平衡灵活性，并减少工厂涡轮机的磨损。该电池系统将成为北欧地区之最。

塔吉克斯坦水电厂开始调试

在11月11日，600MW的罗根水电站（HPP）第一台机组连接到塔吉克斯坦的电网。该国驻阿塞拜疆大使鲁斯塔姆索利表示，HPP的第二台机组将于2019年投入使用，共有6台600MW机组计划在2024年底上线。这项耗资39亿美元的项目属于意大利人Salini Impreglio的合资企业。利用可再生清洁电力的水力发电厂服务于该地区的所有国家，其水库容量约为$13.5\times10^3m^3$，将在水资源调节方面发挥着重要作用，特别是在水资源短缺时期，该水利发电厂的水库可以灌溉该地区超过30万公顷的土地。他还表示该厂有22,000人在工作，其中包括20000名塔吉克斯坦国民。

联合循环发电厂在泰国建造

泰国海湾能源开发公司和日本三井公司正在泰国春武里府建设2,500MW的春武里联合循环发电厂。这个耗资15亿美元的项目包括4个燃气发电机组，每个发电机组的发电容量为625MW。该发电厂将配备由Mitsubishi Hitachi Power Systems提供的M701JAC燃气轮机，该燃气轮机是在2018年2月签署的供货合同。该项目与泰国电力发电局签订了为期25年的电力购买协议。泰国海湾能源开发公司拥有该项目70%的股份，日本三井公司持有30%的股份。与国营PTT Public Co.签订的长期协议，该发电厂的天然气将部分供应进口液化天然气。该发电厂计划于2021年3月至2022年10月分阶段上线。

South Korean Generator在能源公司出售股份

SK E&S Co.出售Paju Energy Service Co.49%股权，该公司在韩国首尔附近经营一家天然气发电厂，以7.791亿美元的价格在泰国EGCO运营。SK E&S Co.将利用此次出售的资金为韩国的另一家燃气电厂以及可再生能源项目提供资金。两家公司都在11月底宣布了这笔交易，预计将于2019年3月完成.SK E&S CO.保持Paju Energy 51%的股权。

2018年中国新能源年度总结

中国光伏人把即将过去的2018年比作“成人礼”，实在是贴切，其中蕴含着的志存高远，更是让关注这一产业的人们由衷欣慰。

不只是光伏，对整个新能源产业而言，2018年都足够精彩，使之必然会被业界铭记，载入史册。

新能源发电装机容量达7.06亿kW　同比增长12%

“坚持高质量发展的总要求，进一步完善新能源发电项目竞争配置机制，进一步优化风电和光伏发电的建设布局，推动风电和光伏发电等可再生能源平价上网，支持风电和光伏分散式发展，持续强化可再生能源的消纳工作。”是管理层为我国新能源产业发展拟定的现行方针。

根据最新数据，在即将过去的2018年，新能源发电装机规模稳步扩大。截至2018年9月底，我国新能源发电装机达到7.06亿kW，同比增长12%。这其中，包括水电装机为3.48亿kW、风电装机为1.76亿kW、光伏发电装机为1.65亿kW、生物质发电装机为1691万kW。

而在今年前三季度，我国新增新能源发电装机为5596万kW，占全部新增电力装机的69%。

以风电、光伏为例，在风电方面，今年前三季度，我国风电新增并网容量为1261万kW，同比增长30%，风电发电量为2676亿kW·h，同比增长26%。从新增并网容量区域分布来看，新增比较多的省份主要是内蒙古（193万kW）、江苏（156万kW）、山西（117万kW）、青海（110万kW）、河南（86万kW）、湖北（79万kW），合计占到全国新增容量的59%。

在此基础上，风电热门市场海上风电也在快速增长，今年前三季度，海上风电新增并网容量为102万kW，主要集中在江苏（92万kW）和福建（9万kW）两省，累计海上风电装机容量达到305万kW，主要集中在江苏（255万kW）、上海（30.5万kW）和福建（19万kW）。

更为值得欣喜的是，今年前三季度，我国风电平均利用小时数达到1565小时，同比增加了178小时。其中，弃风电量为222亿kW·h，同比减少74亿kW·h。全国平均弃风率为7.7%，比去年同期减少4.7%。这意味着，曾经困扰行业的弃风限电情况，正在全面改善。

在光伏方面，我国光伏发电市场也总体稳健，截至今年9月，我国光伏发电累计装机达到16474万kW（光伏电站为11794万kW，分布式光伏为4680万kW）。在此背后，今年前三季度，我国光伏发电新增装机为3454万kW，其中光伏电站新增为1740万kW，同比减少37%，分布式光伏则新增1714万kW，同比增长12%。

从新增装机布局看，华东地区新增光伏装机为858万kW，占全国的24.8%；华北地区新增光伏装机为842万kW，占全国的24.4%；华中地区新增装机为587万kW，占全国的17.0%。而与风电一样，从全国来看，光伏遭遇弃光的情况也得到了明显缓解，数据显示，今年前三季度，光伏发电平均利用小时数为857小时，同比增加57个小时；弃光电量为40亿kW·h，同比减少11.3亿kW·h，弃光率为2.9%，同比降低2.7%。

在业界看来，光伏装机增长重心正在向我国东部，电力市场消纳条件比较好的地区转移。同时，分布式光伏的增长更快，意味着管理层支持风电光伏分散式发展的政策得到了市场的认可。

“531”新政　长期积极影响大于短期阵痛

今年1月至4月，光伏行业密集出台了《关于2019年光伏发电项目价格政策的通知》、《国家能源局、国务院扶贫办关于下达“十三五”第一批光伏扶贫项目计划的通知》等一系列政策。

特别是4月13日，国家能源局对《关于完善光伏发电建设规模管理的通知》及《分布式光伏发电项目管理办法》两个文件征求意见。彼时，业内普遍认为，这两个文件是对光伏行业进行规范管理的长效机制，管理层对光伏电站和分布式光伏项目的管理办法将会发生重大的变化。

紧随其后，对于光伏行业影响似乎更为重大的一项政策，业界称为“531”新政的《关于2018年光伏发电有关事项的通知》颁布。

从“531”新政的内容来看，“暂停普通地面电站指标发放”“分布式光伏规模受限”“调低上网电价”等内容，看似是扼住了光伏行业命运的喉咙。按照新政，地面电站、分布式电站和扶贫电站均由国家层面直接安排和管理。其中暂不安排2018年普通光伏电站建设规模，仅安排1000万kW左右的分布式光伏建设规模，进一步下调光伏标杆上网电价，降低补贴强度。

这一变化曾令业界哗然，数据亦显示，2018年前三季度，我国光伏发电新增装机为3454.4万kW，同比下降19.7%。其中，虽然分布式成为“逆”势攀升的典型代表，但光伏电站新增装机却同比减少37.2%。

此外，“531”新政发布后，在资本市场上，以光伏产业上市公司为代表的一批新能源上市公司股价也受到了不同程度的影响。其中，光伏组件企业形势尤为严峻，净利润率降至1%以下，部分企业甚至出现亏损。而大部分光伏公司在第三季度的营收、净利润、净资产收益率、毛利率、现金流等财务指标均出现了下滑。

不过，慌乱过后，越来越多的业界人士认为，“531”新政的颁布实为利大于弊。

虽然短期内光伏企业将面临不小的挑战，但在全球气候变化、能源转型的大背景下，发展可再生能源已成共识，为了增强光伏发电的竞争力，尽早实现平价上网，“531”新政的颁布有助于提高行业门槛，进一步淘汰落后产能，产业结构也将不断优化，具有积极的意义。

如今，各界应该看到的是，在“531”新政的引导下，光伏产业正在加速淘汰落后产能，上下游越来越多的企业则更为积极地通过技术的革新，实现降本增效，主动迎合市场的需求。

11月中旬，A股光伏板块集体回暖，部分个股甚至呈现大幅上涨。在业界看来，这很大程度上，源于国家能源局组织召开的会议释放了较为明确的光伏“十三五”装机规划上调信号。对于2018全年光伏发电量，业内人士预计可能接近40GW，比“531”新政刚出台时业内预计的“30GW以内”要好得多。不过，关于“十三五”全国光伏装机规划究竟上调至多少，目前仍是未知。而可期的光伏政策环境迎来边际改善，有效扭转此前“531”新政带来的市场对光伏产业的悲观预期。

目前，业内普遍预计2022年能够实现平价，而现在正是平价上网的“最后一公里”。根据中国光伏行业协会相关报告，“531”新政对于光伏企业的压力将逐渐退去，光伏成本和价格仍将处于“快速下降通道”。接下来的光伏市场将呈现无补贴项目与补贴项目共存状态，同时增强银行等金融机构的信心，待相关政策细化后，其有望重新激发下游应用端的投资热情。随之而来的还有行业信心，业界专家指出，2019年将有新一轮补贴指标，业界千呼万唤的可再生能源电力配额制将正式实施。

风电竞价　预示平价上网已经来临

今年，风电行业也迎来了《国家能源局关于2018年度风电建设管理有关要求的通知》（以下简称《通知》）和《风电项目竞争配置指导方案（试行）》两项新政，《通知》要求，新增核准的集中式陆上风电项目和海上风电项目应全部通过竞争方式配置和确定上网电价。这意味着，风电标杆上网电价时代的告终，风电平价上网已经到来。

目前，我国风电行业实现快速规模化发展，但存在较为严重的弃风限电、非技术成本高等问题。业内专家表示，此次印发的《通知》及《指导方案》，意在解决这两项不必要的成本，为实现风电平价上网扫清了障碍。

在风电新政发布后，有专家表示，风电建设管理办法是地方政府自主确定年度建设规模，并通过行政审批确定具体建设项目，但在具体的指标分配上仍存在标准不统一、不透明、难以公平等问题。这会导致将风电资源配置给不具备技术能力和资金实力的企业；项目建设过程中的消纳条件不能得到有效落实，风电项目建成后不能及时并网。还有可能衍生变相向企业收费等问题，从而增加风电开发过程中的非技术成本。

《通知》提出，尚未配置到项目的年度新增集中式陆上风电和未确定投资主体的海上风电项目全部通过竞争方式配置并确定上网电价，各项目申报的上网电价不得高于国家规定的同类资源区标杆上网电价。同时，《指导方案》也将解决弃风限电，消除非技术成本作为项目竞争的前提条件。《通知》及《指导方案》将解决弃风限电，消除非技术成本作为地方政府配置风电开发指标规则和依据，消除不必要的成本，有利于发现风电的真实成本，加速风电平价上网的到来。

与“531”新政相似，风电新政从长远来看能够解决我行业发展中遇到的问题，但同样会对行业造成短期的阵痛，《指导方案》对竞争要素提出了要求。包括：对开发企业的能力，包括投资能力、业绩、技术能力、企业诚信履约情况进行评价；对设备先进性，包括风电机组选型、风能利用系数、动态功率曲线保障、风电机组认证情况进行评价；对技术方案，包括充分利用资源条件、优化技术方案、利用小时测算、智能化控制运行维护、退役及拆除方案、经济合理性等评价。

因此，风电企业要不断提高技术研发能力，具备各环节的优势资源整合能力，包括设备制造能力、EPC总包资质、工程建设优势与项目运营等方面。具备核心竞争力和持续发展能力的风电企业将会生存下来，经不住市场竞争考验的企业或将被淘汰。

12月初，广东省能源局印发《广东省能源局关于广东省海上风电项目竞争配置办法（试行）》和《广东省能源局关于广东省陆上风电项目竞争配置办法（试行）》，以促进海上及陆上风电有序规范建设，加快风电技术进步、产业升级和市场化发展。这也是全国首个风电竞价细则。

12月17日，宁夏回族自治区发展和改革委员会发布了《关于宁夏风电基地2018年度风电项目竞争配置评优结果的公示》。共有24家企业32个风电项目参与配置竞争，其中16个项目拟满额配置，4个项目拟减额配置，平均承诺电价为0.4515元/kW·h。

而这两项地方政策的公布，都预示着未来电价仍有下降空间，风电平价上网正在加速到来。也为未来风电市场以及企业发展指明了方向。

新能源消纳　有待进一步改善

除上述光伏、风电两项重要政策外，今年年底，国家发改委、国家能源局近日联合印发《清洁能源消纳行动计划（2018—2020年）》（以下简称《计划》），其中提到，近年来，我国新能源产业不断发展壮大，产业规模和技术装备水平连续跃上新台阶，为缓解能源资源约束和生态环境压力做出了突出贡献。但是，新能源发展不平衡、不充分的矛盾也日益凸显，特别是新能源消纳问题突出，已严重制约电力行业健康可持续发展。

为了解决风电等清洁能源消纳问题，建立清洁能源消纳的长效机制，《计划》中制定了优化电源布局，合理控制电源开发节奏；加快电力市场化改革，发挥市场调节功能；加强宏观政策引导，形成有利于清洁能源消纳的体制机制；深挖电源侧调峰潜力，全面提升电力系统调节能力；完善电网基础设施，充分发挥电网资源配置平台作用；促进源网荷储互动，积极推进电力消费方式变革；落实责任主体，提高消纳考核及监管水平等相关措施。

同时，《计划》中已经对我国未来光伏和风电的利用率以及弃用率提出了目标。2019年，要确保全国平均风电利用率高于90%（力争达到92%左右），弃风率低于10%（力争控制在8%左右）；光伏发电利用率高于95%，弃光率低于5%；全国水能利用率95%以上；全国核电基本实现安全保障性消纳。

2020年，要确保全国平均风电利用率达到国际先进水平（力争达到95%左右），弃风率控制在合理水平（力争控制在5%左右）；光伏发电利用率高于95%，弃光率低于5%；全国水能利用率95%以上；全国核电实现安全保障性消纳。

未来，对于光伏和风电行业的发展，有专家指出了以下几点，抓紧制定可再生能源电力配额政策，分省确定电力消费中可再生能源最低比重指标；严格执行风电投资监测预警和光伏发电市场环境监测评价结果等监测办法，在落实电力送出和消纳前提下有序组织风电、光伏发电项目建设；积极推进平价等无补贴风电、光伏发电项目建设，率先在资源条件好、建设成本低、市场消纳条件落实的地区，确定一批无须国家补贴的平价或者低价风电、光伏发电建设；按照《关于积极推进电力市场化交易进一步完善交易机制的通知》开展各种可再生能源电力交易，扩大跨区消纳，进一步加强可再生能源的送出和消纳工作。

2018年多家公司　重金并购新能源资产

随着市场化进程的不断提高以及落后产能淘汰的加速，2018年，我国新能源产业格局也在悄然发生改变。

8月13日，珈伟股份发布公告称，公司全资子公司华源新能源以8.5亿元收购共计7家电站项目公司100%的股权。

而在此前不久的6月27日，华源新能源拟向东方日升转让其持有的高邮振兴新能源科技有限公司10%股权，转让资产总价包括货币资金，应收账款、固定资产等不低于10.38亿元。据了解，华源新能源拟向东方日升转让的高邮振兴新能源科技有限公司100MWp渔光互补光伏电站项目为地面集中式渔光互补光伏电站，上网批复电价为1元/kW·h。该项目已进入第六批国家可再生能源电价附加资金补助目录。

10月15日，霞客环保与上海其辰投资管理有限公司签署了《霞客环保购买资产意向书》，拟以非公开发行股份、支付现金、资产置换或多种方式相结合等方式收购上海其辰持有协鑫智慧能源股份有限公司80%的股权。本次收购完成后，上海其辰将成为霞客环保的最大股东。协鑫智慧能源在成功挂牌后，将成为“协鑫系”第五家上市公司。

时隔一个多月（11月5日），霞客环保再次发布公告，公司将通过重大资产置换、发行股份购买资产的方式，以

47亿元的价格买下协鑫智慧能源90%股权。本次股权转让完成后，协鑫科技成为霞客环保的第一大股东，朱共山先生成为霞客环保实际控制人。

12月13日，上海电力发布公告，公司拟现金收购国家电投集团持有的国家电投集团浙江新能源有限公司100%股权，交易对价合计为6.05亿元。

据上海电力表示，通过收购浙江公司，将有利于解决公司与控股股东之间的同业竞争。与此同时，浙江公司新能源资产注入上海电力，有利于进一步提升公司盈利水平和竞争能力，促进公司可持续发展。

在风电方面，银星能源9月12日晚间公告，为继续兑现控股股东中铝宁能解决同业竞争的承诺，加快公司在风力发电领域的发展，公司拟以3.12亿元收购中铝宁能持有的银仪风电50%股权、中铝宁能持有的陕西丰晟100%股权、中铝宁能持有的陕西西夏51%股权。交易完成后，银仪风电、陕西丰晟成为公司全资子公司，陕西西夏成为公司控股子公司。

公司认为，收购完成后，将对公司所从事的风力发电业务在装机规模、发电量以及市场占有率等方面都将有大幅提升。

风电、光伏未来　仍是能源转型主力军

根据有关目标，2020年我国全社会用电量中的非水电可再生能源电量比重指标要达到9%，但2017年，作为绝对主力的风电和光伏发电量只占全部发电量的6.5%，距离目标还有较大的发展空间。

在此基础上，相关规划显示，2016年至2020年，我国风电新增投产要达到7900万kW以上，2020年达到2.1亿kW，其中海上风电为500万kW左右；太阳能发电新增投产6800万kW以上，2020年将达到1.1亿kW以上。

由此可以看出，未来，国家限制煤电、支持可再生能源发展的政策不会改变；水电资源总量存在制约，开发成本不断攀升，未来增长空间有限；核电建设受到整体社会氛围制约，发展存在不确定性；生物质、潮汐、地热等发电形式由于资源、成本、技术限制等多方面原因，发展规模也不大；综合各个因素，风电和光伏将是未来低碳发展和能源转型的主力军。

2018年新能源行业大事记

2018年在新能源市场空前繁荣中悄然走向尾声，1~11月我国新能源汽车产销105.4万和103万辆，双双突破百万大关，远超预期。

回顾这一年，双积分政策正式实施，国外企业加速在华电动化进程；新能源外资股比放开，特斯拉率先在华独资建厂；威马、小鹏等新兴车企相继发布量产车型，拉开新老造车势力短兵相接的帷幕；三星、LG、松下等国际锂电巨头再度入华落子，卷土重来围猎中国电池市场；未来、北汽蓝谷相继上市，开启新能源资本运作的新篇章……

然而这一年，新能源行业风光的同时亦有无尽焦虑：新能源补贴再度退坡，A00级别车型开始淡出市场，几家欢乐几家愁；纯动/混动之争尚未落幕，氢燃料电池又半路插足，技术路线如何抉择？自燃事故频频爆发，里程焦虑尚未解决，安全焦虑又浮出水面，车企如何让消费者放心？国外企业加速中国电动化进程，中外新能源竞争迫在眉睫，如何提升产品竞争力？

企业焦虑背后是政策市场双重压迫，倒逼企业快速升级；同时，企业间相互融合协同共进成为业界共识。盖世汽车盘点2018年新能源行业大事件，希冀通过每一条政策的发布实施、每一家企业的布局和动作、每一款车型的发布和交付，来反映并记录新能源产业的点滴更新，疏通行业发展的脉络和方向。

以下为2018年新能源行业大事记：

宝能集团66.3亿元收购观致汽车51%股份获生产资质

1月9日，宝能集团公告表示已经以66.3亿元完成了观致汽车51%股份的收购，成为观致汽车的控股股东。这意味着，宝能集团已经成功迈过了造车最大的门槛——生产资质。

福特宣布110亿美元推40款新能源车

1月初，福特汽车在底特律北美国际汽车展上宣布，将大幅增加对电动车的投资，到2022年计划投入110亿美元，推出总计40款纯电动或混合动力车型。

北汽新能源开启借壳上市之旅

1月23日，停牌多日的S*ST前锋突然公布了一份重组草案，将通过资产置换和发行股份的方式购买北汽新能源100%的股份，并且还计划非公开发行股份募资20亿元用于建设北汽新能源的相关车型项目。

零跑汽车完成Pre-A轮融资　融资金额达4亿元

1月29日，零跑汽车宣布再次获得自4家机构及3位个人投资者的投资，截至目前，零跑汽车的Pre-A轮融资已圆满完成，累积获得资金达4亿元。

戴姆勒100亿欧元投资新能源汽车

1月底，戴姆勒集团宣布将在新能源汽车项目研发上投资100亿欧元，主要目的是让旗下梅赛德斯-奔驰品牌提供从技术到供应链的支持，预计将在2022年前发布超过50款新能源汽车，其中包括10款以上的纯电动车。

保时捷74.3亿美元投资电动汽车等

2月初，保时捷宣布，到2022年将投资60多亿欧元（约合74.3亿美元）生产插电式混合动力车和纯电动汽车。据悉，此次投资中的很大一部分将用于开发Mission E，该车型将成为保时捷的首款纯电动汽车。

2018年补贴新政发布新能源补贴全面退坡

2月13日，财政部、工信部、科技部、发改委四部委联合发布了《关于调整完善新能源汽车推广应用财政补贴政策的通知》。补贴金额全面下滑，并设有4个月过渡期。

吉利成为戴姆勒集团最大股东

2月24日，吉利集团有限公司已通过旗下海外企业主体收购戴姆勒股份公司9.69%具有表决权的股份。

江淮大众启用全新品牌“思皓”

3月初江淮汽车和大众集团合资的纯电动车品牌将被定名为“思皓”，首款纯电动车型号为HFC7001E1AEV，已经在申报工信部新产品公告，其新车申报图也正式曝光。

吉利315亿元杭州湾项目群正式动工

3月12日，吉利汽车项目群在宁波杭州湾正式动工，本次项目群的总投资高达315亿元人民币。其中研发中心二期、三期项目总投资70亿元，将建设全球领先的安全碰撞试验室、环境风洞实验室及动力新能源实验中心等；吉利PMA纯电动汽车项目总投资145亿元，达产后可实现年产30万辆的产能；吉利企业大学项目总投资80亿元至100亿元。

重庆小康投资36亿元建新能源工厂

3月中旬，重庆小康在重庆两江新区投资36亿元建成金康新能源电动汽车工厂，即将在今年年底投产。而在今年3月底，重庆小康将在美国发布首款新概念跨界SUV智能电动汽车。明年一季度，这款智能电动汽车将会在重庆工厂下线，计划2019年第二季度上市。

奇点汽车投资150亿元在苏州建研发中心及生产基地

3月31日，奇点汽车CEO沈海寅宣布与苏州市、相城区以及高铁新城全面开展合作，合作内容为：未来5年投资150亿元打造奇点汽车全球研发中心、奇点汽车苏州生产基地，并合作成立100亿元的智能电动汽车产业投资基金，在技术研发、整车制造以及产业投资三大领域进行深度合作。

双积分政策正式实施

4月1日，备受关注的《乘用车企业平均燃料消耗量与新能源汽车积分并行管理办法》（即“双积分”政策）将正式实施。

电咖汽车55亿新能源项目在绍兴奠基

4月3日，电咖汽车新能源及核心零部件生产基地项目奠基仪式在浙江绍兴市滨海区举行。项目总投资55亿元，预计年产新能源汽车18万辆；其中一期规划投资35亿元，预计于2019年正式建成。

取消新能源车外资股比限制

4月17日，国家发改委表示：汽车行业将分类型实行过渡期开放，2018年取消专用车、新能源汽车外资股比限制；2020年取消商用车外资股比限制；2022年取消乘用车外资股比限制，同时取消合资企业不超过两家的限制。通过5年过渡期，汽车行业将全部取消限制。

吉利与宝马合作电动汽车技术

4月中旬，吉利汽车集团与宝马集团达成了合作协议，两家公司将建立合作伙伴关系。消息称，吉利集团将获得宝马当前在纯电动车技术方面的成果，而宝马也希望利用吉利汽车集团在中国地区的相关渠道，进一步推进其在华的新能源汽车战略计划。

威马EX5正式上市

4月20日晚，威马汽车正式对外界公布旗下首款系列车型EX5的上市售价，威马EX5配有500/400/300三种不同型号可供选择，面向企业发售的出行合作版补贴后起售价格仅为9.9万元。

戴姆勒2022年禁售燃油车

5月初，戴姆勒宣布，2022年之前，旗下所有车型都将推出电动汽车版本，涵盖从紧凑车型到SUV的每个细分市场，同时旗下的传统燃油车将全部停产停售。届时，奔驰旗下新能源车阵容将达到50多款，覆盖每个细分市场。目前，奔驰已经发布了全新电动出行品牌EQ，同时，smart也将转型为电动车品牌。预计到2020年，在欧洲及北美市场，smart车型将实现全面电动化。

吉利动力电池导入LG产线及技术

5月17日，据外媒报道：沃尔沃在中国制造的插电式混合动力汽车上将使用高端的韩国电池技术，与直接采购不同，这些LG化学的动力电池产自浙江衡远。

宁德时代正式上市

6月11日，国内动力电池龙头企业宁德时代在深圳证券交易所挂牌上市。上市开盘涨20%，盘中急升10%后短暂停牌，最终较发行价涨44%，报36.20元。

绿驰汽车总投资55亿元落户江西九江

6月22日，绿驰汽车与江西九江市政府签署新能源乘用车项目战略合作协议，标志着绿驰汽车此前宣称的中部制造基地正式“落户”江西九江。

许家印砸67亿港元入股FF

贾跃亭任CEO，6月25日下午恒大健康产业集团发布公告称，公司以67.46亿港元收购香港时颖公司100%股份，间接获得Smart King公司45%的股权，成为公司第一大股东。

2018年“水火核”拼了一年

01火电　煤电扭亏　道阻且长

2018年煤电行业营收情况尚未出炉，但从目前公开信息中可以基本确定，今年煤电亏损较2017年更为严重。

根据中电联发布的CECI沿海指数，2018年5500大卡综合价最低值为571元/吨，仍未达到“绿色区间”上限，市场煤的价格则更高。期间，国家发改委等主管部门采取各种措施，例如协调煤炭长协签订、调整进口煤政策等，但市场化运作的煤炭行业更关心供需关系，煤炭价格并未出现明显下跌。

不仅如此，随着煤炭去产能工作的推进，我国煤炭生产布局也在发生变化，一些传统煤炭净输出地变成了净输入地。煤炭生产的集中程度提高，也使煤价的地域差异矛盾更加明显：同省内煤炭单价相差数百元，同样参数的机组有的盈利有的亏损。没有了煤矿，电厂却还要发电，这些直接受煤炭去产能影响的煤电企业有苦难言。

目前看来，国家对煤炭去产能工作推进十分坚决，煤炭价格久未回归“绿色区间”，2015年煤电企业大幅盈利的狂欢难以重演。在产业政策不发生大幅调整的前提下，电价上调恐难实现，尽可能地降本增效、稳定生产，成为煤电企业最现实的选择。煤电行业整体要走出亏损泥潭，或许免不了经历行业内部残酷的优胜劣汰，而这将是一个相对漫长的过程。

生存环境　内挤外压

随着社会各界对气候和环境问题的关注，煤电项目高投资、低回报，以及煤炭消耗总量大的“标签”，让煤电成了地方政府的“痛点”：有的城市因火电占比过高遭诟病；有的地区为完成减煤指标，不允许当地火电企业发电；有些省份可再生能源开发利用条件相对较差，却为了增加清洁能源占比而大规模规划项目，但项目建成后的经济性却打着问号……能源开发利用应遵循因地制宜的原则，而非一味绝对地强调“绿色”。上述乱象的出现，不应单方面归咎于地方政府，国家在制定产业政策时也应综合考虑地域差异，避免“一刀切”。

此外，2018 年中、东部地区已基本完成“超低排放”环保改造工作，节能低碳成为煤电企业改造的新目标。全国统一碳交易市场已于 2017 年末启动，电力行业由于统计数据更完善、煤炭消费总量大等，率先被纳入其中。碳交易的最终目的，是通过总量控制实现碳减排，但不可否认，率先被拉入碳市场的发电行业为全社会的减排承担了更多的重任。

对电厂而言，在已经身陷激烈竞争的境况下，节能降耗的积极性已经很高，发电行业能耗水平的降低究竟有多少能归功于碳交易，还有待商榷。节能减排是全社会努力的目标，火电行业取得的经验可以迅速推广，让社会各行业公平承担减排义务。

电力“基石”作用凸显

2018 年夏季，河南、山东、湖北等地用电高峰期电力供应缺口峰值高达数百万千瓦，国网范围内全国电力缺口最大值超过 1000 万 kW。一边是坚决执行严控煤电产能政策，一边是用电高峰期电力供应紧张，关键时刻，还需要客观认识煤电对于电网安全稳定运行的意义。

据统计，江苏电网 2018 年最大负荷较 2017 年增加近 10%，而近年来迅速发展的风电、太阳能发电由于自身特性，虽有大量新增装机却无法提供充足的电量，难以满足用电需求增长。此外，部分省份用电高峰期全部机组、特高压输电线路满负荷运行，几乎没有备用机组，一旦部分电厂或输电线路发生问题，电网安全和社会用电需求都将受到影响。

目前煤电行业的亏损，部分原因在于先前过快的扩张造成产能相对过剩，但煤电整体相对过剩和局部供应紧张之间的矛盾却越来越突出。而且装机规划、电网调度、先进和高效大机组不能满负荷运行，调节能力强的灵活小机组又可能迫于政策压力面临关停等问题也已经显现。

煤电在保护电网安全稳定运行重要性毋庸置疑，应为煤电行业制定更加细致、科学、系统的转型发展规划，使其顺利完成结构调整与升级，保证整个电力系统的健康发展。

02 核电　三代核电结硕果　规划目标待实现

2018 年，随着 7 台三代核电机组的投产，我国运行核电机组达到 44 台，装机容量为 4464.5 万 kW，运行机组数量首次超过日本，进入世界前三位；在建项目降为 13 台，装机容量为 1403 万 kW，其中包括霞蒲示范快堆。与投产机组形成鲜明对比的是，今年并未新增新建项目。但即使如此，我国在建核电机组数量依然保持全球领先。

今年投产的 7 台核电机组均为满足三代核电安全要求的机组，分别为三门核电 1 号和 2 号机组、台山核电 1 号机组、海阳核电 1 号机组、阳江核电 5 号机组，以及田湾核电 3 号和 4 号机组。其中，三门核电 1 号机组为美国 AP1000 技术世界首堆、台山核电 1 号机组为法国 EPR 世界首堆，田湾核电两台机组为采用俄罗斯 VFER1000 技术的中俄最大核能合作项目，采用 ACPR1000 技术的阳江核电 5 号机组则是我国首个满足“三代”核电主要安全指标的自主品牌核电机组。

作为目前世界范围内最大的核电市场，中国建成、在建世界主要三代核电技术，并研发出自主品牌核电“华龙一号”“国和一号”，得益于 30 多年不间断建设核电的产业环境，以及在引进、消化、吸收和再创新基础上的规模化发展积淀。

《电力发展“十三五”规划》曾明确提出，2020 年全国核电装机达到 5800 万 kW，在建规模 3000 万 kW 以上。不过，根据目前在建项目情况，2020 年我国在运核电装机量将低于 5800 万 kW。而且，由于近三年未核准新核电，2020 年要实现 3000 万 kW 的在建目标，也存在难度。

重组诞生“新中核”产业呈现新格局

2018 年 1 月，经报国务院批准，中核集团与中国核建实施重组，中国核建整体无偿划转进入中核集团。随着“新中核”的诞生，我国核电产业格局进入“新三角”时代。

重组后的“新中核”，除了核动力、核电、核燃料、天然铀、核环保、核技术应用、核产业服务，以及新能源业务外，新增了核电建造安装业务，上下游产业链更齐全，整个盘子更大、多元化发展延伸的领域也更多。

核电行业运营资质门槛高，业主数量对产业格局和发展具有明显的影响。过去十年，常规发电集团及重组前的中国核建，都在积极争取核电运营“牌照”。但迄今，“牌照”持有者仍然仅限于中核、中广核、国家电投三家。

目前，中核体量最大，具备完整的核工业产业链；中广核历经 40 年发展，已成为我国最大、全球第三大核电企业及全球最大核电建造商；国家电投核电过去十年，在核电项目投资、开发、建设和运营管理及核电厂运行、寿期服务等能力方面积蓄了实力。

在自主核电技术研发方面，中核与中广核联合研发出“华龙一号”，国家电投研发出“国和一号”，两种技术均为我国核电“走出去”拳头产品。目前，“华龙一号”国内示范项目在建，首堆项目有望于 2020 年建成投产，“国和一号”目前处于开工“倒计时”状态。

无论产业格局如何变化，成为核电强国的目标不会变，唯有凝心聚力，目标方可实现。

小型堆备受热捧　核能应用多元化

核能供热无疑是 2018 年的核电行业的高频热词。

1 月，烟台市与中核集团签订《海上清洁能源综合供给平台及泳池式低温供热堆项目合作协议》。2 月，国家能源局组织召开北方地区核能供暖专题会，同意中广核联合清华大学开展国内首个核能供暖示范项目的前期工作。3 月，“中核台海海上清洁能源（山东）有限公司”成立，标志着国内首个海上清洁能源综合供给平台建设实现工程化应用。

在核能综合利用快速发展的背景下，小型堆的技术、产业化优势正在凸显，即将成为现阶段我国核能综合利用的“主力军”，并将在制氢、海水淡化、区域供热等领域发挥作用。

近年来，中国核能行业积极着手小型堆研发，并开展了小型堆综合利用的实践，其中包括 ACP100、ACPR50、“燕龙”低温供热堆、NHR200-II 低温供热堆、CAP200 等。

尽管小型堆市场前景广阔，但目前还受制于开发进展缓慢、场址准备和部署延迟，以及经济性差等因素，暂未展示出大规模应用的实用性。小型堆想要获得长足稳定发展，必须满足市场需求，真正采用创新理念，提升经济竞争力。

03 水电 三峡电站 科学管理出效益

2018 年 12 月 21 日 8 点 25 分，三峡水电站 2018 年发电量突破 1000 亿 kW·h，创国内单座水电站年发电量新纪录，同时提前超额完成 923 亿 kW·h 的年发电计划。

三峡水电站是目前世界上最大的水电站，三峡工程的成功建成和运转，是中国水电事业的里程碑。电站年发电量突破 1000 亿 kW·h，也是三峡水电站运行管理史上的一个标志性事件。

25 年前，三峡集团因建设三峡工程而成立，25 年来，三峡集团不断提升流域水雨情精准预报能力，精心分析梯级水库来水情况，提高流域梯级电站联合调度能力，实现中小洪水资源化。可以说，正是科学的管理，确保了三峡水电站设备处于安全稳定状态、发电量不断刷新。

三峡电站精准预报、梯级联合等运行管理，为其他水电企业管理提供了一个模板，期待更多水电企业通过科学运行管理，实现发电量跨越式提升。

抽蓄电站 电价机制仍待理顺

今年 6 月，北京产权交易所预披露公告，三峡集团拟转让内蒙古呼和浩特抽水蓄能电站 61% 股权。这是继 2013 年湖南黑麋峰抽水蓄能电站转让后，国内又一例发电企业因抽蓄电站亏损而转让股权的案例。

由于历史原因，抽蓄电站主要服务于电网的安全稳定运行，我国抽蓄电站多由电网公司独资或控股投资建设。除电网企业外，其他企业建设抽蓄电站的积极性并不高，导致抽蓄电站发展缓慢，甚至成为发电企业的“烫手山芋”。究其原因，主要在于：电价机制不完善、投资主体单一、电站作用不能全部发挥；大部分情况下，抽蓄电站调峰填谷、备用保障电网安全稳定运行等间接经济和社会效益不能准确计算在内。

抽蓄电站前期建设周期太长，一个项目从预研到建成投产需要 8~10 年，在目前的电价形势下，抽蓄电站的盈利压力颇大。提高抽蓄电站投资效益的核心是理顺电价形成机制，但 2014 年《关于完善抽蓄电站价格形成机制有关问题的通知》也只是原则性规定，没有实施细则，两部制电价政策也未全面落实。

在现有电价机制下，抽蓄项目的建设成本只能全部由电网和用户承担，受益电源并未补偿相关抽蓄电站。因此，抽蓄电站实现可持续大发展，亟需算清一笔账，明晰电源侧峰谷电价、辅助服务补偿等方式，只有合理反映出抽蓄电站的效益，这个产业才能真正迎来发展“窗口”。

小水电站 重拳整改偿还生态“账”

浙江杭州富阳区关闭 9 座水电站、四川全省自然保护区核心区和缓冲区内 116 个小水电站项目全部关停、湖北房县 3 年将关停 19 座小水电站……2018 年，环保整改成为小水电站的关键词。

为了彻底解决下泄生态流量不足、梯级过密、部分河段减流干涸等环境问题，国家发改委、水利部、国家能源局、生态环境部均把修复长江生态环境作为今年的压倒性任务，并在年中对长江经济带小水电站开展排查活动。年底，四部委又联合发文明确，全面整改审批手续不全、影响生态环境的水电站，2020 年底前完成清理整改。

年中排查结果显示，长江经济带近千座小水电站未做环评。究其根源，我国很多小型水电站在 2002 年《环评法》出台前就已开工建设或建成投产。除了客观历史因素外，还有生态流量监管主体不清等主观因素。不容忽视的是，小水电站生态流量监测过程中，抽查流于形式、设计不科学、人力不足、监测设备价格乱等问题十分突出。

纵观小水电行业的发展，归口水利部负责统一管理时，发展较为规范。1998 年以后，小水电站脱离水利部管理，有些地方为争取和保护地方利益，在小水电站开发审批环节有意“放水”，而监管环节更是对问题视而不见，导致不少地方小水电站开发一哄而上，致使环保问题频现。然而，各监管部门却权责不清，互相“踢皮球”，使得小水电站一度陷入舆论的风口浪尖。

从鼓励到严控，从大建到大拆，小水电站的命运因时代变迁而变化。而从绿色发展和生态环保的长远角度考虑，重拳整改关停部分小水电站，为的就是清还生态“债”。而对小水电站建设“踩刹车”，实则是促进其健康发展。水利部近两年推行的绿色小水电站创建，就是在保护与发展中找寻一条小水电站高质量发展之路。

2018 年光伏发电统计信息

截至 2018 年底，全国光伏发电装机达到 1.74 亿 kW，较上年新增 4426 万 kW，同比增长 34%。其中，集中式电站 12384 万 kW，较上年新增 2330 万 kW，同比增长 23%；分布式光伏 5061 万 kW，较上年新增 2096 万 kW，同比增长 71%。

2018 年，全国光伏发电量 1775 亿 kW·h，同比增长 50%；平均利用小时数 1115 小时，同比增加 37 小时。光伏发电平均利用小时数较高的地区中，蒙西 1617 小时、蒙东 1523 小时、青海 1460 小时、四川 1439 小时。

2018 年，全国光伏发电弃光电量为 54.9 亿 kW·h，同比减少 18.0 亿 kW·h；弃光率为 3%，同比下降 2.8%，实现弃光电量和弃光率“双降”。弃光主要集中在新疆和甘肃，其中，新疆（不含兵团）弃光电量为 21.4 亿 kW·h，弃光率为 16%，同比下降 6%；甘肃弃光电量为 10.3 亿 kW·h，弃光率为 10%，同比下降 10%。

2018 年煤电投产规模进一步减少

《2018 年煤电化解过剩产能工作要点》明确，加大落后煤电机组淘汰力度，有力、有序、有效关停落后产能，全面实施煤电超低排放改造“提速扩围”工作，中部、西部地区分别要在 2018 年底前、2020 年底前完成。

要点要求，严控各地新增煤电产能，结合煤电规划建设风险预警等级，控制煤电规划建设节奏。强化煤电项目的总量控制，所有煤电项目都要纳入国家依据总量控制制定的电力建设规划（含燃煤自备机组），2018年煤电投产规模要较2017年进一步减少。

要点对规范自备电厂建设运行予以明确，要按照与公用电厂同等对待的原则，坚决规范燃煤自备电厂规划、建设、运行。相关部门按照职责分工，督促地方依法依规从严控制燃煤自备电厂增量、清理整顿违规燃煤自备电厂、严格依规限期完成环保改造、坚决淘汰燃煤自备电厂落后产能，采取切实措施，解决自备电厂违法违规建设、能效环保不达标等问题。

2018光伏市场分析：亚洲地区成装机王者

根据国际可再生能源机构（IRENA）最新数据，2018年全球新增并网光伏装机量94.3GW，2018年全球所有可再生能源新增装机量171GW，太阳能新增装机量占可再生能源装机量的一半以上，累计光伏装机容量占全球可再生能源的1/3左右。

光伏发电从2013年的135GW，逐步增长到2017年的386GW，再飞跃到2018年的480GW，短短5年时间，实现了3.5倍的增长。其中，亚洲、美国及少数欧洲国家和南美、中东地区等新兴国家成为支撑去年光伏新增装机量亮眼数据的主力。

亚洲地区是当之无愧的装机王者，以64GW的并网新增光伏装机量独占鳌头，累计光伏装机量从2017年的210GW增长到了2018年的274.6GW，成为全球光伏行业发展的明显推动力。IRENA数据显示，中国光伏装机从130GW增长至175GW，日本光伏装机从29GW增长至55.5GW，印度光伏装机量从17GW增长至26.8GW，韩国光伏装机量从5.8GW增长至7.8GW，巴基斯坦从742MW增长至1.5GW，上述五个国家的累计光伏装机量已达到265.3GW，约占亚洲整体光伏装机量的97%，助力亚洲成为几大洲中发展最强劲的地区。2017年，上述五个国家的累计装机量约占全亚洲的87%，2018年增长至97%，显现出光伏发展的地域集中趋势。

美国光伏装机从2017年底的42GW增长到2018年底的49GW，欧洲则从110GW增长到119.3GW，澳大利亚从5.9GW增长至9.76GW，以上三个主要欧美市场2018年累计新增20GW，以12.6%的增长率稳定增长，约占2018全球光伏新增装机量的21.3%。值得关注的是，欧洲光伏发展相对活跃的国家基本构成了整个欧洲光伏发展的版图。如德国，新增光伏装机量从42.3GW至45.9GW，继2013年以来再次突破3GW大关；英国累计装机量为13.4GW，比利时累计装机为4GW，荷兰光伏装机从2.9GW增长至4.1GW，法国从8.6GW增长至9.4GW，意大利从19GW增长至20.1GW，西班牙则从4.72GW增长至4.74GW。

其他方面，美国（42~49GW），欧洲（110~119GW）和澳大利亚（5.9~9.76GW）去年也获得稳固的光伏建设。欧洲热点包括德国（42.3~45.9GW）和荷兰（2.9~4.1GW），而法国（8.6~9.4GW），意大利（19~20GW）和西班牙（4.72~4.74GW）不断增长2018年期间的价格。

相比之下，南美洲、非洲、亚欧大陆及中东地区的新增量占比较为落后，但表现出非常强劲的发展潜力。2018年，南美洲光伏装机量从3.4GW增长至5.4GW，非洲地区从3.7GW增长至5.1GW，欧亚大陆从3.6GW增长至5.6GW，中东地区从2.07GW增长至3.02GW，累计新增6.35GW，增长率约为50%。其中，墨西哥从674MW增长至2.5GW，巴西从1.09GW增长至2.29GW，这两个国家被IRENA认为是2018年的发展亮点。

除并网光伏发电项目发展迅速之外，离网光伏项目也在全球范围内迅速增长。根据IRENA的数据，离网光伏项目2015年为1.5GW，2016年为1.98GW，2017年增长至2.5GW，到2018年，增长至2.9GW。

按大陆和地区细分的话，亚洲地区从1.36GW增长至1.6GW，再次作为领跑者。非洲（853~938MW）排名第二，其次是中东（156~206MW），中美洲和加勒比海地区（88~88.9MW）和南美洲（73~81MW）。

发改委：截至2018年底全国风电、光伏累计装机3.6亿kW

国家发改委就宏观经济运行情况举行发布会，新闻发言人孟玮发布宏观经济运行情况并回答记者的提问。

以下为文字实录：

记者：

近期国家发改委、能源局印发了《关于积极推进风电、光伏发电无补贴平价上网有关工作的通知》，引起市场高度关注。请问当前我国风电、光伏产业是否已经普遍具备平价上网的条件？未来如何保障无补贴平价上网政策落到实处？

孟玮：

近年来，我国风电、光伏等可再生能源规模持续扩大，技术进步不断加快，发电成本大幅下降。截至2018年底，全国风电、光伏装机达到3.6亿kW，占全部装机比例近20%。风电、光伏全年发电量为6000亿kW·h，占全部发电量接近9%。2017年投产的风电、光伏电站平均建设成本比2012年分别降低了20%和45%。目前，在资源条件优良、建设成本低、投资和市场条件好的地区，风电、光伏发电成本已达到燃煤标杆上网电价水平，具备了不需要国家补贴平价上网的条件。这是总的情况。

为深入贯彻落实习近平总书记关于能源革命的重要论述，促进可再生能源高质量发展，提高风电、光伏发电的市场竞争力，推动能源生产和消费革命，近期，国家发改委、能源局印发了《关于积极推进风电、光伏发电无补贴平价上网有关工作的通知》。从消费端看，无补贴平价上网的风电、光伏电力将进一步降低用户端电价，有利于进一步提高清洁能源在能源消费总量的比重；从生产端看，无补贴平价上网政策有助于加快推进风电、光伏电站建设，加大清洁能源供给规模，也有助于推动发电企业不断改进生产技术，从而进一步推动风电、光伏等清洁能源发电成本不断降低，实现良性循环。

为确保这项政策能够落到实处，《通知》提出了一系列支持政策措施，归纳起来，重点是做到“四个保障”：一是保障上网。在项目规划阶段，省级能源主管部门要督促电网企业加快建设接网工程，做好项目接网方案和消纳条件的论证工作，保障项目建成后能够及时并网运行。二是保障合同。平价上网项目由电网企业按项目核准时国家规定的当地燃煤标杆上网电价，与风电、光伏发电项目单位签订不少于20年的长期固定电价购售电合同。平价上网项目和低价上网项目均由电网企业保障好优先发电和全额保障性收购，同时鼓励平价上网项目通过绿证交易获得合理收入，完善支持就近消纳的输配电价政策。三是保障消纳。省级电网企业承担电量收购责任，保障平价（低价）上网项目的消纳。四是保障环境。在确保完成全国能耗“双控”目标条件下，对各地区超出规划部分可再生能源消费量不纳入其能源消耗总量和强度“双控”考核。

国家发改委、国家能源局将积极协调和督促有关方面做好相关支持政策的落实，同时，也将及时研究总结各地区的试点经验，根据风电、光伏发电的发展情况调整完善相关支持政策和管理机制。

2018年分散式风电项目建设方案汇总

为加快分散式风电发展，完善分散式风电的管理流程和工作机制，国家能源局近日印发《分散式风电项目开发建设暂行管理办法》（以下简称《办法》）。

《办法》鼓励各类企业及个人作为项目单位，在符合土地利用总体规划的前提下，投资、建设和经营分散式风电项目。鼓励开展商业模式创新，吸引社会资本参与分散式风电项目开发；鼓励分散式风电项目与太阳能、天然气、生物质能、地热能、海洋能等各类能源形式综合开发，提高区域可再生能源利用水平；鼓励项目所在地开展分散式风电电力市场化交易试点，允许分散式风电项目向配电网内就近电力用户直接售电。

据风电头条统计，目前河北、山西、河南、广东、陕西、安徽等地纷纷布局分散式风电项目。其中，河北计划2018—2020年开发分散式接入风电430万kW；河南“十三五”拟建216.9万kW分散式风电；山西“十三五”分散式风电项目开发建设规模达987.3MW；广西、贵州等省份也已明确将跟进编制分散式风电建设规划。

以下为各省市规划详情：

2018年4月16日，国家能源局印发《分散式风电项目开发建设暂行管理办法的通知》，鼓励各类企业及个人作为项目单位，在符合土地利用总体规划的前提下，投资、建设和经营分散式风电项目。鼓励开展商业模式创新，吸引社会资本参与分散式风电项目开发；鼓励分散式风电项目与太阳能、天然气、生物质能、地热能、海洋能等各类能源形式综合开发，提高区域可再生能源利用水平；鼓励项目所在地开展分散式风电电力市场化交易试点，允许分散式风电项目向配电网内就近电力用户直接售电。

河北省

2018年1月22日，河北省发改委印发《河北省2018—2020年分散式接入风电发展规划的通知》，《规划》目标：2018—2020年，河北省规划开发分散式接入风电430万kW；展望至2025年，力争累计达到700万kW。消纳条件：根据110kV站主变容量、容载比、最大峰谷系数折算得到低谷负荷水平，并以此作为其供电区35kV、10kV消纳能力的上限。土地条件：优先考虑荒山荒坡等未利用地，原则上不考虑基本农田及生态环境安全控制区。

石家庄：根据土地、电网条件落实情况，规范开发规模为46.6万kW，2020年前开发规模为41.1万kW，晋州、深泽、无极等县为重点开发区域，其余为5.5万kW，2025年前开发。

张家口：在集中式风电消纳问题未得到有效解决情况下，主要发展多能互补、微电网等综合类分散式接入风电项目。分散式接入风电规划开发规模为41万kW，2020前开发规模为12.6万kW，其余为28.4万kW，2025年前开发。

承德：在集中式风电消纳问题未得到有效解决情况下，主要发展多能互补、微电网等综合类分散式接入风电项目。分散式接入风电规划开发规模为50.8万kW，2020前开发规模为12.6万kW，坝下浅山区和坝下各县可作为重点开发区域，其余为38.2万kW，2025年前开发。

秦皇岛：根据土地、电网条件落实情况，分散式接入风电规划开发规模为33.4万kW，2020前开发规模为21.6万kW，卢龙、抚宁、昌黎、青龙等县（区）可作为重点开发区域，其余为11.8万kW，2025年前开发。

唐山：根据土地、电网条件落实情况，分散式接入风电规划开发规模为82.9万kW，2020年前开发规模为66.3万kW，迁西、迁安、滦县、玉田、遵化、丰润、吉冶等县（区）可作为重点开发区域，其余为16.6万kW，2025年前开发。

廊坊：根据土地、电网条件落实情况，分散式接入风电规划开发规模为50.9万kW，2020年前开发规模为7.2万kW，霸州、大城等县可作为重点开发区域，其余为43.7万kW，2025年前开发。

保定：根据土地、电网条件落实情况，分散式接入风电规划开发规模为25.4万kW，2020年前开发规模为19.2万kW，高阳、博野、安国、涞源等县（市）可作为重点开发区域，其余为6.2万kW，2025年前开发。

沧州：根据土地、电网条件落实情况，分散式接入风电规划开发规模为138万kW，2020前开发规模为103.8万kW，其余为34.2万kW，2025年前开发。

衡水：根据土地、电网条件落实情况，分散式接入风电规划开发规模为71.5万kW，2020前开发规模为42.7万kW，景县、枣强、武邑、饶阳、安平、武强等县可作为重点开发区域，其余为28.8万kW，2025年前开发。

邢台：根据土地、电网条件落实情况，分散式接入风电规划开发规模为73.2万kW，2020前开发规模为38.7万kW，威县、新河、南宫、巨鹿、任县、南和、广宗等县（区）可作为重点开发区域，其余为34.5万kW，2025年前开发。

邯郸：根据土地、电网条件落实情况，分散式接入风电规划开发规模为71.1万kW，2020前开发规模为49.9万kW，肥乡、曲周、涉县、武安、临漳、成安、邱县、魏县、广平、馆陶等县（区）可作为重点开发区域；其余为

21.2 万 kW，2025 年前开发。

辛集：根据土地、电网条件落实情况，分散式接入风电规划开发规模为 11.4 万 kW，全部在 2020 年前开发。

定州：根据土地、电网条件落实情况，分散式接入风电规划开发规模为 5 万 kW，全部在 2020 年前开发。

山西省

2018 年 3 月 8 日，根据国家能源局《关于加快推进分散式风电项目建设有关要求的通知》（国能发新能〔2017〕3 号）要求，山西发改委制定了《山西省“十三五”分散式风电项目建设方案》。《方案》确定山西“十三五”分散式风电项目开发建设规模达 987.3MW。分别布局在太原、大同、朔州、忻州、运城、阳泉、晋中、长治等 11 个市，其中运城项目最多，32 个项目，建设规模为 353MW；长治市 16 个项目，建设规模为 160MW；朔州市 12 个项目，建设规模为 169.4MW；大同市 11 个项目，建设规模为 59.1MW；临汾市 8 个项目，建设规模为 56MW；忻州市 7 个项目，建设规模为 50MW；吕梁市 6 个项目，建设规模为 61MW；晋城市 4 个项目，建设规模为 28MW；太原市 4 个项目，建设规模为 17.8MW；阳泉市 3 个项目，建设规模为 22MW；晋中市 3 个项目，建设规模为 11MW。

开发原则：分散式风电项目开发按照“统筹规划、分步实施、本地平衡、就近消纳”的原则建设，所产生的电量就近接入电网，并全额消纳。鼓励自发自用，且在配电网系统平衡调节。

建设标准：1）接入电压等级应为 35kV 及以下电压等级。如果接入 35kV 以上电压等级的变电站时，应接入 35kV 及以下电压等级的低压侧。2）充分利用电网现有变电站和配电系统设施，优先以 T 接或者 π 接的方式接入电网。3）在一个电网接入点接入的风电容量上限以不影响电网安全运行为前提，统筹考虑各电压等级的接入总容量，鼓励多点接入。严禁向 110kV（66kV）及以上电压等级送电。

河南省

2018 年 2 月 5 日，河南省发改委按照国家能源局《关于加快推进分散式接入风电项目建设有关要求的通知》（国能发新能［2017］3 号）和《关于转发〈国家能源局关于加快推进分散式接入风电项目建设有关要求的通知〉的通知》（豫发改能源［2017］793 号）等文件要求，依据“统筹规划、分步实施、本地平衡、就近消纳”的总体原则，在各地市对本区域的项目认真遴选上报的基础上，河南省发改委对各地上报项目进行初审。此次省辖市及直管县共计上报 126 个项目，总规模为 216.9 万 kW。初步审查符合条件的有 123 个项目，总规模为 207.9 万 kW。

河南省分散式风电发展方案项目表

广东省

广东省发展改革委 4 月 17 日印发《2018 年陆上风电第一批开发建设方案》，确定广东省 2018 年陆上风电第一批开发建设项目 7 个、总装机容量为 45 万 kW。

陕西省

2018 年 4 月 9 日，陕西省发改委按照国能发新能【2017】31 号和国能发新能【2018】23 号文件精神，根据各市对拟建设的风电项目编制了陕西省 2018 年度风电开发建设方案。陕西省 2018 年风电开发建设方案项目共 24 个、总建设规模为 1.25GW。

据风电头条统计，24 个风电项目分别布局在 8 个县市，其中延安市最多，共 9 个项目，700MW；宝鸡市 4 个项目，共 248.4MW；渭南市 4 个项目，共 200MW；铜川市 2 个项目，共 170MW；咸阳和汉中分别为 1 个项目均为 100MW，安康、商洛、韩城分别为 1 个项目，均为 50MW。

广西壮族自治区

2018 年 2 月 13 日，广西壮族自治区能源局按照《国家能源局关于进一步完善风电年度开发方案管理工作的通知》（国能新能〔2015〕163 号）及《国家能源局关于可再生能源发展“十三五”规划实施的指导意见》（国能发新能〔2017〕31 号）有关要求，结合各地建设条件，统筹制定了广西 2018 年风电开发建设方案（桂能新能〔2018〕5 号）。《方案》明确：2018 年广西风电开发候选项目共 45 个，269.4 万 kW。根据《国家能源局关于可再生能源发展“十三五”规划实施的指导意见》（国能发新能〔2017〕31 号）精神，广西风电 2017 年至 2020 年新增建设规模为 500 万 kW，2017 年已核准项目为 208.5 万 kW。2018 年拟新增核准项目容量为 160 万 kW 左右，新增核准项目规模超过 160 万 kW 后本年度不再核准，已具备核准条件的项目优先列入下一年建设方案。

安徽省

2018 年 4 月 4 日，安徽省能源局发布《关于做好 2018 年风电开发工作的通知》（皖能源新能〔2018〕32 号），根据“十三五”规划确定的目标任务，按照国家风电绿色地区年度建设规模安排要求，初步确定安徽省 2018 年风电开发方案项目申报规模为 150 万 kW。企业在县域范围内首次申报的风电项目，建设规模原则上控制在 5 万 kW 左右，项目未开工，暂停该企业申报后续项目；项目已开工，可按 10 万 kW 左右申报后续项目。企业纳入 2018 年度开发方案的风电项目，建设规模原则上控制在 5 万 kW 左右；视在安徽省投产在运风电场情况，可适当增加建设规模，最多不超过 15 万 kW。企业已核准风电项目开工率低于 50%，或县域范围内有 2 个及以上已核准风电项目且开工率低于 50%，不得申报 2018 年度开发方案项目。

贵州省

2018 年 2 月 26 日，贵州省发改委公布《2018 年贵州省重大工程和重点项目名单》，2018 年共安排省重大工程和重点项目 2903 个，总投资 43953 亿元。其中，风电项目有 17 个，分别为桐梓县大顶山风电场、纳雍县鬃岭北风电场、从江县达棒山风电场、雷山县苗岭风电场、息烽县南山风力发电项目、黎平县顺化风电场、黎平县大稼风电场、威宁县观风海七里半风电场、威宁县小海风电场、开阳县高寨风电场、纳雍县龙场风电场、纳雍县大滥坝风电场、华能赫章上满定珠雉大山坪风电场、剑河县久仰风电场、从江县雷家坡风电场、雷山县大塘风电场、习水县风电场。

2018 年中国火力发电行业发展现状

一、火力发电的定义与概况

火力发电是利用可燃物在燃烧时产生的热能，通过发电动力装置转换成电能的一种发电方式。

火力发电按其作用分为单纯供电和既发电又供热。按原动机分为汽轮机发电、燃气轮机发电、柴油机发电。按所用燃料分为燃煤发电、燃油发电、燃气发电。为提高综合经济效益，火力发电应尽量靠近燃料基地进行。在大城市和工业区则应实施热电联供。

火力发电是中国主要的发电方式，电站锅炉作为火力电站的三大主机设备之一，伴随着中国火电行业的发展而发展。

当环保节能成为中国电力工业结构调整的重要方向时，火电行业在“上大压小”的政策导向下积极推进产业结构优化升级，关闭大批能效低、污染重的小火电机组，在很大程度上加快了国内火电设备的更新换代。

利用可燃物等所含能量发电的方式统称为火力发电。按发电方式，火力发电分为燃煤汽轮机发电、燃油汽轮机发电、燃气-蒸汽联合循环发电和内燃机发电。火电仍占领电力的大部分市场，只有火电技术不断发展，才能适应和谐社会的要求。

二、中国火力发电行业发展现状分析

随着中国电力供应的逐步宽松以及国家对节能降耗的重视，中国开始加大力度调整火力发电行业的结构。2013 年开始，中国火力发电量一直处于 4 万亿 kW · h 以上，截至 2018 年，中国火力发电量接近 5 万亿 kW · h，达到 49794.7 亿 kW · h，同比增长 7.98%。

2018 年，火力发电量最高的是 12 月，为 4775.9 亿 kW · h，同比增长 8.13%。

火力发电依旧是中国的主要发电形式，根据国家统计局数据显示，2018 年中国总发电量为 67914.2 亿 kW · h，其中火力发电量为 49794.7 亿 kW · h，占总发电量 73.32%；其次是水力发电，发电量为 11027.5 亿 kW · h，占比 16.24%；风力发电量为 3253.2 亿 kW · h，占比 4.79%；核能发电量为 2943.6 亿 kW · h，占比 4.33%；其他发电量占比 1.32%。

从中国输送电量来看，从 2011 年开始，中国输送电量呈稳定增长趋势，到 2017 年中国输送电量突破 8000 亿 kW · h，达到 8545.77 亿 kW · h，同比增长 25.15%。

根据国家统计局数据显示，2015 年中国火力发电新能生产能力最高，达到 6023 万 kW，同比增长 37.69%。截至 2017 年，中国火力发电新增产生能力为 3265.99 万 kW，同比降低 27.75%。

从社会用电结构来看，截至 2018 年上半年，第二产业占比最高，达到 69.2%，其次是第三产业，占比 15.7%，城乡居民生活用电占比 14.1%，最后是第一产业，占比 1.0%。

三、中国火力发电装机容量分析预测

截至 2016 年底，全国 6000kW 及以上电厂总装机容量为 164575 万 kW，较年初增长 8.2%。其中，火电装机容量为 105388 万 kW，较年初增长 5.3%。火电装机容量占电力总装机容量较年初继续下降 1.73%至 64.04%。截至 2017 年底，火电装机容量为 110604 万 kW，较年初增长 4.95%。预计 2018 年中国火力发电装机容量将达到 114754 万 kW，未来五年（2018—2022）年均复合增长率约为 3.35%，预计到了 2022 年中国火力发电装机容量将达到 130900 万 kW。

四、中国火力发电行业未来发展趋势分析

为了切实贯彻科学发展观，提高发电效率，做到清洁发电，中国的火力发电也将逐步转型为高效、清洁、环保的发电方式。

1. IGCC 是中国洁净煤发电的主要发展方向

IGCC（Integrated Gasification Combined Cycle，整体煤气化联合循环发电系统）是将煤气化技术和高效的联合循环相结合的先进动力系统。它由两大部分组成，即煤的气化与净化部分和燃气-蒸汽联合循环发电部分。它将高效的煤气化和联合循环发电系统结合起来，实现了能量的梯级利用，极大地提高了发电机组的效率。IGCC 电厂脱硫、脱硝和粉尘净化的效率较高，污染排放量都远远低于国际上先进的环保标准。IGCC 的煤种适应性广泛，褐煤、烟煤、贫煤、低硫煤都可以适应，甚至可适于高硫煤。采用 IGCC 发电技术，可以燃用中国储量丰富、限制开采的高硫煤。

在中国发展 IGCC 发电技术，对于提高煤炭资源利用率、减少环境污染、节约水资源、满足电力工业和国民经济的发展，具有十分重要的战略意义。

2. 生物质能发电

生物质能的种类主要有 4 类，即木质、非木质、禽畜粪便及城市垃圾。中国是一个农业大国，生物质能源十分丰富，各种农作物每年产生秸秆 6 亿多吨，其中可以作为能源使用的约为 4 亿吨，全国林木总生物量约为 190 亿吨，可获得量为 9 亿吨，可作为能源利用的总量约为 3 亿吨。生物质废弃物的总量，约相当于中国煤炭年开采量的 50%，总计约为 6.56×10^{8} 吨标煤。中国目前利用率仅有 30%左右，因此开发利用生物质能源，对缓解中国 21 世纪的能源、环境和生态问题具有重要意义。

3. 强化管理制度

科学发展观，清洁能源，高效利用火力发电，这些都不只是技术部门和环保部门的问题。火力发电的转型是一个系统工程，不仅仅需要技术人员的刻苦钻研，更需要在管理制度上改革创新。我们国家还处于发展阶段，用电量需求大，电厂分布广。如果同时研究，同时转型，在技术上和财政上，都得不到强有力的支持。因此，应该在制度上加强梯度建设，优先在发达地区，技术成熟的地区做试点，然后逐级更新。对于电厂的发展，也不能搞一刀切，要切合当地的资源以及需求，真正做到因地制宜。

2018 年全球微电网项目装机容量累计近 20GW

美国清洁能源技术研究机构 Navigant Research 日前发布了微电网最新研究报告称，截至 2018 年第四季度，全球确认微电网项目 2258 个，累计规模达到 19.575GW（包括已经安装和计划中的）。

Navigant Research 的研究分析师 Johnathon de Villier 说："微电网部署跟踪器显示北美是总容量方面领先的微电网市场，其次是亚太地区，中东和非洲。"

不仅如此，报告还透露，太阳能光伏和能源存储在现代微电网系统中占据突出地位，特别是农村电气化和能源接入计划推动了远程领域的增长。

根据该报告，远程微电网占全球微电网容量的近 40%，总计 7，604.4MW。按容量划分的下一个最大客户群是商业/工业（C/I）和公用事业单位，分别为 5，542.9MW 和 2，307.9MW。

同时，远程市场也在新增产能方面领先于其他市场，67 个微电网新项目累计装机容量达到 415.4MW。

科技创新促进智能电网电能质量提升

中国电科院牵头的《智能电网电能质量监测与控制关键技术》项目面向电力电子化特征电网电能质量监测与治理的共性需求，构建了集监控系统、治理方法与设备、技术标准为一体的电能质量监测与治理技术体系。该项目日前荣获国际电气和电子工程师协会信息物理系统技术委员会"2018 工业技术杰出贡献奖"。

日前，由中国电科院牵头的《智能电网电能质量监测与控制关键技术》项目荣获国际电气和电子工程师协会信息物理系统技术委员会（IEEE TCCPS）"2018 工业技术杰出贡献奖"，是该奖项唯一获奖项目。IEEE 首次设立了该奖项，旨在奖励对信息物理系统领域做出突出贡献的项目及团队。

中国电科院及其联合研发项目团队（以下简称项目团队）在国家科技支撑计划及国家电网公司重大科技项目的有力支持下，协同攻关，创新研发，面向电力电子化特征电网电能质量监测与治理的共性需求，构建了集监控系统、治理方法与设备、技术标准为一体的电能质量监测与治理技术体系，在低压负荷在线换相、电能质量决策支持、谐波量值准确传递以及广域动态谐波监测治理等四大关键技术领域实现重大突破，对保障电网安全、促进经济社会健康发展发挥了重要作用。

电能质量是指通过公用电网供给用户端的交流电能的品质，其优劣直接关乎国计民生与社会公共安全，是衡量电力企业优质供电服务的重要指标。从严格意义上讲，衡量电能质量的主要指标有电压、频率和波形；从普遍意义上讲就是指优质供电。在电力系统中，电能质量通常以谐波、供电电压偏差等数据指标进行综合量化分析与评价。

谐波是指对周期性非正弦交流量进行傅里叶级数分解所得到的大于基波频率整数倍的各次分量，通常称为高次谐波，而基波是指其频率与工频（50Hz）相同的分量，高次谐波的干扰是当前智能电网中影响电能质量的一大"公害"。谐波的存在会导致电机、变压器、电容器等电气设备损耗增加，绝缘老化加速，使用寿命缩短，发电、输电及用电设备的效率降低，还易使电网的各类保护及自动装置产生误动或拒动，对通信系统产生干扰，严重时将威胁电网运行、设备及人身安全等。

供电电压偏差是指实际供电电压对系统标称电压的偏差，相对值以百分数表示，《GB/T 12325—2008 电能质量 供电电压偏差》明确规定了各电压等级电网供电电压允许偏差的限值。对电网来说，当系统运行电压偏低时，线路损耗增加，输配电极限容量降低，甚至导致系统崩溃，带来重大损失；对配用电设备来说，当供电电压偏离额定电压较大时，设备的运行性能恶化，运行效率降低，甚至导致部分电器无法启动或者不能正常运行，自身发热严重，使用寿命缩短。

2018 年中国七大省微电网项目一览

据美国清洁能源技术研究机构 Navigant Researc 发布的微电网最新研究报告称，截至 2018 年第四季度，全球确认微电网项目 2258 个，累计规模达到 19.575GW（包括已经安装和计划中的）。国内江苏仍是微电网项目的集中区域。

江苏

1）2018 年 4 月，江苏省即将建成首个电动汽车"退役"电池梯次利用光储充一体化电站。在江苏南京市六合服务区（长春方向），率先实现了电动汽车电池梯次利用。不同于以往高速公路快充站的是，该站为车辆充电的电能一部分来源于光伏发电，而光伏储能电池又来源于电动汽车退役电池，这样就构成了充电站电能自循环。

高速公路服务区拥有相对充裕的场地资源和冲击较小、远离主网的区位优势。此次，南京供电公司在长深高速六合服务区的双向分别建设 4 个小车充电车位（远景规划为 8 个），一台 630kV 安箱式变压器，4 台 120kW 分体式直流充电机，一机双桩，每个充电桩对应一个车位；光伏系统布置在充电车位雨棚上方，采用箱式储能设备，布置于室外。储能配置容量为 50kW · h，光伏容量为 10kW。在充电车位雨棚上建设容量约 12kW 的光伏发电单元，配置容量为 50kW2 小时的梯次利用电池单元。电站配置综合能量管理系统，可以根据峰谷时段及充电情况控制储能单元的能量流动，实现削峰填谷、谷电利用、新能源消纳等功能，提升系统运行的可靠性和经济性，具有很强的实用性和可复制性。

2）5 月 22 日，江苏常能新能源科技有限公司的锂电池梯次储能电站在武进国家高新区创新产业园落成并交付使用。该电站使用电动汽车更新下来的旧锂电池储能，是江苏省首家锂电池梯次利用储能电站，采用合同能源管理方式运营。该电站全部建成后，总容量达 10MW，因我省工业用电峰谷电价价差大，峰时电价为 1.1 元/kW · h，谷时电价为 0.3 元/kW · h，储电站在谷时充电，在峰时放电，每年可节省电费近 300 万元左右。

该项目交付使用意义非凡，不仅可为企业节省用电成本，还有利于电网削峰填谷，增加供电的稳定性。同时还为旧的汽车动力电池再利用提供了新出路、新样板，实现资源充分利用。

3）9月1日，目前国内最大梯次储能项目（1MW/7MW·h）在南通如东成功投运，该系统由中恒电气旗下煦达新能源和中恒普瑞联合承建，此项目的成功投运标志国内梯次储能项目正式进入商业化运营阶段。

该项目是迄今为止国内规模最大的基于退役动力电池梯次利用的工商业储能系统，于今年9月初由南通供电局组织验收并装表计量，实现商业化运营。系统由7个180kW/1.1MW·h集装箱式储能系统组成，总装机量为1.26MW/7.7MW·h，运行时SOC设定为90%，系统的有效容量为7MW·h。集装箱式储能系统由一体化集装箱、温控系统、消防系统和煦达自主研发的智能监控系统，可实现人机交互、数据分析、报表生成、站级监控和远程数据传输的功能。

上海

1）今年上半年，上海某工业园能源中心投建的50kW/150kW·h储能集装箱在长城电源工厂完成组装测试，并顺利出货。长城电源提供的50kW/150kW·h储能集装箱为能源中心50kW微电网系统提供支撑。本项目最大的亮点是150kW·h的锂电池全部采用电动汽车退役电池，电池包未经拆解直接梯次利用，配合长城电源首创的退役电池管理系统，可以安全、快速、低成本的对退役动力电池梯次利用，为退役动力电池的梯次利用树立了行业标杆。

2）近日，上海电气电站集团崇明三星田园“互联网+”智慧能源示范项目储能站房及展示楼地基基础工程正式开挖，标志着该项目正式进入施工阶段。该项目不仅实现了并网系统和离网系统的统一管理，而且实现了“源网荷储”一体化、风光储多种能源互补，基于绿色能源灵活交易的智慧分布式低碳园区微电网。

崇明三星田园“互联网+”智慧能源示范项目是电站集团储能及燃料电池事业部成立不久承接的首个项目，也是为三星镇量身打造的乡村智慧能源解决方案。在此期间，事业部克服种种困难，仅用一个多月的时间完成了从项目方案策划、初可研方案、可研方案到初设方案各阶段工作，并得到业主认可。目前，设备招标工作已经结束，第一批设备已经到达现场，包括MANZ（曼兹）的薄膜太阳电池组件和储能电池组。

广东

1）2018年新年钟声敲响之际，南方电网广东珠海供电局再度为粤港澳大湾区建设献上一份“厚礼”，继大万山岛微电网项目之后，位于珠海的担杆岛微电网项目近日建成投产，成为广东首个独立型海岛微电网项目。

多年来，担杆岛约有300居民、用户，只能依靠政府建设的一个柴油发电站来满足基本的用电需求。由于机组老化，供电不稳定，停电是家常便饭，而每度电为3.28元的价格，也远高于陆地电费标准，有岛上居民表示，由于白天常停电，通信基站的信号也随之受到影响，大家只能等晚上通电后才能拨打电话。落后的供电环境严重影响了岛上居民日常生产和生活，制约了地方经济发展。

为了解决担杆岛日益增长的美好生活需要和不平衡不充分的发展之间的矛盾，满足岛屿居民的用电需求，珠海供电局积极贯彻落实“人民电业为人民”的企业宗旨，充分发挥央企的使命担当，在没有经验可供借鉴的前提下，于2017年农历春节前夕，启动海岛微电网建设相关工作，将解决担杆岛用电作为重点工程，同时全力以赴为项目“保驾护航”，并专门成立工作机构，印发工作方案，分解制定关键任务清单，明确责任部门和责任人，每周跟踪工作进度，及时协调存在问题。一边摸索、一边实践，从无到有，摸索总结出全套独立型新能源微电网设计、建设的经验。

2）广州供电局高可靠性智能低碳微电网项目在南沙投运。该项目系南方电网公司唯一入选的国家能源局首批新能源微电网示范项目，同时也入围了中美智能电网第二阶段微电网技术国际合作项目。项目投运后，可确保区域内面对自然灾害时迅速与大电网解列，形成孤网，保障重要用户核心负荷一周电网供电，并在灾后快速恢复重要负荷供电，具有黑启动的能力。

据了解，南沙微电网项目能实现50mm内非计划性并网转孤网无缝切换、4种并网/孤网运行方式智能切换、退役动力电池梯级利用、孤网运行一周的能力。

广州供电局计划部能源互联网项目管理部专责李涛介绍说：“南沙微电网不仅利用了屋顶光伏系统、锂电池储能系统等绿色清洁能源，还能实现重要负荷100%清洁能源供电。”

值得一提的是，该项目采用退役电动汽车动力电池，实现退役电池在微网储能梯级利用，提高资源利用效率。通过微网能量管理系统的智能化，一方面控制系统模块化设计可根据用户的具体需求，个性化定制微网能源管理系统；另一方面实现多种运行方式优化控制，能够在各种运行或故障工况下保证重要负荷的供电。

北京

日前，桑德集团旗下桑德智慧能源有限公司在京建设首个光储充智能微网示范项目。该项目预估全投资内部收益率超过15%，项目全部建成后，每年可为园区提供电量220万kW·h、年可节约标煤72.6t。

该项目包含2MWp光伏、2MW·h储能、20台充电桩及能效管理等多类元素，实现多元素之间的综合利用与优势互补，通过“源—网—荷—储”的协调互动，最大限度地利用可再生能源，达到能源需求与生产供给协调化以及资源优化配置的目的，实现“分布式电源自律控制、柔性负荷自治控制”，改善园区电能质量及供电可靠性，促进区域绿色、低碳、生态、智慧等高标准目标的达成。

项目能量管理系统还具有动态展示功能，实时显示各子系统的运行情况，项目整体发电量、用电量、节能数据等，数据上云，可通过电脑web及手机App进行监测。

项目规划

1）一期工程由550kW光伏发电系统、300kW/1MW·h储能系统、10台交/直流充电桩、能量管理系统、交流电网和负载组成；

2）二期项目完成剩余1.5MW光伏发电系统、1MW·h

梯次利用储能系统，10 台直流超级充电桩，完成整个智能微网搭建。

项目预估全投资内部收益率（Intermal Rate of Return，IRR）超过 15%，项目全部建成后，每年可为园区提供电量 220 万 kW · h、年可节约标煤 72.6t，并可减少大气污染物的排放，从而为改善大气环境质量做出贡献。

甘肃

据了解甘肃首个微电网示范项目已进入具体实施阶段，这也是全国首批微电网示范项目之一，这也将有助于促新能源就地消纳。

近日，酒泉市肃州区新能源微电网示范项目已编制完成可行性研究报告，正式获得甘肃省发展和改革委员会备案批复。这是全国首批 28 个微电网示范项目之一，也是甘肃省第一个微电网示范项目和全省最大的单体分布式电源项目、单体最大储能项目。备案批复的取得，标志着下一步项目推进已进入具体实施阶段。

该项目计划投资 4.1 亿元，在肃州区新能源综合利用试验区建设 1 个微电网，与大网并网运行。具体建设 60MW 光伏发电项目，电储能 10MW · 2h。一座 35kV 变电站，配套常规电力负荷 20MW，热负荷 3.2MW，为 5.5 平方公里范围内 2 亿 kW · h 用电负荷企业供电。

项目建成后，可进一步降低电价，对当地引进高载能、高科技、高产出、低排放的“三高一低”产业项目，促进新能源就地消纳，真正把能源富集优势转化为推动经济发展的强大动力具有重要意义。

西藏

西藏尼玛县华电光储充柴油微网电站工程，该工程由中国华电集团公司西藏分公司建设，国电南京自动化股份有限公司设计和总承包。整体工程由光储柴（油）电站和城区配电网组成，包括 22MW 光伏发电站系统、12MW 储能电源双向逆变器、12MW · h 锂离子电池组、36MW · h 铅炭电池组以及 2 台 1500kW 柴油发电机。

云南

日前，由云南滇中汇能智慧能源有限公司投资建设的我省首座“光储充”一体化直流快充示范站，在云南滇中智能制造产业园正式投入使用。该示范站集成了车棚光伏发电、大容量储能、大功率智能直流充电桩等多项先进技术，构建起直流微网。

云南滇中汇能智慧能源有限公司相关负责人表示，该直流快充示范站的建成和投入运营，对滇中新区推进节能减排，发展新能源战略部署具有实际示范意义，对新能源汽车的普及将起到积极的推动作用，消费者也可以获得良好的充电体验。随着滇中新区新能源汽车产业的布局和发展，该公司将大力推进新能源微网和充电站基础设施的投资建设。

中国首个远海岛屿智能微电网在海南三沙建成

中国首个远海岛屿智能微电网 27 日在海南省三沙市永兴岛正式投入使用，为其他南海岛礁的电网建设提供可复制模版。

南方电网三沙供电局局长武钰介绍，三沙距离海南岛较远，通过海底电缆输送电能至岛礁不现实。通过在小岛建立智能微电网，充分利用光伏、风能、波浪能等能源，可最大限度减少传统柴油消耗，符合三沙发展理念。

三沙智能微电网能量管理系统是中国国家级电力技术领域的一项应用示范工程，历经三年的研究与实践。该系统主站设立在永兴岛，可实现柴油发电机、光伏系统、储能系统、主子微网及海水淡化、充电桩等各类负荷数据的采集与监控。系统自 2017 年试运行以来，供电可靠率为 100%，电压合格率为 100%，清洁能源消纳率为 100%，一年多时间通过利用光伏等清洁能源节约柴油数百吨。

三沙微电网通过海底光纤与海南（电力）调度控制中心相连，需要时可在海口进行调控，确保供电可靠性。

未来，永兴岛微电网可成为海岛微电网群的控制中心，对多个边远海岛微电网进行远程集中运行管理。

江苏建成国内首个交直流混合智能型微电网

4 月 25 日，位于连云港车牛山岛的海岛智能微电网通过验收并正式投运。据国网江苏电力相关负责人介绍，这是我国首个交直流混合智能型海岛微电网系统。

该系统以光伏、风等多种绿色能源为基础，以“交直流混合控制器”为核心，利用能源管理系统，精确协调控制发电、储能和用电，灵活调配各用户的连接方式，实现“源-网-荷-储”协调控制和经济运行，对“高海边无”（高海拔、海岛、边防、无人区）地区的持续可靠用电具有重要意义。

2018 年十大数据中心新闻

公有云没有扼杀数据中心，尽管有些人预测这会在 2018 年发生。不仅数据中心还在，而且服务器、存储和网络等数据中心基础设施的全球支出正呈现蓬勃增长的态势。

2018 年可以说是软件定义数据中心的一年，大量自动化和人工智能研发力量致力于打造下一代可扩展的、灵活的数据中心。对于数据中心领导厂商 Dell 和 HPE 来说这是开创性的一年，Dell 的全球销售处于领先位置，HPE 加大了在可组合式基础设施上的力度。

下面就让我们来看看 2018 年数据中心领域的十大新闻故事。

1. 亚马逊、谷歌和 Facebook 迅速扩大数据中心规模

三大科技巨头亚马逊、谷歌和 Facebook 都在 2018 年迅速扩大了各自在美国和全球的数据中心规模。这三大巨头加速了在全球范围的数据中心建设，并且成为今年致力于满足不断增长的数据和云需求的顶级数据中心基础设施买家。亚马逊目前在全球 19 个地区拥有 57 个数据中心，包括今年在瑞典开设的一个新数据中心。此外，亚马逊还宣布计划在意大利建立 3 个新数据中心，于 2020 年前在非洲建立第一个中心。社交媒体巨头 Facebook 今年也扩大了数据中心规模，将内布拉斯加州的中心数量从 2 个增加到 6 个，在佐治亚州开设第 9 个数据中心，并计划在新加坡建造一个 11 层、170000 平方英尺的数据中心。Google Cloud 今年也在一直扩张全球数据中心规模，在蒙特利尔开设了第一个 Cloud Platform 中心，并计划于 2019 年初在瑞士开设

3个新数据中心。明年这三大巨头很可能继续投入数十亿美元建造新的数据中心。

2. 超融合基础设施步入主流

2018年超融合基础设施（HCI）市场以惊人的速度发展成熟，年收入达到历史最高水平，特别是第二季度销售额达到15亿美元，同比增长78%。今年超融合基础设施产品在更广泛的用例和部署选项方面都取得了重大的进展。Nutanix、Dell EMC、思科、Pivot3和HPE等厂商都在扩展战略以更好地采用混合云和多云，提供更多纯计算、纯存储软件定义的网络选项，从而推动创新的步伐。超融合基础设施可以降低数据中心复杂性，可以被更多地用来支持微软、Oracle和SAP大亨厂商的关键业务企业应用。随着服务器、存储和网络孤岛逐渐消失，对人机交互的需求无疑将在2019年继续增加。

3. Dell Technologies上市

数据中心基础设施领导厂商Dell Technologies将于12月28日公开上市，在过去的一年中Dell一直在谈论这么做的最佳方式。Dell的上市大战始于1月份，伴随着各种诉讼、投资者争吵以及修订后的股东协议。在过去一年中不断有各种新闻报道是关于Dell是否能赢得股东的批准、还是寻求其他方法上市、甚至是让银行参与其中进行传统的首次公开募股。手握Dell和VMware大量追踪股的激进投资人Carl Icahn曾起诉Dell，称Dell公司正在制造“恐惧计划”以赢得股东的批准。然而，经过数月的激烈声明之后，他还是同意了这笔交易。有渠道合作伙伴表示，重获新生的Dell Technologies将把更多资金作为研发支出，并与VMware更紧密地进行集成和创新。

4. Nutanix成为一股不可忽视的力量

对于超融合基础设施先驱Nutanix来说，2018年是具有革命性的一年，因为它继续向转向一家以软件为中心的公司转型，推出了新的创新技术，始终如一地实现了强劲的销售增长。2018年超融合基础设施解决方案在数据中心内部的数量呈现爆炸式增长，各种研究分析和报告显示，Nutanix在创新方面处于领先地位。Nutanix获得了Forrester超融合技术的最高评分，并在Gartner首个超融合基础设施魔力象限中被视为领导者。面对Dell、HPE和思科等技术巨头，Nutanix不仅积极竞争，而且一点也不退缩。2019年，Nutanix致力在软件定义数据中心占据一席之地，并将目标瞄准了在2021年之前实现软件和支持收入30亿美元。

5. IBM斥资34亿美元收购Red Hat给数据中心领域带来重大影响

多年来，蓝色巨人IBM一直是数据中心解决方案的一站式商店，但收购Red Hat备受欢迎的开源软件让IBM成为一家更有意思的数据中心厂商。Red Hat在数据中心有着重要的影响力，Red Hat Enterprise Linux是最受欢迎的Linux发行版之一。由于Red Hat的操作系统可在公有云上使用，同时Red Hat也是OpenStack生态系统的关键参与者，因此被IBM收购将会给数据中心市场带来各种影响，包括与Dell Technologies和HPE的竞争更加白热化。这次收购将让IBM直接迈向混合云世界的前沿。IBM首席执行官Ginni Rometty表示：“我们一直在塑造IBM。IBM将成为全球首屈一指的混合云提供商，为企业提供能够释放云端全部价值的唯一开放式云解决方案。”

6. 能效管理厂商试水软件和服务

数据中心能效管理领导厂商APC by Schneider Electric和Eaton在2018年展示了他们的软件和服务力量，推出了帮助解决方案提供商产生经常性新收入的技术。随着市场对于边缘计算和物联网服务的需求不断增加，能效管理提供商们也面向客户数据中心和分布式环境推出了围绕生命周期管理的软件及服务平台。Eaton专注于提供商能效管理即服务，而APC by Schneider Electric通过与Scale Computing合作进入超融合基础设施市场，推出了一个新的“盒装微型数据中心”。今年是数据中心能效厂商取得创新突破的一年，他们将研发重点放在了推出新软件功能以及围绕旧版产品线打造更多基于云的新版本上。

7. HPE加大投入可组合基础设施

随着HPE Composable Cloud for Synergy的推出，今年HPE在可组合基础设施方面不断加大投入。HPE还将自己的可组合技术注入了SimpliVity超融合基础设施中，该产品中包含了具有突破性的可组合网状网络结构。HPE新推出的Composable Cloud让客户可以横跨任何云组合任何工作负载，并支持完整的HPE软件堆栈，包括来自HPE InfoSight、HPE OneView和HPE OneSphere的内置人工智能。IT研究公司Forrester表示，可组合基础设施将成为未来软件定义数据中心计算的主要方法，可组合基础设施让存储、计算和网络产品可以充当一个流动的资源池，可根据工作负载要求进行配置以实现最佳性能。最近Dell EMC最近宣布推出了PowerEdge MX模块化平台，相信2019年HPE将在市场中展开一番新的较量。

8. 软件定义数据中心崛起　公有云不是答案

2018年初一些人认为公有云将标志着数据中心的消亡。然而2018年即将结束，这一预言却没有任何进展，甚至公有云计算巨头AWS也准备在明年推出自己的数据中心硬件。随着人工智能和自动化等创新技术进一步带动了软件定义数据中心（SDDC）的发展，2018年对新服务器、存储和融合产品的需求仍然很高。由于公有面对云计算的高昂费用，很多企业开始把用在公有云上的支出转移到SDDC产品上。根据2018年IDC的一项调查，由于安全性、性能和成本等问题，有80%的IT决策者将原本主要属于公有云环境的应用或数据迁移到内部部署或私有云环境中。这些以软件为中心的数据中心减轻了制造商和解决方案的负担，同时也释放出新的数据和分析机会。

9. AWS硬件走进你的数据中心

AWS推出AWS Outposts的消息震惊了硬件圈子。作为公有云领域的领导厂商，AWS通过一款集成的计算和存储硬件机架深入到本地环境中，这种硬件机架可以运行原生的AWS或者VMware环境，并且连接到Amazon的公有云。AWS首席执行官Andy Jassy表示，Outposts的诞生是源自于客户希望使用和AWS一样的硬件、接口和API将AWS或者VMware Cloud on AWS扩展到本地环境中。“我们试图重新构想客户运行在混合模式下真正想要什么，从而开发了AWS Outposts。”Amazon计划在Outpost上进行交付、安装、维护以及维修，这引起了渠道界的一些担忧。尽管仍然存在一些问题，并且 Outposts 要到 2019 年下半年才能面市，但可以确定的是，明年 AWS 将在数据中心市场引起一场变革。

10. 戴尔技术成为数据中心的力量

毫无疑问，2018 年对于 Dell Technologies 来说是关键的一年，因为它正在成为服务器、存储和超融合基础设施的全球领导者。今年，Dell Technologies 向存储业务注入高达 20 亿美元，开始了向市场的全面进攻。今年 Dell Technologies 推出了一款新的简化存储产品，并且开始实施进入市场的新战略，这一年中存储销售一路走高。此外，今年 Dell Technologies 还掌控了全球服务器市场，赶超了 HPE。Dell 和 VMware 今年也是超融合基础设施市场份额的领导者，这预示着 2019 年 Dell 的数据中心基础设施市场份额会有更好的表现，因为超融合基础设施将继续赢得更多的市场关注度。随着 Dell Technologies 即将成为一家上市公司，未来前景一片光明，而且有望在数据中心领域保持独一无二的地位。

2018 全球数据中心建设支出达 1200 亿美元

目前，运行企业应用程序大约 80%的计算能力依然位于企业自身的数据中心，而不是在云中或者托管数据中心中，这表明未来云服务提供商依然有着巨大的市场增长潜力，进而还将持续带动数据中心基础设施的建设浪潮。

数字经济的发展需求促进了云计算、移动互联、物联网、大数据等技术不断融合发展，也驱动数据中心服务商和用户在数据中心建设和服务上的投资不断扩大。

2018 年，全球前 20 大云计算与互联网服务供应商的资本支出大幅增长至 1200 亿美元，而其中大部分资金都被用于为庞大的数据中心提供设备支持。

其中资本运营支出前 10 名的公司为 Google、Amazon、微软、Facebook、苹果、阿里巴巴、腾讯、IBM、京东和百度，6 家美国公司，4 家中国公司。

这些资本运营支出大部分用于建设、扩大、租赁和装备大型数据中心。根据咨询机构 Synergy Research 的报告显示，超级数据中心用户的大型数据中心数量在 2018 年同比增长了 11%，数量达到了 430 个，并且还有 132 个处于规划或建设的不同阶段，并预计 2019 年底前，全球超大规模数据中心的总量将会超过 500 座，云计算巨头仍是超大规模数据中心的主要拥有者。

有分析师表示，目前，运行企业应用程序大约 80%的计算能力依然位于企业自身的数据中心，而不是在云中或者托管数据中心中，这表明未来云服务提供商依然有着巨大的市场增长潜力，进而还将持续带动数据中心基础设施的建设浪潮。

数据中心基础设施市场超 1500 亿美元

咨询机构 Synergy Research Group 最新数据显示，2018 年，全球数据中心软硬件支出增长 17%。

从报告中发现，这种增长是由对公有云服务日益增长的需求和对更加丰富的服务器配置的需求推动的，这推高了企业服务器的平均售价。

企业数据中心基础设施支出增长 13%，其中私有云或云支持基础设施支出增长 23%，抵消了传统非云基础设施支出的小幅下降。

从市场份额来看，ODMs 总体占据了公有云市场的最大份额，戴尔 EMC 是领先的独立供应商，其次是思科、惠普和华为。

2018 年私有云领域的市场领导者是戴尔 EMC，其次是微软、惠普和思科，这四家供应商也在非云数据中心市场占据领先地位，不过排名有所不同。

该报告显示，2018 年数据中心基础设施总营收（包括云和非云、硬件和软件）为 1500 亿美元，其中公有云基础设施的营收远远超过总营收的三分之一。

私有云或支持云的基础设施仅占总数的三分之一多一点。服务器、操作系统、存储、网络和虚拟化软件加起来占数据中心基础设施市场的 96%，其余部分包括网络安全和管理软件。

报告发现，戴尔 EMC 在服务器和存储收入方面都处于领先地位，而思科则在网络领域占据主导地位。

数据中心基础设施市场细分

在这三家公司之外，市场上其他领先的供应商还有 HPE、VMware、IBM、华为、联想、浪潮和 NetApp。浪潮和华为是 2018 年增长最强劲的两家领先供应商。

“云服务每年收入继续增长了近 50%，企业 SaaS 收入增长 30%，搜索/社交网络收入增长了近 25%，电子商务收入以超过 30%的速度在增长，所有这些都有助于推动公共云基础设施支出大幅增加，” Synergy Research Group 首席分析师 John Dinsdale 表示。

“我们现在还看到，企业数据中心基础设施支出出现了一些相当强劲的增长，主要催化剂是更复杂的工作量、混合云需求、服务器功能的增加和更高的组件成本。”

“我们没有看到企业单位产量有多大的增长，但供应商正从高得多的 ASPs 中受益。”

2018 储能行业十大事件

作为新兴产业，储能行业的 2018 硕果累累！在一系列新颁布的储能政策支持下，多省百兆瓦储能项目成功规划落地、实施，储能调频项目如雨后春笋般地集中亮相，光储充、微电网等用户侧园区项目遍地开花，电化学储能装机规模翻倍式增长，行业发展迅速势如破竹，中国一跃成为全球热门储能市场！

2018 储能行业十大事件

1.《南方区域电化学储能电站并网运行管理及辅助服务管理实施细则（试行）》发布

南方区域电化学储能并网细则适用于南方区域地市级及以上电力调度机构直接调度的并与电力调度机构签订并网调度协议的容量为 2MW/0.5 小时及以上的储能电站。储能电站根据电力调度机构指令进入充电状态的，按其提供充电调峰服务统计，对充电电量进行补偿，具体补偿标准为 0.05 万元/MW·h。

2018 年 8 月，安徽合肥针对光伏行业发展制定政策，给予光伏储能系统1元/kW·h充电补贴，同一项目年度最高补贴为100万元提出储能项目给予补贴，这也成为首个为储能项目提供补贴的地市，而且补贴标准为南方区域细则补贴标准的2倍，一时以土豪补贴博得关注，引来其他地区业内人士欣羡目光。

2. 国家发改委发文鼓励完善峰谷电价形成机制 促进储能发展

国家发展改革委发布关于创新和完善促进绿色发展价格机制的意见。意见中要求完善峰谷电价形成机制。通过鼓励市场主体签订包含峰、谷、平时段价格和电量的交易合同。利用峰谷电价差、辅助服务补偿等市场化机制，促进储能发展。利用现代信息、车联网等技术，鼓励电动汽车提供储能服务，并通过峰谷价差削峰填谷获得收益。

3. 多省市发布电力辅助服务细则，储能调峰调频作用凸显

《宁夏电力辅助服务市场运营规则（试行）》提出电储能装置可参与调峰获得补偿，《广东调频辅助服务市场交易规则（试行)》，指出第三方辅助服务提供者指具备提供调频服务能力的装置，包括储能装置、储能电站等；容量为2MW/0.5小时及以上的电化学储能电站是广东调频市场补偿费用缴纳者之一。《安徽电力调峰辅助服务市场运营规则(试行）》，意见稿中明确指出电力调峰辅助服务市场包含电储能调峰交易，电源侧发电企业计量出口外的电储能设施、用户侧的电储能设施以及充电功率10000kW及以上、持续充电时间4小时及以上的独立电储能设施均可作为独立市场主体参与安徽电力调峰辅助服务市场。陕西、内蒙古、河南、四川等地陆续均有发布政策鼓励储能参与电力辅助服务。

4. 动力电池回收走入正轨，梯次利用储能市场孕育中

国家工业和信息化部、科技部、环境保护部、交通运输部、商务部、质检总局、能源局联合发布了新能源汽车动力蓄电池回收利用试点实施方案，要求构建回收利用体系，探索多样化商业模式，鼓励产业链上下游企业进行有效的信息沟通和密切合作，以满足市场需求和资源利用价值最大化为目标，建立稳定的商业运营模式，推动形成动力蓄电池梯次利用规模化市场。随后国家工信部公开了第一批回收利用企业名单。

5. 720MW·h全国首个国家网域大规模储能项目获批

国家能源局复函同意甘肃省开展国家网域大规模电池储能电站试验示范工作。项目将按照“分期建设、分布接入、统一调度”的原则实施，选址在酒泉、嘉峪关、武威、张掖等地建设。一期建设规模720MW·h，电站储能时间4小时，计划2019年建成。

6. 江苏、河南电网侧项目顺利并网

6月16日，由国家电网公司部署、国网河南省电力公司组织、平高集团有限公司投资建设、洛阳供电公司承建的河南电网100MW电池储能首批示范工程——洛阳黄龙站首套集装箱电池储能单元一次并网成功。6月21日，江苏省首个电网侧储能项目——建山储能电站在镇江丹阳成功并网，迎峰度夏前100MW储能项目全部成功投运。11月20日，深圳供电局110kV潭头变电站储能装置一次并网成功，成为南方电网首个并网送电的电网侧储能电站。

7. 国内最大发电侧储能项目并网

2018年12月25日上午11时16分，国内最大的发电侧电化学储能项目，海西州多能互补集成优化示范工程50MW/100MW·h的磷酸铁锂电池储能项目顺利并网发电。

8. 商业用户侧储能项目扎堆江苏

2018年1月南都电源接到国网江苏省电力公司无锡供电公司下发的无锡新加坡工业园智能配网储能电站《并网验收意见书》，标志着该项目得到国家电网正式批准，即日起全容量并网运行。该项目安装了江苏省第一只储能用峰谷分时电价计量电表，并成为首个接入国网江苏省电力公司客户侧储能互动调度平台的大规模储能电站。该电站是首个依照江苏省电力公司《客户侧储能系统并网管理规定》并网验收的项目。随后5月，国网江苏能源、南都电源与镇江新区材料产业园6家重点企业，集中签订了分布式储能项目合同，标志着由国网江苏电力主导实施的全国最大规模用户侧分布式储能项目正式在镇江落地。

9. 江苏同里综合能源服务中心建成投运

10月18日，由国家电网有限公司打造的同里综合能源服务中心建成投运，15项世界首台首套能源创新示范项目悉数亮相。在国家能源发展大会上吸引了来自海内外能源专家的目光与认可。

10. 一系列国家标准制定完成 将开始实施

《电力储能用锂离子电池》2019年1月实施，《电力储能用铅炭电池》2019年1月实施，《电化学储能系统接入电网技术规定》2019年2月实施，《电动汽车充换电设施接入配电网技术规范》2019年1月实施，《电力系统电化学储能系统通用技术条件》2019年2月1日起实施，《电化学储能电站运行指标及评价》2019年2月起实施。

2018年冰火两重天的储能产业

2018年，在所有人都未曾预期到的情况下，电网侧储能应用规模爆发，将中国储能市场送入“GW/GW·h”时代。据中国能源研究会储能专委会/中关村储能产业技术联盟（CNESA）全球储能项目库的不完全统计，2018年中国累计投运储能项目规模为1018.5MW/2912.3MW·h，是去年累计总规模的2.6倍。截至2018年底，全球累计投运电化学储能装机规模达到4868.3MW/10739.2MW·h，功率规模同比增长65%，发展提速。值得注意的是，2018年一些新兴市场的崛起推动了全球电化学储能市场的快速发展，除了中国，韩国在多项政策的激励下，储能市场高昂奋进，夺得全球储能市场规模的“头把交椅”。在储能系统成本持续下降、用户电价持续增高等多因素的驱动下，2018年加拿大安大略省的用户侧储能市场也吸引了大批美国、中国等海外储能系统供应商和项目开发商的入驻。

2018年，“电网侧储能”当数中国储能产业发展的“关键词”。根据CNESA储能项目数据库的统计，2018年新增投运（不包含规划、在建和正在调试的储能项目）的电网侧储能规模206.8MW，占2018年全国新增投运规模的36%，占各类储能应用之首。

电网侧储能规模的爆发是偶然，也是必然。江苏率先

发布百兆瓦级储能项目招标的起因固然是火电机组退役、夏季高峰用电以及高层推动等多个偶然因素碰撞的结果，但电网公司的兴趣被全面激发则存在必然性。从 2011 年张北风光储输示范项目开始，电网公司从未停止对储能技术路线、应用场景以及模式的探索。如同多年前一位电网专家预言的那样“当储能系统成本低于 1500 元/kW · h 时，就会迎来储能在电网中的大规模应用”，在动力电池扩产能导致电芯成本大幅下降的大背景下，这样的拐点已经到来。

2018 年，江苏、河南、湖南、甘肃以及浙江等省网公司都相继发布了百兆瓦级储能项目的采购需求；中关村储能联盟去年 11 月在南京召开的电网侧储能项目大会上，有多家的省网公司向联盟表达对建设电网侧储能的意愿，根据联盟的初步统计，近期规划/在建的电网侧储能总规模已经超过 1407.3GW · h。而随着国家电网总经理寇伟的上任和国网 1 号文的发布，电网侧储能的发展有了进一步的方向性指导，预计未来 1~2 年电网侧储能还将迎来跨越式的发展。

在技术上，由于目前尚没有专门针对电力系统用储能系统定义的参数或开发专用储能产品，传统的（动力电池的）测试评价体系不能客观反映电力系统对电池技术的真实性能参数要求，随着首批电网侧储能项目投运以及相关测试评价体系的完善，未来电网侧储能项目的招标有望在总结经验的基础上，提出更明确的技术门槛和需求，带动储能系统不断改进和完善自身性能。

在运营模式上，目前国内电网侧储能项目大多引入第三方主体（电网系统内企业）作为项目投资方，负责项目整体建设和运营，储能系统集成商和电池厂商参与提供电池系统，电网企业提供场地并与第三方签订协议，协议明确定期付费标准或按收益分成方式付费。作为运营方，电网已经开始关注储能的多重价值实现，有利于倒逼储能各类管理与价格机制的建立和完善。

在市场机制上，国际市场中，由于各国电力市场结构以及电力市场自由化程度的不同，对电网公司拥有储能资产存在争议。我国正处于电力市场改革的起步阶段，电网侧储能项目的投运有助于探索和明确储能的属性，界定各个市场角色的界限，保证“过渡期”的充分有效竞争，使储能的应用与电力市场化应用高度融合。

火储调频市场竞争加剧，多项障碍亟需破除

作为最早出现商业模式的市场，全球范围内调频辅助服务领域的储能应用进展不大，已开发市场的“天花板”效应已经显现。南澳 Tesla100MW 储能项目的实践经验说明，最早进入市场的玩家才有钱赚，后进入者只能寻找新市场进行“区域复制”。

相比国外，国内储能应用于调频辅助服务领域“机遇”与“挑战”并存。

从“机遇”来看，在电改的大背景下，东北、福建、甘肃、新疆、山西、宁夏、京津唐、广东、安徽、河南、华北、华东、西北等地区都相继出台了辅助服务市场相关文件，鼓励发电企业、售电企业、电力用户、独立辅助服务提供商等投资建设电储能设施参与调峰调频辅助服务。从实际效果来看，除了为业内熟知的山西“按调频里程和调频性能补偿机制”对储能的推动作用显著外，广东省也在新设计的调频市场规则中，合理地借鉴了华北调频补偿机制以及美国 PJM 的市场规则，即放弃原有依电量结算的方式，采用按照调节里程加调节性能计算补偿的方式，极大地促进了储能进入广东调频市场。从 2017 年底模拟运行阶段的调频市场规则颁布后，广东省内发电企业已经签订了 6 个火储联合调频项目合同。

从“挑战”来看，一方面政策的推动带动了国内众多企业进入储能调频市场，除睿能、科陆等企业外，欣旺达、北控、智中、海博思创、万克、华泰慧能、道威储能和智光电气等储能系统集成商和项目开发商也在积极部署调频储能市场。众多的竞争者在有“天花板”的市场中，无疑会导致市场竞争异常惨烈。2018 年，储能运营商和业主单位的分成比例不断下降，从“8：2”跌至“5：5”，在有限的盈利空间中，价格战愈演愈烈。另一方面尽管公布的“火储”项目不少，但真正投运的却屈指可数，消防安全标准的缺失，也是横在所有储能调频项目面前的一道“鸿沟”。

2018 年，“电池热管理”方面的研究与测试、灭火材料与设备的研发，以及消防标准的制定等均是业界对提升电池安全管控工作的体现。中关村储能联盟联合会员企业制定的两项团体标准《电化学储能系统评价规范》、《储能系统火灾预警及消防防护系统》正在征求意见，标准发布后将有助于推动更多项目的落地。

最后，在向“辅助服务市场”过渡的过程中，竞价模式下初期市场价格竞争激烈，调频补偿价格不断下降，储能调频项目的投资风险日趋加大。而储能参与调峰、备用等服务的机制尚未理顺，尽管东北、新疆、福建、甘肃、安徽等地区对于作为独立市场主体的电储能调峰交易，提出了容量配置要求，江苏也明确提出储能可参与深度调峰，并计划设计补偿规则，但是独立储能电站并网的相关调度策略和技术规定、电力系统接入标准、储能系统的充放电价格、独立计量和费用结算等方式都尚无明确规定，短期内成为储能实现多重价值叠加的障碍。

针对上述障碍，储能联盟结合会员单位的反馈需求，呼吁相关部门 1）尽快明晰电力现货市场中辅助服务交易机制的设定原则及相应机制的实施过渡路线图；2）建立能够切实体现“谁受益、谁付费”的基本原则，逐步向用户侧传导的可持续的市场化长效机制，降低规则调整带来的政策风险；3）允许储能参与多类服务交易，充分发挥储能多重“功用”的特点，实现价值叠加，避免单一应用市场日趋饱和以及价格降低带来的市场风险。

有了奖惩分明，新能源加储能还需要哪些助力

尽管新能源的发展是电力系统应用储能的重要原因，但在国内二者的关联却始终不够密切。国内新能源场站配置储能的案例不多，去除个别风储示范项目，其他基本是上网电价较高的“老大”型光伏场站为了解决弃光问题而建的项目。2018 年，随着新能源平价上网政策的推进，建立在“解决弃电”基础上的盈利模式将失去优势，未来还需探索新能源场站加储能的更多价值。

参考国外，在新能源比例日趋增高的情况下，电网对于不同性能的新能源发电机组的考核与奖惩也会日趋差异化。发电更稳定或者“信用度”更高的新能源机组会获得更高的上网价格，或者减少更多的“罚款”。

令产业期待的是，国内西北新版“两个细则”遵循了这个思路。尽管在现阶段，相对其他替代性方案储能成本较高且缺乏其他获益渠道段，单靠避免罚款，无法给予新能源发电商安装储能的足够动力。但未来，相信随着辅助服务市场建设工作的不断推进，政策制定者将会在考虑新能源加储能的联合体电站优越性的同时，鼓励其参与电力市场交易和辅助服务，发挥联合电站带来的多重价值，并明确储能服务电价，给予其合理补偿。

海外用户侧储能市场活跃，国内放缓

2018年，海外用户侧储能市场依旧活跃。除了美国、德国、澳大利亚外，加拿大安大略省、韩国、意大利等成为2018年新晋热点市场，成为全球储能产品供应商争夺的新战场。而英国家用储能市场也被认为会在2019年出现爆发式发展，故而也受到颇多关注。

对比国外用户侧储能的蓬勃发展，此前一直引领中国储能产业发展的用户侧储能则在2018年放缓。

先是国家推行降价减负，各地落实政策后，部分地区峰谷价差缩小。如全国“一类”储能开发市场——北京，允许一般工商业用户选择执行大工业两部制电价，两部制电力用户可自愿选择按变压器容量、合同最大需量或实际最大需量缴纳基本电费。而工商业用户采用大工业用户两部制电价执行之后，尖峰和低谷价差将减少至0.7元（1~10kV），高峰和低谷价差将缩减至0.61元（1~10kV），单纯利用储能系统进行峰谷价差套利的收益模式已难以为继。

再是由于业主或相关消防机构对商业楼宇中，尤其是地下停车场安装储能设备带来的安全风险的担忧，以及相关消防安全标准的缺失，导致一批商业储能项目无限期延迟。2018年的用户侧储能市场似乎走的格外艰难。

政策的变化和市场的调整触动着储能从业者的神经，现有技术成本下的规模化应用确有一定投资风险。但从项目开发商角度出发，储能是综合能源服务中的一类技术支撑，开放电力市场下仍存在潜在价值收益，而用户是实现服务增值的基础，扩展可实现的综合能源服务内容是未来绑定用户的关键。新经济形势下，政策导向关乎大局，但也要从整个能源变革和市场开放的角度出发，做全面设计和考虑，避免一方激励下所造成的他方抑制。未来，相关地方政府部门还需要进一步落实绿色电价机制的实施，面向各类主体推行峰谷电价，以反映电力供需实际情况，引导用户科学合理用电。

展望未来

2018年，中国储能市场经历着“冰”与“火”的双重洗礼。电网侧储能的爆发为整个市场注入了新的活力，不仅带来了新的增长点，还推动着储能技术成本的降低以及技术方向朝着更融合电力系统的方向发展，同时也将中国储能应用带入全球视野。但同时，市场机制建设和政策驱动力显著落后于产业应用的速度，电网侧倒逼下的输配电价核定机制还需要充分体现市场竞争和公平性、辅助服务市场规则和长效机制缺乏保障、用户侧价格机制的不确定性导致投资风险提高等问题都逐渐显现，关乎着储能产业的短期利益和长期生存，并迫切需要得到合理的疏导与解决。

经过短短10多年的发展，储能产业的快速进步有目共睹，但作为一个新兴产业，储能的发展也不会是一蹴而就。对可再生能源和新一代电力系统的支撑是储能的天然使命，也是其快速发展的基础。我们相信，在我国能源政策的大背景下，在产、学、研、用和政府职能部门多方的共同努力下，储能产业必将突破“艰难困苦”的考验，成为推动我国能源发展的一支生力军。

2018年美国储能新增装机同比增加80%

据Wood Mackenzie电力与可再生能源事业部与Energy Storage Association（ESA，能源存储协会）新发布的《2018年美国储能市场回顾》报告，2018年美国储能新增装机容量为777MW·h，同比增加80%。

2018年，发电侧与用户侧储能均实现了强劲增长。2018年四季度新增装机超过历史单季度新增容量峰值为50%，夏威夷和德州的大型用户侧项目为主要推力。2018年，美国住宅储能市场新增容量同比翻了两番。

Wood Mackenzie高级储能研究顾问Brett Simon表示，“2018年全年发展势头良好，尤其是住宅储能市场。参与住宅储能市场发展的不仅仅只有早期将储能系统作为备用电源的参与者。按需调整时间、光伏电力自给自足，甚至是早期阶段的电网服务，都是正在逐步向市场推广的模式，佛蒙特州的Green Mountain Power和新罕布什尔州的Liberty Utilities都在进行这方面的业务拓展。”

“回顾2018年，各州立法与监管部门都在行动，激发储能市场活力，实现更具弹性、效率、可持续和让民众负担得起的电力电网服务，”ESA首席执行官Kelly Speakes-Backman说，“将储能纳入公用事业规划已经被证实是一大政策支持，全国监管委员会通过了一项决议，呼吁电力公司将储能纳入长期规划工作中。在联邦层面，FERC 841号令也是一个关键的政策信号，引发了有关区域市场壁垒的讨论。”

报告指出，2018年美国新增311MW储能容量，其中发电侧占47%。加州领跑市场，德州、纽约与夏威夷州也比较活跃。多个市场的配套光伏系统的储能项目、独立储能系统也成为增量主力。

“发电侧储能的价值正在被越来越多的利益相关者所认可，其多样性和灵活性将推动发电侧于2020年实现GW级增量规模，非传统市场的潜在上行空间将进一步增强。”Wood Mackenzie高级储能研究顾问Daniel Finn-Foley表示。

用户侧储能容量也创新高，占2018年总容量的53%。预计该市场份额将逐步增加，至2021年，占市场价值的一半。2018年，一些电力公司开始探索住宅储能用于电网服务的计划，开启了住宅存储的新篇章，超越备用电源的新价值或将成为市场参与者的未来盈利板块。

2018年也出现了电池供应短缺的问题，因为电池供应商为获政策补贴而向韩国市场大量供货。因此，美国储能系统价格下降速度放缓，部分产品价格甚至出现小幅上涨。

预计 2019 年电池短缺情况将缓和，第一梯队电池供应商将恢复正常供应。

储能新政结构将继续推动市场稳步发展。2018 年，更多州建立了储存发展目标、计划及政策支持方案，尤其是纽约现已规划储能发展路线图。此外，FERC 841 号令的结果将在 2019 年创造更多的市场发展机遇，其带来的积极影响将利好市场，尤其将促进发电项目的强劲增长。

2018 年中国新增投运储能项目装机规模为 2.3GW

2018 年，中国新增投运储能项目的装机规模为 2.3GW，其中电化学储能的新增投运规模最大，为 0.6GW，同比增长 414%。

全球市场

根据中关村储能产业技术联盟（CNESA）项目库的不完全统计，截至 2018 年 12 月底，全球已投运储能项目的累计装机规模为 180.9GW，同比增长 3%，其中，抽水蓄能的累计装机规模最大，为 170.7GW，同比增长 1.0%，电化学储能和熔融盐储热的累计装机规模紧随其后，分别为 6.5GW 和 2.8GW，同比分别增长 121 %和 8%。

2018 年，全球新增投运储能项目的装机规模为 5.5GW，其中电化学储能的新增投运规模最大，为 3.5GW，同比增长 288%。

2018 年第四季度（10~12 月），全球新增投运电化学储能项目的装机规模为 1.55GW，同比增长 226 %，环比增长 276%。

中国市场

根据中关村储能产业技术联盟（CNESA）项目库的不完全统计，截至 2018 年 12 月底，中国已投运储能项目的累计装机规模为 31.2GW，同比增长 8%，其中，抽水蓄能的累计装机规模最大，约为 30.0GW，同比增长 5%；电化学储能和熔融盐储热的累计装机规模紧随其后，分别为 1.01GW 和 0.22GW，同比分别增长 159%和 1000%。

2018 年，中国新增投运储能项目的装机规模为 2.3GW，其中电化学储能的新增投运规模最大，为 0.6GW，同比增长 414%。

2018 年第四季度（10~12 月），中国新增投运电化学储能项目的装机规模为 286.5MW，同比增长 399%，环比增长 80%。

2018 年储能逆变器增长 50%

光伏逆变器企业早已踏入“红海”之争，而“531 事件”更是将光伏打至瘫痪，储能市场成为众多企业的积极进入的领域，加之，储能逆变器增长 50%，使得政策、成本和技术成为市场爆发的关键。

如今，能源互联网作为一种互联网理念、技术与能源生产、传输、存储、消费以及能源市场深度融合的能源产业发展新形态，是未来能源系统的表现形式。

对于磁件与电源行业而言，把握能源互联网的机遇，加大研发努力提升自己的实力，为光伏储能企业提高供技术支撑是他们打开局面，占据市场的不二选择。

发展迅速

IHS Markit 预测，2018 年储能逆变器出货量将增长 50%以上，达到 3GW，而收入将近 4 亿美元。并网储能变流器出货量将以 25%的复合年增长率增长，到 2022 年将达到近 7GW，而收入将达到约 6 亿美元。

2017 年储能市场就成为美国太阳能市场增长最快的部分，GTM 预计，未来 5 年美国电池存储部署量将增长近 10 倍。而 Navigant Research 预测，亚太地区储能逆变器（PCS）累计占整个全球市场的 43.2%。

阳光电源高级副总裁赵为表示，新能源发电，尤其是光伏、风电，储能的应用很重要，很多场景都会用到储能逆变器，如限电区域、分布式以及集中的“领跑者”项目等。

北京能高副总经理李岩预测，随着储能技术的快速发展，储能装备性能不断提升，成本不断下降，在电网中的安装容量将大幅增加。预计到 2030 年，参与电网大规模可再生能源消纳、削峰填谷、调频调峰、电能实时交易等辅助服务功能的各层级储能存量资源将到达 20 亿~30 亿 kW。

中国化学与物流电源行业协会秘书长刘彦龙介绍，在国际方面，英国、美国、韩国、德国调频市场、东南亚及非洲微电网市场，日本用户侧市场、澳大利亚及欧美户用储能市场正不断延伸，更多细分市场如岸电改造、分布式光伏加储能、综合能源服务、工业节能、数据中心、通信基站、应急电源等领域不断涌现储能商机。

根据统计，国外的光储也就占了储能应用份额的20%~30%，70%~80%还是在电网，在发电、紧急备用电源、调峰调频等应用场景，储能服务更能产生价值。

随着用电需求的日益高涨，储能技术在智能电网应用越来越广泛，作为一项高科技含量高工程要求的新兴技术，储能还面临着三大的挑战。

政策

作为光伏行业的全球最大的生产基地之一，中国光伏企业众多。在“531 事件”后，企业更是着急上火，纷纷寻找出路，并将储能作为救命稻草之一，这就够成立推动中国储能市场的一股核心力量。

与此同时，由于大规模太阳光电与风力发电并入电力系统，其间歇性会对电网造成不稳定，需要锂电池储能系统来稳定电力电压与频率。同时，在分布式光伏、海上风电等多样性发电模式的兴起之下，市场上对电力储存的需求正越来越大。这都刺激了储能技术的发展，使得储能成为新能源市场未来发展的关键。

为了解决新能源电力评价入网，中国政府也从政策层面来推动储能市场的发展。

2017 年 10 月，业界翘首期待的储能行业指导性文件——《关于促进储能技术与产业发展的指导意见》出台。指明了“十三五”、“十四五”期间储能的发展目标：第一阶段实现储能由研发示范向商业化初期过渡，第二阶段实现商业化初期向规模化发展转变。

据了解，国家发改委 2017 年 5 月发布的 28 个“首批新能源微电网示范项目名单”中，有 25 个项目增加了电储能或储能单元，这也预示储能将成为能源互联网新型能源利用模式的关键支撑技术。

根据《可再生能源“十三五”规划》的目标，到2020年，我国光伏发电装机将达到105GW（目前已经提前完成任务），风电达到210GW。根据预测，按照平均10%左右的储能配套估计，在“十三五”期间我国仅风光电站配套储能的市场空间就有30GW以上；加上更大规模的用户侧及调频市场，储能市场规模有望超过60GW。

根据中国化学与物理电源行业协会储能应用分会的统计，截至2017年底，中国储能产业尚处于初级阶段，已经投运储能项目累计32.8GW，同比增长5.2%，新增投运项目装机规模为217.9MW。

而中国化学与物理电源行业协会储能应用分会秘书长刘勇曾表示，2018年有望成为中国储能产业爆发的“元年”，预计到2025年市场规模将超过1000亿。其中，基于电池技术的电化学储能发展最为迅猛，2017年增长率达52%。

事实上，在政策之前，部分市场也具备了储能的商业模式，如峰谷价差较多的城市。据不完全统计，全国34个省份中，已有北京、上海、天津、河北、广东、江苏、浙江、山西等16个省份发布了峰谷电价表。

科陆集团董事长饶陆华表示，在国家政策的指导下，储能应用领域更加明晰，储能项目的规划量大增，储能市场的爆发点已经点燃，未来能源革命、大规模的可再生能源的接入和电力体制改革的进一步深化，都将为储能产业创造极大市场商机。

12月4日，内蒙古自治区人民政府印发自治区《内蒙古自治区新兴产业高质量发展实施方案（2018—2020年）》，明确紧盯国际国内储能技术革新，引进大容量储能技术产业化应用项目，培育新产业。

12月26日，上海电气国轩储能系统南通基地项目进行奠基仪式，该项目总投资超过50亿元，规划年产8GW·h锂离子电池储能系统，项目建成后将成为沪通地区最先进的、规模最大的锂离子电池储能系统产业基地。

近日，全国第一个电池储能试验示范项目获国家能源局批复同意。据了解，该项目建设规模为720MW·h，电站储能时间4小时，预计2019年建成，后续将根据电网调峰需要及市场情况继续扩建。

尽管储能建设火热进行中，但是中国科学院电工研究所储能技术研究组组长陈永翀教授提醒道：“储能的春天已经到来，产业开始萌芽、开花，但是初春的天气乍暖还寒，储能还没有进入蓬勃发展的夏季。”

英威腾市场总监潘勇强则认为：“目前，更多的储能项目是示范性项目。”

阳光电源董事长曹仁贤深表同感，他认为目前中国储能产业尚处于初级阶段，且光储结合只是储能市场的一小部分领域。光储业务需要从“功率”向“能量”进行转变，要在发、输、配、用等4个环节进一步挖掘潜力，才能拓宽光储结合的边界。

谈及政策对储能产业的影响，天合储能总经理祁富俊则表示：“现在储能缺少相应的政策，政策不一定是需要补贴，只要给予储能公平的待遇，让储能公平平等地参与到调峰调频、输配电辅助服务等领域中来，我认为储能很快就可以实现爆发性的增长。”

成本与商业模式

但是，储能市场爆发仍依赖于成本的快速下降。赵为表示，受制于成本问题，储能市场还不具备大规模应用的条件。大型储能项目主要还是在西北等离网地区，因为在这些地方储能方案往往是唯一的选择，且成本要求相对较低。随着电池成本的下降，到2018年储能或将具备大面积应用的基础。

可见，随着电池成本的下降和产业配套的逐渐成熟，未来光伏储能的需求也会越来越大。

深圳市首航新能源有限公司高管仲其正认为，储能是一个很有潜力的市场，但目前来看，如果峰谷差电价不超过0.8元的话，成本方面就很难控制。

据业内人士测算，若峰谷价差超过0.8元，储能光伏电站的盈利模式可观，特别是用电量大的工商业企业。

潘勇强表示：“储能‘蓝海’开闸的最大难点在于商业模式，即电差价盖住成本，形成合理的价格机制。”他认为，我国居民用电普遍较低，在储能成本绝对平民化之前，市场空间有限。相反，澳大利亚、德国等国家居民用电费用较高，户用侧储能商业模式已经成型。

不过，李岩对此分析，“储能电池的价格已经在逐年下调了。未来，随着技术进步及应用案例的更多实施，我们相信储能系统的成本肯定会降低。”

近年来，无论是光伏亦或储能电池价格均处于极速下降通道，从2007—2017年，光伏系统价格从60元/W降至6元/W，降幅达90%，近4年储能电池成本下降了56%~60%。储能成本再降50%，业内人士预测不会超过3、4年时间。

目前，我国储能产业正处于从示范应用向商业化发展的过渡期。深圳市铭昱达电子有限公司技术经理马永真表示，虽然技术成熟度不断提高，系统成本不断下降，但缺乏合理的储能价格政策以及市场环境，这两方面仍然是制约其发展的重要瓶颈，需要有效的市场环境和价格政策实现其多重应用的商业价值。

广州德珑磁电科技有限公司新能源事业部副总翁亮告诉记者，价格并不是太大的问题。因为国内企业都很强调成本优势，因此会不断降低成本。同时做的企业太多了，市场会相对更加透明，价格将会更低。

5月31日，国家发改委、财政部、能源局正式联合印发《2018年光伏发电有关事项的通知》，暂停普通光伏项目、控制分布式规模并再降补贴，着实给狂奔中的光伏行业浇了一盆冷水。

为此，许多企业纷纷涌入储能市场。调研机构Navigant Research公司表示，储能项目使用的储能逆变器（PCS）市场竞争将会越来越激烈，而各种各样的参与者将有助于其快速的技术创新并降低价格。

技术

由于设计进步、规模经济和流程简化，到2025年，储能系统的总成本将下降50%至70%。储能市场的未来越来越低的成本将构成一个充满激烈竞争的环境，技术难题成为成本下降的首要关键。

随着未来越来越多大型电化学储能电站的实际投用，将对国家电网系统的稳定性、新能源不稳定而产生的“弃风”“弃光”、特殊场景下的电力峰谷调度等问题提供解决方案与技术支撑。

双向储能是目前的技术热点，许多企业都推出了相关的产品。2018 年 5 月 17 日，山东博奥斯发布全新一代 30kW 双向储能逆变、5kW 双向储能控制逆变一体机。而中能智慧能源科技有限公司则推出了 10MW 级别的单机储能双向逆变器。

中能智慧能总经理朱强认为，对于电网来说，需要的是百兆瓦级以上的大型储能系统，这就意味着大概需要 200 台 500kW 的双向逆变器才能达到大型储能电站的建设要求。但随着单机 10MW 级储能双向逆变器的问世，100MW 级储能系统只需要协调 10 台逆变器就可以完成系统建设。

北京能高副总经理李岩说：“这一点与项目经验的积累有很大的关系，因为储能不是一种固定的模式，只有通过对多种应用场景多种系统解决方案做过验证，才能定制出成本低、收益高的系统集成服务。”

翁亮指出，关键因素是普及力度还不够大。他说：“储能产品要普及到普及成消费类产品，毕竟市场还没做开，特别是电源/磁件类的企业的参与度较少。消费品数量可能越来越大，并网问题、家庭使用问题、安全问题等尚未解决，需要技术的支持。”

正因如此，储能技术的需求也带给磁件电源企业极大的发展空间。

据了解，2018 年不少磁件企业根据光伏/储能的用电需求，通过对磁芯材料创新/PFC 电感/高频变压器技术研发和产品进行升级，重新确立了公司在光伏储能市场中的竞争地位。

“通过去年苦练内功，加强技术和产品的升级，公司成本大幅降低，市场空间完全打开。”据某磁件企业高管透露，目前光伏行业已逐渐回暖，一月份下游企业接近满产，公司出货量也快速增加，春节期间都在加班生产。

中国力量

逆变器、电池等关键设备构成了系统的核心单元，在政策与商业化的双重作用下，中国光伏、电源甚至是磁件厂商在这发展过程中一步步崛起。

2018 年特变电工从光伏电站发电量的“痛点”出发，针对复杂地况和双面组件电站推出了 TS80KTL_ PLUS 和 TS75KTL_ BF 型逆变器，其技术突破点在于将 MPPT 渗透率提升至 100%，彻底解决了组串间并联失配损失问题。

为促进 IGBT 在光伏逆变器中的完美应用，古瑞瓦特与全球知名的 IC 及半导体制造商安森美半导体举行“古瑞瓦特新能源及安森美半导体联合实验室”揭牌仪式。该联合实验室的成立，旨在更精准推动 IGBT 实际应用，推进技术交流，实现 IGBT 等前沿技术的突破，更高效实现光伏产品开发。

5 月 17 日，山东博奥斯“双向储能逆变器新产品发布会”隆重召开，山东博奥斯全新一代 30kW 双向储能逆变、5kW 双向储能控制逆变一体机盛装亮相。

在百花齐放的储能应用落地过程中，能源互联网粉墨登场。

据了解，能源互联网是汇聚微电网、虚拟电厂、储能、多能互补、可再生能源并网、余热余压利用多种应用的技术。在能源生产端，储能能够很好地解决大规模可再生能源给电网带来的影响；而在消费端，越来越多元化的需求也需要储能的配合。

国家发改委去年 5 月发布的 28 个“首批新能源微电网示范项目名单”中，有 25 个项目增加了电储能或储能单元，这也预示储能将成为能源互联网新型能源利用模式的关键支撑技术。

能源互联网实施带来的可行性与多样化，展现出比传统能源业务更具有竞争优势。如今，全国各地都在纷纷推行，加紧储能项目的落地，实现能源互联。

近日，全国第一个电池储能试验示范项目获国家能源局批复同意。这一项目的建成，将促进可再生能源的消纳，很大程度地解决了甘肃地区突出的弃风、弃光等顽疾，提高电网安全运行水平，促进当地新能源经济的再度腾飞。

12 月 26 日，上海电气国轩储能系统南通基地项目进行奠基仪式，该项目总投资超过 50 亿元，规划年产 8GW · h 锂离子电池储能系统，项目建成后将成为沪通地区最先进的、规模最大的锂离子电池储能系统产业基地。

此外，磁件与电源企业加速研发，新技术新产品也为储能项目的落地贡献了力量。

储能技术的发展不会独立于应用之外，因此更适合市场需求，能够更好地解决电力用户、可再生能源业主单位以及工商业用户的能源利用问题。马永真表示：“如何配合方案、厂商去完善我们的产品是我们当前正在做的事。”

作为专业的光伏逆变器磁性元件供应厂商，雅玛西在储能应用技术上，有着自己的见解。据该公司销售经理成伟介绍：“根据客户需要，提高磁件产品的负载运用和安全保障，解决新能源发电的随机性、波动性问题，实现新能源发电的平滑输出，能有效地调节新能源发电引起的电网电压、频率及相位的变化，使大规模风电及光伏发电方便可靠地并入常规电网。此外，我们将更注重光伏领域的发展，聘请更多的行业资深人士，投入更多的研发资金，进一步提升我们的研发水平。”

目前，乐清瑞德线圈有限公司为多种光伏逆变器供应线圈产品，据该市场部经理林金乐透露，“瑞德目前已实现光伏用线圈产品量产，并大批供应。随着光伏储能技术的不断提升，通过绕线工艺的改进和线材的选择，以我们特有的技术在光伏市场中占据一席之位。”

2018 年不间断电源（UPS）行业市场竞争格局与发展趋势分析

UPS 市场竞争白热化

随着电子信息技术和自动化控制技术的高速发展，数据/控制中心需要良好的供电系统保证服务器、交换机、场地设备及辅助用电设备安全运行，为保证供电质量，要求数据/控制中心有独立的配电系统。UPS 由此兴起，并在很大程度上满足了各领域用电的需求，促进了我国的经济、科技发展。

UPS作为一种重要可靠的电源，已从最初的提供后备电源的单一功能，发展到今天提供后备电源及改善供电质量的双重功能，在保护数据/控制中心用电系统数据、改善供电质量、防止停电和电网污染等对供用电系统造成的各类危害等方面起着很重要的作用，市场规模亦迎来快速扩张，2017年销售额已达61.70亿元，同比增长10.7%。

从区域结构来看，华南、华东、华北依然为中国UPS市场的最主要区域，2017年销售额分别达到14.25亿元、13.51亿元、13.33亿元，所占比重分别达到23.1%、21.9%、21.6%，合计超过66%。

从产品结构来看，200kVA以上（含200kVA）的产品销售额依旧大幅领先，2017年达到19.53亿元，所占比重为31.7%，是UPS市场第一大产品；其余产品分布较为均衡，销售额在5亿~8亿元区间，占比则在9%~13%区间。

在企业竞争方面，在UPS市场快速发展下，外来主流电源供应商纷纷把发展重点转向中国，并占据主导地位，如老牌的艾默生、APC、梅兰日兰、伊顿、爱克赛，以及新进者海泰克、ActivePower、施恩禧（S&C）。

不过，国内也出现了一批亿元级电源企业，如中兴通讯、科华恒盛、武汉洲际、烟台东方电子等，这些本土厂商有较强的技术力量和开发能力，与跨国公司形成扛鼎之势。另外，科华恒盛、志成冠军、科士达、易事特、捷益达等一批民营企业也在引领UPS电源技术新趋势。

总体来看，UPS不间断供电系统作为能够为电力系统提供压力更稳定、频率更纯净的电力供给模式，已经得到市场认可，其应用和推广将逐渐成为我国电力系统发展的必然趋势，行业竞争也将白热化。

UPS发展朝向“五化”

随着我国电力电子技术、微电子技术、计算机控制技术、电化学技术、自动控制技术等科学技术的不断发展，新一代UPS将不断融合创新，朝向高频化、智能化、网络化、数字化和绿色化发展。

高频化UPS具有体积小、重量轻优势，一般只相当于同容量工频UPS重量的60%；由于无输出变压器，所以扩容并机环流小。同时，可以使用市电输入功率因数达到0.99以上，使市电输入电流的谐波含量小于5%，对市电电网的污染小，这是高频化UPS的另一个突出优点。

UPS智能化包括系统运行状态自动识别和控制、系统故障自诊断、蓄电池自动检测与管理、智能化内部信息检测与显示等，主要是通过系统的控制软件实现的。随着计算机技术的发展，计算机及其网络对相应的电力保障提出了更高的要求，智能化UPS将逐渐普及。

UPS网络化也是主要发展方向之一。在未来的UPS技术发展中，可以通过在UPS系统中配置新型的网络端接口的方式，使UPS逐渐融合为计算机网络系统中的一个组成部分，从而增加对UPS电源基础运行参数（例如输入电压、输出电压、实施功率等）的实时监控功能。

数字化UPS是新一代UPS，它除具有高质量、高可靠、高指标、多功能等特点外，还符合当今节能、环保的要求，因此它是一种不仅能满足今日需要，而且可以适应未来发展需要的UPS。

绿色化UPS意味着节能，环境污染小，占地面积小，投资节省，运行费用低。在国家提倡节能减排低碳经济的指导方针下，UPS电源的绿色节能技术不断进步，UPS绿色化将是确保行业发展的关键。

以上数据来源参考前瞻产业研究院发布的《中国不间断电源（UPS）行业市场前瞻与投资战略规划分析报告》。

2018年半导体应用市场分析

导读：从国内分立器件产品的市场应用结构看，其应用领域涵盖消费电子、计算机及外设市场、网络通信、电子专用设备与仪器仪表、汽车电子、LED显示屏以及电子照明等多个方面。

汽车电子市场濒临爆发

前瞻产业研究院《2018-2023年中国汽车电子行业市场前瞻与投资战略规划分析报告》数据显示，汽车电子在整车成本中的占比正不断增加，紧凑型车中占了15%、中高档轿车中占约28%、混合动力车中更占到47%、纯电动轿车中则占65%，在智能化、电子化的大趋势下，汽车电子给整个半导体市场带来新的活力和新的增长点。

半导体分立器件作为内嵌于汽车电子产品中的基础元器件，存在着巨大的刚性需求空间。伴随着汽车电子朝智能化、信息化、网络化方向发展，以及各种LED节能型灯具在汽车主灯、指示灯、照明灯、装饰灯等方面的普及，半导体分立器件在汽车电子产品中的应用范围越来越大。

在传统内燃机汽车制造产业中，单台汽车中分立器件用量仅为71美元。而新能源汽车单台分立器件用量达到387美元，是传统汽车汽车用量的5倍以上，应用市场极为广阔。以当前较为热门的功率半导体IGBT为例。IGBT是新能源汽车中将直流电转换为交流电的逆变器之核心部件，占电机驱动系统成本的一半，而电机驱动系统占整车成本的15%~20%，也就是说IGBT占整车成本的7%~10%，是除电池之外成本第二高的元器件，也决定了整车的能源效率。不仅电机驱动要用IGBT，新能源的发电机和空调部分一般也需要IGBT。

抛开传统汽车领域对半导体分立器件的应用需求不谈，单论新能源汽车产业对半导体分立器件的需求就极为惊人，更不用说如今新能源汽车在各国发展的如火如荼。

2017年，中国全年新能源汽车产量近80万台，较2016年增长54%，随着我国新能源汽车产业的飞速发展，汽车电子对半导体分立器件的需求也将迎来爆发期。

物联网及VR/AR应用需求增加

半导体分立器件是电子电路的基础元器件，物联网作为利用各种信息传感设备将所有物品与互联网相连接的媒介，其发展离不开半导体分立器件等基础元器件产品。到2020年全球互联设备将会到达270亿，其中100亿为移动连接设备。物联网广阔的市场前景将带动对分立器件产品的市场需求。

在VR/AR（虚拟现实/增强现实）的世界中，计算机的操作方式变成了人们非常熟悉的手势和画面，并且还能为人们提供更大的视野，如同之前的PC和智能手机，VR/AR有潜力成为下一个重要的计算平台。目前，VR/AR的市场存量小，发展空间大，随着技术改进、价格下滑，以及相关应用的产生和推广，未来 VR/AR 市场将出现高增长、高弹性。VR/AR 市场的快速发展势必推动作为其基础元器件的分立器件产品需求的增长。

回望2018全球半导体十大并购案：中日均创史上记录

半导体产业的整合浪潮此起彼伏，不断刷新认知的天价数字刺激着市场。

但是站在时间的维度上，全球半导体行业并购潮实际在近两年已经明显回落。

驱动企业并购的不再是营收和规模优先，如何在细分领域通过整合出奇制胜才成为关键。

伴随着悬念丛生的博通并购高通、高通并购恩智浦「双通」并购大战在2018年均以失败告终，这一年半导体产业的并购并未延续前两年的风风火火，整个市场都冷静了下来，没有一场过百亿的交易。

从2015—2016年收并购突破千亿美元的巅峰状态，到近两年呈回落趋势，可以预见世界半导体产业并购大潮已退，已完成并购的企业正在调整结构做消化善后事项，无力再续并购。

目前，各国对集成电路产业并购监管力度不断加强，加之全球贸易摩擦的升级，今后半导体大规模并购的可能性将会越来越少，规模也越来越小，同业纵向并购可能性增大，横向跨行业的并购减少的趋势。

EDA设计公司 Mentor CEO Walden C. Rhines 在采访中谈道，仔细审视近年来的半导体企业并购历史，不难发现，驱动企业并购的并非是总营收和经济规模领先的公司，而是在半导体市场的特定细分行业，例如汽车、无线手持设备和网络等，拥有较高市场份额和盈利优势的公司。

不过他同时提到，除存储器公司以外，半导体行业延续整体融合的可能性不大，因为半导体公司的总营收与营业利润率之间并无关联。

根据市场研究公司IC Insights的最新数据显示，半导体行业并购的价值在2018年连续第四年下降，因为10年前期高价交易的涌入继续消退。

2018年达成的芯片行业总交易——包括半导体公司，业务部门，产品线和相关资产——去年的价值约为232亿美元，低于2017年的281亿美元。

IC Insights 表示，自2015年达到峰值1073亿美元以来，行业收购的价值已显著下降。尽管如此，去年达到的并购交易总价值几乎是本十年上半年的平均水平的两倍。

据该公司称，2010年至2014年间，芯片行业交易的平均价值为每年126亿美元。

2018年两项最大的收购协议：微芯（Microchip）以83.5亿美元收购高森美（Microsemi）和瑞萨电子以67亿美元收购IDT的交易——共占该行业今年总收入的65%。

在2018年，两项超过10亿美元的半导体收购案被公布：美光公司决定以约15亿美元的价格收购与英特尔的IM Flash合资企业的全部所有权。

以及闻泰科技收购荷兰供应商恩智浦在2017年从恩智浦分拆出来的标准逻辑和分立半导体产品。据IC Insights称，闻泰科技希望在2019年获得恩智浦的大部分股份（约76%的股份）。

IC Insights表示，中国拒绝批准高通公司收购恩智浦以及其他已宣布的交易，已经导致2016年芯片产业交易的价值从1004亿美元下调至593亿美元。

以下是2018年半导体行业十大收购案例，主要参考交易规模和业界影响力指标。

1. 网企业杀入半导体-阿里收购中天微

作为一家互联网起家的企业，阿里巴巴近年来的投资布局相当大，半导体也是其重点看好的行业。近日，阿里全资收购了中天微，业内表示，这是阿里巴巴进军人工智能下的一步关键棋。

中天微是一家从事32位高性能低功耗嵌入式CPU研发与产业化的集成电路设计公司，是中国内地基于自主指令架构研发嵌入式CPU并实现大规模量产的CPU供应商，此前其全球累计出货超过7亿颗芯片，实力不菲。

人工智能是一个前景广阔的行业，但是它也是一个非常富有挑战性的科学，入门门槛相当高。2017年10月，阿里巴巴成立了达摩院，宣布投入1000亿元进入技术研发方面，其中就包括人工智能芯片领域。

阿里巴巴方面表示，此次全资收购中天微，将在更大层面统合科研力量，从芯片核心技术能力上实现突破。无论对芯片产业的发展，还是对自主研发核心技术的国家需求，都将起到推动作用。

此前，阿里巴巴达摩院已组建了芯片技术团队，进行AI芯片的自主研发。阿里还投资了寒武纪、深鉴、耐能（Kneron）、翱捷科技（ASR）等芯片公司。

站在AI风口上，阿里巴巴也对其看好，资金与用户是其优势，通过收购中天微宣战人工智能是一个不错的选择。之前BAT里面，百度、腾讯早已成立AI实验室，而阿里巴巴的步伐相对较慢，但本次收购让它已经入局，未来人工智能行业少不了这三家的角逐。

2. “国产芯卖身”-赛灵思收购深鉴科技

2018年7月18日晚，国内AI芯片初创公司深鉴科技对外宣布了一条重磅消息，公司将被全球芯片巨头赛灵思（Xilinx）收购。据各方信息佐证，作价3亿美元。不少人感慨，“国产芯”的梦想又一次破灭了。

赛灵思是全球最大的可编程芯片（FPGA）厂商，主要研发、制造广泛的高级集成电路、软件设计工具以及作为预定义系统级功能的IP核。

赛灵思是FPGA、硬件可编程SoC以及ACAP的发明者，正在积极布局人工智能加速硬件和5G技术，加码数据中心、自动驾驶等领域。

新任CEO Victor Peng宣布以数据中心优先、加速主流市场的增长和驱动灵活应变的计算三大战略。在Victor看来，推出ACAP将有助于赛灵思在一个全新的市场与更高层次的对手展开新的竞争。

深鉴科技有着很好的出身，其核心团队来自于清华大学与斯坦福大学，专注于下一代深度学习专用平台、神经网络处理器、编译器原创技术。深鉴科技是国内AI芯片领域冉冉升起的一颗明星，才成立两年，收购前就已完成三轮融资，投资方包括金沙江创投、蚂蚁金服、三星风投、赛灵思、联发科等知名机构和公司。据媒体报道，其估值一度超过10亿美元。

深鉴科技与赛灵思之前就是合作伙伴的关系，深鉴科技之前推出的亚里士多德架构及笛卡尔架构的DPU产品，都是基于赛灵思FPGA平台。

本次收购深鉴科技也让赛灵思在人工智能芯片上的话语权更大，未来与英特尔、英伟达等企业竞争，多了一个筹码。

业内人士表示，对于深鉴科技这样一个成立两年多的初创公司，被收购不失为好的结果。深鉴科技若是独自战斗，未来将面临诸多挑战。

目前，AI成熟的应用场景太少，安防领域芯片的市场空间有限，备受瞩目的无人驾驶汽车距离真正落地还有很长时间；其次，还需要面对英特尔、英伟达等超级巨头的压制。

3. 看中亏损标的-北方华创收购Akrion

2018年8月8日，北方华创公告称，拟以在美国设立全资子公司的方式，以1500万美元收购Akrion公司相关资产，以6.9的汇率折算即约为1.04亿元（收购的资产与公司目前清洗设备品种实现较好互补）。

不惜以超过200%的增值率将连亏两年的资产纳入麾下，北方华创对美国Akrion Systems LLC公司（以下简称Akrion公司）资产的兴趣不小。

Akrion公司已资不抵债，截至2016年12月31日，Akrion公司资产总额为5865.23万元，负债总计为3.28亿元，其中有息负债约为2.17亿元。

北方华创是目前国内集成电路高端工艺装备的领先企业，拥有半导体装备、真空装备、新能源锂电装备及精密元器件4个事业群，为半导体、新能源、新材料等领域提供全方位整体解决方案。

Akrion系统领先供应商先进的表面准备系统，主要用于制造太阳能，半导体和相关设备。

北方华创为何要接受亏损资产？（Akrion公司在精密清洗技术方面拥有多年技术积累和客户基础），北方华创在8月8日的公告中表示，收购的资产与公司目前清洗设备品种实现较好互补。

根据北方华创披露的信息，Akrion公司产品主要服务于欧、美、亚客户，设立了Akrion（S）Pte Ltd子公司及Akrion Taiwan Co.，Ltd. 和Akrion Korea Ltd. 两个孙公司。

产品主要服务集成电路芯片制造、硅晶园材料制造、微机电系统、先进封装等领域，在全球范围内有千余台设备应用在各类用户生产现场，每年活跃客户数量数十家。

将在海外设立公司进行收购的北方华创微电子是北方华创半导体装备业务的重要载体，清洗机是其业务板块之一。北方华创在2016年年报中披露，其12in清洗机累计流片两已突破60万片大关，而2017年的计划则包括在铜互连清洗机等产品方面实现突破。

本次并购让北方华创的产业布局更加全面，从下游到上游全面铺开。随着新能源汽车、工业制造升级等机遇来临，未来留给北方华创的机会将更多。

对Akrion的收购除了提升实力与话语权，更重要一层意义是华创将以电子装备及半导体器件的身份登上世界舞台，进军国际市场。

4. 改变光通信市场格局-Lumentum并购Oclaro

2018年3月，苹果供应商——激光发射器厂商Lumentum以18亿美元（现金加股票）的价格并购Oclaro公司，合并完成后的Oclaro股东将拥有新公司16%的股份，两家公司董事会对本次并购一致通过。

Lumentum总裁兼CEO Alan Lowe表示，通过对Oclaro的并购，Lumentum将获得业界领先的磷化铟（InP）激光器、光子集成技术（PIC）和相关器件模块研发制造实力。

2017财年，Lumentum营收达到10亿美元，Oclaro营收达到6亿美元，分别位于光器件行业第二和第三位，仅次于行业老大Finisar的14.5亿美元。

受益于苹果公司对用于3D sensor的VCSEL激光器的海量需求，Lumentum与Finisar成为去年光器件行业最火热的厂商，Lumentum是苹果长期的供应商。

同时，Oclaro也是历史上并购经验最丰富的光器件厂商之一，自成立以来不断并购，此次并购将改变光通信市场的竞争格局。此次Lumentum与Oclaro合并，将使Lumentum一跃成为行业第一，将改变光通信市场竞争的格局。

C114（中国通信网）迅对此表示，从3月Lumentum与Oclaro的并购，再到Finisar与Ⅱ-Ⅵ的并购，可以看出国外厂商的策略是通过整合产业链，完成技术和业务转型。

使其产品覆盖光器件、光模块领域的几乎所有环节，从无源到有源，从芯片到模块，把握产业链条的每一个环节，牢牢占据了产业链的高端。这无疑会对中国的光器件企业造成很大的影响。

有业内人士表示，面对这样的竞争环境，国内光器件的领头企业也应该抓紧时间整合。诚然光器件是偏向于基础研究的产业，尤其高端光芯片的研发，需要长期的持续性投资。

但长期高强度的研发投资存在很大风险，预期回报率偏低，所以企业在加大投资的同时，国家应该在政策层面予以扶持。

5. 中国半导体最大并购-闻泰科技并购安世半导体

这次闻泰科技收购安世半导体，已经是近期第三起国内上市公司并购海外半导体公司，此前还包括韦尔股份开价150亿元对豪威发起并购，国内存储芯片的龙头企业兆易创新开价65亿元发起收购ISSI。

在经过200轮竞价后，闻泰科技获得了收购安世半导体的资格。9月17日晚，闻泰科技发布了重大资产购买草案，公布了此前收购安世半导体投资份额的最新进展和初步方案。

10月25日，闻泰科技披露了发行股份及支付现金购买资产预案，闻泰科技将以251.54亿元并购安世半导体，对应取得安世集团75.86%的权益。

安世半导体的前身，是全球十大半导体公司恩智浦的两大业务部之一的标准产品部。2016年，建广资产、智路资本与恩智浦达成收购协议，建广资产以 27.6 亿美元（约合人民币 181 亿）收购恩智浦的标准产品部。

重组为安世半导体，主要客户包括汽车领域的博世、比亚迪，手机领域的苹果、华为、三星、小米，硬件领域的亚马逊、大疆、戴森等。

闻泰科技是全球手机出货量最大的 ODM（Original Design Manufacture，原始设计制造商）龙头公司，市场占有率超过 10%，处于产业链中游，上游主要供应商包括半导体在内的电子元器件供应商。

此外，稳态科技还进入了 VR/AR、车联网/汽车电子、平板计算机、笔记本计算机等领域。而此次投资安世半导体并进军半导体领域，则可以与闻泰科技现有的业务产生较强的互补，共同挖掘产业协同效应。

从近年半导体产业的发展来看，整个市场规模呈快速增长态势。受物联网、汽车电子等新兴应用市场的推动，未来半导体将有望继续保持快速增长，尤其是我国作为全球最大的下游需求和制造市场。

加之中国政府在半导体产业上的大力支持，中国半导体产业或许成为全球半导体行业发展最快的地区。在此趋势下，安世半导体未来也将有望保持快速增长。

在中美贸易摩擦加剧的背景下，作为中国最大的 ODM 厂商，闻泰科技选择大力进军上游半导体领域，不仅有利于自身对于关键半导体元器件供应的掌控，同时也是进一步增强自身核心竞争力的一个手段。

6. 硬盘市场变量-Marvell 并购 Cavium

2018 年 7 月，Marvell 宣布以 60 亿美元完成对 Cavium 的收购。Marvell 表示，结合该公司的硬盘（HDD）与固态硬盘（SSD）储存控制器、网络与无线连接半导体业务。

以及 Cavium 的多核心处理、网络通信、储存连接和安全芯片业务，可望使 Marvell 定位的市场扩展到超过 160 亿美元的规模。合并后的新公司年收入约为 34 亿美元。

Mavell（注意区分不是漫威 Mavel）是一家美国芯片制造商，专门制造存储、通信以及消费性电子产品芯片，由三位华人于 1995 年共同创立，总部位于美国加州圣塔克拉拉。

位列全球半导体企业 TOP20 行列。我们日常使用的很多 HDD/SSD/U 盘等存储产品，都用了他家的主控，88SS1074 的出货量已超过 5000 万颗。

目前，Marvell 已将自己从存储控制器（HDD/SSD/RAID 等）、网络和连接解决方案开发商转变为具有更大潜力的公司。Marvell 现在寄希望于 AI、5G、云计算和边缘计算等应用领域，值得注意的是，在其致客户的信中，Marvell 描述新产品组合时甚至将处理的位置放在存储控制器之前。

Cavium 原名凯为网络，是一家美国无工厂半导体企业，创立于 2001 年，总部位于美国加州圣荷西，生产以 ARM/MIPS 架构的 CPU/SoC，提供网络、影音与安全等功能，其处理器和开发板常用于路由器、网络交换器、网络附加储存等产品。

近年来，存储、无线等半导体市场竞争加剧，很多上游公司亏损严重，据 Marvell 财报显示，2017 年第四季度，其主营业务 GAAP 净亏损 7700 万美元，上季度是赢利 7745 万美元。

Marvell 作为一家半导体上游的知名公司，通过收购竞争对手 Cavium，未来对于公司打造更全面的生态系统，有着非常重大的意义。

通过收购 Cavium 可以短时间整合优势资源实现企业实力最大化，有助于 Marvell 在硬盘控制器与读取信道之外寻求多元化。目前，这两大业务占据 Marvell 整体营收的最大部分。

Coughlin Associates 资深储存分析师 Tom Coughlin 表示，硬盘市场的利润与成长存在“长尾效应”，并集中于高容量的数据中心硬盘市场。

合并主要是应对电脑行业日益萎缩的电脑硬盘和存储芯片市场。他说：“虽然硬盘的单位数量下降，但总容量仍然持续上升。虽然多年来人们声称磁带储存已死，但它其实仍然存在，如今硬盘很可能开始走向类似的处境。”

Marvell 最近才完成长达 18 个月的重组，裁员近 40%，其中包括前执行长 Sehat Sutardja 和总裁 Weili Dai。两位公司创办人在去年因营收与获利（2015 年分别约为 36 亿美元与 4.35 亿美元）大幅下滑至 26 亿美元且亏损达 8.11 亿美元而展开会计审查后下台。

7. 日本半导体史上最大并购-瑞萨并购 IDT

2018 年 9 月，日本芯片制造商瑞萨电子发布声明称，将以约 67 亿美元全现金交易方式收购美国芯片制造商 IDT，以提升其在自动驾驶汽车技术方面的竞争力，预计此交易将在 2019 年上半年完成。

通过这笔收购，瑞萨电子将获得 IDT 在无线网络和数据存储用芯片方面的技术，而这些技术对于自动驾驶汽车而言至关重要。瑞萨电子于 2010 年由日本电气（NEC）芯片部门和瑞萨科技合并成立。

而瑞萨科技则是由日立芯片部门与三菱电机合并组成。IHS Markit 数据显示，2017 年瑞萨电子营收为 35.3 亿美元，仅次于汽车半导体市场排名第一的 NXP 的 44.2 亿美元。

IDT 成立于 1980 年，总部位于美国加州圣何塞市，员工约有 1700 人，是美国纳斯达克上市公司。在通信用芯片的设计/研发方面拥有很高的技术水平，2017 年度营收为 8.43 亿美元。

此次收购将为瑞萨电子嵌入式系统提供丰富的模拟混合信号产品，包括射频、先进定时、存储接口及电源管理、光互联、无线电源及智能感应。

这些产品线与瑞萨电子先进的 MCU、SoC 以及电源管理 IC 结合，将使瑞萨电子能够提供综合全面的解决方案，支持高性能数据处理日益增长的需求。丰富的解决方案和供给涵盖了外部传感器、模拟前端、处理器和接口，将为用户提供最优化的系统。

8. 巨头扩张-微芯并购美高森美

2018 年 3 月，美国芯片制造商微芯科技（Microchip Technology）宣布同意以大约 83.5 亿美元的总价现金收购美国最大的军用和航天半导体设备供应商——美高森美（Microsemi）。

微芯科技作为一家芯片巨头，此前曾以 36 亿美元收购了同行 Atmel，这次收购同行美高森美，一方面使自己减少一个劲敌，另一方面又提升了自身的实力。

Microsemi 成立于 1960 年，是美国军事及航空半导体设备的最大商业供应商，产品主要应用在国防、通信和航空航天领域，甚至包括太空等极端环境，其在军事和航空应用芯片，以及数据中心和工业市场产品方面处于领先地位。

美国微芯科技公司成立于 1989 年，美国上市公司。微芯是全球领先的单片机和模拟半导体供应商，为全球数以千计的消费类产品提供低风险的产品开发、更低的系统总成本和更快的产品上市时间。

据了解，这笔交易将大大扩展 Microchip 在多个终端市场的占有率，包括通信、航空和国防等市场。这些市场领域占 Microsemi 销售额的 60%左右。

Microchip 表示，此次收购将使其服务的市场规模从 180 亿美元扩大至 500 亿美元以上。

9. 贝恩并购东芝芯片存储业务

2018 年 6 月 1 日，贝恩资本正式宣布，已完成对东芝存储器部门（TMC）的收购，交易额约为 180 亿美元，之后该部门将成为一家独立的日本公司。

东芝子公司东芝存储是全世界仅次于韩国三星的 NAND 芯片生产厂商。2017 年 9 月，在经过一番紧密的谈判后，东芝宣布同意将其芯片业务出售给贝恩资本牵头的日美韩财团，交易金额约为 180 亿美元。东芝做出此次出售半导体芯片业务的原因是其在核电业务上的投资失利，而无法按期偿还融资款。

贝恩资本是美国一家私人股权投资机构，为此次“趁火打劫”东芝半导体存储芯片业务，它拉来了众多产业资本，例如戴尔、希捷、金士顿、苹果、海力士以及日本的财团保谷 Hoya 等。

这其中最应该注意的是韩国的 SK 海力士半导体公司，这家半导体公司在 NAND 芯片业务上世界排名第五。

作为财团的重要成员，尤其是与东芝 NAND 芯片业务具有相同业务的成员，必然会参与到东芝 NAND 芯片业务的具体重组中，从而使得世界 NAND 芯片业务更加集中，形成高度垄断风险。

可以预见的是，这将在一定程度上会抑制发展中的中国存储芯片厂商。近两三年以来，世界存储芯片市场供不应求，以韩国半导体企业为主体的半导体公司正在迅速崛起。

韩国三星就是因为存储业务的繁荣而于 2017 年超越英特尔成为全世界排名第一的半导体公司。

如果在存储芯片业务上排名第二的东芝 NAND 芯片业务再进入韩国公司的旗下，行业垄断将急剧增加。而中国正在建设的存储芯片公司，例如长江存储、福建晋华、合肥睿力的发展将会受到很大的压制和抑制，从而使中国半导体存储芯片业务严重受到行业垄断的影响。

10. 一发不可收-博通并购 CA

2017 年，博通可谓是彻底火了一把，通过对高通的“恶意收购”让大家持续关注；2018 年，博通与 CA 达成协议，以 189 亿美元收购软件公司 CA。

目前，这项交易已经获得美国反垄断部门的批准，还需要获得欧洲和日本反垄断机构的批准，预计在 2018 年第四季度完成。

总部位于加利福尼亚州圣何塞的特拉华州的博通是一家在数字和模拟半导体连接解决方案领先全球的供应商。该公司广泛的产品组合服务于 4 个主要终端市场：有线基础设施、无线通信、企业存储和工业等。

配合博通的有线基础设施产品、无线通信系统以及存储和工业产品，此次收购了专门开发基于云端的和传统的企业软件的 CA，一方面帮助博通实现业务多样化，另一方面提升了博通的云计算，使得博通成为云计算和其他关键服务提供商的首选。

博通在收购的道路上一发不可收拾，尤其是拥有“关键核心技术”的厂商，CA 公司与博通既是竞争对手，也算是合作伙伴，在企业管理软件方面，CA 公司的产品很有竞争力。

博通作为一个芯片厂商，通过收购 CA，从硬件到软件通吃，扩大了自己的产品线，也显示了自己的野心；但是在庞大的业务布局面前，除了新公司的盈利水平待考证之外，管理者之间的磨合也将是一大难题。

尽管并购 CA 不能带来业绩上的显著增长，但却可以使博通业务多元化，扩充软件业务，带来稳固的现金流。去年，CA 营收达 42 亿美元，经营现金流达到 12 亿美元。

此次收购是博通的战略胜利，在收购竞争对手高通公司失败后，博通进一步推进了收购——“关键技术业务”的使命。

结束语

尽管 2018 年半导体行业的整体并购规模在锁紧，但在中国和日本均产生了历史上最大规模的半导体并购事件，亚洲的半导体产业正在崛起，一度被美国称霸的半导体舞台出现了更多中国公司身影。

其中，北方华创不惜以超过 200% 的增值率收购连亏两年的美国 Akrion，很好地说明了中国半导体在技术和产业资源方面需要更多的整合布局。

此外，由于海外上市的半导体企业普遍估值较低，市盈率在 10~15 倍。即使不考虑产业整合带来的回报，仅仅是推动海外上市的半导体企业回归国内资本市场，也有较高的预期回报。

具体在存储、光通信等细分市场，产业并购则增添了更多变量与寡头趋势——中小型的创业公司很难形成对欧美巨头的威胁，到最后难改被巨头收购的命运。

而从 AI 领域来看，大鱼吃小鱼的故事也一直在上演，行业内的并购案逐年增多。据 CB Insights 的数据显示，2010 年至今，Alphabet 在 AI 领域进行了多达 14 笔收购，苹果进行了 13 笔收购，Facebook 完成了 6 笔收购，英特尔、亚马逊、微软各完成了 5 笔收购。

另一方面，我们也应该看到，中国半导体仍然受制于发达国家的限制，尤其是在通用芯片和高精度半导体技术上。据公开数据统计，2017 年半导体行业进口额高达 2587 亿美元，产生贸易逆差达 1925 亿美元，预计 2018 年进口额将接近3000亿美元，国内半导体企业的发展和突破迫在眉睫。

芯片产业涉及最核心的架构、工艺、系统等技术，国产化过程并非一日之功，全球芯片几乎大多数都是基于英特尔、AMD、ARM等架构，想在这个行业上有所突破，中国芯片公司还有很长的路要走。

新兴“黑科技”大汇总，半导体照明行业发展迈入全新阶段

回顾过去的一年，各行业在各项新技术的推动下，行业发展又跨入全新的阶段。其中，半导体照明行业在过去的一年里，各路领军企业新技术的推出，细分市场发展带来的技术大趋势，让行业的发展备受关注。

对于半导体照明行业来说，LED是行业的焦点。从技术层面来说，LED可进行散热、照明、芯片、封装、OLED等方面的分类。在应用上，LED则广泛应用于户内外照明、显示屏、车载、医疗等领域。

本文主要从半导体照明行业中比较热门的车载、照明以及显示屏等三方面的应用，透过应用看技术的形式，来看看过去将近一年的时间里，行业产生了哪些新兴的“黑科技”。

车载市场

欧司朗 LiDAR 技术

欧司朗LiDAR技术的自动驾驶汽车检测到了行人或非机动车辆，于是汽车会做出反应，减速并停住。SPL DS90A_ 3激光发射器是欧司朗面向LiDAR应用推出的最新产品，凭借此款激光发射器，欧司朗光电半导体再一次扩充了旗下LiDAR相关的产品组合，同时进一步拓展了应用范围。

此款边缘发射器可以通过红外激光光束在特定角度范围内扫描汽车周边，同时LiDAR系统能够通过扫描得到的数据创建高清3D图。这项技术能够对任何交通状况做出快速反应，为司机在紧急情况下赢得宝贵时间。SPL DS90A_ 3激光发射器可以在高达40 A的强电流下使用，并达到125 W的典型输出功率。这款激光发射器使用寿命长，高能高效且尺寸紧凑，可以在车辆上实现灵活的系统设计。

奥迪与 HELLA（海拉）合作研发 OLED 照明技术

近段时间，奥迪与HELLA（海拉）合作研发的OLED技术受到行业的广泛关注。这项技术将集成到奥迪新款A8的车尾组合灯中。每个单元内置4个宽度小于1mm的直立式OLED，它们分为4个独立控制的区段，两个用于边角尾灯，两个用于停车灯。由有机半导体层制成的OLED可以分布在大面积的载体材料上并且具有两个电极，电极激发发光层后发出均匀的可见光。因此，OLED技术可以免去反射器、光导和其他的光学器件并且外观照明均匀。

新奥迪A8的车尾组合灯由三部分组成，并覆盖整个车后部，共有8个OLED，每个分为4个可单独控制的区段，可实现不同的“离家”或“回家”的灯光场景。两边的上段是停车灯，下段是尾灯，两者都在LED灯条下方，尾灯呈现独特的动态效果。

法雷奥新款外饰车灯系统技术

法雷奥推出的新款外饰车灯系统，可将信息投影到地面上，显示相关信息。或利用尾灯显示相关Logo。而法雷奥的数款创新技术产品，包括高清车头灯及kinetic车尾灯。利用高清车灯投影技术定制投射到路面上的图像或信息。例如，当车辆在自动驾驶模式下探查到潜在的危险时，可将GPS导航系统或方向或警示信息投射到路面上。

Kinetic尾灯可显示象形文字（pictograms）或个性化信息与周边环境实现沟通。当车载传感器探查到危险情景时，在自动驾驶模式下，配置了kinetic系统的车辆可通知后方车辆，若有行人在穿马路，将向驾驶员发送相关的警示信息。当车辆在自动驾驶模式运行或将要停车时，车辆后方的驾驶员将收到警示信息。

昕诺可见光无线通信技术（LiFi）

随着物联网设备数量的增加，无线电频谱资源正趋于紧张，过多的连接设备可能会导致网络过载。同时，在某些特定的应用场景下，WiFi信号安全性较差，也无法完全覆盖所有区域。在这样的行业状况下，昕诺飞首次在中国市场推出了可见光无线通信技术（LiFi）解决方案，LiFi的出现将彻底改变这一现状。

昕诺飞是首家提供该技术的全球性照明企业。LiFi是一种类似WiFi的双向、高速无线技术。其特点是使用可见光波而非无线电波进行数据传输。昕诺飞的LiFi灯具可以使用户在获得高品质LED照明的同时，享受每秒30兆（30Mb/s）的高速宽带连接——足以在传输两部流媒体高清影片的同时进行视频电话。

2018年1~12月新能源汽车产销情况分析

据中汽协数据显示，2018年，新能源汽车产销分别完成127万辆和125.6万辆，比上年同期分别增长59.9%和61.7%。其中纯电动汽车产销分别完成98.6万辆和98.4万辆，比上年同期分别增长47.9%和50.8%；插电式混合动力汽车产销分别完成28.3万辆和27.1万辆，比上年同期分别增长122%和118%；燃料电池汽车产销均完成1527辆。

2018年纯电动汽车销量占新能源汽车比重近80%

新能源分类别来看，2018年，纯电动乘用车产销分别完成79.2万辆和78.8万辆，比上年同期分别增长65.5%和68.4%。纯电动商用车产销分别完成19.4万辆和19.6万辆，产销量比上年同期分别增长3%和6.3%。

2018年，插电式混合动力乘用车产销分别完成27.8万辆和26.5万辆，比上年同期分别增长143.3%和139.6%。插电式混合动力商用车产销均完成0.6万辆，比上年同期均下降58%。

纯电动汽车产销量双双增长

2018年，纯电动汽车产销分别完成98.6万辆和98.4万辆，比上年同期分别增长47.9%和50.8%。其中，纯电动乘用车产销分别完成79.2万辆和78.8万辆，比上年同期分别增长65.5%和68.4%。纯电动商用车产销分别完成19.4万辆和19.6万辆，产销量比上年同期分别增长3%和6.3%。

目前，在中国新能源汽车市场中，纯电动车型的产销增长是新能源汽车的主要驱动力。2018年，国内纯电动汽车的销量占新能源汽车市场整体的销量近八成。

插电式混合动力汽车产销量增长

2018年，插电式混合动力汽车产销分别完成28.3万辆和27.1万辆，比上年同期分别增长122%和118%。其中，插电式混合动力乘用车产销分别完成27.8万辆和26.5万辆，比上年同期分别增长143.3%和139.6%。插电式混合动力商用车产销均完成0.6万辆，比上年同期均下降58%。

我国电动汽车充电桩已建成近73万个

国家能源局副局长刘宝华21日表示，近两年我国连续发布多项政策，加快居民区、停车场、单位内部充电基础设施建设。在政策引导下，充电基础设施快速发展。截至11月末，充电桩数量已达72.8万台。

刘宝华是在当天召开的充电设施互联互通倡议书发布暨雄安联行网络科技股份有限公司揭牌仪式上透露的。

充电基础设施是新能源汽车推广应用的重要基础之一。统计数据显示，2018年1~11月，我国新能源汽车产销量均突破100万辆，目前累计推广应用量超过300万辆。不过充电基础设施依然面临建设落地难、运营效率低等问题，新能源汽车充电保障能力亟待提升。

为加大设施互联互通、破解充电难缴费难等问题，21日，国家电网、南方电网、特来电、星星充电四家充电设施运营龙头企业签署协议，向行业发布互联互通倡议，并共同注资成立雄安联行网络科技股份有限公司。

刘宝华说："四家企业通过设施共建、资源共享、资本合作等市场化手段，将有利于为新能源汽车用户提供更加高效便捷的充电服务。"

近日国家能源局、工信部、财政部共同制定的《提升新能源汽车充电保障能力行动计划》明确提出，力争用3年时间"进一步优化充电基础设施发展环境和产业格局"。

雄安联行网络科技股份有限公司董事冯义说："我们将成为一个'超级平台'，除了接入四家股东的充电桩外，还将接入更多企业谈合作。未来全国90%以上的充电桩都能在这一个平台找到。"

2018年我国集成电路产业销售额6532亿元

2018年我国集成电路产业销售额为6532亿元，产业链各环节齐头并进，产业结构更加趋于优化。

在深圳举行的2019年全国电子信息行业工作座谈会上，工业和信息化部电子信息司集成电路处处长任爱光介绍了我国集成电路产业发展的最新情况。

任爱光介绍：从集成电路设计业、制造业、封测业三类产业结构来看，2018年，我国集成电路设计业销售收入为2519.3亿元，所占比重从2012年的35%增加到38%；制造业销售收入为1818.2亿元，所占比重从23%增加到28%；封测业销售收入为2193.9亿元，所占比重从2012年的42%降低到34%，结构更加趋于优化。

与此同时，我国集成电路产业规模复合增长率是全球的近三倍。2018年，全球半导体市场规模为4779.4亿美元，2012年到2018年的复合增长率为7.3%；2018年，中国集成电路产业销售额为6532亿元，2012年到2018年的复合增长率为20.3%。

任爱光介绍：目前，我国集成电路设计业产业规模不断壮大，先进设计水平达到7nm，但仍以中低端产品为主；集成电路制造业，存储器工艺实现突破，14nm逻辑工艺即将量产，但与国外仍有两代差距；集成电路封装测试业是与国际差距最小的环节，高端封装业务占比约为30%，但产业集中度需进一步提高。

2018年动力电池装机量56.89GW·h同比增长五成

中国化学与物理电源行业协会动力电池应用分会研究部统计数据显示，2018全年我国新能源汽车动力电池装机总量为56.89GW·h，同比增长56.88%，装机量从3月份开始持续走高，6月略有下滑后继续攀升，12月装机量达到顶峰，高达13.36GW·h，环比增长49.92%。

同期，我国新能源汽车的产销量也大幅增长。根据中国汽车工业协会的数据显示，2018年1~11月，我国新能源汽车产销量双双突破100万辆大关，分别累计完成105.4万辆和103万辆，比上年同期分别增长63.6%和68%。

值得注意的是，尽管动力电池装机量再创新高，但行业内相关企业却正面临着不小的发展压力，这种压力不仅来自于产能过剩带来的竞争升温，也来自于新能源产业补贴政策调整带来的挑战。

数据显示，2018年上半年，中国动力电池出货量为22.86GW·h，而同期动力电池产能约为91.87GW·h，产能利用率仅为25%。随着新产能的继续投放，2018年动力电池产能将达200GW·h，可装备400万辆新能源汽车，是2018年产销量的4倍，产能过剩的局面已较为明显。

另一方面，自2018年6月12日起，新能源汽车补贴标准开始"断崖式"下降，而这对动力电池行业的价格行情造成了直接的影响。中国化学与物理电源行业协会动力电池应用分会秘书长张雨介绍说，整车厂要求电池厂家降低价格，而上游钴等原材料价格持续上涨，导致电池生产成本增加，电池企业利润被严重压缩。

业内人士分析认为，随着市场竞争的加剧和产业链整合加速，预计到2020年，动力电池企业将仅余下20~30家，现阶段80%以上企业面临被淘汰。

2018年电容器行业发展现状及市场格局分析

电容器行业定义

电容器是三大电子被动元器件之一，是电子线路中不可缺少的基础元器件，约占全部电子元器件用量的40%。电容器是一种可以储存一定电荷量的元器件，广泛用于电路中的隔直通交、耦合、旁路和滤波等。

电容器行业应用领域分析

下游应用领域包括军用和民用两部分，其中民用市场又分为民用工业类市场和民用消费类市场。电容器在船舰、航空、航天、兵器、电子对抗等武器装备上均有应用。民用工业类包括系统通信设备、工业控制设备、医疗电子设备、轨道交通、精密仪表仪器、汽车电子等领域；民用消费类包括手机、电脑、数码相机、录音设备等领域。

主要四类电容器功能略有不同，陶瓷和铝电容占据主要市场

按照电容器使用的介质材料，可以将产品分为陶瓷电容、铝电解电容、钽电解电容和薄膜电容四类。四类电容器在特性、具体功能方面略有不同，如陶瓷电容主要应用于高频环境，具有高频耦合、高频旁路等功能；铝和钽电容主要应用于低频环境，具有电源滤波、A-D 转化等功能；薄膜电容由于其频率特性优异且介质损失较小，广泛应用于模拟电路中。

陶瓷电容器和铝电容器占据主要市场份额。陶瓷电容在四类主要电容器当中市场份额占比最高，达到 43%，铝电解电容市场份额占比达到 34%。

全球与中国电容器市场规模分析预测

据前瞻产业研究院发布的《中国电容器行业市场前瞻与投资战略规划分析报告》统计数据显示，2012～2017 年间，全球电容器市场规模由 173 亿美元扩张至 209 亿美元，保持 CAGR＝3. 84%的稳定增长，而中国在此期间的电容市场规模则由 726 亿元增长至 987 亿元，CAGR 约为 6. 33%，高于世界平均水平。目前，全球电容产业格局由日本、美国、中国主导，其中日本处于领先地位，垄断高端元器件，在电解电容、陶瓷电容、薄膜电容等行业均具备最强实力。

全球电容器行业市场格局：日本绝对领先　台韩美各有优势

日本绝对领先，台韩美各有优势，大陆尚属第三梯队。在全球电容器产品市场占有率前五的企业中有四家日本企业，日本电容企业在产品基础材料方面形成了较高的技术壁垒，同时在制作工艺和产业布局方面具有优势。我们认为，全球电容器市场形成了集中度较高的成熟产业格局，但近两年国际厂商调整发展战略淘汰了中低端产能，为国内厂商拓展业务规模提供了良好机遇。

中国电容器行业市场格局：中低端产能为主，国产替代仍需推进

目前，国内电容器产品制造集中于中低端产能，高端电容产品及部分原材料仍需进口。未来随着我国消费电子、新能源、汽车、轨道交通、工业控制、国防工业等电容器下游应用行业的快速发展，电容器产品需求将进一步提升，对电容器国产替代也提出更高要求，当前高端电容器及部分原材料仍需大量进口，国产化进程迫在眉睫。

2018 年电阻电容涨价“轮番来袭”

2018 年伊始，LED 产业便开始表现得很“不平静”。就在业内人士为 2018 做规划之时，电阻电容等电子元器件率先打响 2018 年 LED 产业涨价“第一枪”。

众所周知，电阻在串联电路中起着分压作用，在并联电阻中起着分流作用；电解电容器通常在电源电路或中频、低频电路中起电源滤波、退耦、信号耦合及时间常数设定、隔直流等作用。

因此，电阻和电容对于 LED 电源来说，是不可或缺的电子元器件。“在电源整体成本中，电阻占比不大，在 3%左右；不过电容却占到材料成本的 10%，今年涨幅已经超过 100%，这等于电源毛利直接减少 10%，所以材料成本压力比较大。”

电阻厂商涨价“接二连三”

2017 年 12 月 26 日，电阻龙头厂商国巨宣布一般厚膜电阻产品（RC 系列），尺寸从 0201、0402、0603、0805 到 1206；大尺寸厚膜电阻产品（RC 系列），尺寸从 1210、1218、2010 到 2512 停止接单。业内人士认为，国巨暂停接单的动作等同于产能进入“配给”状态，产品交期延长在所难免，涨价更已是箭在弦上。

果不其然，进入 2018 年，旺诠、国巨子公司国益、光颉科技、丽智电子等电阻器件厂商相继对部分产品进行调价。

1 月 2 日，台湾电阻原厂旺诠对其部分系列电阻产品进行调涨，涨幅达 15%。

其实，电阻厂商此次“联手”涨价并非偶然。一方面，2017 年下半年以来，电阻重要材料陶瓷基板受厂商扩产保守及车用等市场需求强劲等因素的影响，目前大尺寸陶瓷基板供应缺口已达 10%，其他尺寸陶瓷基板供应也趋向紧张，同时陶瓷基板所需的钯金材料价格持续走升，陶瓷基板价格看涨。

另一方面，2017 年以来，席卷全国各地的环保风暴使得不少制造型企业被强制关停整改或限排限产，从而造成产能供应紧张。

铝电解电容“卷入涨价潮”

受环保政策影响而被迫涨价的不只是电阻，铝电解电容近期也有涨价的态势。

1 月 10 日，尼吉康电子贸易（上海）有限公司（以下简称“尼吉康”）发布铝电解电容器的涨价公告。根据公告显示，自 2017 年以来，全球对电子元器件的需求已经恢复。由于包括铝材在内的原材料供应商已经宣布涨价，尽管尼吉康采取了很多措施仍无法消化所有的涨价。

涨价产品主要是插脚式和螺杆式铝电解电容器所有型号，涨价幅度均为 5%，此调整公告自 2018 年 2 月 1 日起生效。

永铭电容相关负责人透露，“其实，铝电解电容厂商早就开始偷偷涨价了，整体涨幅在 15%左右。主要是环保管控严格，中小原材料企业被关门整顿，大厂商也部分整顿，导致原材料紧张。”

不过，国内其他铝电解电容厂商目前暂时还没有涨价计划。

原材料涨价牵动电源企业“神经”

贴片电阻、铝电解电容等元器件的相继涨价，着实牵动了不少电源企业的“神经”，尤其是生产室内中小功率电源的企业。

受益于 LED 照明的普及，室内功能性照明的 LED 中小功率电源前期获得了长足的发展，国内涌现出像伊戈尔、科谷电源、莱福德、欧切斯、暗能量等一批知名的电源企业。但随着进入的企业逐渐增多，中小功率电源市场的竞争空前激烈。

激烈的市场竞争环境促使电源大厂也在不断调整价格，

电源成品价格已经探底。面对电阻、电解电容的涨价，科谷电源营销总监李成彪表示，“目前，中小功率电源本身毛利率就不高，电源企业已基本无法自我消化材料涨价带来的成本压力。”

深圳市比尔达科技有限公司总经理柯建军表示：“电阻电容在公司常规电源整体成本比重不到10%，在应急电源中占比不大。涨价也给公司造成不小的负担，不过，电源产品趁势提价的可能不大，电源企业只能进一步压缩利润空间。”

不过，此轮电阻电容的涨价并没有波及所有的电源企业，深圳市暗能量电源有限公司并没有受到涨价的影响。公司已经和电阻电容供应商签订了全年度的采购合同，以确保供应商用稳定的价格保质、保量地供应材料，同时通过引入AI智造平衡外围元器件涨价的压力。

如今，原材料价格和人工成本却在持续上涨，一批小规模的电源企业无力支撑而倒闭。在LED照明行业竞争异常激烈的形势下，电阻电容等原材料的涨价，给电源企业带来更加严峻的考验。

台达吴江数据中心成为全球首个获 LEED v4 ID+C 金级认证

全球电源管理与散热解决方案的领导厂商台达，于3月28日宣布位于台达吴江研发制造中心的自有数据中心获得美国绿色建筑委员会（the U.S. Green Building Council, USGBC）LEED v4 ID+C（室内设计与施工）金级认证，成为全球首座获此殊荣的绿色数据中心。台达吴江数据中心通过采用台达自有产品及节能方案，自2015年投入使用至2018年的3年内，全年平均PUE（Power Usage Effectiveness）值达到1.29的黄金级，在选址与交通、能源与大气、用水效率等方面的综合表现获得LEED高分肯定。此次认证的重大意义还在于，台达作为数据中心基础设施解决方案提供商，在机房绿色节能领域的设计规划能力也受到权威认可。

台达集团-中达电通董事总经理游文人先生出席颁奖仪式，并表示：“很荣幸台达吴江数据中心可以成为全球首座LEED ID+C金级认证机房，这体现了台达致力于打造绿色节能数据中心的实力与决心。台达自2006年起即承诺所有新建厂办都以绿色建筑工法打造，在数据中心的建设上，台达位于全球的四大数据中心全部采用台达自有产品和节能方案，并坚持黄金级目标，也希望通过这些经验和技术帮助用户获得绿色数据中心绩效。”

美国绿色建筑委员会北亚区董事总经理杜日生先生在颁奖典礼上表示：“祝贺台达获得全球首座LEED ID+C金级认证机房殊荣。这一里程碑对于中国绿色数据中心的推广意义非凡。我们很高兴看到台达对于推动可持续发展的愿景，以及对于提升行业整体建设标准的决心，非常期待在未来，台达能继续将绿色数据中心建设的理念与价值推向更多用户。”

成为全球首座LEED ID+C金级认证的台达吴江数据中心，是台达中国区最重要的企业级数据应用机房。为保护ERP系统、电子邮件系统、办公流程系统及其他各种应用程序等重要系统及IT应用，除绿色节能外，可靠度和稳定性亦是优先考虑的重要因素。通过采用台达高可靠性的数据中心基础设施解决方案，如：高效率电源系统、模块化机柜及数据中心基础设施管理系统等，确保数据中心的稳定可靠。更通过可再生能源的利用、因地制宜的机房制冷系统等方式，实现绿色节能。如，在吴江研发制造中心的厂房屋顶安装光伏发电系统，提供给数据中心4%的用电量，一年约2万度的再生电力。这种对再生能源的高效利用，也使得台达吴江数据中心在LEED的严苛审核认证中依然能获得高分肯定。

美国绿色建筑委员会（USGBC）所颁发的LEED认证被誉为全球顶级环保认证，获得该认证标志着建筑空间及建造过程全部达到绿色及可持续要求的最高水准，是开展节能、节水、节材以及改善人类健康的重要工具。LEED ID+C（Interior Design and Construction，室内设计和施工）评估体系除了宣传绿色建筑各种潜在好处，更重要的是告诉业内：LEED绿色建筑更加物有所值，更能获得相对于其他产品更高的投资回报。与USGBC理念相一致的是，台达也希望通过推广绿色建筑、绿色数据中心的建设，向社会传递台达“环保 节能 爱地球”的经营使命以及推动减少对气候环境的影响，为全球节能减排的决心。

台达荣获“责任十年 外企十佳”

中国社科院经济学部企业社会责任研究中心等机构主办的《企业社会责任蓝皮书（2018）》发布会于2018年11月23日在北京国际饭店举办，会中第10次发布《企业社会责任蓝皮书》，并总结表彰了10年间在企业社会责任（CSR）领域表现卓越的企业，台达因长期坚持将“环保 节能 爱地球”的经营使命与企业社会责任实践相结合，获颁“责任十年·外企十佳”荣誉，并在“中国外资企业100强社会责任发展指数”排名第5，同时位居包含央企、民企、外企的“中国企业300强社会责任发展指数”排名第23。

台达发言人暨企业永续发展资深协理周志宏先生代表台达领奖并表示，台达自1992年起深耕大陆市场，始终以高品质的产品与解决方案服务广大客户，助力制造业转型升级。为积极响应“We Mean Business”企业自主承诺，台达率先以科学化方法订减碳目标（SBT），制定2025年碳密集度下降56.6%的目标，并通过科学基础目标倡议组织符合性审查，成为台湾第一家、全世界第87家通过审核的企业。台达将持续从产品节能、厂区节能及绿色建筑节能三方面具体落实减碳承诺，为减缓全球气候变迁尽力。此外，台达重视与利益相关方沟通，自2005年起每年发布全球CSR报告，于2014年起每年发布《台达中国区企业社会责任报告》，并已连续两年获社科院五星评级。本次获得“责任十年·外企十佳”表彰，是对台达的鼓励与鞭策，未来台达将继续砥砺前行，朝全球企业公民的方向迈进。

台达以实作经验积累节能技术，过去八年来，台达高效节能的产品与解决方案，已协助全球客户节省243亿度电，相当于减少1296万吨的二氧化碳排放。台达自2006年起于全球打造了27栋绿色建筑及全球首座LEED V4 ID+C认证数据中心，其中18栋经认证的绿色建筑，2017年共节省1490万度用电。此外，台达更“推己及人”，通过赞助绿色建筑设计竞赛、举办大型展览及出版绿色建筑书籍等方式向社会大众推广建筑节能理念，成绩备受业界肯定，于2018 Greenbuild中国大会上获颁年度“绿色先锋奖”与“行业先锋奖”。

近年来，台达通过在企业社会责任方面的努力，陆续获得了多项国际荣耀与肯定。自2011年起，台达已连续八年入选道琼斯可持续发展指数之“世界指数（DJSI World Index)”，连续六年入选“新兴市场指数”（DJSI-Emerging Markets Index)，并荣获电子设备、仪器及元器件“产业领导者”(Industry Leader)，这也是台达继2012年与2015年后第三次获得“产业领导者”殊荣；在2016年及2017年碳信息披露项目（CDP）年度评比中，台达亦获得气候变迁“领导等级”的评级。

台达自2015年起，已连续四年入选《企业社会责任蓝皮书》“中国外资企业100强社会责任发展指数”前十强，综合得分达到五星级的水平，属于企业社会责任的卓越引领者。《企业社会责任蓝皮书》由中国社会科学院社会责任研究中心编制，自2009年起连续10年发布，是中国企业社会责任领域最具影响力、权威性的研究成果之一。

阳光电源与三峡新能源携手建成全国最大光伏领跑者项目

12月29日，阳光电源联合三峡新能源开发建设的青海格尔木500MW光伏应用“领跑者”基地项目成功并网发电，这是目前国内一次性建成规模最大的光伏“领跑者”项目。

据悉，青海格尔木500MW项目创中国光伏投标史上最低电价记录，三峡新能源/阳光电源联合体以低于当地脱硫煤电价的0.31元/kW·h的电价中标。为了该项目在此电价条件下仍具有良好的收益率，阳光电源作为独揽该项目设计建设的单位，全力克服传统投资、技术、用地等多重制约因素，积极推进项目建成并网，充分展现了企业强大的研发技术、创新实力和产业化能力。

尤为值得一提的是，针对“领跑者”技术标准及高原环境限制，阳光电源充分发挥自身系统集成技术优势，推出更高集成度、更高可靠性和更低成本的全生命周期解决方案，通过应用自主研发的逆变一体箱式中压逆变器、1500V光伏系统、平单轴智能跟踪系统、容配比优化等先进方案，创先设计出“三新合一”超融合智慧光伏系统解决方案，该方案集成、融合、优化了业内领先的新技术、新材料、新设备，使得系统综合成本下降超5.3%，综合效率提升超9%，显著降低项目LCOE，极大地提升“领跑者”基地品牌形象，成为推动我国能源转型升级的典型样本！

格尔木项目的成功并网，是在海西州、格尔木市政府及相关部门的大力支持下，阳光电源、三峡集团携手共建、合作共赢的成果。双方充分利用当地的自然资源禀赋，不断发挥各自在技术、管理、人才等方面的优势，从开发模式、技术方案、工程建设、运维管理等方面主动创新、资源共享，共同打造了我国新能源发展的“绿色名片”。据测算，项目全部投产后，预计每年可输出绿色电力约10亿度，减排二氧化碳近84万t，真正成为青海高原戈壁中的一片绿洲。

“领跑者”项目作为促进光伏行业技术进步、成本下降的示范平台，是引领产业升级的“加速器”。阳光电源此前已在山西大同、阳泉、山东济宁、安徽两淮等地斩获众多“领跑者”项目，积累了极为丰富的经验和技术。此次格尔木“领跑者”项目的成功并网，标志着阳光电源在光伏电站系统集成和全生命周期解决方案等方面取得了重大突破，将有助于引领中国光伏产业向价值链中高端迈进，为行业迈向平价上网、高质量发展积蓄动力。

2018阳光电源十大事件

- 阳光电源启用新LOGO，新标识更加轻盈简约、贴近客户，传递了阳光热情和科技动感。
- 阳光电源持续加大海外布局，印度工厂顺利投产，全年逆变器海外发货突破4GW。
- 阳光电源助推1500V发电技术，从第一批领跑者基地试点到第三批广泛应用；为国内单体规模最大的“互联网+”智慧能源示范项目提供独家解决方案。
- 阳光电源承建的青海格尔木500MW光伏领跑者项目顺利并网发电，为光伏发电平价上网提供典型示范。
- 储能业务全球发力，青海、山西、湖南等储能项目成功投运，美、日、德等海外市场成绩亮眼，公司储能业务连续两年位居中国第一。
- 阳光浮体2018全球装机容量排名第一。
- 阳光电动力高端乘用车电控产品发布，并成功配套吉利、奇瑞等一线车企，装车突破5万台。
- 阳光荣膺“2018年中国大陆创新企业百强”“中国专利优秀奖”“红点设计奖”，并入选“创业板50指数样本股”。
- 阳光电源光伏扶贫业务助力全国超30万贫困户、2200个贫困村走上脱贫致富路。
- 阳光商学院成立，为传播阳光文化、提升阳光人才卓越领导力提供平台。

2018光伏逆变器出口30强出炉 华为、阳光电源、锦浪科技位居前三

2018年度中国光伏逆变器出口数据已经统计完成。根据数据显示，2018年度我国逆变器出口额约为18.2亿美元(含光伏、风电、汽车电源等)。其中，光伏逆变器前30强企业占比为46.49%。

品牌企业市场占比变化不大 华为仍领跑

对比2017年出口额数据，前三甲中，华为成功卫冕，阳光电源始终保持坚挺，仍位列第二，锦浪科技跃进式冲入前三。

在出口金额上，华为仍以绝对优势领跑整个榜单，超过2.7亿美元占比14.89%，拉开第二位5.63%。位于第二位的阳光电源与第三位的锦浪科技总金额占比相差5.73%。

综合来看，前三甲的总体出口额占比变化不大，从2017年的27.77%下降至2018年的27.68%，幅度不大。

根据数据显示，从2018年1月份开始，出口额表现力同往常一样，逐渐增长，2月份以后，增长基本平稳。三、四、五月逐月增长，月度涨幅不到1%，真正的跨越式增长就是在2018年6月份。

“正因为国内出台了‘531’政策，让很多光伏企业将目光聚焦至海外市场，并且逐步的扩大份额。”业内人士分析说。

从数据上看，也基本印证了业内人士的这一观点。5月较比6月的出口额金额占比差距达到了1.71%。6月份开始，长达三个月的额度，维持在了全年的高位。9月份开始，虽然有所下降，但在10月份立即回升，11月份增长回6月份时占比水平。到了年底12月份时，出口额达到了全年的最高峰值约2.4亿美元占比13.38%，环比增长43.06%。

美国仍为逆变器第一大进口国

在进口国方面，排名变化不大。前四位排名与2017年一致，美国仍然保持第一的位置，以约4.07亿美元占比22.32%，同比下降了约1%，荷兰以约2.92亿美元占比16.01%，同比上升了约1%，印度以约1.55亿美元占比8.49%，澳大利亚占比4.76%。

排在第五位的为日本，从2017年的第七位提升至第五位，占比4.63%。第六位墨西哥占比4.57%、德国占比3.83%、巴西占比2.97%、中国香港占比2.50%、中国台湾占比2.32%、英国占比2.08%。其中，印度市场增幅高达431.31%。出口额前十的国家总占比为72.41%。

欧盟委员会发布2018年工业研发投资排行 中兴通讯名列全球百强

近日，欧盟委员会发布《2018年欧盟工业研发投资排行》，中兴通讯以18亿欧元研发投入名列第76名，居中国入围企业第六。此次调查面向全球2017会计年度研发投资额超过2500万欧元的2500家企业展开。中国共有11家企业跻身百强榜，仅次于美国（35家）、日本和德国（均为13家）。

中兴通讯一直以来坚持高强度研发投入。根据2018年第三季度财报，今年1~9月，其研发投入为85.26亿元人民币，占营业收入比例为14.5%，其中，第三季度研发投入为34.7亿元人民币，占营业收入比例为17.9%。

随着5G建设关键时期的到来，中兴通讯实施战略聚焦，强化主营业务与核心市场投入，加大5G、芯片等关键技术研发，不断提升主航道产品竞争力。在2018中国软件业务收入百强企业榜单中位列第二。连续三年蝉联全球创新企业百强，居中国榜单前三。

中兴通讯率先完成5G终端与系统NSA端到端调通

近日，中兴通讯顺利完成全球首个3.5GHz NSA组网方式的5G终端与系统网络端到端调通。该测试使用中兴通讯全球首款同时支持sub-6GHz和mmWave 5G主流频段的5G智能手机原型机，基于中兴通讯自主研发的5G NR基站和LTE核心网产品，标志着中兴通讯5G智能手机向商用完成重大一步。

作为行业具备完整5G端到端产品和方案能力的厂商之一，中兴通讯凭借在5G研发领域具备的技术优势，高效推进终端侧和系统侧的联调。继不久前完成全球首个符合3GPP独立组网规范（SA）的5G新空口数据连接之后，中兴通讯继续成功实现了5G承载业务建立，本次在NSA非独立组网下5G端到端的调通，充分体现了中兴通讯5G端到端的领先优势。

著名咨询机构Ovum发布的咨询报告称，在Massive MIMO、系列化基站、微波、承载、核心网和终端等5G六大产品系列中，严格意义上全球只有两家设备商能够提供完整的5G端到端解决方案，具有完整产品系列的规模优势，中兴通讯是其中之一。

目前，中兴通讯与全球20多家高端运营商开展5G合作和测试，并推动与上下游产业伙伴的广泛合作，不断拓展5G在物联网、车联网、智能家居、远程医疗、AR/VR等领域的应用实验，进一步加速5G网络商用和业务应用落地。中兴通讯也将于2019年上半年推出5G商用手机。

航嘉荣获2018联想供应商大奖“钻石奖”

2018年5月4日，以“驱动变革的力量”为主题的2018联想全球供应商大会在北京隆重举行。本次大会，航嘉再次荣获联想全球供应商大奖——“Diamond Award”钻石奖，这是航嘉2017/18年度继荣获华为、大疆优秀供应商之后的又一大奖。

“钻石奖”是联想为了表彰在品质、成本、技术、供应及售后服务等各方面表现卓越的供应商。本届大会，联想集团董事长兼CEO杨元庆率领集团高管与全球供应商代表共同出席这一盛会，分享联想愿景及战略目标，并就联想在智能创新和数字化转型等重要领域的关键策略，共商发展大计。

志成冠军参加第九届中国国际军民两用技术博览会

近日，广东志成冠军集团有限公司参加了第十三届中国重庆高新技术交易会暨第九届中国国际军民两用技术博览会。

军博会共分为展览展示、主题论坛和对接交易三大板块。较往届相比，国防与军队系统本次参展是历届展会中规模最大、参与度最高的一次。

展览展示方面，展会重点组织了军民融合领域的技术成果进行展览展示。既有以科技部、中科院、军队系统、军地高等院校及研究机构为主的军民两用技术创新成果展，也有民参军科技企业为主的国防工业支撑展、有关省（区、市）区域国防动员体系建设成果展、国防装备主题展和“一带一路”沿线国家特色项目展。

此次志成冠军集中展示了公司所研发的军民两用港口、海岛、船舶及海洋作业平台移动电源系统，该系统是为军用或民用和军民共用的海岛、码头、靠港船舶以及海洋作业平台提供不受电网干扰、稳压、稳频的电力供应的电源设备，具有可移动、可储能发电、电压频率制式可设定、可应急发电、可并机、可满足不同船只使用的特点。该设备系统采用先进的全数字控制技术，输出电压波形畸变率小，电源动稳态性能优越，具备完备的网络管理功能，并通过配合磷酸铁锂电池使用，实现不同用电负载供电的连续性和可靠性，且能够接入风能、光伏电能，配合内部的储能系统实现微电网的智能管理。该项目的开发对于加强海防建设、采取有效的防卫和管理措施、保卫领海安全、发展海洋经济、维护国家海洋权益，具有重大的战略意义。

科华恒盛全力保障港珠澳大桥电力运行安全

10月23日，世界最长跨海大桥——港珠澳大桥正式开通，厦门科华恒盛股份有限公司（以下简称科华恒盛）为其主体工程、珠海口岸安防及通关监管管理（含弱电系统）提供高可靠电源解决方案，全力保障港珠澳大桥电力运行安全。

港珠澳大桥

港珠澳大桥是连接香港、珠海和澳门的大型跨海通道，在促进香港、澳门和珠江三角洲西岸地区经济进一步发展具有重要战略意义。港珠澳大桥涵盖了路、桥、隧、岛等各项工程，总投资超1000亿元，是中国乃至世界交通业最具挑战性的超级工程项目之一。作为国家装备制造业、材料业的典型代表项目，港珠澳大桥集成了前端设计、材料、工程、装备等一系列产业链，代表了中国制造的集成实力。

最具挑战性的项目

科华恒盛参与的港珠澳大桥主体工程交通工程机电系统，是目前国内高速公路机电安装项目规模最大、技术最复杂、施工难度最大的项目，也是国内高速公路第一个采用系统集成模式招标的项目。

作为中国建设史上里程最长、投资最多、施工难度最大的跨海桥梁项目，港珠澳大桥工程从规划、设计到开工建设受到海内外广泛关注。项目的质量安全不仅影响着来往车行，更对世界桥梁工程发展具有重要意义，故大桥建设方在项目伊始即对桥梁工程质量提出了极为严格的要求。

品质的全面考验

该项目中，科华恒盛提供的高可靠电源解决方案部署在大桥的东、西两个人工岛变电站和口岸人工岛变电所。所供设备于高温、高湿、高腐蚀等恶劣环境下工作，这是对科华恒盛产品质量的一次全面考验。

科华恒盛交直流电源系统电源模块具备高可靠性、高效率特点；完善的蓄电池管理功能，可自动监测蓄电池的端电压、充、放电电流，电池温度补偿功能大大延长蓄电池的使用寿命；同时，具备强大的通信功能，可与计算机监控系统灵活通信。

凭借30年电力电子研发与制造经验，科华恒盛产品方案已成功应用于新疆克拉玛依高速公路、青藏铁路、拉日铁路、埃塞俄比亚铁路、北京地铁、三峡工程、西气东输、西昌发射中心、国家大火箭项目等国内外重大基础设施建设项目。

此次在设计使用寿命长达120年的超级工程——港珠澳大桥上得到应用，不仅为这座连接港珠澳三地的经济大动脉提供可靠的电力安全保障，也充分证明科华恒盛自主研发的智慧电能产品方案已获得行业公认，能够为桥梁工程提供高可靠的电能保障。

科华恒盛助力国家电投 让四川首座集中式光伏扶贫电站登上高原

近日，科华恒盛为四川省首座集中式光伏扶贫电站——国家电投四川阿坝州红原县若先20MW项目提供的逆变器系统解决方案正式并网发电，投入使用。该项目总投资为1.4亿元，将与另外四座阿坝州光伏扶贫电站共同助益贫困人口达14569人。

当“扶贫”遇上“光伏”

一次投入，可确保25年收益，能有效脱贫并避免返贫。作为精准扶贫工作的新途径和扩大光伏市场的新领域，光伏扶贫近年来受到国家、各地政府、社会各界的重视。一大批扶贫光伏电站建成发电，符合国家精准扶贫、精准脱贫以及清洁低碳能源发展战略的要求，同时兼具促进贫困人口稳定增收、扩大光伏发电市场双重效益。

国家能源局3月发布的《2018年能源工作指导意见》明确提出，将继续大力实施光伏扶贫三年行动计划，推进村级和集中式光伏扶贫电站建设，下达村级光伏扶贫电站规模约1500万kW，惠及约200万建档立卡贫困户，这意味着扶贫开发由“输血式扶贫”向“精准扶贫”的转变。

高原+光伏

项目所在红原县地处青藏高原东部，平均海拔3560m左右，环境恶劣。为确保电站稳定运行，保证极端环境下的发电量，科华恒盛提供了IP54高防护等级、适应高海拔、极寒等复杂环境的集中式集装箱解决方案，采用先进MPPT控制技术，最高转换效率超过99%。项目收益将全部用于扶贫，惠及红原县建档立卡贫困人口2436人，为促进藏区经济社会发展，保护藏区青山绿水，助力阿坝州打赢“十三五”脱贫攻坚战提供强有力的支撑。

科华恒盛一如既往地以高可靠、高效率的智能逆变系统解决方案，有力保障光伏电站关键逆变环节的顺畅有效运转。除集中式集装箱解决方案，科华恒盛根据应用环境地形、朝向、温湿度等因素，提供不同应用场景下定制化的3~80kW全功率段的组串式逆变器解决方案。凭借30年电力电子技术积淀以及优质的品质保障，科华恒盛获得国家电投、三峡、华电、中广核、葛洲坝、中电建、中能建以及鲁能等重要合作伙伴的信赖。

一举三得 为扶贫脱贫注入新活力

“十三五”以来，科华恒盛响应国家号召，积极开展光伏扶贫工作，先后为四川、安徽、河北、山西、山东、湖南等20余个扶贫光伏项目提供了不同的解决方案，累计装机容量近150MW，取得了带动群众脱贫致富、促进地方经济社会发展和推动能源领域供给侧结构性改革“一举三得”的效果。

光伏扶贫实现了农村用能方式的新突破，先行安装的农户在村子里起到了很好的宣传推广作用，随着商业盈利模式的日渐完善，将带动更多农民家庭发展建设家庭式光伏电站。在政策市场的双推动下，作为智能光伏生态圈的参与者，科华恒盛将继续贡献力量，以创新技术推进光伏产业发展，打好精准扶贫攻坚战。

易事特优质光伏发电工程助力清远高洞村精准脱贫

日前，清远市人大常委会党组书记、常务副主任曾贤林率副主任伍文超、秘书长张思成到清远高洞村视察光伏发电扶贫项目建设情况，该项目由易事特集团进行总包建设。

2017年清远市人大机关积极谋划高洞村精准扶贫工作，清远市人大常委会主要领导多次到英德市下太镇高洞村实地调研，与下太镇党政领导、高洞村委会领导干部和市人大机关驻村干部一起研究适合高洞村精准脱贫的帮扶项目，最终选定光伏发电作为高洞村的长期帮扶项目。

在项目筹备过程中，易事特集团积极协助清远市人大及当地村、镇领导做好项目选址与方案设计等工作。清远市人大常委会机关多方筹集资金共198万，帮助高洞村建成了光伏发电扶贫项目，为高洞村带来了稳定扶贫收益。利用光伏发电工程建设的机会，施工方对高洞小学的进校路面进行硬化，便利了高洞小学师生出入校园。

易事特集团是该项目的总包方，一直积极推动该项目的建设工作。项目于2017年9月开工，并于2017年12月完成并网验收进行并网发电。电站规模为230kW，设计年发电量约为30万度，预计年收入25万元。在建设过程中，项目得到了有关公司热心捐献和高洞村小学的大力支持和配合。

凭借丰富的光伏项目管理经验与强大的光伏技术实力，易事特集团保障了项目的如期竣工验收，同时也保障了项目的质量，使项目有稳定可观的发电量与收益。项目运行一个多月以来，虽然受今年冬季低温、广东阴雨天偏多的影响，但发电量仍超过2万度，约合收入1.7万元。

汇川技术与中纺机集团达成战略合作

近日，深圳市汇川技术股份有限公司（以下简称汇川技术）与中纺机集团签署战略合作协议。今后双方将基于已建立的良好合作，重点围绕棉纺体系在电气化，一体化，智能化，数字化等多维领域应用开展深入合作，推动纺织行业从传统机械制造向智能制造创新转变。

近年来，随着工业4.0进程加速，以纺织机械为代表的传统机械制造产业，向着更高端的信息、电气、自动化方向升级转变。

作为纺织装备行业的领军企业，中纺机集团自2016年起率先推进技术创新改革，“数字化棉纺车间”、节能环保染整装备、高速高产化纤装备等自动化工艺集成装备推陈出新，获得广泛认可，引领纺织市场工业自动化发展。

专注于自动化控制领域，汇川技术以前瞻性眼光布局纺织行业，为纺织装备生产企业提供完备的电子化、智能化工艺系统解决方案。应用独特的断电同步和电子成型技术，可以实现断电不断纱、不堆纱，晃电不停机等功能，提高纱线品质的同时，有效降低企业生产能耗、降低设备维护成本，让生产变得更轻松友好，助力下游企业利润的提升。

目前，汇川技术伺服系统、PLC、变频器以及专用控制系统在中纺机机械设备中得到广泛应用，并为梳棉机、并条机、粗纱机、细纱机等设备提供完备的智能化方案，提升了核心竞争力。

根据协议，今后中纺机集团与汇川技术将在纺织装备领域展开深度战略合作，充分发挥双方在各自领域的优势，强强合作，实现纺织装备行业在电气化，一体化，智能化，数字化方面的发展和突破。

中纺机集团领导表示，在传统机械行业寻求突破当下，双方不仅在业务上有着共同的追求，创新、协作、发展的观念更是双方的合作基石，相信未来双方的合作将会碰撞出更多的火花，助力中国智能纺织强国建设。

R&S 和华为成功测试 5G V2X 技术

2018年12月5日，慕尼黑/深圳/上海—— 5G的一个关键应用场景是超可靠的低延迟通信（URLLC）。URLLC技术将在未来实现自动驾驶，因此对于V2X通信至关重要。在华为和罗德与施瓦茨的联合项目中，一种用于无线IP传输的精密端到端延迟测量系统应用于5G V2X通信，用于移动汽车现场测试中的协同驾驶应用，试验证明每个传输的IP数据包的测量精度值低于2μs。传输的数据包含各种IP业务流，包括用于远程车辆操作的视频，LIDAR和控制数据（ITS消息）。两端的精确绝对时间同步来自两个独立的GPS接收器。

慕尼黑的V2X试验与远程自动驾驶控制项目有关，而上海的V2X测试则涉及对“车辆编队”的高效管理——其中许多车辆行进中通过V2X的实现彼此通信。在这一过程中，IP数据包从发射点到接收点的整个时延（包括发射器引起的时延、无线传输时延、接收机处的信号处理时延）需要得到精确测量。

由于延迟是5G的关键性能指标之一，对安全应用至关重要，因此这种测量可能成为未来认证测试的重要标准。

罗德与施瓦茨公司测试与测量全球执行副总裁 Andreas Pauly 表示：“我们很高兴与华为合作，为5G技术开发贡献我们的测试和测量专业知识。凭借在通信领域强大的全球影响力以及与合作伙伴的密切合作，罗德与施瓦茨致力于进一步将我们的创新测试和测量解决方案扩展到新的汽车应用领域。”

金升阳：“智造”电源精品

广州金升阳科技有限公司国内营销总监奉启珠先生接受记者采访：

作为一家集研发、生产、销售为一体的电源企业，广州金升阳科技有限公司通过20多年的发展，逐渐成为行业内极具领导地位的电源解决方案厂商。

尽管2018年受到政策及大环境等因素影响，市场行情总体呈下降趋势，但金升阳的营业额依旧以两位数的增速上涨。未来伴随着5G通信、AI、IOT等新兴行业的不断崛起，金升阳亦会配合行业的发展去开发相应的电源产品，以满足这些行业的需求。

谈到公司发展的动力，奉启珠先生表示，创新始终是金升阳持续发展的源动力。

金升阳目前建立了广州、武汉、长沙、西安四大研发中心，拥有350多人的研发团队，每年将约10%的营业额投入研发，年均开发新品型号超过440项。

面对市场的高标准和高要求，金升阳针对光伏发电环节，攻克了超宽范围高压设计难题，推出了DC200~1500V超宽范围高压输入的15~200W PV系列电源。同时对于汽车行业，其定电压产品CF0505XT-1WR3在汽车体系IATF16949的严格管控下进行生产，产品符合AEC-Q100汽车级标准。

从奉总的谈话中了解到，金升阳为工控、能源、电力、汽车电子、物联网等行业提供一站式电源解决方案，以2~3年的频率维持技术创新确保先进的技术，着眼于新兴产业的突破，解决客户的痛点。

在本次慕尼黑上海展上，金升阳为客户带来了其近期上市的优势产品。主要有4大系列：AC-DC机壳开关电源、R3系列DC-DC电源模块、高性价比AC-DC电源模块以及自主研发的集成电路芯片系列（ICs）。

金升阳35~350W的AC-DC机壳开关电源，隔离电压从一般要求的AC2500V提升至AC4000V，工作温度可低至-30℃，且满足5000M海拔应用，广泛适用于工控、智能安防、智能电网和物联网等领域。

同时其高性价比LDE/LHE系列产品，功率段覆盖2~60W，通过自主研发的集成电路技术使体积减小20%，同时较大幅度地提升产品性能，容性负载能力达5600μF，适用于EMC要求较高的环境。

还有在业内极具优势的定压R3系列产品，采用自主IC技术，解耦了电源持续短路保护、容性负载和启动能力之间的相互制衡，同时做到相应性能的提升，解决了该行业中的几十年都没有突破的难题。

对于集成电路芯片（ICs），奉启珠先生说道，金升阳研发IC长达6年之久，目前产品线包括AC-DC电源控制芯片、DC-DC电源控制芯片、RS-485接口芯片、电源辅助启动芯片等。依托针对性的专业化设计，金升阳的芯片在性能优化更符合电源及信号接口的运用，能让设计方案达到更优的效果。

先控电气UPS电源在地面为“北斗”保驾护航

北斗卫星导航系统作为国家重大信息基础设施，在国计民生、国防建设的重点领域发挥着重要作用，北斗系统开通服务以来，运行稳定可靠，目前系统用户数量已有数千万，取得了显著的经济和社会效益，将在国家“一带一路”、军民融合战略中发挥重要作用。

先控CMS系列UPS电源成功运用到武警部队北斗卫星运控系统项目中，为进一步促进该系统空间段、地面段和用户段无缝链接提供高效可靠的供电保障。

此次，先控为北斗卫星运控系统项目提供的有：12套CMS-500kVA、12套CMS-150kVA、8套CMS-400kVA、4套CMS-600kVA、4套CMS-200kVA UPS电源系统。此次提供的CMS系列模块化UPS产品是公司遵循“节能、绿色、环保”的概念而推向市场的一款高端模块化UPS电源系统，该产品采用先进的IGBT整流技术及DSP控制技术，可以降低输入电流谐波，且受负载的影响很小，使UPS输入电流波形真正的达到了正弦波形，它还提高了功率因数，对电网表现为近似于纯阻性负载，有效地减小了对电网的污染。该模块化UPS相对于普通传统UPS来说，效率提高了4%左右，将UPS的自身损耗降低，使其真正地成为绿色、节能电源。

未来，先控电气将不遗余力为北斗全球系统建设提供电力支持，届时实现系统全球基本导航、星基增强、位置报告、生命救援和三频（甚至四频）导航信号服务能力，全面实现我国卫星导航“三步走”战略目标。

英飞凌签约海尔 联手家电智能制造

2018年11月6日，英飞凌科技（简称“英飞凌”）与海尔家电产业集团（简称“海尔”）在中国国际进口博览会现场签署了《战略合作谅解备忘录》。计划于未来三年内，英飞凌继续为海尔提供具备领先技术和高性能的半导体产品，共同“擦亮”家电智能制造的中国名片。

此次《战略合作谅解备忘录》的签署标志着全球两大知名企业战略合作的新突破。作为全球领先的半导体公司，英飞凌的半导体产品和解决方案广泛应用在智能汽车、智慧城市、智能家居、智能工厂等领域。而海尔是全球最大的大型白色家电制造企业，也是家电领域智慧生态的倡导者和构建者，更是全球家电领域的重要力量之一。双方携手，强强联合必将推动全球家电生态链的繁荣发展。

英飞凌科技大中华区总裁苏华博士表示：“海尔是中国家电行业的龙头企业，是‘中国制造’走向世界的一张名片。英飞凌与海尔在过去一直有持续和深入的合作关系，本次签约将双方的合作伙伴关系提升到了战略合作层面，也将推动英飞凌家电生态圈的建设。”

协议约定，英飞凌将提供具有领先技术的高性能产品，主要是智能功率模块（IPM），这一模块广泛应用于冰箱、洗衣机和空调等家电产品中。英飞凌的功率半导体结束了家电一旦开机只能全速运行的时代，实现了节能、高效和环保。未来，变频技术将成为家用电器的标配。

“英飞凌是全球领先的半导体公司之一，也是海尔长期以来的合作伙伴，双方签约是强强联手。英飞凌在家电领域的领先科技，将帮助海尔巩固技术和产品优势，持续为消费者创造更节能、更高效、更环保的家电产品。”海尔家电产业集团采购总经理樊华说。

英威腾与跨国巨头抢食 海外市场收入增长27%

工业自动化竞争已经进入充分市场竞争时代，作为国内变频器行业的代表，英威腾（002334）在过去的2018年对此体会更为深刻。

在与跨国巨头之间你死我活的竞争中，英威腾依靠不断加大研发投入，在去年这场异常惨烈的竞争中保住了自己的市场份额，同时在海外市场实现27%的收入增长。

与跨国巨头抢食

2018年，全球经济可以说哀鸿遍野，各行各业都感受到了冷彻的“寒风”，不少上市公司的收入都受到不同程度的影响。

作为国内变频器行业龙头企业之一的英威腾也不例外。2018年实现收入22.28亿元，同比增长4.98%；归母公司净利2.24亿元，下滑了0.74%。

英威腾表示，公司能在与外资品牌的激烈竞争中占据有利位置，在多个细分领域领先竞争对手，并在去年能实现收入小幅增长和利润微幅下滑的秘诀，是公司多年来持续苦练内功，创造新的利润增长点所致。

工业自动化业务板块，公司通过解决方案抢占外资品牌市场份额，取得较好增长。

网络能源板块，公司模块化UPS电源产品连续三年在中国市场国内品牌占有率连续列居行业前两位，品牌高端化得到行业及市场认可。英威腾光伏是中国十大分布式逆变器品牌，广东省自主创新100强企业。

值得一提的是，轨道交通业务。英威腾是国内除中车集团以外的第一个也是唯一的通过完全自主研发发展起来的轨道交通车辆牵引系统供应商，具备市场参与的完整资质。去年深圳九号线西延线牵引系统已陆续按合同约定如期交付，这是深圳地铁首次运用深圳本地自主研发制造的轨道交通核心装备。

海外业务收入增长27%

工业自动化竞争早已经进入全球竞争时代，英威腾对此有深刻的认识，很早开始全球布局。这一战略在近年来取得明显成效。

该公司2018年业绩快报显示，2018年，公司来自海外的收入共有5.66亿元，同比增幅达27.47%。海外收入对公司总收入的贡献占到四分之一。

英威腾官网显示，目前公司拥有8个海外分支机构，营销网络遍布全球60多个国家和地区。

竞争密码：加大研发投入

中兴通讯被“卡脖子”的事件，给长期忽视原创性自主研发的国内企业上了一场生动的教育课。

在市场中体会到与跨国巨头竞争残酷性的英威腾，很早就开始发力研发。

2018年，英威腾共投入研发2.59亿元，占总营收的11.62%，跟全年净利润相当。2014~2018年的五年间，公司研发投入总金额为9.08亿元，占同期总营收的11.6%。研发人员从2014年的827人，增至如今的1357人，五年时间增长了64%。

重金搞研发，英威腾也得到回报。目前，公司已掌握了变频器、伺服系统、牵引系统等产品的核心技术；国家火炬计划重点高新技术企业、低压变频器国家标准起草单位；拥有深圳市第一个变频器工程技术研究中心；有多项关键技术储备，公司研发的自主化轨道交通车辆牵引系统可参与国内外的项目投标，进一步成为公司实施进口替代的有力武器。

仅2018年，公司完成专利申报165项，其中申报发明51项、实用新型78项、外观专利36项、软件备案14项。公司累计拥有有效授权专利805项，其中发明专利216项、实用新型408项、外观专利181项；软件著作权备案221项，即获得有效知识产权1026项。

与跨国巨头共舞，不拥有核心专利，赚的只能是苦力钱。英威腾显然已经摆脱或者正在摆脱这种局面。

欧陆通获批设立博士后创新实践基地

公司于近日收到深圳市人力资源和社会保障局颁发的“博士后创新实践基地”牌匾和通知，公司获批设立博士后创新实践基地。

公司获批设立博士后创新实践基地，是公司长期坚持技术创新、重视研究开发的成果，将推动公司与高校、科研院所的合作，为公司引进高层次技术人才、培养和提升科研能力创造条件。公司将以此为契机，抓紧部署博士后实践创新基地的各项工作，充分利用博士后创新实践基地平台和产学研合作机会，促进科研成果转化，提升公司市场竞争力，为推动科技进步和社会经济发展做出贡献。

爱科赛博参与主编的三项低压电能产品团体标准正式实施

2018年6月6日，西安爱科赛博电气股份有限公司参与主要编制的《T/CPSS 1001—2018 低压配电网有源不平衡补偿装置》、《T/CPSS 1002—2018 低压有源电力滤波装置》、《T/CPSS 1003—2018 低压静止无功发生器》三项团体标准，由中国电源学会正式批准发布。三项团标均达到业界先进水平，对于完善电能质量行业标准、提升行业产品质量等方面具有积极意义。

《T/CPSS 1001—2018 低压配电网有源不平衡补偿装置》是针对有源型不平衡补偿装置制定的专项标准，详细规范了低压配电网有源不平衡补偿装置运行过程中的使用条件、功能要求、技术要求以及试验方法等，填补了国内该领域空白。

《T/CPSS 1002—2018 低压有源电力滤波装置》和《T/CPSS 1003—2018 低压静止无功发生器》对于APF和SVG产品的各项性能指标、测试规范等进行了统一定义，对促进电能质量行业迈向高标准、高质量的快速健康发展有着积极推动作用和指导意义。

爱科赛博持续专注于电力电子功率变换和控制领域的研发创新，掌握了电力电子功率变换和控制领域相关的自主知识产权核心技术，先后参与国家和行业标准制定21项，两次荣获国家科技进步二等奖。公司将继续秉承“洁净电能、绿色地球”的使命，持续为客户提供创新产品和解决方案，提升技术和产品的竞争力，创建一流中国品牌。

禾望电气内蒙古深能源义和风电场（一期）100台东汽机组涉网特性改造项目顺利完成

2018年下半年，禾望赶在枯风季节顺利完成了在内蒙古深能源开鲁义和风电场（一期）全部机组的高电压穿越以及一次调频、无功调压功能的改造。

本次禾望主要负责100台变流器的改造，并对其硬件和软件方面的控制、检测、通信方式等进行技术改造。在该项目中，禾望需要保证机组原有的电网适应性等并网性能及原有的低电压穿越能力，且在不影响风电机组的正常、安全运行的前提下，实现机组的高电压穿越功能，并满足国家相关标准及《风电机组高电压穿越能力测试规程（申报稿）》规定的 1.3 倍高穿要求。同时，由于机组运行年限较久，原变流器一些信号线缆已出现老化现象，因此也需要对老化的线缆进行更换。

为了抢抓发电量，保证百台机组在这短暂的枯风期内顺利完成高穿技改，禾望现场人员保证质量的同时抓紧一切时间高效工作。在现场业主的支持配合下，现场人员充分发扬禾望艰苦奋斗的优良作风，提前完成了技改任务。

技改后的机组不仅能够获得最佳发电效率和发电质量，并在一定程度上降低机组变流器的故障率，使机组稳定可靠地并网运行，产品和现场人员优异的表现共同赢得了客户的好评与信赖。

安泰科技、安泰环境与住友商事共同出席中日节能环保论坛签署战略合作备忘录

11 月 25 日，由中国国家发展改革委、商务部与日本经济产业省、日中经济协会共同举办的第十二届中日节能环保综合论坛在国家会议中心举行。国家发展改革委主任何立峰、商务部副部长钱克明，日本经济产业省大臣世耕弘成、日中经济协会会长宗冈正二等出席论坛并分别发表演讲，国家发展改革委副主任张勇主持。

安泰科技总裁助理兼战略发展部总经理陈哲先生，安泰环境总经理顾虎先生应邀出席论坛，并在中日两国产业经济主管领导的见证下，安泰科技、安泰环境与住友商事（中国）有限公司签署战略合作备忘录。三方建立在氢能领域中的全球合作伙伴关系，将在氢能的制造、运输、储运、利用等领域开展重点合作，推动今后在中国国内以及第三国市场的紧密合作。发展氢能及燃料电池业务是安泰环境重要战略方向之一，通过建立合作和交流机制，有利于公司氢能及燃料电池团队向氢能商业化发展较快的日本学习，抓住中国氢能产业快速发展的机会，加快推进公司的氢能战略实施。

发展氢能经济是中日两国政府高度关注的话题，此次合作也受到日本经济产业省的重视，日本经济产业省希望三方借由企业间的互动和合作，推进两国官方在氢能领域的交流和发展。

中日节能环保综合论坛是经国务院批准的综合性论坛，2006 年至今已成功举办十二届，为两国企业、研究机构和政府部门在节能环保领域搭建了重要合作平台。本届论坛中，来自中日两国约 800 名参会代表围绕构建节能技术创新体系、循环经济、汽车电动化智能化、洁净煤技术与火力发电、中日长期贸易等多个议题展开交流探讨。论坛期间中日双方共签署了涉及节能与新能源开发、污染防治、循环经济、应对气候变化、智慧城市、第三方市场等领域的 24 个合作项目。

中电博微为“轨道交通”建设添砖加瓦

近日，安徽博微智能电气有限公司电力电子事业部发来捷报：中电博微成功交付新建深圳至茂名铁路江门至茂名段全线项目，为高铁运行保驾护航。

近年来，高铁项目的不断发展，交通拥堵问题不断的得到改善，政府基础设施的建设不断提高，为广大人民群众提供便捷化，快速化，安全化的轨道交通。

在新建深圳至茂名铁路江门至茂名段全线项目中，安徽博微智能电气有限公司作为 UPS 模块机供应商，提供了功率 50K 至 200KUPS 10 台，电池近千节，并且提供了设计方案，设备选型以及后期服务等一整套性能卓越，品质优异的解决方案。

本次提供的全部产品和方案均由安徽博微智能电气有限公司自主研发设计，安徽博微智能电气有限公司致力于模块化 UPS 产品的研发与应用，通过精确把脉新一代数据中心的特征，形成一整套性能卓越，品质优异的系统解决方案，产品广泛应用于轨道交通，智慧城市，智慧医疗，平安城市等领域。为我国科技创新及产业发展不断贡献力量。

格力斩获 3 项纽伦堡发明金奖

近日，第 70 届德国纽伦堡国际发明展在德国举行，格力电器凭借自主研发的创新产品一举斩获 3 项发明金奖，充分展示了其发明创造能力和国际领先的科技实力。

德国纽伦堡国际发明展由国际发明协会（IFIA）、德国专利商标局、德国发明协会等官方机构联合举办，是世界四大发明展之一，也是世界上最负盛名、历史最悠久、评奖最严格的国际发明展之一。本次展会云集来自全球数十个国家和地区的 700 多个项目，高性能伺服电动机、永磁同步变频变容螺杆式冷水机组、面向多联机的 CAN^+ 通信技术研究及应用 3 大项目参展，并获得 3 项金奖。

作为工业机器人控制系统中的执行元件，伺服系统是机器人三大核心零部件之一，是整个工业机器人的“心脏”。据了解，格力自主研发的高性能伺服电动机采用独特的定子铁心结构，拥有制动器与电机端盖一体化设计等多项独有核心技术，其功率密度、过载能力等性能指标均已达到“国际领先水平”。采用该伺服电动机的工业机器人体积可缩小 20%，循环时间可缩短 10%。格力高性能伺服电动机有效地促进了机器人的小型化及轻量化，极大地提高了我国机器人的市场竞争力。

格力自主研发的永磁同步变频变容螺杆式冷水机组实现了全工况范围内高效运行，在 AHRI 工况下部分负荷综合性能系数可达到（IPLV）11.36，比传统螺杆式冷水机组节能 40%。按 500 台 300RT 螺杆机组每天工作 8 小时，工作 1 个冷冻季的耗电量计算，使用该机组每年耗电量可减少 6552 万 kW · h，标准煤消耗量可节省 26210t。永磁同步变频变容螺杆式冷水机组已于 2018 年 5 月被鉴定为“国际领先”，可广泛应用于大型公建、交通运输、数据中心、工业生产、国防核电等领域，为全国、全世界的节能减排事业做出巨大贡献。

据介绍，此次获奖的面向多联机的 CAN^+ 通信技术研究及应用首次将 CAN 通信技术与多联机技术结合，形成全面革新性的通信技术——CAN^+，实现了对多联机通信和控制系统的颠覆性突破，开创了多联机的“多主结构”时代，大幅提升了系统的实时性、可靠性和可扩展性。项目研发

了“层次化的多联机 CAN⁺通信网络”、“CAN⁺自适应组网技术”及“多联机 CAN⁺通信应用层协议”等核心技术，形成了应用于多联机的 CAN⁺通信技术。

该项目的成功应用解决了传统多联机通信稳定性差，易受干扰，可扩展性差，新设备接入困难等问题，为多联机的快速发展提供了最底层的支持，早在 2017 年 9 月就获得“国际领先”技术认定。

动力源荣登 2018 北京民营企业科技创新百强榜

10 月 19 日，2018 北京民营企业百强发布会在雁栖湖国际会展中心举行，各项百强名单也随之揭晓，百度、华为、京东、动力源等百家企业，凭借在技术、产品、商业模式以及基础技术研究等多个领域上的独特创新成果，成功获得“2018 年北京民营企业科技创新百强创新企业”殊荣，动力源位列榜单 39 名。

会上除了发布“北京民营企业百强”榜单外，市工商联与工商银行北京分行、国开行北京分行、中关村银行还分别签署了合作协议，协议将在未来三年内为百强民营企业提供优惠的综合金融服务及保障。

航天柏克牵手蒙牛

卓越的 IT 基础设施及电能质量服务商航天柏克（广东）科技有限公司（以下简称航天柏克）一直关注工业领域新理论、新技术的发展情况，并针对智慧工厂、智能生产不断研制高可靠、高效率的电源产品方案，确保工业领域电力的稳定可靠。近日，高端民族电源品牌“柏克 BAYKEE”旗下工业行业安全供电解决方案再获首肯，成功进驻保定蒙牛，为其厂房应急照明灯具、超高温瞬时灭菌系统等设备提供安全节能的后备电力供应。这是继航天柏克成功为蒙牛集团银川基地、唐山基地、衡水基地、滦南基地、清远基地等安全生产保驾护航后，再度淋漓展现“柏克技术·航天动力”之高端民族电源品牌内涵。

“民族的，就是世界的”——蒙牛正式成为 2018 FIFA 世界杯全球官方赞助商，这是国际足联在全球赞助商级别首次合作的乳品品牌，也是中国食品饮料行业成为世界杯全球赞助商的第一个品牌；蒙牛连续 10 余年牵手 NBA、博鳌等国际平台，连续 15 年用高品质的产品为中国航天提供营养支持。截至 2017 年 12 月，蒙牛根据市场潜力及产品策略布局产能，在全国建立了 38 个生产基地，新西兰海外 1 个基地，年产能合 922 万 t。2017 年，蒙牛实现收入 601.56 亿元，高端 UHT 奶、低温酸奶份额保持领先。

据悉，含乳制饮料在进行特灌装之前，需要超高温列管式杀菌机对其进行超高温瞬时杀菌，杀菌温度一般需要 125~137℃。由于含乳制饮料含有蛋白质、淀粉等丰富的营养物质，该类物质在加热杀菌过程中会出现结焦、糊化，突然断电会导致列管糊管，因而需要给软水系统水泵配置安全可靠的后备应急供电设备。基于保定蒙牛厂房应急照明灯具、列管式超高温瞬时灭菌机软水系统水泵等配套设备负载特征描述，航天柏克专家团队为其选配大功率动力型 EPS 电源为核心的工业行业安全供电解决方案，获得用户高度认可。此次应用于保定蒙牛的航天柏克动力型 EPS 电源，切换时间小于 1.8ms，能在市电停电后迅速启动，保障列管式超高温瞬时灭菌系统的安全停止，有效降低工序停机的物料损失，有力保证安全生产；此外，航天柏克 EPS 应急电源智能化的保护功能，超强的环境适应性，在高温、粉尘等恶劣工业环境下仍能发挥优异性能，确保设备高效稳定运行，为安全生产保驾护航。

面对工业领域，航天柏克创新型解决方案颇多：工业电能质量管理解决方案、工业大型设备安全供电解决方案及工业 IT 基础设施整体解决方案，灵活配置、丰富经验、稳定可靠。航天柏克先后服务于中石化、中海油、神华集团、冀中能源、八一钢铁、沙钢集团、凤铝铝材等众多工业领域用户，确保工业的基础设施与关键系统的高可用性。

近日，华耀公司“大型运输机低谐波高功率密度多脉冲整流电源”项目荣获第四届中国电源学会科技进步奖技术开发类二等奖。公司项目组代表应邀参加了中国电源学会学术年会及授奖仪式。

该项目产品开发应用以来，陆续取得了丰硕的创新成果。2013~2016 年间，获安徽省新产品鉴定、安徽省科技成果认定、安徽省科技进步三等奖。项目历经 5 次方案优化和评审，攻克了几十个技术难题，填补我国飞机和机载设备电源领域的空白。2017 年，该项目再度通过全国电源专业领域资深专家严格评审，总体技术水平和主要技术经济指标居国内领先，取得了良好的社会、环境和经济效益，在国内电源技术领域做出了较大贡献。

中国电源学会是国家一级学会，也是目前国内电源行业唯一的全国性行业组织。中国电源学会科技进步奖是由国家批准，在全国范围内评选的科技奖励。

科梁助力湖北电科院电网仿真分析项目

经过为期两年的合作与联合开发，科梁与湖北省电力科学研究院技术合作项目“国网湖北研究院高压电气设备动态测试装置”目前已顺利验收。验收专家组听取了项目工作内容的汇报，参观测试装置性能演示，并进行了质询。经认真讨论，专家组认为：项目提交的验收资料完整、规范，符合项目验收要求，予以顺利验收并给予高度评价。

在该项目中，科梁公司的工程师们利用湖北省公司已有电网基础数据资源，建立了湖北省交直流电网电磁暂态仿真模型。基于现场设备故障分析与电网恢复检修的实际需求，结合 Hypersim 及 RT-LAB 软硬件仿真平台，建立了换流站整站、临近变电站及周边近区的交直流电网全一次设备模型，实现了事前全一次设备建模，事后在较大范围网络区域进行电磁暂态故障过程模拟。该项目模型在实际工程调试或事故分析中实现应用，仿真模型的可靠性经过实际工程检验，使用上述模型指导工程实现电网过电压相关故障诊断，变压器直流偏磁影响分析，仿真结果符合工程实际。

德国艾思玛与比亚迪将共同在第三方市场加强储能合作

德国艾思玛太阳能技术股份公司（SMA）30 日宣布与中国比亚迪公司共同在美国、非洲等第三方市场加强储能领域合作。

根据艾思玛公司当天发布的新闻公报，艾思玛与比亚迪日前在深圳签署谅解备忘录，将双方的战略合作伙伴关系由目前的欧洲和亚太市场向美国、非洲等第三方市场拓展。具体来看，双方将共同开发和销售面向私营和工业部门的储能解决方案，还将为客户提供个性化的储能解决方案。

根据太阳能工业协会（SEIA）9月份发布的报告，今年第二季度，美国市场新增光伏装机容量为2.3GW，至此美国光伏装机总容量增至58.3GW，预计未来5年有望翻番。

比亚迪相关负责人表示，美国拥有巨大的市场潜力，希望与SMA一起为美国客户提供满足所有储能要求的完整解决方案。

艾思玛公司相关负责人表示，比亚迪是全球领先的锂电池和储能系统供应商之一。经过多年的成功合作，艾思玛与比亚迪此次扩大合作伙伴关系是为了向国际客户提供完整的系统解决方案，包括基于艾思玛的新能源管理平台ennexOS，将光伏系统的运营商与光伏发电、储能及其他能源部门更好地结合起来。

艾思玛公司成立于1981年，总部位于德国卡塞尔，是全球领先的专业逆变器生产供应商，法兰克福证券交易所SDAX指数成分股，主要产品包含并网、离网、储能光伏逆变器及相应的发电、通信设备。艾思玛与比亚迪的合作始于2015年。

回天新材再获深交所上市公司信息披露考评A类评级

日前，2017年度深市上市公司信息披露考核结果公布，回天新材继2016年度信息披露考评获A类（优秀）评级后，再次获得2017年度信息披露考评A类（优秀）评级。这是回天新材自上市以来首次连续两年获得此荣誉，是对该公司信息披露质量和规范运作水平提升的充分肯定，随着监管机构对上市公司信息披露监管力度的日益加强，这一荣誉的取得难能可贵。

深交所上市公司信息披露考核工作是对上市公司全年信息披露质量和效率、规范运作水平综合考核的结果。在中国证监会领导下，深交所坚持依法全面从严监管，推进行业监管，深化分类监管，加大上市公司信息披露一线监管力度，持续完善上市公司信息披露“光荣榜”和“黑名单”。

据悉，深市参加考核的2089家上市公司中，考核结果为A（优秀）的上市公司共计375家，占比仅为17.95%，较上年度下降2.22个百分点；考核结果为B（良好）的上市公司占比66.11%；考核结果为C（合格）和D（不合格）的公司比例由上年的14.45%上升到15.94%。其中，创业板710家上市公司中，考核结果为A（优秀）的公司116家，仅占参加考核创业板上市公司总数的16.34%。

作为国内胶黏剂龙头企业，回天新材也表示，公司将会不断提高信息披露质量和效率，进一步强化自律意识、合规意识、诚信意识，增强与投资者的交流，以真实、准确、完整、及时、公平的信息披露切实维护投资者特别是中小投资者的合法权益，为提升公司资本市场优秀形象、推动胶粘剂行业健康发展发挥更大的作用。

近日，回天新材也发布了2018年上半年度业绩预告，公告显示，2018年上半年，回天新材盈利：8704.74万～10155.53万元，较上年同期增长20%～40%。

固德威“苏州市双向储能逆变器重点实验室”顺利通过验收

2018年9月27日，受苏州市科技局委托，苏州高新区科创局组织相关专家召开了江苏固德威电源科技股份有限公司（以下简称“固德威”）承担的2015年苏州市科技基础设施建设计划“苏州市双向储能逆变器重点实验室”项目验收会。

固德威全面介绍了实验室建设期在平台建设，科学研究，队伍建设，开放与合作等方面的情况，与会专家对实验室建设汇报材料进行了认真的审阅和质询，并现场查勘了实验室建设情况，认定重点实验室项目已完成了规定的各项指标和任务，一致同意实验室通过验收。

苏州市双向储能逆变器重点实验室于2015年经苏州市科技局批准筹建，依托单位为固德威。固德威总经理、上海新能源行业协会光伏专家委员会装备组专家黄敏担任实验室主任，目前公司专职研发工作人员共200余人，申请专利100余项。

苏州市双向储能逆变器重点实验室通过在储能逆变器发电与储能、并网/离网转换、主电路与控制电路、产品结构与体积、软件控制等方向进行突破性研究。主要研发储能逆变器拓扑结构、能量双向流动电路结构、驱动电路结构、三相并机、LLC软开关技术、同步整流技术等。使储能逆变器产品具有能量双向流动、并网发电、离网不间断供电、电池满载充放电、高功率密度性能、高集成度、高转化效率、易散热体积小等特性。从而突破了太阳能发电应用瓶颈，解决了电网消纳问题，同时降低了供电成本，提高了电力系统运行的稳定性。实现了可再生能源的持续应用目的，尤其是家庭用电可不依赖于国家电网，完全实现用电自给自足。

苏州市双向储能逆变器重点实验室立志于通过项目实施，培养一支集科研、设计和产品开发、技术管理及产业化开发于一体的复合型人才队伍，推进国家储并网逆变器研发水平的提高，缩短与国际先进水平的差距，逐步拥有自主知识产权的专利产品，通过技术辐射，服务于全国乃至于全球的储并网逆变器产业发展。

超特科技入围政府节能采购清单

超特科技响应国家环保工作会议的部署和要求，围绕“节能降耗、科技发展”这一主题，认真开展产品的节能减排研发，旗下产品入围政府节能采购清单。

超特科技一直牢记自己的企业使命：追求卓越、服务社会，为广大客户提供安全与性能、节能环保与低碳的机房一体化服务。

伊戈尔控股沐磁科技 布局新能源产业链

2018年以来，伊戈尔上市以后前进的脚步并未停歇，除了巩固原有业务外，还向高频磁性功率器件产品和技术领域做了延伸，进一步扩大业务版图。作为一家专注于消费及工业领域用电源及电源组件产品的研发、生产及销售的厂商，伊戈尔产品广泛应用于消费及工业领域的各类电子电器、电气设备。目前，公司产品主要集中应用于节能、高效、前景广阔的照明、工业自动化及清洁能源行业。

2018年上半年，伊戈尔在欧洲市场和日本市场对LED驱动电源产品进行了有针对性的开拓，进行销售渠道建设，已经开发了一批LED驱动电源代理商。公司通过代理商模式，提高伊戈尔自有品牌产品的市场知名度和影响力，提升了自有品牌市场占有率和竞争力。

值得注意的是，在巩固原有业务以外。2018年上半年，伊戈尔还收购了深圳市沐磁科技有限公司（已更名为深圳市伊戈尔沐磁科技有限公司）70%的股权，进一步加强了公司在高频磁性功率器件方面的研发力量。

收购沐磁布局新能源行业

据了解，沐磁科技主要从事高频磁性功率器件的技术和产品研发及市场推广，产品和技术主要应用于光伏发电、电动汽车、充电桩等领域。沐磁科技创始人为中国功率磁元件技术具有行业影响力的知名专家邵革良博士，长期从事电力电子变换技术、功率磁元件技术的研发。曾经组建和领导的日本田村制作所上海技术研发中心，在变频空调领域，通过与日本大金空调和中国格力空调等国内外龙头企业的技术合作，利用世界先进的功率磁元件技术实现并推动了变频空调的电流谐波控制技术向高频化发展；在新能源光伏发电领域，将磁集成技术、混合磁路技术、大功率立绕技术等行业领先的磁元件技术应用于光伏逆变器，并由此带动了中国新能源功率变换技术领域整个上下游产业的蓬勃发展，推动我国光伏逆变器技术走向国际一流水平。

沐磁科技创始人在与众多的国际一流研发团队长期科技合作中，形成了一整套的国际化产品研发技术路线，特别是在大功率开关电源及其功率磁元件技术领域，积累了大量的技术，曾完成电源及磁技术等领域多国专利申请50余项，并已取得10项国家发明专利授权。在创办沐磁科技以来，进一步拓展了原有的技术空间和深度，推出了更为先进的环形立绕功率电感器等新产品。

当前沐磁科技具有代表性的核心技术有：功率磁集成技术、混合磁路技术、磁元件电磁兼容技术、电感L-I Trimming技术、G2代磁环立绕电感技术、超大宽厚比立绕技术、高功率密度立绕平板变压器技术、抗饱和共模电感技术等一系列行业先进技术。这些功率磁元件新技术在沐磁技术研发中心落地生根，成为沐磁科技的产品核心竞争力。

公司将高频类产品和电动汽车相关行业作为公司未来业务增长的主要产品和业务发展方向，沐磁科技作为公司目前唯一设立在异地的研发机构，在吸引高端研发人员上奠定了基础。同时为了配合高频磁性功率器件产品的产能落地，公司还将利用在江西吉安投资设立的全资子公司从事相关产品的生产制造。

今年10月18日，有投资者在互动易上询问伊戈尔新能源汽车电源产品的研制情况时，企业表示：“目前公司正在积极配合客户研发新能源汽车电源中的核心部件——高频功率磁元件产品，该类产品的优势主要在于：采用业界最先进的磁元件技术，使产品具备更好的性价比、更高的功率密度，同时符合车规品质的自动化、数字化制造能力。车载产品从开发到投产，具有一定的周期跨度，我们正按计划进行中。”如此可以看出，伊戈尔对沐磁技术的领先性以及新能源的未来充满信心。

技术研发与产能提升同步前行

据了解，伊戈尔的高频磁性器件的技术研发方向和产业布局，重点聚焦在光伏与储能、新能源汽车与充电桩、通信与云计算三大应用领域，产品覆盖电感、变压器、共模电感三大类型，定位于上述应用领域的功率变换电源中的核心磁元件：高频功率电感、高频功率变压器、大电流高功率密度的共模电感。这些新产品的共同特点，就是应用功率磁元件的最新技术，大幅提升磁元件的功率密度，使得所研发出的新产品，具有更小的体积、更低的发热量和相对更低的产品制造成本。

据介绍，在各种高科技电气产品应用中，能源转换是其中一个重要环节，高频功率产品的应用可以带来产品的小型化、轻型化、高密度化以及更高的效率，但高频功率产品往往会产生更高的发热量、更大的电磁干扰等问题，因此如何将通过合理的技术开发实现两者更协调成了技术难点，沐磁在磁功率器件的研发已经有了足够的积累。伴随着伊戈尔高频磁性器件事业部具有智能化、数字化、自动化的新规划生产线的投入运行，这些新产品的市场竞争力将得到进一步提升。

据悉，企业高频磁性器件产品相关的募投项目实施进展顺利，预计2018年年末主体工程将完成，2019年年中可以达产。以此来看，伊戈尔将继续坚守主业，利用资本运作、对外合作等多种方式实现产业链延伸做更大的突破。

伊顿微电网能源系统完整解决方案助力能源转型

近年来，微电网在能源转型中作用渐显。微电网是由分布式电源、储能装置、能量转换装置、相关负荷和监控、保护装置汇集而成的小型发配电系统，能够实现自我控制、保护和管理，既可以与外部电网并网运行，也可以独立运行。开发和扩展微电网能够充分促进分布式电源与可再生能源的大规模接入，为负荷提供多种能源形式的高可靠供给。

新能源微电网迎来发展机遇期

环境保护和能源供给的双重压力，迫使全球都在大力发展清洁的可再生能源。近年来，光伏发电的度电成本和储能成本这两项微电网建设最重要的成本快速下降的趋势仍在持续中，这意味着太阳能已经具备了与传统化石燃料发电技术相当的成本竞争力，微电网在完成稳定电力供应这一主要任务的同时，也能够以经济可行的方式实现清洁能源目标，以达到符合经济、低碳、安全等全球能源转型的期望。

相对微电网在全球的发展而言，国内微电网的发展虽尚处于起始阶段，却适应于我国电力发展的需求和方向，在“十三五”规划中，微电网市场增量约为200亿~300亿元，具有广阔的发展前景。从国家战略层面来看，能源产业相关支持政策频发，加快了国内微电网发展的进程。从产业发展来看，互联网巨头等用能大户正在扩大可再生能源的使用，新能源汽车的大力推广将带动充电桩产业的快速发展等，都是可再生能源成为发展趋势的显著迹象。从电价改革角度而言，新电改开放售电侧，鼓励分布式电源发电及微电网建设，随之而来的电价交易机制改革将加快能源结构转变和输配电市场化进程，使能源互联网供给端和用户端的构成更为灵活。与此同时，太阳能发电和储能等分布式能源领域已取得实质性进展，物联网环境也为微电网的发展创造了全新的协作和优化能力。

创新实践 构建智慧型能源综合利用局域网

在上海合庆工业园区，有一座醒目的厂区，厂房屋顶安装着光伏发电系统，通过可再生能源为厂区提供无污染的能源供应，即使在极端环境下仍然能够持续处理电力供应中断的情况。规模性的光伏电池板有着隔热保温的作用，可以在夏季与冬季有效降低厂房内空调制冷及供暖所需能耗，还能延长彩钢瓦屋面使用年限。在实现节能减排的同时，促进了工厂绿色生产制造的发展，这就是伊顿/库柏合庆工厂微电网项目。

作为全球动力管理公司，伊顿在分布式电源及微电网领域拥有丰富的实践，通过持续研发投入，不断推动分布式电源及微电网在本地市场的技术发展和模式创新。伊顿微电网能源系统完整解决方案利用风、光等多种可再生能源，通过能量存储和优化配置实现本地能源生产与用能负荷基本平衡，利用冷、热、电等多能融合，实现可再生能源的充分消纳，构建智慧型能源综合利用局域网，其控制系统还可以帮助运营方制定可优化互联系统的运营和管理策略，从而实现微电网效益最大化。目前，伊顿微电网解决方案已在电力、基础设施、医院、军事基地、商业建筑等多个行业取得成功案例。

伊顿/库柏合庆工厂微电网项目，就是通过在工厂屋顶采用光伏发电技术开发利用太阳能资源，由发电和供热效率高于传统发电的热电联供系统供电。该项目还利用了微电网储能技术平滑可再生能源发电，调节用电负荷峰谷差异，未来还可参与直购电享受优惠电价和需求侧用能管理优惠，并申请当地政府节能环保和新能源改造的扶持资金。该项目的投运充分开发和利用了太阳能资源，是对分布式电源、储能和负荷构成的新型电网运营模式的又一次成功实践，为工业园区供电和实现绿色生产提供了范本。

在全球能源形势紧张、气候变暖严重威胁经济发展和人们生活健康的今天，世界各地都在寻求新的能源替代战略，以求得可持续发展和在日后的发展中获取优势地位。伊顿始终立足于采用先进技术为客户的关键业务提供全面保障，持续加大在可再生能源领域的技术研发创新力度，打造高可靠、高可用的微电网能源系统完整解决方案，不断深耕这一具有无限发展前景的市场。

麦格米特：核心技术推动多元化之路

智能卫浴电控系统、变频空调转换器、变频微波炉转换器、新能源汽车电源、工控电源、智能焊机……走进株洲麦格米特公司，种类繁多的产品生产线，让记者目不暇接。

很显然，麦格米特并不是一家靠单一产品盈利的公司。

麦格米特如何做到让产品“遍地开花”？如此多元化的产品布局，如何保持产品在细分领域的竞争优势？

5月4日下午，记者来到株洲麦格米特公司一探究竟。

立足核心技术 多样化产品快速发展

麦格米特株洲基地的生产车间内，多条生产线同时运行着，机器运转的“哒哒”声中，工人有条不紊地完成一个个电控零件的组装。

这个位于株洲市高新区粟雨工业园的基地，共有全自动贴片生产线11条、全自动插件生产线7条、组装生产线25条，涵盖智能家电电控产品、工业电源和工业自动化产品三大系列。

据介绍，株洲麦格米特电气有限责任公司是深圳麦格米特电气股份有限公司的全资子公司。株洲基地是公司目前最大的生产基地，除了智能马桶整机，其他公司所有的产品线在这里都有。

“麦格米特是做液晶电视电源起家的，把工业自动化控制技术用在了智能家电产业上，可谓‘杀鸡用牛刀’。”介绍公司发展历程时，株洲麦格米特公司总经理李升付开玩笑地说。当时恰逢液晶电视大规模替代传统电视机，“用牛刀杀鸡”的麦格米特很快就把液晶电视电源产品的市场占有率做到行业领先。

据介绍，2007年公司从单一的电视电源向多产品尝试发展，2011年之后进入多样化布局阶段，2014年之后公司多样化产品进入快速发展阶段。也就是在这一年，株洲基地建成投产。

李升付介绍：从2014年到2017年，株洲基地产值逐年攀升。2017年达到9.14亿元，2018年预计达到12亿元以上。

另一方面，麦格米特的多元化之路并非盲目为之。李升付告诉记者，迄今为止，麦格米特所有的产品都是依托电力电子及相关控制核心技术，这是麦格米特的立身之本。

立足于核心技术，麦格米特有自己敏锐的风口预判能力。从液晶电视电源到智能马桶、新能源汽车，麦格米特都是在风口到来之前就已经深入其中，抢占了发展先机。

株洲基地将建4大产品研发平台

近几年来，麦格米特公司投入大量研发资源，多类产品和技术代表国内最高水平，部分产品和技术处于全球领先地位。

例如智能焊机，麦格米特在国内率先突破关键技术，连续三年成为中国机器人行业焊接机器人配套国产焊机电源第一品牌，获得中国中车、中国铁建等众多业界知名客户认可。

“遍地开花”的产品背后，是强大的研发团队支撑。

历年来，麦格米特研发投入都占到公司销售收入的10%以上，拥有800多人的研发团队。株洲基地研发中心是公司5大研发中心之一。

今年4月27日，株洲麦格米特与中国工程院院士、湖南大学教授、国家电能变换与控制工程技术研究中心主任罗安合作，设立院士专家工作站，将推进电力电子技术在轨道交通上的应用和产品开发，以及新能源汽车动力驱动、高性能工业特种电源等产品的技术研究。

院士专家工作站的设立，无疑将成为麦格米特株洲基地的强大助力。按照计划，到2020年，麦格米特株洲基地将建成新能源汽车驱动器等4大产品研发平台，研发团队达到千人规模。

在公司年会上，李升付表示，麦格米特要做株洲的“百年老店”，现在才刚刚开始。

奥特迅：联合预中标3.26亿元深圳充电桩建设项目

奥特迅（002227）10日晚间公告，公司控股子公司鹏电跃能和抚州环宇组成的联合体，预中标“深圳巴士集团出租车充电桩建设项目设计采购施工（EPC）工程总承包（标段一）（二次）”项目。鹏电跃能为该联合体牵头单位。该项目主要在深圳市范围内开展电动汽车充电桩的建设，招标人对该项目的投资估算约为3.26亿元。

科士达：中标2333万充电桩项目

科士达（002518）3月1日晚公告，公司成功中标泉州公交发展有限公司、福建省泉运实业集团有限公司的全范围一体式直流充电桩采购项目，中标金额为2332.99万元。本次项目中标将有利于公司电动汽车充电桩业务的市场推广。

中恒电气HVDC产品进入收获期　有望分羹5G网络建设蛋糕

随着5G时代的到来，从事通信电源系统、电力操作电源系统等业务的中恒电气（002364）越来越受到业界关注。公司拥有的高压直流电源（HVDC）供电系统技术，是5G网络建设中动力保障的有力竞争者。为此，证券时报记者对中恒电气HVDC产品部经理胥飞飞进行专访。

从单一项目几万元到过亿的巨变

12月10日，在时隔一年后，中恒电气在投资者互动平台上，披露了机构调研信息。这一变化，与中恒电气所从事的业务正在发生积极变化有关。

胥飞飞对记者说，中恒电气的业务围绕着电力信息化和电力电子深耕，致力于为客户提供更便捷、更安全、高品质、高性价比的产品和服务，可以为客户提供通信网络能源、云计算数据中心用HVDC供配电、电动汽车充电设施、电力操作电源、电力信息化与综合能源管理等一体化解决方案和产品。其中，云计算数据中心用HVDC业务近年来的发展非常快，形势一年好过一年，且中恒电气在高性能云计算数据中心和基地型数据中心项目中取得了相当可观的成绩。

以往不间断电源UPS供电系统，广泛应用于各大行业设备动力保障。中恒电气的高压直流HVDC供电系统是一种颠覆性的替代技术、一种新型的供电模式。目前，虽然UPS供电系统大量应用在市场多行业多领域，但业界普遍认为，HVDC系统供电完全取代UPS系统供电是大势所趋。在市场的拓展过程中，一路披荆斩棘，着实不易。

胥飞飞说：2008年腾讯公司计划建设超大型数据中心以保障微信业务的可持续发展，为解决电力转换效能的问题并达到节能目的，腾讯团队发起了一个重构配电架构项目，国内外厂家都竞相为其出谋划策，公司凭借自主研发的HVDC供电方案脱颖而出，力争获得该项目的试点机会，顺利完成了240V高压直流替代UPS的技术架构改造项目。这次试点打破了大型数据中心配电架构的传统模式，标志着中恒HVDC供电系统已具备独立支撑IDC机房不间断运行的能力，这为公司后续市场化推广奠定了坚实的基础。

胥飞飞补充说，在市场开拓初期，接单子做业务每笔金额只有几万，2016年每笔金额达到几百万，2017年每笔金额上升到几千万、甚至是上亿；今年，公司HVDC业务规模化竞争优势凸显，单笔最高金额达到了3亿元；同时公司负责牵头的国家标准已进入最后的报批阶段，大概率明年上半年可以通过审批，国标出台，将打破HVDC在金融、政企等领域的行业壁垒。

“较传统的UPS供电模式而言，HVDC供电模式具有一石多鸟的优点。”胥飞飞称，在运营成本方面，采用HVDC供电模式，针对不同的供电方案可以节能10%~25%；在可靠性方面，低故障率的优势更为明显，截至目前，中恒电气已为客户提供了10多年的HVDC供电系统及综合解决方案，运行10多年来，从未发生过一起宕机事故，这一点对于大型运营商来说，至关重要。另外，随着对HVDC供电方案的认知越来越深，现在HVDC只发挥出一部分优势，未来在面向电力改革、虚拟电厂、可再生能源建设方面将有望迎来广阔的市场机遇，发挥出更大的低成本、高可靠等先天优势。

5G网络建设带来新机遇

凭借着HVDC与UPS供电的比较优势，以及自身产品的竞争优势，公司在深入拓展国内市场的同时，逐步延伸并积极布局海外市场。国内，客户从运营商向第三方数据中心批发商、大型标杆央企扩展；海外，除在东南亚等地区取得数据中心合作项目，目前已与欧美国家的一些全球知名企业开展合作，并进行了送样试点和小批量供货。

从市场占有率来看，目前，国内市场每两台HVDC供电系统，就有一台由中恒电气提供。近几年，中恒电气HVDC市场份额在BAT、互联网企业及各省市运营商等客户中保持着快速增长的趋势。尤其独家中标阿里集团的HVDC供电系统，亦为百度、腾讯等互联网公司的数据中心提供HVDC供电方案，保障着双11、双12、阿里云、电商等业务，更保障着老百姓的互联网工作和生活。

除已有业务积极变化的同时，5G网络建设加速落地给中恒电气带来的机遇，也颇受市场关注。

据了解，5G网络建设海量的数据、高功耗、高密组网等必将带来基础设施电源和配套的变革升级。胥飞飞称，

“面对5G网络建设的挑战，无线接入基站、传输核心机房、云数据中心、边缘计算等都将迎来新的机遇，HVDC供电方案有望从数据中心的应用，渗透到基站、传输机房、核心机房等新的应用领域”。

对于中恒电气来说，分羹5G市场的巨大蛋糕并非愿景，而是正在行动。据胥飞飞向记者透露，目前，建设中的杭州奥体中心大型室分基站，以及杭州火车东站的准5G（或4G+）基站，中恒电气都是其中的参与方，并提供了HVDC拉远供电解决方案与试点。

5G是一个大风口，是一个新时代来临，中恒电气整合整个公司的研发实力，促进多业务协同发展，将会从基站改造升级服务、高效自冷微电源解决方案、HVDC供电拉远解决方案、智慧城市基站与照明融合、储能与梯次电池利用、云平台能源管控等方面为5G时代提供一流的产品、服务和解决方案。

宁德时代闪电过会的背后

宁德时代快速进入资本市场，无疑为具备潜质的动力电池制造企业带来巨大信心。4月4日，宁德时代招股书更新后的第24天，经历了IPO上会受审后，宁德时代顺利过会。

此次IPO，宁德时代拟于创业板公开发行A股不超过2.17亿股，占发行后总股数的比例不低于10%，拟募集资金131.2亿元。而宁德时代保荐商中信建投证券则于4月3日发审过会。

“资本的逐利性是很强的，过去几年，从宁德时代公布的财报上来看，成长性、盈利都是非常好的。同时，动力电池是电动汽车的重中之重，这也是资本看好的主要原因之一。”一位动力电池产业投资人在接受21世纪经济报道记者采访时表示：

在某种程度下，“一家独大”的宁德时代，加速了政府退坡以及监管趋严之后的行业洗牌，动力电池格局也会更加清晰，一些核心技术缺失、管理能力低下、没有资本助推的企业，将面临淘汰以及被并购的结局。

动力电池“一家独大”

成立于2011年的宁德时代，是目前国内销量排名首位的动力电池系统提供商，并专注于新能源汽车动力电池系统、储能系统的研发、生产和销售。动力电池系统销售是宁德时代的主要收入来源。由于在所属行业中的龙头地位，且估值超过千亿元，宁德时代被外界冠以“超级独角兽”之名。

2017年，宁德时代动力电池系统销量达11.84GW·h，在国内占比近30%，全球动力电池销量排名首位。

根据其招股书显示，2015—2017年，宁德时代归属母公司股东净利润分别为9.31亿元、30.22亿元、39.72亿元，2016年和2017年同比上一年的增长分别为224.60%和31.44%。其中动力电池系统销售收入分别为49.8亿元、139.8亿元和166.6亿元，占主营业务收入的比例分别为87.98%、95.55%和87.01%。

2015—2017年，随着全产业链的配合，宁德时代的成本得到进一步控制。三年来，动力电池系统销售为2.28元/W·h、2.06元/W·h和1.41元/W·h，宁德时代的动力电池系统单位成本分别为1.33元/W·h、1.13元/W·h和0.91元/W·h。

在合作伙伴方面，宁德时代已与上汽集团、北汽集团、吉利集团、福汽集团、中车集团、东风集团和长安集团、宇通集团等国内车企，以及宝马、大众等国际品牌都有合作，同时，与蔚来汽车等新创企业合作，布局智能汽车领域。

据知情人士透露，此前与宁德时代一同竞标大众MEB电动车项目的动力电池企业还包括LG、松下、三星等，最终订单由宁德时代获得。而宁德时代也将借此成为目前大众集团在中国境内唯一优先采购，并应用于MEB平台的动力电池企业。

再造一个“宁德时代”

据统计，2018年全国新能源汽车销量约为100万辆，对应动力电池需求约为45GW·h；2020年全国新能源汽车销量将超过200万辆，对应动力电池需求约为110GW·h。现在宁德进军全球动力电池市场将带来增量空间，产业链企业面对的市场空间几乎翻番。

与此同时，中国动力电池洗牌从2017年开始，2016年接近200家企业进入公告，2017年不到100家，有专家认为，2018年进入公告的企业将会缩减为2017年的一半。预计到2020年，中国动力电池进入工信部公告的应该只有20、30家。

那么，谁会是下一个宁德时代？“中国动力电池前五家会占据市场份额70%~80%。两到三年之后，宁德时代一家独大的局面肯定会得到改变。其他企业甚至是有些不知名又具备智能制造能力的企业，能够形成与CATL并跑的格局。”国家科技成果转化基金新能源汽车创业投资子基金合伙人兼总裁方建华表示。

但目前，在全球动力电池销量排名中，占据一定市场份额的动力电池生产商主要有宁德时代、松下、比亚迪、沃特玛、LG化学、国轩高科、三星SDI以及比克等。

“比亚迪具有庞大的电池研发团队，电池研发和质量控制都很好，电池一致性安全性是很好的。但由于比亚迪的电池只是内供，所以在扩张规模上，输给了快速崛起的宁德时代，我认为比亚迪电池业务应该早日分拆出来，为外界所用。”4月8日，原中国汽车技术研究中心主任、业内电池专家王秉刚在接受21世纪经济报道记者采访时表示。

对此，比亚迪相关人士告诉记者，“现在电池业务不会单独拆出去，不过今后会和更多的车企合作外售，但外销要达到70%以上，才能把电池业务拆出来，单独上市。”

而方建华则告诉记者，有些起点很高的企业，将重点放在智能制造，按照数字化设计的工厂，这些企业的机会也很大。

“包括CATL在内，目前还没有完全的智能制造，还没有实现全自动化，未来的动力电池工厂必然是数字化智能制造全自动化的工厂，这才能够真正缩小与日韩的差距，在技术路线上，大家是相吻合的，关键是自动化的水平和智能制造管理水平的差距要逐步缩小。”方建华强调。

事实上，与日韩企业相比，我国有政策和市场优势，我国动力电池企业的管理和制造水平正在缩小与日韩的差距。动力电池的进步是来自于应用和技术路线的选择，宁德时代相比松下也有优势的。

例如特斯拉在生产电动汽车的时候，市场上尚没有出现规模化的方形和软包的电池。当年只有18650电池，自然松下成为特斯拉汽车的电池供应商，但18650电池并非为动力电池而生。根据欧洲相关机构对18650电池、方形电池和软包电池的测试得出的结果来看，方形硬壳的电池是适合的。

宁德时代主要采用的方形电池是当下最合适的，但这并不能够说明宁德时代可以高枕无忧。未来技术路线是否会发展到软包电池，还更值得期待。

“无论谁会成为下一个宁德时代，都需要在技术、质量水平、价格，供货能力方面不断提升，这是竞争的核心要素。”王秉刚最后表示。

欣锐科技登陆A股

2018年5月23日消息，深圳欣锐科技股份有限公司（股票简称：欣锐科技，股票代码：300745）在深圳证券交易所挂牌上市。欣锐科技是一家以新能源汽车产业为核心业务的国家高新技术企业，也是国内最大的新能源汽车车载电源供应商之一。欣锐科技发行价11.65元/股，新股募集资金3.34亿元，当日一发行便顶格涨幅44%，以16.78元的股价收盘，成为新能源产业链上极具增长潜力的一只股票。欣锐科技是鼎晖创新与成长基金自2016年募集成功后第一家成功登陆资本市场的被投企业。

第五篇　科研与成果

2018年度国家科学技术奖电源及相关领域获奖成果

序号	项目名称	奖种	获奖等级	主要完成人	主要完成单位
1	金属有机半导体的结构设计、性能调控与光电应用	自然科学奖	二等奖	黄维、赵强、刘淑娟、陈润锋、孙会彬	南京邮电大学、南京工业大学
2	风电装备变转速稀疏诊断技术	技术发明奖	二等奖	陈雪峰、雷亚国、訾艳阳、李兵、杨志勃、刘晓枫	西安交通大学、北京汉能华科技股份有限公司
3	电网大范围山火灾害带电防治关键技术	技术发明奖	二等奖	陆佳政、薛禹胜、吴传平、徐勋建、冉茂农、孔昭斌	国网湖南省电力有限公司、国网电力科学研究院有限公司、湖南省湘电试研技术有限公司、国网湖南省电力有限公司、北京华云星地通科技有限公司、陕西银河消防科技装备股份有限公司
4	输电等级单断口真空断路器关键技术及应用	技术发明奖	二等奖	王建华、耿英三、刘志远、王振兴、元复兴、吴军辉	西安交通大学、西安高压电器研究院有限责任公司、平高集团有限公司
5	复杂电网自律-协同自动电压控制关键技术、系统研制与工程应用	科学技术进步奖	一等奖	孙宏斌、郭庆来、张伯明、吴文传、许涛、刘映尚、王彬、黄华、姚建国、李海峰、汤磊、张明晔、王轶禹、胡荣、戴则梅	清华大学、国家电网公司、中国南方电网有限责任公司、南瑞集团有限公司、中国电力科学研究院有限公司、国网江苏省电力有限公司、北京清大高科系统控制有限公司、内蒙古电力(集团)有限责任公司
6	湖南大学电能变换与控制创新团队	科学技术进步奖	一等奖	罗安、章兢、陈燕东、帅智康、何志兴、涂春鸣、段献忠、徐千鸣、欧阳红林、曹一家、黄守道、李树涛、李肯立、文双春、马伏军	湖南大学
7	磷酸铁锂动力电池制造及其应用过程关键技术	科学技术进步奖	二等奖	马紫峰、廖小珍、张子峰、赵政威、丁建民、贺益君、杨军、尹韶文、何雨石、沈佳妮	上海交通大学、比亚迪汽车工业有限公司、上海中聚佳华电池科技有限公司、江苏乐能电池股份有限公司
8	电力系统接地基础理论、关键技术及工程应用	科学技术进步奖	二等奖	何金良、曾嵘、张波、王森、刘健、胡军、李志忠、郭剑、李谦、杜澍春	清华大学、国网陕西省电力公司、中国电力科学研究院有限公司、广东电网有限责任公司、电力规划设计总院、海南中海电力工程有限公司、四川桑莱特智能电气设备股份有限公司
9	国家工频高电压全系列基础标准装置关键技术与工程应用	科学技术进步奖	二等奖	黄奇峰、雷民、周峰、杨世海、何俊佳、章述汉、王乐仁、卢树峰、徐敏锐、姜春阳	国网江苏省电力有限公司、中国电力科学研究院有限公司、国家高电压计量站、华中科技大学、国网电力科学研究院有限公司、苏州华电电气股份有限公司、武汉磐电科技股份有限公司
10	我国首座大型海上风电场关键技术及示范应用	科学技术进步奖	二等奖	符杨、张开华、黄国良、林毅峰、金宝年、黄玲玲、魏书荣、朱开情、唐征歧、沈志春	上海东海风力发电有限公司、上海电力学院、中交第三航务工程局有限公司、上海勘测设计研究院有限公司、华锐风电科技(集团)股份有限公司、国网上海市电力公司、上海交通大学

（续）

序号	项目名称	奖种	获奖等级	主要完成人	主要完成单位
11	交直流电力系统联锁故障主动防御关键技术与应用	科学技术进步奖	二等奖	梅生伟、安军、张振安、余晓鹏、张雪敏、黄少伟、徐得超、张保会、饶宇飞、魏巍	国网河南省电力公司、清华大学、中国电力科学研究院有限公司、国网上海市电力公司、西安交通大学、国网四川省电力公司
12	高效低风速风电机组关键技术研发和大规模工程应用	科学技术进步奖	二等奖	褚景春、袁凌、王小虎、刘永前、董汉杰、王文亮、薛扬、刘伟超、张磊、周文明	国电联合动力技术有限公司、中国电力科学研究院有限公司、华北电力大学、洛阳LYC轴承有限公司、河北工业大学
13	超、特高压变压器/电抗器出线装置关键技术及工程应用	科学技术进步奖	二等奖	李金忠、高步林、刘东升、俞英忠、韩先才、王绍武、孙建涛、谢庆峰、张书琦、汲胜昌	中国电力科学研究院有限公司、泰州新源电工器材有限公司、常州市英中电气有限公司、保定天威保变电气股份有限公司、西安西电变压器有限责任公司、西安交通大学、特变电工沈阳变压器集团有限公司

2018年度国家自然科学基金电源及相关领域立项项目

序号	项目类别	项目名称	依托单位	项目负责人
1	优秀青年科学基金项目	能源存储关键材料与器件研究	中国科学院电工研究所	王凯
2	应急管理项目	电机学科发展战略研究与规划	中国人民解放军海军工程大学	马伟明
3	面上项目	胃肠道胶囊内窥镜可穿戴供电系统动态磁耦合谐振无线电能传输理论与方法研究	北京航空航天大学	肖春燕
4	面上项目	电动汽车动态充放电技术及集群式充放电策略研究	东南大学	谭林林
5	面上项目	基于扇型分列式拾取机构的无缆水下机器人无线充电技术研究	上海电力学院	程志远
6	青年科学基金项目	应用新型Z源变换器的无线电能传输系统谐振逆变源设计与控制方法研究	哈尔滨工业大学	董帅
7	面上项目	大型电力变压器铁心剩磁测试与削弱	河北工业大学	汪友华
8	面上项目	基于准静电场耦合的航天飞行器舱域无线通信方法和信道特性研究	北京理工大学	李银林
9	面上项目	空间电场位移式无线传感网无线供电新理论与新方法研究	天津工业大学	李阳
10	面上项目	大功率高频变压器的直流偏磁与杂散电容问题研究	清华大学	蒋晓华
11	面上项目	激发空地电场开放式传输电能的原理与实践探索	大连理工大学	陈希有
12	面上项目	混凝土桥梁用植入式结构健康监测传感节点的远距离无线供能关键技术研究	重庆大学	曹海林
13	国际(地区)合作与交流项目	精密磁性材料和合金以及在其基础上的机电系统和无线充电系统的研究	哈尔滨工业大学	魏国
14	青年科学基金项目	基于高低势位隔离的输变电设备监测传感器实时能量供给关键问题研究	南京师范大学	王维
15	青年科学基金项目	电动汽车无线充电系统互操作性及其优化控制关键问题研究	天津工业大学	沙琳
16	青年科学基金项目	水下阵列式多频率感应式非接触电能传输技术研究	中国人民解放军海军工程大学	高键鑫
17	青年科学基金项目	基于充退磁理论的混合型变压器磁状态调制技术研究	合肥工业大学	陈志伟
18	青年科学基金项目	基于非线性电磁超声吸波涂层弱黏合损伤检测方法研究	华东交通大学	蔡智超
19	青年科学基金项目	交流电机电磁与热问题强耦合非线性网络法的理论与应用研究	哈尔滨理工大学	边旭
20	面上项目	分数阶隐藏吸引子混沌系统的理论分析、实验及其应用研究	西安交通大学	刘崇新
21	青年科学基金项目	基于电磁辐射与实时场景信息的静电放电源定位方法研究	石家庄铁道大学	刘卫东
22	面上项目	具有等价非互易特性的光学电流互感器抗磁场干扰技术研究	哈尔滨工业大学	于文斌
23	面上项目	交流量子电压比例关键技术研究	中国计量科学研究院	杨雁
24	面上项目	基于磁性液体的调谐液体阻尼方法及其在风电塔架减振中的应用研究	河北工业大学	杨文荣

（续）

序号	项目类别	项目名称	依托单位	项目负责人
25	面上项目	核电结构安全和寿命的塑性变形/疲劳损伤一体化电磁无损评价方法研究	西安交通大学	解社娟
26	联合基金项目	一二次融合电信号智能量测设备在暂态强电磁干扰下的失效机理及主动防护技术	中国电力科学研究院有限公司	邬雄
27	青年科学基金项目	基于脉冲频率响应的同步电机定转子绕组短路故障无损检测与诊断方法的基础研究	西南大学	赵仲勇
28	青年科学基金项目	包覆层管道应力腐蚀裂纹电磁超声导波检测方法基础研究	湖北工业大学	张旭
29	青年科学基金项目	任意调制方向的光学电压传感器关键参数演变机理与优化研究	福州大学	谢楠
30	青年科学基金项目	基于分布参数模型的填埋场渗漏检测高频电磁响应机理研究	河北工程大学	陈亚宇
31	青年科学基金项目	新型分形平面涡流传感器裂纹检测机理研究	兰州理工大学	陈国龙
32	青年科学基金项目	宏微观自然缺陷集成电磁无损检测一体化定量评价关键技术研究	西安交通大学	蔡文路
33	地区科学基金项目	高电导率非铁磁材料缺陷的磁声电检测新方法	井冈山大学	吕敬祥
34	面上项目	高压力下聚合物电介质的介电测量与行为研究	同济大学	张冶文
35	青年科学基金项目	有序双过渡金属二维材料 MXenes 稳定性与热电转换性能的研究	西安交通大学	肖冰
36	面上项目	基于正弦宽频扫描电场下空间电荷测量的电介质陷阱检测理论与技术研究	上海交通大学	吴建东
37	重点项目	非线性绝缘电介质暂态介电特性表征、测试技术及暂态介电机理研究	哈尔滨理工大学	李忠华
38	面上项目	基于“冷烧结”技术的 ZnO-PTFE（聚合物）基纳米复合压敏陶瓷性能的研究	重庆大学	赵学童
39	面上项目	P（VDF-TrFE）/Fe_3O_4 磁电聚合物的能量转换性能研究	东北电力大学	张嘉伟
40	面上项目	新型二维高介电纳米片/聚合物复合电介质的制备及介电、储能性质研究	上海交通大学	黄兴溢
41	青年科学基金项目	复层核壳结构颗粒调控介电弹性体复合材料功能特性的基础研究	西北大学	赵航
42	青年科学基金项目	基于反向双异质结的高击穿场强反铁电-介电-反铁电复合薄膜的极化行为及储能性能研究	哈尔滨理工大学	张天栋
43	青年科学基金项目	全有机 PVDF/含醚基 PI 介电材料设计、制备及结构与性能调控	山东科技大学	尹训茜
44	青年科学基金项目	碳化 MOF 剥离制备的可控性 GNRs 增强埋入式电容介电性能的机理研究	江苏科技大学	王锋伟
45	青年科学基金项目	新型无铋 ZnO 压敏陶瓷组成设计及微观机理研究	中国科学院上海硅酸盐研究所	田甜
46	面上项目	基于格子玻尔兹曼方法的 SF6 断路器喷口电弧建模、仿真及应用研究	北京航空航天大学	张俊民
47	面上项目	全局磁场作用下多组份真空电弧三维特性研究	西安交通大学	王立军
48	面上项目	阻断式直流开断中狭缝电弧行为特性及其与器壁材料相互作用机理研究	西安交通大学	纽春萍
49	联合基金项目	有序 3D 微结构大电流高压真空触头材料的设计、制备及相关物理问题	西安交通大学	杨志懋

（续）

序号	项目类别	项目名称	依托单位	项目负责人
50	面上项目	基于压控材料与真空电弧协同驱使的电流转移特性研究	大连理工大学	董恩源
51	青年科学基金项目	真空断路器弧后剩余等离子体径向扩散特性及剩余纵向磁场的影响研究	西安交通大学	莫永鹏
52	地区科学基金项目	高压套管油纸绝缘劣化的多维时/频域介电特征指纹表征及其多因素耦合影响机理研究	广西大学	张镱议
53	面上项目	基于数据驱动的电-气互联综合能源系统状态估计研究	河海大学	卫志农
54	面上项目	电力系统间歇性可再生能源发电功率概率预测理论及其应用研究	浙江大学	万灿
55	面上项目	基于无线传感网络的微电网分布式鲁棒控制与信息网络性能协同优化研究	合肥工业大学	孙伟
56	面上项目	交直流混合配电系统分布式协调控制策略与能量管理机制研究	浙江大学	彭勇刚
57	面上项目	博弈论视角的光伏用户群互动式能量优化方法	华北电力大学	刘念
58	面上项目	交直流电网深度耦合场景下直流偏磁超标机理分析及协同治理理论研究	华中科技大学	林湘宁
59	面上项目	主动配电网电能质量治理资源分区协同优化配置策略研究	燕山大学	贾清泉
60	面上项目	基于动态复杂网络理论的含拓扑物理及运行特性的大规模复杂电网脆弱性评估	西华大学	黄涛
61	面上项目	基于互相关熵的分布式多能源系统优化运行研究	西安理工大学	段建东
62	面上项目	基于大数据分析的电网故障诊断及追踪方法研究	山东大学	陈青
63	重点项目	含主动负荷的综合负荷在线建模基础研究	河海大学	鞠平
64	联合基金项目	含大规模新能源的交直流混联电力系统调度运营理论与方法研究	华北电力大学	周明
65	联合基金项目	柔性直流电网保护与故障穿越基础理论及关键技术	天津大学	李斌
66	青年科学基金项目	考虑暂态约束的配电网关键负荷恢复优化决策与风险限制方法研究	北京交通大学	许寅
67	青年科学基金项目	数据驱动的综合能源系统鲁棒调度控制方法研究	华北电力大学	王程
68	青年科学基金项目	基于自适应鲁棒优化和强化机器学习的弹性配电网研究	福州大学	苏文聪
69	青年科学基金项目	供需调度嵌入的综合能源分布式自适应规划	上海交通大学	尚策
70	应急管理项目	新一代能源系统背景下的电力系统谐波发射特性、传播规律、交互影响及评估技术的战略调研	四川大学	徐方维
71	面上项目	微电网动态谐波交互机理与控制方法研究	天津理工大学	周雪松
72	面上项目	直流配电网电能质量扰动及污染源定位研究	重庆大学	周念成
73	面上项目	风光沼综合能源微网的多能耦合机理及分布式群级协同调度研究	湖南大学	周斌
74	面上项目	基于神经机器翻译的电网故障诊断	华北电力大学	张旭
75	面上项目	面向大规模风电消纳的电、热储能协同规划	南通大学	张新松
76	面上项目	间歇式清洁电能灵活分散消纳的新型场-网-荷协同方法研究	哈尔滨工业大学	于继来
77	面上项目	低惯量电力系统宽频机电振荡形态特征解析与智能调控策略研究	东北电力大学	杨德友

（续）

序号	项目类别	项目名称	依托单位	项目负责人
78	面上项目	新一代电力系统中谐波发射水平评估理论与方法研究	四川大学	徐方维
79	面上项目	智能配电系统的安全运行范围与能力极限研究	天津大学	肖峻
80	面上项目	基于“源-网-荷-储”互动的主动配电网分布式实时电压控制研究	山东大学	吴秋伟
81	面上项目	基于自适应小波基双迭代同步挤压小波变换的电力系统间谐波检测方法研究	武汉科技大学	王斌
82	面上项目	基于响应匹配的电力电子开关恒电导建模及电磁暂态仿真研究	上海交通大学	汪可友
83	面上项目	基于物理-数据融合的电力系统暂态频率态势预测理论与方法	东南大学	汤奕
84	面上项目	基于半波长交流的新能源孤岛接入与超远输送技术研究	中国电力科学研究院有限公司	秦晓辉
85	面上项目	高功率脉冲负载接入的舰船综合电力系统拓扑结构与控制方法	中国人民解放军海军工程大学	马凡
86	面上项目	基于数据分析的电能表运行误差远程校验关键技术研究	天津大学	孔祥玉
87	面上项目	提升综合能源系统运行安全性的多维协同运行控制策略研究	东北电力大学	姜涛
88	面上项目	交互能源机制支撑的集群产消者多时间尺度优化调度方法研究	华北电力大学	胡俊杰
89	面上项目	促进高比例新能源消纳的大规模需求响应机制与机理研究	上海交通大学	何光宇
90	面上项目	混合多馈入直流输电系统的宽频带耦合振荡模式和故障演化传播机理	华北电力大学	郭春义
91	面上项目	电-气综合能源系统优化运行与风险调度方法	浙江大学	郭创新
92	面上项目	面向国产异构众核超算的大规模交直流互联电网电磁暂态建模和并行仿真方法	清华大学	陈颖
93	面上项目	同相柔性牵引供电系统安全高效运行的建模与优化方法研究	西南交通大学	陈民武
94	面上项目	基于运行数据的电力系统暂态稳定性评估及其时序特性识别	东北电力大学	安军
95	联合基金项目	电力电子化电力系统多尺度非线性耦合振荡基础理论研究	华中科技大学	袁小明
96	联合基金项目	智能配电系统源-网-荷形态特征演变分析及协调规划理论	天津大学	王成山
97	联合基金项目	基于数字仿真的大电网人工智能分析方法研究	中国电力科学研究院有限公司	汤涌
98	联合基金项目	能源市场环境下多能互补系统协调运行理论及方法研究	东南大学	顾伟
99	联合基金项目	基于能源细胞-组织架构的区域能源网分层调控、互动机制与市场交易研究	上海交通大学	艾芊
100	青年科学基金项目	基于时序仿真计及需求侧响应不确定性的微电网综合资源规划	上海电力学院	朱兰
101	青年科学基金项目	基于双向辅助服务的主动配电网与微电网互动优化运行	河海大学	朱俊澎
102	青年科学基金项目	电力市场环境下基于实时交通流的电动车充电设施交易模式及运行优化研究	东南大学	周苏洋

（续）

序号	项目类别	项目名称	依托单位	项目负责人
103	青年科学基金项目	配电网分布式光伏-退役锂电池储能的协同规划与运行控制研究	长沙理工大学	张永熙
104	青年科学基金项目	面向新能源电力系统的多元数据驱动型鲁棒自适应在线稳定评估	长沙理工大学	张睿
105	青年科学基金项目	含多微能源网的区域综合能源系统协调调度方法研究	天津大学	张鹏
106	青年科学基金项目	考虑功率时空转移的城市核心区交直流混联配电网规划-运行联合优化	清华大学	张璐
107	青年科学基金项目	考虑事故演化多重风险的大电网限流措施优化配置研究	浙江大学	叶承晋
108	青年科学基金项目	计及无功和电压的潮流方程最优线性近似方法及其应用研究	重庆大学	杨知方
109	青年科学基金项目	集成电动汽车全轨迹空间的城市电网可靠性评估理论及提升策略研究	四川大学	向月
110	青年科学基金项目	考虑用户互动的综合能源服务商定价机制及优化运营策略研究	西安交通大学	吴雄
111	青年科学基金项目	面向能源集成的压缩空气储能系统建模与优化研究	清华大学	魏韡
112	青年科学基金项目	大型供电节点负荷构成辨识及市场响应聚合建模研究	中国电力科学研究院有限公司	王珂
113	青年科学基金项目	电压暂降下敏感工业过程故障机理与耐受能力研究	四川大学	汪颖
114	青年科学基金项目	支撑有源配电网高可靠供电的智能软开关运行控制方法	天津大学	宋关羽
115	青年科学基金项目	极端天气下电力信息物理系统连锁故障传播机制研究	长沙理工大学	皮仁健
116	青年科学基金项目	柔性直流配电系统多时间尺度稳定性与优化控制研究	山东理工大学	彭克
117	青年科学基金项目	面向数据特征的可再生能源区间预测与并网分层调度模型研究	东南大学	龙寰
118	青年科学基金项目	高比例可再生能源并网的输配电网协调规划模型研究	上海交通大学	柳璐
119	青年科学基金项目	适应风电相关随机特性的电-热耦合系统随机-鲁棒混合追踪调度方法研究	华南理工大学	李志刚
120	青年科学基金项目	考虑气象因素不确定性与数据降维技术的中期小时级源荷功率场景概率预测方法研究	三峡大学	李丹
121	青年科学基金项目	基于严重故障集筛选技术的“电力-天然气”综合能源系统耦合风险评估理论研究	太原理工大学	贾燕冰
122	青年科学基金项目	具备主动频率支撑功能的风力发电机电时间尺度特征与稳定机理研究	华中科技大学	何维
123	青年科学基金项目	智能配电网态势感知时滞不确定性的区间仿射方法研究	天津大学	葛磊蛟
124	青年科学基金项目	多类型利益主体集群交易驱动的配电网分布鲁棒规划方法	四川大学	高红均
125	青年科学基金项目	电力电子化电力系统多时间尺度矩阵指数暂态仿真方法	天津大学	富晓鹏
126	青年科学基金项目	带有约束条件的电力系统物理-网络协同攻击方法及攻防博弈研究	武汉大学	董政呈
127	青年科学基金项目	售电侧放开环境下差异化电能质量决策方法研究	燕山大学	董海艳
128	青年科学基金项目	一种基于数据的电力电子高渗透电力系统中多种功率振荡监测和分析方法研究	香港理工大学深圳研究院	卜思齐

（续）

序号	项目类别	项目名称	依托单位	项目负责人
129	地区科学基金项目	西部地区高比例风电场景下的电力系统暂态电压稳定性分析及概率评估	兰州理工大学	张晓英
130	地区科学基金项目	互联微电网多主体协同作用机理及能量管理优化方法研究	贵州大学	张靖
131	地区科学基金项目	高速电气铁路供电系统电能质量分析及混合有源补偿拓扑辨识	兰州交通大学	王果
132	地区科学基金项目	计及差异化不确定性和响应弹性的主动配电网电源多目标规划研究	华东交通大学	孙惠娟
133	面上项目	微电网群体系架构及能量协同优化运行的 SoS 方法研究	东南大学	赵波
134	面上项目	交直流配电网主动型电能路由器作用机理及故障穿越综合策略研究	华中科技大学	尹项根
135	面上项目	风电并网电力系统小扰动稳定性灵敏度分析和控制措施优化	合肥工业大学	李生虎
136	面上项目	分布式电推进飞机混合电源系统能量优化管理策略研究	西北工业大学	雷涛
137	面上项目	不对称交流电压下 MMC 及柔性直流电网基于小信号方法的稳定性研究	山东大学	郝全睿
138	联合基金项目	基于 61850 的智能电网工控域边缘安全防御理论与方法研究	杭州电子科技大学	章坚民
139	联合基金项目	具有交直流互联的电力系统能量协调暂态稳定控制研究	华南理工大学	吴青华
140	青年科学基金项目	船舶综合电力系统多尺度分布式能量管理策略研究	中国人民解放军海军工程大学	朱琬璐
141	青年科学基金项目	面向直流短路故障全过程的架空柔性直流电网自适应控制技术研究	华中科技大学	向往
142	青年科学基金项目	分层分布式控制方式下多微电网系统稳态/动态性能分析与控制方法研究	北京交通大学	吴翔宇
143	青年科学基金项目	基于 MMC 的中压直流配电网稳定控制与故障穿越方法研究	天津大学	王一振
144	青年科学基金项目	基于直流电压中枢点的多端直流网络潮流控制方法研究	南京理工大学	王谱宇
145	青年科学基金项目	考虑信息物理安全风险的直流微网群分布式自治控制研究	深圳大学	刘云
146	青年科学基金项目	基于自适应逻辑开关控制的全功率直驱风机切换故障穿越控制研究	华南理工大学	刘洋
147	青年科学基金项目	高密度分布式光伏的主动式动态集群协调控制研究	东南大学	林达
148	青年科学基金项目	适用于远海风能并网的多端直流系统扰动建模及协同频率控制技术	西安交通大学	李宇骏
149	青年科学基金项目	含高渗透并网变流器电力系统宽频强迫振荡机理及监测方法研究	东南大学	冯双
150	优秀青年科学基金项目	交直流混合电力系统电能优化与控制	湖南大学	李勇
151	面上项目	基于暂态特征信息融合的多端柔性直流输电线路故障辨识与系统保护研究	上海交通大学	郑晓冬
152	面上项目	航空航天电力线载波通信与故障诊断集成化关键技术研究	南京航空航天大学	杨善水

（续）

序号	项目类别	项目名称	依托单位	项目负责人
153	面上项目	新能源及直流输电系统邻近区域交流线路出口故障保护原理研究	华中科技大学	文明浩
154	面上项目	大规模风电直流混联电网故障联锁反应机理与主动保护研究	重庆大学	欧阳金鑫
155	面上项目	广域电网时空多尺度真实测量原理与技术研究	长沙理工大学	李泽文
156	面上项目	风电送出线路自适应重合闸新策略研究	新疆大学	李凤婷
157	面上项目	基于等效磁化曲线特征智能识别的变压器保护新原理研究	西安交通大学	焦在滨
158	面上项目	基于VSC-HVDC并网的大规模海上风电场分布式控制与保护	山东大学	高厚磊
159	面上项目	配电网单相接地故障柔性消弧与保护协调控制方法研究	长沙理工大学	范必双
160	面上项目	柔性中压直流配电网的一体化"序网络"故障分析方法与融合非确定性判据的直流保护新原理及其可靠性评估模型研究	华北电力大学(保定)	戴志辉
161	面上项目	智能配电网分布式故障自愈理论与关键技术研究	山东大学	丛伟
162	面上项目	考虑限流型能量路由器的微网群故障穿越协调控制研究	武汉大学	陈磊
163	联合基金项目	电力变压器多参量自适应保护与安全运行基础研究	国网电力科学研究院有限公司	郑玉平
164	青年科学基金项目	大型发电机定子接地故障点降压消弧机理与控制方法研究	长沙理工大学	喻锟
165	青年科学基金项目	基于暂态综合油流信息的电力变压器数字式重瓦斯保护研究	西安交通大学	闫晨光
166	青年科学基金项目	基于卷积神经网络的输电线路覆冰多源三维监测中的立体匹配与拓扑建模	北京航空航天大学	肖瑾
167	青年科学基金项目	中压配网电力线载波通信组网及自适应阻抗匹配算法研究	华北电力大学(保定)	王艳
168	青年科学基金项目	混合多端直流输电线路主动式继电保护与重合/重启方法研究	东南大学	王晨清
169	青年科学基金项目	基于宽频信息的高压直流系统接地极引线故障检测与定位研究	昆明理工大学	田鑫萃
170	青年科学基金项目	基于动态状态估计的特高压交流输电线路故障诊断方法研究	上海科技大学	刘宇
171	青年科学基金项目	新形态城市电网故障特性分析与保护方法研究	西南交通大学	廖凯
172	青年科学基金项目	微电网多层协同自适应保护原理与方案研究	上海交通大学	黄文焘
173	青年科学基金项目	单相换流变压器π型电磁对偶模型构建及励磁涌流智能辨识	重庆邮电大学	段盼
174	青年科学基金项目	基于线路边界结构特征的多端柔性直流电网速动保护原理及自适应整定方案研究	湖南大学	褚旭
175	青年科学基金项目	基于多源数据融合分析的雷击输电线路辨识与精确定位	昆明理工大学	曹璞璘
176	地区科学基金项目	配电网独立二次一体化中心及保护控制通信系统研究	广西大学	熊小萍
177	地区科学基金项目	高铁供电准实时大数据集群快速响应机制及其列压缩方法研究	华东交通大学	屈志坚
178	优秀青年科学基金项目	电力系统保护与控制	华北电力大学	马静

（续）

序号	项目类别	项目名称	依托单位	项目负责人
179	面上项目	复合频率电流下干式空心电抗器非线性振动机理与辐射噪声研究	西安交通大学	祝令瑜
180	面上项目	持续局部放电下含碳类 SF6 替代介质的化学沉积物形成机理及抑制优化策略的研究	中国科学院电工研究所	韩冬
181	青年科学基金项目	直流老化导线表面形貌表征及其与可听噪声关联特性的研究	清华大学	怡勇
182	面上项目	基于光辐射强度测量的闪电通道电流空间分布和时间演化研究	武汉大学	周蜜
183	面上项目	高寒高铁套管骤变温度场下微水相变对绝缘破坏的机理研究	西南交通大学	周利军
184	面上项目	多应力下电缆附件界面的绝缘老化及修复填充物的作用机理研究	四川大学	周凯
185	面上项目	早期绝缘故障下环保型 C5-PFK 气体的稳定性与复原性及相容性研究	武汉大学	曾福平
186	面上项目	基于金属氧化物气敏传感器的空气绝缘电力设备放电分解特征组分检测方法研究	西安交通大学	杨爱军
187	面上项目	基于微带传输线的非透明聚合物中电树枝的表征	天津大学	肖谧
188	面上项目	VFTO 作用下 GIS 中环氧复合材料的空间电荷特性及其效应和调控	华北电力大学	屠幼萍
189	面上项目	直流 GIS/GIL 局部放电导致绝缘子表面电荷积聚与影响因素及抑制方法研究	武汉大学	唐炬
190	面上项目	变温过程中水分对变压器油纸绝缘复合电场击穿特性的影响及机理	哈尔滨理工大学	池明赫
191	青年科学基金项目	温度梯度下直流套管绝缘子表面电荷积聚特性与电场调控	合肥工业大学	杨熙
192	青年科学基金项目	环氧树脂浇注特高压换流阀饱和电抗器的温升机理及高导热方法研究	天津大学	肖萌
193	青年科学基金项目	基于边际效应带通阻隔与优选特征深度映射的高压电缆接头多源局放分离与识别方法	华中科技大学	彭小圣
194	青年科学基金项目	电-热复合场下高压直流 GIS/GIL 绝缘子沿面闪络机理研究	沈阳工业大学	李晓龙
195	青年科学基金项目	高压直流 GIL 环氧绝缘子气固界面电场分布智能调控机理与方法研究	天津大学	李进
196	青年科学基金项目	基于微纳光纤倏逝波的油中溶解乙炔传感机理与试验研究	南京航空航天大学	江军
197	青年科学基金项目	直流电压下油纸绝缘中载流子输运机理研究	华北电力大学	黄猛
198	青年科学基金项目	基于智能优化电场计算与空间电荷积聚规律的直流复合绝缘子表面电弧发展机理研究	东南大学	何嘉弘
199	青年科学基金项目	变压器油纸绝缘系统多重硫腐蚀协同劣化作用机理与防护技术研究	华北电力大学	丛浩熹
200	地区科学基金项目	高速湍流下车顶绝缘子多相体放电机理及其防护措施研究	华东交通大学	曾晗
201	面上项目	地铁隧道杂散电流腐蚀与钢结构极化电位耦合机制基础研究	武汉大学	樊亚东
202	重点项目	电网大规模实测过电压统计分布特性及其对典型绝缘影响的基础研究	重庆大学	司马文霞

（续）

序号	项目类别	项目名称	依托单位	项目负责人
203	青年科学基金项目	多端柔性直流系统过电压过电流的极值时空特性解析与协调防护研究	华南理工大学	韩永霞
204	面上项目	基于非对称 LCL 滤波器的并网逆变器原理及控制研究	上海海事大学	吴卫民
205	面上项目	碳化硅电力电子系统动态安全运行域建模及应用研究	北京航空航天大学	王莉娜
206	面上项目	带零序电流控制能力的新型电机控制器研究	华中科技大学	蒋栋
207	青年科学基金项目	符合人体安全标准的大功率模块化无线充电系统的研究	浙江大学	钟文兴
208	青年科学基金项目	低谐波峰值载波斜率随机分布脉宽调制技术研究	中国人民解放军海军工程大学	许杰
209	优秀青年科学基金项目	电力电子系统电磁兼容	北京交通大学	李虹
210	面上项目	面向高频高压应用的元胞级碳化硅功率集成芯片技术基础研究	浙江大学城市学院	王珏
211	面上项目	无压低温烧结纳米银-铜连接 SiC 器件的高导热、长寿命封装互连方法	天津大学	陆国权
212	面上项目	碳化硅漂移阶跃超快恢复器件基础技术研究	华中科技大学	梁琳
213	面上项目	MHz GaN 电力电子变换器振荡现象分析及稳定性研究	北京交通大学	李艳
214	面上项目	碳化硅 BJT 功率集成基础技术研究	湖南大学	邓林峰
215	面上项目	发射极注入增强型 IGBT 快速关断机理与新结构	电子科技大学	陈万军
216	重点项目	万安级大电流单次关断用 IGCT 器件的理论建模、参数优化与性能调控	清华大学	曾嵘
217	青年科学基金项目	碳化硅/二氧化硅界面态对 MOSFET 电学性能影响的机理性和实验性研究	湖南大学	翟东媛
218	青年科学基金项目	宽禁带功率器件高速短路保护电路的研究	中国工程物理研究院电子工程研究所	银杉
219	青年科学基金项目	垂直型氮化镓功率 MOSFET 新结构与沟道特性机理研究	浙江大学	杨树
220	青年科学基金项目	面向高频大功率变换器的 GaN HEMT 基础应用方法研究	中国科学院电工研究所	曹国恩
221	面上项目	高增益宽范围直流功率变换理论及其在大型直流光伏电站升压汇集系统中的应用机制	上海交通大学	朱淼
222	面上项目	大规模可再生能源的柔性直流并网系统及其稳定控制研究	东南大学	赵剑锋
223	面上项目	基于开关电容的电流源型直流变压器构造机理及关键技术研究	清华大学	赵彪
224	面上项目	大信号扰动下多并网虚拟同步发电机系统动态特性与协调控制研究	杭州电子科技大学	张尧
225	面上项目	中高压直流变压器关键技术研究	浙江大学	张军明
226	面上项目	适用于配电网柔性互联的新型电能路由器关键技术	上海交通大学	张建文
227	面上项目	多能激励直流微网群落能量交互机理与协同自律控制研究	西安理工大学	张辉
228	面上项目	电能路由器储能隔离双向 DC-DC 变换器族及多模块功率流控制研究	燕山大学	张纯江
229	面上项目	含可控惯量的交流微电网频率稳定机理及控制方法研究	华北电力大学	袁敞
230	面上项目	新能源汽车多源直接混合电驱动柔性开绕组拓扑及控制策略研究	合肥工业大学	杨淑英

（续）

序号	项目类别	项目名称	依托单位	项目负责人
231	面上项目	高比例风电及其弱电网条件下双馈风电机组故障穿越研究	合肥工业大学	谢震
232	面上项目	高渗透率分布式发电中并网逆变器并联系统鲁棒运行关键技术研究	南京航空航天大学	谢少军
233	面上项目	兆赫兹高效率隔离型 DC-DC 变流器串联电压源调控方法研究	浙江大学	吴新科
234	面上项目	自同步微电网控制机理与方法研究	中国电力科学研究院有限公司	吴鸣
235	面上项目	模块化单级式高频隔离型双向升降压谐振式 AC-DC 功率变换技术研究	哈尔滨工业大学	吴凤江
236	面上项目	面向分布式新能源发电就地消纳的电力弹簧系统规划理论与控制研究	东南大学	王青松
237	面上项目	基于复合屏蔽层构成的无线电能传输磁耦合器设计理论	青岛大学	王春芳
238	面上项目	大容量可逆固体氧化物燃料电池系统中的电力电子变换理论与技术研究	清华大学	孙凯
239	面上项目	双向精简矩阵变换器双侧互扰鲁棒控制与双模式统一化策略	西安理工大学	宋卫章
240	面上项目	电动汽车高频分布式电气系统的电源侧关键技术研究	华南理工大学	刘俊峰
241	面上项目	兼具强鲁棒性和感知特征的磁谐振式无线能量路由基础理论研究	南京航空航天大学	刘福鑫
242	面上项目	基于高频化磁耦合的多端口级联型中高压大功率变换器拓扑推演及分层控制策略研究	武汉大学	刘飞
243	面上项目	高频隔离型模块化多电平级联变换器及其在新能源中压交直流并网中应用基础研究	东北电力大学	刘闯
244	面上项目	基于不对称状态估计和功率控制的分布式混合储能系统研究	东南大学	蒋玮
245	面上项目	非同步运行的多变流器并网系统建模及非线性特性分析	武汉大学	黄萌
246	面上项目	基于数据驱动的大容量 IGBT 模块健康状态在线辨识研究	浙江大学	何湘宁
247	面上项目	新能源发电接入电网激发谐波振荡的机理及其抑制方法研究	重庆大学	杜雄
248	面上项目	有源功率解耦单相隔离型变流器拓扑及调控方法研究	南京航空航天大学	陈仲
249	面上项目	静止无功补偿装置实现风电场广域谐波振荡抑制的作用机理和控制方法	南京航空航天大学	陈新
250	面上项目	基于分布式光伏发电系统的组件级电力电子变换（MLPE）及其控制关键技术研究	浙江大学	陈敏
251	面上项目	多电飞机混合供电系统的动态功率分配控制与稳定性分析	重庆大学	陈家伟
252	面上项目	弹性微电网的恢复力评估理论与主动提升策略研究	山东大学	陈阿莲
253	面上项目	模块化多电平变换器子模块重构及运行控制技术研究	浙江大学	白志红
254	重点项目	大功率电声高效换能机理与控制方法研究	湖南大学	罗安
255	重点项目	大规模风光电源与柔性直流系统的交互动态特性形成机理、稳定性分析与镇定控制	上海交通大学	蔡旭

(续)

序号	项目类别	项 目 名 称	依托单位	项目负责人
256	国际(地区)合作与交流项目	面向可再生能源系统和智能微电网的先进电力电子技术研究	清华大学	孙凯
257	联合基金项目	大容量模块化多电平变流器电磁干扰机理分析与主动抑制	华中科技大学	蒋栋
258	青年科学基金项目	下垂控制网络型微网中的无通信型功率均分策略研究	江南大学	朱一昕
259	青年科学基金项目	低载波比大功率电压型变流器离散域建模与控制研究	南京理工大学	赵志宏
260	青年科学基金项目	不匹配光伏阵列的功率变换器多目标优化与控制方法研究	西北工业大学	赵犇
261	青年科学基金项目	二极管电容电感网络高增益变换器软开关及动态性能优化	西安交通大学	张岩
262	青年科学基金项目	复杂 MMC 分布式控制系统优化及其性能分析	西南交通大学	杨顺风
263	青年科学基金项目	SiC 器件三电平分裂输出高开关频率光伏逆变器及其死区效应研究	中国石油大学(华东)	严庆增
264	青年科学基金项目	复杂电网条件下并网系统谐波谐振机制及优化控制研究	南京航空航天大学	许津铭
265	青年科学基金项目	模块化多电平 DC-DC 变换器优化运行与控制方法研究	湖南大学	徐千鸣
266	青年科学基金项目	基于 SiC-MOSFET 与 Si-IGBT 的电容开关型半全桥 MMC 子模块损耗优化与电容减小研究	华中科技大学	徐晨
267	青年科学基金项目	模块化多电平矩阵变换器统一分析与控制方法研究	中南大学	熊文静
268	青年科学基金项目	复杂电网环境下并联有源滤器的补偿失效机理分析及谐波阻抗定制	电子科技大学	谢川
269	青年科学基金项目	单电感多输出 DC-DC 恒流变换器关键性能及控制技术研究	西南民族大学	王瑶
270	青年科学基金项目	面向交直流混合配电网的功率复合型模块化多电平固态变压器基础研究	南京师范大学	孙毅超
271	青年科学基金项目	支撑混合微电网三相不平衡电压与直流脉动电压统一补偿的双向 AC-DC 变换器研究	太原理工大学	任春光
272	青年科学基金项目	高效高功率密度多相直接交-交变换系统关键技术研究	浙江大学	邱麟
273	青年科学基金项目	多约束下光储系统的灵活惯性控制及自律协同稳定运行研究	华北电力大学(保定)	孟建辉
274	青年科学基金项目	一体化开关升压变换器和电机驱动器及其在电动汽车车载变流器系统中应用的研究	北方工业大学	刘硕
275	青年科学基金项目	弱电网下多逆变器并机谐振失稳量化定责及抑制策略研究	东南大学	刘康礼
276	青年科学基金项目	面向舰船综合电力系统的模块化三端口直流变换器研究	中国人民解放军海军工程大学	刘计龙
277	青年科学基金项目	基于主动重构的智能微电网保护与控制研究	清华大学	林恒伟
278	青年科学基金项目	主动限制直流短路电流的 MMC 方案研究	清华大学	李笑倩
279	青年科学基金项目	谐振型功率滤波器在并网变换器稳定域下的设计集成与系统性能优化研究	中国矿业大学	李小强
280	青年科学基金项目	异质功率器件组合型多电平电路的拓扑演化方法与混频调制技术研究	浙江大学	李楚杉
281	青年科学基金项目	基于能量存储原理的高压大容量直流-直流变换拓扑及其控制技术研究	哈尔滨工业大学	李彬彬
282	青年科学基金项目	含高比例虚拟同步机的微电网振荡机理与抑制方法研究	湖南工业大学	兰征

（续）

序号	项目类别	项目名称	依托单位	项目负责人
283	青年科学基金项目	电动汽车无线能量与信息同步传输的耦合机理及干扰特性研究	中国科学院电工研究所	吉莉
284	青年科学基金项目	变参数变结构条件下电动汽车无线充电系统的关键技术研究	南京邮电大学	侯佳
285	青年科学基金项目	面向海底观测网直流配电的模块化组合式直流变换器关键问题研究	湖南大学	何志兴
286	青年科学基金项目	多调制模态双有源桥 DC-DC 变换器能耗优化方法及关键技术研究	北京理工大学	郭志强
287	青年科学基金项目	基于新型有源功率解耦电路的整流电源及其控制策略研究	北方工业大学	单振宇
288	青年科学基金项目	分布式电站宽频域谐振机理分析及阻抗协调构造方法研究	湖南大学	陈智勇
289	地区科学基金项目	基于多时间尺度降阶的特高压链式 STATCOM 等效建模理论研究	南昌工程学院	张扬
290	地区科学基金项目	高密度逆变器型分布式电源接入低压配电网的电能质量分析与控制研究	北方民族大学	张新闻
291	地区科学基金项目	混杂环境下微电网群三相失衡机理及其主动抑制方法的研究	兰州理工大学	杨维满
292	地区科学基金项目	面向微网复杂源荷环境的电能质量动态跟踪及实时检测方法研究	南昌大学	聂晓华
293	地区科学基金项目	基于作物最佳光合效率下光伏温室系统源-储-荷协同机理与调控研究	云南师范大学	马逊
294	地区科学基金项目	独立运行直流微网配置方案优化及协调控制研究	内蒙古工业大学	刘广忱
295	应急管理项目	电力电子领域技术现状及发展战略调研	哈尔滨工业大学	徐殿国
296	面上项目	新型高效定子极不等间距双凸极双极性永磁电机及系统研究	华中科技大学	徐伟
297	面上项目	轮缘驱动潮流能发电机气隙内海水磁流体效应及多场耦合机理研究	中国科学院电工研究所	王海峰
298	面上项目	开关磁阻脉冲发电机系统及其重复频率供电特性研究	南京航空航天大学	刘闯
299	面上项目	电动汽车 PMSM 驱动系统有限控制集无模型预测控制关键技术研究	合肥工业大学	李红梅
300	面上项目	可靠性约束下多电飞机飞控系统高功率密度电机设计理论与方法研究	浙江大学	黄晓艳
301	面上项目	径向双绕组直线旋转开关磁阻电机基础理论与关键技术研究	南京航空航天大学	曹鑫
302	重点项目	大行程高精密永磁直线电机伺服系统关键科学问题研究	安徽大学	赵吉文
303	国家杰出青年科学基金	舰船大功率多相永磁电机系统	中国人民解放军海军工程大学	王东
304	国家杰出青年科学基金	电动汽车用新型磁通切换电机系统基础理论研究	东南大学	花为
305	青年科学基金项目	大功率开绕组内置式永磁伺服系统驱动控制策略研究	江苏大学	左月飞
306	青年科学基金项目	基于旋转永磁体驱动方法的铁镓合金宏微运动变换机理研究	浙江大学	张丽慧
307	青年科学基金项目	基于改进相电流重构技术的永磁同步电机控制策略研究	宁波诺丁汉大学	闫浩

（续）

序号	项目类别	项目名称	依托单位	项目负责人
308	青年科学基金项目	双定子错位型混合励磁轴向磁场磁通切换电机及其控制技术研究	南京理工大学	徐妲
309	青年科学基金项目	径向电磁力激励下的大容量电机结构振动传递特性分析与振动预报	中国人民解放军海军工程大学	王星
310	青年科学基金项目	高稳高效无位置传感器永磁同步电机控制方法研究	华中科技大学	罗欣
311	青年科学基金项目	基于埋入式探测线圈的电动汽车永磁同步电机故障诊断方法	哈尔滨工业大学	杜博超
312	地区科学基金项目	基于DCNN和图像识别的电动汽车用PMSM故障诊断技术研究	贵州大学	吴钦木
313	面上项目	多运行工况下广域高效可控漏磁类永磁电机系统研究	江苏大学	朱孝勇
314	面上项目	准零刚度大载荷低功耗磁悬浮隔振系统的研究	哈尔滨工业大学	张赫
315	面上项目	直驱式高转矩密度双磁场调制永磁风力发电机关键技术研究	湖南大学	刘晓
316	面上项目	模块化永磁辅助同步磁阻电机及其考虑磁阻转矩的容错控制	江苏大学	刘国海
317	面上项目	考虑电磁-压电混合驱动机理的多自由度电机的基础理论和实验研究	河北科技大学	李争
318	面上项目	电力变压器绕组中电磁、热和力的耦合作用机理及其累积效应研究	沈阳工业大学	李岩
319	面上项目	钻井顶驱用静态密封单体励磁分极式高温超导电机及其控制研究	中国石油大学(华东)	李祥林
320	面上项目	电动汽车用混合永磁体可控磁通电机设计与控制技术研究	华中科技大学	李健
321	面上项目	三自由度永磁球形电机的磁场重构和位置辨识关键技术研究	天津大学	李洪凤
322	面上项目	交流励磁双绕组轨道涡流制动系统研究	哈尔滨工业大学	寇宝泉
323	面上项目	永磁/磁阻混合转子双定子模块化低速大转矩同步电机系统关键问题研究	沈阳工业大学	金石
324	面上项目	磁齿轮复合多端口波浪发电机优化设计与控制研究	天津大学	方红伟
325	面上项目	基于全域参数匹配的潜油直线电机多目标优化和智能高效控制研究	西安交通大学	杜锦华
326	面上项目	轨道交通用新型高温超导直线电机机理及控制系统研究	南京航空航天大学	曹瑞武
327	面上项目	模块化环形绕组全超导同步电机的磁热电耦合特性研究	哈尔滨工业大学	曹继伟
328	重点项目	高效大功率高速永磁电机的设计与控制理论及应用研究	浙江大学	沈建新
329	国际(地区)合作与交流项目	Towards seamlessly integrated, reliable machines - 90kW, 5kW/kg aerospace electrical motor/generator	宁波诺丁汉大学	Michael Galea
330	青年科学基金项目	航空整流感应式无刷电励磁同步发电机的研究	南京航空航天大学	朱姝姝
331	青年科学基金项目	大型汽轮发电机端部绕组动力学特性及其结构优化设计方法研究	重庆邮电大学	赵洋
332	青年科学基金项目	高传递能量密度双轴补偿空芯脉冲发电机关键问题研究	宁波诺丁汉大学	赵伟铎
333	青年科学基金项目	低脉动高力矩密度等极槽有限转角电机基础理论与技术	哈尔滨工业大学	禹国栋

（续）

序号	项目类别	项目名称	依托单位	项目负责人
334	青年科学基金项目	磁场调制永磁电机谐波效能提升机理研究	江苏大学	徐亮
335	青年科学基金项目	“谐波群”最优构建型磁场调制永磁电机研究	江苏大学	项子旋
336	青年科学基金项目	城轨交通用双边磁通切换永磁直线电机及其效率优化控制的研究	石家庄铁道大学	闻程
337	青年科学基金项目	磁致伸缩引起的电力变压器振动噪声基础及拓展研究	清华大学	李劲松
338	青年科学基金项目	基于磁场调制原理的新型直流偏置型游标永磁电机研究	西安交通大学	贾少锋
339	青年科学基金项目	新型抽风式超大容量半速汽轮发电机轴-周-径向通风系统热交换机理的研究	哈尔滨理工大学	韩继超
340	青年科学基金项目	交替极切向励磁游标永磁电机研究	华中科技大学	高玉婷
341	青年科学基金项目	ORC低温余热发电用叶轮转子一体化高速永磁电机特性研究	华中科技大学	杜光辉
342	青年科学基金项目	基于单极性永磁转子的两自由度直线旋转电机研究	中国科学院宁波材料技术与工程研究所	陈进华
343	面上项目	基于模型预测思想的大功率绕组开路永磁同步电机高能效控制与调制优化研究	北方工业大学	张晓光
344	面上项目	无电解电容永磁电机驱动系统能量耦合行为及稳定运行机理研究	哈尔滨工业大学	王高林
345	面上项目	交流电机强鲁棒性模型预测控制策略研究	中国科学院福建物质结构研究所	汪凤翔
346	面上项目	开绕组永磁同步电机全速域优化模型预测控制研究	浙江大学	孙丹
347	面上项目	电动汽车用永磁同步电机转子温度分布建模方法和观测技术	湖南大学	刘侃
348	青年科学基金项目	中高压大功率电机系统三电平变流器综合损耗建模与损耗抑制调制策略	天津工业大学	张国政
349	青年科学基金项目	同步磁阻电机无传感器多信号随机注入降噪与效率优化控制方法研究	哈尔滨工业大学	张国强
350	青年科学基金项目	电动汽车用新型多相永磁电驱重构型车载充电系统研究	南通大学	於锋
351	青年科学基金项目	大型永磁同步风力发电系统的自抗扰控制方法研究	浙江工业大学	魏春
352	青年科学基金项目	极端工况与多重约束下变频器无差拍直接转矩控制研究	哈尔滨工业大学	王勃
353	青年科学基金项目	基于虚拟电压注入的感应电机零同步转速下转速观测稳定化关键技术研究	华中科技大学	孙伟
354	青年科学基金项目	高速永磁同步电机模型预测控制系统模型失配影响因素与对策	天津工业大学	刘涛
355	青年科学基金项目	Z源四开关逆变器-无位置传感器无刷直流电机系统运行控制	天津工业大学	李新旻
356	青年科学基金项目	行波超声电机“电-振”一体化空间矢量体系的构建及非线性分析	河北工业大学	荆锴
357	青年科学基金项目	基于双绕组永磁容错电机的高可靠电驱动系统关键技术研究	南京理工大学	蒋雪峰
358	青年科学基金项目	弱电网下双馈风电机组无锁相环自同步控制的基础理论和关键技术	中国电力科学研究院有限公司	程鹏
359	优秀青年科学基金项目	电力传动系统监测与保护	清华大学	张品佳

（续）

序号	项目类别	项 目 名 称	依托单位	项目负责人
360	面上项目	基于多抽头绕组永磁同步电机的电动汽车驱动-充电集成系统研究	哈尔滨工业大学	张千帆
361	面上项目	间接高频信号注入的航空三级式同步电机无位置传感器起动控制研究	南京航空航天大学	魏佳丹
362	面上项目	双三相永磁风力发电机双边对称式功率变换与预测控制	天津大学	宋战锋
363	面上项目	高温电磁特性变化下内置式开关磁阻起动/发电机的瞬时转矩估算与控制方法研究	西北工业大学	宋受俊
364	面上项目	多服役行为下的电动汽车电动力系统 NVH 全局优化与控制	杭州电子科技大学	刘栋良
365	面上项目	高功率密度无轴泵喷多目标全局优化设计与试验研究	中国人民解放军海军工程大学	靳栓宝
366	面上项目	电动汽车用交替极混合励磁电机驱动系统广域高效运行机理研究	东南大学	樊英
367	面上项目	碳化硅功率器件对电机系统电磁干扰和损耗影响机理研究	北京航空航天大学	丁晓峰
368	青年科学基金项目	综合电力用复杂多相感应推进系统缺相在线切换容错控制关键技术研究	中国人民解放军海军工程大学	易新强
369	青年科学基金项目	航空三级式起动发电系统起动阶段损耗分析及协同高效控制研究	西北工业大学	焦宁飞
370	面上项目	导轨式电磁发射用重频速射型储能技术研究	中国人民解放军海军工程大学	张晓
371	面上项目	脉冲大电流下降阶段电枢-轨道滑动电接触界面液化层不稳定性研究	华中科技大学	陈立学
372	创新研究群体项目	强电磁技术及应用	华中科技大学	李亮
373	青年科学基金项目	快预脉冲调控丝阵 Z 箍缩负载质量分布及对内爆 MRT 不稳定性的影响研究	西安交通大学	石桓通
374	青年科学基金项目	储能系统与砷化镓光电导开关高倍增输出特性关联性研究	西安理工大学	马成
375	青年科学基金项目	FLTD 气体火花开关自放电诱发机理和概率模型	西安交通大学	李晓昂
376	青年科学基金项目	纳秒脉冲放电等离子体沉积复合薄膜抑制介质窗真空表面闪络	中国科学院电工研究所	孔飞
377	青年科学基金项目	一种高压快速光控脉冲晶闸管开关研究	中国工程物理研究院流体物理研究所	姜苹
378	优秀青年科学基金项目	高储能密度电容器技术	华中科技大学	李化
379	面上项目	等离子体电解液化生物质的加热机制与调控方法研究	厦门大学	张先徽
380	面上项目	脉冲放电等离子体电极表面薄膜沉积提高 GIS/GIL 绝缘强度的研究	中国科学院电工研究所	王瑞雪
381	面上项目	增强型直流辉光放电等离子体射流放电特性与机理的研究	中国科学院西安光学精密机械研究所	汤洁
382	面上项目	大气压冷等离子体选择性引发液相活性基团及作用于微生物机理研究	中国科学院合肥物质科学研究院	沈洁
383	面上项目	平流层大气电晕放电所产生离子风的动力特性研究	南京航空航天大学	仝荣辉
384	面上项目	三电极脉冲沿面流光放电等离子体防破风力发电机叶片覆冰的方法与机制	大连理工大学	李杰
385	面上项目	磁场辅助增强纳秒脉冲流光放电等离子体物理化学活性及降解 VOCs 的应用研究	大连理工大学	姜楠

（续）

序号	项目类别	项 目 名 称	依托单位	项目负责人
386	青年科学基金项目	面向航空发动机的多路放电射流形火花点火方式探索研究	中国人民解放军空军工程大学	张志波
387	青年科学基金项目	大型悬浮电位导体对空气间隙操作冲击放电特性的影响机制及调控研究	三峡大学	吴田
388	青年科学基金项目	基于微腔放电耦合的等离子体晶体管导通机理及电学特性研究	西安交通大学	王耀功
389	青年科学基金项目	磁聚焦霍尔推力器放电模式转变机理研究	北京控制工程研究所	韩亮
390	青年科学基金项目	基于阴阳极协同作用的低液滴溅射率真空弧放电技术研究	中国工程物理研究院电子工程研究所	陈磊
391	面上项目	开放式磁场屏蔽系统研究	清华大学	顾晨
392	面上项目	交直流电场共同作用下电极起晕特性及气压影响的机理研究	华北电力大学	卞星明
393	联合基金项目	冲击暂态下智能电力设备动态失效机理及电磁干扰分层协同防护技术	清华大学	张波
394	青年科学基金项目	外磁场下屏蔽装置的磁平衡机理与方法研究	哈尔滨工业大学	孙芝茵
395	青年科学基金项目	基于波形松弛迭代的大规模多导体线缆高频耦合广义传输线模型	西安交通大学	郭俊
396	面上项目	环氧树脂增韧剂迁移对超导磁体低温绝缘特性的影响机制	安徽建筑大学	朱银锋
397	面上项目	基于“磁通泵”的高温超导同步电机无刷励磁技术原理及应用研究	四川大学	王为
398	面上项目	高载流高场应用的准各向同性高温超导导体低温电磁、机械及稳定性研究	华北电力大学	皮伟
399	面上项目	先反应-后绕型 Nb3Al 超导线材制备及其电磁特性研究	西北有色金属研究院	潘熙锋
400	面上项目	大型超导磁体绝缘系统成型实时及结构健康检测研究	中国科学院理化技术研究所	黄传军
401	面上项目	宽禁带电力电子器件极低温强磁场下物理特性和失效机理研究	中国科学院电工研究所	郭文勇
402	青年科学基金项目	高温超导俘获场磁体充磁机理与充磁策略研究	中国科学院福建物质结构研究所	邹圣楠
403	青年科学基金项目	考虑屏蔽电流影响的高温超导磁体高均匀度磁场生成问题的研究	中国科学院电工研究所	王磊
404	青年科学基金项目	REBCO 超导眼型结构永磁体励磁机理及结构设计研究	上海交通大学	盛杰
405	青年科学基金项目	集成超导限流电感的低温直流斩波器高效优质供电机制及设计准则	四川师范大学	陈孝元
406	面上项目	基于磁声电效应的经颅聚焦刺激方法研究	河北工业大学	张帅
407	面上项目	基于脑卒中上肢运动功能康复的 tDCS 参数优选策略与功效分析	河北工业大学	于洪丽
408	面上项目	融合介电特性多因素建模与个性化特征波形优化的复合脉冲精准治疗肿瘤机理及方法研究	重庆大学	姚陈果
409	面上项目	低频电磁场介导磁转染在骨缺损修复中的作用及机制研究	华中科技大学	刘朝旭
410	面上项目	基于磁共振成像的多层大脑功能网络模块化特征研究	常州大学	焦竹青
411	面上项目	复合气体条件下可逆固体氧化物电池“电-气”转换特性研究	西安交通大学	周峻

（续）

序号	项目类别	项目名称	依托单位	项目负责人
412	面上项目	基于电池组多维一致性演变机制与估计方法的均衡构型和算法研究	上海理工大学	郑岳久
413	面上项目	以波动性容量价值提升和调度策略一体化输出为特征的新能源储能渐进式规划方法	东南大学	徐青山
414	面上项目	锂离子动力电池系统性能衰退多维演化机理与耐久性管理	北京理工大学	熊瑞
415	面上项目	基于表面氟钝化多孔炭正极和硬炭@石墨烯负极的高性能锂离子电容器研究	中国石油大学(华东)	邢伟
416	面上项目	基于在线参数辨识的电动汽车电池系统状态 SOC/SOH 联合估算技术研究	清华大学	夏必忠
417	面上项目	大功率快速充电动力电池自引发内短路演变机制及安全充电方法研究	哈尔滨理工大学	吴晓刚
418	面上项目	城轨交通新型磁悬浮飞轮储能电机及其再生制动控制研究	南京工程学院	孙玉坤
419	面上项目	含 Fe 金属有机骨架材料(FeMOF)-石墨烯柔性电极的制备,储能机制及组装高性能超级电容器件	大连理工大学	刘伟
420	面上项目	Bi2Te3 基柔性热电材料的3D 打印低成本可控制备与结构调控特性研究	重庆大学	李剑
421	面上项目	基于组合换能器的磁力耦合辅助激励式压电振动发电机研究	浙江师范大学	阚君武
422	面上项目	多元复合硫碳电极的三维构建及其在电化学反应过程中协同作用的机制研究	东南大学	范奇
423	面上项目	基于多路径老化演化与热反应特性定量解析的电池生命周期安全性能评估与管理方法	清华大学	杜玖玉
424	联合基金项目	大型动力电池单体及系统设计方法研究	清华大学	李哲
425	青年科学基金项目	大规模电池储能系统可重构拓扑与可靠性优化设计	清华大学	田立亭
426	青年科学基金项目	边缘计算架构下多电动汽车与电网互动协同优化控制方法	长沙理工大学	刘东奇
427	青年科学基金项目	面向梯次利用的锂离子电池健康状态估计与剩余寿命预测	深圳大学	李晓宇
428	青年科学基金项目	反电渗析发电传质过程建模及离子输运特性研究	西安理工大学	李美
429	青年科学基金项目	计及动力电池老化抑制的 PHEV 预测能量管理方法研究	北京理工大学	李建威
430	青年科学基金项目	石榴石陶瓷电解质全固态锂硫电池中电解质-电极界面稳定性调控机制	郑州大学	金阳
431	青年科学基金项目	高比能锂离子电池多因素耦合老化机理解析与衰退建模研究	清华大学	韩雪冰
432	青年科学基金项目	动力电池组全寿命周期高效能均衡策略研究	重庆大学	冯飞
433	地区科学基金项目	基于压电结构多模态振动特性的宽频带振动能量高效收集系统理论与关键技术研究	石河子大学	龚立娇
434	地区科学基金项目	风/生物燃料互补分布式供能系统理论与方法研究	贵州大学	陈湘萍

2018 年度国家科技重大专项立项项目

序号	所属专项	项目名称	项目牵头承担单位	项目负责人	中央财政经费/万元
1	智能电网技术与装备	大容量风电机组电网友好型控制技术	中国电力科学研究院有限公司	秦世耀	1835
2	智能电网技术与装备	分布式光伏多端口接入直流配电系统关键技术和装备	中国电力科学研究院有限公司	朱淼	1765
3	智能电网技术与装备	促进可再生能源消纳的风电/光伏发电功率预测技术及应用	中国电力科学研究院有限公司	舒印彪	2049
4	智能电网技术与装备	500kV 及以上电压等级经济型高压交流限流器的研制	广州供电局有限公司	莫文雄	1729
5	智能电网技术与装备	超导直流能源管道的基础研究	中国电力科学研究院有限公司	张国民	1907
6	智能电网技术与装备	互联大电网高性能分析和态势感知技术	中国电力科学研究院有限公司	张晓华	1886
7	智能电网技术与装备	柔性直流电网故障	全球能源互联网研究院有限公司	贺之渊	1537
8	智能电网技术与装备	中低压直流配用电系统关键技术及应用	国网江苏省电力有限公司	陈庆	2098
9	智能电网技术与装备	面向新型城镇的能源互联网关键技术及应用	国电南瑞科技股份有限公司	郑玉平	1697
10	智能电网技术与装备	分布式光伏与梯级小水电互补联合发电技术研究及应用示范	国网四川省电力公司	韩晓言	2310
11	智能电网技术与装备	梯次利用动力电池规模化工程应用关键技术	南方电网科学研究院有限责任公司	郑耀东	1976
12	智能电网技术与装备	碳化硅大功率电力电子器件及应用基础理论研究	全球能源互联网研究院有限公司	邱宇峰	1707
13	新能源汽车	高安全高比能乘用车动力电池系统技术攻关	天津力神电池股份有限公司	郑宏宇	4877
14	新能源汽车	高安全长寿命客车动力电池系统关键技术研	郑州宇通集团有限公司	周时国	4805
15	新能源汽车	动力电池测试与评价技术	中国汽车技术研究中心有限公司	王芳	4363
16	新能源汽车	轿车高可靠性车载电力电子集成系统开发	合肥巨一动力系统有限公司	王淑旺	1175
17	新能源汽车	基于碳化硅技术的车用电机驱动系统技术开发	上海电驱动股份有限公司	张琴	2615
18	新能源汽车	高性能精密一体化驱动电机系统研制	卧龙电气集团股份有限公司	王建乔	1350
19	新能源汽车	自动驾驶电动汽车测试与评价技术	中国汽车技术研究中心有限公司	陈虹	2969
20	新能源汽车	自动驾驶电动汽车集成与示范	上海国际汽车城(集团)有限公司	朱敦尧	5526

（续）

序号	所属专项	项目名称	项目牵头承担单位	项目负责人	中央财政经费/万元
21	新能源汽车	全功率燃料电池乘用车动力系统平台及整车开发	东风汽车公司	史建鹏	5236
22	新能源汽车	增程式燃料电池轿车动力系统平台及整车集成技术	北京汽车研究总院有限公司	梁晨	5124
23	新能源汽车	燃料电池公交车电-电深度混合动力系统平台	郑州宇通客车股份有限公司	李飞强	5282
24	新能源汽车	典型区域多种燃料电池汽车示范运行研究	中国汽车技术研究中心有限公司	朱成	4705
25	新能源汽车	新型高性价比乘用车混合动力总成开发与整车集成	上海汽车集团股份有限公司	朱军	4040
26	新能源汽车	高性价比商用车混合动力系统开发与整车集成	郑州宇通客车股份有限公司	高建平	2825
27	新能源汽车	高效一体化油冷增程器总成开发及整车集成	精进电动科技股份有限公司	余平	2675
28	新能源汽车	高性能纯电动运动型多功能汽车(SUV)开发	重庆长安汽车股份有限公司	周安健	2889
29	新能源汽车	N2/N3类纯电动商用车动力平台关键技术研究	郑州宇通重工有限公司	张晓伟	2193
30	新能源汽车	基于新型电力电子器件的高性能充电系统关键技术	许继电源有限公司	姚为正	1876
31	公共安全风险防控与应急技术装备重点专项(含定向)	极端条件下的大区域电网设施安全保障技术	中国电力科学研究院有限公司	程永锋	1940
32	公共安全风险防控与应急技术装备重点专项(含定向)	特殊环境下应急电源系统研究与应用示范	江西泰豪军工集团有限公司	陈永清	1860
33	重大科学仪器设备开发	高稳定宽量程电流传感器	海宁嘉晨汽车电子技术有限公司	钱正洪	419
34	重大科学仪器设备开发	微型电场传感器	北京中科飞龙传感技术有限责任公司	彭春荣	468

2018 年度高等学校科学研究优秀成果奖（科学技术）通用项目电源及相关领域获奖成果

序号	项目名称	奖种	获奖等级	主要完成人	主要完成单位
1	微能源/传感器件微纳功能结构的形成机制与性能调控	自然奖	一等奖	史铁林、廖广兰、夏奇、汤自荣	华中科技大学
2	电动汽车动力电池及系统状态量高精度估计理论与方法	自然奖	一等奖	何洪文、熊瑞、孙逢春	北京理工大学
3	电液伺服系统自适应抗扰非线性控制	自然奖	一等奖	焦宗夏、姚建勇、汪成文、吴帅、尚耀星	北京航空航天大学、南京理工大学
4	高稳定性有机半导体的四元设计原理、绿色加工及光电器件	自然奖	一等奖	黄维、解令海、仪明东、钱妍、林宗琼	南京邮电大学
5	纤维形态光伏及能量储存器件	自然奖	二等奖	邹德春、吴凯、范兴、蔡欣、彭鸣、傅永平、侯绍聪、吕志彬	北京大学
6	高速列车永磁牵引电机	发明奖	一等奖	方攸同、冯江华、马吉恩、晏才松、卢琴芬、张健	浙江大学、中车株洲电机有限公司、中车株洲电力机车研究所有限公司
7	谐振接地配电网主-被动联合故障检测与选线保护技术	发明奖	一等奖	束洪春、董俊、梁仕斌、张广斌、田鑫萃、曹璞璘	昆明理工大学、云南电力试验研究院(集团)有限公司
8	新型直驱式波浪发电系统	发明奖	二等奖	胡敏强、余海涛、黄磊	东南大学
9	实现大规模风电就地消纳的电网运行与控制关键技术	发明奖	二等奖	孙元章、徐箭、黎雄、廖思阳、柯德平、彭晓涛	武汉大学
10	海上风电结构设计运维关键技术研究及应用	进步奖	二等奖	刘福顺、王滨、张建华、王文华、李炜、李昕、田哲、李玉刚、周琳、王健、高宏飙、季晓强、刘鹏、张宝峰、卢洪超	中国海洋大学、大连理工大学、中国电建集团华东勘测设计研究院有限公司、哈尔滨工程大学
11	电网不停电冰灾防御技术和智能融冰装置及其应用	进步奖	二等奖	张志劲、蒋兴良、范松海、罗春雷、洪敏、胡建林、龚奕宇、舒立春、游步新、胡琴、李汶江、吴彬、李亚伟、刘益岑、刘小江	重庆大学、国网四川省电力公司电力科学研究院、国网重庆市电力公司、重庆广仁铁塔制造有限公司
12	1.5~5.0MW 双馈风力发电系统高可靠能量转换技术及其应用	进步奖	二等奖	张凤阁、金石、张岳、王晓东、刘光伟、年珩、周党生、赖如辉、王金松、孙丹、姚兴佳、孔令江、刘颖明、张艳丽、马铁强、于思洋	沈阳工业大学、浙江大学、深圳市禾望电气股份有限公司、中船重工电机科技股份有限公司、西安盾安电气有限公司
13	轨道交通信号全电子化安全控制关键技术及应用	进步奖	二等奖	陈光武、党建武、李少远、杨菊花、范多旺、石建强、邢东峰、李鹏、梁豆豆、司涌波、包成启	兰州交通大学、兰州大成科技股份有限公司
14	智能变电站综合在线监测系统关键技术及其应用	进步奖-推广类	二等奖	黄新波、朱永灿、刘家兵、张烨、曹雯、张永宜、田毅、赵隆、王卓	西安工程大学、西安金源电气股份有限公司

电源相关科研团队简介
(按照团队名称汉语拼音顺序排列)

1. 安徽大学—工业节电与电能质量控制省级协同创新中心

地址：安徽省合肥市九龙路 111 号，安徽大学磬苑校区理工 B 座

邮编：230601

电话：0551-63861862

传真：0551-63861862

网址：http：//www3. ahu. edu. cn/jdcx

团队人数：127

团队带头人：王群京

主要成员：李国丽、郑常宝、赵吉文、胡存刚、陈权

研究方向：高节能电机及其控制，电力电子装置，电能质量检测与治理

团队简介：

工业节电与电能质量控制协同创新中心（以下简称“中心”）是安徽大学牵头，联合东南大学、安徽省电力公司、马钢（集团）控股有限公司、安徽皖南电机股份有限公司、合肥通用机械研究院等作为核心共建单位，由共同致力于提升科技创新能力和拔尖创新人才培养能力、服务和引领工业节电与电能质量控制领域技术创新、应用和推广的高等院校、科研院所、企业和国际创新机构等单位联合组建的非法人实体组织。

中心的宗旨是：面向制约区域可持续发展的节能和能源安全等重大问题，本着“优势互补，深度融合，协同创新，利益共享，对外开放，支撑发展”的原则，在安徽省能源局的指导下，基于长期项目和人才合作，依托安徽大学和东南大学国家重点学科和平台，以安徽电力、马钢、皖南电机等重点企业及其技术中心为工程化示范和产业化基地，改革协同创新模式和机制，联合共建工业节电与电能质量控制协同创新中心，在工业节电和用电质量及安全等重点领域，搭建高技术研发平台、技术转移平台、公共技术服务平台、科技型企业孵化平台和高层次人才培养平台，建成服务全省，辐射周边，在国内具有较大影响的公共协同创新中心，通过政产学研合作机制，整合各类资源，开展联合技术创新，推动高耗能传统产业技术升级，提高能源、钢铁等支柱产业经济和社会效益，孵化和催生节电产品战略性新兴产业，促进区域经济社会可持续发展。

通过中心实现政产学研实质性联合，发挥政府职能部门的主导作用，建立高等院校与企业间的产学研合作对口支援关系，实现能力互补和研发风险的分担；融合高校和企业各自的人才优势、技术优势，集聚和培养一批高层次技术人才；面向产业，建立产学研结合的公共科技创新平台，形成一批在国内具有一流水平的产学研开发基地和产业化基地，加快学校科学技术向企业转移；承担和实施一批国家和省级重大科技项目，不断缩短企业产品技术研发周期，提升产业创新水平，加快相关产业的科技进步；攻克一批制约产业发展的工业节能和用电安全共性关键技术，形成具有国际竞争力的自主品牌、自主知识产权，形成系列化的国家、行业以及地方标准；通过中心的技术辐射、产品辐射和服务辐射功能，为行业单位和用户提供多层面、专业化的服务。

2. 安徽工业大学—优秀创新团队

地址：安徽省马鞍山市湖东路 29 号

邮编：243000

电话：0555-2316595

团队人数：8

团队带头人：刘晓东

主要成员：葛芦生、陈乐柱、郑诗程、方炜、胡雪峰、刘宿城、杨云虎

研究方向：电力电子功率变换技术

团队简介：

本团队包括教授 6 人、副教授 1 人、讲师 1 人，其中 7 人具有博士学位，涉及电力电子、高电压技术、电力系统和控制理论工程等多个相关学科。围绕着“电力电子功率变换技术”核心研究方向，主要从事以下方面的研究：1）数字开关电源开发和应用；2）新能源发电及智能微电网技术的研究；3）特种电源及其应用。本团队已获得国家自然科学基金 7 项、国家外专局项目 1 项、安徽省科技攻关项目 1 项、安徽省自然科学基金 1 项、安徽省教育厅基金项目 1 项、马鞍山市科技局项目 1 项，申请国家专利 6 项，发表论文 30 余篇。与此同时，基于在开关电源和新能源变换等技术方面积累的较为丰富的理论和实践经验，团队成员积极地将部分先进的研究成果向应用领域转化，扩大了电力电子功率变换技术在国民经济领域的应用范围，促进了地方经济的发展。

3. 北京交通大学—电力电子与电力牵引研究所团队

地址：北京市海淀区上园村 3 号北京交通大学电气工程楼 602

邮编：100044

电话：010-51687064

传真：010-54684029

网址：http：//ee. bjtu. edu. cn/xisuo/dianlidianzisuo. php

团队人数：18

团队带头人：郑琼林、游小杰

主要成员：郑琼林、游小杰，杨中平、林飞、李虹、孙湖、郝瑞祥、贺明智、王琛琛、李艳、刘建强、郭希铮、黄先进、王剑、杨晓峰、周明磊

研究方向：轨道交通牵引供电与传动控制（高速列车、重载列车和城轨列车），特种电源（工业、军工），电力电子技术在电力系统中的应用，光伏发电并网与控制，高性能低损耗电力电子系统，宽禁带器件应用，能源互联网

团队简介：

北京交通大学电力电子与电力牵引研究所（简称“电力电子研究所”）成立于2004年，主要从事电力电子和电力牵引领域的研究工作，是电力牵引教育部工程研究中心的依托单位。所在的电力电子学科为北京市重点学科。北京交通大学是台达电力电子科教基金资助的十所高校之一，中国高校电力电子学术年会四个发起单位之一。北京交通大学电力电子研究所团队有教授5人、副教授7人、讲师4人，博士生和硕士生130余人，近年来发表学术论文200余篇，其中SCI论文近40篇，EI论文100余篇，出版科技专著9部，已授权发明专利30余项，获软件著作权20余项，获省部级科技进步奖二等奖和三等奖各1项，培养优秀硕士/博士毕业生和荣获国家级奖学金学生20余人次。

近年来研究所围绕高速列车牵引传动与控制、重载列车牵引传动与控制、特种工业电源、特种军用电源、宽禁带器件应用、光伏发电并网与控制、柔性直流输电技术、电能质量控制技术、能源互联网等领域开展研究工作，研制出多个系列电能变换与节能装备，并成功实现了产业化。研究所自成立以来，承担并完成了许多国家科技支撑项目、国家重大研究计划、国家自然科学基金项目、863项目、铁道部项目、国防科技项目、台达科教基金项目、企业横向课题等许多科研项目，在这些项目中，研究所在国内率先研制成功了交流传动互馈试验台，可用于大功率牵引电机及其他电机的控制、试验、测试等；建设了国内先进的电力牵引综合实验平台，并在该平台上开发了大功率电力机车牵引传动控制系统；完成了国内最大功率的航天试验用电源，特种军用电源，大功率电解、电镀等工业电源的研制。

北京交通大学电力电子研究所与许多科研机构和公司建立了长期的密切合作关系。与世界最大的SVC制造商——荣信电力电子股份有限公司签署协议共建电力牵引教育部工程研究中心；与中国中车股份有限公司、北京卫星制造厂等单位签署了产学研战略联盟协议；与北京京仪椿树整流器有限责任公司签署了共建电力电子联合实验室的协议；此外，还与北京京仪绿能电力系统工程公司、北京敬业电工集团等十余家知名企业建立了产学研合作关系，为企业的核心技术研发提供了技术支持，同时也获得了研究所发展所需要的资金支持，并为研究生的培养提供了实践基地。

4. 重庆大学—电磁场效应、测量和电磁成像研究团队

地址：重庆市沙坪坝区沙正街174号重庆大学

邮编：400044

电话：023-65105242

传真：023-65105242

团队人数：9

团队带头人：何为

主要成员：熊兰、杨帆、张占龙、徐征、王平、肖冬萍、毛玉星、汪金刚、刘坤

研究方向：电磁场测量与成像

在研项目：

1. 血流动力—血管偶联损伤机制在高血压脑出血发病中的作用及豆纹动脉破裂特异性影像学预警征象研究，负责人：何为，科技部国家基础研究规划项目（973计划），经费400万。

2. 开放式电阻抗成像原理和技术研究，负责人：何为，科技部国家高技术研究发展计划（863计划），经费261万。

3. 电阻抗成像关键技术及装置研究，负责人：何为，科技部国际科技合作项目，经费315万。

4. 基于低场核磁共振原理的硅橡胶复合绝缘子伞裙老化无损测量方法，负责人：徐征，国家自然科学基金面上项目，经费82万。

5. 低场单边核磁共振原理和浅层皮肤成像临床试验应用研究，负责人：何为，国家自然科学基金面上项目，经费80万。

6. 生物组织磁感应测量应用技术开发，负责人：徐征，科技部其他科技计划项目，经费150万。

7. 智能电网物联网平台课题研究，负责人：毛玉星，其他部门科技计划项目，经费90万。

8. 车载FlexRay总线技术的研究与应用开发，负责人：王平，重庆市科技计划项目应用开发计划一般项目，经费60万。

9. 联合开发电动汽车用一体化电机及其驱动系统，负责人：刘和平，横向科技项目，经费150万。

10. 便携式高压杆塔接地电阻在线监测预警系统，负责人：张占龙，横向科技项目，经费67万。

5. 重庆大学—高功率脉冲电源研究组

地址：重庆市沙坪坝区沙正街174号重庆大学A区电气工程学院高压系

邮编：400044

电话：023-65111795

传真：023-65102442

网址：http：//www. cee. cqu. edu. cn/pulse/

团队人数：40

团队带头人：姚陈果

主要成员：米彦、李成祥、董守龙

研究方向：全固态微秒/纳秒/皮秒脉冲的产生与测控

技术，脉冲电场的生物医学应用，输配电设备绝缘在线监测与故障诊断技术

团队简介：

重庆大学高功率脉冲电源研究组成立于 20 世纪 90 年代末，依托于重庆大学输配电装备及系统安全与新技术国家重点实验室，一直从事高功率脉冲电场/磁场的产生与测控技术，及其在输配电设备绝缘在线监测和生物电磁学方面的应用研究。研究组的相关研究成果在《IEEE Trans.》《中国电机工程学报》等国内外高水平期刊上发表论文 90 余篇，被 SCI 收录 40 余篇；授权发明专利 20 余项，其中一项以 1000 万元实现成果转让；培养研究生 30 余名。研究组在生物电磁学方面的应用研究形成了较鲜明的特色，在国内外具有一定的学术影响力。

6. 重庆大学—节能与智能技术研究团队

地址：重庆市沙坪坝区重庆大学汽车工程学院

邮编：400044

电话：023-65106243

传真：023-65106243

网址：https：//www.researchgate.net/profile/Xiaosong_ Hu2

邮箱：xiaosonghu@ ieee. org

团队人数：6

团队带头人：胡晓松（“国家青年千人计划”）

主要成员：谢翌、张财智、唐小林、卢少波、杨亚联

研究方向：节能与智能技术

团队简介：

团队面向国家新能源汽车技术发展的重大战略需求，以“中国制造 2025”及国家重点研发计划为支撑，结合重庆优越的汽车工业环境，依托重庆大学机械传动国家重点实验室、重庆自主品牌汽车协同创新中心及汽车工程学院，以储能系统动力学、动态系统控制与优化为主要切入点，重点研究先进动力电池/超级电容管理算法和机电复合动力传动系统优化与控制，为新能源汽车产业提供了必要的理论基础与应用技术。

团队针对车辆工程学科特色，以基础理论研究为先导，以工程应用研究为落脚点，坚持理论与实践并行的理念，针对新能源汽车动力电池、动力总成最优设计与控制等热点领域存在的前沿共性问题展开系统和深入研究。通过与国内外同行紧密协同，围绕动力电池/超级电容管理、混合动力系统优化等研究方向，建立一支国内领先的高水平科研团队。

团队现在获得高级职称者 2 人，副高级职称者 3 人，中级职称者 1，在读硕士、博士共计 30 余人。

7. 重庆大学—无线电能传输技术研究所

地址：重庆市沙坪坝区沙正街重庆大学自动化学院

邮编：400044

电话：13508368896

网址：http：//www. wptchina. com. cn/

团队人数：8

团队带头人：孙跃

主要成员：苏玉刚、戴欣、王智慧、唐春森、叶兆虹、余嘉、朱婉婷

研究方向：无线电能传输系统关键技术与实现

团队简介：

重庆大学无线电能传输技术研究所（WPTCQU）前身重庆大学电力电子与控制工程研究所，成立于 2005 年。专业从事无线电能传输技术及系统的理论研究、技术开发与工程实现。研究所核心研发团队有教授 3 人、副教授 3 人、中职职称 2 人，固定合作研究与技术开发人员 5 人，外聘国际高级专家 3 人。研究所招收和培养全日制硕士研究生、博士研究生和在职工程硕士研究生及在校全日制研究生 60 余人。

研究所紧密围绕无线电能传输技术，从事应用基础理论、技术开发与推广工作。先后承担国家 863 计划项目、国家自然科学基金项目、重庆市政府计划项目共 20 项，承担企业委托和合作研发重要科技开发项目 50 余项，累计科研和科技项目经费 3000 余万元。先后获得国家教育部、重庆市、中国电源学会、中国仪器仪表学会科学技术奖 5 项。在国际国内重要刊物上发表高水平论文 300 余篇，其中 SCI、EI 核心检索 150 余篇。受理与授权国家发明专利近 60 余项。

研究所拥有“无线电能传输技术国际联合研究中心（国家级）”“中国—新西兰无线电能传输技术国际联合研究中心”“无线电能传输技术重庆市工程研究中心”“重庆市无线电能传输技术工程实验室”。

研究所拥有各类无线电能传输技术试验平台和先进测试/分析仪器，具有良好的科学研究软/硬环境，为全方位培养研究生的科学研究、技术开发与工程实践等科技能力和人文素质提供了良好的工作条件。

8. 重庆大学—新能源电力系统安全分析与控制团队

地址：重庆市沙坪坝区沙正街 174 号重庆大学电气工程学院

邮编：400044

电话：13638301298

传真：023-65112740

团队人数：6

团队带头人：熊小伏

主要成员：卢继平（教授）、雍静（教授）、周念成（教授）、姚俊（教授）、欧阳金鑫（副教授）、王强钢（讲师）

研究方向：电力系统保护与控制，电能质量分析与治理

团队简介：

研究团队主要围绕智能电网从事相关基础理论及应用研究，立足于风力发电、光伏发电等新能源以及微电网、智能变电站等新技术的研究前沿，致力于智能电网的安全分析技术、防护技术以及智能控制技术的研究。在新能源并网故障分析与保护控制、智能变电站运行安全技术与计量、电力系统风险评估与气象灾害预警等研究领域积累了较强的技术基础。

9. 重庆大学—新型电力电子器件封装集成及应用团队

地址：重庆市沙坪坝区沙正街174号重庆大学电气工程学院

邮编：400044

电话：13883801036

团队人数：10

团队带头人：冉立

主要成员：李辉、周林、曾正、陈民铀、徐盛友

研究方向：电力电子器件可靠性及状态监测，碳化硅SiC器件封装和定制化设计，新型电力电子系统集成及应用

团队简介：

团队由10名教师组成，其中团队负责人为国家“千人计划”人才、教育部“长江学者”冉立教授。团队成员结构合理且研究方向涉及器件、变流器及新能源电力系统的应用，团队成员几乎都有海外留学或在著名国际企业工作的经历，且团队成员之间具有长期协作和合作的基础。团队一直从事电力电子技术及其在新能源电力系统应用的研究，在电力电子器件可靠性以及新能源发电系统的状态监测与运行控制方面有着坚实的研究基础。

团队建有中英碳化硅电力电子技术联合实验室，以新型电力电子器件及其系统应用的安全可靠性为研究方向，以提高综合效益包括系统安全和可靠性为目标，研究新一代电力电子装备（包括用电设备），并且追求全新的集器件和变流器系统为一体的技术，开展新型电力电子器件封装集成及应用的研究。

10. 重庆大学—周雒维教授团队

地址：重庆市沙坪坝区沙正街174号重庆大学A区6教6221-3

邮编：400044

电话：023-65102287

传真：023-65102287

团队人数：教师5人，学生48人

团队带头人：周雒维

主要成员：杜雄、罗全明、卢伟国、孙鹏菊

研究方向：功率变流器的可靠性研究，电力电子系统分析、建模及智能控制，电力电子电路拓扑结构及控制算法的研究，半导体照明驱动电源及系统研究，光伏直流微网系统研究，电动汽车与电网互动技术研究，电能质量测量与控制

团队简介：

团队从20世纪80年代就开始从事电力电子技术理论和应用研究，承担了国家自然科学基金、重庆市自然科学基金、教育部春晖计划、教育部博士点科研基金等项目。进行了有源电力滤波器（APF）、人工神经网络在电力谐波监测和控制、功率因数校正（PFC）技术等方面的研究，先后提出了有源电力滤波器谐波电流检测和控制新方法、基于神经网络的自适应谐波电流检测方法、单周控制有源滤波器、直流侧APF、双频变换器等方法和思路。其中，双频变换器的研究构想为团队首创，在国内外共发表了近20篇高水平论文；在功率因数校正研究方面，团队首次将APF技术应用到直流侧，并取得了良好的效果，获得了中国高校自然科学二等奖和重庆市电力科学技术奖，并在国内外发表了高水平论文近30篇。先后承担了国家自然科学基金2项、重庆市自然科学基金1项，目前，团队依然奋斗在电力电子学科研究的第一线，承担了多个研究项目，如国家科学基金重点项目“可再生能源发电中功率变流器的可靠性研究”等。

近十年来，课题组培养了一大批优秀的博士、硕士研究生，如杜雄（全国百篇优博获得者）、卢伟国（全国百篇优博提名）、孙鹏菊（重庆市优博）、杜茗茗（重庆市优硕）等，这些博士后来都成长成为实验室的骨干力量。

11. 大连理工大学—电气学院运动控制研究室

地址：辽宁省大连市高新区凌工路2号大连理工大学电气工程学院

邮编：116024

电话：0411-84708490

团队人数：15

团队带头人：张晓华

主要成员：郭源博、李林、张铭、李伟、李浩洋、张宇、夏金辉

研究方向：智能机器人与运动控制，电力牵引交流传动控制，无功补偿与谐波抑制

团队简介：

大连理工大学电气工程学院运动控制研究室现有教授1人，讲师1人，博士研究生6人，硕士研究生7人。多年来从事智能机器人与运动控制、电力牵引交流传动控制、无功补偿与谐波抑制等领域的研究工作。先后承担“基于超长波的管道机器人示踪定位技术”“海底管道内爬行器及其检测技术”和“X射线实时成像检测管道机器人的研制”等多项国家“863计划”项目，以及“故障条件下电能质量调节器的强欠驱动特性与容错控制研究”“传感缺失条件下电力牵引变流器的动态参数辨识与控制技术”“灵长类仿生机器人悬臂运动仿生与控制策略研究”等多项国家自然科学基金项目。在电力电子系统建模与非线性控制、电力电子系统故障诊断与容错控制、土木工程结构振动主动控制等方面具有坚实的工作基础和较强的技术力量。

12. 大连理工大学—特种电源团队

地址：辽宁省大连市高新园区凌工路2号大连理工大学电气工程学院

邮编：116024

电话：13889626136

传真：0411-84706489

团队人数：10

团队带头人：李国锋

主要成员：王宁会、王志强、戚栋、杨振强

研究方向：高压脉冲电源，高精度直流高压电源，交

流/直流电弧炉供电系统

团队简介：

大连理工大学特种电源团队多年来从事脉冲功率技术、电磁兼容技术、无损检测与探伤技术、新型电源技术、大功率电弧冶炼装置及控制系统、电磁场理论和应用技术研究工作，研究成果成功应用于材料冶金、资源环境、海军舰船维修保障等领域，取得了良好的社会经济意义和国防意义。该团队重视与国内外电气、化工、材料领域主要研究单位的合作，注重学科交叉、融合，已经形成了高等院校、科研院所、有色金属企业的产-学-研联合体，有利于基础研究成果直接转化为企业的创新技术。先后承担了和正在承担国家高技术研究发展计划（863 计划）新材料技术领域“新型平板显示技术”重大专项“PDP 用 MgO 晶体材料技术研究及产业化”；国家高技术研究发展计划（863 计划）资源环境技术领域“低品位菱镁矿高效制备电熔镁砂的节能减排技术与装备”专题项目“菱镁矿高效制备电熔镁节能减排技术与装备”；国家国际科技合作专项项目“菱镁矿绿色生产电熔镁关键技术及装备合作研究”。在低温等离子体发生器、电弧热等离子体、电弧射流等离子体、等离子体材料改性、超大功率装备检测及控制等方面，具备较强的技术力量和扎实的理论基础。

13. 大连理工大学—压电俘能、换能的研究团队

地址：辽宁省大连市甘井子区凌工路 2 号大连理工大学大黑楼 A 座 422

邮编：116023

电话：0411-8470009-3422

团队人数：12

团队带头人：董维杰

主要成员：白凤仙、孙建忠

研究方向：基于压电材料的振动能量的研究

团队简介：

主要研究领域为机电系统测量与控制、功能材料传感器与执行器。

14. 电子科技大学—功率集成技术实验室

地址：四川省成都市建设北路二段四号电子科技大学沙河校区科技实验大楼 8 楼

邮编：610054

电话：028-83202151

传真：028-83207120

网址：http：//www. ese. uestc. edu. cn/kxyj/kytd1/gljcjssys1. htm

邮箱：zwang@ uestc. edu. cn

团队人数：22

团队带头人：张波

主要成员：张波（教授）、李肇基（教授）、罗萍（教授）、李泽宏（教授）、方健（教授）、罗小蓉（教授）、陈万军（教授）、乔明（教授）、邓小川（教授）、周琦（研究员）等。

研究方向：功率半导体技术

团队简介：

电子科技大学功率集成技术实验室（PITEL）隶属于电子科学与工程学院，是“电子薄膜与集成器件国家重点实验室”和“电子科技大学集成电路研究中心”的重要组成部分。现有 11 名教授/研究员、10 名副教授/副研究员，222 名在读全日制硕士研究生和 40 名博士研究生，被国际同行誉为“全球功率半导体技术领域最大的学术研究团队”和“功率半导体领域研究最为全面的学术团队”。

实验室瞄准国际一流，致力于功率半导体科学和技术研究，研究内容涵盖分立器件（从高性能功率二极管 MCR、双极型功率晶体管、功率 MOSFET、IGBT、MCT 到 RF LDMOS，从硅基到 SiC 和 GaN）、可集成功率半导体器件（含硅基、SOI 基和 GaN 基）和功率集成电路（含高低压工艺集成电路、高压功率集成电路、电源管理集成电路、数字辅助功率集成电路及面向系统芯片的低功耗集成电路等）。

历经二十载创新，实验室发展了具有普适性的理论、技术和工艺平台，达到国际先进或领先水平，取得了显著的经济和社会效益。

近年来共发表 SCI 收录论文 300 余篇。在电子器件领域顶级刊物 IEEE Electron Device Letters（EDL）和 IEEE Transactions on Electron Devices（T-ED）上共发表论文 60 余篇。实验室继 2015 年在电子器件行业国际顶级刊物 T-ED 和 EDL 上发表 10 篇文章以后，2016 年和 2017 年团队又在 T-ED 和 EDL 上分别发表 10 篇和 9 篇文章，发表论文数继续位居全球前列。本领域国际顶级学术会议 IEEE ISPSD（International Symposium on Power Semiconductor Devices and ICs）收录论文数自 2006 年实现零的突破后，从 2011 年起，实验室在 ISPSD 上的入选论文数一直居全球研究团队前列，并在 ISPSD 2013、ISPSD 2017 上论文录取数居全球研究团队第一，近十年在 ISPSD 上发表论文 39 篇，列全球团队第一。

实验室牵头或参研十余项国家科技重大专项；在研国家自然科学基金项目 16 项。申请发明专利 1100 余项（含 32 项国际专利）；已获授权美国专利 16 项，已获中国发明专利授权 533 项。据中国专利局 2013 年报告，该团队在 IGBT 等多个领域专利授权数居国内领先。该团队牵头获 2010 年国家科技进步二等奖、2009 年和 2016 年四川省科学技术进步一等奖、2014 年高等学校科学研究优秀成果自然科学二等奖和首届四川电子科学技术一等奖（2015）；与中国电科集团 24 所合作获 2011 年中国电子科技集团公司科技发明一等奖；与上海华虹 NEC 合作获 2011 年中国电子学会电子信息科学技术二等奖。与企业合作承担了国家高技术产业发展计划、四川省产业发展关键重大技术项目、江苏省产业化转化项目、广东省教育部产学研结合项目、粤港关键领域重点突破项目等产业化项目；面向市场研发出 100 余种产品；为企业开发出 60~600V 功率 MOS、600~900V 超结（SJ）MOS、IGBT、120~700V BCD、高压 SOI 等生产平台，部分产品打破国外垄断、实现批量生产，已销售数亿只。

实验室已培养博士 55 名、硕士 700 余名，其中多人成

为国内外本领域骨干。实验室负责人入选 2010 年 ISPSD 的 TPC 成员和 2014 年 IEEE 功率半导体器件与集成电路技术委员会的 12 名委员之一，并于 2015 年选为 IEEE T-ED 编辑。

15. 电子科技大学—国家 863 计划强辐射重点实验室电子科技大学分部

地址：四川省成都市建设北路二段四号电子科技大学沙河校区逸夫楼 416

邮编：610054

电话：028-83202103

传真：028-83201709

邮箱：tianming@ uestc. edu. cn

团队人数：7

团队带头人：李天明

主要成员：李浩、汪海洋、周翼鸿、胡标

研究方向：高功率微波、毫米波技术

团队简介：

项目研究小组所在的实验室为国家“863”计划强辐射重点实验室电子科大分部，在实验室建设方面得到了国家有关部门的强有力的资助。团队拥有三套强流电子束加速器，可以从事低阻、高阻与重复脉冲等各类高功率微波源的实验研究，拥有各类适用于大功率、高功率真空电子器件的电源与磁场系统。在国家“211”、“985”建设及学校的支持下，我们花费了近 400 万元购置了从厘米波到亚毫米波的测试设备，建立了微波暗室。同时，实验室拥有自主开发的粒子模拟软件 CHPIC，以及引进的用于粒子模拟的 MAGIC、MAFIA 及高频场分析的 HFSS、CST 软件包。另外，电子科技大学自 50 年代建校时就设有电真空器件系，是国内微波管研制的“两所、两厂、一校”之一，具有完整的微波管加工工艺线。

16. 东南大学—江苏电机与电力电子联盟

地址：江苏省南京市玄武区四牌楼 2 号东南大学动力楼

邮编：210096

电话：025-83794152

传真：025-83791696

网址：http：//www. jempel. org/

团队人数：143

团队带头人：程明

主要成员：程明（教授）、花为（教授）、张建忠（研究员）、樊英（副教授）、王政（副教授）、王伟（讲师）

研究方向：电机与电力电子，电机驱动及应用，新能源发电，电动汽车和轨道交通等领域

团队简介：

江苏电机与电力电子联盟（Jiangsu Electrical Machines & Power Electronics League，JEMPEL）是由国内电机与控制学科领域首位 IEEE Fellow、著名电机与控制专家、东南大学特聘教授程明博士领衔，东南大学电气工程学院六名专任教师为核心，多名长江学者、千人计划等专家为支撑，50 余名博士后和博士、硕士研究生为骨干的科研团队，研究领域涵盖电机与电力电子及其在新能源发电、电动汽车、轨道交通、伺服系统等领域的应用。

JEMPEL 在电机与电力电子及其在新能源发电、电动汽车、轨道交通、伺服系统等领域的应用技术方面，开展了长期的研究，积累了丰富的成果。先后承担了国家 973 计划、863 计划、国家自然科学基金重点项目、国家自然科学基金重大国际合作研究项目等各类课题 90 余项；共发表论文 370 余篇，其中 SCI 收录 140 余篇；申请国家发明专利 100 余项，已获授权发明专利 60 多项。

JEMPEL 以培养电机与控制领域高水平人才为己任，以高水平科学研究促进高层次人才培养，始终践行东南大学“止于至善”的人才培养理念，先后为社会培养了近百位电机与控制领域英才，其中包括一名 IEEE Fellow，两名国家优秀青年基金获得者，两位全国优秀博士学位论文提名奖获得者，四位江苏省优秀博士学位论文获得者。

JEMPEL 以国际化作为加强人才培养和促进科学研究的重要推手，全体教师均有至少一年以上的海外留学经历，博士研究生大部分具有一年以上的海外联合培养经历。迄今为止，先后与美国、加拿大、英国、法国、意大利、丹麦等国的知名高校开展项目合作或联合人才培养。此外，JEMPEL 成员活跃于国内外的各种学术交流活动，追踪国际学术前沿动态，与国内外同行分享科研成果和经验。

为了及时交流电机与电力电子领域的最新科研成果，促进产学研合作，同时为毕业研究生与企业对接提供平台，JEMPEL 建立了自己的会员体系，JEMPEL 殷切期盼与联盟有过合作关系或者有合作意向、有志于电机与电力电子技术进步的创新企业加入联盟，与 JEMPEL 共创新型电机及其控制技术的美好未来。

17. 东南大学—先进电能变换技术与装备研究所

地址：江苏省南京市四牌楼 2 号

邮编：210096

网址：http：//ee. seu. edu. cn/2017/0508/c13614a188809/page. htm

邮箱：chenwu@ seu. edu. cn

团队人数：7

团队带头人：陈武

主要成员：郑建勇、赵剑锋、梅军、尤鋆、曲小慧、曹武

研究方向：高压大功率电力电子技术在电力系统及工业中的应用

团队简介：

先进电能变换技术与装备研究所依托于东南大学电气工程学院，主要从事电力电子与电能变换领域的重大基础理论与前沿关键技术研究，包括直流电网装备、交直流输配电装备、新能源并网发电、电能质量治理、分布式储能、高压大功率工业电源、无线电能传输和 LED 照明驱动等，多项研究成果已成功在工业中应用。

近年来，研究所承担参与了国家 863 计划、国家自然

科学基金、江苏省自然科学基金、江苏省重点研发计划、国家电网科技支撑等科研项目 80 余项，年均科研经费 600 万元。研究所现有研究人员 50 余人，包括教授 3 人，副教授 3 人，讲师 1 人，博士后、硕博士研究生 40 余人。

18. 福州大学—功率变换与电磁技术研发团队

地址：福建省福州市闽侯县上街镇学园路 2 号福州大学电气工程与自动化学院

邮编：350116

电话：0591-22866583

团队人数：40 多人

团队带头人：陈为

主要成员：毛行奎、董纪清、陈庆彬、林苏斌、汪晶慧、张丽萍、谢文燕

研究方向：开关电源高频电磁技术，超高频（百兆赫兹）薄膜电感，传导 EMI 预测诊断与抑制，无线电能传输技术，磁性元件高频损耗，磁性元件磁集成和平面磁性元件

团队简介：

福州大学功率变换与电磁技术研发团队将电磁技术与电力电子功率变换技术结合，在国家级、省部级项目下，在国内率先开拓了电力电子高频磁技术的研究方向，十多年来持续开展了大量和系统的基础和应用基础研究以及与企业界的广泛技术合作，内容涉及与电力电子、电力系统、电器等领域相关的电磁技术的各个方面，获得国内外学术界和工业界广泛认可，建立了年富力强的研发团队和先进仪器设备的实验室。现有高级职称教师 5 人，中级职称教师 2 人，实验员 1 人，在读博士生 6 人，硕士生 30 多人。

研发团队目前以开关电源高频电磁技术、超高频（百兆赫兹）薄膜电感、传导 EMI 预测诊断与抑制、无线电能传输技术、磁性元件高频损耗、磁性元件磁集成、平面磁性元件等为研究方向，涵盖了开关电源中电磁技术的各个方面。在研究广度和深度上都处于国内外领先水平。

19. 福州大学—智能控制技术与嵌入式系统团队

地址：福建省福州市大学新区学园路 2 号福州大学电气学院

邮编：350116

传真：0591-22866581

团队人数：9

团队带头人：王武

主要成员：蔡逢煌、林琼斌、柴琴琴

研究方向：新能源的控制技术，嵌入式技术开发

团队简介：

团队专注于研究智能控制、嵌入式软硬件协同设计、信号处理技术、嵌入式计算机系统等。主要开展了先进控制理论与控制算法及其在工程中的应用研究，优化控制技术理论及其在复杂工业过程的应用技术研究，网络化系统控制技术及网络安全运行研究，人工智能在生物信息系统的应用研究，电力电子系统建模、算法分析以及数字化实现的应用研究。

团队负责人为王武博士、教授。形成了结构合理、多学科交叉的科研教学团队，其中高级职称 2 人，博士 5 人。团队成员依托福建省医疗器械与医药技术重点实验室和福州大学-厦门科华恒盛股份有限公司联合实验站，目前培养了研究生 30 余人。多年来完成了 5 项国家自然科学基金项目和数项省部级科学研究项目，在学术会议与期刊发表了 160 多篇研究论文，获得福建省科学进步奖三等奖 3 项，并将学科研究成果引入教学领域和生产领域，促进产、学、研相辅相成，互相促进。团队目前承担省自然科学基金项目 2 项和企业合作项目 4 项。在嵌入式系统研究方面，与国际多家知名企业建立了联合实验室：福州大学—freescale 嵌入式系统设计及应用实验室、福州大学—英飞凌嵌入式技术共建实验室、福州大学—TI 嵌入式技术共建实验室。

20. 广西大学—电力电子系统的分析与控制

地址：广西壮族自治区南宁市大学路 100 号广西大学电气工程学院

邮编：530004

电话：13878809870

团队人数：6

团队带头人：陆益民

主要成员：陈延明、李国进、黄洪全、黄良玉、陈苏

研究方向：电力电子系统的非线性分析与控制，工业特种电源开发，电气精密测量技术

团队简介：

广西大学电气工程学院“电力电子系统分析与控制”研究团队共有 6 名教师，其中教授 3 人、副教授 2 人、讲师 1 人。研究团队一直致力于电力电子系统基础理论及其应用技术的研究。近年来围绕电力电子系统的拓扑结构、稳定性分析和控制方法、工业特种电源开发、电气精密测量技术等方面开展了大量的研究工作，并取得了一系列的研究成果。团队承担 4 项国家自然基金项目、1 项国家科技型中小企业技术创新基金项目以及多项省部级科研项目和企业横向项目。研制了医用 X 射线机电源、通信电源、焊接电源、冲击接地电阻、电气设备介质损耗测量装置、无功补偿装置快速复合继电器等电力电子装置。在《International Journal of Circuit Theory and Applications》《International Journal of Bifurcation and Chaos》《中国电机工程学报》《电工技术学报》《控制理论与应用》《机械工程学报》等学术刊物和 IEEE 等重要国际会议发表论文 60 多篇，获得国家专利授权多项。

21. 国网江苏省电力公司电力科学研究院—电能质量监测与治理技术研究团队

地址：江苏省南京市江宁区帕威尔路 1 号

邮编：211103

电话：025-68686380

传真：025-68686000

团队人数：15

团队带头人：袁晓冬

主要成员：陈兵、史明明、罗珊珊、李强、柳丹、朱卫平

研究方向：电网海量电能质量数据分析与高级应用技术，面向优质电力园区的定制电力技术，新能源、储能及微电网技术研究及应用

团队简介：

江苏省电力公司电力科学研究院电能质量监测与治理技术研究团队建成了国内规模最大、功能最全的省级电能质量监测网，覆盖了1365个监测点，覆盖了大型污染源负荷、电气化铁路和新能源发电企业等非线性用户，具有谐波、间谐波、电压不平衡度、电压偏差、频率偏差及电压波动和闪变的实时在线监测分析功能，具备电能质量综合评估、指标异常预警等功能，为省公司运维检修部生产管理提供了有力支撑。

实验室自主研发了电能质量在线监测终端和电压监测仪的一键式检测系统，可实现电能质量在线监测设备功能、精度和通信协议的完整检验，为省公司物质招标检测把好入网关。

实验室还承担了省内变电站的普测评价、新能源发电企业的技术监督和污染源用户电能质量问题治理分析工作，其中电能质量现场测试、动态无功补偿现场试验和低电压穿越检测项目已获得中国合格评定国家认可委员会（CNAS）的认证

近年来，实验室积极开展电力电子技术在电网中的应用研究，承担了优质电力园区的设计开发、高压直流输电换流阀、统一潮流控制器MMC换流阀的研究工作。相关研究成果获得省部级科技进步奖7项、省公司科技进步奖11项，申请发明专利36项、软件著作权7项，发表学术论文58篇，制定国家、行业、国网标准22项。

22. 国网江苏省电力公司电力科学研究院—主动配电网攻关团队

地址：江苏省南京市江宁区帕威尔路1号

邮编：211000

电话：025-68686850

传真：025-68686000

邮箱：1838658@ qq. com

团队人数：14

团队带头人：袁晓冬

主要成员：陈兵、李强、朱卫平、史明明、柳丹、陈亮、孔祥平、李斌、杨雄、吕振华、贾萌萌、韩华春、吴楠

研究方向：品质电力，协调控制，友好互动，弹性控制，试验检测

团队简介：

主动配电网攻关团队主要研究方向为品质电力、协调控制、友好互动、弹性控制、试验检测。具备4个科研小组，基于国网及省公司科技项目，结合主动配电网实验室建设，旨在培养一只具有高技术水平和创新能力的联合攻关研究人才队伍。

23. 哈尔滨工业大学（威海）—可再生能源及微电网创新团队

地址：山东省威海市文化西路2号

邮编：264209

电话：0631-5687208

传真：0631-5687208

网址：http：//homepage. hit. edu. cn

邮箱：quyanbin@ hit. edu. cn

团队人数：7

团队带头人：曲延滨

主要成员：孟凡刚、宋蕙慧、侯睿、李莉、吴世华、李军远

研究方向：风力发电、光伏发电控制技术，微电网控制技术，控制理论及应用，电力电子与电力传动

团队简介：

可再生能源及微电网创新团队由1名教授、2名副教授、4名讲师组成。已承担了国家自然科学基金面上项目3项，国家自然科学基金国际合作交流项目1项，国家自然科学基金青年基金2项，山东省自然基金3项，山东省中青年科学家基金2项，山东省科技攻关项目2项。

24. 哈尔滨工业大学—电力电子与电力传动研究团队

地址：黑龙江省哈尔滨市南岗区西大直街92号

邮编：150001

电话：0451-86413420

传真：0451-86413420

网址：http：//peed. hit. edu. cn/

邮箱：WGL818@ hit. edu. cn

团队人数：15

团队带头人：徐殿国

主要成员：Carlo Cecati、刘晓胜、高强、王高林、杨明、于泳、张相军、贵献国、王懿杰、张学广、杨华、武建

研究方向：电力电子化电力系统，交流电机驱动控制

团队简介：

团队以哈尔滨工业大学电气工程系的电力电子与电力传动研究所为主体，电力电子与电力传动研究所的前身是成立于1953年的“电力传动教研室”。专业名称为“工业企业电气自动化专业”；1978年专业名称改为“工业电气自动化”；1981年获国务院第一批“工业自动化”学科硕士学位授予权；1987年 获得“电力传动及其自动化”学科硕士学位授予权；1997年成为“电力电子与电力传动博士点”，并设有电气工程学科博士后流动站。徐殿国教授成为该学科点首位博士生导师、学科带头人；2004年原“工业电气自动化教研室/专业”整体改建为“电力电子与电力传动研究所”。

自身人才建设方面，团队现有教师15人，包括：教授

8人，副教授5人，讲师2人。其中，IEEE Fellow 2人，外专千人1人，中达学者1人，中达青年学者1人，国家自然科学基金优青1人，黑龙江省杰青1人，国防科工委有突出贡献中青年专家1人，黑龙江省青年五四奖章1人，黑龙江省十大杰出青年1年，国务院政府特殊津贴获得者1人，博导8人。

在学生培养方面，团队每年招收硕士生约40人，每年招收博士生6~10人。截至2016年，团队已累计培养毕业博士生77人、硕士生277人。目前，在读博士和硕士研究生共103人。多年来，所培养的毕业生在航天航空企业和国家电网等大型国企和西门子等著名外企、华为等著名民企以及全国很多高校等单位发挥着重大作用，研究所毕业生一直受到用人单位的欢迎和好评。

在科研与教学平台建设方面，利用国家“985工程”资助、“211工程”资助、国家科研项目资助和企业资助，建立了国内一流的电力电子与电力传动学科的多种科研平台。目前，团队建设了国际先进电驱动技术创新引智基地（111计划）、电驱动与电推进技术教育部重点实验室、黑龙江省现代电力传动与电气节能工程技术研究中心、可持续能源变换与控制技术黑龙江省重点实验室、黑龙江省伺服驱动及电机监测评价中心。

在学科的高端人才建设方面，以哈工大为依托，电力电子与电力传动研究所启动了高等学校学科创新引智计划（111计划）——国际先进电驱动技术创新引智基地，引进了以国际学术大师、美国工程院院士、英国皇家工程院院士、美国威斯康星大学麦迪逊分校的Thomas A Lipo教授和德国科学院院士、欧洲电力电子中心主任Leo Lorenz博士为首的一批国际著名学术大师或著名学者；2014年7月聘请了IEEE Transactions on Industrial Electronics前主编、意大利拉奎拉大学电气工程系Carlo Cecati教授为哈工大电力电子与电力传动学科首席学术顾问，Cecati教授于2016年入选国家外专千人计划；还聘请了以韩国首尔国立大学教授、国际电力电子学科著名学者Seung-Ki Sul教授为代表的一批国际知名学者为哈工大兼职教授。此外，哈工大电力电子与电力传动学科还聘请了以美国伊顿（Eaton）公司（电气）中国研究院总监陆斌博士为代表的一批国内外企业专家为哈工大兼职/客座教授，全面提升哈工大电力电子与电力传动学科国际合作与交流平台的水平与质量，全面打造国际一流学科的学术氛围。

在学科的目标建设方面，电力电子与电力传动学科以徐殿国教授课题组团队为核心，面向国家重大需求和国际学术前沿，立足国际最新电力电子学科理论与技术成果，以国家发展战略重大需求为牵引，探索具有国际先进性与国家特色的当代电力电子与电力传动领域重大科学问题和重大工程技术问题，努力将哈工大电力电子与电力传动学科打造成具有国际一流水平的科学研究与人才培养平台。

25. 哈尔滨工业大学—电能变换与控制研究所

地址：黑龙江省哈尔滨市南岗区西大直街92号哈工大403信箱

邮编：150006

电话：0451-86412811

传真：0451-86402211

网址：http：//pe. hit. edu. cn

邮箱：lihy@ hit. edu. cn

团队人数：17

团队带头人：李浩昱

主要成员：杨世彦、王卫、贲洪奇、邹继明、郑雪梅、杨威、刘晓芳、刘桂花、刘鸿鹏等

研究方向：电力电子系统数字控制技术，特种电源理论及应用，极端环境电力电子技术，新能源并网逆变及稳定性研究，交/直流微电网技术，电能存储系统高效变换

团队简介：

哈尔滨工业大学电能变换与控制研究所主要围绕可再生能源发电、分布式能源与微网系统以及特种电能变换等领域，在电路拓扑、控制方法、工程应用等方面开展科学研究。经过30多年在该方向上几代人的积淀，目前在人才培养、研究应用等方面均取得了一定的成就，并保持平稳、持续的发展趋势。近年来积极与美、英、日等国外及国内高校开展学术交流，与相关研究机构及科研人员建立了良好的学术合作关系。此外，研究所与国内外诸如国际整流器、艾默生、台达电子、华为等相关企业，国家电网、航天科技、中航工业等所属研究院、所均保持良好的科研合作关系，同时每年向其输送大量的本科、硕士、博士毕业生，实现了优势互补、可持续发展的产、学、研一体合作模式。

电能变换与控制研究所科研团队现有专职教师17人，包括教授7人、副教授7人、讲师3人，其中国家级教学名师1人、博士生导师5人。累计毕业博士、硕士研究生近300人，目前在读研究生50余人，本科生60余人。团队教师获国家级和省部级教学、科研成果奖10项，出版专著、教材10部，发表SCI/EI科研论文300余篇、拥有国家发明专利30余项。目前，在研国家自然科学基金项目7项、其他企业合作科研项目5项，年平均科研经费300余万元，为本单位持续深入的科学研究提供了充足的资金支持。

26. 哈尔滨工业大学—动力储能电池管理创新团队

地址：黑龙江省哈尔滨市西大直街92号哈尔滨工业大学逸夫楼603-605

邮编：150001

电话：0451-86416031

传真：0451-86416031

网址：http：//homepage. hit. edu. cn/pages/lvchao

邮箱：lu_ chao@ hit. edu. cn

团队人数：15

团队带头人：吕超

主要成员：张刚、宋彦孔、张滔、张禄禄、夏博妍、赵云伍、绳亿、马堡钊、魏刚、赵言本、吴奇、韩依彤、张爽、闫胜来

研究方向：基于电化学模型的锂离子电池电、热行为

仿真，基于时频域联合分析的锂离子电池内部健康状态原位快速测量，基于电化学模型的锂离子电池高精度 SOC/SOH 估计，基于内部析锂抑制的电池低温健康预热，基于热耦合电化学模型的电池系统热仿真与热优化

团队简介：

团队致力于锂离子电池电化学建模、仿真、测试技术的研究。经过多年的积累，已经初步突破了电化学阻抗谱在线快速测量，电化学时域仿真模型参数离线测试、在线跟踪等瓶颈问题，并逐步将电化学模型应用于电池管理，包括：基于阻抗谱在线快速测量的电池性能评估、基于电化学模型参数跟踪的电池全寿命 SOC/SOH 联合估计、基于热耦合电化学模型的锂离子电池系统热仿真与热优化。

27. 哈尔滨工业大学—模块化多电平变换器及多端直流输电团队

地址： 黑龙江省哈尔滨市南岗区西大直街 92 号哈尔滨工业大学电机楼 10018

邮编： 150001

电话： 0451-86418442

传真： 0451-86413420

网址： http：//hitee. hit. edu. cn/

团队人数： 12

团队带头人： 徐殿国

主要成员： 杨荣峰、张学广、武健、李彬彬、于燕南、刘瑜超、刘怀远、周少泽、石邵磊、张毅、王倩楠等

研究方向： 模块化多电平拓扑、模拟、控制与应用，多端直流输电，电网稳定性

团队简介：

团队隶属于哈尔滨工业大学电气工程及自动化学院，电力电子与电力传动专业，是一支以教授、博士研究生为主的高水平专业研究团队，获得了政府与企业的多项资助。与国内企业如哈尔滨同为电气股份有限公司开展了级联型中压无功补偿装置研究，同上海新时达开展了中压电机驱动的级联变频器研究，形成了产学研用四位一体战略联盟，解决了多项企业技术难题。

28. 哈尔滨工业大学—先进电驱动技术创新团队

地址： 黑龙江省哈尔滨市南岗区一匡街 2 号哈尔滨工业大学科学园 2C 栋

邮编： 150080

电话： 0451-86403086

传真： 0451-86403086

网址： http：//blog. hit. edu. cn/zhengping

邮箱： zhengping@ hit. edu. cn

团队人数： 5

团队带头人： 郑萍

主要成员： 刘勇、佟诚德、白金刚、隋义

研究方向： 永磁电机系统，新能源汽车

团队简介：

团队依托于哈尔滨工业大学电磁与电子技术研究所。团队有教师 5 人，博士、硕士研究生 20 余人，教师中有教授 2 人、副教授 1 人、讲师 2 人，所有教师均具有博士学位。团队带头人郑萍教授获国家杰出青年基金，是教育部长江学者特聘教授，并入选国家“万人计划”领军人才；团队青年教师佟诚德入选哈尔滨工业大学“青年拔尖人才”选聘计划，并破格晋升为副教授。

团队指导的博士、硕士研究生成绩突出，获国家、省、校级奖励及荣誉称号 50 多项，其中获全国优秀博士学位论文提名奖 1 人，教育部“博士研究生学术新人奖”1 人，黑龙江省优秀硕士学位论文 4 人，黑龙江省优秀博士毕业生 4 人，黑龙江省优秀硕士毕业生 7 人，哈尔滨工业大学研究生“十佳英才”3 人。毕业的研究生有国外博士后、国内 985 院校教师、企业和科研院所的部门主管及研发骨干。

29. 海军工程大学—舰船综合电力技术国防科技重点实验室

地址： 湖北省武汉市解放大道 717 号

邮编： 430033

电话： 027-65461920

传真： 027-65461969

团队人数： 固定研究人员 142 人、博士后 13 人，在读博士生 95 人、硕士生 55 人

团队带头人： 马伟明

主要成员： 肖飞、王东、付立军、鲁军勇、汪光森、孟进、刘德志

研究方向： 实验室主要从事舰船综合电力、电磁发射和新能源接入三大技术领域的科学研究和人才培养任务，研究层次涵盖应用基础理论研究、关键技术攻关和重大装备研制。

团队简介：

舰船综合电力技术国防科技重点实验室源于 1986 年由张盖凡教授牵头组建的多相电机课题组，1996 年经海军批准成立电力电子技术研究所，2003 年经国防科工委、总装备部批准建设舰船综合电力技术国防科技重点实验室，马伟明院士任实验室主任。

30 年来，实验室始终瞄准世界科技发展前沿和国防装备发展需求，在舰船能源与动力、电磁发射武器与装备、新能源接入等领域开展了一系列应用基础理论研究、关键技术攻关和重大装备研制，取得了一批具有革命性意义的原创性成果，成为电气领域的创新研发中心，为国家科技进步、国防装备现代化建设和高层次人才培养做出了重大贡献。

30. 合肥工业大学—张兴教授团队

地址： 安徽省合肥市屯溪路 193 号合肥工业大学屯溪路校区逸夫楼 203

邮编： 230009

电话： 13605601932

邮箱：honglf@ ustc. edu. cn

团队人数：115

团队带头人：张兴

主要成员：谢震、杨淑英、马铭遥、王付胜、王佳宁、刘芳、李飞

研究方向：新能源发电系统稳定控制技术，智能化光伏并网逆变技术，超大功率风电变流器及其控制，虚拟同步机技术，微网逆变器及储能技术，电动汽车电驱动技术

团队简介：

自1998年以来，以张兴教授为核心的科研团队以太阳能、风力并网发电技术为主攻方向，依托电力电子与电力传动国家重点学科和教育部光伏工程研究中心，专心致力于与我国逆变器龙头企业——阳光电源股份有限公司的产学研合作，在太阳能光伏并网、风电变流器、微网逆变器及储能控制以及电动汽车电驱动等技术研究方面取得了丰硕的科研成果，并且为包括阳光电源股份有限公司在内的新能源电源企业输送了一批包括博士、硕士在内的高素质人才，取得了良好的社会经济效益。

目前团队有研究生107人，研究生导师8人，其中：教授4人，副教授3人，讲师1人。团队具备先进的实验室条件，拥有光伏并网、风力发电变流器、微电网及储能实验室，并与阳光电源股份有限公司联合建立了多个产学研工程研究平台，为研究成果的产业化提供了必要的研究实验条件。

31. 河北工业大学—电池装备研究所

地址：天津市红桥区河北工业大学

邮编：300130

电话：15822197288

邮箱：gyuming@ 163. com

团队人数：35

团队带头人：关玉明

主要成员：肖艳军、商鹏、许波、刘伟

研究方向：机电一体化成套设备及其关键技术

团队简介：

研究所是以关玉明教授为科研带头人，以肖艳军副教授、商鹏副教授、许波实验师、刘伟讲师为骨干的一个集产学研为一体的科研团队。该团队多年来致力于机电一体化成套设备及其关键技术的研究，受多家公司委托，设计开发和改进了多个生产线及其相关设备。近两年来与团队合作过的公司包括：邢台海裕锂能公司、广州明佳包装机械有限公司、赤峰卉源建材有限公司、清河汽车研究院等；本团队设计加工的设备包括：吸音板自动生产线设备、布料设备、3M无纺棉大卷自动包装线、3M滤芯自动包装线、轧机设备、锌空电池设备等。

目前团队重点研究新能源电池装备及相关电池制造工程化技术，投入主要精力在动力锂离子电池自动化生产线设计研发方面，在研设备包括：电池原材料干燥装置、极片干燥装置、浆料制备装置、电芯干燥装置、注液装置、加速浸润装置等，并且电芯干燥装置已经处于产品加工阶段。

32. 河北工业大学—电器元件可靠性团队

地址：天津市红桥区丁字沽河北工业大学电气工程学院

邮编：300130

电话：022-60204360

传真：022-26549256

团队人数：8

团队带头人：李志刚

主要成员：李玲玲、姚芳、唐圣学、黄凯

研究方向：寿命预测，失效分析，新能源可靠性

33. 湖南大学—电动汽车先进驱动系统及控制团队

地址：湖南省长沙市岳麓区麓山南路湖南大学电气与信息工程学院

邮编：410082

网　址：http：//eeit. hnu. edu. cn/index. php/dee/dee-lecturer/835-150107221

团队人数：10

团队带头人：刘平

主要成员：姜燕、卢继武、李慧敏、樊鹏、陈叶宇、孙千志等

研究方向：电动汽车高性能变换器系统及电机驱动控制

团队简介：

团队研究方向为电动汽车高性能变换器系统及电机驱动控制。研究方向涉及电动汽车、电力电子、电机控制等领域。主要内容包括：电动汽车动力总成系统级匹配优化与建模仿真、电动汽车用高密度新型电力电子变换器及数字控制、电机状态估计与无传感器牵引控制、电动汽车驱动系统的主动热管理等。

团队负责人刘平博士，2005年本科、2008年硕士和2013年博士皆毕业于重庆大学电气工程学院国家重点实验室，2012年为香港理工大学研究助理，2013~2014年在加拿大Mcmaster大学MacAuto研究中心从事加拿大自然科学与工程研究基金项目“下一代卓越效率与性能的电气化车辆动力总成”的博士后研究。2014年11月回国就职于湖南大学电气与信息工程学院。目前团队成员中有副教授2名、博士生2名、助理教授1名、硕士生3名、兼职科研人员2名，以及本科生若干。

34. 湖南大学—电能变换与控制创新团队

地址：湖南省长沙市岳麓区麓山南路湖南大学电气与信息工程学院

邮编：410082

电话：15116268089

传真：0731-88823700

网址：http：//www. hnu. edu. cn

团队人数：150

团队带头人：罗安院士

主要成员：沈征、涂春鸣、帅智康、陈燕东、欧阳红林、王俊、刘绚、汪洪亮、杨鑫、马伏军、何志兴、周乐

明、徐千鸣、褚旭、周小平

研究方向：大功率特种电源系统，配电网电能质量控制，新能源发电建模与控制，企业综合电气节能，大功率电力电子器件

团队简介：

团队依托于湖南大学国家电能变换与工程技术研究中心，长期从事大功率特种电源、大功率电力电子器件、电能质量控制、新能源发电建模与控制等领域的科学研究与工程应用。20多年来，团队突破了多项大功率电能变换与控制关键技术，研制出世界领先的宽厚板坯电磁搅拌系统、中间包电磁加热系统，国内首套高精度50kA大电流铜箔电解电源系统、兆瓦级海岛特种电源系统、高压混合有源滤波器等核心装备，为我国国民经济发展与国防安全做出了重要贡献。目前，团队拥有中国工程院院士1人、国家万人计划“中青年科技领军人才”1人、国家万人计划“青年拔尖人才”1人、国家自然科学基金优秀青年基金获得者1人、国家青年“千人计划”获得者4人等优秀人才。

35. 湖南科技大学—特种电源与储能控制

地址：湖南省湘潭市雨湖区桃园路湖南科技大学信息与电气工程学院

邮编：411201

电话：0731-58290114

邮箱：xiaohuagen@ 163. com

团队人数：16人

团队带头人：肖华根

主要成员：张敏、谭文、陈超洋、谢斌、李燕

研究方向：电源拓扑结构设计，电源系统集成设计，大功率电源运行与控制，电源设备故障诊断，储能系统能量管理与运行控制，数字控制系统设计

团队简介：

湖南科技大学特种电源与储能控制研究团队现有研究人员16名，其中教授2名、副教授3名、博士讲师6名。团队致力于工业生产用特殊电源设备和企业储能电站的技术研究和设备研发，主要包括电源拓扑结构设计、电源系统集成设计、大功率电源运行与控制、电源设备故障诊断、储能系统能量管理与运行控制、数字控制系统设计等6个方面。团队正在承担和完成的有国家级项目4项、省部级10项、企业委托项目12项；发表SCI或EI检索学术论文80余篇；获得授权发明专利16项；获得省部级科研成果奖励4项。

36. 华北电力大学—电气与电子工程学院新能源电网研究所

地址：北京昌平区朱辛庄北农路2号

邮编：102206

电话：010-61773741

传真：010-61773744

邮箱：xxn@ ncepu. edu. cn

团队人数：10

团队带头人：肖湘宁

主要成员：赵成勇、徐永海、颜湘武、郭春林、陶顺、郭春义、杨琳、袁敞、许建中

研究方向：柔性直流输电，电力系统电能质量，多FACTS协调，电动汽车与电网融合

团队简介：

华北电力大学电气与电子工程学院下设12个研究所(取消教研室编制)，新能源电网研究所于2005年成立，组成人员主要来自全国知名高校博士毕业生。现有教授5人，其中博导4人，副教授3人，讲师2人。目前全所科研项目主要承担国家科技部、国家自然科学基金和国网公司重大项目。现有在校博士生15人，在校硕士研究生89人。几年来科研任务经费位居全院前3名。团队成员定期成为“新能源电力系统国家重点实验室”专职研究人员，负责“高电压大容量电力变换”子实验室、“柔性直流输电”子实验室、“电力系统电能质量”子实验室和“电动汽车与新能源电网融合”子实验室建设和相应研究方向的科研任务。

37. 华北电力大学—先进输电技术团队

地址：北京市昌平区北农路2号华北电力大学教五楼D204

邮编：102206

电话：010-61773733

传真：010-61773844

团队人数：8

团队带头人：崔翔

主要成员：李琳、卢铁兵、张卫东、赵志斌、齐磊、焦重庆、卞星明

研究方向：先进输电技术，大功率电力电子器件，电力系统电磁兼容

团队简介：

研究团队隶属新能源电力系统国家重点实验室（华北电力大学），长期从事先进输电技术研究。主要研究领域包括电磁场理论及其应用、电磁环境与电磁兼容、特高压交直流输电技术与装备、高电压大容量电力电子装备、高电压大功率电力电子器件等。

38. 华北电力大学—直流输电研究团队

地址：北京市昌平区北农路2号华北电力大学

邮编：102206

电话：010-61773744

网址：http: //www. vsc-hvdc. com/

团队人数：4

团队带头人：赵成勇

主要成员：郭春义、许建中、张建坡

研究方向：传统直流，柔性直流，混合直流

团队简介：

全部科研项目围绕直流输电，已结题项目30余项，在研横向课题15项。

39. 华东师范大学—微纳机电系统课题组

地址：上海市东川路500号华东师范大学信息楼

邮编：200241

电话：021-54345160

传真：021-54345119

团队人数：15

团队带头人：王连卫

主要成员：徐少辉、朱一平、熊大元

研究方向：锂离子电池，超级电容器，电化学传感器

团队简介：

团队目前主要从事微细加工用于新型高效微型储能装置，例如开展基于硅微通道板的三维锂离子电池研究，基于微通道板结构发展出宏孔导电网络，开展纳米氧化物/纳米石墨烯/宏孔大点网络为电极的大体积比容量的超级电容器研究。

40. 华南理工大学—电力电子系统分析与控制团队

地址：广东省广州市天河区五山路381号华南理工大学30号楼宏生科技楼

邮编：510641

电话：020-87112508

传真：020-87110613

网址：www. scut. edu. cn/ep

邮箱：epbzhang@ scut. edu. cn

团队人数：60

团队带头人：张波

主要成员：丘东元、杜贵平、陈艳峰、王学梅、肖文勋、谢帆、张玉秋

研究方向：电力电子系统的非线性分析与控制，高效电能变换拓扑，无线电能传输技术、可靠性分析

团队简介：

团队经过10多年的共同努力和发展，已经成为国内外电力电子学科有较大影响力的团队，是全国电工学科唯一连续获得2项国家自然科学基金重点项目资助的团队（2009.1-2014.12，基金号：50937001；2015.1-2019.12，基金号：51437005），在电力电子系统的非线性分析与控制、高效电能变换拓扑及无线电能传输技术、可靠性分析等方面处于领先水平。

41. 华中科技大学—半导体化电力系统研究中心

地址：湖北省武汉市珞喻路1037号华中科技大学电气学院

邮编：430074

电话：027-87558627

传真：027-87558627

网址：http：//csps. seee. hust. edu. cn/

团队人数：50~60

团队带头人：袁小明教授

主要成员：胡家兵（教授）、占萌（教授）

研究方向：大规模风力发电复杂电力系统分析与控制，柔性直流输电技术等

团队简介：

华中科技大学电气与电子工程学院袁小明教授领导建立的实验室成立于2011年9月。实验室主要的研究方向是大规模风力发电复杂电力系统分析与控制，研究内容包括：风力发电接入电力系统的独特性，风电电力系统的复杂性，风力发电控制系统的稳定性以及大规模风电的可预测性。

因电力电子变流器在负荷端（储能装置）、发电端（可再生能源）及输电线路（高压直流输电）的大量应用，传统电力系统正经历大的历史变革：即需要考虑电力电子化或者说是半导体化电力系统的运行与控制。基于此，实验室从早期的可再生能源与电力系统研究中心（Center for Renewable Energy and Power System）更名为半导体化电力系统研究中心（Center for Semiconducting Power System）。

目前，实验室专任教师从早期的2名发展为4名：袁小明教授、胡家兵教授、占萌教授、张喜成工程师。研究生也从早期的20名发展到现今约50名。在袁小明教授的带领下，课题组先后主持973项目（大规模风力发电并网基础科学问题研究），承担国家电网项目（风机建模及大规模风电对电力系统低频振荡影响的机理分析）、国家自然科学基金重大项目（随机——确定性耦合电力系统动态稳定控制的理论与方法）、科技支撑计划（风光储输示范工程关键技术研究）等。

21世纪是能源、信息、材料、生命科学的时代。课题组本着着眼能源、放眼世界、引领潮流的目标前进，欢迎各位有志青年加入，一起探索新变革。

42. 华中科技大学—创新电机技术研究中心

地址：武汉市洪山区珞喻路1037号华中科技大学

邮编：430074

电话：027-87559483

传真：027-87544355

网址：http：//caemd. seee. hust. edu. cn

邮箱：machine@ hust. edu. cn

团队人数：86

团队带头人：曲荣海

主要成员：蒋栋、李健、李大伟、孔武斌、孙海顺、孙伟、高玉婷

研究方向：电机设计、分析、驱动及控制系统集成

团队简介：

创新电机技术研究中心（以下简称“中心”）依托华中科技大学电气与电子工程学院、强电磁工程与新技术国家重点实验室和新型电机技术国家地方共建联合工程研究中心，由国家“千人计划”专家曲荣海教授创立于2011年9月，以满足国家和地方电机企业技术需求为目标，以雄厚的科研实力和先进的研发理念为手段，围绕高端电机设计、分析、驱动及控制系统集成开展工作，从拓扑结构和理论方面开拓创新。

中心注重人才汇聚和培养，拥有一支充满活力、具有海内外科研背景的研究团队，包括国家“千人计划”特聘专家，青年“千人计划”专家，湖北省“百人计划”专家，以及博士后创新人才支持计划和青年人才托举工程项

目获得者，同时拥有两位中国工程院院士和两位美国工程院院士作为顾问。此外，还有博士后3名、助理3名、博士研究生26名、硕士研究生34名。中心近年毕业研究生28人，其中硕士研究生21人，博士研究生7人，另出站博士后3人。中心培养的研究生中有2人获湖北省优秀硕士/博士学位论文奖，2人获批2017博士后创新人才支持计划，4人进入国内大学任教，4人赴美国、德国等知名高校继续深造。

中心重视先进成果转化，致力发展成为世界一流的电机及系统研究中心，推进我国电机技术进步和产品升级。研究对象包括但不限于各类新型电机及系统，如磁场调制电机、电动汽车和高铁永磁牵引电机、超导发电机、永磁风力发电机、高速同步电机、伺服电机、低速超大转矩电机、直线电机等。

43. 华中科技大学—电气学院高电压工程系高电压与脉冲功率技术研究团队

地址：湖北省武汉市珞喻路1037号华中科技大学电气学院高压楼

邮编：430074

电话：027-87544242

传真：027-87559349

网址：http：//www. husthv. com/

团队人数：30

团队带头人：林福昌

主要成员：戴玲、李化、李黎、张钦、刘毅、王燕、黄汉深

研究方向：脉冲功率器件及其可靠性评估，脉冲功率电源，电力系统过电压、绝缘在线监测，电力设备故障诊断，气体放电等

团队简介：

华中科技大学电气学院高电压工程系脉冲功率与高电压新技术研究组是一支具有高度团结拼搏精神、踏实肯干的研究团队。现有教师8人，其中教授1人、副教授3人、讲师1人、工程技术人员3人。现有博士研究生、硕士研究生30余人。研究组承担了国家自然科学基金项目、国家863计划、国防预研项目、教育部新世纪优秀人才支持计划，参与了多项国家大科学工程的工作，完成了大量横向开发课题。

课题组主要研究方向为：脉冲功率技术，高电压与绝缘技术，高电压新技术。

在脉冲功率技术方向，研究内容包括脉冲功率电源集成技术，高储能密度脉冲电容器技术，高功率、大通流开关技术，高精度控制与测量技术等；在高电压与绝缘技术方面，研究内容包括外绝缘积污特性，变压器状态评估与诊断方法，电缆绝缘状态评估与检测方法，新型直流滤波和交流高压干式电容器技术，电力系统过电压与绝缘配合等；在高电压新技术方面，积极拓展脉冲功率技术在石油勘探、高压大容量直流断路器，高集成度、高可靠性柔性直流换流阀，新型可控串联补偿快速开关方面的研究。

研究成果获教育部科学技术进步奖一等奖一项，发表SCI、EI收录论文百余篇，获得国家发明专利和软件著作权十余项。

44. 华中科技大学—高性能电力电子变换与应用研究团队

地址：湖北省武汉市洪山区珞喻路1037号华中科技大学

邮编：430074

电话：13607136896

传真：027-87559303

团队人数：15

团队带头人：康勇

主要成员：陈坚、彭力、戴珂、张宇、裴雪军、邹旭东、林新春、陈宇、陈材、梁琳

研究方向：电力电子与电力传动

团队简介：

该团队由陈坚教授创建，自20世纪70年代开始研制船用电力电子变流装置，现组长为康勇教授，组员15人。多年来，在电力电子装置的高可靠性、高性能数字化控制、新型电力电子拓扑、交流传动、模块化及并联冗余技术、电磁兼容、电能质量控制、风力发电等领域开展了深入研究。

从2013年开始，团队依托华中科技大学强电磁工程与新技术国家重点实验室，通过培养、引进人才与协同创新，建立了先进半导体与封装集成实验室，在校内建成约310m^{2}的超净实验室，研究人员专业背景涵盖电力电子器件、封装、集成与应用，从事包括宽禁带功率器件、半导体脉冲功率器件、大功率IGBT封装、高功率密度变换器等方向的研究工作。并于2015年参加“Google Little Box”全球竞赛，成功研制出性能指标超竞赛要求的全碳化硅封装集成一体化电源，是最终有实物及验证结果的80多个世界顶尖团队之一，亚洲唯一团队。

该团队与10余家电源企业建立了合作关系，研制出多种电源产品，曾荣获多项省部级奖励。

45. 吉林大学—地学仪器特种电源研究团队

地址：吉林省长春市西民主大街938号

邮编：130026

电话：0431-88502473

传真：0431-88502382

网址：http：//ciee. jlu. edu. cn/

团队人数：4

团队带头人：于生宝

主要成员：李刚、周逢道、王世隆

研究方向：地球物理仪器中的电源技术

团队简介：

吉林大学仪器科学与电气工程学院地学仪器特种电源研究团队，承担国家科技支撑计划重点项目课题、国家高技术研究发展计划（863计划）重大项目课题、国土资源

部公益性行业科研专项课题等国家、省部级项目，研究经费1000多万元。在地学仪器研究方向取得了多项有创新的研究成果。曾获得国家科技发明奖2项、教育部科技发明一等奖1项、教育部科技进步二等奖2项、吉林省科技进步一等奖1项、二等奖1项，在国内外发表学术论文40多篇，已授权国家发明专利5项。

46. 江南大学—新能源技术与智能装备研究所

地址：江苏省无锡市滨湖区江南大学物联网学院

邮编：214122

电话：15961809365

团队人数：22

团队带头人：颜文旭

主要成员：惠晶、方益民、吴雷、樊启高、许德智、卢闻洲、沈锦飞、肖有文

研究方向：智能电网技术，电能质量控制，新能源技术（风、光伏、燃料电池），特种电机控制，电力电子技术

团队简介：

江南大学新能源技术与智能装备研究团队在负责人颜文旭教授的带领下，负责科研项目约25项，包括多个国家自然科学基金项目、省部级资助项目等；团队培养毕业研究生约50名，目前在读硕士生20余名。

在研项目：

目前在研项目10余项，其中国家级和部级课题6项，横向课题10余项，年均经费200万元以上。

1. 电磁共振式无线电能传输充电装置开发。

2. 基于机器视觉的复合涂层织造产品智能检测与包装集成系统研发。

3. 基于统一内模原理控制器的并网变流系统谐波控制技术研究。

4. 网络控制系统基于量化反馈方法的优化与稳定性研究。

5. 主/被动轮臂混合机构救援机器人主动地形自适应控制基础研究。

6. 大宗粮食（食品）射频杀虫（菌）关键技术与装备研究。

47. 兰州理工大学—电力变换与控制团队

地址：甘肃省兰州市兰工坪路287号

邮编：730050

电话：0931-2973506

传真：0931-2973506

邮箱：Wangxg8201@ 163. com

团队人数：6

团队带头人：王兴贵

主要成员：陈伟、杨维满、郭永吉、林洁、李晓英、郭群、王琢玲

研究方向：电力电子技术，运动控制系统，新能源发电控制技术

团队简介：

团队主要研究人员有8人，其中教授2人、副教授3人、讲师3人。团队带头人王兴贵教授具有丰富的工程实践经验，现为甘肃省“555”跨世纪学术技术带头人，甘肃省第一层次领军人才。团队近年来共完成和在研各类科研项目20多项。

团队主要研究应用于电力系统、电气传动、特种电源等领域的新型变流器拓扑结构、相关控制理论和技术。主要内容涉及高压大容量单元串联变流器、大容量单元并联变流器、并网逆变器、双向变流器、多功能变流器、无电网污染整流器及其控制技术。

近年来主要致力于：适用于微电网、新能源发电和分布式发电的逆变器、储能双向变流器、风力发电变流器及其控制策略的研究，适用于矿井提升机和石油电驱动钻机的单元串、并联大功率变流器拓扑结构和控制技术，高能脉冲电源主电路拓扑和控制技术，通用变换器的关键技术研究。

48. 辽宁工程技术大学—电力电子磁集成技术研究团队

地址：辽宁省葫芦岛兴城市辽宁工程技术大学电控学院

邮编：125105

电话：0429-5310899

邮箱：447987957@ qq. com

团队人数：9人

团队带头人：杨玉岗

主要成员：杨玉岗（教授）、付兴武（教授）、李洪珠（教授）、荣德生（教授）、刘春喜（副教授）、闫孝姮（副教授）、郭瑞（副教授）、王继强（讲师）、韩占岭（讲师）

研究方向：电力电子技术及其磁集成技术，双向DC/DC变换器，开关磁阻型电磁调速电动机及其无线励磁系统，PWM逆变器输出端差共模无源滤波器，矿用隔爆兼本质安全型开关电源

团队简介：

辽宁工程技术大学电力电子磁集成技术研究团队成立于2003年，目前有教师9人，在读博士和硕士研究生60余人，主要从事电力电子与电力传动技术及其磁集成技术的研究工作，团队所在的电力电子与电力传动学科是辽宁省重点学科。团队主持国家自然科学基金项目、省部级科研项目和企业横向课题10余项，出版著作2部，在IEEE期刊、IEEE会议和《中国电机工程学报》、《电工技术学报》等刊物和国际学术会议上发表论文200余篇，其中SCI和EI收录60余篇。获得授权发明专利5项，在审发明专利11项，获得授权实用新型专利20余项，获得辽宁省科学技术奖和辽宁省自然科学学术成果奖等奖励10余项。团队已指导博士和硕士研究生200余人，指导硕士研究生考取国家985高校博士10余人，获得国家奖学金20余人，获得辽宁省优秀硕士学位论文2人，获得校级优秀硕士学位论文20余人，获得辽宁省优秀毕业生10余人，获得校级优秀毕业生20余人。近年来，团队成员多次到美国、德国等国外著名高校开展合作研究，与国内著名高校进行学术交流，与

北京、上海、广州、深圳、合肥、珠海、阜新、唐山等国内多家著名电源企业和变压器企业开展合作，为企业提供技术支持、技术培训和技术服务，为企业输送优秀毕业生。

49. 南昌大学—吴建华教授团队

地址：江西省南昌市学府大道 999 号南昌大学信息工程学院

邮编：330031

电话：0791-83968358

传真：0791-83969338

网址：http：//www.ncu.edu.cn

团队人数：5

团队带头人：吴建华

主要成员：石晓瑛、肖露欣、刘国强、徐春华

研究方向：数字图像处理，图像加密，电力信号检测与识别，电力信号扰动检测与识别

50. 南昌大学—信息工程学院能源互联网研究团队

地址：江西省南昌市学府大道 999 号南昌大学自动化系

邮编：330031

电话：13870809767

传真：0791-83969681

网址：http：//ies.ncu.edu.cn/

团队人数：6

团队带头人：余运俊

主要成员：余运俊（副教授）、万晓凤（教授）、王淳（教授）、杨胡萍（教授）、聂晓华（副教授）、夏永洪（副教授）

研究方向：光伏发电智能控制，能源路由器，低碳电力，电力电子装置及其数字控制，包括：电能质量控制设备，如 APF、UPQC、SVC、dSTATCOM；新能源与分布式发电并网、组网及储能技术；PEBB（系统集成）技术应用及高可靠性、模块化技术；新型电机及控制系统

团队简介：

南昌大学能源互联网研究团队团队成员包括 3 名教授、3 名副教授及博士研究生和硕士研究生 40 多名。目前团队在研科研项目约 20 项，包括多个重大项目、国家自然科学基金项目、国际科技合作项目等；团队已培养毕业研究生 50 多名。

51. 南京航空航天大学—高频宽禁带器件高效电能变换团队

地址：江苏省南京市江宁区将军大道 29 号南京航空航天大学

邮编：211106

电话：18912946722

网址：http：//www.nuaa.edu.cn/

邮箱：zlzhang@nuaa.edu.cn

团队人数：40

团队带头人：张之梁

主要成员：陈乾宏、任小永、徐东升、王健、廖启新

研究方向：高频高功率密度宽禁带器件的电力电子变换技术

团队简介：

南航自动化学院模块电源组由张之梁教授领军，主要研究高频电力电子、高频低功率芯片、电力电子在新能源变换中的应用技术、电动汽车电力总成。

52. 南京航空航天大学—国防科工局“航空电源技术”国防科技创新团队、“新能源发电与电能变换”江苏省高校优秀科技创新团队

地址：江苏省南京市江宁区将军大道 29 号南京航空航天大学自动化学院（江宁区将军路校区）

邮编：211106

电话：13611590061

传真：025-84892368

邮箱：zhoubo@nuaa.edu.cn

团队人数：26

团队带头人：周波

主要成员：龚春英、谢少军、邢岩、张卓然、王惠贞、黄文新、张方华、肖岚、刘闯、王莉、张之梁

研究方向：航空电源系统，电能变换技术，电机及其控制技术

团队简介：

团队现有人员 27 人，其中具有工学博士学位 26 人，教授（含研究员）12 人，副教授 14 人，讲师 1 人。团队重点研究航空电源系统、电能变换技术、电机及其控制技术。近年来主持国家、省部级科研项目及横向科研课题数十项，获国家技术发明二等奖、日内瓦国际发明展金奖、国防技术发明一等奖各 1 项，省部级二等奖、三等奖多项；每年获授权发明专利 20 多项，每年 100 多篇论文被国际三大检索收录。团队成员共有 16 人次进入国家、省部级人才计划，其中包括：国家自然科学基金优秀青年基金获得者 2 人，国家“万人计划”领军人才 1 人，教育部新世纪优秀人才支持计划 1 人，“511”国防科技人才计划 1 人，江苏省“333”工程培养对象第二层次 1 人、第三层次 5 人，江苏省“六大人才高峰”高层次人才 3 人，江苏省青蓝工程（学术带头人）3 人；12 人次获得国家、省部级荣誉称号，其中包括：全国模范教师、享受国家政府特殊津贴专家、全国优秀科技工作者、国防科技工业百名优秀博士/硕士、江苏省优秀（先进）科技工作者、江苏省有突出贡献中青年专家、江苏省十大杰出专利发明人等。研究团队继 2008 年被评为国家国防科工局“航空电源技术”国防科技创新团队后，2011 年又被评为江苏省高校优秀科技创新团队。

53. 南京航空航天大学—航空电力系统及电能变换团队

地址：江苏省南京市江宁区胜太西路 169 号

邮编：211106

团队人数：10

团队带头人：杨善水

主要成员：戴泽华、王丹阳、吴静波、刘力、唐彬鑫

研究方向：飞机供配电系统，电能管理等

团队简介：

团队属于南京航空航天大学自动化学院电气工程系，主要研究方向为航空供配电系统及飞机电能管理领域，导师理论水平扎实、工程经验丰富，团队成员对科研工作充满热情、勤奋好学、团队意识突出。团队与中国商飞、中航工业115所、609所、105所等合作紧密，完成了多个研究任务，在航空供配电研究方面经验丰富。

在研项目：

配电系统半物理实验平台。

科研成果：

1. 混合电网数字仿真软件平台：针对大型客机的电网结构及供配电系统，搭建了混合电网数字仿真软件平台，作为电源系统设计的工具，实现了对关键技术演示验证和系统性能的初步分析，进一步明确了电源系统技术要求，提高了对供应商技术产品的集成和验证能力。

2. 自动配电物理验证平台与集成技术研究：通过自动配电物理验证平台建设与集成技术研究，实现混合电源系统数字仿真性能的验证和优化，完成了自动配电系统、配电网电弧故障监测和电网保护功能的演示验证。完成了对电源系统初步概念方案进行评估，完成了某型客机电源系统概念方案。通过高功率密度自动配电技术半物理实验平台，进一步明确了电源系统技术要求。

54. 南京航空航天大学—航空电能变换与能量管理研究团队

地址：南京市江宁区胜太西路169号

邮编：211106

电话：13912988096

传真：025-84893500

团队人数：8

团队带头人：龚春英

主要成员：王慧贞、张方华、陈新、秦海鸿、陈杰、邓翔、王愈

研究方向：航空二次电源（TRU&ATRU、航空静止变流器、直流变换器），微型电网电能变换装置和能量管理，分布式发电系统建模及稳定性分析，宽禁带半导体器件的高频与高温应用，高功率密度电能变换，电力电子变换器的可靠性提升与寿命预测，电力电子变换器的电磁兼容性。

团队简介：

南京航空航天大学电气工程系航空电能变换与微型电网能量管理团队，包括4名教授、2名副教授、1名高级工程师、1名讲师，团队指导在读博士研究生10名、硕士研究生50名。团队包括航空电能变换技术实验室、微型电网能量管理实验室、航空起动发电技术实验室、高温电力电子变换技术实验室。在航空二次电源领域，主要进行高功率因数整流、高功率密度逆变技术、高功率密度直流变换技术、电力电子变换器的故障诊断和寿命预测、直流微电网的瞬态功率抑制、宽禁带半导体器件的高温和高频应用技术、航空起动发电技术等方向的研究；在微型电网能量管理领域，主要进行微型电网中新能源的电能预测与管理、微型电网的稳定性分析、大功率储能变流器、大功率并网逆变器、电动汽车充放电机、高可靠LED驱动器等方向的研究。

龚春英，教授/博导，承担国家973、国防型号、NSF基金等项目，研究方向为航空二次电源；

王慧贞，研究员，承担国家863、国防型号等项目，研究方向为起动/发电、电机控制、电能变换；

张方华，教授/博导，承担国家863、国防型号、NSF基金等项目，研究方向为航空二次电源和特种电源、微网电能变换器、LED驱动器等；

陈新，教授，承担国家863、企业合作等项目，研究方向为微型电网系统稳定性分析和控制、能量管理；

秦海鸿，副教授，承担NSF基金等项目，研究方向为新型宽禁带半导体器件的应用；

陈杰，副教授，承担NSF基金等项目，研究方向为微网电能变换器和微型电网控制；

邓翔，高工，承担多项校企合作项目，承担企业合作项目，研究方向为航空二次电源；

王愈，讲师/博士，研究方向为微型电网电能管理。

55. 南京航空航天大学—模块电源实验组

地址：江苏省南京市江宁区将军大道29号南京航空航天大学

邮编：211100

电话：025-84896662

传真：025-84896662

网址：http://ruanxb.nuaa.edu.cn/

团队人数：7

团队带头人：阮新波

主要成员：陈乾宏、金科、张之梁、刘福鑫、方天治、任小永

研究方向：电力电子系统集成，包络线电源跟踪，超高频电力电子变换技术，无频闪无电解电容LED驱动电源，并网型逆变器，开关电源传导电磁干扰的建模与抑制。

团队简介：

团队现有教师7名，其中教育部长江学者特聘教授1人，国家杰出青年基金获得者1人，江苏省“333高层次人才培养工程”中青年科学技术带头人1人，江苏省“青蓝工程”中青年学术带头人1人，教授4人，副教授3人。近年来，主持国家科技重大专项项目及课题、国家杰出青年基金、国家自然科学重点基金、“863”高技术课题、国家自然科学基金等科技项目10余项，并承担多项省部级科技项目。在阮新波教授的带领下，团队已建设成为研究特色鲜明、研究方向明确、研究成果突出、教学水平优良、科研条件良好、管理制度健全的优秀科研团体。

56. 南京航空航天大学—先进控制实验室

地址：江苏省南京市江宁区将军大道29号

邮编：211106

电话：025-84892301

网址：http：//cae. nuaa. edu. cn/showSz/470-1043

邮箱：melvinye@ nuaa. edu. cn

团队人数：10

团队带头人：叶永强

主要成员：赵强松、任建俊、熊永康、竺明哲、曹永锋

研究方向：电力电子先进控制，逆变器抗扰控制，电机抗扰控制等

团队简介：

团队成员均为高学历的中青年科研人员，其中教授1名，副教授1名，博士生3名，硕士生5名。

在研项目：

1. 在研横向课题：局部放电检测研究。

2. 在研国家自然基金课题：逆变器控制。

57. 南京理工大学—自动化学院先进电源与储能技术研究所

地址：南京市孝陵卫街200号南京理工大学自动化学院

邮编：210094

电话：13951658614

邮箱：yangfei@ njust. edu. cn

团队人数：26

团队带头人：李磊

主要成员：姚凯、权浩、李文龙、王韬、嵇保健、柳伟、李强、江宁强、汪诚、孙乐、颜建虎、杨飞、姚佳、季振东、孙金磊、王谱宇、赵志宏、徐妲、蒋雪峰、顾玲、闻枫、刘晋宏、雷加智、耿伟伟、万援

研究方向：

1. 特种电源研究与应用。包括电外科射频能量发生器电源、电火花加工脉冲电源、军用模块电源、便携设备无线充电器等。研究成果应用于精密医疗器械、先进加工制造、军用便携设备、消费电子等领域。

2. 现代电力系统及其电力电子化装置研究与应用。包括太阳能光伏并网逆变器、模块化多电平变换器、电能质量治理装置、直流潮流控制器、电力电子变压器等。研究成果已应用于新能源发电、现代电力系统、轨道交通等领域。

3. 车辆电驱系统研究与应用。包括电机容错驱动技术、故障诊断技术、磁通切换电机、混合励磁电机设计及控制研究等。

团队简介：

团队紧跟国际高水平研究方向与成果，面向国民经济发展建设需要，逐步形成了自己的研究特色和优势。近年来，团队先后承担并完成多项国家自然科学基金和江苏省自然科学基金项目，获得多项省部级科技进步奖，取得了一批具有自主知识产权的科研成果，产业化成果尤其显著，取得了良好的经济与社会效益。团队主要研究领域涵盖电力电子变换器、功率因数校正和参数在线监测、高频环节多电平交流直接变换和逆变技术、电火花脉冲特种电源设计、医用高频电刀脉冲电源设计、电磁干扰预测诊断、电力系统中大功率电力电子装置设计、电力系统多区间预测、新型永磁电机本体设计与控制、容错电机设计与控制、高温超导应用与装置设计等领域。

团队近5年来完成和参与了20余项纵向科研项目和数十项横向科研项目，科学研究水平不断提高。在IEEE Transactions on Industrial Electronics、IEEE Transactions on Power Electronics、Renewable Energy、IEEE Transactions on Power System、IEEE APEC、ECCE、IECON、《中国电机工程学报》《电工技术学报》等国内外重要期刊、会议上发表高质量的学术论文100余篇。出版了《多电平交-交直接变换技术及其应用》学术专著。已申请中国发明专利和实用新型专利数十项。团队成员获得江苏省科技进步一等奖、国防科技进步二等奖等多项奖励。多名教师担任国家自然科学基金、江苏省自然科学基金等项目的评审专家和IEEE Transactions on Industrial Electronics、IEEE Transactions on Power Electronics、IEEE ECCE、IEEE IECON、《中国电机工程学报》《电工技术学报》等国内外专业期刊和会议的审稿专家。

团队与国内外相关高校、学术组织建立了广泛的联系，与南瑞集团、国网电科院、国电南瑞科技、南车集团、南京地铁、熊猫电子、华为、中兴、台达、艾默生、通用电气、德国柏林工业大学、德国轨道技术研究院等知名公司和院校保持着良好的交流与合作关系。

58. 清华大学—电力电子与电气化交通团队

地址：北京海淀区清华园西主楼2-304

邮编：100084

电话：010-62772450

传真：010-62772450

团队人数：30

团队带头人：李永东

主要成员：肖曦、郑泽东、孙凯、姜新建、王善铭、陆海峰、许烈、王奎、孙宇光

研究方向：大容量电力电子变换器及其在调速节能领域的应用，交流电机的全数字化控制及其在数控机床/机器人、高铁电力牵引和舰船电力推进中的应用，新能源发电及储能

团队简介：

目标：发挥团队在现代电力电子技术方向的传统优势，力争将已掌握的核心技术及最新的科技成果在现代电气化交通系统，如高铁、电动汽车、船舰、大飞机及数控机床/机器人等高端应用中得到推广。

研究方向：电力电子与电机控制，电气化交通，特种电源系统。电力电子与电机控制是团队成员的学科方向，包括电力电子变换器、电机控制与电力传动系统、电机设计及故障诊断等，需要进一步深入研究，并作为研究团队的学科和学术支撑；电气化交通（包括轨道交通、电动汽

车、船舰和大飞机等）的多电和全电化驱动，包括相应的局域电力系统，是高性能电机控制系统和电力电子技术的最高端应用，是未来能源消费领域的重要革命；特种电源系统包括军用甚低频通信电源、大飞机电源系统、特种电机驱动系统等。其中军用通信电源采用电力电子高频变换器代替传统的模拟电路，实现通信电源的高效、高动态响应和高精度控制，频率的改变比较灵活，是对潜通信的重大革命性变化。大飞机电源系统包括起动发电一体化、环控、电除冰和电作动等，是影响我国 C919、929 供电核心技术国产化的关键。

59. 清华大学—汽车工程系电化学动力源课题组

地址：清华大学李兆基科技大楼

邮编：100084

电话：010-62787815

网址：http：//thueps. org/

邮箱：leizhao@ mail. tsinghua. edu. cn

团队人数：14

团队带头人：张剑波

主要成员：李哲、葛昊、孙瑛、汪尚尚、黄福森、吴正国、司德春、滕冠兴、刘中孝、方儒卿

研究方向：

1. 大型锂离子电池的热设计

锂离子电池的热参数测量；

锂离子电池的产热率测量；

锂离子电池的热电耦合模拟及验证；

锂离子电池的热设计优化。

2. 锂离子电池的老化和耐久性研究

多应力耦合研究；

老化机理研究。

3. 电池管理系统

荷电状态（State of charge，SOC）估计；

健康状态（State of health，SOH）估计；

析锂机理研究；

锂离子电池低温充电。

4. 大电流和低箔载量下的膜电极设计

膜电极的构效关系；

梯度化膜电极设计；

有序化膜电极设计。

5. 燃料电池

催化剂层设计优化

团队简介：

电化学动力源研究室采用实验、模型、模拟相结合的方法，研究车用锂离子电池和质子交换膜燃料电池的性能、老化机理、寿命预测、设计等问题，重点关注电化学能量存储与转换装置大型化后出现的分布不均匀现象。

60. 清华大学—新能源与节能控制研究中心

地址：北京市海淀区清华大学自动化系

邮编：100084

电话：010-62770559

传真：010-62786911

邮箱：genghua@ tsinghua. edu. cn

团队人数：20

团队带头人：杨耕

主要成员：耿华、李旭春

研究方向：可再生能源发电系统及其控制技术，微网能量管理及控制技术，储能系统状态监测及应用技术，新能源及配电网大数据分析技术

团队简介：

清华大学自动化系新能源与节能控制研究中心正式成立于 2010 年，包括高性能电力系统实时仿真实验室和电力电子实验室。在可再生能源发电系统的控制技术、生态环境的检测与控制技术、蓄电储能的控制技术和电力电子技术与电机驱动系统等多个方向开展研究工作。自 2010 年以来，中心先后承担了包括国家重点研发计划、863 计划、国家自然科学基金、国家自然科学基金中英重大国际合作、中美清洁能源合作项目等在内的几十项国家级科研项目，与国际知名跨国企业，如德国 Semikron 公司、美国罗克威尔自动化公司、倍加福公司、NEC 公司和欧姆龙公司分别建立了联合实验室。

61. 厦门大学—微电网课题组

地址：福建省厦门市翔安区新店镇厦门大学能源学院和木楼 A111

邮编：361102

电话：15960221861

团队人数：6

团队带头人：孟超

主要成员：孙纯鹏、杨赟、纪承承、魏闻、陈颖

研究方向：直流微电网及其控制策略，能源互联网与园区能源规划，不间断电源设备，电能质量治理与装备

团队简介：

厦门大学微电网研究团队主要致力于直流微电网系统建模、控制策略分析及其工程产业化。在此基础上，团队积极延伸研究领域，正在配合国内某大型能源集团共同向国家能源局申请某大型科技园区能源互联网示范项目，并作为主要参与人及子课题负责人参与其中。电力电子变换器是能源互联网和微电网的核心设备，在该研究领域，团队先后开展了高性能大功率不间断电源、有源电力滤波器、静止无功补偿器、双向 AC-DC 变换器等技术和设备的研究，并取得了一些成果，部分研究成果已经实现产业化。

62. 山东大学—分布式新能源技术开发团队

地址：山东省济南市经十路 17923 号

邮编：250061

电话：0531-81696186

传真：0531-88399385

邮箱：lshuqin2014@ 163. com

团队人数：16

团队带头人：刘淑琴

主要成员：边忠国、郭人杰、王黎明、钱保岐、李德

广、赵方、于文涛、梁振光、张川、张宇喆、周君民、刘明芬

研究方向：垂直轴风力发电机，风光互补小功率电源

团队简介：

山东大学高度重视磁悬浮轴承技术的人才培养和创新团队建设，充分利用自身的人、财、物优势给予各方面的支持，形成了以学科带头人刘淑琴教授为核心，以科研基地和多个重大科研项目为载体，结构合理、团结协作的学术研究团队。目前团队共有成员16人，具备丰富的理论知识和动手实践经验，包括具有高级职称的5人及博士8人。

63. 陕西科技大学—新能源发电与微电网应用技术团队

地址：陕西省西安市未央大学园区陕西科技大学

邮编：710021

电话：029-86168631

传真：029-86168631

网址：http://www.sust.edu.cn

邮箱：chenjwskd@163.com

团队人数：5

团队带头人：孟彦京

主要成员：石勇、陈景文、刘宝泉、王素娥

研究方向：风力发电控制技术，光伏发电及储能技术，电力传动技术，微电网控制技术等

团队简介：

陕西科技大学新能源发电与微电网应用技术团队是以孟彦京教授为负责人从事风力发电控制技术、光伏发电及储能技术、电力传动技术、微电网控制技术等方面研究与实践工作的团队，成员包括5名教师（其中教授2名、副教授2名、讲师1名）和博、硕士研究生16名，近年来主持各类横纵向科研课题20余项，总经费1000余万元，获得省级政府奖励3项，授权专利50余项，在核心以上级别期刊发表行业论文100余篇，其中被SCI、EI收录10篇。

团队从事的核心工作是应用技术的推广工作，以与企业为主，特别是在轻工自动化（如造纸机传动系统、复卷机传动系统等）领域享有较高的声望，近几年，在新能源应用方面也取得了一定成就，自2008年起开始从事风力发电控制技术的研究工作，2011年起从事光伏发电的研究工作，2012年在金太阳工程的支持下在校园屋顶建设了876kW容量的光伏电站，年发电量近70万kW·h。目前主要以新能源应用技术和电力传动技术为主要研究方向开展相关的研究和应用推广工作。

64. 上海大学—新能源电驱动团队

地址：上海市静安区延长路140号自动化楼

邮编：200072

电话：021-56331562

团队人数：18

团队带头人：徐国卿

主要成员：罗建、黄苏融、阮毅、张琪、高艳霞、陈息坤、汪飞、宋文祥、邵定国、高瑾、杨影、代颖、吴春华、王爽、赵剑飞、仇志坚、石坚

研究方向：新能源汽车电驱动关键技术研究

团队简介：

徐国卿教授是我校电力电子与电力传动学科带头人，上海大学电机控制研究所所长，为学科方向带头人之一。

罗建教授是国家“千人计划”创新型人才、中科院“百人计划”，为学科方向带头人之一；

黄苏融教授是享受国务院特殊津贴的专家，台达学者，上海大学新能源电驱队团队创始人，为学科方向带头人之一。

上海大学新能源汽车电驱动团队在科研、社会服务能力以及团队影响力等方面硕果累累。承担国家“十五”、“十一五”和“十二五”期间新能源汽车国家863项目课题十几项；开发的新能源汽车电驱动系统和相关核心专利技术，成功产业化；团队成员拥有8项国际PCT和美国专利、25项中国发明专利，发表论文300余篇（SCI检索60余篇，国际一区10余篇，EI检索240余篇）。

在新能源汽车电力电子与智能控制研究方向，开展了前瞻性研究并取得了创新性成果。在基于电驱系统参数的电动汽车打滑与稳定性快速检测方法、车辆滑移率-转矩双闭环运动控制结构与控制方法、车辆能源-运动-驱动三闭环系统控制结构、混合动力能量管理实时优化方法等方面的研究处于国际先进或领先水平。开发的电驱动系统技术实现产业化，发明的凸台母排及功率组件专利技术被广泛应用于产业，研制的混合动力整车控制器实现产业化。

团队建立了电动力的多物理域性能评价分析-多回路参数匹配-多层面协同控制的仿真与实验平台，聚焦新能源汽车电驱动系统及其功能部件的基础核心与前沿关键技术，面向产业发展需求，通过与GE、Ford等国际著名企业的合作，深化新能源汽车电机基础理论与前沿技术研究，持续与国内知名企业（上海电气、上海电驱动、南车时代等）开展产学研用合作，提升行业影响力。

在高品质能量变换与智能电网研究方向，开发的高能效LED照明核心技术实现产业化，智能电网调控理论及实施方法的研究处于国内先进行列。

团队建立智能电网仿真与实验平台，聚焦分布式新能源发电、智能电网的关键科学问题和工程技术难题，深度研究分布式发电接入控制、高品质能量变换技术、多微电网调控技术、智能用电与柔性负载技术等，提升团队创新能力和人才培养质量。

在人才培养与教学方面，努力提高研究生教学与科研质量，培育并奖励研究生优秀学位论文，鼓励研究生积极参加海外学术交流、国际会议和国际竞赛等。在已有上海市精品课程的基础上，加强教学团队与国家级教材建设，冲击国家级精品课程。

65. 上海海事大学—电力传动与控制团队

地址：上海市浦东新区海港大道1550号

邮编：201306

网址：http://www.shmtu.edu.cn/

团队人数：12

团队带头人：汤天浩

主要成员：Benbouzid、汪懿德、谢卫、陆凯元、王天真、韩金刚、姚刚、王润新、Nicolas、陈昊、彭越

研究方向：船舶电力系统及其控制，新能源及其电力电子装置，港航设备自动检测、故障诊断与容错控制

团队简介：

团队以港口、船舶等航运系统及海洋开发等领域的电气工程技术应用为特色，重点研究船舶电力系统及其控制、新能源及其电力电子装置、港航设备故障诊断与容错控制。近年来发表学术论文100余篇，其中SCI/EI检索论文80余篇；获得国家级和省部级项目20余项。

66. 上海交通大学—风力发电研究中心

地址：上海市闵行区东川路800号上海交通大学智能电网大楼523室

邮编：200240

电话：021-34207001

传真：021-34207001

团队人数：9

团队带头人：蔡旭

主要成员：朱淼、李睿、谢宝昌、高强、张建文、曹云峰、郑毅、施刚

研究方向：风力发电系统，风力发电交直流输电，大容量储能

团队简介：

上海交通大学风力发电研究中心致力于风力发电、直流输电以及储能技术的科研和教学工作，主要从事风电机组电气控制系统、大规模风电交直流并网以及大容量电池储能接入技术研究。

研究中心与上海电气联合研发了1.25MW、2MW和3.6MW双馈风电变流器、整机控制器以及2MW风机电动变桨控制系统并实现了产业化（上海电气集团）；研究了模块智能化风电变流器关键技术并应用于3MW全功率风电变流器中。提出了电网友好型风电场的架构及指标体系、机组及风场的动态控制模型、风储联合发电策略，成果得到示范应用。形成了面向复杂电力电子控制应用的控制器平台、面向机电系统控制的监控平台和风电机组气动-机-电实时联合仿真系统。

团队研制的大容量电池储能系统的高压直挂接入装备已通过国家863验收，研究了面向微电网的电池储能系统关键技术，对储能系统如何提高风电接入能力进行了研究。

在风电机组及风电场的动态建模技术方面，基于Power Factory和PSCAD针对国内主要厂商的机组建立了动态镜像模型，为含有大型风电场的电网仿真奠定了基础，研究了大规模电网友好型风电场关键技术以及多风电场集群控制系统。

对海上风电直流网采用直流汇聚传输进行了系统分析和经济评估，取得了一系列理论成果，针对直流网的关键装备DC-DC变换器做了系统的理论研究及试验样机开发。

团队与国内外学术机构长期保持学术沟通，承接并完成国家级、省部级研究项目及国内外企业委托项目，发表了多篇论文及取得了一系列专利成果。

67. 四川大学—高频高精度电力电子变换技术及其应用团队

地址：四川省成都市一环路南一段24号四川大学电气信息学院

邮编：610065

电话：028-85469866

传真：028-85400976

团队人数：10

团队带头人：张代润

主要成员：贺明智、王顺亮、马俊鹏、肖勇、段述江等。

研究方向：高频射频开关电源技术，高精度电力电子变换技术，电力电子仿真技术，新型电力电子控制技术

团队简介：

研究团队主要由教师、研究生组成，致力于高频、射频开关技术和高精度电力电子变换技术的基础理论、仿真技术、控制技术等方面的研究、开发和应用工作。

68. 天津大学—自动化学院电力电子与电力传动课题组

地址：天津市南开区卫津路92号天津大学自动化学院

邮编：300072

电话：13602064036

邮箱：pingw@ tju. edu. cn

团队人数：13

团队带头人：王萍

主要成员：贝太周、张志强、王慧慧、陈博、王耕籍、毕华坤、张博文、周雷、赵晨栋、王智爽、傅传智、闫瑞涛

研究方向：分布式新能源发电及电能质量控制，分布式光伏并网系统运行与控制，直流微电网

团队简介：

在人员结构层次上，该团队现含有1名科研学术带头人（教授职称）、6名博士研究生以及6名硕士研究生，目前主要从事直流微电网、分布式新能源并网发电及电能质量方面的相关研究。在团队带头人的领导和影响下，团队成员始终以锐意进取的科研情怀、求真务实的首创理念，勤勉互助、精诚协作、继往开来，不断取得丰硕的科研成果。近年来，该团队发表国内外高水平论文近30篇。

69. 同济大学—磁浮与直线驱动控制团队

地址：上海市曹安公路4800号，同心楼505室

邮编：201804

电话：13651743710

网址：http：//www. tongji. edu. cn

邮箱：12154@ tongji. edu. cn

团队人数：12

团队带头人：林国斌

主要成员：任敬东、廖志明、徐俊起、高定刚、潘洪

亮、荣立军、吉文、韩鹏、胡杰

研究方向：磁浮车辆设计，悬浮控制，直线驱动控制，悬浮电磁铁，直线电机

团队简介：

国家磁浮交通工程技术研究中心下属车辆研究室，专业从事磁浮车辆整车设计和关键部件设计，牵头设计制造了中国第一列高速磁浮试验样车和中国第一列面向工程应用的国产化样车。

70. 同济大学—电力电子可靠性研究组

地址：上海市曹安公路4800号同济大学电气工程系

邮编：201804

电话：15909393698

团队人数：9

团队带头人：向大为

主要成员：许哲雄、李巍

研究方向：电力电子状态监测与故障诊断技术，新能源发电，电机运行与控制

团队简介：

课题组以提高电力电子系统运行可靠性为目标，研究相关监测、诊断、控制以及测试新技术。

71. 同济大学—电力电子与电气传动研究室

地址：上海市曹安公路4800号同济大学电信学院电气工程系

邮编：201804

电话：17721085566

邮箱：kjs@ tongji. edu. cn

团队人数：24

团队带头人：康劲松

主要成员：向大为、项安、袁登科、韦莉

研究方向：电动汽车电驱动技术，轨道车辆牵引控制，电力电子可靠性状态检测，新能源发电

团队简介：

多年来，研究团队围绕电动汽车、高速列车、低速磁浮列车的高性能电气传动技术开展了大量研究工作，在永磁电机弱磁控制、牵引变流器可靠性评估、IGBT状态检测与故障预诊断等方面取得了大量成果，有效提高了传动系统的运行性能和可靠性。目前部分研究成果已取得了产业化应用与推广，产生了良好的社会与经济效益。

72. 同济大学—电力电子与新能源发电课题组

地址：上海市嘉定区曹安公路4800号

邮编：201804

电话：13867150432

邮箱：tqian@ tongji. edu. cn

团队人数：11

团队带头人：钱挺

研究方向：功率变换器的新型拓扑与超快速控制，新能源转换与控制，新器件在功率变换器中的应用，功率变换器的芯片集成，有源滤波器的控制方案等

团队简介：

团队带头人钱挺，1977年12月生，博士，教授，同济大学电气工程系主任，第五批“国家青年千人计划”入选者，IEEE Transactions on Power Electronics，Associate Editor。1999年6月和2002年3月分别获得浙江大学学士和硕士学位；2008年1月获得美国东北大学（Northeastern University）博士学位；2007年10月至2013年2月留美工作，任美国德州仪器公司（Texas Instruments）系统工程师；2013年6月至今在同济大学工作，先后任副教授、教授。已以第一作者发表9篇SCI国际期刊论文（其中7篇为IEEE Transactions论文）和12篇EI收录论文。

团队依托同济大学电气工程系开展电力电子与新能源方向的研究工作，目前有教授1人，研究生10人，主要研究方向包括：功率变换器的新型拓扑与超快速控制、新能源转换与控制、新器件在功率变换器中的应用、功率变换器的芯片集成、有源滤波器的控制方案等。课题组一直致力于学术探索与工程应用相结合的研究，长期与美国东北大学Brad Lehman教授的电力电子团队保持紧密合作，并与领域内的知名公司开展合作研究。

73. 温州大学—电气数字化设计技术浙江省工程实验室-海岸工程特种电源技术创新团队

地址：中国浙江省温州市茶山高教园区

邮编：325035

电话：0577-86598000

传真：0577-86689012

网址：www. wzu. edu. cn

邮箱：wzdx@ wzu. edu. cn

团队人数：11

团队带头人：戴瑜兴

主要成员：曾国强、朱志亮、王环、张正江等

研究方向：数字化岸电电源技术、轮式吊车数字化电源技术、绿色能源与微电网技术、港口分布式电能系统调控数字化。

团队简介：

电气数字化设计技术浙江省工程实验室-海岸工程特种电源技术创新团队依托于温州大学“电气工程”浙江省一流学科B类、“电气数字化设计技术国家地方联合工程实验室”建立。经过多年引进外来优秀人才与内部整合，形成了具有鲜明特色的核心团队，拥有省“千人计划”、省151人才等学术骨干。团队针对建设与发展绿色海岸工程的国家重大需求，主要围绕数字化岸电电源技术、轮式吊车数字化电源技术、绿色能源与微电网技术、港口分布式电能系统调控数字化进行研究与开发。近5年来，团队承担含国家自然科学基金重点项目在内的各类科研项目近90项，参与制定相关国家、行业标准4项，授权发明专利70余项，发表SCI/EI论文100余篇，出版学术专著5部；获包括教育部科技进步奖一等奖在内的省部级奖项6项，获中国专利优秀奖1项，团队负责人戴瑜兴教授获第十届“发明创业奖”特等奖，并被授予“当代发明家”荣誉称号。

74. 武汉大学—CGPES团队

地址：湖北省武汉市武汉大学

邮编：430072

电话：13871102226

网址：http：//cgpes. whu. edu. cn

邮箱：xmzha@ whu. edu. cn

团队人数：6

团队带头人：查晓明

主要成员：孙建军、潘尚智、刘飞、宫金武、黄萌

研究方向：大功率电力电子变换装置及其应用系统

团队简介：

研究中心团队以“大功率电力电子技术”课题组为研究主体，依托于武汉大学电气工程学院，和国内外大功率电力电子研究领域的专家学者进行广泛技术交流与合作，不断探寻大功率电力电子技术研究领域的最新科研动态和技术前沿。团队在查晓明教授的带领下已发展成为一个拥有2名教授、3名副教授、30余名研究生的人员结构合理、分工明确、目标统一的科研团队。

团队成立以来始终坚持基础理论研究与工程应用实践并重的原则，紧跟电力科技领域的大功率电力电子技术前沿，充分发挥自身优势，合理运用武汉大学丰富的科研与教学资源，与国家电网公司、南方电网公司等国内多家企业保持着良好和持久的合作关系，在大功率电力电子变换装置及其应用系统等领域取得了良好的成绩，并力争成为国内大功率电力电子领域一流的创新团队。

75. 武汉理工大学—电力电子技术研究所

地址：湖北省武汉市珞狮路122号

电话：027-87859049

邮箱：zhgr_ 55@ whut. edu. cn

团队带头人：朱国荣

主要成员：林德焱、黄云辉、徐应年、张侨、邓翔天、熊松、康健强、罗冰洋、孟培培、王菁

研究方向：电力电子，电池储能，船舶电气

团队简介：

电力电子技术研究所是武汉理工大学自动化学院内设机构，由朱国荣、康健强、黄云辉等十多名导师以及数十名硕士、博士生共同组建的多个导学团队，主要从事电力电子相关的教学科研工作，专注于电池储能的理论研究和船舶电气的应用开发。

76. 武汉理工大学—夏泽中团队

地址：湖北省武汉市洪山区珞狮路205号

邮编：430070

电话：18771025810

团队人数：10

团队带头人：夏泽中

主要成员：唐智、纪晓泳、马一鸣、欧阳雷

研究方向：DC-DC变换器，双向AC-DC变换器

团队简介：

年轻有活力的团队，对电力电子有兴趣，大家都在探索中不断成长。

77. 武汉理工大学—自动控制实验室

地址：湖北省武汉市洪山区珞狮路205号武汉理工大学马房山校区东院自动化学院实验楼

邮编：430070

电话：15827553507

团队人数：43

团队带头人：苏义鑫

主要成员：张丹红、谌刚、姜文、顾文磊、朱敏达、金铸浩、左立刚、夏慧雯等

研究方向：网络通信，嵌入式控制，电机运行与控制

团队简介：

团队有四十余人，主要包括几位导师和在读研究生，主要研究方向包括：神经网络算法与应用、风力发电并网运行与控制、永磁同步电机运行与控制等。

78. 西安电子科技大学—电源网络设计与电源噪声分析团队

地址：西安市太白南路2号西安电子科技大学电路CAD研究所376信箱

邮编：710071

电话：029-88203008

传真：029-88203007

网址：http：//seeweb. 710071. net/iecad/index. asp

团队人数：20

团队带头人：李玉山

主要成员：初秀琴、刘洋、路建民、李先锐、史凌峰、代国定、王君

研究方向：电源完整性分析与电源分配网络设计，EBG结构、DC-DC稳压源芯片设计

团队简介：

负责人李玉山教授/博士生导师，教育部超高速电路设计与电磁兼容重点实验室学术委员会副主任；初秀琴副教授/硕士生导师，电路CAD研究所常务副所长，教育部超高速电路设计与电磁兼容重点实验室副主任；史凌峰教授/电路与系统学科博士生导师；代国定副教授/硕士生导师；刘洋副教授/硕士生导师；李先锐副教授/硕士生导师；路建民讲师；王君博士。

79. 西安交通大学—电力电子与新能源技术研究中心

地址：陕西省西安市咸宁西路28号交大电气学院

邮编：710049

电话：029-82667858

传真：029-82665223

网址：http：//www. perec. xjtu. edu. cn/

团队人数：16

团队带头人：刘进军

主要成员：杨旭、卓放、裴云庆、肖国春、王跃、王来利、甘永梅、贾要勤、何英杰、张笑天、雷万钧、王丰、刘增、易皓、张岩

研究方向：电力电子技术在电能质量控制、输配电系统中的应用，电力电子技术在新能源发电及新型电能系统中的应用，开关电源与特种电源技术，电力传动及运动控制技术，电力电子集成封装技术

团队简介：

团队学术带头人刘进军教授大学就读于西安交通大学电气工程系，于1992年和1997年先后获得工学学士学位和工学博士学位，随即留校在电气工程学院任教至今。1999年12月至2002年2月，在美国弗吉尼亚理工大学电力电子系统研究中心做博士后访问研究。2002年8月晋升教授，2005年~2010年兼任电气工程学院副院长，2009年4月~2015年1月兼任西安交通大学教务处处长。2014年获聘教育部长江学者特聘教授。2014年获得“全国优秀科技工作者”荣誉称号。2015年入选西安交通大学首批“领军学者”。现为IEEE电力电子学会副主席、学报副编辑，中国电工技术学会电力电子学会副理事长，中国电源学会副理事长，中国电机工程学会直流输电与电力电子专业委员会委员，教育部全国电气类专业教学指导委员会副主任委员。

团队共有教师16人，其中长江学者1人，科技部中青年科技创新领军人才1人，中组部“青年千人计划”入选者1人，教育部新世纪优秀人才计划入选者3人，教授7人。主要从事电力电子技术的应用基础研究，研究方向涵盖了电力电子技术的各个方面，部分教师还涉及计算机控制网络与微机控制技术。团队是国内电力电子技术领域研究水平居于领先地位的团队之一，也有广泛的国际交流与合作，形成了重要的国际影响。

80. 西安理工大学—电力电子技术与特种电源装备研究团队

地址：陕西省西安市金花南路5号西安理工大学110信箱

邮编：710048

电话：029-82312013

传真：029-82312663

团队人数：14

团队带头人：孙向东

主要成员：孙强、尹忠刚、任碧莹、张琦、宋卫章、李金刚、李洁、安少亮、徐艳平、王建渊、陈桂涛、伍文俊、杨惠

研究方向：现代交流调速技术，新能源发电与微电网控制技术，特种开关电源技术等

团队简介：

研究团队主要由14人组成，其中教授3人、副教授7人，11人具有博士学位、5人具有国外留学或进修经历。主要从事现代交流调速技术、新能源发电与微电网控制技术、特种开关电源技术等3个研究方向。现代交流调速技术主要研究交流异步电机、永磁同步电机等速度控制、转矩控制以及位置控制等。新能源发电与微电网控制技术主要涉及光伏发电技术、蓄电池、飞轮和超级电容器等储能技术、微电网电压频率控制技术等。特种开关电源技术主要研究铝镁合金等轻金属微弧氧化电源控制技术、磁控溅射电源技术、电磁搅拌电源技术、感应加热电源技术等。

81. 西南交通大学—电能变换与控制实验室

地址：四川省成都市郫都区犀安路999号

邮编：611756

电话：028-66366733

团队人数：98

团队带头人：许建平

主要成员：周国华、吴松荣、徐顺刚、马红波、沙金、杨平、何圣仲

研究方向：开关变换器建模与控制，电力电子系统数字控制技术，分布式发电与并网逆变技术，储能系统及其能量管理，功率因数校正变换器技术，LED照明电源电路及控制技术，无线电能传输技术，现代电力电子动力学分析

团队简介：

电能变换与控制实验室（Power Conversion and Control Lab，PCC Lab）是依托于西南交通大学国家重点（培育）学科“电力电子与电力传动”、磁浮技术与磁浮列车教育部重点实验室的研学团队，以电力电子技术与新能源行业为背景，重点开展开关变换器建模与控制、电力电子系统数字控制技术、分布式发电与并网逆变技术、储能系统及其能量管理、功率因数校正变换器技术、LED照明电源电路及控制技术、无线电能传输技术、现代电力电子动力学分析等方面的教学和科研工作。

10多年来，实验室共指导博士生30余人、硕士生150余人，实验室指导的博士生和硕士生分别获得了全国优秀博士论文、四川省优秀博士论文、四川省优秀硕士论文、西南交通大学优秀博士学位论文培育基金、西南交通大学博士生创新基金、中央高校基本科研业务费专项资金优秀学生资助、詹天佑铁道科学技术奖专项奖、国际会议最佳论文奖等荣誉/奖励。

实验室长期致力于与国内外教育机构和企业单位的学术交流、合作，并保持与毕业博士生和毕业硕士生的深度联系。多名研究生赴美国（弗吉尼亚理工大学、德州大学奥斯汀分校、俄亥俄州立大学）、英国（斯特拉斯克莱德大学、利兹大学）、法国（里尔中央理工大学）、丹麦（奥尔堡大学）、香港（理工大学、城市大学）等著名高校进行深造、访问、进修；多名研究生在东方电气集团、华为、易事特、中电29所、Intel、O2 Micro、Emerson等著名企业参观、实习、就业；实验室邀请著名专家来访交流，接收了多名来自越南、中国台湾、国内高校的访问、交流学者；实验室成员积极参加国际、国内学术会议，与国内外专家、学者进行了广泛的学术交流和探讨。

82. 西南交通大学—高功率微波技术实验室

地址：四川省成都市二环路北一段111号

邮编：610031

电话：028-87601752

传真：028-87603134

团队人数：20

团队带头人：刘庆想

主要成员：李相强、张健穹、王庆峰、张政权、王邦继等

研究方向：电能变换与控制，高功率微波天线，脉冲功率技术，高功率微波器件，电机驱动与控制

团队简介：

高功率微波技术实验室成立于2003年，实验室瞄准国家重大战略需求，主要从事高功率微波技术及其相关领域的研究工作。实验室以“尽职尽责、团结和谐，挖掘每个人的潜能，创造更大价值，服务于社会”为理念，本着“想别人所不想的，做别人所不能做的”的信念，近五年来，承担了20余项国家863计划项目以及10余项横向项目，年科研经费突破1000万元，形成了一支团结和谐、勤于钻研、勇于创新的年轻科研团队。在研究过程中，实验室重视开展创新性的研究，目前已在电能变换与控制技术、电机控制技术、高功率微波辐射技术等方面取得了多项研究成果，并在新能源汽车、工业控制系统与机器人、微波天线与波导元器件、脉冲功率系统及微波源、高储能密度薄膜电容器技术等方向积累了深厚的技术储备。

83. 西南交通大学—列车控制与牵引传动研究室

地址：四川省成都市二环路北一段111号西南交通大学九里校区电气馆3231室

邮编：610031

电话：028-86465637

传真：028-86465637

团队人数：52

团队带头人：冯晓云

主要成员：丁荣军、葛兴来、宋文胜、熊成林、王青元、孙鹏飞

研究方向：电力牵引交流传动系统控制与仿真，电力牵引系统稳定性分析，电力牵引系统故障预测、诊断及容错控制，电力电子变压器，动力集成设计研究，虚拟同相柔性供电系统，列车运行节能优化，车线匹配评估与列车在线跟踪，重载列车辅助驾驶

团队简介：

由冯晓云教授创建于2000年的列车控制与牵引传动研究室（Train Control & Traction Drive Lab，简称为TCTD），以国家重点（培育）学科“电力电子与电力传动”为依托，以轨道交通行业为背景，主要开展轨道交通电力牵引传动及其控制、电力电子变流技术、列车运行控制、优化控制与辅助驾驶领域的教学和科研工作。著名的交流传动控制专家丁荣军院士（我校双聘）也在团队指导博士和硕士研究生。目前，研究室现有教师7人，其中院士1人，教授2人，副教授1人，讲师1人，助理研究员2人；博士生7人，硕士生40人。在科学研究方面，长期以来研究室逐渐形成了以学生为主体，以项目为依托，以创新为目标的科学研究方式，本着严谨治学、求实务真的态度不断努力提升科研能力。

84. 西南交通大学—汽车研究院

地址：四川省成都市金牛区二环路北一段111号

邮编：610031

电话：18628264826

团队人数：30

团队带头人：胡广地

主要成员：刘伟群、祝乔、郭峰、刘丛志等

研究方向：新能源汽车与汽车工程相关方向

团队简介：

西南交通大学汽车研究院概况：

机构性质：西南交通大学校内独立二级单位，中国振动工程学会机械动力分会理事单位，中国内燃机学会大功率柴油机分会会员单位，中国汽车工程学会振动噪声分会会员单位，四川省新能源汽车产业推进办成员单位。

发展定位：整合校内优势资源，树立西南交大汽车领域强势学科形象，实现“大交通”战略。

技术重点：以发展新能源汽车、汽车电子、汽车节能减排为主。

建设资金：将汽车学科列为西南交大重点学科，初期投入2000万元建设资金，及300万元/年汽车学科发展资金。

主要职能：校内协同创新、检验检测与认证、技术成果孵化与转化、人才培养。

在研项目：

振动能量回收、电动汽车电池管理系统、电动汽车用空调系统、SCR后处理装置。

85. 湘潭大学—智能电力变换及其应用技术研究团队

地址：湖南省湘潭市湘潭大学信息工程学院

邮编：411105

电话：58292224

团队人数：4

团队带头人：邓文浪

主要成员：谭平安、李利娟、陈才学

研究方向：电力电子技术及其应用

团队简介：

湘潭大学智能电力变换技术及应用研究团队主要从事电力电子技术及其应用方面的研究，近10年来在新型电力电子拓扑及其控制、电网安全、功率半导体器件建模及可靠性、无线电能传输、风力发电控制技术等方面开展了科学研究。承担了多项国家自然科学基金、湖南省自然科学基金等项目。

86. 燕山大学—可再生能源系统控制团队

地址：河北省秦皇岛市海港区河北大街西段438号燕山大学电气工程学院

邮编：061001

团队人数：教师6人，学生若干

团队带头人：张纯江

主要成员：李珍国、阚志忠、王晓寰、郭忠南、董杰

研究方向：逆变器并网控制，微电网运行控制，风力

发电

团队简介：

团队成立于2005年，由张纯江教授为带头人，由李珍国副教授、阚志忠副教授、王晓寰副教授，郭忠南讲师，董杰讲师为主要成员，开展可再生能源系统控制相关研究。已经完成国家基金项目4项，河北省基金项目2项，在研的国家基金1项，省级项目3项，建立风力双馈、直驱发电平台两个，光伏发电平台1个，逆变器并网平台1个，开关磁阻电机运行平台1个。发表论文70余篇，申请专利4项，培养博士生5名，硕士生近百余名。

87. 浙江大学—GTO 实验室

地址：浙江省杭州市西湖区浙江大学玉泉校区应电楼103

邮编：310012

电话：0571-87951950

团队人数：21

团队带头人：吕征宇、姚文熙

主要成员：靳晓光、胡进、黄龙、刘威、虞汉阳、陈发毅、王斌斌、黄羽西、谢良等

研究方向：电力电子系统集成，电力电子功率变换及其控制技术，变模态柔性变流器，电机控制

团队简介：

团队属于浙江大学电气工程学院电力电子技术研究所，主要由1名教授、1名副教授及博士研究生和硕士研究生组成。主要研究方向为电力电子系统集成、电力电子功率变换及其控制技术、变模态柔性变流器、电机控制等。

88. 浙江大学—陈国柱教授团队

地址：浙江省杭州市西湖区浙大路38号浙江大学玉泉校区电气工程学院

邮编：310027

电话：13958133125

团队人数：25

团队带头人：陈国柱

主要成员：陈国柱教授、博士生、硕士生

研究方向：电力电子装置及其数字控制，包括：电能质量控制及节能电气装备，如APF、UPQC、SVC、dSTATCOM及dFACTS；新能源与分布式发电并网、组网及储能技术；PEBB（系统集成）技术应用及高可靠性、模块化技术；特种电力电子变换电源

团队简介：

浙江大学电力电子与电力传动学科（国家重点）研究团队。团队带头人陈国柱教授、博士生导师、留美博士后，兼任中国能源学会副理事长、江苏省风力机高技术设计重点实验室学术委员会委员、浙江省电源学会理事、江苏省电力电器产业技术创新战略联盟技术委员会委员，是中国“教育部新世纪优秀人才”（2006）、浙江省重点“新能源电力电子技术创新团队核心成员（2010）”、“南太湖科技精英计划人才”（2012）、浙江省“千人计划”人才（2013）；负责科研项目约25项，包括多个重大项目、国家自然科学基金项目、国际资助项目等；培养毕业研究生约40名，目前在读硕士生10名、博士生13名、留学生2名、合作博士后1名。

89. 浙江大学—电力电子技术研究所徐德鸿教授团队

地址：浙江省杭州市西湖区浙大路38号浙江大学玉泉校区应电楼105室

邮编：310027

电话：0571-87953103

传真：0571-87951797

团队人数：27

团队带头人：徐德鸿

主要成员：陈敏、胡长生、林平、谌平平、杜成瑞、董德智、张文平、何宁、李海津、陈烨楠、严成、施科研、朱晔、贾晓宇、朱楠、马杰、王昊、王晔、胡锐、王小军、刘超、朱应峰、叶正煜、刘亚光、邱富君、吴俊雄

研究方向：高效率不间断电源，新能源和电动汽车用电力电子变换器，高可靠性多能源储能系统，功率半导体器件封装及应用

团队简介：

科研团队带头人徐德鸿教授是IEEE fellow、中国电源学会理事长、浙江大学电力电子技术研究所所长，长期从事电力电子领域科学研究和产品开发。团队在新能源发电用电力电子装置、大功率不间断电源、高效率高可靠性功率变换器设计等研究方向均有丰富的研究和实践经验。欢迎广大高校和企业与我们合作研究，共同学习。

90. 浙江大学—电力电子先进控制实验室

地址：浙江省杭州市西湖区浙大路38号浙江大学玉泉校区电气工程学院应电楼109室

邮编：310027

团队人数：21

团队带头人：马皓

研究方向：电力电子技术及其应用，电力电子先进控制技术，电力电子系统故障诊断理论和方法，新型高效功率变换拓扑与控制技术，电力电子系统网络控制技术，逆变器无线并联技术，电能非接触传输技术，电动汽车中电力电子技术等

团队简介：

团队属于浙江大学电力电子与电力传动学科（国家重点学科）研究团队，是浙江省重点科技创新团队。带头人马皓教授，现任浙江大学伊利诺伊大学厄巴纳香槟校区联合学院副院长，浙江省科协委员，中国电源学会常务理事、学术工作委员会主任、直流电源专业委员会副主任、无线电能传输技术及装置专业委员会副主任，浙江省电源学会副理事长、秘书长。团队完成科研项目50余项，包括国家自然科学基金项目、国家高技术研究发展计划（863计划）项目、国际合作项目、企业合作项目等。培养毕业研究生79名，目前在读硕士生9名、博士生9名。

91. 浙江大学—电力电子学科吕征宇团队

地址：浙江省杭州市浙大路38号浙大电气学院

邮编：310027

网址：http：//ee. zju. edu. cn/

邮箱：eeluzy@ cee. zju. edu. cn

团队人数：15

团队带头人：吕征宇

主要成员：姚文熙，张德华

研究方向：电力电子学科

团队简介：

团队由浙江大学电气工程学院电力电子学科教师组成，拥有教授博导、副教授、博士生、硕士生等，与国家科研大院、国内外多家企业有长期合作关系，具有研究、设计及后续工程研究开发能力，完成过多项国家与企业委托开发及咨询项目。近年来致力于新能源微网，车载充电，蓄电池充放电管理，新型电机驱动，工业特种电源等开发，具有整合前端探索性研究、应用型原型样机研究以及工程样机开发的能力，愿意为推动产学研合作做出贡献。

92. 浙江大学—何湘宁教授研究团队

地址：浙江省杭州市浙大路38号浙江大学电气工程学院

邮编：310027

团队人数：39

团队带头人：何湘宁

主要成员：石健将、邓焰、吴建德、李武华、胡斯登

研究方向：电力电子技术及其工业应用，包括大功率变换器与智能控制系统，特种电源及其网络化系统，电力电子器件、电路和系统的建模、仿真和测试等

团队简介：

SEEEDS（Sustainable & Efficient Electric Energy Delivery Systems）团队依托于浙江大学电力电子技术国家专业实验室。团队目前拥有教授3名、副教授3名。主要研究方向包括电力电子技术及其工业应用，包括大功率变换器与智能控制系统，特种电源及其网络化系统，电力电子器件、电路和系统的建模、仿真和测试等。与美国通用电气、日本富士电机、台达、中国电科院、上海电气等公司及研究机构保持密切的交流合作。

在研项目：

1. 国家自然科学基金重大项目课题“多时间尺度下大容量电力电子混杂系统运行匹配规律研究”，项目批准号：51490682，起止年月：2015. 1～2019. 12。

2. 国家自然科学基金“基于功率开关变换电路理论的能量/信号复合传输方法和系统研究”，编号：61174157。

3. 浙江省自然科学基金“杰出青年基金”项目“即插即用型新能源直流微网运行控制的基础研究”，项目编号：LR16E070001，起止年月：2016. 1～2019. 12。

4. 科技部973青年科学家专题“柔性直流输电换流器安全运行裕度的基础研究”，项目编号：2014CB247400，起止年月：2013. 8～2018. 7。

5. 国家自然科学基金面上项目“非隔离型分布式光伏发电系统对地共模漏电流抑制机理研究”，项目批准号：51377112，起止年月：2014. 1～2017. 12。

93. 浙江大学—石健将老师团队

地址：浙江省杭州市浙江大学玉泉校区工业电子楼102室

邮编：310027

电话：18268874591

邮箱：1916512011@ qq. com

团队人数：9

团队带头人：石健将

主要成员：何昕东、侯庆会、李竟成、汪洋等

研究方向：高频电力电子变流技术，高可靠性中大功率高频组合直流变换器，高可靠性高功率密度航空静止变流器，单相/三相中大功率高频逆变器（包括输出50Hz工频和400Hz中频两类），三相高功率因数高频PWM整流器，固态电力变压器（SST），光伏发电，智能电网等

团队简介：

团队有9名成员，1名博士。

94. 浙江大学—微纳电子所韩雁教授团队

地址：浙江省杭州市西湖区浙大路38号浙江大学玉泉校区信电学院微电子楼

邮编：310027

电话：0571-87953116

传真：0571-87953116

网址：www. isee. zju. edu. cn/IC

团队人数：15

团队带头人：韩雁

主要成员：张世峰、韩晓霞

研究方向：集成电路与功率器件设计

团队简介：

团队共有教授1名、副教授1名、讲师1名、专职科研岗教师1名、博士生5名、硕士生6名。

95. 浙江大学—智能电网柔性控制技术与装备研发团队

地址：浙江省杭州市西湖区浙大路38号

邮编：310027

电话：0571-87951541

团队人数：50

团队带头人：江道灼

主要成员：甘德强、赵荣祥、梁一桥、文福拴、李海翔、丘文千、江全元、郭创新、周浩

研究方向：交直流电力系统运行与控制，柔性输配电控制技术与装备

团队简介：

团队由浙江大学牵头，合作单位为浙江省电力公司（含其下属企业）、浙江省电力设计院。团队规模约50人，拥有副高职以上技术职称人数约占57%；核心成员10人，其中中科院院士1人，教育部“新世纪优秀人才支持计划”

入选者3人，浙江大学求是特聘教授1人。

团队依托浙江大学电气工程国家一级重点学科（涵盖电力系统及其自动化、电力电子技术、电机与电器3个国家二级重点学科）、电力电子应用技术国家工程研究中心和电力电子技术国家专业实验室，汇集了浙江省乃至全国一流的业界专家，且团队成员有着长期紧密的合作历史和合作基础。团队注重“产学研”结合，并将紧密围绕分布式发电与并网技术、特高压交直流输电技术、智能电网技术等国内外电力行业最新发展趋势，针对浙江省重大需求开展创新性研究，为浙江省电力工业的现代化改造与发展提供基础理论和核心技术支撑。

96. 中国东方电气集团中央研究院—智慧能源与先进电力变换技术创新团队

地址：四川省成都市高新西区西芯大道18号

邮编：611731

电话：18602832917

传真：028-87898139

网址：http：//www. dongfang. com

邮箱：tangjian@ dongfang. com

团队人数：15

团队带头人：唐健

主要成员：田军、周宏林、杨嘉伟、刘静波、刘征宇、代同振、舒军、肖文静、何文辉、王多平、吴小田、边晓光、武利斌、王正杰

研究方向：智能电网与微电网，新能源发电与并网，大功率变流器与系统，新器件与应用

团队带头人：

唐健，男，34岁，博士，高级工程师。唐健博士2010年毕业于华中科技大学，获电气工程专业博士学位；2007年~2008年留学英国STAFFORD，从事智能电网高压直流输电及无功功率控制方面的研究工作；2010年至今，就职东方电气中央研究院，从事电力电子及电能变换领域相关研究工作，现为东方电气中央研究院电力电子技术研究室副主任。近五年来，唐健博士共主持承担省级重点科研项目两项：主持承担四川省科技支撑计划项目“光伏发电逆变系统及光伏电池组件关键技术研究”，项目经费200万；主持承担四川省重大技术装备创新研制项目“3MW直驱风电全功率变流器及集成化电控系统研制”，项目经费120万。

团队简介：

唐健博士带领的“智慧能源与先进电能变换技术”创新团队直属中国东方电气集团中央研究院，始创于2010年，团队创建之初紧密围绕企业级创新团队的特点，明确了自主研发掌握重大关键技术、核心技术为产品创新和产业升级服务的目标。近年来，在国家、地方政府以及集团公司的高度关怀与重视下，在国家产业结构升级的大背景下，智慧能源与先进电能转换技术团队高速稳定发展，团队成员全部毕业于国内外知名高校，现已形成以4名博士、15名硕士为核心成员的富有活力与创造力的年轻化创新团队，核心人员队伍涵盖电力电子、电机与驱动、电力系统、自动控制、计算机、测量技术等专业。团队研究方向紧密围绕国家、行业发展需要，做到关键技术提前布局、提前预研，目前已形成“互联网+”智慧能源互联网、电厂远程监测与诊断、智能微电网、大型发电设备与分布式能源发电控制、高效大功率电力电子变流等稳定的研究方向，开展实施电力电子、微电网、光伏发电、风力发电、光热发电、大容量储能、电动汽车功率组件及车载电源、电厂远程监测诊断、大型同步发电机励磁控制等多项课题，发表论文数十篇，形成一批专利、软件和核心技术，完成一项MW级风光储微电网示范工程，其实际发电量已逾百万，团队还承担了风电、光伏领域两项省级重点项目。团队采用协同管理模式，做到人员梯队分层和核心人员复用，保证团队高效运转与密切协作。

东方电气集团中央研究院现已为智慧能源与先进电能转换技术团队基础实验设施建设投资逾千万，已建成实验场地近400m^2，建成4RACK等级RTDS数字实时仿真平台、基于RTLAB的同步/异步电机拖动实验平台、远程信息显示发布平台、具有电网模拟功能的发电能量转换与控制实验平台、大功率电力电子组件动态测试平台、高压大容量电力电子装置去离子循环水冷系统测试实验平台等先进实验平台；在建实验场地近600m^2，容量与电压等级达5MW/ 35kV，内循环实验能力达20Mvar，达到国际先进水平。

97. 中国工程物理研究院流体物理研究所—特种电源技术团队

地址：四川省绵阳市绵山路64号

邮编：621000

电话：0816-2491069

传真：0816-2485139

邮箱：Lihongtao-ifp@ caep. cn

团队人数：7

团队带头人：李洪涛

主要成员：马勋、王传伟、马成刚、栾崇彪、肖金水、易晗

研究方向：特种电源技术及其应用

带头人简介：

李洪涛，博士生导师，担任中国博士后基金评审委员会专家，中国电源学会特种电源专委会秘书长、中国兵工学会复杂电磁环境专委会委员、全国高电压试验技术委员会测试技术与设备专家组委员等学术职务。从事特种电源技术研究20余年，主持或主要参加国家大科学工程专项等科研项目20余项，发表SCI/EI论文50余篇，在大功率开关技术、脉冲形成方法、真空放电物理等领域有较高的学术造诣，带领团队研制成功4MV/500kA激光触发多级多通道气体开关、500kV全固态Marx发生器、基于光导开关的全固态重复频率功率源、天蝎-I闪光X光机、6MV低抖动Marx发生器等，总体技术和研究能力处于国内外领先水平，相关研究成果引起美国圣地亚国家实验室等国际同行广泛关注，并为我国首台自主研制、达到国际先进水平的多路并联超高脉冲功率输出装置聚龙一号（8~10MA电流）研

制成功等做出重要贡献，获得军队科技进步一等奖等学术奖励10余项。

团队简介：

流体物理研究所电子技术应用团队主要从事特种电源技术及其应用研究，在固态脉冲功率技术及器件物理、真空放电物理、高压大电流产生技术、精密时序控制和高速采集技术等方面具有数十年的积累，研制出系列中低能闪光X光机、高性能固态脉冲功率源、高压脉冲触发系统和高压电源，团队研究成果不仅为我国流体动力学实验研究做出了重要贡献，也在国内科研单位、高等院校中得到较多应用。

98. 中国科学院电工研究所—大功率电力电子与直线驱动技术研究部

地址：北京市海淀区中关村北二条6号

邮编：100190

电话：010-82547068

网址：http://www.iee.ac.cn

邮箱：gqx@mail.iee.ac.cn

团队人数：60

团队带头人：李耀华

主要成员：严陆光、王平、葛琼璇、史黎明、杜玉梅、李子欣、韦榕、张树田、王晓新、王珂、刘洪池、朱海滨、吕晓美、程宁子、刘育红、胜晓松、李伟、董贯洁、陈敏洁、张瑞华、徐飞、张志华、李雷军、高范强、赵鲁、马逊、楚遵方、殷正刚、张波等

研究方向：

1. 轨道交通牵引变流与控制系统

(1) 高速磁悬浮交通牵引变流与控制技术

(2) 直线电机轨道交通牵引变流与牵引控制技术

(3) 高速列车牵引变流与牵引控制技术

2. 新能源与智能电网用电力电子装置

(1) 高压柔性直流输电技术

(2) 电力电子变压器技术

(3) 有源滤波技术和动态无功补偿技术

3. 高压大功率变流基础理论研究

(1) 高压大功率变流系统的拓扑和应用研究

(2) 高压大功率变流系统测量与评估基本理论与技术

团队简介：

中国科学院电工研究所大功率电力电子与直线驱动技术研究部主要面向国家能源、电力和交通的战略需求，重点解决电力电子与电能变换领域的重大应用基础理论和战略高技术问题，是中国科学院电力电子与电气驱动重点实验室的重要组成部分。主要从事大功率电力电子与电能变换、高功率密度电力驱动、大功率直线驱动等方向的核心关键技术和重要基础理论研究工作。现有固定人员30人，其中中国科学院院士1名、正高级职称研究人员6名。

总体目标：面向国家能源、电力和交通的战略需求，重点解决电力电子与电气驱动领域的重大应用基础理论和战略高技术问题，为我国电力电子与电气驱动及相关领域的发展，发挥重要的支撑和骨干引领作用。

研究部在“十五”“十一五”“十二五”期间先后承担了多项国家项目，取得了一系列研究成果，培养了一大批年轻有为的中青年技术骨干，形成了一支由多名学术带头人引领、一批技术骨干为支撑以及众多基础扎实、研究和技术经验丰富的高素质研究人员为基础的研究团队。

近年来研究部主要承担的科研项目包括：

承担南方电网世界电压等级最高、容量最大的科研示范工程项目“云南电网与南方电网主网鲁西背靠背直流异步联网工程”——±350kV/1044MW换流站及阀控系统的研制任务。项目实施过程中，所研制MMCon-G4换流器控制保护系统完成了数千项FPT、DPT测试试验。所研制的云南鲁西柔直工程广西侧换流器于2016年8月29日成功投运，测试和运行结果表明，系统运行稳定可靠，性能满足设计。云南异步联网柔直工程的顺利建成投运创造了该技术领域新的世界纪录：单台柔性直流换流器容量最大——1044MW，直流电压最高——±350kV，换流器电路最复杂——高压环境下5616只IGBT同时实时协调工作。

完成全球首个±160kV多端柔性直流输电示范工程中青澳换流站换流器及阀控系统的攻关研制工作。攻克了多端柔性直流输电控制保护这一世界难题，成为世界第一个完全掌握多端柔性直流输电成套设备设计、试验、调试和运行全系列核心技术的企业，建成了世界上第一个多端柔性直流输电工程，在中国乃至世界电力发展史上都具有划时代的重要意义。

在高效轨道交通牵引驱动系统研发与应用领域：

承担了“十二五”国家科技支撑计划重大项目子课题“高速磁浮半实物仿真多分区牵引控制设备研制”任务，完成了高速磁悬浮列车牵引控制系统、高速磁浮多分区牵引控制系统、1.5km试验线双分区升级和28km半实物仿真系统牵引控制系统设备研制、7.5MVA IGCT高压大功率牵引变流器、新型15MVA四象限变流器系统、满足三步法供电的15MVA变流器研制；建立并完善了大功率同步直线电机控制理论，解决了大功率交直交变流器的理论、控制、模块化设计、制造、集成及工程试验等重大难题。首次在国内研制成功具有自主知识产权的基于VME的高速磁悬浮列车牵引控制系统，在上海高速磁悬浮试验线实现了磁悬浮列车的双分区、双端供电、双车无人驾驶智能牵引控制，填补了国内空白。

研制成功了国内单机容量最大的7.5MVA IGCT交直交牵引变流器，研究成果获2009年度中国电工技术学会科技进步一等奖、2009年度北京市科技进步一等奖、2010年度国家科技进步二等奖。

在高速铁路牵引控制及牵引变流器方面：

承担了基于场路耦合的高速列车牵引电机控制特性研究、高速铁路TCU控制系统研制；深入研究了高速铁路电机牵引特性、多场耦合机理、牵引控制关键技术、系统工程化优化设计方法，突破了高铁牵引控制技术难题，研制成功了具有自主知识产权的三型车牵引控制系统，完成了TCU系统的电磁兼容测试和功能测试，填补了国内空白。

在城市轨道交通牵引控制及牵引变流器方面：

承担了大功率非粘着直线电机轨道车辆牵引系统研制与应用、A型地铁车辆大功率牵引变流器研发与应用、高性能有轨电车牵引传动系统研发与应用、机场线直线电机牵引变流系统国产化工程应用等项目。突破了大功率直线异步电机高性能控制技术难题，研制了190kW直线异步电机，1.3MVA大功率直线电机牵引变流器及牵引控制系统，已应用在北京机场线直线车辆上完成了100000km考核验证，性能与庞巴迪进口产品性能相当，具备了全面替代进口系统进行应用的技术能力。研究成果获2013年度北京市科技发明一等奖和2013年度中国电工技术学会科技一等奖。

研制了系列化MW级城轨车辆牵引变流器及全数字化高性能牵引控制器，并通过了各项型式试验并获得国家相关认证。已批量应用于大连低地板有轨电车线路上，已安全载客运营超过70000km。

承担并完成了中车唐山机车车辆公司的无弓受流系统研制任务，研制成功了国内第一套轨道交通车辆用百kW无接触受流系统装置系统样机，安装在一辆实际车辆的转向架，测试表明，实际输出功率160kW，效率达83%，满足轨道交通非接触式供电运行要求。同时研制成功了满足磁浮列车非接触车辆供电的"多模块化"高频无线电能传输工程样机，包括敷设于轨道沿线的高频线缆绕组、高耦合车载接收板、并联式高频逆变模块，满足实际磁浮列车供电需求。可在磁浮交通、城市轨道交通供电领域推广应用。

承担了国家高技术研究发展计划（863计划）"新型超大功率场控电力电子器件的研制及其应用"项目中子课题"新型高压场控型可关断晶闸管器件的研制与应用"科研任务。研究新型高压场控型可关断晶闸管器件芯片的设计、工艺、制造与测试技术，研制出满足高电压、大电流需求的芯片样片；研究新型高压场控型可关断晶闸管器件的智能化驱动、封装及测试技术，研制出满足高电压、大电流需求且具有智能化低驱动功率特性的器件样片；研究新型高压可关断晶闸管器件的测试技术，研制了一套具有自动检测和监控功能的新型高压可关断晶闸管器件测试平台；基于本课题研制的新型高压场控型可关断晶闸管器件，研制了一台5MVA三电平大功率变流器样机，推动了基于大功率新型高压场控型可关断晶闸管器件相关技术的跨越式发展和相关产品的产业化。

99. 中国科学院—近代物理研究所电源室

地址：甘肃省兰州市南昌路509号

邮编：730000

电话：0931-4969539

传真：0931-4969560

网址：http：//www.impcas.ac.cn

邮箱：Gaodq@ impcas.ac.cn

团队人数：50

团队带头人：高大庆

主要成员：周忠祖、闫怀海、吴凤军、黄玉珍、张华剑、上官靖斌、赵江、燕宏斌、封安辉、芦伟

研究方向：离子加速器用直流电源技术，脉冲电源技术，脉冲功率及高压电源技术，数字控制技术，电气技术，电磁兼容等

团队简介：

电源室由电源组、电气组、电气安全与电子兼容、数字组和脉冲功功率高压组组成。主要负责：

1. 加速器系统交流供配电系统的运行维护、调试改进，及全所各实验室供配电系统设计施工、监督和验收。

2. 研制和生产了各种功率等级的加速器用直流稳流电源300多台，满足了HIRFL磁场系统的需要，填补了国内空白。从1998年起，承担了兰州重离子加速器冷却存储环（HIRFL-CSR）电源系统的研制任务，开展了各种脉冲电源的研究工作，相继研制成功了晶闸管脉冲电源、IGBT脉冲开关电源以及KICKER电源、BUMP电源、三角波扫描电源等各种用途的特种电源，填补了国内多项电源技术空白。

3. 正在进行重离子肿瘤治疗专用装置的电源研制。

100. 中国矿业大学（北京）—大功率电力电子应用技术研究团队

地址：北京市海淀区学院路丁11号中国矿业大学（北京）逸夫实验楼701

邮编：100083

电话：010-62331257

传真：010-62331370

网址：http：//jdxy.cumtb.owvlab.net/virexp/

邮箱：wangc@ cumtb.edu.cn

团队人数：10

团队带头人：王聪

主要成员：程红教授、卢其威副教授、邹甲工程师

研究方向：大功率电力电子应用技术、大功率电力电子传动控制技术、电力电子技术在煤矿中的应用

团队简介：

科研团队所在实验室依托中国矿业大学（北京）"电力电子与电力传动"国家级重点学科及北京市电气工程实验教学示范中心的科研优势，先后得到国家"211工程"、国家普通高校修购专项以及基于校企联合实验室的国际知名公司大学计划等多项建设项目的投入和资助，已具有完善的从事电力电子相关领域科学研究的实验条件和设备。同时自主研制了光伏并网发电系统实验平台、100kW三电平静止无功发生器实验系统，以用于后续研究。另外，课题组多年从事电力电子与电力传动技术和理论的教学与研究，取得了一系列高水平的学术成果，使得课题组具备从事电力电子相关研究的能力与经验。

101. 中国矿业大学—电力电子与矿山监控研究所

地址：江苏省徐州市大学路1号中国矿业大学

邮编：221116

电话：0516-83590819

团队人数：10

团队带头人：伍小杰

主要成员：原熙博、戴鹏、周娟、夏晨阳、张同庄、宗伟林、于月森、耿乙文、王颖杰

研究方向： 电机与控制，有源电力滤波器，无线电能传输，本安防爆电器，光伏并网发电，无功补偿与谐波治理，矿井无线通信等

团队简介：

中国矿业大学电力电子与矿山监控研究所团队主要从事电力电子、电力传动与电控、矿井电气自动化及通信方面的研究。目前团队成员10人，其中教授4人、副教授5人、讲师1人，团队目前有10名博士、90多名硕士，科研实力强劲。

102. 中国矿业大学—信电学院505实验室

地址： 江苏省徐州市泉山区中国矿业大学文昌校区505室

邮编： 221000

团队人数： 22

团队带头人： 周娟

主要成员： 魏琛（博士）、郑婉玉（硕士）、甄远伟（硕士）、刘刚（硕士）、王超（硕士）、宋振浩（硕士）、董浩（硕士）等

研究方向： 电能质量控制

团队简介：

主要针对基于三相三线制及三相四线制有源电力滤波器的谐波检测方法、调制方法及电流控制策略算法进行理论研究，提出了改进方法，进行了MATLAB仿真验证，并搭建实验平台编写了DSP程序进行实验验证。

103. 中科院等离子体物理研究所—ITER电源系统研究团队

地址： 安徽合肥蜀山湖路350号等离子体物理研究所

邮编： 230031

电话： 0551-65593257

网址： http://psdb.ipp.ac.cn

邮箱： fupeng@ipp.ac.cn

团队人数： 38

团队带头人： 傅鹏

主要成员： 高格、许留伟、黄懿赟、宋执权

研究方向： 大功率电源系统设计和单元研发

团队简介：

团队现有人员38人，其中正高级职称6人、副高级职称5人，具有博士学位者12人，专业、职称、学历结构合理，具有较为雄厚的科研实力。

团队近年来承担国家973计划、ITER磁约束聚变专项，科技部国际合作项目十余项，对现代聚变电源系统进行了深入的研究。项目组成员针对电源、负载、系统的特点，创新性地在系统和单元两个层面，集成了多项技术，提出了无功超前计算、新型四象限运行模式、一体化设计，完成了系统和单元的研发。项目组对ITER磁体电源系统所进行的分析、设计和提出的解决方案，得到了国际独立专家组认可，并通过了试验验证，被ITER组织作为设计基准采纳。

团队不仅与国内相关机构和科研院所保持着良好的交流合作，同时还与国际相关组织与团队保持着良好的沟通与交流，如法国ITER组织、韩国KSTAR超导核聚变装置研究团队、美国DIII-D装置研究团队、美国通用原子能公司等。

104. 中山大学—第三代半导体GaN电力电子材料与器件研究团队

地址： 广东省广州市海珠区新港西路135号中山大学

邮编： 510275

电话： 020-39943836

传真： 020-84037549

团队人数： 52

团队带头人： 刘扬

主要成员： 张佰君、江灏、黄丰、付青、黄智恒、王自鑫、陈辉、陈鸣、杜晓荣、郭建平、粟涛、胡杰峰

研究方向： 宽禁带半导体GaN电力电子材料与器件

团队简介：

团队的研究工作主要依托于中山大学光电材料与技术国家重点实验室下属的宽禁带半导体GaN材料与器件研发平台、电力电子及控制技术研究所。研发团队主要成员均来自该领域国内外的先端研究院所，集中了一批GaN电力电子领域内的知名专家和学者，共同打造了一支校企强强联合的国际化研究开发团队（52人），其中教授9名、副教授6名、高级工程师7名、讲师3名、研究员1名，博士研究生29人，硕士研究生8人及工程技术人员若干。科研团队的学科背景涵盖凝聚态物理、材料物理、化学、微电子学与固体电子学、电力电子学等多个方面。每年还有大批客座研究人员到实验室开展科研工作。

团队是国内首批开展第三代半导体GaN功率电子材料与器件研究的科研团队之一，早在2006年他们就开始组建研发平台，团队核心成员均来自国际著名的Si衬底异质外延研究机构——日本名古屋工业大学极微器件系统研究中心，主要定位于GaN功率电子材料、器件制备及其产业化关键技术的研发。团队有别于国内其他研究单位的主要特点是同时关注GaN的材料和器件两个方面，从器件研究引导材料开发，而材料质量的改进有利于器件性能的提升。经过多年积累，该平台拥有世界一流、功能完备的从材料外延、芯片制备、器件封装及分析表征的仪器设备，可以完成GaN电力电子器件全链条技术的开发，近年在GaN电力电子材料与器件制造方面取得了重要进展，并于2014年末被广东省科技厅认证为“广东省第三代半导体GaN电力电子材料与器件工程技术研究中心”。

105. 中山大学—广东省绿色电力变换及智能控制工程技术研究中心

地址： 广州市番禺区大学城外环东路132号中山大学工学院C栋5楼

电话： 18928990068

邮箱： fuqing@mail.sysu.edu.cn

团队带头人： 付青

主要成员： 余向阳、陈鸣、戴正、丁喜冬、郑寿森、

祁新梅、王东海、林国淙、陈岚

研究方向：电力系统，电源技术，新能源微电网，太阳能光伏，分布式智慧能源系统，区块链及物联网技术在能源系统中的应用

团队简介：

工程中心致力于绿色能源开发利用技术、电力电子应用技术及软件、分布式智慧能源管理平台、区块链与物联网融合能源系统的开发方面的研究，注重与企业、高校和研究院所的交流合作，合作申报和承担政府项目，参与企业技改和产品开发，联合建设先进电源创新科技研究院、光伏发电与电能质量综合实验平台、电力安全智能防误研发实验平台、新能源微电网仿真模拟实验平台等大型研究实验平台，面向电力电子应用学科前沿，立足创新，理论与实践并重，为企业和社会培养技术精英，为高校和科研院所提供高级研发人员及预备人才。近年来承担各类科研项目 20 多项，为企业创造经济效益 10 多亿元。

电源相关企业科研团队简介

（按照中国电源学会会员单位级别、同级别汉语拼音顺序排列）

1. 广东志成冠军集团有限公司（副理事长单位）

企业团队名称：广东志成冠军 UPS 电源研究所

地址：广东省东莞市塘厦镇田心工业区

邮编：523718

电话：0769-87282699

传真：0769-87927259

团队人数：70

技术负责人姓名：李民英

研究方向：UPS 电源、EPS 电源、海岛电源、大功率特种电源等

团队简介：

本团队以国内著名高校专家为指导，平均拥有超过 10 年的行业经验，专注于电力电子、电源、电池领域的技术发展，拥有超过 20 年的研发与生产制造经验，具备丰富的产业经验，取得了丰硕的技术成果。成为“全国电力电子标准化技术委员会不间断电源分技术委员会秘书处单位”，专利 ZL00135897.9“大容量不间断电源”荣获全国第十届发明专利金奖；专利 ZL200710026450.8“一种的多制式 UPS 电源及其实现方法”荣获中国专利优秀奖。“海岸工程兆瓦级特种变流电源关键技术及应用”荣获教育部科学技术进步一等奖。“海岛/岸基大功率特种电源系统关键技术与成套装备及应用”荣获中国机械工业科学技术特等奖。此外还荣获了多项省市级科技进步及专利奖项。

团队主要成员：

技术负责人李民英同志是广东志成冠军集团有限公司总工程师，全国优秀科技工作者，享受国务院政府特殊津贴专家，全国电力电子标准化技术委员会不间断电源分技术委员会秘书长；是电力电子技术领域的知名专家，拥有发明专利 11 项，实用新型 17 项，制定国家和行业标准 11 项。

团队主要成员均具备本科以上学历，并有多人获评高级工程师。技术负责人李民英同志 2010 年被中国科学技术协会授予“全国优秀科技工作者”称号；2012 年获批享受国务院政府特殊津贴。

李民英同志带领团队在国内率先研制出大容量 UPS 电源，打破国外垄断，并在 2008 年荣获中国专利金奖。

此后，该同志带领团队不断创新，开拓产品，在国内率先研制出多制式模块化 UPS 电源，并成功研发了高压直流电源、充电桩等产品，其中多制式模块化 UPS 电源产品在 2014 年荣获中国专利优秀奖。

2016 年以来，继续攀登高峰，积极推进产业升级，顺应“21 世纪海上丝绸之路”的合作倡议以及国家大力发展海洋经济、海洋国防的大政方针，参与研制海岛、岸基用特种电源装置，取得了显著的成绩：2016 年，“海岸工程兆瓦级特种变流电源关键技术及应用”荣获教育部科学技术进步一等奖；2017 年，“海岛/岸基大功率特种电源系统关键技术与成套装备及应用”荣获中国机械工业科学技术特等奖。

2. 科华恒盛股份有限公司（副理事长单位）

地址：福建省厦门火炬高新区火炬园马垄路 457 号

电话：0592-5160516

传真：0592-5162166

团队人数：900 多人

技术负责人姓名：陈四雄

研究方向：智慧电能、云基础服务、新能源

团队简介：

公司不断加大研发投入，形成技术核心驱动力，以技术创新引领行业发展。当前，公司组建了以自主培养的 4 名享受国务院特殊津贴专家为核心的 900 多人研发团队，依托“国家认定企业技术中心”平台优势，与清华大学、浙江大学等十余个高等院校及科研机构积极开展产学研合作，不断加强自主创新能力，实现了科研成果快速市场化。

所获荣誉：

1）2014 年，科华恒盛技术中心被认定为“国家认定企业技术中心”。

2）“高电能质量节能型大功率不间断电源系统关键技术与产业化”获得 2015 年中国电源学会科学技术奖特等奖。

3）“重大工程灾备电源关键技术与产业化”获得 2016 年福建省科学技术进步一等奖。

4）“大功率多能源不间断电源系统关键技术及应用”获得 2018 年中国教育部技术发明一等奖。

5）“微网储能关键技术与产业化”获得 2017 年度福建省科技进步奖二等奖。

团队主要成员：苏先进、易龙强、曾奕彰、王志东、苏宁焕等

3. 深圳市航嘉驰源电气股份有限公司（副理事长单位）

企业团队名称：IT BG 产品部电源研发三处

地址：广东省深圳市龙岗区坂田坂澜大道航嘉工业园

邮编：518129

电话：0755-89606666

传真：0755-89606333

团队人数：16

技术负责人姓名： 张亚军

研究方向： 台式计算机电源 、一体机电源、工业适配器

团队简介：

团队都是拥有三年以上工作经验的研发工程师，30%具有10年以上的电源开发经验，专业技术水平高，沟通协调能力强，承担公司电脑类电源新项目的核心研发任务。

团队主要成员：

赵烈洋、杨明、陈辉、杨火炬、韩长端、刘成、李少华

4. 台达电子企业管理（上海）有限公司（副理事长单位）

地址： 上海市浦东新区民雨路182号

邮编： 201209

电话： 021-68723988

传真： 021-68723996

团队人数： 16人

技术负责人姓名： 李华斌

研究方向： 智能照明，含户外大功率性照明，室内智能面板控制系统等

团队简介：

团队主要负责智能照明产品的开发，如HVDC解决方案，后台管理软件，室内智能控制面板，直流智能驱动器，交流智能驱动器等。团队目前有成员16名，其中电子工程师6位，软件工程师4位，机构工程师5位及layout工程师1位。

团队不仅在照明技术上处于行业前端，更注重将客户的需求转化成为稳定可靠，性价比及附加值均高的产品。团队成员大多是理科出身，在机械、软件、电子、工业造型、散热等各学科都有研究，能更好地将客户的需求实现。

5. 阳光电源股份有限公司（副理事长单位）

企业团队名称： 阳光电源股份有限公司

地址： 安徽省合肥市高新区习友路1699号

电话： 0551-65327878

团队人数： 257

技术负责人姓名： 陶磊

研究方向： 1500V光伏逆变器、储能逆变器、储能系统、水面光伏浮体等

团队简介：

自1997年成立以来，公司始终专注于新能源发电领域，坚持以市场需求为导向、以技术创新作为企业发展的动力源，培育了一支研发经验丰富、自主创新能力较强的专业研发队伍；先后承担了20余项国家重大科技计划项目，主持起草了多项国家标准，是行业内为数极少的掌握多项自主核心技术的研发团队。核心研发人员均毕业于北京大学、浙江大学、合肥工业大学等国内知名高校，行业从业经验超过10余年。

团队主要成员：

阳光电源主要的研发成员均为硕士、博士

6. 易事特集团股份有限公司（副理事长单位）

地址： 广东省东莞市松山湖科技产业园区工业北路6号

邮编： 523808

电话： 0769-22897777

团队人数： 700

技术负责人姓名： 徐海波

研究方向： 新能源及电力电子

团队简介：

易事特集团股份有限公司（以下简称易事特）长期以科技创新为核心驱动力，海纳百川、广聚英才，先后引进以全球著名轨道交通电气专家钱清泉院士和全球著名新能源专家张榴晨院士率领的强大科技攻关研发团队，组建起国家级企业技术中心、博士后科研工作站等十大高端科研平台，与清华大学、浙江大学、华中科技大学、西南交通大学、合肥工业大学等全国20多所高校建立起长期的战略合作关系。截至目前，易事特拥有研发人才多达700余人，先后获得国家火炬计划重点高新技术企业、国家知识产权优势企业、国家专利优秀奖、国家认定企业技术中心、广东省自主创新100强企业等荣誉。易事特技术中心聚集了大量拔尖人才。公司技术中心现有出站任职博士后2名，在站博士后研究人员3名，进站博士3人，高级工程师15名，硕士研究生52名，大学生125名。公司将为创新团队配备35名科研助理：博士后研究人员2名，招收博士后研究人员2名，硕士10名，高级工程师5名，工程技术人员16名。

先后与浙江大学、上海交通大学、华南理工大学、西南交通大学联合培养博士后研究人员，取得了一系列相关科技成果。

团队主要成员：

徐海波，1983年华中工学院工业自动化学士，1986年华中理工大学水电站自动化硕士，1987年加拿大Calgary University访问学者，1992年华中理工大学发电厂工程专业工学博士。易事特集团股份有限公司副董事长、技术中心副主任、博士后工作站主任、广东省工程技术中心主任。中国电源学会专家委员、高级会员、交流专业委员会委员，东莞市自动化学会理事、《UPS应用杂志》编委。合肥工业大学兼职教授、东莞职业技术学院客座教授。

参与制订国家及行业标准10项，荣获国家发明专利优秀奖1项，广东省发明专利优秀奖1项、省科技进步奖2项、中国电源学会科学技术奖2项、东莞市科技进步奖4项、市优秀金桥工程奖2项，被评为市专业技术拔尖人才、优秀科技工作者、培养科技领军人才，获2014年度技术领军人物荣誉类市长奖提名公示。

主持完成国家科技攻关及产业化项目4项、省部及市级项目10余项，取得授权发明专利26项，PCT 3项，实用新型专利37项，软件著作权登记5项，发表研究论文20多篇，参与国家、行业标准制定10项。

易事特技术中心位列国家发改委2015年度国家级企业技术中心（东莞内资企业首家），拥有国内电源行业最强大的科技创新力量，10余项具有国际先进水平、国内领先水平的关键核心技术成果，是中国电源学会副理事长、专家委员会副主席单位。公司拥有由院士、专家教授、博士博士后、高级工程师等核心骨干成员组成的研发团队。

7. 安徽博微智能电气有限公司（常务理事单位）

企业团队名称：大功率数字阵列 UPS 安全电源创新团队

地址：安徽省合肥市香樟大道 168 号

邮编：230088

电话：0551-62724770

团队人数：26

技术负责人姓名：万静龙

研究方向：大功率电力电子变换及控制技术，大功率模块化不间断电源技术，新型电力电子装置及应用，新能源汽车电力电子变换技术，电力电子磁性器件技术，数据机房基础设施供电和管理

团队简介：团队主要研究方向包括大功率电力电子变换及控制技术，大功率模块化不间断电源技术，新型电力电子装置及应用，新能源汽车电力电子变换技术，电力电子磁性器件技术，数据机房基础设施供电和管理。近年来已成功开发数字阵列模块化 UPS 系列，大功率医疗设备电源系统，车载充电及 DC 系统，高频充电系统，大功率 SST 固态变压器，净化高压电源等产品，广泛应用在数据机房、医疗、新能源、汽车电子、轨道交通等行业。

团队主要成员：万静龙、陆学军、向炜炜、常二响、刘会钊、杜安明、徐杰、姚希、夏明丽

8. 北京中大科慧科技发展有限公司（常务理事单位）

地址：北京市海淀区东北旺村南 1 幢 5 层 517 号

邮编：100094

电话：010-82484848

传真：010-82484848-8006

团队人数：15

技术负责人姓名：李根群

团队简介：北京中大科慧科技发展有限公司有一批从事银行业数据中心（机房）建设和管控的行业最权威的专家团队。

北京中大科慧科技发展有限公司的技术团队是一批年轻的、专业的技术团队，平均年龄 28 岁，均是大专以上学历，有着上百个数据中心技术服务的团队，集软硬件调试、安装、服务于一身的多能型人才团队。

团队主要成员：

1）李根群，高级职称，中科院高级工程师，数据中心综合布线、规划设计专家。

2）张广明，高级职称，中科院高级工程师，数据中心供配电动力系统专家。

3）苏森，博士后，北京邮电大学。

4）王其英，高级职称，中科院高级工程，UPS 专家、数据中心供配电动力系统专家。

5）汤中才，高级职称，中科院高级工程师，空调制冷专家。

李根群老师是我国国内数据中心供配电、防雷接地、安防监控和综合布线领域资深专家。曾主导过多家大型数据中心安全建设，参与制定诸多行业标准，有着丰富的数据中心安全方面授课及数据中心项目实施经验，是公司 CNAS 动力检测实验室不可或缺的重要专家，专注数据中心安全领域的研究工作。

9. 东莞市石龙富华电子有限公司（常务理事单位）

企业团队名称：东莞市石龙富华电子有限公司研发中心

地址：广东省东莞市石龙镇新城区黄洲富华电子产业园

邮编：5233265

电话：0769-86022222

传真：0769-86023333

团队人数：160

技术负责人姓名：孙文利

研究方向：通信电源、医疗电源、工业电源、无线充电、LED 驱动电源等

团队简介：拥有由 160 多名研发工程师组成的工程技术研究开发中心；拥有创新型省级企业技术中心、硕士科研工作站；拥有行业内先进的检测设备，如全自动光学检测设备（AOI）、在线测试仪（IC T）、全自动编程老化检测房、X 射线荧光光谱仪、开关电源多功能自动检测仪（ATE）、EMI 传导测试仪、谐波电流测试仪、静电放电发生器、脉冲群发生器、雷击浪涌发生器、周波跌落模拟器，以及用于 LED 测试的积分球。公司将在新建研发大楼中建设国家级实验室。

团队主要成员：刘金云、於洪峰、蔡道胜、周水金、黄建友、张建宇、徐小平等

10. 佛山市欣源电子股份有限公司（常务理事单位）

地址：广东省佛山市南海区西樵科技工业园富达路

邮编：528211

电话：0757-86866051

传真：0757-86816598

团队人数：40

技术负责人姓名：王占东

研究方向：电源专用电容器

团队简介：欣源股份的技术团队具有深厚的专业理论知识和多年的研发经验，是一支强有力的专业电容器研发团队。其中管理团队稳定有序，在市场赢得了国内外知名客户的信任和口碑，品牌、技术和管理的积淀深厚。专业的客户技术服务团队，能针对客户的需求量身定制出最优的方案，解决技术难题，赢得成本优势。

团队主要成员：1）王占东先生从事电容器行业 16 年，具有丰富的薄膜电容器科研知识，拥有电容器相关专利共 15 个，目前主要负责汽车用薄膜电容直流支撑电容模组的研发。负责“广东省科技计划项目”超小型金属化复合电极聚丙烯电容器的研发与产业化”项目。

2）李玉金先生毕业于中国内蒙古大学半导体专业，后在中国政法大学学习企业管理。高级工程师，国务院专家津贴获得者。在公司大力推行 TPM 管理，督导实施全员管理，为公司提高自动化程度，节能降耗，降低成本，做出

了巨大贡献。

11. 航天柏克（广东）科技有限公司（常务理事单位）

地址：广东省佛山市禅城区张槎一路115号华南电源创新科技园4座6楼

邮编：528051

电话：0757-82207158

传真：0757-82207159

团队人数：45人，其中外聘教授级技术顾问7人

技术负责人姓名：罗蜂

研究方向：光伏储能分布式发电及其能源互联网系统开发与产业化，基于三电平技术高效节能型模块化UPS电源研发

团队简介：航天柏克是国家高新技术企业、广东省民营科技企业、广东省企业技术中心、博士后创新实践基地、广东省名牌。航天柏克企业技术中心实行公司董事会领导下的主任负责制。中心设主任1名，由公司董事长叶德智担任；副主任1名，由公司常务副总裁兼总工程师罗蜂担任，全面管理技术中心日常事务。

技术中心成立了技术委员会和专家委员会，技术委员会由公司内各部门主要负责人组成，专家委员会主要由公司聘请的国内外知名专家、学者组成，负责公司重大专项的技术咨询认证工作。

技术中心下设综合管理办公室、战略委员会、信息资源部、项目管理部、研发中心和检测中心。

团队主要成员：罗蜂，高级工程师，擅长嵌入式系统的软硬件开发和电力电子的控制算法设计。熟练掌握单片机、DSP和CPLD等数字器件，在电力电子的逆变器领域有丰富的数字化控制经验和技术积累。曾在几个企业主持过多种逆变器的控制软件开发工作，开发的逆变器功率范围为0.5~800kVA。

1）早在2002年就成功开发了大功率三进三出UPS的控制软件，在当时国内属于绝对领先地位。

2）针对电力电子的控制特点，编写了具有自主知识产权的嵌入式实时操作系统（RTOS）。该操作系统占用系统资源极少，即使是在普通的8位机上也可以流畅运行，其稳定性也高，目前已在航天柏克公司的几十万台UPS和EPS上稳定运行。

3）针对市场需求，开发出具有国家发明专利的多模式工作UPS电源。

4）针对当时国内EPS切换时间短的缺点，重点攻关开发出了切换时间≤2ms的检测软件，是国内唯一一家可以达到此指标的厂家。

5）很早就在UPS行业的人机显示界面内引入图形+触摸操作方案。在2008年更是有针对性地开发出了低成本的7寸彩色液晶屏和语言报警信号并大规模推广使用，引领行业技术潮流。

6）成功主持开发了模块化UPS，在行业内继续保持领先地位。该机器的开发成功标志着航天柏克在高频大功率的技术上获得重大突破，航天柏克将进入高频大功率UPS领域大展拳脚。

从业至今，已拥有发明专利5项，实用新型专利26项；软件著作权4项。

潘世高，高级工程师，擅长电力电子的开发与应用，具有20多年从事开关电源、UPS电源、EPS电源的研发经验。

1）1997年度参与研制了“TF-HCB-30KVA型不间断电源”项目，主要负责硬件设计和规划，并荣获1999年广东省电子工业厅科学技术进步二等奖和广东省科学技术三等奖。

2）1998年度与德国一家UPS公司联合开发出当时国内最大功率UPS（三相120kVA）。

3）2000年度自主研发出国内第一台三相200kVA大功率系列UPS。产品定型后先后获得国家信息产业部认证、中国人民解放军总参入网认证等多个认证，并入围军队、通信等行业。

从业至今，已拥有发明专利11项，实用新型专利26项。

黄敏，高级工程师，擅长嵌入式系统的软硬件开发和电力电子的控制算法设计。熟练掌握单片机、DSP和CPLD等数字器件，在电力电子的逆变器领域有丰富的数字化控制经验和技术积累。曾在几个企业主持过多种逆变器的控制软件开发工作，开发的逆变器功率范围为0.5~800kVA。

1）早在2002年就成功开发了大功率三进三出UPS的控制软件，在当时国内属于绝对领先地位。

2）针对电力电子的控制特点，编写了具有自主知识产权的嵌入式实时操作系统（RTOS）。该操作系统占用系统资源极少，即使是在普通的8位机上也可以流畅运行，其稳定性也高，目前已在航天柏克公司的几十万台UPS和EPS上稳定运行。

3）针对市场需求，开发出具有国家发明专利的多模式工作UPS电源。

4）针对当时国内EPS切换时间短的缺点，重点攻关开发出了切换时间≤2ms的检测软件，是国内唯一一家可以达到此指标的厂家。

5）很早就在UPS行业的人机显示界面内引入图形+触摸操作方案。在2008年更是有针对性地开发出了低成本的7寸彩色液晶屏和语言报警信号并大规模推广使用，引领行业技术潮流。

6）成功主持开发了模块化UPS，在行业内继续保持领先地位。该机器的开发成功标志着航天柏克在高频大功率的技术上获得重大突破，航天柏克将进入高频大功率UPS领域大展拳脚。

从业至今，已拥有发明专利5项，实用新型专利26项；软件著作权4项。

12. 鸿宝电源有限公司（常务理事单位）

企业团队名称：鸿宝电源研究组

地址：浙江省乐清市象阳工业区

邮编：325619

电话：18958728125

传真：0577-62777738

团队人数：10

技术负责人姓名：陈运意

研究方向：新品的设计开发

团队简介：公司成立了鸿宝电源研究所，由公司董事长任所长，与清华大学、浙江大学、福州大学、杭州电子科技大学、温州大学等12所高等院校建立了良好的合作关系，同时，聘请了国内电源界具有“东方骄子”之称的张广明、张乃国、何湘宁、阮秉涛等专家，以及省际电源界知名专家刘长樵、朱丰毅、林周布等20多位专家、学者。该研究所对原有产品的优、弱点进行了无数次的测试和反复市场论证，又成功地开发了SJW-WB微电脑无触点补偿式电力稳压器和高频在线式UPS，该产品采用单片微机进行逻辑选择，并具有补足和抵消两大功能。在激烈的国内国际市场竞争中，以上乘的质量、独特的设计、适中的价格、完美的服务赢得了国内外客户的信赖，其中，稳压器在市场上占有量不仅在国内第一，而且超过了以稳压电源起家的日本松永株式会社。新研制和开发了风能、太阳能转换装置，被浙江省科技厅评为浙江省重大科技项目，绿色环保电瓶车被评为乐清市重大科技项目。同时研究开发了许多科技含量高、性能好的高新技术产品，如风力发电机、太阳能/风能并网逆变器、太阳能路灯控制器、直流电源柜，UPS新研究开发了-E型、-S型、-G型，变频器新研究开发了V9型、S9型等新产品，使产品始终走在时代的前列。新产品的研制和开发方面，吸收了国内外产品的优点，采用了最新的科技成果，使产品外形美观、高效节能、调节快速、价格合理。

团队主要成员：技术负责人：陈运意

1994—1997年，在湖北荆门大学电气技术专业学习。

1997—1998年，在鸿宝电气公司参与UPS的开发设计和生产检验。

1998—1999年，在鸿宝电气公司负责直流稳压电源、逆变电源、充电器的技术改进和生产管理。

1999—2000年，在鸿宝电气公司负责PCB线路的设计和检验测试。

2000—2005年，在鸿宝电气公司任部门经理职务。负责直流电源、逆变电源、充电器、开关电源等多项产品的技术改进和新品开发，并负责技术文件的编制和产品的生产管理。

2005—2006年，负责逆变器、充电器、开关电源等多项产品的开发。

2007—2017年，在鸿宝电气集团股份有限公司任职技术副总职务。负责直流电源、交流稳压电源、逆变器、充电器开关电源等多项产品的技术改进和新品开发，并负责技术文件的编制和管理。

获得的证书与荣誉：

2004年获得浙江省计算机三级证书；获得助理工程师职称；获得向阳镇人民政府颁发的2004年度先进工作者荣誉证书；获得微电脑智能型逆变器PCB的外观设计专利证书；2005年获得由温州市人民政府颁发的PCA系列智能充电器的科技进步三等奖。

13. 宁波赛耐比光电科技股份有限公司（常务理事单位）

企业团队名称：宁波赛耐比电源研究院

地址：浙江省宁波市高新区科达路56号

邮编：315100

电话：0574-27902725

传真：0574-27902591

团队人数：25

技术负责人姓名：曲志华

研究方向：超薄、超细、大功率、低能耗驱动电源的研发；智能调光系统的研发

团队简介：公司团队中级职称的有4人，硕士研究生学历的有2人，本科以上学历的有12人，项目成员在公司研发中心长期从事LED驱动电源研究工作，具备专业知识背景和丰富的实践经验，是一支勇于进取、敢于创新、高效务实的队伍。

团队主要成员：方俊华、蔡丽君、张川龙、王明来、陈彤、胡三义、陈莉、陈艳

14. 深圳市英威腾电源有限公司（常务理事单位）

企业团队名称：英威腾电源研发团队

地址：广东省深圳市光明区马田街道松白路英威腾光明科技大厦A座5楼

邮编：518106

电话：0755-23535031

传真：0755-26782664

团队人数：62

技术负责人姓名：杨成林

研究方向：UPS电源及数据中心研究开发

团队简介：在研发方面英威腾集团在国内设有10个研发中心，建有电力电子工控行业最全的实验室体系，涉及器件测试、安规测试、EMC测试、功能性能测试、环境测试、可靠性测试。整个集团的研发都采用IPD集成产品开发管理模式。同时英威腾集团拥有4个生产基地，分别分布在深圳、上海、苏州、西安。采用了ISCM集成供应链管理。整个英威腾集团从研发质量管理、供应商质量管理、服务质量管理、制造质量管理等四个方面推行了全面质量管理。在英威腾集团强大而完善的平台支撑下，使得英威腾电源的所有产品从一开始的市场需求、立项开发到后面的批量生产、交付服务都遵循了产品开发的科学管理。即便是最早期的产品，从一推上市场就得到了巨大的认可。

作为业内知名的科技型企业，英威腾电源公司注重科技创新，每年将销售收入的10%用于研发投入，研发人员占员工总人数的26%，形成了由多名高端技术人才组建的行业领先水平、结构合理的创新团队，研发团队中25%以上技术人员具备高级、中级职称，其中核心团队在电源领域具备10年以上研发经验，且在业内享有盛名。

团队主要成员：刘兆燊、夏小荣、刘琴、王宏飞、黄

政中、戴杰、胡小鹏、覃海验、黄博等

15. 石家庄通合电子科技股份有限公司（常务理事单位）

企业团队名称： 石家庄通合电子企业技术中心

地址： 河北省石家庄市高新区漓江道350号

电话： 0311-66685604

团队人数： 25

技术负责人姓名： 马晓峰

研究方向： 电力电子技术

团队简介： 本团队现有科研人员25人，其中高级工程师4人，工程师16人，助理工程师5人。

团队长期致力于电力电子领域相关技术的研发和应用。主要研究方向为直流功率变换技术和电机控制功率变换技术。承担了国家能源局项目、河北省科技厅项目、石家庄市科技局项目、高新区项目等多个项目。取得国家授权专利50余项，软件著作权30余项，获得科技奖励1次，发表专业论文50余篇。拥有河北省企业技术中心、新能源汽车电力变换技术河北省工程实验室、测试中心，电力电子相关仪器科研设备投资2000多万，场地3000多平方米。具备开展电力电子技术研究的各项条件。测试中心于2017年通过CNAS认证。

团队主要成员： 马晓峰，大学学历，华中科技大学（原华中工学院）电力工程系高电压技术与设备专业，高级工程师。1991—1993年任职于北京燕山石化动力厂；1993—1998年任职于河北科华通信设备制造有限公司，从事技术研发工作；1998—2012年8月任职于石家庄通合电子科技股份有限公司，历任生产部经理、总经理、执行董事；2012年8月至今任公司董事长。

贾彤颖，大学学历，中国科技大学无线电系无线电技术专业，高级工程师。1977—1984年任职于中科院兰州近代物理研究所；1984—1989年任职于兰州市科学技术研究所；1989—1994年任职于石家庄无线电八厂，曾任副厂长兼总工程师；1994—1997年任职于河北科华通信设备制造有限公司，曾任总经理助理兼研制中心主任；1998—2012年8月任石家庄通合电子科技股份有限公司董事长；2012年8月至今任公司董事。

祝佳霖，大学学历，郑州轻工业学院控制工程系自动化专业，高级工程师。1992—1999年任职于河北省邮电科学研究所，从事市场销售、研发工作；1999—2008年任职于河北电信设计咨询有限公司，历任项目经理、副主任；2008—2012年8月任职于石家庄通合电子科技股份有限公司，历任技术部经理、技术总监；2012年8月—2016年8月，担任公司董事、副总经理。2016年8月至今，担任公司董事、副总经理、董事会秘书。

徐卫东，大学学历，吉林大学电子信息工程专业，高级工程师。2003—2012年8月任职于石家庄通合电子科技股份有限公司，从事研发工作；2012年8月—2016年12月任公司研发部经理、监事会主席；2017年1月至今任公司技术研发中心主任、监事会主席。

团队主要成员还有董顺忠、张逾良、李浩鸣、刘爱华、杨飞、田超、彭玉成、李金洁、宾文武、侯涛涛、唐光伟、王红坡、司建龙、齐会士、白亚辉、焦凌云、张龙、李维旭、张航，徐艳超、吴飞飞。

16. 苏州纽克斯电源技术股份有限公司（常务理事单位）

地址： 江苏省苏州市相城区黄埭镇春兰路81号

邮编： 215000

电话： 0512-65907797

传真： 0512-65907792

团队人数： 86

技术负责人姓名： 邱明

研究方向： 智慧交通、智慧农业、城市照明、智能电源、通信电源、照明驱动电源、特种电源、物联网控制系统及相关产品的研发

团队简介： 研发团队由副总经理邱明做团队领头人，提升了研发团队的技术水平。团队内目前有研发人员86名，占公司总人数的24.9%。其中博士后1人，博士2人，硕士2人，本科48人。核心团队的成员均拥有丰富的跨国电子企业和国内领先电子企业的从业经历，研发和管理经验丰富，技术专业度一直走在行业前列。

设立博士后工作站，与政府部门对接，引进专业性人才，建立人才培养与团队建设任务管理制度。坚持以“内部培养为主，外部培养为辅”的原则。建立完善的研发人员绩效考核与奖励制度。鼓励员工利用业余时间进行自学，积极参加专业技术资格评审和考试，进一步扩大专业技术人才队伍规模，提高专业技术人才创新能力。

公司每年平均投入500多万用于升级和完善研发的实验室建设，目前已配备了数十台先进型研发设备，其中多数为外国进口的一流设备，如电波暗室电磁兼容测试、HAAS2000光色电测试系统、GO-2000配光性能分析系统、IPX1-X7测试设备等。可以覆盖所有驱动电源及周边主要配套产品的测试项目，可以有效保障研发设计输出的有效性和及时性。

同时外部技术资源丰富，与外部高端技术团队保持着经常性的协同开发。多年行业深耕，与上下游配套厂商都保持着紧密而良好的合作关系。与苏州大学、南京农业大学建立了长期合作关系，共享实验、检测设施，形成合作基地。

团队主要成员： 邱明，毕业于天津大学电气与自动化专业，工商管理硕士（MBA），苏州纽克斯电源技术股份有限公司技术负责人，从事电源行业产品开发和技术管理工作15年，具有丰富的专业技术知识及管理知识，主持开发的研发成果有高新技术产品13个，获得各项专利120项，发明专利达10余项，其中LED智能电源获得中照奖一等奖。组建的研发团队坚持以市场需求为导向，取得了良好的科研成果，先后获得“高新技术企业”“苏州市企业技术中心”“科技创新奖”“技术创新奖”“江苏省民营科技企业”“苏州市企业技术中心”“苏州市工程技术研究中

心”“江苏省企业技术中心”“江苏省工程技术中心”“江苏省管理创新优秀企业”“苏州市专精特新百强企业”等科技创新奖励。

王文明，应用电子技术专业工学学士学位，先后于苏州纽克斯电源技术股份有限公司、苏州至上智控科技有限公司、松下电器研究开发（苏州）有限公司担任研发经理、技术合伙人。2015年度获得苏州市人力资源和社会保障局、苏州市姑苏高技能重点人才称号，2014年度获得苏州工业园区管理委员会金鸡湖双百人才（高技能领军人才）称号。

研发团队其他主要成员：

1）季清，男，博士后，技术领域：电力电子与电力传动，职称/职务：研发专家组。

2）李云飞，男，博士，技术领域：计算机，职称/职务：研发专家组。

3）贾俊铖，男，博士，技术领域：计算机，职称/职务：研发专家组。

4）李惠，女，硕士，技术领域：作物栽培学与耕作学，职称/职务：应用工程师。

5）李勇，男，本科，技术领域：应用电子，职称/职务：硬件设计工程师。

6）张明，男，本科，技术领域：电器工程及自动化，职称/职务：硬件设计工程师。

7）杨国帅，男，本科，技术领域：电子电器，职称/职务：硬件设计工程师。

8）岳一丘，男，本科，技术领域：通信工程，职称/职务：软件设计工程师。

9）王二毛，男，本科，技术领域：电气工程及自动化，职称/职务：软件设计工程师。

10）邓冠星，男，本科，技术领域：自动化，职称/职务：软件设计工程师。

11）王宁，男，本科，技术领域：汽车运用技术，职称/职务：结构设计工程师。

12）冯坚，男，本科，技术领域：包装工程，职称/职务：包装设计工程师。

13）周丽萍，女，本科，技术领域：工业设计，职称/职务：工业设计工程师。

14）孙宗坤，男，本科，技术领域：汽车运用技术，职称/职务：工程师。

17. 无锡芯朋微电子股份有限公司（常务理事单位）

地址：江苏省无锡新区龙山路4号旺庄科技创业中心C幢13楼

邮编：214028

电话：0510-85217718

传真：0510-85217728

团队人数：104

技术负责人姓名：易扬波

研究方向：模拟及数模混合集成电路的研发

团队简介：公司注重科技创新和人才队伍建设，公司建有国家级博士后流动工作站和江苏省功率集成电路工程技术中心。拥有一支由数十名海外专家和博士硕士领衔的100余人的国际化科研开发团队。技术团队在电路设计、半导体器件结构设计、特殊性能的优化、器件模型提取等方面积累了丰富经验。他们在知识结构和工作经历方面相互补充、强强互补。研发团队积极开展多种形式的国内合作、国际合作和学术交流，主要包括：邀请国内外同行专家来工程中心讲学或合作研究；同国内外有关单位建立合作关系，开展联合研究；鼓励优秀中青年参加学术会议和技术交流活动。历经多年发展，造就了一支年龄结构合理、凝聚力强的多元化、高素质的专业技术队伍。

团队主要成员：易扬波，男，工学博士。目前担任芯朋微电子股份有限公司（Chipown）的董事副总，致力于Power Device和Power IC领域的研发，获7项美国专利授权。曾获江苏省科技进步一等奖1项，教育部技术发明一等奖1项，国家技术发明二等奖1项。目前担任中国电源学会理事，国家技术标准起草工作组成员（TC46），江苏省产业教授。

18. 艾思玛新能源技术（江苏）有限公司（理事单位）

地址：江苏省苏州市向阳路198号

邮编：215011

电话：0512-69370998

传真：0512-69373159

团队人数：70

技术负责人姓名：廖小俊

研究方向：光伏并网逆变器技术，包括相关电力电子技术、控制技术和软件技术等

团队简介：团队成员50%以上具有研究生学历，核心成员具有十年以上光伏逆变器产品研发经验，多个成员来自德国总部或具有国外工作经验。

团队非常重视技术创新，截至2017年已授权专利80余项，其中已授权发明专利20余项，正在受理审查的专利70余项，在国内光伏逆变器行业处于前列。研发团队完成的项目和产品荣获多项大奖，得到国内外专家的一致好评。户用型单相光伏逆变器得到PHOTON A+的评级，获得亚洲最佳逆变器评价，在欧洲和澳大利亚销售量一直保持领先。分布式三相光伏逆变器是国内最早通过德国低压VDE-AR-4105和中压BDEW认证的产品，大量应用于鱼塘、丘陵等复杂环境下。

团队坚持以德国品质为基本目标，中德两国工程师近些年已联合开发了多个产品，相关产品获得市场的高度认可。中德两地研发团队保持频繁高效的技术交流，保证中国研发团队一直处于国际领先水平。团队采用德国最先进的产品开发流程和质量管理体系，在每个专业技术领域都采用国际上最先进的软件工具，确保系统建模、开发设计、测试验证等环节都能够高效和高质量地完成。

团队还与浙江大学、复旦大学等著名高校保持密切的技术交流和项目合作，把握最新科技进展，把高新技术和实际产品开发设计相结合。同时不断吸引优秀的人才加入团队，增强团队的发展活力和创新动力。

团队主要成员： 廖小俊，SMA 中国技术副总裁，硕士研究生，先后就读于北京交通大学和武汉大学。先后就职于伊顿电气集团公司和艾思玛新能源技术公司。光伏测试网逆变器创新论坛首批专家成员，国家农业光伏产业战略创新联盟首批专家成员，中国电源学会高级会员。

舒成维，软件部经理，硕士研究生，先后就读于电子科技大学和上海交通大学。先后就职于山特电子技术公司和艾思玛新能源技术公司。

卢盈，硬件部经理，硕士研究生，毕业于南京航空航天大学，先后就职于安伏电子技术公司和艾思玛新能源技术公司。

顾超宇，机构部经理，硕士研究生，毕业于南京理工大学，先后就职于山特电子技术公司和艾思玛新能源技术公司。

吴招米，系统与预研部经理，硕士研究生，毕业于华中科技大学，先后就职于上海燃料电池汽车动力技术公司和艾思玛新能源技术公司。

19. 佛山市杰创科技有限公司（理事单位）

地址： 广东省佛山市南海区桂城夏东涌口村工业区石龙北路东区二横路 3 号

邮编： 528250

电话： 0757-86795444

传真： 0757-86798148

团队人数： 15

技术负责人姓名： 任航

研究方向： 智能、高效、节能电源技术

团队简介： 佛山市杰创科技有限公司是一家专业从事大功率高频开关电源研发、生产的高新技术企业，成立于 2009 年，通过 ISO 9001：2008 认证。企业拥有一支力量雄厚的研发团队，技术始终处于行业的前沿，通过多年自主研发，开发了目前广泛应用、技术领先的多种型号、多个应用领域的大功率高频开关电源。在各表面处理行业如镀铬、镀铜、镀锌、镀镍、镀金、镀银、镀锡、合金电镀等各种电镀场所，以及在铝型材、有色金属、五金、光伏、选矿、冶金、电力等各个行业得到了广泛应用。设备高效节能、绿色环保，比传统的高频开关电源节能 15%以上。目前公司的主打产品有单晶炉电源、多晶炉电源、选矿电源、铝氧化电源、电镀电源等，其中单晶炉电源、多晶炉电源、选矿电源为行业首创，为行业首台套产品，多项技术在行业内领先。

团队主要成员： 任航，1992 年毕业于吉林电气化高等专科学校自动化仪表专业，1996 年创建南海誉新电器有限公司（2009 年更名为佛山市杰创科技有限公司），20 多年来一直从事于高频开关电源行业，带领公司技术团队从普通的高频电源投入生产到如今最新技术的双脉冲电源、同步整流电源等的研发创新，一路见证高频电源的飞速发展，将来也将在电源行业继续深耕，为绿色环保的高频电源事业继续贡献。

周琦钦，2014 年毕业于广东佛山职业技术学院电气自动化技术专业，毕业后在佛山杰创科技有限公司从见习技术员到独当一面担任电气工程师职位至今，一直致力于高频开关电源的研发创新，在公司产品单脉冲电源、双脉冲电源、单晶硅加热电源的技术革新中有卓越贡献，使公司这一系列电源在客户实际使用中更节能、更稳定高效。

黄嘉栋，2014 年毕业于广东佛山职业技术学院机电设备与维修管理专业，毕业后在佛山杰创科技有限公司从见习技术员到独当一面担任工程师职位至今，一直致力于高频开关电源的研发创新，在公司的新产品自动换向电源、同步整流电源以及电源网络控制系统的研发实践中有突出贡献。

黄楠森，2017 年毕业于北京理工大学珠海学院电气工程及其自动化专业，毕业后进入杰创科技有限公司担任助理工程师，志向于高频开关电源行业，希望有所建树。

于洋，电气化机电专业，2007 年毕业后进入中国安钢钢铁集团鲅鱼圈分公司从事助理电气工程师职位，主要负责电气线路改造、电气设备设计等工作，积累了一定的工作经验，于 2010 年 9 月加入杰创科技有限公司担任电气工程师职位。

甘重光，2009 年进入杰创科技有限公司担任电气工程师，主导产品的设计和开发，通过与技术部合作，为公司成功设计了单水冷、油浸水冷、风冷三个系列的产品。

20. 广州回天新材料有限公司（理事单位）

地址： 广东省广州市花都区新华街岐北路 6 号

邮编： 510800

电话： 020-36867996

传真： 020-36867991

团队人数： 14 人

技术负责人姓名： 张银华

团队简介： 回天研发团队与中科院成立了工程技术中心，现有国家千人计划专家 1 名、18 名博士、120 名硕士研发人员。回天研发团队分 25 个课题组，研发方向包括硅胶、环氧胶、UV 胶、聚氨酯、丙烯酸酯等不同体系产品的高新技术。

21. 杭州博睿电子科技有限公司（理事单位）

企业团队名称： 杭州博睿电子科技有限公司研发部

地址： 浙江省杭州市萧山区蜀山街道万源路 1 号

邮编： 310000

电话： 0571-82616510

传真： 0571-82610970

团队人数： 25

技术负责人姓名： 武俊灿

研究方向： 中大功率 LED 驱动电源，中大功率高压激光电源，高频正弦波逆变器，模块电源，电动汽车智能充电器，工业和通信电源，医疗电源等。

团队简介： 公司研发团队均毕业于国内知名高校，有多年的大型开关电源企业和国内顶尖研究院所的任职经历，对中大功率 LED 驱动电源、中大功率高压激光电源、高频大功率正弦波逆变器、电动汽车智能充电器、工业和通信电源、模块电源、医疗电源等有较深的研究和实际的项目

开发管理经验。

团队主要成员：

李积明，45岁，总经理，高级工程师，全国电源与新能源行业专家智库专家。

郭永志，42岁，副总经理，高级工程师，负责高压激光电源项目的研制。

武俊灿，36岁，副总经理，高级工程师，负责LED驱动电源项目的研制。

吴连军，45岁，高级工程师，负责激光电源和LED驱动电源项目的结构设计。

22. 杭州飞仕得科技有限公司（理事单位）

企业团队名称：杭州飞仕得科技有限公司研发团队

地址：浙江省杭州市拱墅区祥园路99号1号楼7楼

电话：0571-88172737

团队人数：30

技术负责人姓名：李军

研究方向：智能IGBT驱动器、功率模组分析设备的研发

团队简介：公司自2011年成立以来，一直致力于功率半导体器件及配套产品的研发和销售，公司注重产品创新，于2011年创立之初便成立研发部门，2013年初成立企业内部研发中心，2017年荣获杭州市研发中心称号，2018年荣获浙江省研发中心称号，拥有1500平方米研发试验场地，目前共有研发人员34人，其中硕士及以上学历人员8人，80%以上是本科学历人员，专业涉及电力电子、电气工程及自动化、机械设计与制造、自动化控制等，同时公司研发团队人员曾就职于通用电气、华为、汇川等知名企业，公司团队人员年龄结构合理、专业技术知识扎实、实践经验丰富，为企业的科技创新提供了有力的人才保障。

团队主要成员：施贻蒙、徐晓彬、李军、王文广、洪磊、程加昌、杨昌国、董梁。

23. 宁夏银利电气股份有限公司（理事单位）

企业团队名称：电力电子电磁元件研发团队

地址：宁夏银川经济技术开发区光明路45号

邮编：750021

电话：0951-5045200-8018

传真：0951-6837827

团队人数：14

技术负责人姓名：焦海波

研究方向：团队主要研究领域为应用于高铁牵引系统、辅助电源系统的高频大功率电磁元件开发，新能源汽车电源平台、电控平台电磁元件的开发，电磁元件仿真技术的研究，磁性材料参数与工艺的研究

团队简介：公司技术团队拥有多年高频大功率电力电子电磁元件的研发经验，各应用领域的设计、制造产品达2000多种。同时，团队配备变压器参数测试系统、交/直流负载电感测试系统、APF谐波电感测试系统、局放测试系统等专业研发实验设备，为团队的研发设计提供了强有力的保障。同时，团队与西安交通大学、华中科技大学、中科院等学校和科研机构开展了广泛的合作，并多次参与国际交流合作，先后与德国西门子、法国阿尔斯通等国际企业开展不同形式的技术合作。在合作交流的过程中，吸收对方的技术理念，消化再创新。公司技术团队近年研究开发新产品、新工艺达200余种，承担了国家创新基金、国家火炬计划、科技支撑计划等多项科研项目，申请发明专利9项。

团队主要成员：焦海波，曾独立完成了“921载人航天运载火箭电磁元件研制”项目，并亲自主持了海军战略通讯变压器、天宫一号主电源电磁元件和辽宁号电磁元件、CRH3高频充电机项目、CRH380BL牵引系统谐振电感等重大科研项目；成功设计舰载直升飞机平台快速充电用紧凑型高频变压器、远洋石油平台用UPS变压器，是国内电力电子电磁元件行业的知名技术专家。

吕永军，主持研发了10多种用于轨道交通变流器及20多种电源配套的中高频特种电磁元件，其中CRH3高频充电机变压器和CRH5高频辅助电源变压器得到中车四方所的高度肯定。在中高频电磁设计方面有专长，积累了丰富的经验。

罗彦江，主持研发了中国标准化动车组集成式辅助电源用磁性元件，为中车四方所、永济电机厂和大同机车厂设计了多款产品，得到客户的高度认可。

冶青学，主持研发了高速动车充电机配套高频电磁元件，完成了中车出口马来西亚安邦线、新一代地铁辅助电源平台等地铁城轨车辆项目。

24. 上海科梁信息工程股份有限公司（理事单位）

地址：上海市宜山路829号海博1号楼2楼 海博2号楼1-3楼

邮编：200233

电话：021-54234718

传真：021-54234721

团队人数：104

技术负责人姓名：邹毅军

研究方向：电力系统控制保护装置的半实物仿真测试技术、电力电子系统仿真测试技术、新能源汽车动力总成系统测试技术、电力电子系统仿真测试技术、电力系统控制保护装置的半实物仿真测试技术、电力电子系统仿真测试技术、新能源汽车动力总成系统测试技术、电力电子系统仿真测试技术、电力系统控制保护装置的半实物仿真测试技术、电力电子系统仿真测试技术、电力系统控制保护装置的半实物仿真测试技术、电力电子系统仿真测试技术、新能源汽车动力总成系统测试技术

团队简介：团队拥有研发人员104人，占公司总人数的53%，拥有硕士及以上学历56人，占科研团队总人数54%。近年来科研团队在机电系统与电力电子系统控制相关测试技术、EMC测试解决方案等都完成了重要领域的技术研究，并为今后的发展奠定了基础。

2016年，公司被认定为徐汇区技术中心，进一步完善了企业技术创新体系，形成有效运行机制，为充分调动科技人员的积极性，进一步提高企业的市场反应能力和自主

创新能力，营造了良好的创新环境，从根本上提高了企业的核心竞争能力和发展动力。

目前公司已取得发明专利 6 项，实用新型专利 5 项，软件著作权 30 项，申请中的发明专利 36 项，有 32 篇专业论文被国内科技核心期刊、学术会议录用/发表。

团队主要成员：技术负责人邹毅军，硕士，毕业于上海交通大学控制理论与控制工程专业。有近 20 年的研究开发经验，历任工程师、技术部经理，现任副总经理，全面负责公司技术研发工作，确定公司技术发展规划，制定产品研发目标和技术路线，把关产品核心技术指标，并组织与协调公司内外部资源，确保公司所有研发项目正常开展。带领公司研发了一系列仿真测试软硬件产品，并在多家国内科研单位得到成功应用；另外，参与了多项国家重大项目的研发及工程实施工作。包括南方电网国家 863 计划课题“大型风电场柔性直流输电接入技术研究与开发”、国家电网五端 MMC 柔性直流输电全数字仿真及装置测试、振华重工船舶电力推进系统半物理仿真平台等。

主要成员张鲁华，博士，毕业于上海交通大学电力电子与电力传动专业，高级工程师。目前主要从事新能源变流器以及电力电子与电力传动领域的产品研发工作。作为主要负责人和研究者研发的风电变流器已有 1300 台/套广泛应用在国内约 30 个风电场。获得授权发明专利 1 项，实用新型专利 7 项，发表论文 20 余篇。参与省部级项目 6 项。2012 年被授予上海电气集团“青年岗位能手”以及上海电气输配电集团“优秀共产党员”。

主要成员陈强，博士，毕业于上海交通大学，主要研究方向为大功率电力电子变换器在风电、储能等领域的应用。作为主要负责人和研究者，参与国内首个 2MW/2MWh 高压直挂大容量电池储能系统的研究与设计。现主要从事仿真系统模型建模、开发以及相关的理论研究等工作。先后发表 SCI 检索论文《Analysis and fault control of hybrid modular multilevel converter with integrated Battery energy storage system（HMMC-BESS）》、EI 会议论文《Impedance modeling of Modular multilevel converter based on harmonic state space（HSS）》等国际、国内学术论文十余篇。

25. 深圳市保益新能电气有限公司（理事单位）

地址：广东省深圳市宝安区 67 区隆昌路大仟工业园 2 号楼 5 楼 08、09、10、11A 室

邮编：518000

电话：0755-36698873

传真：0755-36698870

技术负责人姓名：李伦全

研究方向：逆变器、模块电源、UPS 电源等

团队简介：公司的研发团队有 16 年逆变器产品及其他高性能电源产品研发经验，管理层及绝大部分研发人员都具有世界 500 强著名公司工作经验。目前研发团队已有 40 余人，40%以上为硕士研究生学历，并有外聘专家教授团队，主要专攻军工、铁路、电动汽车、锂电池等特种应用领域。

团队主要成员：

李伦全，总经理，硕士研究生，毕业于哈尔滨工业大学电力电子专业。

工作中取得如下专利：

1）李伦全、刘嘉键，燕沙．一种高频隔离交直流变换电路：中国，CN201520154760. 8P. 2015. 07. 08.

2）李伦全、刘嘉键、燕沙．直流-交流变换电路及控制方法：中国，CN201510024386. 4P. 2015. 04. 29.

3）李伦全、刘嘉键、燕沙．DC-AC conversion circuit and control method 中国，CN201510024386：AP. 2017. 02. 22.

4）李伦全．一种直流-交流变换电路及控制方法：中国，CN201410021150. 0P. 2015. 05. 21.

5）李伦全．一种交流-直流变换电路及控制方法：中国，CN201410021284. 2P. 2015. 05. 21.

6）李伦全．一种直流-交流变换电路：中国，CN201420028976. 5P. 2014. 07. 09.

7）李伦全．一种交流-直流变换电路和交流-直流变换器：中国，CN201420028663. xP. 2014. 07. 16.

8）李伦全．一种交流-直流变换电路及控制方法：中国，CN201410021284. 2P. 2016. 08. 17.

9）李伦全．Alternating current-direct current converting circuit and control method：中国，CN201410021284. AP. 2016. 08. 17.

10）李伦全，万凯，蒋远志，刘嘉键．倒扣式晶体管安装固定机构：中国，CN201120504688. 9P. 2012. 10. 10.

11）李祥忠、王军、吴樟植、李伦全、燕沙．电源监控系统、方法及 WIFI 收发装置和智能电源设备：中国，CN201110204457. 0P. 2011. 12. 07.

12）李祥忠、王军、吴樟植、李伦全、王善良．电源监控系统及 WIFI 收发装置和智能电源设备：中国，CN201120258517. 2P. 2012. 07. 04.

13）李伦全、李和明、庄书琴、贺峰、顾亦磊．一种 UPS 前级升压装置：中国，CN201010103696. 2P. 2010. 07. 28.

14）李伦全、顾亦磊、王超．一种有源箝位正-激变换器：中国，CN200910190385. 1P. 2010. 04. 07.

15）李伦全，李和明，庄书琴．PRE-STAGE BOOST DEVICE FOR UPS. US20130069435-2011.

16）李伦全、马建荣．太阳能控制器：中国，CN2014-30208765. 5P. 2014. 12. 10.

17）李伦全、马建荣．台式电源：中国，CN20143020-8635. 1P. 2014. 12. 10.

18）李伦全、马建荣．壁挂式电源：中国，CN201430-208757. 0P. 2014. 12. 10.

主要工作经历：

2001 年参与中国的韶 9 改高速机车等铁路大提速重大项目电源及逆变器设计工作，2003 年参与我国第一辆高速列车“中华之星”项目的控制电源研发设计。

2003 年底加入艾默生网络能源 CDE 设计部工作，从事高功率密度电源及谐振软开关技术研究。

2006 年作为内地优秀人才引进到香港工作。

2007 年末加入全球知名企业伊顿集团工作，负责 UPS 电源、逆变器等产品新技术研究设计工作，并有两项发明

专利；2010年获EATON集团全球“杰出工程师”称号。

2011年加盟华为，担任电源专家。主要负责UPS电源及逆变器产品的技术战略规划以及重大项目系统相关技术研究、评审工作。

2013年加盟深圳保益新能电气有限公司，任公司总经理兼技术总监。主持节能环保的双向逆变器、节能回馈电源、储能逆变器、大功率充放电控制器、三相三线APFC、高功率密度铝基板模块等数字化电源产品开发，主要运用在国防、高铁等敏感领域，如鱼雷防护系统电源、拖曳式声呐电源、机载反潜电源、机载光电吊舱电源、车载紧急通风电源、车载短波通信电源等，现已开始批量运用，并申请四项发明专利、五项实用新型专利和多项软件著作权。

刘斌，顾问，博士研究生，毕业于上海交通大学控制理论与控制工程专业。

近三年主持或参与的项目：

1）逆变器约束优化及其高速在线算法的研究与应用，国家自然科学基金项目。

2）基于共轭理论的连续T-S模糊系统局部控制研究，国家自然科学基金项目。

3）高速约束模型预测控制算法在光伏逆变器中的研究和实现，省教育厅科技目。

4）配电台区补偿技术差异化分析及一体化补偿柜智能控制技术研究，江西省电力科学研究院

5）多线圈电子变压器外特性的可视化建模方法研究，国家自然科学基金项目。

近三年发表的论文：

1）刘斌，等．A novel PFC controller and selective harmonics suppression. Electrical Power and Energy Systems, 2013，44（1）：680-687.

2）刘斌，谢积锦，李俊，伍家驹．基于自适应比例写真的新型并网电流控制策略．电工技术学报，2013，28（9）：186-195.

3）刘斌，等．一种基于状态估计的鲁棒型预测控制器. 控制与决策，2012，27（10）：1531-1536.

4）刘斌，夏龙清，等．并网逆变多目标约束预测控制器设计及在线算法．中国电机工程学报，2014，34（30）：5277-5286.

5）刘斌，胡质良，等．Multi-Objective Constrained Model Predictive Controller Design of Grid-Inverter，2003-2007，Proceedings of the 10th Asian Control Conference 2015（ASCC 2015）Kota Kinabalu，31st May - 3rd June 2015.

6）刘斌，周银星，等．On-line Self-adaptive Repetitive Controller for PFC systems. 上海交通大学学报（英文版），2016，21（3）：263-269.

7）刘斌，卢雄伟，等．负荷按容分配的无线并联逆变系统收敛性分析．电工技术学报，2015，30（21）：90-98.

8）刘斌，王蒙蒙．基于电感电流反馈的电流修正新型LCL逆变控制器及其状态估计实现．电网技术，2016，40（2）：556-562.

9）刘斌，胡质良，等．Multi objective Constrained Model Predictive Controller Design of Grid inverter，2003-2007，2015.5.31，ASCC，马来西亚．

10）刘斌，刘君，等．按容量比例分配功率的微电网逆变器并联技术．电力电子技术，2016，50（1）：49-54.

主要工作经历：

2004—2006年，山特电子（深圳）有限公司技术研究中心。

2006—2007年，上海电器科学研究所（集团）有限公司电力电子部。

2007—2009年，伊顿山特（深圳）有限公司技术研究中心。

2009—2013年，南昌航空大学。

2013年—现在，深圳市保益新能电气有限公司。

燕沙，软件经理，硕士研究生，毕业于华中科技大学电工理论与新技术专业。

2007—2011年在伊顿集团深圳山特电子深圳有限公司从事UPS产品的软件开发工作，主要参与了10~80kW、200kW、Panda 30~60kW等大功率UPS的软件开发，先后担任工程师，系统专案工程师。

2011—2013年在深圳市中兴昆腾有限公司担任系统工程师，从事光伏逆变器的研发工作，先后主导设计开发了SUNSEA系列100~630kW逆变器和通信显示模块、WIFI无线模块等工作。

2014年至今就职于深圳市保益新能电气有限公司，任软件经理，从事软件开发和管理工作，先后主导开发了各种高低频整流器、车载逆变器、双向逆变器、特种直流电源、特种UPS、回馈老化系统等，已经应用于电池老化、铁路、军工等领域。

26. 深圳市智胜新电子技术有限公司（理事单位）

地址：广东省深圳市宝安区西乡固戍航城大道安乐工业区B1栋

电话：0755-83526100

传真：0755-83526199

团队人数：15

技术负责人姓名：马义勋

研究方向：400V、450V电解液的性能改进；500V、550V 105℃电解液研发；600~750V电解液研发；700~750V超高压铝电解电容器的研发；焊针型105℃超大纹波电流铝电解电容器的研发；螺栓型105℃超大纹波电流铝电解电容器的研发；105℃超小尺寸铝电解电容器的研发；125℃焊针型铝电解电容器的研发。

团队简介：智胜新科研团队掌握铝电解电容器的核心技术，创新多项制造工艺，拥有8项自主开发专利，13项实用新型专利和6项软件著作权，并与西安交通大学成立研发中心，与广东工业大学建立产学研合作基地，为企业技术提供了可靠的保障。

智胜新科研团队共20余人，核心研发团队共10人，均具有15年以上的铝电解电容器产品研发经验。其中，部分资深研发人员来源于rubycon与国内合资工厂的技术团队。

2011年引进EPCOS团队，大大增强了企业的综合研发

能力；智胜新在大型铝电解电容器的市场占有率和工厂产能都居国内前五名。

2011年公司成功研发出宽温高压铝电解电容器用工作电解液，电解液成功应用在公司400~450V 105℃产品上。

2012年研发出105℃ 400V 5000h螺栓产品。

2013年成功研发出TJ快速充放电系列产品，充放电次数达100万次；2014年成功研发出105℃ 400V 10000h螺栓产品、LF、TA系列85℃ 600V产品以及650~700V超高压铝电解电容器工作电解液等。

2015年成功研发出400V大牛角产品（Snap-in ϕ42~50mm），TA系列700V产品；目前正在开发TA与LF系列750V产品，以及小体积大纹波系列产品等。

团队主要成员：项目总负责人马义勋，总工程师，吉林大学数学系毕业。

主要工作经历：

1991.8—2003.3，吉林市无线电元件厂技术经理、总工程师。

2003.3—2012.1，深圳市特发信息股份有限公司吉光电子分公司技术经理、总工程师。

2012.2—2014.2，深圳市杰容电子有限公司总工程师。

2014.2—至今，深圳市智胜新电子技术有限公司总工程师。

项目技术负责人林翠华，技术部经理，长沙理工大学硕士研究生。

主要工作经历：

2011.6—2012.8，深圳赛特康电子有限公司工程师。

2012.9—至今，深圳市智胜新电子技术有限公司工程师、技术经理。

27. 深圳市中电熊猫展盛科技有限公司（理事单位）

企业团队名称：中电熊猫展盛研发团队

地址：广东省深圳市坪山新区大工业区青兰二路6号兰亭科技工业园C栋3-4楼

邮编：518118

电话：0755-86238746/86238876/86238849

传真：0755-8623829

团队人数：29

技术负责人姓名：陈国荣

研究方向：近年来随着国家大力提倡节能环保产业的发展，公司始终注重自主研发和科技创新，主要研究方向为新能源智能充电模块、智能照明LED驱动、安防监控、UPS计算机服务、金融智能打印机电源等领域产品。

团队简介：团队核心成员10人，深圳市后备级人才1人，硕士2人，中高级工程师6人。公司现有科研研发人员29人，占公司总人数的20%，其中高级工程师6人，工程师12人，本科生17人，大专12人。公司有大约1000平方米的研发办公场地及研发实验室，共有高端精密研发设备50多台，设备原值800多万元。另外，公司每年投入销售额的8%以上作为研发费用。

团队主要成员：陈国荣、沈长松、赵德利、谭显才、赵尚民、张万书、杨斌、伍建军、罗春旺、钟启煌

28. 田村（中国）企业管理有限公司（理事单位）

企业团队名称：TCC COMP开发组

地址：上海市黄浦区淮海中路527号新国际购物中心A座13楼

邮编：200001

电话：021-63879388-238

传真：021-63879268

团队人数：25

技术负责人姓名：佐伯英人

研究方向：主要从事高频电抗器、变压器、共模电感等磁性元器件的研发

团队简介：从事高频电感、变压器、共模电感等磁性元器件的研发多年，在技术上处于行业前端。在电气、结构、生产技术上有丰富的工作经验，能够深刻地理解和满足客户的要求，为客户提供满意的产品。磁性元器件的产品具有独特的田村新技术，如磁集成技术、混合磁路技术、Spike Blocker技术、超大型磁粉芯技术、大功率立绕工艺等。具有专业的磁仿真、热传导仿真、对流换热仿真、结构强度仿真、树脂成型流动仿真等，能够对磁性元器件的各种参数进行测试和验证。

团队主要成员：梁志勇、王坚、汤庆利、于振峰

29. 西安爱科赛博电气股份有限公司（理事单位）

企业团队名称：西安爱科赛博电气股份有限公司技术中心

地址：陕西省西安市高新区信息大道12号

邮编：710119

电话：029-85691870

传真：029-85692080

团队人数：150

技术负责人姓名：石涛

研究方向：电力电子电能变换和控制核心技术

团队简介：公司十分重视研发团队建设，目前公司有150人的技术研发队伍。公司总部所在地西安是全国第三大高校聚集地，为公司人才的引进提供良好的先机。经过多年积累，公司陆续引进技术带头人、博士、专家等十余人，目前已建立了一支专业配置完备、年龄结构合理、工作经验丰富、创新意识较强的优秀团队，核心技术团队中有多名国内电力电子电能变换和控制领域的资深专家。同时，公司还通过在职研究生培养、国内外研修进修、在职培训等多种方式，支撑技术骨干深造提高，以使得公司研发团队在业内具有持续竞争力。目前大部分核心技术人员均持有公司股份，团队凝聚力较强。

团队主要成员：李春龙、卢家林、吴隆辉、冯广义、李海波、王昆、赵永群等

30. 英飞特电子（杭州）股份有限公司（理事单位）

地址：浙江省杭州市滨江区江虹路459号英飞特科技园A座

邮编：310052

电话：0571-56565800

传真：0571-86601139

团队人数：185人

技术负责人姓名：华桂潮

研究方向：LED驱动电源的研发工作

团队简介：英飞特技术团队有合作院士1人，拥有专职技术研发人员185人（其中国家“千人计划”人才1名，浙江省“千人计划”人才2名，市“115”引智人才2名，省“151”人才2名，市“131”人才3名，钱江特聘专家1名，硕博共50名，中高级工程师22名）。英飞特相继承担国家科技支撑计划、国家863计划、国家重点科技计划、浙江省重大专项、杭州市重大专项等10余项重点科技项目。

团队主要成员：华桂潮，公司董事长、总经理、拟担任重点企业研究院院长，1965年5月出生，美国弗吉尼亚理工大学电气工程博士。1993年联合创办美国VPT公司，任副总裁；1999年4月创办伊博电源（杭州）有限公司，任董事长；2007年9月创办英飞特电子（杭州）有限公司，现任英飞特电子（杭州）股份有限公司董事长、总经理。截至目前，拥有28项美国发明专利，并在国际刊物及学术会议上发表了70多篇学术论文，在国际开关电源领域享有盛誉。2009年入选国家“千人计划”，2010年获得中国侨界（创新人才）贡献奖和西湖友谊奖，2011年获CCTV2010年度中国经济年度人物提名奖，2014年获中国发明协会“当代发明家”荣誉称号，同年获国家半导体照明研发及产业（CAS）联盟“十年贡献奖”。

李泽元，公司首席技术顾问，中国工程院外籍院士。2016年与公司签订项目合作协议，主要负责大功率充电产品的技术指导、人才引进及培养。1968年在中国台湾成功大学获得电气工程学士学位；1972年和1974年在美国杜克大学（Duke University）分别获得电气工程硕士和博士学位；是美国弗吉尼亚理工大学（Virginia Tech）著名教授。清华大学、浙江大学等国内十几所知名高校的荣誉教授，现担任美国电力电子系统研究中心（CPES）主任，他所领导的CPES联合了美国五所大学和100多家公司，是美国最著名的国家科学基金工程研究中心（ERC）之一。拥有30个美国专利，发表了超过175篇期刊论文和400多篇学术会议论文，合作编辑2本IEEE杂志，11本CPES/VPES论文集。

熊代富，研发事业部副总监、核心技术人员，1975年12月出生，浙江大学硕士，高级工程师。曾任杭州神通通信设备有限公司硬件开发助理工程师、伊博电源（杭州）有限公司开发工程师、产品经理、研发副经理。2009年4月至今历任公司研发部经理、研发事业部副总监等职。

31. 浙江艾罗网络能源技术有限公司（理事单位）

地址：浙江省杭州市西湖区西溪路525号浙大科技园A西506

邮编：310007

电话：0571-56260099

传真：0571-56075753

团队人数：大于100

技术负责人姓名：郭华为

研究方向：公司长期专注于光伏新能源、储能等领域产品和技术解决方案的研究。

32. 北京力源兴达科技有限公司（会员单位）

地址：北京市海淀区西三旗建材城中路12号院

邮编：100096

电话：010-82922202

传真：010-82923776

团队人数：65人

研究方向：电力自动化配网智能电源、工业自动化控制系统电源、轨道交通信号智能控制电源设计开发

团队主要成员：

李军町，高级工程师，毕业于中国地质大学（北京）。

主要工作经历：

2005.7—2012.12，在北京新雷能科技有限公司任职，并担任研发部项目经理。

2013.1—2015.2，在北京迪赛奇正科技有限公司任职，并担任研发部项目经理。

2015.3—至今，在北京力源兴达科技有限公司任职，并担任军品事业部总工程师。

韩煜，毕业于兰州交通大学，2005年7月至今任北京力源兴达科技有限公司研发工程师、研发部部长、研发技术总监。

尹安全，中级工程师，毕业于北京机械工业学院。

主要工作经历：

2007年7月至2013年12月，北京新雷能科技股份有限公司，研发项目负责人。

2013年12月至2014年10月，华为技术公司，研发工程师。

2014年10月至今，北京力源兴达科技有限公司，军品事业部部研发项目经理。

刘微，毕业于黑龙江省八一军垦大学应用电子系。2003年6月毕业后一直从事开关电源研发设计工作。2008年进入公司研发部，历任电源设计工程师、项目经理、研发部副部长。主要负责产品立项的方案评估、阶段评审工作，产品确认书、规格书的拟制工作，客退报告的审核等工作。带领研发团队及项目组共同开发新产品。

孙建锋，毕业于哈尔滨工业大学电气工程及其自动化专业。2003年7月至2011年4月在北京新雷能科技股份有限公司历任工程师、项目经理等职务。2011年5月至2015年9月通用电气（中国）医疗集团MRJ技术部，任高级电气工程师。2015年10月进入公司，任军品研发部大功率电源项目电源项目经理，带领团队开发设计了车载6kW电源、8kW电源等系列产品。

辛金明，毕业于西安理工大学电力系统及自动化专业。2003年2月至2011年5月在北京新雷能科技股份有限公司历任工程师、项目负责人等职务，2011年进入公司，主管公司军品事业部特殊项目电源技术研发工作，带领设计人员开发出LRD系列产品。

33. 北京智源新能电气科技有限公司（会员单位）

企业团队名称：智源新能-研发团队

地址：北京市大兴区金苑路 26 号 A613

邮编：100043

电话：010-62947495

传真：010-62947495

团队人数：10

技术负责人姓名：马建立

研究方向：电能质量产品优化、微电网系统研制

团队简介：北京智源新能电气科技有限公司建立了高水平的研发团队，硕士以上学历占研发人员的 80%，博士学历占研发人员的 40%。公司坚持产学研相结合，与清华大学、中国矿业大学、兰州理工大学、北方工业大学等高等院校积极开展合作，积累了比较丰富的产学研管理经验，取得众多技术成果。

团队主要成员：马建立、丁海昌、徐铮、臧磊、付得意、权好

34. 长沙竹叶电子科技有限公司（会员单位）

地址：湖南省长沙市高新区尖山路 39 号中电软件园 5 栋 601

邮编：414100

电话：0731-85149001

传真：0731-85144728

团队人数：8

技术负责人姓名：朱润贵

研究方向：低纹波通信电源，超低输出车载电源

团队简介：长沙竹叶电子科技有限公司成立于 2010 年，研究团队成员均具有军工行业工作经验，团队主要围绕模块电源在通信、车载、航空航天等领域的应用展开研究，立足于模块电源研究的最前沿，致力于为客户提供最优的解决方案。团队研发的产品获得了多家国企的高度认可。

团队研究的产品被广泛应用于军工、通信、铁路、航空航天、电力、医疗等行业。

团队主要成员：朱润贵、陈海鹏、杨鑫鹏、谌礼刚、胡江、刘进、黄林、易冬琴

35. 东莞市镤力电子有限公司（会员单位）

地址：广东省东莞市常平镇桥沥南门路鸿泰科技园

邮编：523000

电话：0769-81099595

传真：0769-81099595-8016

团队人数：8

技术负责人姓名：刘晓亮

研究方向：电源配套及订制化服务

团队主要成员：刘晓亮，1994 年 7 月大学毕业后，从事电源和变压器技术研究 24 年。中国民主建国会会员、中国电源学会高级会员、资深工程师。1999 年起在多家大型上市公司、集团公司任职研发经理、技术总监、总工程师，主导和参与了 30 多个大型项目，多项技术创新并获得专利。

36. 佛山市顺德区瑞淞电子实业有限公司（会员单位）

地址：广东省佛山市顺德区北滘镇坤洲工业区

邮编：528312

电话：0757-26666876

传真：0757-26606087

团队人数：17

技术负责人姓名：徐海洪

团队简介：佛山市顺德区瑞淞电子实业有限公司成立于 2005 年，是专业从事整流桥器件设计、研发、生产和销售的企业。凭借准确的市场定位、强大的生产能力、可靠的品质保证、严格的成本管理，确保公司制造出的产品在当今激烈的市场竞争中仍然保持优良的性价比。公司的整流桥产品已经越来越被国内外众多的电子电器制造商认知和采用。

公司秉承诚信原则，加强同客户的联系和合作，采取有效改善措施和服务方式，满足合作伙伴的需求。在未来的发展中，公司将致力于新产品开发，提高品质，降低成本，提供优质产品和服务，让顾客满意，正派经营，执事规范，共赢发展。

团队主要成员：徐海洪，技术副总，本科学历，从事半导体工艺 20 年。

李泽文，工艺工程师，大专学历，从事整流桥开发 6 年。

陈学凯，技术工程师，大专学历，从事电子产品生产 15 年。

李永强，设备工程师，大专学历，从事半导体设备 17 年。

37. 佛山市众盈电子有限公司（会员单位）

地址：广东省佛山市张槎镇张槎一路 115 号 7 座

邮编：528000

电话：0757-82962331

传真：0757-82021699

团队人数：23

技术负责人姓名：杜杰德

研究方向：电源逆变与节电工程技术研究

团队简介：众盈电源逆变与节电技术工程技术研究中心，为集应用解决方案研究、产品检测、人才培养等综合能力于一体的实体，为各种电源逆变与节电系统的发展提供基础技术、共性技术、关键技术的研究攻关和行业服务支撑。研发的技术主要覆盖 UPS、逆变器行业、光电与风电高效的转换以及各种节电装置等领域，中心将以各种高效的电源逆变电路与控制技术为研究方向，以节能环保为目标，将中心建设成为具备自有核心技术与前端技术的研发、新产品开发的能力；具备电源逆变电路与控制系统技术人才培养和技术辐射能力。

通过加强与华南理工大学的项目合作，进一步拓宽产、学、研思路和加强学术技术研发能力，致力于生产出具有自主知识产权的电源逆变与节电技术的UPS产品，综合解决产品开发与市场需求脱离的问题，确保产品的质量和性能达到国际先进水平，与国际水平接轨。

团队主要成员：1）杜杰德，1969年出生，总经理，中心主任。

2）韩书兵，1970年出生，众盈电子总工，技术研发室负责人。

3）覃美票，1974年出生，众盈电子经理，产品设计室负责人。

4）郑彬洪，1983年出生，众盈电子主管，信息资料室负责人。

5）罗焕均，1966年出生．众盈电子副经理，产品实验室负责人。

38. 杭州中恒电气股份有限公司（会员单位）

地址：浙江省杭州市滨江区东信大道69号

邮编：310053

电话：0571-56532188

传真：0571-86699755

团队人数：168

技术负责人姓名：郭卫农

研究方向：电力电子制造、电力信息化、能源互联网

团队简介：中恒科研团队，积极走技术进步和技术创新之路，不断加大人才的吸收和培养，增强中心的科研实力，同步提高中恒的核心竞争力。企业技术中心拥有一批长期从事电源行业开发工作的高素质人才，科研团队共有成员168人，大专及以上学历占总人数的90%以上。团队研发骨干人员基本保持长期稳定，专业从事为电力、通信、轨道交通事业的建设与发展提供高质量的技术产品、解决方案和系统集成的工作。现有研发人员的知识储备主要涉及电力、通信、电子系统、网络应用设计、计算机、自动化控制、人工智能等领域。公司与研究机构、大专院校有广泛的合作关系，与浙江大学、南京航空航天大学、浙江省电力设计研究院等多家研发机构建立了长期密切的关系。公司逐渐形成了以自主开发为主、联合研发为辅的整合式研发模式，充分利用院校的前沿技术资源，促进了优势互补，增加了研发活动的灵活性，不仅为在研产品开发的质量和效率提供了技术支持和保障，而且为后续新产品的开发提供了信息来源和构想。

团队主要成员：1）郭卫农，技术负责人。2004年获国家自然科学基金会优秀结题项目奖，1998—2001年以主要成员身份参加了国家自然科学基金项目“非线性负载条件下基于鲁棒状态观测器的逆变电源输出波形控制技术研究”（59777025）。2010年4月申请国家发改委新型电力电子器件产业化专项资金：年产500套HVDC（高压直流电源）产业化项目，为国产电力电子器件的应用奠定基础。2011年3月，浙江省重点科技创新团队——新能源用电力电子技术科技创新团队成员。2011年8月26日，浙江省科学技术厅聘任郭卫农同志为浙江省“十二五”节能技术成果转化工程咨询专家。2012年11月，带领团队研发的“通信用240V直流供电系统”获得2012年度杭州市科技进步三等奖。

2）张金磊，2008年毕业后进入艾默生网络能源有限公司，有6年的行业从业经验。2007年开始从事产品研发工作，涉及纺织行业、电梯行业、电力行业、通信行业、充电机行业等；2007年6月从事PLC产品的开发，2008年3月开始电梯控制器PLC产品的开发，2008年9月开始从事可编程文本显示器产品的开发，2008年12月从事电力监控产品的开发工作，2009年7月从事直流配电监控产品的开发，2010年3月从事电力行业集成监控产品的开发。2011年加盟杭州中恒电气股份有限公司，担任监控开发目经理，从事电力电子产品的软件开发和监控产品的设计，参与HVDC电源产品、充电机、直流充电模块、通信充电模块等产品的开发，主要基于TI公司的DSP平台，精通电力电子软件的逻辑及控制算法设计。主持设计ARM平台监控的开发和STM32监控平台的开发工作。

3）朱益波，2006年浙江大学自动化专业本科毕业，2010年上海大学电力电子与电力传动研究生毕业，高级工程师，在校期间在中文核心期刊《电工电能新技术》《电力电子技术》等发表过文章；毕业后曾在台达能源（上海）公司担任过研发工作，开发过电动车充电电源、通信电源等产品；参加工作培训，获得开关电源设计及新技术专题研修班证书；现任杭州中恒电气股份有限公司研发部高压直流（HVDC）及远供电源 项目组经理。具备丰富的电源产品和电动汽车充电桩产品开发经验，具有很强的电源产品开发能力，开发了多款电动汽车充电桩产品。

4）范德育，1999年毕业于东北电力大学电力系统及其自动化专业，毕业后一直供职于中恒电气股份有限公司，有15年行业从业经验，现任杭州中恒电气股份有限公司研发部电力模块及充电机开发项目经理。曾参与开发继电保护测试仪，主导自冷式电力操作电源系列模块的开发及升级换代、自冷式调压模块的设计开发以及电动汽车充电器的开发。具备丰富的电源产品开发经验，尤其在电源模块的开发上具备很强的能力。参加过精益生产、项目管理、EMC设计、安规设计等专业培训。

5）黄鸿喜，1997年毕业于北京机械工业学院机械制造专业，高级工程师，有14年的电源行业从业经验，现任杭州中恒电气股份有限公司研发部系统开发项目经理。毕业后曾经在杭州伊顿施威特克电源有限公司担任过10年通信电源系统设计工作，开发过室内大功率、中功率、小功率通信电源系统、户外通信电源系统、室内外嵌入式和壁挂电源系统；高压直流各容量电源系统（含中国电信240V、中国移动336V、腾讯、阿里巴巴等互联网数据中心HVDC以及华数广电、银行等多种客户定制系统），以及多种类型客户定制非标产品。参加过防雷设计培训、电子设备结构设计培训、项目管理等培训；在全国期刊发表过1篇论文，获得了3项实用新型专利，多次获得公司奖励。在充电桩项目中参与系统设计、造型设计评审等职责。

6）韦康。2003年毕业于浙江理工大学（信息电子学院）电子信息专业，有10年行业从业经验，现负责杭州中

恒电气股份有限公司研发部通信模块开发。毕业后曾在浙江依网科技工程有限公司担任开发工作，参与开发了国内首创的PHS小灵通远供一体化电源系统，该系统复用原ISDN双绞线路供电，大量节省线路资源，该系统在浙江电信大批量使用，并被中达电通选为OEM产品；2005年进入浙江千能电力电子有限公司担任开发工作，参与开发电能量采集与管理系统；2007年进入杭州中恒电气股份有限公司担任开发工作，主要参与通信电源的开发。

39. 湖南晟和电源科技有限公司（会员单位）

企业团队名称：晟和电源研发团队

地址：湖南省长沙高新开发区桐梓坡西路468号威胜科技园二期工程11号厂房101三楼1-8号

邮编：410205

电话：0731-88619957

传真：0731-88619957

团队人数：12

技术负责人姓名：龙志进

研究方向：仪器仪表、新能源、轨道交通和音视频等行业完整电源解决方案

团队简介：公司位于长沙高新企业开发区，自成立以来，始终专注于电力电子电源产品领域，坚持以市场需求为导向，与多家高校科研院所展开合作，依托高水平、高学历的专业研发队伍，已成功申报多项自主知识产权的专利技术，所研发的产品和提供的技术解决方案在众多领域的多家企业得到了广泛应用。

公司将秉承“电源解决方案与服务专家”的使命，始终坚持“至诚致精，合作共赢”的经营宗旨，积极倡导电源技术创新，为客户提供优质的电源产品和解决方案，力争成为电源行业标杆。

团队主要成员：龙志进，男，1982年12月出生，大学本科学历。具有多年的电能表硬件设计经验，并曾在上市公司参与诸多重大项目开发，并有多年与东芝、西门子、ITRON等公司联合开发项目的经验，拥有丰富的项目管理和产品交付管理经验，负责开发的电能表电源和硬件目前可靠稳定在国内国际市场上运行。

40. 溧阳市华元电源设备厂（会员单位）

地址：江苏省溧阳市昆仑开发区民营路3号

邮编：213300

电话：0519-87383088

传真：0519-87383088

团队人数：3人

技术负责人姓名：李杏元

研究方向：高效节能型高频开关电源的新技术、新产品研发

团队简介：本团队不具有高学历、高职称的优势，但有长期从事开关电源技术和产品开发生产的较丰富的实践经验。在实践中能运用自己的经验和教训，针对国内外的同类产品的优缺点，采用缺点发明法，努力开创出自主的具有独特技术特色的新技术和新产品，特别突出自己的“高可靠、节能环保”的技术特色，受到了用户的欢迎。

41. 南京泓帆动力技术有限公司（会员单位）

地址：江苏省南京市江宁区诚信大道885号

邮编：210000

电话：025-52168511

传真：025-52168511

团队人数：10

技术负责人姓名：张侃

研究方向：复杂电力电子系统实时控制平台，基于模型的实时系统开发技术

团队简介：公司核心研发成员具有超过8年商用风电变流器和光伏逆变器的开发设计经验，在新能源并网技术和柔性输电技术方面拥有丰富的经验和全面的技术积累。在储能变流器、充电机和SVG等设备领域也都有丰富的工业产品设计经验。

团队主要成员：技术负责人张侃，工学硕士，自2008年起从事风电变流器开发设计工作，先后负责低电压穿越项目、控制系统软件和产品总体设计。目前主要致力于复杂实时控制系统设计和基于模型的系统工程技术平台开发。

42. 青岛威控电气有限公司（会员单位）

地址：山东省青岛即墨大信镇天山三路42号

邮编：266299

电话：0532-82530096

团队人数：15

技术负责人姓名：初升

研究方向：大功率变频器

团队简介：研发团队拥有完备的软、硬件研发能力，是国内煤矿隔爆变频器组件核心供应商，公司自主研发的煤矿用两象限、四象限防爆变频器，性能先进，质量可靠，销量稳定，市场占有率达到40%以上，产品性能已达到国内领先水平，公司自主研发的3300VAC系列矿用三电平变频器，是国内首套研发并投入现场使用的煤矿生产核心设备，经科技局、经信委专家联合鉴定，性能已达到国际先进水平，比肩西门子、ABB等跨国企业。

公司顺应国家政策号召，响应国家推进节能减排、实现能源可持续发展的宏远目标，积极向风力发电储能，风、光、电融合的智能微电网等领域进行拓展，致力于清洁能源、智能电网方面产品的研究，并取得了较好的社会效应和环境效应，协同研发了国内第一台风储互补演示验证系统，公司研发的针对铅酸、锂电、全钒液流电池、锌溴电池、飞轮等化学、物理储能系统的PCS、DC/DC变换器等，已在英利集团863课题“园区智能微电网关键技术研究与集成示范”、国家电网辽宁电力科学研究院风光储微电网系统、中科院大连化学物理研究所的全钒液流电池系统等项目中投入并验收通过。公司研发的智能微电网系统，已获得国家科技部中小企业创新基金扶持。公司目前正在承担国家重点研发计划“智能电网技术与装备重点专项2017——10MW级液流电池储能技术（项目编号2017YFB0903500）”中，多模式运行三电平PCS设备的研制

工作。

团队主要成员：初升，1998年沈阳工业大学电气传动及其自动化专业毕业后，到昌硕（青岛）电子有限公司工作，历任工程师、部门经理、副总经理等职务，2008年加入青岛威控电气有限公司担任总工程师。他先后从事DoubleConverter三相UPS研发、IGBT应用支持、特种变流器及变频器研发等工作，是国内IGBT应用及大功率变频器设计领域的知名专家。

43. 山东镭之源激光科技股份有限公司（会员单位）

企业团队名称：镭之源研发部

地址：山东省济南市高新区颖秀路1356号

邮编：250000

电话：0531-88190005

团队人数：10

技术负责人姓名：王传祥

研究方向：高压开关电源、大功率开关电源、线性电源、电机驱动器

团队简介：镭之源研发部深耕激光电源技术20余年，形成了全系列二氧化碳激光电源产品，全系列医美电源产品，拓展了以步进电机驱动系统为代表的产品，近年，镭之源研发部不断开拓，形成了以大功率半导体激光电控系统为代表的新产品。团队具有各有专攻、技术雄厚、能打能拼、活泼向上的独特气质，团队会继续拼搏奋进，为激光电源行业、为中国智造贡献自己的力量。

团队主要成员：王传祥、李凤河、李玉泉、秦洪顺、徐振真、冯仕威、岳耀星

44. 上海科泰电源股份有限公司（会员单位）

企业团队名称：技术研发部

地址：上海市青浦区天辰路1633号

邮编：201722

电话：021-59758000

传真：86-21-69758500

团队人数：61

技术负责人姓名：田智会、杨少慰

研究方向：柴油发电机组、电源车、混合能源

团队简介：拥有2名高级工程师，7位中级工程师

团队主要成员：杨少慰、田智会、胡耀军、李作雨、王磊、王强、王瑞峰、许继旭，于华松

45. 上海文顺电器有限公司（会员单位）

地址：上海市浦东新区沈梅路290号

邮编：201318

电话：021-50864311

传真：021-64293473

团队人数：25

技术负责人姓名：陆峰

研究方向：智能电力负载测试系统

团队简介：团队专注于智能控制、自动化负载测试领域的研究，针对新能源太阳能光伏逆变器、电动汽车充电桩、电焊机领域研发智能型负载测试系统，产品应用于国内各大制造商和研究院所。团队以为用户创造更大的价值为核心，主导产品的发展方向，提供完善的电力负载测试解决方案。

46. 上海远宽能源科技有限公司（会员单位）

企业团队名称：远宽能源研发团队

地址：上海市杨浦区长阳路2588号科技园306室

邮编：200090

电话：021-65011357

传真：021-65011629

团队人数：10

技术负责人姓名：汪新星

研究方向：公司致力于将电力系统仿真算法与多核CPU、FPGA等最新的硬件技术结合，来向客户提供功能强大的实时仿真系统，协助客户一起应对可再生能源、电动汽车、微网等应用中的实时仿真（硬件在环测试）挑战。

团队简介：远宽能源技术研发团队由十名核心成员组成，分为研发一部和研发二部，均拥有丰富的电力专业专业知识与软件开发经验，具备LabVIEW开发认证CLD与CLED，有着多年实时仿真系统与建模经验，从产品设计、立项、研发及过程管控，再到产品的优化、完善管理，有着严格的体系要求和流程。

团队主要成员：汪新星、刘旭、邹琳、彭小强

47. 上海瞻芯电子科技有限公司（会员单位）

企业团队名称：上海瞻芯电子科技有限公司

地址：上海市浦东新区南汇新城镇海洋一路333号8号楼3楼

邮编：201306

电话：86-21-60780173

传真：86-21-60780172

团队人数：21

技术负责人姓名：张永熙

研究方向：SiC功率器件与驱动芯片

团队简介：团队由海归博士领衔，包括SiC工艺及器件设计、SiC MOSFET驱动芯片设计、电力电子系统应用、市场推广、运营及商务等方面的高素质核心成员。

团队主要成员：张永熙、叶忠、朱丹阳

48. 深圳青铜剑科技股份有限公司（会员单位）

地址：广东省深圳市南山区粤海街道高新区南区南环路29号留学生创业大厦二期22楼

邮编：518057

电话：0755-33379866

传真：0755-33379855

团队人数：50

技术负责人姓名：汪之涵

研究方向：电力电子核心器件及整体解决方案的研发

团队简介：研发团队以国家“千人计划”特聘专家汪之涵博士为核心，由英国剑桥大学、美国 TAMU 大学、清华大学、电子科技大学等一流大学的博士、硕士组成，组成了层次高、结构合理、专业性强的研发队伍。

团队带头人汪之涵博士，是“千人计划”特聘专家，入选国务院侨办重点华侨华人创业团队、中国留学人员回国创业启动支持计划、广东省科技创业领军人才、深圳市孔雀计划等人才计划，荣获中国侨界贡献奖、中国电源学会青年奖、深圳市青年科技奖、南山区青年创新创业成长之星等荣誉。

团队核心成员高跃博士，电气工程博士，研究员，硕士生导师，现任公司副总裁兼整机事业部总经理。曾任中船重工第七一二研究所系统控制与永磁推进事业部研发部部长，先后荣获国家工信部颁发的国防科技进步奖一等奖、湖北青年五四奖章等荣誉称号、中国电工技术学会电控系统与装置专业委员会委员、中国船舶重工集团公司有突出贡献专家、中国船舶重工集团公司装备预先研究先进个人等荣誉。

团队核心成员和巍巍博士，清华大学电气工程专业学士，英国剑桥大学电力电子专业博士，负责公司的碳化硅器件研发团队，获得深圳市高层次专业人才认定，具有丰富的电力电子器件研发经验和团队管理经验。

团队主要成员：技术负责人汪之涵博士，男，国家“千人计划”特聘专家。入选国务院侨办重点华侨华人创业团队、中国留学人员回国创业启动支持计划、广东省科技创业领军人才、深圳市孔雀计划等人才计划，荣获中国侨界贡献奖、中国电源学会青年奖、深圳市青年科技奖、南山区青年创新创业成长之星等荣誉。现为中国电工技术学会电力电子学会理事、深圳市决策咨询委员会委员、深圳市青联委员、深圳中英科技创新中心理事长、深圳市青年科技人才协会常务副会长、深圳市欧美同学会副会长、深圳剑桥大学校友会执行副会长。

高跃博士，男，电气工程博士，研究员，硕士生导师，先后就读于太原理工大学、天津大学与清华大学，现任公司副总裁兼整机事业部总经理。曾任中船重工第七一二研究所系统控制与永磁推进事业部研发部部长，先后荣获国家工信部颁发的国防科技进步奖一等奖、湖北青年五四奖章等荣誉称号、中国电工技术学会电控系统与装置专业委员会委员、中国船舶重工集团公司有突出贡献专家、中国船舶重工集团公司装备预先研究先进个人等荣誉。

巍巍博士，男，清华大学电气工程专业学士，英国剑桥大学电力电子专业博士，负责公司的碳化硅器件研发团队，获得深圳市高层次专业人才认定，具有丰富的电力电子器件研发经验和团队管理经验。

傅俊寅，男，清华大学电气工程专业学士，负责公司的产品研发和运营管理，获得深圳市高层次专业人才认定。曾就职于北京四方清能电气技术有限公司和上海思源电气集团，具有丰富的新能源领域变频器、无功补偿器、有源滤波器等产品的设计开发经验，获得十多项发明和实用新型授权，参与研发的产品累计销售额超过亿元人民币。

黄辉，男，电子科技大学学士，现任器件事业部副总经理兼研发中心研发总监，负责公司的产品研发。曾就职于比亚迪集团，负责 IGBT 驱动、IPM 模块、LED 驱动等产品的研发工作，具有丰富的电力电子产品开发经验和研发管理经验。

49. 深圳市瑞必达科技有限公司（会员单位）

地址：广东省深圳市宝安区福永街道桥头社区富桥第二工业区北 A3 幢

电话：0755-33850600

传真：0755-29912756

团队人数：36

技术负责人姓名：谢宝棠

研究方向：智能健康保健按摩椅、电动床、升降桌、电动沙发马达推杆驱动电源以及智能电池充电器的开发设计以及制造生产。

团队简介：研发团队有 36 人，其中主力设计工程师有 8 人，均有在大型开关电源设计及生产公司的工作经历，设计经验丰富，能够独当一面担当起项目整个开发过程，所设计的产品口碑良好，得到客户的极大认可，性价比高。

团队向心力、责任心强，协作意识超前。

团队主要成员：赵素芳，大学学历，1988 年 8 月开始参加工作，一直从事开关电源的设计开发与制造，有多项发明专利。

谢宝棠，大学学历，1997 年 7 月开始参加工作，一直从事开关电源的设计开发与制造，有多项发明专利。

郑阳辉，大学学历，2008 年 12 月开始参加工作，一直从事开关电源的设计开发与制造，有多项发明专利。

50. 武汉武新电气科技股份有限公司（会员单位）

地址：湖北省武汉市武湖工业园立山路

邮编：430345

电话：027-82341783

传真：027-82341251

团队人数：35

技术负责人姓名：孙林波

研究方向：主要方向为电力电子技术在电力系统中的应用；三个子方向为电能质量控制装备、微电网控制装备、智慧能源管理云平台

团队简介：武新电气研发中心专注于电力电子与能源数字化管理方向的研究与产业化，团队近 50 人均拥有本科及以上学历，是一支勇于开拓、充满狼性执行力的研发队伍。主研产品包括 APF、高低压 SVG、有源不平衡补偿装置、低电压复合调压装置、光伏并网逆变器、电动汽车充电桩、微机综合保护装置、电能质量在线监测装置、智慧能源管理云平台等。

中心拥有一流研发试验平台：电能质量高低压全载试验平台、750kW 级光伏并网逆变模拟试验平台、电动汽车充电模拟试验平台、泰克混合图像示波器等价值 3000 多万元的设备与仪器，主持国家电网和南方电网横向项目各 1

项、武汉市科技项目2项、企业合作项目多项，并与清华大学、华中科技大学等高校紧密合作，与CPSS积极互动，并参与标准制定。

团队秉承"主人翁心态，认真、快、守承诺，追求好结果"理念，坚持自主创新，恪守产品领先战略，先后被评为电网智能控制与装备省工程技术研究中心、光伏在线监测省工程研究中心，获发明专利10余项，省市科技成果鉴定2项；中心所研发的如高低压SVG、APF等产品已在电力、通信、医疗、造船、汽车制造、芯片制造、煤矿石化等行业得到大批量应用，产值逾5亿元，依靠科技创新服务节能社会，为高效环保、可持续发展不断贡献力量。

团队主要成员：孙林波，1980年生，华中科技大学电力电子与电力传动专业硕士，任公司副总经理兼研发总监，先后主导光伏逆变器、APF、高低压SVG等产品研发；现为CPSS电能质量专委会和青工委委员、光伏在线监测系统省工程研究中心主任，入选武汉市"第五批黄鹤英才计划"，获授权发明专利4项，授权实用新型专利9项，软件著作权3项，发表论文5篇，所研产品累计产值近1.2亿元。

徐冲，1987年生，武汉科技大学自动控制方向硕士，毕业后一直就职于武汉武新电气科技股份有限公司从事电能质量控制装备产品研发。获授权2项发明专利。

魏四海，1984年生，华中科技大学硕士，在武汉武新电气科技股份有限公司从事充电桩产品研发。参与的一项科研项目获省科技成果鉴定通过。

郑重，1986年生，武汉科技大学自动控制方向硕士，毕业后一直就职于武汉武新电气科技股份有限公司，从事电能质量控制装备产品研发。

申兴宇，1986年生，江苏大学电气工程及自动化方向，在武汉武新电气科技股份有限公司从事光伏发电控制装备产品研发。

潘毅，1979年生，武汉大学电气工程及自动化方向，在武汉武新电气科技股份有限公司从事光伏发电控制装备产品研发。获授权实用新型专利3项。

51. 浙江巨磁智能技术有限公司（会员单位）

地址：浙江省嘉兴市昌盛南路36号嘉兴智慧产业创新园4号楼101室

邮编：314001

电话：0573-83853278

传真：0573-83853277

团队人数：20

技术负责人姓名：陈全

研究方向：传感器

团队主要成员：陈全

1998.9—2002.6，中南大学化学工程本科。

2002.9—2005.6，中南大学控制理论与控制工程研究生。

2004.6—2005.11，GE中国研发中心研发工程师。

2005.12—2011.12，瑞士LEM集团中国区汽车行业总监。

2013.1—2014.1，Magtron Holdings USA总经理。

2013.11—至今，浙江巨磁智能技术有限公司总经理。

电源相关科研项目介绍
(按照项目名称汉语拼音顺序排列)

1. “十二五”国家科技支撑计划重大项目子课题“高速磁浮半实物仿真多分区牵引控制设备研制”

主要完成人：李耀华、葛琼璇、王晓新、吕晓美、韦榕、张波

完成单位：中国科学院电工研究所

项目来源：国家计划

项目时间：2011 年 1 月—2016 年 12 月

项目简介：

本项目完成了高速磁悬浮列车牵引控制系统、高速磁浮多分区牵引控制系统、1.5km 试验线双分区升级和 28km 半实物仿真系统牵引控制系统设备研制及 7.5MVA IGCT 高压大功率牵引变流器、新型 15MVA 四象限变流器系统、满足三步法供电的 15MVA 变流器研制；建立并完善了大功率同步直线电机控制理论，解决了大功率交-直-交变流器的理论、控制、模块化设计、制造、集成及工程试验等重大难题。首次在国内研制成功具有自主知识产权的基于 VME 的高速磁悬浮列车牵引控制系统，在上海高速磁悬浮试验线实现了磁悬浮列车的双分区、双端供电、双车无人驾驶智能牵引控制，填补了国内空白。

2. “新型超大功率场控电力电子器件的研制及其应用”项目子课题“新型高压场控型可关断晶闸管器件的研制与应用”

主要完成人：葛琼璇、吕晓美、张树田、刘洪池、王晓新、张波

完成单位：中国科学院电工研究所

项目来源：国家计划

项目时间：2014 年 1 月—2017 年 3 月

项目简介：

本项目研究新型高压场控型可关断晶闸管器件芯片的设计、工艺、制造与测试技术，研制出满足高电压、大电流需求的芯片样片；研究新型高压场控型可关断晶闸管器件的智能化驱动、封装及测试技术，研制出满足高电压、大电流需求且具有智能化低驱动功率特性的器件样片；研究新型高压可关断晶闸管器件的测试技术，研制一套具有自动检测和监控功能的新型高压可关断晶闸管器件测试平台；基于本课题研制的新型高压场控型可关断晶闸管器件，研制了一台 5MVA 三电平大功率变流器样机，推动了基于大功率新型高压场控型可关断晶闸管器件相关技术的跨越式发展和相关产品的产业化。

3. 4500m 水下 HMI 灯具开发

主要完成人：张相军、刘汉奎、徐殿国

完成单位：哈尔滨工业大学

项目来源：其他单位委托

项目时间：2016 年 1 月—2016 年 2 月

项目简介：

本项目是与上海交通大学合作开发。在灯具方面，采用了飞利浦 4500K 色温的 MOS 短弧灯作为光源。针对输入电压大范围波动条件，加入了输入电压扰动补偿的前馈方法，实现了恒定流明输出的要求，同时采用了 25kV 最高启动电压解决了瞬间热启动要求。提供的 10 只样品得到了中船重工七〇二所的首肯。

4. XXMW 级变频调速装置关键制造工艺研究与样机制造

主要完成人：肖飞、胡亮灯、楼徐杰

完成单位：中国人民解放军海军工程大学

项目来源：部委计划

项目时间：2016 年 1 月—2017 年 12 月

项目简介：

一、研制背景

综合电力系统技术是舰船动力平台的一次跨越式发展，代表了舰船动力系统的发展方向。电力推进系统作为大型舰船动力平台中核心和关键模块之一，是整个舰船基本航行功能的保障。本项目主要研究内容为新型护卫舰综合电力系统大容量推进变频调速装置深化研究，关键部组件、初样机及正样机优化设计、制造及试验。

二、主要成果

1）提出了一种中点电压平衡控制策略，实现了无中性线控制，增强了装置可靠性及布置灵活性。

2）提出了一种振动抑制策略，使推进电机高频振动明显降低，进一步提高了综合电力推进系统的各项性能。

3）提出了完善的故障分级保护策略，提高了变频调速装置的运行可靠性。

三、成果应用

本成果已应用于××舰综合电力系统研制等。该成果还可推广应用于豪华游轮、大型渡轮、科考船等大型民用船舶的电力推进以及机车牵引、采矿机械、盾构机等民用大

容量交流传动领域，具有重大的军事及经济效益。

5. XXMW 级推进电机及其配套变频调速装置研制

主要完成人：王东、肖飞、余中军、胡亮灯、艾胜

完成单位：中国人民解放军海军工程大学

项目来源：部委计划

项目时间：2016 年 1 月—2017 年 12 月

项目简介：

一、研制背景

综合电力系统技术是舰船动力平台的一次跨越式发展，代表了舰船动力系统的发展方向。电力推进系统作为大型舰船动力平台中核心和关键模块之一，是整个舰船基本航行功能的保障。项目组根据实战需要，研制成功了 XXMW 级推进电机及其变频调速装置，为舰船综合电力系统提供了重要的支撑。

二、主要创造性成果

1）首次发明了一种新型高转矩密度感应推进电机，提出三次谐波注入和新型冷却等技术，实现了电机的高效运行，解决了传统低速感应电动机转矩密度低、功率因数低和效率不高等缺点。

2）提出了分布式磁路计算方法，实现了注入三次谐波的新型感应推进电动机电磁优化设计。

3）提出了大型电机整体强迫式浸泡喷淋混合蒸发冷却技术，拓展了蒸发冷却技术的应用范围。

4）攻克了磁脂密封技术，解决了船用条件下大间隙、大密封线速度和分瓣结构形式的旋转密封难题。

5）提出了一套完整的中压、大容量、多相电力电子变流器的主电路和控制系统的分布式设计方法，提高了推进变频器的功率密度、可靠性和可维护性。

6）提出了一种数据源可切换式高速光纤环网通信拓扑和相应的高性能同步方法，解决了大功率多相变频驱动中同步误差的累积问题。

7）提出了针对舰船应用特点的多相无缝切换与冗余控制策略，满足各种工况下推进分系统的控制性能要求，提高了舰船的机动性和生命力。

三、成果应用

本成果为我国舰船综合电力系统的标志性技术之一，已应用于舰船综合电力系统技术演示验证项目、××舰综合电力系统研制等。该成果还可推广应用于豪华游轮、大型渡轮、科考船等大型民用船舶的电力推进以及机车牵引、采矿机械、盾构机等民用大容量交流传动领域，具有重大的军事及经济效益。

6. 变频空调室外无高压电解电容控制系统的开发

主要完成人：王高林、赵楠楠、齐江博、曲立志、徐殿国

完成单位：哈尔滨工业大学

项目来源：其他单位委托

项目时间：2014 年 4 月—2016 年 2 月

项目简介：

在家用空调变频调速电机控制系统中，采用薄膜电容代替电解电容，可以延长系统的使用寿命，提高系统的稳定性及可靠性，并且降低系统的成本。研究基于无电解电容驱动器的空调永磁电机控制策略，对提升变频调速电机驱动系统的性能有深远的影响，本项目对基于无电解电容驱动器的空调永磁电机位置观测器、基于下桥臂三电阻采样的相电流重构方法以及基于逆变器输出功率控制和基于母线电压控制的控制策略进行了深入研究。研究成果已应用于广东美的制冷设备有限公司的产品中。

7. 城际列车动力驱动系统升级与国产化

主要完成人：李耀华、葛琼璇、王珂、张瑞华、张树田、杜玉梅、赵鲁

完成单位：中国科学院电工研究所

项目来源：部委计划

项目时间：2013 年 1 月—2016 年 5 月

项目简介：

本项目突破了牵引系统工程化中的网络接口、轻量化、抗振性、高可靠性等一系列的技术难题，研制成功了一辆车所需的牵引动力系统工程化样机，包括 2 台大功率牵引直线电机、1 台 1.5MVA 大功率牵引变流器及 1 套无人驾驶智能牵引控制系统，并成功应用在北京地铁机场线直线电机轨道交通车辆上，现已安全载客运营 10 万公里，得到了北京地铁公司的好评。

8. 纯电动汽车动力电池系统热管理分析与设计优化

主要完成人：胡晓松、李隆键、杨亚联

完成单位：重庆大学

项目来源：部委计划，企业合作项目

项目时间：2016 年 9 月—2017 年 1 月

项目简介：

本项目研究电动汽车中动力电池包使用过程的生热模型和热管理策略，通过不同充放电倍率、温度、SOC 等参数条件下电池的充放电特性实验，建立了动力电池的生热模型，并在 HWFET、NEDC、FTP 等整车测试循环条件下，对电池的性能进行了模拟分析，并在 FLUNT 环境下，对各电池单元的热分布和流体流场特性进行了 CAE 分析，提出了优化的电池结构，满足了电动汽车在各种严苛运行条件下的温度均衡和单体电池的性能均衡要求。所提出的方法和结果在某整车厂得到了应用，并协助该企业顺利通过了国家电动汽车生产资质的认证。

9. 大功率 IGBT 状态监测与可靠性在线评估

主要完成人：刘宾礼、罗毅飞、肖飞、揭贵生、唐勇

完成单位：中国人民解放军海军工程大学

项目来源：基金资助

项目时间：2013 年 1 月—2016 年 12 月

项目简介：

本项目属于电力电子与电力传动领域，主要研究电力电子器件的封装失效机理与失效模式，以及封装失效的状态监测方法，从而实现电力电子器件健康状态的有效评估。主要创新点包括：①查明了 IGBT 器件封装失效机理和失效模式，包括 Al 薄膜电迁移、电化学腐蚀疲劳机理以及表面重构机理，焊料层与 Al 键丝疲劳失效机理；②查明了表征封装疲劳的器件端口特征量及其变异规律；③基于端口特征量变异规律，建立了基于集射极饱和压降和关断电压变化率的 IGBT 健康状态评估方法。本项目所建立的基于集射极饱和压降和关断电压变化率的健康状态评估方法，可为电力电子电能变换装置的可靠性评估提供重要的参考依据。

10. 低温下抑制析锂的锂离子电池交流预热与快速充电方法

主要完成人： 葛昊、李哲、张剑波

完成单位： 清华大学汽车工程系

项目来源： 基金资助

项目时间： 2014 年 1 月—2017 年 12 月

项目简介：

本项目研究了低温充电工况下的析锂。利用核磁共振方法定量检测析锂。结合模拟与实验结果，对析锂机理与析锂判据进行辨析，指出负极局部固液相电势差达到析锂反应平衡电势是析锂发生的指标。

开发了抑制析锂的锂离子电池交流预热方法。锂离子电池在交流电流激励下的有效产热成分只有电池阻抗实部对应的焦耳热，基于等效电路建立了频域产热模型。结合析锂约束条件的频域表述，得出了不同温度下抑制析锂的交流预热电流最大幅值-频率线簇。进一步利用阻抗对温度的敏感性，开发了温度反馈的、抑制析锂的交流预热方法，开发了抑制析锂的锂离子电池直流充电方法。采用热-电化学耦合模型描述低温充电过程。结合析锂约束条件的时域表述，得出了不同温度下抑制析锂的最大充电电流-荷电状态线簇，进而开发了抑制析锂的直流充电方法。

结合开发的交流预热与直流充电方法，组合形成预热-充电规程，并对其进行效用评价。对开发的交流预热方法与直流充电方法抑制析锂的有效性进行了检验。分析讨论了不同预热-充电切换温度时的总时间与总能耗。结果表明，开发的预热-充电规程具有无析锂、快速、低能耗的特点。

本项目研究结果具有较高的学术价值和工程应用潜力，受到了业界的广泛关注。项目进行过程中，相关内容共发表论文 14 篇，其中 SCI 论文 11 篇，共计被引 160 余次。相关内容申请发明专利 3 项，其中已授权 1 项，该授权专利以普通许可方式授权给一家企业。

11. 低压供配电设备关键技术研究及研制

主要完成人： 肖飞、范学鑫、王瑞田、谢桢、揭贵生、杨国润

完成单位： 中国人民解放军海军工程大学

项目来源： 部委计划

项目时间： 2016 年 1 月—2017 年 12 月

项目简介：

一、研制背景

综合电力系统技术是舰船动力平台的一次跨越式发展，代表了舰船动力系统的发展方向。由于我国舰船综合电力系统开创性地采用了中压直流电制，为适应我国舰船综合电力系统跨越式发展的需求，项目组提出了中压直流电制下分区、分布式供电的直流区域变配电系统，以实现中压直流电制下变配电系统的高功率密度、高可靠性与高开放性，为舰船综合电力系统的应用提供核心技术支撑。

二、主要创造性成果

1）在国内首次研制出 MW 级直流区域变配电系统，实现了中压直流供电网至不同电制低压交/直流配电网络的电能传递，解决了中压直流电制的舰船综合电力系统中大容量、高功率密度、高可靠性的变电难题。

2）提出了基于区域异构和设备级联的开放式变配电网络拓扑及其多时间尺度的分层分布控制器设计方法，具有供电冗余性好、重构能力强和配置灵活等优点，提高了舰船变配电网络的供电连续性和可扩展性。

3）提出了中压直流区域变配电系统完备的保护方法，通过变电模块及各种保护装置的协调配合，实现各层级网络的选择性和匹配性保护，提高了变配电系统的安全性。

4）揭示了区域变配电系统中异构电力电子装置互联系统失稳机理，提出了系统稳定性分析方法、稳定判据以及提高系统稳定性的措施，形成了一套完整的直流区域变配电系统稳定性分析理论。

5）提出了一种自适应非线性的直流变换稳压控制策略，解决了中压直流变换器全工况下各种工作模式切换时稳态与暂态性能之间的矛盾，实现了大功率中压高变比隔离型直流变换。

6）提出了一种比例谐振加状态反馈和滑动平均滤波的控制策略，解决了三相逆变器控制参数的最优整定及输出直流偏置问题，改善了逆变器及组网系统的动静态性能。

三、成果应用

本成果为我国舰船综合电力系统的标志性技术之一，已应用于舰船综合电力系统技术演示验证项目、××舰综合电力系统研制等。该成果还可推广应用至其他全电武器装备平台，并可转化应用于交通、柔性高压直流输配电、分布式供电、可再生能源接入、微网系统和智能电网建设等民用领域，具有重大的军事及经济效益。

12. 电力电子混杂系统多模态谐振机理及其多功能复合有源阻尼抑制技术

主要完成人： 戴珂、刘聪、徐晨、陈新文、张雨潇、彭力

完成单位： 华中科技大学

项目来源： 基金资助

项目时间：2013 年 1 月—2016 年 12 月

项目简介：

在配电系统中，感性负载消耗无功，常用补偿电容器进行功率因数校正。非线性负载产生谐波电流，常用无源电力滤波器进行抑制。电容器、无源电力滤波器等容性元件，会与系统内部等效感性阻抗产生并联谐振，谐振频率和品质因数与结构、参数和工况有关，导致 PCC 电压严重畸变，不满足电能质量标准要求，并联型电能质量调节装置不能正常完成无功补偿和谐波抑制任务，必须同时进行谐振阻尼复合控制。

本项目紧紧瞄准无功补偿、谐波抑制和谐振阻尼等电能质量控制目标，搭建了常规两电平有源电力滤波器 SAPF，模块化多电平电能质量调节器 MMC-SPQC，以及动态电容器 D-CAP 等三相有源并联型电能质量调节装置样机及其实验平台，进行了谐振机理分析、谐振频率和阻尼系数自适应检测、谐振阻尼程度闭环调节等研究。

对于 SAPF，如果存在线性容性元件，系统并联谐振频率将随 SAPF 补偿系数不同产生漂移，通过 SAPF 向系统注入适当方波信号可以实时准确检测谐振频率和阻尼程度；如果电流补偿指令检测中不含电容电流，系统稳定；如果电流补偿指令检测中包含电容电流，系统不稳定；非谐振谐波电流可以正常抑制，谐振谐波电流则必须通过检测 PCC 电压谐振谐波构成虚拟电阻进行闭环阻尼。

对于 MMC-SPQC，设计了基于多个 DSP 的主从式分层控制系统，解决了实时通信和同步问题，给出了电容电压和环流计算公式，实现了电容电压均衡控制。对于 MMC-DSTATCOM，实现了动态无功补偿、PCC 电压下垂调节和不平衡控制；对于 MMC-SAPF，采用四重采样载波移相 PWM 技术扩展了控制带宽，实现了低频谐波电流的有效抑制。

对于 D-CAP，解决了 AC-AC 变换器开关器件有源缓冲问题，量化了补偿电流波形畸变的原因，发现无功补偿和谐波抑制之间存在耦合，采用偶次谐波调制 PWM 和协调控制技术，实现了无功补偿、谐波抑制和谐振阻尼的复合控制。

以上研究不仅为并联型电能质量调节装置的推广应用开辟了道路，而且也对串联型、混合型电能质量调节装置的实用化有较大的借鉴意义，同时对并网变换器以及电力电子化系统的稳定与控制具有一定的参考价值。

13. 电压暂降特性分析与评估指标研究

主要完成人：徐永海

完成单位：华北电力大学

项目来源：基金资助

项目时间：2013 年 1 月—2016 年 12 月

项目简介：

本项目属于电工学科。

本项目研究提出了电压暂降分析中应关注的特征量，给出了典型敏感用电设备的暂降耐受特性曲线，提出了电压暂降评估新指标与方法。研究成果主要有：

（1）实际电压暂降事件特性分析与特征量研究

对国内多个省市电能质量监测系统所捕获的电压暂降事件，进行了多方位的统计与分析；结合电压暂降对敏感设备影响机理分析以及实验研究，提出了应将电压暂降起始点与相位跳变作为除幅值、持续时间与发生频次之外的重要特征量的建议，给出了描述电压暂降特性应考虑的特征量。

（2）电压暂降对敏感设备影响机理研究

建立了包括交流接触器、PC、开关电源、可编程序逻辑控制器（PLC）、可调速驱动、光伏逆变器、双馈风力发电机组以及电动汽车充电机等的模型。研究了暂降起始点与接触器线圈和短路环中磁通能量的关系等；进行了不对称电压暂降对光伏逆变器正常运行影响机理的研究，提出了限制电流峰值的方法，以及新的光伏逆变器输出电流参考值算法；分析了低电压和过电流保护阈值、负载转矩、电机转速、控制策略、暂降类型、多重暂降和连续暂降等因素对变频器暂降敏感度的影响机理和影响程度。

（3）典型用电设备电压暂降敏感性实验研究

提出了一种基于源侧暂降特征、设备敏感机理和负荷特性的电压暂降耐受力测试方法，建立了电压暂降耐受特性试验平台，针对照明负荷、交流接触器、开关电源、节能灯、变频器、PLC 和 PC 进行了多种因素影响下的针对性试验研究，提取了大量的试验数据，绘制了电压暂降敏感度曲线，建立了典型敏感设备暂降耐受特性曲线数据库。

（4）电压暂降指标与评估体系研究

1）从设备免疫能力评估的角度提出了一种多暂降阈值和持续时间序列的电压暂降描述新方法，避免了对非矩形暂降的过度评估；同时提出了站点暂降描述图的概念，可与设备电压耐受曲线方便地结合起来，评估设备因暂降发生故障的频次、频次区间。

2）提出了电压暂降影响度的概念，综合熵权法、层次分析法、权值函数法，提出了具有可实施性的基于多暂降阈值和持续时间的电压暂降新型描述方法的暂降事件、电网公共连接点与区域电网的电压暂降影响评估体系。

本项目研究成果对于正确认识电压暂降问题，采取有效的措施防治电压暂降提供了科学依据，同时部分研究成果已形成电压暂降国家标准的一部分，促进了我国电压暂降监测、分析与评估工作的开展。

14. 多源分布式新能源发电直流供电运行控制技术研究与应用

主要完成人：袁晓冬、何国庆、李强、徐晓慧、徐青山、李群、柳丹、吕振华、史明明、蔡冬阳、孙健、陈兵、贾萌萌、戴强晟、朱卫平、罗珊珊

完成单位：国网江苏省电力公司、中国电力科学研究院、南瑞集团公司、东南大学、上海交通大学

项目来源：其他

项目时间：2015 年 1 月—2016 年 12 月

项目简介：

项目属于新能源发电领域。

（1）主要研究内容

1）适用于分布式新能源的直流供电模式研究。

2）分布式新能源直流供电系统数模混合仿真及运行特性研究。

3）分布式新能源直流供电控制与保护技术研究。

4）分布式新能源直流供电系统示范应用。

（2）主要创新点

创新点1：适应多源分布式新能源接入的分层式直流供电技术。

创新点2：计及潮流均衡的直流供电系统源荷互补优化配置技术。

创新点3：基于RT-LAB/RTDS的分布式新能源直流供电系统硬件在环平台。

创新点4：计及交直流分层与控制分级的供电系统协调运行技术。

创新点5：基于有效区域划分的分布式新能源直流供电系统网络化保护技术。

（3）关键技术指标

1）建立直流供电系统性能评估指标体系，提出适用于分布式新能源的直流供电系统的典型拓扑结构；直流供电系统中电源和负载的优化配置方案。

2）掌握分布式新能源直流供电系统中电源和负载的运行特性；建立直流电源/负载实时仿真模型，直流电源/负载类型均不少于3种；完成分布式新能源交/直流供电系统变流器硬件在环实证性研究，其中：数字仿真步长≤10μs，功率在环模拟仿真开关频率≥5kHz，风电容量≥20kW、光伏容量≥30kW、混合储能容量≥50kW。

3）提出分布式新能源直流供电的多电源及负荷的协调控制策略，开发工程实用化的直流供电控制系统，满足示范工程应用需求；掌握直流供电系统的继电保护协调配置技术，提出实用的直流供电系统的继电保护协调配置方案。

4）提出分布式新能源直流供电系统能量管理的功能框架，研发实用的分布式新能源直流供电能量管理系统；提出实用化的直流供电系统集成方案；实现直流供电技术在试验系统和现场示范工程中的应用。

（4）应用推广情况

基于传统负荷，研制了可以直接接入直流微电网的新型负荷；研发了即插即用接口，在江苏建成了直流微电网示范工程。

15. 功率变换器EMI高频段特性及其控制技术研究

主要完成人：董纪清、陈庆彬、陈为

完成单位：福州大学

项目来源：基金资助

项目时间：2014年1月—2016年12月

项目简介：

本项目研究功率变换器高频段EMI噪声特性的分析和预测，包括对高频段噪声关键影响因素的辨识、变压器EMI特性参数的测量和电磁多物理场的仿真，研究成果将EMI噪声诊断与预测由目前的低频段推至中、高频段，实现传导EMI噪声全频段控制。项目的研究深化了对变压器电磁兼容特性的分析，除考虑电场耦合外，还考虑磁场对电场耦合的影响，建立一个磁、电集成的综合模型，将传导EMI噪声的分析和预测拓宽至更高频段。提出变压器EMI噪声特性评估的新方法，在新方法考虑中、高频段磁场对噪声电位分布的影响，使测量的结果反映变压器内磁、电的综合作用，获得更接近高频状态下的变压器EMI噪声特性参数。

16. 功率变换器磁元件磁心损耗关键技术研究

主要完成人：陈为、董纪清、何建农、刘金海、汪晶慧、叶建盈、黄晓生

完成单位：福州大学电气工程与自动化学院

项目来源：基金资助

项目时间：2013年1月—2016年12月

项目简介：

所属科学技术领域：电力电子高频磁技术。

主要科技内容：本项目从新角度研究磁心损耗测量新方法，从原理上完全克服现有方法固有误差，同时保持电气测量法简捷实用的优点，并能测量复杂励磁波形下的损耗；通过对新方法的误差分析，采取优化、消除以及补偿等综合措施，使得测量精度明显优于现有方法，满足研究分析和实际应用要求；结合磁心损耗机理分析、损耗实验设计以及数据智能分析，研究磁心在复杂任意励磁波形下的损耗特征，揭示对磁心损耗有本质作用的具有外部电气可测性的各个影响因素，建立适用于任意复杂励磁波形下的磁心损耗通用高精度模型。研究成果将促进功率变换器磁元件设计与应用水平的提高。

主要技术创新点：

1）在研究内容上，将磁心损耗测量和损耗模型的研究从目前的高频铁氧体材料（阻抗角<86°）扩大到高频磁粉心材料（阻抗角>88°），填补目前国内外对高频磁粉心材料损耗测量和损耗模型的缺失。

2）提出磁心损耗测量的新原理和新方法。新原理既要具有电气测量方法简单快捷的优点，又能避免传统方法对于高阻抗角磁心损耗测量的难以克服的固有误差来源。

3）将磁心损耗测量和模型的研究从简单的正弦励磁波形和方波励磁波形扩展到任意复杂的励磁波形。

4）揭示能表征磁心损耗的更本质的且具有外部电气可测性的影响因素。

关键技术指标：

1）提出的测量新原理和实现方法，在原理上可以克服现有方法的固有误差问题。目标效果是使得新方法的测量精度在励磁频率高达300kHz下和被测磁心阻抗角89°以下，达到5%的精度；在500kHz下和被测磁心阻抗角89°下以及1MHz和88°下，均能达到8%的精度。

2）建立可适用于功率变换器应用条件下任意波形励磁的高频磁心损耗通用模型。模型具有普遍应用性，精度达到5%以内。

17. 功率变换器磁元件电磁兼容磁电综合模型研究

主要完成人：陈庆彬、陈为、董纪清、汪晶慧、林苏斌

完成单位：福州大学

项目来源：基金资助

项目时间：2014年1月—2016年12月

项目简介：

本课题以磁元件为核心研究对象，从磁、电综合的新角度研究磁元件的电磁噪声特性。通过理论方法分析磁元件的电磁特性，并设计新的测试方案以评估不同频率下磁元件内磁场对噪声电场的影响因素。在此基础上采用电磁场仿真手段，通过电场、磁场的多物理场耦合仿真分析以明确磁元件内磁场对噪声电场分布的影响规律并提取相应的磁、电综合参数。综合理论分析、实验测试评估和电磁多物理场仿真，建立能反映磁元件电磁兼容特性的磁、电综合模型，以指导磁元件的结构设计和工艺控制。研究成果将丰富传导EMI噪声高频段的理论，并为其诊断与抑制提供指导。提出将磁元件作为噪声源网络，而不是传统的噪声路径，从磁元件内部的电、磁特性深化分析磁元件在传导电磁干扰机理中的作用，进一步丰富和完善功率变换器电磁噪声诊断与抑制的理论和应用。提出磁元件的电磁兼容特性并不仅仅是传统认识下的容性参数，低频下磁场对噪声电场分布的影响较小，磁元件的噪声特性参数呈现容性，而高频下磁场的影响增大将导致噪声电场分布改变，使磁元件的高频电磁特性参数趋于复杂，使对高频下磁元件内电磁特性的认识更加准确、全面。提出能反映高频下磁场影响噪声电场的新测量方案，并采用多物理场仿真磁元件电磁特性的磁、电耦合，抽取磁元件的电气参数，在此基础上建立反映磁元件内磁、电集成的综合模型，将传导EMI噪声的分析和预测拓宽至更高频段。提出用于传导噪声控制的磁元件参数控制方法，研究噪声特性对变压器不同结构参数的敏感程度，并以此为依据指导磁元件的结构设计和工艺控制，对工程应用起到指导作用。

18. 功率差额补偿型嵌入式光伏系统的拓扑与控制技术研究

主要完成人：王丰、卓放、朱田华、史书怀、孙乐嘉

完成单位：西安交通大学

项目来源：其他单位委托

项目时间：2014年6月—2016年6月

项目简介：

本研究基于分布式最大功率跟踪的概念，提出并探索一种嵌入式光伏发电模块的一体化技术。所提方案利用并联型的电力电子开关网络替代传统光伏板接线盒中的旁路二极管，通过功率差额补偿的原理消除模块内部各个光伏电池组之间因失配现象造成的功率失衡问题，提高模块的抗扰性和运行效率；同时在模块输出侧通过最大功率控制实现恒功率的输出特性，提高基于该模块的光伏阵列电产率。研究内容从嵌入式光伏模块的拓扑演化、协同控制策略优化、数学模型建立和级联特性分析几方面依次展开，旨在寻求嵌入式电路和光伏电池板一体化的解决思路，构造高抗扰性、高效率的紧凑型、模块化光伏发电单元，力争为光伏系统的无扰发电、高效馈电、稳定消纳提供一条具有指导意义的新思路。

19. 故障条件下电能质量调节器的强欠驱动特性与容错控制研究

主要完成人：张晓华、郭源博、周鑫、李林、张铭、李浩洋、夏金辉

完成单位：大连理工大学

项目来源：基金资助

项目时间：2014年1月—2017年12月

项目简介：

本项目提出了电网电压/功率器件故障条件下电能质量调节器的故障诊断与容错控制问题，难点是电网故障时电网电压信号的快速同步，以及功率器件故障后容错系统的性能维持。采用低阶FIR滤波器与低阶Kalman滤波器相结合的复合滤波辨识方法，来辨识电网电压正序基波的幅值、相位和频率，提出了一种具备谐波抵抗能力的三相电网电压快速同步方法，提高了典型电网电压故障的检测速度；通过对四开关容错逆变器的参考电压矢量进行补偿，显著提高了容错逆变器的直流电压利用率，进一步提高了功率开关器件故障后系统的带载能力和电气性能，具有较大的实际应用价值。

20. 光伏发电电网电能质量治理研究

主要完成人：付青、洪瑞江、王东海、邓幼俊、林伟、孙韵林

完成单位：中山大学

项目来源：省、市、自治区计划

项目时间：2018年2月—2018年11月

项目简介：

对光伏并网系统的电能质量进行分析研究，建立光伏发电系统的电能质量监控管理平台，提出对负荷电能质量的负荷预测方案，研究直流侧电压波动时逆变器的控制方法，提出对光伏发电电网电能质量综合治理的新型方案，研制对电网电能质量治理的光伏并网逆变系统，形成自主知识产权的较完善的产品。

21. 基于不确定干扰估计的LCCL型并网逆变器控制策略

主要完成人：叶永强、熊永康

完成单位：南京航空航天大学

项目来源：其他

项目时间：2016年10月—2017年4月

项目简介：

LCCL是LCL逆变器的一种变形结构，其既保留了较高的高频谐波抑制能力，又将逆变器对象由三阶系统降为一阶系统，简化了控制器设计难度。但其降阶特性是以参数匹配为前提的，而在实际应用中硬件参数却是会发生改变的，这就会导致降阶特性不能总是成立。对此申请人根据LCCL的特点提出一种基于不确定干扰估计（UDE）的LCCL并网逆变器控制策略，该控制策略通过设计合适的参

考模型形式和滤波器结构将 UDE 控制器的设计转换成了对参数 α、β 和 k 的设计，等效出一个 PI 控制器和微分前馈的控制器结构，再根据 1.5 拍延时等实际需要设定了参数的具体取值范围，最终实现了仅通过一个参数的调节就达到对系统控制的目的，该工作简化了控制器设计，方便了工程实现。主要研究成果发表在国际权威 SCI 期刊（IEEE Trans. Ind. Electron.，2018）上。

22. 基于不确定干扰估计器的 PMSM 驱动电流控制方案及一种简单的参数整定算法

主要完成人： 任建俊、叶永强

完成单位： 南京航空航天大学

项目来源： 其他

项目时间： 2015 年 10 月—2016 年 9 月

项目简介：

高性能的电流控制策略一直是国内外学术界和工业界关注的焦点。目前，如何简单而快速地整定电流控制器参数以获得良好的控制性能，是困扰工业界的一个非常棘手的问题。由 IEEE 会士、ABB 资深科学家、瑞典皇家理工学院兼职教授 Lennart Harnefors 于 1998 年提出的基于模型的电流环 PI 增益整定方法在国际上最为认可和得到广泛应用。虽然该方法将 PI 增益整定问题简化为单带宽参数化整定问题，但是严重依赖电机模型参数，在实际工况下电机电阻和电感参数的不确定性给该方法的实施带来了诸多不便。对此，本项目组首次提出了一种双带宽参数化鲁棒电流控制方法，不仅对电机模型参数误差不敏感，而且控制器参数（PI 增益）能简单地表示为两个带宽（即期望的闭环带宽和集总干扰带宽）之和与积的形式。与单带宽参数化整定方法相比具有更多的自由度，从理论上彻底消除了对模型参数的依赖性，在实际应用中很好地克服了参数不确定性对 PI 增益整定的影响，实现了单调参数优化整定效果，大大提升了控制器整定效率，在一定程度上突破了国际上目前主流的基于模型和基于经验试凑的参数整定方法的局限性，具有重要的工业推广应用价值。主要研究结果发表在国际权威 SCI 期刊（IEEE Trans. Power Electron.，32，5712，2017）上，得到包括期刊副主编和 3 位匿名审稿人在内的多位专家的高度评价和肯定。

23. 基于交互式多模型的交流电动机无速度传感器控制抗差机理与控制方法研究

主要完成人： 尹忠刚、陈桂涛、朱群、张延庆

完成单位： 西安理工大学

项目来源： 基金资助

项目时间： 2014 年 1 月—2016 年 12 月

项目简介：

外部误差干扰和内部估算误差是影响交流电动机转速辨识的重要因素。研究表明，尽管有内部校正环节的转速辨识方法具有较强的抗干扰能力，但是面对误差尤其是粗差时仍然会出现较大的抖动，影响系统的控制性能。采用交互式多模型方法解决抗差问题，可以有效避免不同噪声模式之间的切换过于保守，兼顾系统的最优性。项目以感应电机无速度传感器控制系统为研究对象，研究了非线性因素对无速度传感器控制性能的影响，尤其是误差对转速辨识环节的影响；建立了感应电机转速辨识的多模型抗差数学模型，并研究了抗差机理；提出了基于交互式多模型抗差理论的扩展卡尔曼滤波转速辨识方法，并研究了极低速条件下系统性能的提高；将多模型思想进一步延伸，提出了一种多模型 EKF 协同马尔科夫链的转速估计方法，利用后验信息修正先验信息，得到模型间更准确的转换情况以及模型与电机实际运行状态的匹配情况，最后根据每个模型的似然函数进行最终结果的输出融合，实现对系统状态的精确估计，解决了抗差和低速问题。研究了基于 Lyapunov 函数的无速度传感器控制多模型抗差系统稳定性与参数敏感性分析方法。为了减弱固定的先验噪声模型对扩展卡尔曼滤波器状态估计的影响，提出了一种基于粒子群优化的感应电机模糊 EKF 转速估计方法，将 PSO 算法引入模糊控制器，监视实际残差与理论残差的偏离程度，自适应选择模糊调整因子，在线递推修正测量噪声协方差矩阵的加权值，使其逐渐逼近真实噪声水平，并减小了外部干扰和时变测量噪声对系统性能的影响。搭建了以浮点 DSP 为核心的实验样机，验证了理论分析及控制策略的正确性和有效性。

24. 基于实时仿真的风电场 SVG 控制保护装置检测平台

主要完成人： 田军、唐健、舒军、刘静波、刘征宇、肖文静

完成单位： 东方电气中央研究院

项目来源： 部委计划

项目时间： 2015 年 7 月—2016 年 12 月

项目简介：

基于实时仿真的风电场 SVG 控制保护装置检测平台项目属于电力电子与控制领域和新能源发电领域。

本项目的主要技术内容有：

1）四川省风电时空分布特性研究，分析典型风电场出力特性，根据四川各区域风电装机进度、相关规划风电场的测风数据，研究多区域风电群的集聚和平滑效应，以及风电接入对四川电网调峰调频的影响。

2）研究基于实时仿真的风电机组建模方法，建立风电场模型、风电机组机械控制模型和其他电气设备模型，形成风电机组控制系统的检测环境。

3）研究基于实时仿真的无功补偿设备 SVG 控制器检测技术和模型验证技术。

4）基于容量加权的参数聚合等值方案建立风电场模型，并利用实际风电场的测试数据进行对比，验证模型有效性。

5）建立基于实时仿真的风电场涉网保护装置检测平台，实现各项性能检测和性能评估，并提出合理的涉网保护配置方案。

本项目的主要创新点有：

1）基于风电集群效应及历史数据统计方法分析了不同时空尺度四川风电的出力特性，提出四川电网在电力平衡、调峰、调频方面的应对措施。

2）搭建基于实时仿真的风电场SVG硬件在环检测平台，基于实时仿真平台搭建1.5MW直驱风电机组、10Mvar风电场SVG模型，仿真平台与实际机组的风速-功率曲线对比，通过与实际产品特性曲线校核，得到具有工程精度的风电机组、SVG仿真模型。

3）提出以容量加权的参数聚合风电场等值方法，在实时仿真平台上搭建风电场等值模型，并与实际风电场现场录波波形进行比对、校核，验证了风电场聚合模型的正确性。

4）提出基于滑动平均滤波器的锁相环算法，改善锁相环节在电网谐波或不平衡时的抗干扰能力，同时提出风电机组在电网电压不平衡、SVG在电网电压畸变时的改进控制策略，显著提高风电控制系统的电网适应性。

本项目的关键技术指标有：

1）基于实时仿真的风电场SVG硬件在环检测平台，与实际产品校核，得到具有工程精度的模型。

2）容量加权的参数聚合风电场等值方法，与实际风电场校核，得到具有工程精度的风电场模型。

3）基于滑动平均滤波器的锁相环算法，显著提高风电场的电网适应性。

本项目已经在某电力公司、某49.5MW风电场进行现场测试、验证，效果良好。

25. 截止型EC电路短路火花放电机理及关键技术研究

主要完成人：于月森、伍小等

完成单位：中国矿业大学

项目来源：基金资助

项目时间：2014年1月—2016年12月

项目简介：

以本质安全型开关电路为研究对象，建立截止放电模式下容性感性复合电路模型。从研究安全火花放电机理入手，研究截止放电模式下本质安全型复合电路火花放电特征，研究因截止时间不同而引起的短时放电与长时放电在引燃能力方面的区别，研究感性电路的多次击穿放电过程，确定最危险的放电形式，研究感性电路的放电时间大于电路时间常数这一统计规律的理论依据，从而全面揭示截止型本质安全开关电路的火花放电机理。研究截止放电模式下复合电路火花放电规律及数学模型，分析火花放电能量影响因素，研究截止型本质安全开关电源减小火花能量的方法，以提高本质安全开关电源的功率。从理论方面和数学角度解释清楚能量判别与功率判别之间的内在关系，最终确定评价电路本质安全性能的功率判据。为大功率本安电源的设计提供理论基础与优化设计依据。

26. 开关电源传导EMI的仿真预测频率扩展技术

主要完成人：陈庆彬、谢静逸、张伟豪、陈为

完成单位：福州大学

项目来源：其他

项目时间：2016年6月—2017年3月

项目简介：

本项目研究功率变换传导频段（150kHz~30MHz）EMI噪声特性仿真。包括对高频段噪声源和噪声路径的获取；PCB结构的宽频建模；关键电磁元件（差模滤波器、共模滤波器、电感器、功率变压器等）的宽频模型和模型参数的确认；磁心材料宽频磁导率参数确定；电容器的高频阻抗特性建模与参数测试提取；电容器直流偏压、正弦偏压和正弦半波偏压下参数确定；分布电磁耦合参数高频模型及参数提取方法。在综合考虑产品实际，确定关键器件和器件间耦合模型及相应参数后，进行系统级建模仿真，完成150kHz~30MHz EMI噪声频谱特性分布的仿真。

27. 考虑电源噪声的DDR信号快速时域分析

主要完成人：初秀琴、李玉山、路建民、王君、李桃、王卓超、陈海龙

完成单位：西安电子科技大学

项目来源：其他单位委托

项目时间：2015年9月—2017年4月

项目简介：

研究分析在电源噪声存在的前提下，存储器DDR的眼图和发生的误码率。

28. 考虑基波频率动态行为的交流分布式电源系统稳定性研究

主要完成人：刘增

完成单位：西安交通大学

项目来源：国际合作

项目时间：2014年7月—2016年1月

项目简介：

交流分布式电源系统内部变流器之间的相互作用容易导致系统稳定性问题，基于模块端口特性模型的频域方法较传统电力系统中采用的基于系统状态空间模型的时域方法更适合于交流分布式电源系统稳定性研究。越来越多的交流分布式电源系统采用下垂控制实现电源之间的功率分配，这将导致系统基波频率不再恒定，且其动态行为与功率传输直接相关，而现有频域方法尚未考虑到该基波频率动态行为。针对该基本科学问题，本项目对存在基波频率动态行为的交流分布式电源系统中系统级联稳定性、电源子系统并联稳定性、变流器端口频率特性建模及测量进行了研究。已建立起含基波频率动态行为的交流分布式电源系统稳定性频域理论体系，同时解决了基波频率动态变化时变流器端口频率特性测量中的关键技术问题。

29. 可再生能源发电中功率变流器的可靠性研究

主要完成人：周雒维、杜雄、罗全明、卢伟国、孙鹏菊

完成单位：重庆大学

项目来源：基金资助

项目时间：2012年1月—2016年12月

项目简介：

随着新能源发电容量占电力系统容量比例的增大，电力系统对新能源发电的可靠性提出了更高的要求，要求其具有与传统水电和火电相近的可靠性。然而由于新能源发电输入功率的随机波动和其恶劣的工作环境，导致在新能源发电中应用的功率变流器处理的功率一直处于变化之中，交变的电热应力和机械应力使其可靠性受到极大影响。

本项目从新能源发电中变流器的设计和运行层面来研究提高变流器可靠性的方法。重点研究引入功率波动等因素的多维多变流器稳定性分析方法及其相关的稳定控制策略，为新能源发电变流器的稳定运行提供理论基础；研究变流器端部信息与变流器状态之间的关系，以及基于端部信息的变流器状态监测方法，通过状态检测实现变流器故障前的预警，避免故障造成的强制停机，实现变流器的安全运行，提高系统可靠性；研究通过对变流器载荷及载荷变化率的控制，以及对散热系统的实时管理，并结合状态监测等方法，对引起变流器疲劳老化的电热应力进行管理，减缓变流器的失效进程，延长变流器的工作寿命，实现未来高效、可靠变流器系统的综合控制与设计。项目的研究将为新能源系统变流器的可靠性分析与设计提供理论支撑。

本项目为国家自然科学基金重点项目，在 IEEE Trans.、IET Trans.、Microelectronics Reliability、中国电机工程学报、电工技术学报等国内外知名刊物上发表和录用学术论文 76 篇。被 SCI 检索 19 篇，EI 检索 33 篇。申请发明专利 18 项。举办学术会议两次，参加学术会议 14 次，已培养博士生 4 名，在培养博士生 2 名。培养硕士生 15 名。

30. 锂离子动力电池热设计

主要完成人：吴彬、滕冠兴、李哲、张剑波

完成单位：清华大学汽车工程系

项目来源：自选

项目时间：2012 年 1 月—2017 年 6 月

项目简介：

本项目聚焦锂离子电池单体（而非电池模块或电池组）在正常状态（区别于热失控状态）下的热问题，从热参数估算、热模拟、热设计三个方面开展了系统性的研究。其中，热参数的估算结果是电池热模拟的重要输入，而电池热模拟是开展热设计的必要手段。

针对层叠式锂离子电池的结构特点，本项目提出了热参数估算方法。通过测量电池被外热源加热后的时域温度响应，建立反映实验过程的传热模型，调整传热模型中的参数以使模拟结果与实验结果的差异最小，实现了比热容、导热系数等多个热参数的原位、同步估算。利用等温量热仪器，开发量热过程中时延环节的修正方法，完成了锂离子电池产热的精确测量。

利用热参数的估算结果，建立了锂离子电池的多维热电耦合模型，电池表面多点的温度测量结果验证了模型的准确性。运用经过验证的热电耦合模型，分析了影响电池温度分布的原因，发现极耳与电芯间的热量交换对电池的温度分布起主导作用。

对电池的热设计进行了优化。首先，优化了同侧和异侧两种极耳布置方案下的电芯长宽比和极耳位置。其次，基于多维热电耦合模型的数值解，建立了针对层叠式电池的热设计方法，优化了电池的结构尺寸，比较了不同容量电池的热特性，从热特性的角度提出了电池容量上限确定方法。

本项目提出的热参数估算方法和量热方法，已经在各大电芯企业有所应用；提出的热电耦合模型构建方法和热设计方法，也已经应用在某家电芯企业的电池设计过程中。

31. 面向燃料电池单体流场设计的水热管理模拟

主要完成人：司德春、胡佳音、肖运聪、孙瑛、张剑波

完成单位：清华大学汽车工程系

项目来源：基金资助

项目时间：2016 年 1 月—2017 年 12 月

项目简介：

针对燃料电池电堆大面积带来的水、热、电流分布不均及相互耦合问题，本项目开发出既能反映核心材料特性又能进行快速耦合计算的燃料电池电堆单元模型及解法，用于研究单元内水、热、电化学耦合机理，为电堆单元的设计提供理论指导和优化工具。

本项目建立了耦合水、热、电流的实用化燃料电池模型，并开发出快速计算的算法，能够预测电池极化曲线及内部电流密度分布，流场对电池性能的影响，电池内部水分布及电池热特性，并用于进行电池的设计及优化。项目提出了一种反映核心材料特性的方法，能够预测不同工况下电池的水传输特性及极化曲线。同时，项目开发了分布式 EIS 测量系统原型，用于燃料电池内部反应过程及物质传输的表征和诊断。

本项目开发的实用化燃料电池单体模型，通过实验输入，减少模型参数，针对当前燃料电池电堆在大面积情况下水热分布不均的情况，能够快速进行模拟，成本低，可用于电堆的优化设计。另外，项目开发的分布式 EIS 测量装置能够测量燃料电池面内的 EIS 分布，通过 EIS 包含的不同频率下的信息，能够揭示电池内部反应及物质传输情况，可望为电堆在大面积下的水、反应、气体分布情况进行诊断，从而来指导燃料电池的优化设计。

32. 面向新能源发电负荷应用的混合多电平并网逆变器研究

主要完成人：何英杰、袁申

完成单位：西安交通大学

项目来源：省、市、自治区计划

项目时间：2014 年 6 月—2016 年 12 月

项目简介：

本项目针对中高压电网新能源接入的相关问题，将太阳能、风力发电系统和储能系统构成混合级联模块，组成混合多电平风光储互补分布式发电系统。研究找出一种优化可行的混合多电平分布式发电系统拓扑设计方法；基于分级建模的思想建立合理的稳态、暂态模型，分析整个系

统的稳定性和动态特性；研究合适的控制方法实现风电模块、太阳能模块和储能模块的有功功率协调控制。设计一种合适的混合多电平调制策略，能合理利用高低压风光模块的特性，合理分配各个模块的指令电压进行调制。通过本项目的深入研究，实现风光储互补复合应用，解决混合多电平变流器实现中高压风电光伏并网发电功能的相关问题，增强我国在分布式发电应用领域的自主创新能力，具有十分重要的理论意义和很有价值的应用前景。

33. 面向智能电网的蛛网动态多径链路路由机理研究

主要完成人：刘晓胜、周岩

完成单位：哈尔滨工业大学

项目来源：基金资助

项目时间：2013 年 1 月—2016 年 12 月

项目简介：

本项目属于智能电网通信领域。主要科技内容是，围绕智能电网通信网络的可靠性，从通信网络拓扑可靠性、通信实时性与确定性、链路路由的可用性以及流量最大化保障等几个方面展开了深入细致的研究。

主要技术创新点包括：①提出了智能变电站通信网络的蛛网拓扑结构，提高智能变电站通信网络的可靠性和经济性；②提出了基于逻辑节点的组网方法，提高了智能变电站通信网络的实时性；③提出了基于 MPLS 改进的无缝流量分配方式，增强了变电站站内通信网络应对流量突增的能力；④提出了基于 MPLS 改进的不间断式双冗余热备份通信方式，增强了变电站内通信网络应对链路故障的能力；⑤基于 MPLS 的全网平均带宽多径路由算法，用以实现智能电网“大节点”间的动态多径路由。

关键技术指标：①通信实时性全面满足 IEC 61850 标准；②零时间路由切换；③单位经济可靠性提高了 7%～36%。本基金项目获得国家基金优秀结题。

34. 燃料电池纳米纤维膜电极的制备和表征

主要完成人：司德春、黄俊、王悦、张剑波

完成单位：清华大学汽车工程系

项目来源：其他单位委托

项目时间：2015 年 12 月—2016 年 12 月

项目简介：

现阶段质子交换膜燃料电池（Proton Exchange Membrane Fuel Cell, PEMFC）的主要挑战是降低成本和延长寿命。PEMFC 核心部件——催化剂层（Catalyst Layer, CL）作为电化学反应的发生场所，是决定其性能、寿命与成本的关键因素。大电流密度、低铂载量、低加湿运行的时代趋势对 CL 的结构设计提出了前所未有的挑战。

本项目研究思路是以离子聚合物相的有序化为核心构筑质子、电子和气体传输三相介质有序的催化剂层。项目开发了有序纳米纤维催化剂层制备方法。方法主要包括催化剂层的优化配方确定，静电纺丝参数确定及纳米纤维的收集。通过上述方法，可直接在质子交换膜上制备得到有序纳米纤维催化剂层。项目也开发了低铂、高效无序纳米纤维催化剂层的制备方法。采用静电纺丝法制备的低铂纳米纤维催化剂层在多种温、湿度下的性能超过相同铂载量的传统喷涂催化层。其在铂载量为 0.087mg/cm^{2}时就达到 0.6V@1.5A/cm^2，(70℃，RH 60%，常压测量)。

本项目采用的静电纺丝法制备纳米纤维催化层具有高效、低成本和操作简单等优点，可望大规模商业化。

35. 三电平光伏发电逆变系统及光伏电池组件关键技术研究

主要完成人：唐健、杨嘉伟、何文辉、刘静波、舒军、章晓沛、李琼、胡凡荣、边晓光、王正杰、肖文静、田军

完成单位：东方电气中央研究院

项目来源：省、市、自治区计划

项目时间：2015 年 1 月—2016 年 12 月

项目简介：

(1) 项目所属科学技术领域

三电平光伏逆变器研制项目属于电力电子与控制领域，也属于新能源发电领域。

(2) 项目主要技术内容

① 开发新一代高性能紧凑式模块化功率组件，组件采用先进的三电平技术，具有转换效率高的特点，有效降低了散热器与滤波器设计体积与成本，提高了系统的整体性能；②研究一种更高效率的新型三电平逆变器控制技术并在产品样机中应用；③研究功率模块并联技术，抑制并联环流电流，进一步提升系统可靠工作；④开发出先进的组合式集中控制器，在保证集中控制器成本优势的同时兼容可扩展性；⑤工业产品结构设计紧凑美观，安装检修方便，提升工业现场应用可维护性。

(3) 项目主要创新

①更高效率、更好兼容性和通用性的三电平功率组件及其包含的关键技术攻关，且具有更好的可维护性；②先进的组合式控制系统设计理念及高速通信技术；③多功率模块并联运行的高性能保证；④更低损耗三电平逆变器调制技术。

(4) 项目关键技术指标

经国家太阳能光伏产品质量监督检验中心测试，最高转换效率达 99%，居于国际领先水平。

(5) 项目应用推广

本项目将在某 20MW 级光伏发电站进行现场示范应用。

36. 三相并网变流器在电网暂态故障情况下的安全运行与控制研究

主要完成人：杜雄、孙鹏菊、时颖、吴军科

完成单位：重庆大学

项目来源：基金资助

项目时间：2013 年 1 月—2016 年 12 月

项目简介：

随着新能源发电的快速发展和大规模应用，三相并网变流器得到了广泛的应用。电网要求并网变流器在电网暂

态故障情况下不仅能持续并网运行，而且还能对电网故障进行支撑，以利于故障后的电网恢复。但电网暂态故障情况下，并网变流器面临负序电流、谐波、直流母线电压波动，以及过电压、过电流等一系列问题，变流器自身的安全运行受到挑战。为了实现故障时并网变流器的安全运行并对电网进行支撑，本项目将研究电网暂态故障对并网变流器的安全运行影响机理，描述故障情况下并网变流器的安全运行能力，为故障时对电网支撑提供理论依据。提出瞬时功率缓冲器的概念，采用超级电容器实现，通过研究优化的控制策略来实现并网变流器在对称和不对称故障情况下的统一控制，解决直流母线电压波动和二倍工频纹波的问题，实现暂态故障情况下变流器的安全运行和对电网支撑的统一。本项目的研究将有助于增强并网变流器的故障穿越能力，并实现对电网故障的支撑，拓展并网变流器的功能。

本项目执行期间，发表 SCI 论文 1 篇，发表国内一级刊物论文 7 篇，发表国内会议论文 2 篇，国际会议论文 1 篇，授权发明专利 2 项，申请发明专利 3 项。培养硕士研究生 3 名。

37. 时速 350km 中国标准化动车组“复兴号”对外辐射骚扰机理研究及辐射 EMI 超标整改

主要完成人：姬军鹏、高永军、曾光、陈文洁、杨旭、陈恒林、路景杰、管俊青、李金刚、成凤娇

完成单位：西安理工大学、中车永济电机有限公司、西安交通大学、浙江大学

项目来源：其他单位委托

项目时间：2017 年 5 月—2017 年 9 月

项目简介：

西安理工大学姬军鹏老师带领的电磁兼容技术创新团队与中国中车永济电机有限公司于 2017 年 5 月开展了“时速 350 公里中国标准化动车组‘复兴号’对外辐射骚扰机理研究及辐射 EMI 超标整改”的科研项目合作。该项目针对中国具有完全自主知识产权的“复兴号”动车组展开电磁干扰研究，建立了可描述动车组电磁干扰特性的整车 EMI 模型，其中包括车底实际布线、设备网络化接地、牵引变流器柜体等高频传导和低频辐射 EMI 模型。基于西安理工大学与西安交通大学联合研发的 2 项技术：数字有源 EMI 抑制技术、可变频带和抑制效果的智能 EMI 滤波技术，整改了“复兴号”中国标准化动车组低频辐射超标的问题，于 2017 年 7 月 13 日在山西省忻州市忻州西站通过了中国铁道科学研究院的测试，达到了国标 GB/T 24338.3—2009《轨道交通　电磁兼容 第 3-1 部分：机车车辆 列车和整车》的要求，解决了阻碍中国标准化动车组不能全面量产的瓶颈问题。

38. 双级矩阵变换器高抗扰性解耦控制

主要完成人：宋卫章、李敏远、梁德胜

完成单位：西安理工大学

项目来源：基金资助

项目时间：2014 年 1 月—2016 年 12 月

项目简介：

本项目属于电气科学领域。

（1）主要研究内容

针对双级矩阵变换器（Two Stage Matrix Converter，TSMC）一体化拓扑带来的耦合影响和弱抗扰性两个固有缺陷，传统空间矢量调制策略需两级协调而相互影响，是一种近似开环控制，更加剧了上述两个问题的产生。

针对上述问题，研究一种 TSMC 解耦控制算法——模型预测控制，利用 TSMC 离散数学模型和 72 种开关状态，以输入无功和输出电流为控制目标，通过一个采样周期水平上预测和直观控制，选择合适开关状态，在正常和非正常工况下均能实现输入瞬时无功功率和输出电流参考误差最小，从而消除 TSMC 整流与逆变级耦合影响和提高非正常工况下系统抗扰性，时刻确保输入输出性能，实现了 TSMC 解耦控制。最后对 TSMC 模型预测控制和空间矢量调制策略进行比对研究，以探索模型预测算法实现 TSMC 解耦控制的机理。

（2）主要技术创新点

1）首次利用模型预测控制算法实现双级矩阵变换器一体化硬件拓扑解耦控制。

2）在不增加任何额外硬件和算法前提下，利用模型预测控制一套算法解决双级矩阵变换器两个固有关键问题：一体化拓扑内部耦合问题和非正常工况下的弱抗扰性问题。

（3）项目执行过程中产生的成果

结合本项目研究，以第一作者在国内外高水平期刊上发表学术论文 11 篇，其中 SCI 检索 1 篇，EI 检索 5 篇；已授权发明专利 3 项；培养硕士生 9 名。

（4）应用推广情况

本项目实现了双级矩阵变换器前后两级解耦，提高了其在非正常工况下的抗扰性，为其在工业中应用解决了两个固有关键问题。本项目还衍生出一种双向型精简矩阵变换器，在 V2G、加速器励磁电源等方面具有重大潜在应用价值。

39. 双馈风电场的电网不对称故障穿越问题研究

主要完成人：杨耕

完成单位：清华大学

项目来源：基金资助

项目时间：2013 年 1 月—2016 年 12 月

项目简介：

以提高电网不对称故障下双馈型风力发电系统的低电压穿越（LVRT）能力为目标，本项目取得了以下成果：①给出了典型的不对称电网电压的幅值和相位特征；分析了电网电压不对称跌落时双馈型（DFIG）风电机组的控制难点及其安全运行的约束条件，提出了 DFIG 机组正序无功电流输出能力的分析方法，并给出了量化指标；②改进了用于电网电压不对称故障检测的数字锁相环子系统，提出了基于并网导则和电网需求的 DFIG 机组正负序有功、无功电流的控制方法；③提出了配置于 DFIG 风电场的静止无功发生器（STATCOM）容量配置方法及其不对称 LVRT 控制策

略；④作为增加内容，分析了新能源并网发电系统的高电压穿越能力，并提出了改进的控制策略。

40. 伺服驱动系统机械谐振抑制技术研究

主要完成人：杨明、徐殿国

完成单位：哈尔滨工业大学

项目来源：国家计划

项目时间：2012 年 1 月—2016 年 12 月

项目简介：

由于伺服系统动态性能的不断提升，原本被忽略的传动装置中弹性部件的影响越发显著。不断拓展的伺服系统带宽将超过系统固有机械谐振频率，控制器综合设计中如不考虑此因素，将会使系统性能严重恶化，甚至造成系统失稳。因此，伺服驱动控制系统机械谐振抑制的综合设计是电机驱动领域的关键共性技术，对于提升伺服系统动态响应品质、提高系统安全性具有十分重要的意义。具备在线抗机械谐振能力已成为当今高档伺服系统的重要标志。

本课题主要从机械谐振机理分析、被动方式抑制谐振、主动方式抑制谐振等三个方面开展了研究。

（1）机械谐振机理分析

1）研究带弹性负载的双惯量系统机械谐振的模型与机理。速度开环，系统谐振频率为 NTF；进入闭环，谐振频率为 ARF。离散化后，若控制系统刚度过大，系统会以 NTF 持续振荡。

2）传动间隙的存在等效降低传动系统弹性系数，加剧机械谐振的影响。在位置环控制中，降低半闭环伺服系统的控制精度，为全闭环系统引入极限环振荡。

3）通过 PRBS 或 Chirp 信号的功率谱分析法获取谐振系统伯德图。辨识过程快速、准确，可用于离线预判是否存在潜在的谐振危害。

（2）被动方式谐振抑制技术

1）实现双 T 形陷波滤波器的设计；提取交轴电流谐波成分，进行 FFT 蝶形算法，根据频率辨识结果在线整定陷波滤波器参数，可自动消除机械谐振。

2）分析小数阶滤波器的结构并利用折线逼近法实现，通过实验分析其鲁棒性，并得出针对不同系统需要同时调节滤波器阶次及时间常数，达到最优控制效果。

3）针对位置环定位末端抖振问题，提出一种最小相角滞后的陷波滤波方案。而零相角滞后滤波器是基于非因果系统的理论设计，实践效果受到限制。

（3）主动方式谐振抑制技术

1）三种极点配置策略使速度环 PI 控制器参数得到优化，提高系统动态响应。但 PI 控制器参数有限使得系统零极点自由度受限，因此控制效果一般。

2）针对轴系限幅安全问题，研究 MPC 算法，转化为 EMPC 查表得出当前最优控制率，解决在线实现问题。理论推导及实验验证轴距限幅控制的制约条件。为了将算法实现于存储空间有限的嵌入式系统，提出 EMPC-PI 切换控制策略，更接近工业应用。

3）针对含间隙的谐振抑制问题，常规陷波滤波措施失效。提出基于轴距扰动观测器方案，等效增加电机的视在惯量，进而消除谐振，实现轴距限幅控制。针对位置环极限环振荡，提出状态反馈控制，通过对闭环系统极点的配置获得反馈系数，进而消除极限环振荡，提高位置控制精度。

通过本项目的研究，建立了多套实物平台：可预置谐振特征的双惯量弹性负载平台、可预置传动间隙的谐振平台以及轴距限幅测试平台。

41. 调控一体化模式下高智能综合防误管理系统研发及产业化

主要完成人：付青、陈鸣、王东海、许银亮、邓幼俊

完成单位：中山大学

项目来源：省、市、自治区计划

项目时间：2014 年 1 月—2017 年 3 月

项目简介：

本项目的研究重点突破调度令智能分解为操作票技术、操作行为的智能化安全校核判断技术、跨区数据交换的安全机制、异构数据共享互融处理技术、图模一体化技术和智能移动操作终端等多项创新技术，包括采用 HTML5 下 SVG 的先进技术，并在智能移动操作终端采用了基于物联网的先进技术，更加有效地实现“五防”，提高现场作业的安全性和可靠性。将电力调度控制中心、受控站、输电线路各领域的业务数据、防误规则纳入统一的管理平台，实现数据集中管理，并结合多种数据库自动将调度指令分解并自动生成各种操作票，目前已创造经济效益 3 亿多元。

42. 微电网预估技术及其智能光伏逆变器开发

主要完成人：付青、鲁忠渝、陈鸣、朱昌亚、王东海、刘凤杰、程光蕾、陈镇光、周超林、卢文

完成单位：中山大学

项目来源：省、市、自治区计划

项目时间：2013 年 10 月—2016 年 1 月

项目简介：

作为大电网的有力补充，微电网技术发展非常迅速。微电网的稳定高效运行需要各个部件协调一致，但对各部件来说微电网系统相当于一个黑匣子，本项目致力于研究微电网的参数识别技术，通过建立微电网的预估模型，并通过对微电网的监测和预估获取微电网的整体运行状态和参数，找出适合于微电网预估的理论和方法，只需要少量的监测数据来把握微电网的运行全局。同时将此技术应用于光伏并网逆变器，可以减少远距离互联线路引起的成本及风险，并有效降低并网逆变器的数据通信压力。本项目将科学理论研究与产业化技术研究相结合，既对微电网的预估技术进行深入研究，又研制具有微电网预估功能的光伏并网逆变器，对促进微网技术和可再生能源推广利用具有重要意义。

43. 先进电源创新科技研究院相关项目

主要完成人：付青、邓幼俊、陈鸣、杜晓荣、王东海、周超林、单英浩、耿炫

完成单位：中山大学、天宝电子（惠州）有限公司

项目来源：省、市、自治区计划

项目时间：2014 年 11 月—2018 年 7 月

项目简介：

本项目指在共同建设企业研究院，研发电源、光伏逆变器等，开发新产品，创造经济效益。每年投入科研经费近 4000 万元，兼有国家资质 CNAS 实验室，具有先进齐全的电磁检测实验室，获 ETL SEMKO、TUVRH、UL 和美国 CEC 能效检测实验室资格认可。

44. 锌空燃料电池极片干嵌法成形过程控制的理论与技术

主要完成人：关玉明

完成单位：河北工业大学

项目来源：其他单位委托

项目时间：2014 年 1 月—2016 年 12 月

项目简介：

本项目属于电池组组装领域，具体涉及一种电解液立式循环锌空电池组。解决的技术问题是，提供一种电解液立式循环锌空电池组。该电池组中锌阳极板和空气阴极板的放置方式，改善了电极摆放方式所造成的产生电流强度不足的缺陷。锌阳极板与空气阴极板之间存在一定缝隙，当电解液水平液面的高度超过锌阳极板的高度后，电解液由于重力作用沿缝隙以类似瀑布的形式落下。电解液下落过程中，接触锌阳极板和空气阴极板，电池随即放电。

本项目的主要技术创新点：

1）锌阳极板和空气阴极板与水平面呈大于 0°且小于 180°的夹角，改善了电极摆放方式所造成的产生电流强度不足的缺陷。同时锌阳极板和空气阴极板均采用可拆卸的形式，使后期维修、更换及拆卸更加简便。

2）锌阳极板与空气阴极板之间存在一定缝隙，当电解液水平液面的高度超过锌阳极板的高度后，电解液由于重力作用沿缝隙以类似瀑布的形式落下。电解液下落过程中，接触锌阳极板和空气阴极板，电池随即放电。这样提高了电池组空间利用率，产生更大的电流强度。

3）电解液入口和电解液回流孔的使用实现了电解液在电池组内外部之间的循环，不仅改善了电池组在反应过程中发热和电解液稀释的缺陷，而且调节了电解液的温度和浓度，使锌空电池组能够持续稳定地产生电能。

4）能够通过调节空气口的开闭或者电解液液面高低，达到控制电池组启停的效果。

45. 新能源电池电芯干燥系统研究与开发

主要完成人：关玉明

完成单位：河北工业大学

项目来源：其他单位委托

项目时间：2015 年 1 月—2017 年 3 月

项目简介：

本项目属于专用机械领域。

（1）主要科技内容

本项目从现有半自动间歇式电芯真空干燥设备入手，针对其自动化程度低、电芯干燥不均匀、手工上下料、密封性能差、不能实时监测等缺点对现有设备进行优化改进，设计成功了一种全自动智能化电芯真空干燥设备。

（2）主要技术创新点

1）设计了自动上下料装置。该装置主要包括一个运车装置，可以实现与前后工位的对接，实现自动上下料，提高了设备的自动化程度。

2）设计了前后门装置，主要包括一个气缸驱动的闸门，该闸门的启闭可以实现电芯小车的进出，同时特殊的导轨设计可以提高整个干燥筒体的密封性，降低了能源消耗。

3）设计了可检测电芯烘烤质量的侧门窗，可以在完成一个工作流程后对电芯烘干质量进行检测，如果不合格则可以继续干燥，克服了之前不能继续干燥只能报废的缺点，降低了成本。

4）本设备包括两个干燥筒体，可以交替进行工作，节约了工作时间，提高了工作效率。

（3）应用推广与社会效应

本项目研发的全自动智能型电芯真空干燥设备及其智能控制系统设备具有广阔市场前景。本设备的成功研发与应用，将大幅度提升电芯干燥的质量和效率，促进新能源汽车的普及与发展，有助于清洁能源的应用推广，提升企业的产品技术附加值，有利于企业掌握自主知识产权，提升了企业的市场竞争力，形成一系列具有自主知识产权的技术专利，有效地促进校企合作，为企业培养高级实用人才，大大促进国家制造业的发展，产生良好的社会与经济效益。

46. 新能源电池极片轧制装备开发

主要完成人：关玉明

完成单位：河北工业大学

项目来源：其他单位委托

项目时间：2015 年 1 月—2016 年 12 月

项目简介：

本项目属于专用机械领域。

（1）主要科技内容

本项目从极片的轧制机理入手进行研究，找出影响极片轧制精度的主要因素以及相对应的极片轧机的机械结构与其控制系统上的问题并加以改进，从而弥补现有极片轧机机械结构上的缺陷并能实施对整个极片轧机的智能控制。将极片轧机整体的机械结构加以改善，从而使结构更加简单并且可以有力地提高极片的轧制精度，使轧机整机的生产、使用、维修过程的成本大大降低。

（2）主要技术创新点

1）在轧机结构精简、刚度强化、高精度轧制的多目标约束下，采用 TRIZ 理论进行顶层设计，运用 Inventiontool-Ⅱ软件对结构环境的设计进行分析，基于宏观的矛盾矩阵法（冲突矩阵法）和微观的物场变换法，以解决设计过程中的冲突与缺陷。

2）在总体设计上，采用空间模型理论，建立空间模

型，变多维问题为二维或三维问题，通过力学分析与软件仿真，研究结构参数与结构刚度、精度的关系，进行结构参数优化，并以此为依据最终确定轧机的结构及尺寸。

3）采用动力学理论、振动理论和有限元理论，研究各个运动机构刚度及动力学性能。首先通过理论建模，建立关键机构结构刚度与运动机构动态特性的关系模型，借助有限元软件的模态分析进行验证和仿真。

（3）关键技术指标

1）在轧机结构精简、刚度强化、高稳定性、高精度的多目标约束下，设计出能保证轧制出的极片表面形状、表面粗糙度、整体厚度符合要求的高精度轧机的力学、结构模型。

2）结合极片轧机轧制全工艺过程提出相应的智能控制模型和智能化的故障诊断控制模型。

3）结合极片轧机轧制过程，研究轧辊动力学、轧机牌坊受力的静力学问题，探究轧机整体结构的关系及结构参数与稳定性、结构刚度、精度的关系。

4）当轧辊高速旋转时，高速旋转的两轧辊静平衡等一系列的静态、动态平衡问题。

5）结合所需要的极片轧制误差和精度等问题，确定各种运动参数，如运动参数、定位参数、控制参数、测量参数等，满足运动和控制精度，考察各类误差对轧机轧制精度及稳定性的影响；通过控制研究确定各个参数之间的关系，确定控制算法及其控制实现方式。

（4）应用推广与社会效应

本项目研发的高精度、稳定性强的电池极片轧机及其智能控制系统设备单价约为300万元，潜在市场为3亿元。本装备的成功研发与应用，将大幅度提升电池极片轧制精度，提高动力锂电池极片轧制的质量及效率，促进新能源汽车的普及与发展，有助于清洁能源的应用推广，提升企业的产品技术附加值，有利于企业掌握自主知识产权，提升了企业的市场竞争力，形成一系列具有自主知识产权的技术专利，有效地促进校企合作，为企业培养高级实用人才，大大促进国家制造业的发展，产生良好的社会与经济效益。

47. 新能源发电系统接口三态开关变换器的控制技术与动力学特性

主要完成人：周国华

完成单位：西南交通大学

项目来源：省、市、自治区计划

项目时间：2014年1月—2016年12月

项目简介：

本项目研究了影响新能源发电系统接口变换器——三态开关变换器特性的关键要素，明确了电感电流及输出电压与输入电流、负载电流、输出功率等之间的关系，揭示了不同功率等级、效率等要求下参考电流和电感续流时间的选择规律；研究了三态开关变换器的调制方法及控制策略，提出了兼顾变换器瞬态性能、稳态性能、系统稳定性和效率的调制与控制的组合方案，建立三态开关变换器调制与控制技术的理论基础；对三态开关变换器进行建模与分析，研究了变换器动力学特性以及电路参数变化对变换器性能的影响，揭示了三态开关变换器安全或稳定运行的电路参数域；针对新能源发电系统对接口变换器的电压、电流、功率、效率等指标要求，设计和实现了三态开关变换器装置，研究了三态开关变换器的实用化技术。在本项目的支持下，已授权发明专利5项、实用新型专利3项，受理发明专利3项；已在国内外学术期刊上或国际会议上发表或录用论文16篇，其中SCI收录6篇，EI收录10篇。

48. 新能源汽车能量变换与运动控制的安全运行关键技术

主要完成人：康劲松、徐国卿、向大为、袁登科

完成单位：同济大学

项目来源：国家计划，部委计划，基金资助，国际合作

项目时间：2008年1月—2016年12月

项目简介：

本项目属于电动汽车领域。作为战略性新兴产业，发展新能源汽车对改善我国能源消费结构、减少大气污染、推动汽车产业和交通运输行业转型升级具有积极意义。项目组围绕新能源汽车能效提升、主动安全控制以及电力电子部件可靠性三方面开展了大量工作。

（1）整车智能能量管理与动力控制技术

依托国家、中国科学院知识创新工程等研究课题，开发纯电动汽车和混合动力汽车的能量管理和动力控制技术，研制具有自主知识产权的智能整车控制系统；研究开发基于电池松弛效应的高安全电池管理技术与系统；开发基于预测控制的快速充放电技术和智能充电规划技术。

（2）电动汽车与先进运动控制技术

针对电动车辆电驱动系统激励所具有的测量方便、响应快速、调节精确等优点，研究提出了多项电动车辆的新型运动控制方法，包括附着参数感知方法，附着稳定性的判定方法，新型车辆运动控制方法等。此外，将车轮防滑控制与再生制动能量回收结合，开发高能效电动汽车控制方法；针对电动汽车研究开发的新型动力学控制技术，不仅对电动汽车的能效提高和快速安全控制具有重要的学术价值，对实现中国电动汽车高端电控技术的自主知识产权也具有重要意义。

（3）电力电子可靠性状态检测技术

为满足电动汽车安全运行的要求，项目组从状态检测与健康管理的新角度，研发了一系列电力电子器件高可靠性关键技术并进行产业化推广。状态检测与健康管理技术通过检测器件状态参数的变化及时获取故障类型、程度与位置等信息，在此基础上采取合理措施以提高系统运行寿命、预防事故发生同时制定有效的运维计划。围绕该方向，项目组发表SCI论文6篇（两篇ESI高引论文）、申请发明专利10项。

在获奖方面，项目组曾获得上海市科技进步奖三等奖、中国电源学会首届科技进步奖-青年奖等奖励。

在工程应用方面，项目组积极推进产业化工作。2007年成功研制国内首辆混合动力码头牵引车，并在深港码头示范运行；与上海中科深江电动车辆有限公司合作，主持开发了包括中科力帆620EV纯电动汽车、混合动力公交车、电动中巴等三款车型。2014年，该公司营业收入3000多万元；2008年与深圳市精能奥天导航技术有限公司合作开发车载智能安全信息系统。2008—2014年，该公司销售额达4.416亿元，净利6000多万元，已成为我国智能辅助驾驶领域的行业领先企业。

49. 新能源汽车整车控制与电池管理系统关键技术研究（重大前沿）

主要完成人：郭峰、张露、向顺、黄锐森等

完成单位：西南交通大学汽车研究院

项目来源：省、市、自治区计划

项目时间：2014年9月—2016年8月

项目简介：

整车控制技术是新能源汽车公认的“电池、电机、电控”三大核心技术之一，整车的所有传感器信息、故障信息均汇集到整车控制器，经整车控制器处理后，整车的所有顶级控制指令均由整车控制器发出。整车控制器的技术水平将直接决定新能源汽车的技术水平。

电池管理系统（BMS）是确保新能源汽车动力电池安全功能管理、提高新能源汽车的续航里程的重要设备，其主要功能是提高电池的利用率，防止电池出现过充电、过放电及过热，延长电池的使用寿命，监控电池的状态。但目前动力电池仍存在一些不足，如循环次数有限、串并联应用问题、使用安全性低、电池电量估算困难等。

新能源汽车的研究与发展，一方面，能有效缓解日益严重的能源危机，从源头上治理传统汽车尾气排放造成的雾霾等环境污染问题；另一方面，也是缩小我国与世界汽车先进技术差距、跻身世界汽车强国、实现汽车行业“弯道超车”的重要机遇。整车控制器和电池管理系统均为新能源汽车的核心技术，目前国外技术较为成熟，而国内深入研究相关技术的高校和企业较少，现有技术不够成熟。对新能源汽车的整车控制器和电池管理系统的关键技术进行深入研究，有利于建立完整的新能源汽车理论体系，对打破国外技术垄断、形成自主品牌、促进整个行业的产业化、提高企业的自主创新能力具有重要的意义。

（1）整车控制策略研究

本项目以新能源汽车整车控制器安全失效模型的建立为出发点，以功能安全架构建模和实现方法为研究点，以开发面向功能安全的新能源汽车整车控制器工程样件为落脚点，理论联系实际，重点开展以下内容的研究：

1）根据失效案例，建立了新能源汽车整车控制器安全失效模型，针对各种失效状态提出了相应的应对策略，提高了车辆的可靠性。

2）基于新能源汽车整车控制器安全失效模型，建立了基于多级分层监控的新能源汽车整车控制器安全架构模型，提高了车辆的安全性。

3）针对整车控制的需求，设计了整车控制算法，开发出面向功能安全的新能源汽车整车控制器，高效地实现了相应的控制功能。

（2）电池管理策略研究

随着汽车工业的发展，新能源汽车对电池使用寿命及电池容量要求愈加严格。高效的纯电动、混合动力汽车电池管理系统（BMS），一方面需要实时监视和平衡单个电池的电压，另一方面还要避免数据采集电路在高压和热插拔方面的危险，这给开发设计工作带来了巨大挑战。

基于模块标准化、产品系列化、电路通用化的设计原则，使用成熟稳定的电路设计、简化设计、冗余设计、降额设计、热设计等设计方法，实现了BCU和MCU的系统架构设计。

1）结合新型的非耗散法分流器与阈值法，提出了新的电池均衡控制策略，解决了充放电均衡问题。

2）提出了基于电池均衡策略的分配算法，提高回收能量的存储效率。

3）采用一种基于EKF（扩展卡尔曼滤波）的SOC估算方法，提高估算准确性，并结合自动校正算法，提高在时间维度上的适应性。

4）建立了基于模型的热管理策略，使单个电池始终保持在最佳温度状态，同时均衡各电池间的温度，提高电池的性能。

50. 云南电网与南方电网主网鲁西背靠背直流异步联网工程——±350kV/1044MW换流站及阀控系统的研制任务

主要完成人：李耀华、王平、李子欣、高范强、徐飞、马逊、楚遵方

完成单位：中国科学院电工研究所

项目来源：国家计划

项目时间：2015年8月—2016年8月

项目简介：

本项目承担南方电网重大科研示范工程项目“云南电网与南方电网主网鲁西背靠背直流异步联网工程”——±350kV/1044MW换流站及阀控系统的研制任务。项目实施过程中，所研制MMCon-G4换流器控制保护系统完成了数千项FPT、DPT测试试验。所研制的云南鲁西柔直工程广西侧换流器于2016年8月29日成功投运，测试和运行结果表明，系统运行稳定可靠，性能满足设计要求。云南异步联网柔直工程的顺利建成投运创造该技术领域新的世界纪录：单台柔性直流换流器容量最大——1000MW，直流电压最高——±350kV，换流器电路最复杂——高压环境下5616只IGBT同时实时协调工作。

51. 智能高效电动汽车充电管理系统关键技术的研发及产业化

主要完成人：付青、周立平、刘晓飞、王东海、竺颖

完成单位：中山大学

项目来源：其他

项目时间：2018 年 1 月—2018 年 12 月

项目简介：

本项目针对新能源电动汽车充电管理系统，系统地研究其能效提升理论与方法，研究高效率的绿色电动汽车充电电路，研究高效率的充电电路多机并联技术，已经实现整个充电系统能效提升的 EMS 经济最优提升技术。

52. 中车唐山机车车辆公司的无弓受流系统

主要完成人：史黎明、朱海滨、张志华、杜玉梅、张瑞华

完成单位：中国科学院电工研究所

项目来源：其他单位委托

项目时间：2014 年 1 月—2016 年 6 月

项目简介：

本项目研制成功国内第一套轨道交通车辆用百 kW 无接触受流系统装置系统样机，安装在一辆实际车辆的转向架上，测试表明，实际输出功率 160kW、效率 83%，满足轨道交通非接触式供电运行的要求。同时研制成功满足磁浮列车非接触车辆供电的“多模块化”高频无线电能传输工程样机，包括敷设于轨道沿线的高频线缆绕组、高耦合车载接收板、并联式高频逆变模块，满足实际磁浮列车的供电需求。可在磁浮交通、城市轨道交通供电领域推广应用。

53. 自配置非对称无线蜂窝网供电机制及关键技术研究

主要完成人：夏晨阳、伍小杰、于月森等

完成单位：中国矿业大学

项目来源：基金资助

项目时间：2014 年 1 月—2016 年 12 月

项目简介：

针对传统“点对点”和“广播式”无线供电模式对受电设备磁能拾取单元与源设备磁能发射单元之间的横向位置偏差低容忍度限制，引入蜂窝网相关理论，提出一种自配置无线蜂窝网供电概念，构建一种网内受电设备可大范围自由移动的新型无线供电体系，实现平面内自由随机分布受电设备群高效并行供电。本课题重点研究：①无线蜂窝网供电系统基本架构及工作机制；②无线蜂窝供电细胞识别算法研究；③电压拾取盲点抑制低杂散磁场改进型非对称磁路拓扑研究；④无线蜂窝网供电系统非线性建模及鲁棒性研究。其研究成果可望应用于平面内随机分布移动受电设备群的灵活、高效、并行无线充供电。

第六篇　电源标准

中国电源学会团体标准 2018 年度工作综述

培育发展团体标准，是发挥市场在标准化资源配置中的决定性作用、加快构建国家新型标准体系的重要举措。2015 年，国务院颁布了《深化标准化工作改革方案》；2016 年 3 月，国家质检总局和国家标准委印发了《关于培育和发展团体标准的指导意见》，鼓励具备相应能力的社团组织和产业联盟制定满足市场和创新需要的标准，以增加标准的有效供给。

长期以来，由于没有专门的标准委员会针对电源产品进行标准的统筹制定，电源行业标准存在多头制定、缺乏体系规划、更新不及时等问题，难以满足行业发展的需要。

在此背景下，中国电源学会于 2016 年正式启动团体标准制定工作，并初步取得了成效。本着“行业主导、需求为先、系统规划、务实高效”的原则，2017~2018 年，学会依据《中国电源学会团体标准管理办法》，并针对目前电源行业急需领域和课题，继续开展团体标准工作。

一、团体标准建设工作概要

标准化是推动行业规范发展的“助推器”，而团体标准的制定则有助于弥补国家标准立项慢、周期长、种类不齐全等问题。本着“行业主导、需求为先、系统规划、务实高效”的原则，中国电源学会自 2016 年以来围绕电源行业团体标准做了大量扎实有效的工作。针对目前电源行业急需领域和课题，学会每年定期面向行业征集标准提案，得到了学会各专委会以及电源企业、科研院所的广泛关注和积极参与。

自 2018 年 6 月首批 8 项团体标准经立项、起草、公开征集意见、审查、审批等工作程序后成功发布执行以来，各项标准或填补了行业空白，或领行业之先，对于引领行业健康发展意义重大。

2017 年末，针对目前电源行业急需领域和课题，学会启动第二批团体标准制定工作，于 2018 年完成立项、起草，并于 2019 年初完成了公开征集意见、学会团体标准办公室格式审查及专家评审等环节。

二、起草组织工作概要

2017 年末，中国电源学会面向行业征集标准提案，接到申报 9 项，经公开征求意见及学会团体标准工作组专家审查，均具有较高的专业水平，均获立项。

立项号	项目名称	主要起草单位
CPSS(L) 2018-001	低压混合式动态无功补偿装置	上海电气电力电子有限公司
CPSS(L) 2018-002	低压有源电压质量控制装置技术规范	西安交通大学
CPSS(L) 2018-003	低压直流型电压暂降补偿装置技术规范	深圳供电局有限公司电力科学研究院
CPSS(L) 2018-004	电气设备电压暂降及短时中断耐受能力测试方法	广州供电局有限公司电力试验研究院
CPSS(L) 2018-005	智能变电站电能质量测量方法	国网安徽省电力有限公司电力科学研究院
CPSS(L) 2018-006	中压静止无功发生器	武汉武新电气科技股份有限公司
CPSS(L) 2018-007	锂离子电池模块通用标准接口技术规范	杭州高特电子设备股份有限公司
CPSS(L) 2018-008	锂离子动力电池模组测试系统标准	山东大学
CPSS(L) 2018-009	超级不间断电源设备	浙江大学

注：以上立项名称在编制起草过程中根据实际情况部分有修改。

另有 2016 年立项后延期提交的两项标准与 2017 年度 9 项标准同批进入工作流程：

- T/CPSS 1005-2016《磁性材料高励磁损耗测量方法》。
- TCPSS 1006-2016《电动汽车运动过程无线充电方法》。

以上 11 个标准在中国电源学会团体标准领导小组及相关专业委员会指导及组织下，在术语定义、技术指标、实验方法、产品性能、存储运输等方面进行大量考察、实验与研讨等工作，在编写过程中会同大专院校、研究机构及相关一线企业进行多次沟通及编制会议，使团体标准制定工作顺利进行。

（一）《低压混合式动态无功补偿装置》起草组工作会议

2018 年 3 月底，《低压混合式动态无功补偿装置》起草组在中国电源学会电能质量专委会的组织下在安徽召开标准启动工作会议，会议由上海电气输配电集团技术中心主任陈国栋主持，项目负责人上海电气电力电子有限公司电力电子研究室主任王江涛等共 35 位起草组成员及企业代表参会。会议就标准的起草思路、整体框架、关键的专业术语、技术要求关键点做了深入讨论。会议上提出了 11 个关键点：标准的名称、范围和目的，响应时间的定义与试验方法，损耗的定义与试验方法，无功补偿精度计量指标，无源之间的独立工作特性，附加功能（谐波滤除功能和不平衡补偿功能），标识方法，人机界面功能，是否串电抗器，交接试验项目，有源补偿容量和无源补偿容量的配比。

2018年4月至8月，起草组完成了标准初稿，同时通过邮件或电话方式征询起草组内意见后，于8月22日在苏州召开了第二次讨论会议，对初稿进行了全面地审核讨论，汇总修改意见。初稿经过修改完善后，于11月20日通过电话会议进行了内部专家评审，再次修改后形成标准征求意见稿。

（二）《低压有源电压偏差补偿装置》起草组工作会议

2018年3月底，《低压有源电压偏差补偿装置》起草组在中国电源学会电能质量专委会的组织下在安徽召开标准启动工作会议。会议决定由来自西安交通大学、西安爱科赛博电气股份有限公司、电子科技大学、广州供电局有限公司电力试验研究院等34家单位的专家成立标准制定工作组（以下简称工作组），并根据成员的专业特长进行任务分工，开展标准编写工作。

2018年8月，中国电源学会电能质量专委会组织在苏州召开标准内部审查。通过会议审查和修改，工作组内部达成一致，初步形成标准意见征求稿。

拓扑除补偿电压偏差问题外，也可具备一定的电压暂降治理功能，因此标准第一版名称为《低压有源电压质量控制装置》。后为突出其主要功能，电压偏差补偿，因此，经工作组反复论证，将标准名称更改为《低压有源电压偏差补偿装置》，明确规范主体。

（三）《低压直流型电压暂降补偿装置技术规范》起草组工作会议

2018年3月底，《低压直流型电压暂降补偿装置技术规范》起草组在中国电源学会电能质量专委会的组织下在安徽召开标准启动工作会议。会议传达了中国电源学会电能质量专委会标准制定组对本次标准制定工作的基本指导思想：①必须要按照团体标准的模板进行编制，提高规范性；②标准制定人员名单的排序按照对标准制定工作的贡献公正进行。工作组对本团体标准的工作框架进行了确认，并进行了如下分工：

章　节	参与单位
1. 范围	深圳供电局、南京国臣
2. 规范性引用文件	四川大学、华南理工大学
3. 术语和定义	四川大学、华南理工大学、云南电科院、安徽大学
4. 符号、代号和缩略语	深圳供电局、南京国臣
5. 系统组成	深圳供电局、四川大学、南京国臣、华南理工大学、安徽大学
6. 使用条件	深圳供电局、南京国臣
7. 技术要求	南京国臣、深圳供电局、四川大学、华南理工大学、深圳中电
8. 试验项目与方法	湖北电科院、中国电科院、河北电科院、上海电科院、深圳供电局、南京国臣
9. 标志、包装、运输、贮存	南京国臣、深圳供电局
附录1原理与典型拓扑	南京国臣、四川大学、安徽大学、华南理工大学
附录2典型应用场景	浙江电科院等(每个起草单位提供1~2个案例,然后汇总)

2018年8月，中国电源学会电能质量专委会在苏州召开标准内部审查会。通过会议审查和修改，工作组内部达成一致，初步形成标准意见征求稿。

（四）《电气设备电压暂降及短时中断耐受能力测试方法》起草组工作会议

2018年3月，《电气设备电压暂降及短时中断耐受能力测试方法》起草组在中国电源学会电能质量专委会的组织下，在合肥召开了标准启动工作会议。会议决定由来自广州供电局有限公司电力试验研究院、华南理工大学、全球能源互联网研究院有限公司、四川大学、亚洲电能质量产业联盟等35家单位的专家成立了标准制定工作组（以下简称工作组），根据成员的专业特长进行任务分工，开展标准编写工作。会议对标准大纲结构进行了讨论，并拟定了标准制定进度。

2018年8月，中国电源学会电能质量专委会在苏州召开标准内部审查会。通过会议审查和修改，工作组内部达成一致，初步形成标准意见征求稿。

（五）《智能变电站电能质量测量方法》起草组工作会议

2018年3月底，《智能变电站电能质量测量方法》起草组在中国电源学会电能质量专委会的组织下在安徽召开标准启动工作会议。会议主持人安徽大学朱明星副教授介绍了《智能变电站电能质量测量方法》的标准立项情况和标准编写的大纲初稿，会议中确定了标准草案编制架构，标准编制工作安排及计划。技术方面就现行产品标准存在的问题进行了讨论，并明确了本标准重点关注的技术指标、测量方法及测量误差等项目，对于关注的技术指标提出调研、测试等工作要求及任务分工。

2018年8月，中国电源学会电能质量专委会组织在苏州召开团体标准工作组第二次会议，会议中结合小组单位提供的智能变电站电能质量测量的现状对标准草案进行了深入的讨论，编制组讨论议定标准（草案）修改建议。执笔人员根据会议意见于10月完成标准的修改并形成草案第二稿。

2018年11月，根据各起草单位对于草案第二稿的函审意见和电能质量专委会组织的内部专家电话会议评审意见，执笔人员完成标准的修改并最终形成标准征求意见稿。

（六）《中压静止无功发生器》起草组工作会议

2018年3月30日，起草组在合肥召开《中压静止无功发生器》团体标准启动会，主要讨论标准起草背景与要求、本项标准起草编制框架与分工、本项标准的进度计划要求。其中，会议确定本标准面向中压SVG产品，应用领域以智能电网为主、地铁及石化冶金为辅，3~35kV电压范围，体现行业规范化、规模化和领先化三个要求。重点要求了AVC、低电压和高电压穿越技术、THDi和损耗等主要技术指标、现场检测与出厂检测要分开等。确定技术要求主要由武新电气、新风光电负责编制，产品分类由思源电气负责编制，试验方法和检测规则主要由江苏电科院、株洲变流、广西电科院等负责。本标准整体规划初期稿、草案稿、报审稿、报批稿等四大阶段。

2018年7月10日，由电能质量专委会牵头，在上海召开专委会归口本年度6项团体标准主要负责人沟通会。会议主要听取各小组团体标准编制进度和后续工作安排，并集体讨论目前存在的问题与解决方法。

2018年8月11日，由标准负责人提议在昆明市云南电科院召开了本标准初期稿内部征求意见会议，会议主要对统稿后的初期稿每个条款做深入细致讨论，确定提交电能质量专委会大会讨论的标准初期稿，并在会后以标准起草单位微信群和邮件形式征求意见，先后对范围、规范性引用文件、术语和定义、型号命名和产品分类、技术要求、试验方法和检验规则等重点进行梳理。

2018年8月24日，中国电源学会电能质量专委会在苏州召开本标准初期稿的讨论会，会议主要检查本团体标准的初期讨论稿编制情况，并梳理初期稿中存在的主要问题，参会编制组成员及与会专家逐条审议并提出修改意见，最后形成团体标准草案内部征求意见稿。

（七）《锂离子电池模块通用标准接口技术规范》起草组工作会议

2018年5月12日由中国电源学会新能源车充电与驱动专委会和杭州高特电子设备股份有限公司组织发起的《锂离子电池模块通用标准接口技术规范》团体标准第一次标准研讨会在深圳龙岗珠江皇冠假日酒店举行。来自电动汽车整车厂、检测机构、高等院校、电池厂、零部件企业等单位的近40位专家与企业代表参与了标准的讨论。研讨会由李毅山博士主持，标准的主要发起单位杭州高特电子设备股份有限公司徐剑虹总经理详细介绍了团体标准的背景及标准初稿，并听取专家意见。会议确定了标准框架结构与主要章节内容，以及后续工作具体安排。

（八）《锂离子动力电池模组测试系统标准》起草组工作会议

2018年5月12日，由中国电源学会新能源车充电与驱动专委会和山东大学组织发起的《锂离子动力电池模组测试系统标准》团体标准第一次标准研讨会在深圳龙岗珠江皇冠假日酒店举行。来自电动汽车整车厂、检测机构、高等院校、电池厂、零部件企业等单位的近40位专家与企业代表参与了标准的讨论。

山东大学段彬介绍了动力电池测试系统当前的紧迫需求、技术现状和严峻问题，以及《锂离子动力电池模组测试系统标准》的发起情况。该标准是由山东大学张承慧发起，并得到了广大动力电池生产单位、测试机构和整车企业等的积极响应。青岛美凯麟科技股份有限公司张建国汇报了标准初稿内容，参会专家从设备制造、应用，标准的推广、实施等角度提出了数十条意见和建议。起草组汇总并讨论分析专家意见，2018年6~9月反复修改完善初稿，形成征求意见稿。

（九）《超级不间断电源》起草组工作会议

《超级不间断电源》于2018年3月正式组建起草组后，主要起草单位浙江大学及起草单位厦门科华恒盛股份有限公司经反复修改，形成标准草案。2018年11月中旬起草组召开电话和网络多媒体视频工作会议，共同讨论修改标准文稿。与会单位有：浙江大学、厦门科华恒盛股份有限公司。会议重点讨论了标准的范围、架构、内容，标准分工、进度，对提交会议讨论的标准草案提出了修改意见。工作组成员单位对会议内容达成了一致意见。会后，标准起草工作组根据讨论意见对标准草案进行修改，并确定了标准征求意见稿。

（十）《磁性材料高励磁损耗测量方法》起草组工作会议

2016年9月，起草组召开标准专家组会议，会议决定该标准由福州大学电气工程与自动化学院负责主导起草，南京新康达磁业股份有限公司、台达电子企业管理（上海）有限公司、青岛云路新能源科技有限公司、华为技术有限公司、北京创四方电子股份有限公司、深圳顺络电子股份有限公司、中国计量科学研究院单位参与起草。会后成立了标准编制组，由福州大学电气工程与自动化学院陈为教授担任组长，负责具体实施，日常工作由各起草单位联合负责。编制组制定了标准编制工作计划，确立了标准起草工作的原则、程序和进度。

2018年8月27日，起草组在福建省建阳市召开工作会议，会上编制组报告了起草工作情况，与会专家对第一稿草案进行了认真的讨论，提出10条需验证的问题和修订意见。编制组经过理论分析和实验验证，按采纳、部分采纳、不采纳等三种方式进行了处理，形成了本标准的第二稿草案。

2018年9月12日至9月25日，第二稿草案在编制组内部征求意见。截至9月25日共收到天通、新康达、东磁、伊顿、天恒、华为、浙江省计量科学研究院7家单位55条修订意见，编制组按采纳、部分采纳、不采纳等三种方式进行了处理，在此基础上形成了本标准的第三稿草案。

2018年9月20日在南京召开了中国专家工作组会议，会上编制组报告了项目前期数据收集、测量过程及各种测量方法的对比分析情况，并针对起草组工作会议上专家意见答复情况进行了详细介绍，与会专家对草案内容进行了全面的分析和讨论，提出5点问题和修订意见。编制组经过理论分析和实验验证，按采纳、部分采纳、不采纳等三种方式进行了处理，在此基础上形成了本标准征求意见稿。

三、审查组织工作概要

（一）征求意见

2018年12月初，各主要起草单位经过数月的广泛调研、充分讨论和认真起草，以上11项团体标准均完成征求意见稿，进入征求意见阶段。学会本着“科学、严谨、公开、透明”的原则，通过学会官网、官微、相关行业媒体及专业委员会等渠道，以定向及公开征求方式向生产单位、企业客户、业内专家等数十家单位、上百位专家广泛征求意见，力争做到标准先进、可行。此次征求意见参与单位范围广、意见的数量与质量都达到新的高峰，共有来自100余家单位的专家及资深从业技术人员提出700余项意见，涵盖标准结构、术语定义、写作规范、参数设定、测量设备、考核指标等多个部分。起草单位于2019年1~2月对于这些意见进行逐一处理，根据处理结果对标准征求意见稿进行修改，形成标准报审稿（初稿）。

部分意见来源单位：安徽徽电科技股份有限公司，安徽科派自动化技术有限公司，安徽武怡电气科技有限公司，安徽一天电能质量技术有限公司，安徽振兴科技股份有限公司，北方工业大学机电工程学院，北方民族大学，北京创四方电子股份有限公司，北京海博思创科技有限公司，北京匠芯电池科技有限公司，北京交通大学，北京理工大学，北京英博电气股份有限公司，北京中大科慧科技发展有限公司，大力电工襄阳股份有限公司，蜂巢能源科技有限公司，佛山供电局，佛山市柏克新能科技股份有限公司，福建省电力科学研究院，福州大学电气工程与自动化学院，葛洲坝集团，广东电网有限责任公司电力科学研究院，广西电网有限责任公司电力科学研究院，国电南瑞，国家电梯质量监督检验中心（重庆），国网北京石景山供电公司，国网湖南省电力有限公司电力科学研究院，国网陕西省电力公司电力科学研究院，国网上海电科院，海尔集团技术研发中心，海南电网有限责任公司电力科学研究院，杭州得诚电力科技股份有限公司，杭州固恒能源科技有限公司，河北衡丰发电有限责任公司，横店集团东磁股份有限公司，湖南大学，华北电力大学，华南理工大学，华为技术有限公司，华中科技大学电气与电子工程学院，济南大学，国网江苏省电力公司电力科学研究院，江苏方天电力技术有限公司，江苏集萃安泰创明先进能源材料研究院有限公司公司，江苏中凌高科技股份有限公司，昆明理工大学，利思电气（上海）有限公司，全球能源互联网研究院，龙能科技（宁夏）有限责任公司，马钢股份，绵阳开元磁性材料有限公司，南方电网科学研究院，南京国臣直流配电科技有限公司，南京航空航天大学，南京新康达磁业股份有限公司，南京亚派，南京长安汽车有限公司，南瑞继保，内蒙古汇能煤化工有限公司，农夫山泉股份有限公司，清华大学，厦门市爱维达电子有限公司，厦门市供电服务有限公司，厦门兴厦控恒昌自动化有限公司，山东奥太电气有限公司，山东电工电气集团新能科技有限公司，山东工商学院，山东交通学院，山东科技大学，山东科技大学，山东兆宇电子股份有限公司，山东中瑞电子股份有限公司，山西电科院，陕西神木化学工业有限公司，上海电器设备检测所有限公司，上海共正电控有限公司，上海致达智能科技股份有限公司，上能电气股份有限公司，深圳大学，深圳供电局有限公司，深圳市铂科新材料股份有限公司，深圳市中电电力技术股份有限公司，深圳顺络电子股份有限公司，深圳振华富电子有限公司，盛弘电气，四川大学电气信息学院，苏州一科建建筑设计院，塔菲尔新能源科技，天臣新能源有限公司，天津大学，天能集团，天通控股股份有限公司，同济大学内燃机研究所，武汉大学，武汉理工大学，西安爱科赛博电气股份有限公司，西安博宇电气有限公司，西安交通大学，西安理工大学，西安特锐德智能充电科技有限公司，西安西驰电气股份有限公司，西安许继电力电子技术有限公司，西华大学，西南交通大学，西南石油大学，现代汽车研发中心（中国）有限公司，新风光电子科技股份有限公司，许昌开普检测研究院股份有限公司，许继电气股份有限公司，扬州华鼎电器有限公司，扬子石化-巴斯夫有限责任公司，阳光电源股份有限公司，伊顿库柏电子科技（上海）有限公司，宜家购物中心（中国）管理有限公司，易事特集团股份有限公司，银星通达公司，云南电科院，张家港智电柔性输配电技术研究所有限公司，长沙天恒测控技术有限公司，浙江大学，浙江电科院，浙江东睦科达磁电有限公司，浙江桂容谐平科技，正泰电气股份有限公司，郑州竞帆新能源汽车有限公司，中车青岛四方车辆研究所，中达电通，中达电通股份有限公司，中国电科第九研究所，中国电科第十四研究所，中国电力科学研究院有限公司，中国电信集团有限公司，中国东方电气集团有限公司，中国科学院电工技术研究所，中国矿业大学，中国汽车工程研究院股份有限公司，中国石化金陵石化炼油厂，中国石化仪征化纤有限责任公司，中国移动通信集团国际信息港建设中心，中海油服技术研究院，中南大学，中天科技，中兴通信，众泰汽车，重庆大学，重庆前卫科技集团，重庆市科学技术研究院，重庆威斯特电梯有限公司。

（以上单位排名不分先后）

（二）审核组织工作

1. 格式审查

2019年2~3月，中国电源学会对起草组提交的上述11项团体标准报审稿（初稿）及2018年参评修后重审的《高功率大电流四象限变流系统技术规范》（审查中建议更名为《基于晶闸管的聚变电源用四象限整流系统技术规范》）二次报审稿，共12项报审稿（初稿）组织进行格式审查。

2. 审查会

2019年4月20~21日，中国电源学会团体标准审查会议在天津召开。评审专家以及起草组代表共计30余人参加本次会议。会议对学会第二批共12项团体标准报审稿进行了审查。

评审专家听取了标准起草单位关于标准报审稿编制情况的汇报和说明，从合法性、合理性、可行性、精确性、协调性和先进性等方面对提交的报审稿进行审查、讨论。具体审查标准如下：

合法性：标准是否与法律、行政法规、规章和规范性文件相抵触。

合理性：标准是否遵循并体现实践规律与通用要求，是否适应经济社会发展及相关业务需求。

可行性：标准能否达到预期效果，是否适宜共同使用与重复使用。

精确性：标准格式是否正确，有关术语、数字、公式、符号、图表等表述是否科学，引用的标准及其他规范性文件（包括采用的国际或外国先进标准）是否有效。

协调性：标准与其他现行国家标准、行业标准有无交叉，标准的章节条款是否前后一致。

先进性：原则上团体标准的各项技术指标要求应高于行业标准、国家标准。

最终，共有 8 项团体标准报审稿顺利通过审查。专家组认为，相关标准整体结构合理，内容系统全面，具有较强的现实需求和实用价值，符合当前行业发展要求，有利于推动行业有序发展。同时专家组也就标准的内容侧重、范围、规范用语和准确性等方面提出了修改意见和建议。

有关团体标准起草单位将根据审查会议提出的修改意见对标准进一步修改完善并形成报批稿，按规定程序进行报批。

附：中国电源学会团体标准审查会通过项目

低压混合式动态无功补偿装置

低压有源电压偏差补偿装置

低压直流型电压暂降与短时中断补偿装置技术规范

智能变电站电能质量测量方法

中压链式静止无功发生器

锂离子电池模组测试系统技术规范

超级不间断电源

基于晶闸管的聚变电源用四象限整流系统技术规范

注：部分标准在起草过程中项目名称有调整。

四、2018 年度团体标准简况

2018 年 9 月，中国电源学会启动新一批团体标准制定，并于 2018 年 11 月 25 日完成了提案征集。

2019 年 1 月 28 日至 2019 年 2 月 21 日，学会团体标准工作领导小组对 2018 年度学会团体标准审查立项意见进行审批。根据反馈意见以及《中国电源学会团体标准管理办法》的有关规定于 2019 年 2 月正式批准立项。本次立项的 11 项团体标准涉及电能质量、电化学储能系统、特种电源、开关电源等多个领域，预计 2020 年完成标准编制工作。

立项号	项目名称	发起单位
CPSS(L) 2019-001	低压壁挂式家用智能稳压装置技术规范	广西电网有限责任公司电力科学研究院
CPSS(L) 2019-002	飞轮储能不间断应急供电电源验收试验技术规范	国网北京市电力公司电力科学研究院
CPSS(L) 2019-003	固态切换开关现场调试与验收规范	国网北京市电力公司电力科学研究院
CPSS(L) 2019-004	用户侧电能质量在线监测终端接入系统技术规范	云南电网有限责任公司电力科学研究院
CPSS(L) 2019-005	聚变失超保护系统爆炸开关测试标准	中国科学院等离子体物理研究所
CPSS(L) 2019-006	聚变失超保护系统直流快速断路器测试标准	中国科学院等离子体物理研究所
CPSS(L) 2019-007	储能电站储能电池管理系统与储能变流器通信技术规范	杭州高特电子设备股份有限公司
CPSS(L) 2019-008	开关电源电子组件降额技术规范	深圳市航嘉驰源电气股份有限公司
CPSS(L) 2019-009	开关电源高加速寿命试验方法	深圳市航嘉驰源电气股份有限公司
CPSS(L) 2019-010	开关电源交流电压畸变抗扰度技术规范	深圳市航嘉驰源电气股份有限公司
CPSS(L) 2019-011	开关电源平均故障间隔时间(MTBF)可靠性技术规范	深圳市航嘉驰源电气股份有限公司

中国电源学会 2017 年度团体标准简介

一、低压混合式动态无功补偿装置

（一）归口专委会：中国电源学会电能质量专业委员会

（二）起草单位：上海电气电力电子有限公司、上海电器设备检测所有限公司、安徽大学、西安交通大学、西安爱科赛博电气股份有限公司、上能电气股份有限公司、南旭福（北京）信息工程技术有限公司、中国汽车工业工程有限公司、安徽一天电能质量技术有限公司、湖北追日电气股份有限公司、上海英同电气有限公司、山东山大华天科技集团股份有限公司、上海以华电气技术有限公司、新乡市中宝电气有限公司、中山大学、北京星航机电装备有限公司、国网辽宁省电力有限公司电力科学研究院、中国石油大学（华东）、天津市津开电气有限公司、武汉武新电气科技股份有限公司、威凡智能电气高科技有限公司、国网江西省电力有限公司电力科学研究院、广东电网有限责任公司电力科学研究院、亚洲电能质量产业联盟、广西电网有限责任公司电力科学研究院、国网河北省电力有限公司电力科学研究院、国网浙江省电力公司电力科学研究院、国网山西省电力公司电力科学研究院、广州供电局有限公司电力试验研究院、国网北京市电力公司电力科学研究院、安科瑞电气股份有限公司、常州天曼智能科技有限公司、西安科湃电气有限公司。

（三）项目负责人：王江涛，上海电气电力电子有限公司电力电子研究室主任

（四）执笔人：王江涛（上海电气电力电子有限公司）、刘朋（上海电器设备检测所有限公司）、陈国栋（上海电气电力电子有限公司）

（五）起草组成员：王江涛、刘朋、朱明星、陈国栋、卓放、王森、黎忠琼、范福在、涂晓凯、张四海、郑永利、仲隽伟、王海涛、邓剑琪、张新红、付青、王冬梅、李胜辉、仉志华、崔永棚、孙林波、虞增成、黄扬琪、唐酿、王语洁、楚红波、胡文平、王博文、雷达、周凯、张再驰、季晓春、曼苏乐、赵哈

（六）标准 ICS 号：01.040.29

（七）中国标准文献分类号：K46

（八）标准范围：

本标准规定了低压混合式动态无功补偿装置（以下简称“装置”）的术语和定义、技术要求、试验方法、检验规则、标志、包装、运输等内容。

本标准适用于 50Hz、额定工作电压不超过 1000V（1140V）的低压配电系统，含有投切开关、电容器、串联电抗器（可选）和电压型变流器的并联型无功补偿装置。

（九）主要内容与目的意义：

无功功率是电力系统设计运行中的一个重要因素，与电力系统能否安全稳定运行及电力经济息息相关。在电网中，大量的感性负荷比如电机、电弧炉、整流器等装置的应用产生了大量的无功需求，其造成电力系统、用户功率因数的减小，电力设备有效容量的降低，线路损耗的提高，破坏电网电压稳定性，引起电压的波动及闪变，并极大地提高电力电网的建设成本，影响了电网的可靠运行。近几十年来，全球多起大面积停电的事故都是由于电网供电过程中电压不稳定造成的，这些事故表明，为了确保电力系统的正常运行，在保持无功功率稳态平衡的基础上，增加无功功率的动态平衡能力是至关重要的。在电网发生故障或平衡突然被破坏的情况下，无功功率动态平衡能力是维持电网电压稳定的关键要素。

特别是在低压配电网中，电力用户可能随意地接入各种容量的用电设备，其具有设备数量众多、单相和三相并存、频繁启动以及季节性的特点。伴随着电力电子技术在低压系统中的广泛应用，低压系统中负荷的不确定性越发严重，其呈现时变性和波动性的特点愈趋显著，如何快速有效地调节低压配电网中的无功功率，这对电网的稳定、经济、安全等方面都是十分重要的。

随着科学技术的发展，无功补偿装置经历了从简单到复杂的“演变”过程，产生了许多种无功补偿的方式，从最初的调节电容补偿，到调压调容补偿，再到动态无功补偿。目前，并联电容器是我国应用较多的一种无功补偿方法，按照电容投切方式可分为晶闸管投切电容器（Thyristor Switched Capacitor，TSC）、机械式投切电容器（Mechanically Switched Capacitor，MSC），但是它不能吸收无功功率，投入和切除较慢，且补偿的无功均为固定容量，无法动态补偿，容易造成过补或欠补的情况。静止无功发生器（Static Var Generator，SVG）是如今较为先进的补偿技术，其具有响应速度快、运行范围宽、产生谐波少等优点，但由于电力电子器件的开关频率和经济条件的约束，其补偿容量往往达不到要求。

低压混合式动态无功补偿装置采用了 TSC 与 SVG 混合补偿的方式，克服了 TSC 有级补偿以及 SVG 补偿容量不足的缺点，从而实现了大范围的精确动态补偿，并兼顾 TSC 和 SVG 各自优点，在现有无功补偿需求下具有较大的优越性，是低压无功补偿装置的发展方向。

目前，低压配电网无功补偿装置的市场需求巨大，提供产品的制造商众多，由于激烈的市场竞争环境，加之治理产品接入电网缺乏有效的技术监督，造成该类产品质量良莠不齐，影响无功治理应取得的社会与经济效益。针对低压混合式动态无功补偿装置应用中出现的问题，本团体制定相应标准，规范各类技术指标，这对行业的健康发展有着积极的推动作用和指导意义。

（十）标准目录：

前言

1 范围
2 规范性引用文件
3 术语和定义
4 装置的分类
4.1 按电气接线方式分类
4.2 按补偿方式分类
5 功能要求
5.1 控制方式
5.2 补偿方式
5.3 控制功能
5.4 保护
5.5 人机界面
5.6 谐波抑制功能
6 技术要求
6.1 额定值
6.2 环境条件
6.3 结构设计要求
6.4 母线和绝缘导线
6.5 防护等级
6.6 噪声
6.7 温升
6.8 性能要求
6.9 电气间隙和爬电距离
6.10 介电性能
6.11 涌流
6.12 短路耐受强度
6.13 电磁兼容性（EMC）
7 试验方法
7.1 试验条件
7.2 外观及结构检查
7.3 外壳防护等级检验
7.4 电气间隙和爬电距离检验
7.5 介电性能试验
7.6 机械操作试验
7.7 通电操作试验
7.8 功能试验
7.9 性能试验
7.10 温升试验
7.11 保护电路有效性验证
7.12 放电试验
7.13 限涌流试验
7.14 过载能力试验
7.15 短路耐受强度试验
7.16 噪声测试
7.17 电磁兼容性（EMC）试验
7.18 环境温度性能试验（仅适用于户外型装置）
8 检验规则
8.1 出厂试验
8.2 型式试验
8.3 现场试验
8.4 检验项目
9 标志、铭牌、文件资料、包装与运输
9.1 标志、铭牌、文件资料
9.2 包装与运输
附录A（资料性附录） 配置与应用原则

二、低压有源电压偏差补偿装置

（一）归口专委会：中国电源学会电能质量专业委员会

（二）起草单位：西安交通大学、西安爱科赛博电气股份有限公司、电子科技大学、广州供电局有限公司电力试验研究院、国网吉林省电力有限公司电力科学研究院、上海电器设备检测所有限公司、东芝三菱电机工业系统（中国）有限公司、上海电气电力电子有限公司、中国汽车工业工程有限公司、国网湖北省电力有限公司电力科学研究院、国网河北省电力有限公司电力科学研究院、国网浙江省电力公司电力科学研究院、国网四川省电力公司电力科学研究院、四川大学、北京星航机电装备有限公司、威凡智能电气高科技有限公司、新乡市中宝电气有限公司、上能电气股份有限公司、安徽一天电能质量技术有限公司、云南电网有限责任公司电力科学研究院、国网湖南省电力有限公司电力科学研究院、国网江西省电力有限公司电力科学研究院、武汉武新电气科技股份有限公司、广西电网有限责任公司电力科学研究院、中国电力科学研究院有限公司武汉分院、中山大学、国网辽宁省电力有限公司电力科学研究院、国网河南省电力有限公司电力科学研究院、国网北京市电力公司电力科学研究院、上海英同电气有限公司、广州开能电气实业有限公司、西安西驰电气股份有限公司、国网山西省电力公司电力科学研究院、常州天曼智能科技有限公司、西安科湃电气有限公司

（三）项目负责人：卓放，西安交通大学教授

（四）执笔人：卓放（西安交通大学），李春龙（西安爱科赛博电气股份有限公司）、易皓（西安交通大学）

（五）起草组成员：卓放、李春龙、易皓、韩杨、许中、袁野、史贵风、曾获、陈国栋、涂晓凯、胡伟、王磊、吕文韬、徐琳、郑子萱、王新庆、姜筱锋、杨保豫、黎忠琼、张四海、覃日升、王灿、何昊、方四安、金庆忍、吴永康、付青、李平、刘书铭、贾东强、仲隽伟、黄雄、马鑫、雷达、曼苏乐、赵哈

（六）标准ICS号：01.040.29

（七）中国标准文献分类号：K46

（八）标准范围：

本标准规定了低压有源电压偏差补偿装置（以下简称装置）的术语和定义、功能要求、技术要求、试验方法、检验规则、标志、包装、运输、贮存等内容。

本标准适用于频率50Hz、额定电压不超过1000V（1140V）的低压配电网，采用电压源型变流器结构的串联型电压偏差补偿装置。

（九）主要内容与目的意义：

供电电压质量问题近年来受到行业广泛关注，是供电品质保证、精密负载稳定工作的基本保障。现有电压质量问题治理装置包括交流不间断电源（UPS）和动态电压恢复器（DVR）重点关注暂降与短时中断问题，并已形成相

关标准规范。而电压质量问题中的另一类稳态问题——电压偏差问题，其在弱电网、农网、偏远地区电网，以及较高渗透率分布式电源电网中多有发生，影响显著。有源电压偏差治理设备的出现为上述问题的解决提供了良好的思路，随着行业对该类型装置接受度的不断加大，其应用量逐步扩大。如何有效规范这类装置的设计、生产、测试急需系统性指导规范。本标准的制定即针对上述背景开展，预计标准的实施将对该行业的规范化发展和壮大起到有效的指导作用。

（十）标准目录：

前言

1 范围

2 规范性引用文件

3 术语和定义

4 功能要求

4.1 电压偏差补偿能力

4.2 其他补偿功能

4.3 补偿状态/旁路状态切换能力

4.4 保护功能

4.5 操作、通信功能

5 技术要求

5.1 额定值

5.2 环境条件

5.3 装置性能要求

5.4 结构

5.5 温升限值

5.6 绝缘性能

5.7 电磁兼容性

5.8 湿热性能环境试验

6 试验方法

6.1 试验条件

6.2 一般要求

6.3 外观和结构检查

6.4 绝缘试验

6.5 电气性能试验

6.6 保护功能试验

6.7 电磁兼容试验

6.8 操作、通信试验

6.9 耐湿热性能环境试验

7 检验规则

7.1 检验类别

7.2 试验场所

7.3 型式检验

7.4 出厂检验

8 标志、包装、运输、贮存

8.1 标志和随机清单

8.2 包装与运输

8.3 运输

8.4 贮存

附录 A （资料性附录）有源电压偏差补偿装置的工作原理、接入方式和系统构成

三、交流输入电压暂降与短时中断的低压直流型补偿装置技术规范

（一）归口专委会：中国电源学会电能质量专业委员会

（二）起草单位：深圳供电局有限公司电力科学研究院、南京国臣直流配电科技有限公司、华南理工大学、四川大学、安徽大学、上海电器设备检测所有限公司、国网浙江省电力有限公司电力科学研究院、国网河北省电力有限公司电力科学研究院、云南电网有限责任公司电力科学研究院、中国电力科学研究院有限公司、深圳市中电电力技术股份有限公司、中国汽车工业工程有限公司、国网湖北省电力有限公司电力科学研究院、国网重庆市电力公司电力科学研究院、中国电力科学研究院有限公司武汉分院、上海电气电力电子有限公司、国网山西省电力公司电力科学研究院、亚洲电能质量产业联盟、广州供电局有限公司电力试验研究院、国网北京市电力公司电力科学研究院、国网山东省电力公司电力科学研究院

（三）项目负责人：张华赢，深圳供电局有限公司电力科学研究院

（四）执笔人：张华赢（深圳供电局有限公司电力科学研究院）、梅中华（南京国臣直流配电科技有限公司）

（五）起草组成员：张华赢、梅中华、钟庆、汪颖、郑常宝、徐献清、王朝亮、郭捷、郭成、陶以彬、赵艳、孙文华、陈堃、付昂、贺伟、王伟岸、王金浩、黄炜、马智远、常乾坤、张高峰

（六）标准 ICS 号：01.040.29

（七）中国标准文献分类号：K46

（八）标准范围：

本标准规定了低压直流型电压暂降与短时中断补偿装置（以下简称补偿装置）的术语和定义、补偿装置的组成、技术指标要求、功能要求、试验方法、检验规则、标志、包装、运输和贮存等内容。

本标准适用于直流侧电压是 110~1500V 的补偿装置。

注：发生交流电压暂降与短时中断导致直流母线电压下降时，在直流侧增加所定义的补偿装置（以下统指为低压直流型电压暂降与短时中断补偿装置），补偿交流电压暂降。

（九）主要内容与目的意义：

目前在治理电压暂降与短时中断电能质量工作中，直流型治理装置以其经济安全、绿色节能越来越受到用户和同类型装置厂家的认可，但由于缺乏相应的标准规范，给直流型治理装置的技术发展和市场推广带来不利影响，为了响应国家绿色能源、节能减排的号召，为了促进电压暂降治理行业的健康发展，推广直流型治理装置，有必要制定相应的标准规范。

（十）标准目录：

前言

1 范围

2 规范性引用文件

3 术语和定义

4 补偿装置组成

5　通用要求
5.1　使用环境条件要求
5.2　电气输入条件
5.3　外观与结构
5.4　防护与接地
5.5　电气间隙与爬电距离
5.6　补偿装置可靠性设计要求
5.7　补偿装置性能要求
5.8　电磁兼容性
6　其他功能要求
6.1　保护要求
6.2　补偿装置监测及控制功能
7　试验方法
7.1　试验条件
7.2　外观与结构检查
7.3　安全与接地检验
7.4　电气间隙与爬电距离检验
7.5　介电强度试验
7.6　功能试验
8　检验规则
8.1　试验分类
8.2　试验项目
9　标志、包装、运输、贮存
9.1　铭牌标志
9.2　包装
9.3　运输
9.4　贮存
附录 A　（资料性附录）补偿装置原理及典型拓扑
附录 B　（资料性附录）补偿装置的应用
附录 C　（资料性附录）导线颜色的相关规定

四、智能变电站电能质量测量方法

（一）归口专委会：中国电源学会电能质量专业委员会

（二）起草单位：国网安徽省电力有限公司电力科学研究院、安徽大学、上海电力学院、国网河北省电力有限公司电力科学研究院、安徽武怡电气科技有限公司、南方电网科学研究院有限责任公司、深圳市中电电力技术股份有限公司、南京灿能电力自动化股份有限公司、安徽华电工程咨询设计有限公司、中国科学院等离子体物理研究所、上海电气电力电子有限公司、国网河南省电力有限公司电力科学研究院、国网电力科学研究院武汉南瑞有限责任公司、国网北京市电力公司电力科学研究院、亚洲电能质量产业联盟、国网重庆市电力公司电力科学研究院、深圳供电局有限公司电力科学研究院、广州供电局有限公司电力试验研究院、国网山西省电力公司电力科学研究院、广西电网有限责任公司电力科学研究院、国网浙江省电力公司电力科学研究院、中国电力科学研究院有限公司武汉分院、国网湖北省电力有限公司电力科学院、上海电器设备检测所有限公司、国网吉林省电力有限公司电力科学研究院、上海以华电气技术有限公司、上海英同电气有限公司、国网辽宁省电力有限公司电力科学研究院、中国铁路设计集团有限公司、广东电网有限责任公司电力科学研究院、仪玛电能测量技术（北京）有限公司

（三）项目负责人：徐斌（国网安徽省电力有限公司电力科学研究院）

（四）执笔人：徐斌（国网安徽省电力有限公司电力科学研究院）、朱明星（安徽大学）、焦亚东（安徽武怡电气科技有限公司）

（五）起草组成员：徐斌、朱明星、林顺富、段晓波、焦亚东、丁泽俊、王昕、任小宝、王付军、吴亚楠、蒋晓风、代双寅、李穆、迟忠君、王语洁、马兴、汪清、马智远、李胜文、胡翀、郭敏、徐群伟、郭浩洲、李伟、梁晓亮、袁野、邓剑琪、徐海杰、董鹤楠、董志杰、唐酿、郭越航

（六）标准 ICS 号：01.040.29

（七）中国标准文献分类号：K46

（八）标准范围：

本标准规定了智能变电站合并单元输出的数字信号的频率、电压偏差、闪变、电压暂降、暂升和短时中断、电流幅值、谐波、间谐波、不平衡度等电能质量指标的测量方法、测量误差和测量范围。

本标准适用于智能变电站等间隔同步采样的数字信号电能质量参数的测量，其他等间隔同步采样的数字信号电能质量参数的测量，亦可参照使用。

（九）主要内容与目的意义：

随着 IEC 61850 标准在国内电力系统越来越广泛的应用，以及数字式电压/电流互感器的大规模使用，数字化智能变电站的概念已经得到了越来越多的认可，并且已经有大量的实际工程的应用。新一代智能变电站已成为建设智能电网的基石和不可逆转的发展趋势。

与此同时，随着 2010 年 IEC 61850-7-3/-7-4 ED2 中正式增加了 MFLK、MHAI 等电能质量相关逻辑节点，电能质量监测被正式纳入了 IEC 61850 的范畴，基于 IEC 61850 等数字信号规约环境下的电能质量测量问题也日益受到电力系统的关注。由于光电互感器、合并单元输出的数字信号在采样和数据处理等方面有别于传统模拟量信号，需要基于合并单元输出的数据信号完成电能质量指标的测量，目前没有统一的标准给出推荐的电能质量分析方法。

通常智能变电站合并单元输出的数字信号采样频率为每 20ms 80 或 200 个采样点，不一定是 $2n$ 个采样点，而国内传统的保护、测控等装置采样频率一般为每周波 32 点、128 点或其他满足 $N=2n$ 条件的点数，并且传统电能质量测量要求采样频率随电网基波频率变化而自适应调整，这对于电能质量的测量，特别是谐波测量带来较大的影响。与此同时，这也是智能变电站电能质量测量与传统变电站电能质量测量的本质区别所在。

因此，亟需制定智能变电站电能质量测试方法的技术规范，完善电能质量数字信号采集、测量方法的技术要求等具体内容，为国家电网公司电能质量技术监督工作进一步完善提供理论和技术指导。

（十）标准目录：

前言

1　范围
2　规范性引用文件
3　术语和定义
4　总则
4.1　测量方法的分类及要求
4.2　测量环节
4.3　对电压/电流互感器的要求
4.4　对合并单元的要求
4.5　测量累积时间和方法
4.6　标记
5　频率
5.1　测量方法
5.2　测量范围和误差
5.3　累积
6　电压偏差
6.1　测量方法
6.2　测量范围和误差
6.3　累积
7　闪变
7.1　测量方法
7.2　测量范围和误差
7.3　累积
8　电压暂降、暂升和短时中断
8.1　测量方法
8.2　测量范围和误差
8.3　累积
9　电流幅值
9.1　测量方法
9.2　测量范围和误差
9.3　累积
10　谐波
10.1　测量方法
10.2　测量范围和误差
10.3　累积
11　间谐波
11.1　测量方法
11.2　测量范围和误差
11.3　累积
12　不平衡度
12.1　测量方法
12.2　测量范围和误差
12.3　累积
13　影响量范围和误差试验
13.1　影响量范围
13.2　测量误差试验
附录 A　（资料性附录）智能变电站互感器
附录 B　（资料性附录）电能质量参数测量范围及误差

五、中压链式静止无功发生器

（一）归口专委会：中国电源学会电能质量专业委员会

（二）起草单位：武汉武新电气科技股份有限公司、新风光电子科技股份有限公司、思源清能电气电子有限公司、株洲变流技术国家工程研究中心有限公司、国网江苏省电力有限公司电力科学研究院、云南电网有限责任公司电力科学研究院、广西电网有限责任公司电力科学研究院、山东山大华天科技集团股份有限公司、北京星航机电装备有限公司、中国科学院等离子体物理研究所、威凡智能电气高科技有限公司、安徽大学、靖江市普瑞电力科技有限公司、国网安徽省电力有限公司电力科学研究院、中国电力科学研究院有限公司武汉分院、国网浙江省电力公司电力科学研究院、安徽华电工程咨询设计有限公司、上海电气电力电子有限公司、国网电力科学研究院武汉南瑞有限责任公司、国网江西省电力有限公司电力科学研究院、广东电网有限责任公司电力科学研究院、国网辽宁省电力有限公司电力科学研究院、国网河北省电力有限公司电力科学研究院、国网山西省电力公司电力科学研究院、亚洲电能质量产业联盟、国网北京市电力公司电力科学研究院、清华大学、同济大学电子与信息工程学院电气工程系、广州供电局有限公司电力试验研究院、华中科技大学电气与电子工程学院

（三）项目负责人：孙林波，武汉武新电气科技股份有限公司副总经理/研发总监/高级工程师

（四）执笔人：孙林波（武汉武新电气科技股份有限公司）、胡顺全（新风光电子科技股份有限公司）、龙礼兰（株洲变流技术国家工程研究中心有限公司）

（五）起草组成员：孙林波、胡顺全、张秀娟、龙礼兰、陈兵、邢超、周柯、王德涛、古金茂、吴亚楠、刘松斌、张茂松、张乔龙、丁津津、郭浩洲、陈峰、叶金根、周悦、王珊珊、孙旻、刘正富、李胜辉、周文、常潇、王语洁、王海云、耿华、向大为、王勇、戴珂

（六）标准 ICS 号：01.040.29

（七）中国标准文献分类号：K46

（八）标准范围：

本标准规定了中压链式静止无功发生器（以下简称中压 SVG）的术语和定义、型号命名及产品分类、功能要求、技术要求、试验方法、检验规则、标志、包装、运输与贮存等要求。

本标准适用于频率 50Hz、电压 3~35kV 的电力系统中，采用三相链式电压源变流器组成的静止无功发生器。

（九）主要内容与目的意义：

加快可再生清洁能源发展与高效利用、发展智能电网成为世界各国的重要发展战略。而智能电网的重要标志包含新能源发电与电网的有机结合、电网电能质量的更高要求，这就需要应用柔性输电技术，而其中典型的中压 SVG 应用可控的无功电源装备实现对交流输电系统电压、阻抗及功率等参数的灵活快速控制，可提升新能源消纳和电力传输能力，增强电网稳定性并降低电力传输成本。

近年来中压 SVG 的技术研究与产品应用迎来了需求激增和快速发展。为了应对各种扰动和随机性风险，光伏电站、风电场等的规模化消纳需要高水准快速且双向的无功控制技术与装备来稳定电网电压，近年来我国针对风电和

光伏发电等新能源电站接入电网均发布了相应无功控制和低电压穿越控制规范：GB/T 19963—2011《风电场接入电力系统技术规定》、GB/T 29321—2012《光伏发电站无功补偿技术规范》等国家标准相应出台，但是中压 SVG 这类产品的国家标准、行业标准相对缺失，且电力行业标准 DL/T 1215.1~.5—2013《链式静止同步补偿器》偏向电网系统侧，对设备或产品本身缺乏严格深入的要求，且能源行业标准 NB/T 42043—2014《高压静止同步补偿装置》对当前节能如最小工作电流等指标、低电压穿越技术等也未做进一步细致和高标准要求，作为增强电网稳定性并降低电力传输成本的核心装备中压 SVG 更需要结合产品本身，侧重于产品、结合电力系统做深入研究，这些要求对当前及今后中压 SVG 产业健康有序发展至关重要。

除了新能源行业，地铁交通和中压配电网领域针对中压 SVG 需求也具备较大潜力且会逐步迎来需求高峰。

综合以上，制订中压 SVG 的团体标准十分必要，规范相应产品和技术要求，侧重中压 SVG 产品本身，体现行业规范性、规模化和领先化，同时结合参编的多家产品制造企业与 16 家电网单位意见，有利于积极推进新能源电站接入、城市地铁交通建设、中压配电网建设，从而为坚强电网、智能电网的发展保驾护航。

（十）标准目录：

前言

1 范围

2 规范性引用文件

3 术语和定义

4 型号命名与产品分类

4.1 型号命名

4.2 产品分类

5 功能要求

5.1 控制功能要求

5.2 保护功能要求

5.3 监测与通信功能要求

5.4 人机交互功能

6 技术要求

6.1 使用条件

6.2 结构与导体

6.3 性能要求

6.4 安全防护要求

6.5 绝缘耐压

6.6 温升限值

6.7 电磁兼容性

6.8 电磁发射

7 试验方法

7.1 试验条件

7.2 外观与结构检查

7.3 防护等级检验

7.4 绝缘性能试验

7.5 保护功能试验

7.6 控制模式试验

7.7 运行性能试验

7.8 电磁兼容性试验

7.9 电磁发射试验

8 检验规则

8.1 检验分类

8.2 检验项目

8.3 出厂检验

8.4 型式检验

8.5 现场试验

9 标志、包装、运输、贮存

9.1 标志和随机文件

9.2 贮存

六、锂离子电池模组测试系统技术规范

（一）归口专委会：中国电源学会新能源车充电与驱动专业委员会

（二）起草单位：山东大学、青岛美凯麟科技股份有限公司、中国电子科技集团公司第十八研究所、中国北方车辆研究所、上海机动车检测认证技术研究中心有限公司、中国电力科学研究院有限公司、北京新能源汽车股份有限公司、国家新能源汽车技术创新中心、上海汽车集团股份有限公司、中国第一汽车股份有限公司、天津力神电池股份有限公司、北京长城华冠汽车科技股份有限公司、山东沃森电源设备有限公司、国轩高科动力能源有限公司、杭州高特电子设备股份有限公司、宁波普瑞均胜汽车电子有限公司

（三）项目负责人：张承慧，山东大学教授/院长

（四）执笔人：段彬（山东大学）、张建国（青岛美凯麟科技股份有限公司）、肖成伟（中国电子科技集团第十八研究所）

（五）起草组成员：张承慧、段彬、丁文龙、杨东江、张建国、朱良涛、王庆华、肖成伟、胡道中、王一拓、谢先宇、谢欢、许守平、王刚、闫国丰、杨聪娇、原诚寅、李宁、徐航宇、刘家亮、朱江、左阳、朱运征、李传静、朱传高

（六）标准 ICS 号：17.220.20

（七）中国标准文献分类号：L87

（八）标准范围：

本标准规定了锂离子电池模组测试系统的术语和定义、技术要求、试验方法、标志、运输和贮存等内容。

本标准适用于直流电压大于等于 20V、小于等于 500V 的电池模组测试设备，被测试对象是锂离子电池模组。

（九）主要内容与目的意义：

电动汽车是解决能源与环境危机的重要途径，得到世界各国大力支持，发展迅猛。高速发展的背后却存在严重安全隐患，仅 2016 年电动汽车安全事故就多达 35 起，其中因锂离子动力电池引发的高达 60%以上。

锂离子动力电池依然存在寿命短、一致性差、安全性差等问题，只有通过电池测试设备获取真实数据，才能洞悉新特性，凝练新规律，从根本上解决问题。近些年，国家制定了一批关于锂离子电池本身的测试和安全标准，提出了相关要求。但是，对用于电池各项性能指标的电池测试设备标准却依然是空白，电池测试设备本身的性能和安全等还没有标准化，导致测试数据的真实性低、一致性差

等关键问题频出。例如，不仅出现了各厂家的设备由于测试流程不一致，导致参数不一致、测试的数据不真实、误差大等情况，而且设备本身的环境适应性、保护状态的指示等都缺乏统一的规范，引发电池测试人员受伤的案例也时有发生。

由上可见，迫切需要制定电池测试设备相关的规范和标准。通过本标准的制定，可以确保电池测试数据的真实可靠性，可以更加有效地测试电池的参数和性能；保证电池测试设备本身的安全、参数和性能；通过电池测试设备的外部接口和协议标准化，实现与温控箱等设备更好地互联，以全面提高电池测试水平。

锂离子电池模组测试系统主要包括上位机软件、功率变换单元以及辅助数采单元等，系统的特点是宽电流范围、高准确度、高动态响应和长时间可靠运行等。本标准对锂离子电池模组测试系统的设计规格及要求进行指导，采用精度、动态响应时间等方法，给予定量评价。对锂离子电池模组测试系统的功能、性能参数、试验方法、标志、包装、运输及贮存等均进行了明确规定。

（十）标准目录：

前言

1　范围

2　规范性引用文件

3　术语和定义

4　符号、代号和缩略语

5　规格

5.1　电池模组测试系统额定电流等级

5.2　电池模组测试系统额定电压等级

5.3　电池模组测试系统额定功率等级

6　技术要求

6.1　使用条件

6.2　机体和结构质量

6.3　功能要求

6.4　性能指标

6.5　保护功能

6.6　通信

6.7　安全

6.8　电磁兼容

6.9　环境

6.10　振动性能

7　试验方法

7.1　概述

7.2　功能试验

8　标志、包装、运输和贮存

8.1　标志

8.2　使用说明书

8.3　包装

8.4　贮存和保管

8.5　装卸和运输

七、超级不间断电源

（一）归口专委会：中国电源学会信息系统供电技术专业委员会

（二）起草单位：浙江大学、科华恒盛股份有限公司、漳州科华技术有限责任公司、福建省产品质量检验研究院。

（三）项目负责人：徐德鸿，浙江大学教授

（四）执笔人：徐德鸿（浙江大学）、苏先进（厦门科华恒盛股份有限公司）

（五）起草组成员：徐德鸿、苏先进、陈敏、李海津、曾奕彰、钟成剑、雷晓阳

（六）标准 ICS 号：29.200

（七）中国标准文献分类号：K46

（八）标准范围：

本标准规定了超级不间断电源的技术要求、试验方法、检验规则和标志、包装、运输、贮存。

本标准适用于功率从千瓦级到兆瓦级，能满足重大工程高可靠交流负荷供电要求的各类超级不间断电源。

本标准适用于具有下列特征的超级不间断电源：

1）输入能够接入多种类型能源的发电单元（包括电网、燃气发电单元、新能源发电单元等）。

2）能够接入多种类型储能单元（包括储电装置、储氢装置等）。

3）输出为三相固定频率的交流电压。

（九）主要内容与目的意义：

大功率不间断电源设备是航空航天、互联网与通信、精密制造、金融、国防、核电等国家级重大工程必备的基础设施。可靠性、安全性、节能等是我国电源产品的“卡脖子”问题。在各种灾害发生时，重要的负荷遭遇电能供应中断，可能导致社会陷入混乱或产生重大经济损失，如大型数据中心供电故障，将导致数据丢失等重大事故；核电厂电源故障，将导致停堆等涉及人身安全的事故，因此需要配备大功率不间断电源设备以确保重要负荷的稳定连续运行。

为了提高不间断供电设备的可靠性，提出了超级不间断电源设备。超级不间断电源设备具有电网和燃气两种独立的输入能源。电力线路、燃气管道两种基础设施相互独立，互为冗余，提升了装置的可靠性。该装置具有储电、储氢等多种形式的储能装置。另外，加入了高可靠性的电力电子变换装置，显著提升了不间断供电设备的可靠性。

超级不间断电源设备可用于大型数据中心、核电、高端制造、航空航天、军工等重大工程的不间断供电系统。对我国信息安全、中国制造 2025、国防建设都具有重要的意义。

但是，当前超级不间断电源的标准缺失。制定超级不间断电源的标准，可以明确超级不间断电源的术语和定义、技术要求和试验方法。超级不间断电源的标准对于超级不间断电源的产业化应用与长远发展具有深远意义。

（十）标准目录：

前言

1　范围

2　规范性引用文件

3　术语和定义

4　技术要求

4.1　环境要求
4.2　外观与结构
4.3　电气性能
4.4　维护旁路功能
4.5　遥测、遥信功能
4.6　保护与告警功能
4.7　安全要求
4.8　电磁兼容限值
5　试验方法
5.1　电网输入接口指标
5.2　燃气发电输入接口指标
5.3　新能源发电输入接口指标
5.4　系统输出指标
5.5　维护旁路功能
5.6　通信功能
5.7　保护与告警功能
5.8　安全要求
5.9　电磁兼容
5.10　环境试验
6　检验规则
6.1　出厂检验
6.2　型式检验
6.3　检验项目
7　标志、包装、运输、贮存
7.1　标志
7.2　包装产品主要参数等
7.3　运输
7.4　贮存

八、基于晶闸管的聚变电源用四象限整流系统技术规范

（一）归口专委会：中国电源学会特种电源专业委员会

（二）起草单位：中国科学院等离子体物理研究所、科华恒盛股份有限公司、九江赛晶科技股份有限公司、荣信电力股份有限公司。

（三）项目负责人：宋执权，中科院等离子体物理研究所研究员

（四）执笔人：李金超（中科院等离子体物理研究所）、周奇（荣信电力电子股份有限公司）

（五）起草组成员：宋执权、傅鹏、李金超、苏先进、杨涛、欧阳峰、周奇

（六）标准 ICS 号：17.220.20

（七）中国标准文献分类号：A55

（八）标准范围：

本标准规定了高功率大电流四象限变流系统的使用条件、技术要求、关键部件、整体结构、加工工艺、试验验证以及其他要求。

本标准适用于脉冲或稳态高功率大电流运行的四象限变流系统，其典型应用为磁约束核聚变磁体电源系统和大电流综合交直流试验系统。具体应用中，该类型变流系统可实现数千安至上百千安的直流电流输出，系统直流电压多为数百伏至数千伏。

本标准也适用于两象限运行的大电流变流系统。

本标准中所述四象限变流系统，多采用晶闸管作为换流器件。

本标准不适用于直流输电及静止无功补偿等电网应用。

（九）主要内容与目的意义：

高功率变流电源系统在科研、国防、化工等工业和大功率直流测试领域的应用和需求越来越大，而传统的高功率四象限结构的变流系统存在占地空间大、造价高和损耗大等问题，为克服上述问题，采用高功率四象限一体化结构的变流系统成为应用和发展的趋势，该一体化结构的变流系统将变流器、整流变压器、封闭母线、直流电抗器等关键部件作为一个整体来考虑，并进行紧密的结构设计，但该一体化结构的变流系统在数万安大电流运行时会产生强而快速变化的交变电磁场，带来周围环境的电磁兼容影响，变流桥间、桥内各桥臂和并联晶闸管器件的均流，以及在系统短路下的动稳定性等问题，必须采用新的设计方法和规范来解决电磁、元件均流、设备结构动稳定性等问题，因此制定高功率四象限一体化结构变流系统的相关设计标准和规范非常紧迫和必要。

本标准将遵循适用、准确、规范和可拓展的理念，以十二脉波四象限一体化结构的高功率变流系统工程设计和应用的大量经验为基础，总结了近十年来高功率变流系统设计、试验和应用的最新技术成果。为高功率四象限变流系统的工程应用提供针对性的实施准则的同时，也广泛地进行了技术扩展和通用性延伸，覆盖十八或二十四脉波及二象限变流工程技术应用。

本标准旨在通过规范性的技术要求，为高功率四象限一体化结构设计变流系统的工程化应用提供可操作性指导，提高实际工程应用中高功率变流系统的安全性、可靠性和经济性。

（十）标准目录：

前言
1　范围
2　规范性引用文件
3　术语和定义
4　使用条件
4.1　境条件
4.2　电气条件
4.3　特殊运行条件
5　系统配置和设计
5.1　系统运行
5.2　系统设计原则
6　变流桥和旁通单元
6.1　总体要求
6.2　电气设计
6.3　保护配置
6.4　结构设计
6.5　冷却系统设计
6.6　旁通单元设计
7　变压器和电抗器

7.1 变流变压器
7.2 直流电抗器
8 隔离开关和导体连接
8.1 交流隔离和接地开关
8.2 直流隔离和接地开关
8.3 低压交流引线
8.4 直流连接排
9 运行监视和控制
9.1 控制
9.2 测量和监控
10 试验
10.1 总则
10.2 设备试验
10.3 系统试验
10.4 现场验收试验

2018 年终止、废止和新实施相关国家、行业及地方标准

一、2018 年终止标准（38）

电工（13）

国家标准（11）

标称电压 1 kV 及以下交流电力系统用自愈式并联电容器 第 1 部分：总则 性能、试验和定额 安全要求 安装和运行导则

标准编号：GB/T 12747.1—2004 实施日期：2004-08-01

发布部门：中华人民共和国国家质量监督检验检疫总局 中国国家标准化管理委员会

替代情况：被 GB/T 12747.1—2017 代替

标称电压 1 kV 及以下交流电力系统用自愈式并联电容器 第 2 部分：老化试验、自愈性试验和破坏试验

标准编号：GB/T 12747.2—2004 实施日期：2004-08-01

发布部门：中华人民共和国国家质量监督检验检疫总局 中国国家标准化管理委员会

替代情况：被 GB/T 12747.2—2017 代替

变频器供电的笼型感应电动机应用导则

标准编号：GB/T 20161—2008 实施日期：2009-10-01

发布部门：中华人民共和国国家质量监督检验检疫总局 中国国家标准化管理委员会

替代情况：被 GB/T 21209—2017 代替

电力系统用串联电容器 第 2 部分：串联电容器组用保护设备

标准编号：GB/T 6115.2—2002 实施日期：2003-04-01

发布部门：中国电器工业协会

替代情况：被 GB/T 6115.2—2017 代替

普通照明用 LED 模块 性能要求

标准编号：GB/T 24823—2009 实施日期：2010-05-01

发布部门：中华人民共和国国家质量监督检验检疫总局 中国国家标准化管理委员会

替代情况：被 GB/T 24823—2017 代替

标准电压

标准编号：GB/T 156—2007 实施日期：2008-03-01

发布部门：中华人民共和国国家质量监督检验检疫总局 中国国家标准化管理委员会

替代情况：被 GB/T 156—2017 代替

电工电子产品环境试验设备检验方法 太阳辐射试验设备

标准编号：GB/T 5170.9—2008 实施日期：2008-09-01

发布部门：中华人民共和国国家质量监督检验检疫总局 中国国家标准化管理委员会

替代情况：被 GB/T 5170.9—2017 代替

特殊环境条件 高原电工电子产品 第 1 部分：通用技术要求

标准编号：GB/T 20626.1—2006 实施日期：2007-04-01

发布部门：中华人民共和国国家质量监督检验检疫总局 中国国家标准化管理委员会

替代情况：被 GB/T 20626.1—2017 代替

电力变压器、电源装置和类似产品的安全 第 16 部分：医疗场所供电用隔离变压器的特殊要求

标准编号：GB 19212.16—2005 实施日期：2006-08-01

发布部门：中华人民共和国国家质量监督检验检疫总局 中国国家标准化管理委员会

替代情况：被 GB/T 19212.16—2017 代替

互感器试验导则 第 2 部分：电磁式电压互感器

标准编号：GB/T 22071.2—2008 实施日期：2009-04-01

发布部门：中华人民共和国国家质量监督检验检疫总局 中国国家标准化管理委员会

替代情况：被 GB/T 22071.2—2017 代替

变频器供电笼型感应电动机设计和性能导则

标准编号：GB/T 21209—2007 实施日期：2008-05-01

发布部门：中华人民共和国国家质量监督检验检疫总局、中国国家标准化管理委员会

替代情况：被 GB/T 21209—2017 代替

行业标准（2）

静态功率方向继电器技术条件

标准编号：SD 277—1988 实施日期：1988-07-01

发布部门：原中华人民共和国能源部

替代情况：被 DL/T 1772—2017 代替

电力系统继电保护产品动模试验

标准编号：DL/T 871—2004 实施日期：2004-06-01

发布部门：中华人民共和国国家发展和改革委员会
替代情况：废止公告：国家能源局公告 2018 年第 9 号

能源、核技术（14）

国家标准（10）

风力发电机组装配和安装规范
标准编号：GB/T 19568—2004 实施日期：2004-12-01
发布部门：中华人民共和国国家质量监督检验检疫总局 中国国家标准化管理委员会
替代情况：被 GB/T 19568—2017 代替

风力发电机组 异步发电机 第 1 部分：技术条件
标准编号：GB/T 19071.1—2003 实施日期：2003-09-01
发布部门：中华人民共和国国家质量监督检验检疫总局
替代情况：被 GB/T 19071.1—2018 代替

风力发电机组 控制器 试验方法
标准编号：GB/T 19070—2003 实施日期：2003-09-01
发布部门：中华人民共和国国家质量监督检验检疫总局
替代情况：被 GB/T 19070—2017 代替

风力发电机组控制器 技术条件
标准编号：GB/T 19069—2003 实施日期：2003-09-01
发布部门：中华人民共和国国家质量监督检验检疫总局
替代情况：被 GB/T 19069—2017 代替

1000kV 电力系统继电保护技术导则
标准编号：GB/Z 25841—2010 实施日期：2011-05-01
发布部门：中华人民共和国国家质量监督检验检疫总局 中国国家标准化管理委员会
替代情况：被 GB/T 25841—2017 代替

风力发电机组 验收规范
标准编号：GB/T 20319—2006 实施日期：2007-01-01
发布部门：中国国家标准化管理委员会
替代情况：被 GB/T 20319—2017 代替

离网型风力发电机组 第 1 部分：技术条件
标准编号：GB/T 19068.1—2003 实施日期：2003-10-01
发布部门：中国机械工业联合会
替代情况：被 GB/T 19068.1—2017 代替

离网型风力发电机组用发电机 第 1 部分：技术条件
标准编号：GB/T 10760.1—2003 实施日期：2003-09-01
发布部门：中华人民共和国国家质量监督检验检疫总局
替代情况：被 GB/T 10760.1—2017 代替

离网型风力发电机组 第 2 部分：试验方法
标准编号：GB/T 19068.2-2003 实施日期：2003-09-01
发布部门：中国机械工业联合会
替代情况：被 GB/T 19068.2-2017 代替

离网型风力发电机组用发电机 第 2 部分：试验方法
标准编号：GB/T 10760.2—2003 实施日期：2003-09-01
发布部门：中华人民共和国国家质量监督检验检疫总局
替代情况：被 GB/T 10760.2—2017 代替

行业标准（4）

高电压测试设备通用技术条件 第 8 部分：有载分接开关测试仪
标准编号：DL/T 846.8—2004 实施日期：2004-06-01
发布部门：中华人民共和国国家发展和改革委员会
替代情况：被 DL/T 846.8—2017 代替

电力系统电压和无功电力技术导则
标准编号：SD 325—1989 实施日期：1992-12-01
发布部门：国家能源局（原中华人民共和国能源部）
替代情况：被 DL/T 1773—2017 代替

高电压测试设备通用技术条件 第 3 部分：高压开关综合测试仪
标准编号：DL/T 846.3—2004 实施日期：2004-06-01
发布部门：中华人民共和国国家发展和改革委员会
替代情况：被 DL/T 846.3—2017 代替

电力系统稳定器整定试验导则
标准编号：DL/T 1231—2013 实施日期：2013-08-01
发布部门：国家能源局（原中华人民共和国能源部）
替代情况：被 DL/T 1231—2018 代替

综合（2）

行业标准（2）

直流标准电压源检定规程
标准编号：JJG 445—1986 实施日期：1987-05-12
发布部门：国家计量局
替代情况：被 JJF 1638—2017 代替

电子器件详细规范 低功率非线绕固定电阻器 RT13 型碳膜固定电阻器 评定水平 E
标准编号：SJ/T 10617—1995 实施日期：1995-10-01
替代情况：被 SJ/T 10617—2017 代替

仪器、仪表（3）

国家标准（2）

直接作用模拟指示电测量仪表及其附件　第 2 部分：电流表和电压表的特殊要求

标准编号：GB/T 7676.2—1998　实施日期：1999-05-01

发布部门：国家质量技术监督局

替代情况：被 GB/T 7676.2—2017 代替

直接作用模拟指示电测量仪表及其附件　第 3 部分：功率表和无功功率表的特殊要求

标准编号：GB/T 7676.3—1998　实施日期：1999-05-01

发布部门：国家质量技术监督局

替代情况：被 GB/T 7676.3—2017 代替

行业标准（1）

电压监测仪使用技术条件

标准编号：DL/T 500—2009　实施日期：2009-12-01

发布部门：国家能源局

替代情况：被 DL/T 500—2017 代替

电子元器件与信息技术（3）

国家标准（2）

信息技术设备用不间断电源通用技术条件

标准编号：GB/T 14715—1993　实施日期：1994-06-01

发布部门：国家技术监督局

替代情况：被 GB/T 14715—2017 代替

半导体集成电路 电压调整器测试方法的基本原理

标准编号：GB/T 4377—1996　实施日期：1997-01-01

发布部门：国家技术监督局

替代情况：被 GB/T 4377—2018 代替

行业标准（1）

半导体集成电路电压比较器测试方法的基本原理

标准编号：SJ/T 10805—2000　实施日期：2001-03-01

发布部门：中华人民共和国信息产业部

替代情况：被 SJ/T 10805—2018 代替

机械（1）

国家标准（1）

容积式压缩机验收试验

标准编号：GB/T 3853—1998　实施日期：1999-07-01

发布部门：国家质量技术监督局

替代情况：被 GB/T 3853—2017 代替

通信、广播（2）

行业标准（2）

通信用不间断电源（UPS）

标准编号：YD/T 1095—2008　实施日期：2008-11-01

发布部门：工业和信息化部

替代情况：被 YD/T 1095—2018 代替

数据通信用电源系统

标准编号：YD/T 1818—2008　实施日期：2008-11-01

发布部门：工业和信息化部

替代情况：被 YD/T 1818—2018 代替

二、2018 年废止标准（2）

能源、核技术（1）

行业标准（1）

电力系统通信设计技术规定

标准编号：DL/T 5391—2007　实施日期：2007-12-01

发布部门：中华人民共和国国家发展和改革委员会

废止情况：废止公告：国家能源局公告 2018 年第 9 号

工程建设（1）

行业标准（1）

电力系统安全自动装置设计技术规定

标准编号：DL/T 5147—2001　实施日期：2002-05-01

发布部门：中华人民共和国国家经济贸易委员会

废止情况：废止公告：国家能源局公告 2018 年第 9 号

三、2018 年新实施标准（55）

电工（30）

国家标准（26）

高压直流系统用电压源换流器阀损耗　第 2 部分：模块化多电平换流器

标准编号：GB/T 35702.2—2017　实施日期：2018-07-01

发布部门：中华人民共和国国家质量监督检验检疫总局　中国国家标准化管理委员会

归口单位：全国电力电子系统和设备标准化技术委员会（SAC/TC 60）

标准简介：GB/T 35702 的本部分给出了基于模块化多电平换流器（MMC）的高压直流（HVDC）系统换流阀功率损耗的详细计算方法，该换流器中的每个阀由若干个独立的、双端可控电压源串联而成。本部分不仅适用于子模块在每个开关单元处仅使用一个可关断半导体器件的情况，而且适用于子模块在每个开关单元处由多个可关断半导体器件串联而成（此拓扑结构也称为级联两电平换流器）的情况。本部分给出了两电平“半桥式”结构的主要公式，同时也在附录 A 中给出如何将结果推广以确定其他类型 MMC 标准组件的导则。本部分主要是针对由绝缘栅双极晶体管（IGBT）所构成的换流器，也可作为由其他类型可关断半导体器件所构成的换流器的使用导则。除换流阀外，高压直流换流站中其他设备的功率损耗不属于本部分的范围。本部分不适用于采用电网换相换流器的 HVDC 系统中的换流阀。

小功率电动机　第 22 部分：永磁无刷直流电动机试验方法

标准编号：GB/T 5171.22—2017　**实施日期：**2018-07-01

发布部门：中华人民共和国国家质量监督检验检疫总局　中国国家标准化管理委员会

归口单位：全国旋转电机标准化技术委员会（SAC/TC 26）

标准简介：本部分规定了永磁无刷直流电动机试验中的术语定义、基本要求、试验准备、温升试验、效率测定等。本部分适用于控制器内置式的和控制器外置式的永磁无刷直流电动机。伺服电机的试验方法可参照使用。

1kV 以上不超过 35kV 的通用变频调速设备　第 3 部分：安全规程

标准编号：GB/T 30843.3—2017　**实施日期：**2018-04-01

发布部门：中华人民共和国国家质量监督检验检疫总局　中国国家标准化管理委员会

归口单位：全国变频调速设备标准化技术委员会（SAC/TC 518）

标准简介：GB/T 30843 的本部分规定了通用变频调速设备或其元件有关电气、热和能量等除供电电源以外安全方面的要求。本部分不覆盖用于牵引和电动车辆的变频调速设备、电动机等。本部分适用于额定输入电压在交流 1kV~35kV 之间额定输入频率为 50Hz 或 60Hz 输出电压不超过 35kV 输出频率小于 120Hz 的通用变频调速设备。

1kV 及以下通用变频调速设备　第 3 部分：安全规程

标准编号：GB/T 30844.3—2017　**实施日期：**2018-04-01

发布部门：中华人民共和国国家质量监督检验检疫总局　中国国家标准化管理委员会

归口单位：全国变频调速设备标准化技术委员会（SAC/TC 518）

标准简介：本部分规定了通用变频调速设备或其元件有关电气、热和能量等除供电电源以外安全方面的要求。本部分不覆盖用于牵引和电动车辆的变频调速设备、电动机等。本部分适用于额定输入电压为交流 1kV 等级及以下，额定输入频率为 50Hz 或 60Hz，输出电压不超过 1kV，输出频率小于 600Hz 的通用变频调速设备。

变压器、电抗器、电源装置及其组合的安全　第 27 部分：节能和其他目的用变压器和电源装置的特殊要求和试验

标准编号：GB/T 19212.27—2017　**实施日期：**2018-07-01

发布部门：中华人民共和国国家质量监督检验检疫总局　中国国家标准化管理委员会

归口单位：全国小型电力变压器、电抗器、电源装置及类似产品标准化技术委员会（SAC/TC 418）

标准简介：GB/T 19212 的本部分规定了节能和其他目的用变压器、电源装置和开关型电源装置的安全要求，在电气装置中，节能和其他目的通过调整输出电路的输出电压和/或其他电气特性来实现，不受变压器、电源装置和开关型电源装置的影响而中断。

标称电压 1000V 及以下交流电力系统用自愈式并联电容器　第 2 部分：老化试验、自愈性试验和破坏试验

标准编号：GB/T 12747.2—2017　**实施日期：**2018-02-01

发布部门：中华人民共和国国家质量监督检验检疫总局　中国国家标准化管理委员会

归口单位：全国电力电容器标准化技术委员会（SAC/TC 45）

标准简介：GB/T 12747 的本部分适用于符合 GB/T 12747.1—2017 的电容器，并规定了这些电容器的老化试验、自愈性试验和破坏试验的要求。

旋转电机　电压型变频器供电的旋转电机无局部放电（Ⅰ型）电气绝缘结构的鉴别和质量控制试验

标准编号：GB/T 22720.1—2017　**实施日期：**2018-05-01

发布部门：中华人民共和国国家质量监督检验检疫总局　中国国家标准化管理委员会

归口单位：全国旋转电机标准化技术委员会（SAC/TC 26）

标准简介：本部分规定了电压型脉宽调制（PWM）供电的定子/转子绕组绝缘结构的评估标准。本部分适用于变频器供电的单相或多相交流电机定子/转子绕组绝缘结构。本部分规定了对于典型试样或完整电机进行的鉴别和质量控制（型式和出厂）试验，以验证与电压型变频器的匹配程度。本部分不适用于：仅由变频器起动的旋转电机；额定电压有效值≤300V 的旋转电机；行电压（峰值）≤200V 的旋转电机的转子绕组。

并联型有源电能质量治理设备性能检测规程

标准编号：GB/T 35726—2017　**实施日期：**2018-07-01

发布部门：中华人民共和国国家质量监督检验检疫总局　中国国家标准化管理委员会

归口单位：全国电压电流等级和频率标准化技术委员会（SAC/TC 1）

标准简介：本标准规定了并联型有源电能质量治理设备的检测规则、检测条件及检测方法等。本标准适用于基于电力电子变流器的并联型电能质量治理设备的性能检测。

电能质量监测设备自动检测系统通用技术要求

标准编号：GB/T 35725—2017　**实施日期：**2018-07-01

发布部门：中华人民共和国国家质量监督检验检疫总局　中国国家标准化管理委员会

归口单位：全国电压电流等级和频率标准化技术委员会（SAC/TC 1）

标准简介：本标准规定了电能质量监测设备自动检测系统的构架与组成、运行环境要求、功能要求、性能要求、检测流程及标志、包装、运输和贮存。本标准适用于根据GB/T 19862—2016对电能质量监测设备进行功能及准确度检测的自动化检测系统。

《便携式电子产品用锂离子电池和电池组 安全要求》国家标准第1号修改单

标准编号：GB 31241—2014/XG1—2017 **实施日期**：2018-02-01

发布部门：中华人民共和国国家质量监督检验检疫总 中国国家标准化管理委员会

归口单位：中国电子技术标准化研究院

标准简介：本标准规定了便携式电子产品用锂离子电池和电池组的安全要求。本标准适用于便携式电子产品用的锂离子电池和电池组，属于本标准范围内的便携式电子产品示例如下：a）便携式办公产品：笔记本电脑、PDA等。b）移动通信产品：手机、无绳电话、蓝牙耳机、对讲机等。c）便携式音/视频产品：便携式电视机、便携式DVD播放器、MP3/MP4播放器、照相机、摄像机、录音笔等。d）其他便携式产品：电子导航器、数码相框、游戏机、电子书等。上述列举的便携式电子产品并未包括所有的产品，因此未列出的产品并不一定不在本标准的范围内。对于在车辆、船舶、飞机上等特定场合使用，以及对于医疗、采矿、海底作业等特殊领域使用的便携式电子产品用锂离子电池或电池组可能会有附加要求。

互感器 第6部分：低功率互感器的补充通用技术要求

标准编号：GB/T 20840.6—2017 **实施日期**：2018-05-01

发布部门：中华人民共和国国家质量监督检验检疫总 中国国家标准化管理委员会

归口单位：全国互感器标准化技术委员会（SAC/TC 222）

标准简介：本部分规定了额定频率为15Hz~100Hz的交流用途或直流用途的低功率互感器（LPIT）的补充通用技术要求。本产品标准以GB/T 20840.1为基础，对相关的专项标准的条款进行了增补。本部分不包括互感器数字量输出格式的技术规范。

标称电压1000V及以下交流电力系统用自愈式并联电容器 第1部分：总则 性能、试验和定额 安全要求 安装和运行导则

标准编号：GB/T 12747.1—2017 **实施日期**：2018-02-01

发布部门：中华人民共和国国家质量监督检验检疫总局 中国国家标准化管理委员会

归口单位：全国电力电容器标准化技术委员会（SAC/TC 45）

标准简介：GB/T 12747的本部分适用于专门用来改善标称电压为1000V及以下、频率为15Hz~60Hz交流电力系统的功率因数的电容器单元和电容器组。本部分也适用于在电力滤波电路中使用的电容器。电力滤波电容器的附加定义、要求和试验在附录A中给出。本部分不适用于下列电容器：标称电压1000V及以下交流电力系统用非自愈式并联电容器；标称电压1000V以上交流电力系统用并联电容器；在频率50kHz以下运行的感应加热装置用电容器；串联电容器；交流电动机电容器；耦合电容器及电容分压器；电力电子电容器；荧光灯和放电灯中用小型交流电容器；抑制无线电干扰用电容器；用于各种电气设备中并作为其部件的电容器；在叠加有直流电压的交流电压下使用的电容器。各附件，诸如绝缘子、开关、互感器、熔断器等，均应符合相应的标准，而这些标准并不包括在本部分内。本部分的目的是：a）阐述关于性能、试验和定额的统一规则；b）阐述特殊的安全规则；c）提供安装和运行导则。

特殊环境条件 高原电工电子产品 第1部分：通用技术要求

标准编号：GB/T 20626.1—2017 **实施日期**：2018-04-01

发布部门：中华人民共和国国家质量监督检验检疫总局 中国国家标准化管理委员会

归口单位：全国高原电工产品环境技术标准化技术委员会（SAC/TC 330）

标准简介：GB/T 20626的本部分规定了高原环境条件下电工电子产品的高原环境条件参数和标准大气条件、技术要求、试验、标识、包装、运输和贮存。本部分适用于海拔1000m以上至5000m高原地区使用的高低压电工电子产品。本部分涉及的低压电器及低压成套开关设备和控制设备适用的海拔为2000m以上至5000m高原地区。

普通照明用LED模块 性能要求

标准编号：GB/T 24823—2017 **实施日期**：2018-05-01

发布部门：中华人民共和国国家质量监督检验检疫总局 中国国家标准化管理委员会

归口单位：全国照明电器标准化技术委员会电光源及其附件分技术委员会（SAC/TC 224/SC1）

标准简介：本标准规定了LED模块的性能要求，以及检验其符合性的试验方法和检验条件。

标准电压

标准编号：GB/T 156—2017 **实施日期**：2018-05-01

发布部门：中华人民共和国国家质量监督检验检疫总局 中国国家标准化管理委员会

归口单位：全国电压电流等级和频率标准化技术委员会（SAC/TC 1）

标准简介：本标准规定了标准电压的值，作为：

——供电系统标称电压的优选值；

——设备和系统设计的参考值。

本标准适用于：

——标称电压高于 220V、标准频率为 50Hz 的交流输电、配电、用电系统及其设备。

——交流和直流牵引系统。

——额定电压低于 120V、标准频率为 50Hz（但不绝对限制）的设备，以及直流电压低于 1500V 的设备。包括电池（由原电池或蓄电池单元组成的）、其他电源装置（交流或直流）、电气设备（包括工业和通信）和电器。

——高压直流输电系统。

互感器试验导则　第 2 部分：电磁式电压互感器

标准编号：GB/T 22071.2—2017　**实施日期**：2018-07-01

发布部门：中华人民共和国国家质量监督检验检疫总局　中国国家标准化管理委员会

归口单位：全国互感器标准化技术委员会（SAC/TC 222）

标准简介：本部分给出了电磁式电压互感器的试验项目、试验顺序、一般试验条件和试验要求等。本部分适用于 GB/T 20840.1 和 GB/T 20840.3 中所规定的电磁式电压互感器的型式试验、例行试验和特殊试验。作为产品验收时的交接试验也可采用本部分给出的试验方法。

调速电气传动系统　第 8 部分：功率接口的电压规范

标准编号：GB/T 12668.8—2017　**实施日期**：2018-07-01

发布部门：中华人民共和国国家质量监督检验检疫总局　中国国家标准化管理委员会

归口单位：全国电力电子系统和设备标准化技术委员会（SAC/TC 60）

标准简介：GB/T 12668 的本部分给出了确定电气传动系统（PDS）功率接口电压的方法。注：GB/T 12668 系列标准中，功率接口定义为用于在 PDS 的变流器和电动机之间传输电功率的电力连接。本部分适用于确定变流器以及电动机端子的相对相电压（线电压）和相对地电压（相电压）。在本部分的第一版中，这些指导意见仅限于三相输出的下列拓扑结构：

——电压源型的间接变流器，网侧变流器为单相二极管整流器；

——电压源型的间接变流器，网侧变流器为三相二极管整流器；

——电压源型的间接变流器，网侧变流器为三相有源整流器。

本部分所指的逆变器都是脉冲宽度调制型的，每个输出电压脉冲的宽度是根据实际需求的电压变化的。本部分不包括其他拓扑结构的电压规范。安全方面的要求在 GB/T 12668 的第 5 部分中给出，不包含在本部分中。电磁兼容方面的要求在 GB/T 12668 的第 3 部分中给出，也不包含在本部分中。

变压器、电抗器、电源装置及其组合的安全　第 16 部分：医疗场所供电用隔离变压器的特殊要求和试验

标准编号：GB/T 19212.16—2017　**实施日期**：2018-07-01

发布部门：中华人民共和国国家质量监督检验检疫总局　中国国家标准化管理委员会

归口单位：全国小型电力变压器、电抗器、电源装置及类似产品标准化技术委员会（SAC/TC 418）

标准简介：本部分规定了医疗场所供电用隔离变压器的安全要求。本部分适用于驻立式、单相或三相、空气冷却（自冷或风冷）组别Ⅱ医疗场所医疗 IT 系统供电用的独立用干式隔离变压器。它与二次侧的 IT 电源系统固定导线永久连接。绕组可以是包封式或非包封式。

分布式电源并网继电保护技术规范

标准编号：GB/T 33982—2017　**实施日期**：2018-02-01

发布部门：中华人民共和国国家质量监督检验检疫总局　中国国家标准化管理委员会

归口单位：全国量度继电器和保护设备标准化技术委员会（SAC/TC 154）

标准简介：本标准规定了分布式电源接入 35kV 及以下电压等级电网时保护应满足的技术要求。本标准适用于接入 35kV 及以下电压等级电网时分布式电源侧保护的配置及整定。

电源母线系统　第 1 部分：通用要求

标准编号：GB/T 34130.1—2017　**实施日期**：2018-02-01

发布部门：中华人民共和国国家质量监督检验检疫总局　中国国家标准化管理委员会

归口单位：全国电器附件标准化技术委员会（SAC/TC 67）

标准简介：本部分规定了电源母线（PT）系统的通用要求和试验。本部分适用于额定电压不超过单相 277V a.c.，或者，两相或三相 480V a.c. 50Hz 或 60Hz，额定电流不超过 63A 的电源母线（PT）系统。该系统用于在家用、商用或工业场所的电力分配。

绕组线试验方法　第 21 部分：耐高频脉冲电压性能

标准编号：GB/T 4074.21—2018　**实施日期**：2018-10-01

发布部门：中华人民共和国国家质量监督检验检疫总局　中国国家标准化管理委员会

归口单位：全国电线电缆标准化技术委员会（SAC/TC 213）

标准简介：本部分规定了使用高频脉冲电压测定绕组线在常压空气中耐高频脉冲电压性能的试验方法（又称耐电晕试验方法），包括试验的术语和定义、试验设备、试样制备、试验程序、试验参数和试验记录。

变压器、电抗器、电源装置及其组合的安全　第 27 部分：节能和其他目的用变压器和电源装置的特殊要求和试验

标准编号：GB/T 19212.27—2017　**实施日期**：2018-07-01

发布部门：中华人民共和国国家质量监督检验检疫总局 中国国家标准化管理委员会

归口单位：全国小型电力变压器、电抗器、电源装置及类似产品标准化技术委员会（SAC/TC 418）

标准简介：GB/T 19212 的本部分规定了节能和其他目的用变压器、电源装置和开关型电源装置的安全要求，在电气装置中，节能和其他目的通过调整输出电路的输出电压和/或其他电气特性来实现，不受变压器、电源装置和开关型电源装置的影响而中断。

中低压直流配电电压导则

标准编号：GB/T 35727—2017 **实施日期**：2018-07-01

发布部门：中华人民共和国国家质量监督检验检疫总局 中国国家标准化管理委员会

归口单位：全国电压电流等级和频率标准化技术委员会（SAC/TC 1）

标准简介：本标准规范了中低压直流配电应遵循的电压等级和电压偏差。本标准适用于±50kV 及以下直流配电的规划、设计、建设及运行工作。

《电力变压器 第 1 部分：总则》国家标准第 1 号修改单

标准编号：GB/T 1094.1—2013/XG1—2018 **实施日期**：2018-02-01

发布部门：中华人民共和国国家质量监督检验检疫总局 中国国家标准化管理委员会

归口单位：全国变压器标准化技术委员会（SAC/TC 44）

标准简介：GB 1094 的本部分适用于三相及单相变压器（包括自耦变压器），但不包括某些小型和特殊变压器。当某些类型的变压器（尤其是所有绕组电压均不高于 1000V 的工业用特种变压器）没有相应的标准时，本部分可以整体或部分适用。本部分不涉及变压器安装在公共场所的要求。

电力变压器 第 3 部分：绝缘水平、绝缘试验和外绝缘空气间隙

标准编号：GB/T 1094.3—2017 **实施日期**：2018-07-01

发布部门：中华人民共和国国家质量监督检验检疫总局 中国国家标准化管理委员会

归口单位：全国变压器标准化技术委员会（SAC/TC 44）

标准简介：本部分规定了电力变压器所采用的有关绝缘试验和最低绝缘试验水平。当用户没有规定时，本部分推荐了变压器外部带电部件之间及它们对地的最小空气绝缘间隙。本部分适用于 GB/T 1094.1 所规定的电力变压器。对于有各自标准的某些类型电力变压器和电抗器，本部分只有在被这些标准明确引用时才适用。

高压直流系统用电压源换流器阀损耗 第 1 部分：一般要求

标准编号：GB/T 35702.1—2017 **实施日期**：2018-07-01

发布部门：中华人民共和国国家质量监督检验检疫总局 中国国家标准化管理委员会

归口单位：全国电力电子系统和设备标准化技术委员会（SAC/TC 60）

标准简介：本部分给出了高压直流（HVDC）应用中的电压源型换流器（VSC）换流阀功率损耗计算的一般原则，其与换流器的拓扑结构无关。本部分第 6 章、第 8 章、9.1、9.2 以及 A.2.12 也适用于动态制动阀（使用时）的功率损耗计算，并作为静止同步补偿装置（STATCOM）中阀的功率损耗计算的指南。

行业标准（4）

大功率聚变变流器短路试验方法

标准编号：T/CPSS 1007—2018 **实施日期**：2018-06-06

发布部门：中国电源学会

标准简介：本标准规定了额定容量 20MVA 以上的使用晶闸管的大功率变流器短路试验方法，包括相关专业术语的定义、短路试验的要求、动稳定能力试验和热稳定能力试验的试验方法、测试流程及其合格判定准则。本标准适用于核聚变电源应用领域，电解铝应用领域的电压超过 1000V 的大功率变流器短路试验也可参考本标准。

大功率聚变变流系统集成测试规范

标准编号：T/CPSS 1006—2018 **实施日期**：2018-06-06

发布部门：中国电源学会

标准简介：本标准规定了额定容量超过 20MVA 的使用晶闸管的大功率聚变变流系统集成测试的试验条件、试验方法、测试流程以及检验规范。

低压配电网有源不平衡补偿装置

标准编号：T/CPSS 1001—2018 **实施日期**：2018-06-06

发布部门：中国电源学会

标准简介：本标准规定了低压配电网有源不平衡补偿装置的术语和定义、功能要求、技术要求、试验方法、检验规则等要求。

本标准适用于 50Hz、额定工作电压不超过 1000V（1140V）的低压配电网中用于补偿三相不平衡的有源补偿装置。

光储一体化变流器性能检测技术规范

标准编号：T/CPSS 1004—2018 **实施日期**：2018-06-06

发布部门：中国电源学会

标准简介：本标准规定了光储一体化变流器的性能技术要求及检测技术要求。本标准适用于直流侧电压不超过 1500V，交流侧电压有效值不超过 1000V 的光储一体化变流器。

能源、核技术（13）

国家标准（12）

风力发电机组　异步发电机　第1部分：技术条件

标准编号： GB/T 19071.1—2018　**实施日期：** 2018-12-01

发布部门： 中华人民共和国国家市场监督管理总局　中国国家标准化管理委员会

归口单位： 全国风力机械标准化技术委员会（SAC/TC 50）

标准简介： 本部分规定了并网、定速型风力发电机组异步发电机的主要型式、基本参数与尺寸、技术要求、试验方法、检验规则、检试项目以及标志与包装、运输等要求。本部分适用于并网、定速型单速或双速异步发电机，其他类型的发电机可参照使用。

失速型风力发电机组　控制系统　试验方法

标准编号： GB/T 19070—2017　**实施日期：** 2018-05-01

发布部门： 中华人民共和国国家质量监督检验检疫总局　中国国家标准化管理委员会

归口单位： 全国风力机械标准化技术委员会（SAC/TC 50）

标准简介： 本标准规定了定桨距失速型并网风力发电机组控制系统试验条件、试验方法及试验报告编写要求。本标准适用于与电网并联运行、采用异步发电机的定桨距失速型风力发电机组控制系统。

失速型风力发电机组　控制系统　技术条件

标准编号： GB/T 19069—2017　**实施日期：** 2018-05-01

发布部门： 中华人民共和国国家质量监督检验检疫总局　中国国家标准化管理委员会

归口单位： 全国风力机械标准化技术委员会（SAC/TC 50）

标准简介： 本标准规定了定桨距失速型并网风力发电机组控制系统的相关术语和定义、一般要求、技术要求、试验方法、检验规则、产品信息、包装、运输和储存。本标准适用于与电网并联运行、采用异步发电机的定桨距失速型风力发电机组控制系统。

小型风力发电机组　第1部分：技术条件

标准编号： GB/T 19068.1—2017　**实施日期：** 2018-05-01

发布部门： 中华人民共和国国家质量监督检验检疫总局　中国国家标准化管理委员会

归口单位： 全国风力机械标准化技术委员会（SAC/TC 50）

标准简介： 本部分规定了小型风力发电机组的术语和定义、技术要求、文件要求、涂漆、标志、包装、试验方法、检验规则以及产品售后服务。本部分适用于风轮扫掠面积不大于 $200m^2$，产生的电压低于交流1000V或直流1500V的并网或离网应用的小型水平轴风力发电机组。

小型风力发电机组用发电机　第1部分：技术条件

标准编号： GB/T 10760.1—2017　**实施日期：** 2018-05-01

发布部门： 中华人民共和国国家质量监督检验检疫总局　中国国家标准化管理委员会

归口单位： 全国风力机械标准化技术委员会（SAC/TC 50）

标准简介： 本部分规定了小型风力发电机组用发电机通用技术条件。本部分适用于0.1kW～100kW风力发电机组用发电机。

分布式冷热电能源系统技术条件　第2部分：动力单元

标准编号： GB/T 36160.2—2018　**实施日期：** 2018-12-01

发布部门： 中华人民共和国国家市场监督管理总局　中国国家标准化管理委员会

归口单位： 全国能量系统标准化技术委员会（SAC/TC 459）

标准简介： 本部分规定了以气体或者液体燃料为主的分布式冷热电能源系统动力单元的分类组成、选型设计、运行和管理。本部分适用于采用气体或者液体燃料为原动力的分布式冷热电能源系统动力单元的选型、设计优化和运行管理。

小型风力发电机组　第2部分：试验方法

标准编号： GB/T 19068.2—2017　**实施日期：** 2018-05-01

发布部门： 中华人民共和国国家质量监督检验检疫总局　中国国家标准化管理委员会

归口单位： 全国风力机械标准化技术委员会（SAC/TC 50）

标准简介： 本部分规定了小型风力发电机组的试验条件和试验方法。本部分适用于风轮扫掠面积小于 $200m^2$、产生的电压低于交流1000V或直流1500V的并网或离网应用的小型水平轴。

地面用光伏组件光电转换效率检测方法

标准编号： GB/T 34160—2017　**实施日期：** 2018-04-01

发布部门： 中华人民共和国国家质量监督检验检疫总局　中国国家标准化管理委员会

归口单位： 中国标准化研究院

标准简介： 本标准适用于平面光伏组件（包括晶硅类、薄膜类组件等）。本标准不适用于双面光伏组件、聚光光伏组件。

风力发电机组　合格测试及认证

标准编号： GB/T 35792—2018　**实施日期：** 2018-09-01

发布部门： 中华人民共和国国家质量监督检验检疫总局　中国国家标准化管理委员会

归口单位： 全国风力机械标准化技术委员会（SAC/TC 50）

标准简介：本标准定义了风力发电机组认证体系的规则和程序，包括型式认证和安装于陆上或海上的风力发电项目认证。

风力发电机组 验收规范

标准编号：GB/T 20319—2017 **实施日期**：2018-02-01

发布部门：中华人民共和国国家质量监督检验检疫总局 中国国家标准化管理委员会

标准简介：本标准规定了风力发电机组安装调试并网发电后，预验收和最终验收的一般原则、内容和方法。本标准适用于风轮扫掠面积大于 200m² 的水平轴风力发电机组。

小型风力发电机组用发电机 第 2 部分：试验方法

标准编号：GB/T 10760.2—2017 **实施日期**：2018-05-01

发布部门：中华人民共和国国家质量监督检验检疫总局 中国国家标准化管理委员会

归口单位：全国风力机械标准化技术委员会（SAC/TC 50）

标准简介：本部分规定了小型风力发电机组用发电机试验方法。本部分适用于 0.1kW～100kW 小型风力发电机组用发电机。

电励磁直驱风力发电机组

标准编号：GB/T 35207—2017 **实施日期**：2018-07-01

发布部门：中华人民共和国国家质量监督检验检疫总局 中国国家标准化管理委员会

归口单位：全国风力机械标准化技术委员会（SAC/TC 50）

标准简介：本标准规定了电励磁直驱风力发电机组的环境条件、技术要求、生产装配要求、机组铭牌、检验规则、试验方法、包装、运输、贮存、随机文件和交付。本标准适用于风轮扫掠面积大于 200m² 的水平轴电励磁直驱风力发电机组。包含电励磁技术在内的混合励磁风力发电机组的电励磁部分可以参照本标准执行。

行业标准（1）

电压暂降监测系统技术规范

标准编号：T/CPSS 1005—2018 **实施日期**：2018-06-06

发布部门：中国电源学会

标准简介：本标准规定了电压暂降监测主站、监测终端、主站与监测终端间通信的技术要求、功能要求、测试方法。本标准适用于 35kV 及以下公用电网、用户供电系统电压暂降监测系统。

电子元器件与信息技术（5）

国家标准（5）

对构成及接入智能电网设备的电磁兼容要求导则

标准编号：GB/Z 35733—2017 **实施日期**：2018-07-01

发布部门：中华人民共和国国家质量监督检验检疫总局 中国国家标准化管理委员会

归口单位：全国无线电干扰标准化技术委员会（SAC/TC 79）

标准简介：本指导性技术文件规定了构成及接入智能电网设备的电磁兼容（EMC）要求、试验条件等，具体针对智能电网用户端设备和发电厂及变电站二次设备。本指导性技术文件适用于构成及接入智能电网的设备，主要包括智能电网用户端设备、发电厂及变电站二次设备。

半导体集成电路 电压调整器测试方法

标准编号：GB/T 4377—2018 **实施日期**：2018-08-01

发布部门：中华人民共和国国家质量监督检验检疫总局 中国国家标准化管理委员会

归口单位：全国半导体器件标准化技术委员会（SAC/TC 78）

标准简介：本标准规定了电压调整器参数测试方法。本标准适用于半导体集成电路领域中电压调整器参数的测试。

半导体集成电路 低电压差分信号电路测试方法

标准编号：GB/T 35007—2018 **实施日期**：2018-08-01

发布部门：中华人民共和国国家质量监督检验检疫总局 中国国家标准化管理委员会

归口单位：全国半导体器件标准化技术委员会（SAC/TC 78）

标准简介：本标准规定了半导体集成电路 低电压差分信号（Low Voltage Differential Signaling，LVDS）电路静态参数、动态参数测试方法的基本原理。本标准适用于低电压差分信号电路静态参数、动态参数的测试。

铁氧体磁心 尺寸 第 14 部分：电源用 EFD 型磁心

标准编号：GB/T 36103.14—2018 **实施日期**：2018-10-01

发布部门：中华人民共和国国家质量监督检验检疫总局 中国国家标准化管理委员会

归口单位：全国磁性元件与铁氧体材料标准化技术委员会（SAC/TC 89）

标准简介：本部分规定了优选系列 EFD 型磁心与机械互换性有关的重要尺寸，以及与磁心一起使用的线圈骨架的基本尺寸和计算这类磁心所用的有效参数值。本部分基于这样的原则选取磁心尺寸：国家标准以及工业中广泛使用和定型的磁心尺寸。有关选择磁心的更多的细则见 IEC 62317-1。

信息技术设备用不间断电源通用规范

标准编号：GB/T 14715—2017 **实施日期**：2018-07-01

发布部门：中华人民共和国国家质量监督检验检疫总局 中国国家标准化管理委员会

归口单位：全国信息技术标准化技术委员会（SAC/TC 28）

标准简介：本标准规定了信息技术设备用不间断电源（UPS）的技术要求、试验方法、质量评定程序及标志、包装、运输、贮存等。本标准适用于信息技术设备用UPS的设计、制造和测试，其他场合使用的UPS可参照使用。

仪器、仪表（2）

国家标准（2）

直接作用模拟指示电测量仪表及其附件 第2部分：电流表和电压表的特殊要求

标准编号：GB/T 7676.2—2017 **实施日期**：2018-04-01

发布部门：中华人民共和国国家质量监督检验检疫总局 中国国家标准化管理委员会

归口单位：全国电工仪器仪表标准化技术委员会

标准简介：本部分规定了直接作用模拟指示电测量电流表和电压表的术语和定义、分类、分级、通用技术要求、信息、标志和符号，包装和贮存以及检验规则等。本部分适用于直接作用模拟指示的电流表和电压表。本部分也适用于当附件与仪表连用并在组合状态下进行调整时的仪表与附件的组合。本部分也适用于其分度线与输入电量的关系为已知，但不直接对应的直接作用模拟指示电流表和电压表。本部分也适用于在其测量和/或辅助电路中具有电子器件的电流表和电压表。本部分不适用于另有相应国家标准规定的特殊用途的电流表和电压表。

直接作用模拟指示电测量仪表及其附件 第3部分：功率表和无功功率表的特殊要求

标准编号：GB/T 7676.3—2017 **实施日期**：2018-04-01

发布部门：中华人民共和国国家质量监督检验检疫总局 中国国家标准化管理委员会

归口单位：全国电工仪器仪表标准化技术委员会

标准简介：本部分规定了直接作用模拟指示电测量功率表和无功功率表的术语定义、分类、分级、通用技术要求、信息、标志和符号、包装和贮存以及检验规则等。本部分适用于直接作用模拟指示的功率表和无功功率表。

本部分也适用于当附件与仪表连用并在组合状态下进行调整时的仪表与附件的组合。本部分也适用于其分度线与输入电量的关系为已知，但不直接对应的直接作用指示功率表和无功功率表。本部分也适用于在其测量和/或辅助电路中具有电子器件的功率表和无功功率表。本部分不适用于另有相应国家标准规定的特殊用途的功率表和无功功率表。

船舶（1）

国家标准（1）

船舶电力推进变频器

标准编号：GB/T 35701—2017 **实施日期**：2018-07-01

发布部门：中华人民共和国国家质量监督检验检疫总局 中国国家标准化管理委员会

归口单位：全国船舶电气及电子设备标准化技术委员会（SAC/TC 531）

标准简介：本标准规定了船舶用电力推进变频器的分类、要求、试验方法、检验规则、包装标志和运输贮存等。本标准适用于船舶上由电力电子器件构成的交流电力推进变频器的设计、制造和试验。

铁路（1）

国家标准（1）

电力机车辅助变流器

标准编号：GB/T 34575—2017 **实施日期**：2018-04-01

发布部门：中华人民共和国国家质量监督检验检疫总局 中国国家标准化管理委员会

归口单位：全国牵引电气设备与系统标准化技术委员会（SAC/TC 278）

标准简介：本标准规定了电力机车辅助变流器的使用条件、主要参数、性能要求、检验方法、检验规则、标志、包装、运输和储存。本标准适用于电力机车上使用的辅助变流器。

第七篇　主要电源企业简介

（同类企业按单位名称汉语拼音字母顺序排列）

副理事长单位

1. 广东志成冠军集团有限公司（高层专访：李民英总工程师）

地址：广东省东莞市塘厦镇田心工业区
邮编：523718
电话：0769-87282699
传真：0769-87927259
邮箱：liux@ zhicheng-champion. com
网址：www. zhicheng-champion. com

简介：广东志成冠军集团有限公司（以下简称“志成冠军集团”）位于毗邻深圳特区的东莞市塘厦镇，是一家集科、工、贸、投资于一体的国家火炬计划重点高新技术企业，始创于1992年8月，注册资金1亿元人民币，占地15万 m^2，自有资产逾6亿元。

该公司设有3个研发机构，4个生产厂区，32个分公司办事处，有员工700余名，其中各类专业人才300多名。技术上以国内多所著名高校为依托，致力从事于电子信息、光机电一体化、能源与高效节能、软件四大高新技术领域的自主创新，研发、生产、销售不间断电源（UPS）、逆变电源（INV）、应急电源（EPS）、高压直流电源、电动汽车充电站及管理系统、太阳能光伏并网发电系统、新型阀控密封式免维护铅酸蓄电池、嵌入式多媒体软件、网络安防监控系统等，广泛应用于上层建筑和经济基础的各个领域，覆盖国内和40多个国家与地区市场，是广东省20家装备制造业重点企业之一。

近年来，该公司的不间断电源产品成功地应用于武警部队、西昌卫星发射基地、北京地铁工程、北京奥运新闻中心和奥运“鸟巢”场馆、世博会、第21届世界大学生运动会、第十届全国运动会、广州亚运会场馆、广州超级计算中心等重大项目。安防产品在东莞市的科技强警工程和广东省公安厅交通管理系统的车载移动报警设备招标中相继中标。

该公司通过自主创新，构建和完善了以企业为主体、市场为导向、产学研相结合的技术创新体系，并成功地组建了“广东省企业技术中心”“广东省大功率不间断电源工程研究开发中心”“博士后科研工作站”，先后填补了国家10项产品空白，其中有9项产品被列入国家火炬计划和国家重点新产品，并率先将国内电源产品的生产规模化，将设计、生产、经营及售后服务等各个环节逐步进行专业化的改革和优化，在提升产品质量的同时，又以合理的价格定位开拓出更大的市场空间，为持续健康发展奠定了坚实的基础。在短短的几年间，作为国内电源研发制造的领军企业，以非凡的业绩赢来了数不胜数的荣誉。

该公司先后被认定为“国家高新技术企业”“国家火炬计划重点高新技术企业”“国家创新型试点企业”、首批29家“广东省创新型企业”、50家“广东省装备制造业骨干企业”“广东省百强民营企业”及4A级“标准化良好行为企业”等。2000年获得国家广播电影电视总局“广播电视入网设备器材认定”和中国人民解放军总参谋部“国际通信设备器材进网许可证”，此外，产品还获得了欧盟的CE、美国的UL和FCC，德国的TüV、澳洲的AS/NZS等国际认证，并拥有近百项专利及软件著作权。

该公司大力推广品牌战略。为了培育属于自己的品牌，公司提出了“质量第一，信誉为本”的质量方针，在国内同行业中首批通过了ISO 9001质量管理体系认证和ISO 14001环境管理体系认证。连续7年被广东省工商行政管理局评定为“守合同重信用”企业，不间断电源、EPS应急电源、蓄电池产品被评为“广东省名牌产品”，企业注册商标被评为“广东省著名商标”，2010年又被国家工商总局商标局认定为“中国驰名商标”。

主要产品介绍：

模块化 UPS

本系列产品具备模块化结构，各部分均可脱离机架。具有并联冗余的特性，可以取代传统的1+1并机系统，具有高输入功率因数、低谐波失真、高效率、高稳定性、高可靠性、高性价比的优点。系统由逆变模块、旁路模块、显示模块及系统机架构成，各功率模块可随意热插拔更换。广泛应用于对供电质量要求极高的各行各业。

企业领导专访：

被采访人：李民英　总工程师

▶请您介绍企业2018年总体发展情况。企业的核心竞争力有哪些？

2018年志成冠军集团与湖南大学、华中科技大学等国内著名高校紧密合作，实现不间断电源（UPS）、逆变电源（INV）、应急电源（EPS）、储能电站装置、新型阀控密封式免维护铅酸蓄电池、磷酸铁锂电池等先进电源产品及配套产品的升级换代。积极进军海岛特种电源这一军民融合新兴市场领域，在2018年成功引进了湖南大学罗安院士领衔的“电能绿色变换与控制创新团队”，专门开展海洋供电系统的研发，团队强大的研发力量奠定了公司在市场竞争中的基础。

总体而言，志成冠军集团在2018年稳中有升呈现新业态，通过进军新兴领域、引进高技术人才，为后续的、长远的可持续发展奠定了坚实的基础。

▶请您介绍企业 2019 年的发展规划及未来展望。

在 2019 年，公司将重点做好以下两个方面的工作：

1）维持好现有的市场和产品，巩固已有的优势。继续做好现有的 UPS 电源、EPS 电源、蓄电池等产品。通过不断的技术创新进行升级优化、持续改进，确保产品始终处于行业的先进水平。

2）加大投入进军海洋特种电源领域。在 2019 年将扩大研发团队，进一步完善研发平台，完成海洋特种电源三大类产品的定型。建设与完善产业化生产线与生产工艺，实现三大类产品的批量生产，持续优化发展。

▶您对电源行业（或您所在细分行业领域）未来市场发展趋势有什么看法？企业会迎来哪些机遇？如何把握？

随着国民经济各行业专业化、精细化程度的不断提高，航空军工、工业装备、环保、医疗、科研等领域对实现特殊要求指标控制的用电设备占比逐渐上升，我国特种电源的市场需求呈现不断增长的态势，市场空间较大。而国外生产企业受制于成本、服务响应能力以及军工等特殊行业资质和国防安全方面的限制，在军工、核工业、加速器及部分工业领域将由国内企业占据主导地位。得益于“珠江人才计划”，我们公司获得了政府的大力支持，引进了强大的研发团队，将全力投入对特种电源产品的技术研发，建立自有的知识产权和品牌。

2. 科华恒盛股份有限公司（高层专访；陈成辉董事长兼总裁）

KELONG 科华技术

地址：福建省厦门市火炬高新区火炬园马垄路 457 号
邮编：361006
电话：0592-5160516
传真：0592-5162166
邮箱：kehuamedia@ kehua. com
网址：www. kehua. com. cn

简介：科华恒盛股份有限公司（以下简称“科华恒盛”）前身创立于 1988 年，2010 年深圳 A 股上市（股票代码：002335），31 年来专注电力电子技术研发与设备制造，是行业首批“国家认定企业技术中心”“国家重点高新技术企业”“国家技术创新示范企业”和全国首批“两化融合管理体系”贯标企业。

公司拥有智慧电能、云基础服务、新能源三大业务体系，产品方案广泛应用于金融、工业、交通、通信、政府、军工、核电、教育、医疗、新能源、数据中心、电动汽车充电等行业，服务于全球 100 多个国家和地区的用户，主营业务在国内市场连续 21 年位居国产品牌前列。

科华恒盛本着“自主创新，自有品牌”的发展理念，组建了以自主培养的 4 名国务院特殊津贴专家领衔的 900 多人研发团队，先后承担国家级与省部级火炬计划、国家重点新产品计划、863 计划等项目 30 余项，参与了 80 多项国家和行业标准的制定，获得国家专利、软件著作权等知识产权 700 多项。

多年来，科华恒盛电源产品成功入围中国人民银行、中国银行、中国建设银行、中国农业银行、中国人寿、国税总局、中国电信、中国联通、中国铁通、中央国家机关等 UPS 设备选型，获军队装备物资采购、中国石油天然气管道、蓝星化工集团等供应商资格，并与国内外知名企业建立了战略合作伙伴关系。

截至目前，科华电源产品成功牵手国内外多个重点地标性工程的建设，如 G20 杭州峰会、天津全运会、港珠澳大桥、广西防城港核电站、南京青奥会、奥运“鸟巢”、青岛奥林匹克帆船中心、上海世博会、金税工程、空军训练基地、三峡枢纽、北京地铁、首都机场、国税总局、广电总局、中海石油钻井平台、上海商飞、埃塞俄比亚铁路、安哥拉罗安达国家体育馆等大型重点工程项目中，均可看到科华恒盛的身影。

科华恒盛拥有业界先进的供应链管理体系，借助“两化融合”手段，构建具有“质量、成本、效率、柔性、敏捷、集成”特色的科华精益生产管理体系 KPS（Kehua Product System），显著提升生产过程的智能化与精细化管理管控水平，实现三大业务多线产品共线生产。公司相继在漳州、厦门、深圳等地设立五大现代化专业制造基地和国内最大的 UPS 电源研究机构，形成卓越的供应链与精益管理理念。

科华恒盛始终执行“科技领先 品质超群 用户信赖”的质量方针，公司管理体系和产品已通过 ISO 9001、ISO 14001、CE、TüV、UL、TLC、金太阳、中国节能产品认证、国防通信网设备器材进网许可等国内外认证，被中国环境保护产业协会授予“绿色之星产品证书”。科华恒盛还在业内率先推行 RoHS 环保指令，针对研发设计、生产制造、原材料供应链等制定出一整套符合 RoHS 标准的实施方案，建立了一条绿色制造、物流通道。

主要产品介绍：

模块化数据中心解决方案

KeCloud 系列微模块数据中心：根据客户不同的使用场景，科华恒盛推出 KeCloud 微模块数据中心解决方案。KeCloud 系列微模块数据中心解决方案以微模块为独立单位进行工厂预制、快速部署的数据中心，其中可包含多个不同功能、功率的微模块配合使用，满足客户快速部署、扩展业务需求。

科华“慧”系列模块化数据中心解决方案：科华恒盛新一代绿色智慧模块化数据中心基于数据中心物理基础架构保障，“慧”系列模块化数据中心从前端总投资规划设计，融合可靠供配电系统、高效制冷系统、智能化监控管理技术和丰富的行业级应用经验，以及技术服务保障，全流程贯穿融合起来，帮助用户构建高效可靠的智慧绿色数据中心。

企业领导专访：

被采访人：陈成辉　董事长兼总裁

▶请您介绍企业 2018 年总体发展情况。企业的核心竞争力有哪些？

2018年科华业绩持续保持高速增长，全年营收突破34亿，同比增长43%。公司在“一体两翼”战略牵引下，始终聚焦行业，深耕市场，在智慧电能、云基础服务、新能源三大业务板块均取得良好的业绩增长，巩固了国内行业领先地位。根据赛迪顾问（CCID）的报告显示，公司在2018-2019年度中国UPS国产品牌市场、模块化数据中心国产品牌市场、储能市场用户侧市场中，占有率均位居国产品牌前列，公司主营业务连续21年居国产品牌前列。

科华的核心竞争力主要体现以下两方面：

一是始终自主创新和技术积累，目前公司建立了包含4名享受国务院特殊津贴专家为核心的900多人研发团队，产品品质及技术创新能力均得到了保证。各业务板块协调发展，在“技术同源”思路下“同频共振”。

二是始终致力于满足客户场景化的需求。近几年，公司在轨道交通、新能源、数据中心等各个领域提出“电气集成+光伏+储能”等多场景融合解决方案，为不同的客户满足其个性化的需求，从产品到方案、从硬件到软件等全方位满足客户的需求。公司多场景融合解决方案在为客户节约成本、提升效率的同时，也在不断增加公司自身的价值，已成为公司差异化竞争的优势，形成了科华特有的有机业务生态。

▶请您介绍企业2019年的发展规划及未来展望。

2019，在智慧电能业务方面，公司将在保持原有优势行业基础上，重点抓住轨道交通、核电、工业、军工领域等发展机会。在轨道交通方面，利用公司系统解决方案的优势，深耕细分领域市场，持续扩大市场占有率。

抓住国产核装备出海的机遇，利用公司在“华龙一号”积累的经验及口碑，继续开拓国内及海外市场。

在轨道交通及工业领域，力争在实现对用电的综合能源和综合能效管理方面有新突破；云基于服务业务方面，利用云集团全产业链的服务能力，加快和三大运营商及互联网巨头的合作，拓展EPC整体工程项目，持续做大云集团规模，实现公司云业务快速持续增长。在新能源业务方面，积极拓展储能、微网、售电等新业务，加速走向海外市场。

▶您对电源行业（或您所在细分行业领域）未来市场发展趋势有什么看法？企业会迎来哪些机遇？如何把握？

在市场需求方面，随着各行业智能化、信息化的升级，以及云计算、5G等技术的加速商用，企业对设备安全运行和整个用电系统的稳定性日益重视，市场需求仍将持续快速释放。在竞争方面，国内企业技术和积累已有了长足进步，与国外品牌的竞争日益白热化。在此背景下，公司将会进一步发挥自身的技术优势，以及在UPS行业积累的品牌效应与客户资源，同时协同公司其他各项业务，为客户提供安全高效、绿色节能的综合解决方案，实现公司业务的多级发展。

3. 深圳市航嘉驰源电气股份有限公司（高层专访：刘茂起执行总裁）

Huntkey航嘉

地址：广东省深圳市龙岗区坂田街道航嘉工业园

邮编：518129

电话：0755-89606666

传真：0755-89606333

邮箱：secy4@ huntkey. net

网址：www. huntkey. com

简介：深圳市航嘉驰源电气股份有限公司（以下简称“航嘉机构”（Huntkey））总部位于深圳，设有深圳市航嘉驰源电气股份有限公司、河源湧嘉实业有限公司、航嘉电器（合肥）有限公司、深圳嘉源锐信管理软件有限公司等主导企业。目前，拥有深圳、河源、合肥三地工业园区近百万平方米，在美国、日本等地设有分公司，在巴西、阿根廷、印度等多国拥有合作工厂。自主设计、研发、制造开关电源、计算机机箱、显示器、适配器等IT周边产品，手机等移动电子产品所用的充电器、旅行充等消费周边产品，智能插座、智能小家电、智能LED照明等智能家居产品，充电桩、新能源汽车车载电源（充电机、DC-DC等）。销售网络覆盖世界各地。

航嘉机构创立于1995年，深圳市航嘉驰源电气股份有限公司为航嘉机构的核心企业，是从事IT、消费、小家电领域的产品及其产品所属的电力、电子系统的研发、设计、制造、销售一体化的专业服务企业。公司是国际电源制造商协会（PSMA）会员单位、中国电源学会（CPSS）副理事长单位、高新技术企业。

该公司研发技术实力雄厚，其产品中心拥有行业先进的可靠性实验室、材料实验室、功能实验室、光学实验室、仿真实验室、安全实验室、电磁兼容实验室、声学实验室、HALT等专业实验室和检测中心，专注于研发设计、新材料、实验技术应用、产品功能测试等领域，2012年公司通过了中国合格评定国家认可委员会（CNAS）认可资格，是深圳市指定的电力电子工程技术中心，拥有德国TüV、挪威Nemko、美国FCC、国标9254授权实验室，具备TüV、CE、UL及泰尔等国际认证的能力。

多年来，航嘉机构为联想、华为、海尔、中兴、DELL、BESTBUY等国内外大型企业提供优质可靠的产品和解决方案，获得了客户的认可和信任。

主要产品介绍：

WD600K

产品采用LLCC谐振+同步整流SR+DC-DC设计，高转换效率，绿色万能；线材人性化设计，方便插拔。

企业领导专访：

被采访人：刘茂起　执行总裁

▶请您介绍企业2018年总体发展情况。企业的核心竞争力有哪些？

2018年总体发展情况：2018年，由于电子料件的价格暴涨，终端市场的无序竞争等因素，给我们的行业也带来了前所未有的冲击。但由于提前的预警和修炼内功、增强体质，公司整体的经营结果是呈向上发展态势的，2018年的销售额同比增长约7%（公司财年截至2019年3月底），经营效率、客户质量和供应链质量得到了极大提升。

企业的核心竞争力：①严谨的设计、研发、制造及品质保障体系；②沉淀20多年的品牌美誉度；③永续经营的承诺，解决客户后顾之忧。

▶企业当前面临的难题或挑战是什么？准备用什么策略来应对？

企业目前面临的最大问题是人才，引进人才遇到了前所未有的挑战，专业人才、产业工人尤其如此。面对挑战，在专业人才的招聘上，将以往主要强调知名院校（985、211）和有大型企业工作经历的策略，转向瞄准符合条件的知名专业院校和具有同行经验的策略，同时提高专业人才的待遇。在产业工人的招聘上瞄准职业学校和同类工作经验，同时，在产业升级、智能制造和机器代人上加快投入步伐，加大投入力度。当然，也希望政府相关部门控制房价，对专业人才和技术工人制定更切合实际的优惠的留人政策，让全社会尊重产业工人，倡导工匠精神，助力企业解决在人才方面遇到的难度和挑战。

▶请您介绍企业2019年的发展规划及未来展望。

在传统的IT领域，PC电源业务维持销售量、提升销售额，适配器业务突破瓶颈实现快速成长，行业电源业务三年内再现航嘉在PC电源的辉煌，显示屏业务三年内进入国内前五，计算机机箱业务三年内达到月均出货100万台；而在消费及通信领域，充电器业务跑赢大客户（年增长15%），行业适配器业务未来三年年复合增长不低于30%。

4. 台达电子企业管理（上海）有限公司（高层专访：周志宏 台达集团发言人暨企业信息部资深协理）

地址：上海市浦东新区民雨路182号

邮编：201209

电话：021-68723988

传真：021-68723996

邮箱：yan. wy. wang@ deltaww. com

网址：www. delta-china. com. cn

简介：台达电子企业管理（上海）有限公司（以下简称“台达集团”）创立于1971年，为全球客户提供电源管理与散热管理解决方案，并在多项产品领域居重要地位。面对日益严重的气候变迁议题，台达集团秉持“环保、节能、爱地球”的经营使命，运用电力电子核心技术，整合全球资源与创新研发，深耕三大业务范畴，包含“电源及元器件”“自动化”和“基础设施”。

台达集团总部位于中国台湾，致力于创新研发，每年投入集团营业额的6%～7%作为研发费用，研发基地遍布全球。基于对环境保护的承诺，台达集团不断提高电源产品的转换效率。目前，产品转换效率都已达90%以上，其中先进的通信电源效率超过98%，光伏逆变器效率高达98.8%。台达集团坚信，发展环保节能产品，对台达集团的业务成长与环境保护的实践均具有正面助益。

台达集团持续通过多元方式应对不断变化的世界，并积极落实品牌承诺：“Smarter. Greener. Together.”，这不只象征了台达集团对自身的要求，也代表对股东、客户与员工的承诺。“Smarter”代表台达集团在电源效率与可再生能源的核心技术能力，“Greener”则是台达集团创立以来所坚持的“环保 节能 爱地球”的企业经营使命，“Together”是台达集团的经营哲学，与客户建立长期伙伴关系。

台达集团深信技术与合作的重要性，藉由领先的技术与客户合作，持续创造高效率、可靠的电源及元器件产品、工业自动化、能源管理系统以及消费性商品，为工业客户与消费者提供多元的产品与服务。

近年来，台达集团陆续荣获多项荣誉与肯定。自2011年起，连续8年入选道琼斯可持续发展指数之“世界指数（DJSI World Index）”；在2016年及2017年CDP（碳信息披露项目）年度评比中获得气候变迁“领导等级”的评级；2011-2018连续8年入选“台湾二十大国际品牌”；连续4年入选中国社科院“中国外资企业100强社会责任发展指数”前10强等。

台达电子企业管理（上海）有限公司位于上海浦东，为地区运营暨研发中心，主要从事电能有效利用和计算机、信息、通信、网络、机电、光伏、汽车电子领域，以及太阳能、风能等绿色能源的研究开发和技术支持，配合集团整体策略，运用电源设计与管理的基础，结合相关领域创新技术及软硬件开发，深耕三大业务范畴，使台达集团逐步从产品制造商转型成为整体节能解决方案的提供商。

主要产品介绍：

PowerGear 60C 60W USB-C笔记本电脑充电器

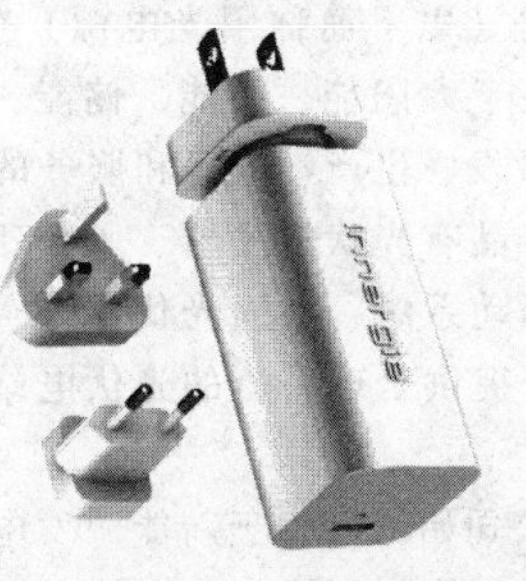

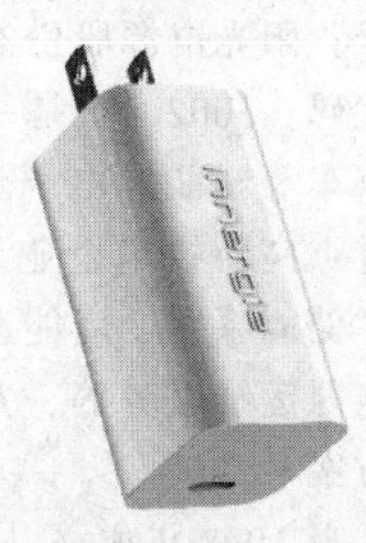

PowerGear 60C 60W USB-C笔记本电脑充电器是体积较小、高功率且高效率的充电器，尺寸仅有6cm×3cm×3cm，是一般笔记本电脑变压器体积的1/3，并减少1/3重量，提高70%自动化制程，更创造出高达92%的电源转换效率。产品将60W功率出融入55mL的小巧容积内，搭载USB PD充电技术，可自动辨识输出5种电压组合（5V、9V、12V、

15V、20V)，满足多种行动装置充电需求。

企业领导专访：

被采访人：周志宏　台达集团发言人暨企业信息部资深协理

▶请您介绍企业2018年总体发展情况。企业的核心竞争力有哪些？

台达集团2018年营收持续走高，保持平稳的增长势头。

台达集团向来重视研发创新，每年都投入营收的6%~7%作为研发费用，并以电力电子技术为核心，不断努力提升产品的能源转换效率。目前，台达集团电源产品效率都已达90%以上，尤其通信电源效率已达98%，太阳能逆变器效率更高达98.8%。

▶企业当前面临的难题或挑战是什么？准备用什么策略来应对？

目前，国际市场风云多变，对电子产业造成了一定影响。台达集团在全球布局生产网点，随时会因客户需求而调整生产网点，此战略调整将有助于客户的市场竞争力，与客户创造双赢。

▶请您介绍企业2019年的发展规划及未来展望。

2019年台达集团将以自动化、汽车电子、通信电源及数据中心基础设施为主要成长动能。台达集团将继续以电力电子技术为核心，不断创新，研发高效节能的产品，实践“环保 节能 爱地球”的企业经营使命。

5. 阳光电源股份有限公司（高层专访：张显立光储事业部副总裁）

SUNGROW
阳光电源

地址：安徽省合肥市蜀山区高新区习友路1699号

邮编：230088

电话：0551-65327878

传真：0551-65327851

邮箱：sales@ sungrowpower. com

网址：www. sungrowpower. com

简介：阳光电源股份有限公司（以下简称阳光电源）(股票代码：300274) 是一家专注于太阳能、风能、储能、电动汽车等新能源电源设备的研发、生产、销售和服务的国家重点高新技术企业。主要产品有光伏逆变器、风能变流器、储能系统、新能源汽车驱动系统、水面光伏浮体、智慧能源运维服务等，并致力于提供全球一流的光伏电站解决方案。

自1997年成立以来，该公司始终专注于新能源发电领域，坚持以市场需求为导向、以技术创新作为企业发展的动力源，培育了一支研发经验丰富、自主创新能力较强的专业研发队伍；先后承担了20余项国家重大科技计划项目，主持起草了多项国家标准，是行业内为数极少的掌握多项自主核心技术的企业之一。

该公司核心产品光伏逆变器先后通过UL、TüV、CE、Enel-GUIDA、AS4777、CEC、CSA、VDE等多项国际权威认证与测试，已批量销往德国、意大利、澳大利亚、美国、日本、印度等60多个国家。截至2018年底，公司在全球市场已累计实现逆变设备装机7900万kW。公司先后荣获“国家重点新产品”“中国驰名商标”、中国新能源企业30强、全球新能源企业500强、国家“守合同重信用”企业、安徽“最佳雇主”等荣誉，是国家博士后科研工作站设站企业、国家高技术产业化示范基地、国家认定企业技术中心、《福布斯》“中国最具发展潜力企业”等，综合实力位居全球新能源发电行业第一方阵。

未来，阳光电源将秉承“让人人享用清洁电力”的发展使命，立足新能源装备业务，加快光伏发电系统集成及投资建设业务发展，创新拓展清洁电力转换技术领域新业务，不断贴近客户需求，积极参与全球竞争，努力将公司打造成为受人尊敬的全球一流企业。

主要产品介绍：

光伏逆变器

光伏逆变器是应用于光伏发电领域，将光伏组件产生的直流电转化为交流电，输送给本地负载或电网，并具备相关保护功能的电力电子设备。

企业领导专访：

被采访人：张显立　光储事业部副总裁

▶请您介绍企业2018年总体发展情况。企业的核心竞争力有哪些？

2018年整体发展情况：得益于海外光伏市场的布局和发展，2018年公司光伏逆变器、电站系统集成业务等业务群整体保持增长，光伏逆变器全球发货16.5GW，较2017年继续提升。根据2018年预报披露，公司2018年营收约105.3亿元，同比增长18.6%。

企业核心竞争力：作为光伏逆变器优秀品牌，阳光电源拥有22年的逆变技术研发和应用经验，公司高度重视技术创新与产品研发，每年的研发经费高达数亿元，以博士、硕士为首的研发团队成员超过1000人，累计专利申请超过1500项。截至目前，阳光电源逆变器功率范围涵盖3~6800kW，产品远销全球60多个国家和地区，凭借高品质的产品与服务，阳光电源光伏逆变器连续四年销量全球领先，连续10年中国领先。

▶企业当前面临的难题或挑战是什么？准备用什么策略来应对？

中国市场，2019年光伏政策仍未下发，从目前下发的征求意见稿来看，2019 年国内的补贴模式和补贴标准都会有很大变化，首次采用分布式和地面电站全国范围内竞价上网，并在较大幅度下调补贴标准的同时，实行补贴季度退坡机制，可以预计 2019 年国内市场竞争将更加激烈，对企业的综合实力要求非常高。海外市场近两年出现不少新兴市场，预计 2019 年全球 GW 级重点国家/地区有接近 20 个，对我们的快速建设高标准的全球化市场布局和服务体系提出了非常高的要求。

一方面充分发挥阳光电源在技术创新方面的优势，通过不断创新，提升产品力和降低系统的成本，掌握市场的主动权。另一方面坚持走出去的发展战略，高效推进公司全球化布局进程。

▶阳光电源目前海外业务成绩如何？

阳光电源一直坚持全球化战略，积极布局海外市场，目前我们已经在全球 20 多个国家设立分公司。为提高海外重点市场的服务能力和产品交付能力，2018 年公司在印度设立年产能 3GW 的生产基地，可以大大提高印度和东南亚市场的客户响应速度。

阳光电源过去几年的海外业务布局成绩非常好，2014 年阳光电源的出口规模仅 0.43GW，到 2018 年出口规模已经增长至 4.8GW，出口规模增长超过 10 倍。2019 年我们将进一步提升公司在北美、欧洲、澳大利亚、印度、日本等传统光伏市场的市场占有率，同时，发力南美、中东、越南、墨西哥等新兴市场，抢占市场先机。

6. 易事特集团股份有限公司（高层专访：何思模集团创始人）

EAST® 易事特

地址：广东省东莞市松山湖松山湖工业园区工业北路 6 号
邮编：523808
电话：0769-22897777
传真：0768-87882853
邮箱：info@ eastups. com
网址：www. eastups. com

简介：易事特集团股份有限公司（以下简称“易事特”）（股票代码：300376）创立于 1989 年，是全球智慧城市 & 大数据、智慧能源解决方案优秀供应商，全球新能源 500 强和竞争力百强企业，行业首批“国家火炬计划重点高新技术企业”“国家技术创新示范企业”“国家知识产权示范企业”，东莞市纳税贡献前十名企业，2018 年荣获全国“五一劳动奖状”。

集团总部坐落于东莞松山湖国家高新技术开发区，在深圳、南京、合肥、昆山设有研发制造基地，拥有全资或控股子公司 80 多家，在全球设有 268 个客户中心，营销及服务网络覆盖全球 100 多个国家和地区。

该公司围绕智慧城市 & 大数据、智慧能源及轨道交通等战略新兴产业，为全球用户提供优质 IDC 数据中心、量子通信云计算系统、新能源车充电系统、储能电站系统、光储充一体化智慧能源系统、轨道交通智能供电系统等全方位解决方案。同时，公司为广大客户提供智能制造、人工智能设备的研发、销售和服务。

易事特 30 年来秉承“坚持自主创新、掌握核心技术”的发展理念，引进了由国际著名轨道交通电气专家钱清泉院士、新能源专家张榴晨院士、军事通信技术领域泰斗孙玉院士领衔的 800 余人的科研团队，组建起行业首批国家级企业技术中心、院士专家工作站、博士后科研工作站等六大高端科研平台。

易事特产品及解决方案成功应用于青藏铁路、美国首条无人驾驶地铁、北京 S1 线磁悬浮供电系统；百度、腾讯、中国移动、中国联通、工商银行、建设银行数据中心；G20 峰会会址周边充电设施，港珠澳大桥充电桩，捷豹、路虎、宝马、奔驰新能源车充电桩；花旗银行、迪拜帆船酒店、IBM 数据中心机房等重大型项目。

主要产品介绍：

充电桩

公司现有壁挂式交流桩、落地式交流桩、一体式直流桩、分体式直流桩等系列产品。

1）功率共享。可满足电动汽车大功率快速充电的需求。

2）模块结构。充电模块可根据需要灵活配置。

3）主动防护。对异常数据采取主动性保护措施。

4）柔性充电。电流、电压柔性输出，延长电池寿命周期。

企业领导专访：

被采访人：何思模　集团创始人

▶请您介绍企业 2018 年总体发展情况。企业的核心竞争力有哪些？

公司 2018 年度总体发展形势良好，公司依托丰富的变流+储能技术，借云计算、大数据行业高速发展的态势，高端电源装备、智慧城市与 IDC 数据中心业务实现较大增长，成为公司 2018 年度业绩的重要支撑；在新能源汽车、储能领域，政策利好及消费需求的进一步释放，公司新能源汽车充电桩及储能业务实现爆发增长。

7. 中兴通讯股份有限公司（高层专访：马广积能源产品部总经理）

ZTE中兴

地址：广东省深圳市南山区西丽留仙大道中兴通讯工业园研一楼
邮编：518055
电话：0755-26774170
邮箱：Li. li51@ zte. com. cn

网址： www. zte. com. cn

简介： 中兴通讯股份有限公司（以下简称“中兴通讯”）是全球领先的综合通信解决方案提供商，通过为全球160多个国家和地区的电信运营商和企业网客户提供创新技术与产品解决方案，让全世界用户享有语音、数据、多媒体、无线宽带等全方位沟通。中兴通讯能源产品部已成为通信能源全球市场成功的中国企业和具有全球服务能力的综合动力解决方案提供商，持续围绕市场与客户需求进行创新，为客户提供具有竞争力的能源产品和解决方案。中兴通讯能源产品包括通信电源、模块化数据中心、通信新能源和政企新能源等，为全球客户提供面向运营商的方案群和面向政企网新能源的方案群。通过这些方案帮助运营商及政企用户确保能源保障可靠性、提高网络运行质量、最大化社会与经济效益、降低运营成本，为他们提升核心竞争力，确保他们业务的可持续发展。

主要产品介绍：

-48V 直流电源系统

中兴通讯提供全系列的-48V 电源系统，容量从600W~240kW，结构形式包括组合式、嵌入式、壁挂式、分立式等，满足各种容量及各种场景对直流电源的需求。

中兴通讯提供的直流电源系统具备可靠性高、效率高、功率密度高的特点。该产品经过严格的实验室检验和长期的市场应用，24年持续不间断的产品研发投入和市场应用，确保了产品的可靠性。全系列产品的峰值效率均达到96%以上，节省能耗。3000W 的模块功率密度达 50W/in^3，行业领先。

企业领导专访：

被采访人：马广积　能源产品部总经理

▶请您介绍企业2018年总体发展情况。企业的核心竞争力有哪些？

2018年中兴通讯能源产品重点聚焦通信行业，保持国内在各大运营商和铁塔的领先地位，通过存量经营和战略突破，巩固并提升通信电源产品在大国大T的市场份额，积极拓展国内新能源汽车市场，与国家电网、南方电网等充电桩建设主流企业合作，提供业界技术领先的充电模块产品。

中兴通讯能源产品的独特优势主要有：

1）全球化市场与服务：我们目前已为全球160多个国家和地区的386家运营商提供优质的能源产品及服务，特别是与大国大T的战略合作渐入佳境。

2）高研发投入带来的技术领先：我们在通信电源整流器、数据中心用高压直流系统及新能源汽车充电模块等产品和方案方面的丰厚积累中不断创新，并保持技术领先。

3）持续努力下建立的品牌优势：2018年我们再次获得 Datacenterdynamics 亚太区“最佳设计团队”奖、自研蒸发制冷产品获 CDCC 年度论坛优秀产品奖等，PAD 电源获人民邮电编辑推荐奖，深得客户、权威机构的认可及好评。

▶企业当前面临的难题或挑战是什么？准备用什么策略来应对？

我们面临的挑战也正是全行业面临的挑战——通信能源市场增速放缓及竞争的加剧。

面对这样的局面，我们主要有以下策略：

通信电源以业界领先的核心技术为运营商提供全面的能源建设以及能源改造和管理服务，通过对海外大国大T市场的深耕细作，在不断巩固领先优势的情况下，继续提升产品进入范围和销售规模；加快并完善数据中心自研产品的系列化，紧跟5G发展下的数据中心发展需求，持续提升国内通信领域的数据中心市场份额，加强与BAT企业合作，通过自研产品的不断入围，提升综合方案的竞争力；积极拓展新兴市场，进入国内新能源汽车领域，参与国网、南网充电桩建设，提供技术领先的充电模块产品。

中兴能源产品将基于自身拥有的核心技术和原创动力，继续沿着提升技术水平、产品质量、组织效率这三个方向，力求突破与创新。

▶请您介绍企业2019年的发展规划及未来展望。

2019我们发展的关键词是——聚焦，聚焦重点客户，聚焦重点市场，聚焦核心方案，聚焦新业务机会。生存与发展并重，务实与创新并重，步伐稳健地在选定领域进行全球拓展。

▶您对电源行业（或您所在细分行业领域）未来市场发展趋势有什么看法？企业会迎来哪些机遇？如何把握？

任何时候都要相信机遇的存在，旧市场的没落后是新市场的兴起，旧技术的退场就有新技术的登台。盲目创新或为了创新而创新是没有出路的。我们认为大数据应用、智慧城市、新能源汽车、5G移动通信这几个领域将给电源带来新的发展机会。把握这些机会就要提前感知发展的脉搏，并要深入而精准地把握客户的核心需求；只有为客户带来价值才能创造出自己的价值。

▶未来网络对通信电源构建将带来哪些新的变化？

5G时代即将来临，一些贯穿多年的电源的发展趋势依旧存在，诸如高可靠性、高效率、高功率密度、智能化等。我们认为，5G时代对通信电源构建带来的最大影响将是5G的网络架构、部署及应用的变化，其对电源系统的结构、与5G主设备的融合以及面向网络管理及综合成本降低的智能化都提出新的要求。我们对此正密切关注并在持续努力中。

常务理事单位

8. 安徽博微智能电气有限公司（高层专访：万静龙董事长）

CETC 安徽博微智能电气有限公司
CETC ECRIEEPOWER (ANHIUI) CO.,LTD.

地址：安徽省合肥市蜀山区高新技术开发区香樟大道168号
邮编：230088
电话：0551-62724742
传真：0551-65311615
邮箱：syl@ ecthf. com
网址：www. ecrieepower. com

简介：安徽博微智能电气有限公司（以下简称“博微智能”）是中国电子科技集团第三十八研究所全资子公司，位于合肥国家级高新技术产业开发区。2005年自主研发出国内第一套高端医疗装备智能供配电系统，目前主要致力于智能电气（UPS、智能医疗电气、智能配电系统）、智能物联（SPD系统、视觉检测机器人）、汽车电子等产品的研发、生产和销售。

博微智能作为国家高新技术企业拥有国际先进水平的设计研发与电子制造平台，拥有国内先进的电子测试、试验平台，在业内率先提出“绿色、节能、环保”的产品理念，始终执行RoHS环保指令，并逐步推行REACH管理程序，针对研发设计、生产制造、原材料供应链等制定一整套实施方案，开发出性能国际领先的电源产品和智能供配电系统，为客户提供更完善的智能供配电解决方案。

博微智能率先开发出业界高端水平的智能供配电系统中核心设备-数字阵列UPS，功率覆盖范围10~900kVA，获得软件著作权和实用型专利共20多项，已取得泰尔、节能、CQC、广电等权威认证证书。同时，系列产品以其高可靠性已经占据全球高端医疗装备行业市场15%以上份额。

博微智能已经与全球知名企业建立了战略合作伙伴关系。为更好地服务全球战略客户，海外办事处及仓储中心多达12个，遍布欧美、日本、中亚、东南亚等地区。目前，产品广泛应用于医疗装备、工业自动化、公共安全、交通、广电、金融、教育、通信、制造、国防等领域。

主要产品介绍：

数字阵列UPS

以DSP数字技术为核心，将REC、INV、ARRAYTECH以全数字化技术形成阵列单元，多个阵列单元任意组合形成更大功率的UPS称为数字阵列UPS。

优势：

快：快速部署，迅速扩容；

易：易用性，高可用性；

省：节省空间和运营费用；

智：智能化，易于管理。

企业领导专访：

被采访人：万静龙　董事长

▶请您介绍企业2018年总体发展情况。企业的核心竞争力有哪些？

2018年博微智能贯彻、执行中国电科集团公司总体发展思路，转观念、立制度、提能力，始终以客户满意为导向，将产品品质作为企业发展的生命线。

2018年是“十三五”承上启下的关键一年，这一年，我们加大技术研发投入，研发投入达到1200万元，公司稳步推进技术学科建设，整体研发实力得到很大提升，一大批自研项目和军民融合项目纷纷立项，并顺利通过了国家高新技术企业认证。这一年，我们聚焦主责主业，牢记使命，产值突破3亿元人民币，经济效益明显改善，经济结构显著优化。这一年，市场开拓成绩斐然，国内、国际业务平均增长49.70%，尤其国际化业务，市场增长点明显，东南亚、德国、以色列客户产品逐渐进入批量化阶段，优质客户开发陆续进入收获阶段，新兴亿元级产业集群显现，业务板块得到均衡发展，新动能建设顺利起航，并新签首笔大额订单。这一年，公司紧跟行业发展动态，借鉴国内外先进生产经验，全面推行ISO 9001：2005，ISO 14001：2004，OHSAS18001：2007和IATF16949：2016等质量管理体系，在主要产品生产线实施LEAN PRODUCTION（精益生产），提高了全员劳动生产率，提升了公司信息化水平。

所有取得的成绩都得益于公司从发展之初逐渐形成的核心竞争力，我认为主要有以下几点：

1）持续对研发的投入，从公司成立之初，累计投入2500万元研发经费，具备独立的产品开发、设计能力，掌握大功率模块化电源核心技术。

2）较多优质的客户资源，并建立了长期、稳定的战略合作关系，这些客户主要是国内、国际知名品牌公司。

3）灵活的股权激励，吸引了一大批有丰富工作经验的人才资源。目前，公司研发、市场人员平均年龄在30岁，本科以上学历占比98%，其中硕士学历人员占比35%。另外，公司还建立了较为齐全的学科。

4）品牌优势。公司属于中电科三十八所旗下全资子公司，成立至今，坚持提供具有军工品质的产品，形成良好的市场品牌效应。

▶企业当前面临的难题或挑战是什么？准备用什么策略来应对？

博微智能是全球领先的电力电子技术解决方案提供商，是中国电子科技集团公司第三十八研究所的全资子公司，博微智能始终围绕用户的需求持续创新，与三大供应商和合作伙伴开放交流与合作，不断追求用户体验感的提升，为用户创造价值。

作为一家以技术研发、创新为核心推动的国有技术型企业，最核心的优势是对人才资源的重视和培育。但由于市场整体竞争的加剧，引进和留住行业顶尖技术人才也是公司目前面临的挑战。应对策略，我用下面 24 个字来做一个概括：

尊重信赖，情感留人；

合理使用，发挥潜能；

物质激励，待遇酬人。

▶请您介绍企业 2019 年的发展规划及未来展望。

2019 年公司将聚焦健康医疗、网络信息安全基础设施和智能制造三大业务板块，为打造多个亿元产业集群奠定坚实基础。

第一，在公司战略层面，全面提升军民融合发展。

第二，重视国际市场的开发，更加积极地参与全球市场竞争，将国际化业务增长作为主要发展引擎。

第三，增加对新动能业务的资源投入，孵化新产业新业态，建立有核心、有支撑的生态化业务发展模式，至“十三五”收官之年，争取实现营业收入达到 5 亿元，拥有更广的市场影响力和产品辐射度。

▶您对电源行业（或您所在细分行业领域）未来市场发展趋势有什么看法？企业会迎来哪些机遇？如何把握？

从技术发展来看，电源行业整体上向高频化、智能化、物联网化发展，当然可靠性和稳定性也必须得到保障。高频化会带来成本的降低，会进一步提高功率密度，减小体积和尺寸，其中软开关技术、专用控制芯片、模块化技术应用会越来越广泛。同时由于数字技术和软件技术的发展，智能化和物联网化使得电源系统能够融入整体大数据，可以做很多事情，比如效能的分析、故障的跟踪查找、使用的习惯和风险等。

从产品应用来看，随着社会的发展，人工智能、5G 技术的不断成熟，会出现更多的特殊定制产品，然后逐步形成行业标准的产品，也会涌现更多系统解决方案需求，更加强调整体系统的应用，进一步减少客户的选型、设计、维护成本。

整体上电源行业竞争会更加激烈，企业分化会拉大，当然不是说所有的企业都去搞物联网，搞系统集成，一些事情还要看企业规模和实力，核心还是电源设备本身，所以企业还是应该练内功，抓竞争力，加强创新，打造符合企业特点的产品，这样公司才能在竞争中生存。

9. 安泰科技股份有限公司纳米晶制品分公司（高层专访：刘天成　分公司总经理）

地址： 北京市海淀区永丰基地永澄北路 10 号 B 区

邮编： 100094

电话： 010-58712641

传真： 010-58712642

邮箱： nano@ atmcn. com

网址： www. atmcn. com/fjjssyb

简介： 纳米晶制品分公司隶属于安泰科技股份有限公司，从事非晶/纳米晶金属材料及制品的产业化及研究开发。纳米晶制品分公司依托国家非晶微晶合金工程技术研究中心（国家科委 1995 年 12 月批准建立的国家级非晶中心），是国内非晶、纳米晶软磁材料研发先驱。国家非晶微晶合金工程技术研究中心拥有专业全面、结构合理的研发团队，立足于自主研发，突破非晶纳米晶材料制备核心技术，共取得 50 余项科技成果，荣获国家科技进步二等奖 2 项，授权专利 43 项。纳米晶制品分公司现有员工 300 余人，下设 2 个分厂：纳米晶带材厂、磁性元器件厂，6 个部门：综合管理部、计划财务部、产品销售部、产品开发部、品质管理部、生产制造部。纳米晶制品分公司主要产品为纳米晶带材，铁心制品及磁性器件，广泛应用于电动汽车、高频驱动、电力电气、工业电源、新能源、消费电子、航空航天、交通等领域，为客户提供先进的节能材料及解决方案。

主要产品介绍：

纳米晶带材

主要由铁、硅、硼、铜、铌等元素组成，在 106℃/s 的冷却速度下制备，经特定退火工艺处理后，获得具有超细尺寸晶粒（约 10nm）的软磁合金材料。显著特点：生产制造流程短，一步成型；其突出优点在于兼备了铁基非晶合金的高饱和磁感应强度和钴基非晶合金的高磁导率和低损耗，能够很好地满足高频低损耗的性能要求。

企业领导专访：

被采访人：刘天成　分公司总经理

▶请您介绍企业 2018 年总体发展情况。企业的核心竞争力有哪些？

2018 年对于纳米晶制品分公司来说，是具有跨时代意义的一年，在十九大精神的指引下，纳米晶带材及制品取得了长足的进步。纳米晶带材在国内外的销售节节攀升，在海外市场捷报频传，突破了各种行业垄断，得到了全球纳米晶用户的认可。同时，纳米晶铁心及器件产品得到了高端超薄纳米晶带材的支持，产品性能水平达到世界先进水平，得到了国际知名企业的认可和批量订单支持。

公司在纳米晶行业优势突出，纳米晶带材的全套生产装备为自主研制，并具备不断更新换代的能力；纳米晶材料实现系列化，低导磁 2000μ 到高导磁 200000μ，厚度从 14μm 到 26μm，宽度达到 80mm；纳米晶铁心制品能够满足不同频段、不同电流和不同电磁兼容环境的要求，批量生产高阻抗宽频带电感、低损耗大功率高频变压器、抗直流单铁心互感器铁心、无线充电系列配套产品等一系列高端产品。在高频电源和电磁兼容领域具有提供整体解决方案的能力和独特优势。

▶企业当前面临的难题或挑战是什么？准备用什么策略来应对？

目前公司运转良好，团队稳定，客户市场增长趋势明显，不存在难题；唯一的挑战是产能不足，随着市场订单的增长，现有 3000t 产能不能完全满足客户的需求。解决办法是采用生产自动化的方式，提高生产效率和产能，以及计划新建产能解决长远发展问题。

▶请您介绍企业 2019 年的发展规划及未来展望。

2019 年市场预期和形势向好，市场更加趋向理性发展，在国家政策的引导和治理下，在十九大精神的指导下，电源行业的发展会走向稳健，而且对环境的关注日益增强，电磁兼容的治理越来越规范和具有强制性，为纳米晶行业的发展带来了爆发式的利好，而且纳米晶材料的特性决定了高频化、大功率和大电流下的绝对优势，是未来软磁行业的发展方向。

▶您对电源行业（或您所在细分行业领域）未来市场发展趋势有什么看法？企业会迎来哪些机遇？如何把握？

对电源行业的发展趋势，发表一下个人的看法，仅代表个人，对行业认知有限，敬请谅解。电源行业发展的趋势一定是绿色环保的电源，高频高效电源。例如高频大功率的电源，快速充放电的大电流电源，以及特种电源等。所有的电源发展，离不开高性能的软磁材料，涉及电力变换的问题，功率元件都要求满足低损耗的要求，以及电感满足电磁兼容的高阻抗特性要求，这也是纳米晶材料的优势之一。作为纳米晶行业的领导者，公司在过去五年的布局谋划，完全适应了电源行业的发展需求，迎来了高速发展的机遇，完全具备了提供高性能纳米晶材料、纳米晶元器件以及综合解决方案的能力。

10. 北京动力源科技股份有限公司（高层专访：王新生　副总裁）

地址：北京市丰台区科技园区星火路
邮编：100070
电话：010-83682266-832
传真：010-83682266-832
邮箱：dpczl@ dpc. com. cn
网址：www. dpc. com. cn

简介：北京动力源科技股份有限公司（以下简称“动力源”）是中国电源行业首家上市企业，致力于动力及动力环境产品、可再生能源解决方案、产品全生命周期的管理和服务领域。在通信与大数据、新能源汽车产业链、分布式新能源和储能等领域拥有良好的口碑和市场。

在新能源汽车动力总成与电机驱动系统的研发制造领域，交流充电桩、直流充电桩、充电桩运营管理平台等方面具有核心技术优势，可为客户实现全覆盖式电动汽车系统解决方案。与东风特商、新奥能源、德力西等大型企业有战略合作。

通信与大数据领域，公司是中国铁塔、中国移动、中国联通、中国电信、阿里巴巴、百度、腾讯等国际知名企业的设备主流供应商。所研产品普遍应用于国家重点建设项目，包括国家体育场、国家奥林匹克体育中心、上海世博会、地铁等项目。

综合节能业务方面已涵盖 6 大类 15 种节能技术、产品及服务。

在科研方面每年投入超过年营业额 6% 的资金，北京、深圳、西安、安徽、哈尔滨等地均设有研发中心。先后建立了 EMI 实验室、DPA 实验室、HALT 实验室等，已承接国内多家大型企业的委托实验项目。

具有完善的销售与服务网络，包括 6 个区域市场部、34 个直销办事处及项目部，为客户提供及时周到的服务。

安徽动力源科技有限公司是主要生产基地。该基地现有生产、管理人员 1000 余人，拥有先进的 SMT 生产设备、双波峰焊机及防静电设施、高速 PHILIPS 线体等，生产制程完备，工艺流程稳定，具备规模生产优势。动力源将以智能化工厂为载体，以关键制造环节智能化为核心，以网络互联为支撑，降低运营成本，提高生产效率，打造具有国际先进水平的电源制造企业。

动力源旗下拥有北京迪赛奇正科技有限公司、深圳动力聚能科技有限公司、香港动力源贸易有限公司等 10 家全资子公司，并在印度设立了子公司开展本地化经营。

动力源产品销往世界各地，主要业务已辐射美国、意大利、法国、俄罗斯、韩国、印度尼西亚、菲律宾、老挝、泰国、孟加拉、尼泊尔、印度、斯里兰卡、沙特、埃塞俄比亚、加拿大、墨西哥、智利、巴西等几十个国家和地区。

动力源一路走来得到客户的一致好评，多次受到科技部、工信部、发改委、市政府、中科院、相关行业协会的嘉奖。获得高新技术企业、“十二五”节能服务产业突出贡献企业、标准创制突出贡献奖、国家重点新产品奖等称号、奖项。

主要产品介绍：

30kW 液冷充电模块

本产品分为前后级隔离的两级拓扑架构，前级采用三电平有源 PFC，后级采用 LLC 拓扑，并采用 DSP 数字控制，通过冷水板的液冷散热技术，防护等级达 IP54 以上，产品具有功率密度高、防护等级高、全电压范围、效率高、功率因数高、环境适应性强、寿命长等特点。产品系统设计紧凑，整桩功率密度高。

企业领导专访：

被采访人：王新生 副总裁

▶请您介绍企业2018年总体发展情况。企业的核心竞争力有哪些？

2018年在面临5G建设之前的通信网络建设低谷期，在银行断贷、宏观信贷政策收紧等影响下，动力源积极调整经营结构、贯彻业务线制经营体系，建立业务线为核心的运营体系，进一步优化资产结构，大力拓展海外电源业务，最终基本实现年度经营目标。产品开发上，新一代的拳头产品（充电桩水冷模块、氢动力电源、新能源汽车电源和电控、光伏逆变器和储能逆变器等）横空出世。

动力源在多方面都具有明显的核心竞争力：深厚的技术基础和强大的产品开发能力保障了公司技术创新水平的前瞻性；完善的中试验证体系是产品质量保障的重要方面，公司具有行业先进的中试可制造性和可靠性验证能力；从全球电子产品制造的发展历程来看，生产集中是产业发展的趋势，安徽动力源作为公司主要的生产基地，占地面积广，具有先进的设备和工艺流程，生产能力较强，具备明显的规模优势；另外我们还具有产品、项目经验以及品牌品质等方面的优势。

▶企业当前面临的难题或挑战是什么？准备用什么策略来应对？

2019年，外部经营环境仍然不确定，一方面受去年业绩影响，融资更为困难。另一方面我们的市场机会也迎来前所未有的挑战。

公司长期布局的三大战略领域均呈现较好的增长态势。数据通信领域5G试商用将启动，海外通信电源在更多的国家和地区抢占了主战场；新能源汽车领域市场体量增长继续积聚，为充电桩和车用设备发展提供了更大空间；分布式新能源和能源设备市场暗流涌动，蓄势待发。

在多条线的机会面前，我们将继续提高对业务经营目标和策略的管理水平，全面落实业务线经营主体地位，构建以业务线为核心的运营体系，更有效地配置资源和使用资源；加强战略管控，强化经营计划引导；加快战略调整，多措并举，保障目标与资源的匹配性。

▶请您介绍企业2019年的发展规划及未来展望。

2019年，动力源将继续聚焦电力电子三大战略领域：数据通信、新能源汽车以及分布式新能源领域。继续调整业务结构，优化资产结构，清库存，降低资金占用，加快资产周转效率，调集资源聚焦主业。多种类多层次融资，保障资源供应。完善经营预案，应对不确定性，及时调整目标和资源。加强业务目标和策略进展情况的管控。强化经营计划指导，提高公司总部对业务目标和策略的管理层次和水平，构建以业务单元和业务线为对象的有效的战略性资源分配机制。

11. 北京中大科慧科技发展有限公司（高层专访：赵希峰董事长）

中大科慧

地址：北京市海淀区东北旺南路29号首农中心C座5层

邮编：100094

电话：010-82484848

传真：010-82484848-8006

邮箱：zdkh@ zdkh. net

网址：www. zdkh. nei

简介：北京中大科慧科技发展有限公司（以下简称“中大科慧”）是数据中心动力安全管控领域的行业推动者、技术引领者和标准制定者。公司成立于2000年，专注于数据中心（以下简称“信息中心”）动力安全技术的研发与应用，致力于数据中心关键信息基础设施的运行安全，成功研发出拥有自主知识产权的IDP动力管控系统，已全面应用于工商银行、中国银行、建设银行、华夏银行等金融单位，公司同时拥有合格评定国家认可委员会、中国国家认证认可监督管理委员会、北京质量技术监督局所认可并授权的CNAS、CMA数据中心动力系统国家实验室检测资质，填补了我国数据中心领域动力运维安全的技术空白。在公司持续的技术服务过程中，成功完成了金融业行业标准与军用相关数据中心动力系统建设和安全检测标准的调研、研究，形成了相关的行业标准，为数据中心机房动力系统的规范化设计与安全运维，提供了全面而坚实的理论和技术支撑。

2011年，该公司为华夏银行全行数据中心机房进行动力检测，开启了金融业数据中心动力安全运维的新时代。

2012~2013年，该公司在中国银行河北分行全面部署IDP动力管控系统，使中国银行河北分行跨入全省“本地治理，全网管控，多级管理”的动力管控新局面。

该公司获得国家高新技术企业资质，北京市AAA信用企业资质，工信部的“工业和信息化人才培养平台人才培养示范机构”，CMA检验检测机构资质，CNAS数据中心动力系统国家实验室检测资质，CQC国家质量认证中心的检验机构，并荣获中国电源学会常务理事单位，是北京质量评价协会理事单位。产品荣获中国电源学会科学技术奖。

主要产品介绍：

IDP数据中心动力管控系统

IDP数据中心动力管控系统（以下简称“IDP系统”）是针对数据中心动力系统安全的综合管理系统，包括全项电力参数监测、分析、评估、预警以及电能质量治理等多项功能，是有效提高数据中心动力运维水平和保障数据中心运行安全的成熟产品及解决方案。

企业领导专访：

被采访人：赵希峰 董事长

▶请您介绍企业2018年总体发展情况。企业的核心竞争力有哪些？

中大科慧在2018年总体发展良好，企业创业18年，主要核心竞争力有两个：一是社会责任，敢于挖掘信息科技发展的技术应用中存在的缺陷，弥补电子工程学“安全保护”领域技术研究，二是团队建设，我们的口号是“不做传统，勇于创新”。

▶企业当前面临的难题或挑战是什么？准备用什么策略来应对？

任何企业的发展均面临危机，只有创新能够降低风险，也只有创新才能得到机遇，我们的策略是乐于接受技术领域的挑战，用数据和技术解决困难，创新是团队最有效的兴奋剂，实力是团队真实的奖牌。

▶请您介绍企业2019年的发展规划及未来展望。

2019年，中大科慧在信息科技领域均积极推动标准的应用，积极推动“安全保护”技术，解决故障、能耗等问题，特别是制定重要领域的行业标准和运维管理规范。

▶您对电源行业（或您所在细分行业领域）未来市场发展趋势有什么看法？企业会迎来哪些机遇？如何把握？

电源行业在未来发展主要两个层面：一是传统电源面临更新换代，二是逐渐细分技术领域发展——这需要8~10年的演变过程。根据信息技术永不满足性的特性，我们将继续在“应用”领域技术的深度研究与安全保障工作。把传统产品“永不满足性和缺陷性”解决好、保障好，这更多的是在应用方案层面。

12. 东莞市石龙富华电子有限公司（高层专访：李涛总经理）

UE Electronic

地址：广东省东莞市石龙镇新城区黄洲富华电子产业园

邮编：523326

电话：0769-86022222

传真：0769-8602333

邮箱：fuhua@ fuhua-cn. com

网址：www. fuhua-cn. com

简介：东莞市石龙富华电子有限公司（以下简称“UE Electronic”）成立于1989年，是全球电源供应商、国家级高新技术企业、国家火炬计划产业化示范项目企业、中国电子行业知名品牌，是集全球电源技术创新引领与产品研发、制造、销售于一体的大型民营科技企业。园区占地面积超过6万平方米，为现代化智能型花园式工业园；已成长为飞利浦、诺基亚贝尔、华为、西门子、松下、GE、Softbank、Chicco阿尔卡特朗讯、岩崎等世界500强及国内外知名企业首选的国际领先品牌。

主要产品介绍：

医疗电源适配器

UE医疗电源待机功耗小、效率高，符合能源之星第六代标准；符合IEC 601601-13.1版与医疗产品2MOPP标准；平均无故障时间10万小时。

企业领导专访：

被采访人：李涛 总经理

▶请您介绍企业2018年总体发展情况。企业的核心竞争力有哪些？

2018年，富华电子在行业大行情不景气的情况下赢得了逆势增长，这得益于公司一直以来对适配器领域的专注和对客户的服务以及全员的不懈努力。

富华电子30年来一直坚持以产品质量为核心竞争力，坚持只做优质产品，用最好的产品和服务来回报社会和客户。

▶企业当前面临的难题或挑战是什么？准备用什么策略来应对？

最近几年，电源行业都面临着原材料上涨、客户端价格下调的压力。在这样的情况下，富华电子不忘初心，坚持如一，保证给客户降价不降质的产品。让客户放心，让终端使用者安心。做企业，可以低利润，但是要坚守底线。

▶请您介绍企业2019年的发展规划及未来展望。

2019年，富华电子将会继续保持通信领域的优势地位，大力发展医疗电源领域，兼顾个人终端及工业电源领域。

▶您对电源行业（或您所在细分行业领域）未来市场发展趋势有什么看法？企业会迎来哪些机遇？如何把握？

随着智能手机的市场饱和，未来一段时间内，手机充电器市场空间将会越来越小；其他个人及家庭终端领域的电子产品市场会逐年上涨，尤其是个人及家庭终端医疗设备的市场需求量会有很大的增长。

13. 佛山市欣源电子股份有限公司

地址：广东省佛山市西樵科技工业园

邮编：528211

电话：0757-86866051-8002

传真：0757-86816598

邮箱：541290983@ qq. com

网址：www. nh-xinyuan. com. cn

简介：佛山市欣源电子股份有限公司（股票代码：839229）位于广东省佛山市南海区西樵科技工业园富达路，是一家集研发、生产、销售及售后服务于一体的高新技术企业。该公司拥有广东省电容器工程技术研究开发中心，广东省院士专家企业工作站，能为客户专门设计各种电容器。电容器年生产量达到40亿只左右，具有较强的生产能力和及时供货能力。公司已通过ISO 9001、TS16949等国际质量管理体系认证，ISO 14000环境认证，OHSAS18001职业卫生健康管理体系，并获得德国VDE、TüV、美国UL等安全认证。

该公司主营产品：

1）全系列薄膜电容器、电容电池模组。

2）柔性锂离子电池，安全、柔性、可快充，适用于各类可穿戴设备、物联网卡等。

3）锂电池负极材料，产品涵盖人造石墨、天然石墨和钛酸锂材料，倍率性能好，安全性能突出，适用于各类高能量密度电池。

主要产品介绍：

直流支撑（DC-Link）电容器

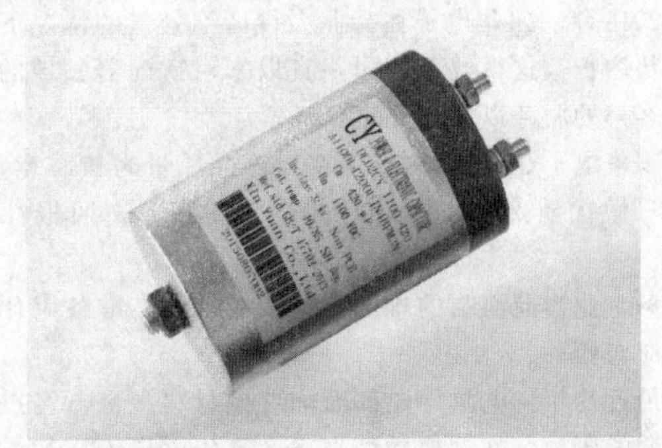

直流支撑（DC-Link）电容器，属于无源器件的一种，采用聚丙烯薄膜介质材料，其具有耐电压高、耐电流大、低阻抗、低电感、容量损耗小、漏电流小、温度性能好、充放电速度快、使用寿命长（约10万小时）、安全防爆稳定性好、无极性安装方便等优点。被广泛应用于电力电子行业。主要用于：

1）在逆变电路中，主要是对整流器的输出电压进行平滑滤波。

2）吸收来自于逆变器向“DC-Link”索取的高幅值脉动电流，阻止其在“DC-Link”的阻抗上产生高幅值脉动电压，使直流母线上的电压波动保持在允许范围。

3）防止来自于“DC-Link”的电压过冲和瞬时过电压对IGBT的影响。

14. 广州金升阳科技有限公司（高层专访：尹向阳董事长）

金升阳
MORNSUN®

地址：广东省广州市黄埔区科学城科学大道科汇发展中心科汇一街5号

邮编：510663

电话：020-38601850

传真：020-38602273

邮箱：sales@ mornsun. cn

网址：www. mornsun. cn

简介：广州金升阳科技有限公司（以下简称“金升阳”）成立于1998年，注册资本达2亿元，拥有2000多名员工和超过10万平方米的办公及研发基地，是国内集研发、生产、销售为一体的电源模块制造商，矢志为全球工业、电力、能源、轨道交通、汽车电子、医疗等行业客户提供精准的一站式电源解决方案。

金升阳产品线囊括机壳开关电源、AC-DC电源模块、DC-DC电源模块、IC、EMC辅助器、隔离变送器、IGBT驱动器、LED驱动器、适配器等系列，年均开发新品型号超过440项。

作为技术创新标杆企业，金升阳在电路创新方面提出了8种电源电路拓扑结构改良方案，是国内少数几家具有自主知识产权的集成电路、创新性变压器结构、装配系统及外观结构的电源厂家，主导起草两份行业标准：NB/T 42039—2014、能源20130817。截至目前，已申请国内外知识产权900余项，其中发明专利申请470余项，已成为拥有强大自主研发和知识产权优势的创新型企业。

金升阳自主创立的“MORNSUN”品牌，历经20年的发展，商标已在全球50多个国家与地区注册。金升阳启用集团化运作模式，拥有德国子公司、美国子公司、怀化子公司、金升阳科技园、深圳南云微电子有限公司，建设武汉、西安、长沙、广州四大研发中心和北京、上海、南京、西安、武汉、青岛、杭州等地方办事处。

随着海外子公司的相继建立，金升阳经销网络覆盖全球，获得了众多行业企业的赞誉，且持续获得不同领域多类荣誉，如福布斯2012中国最具潜力非上市公司100强第18名，以及“中国好雇主优秀企业奖”“广东省出口名牌产品”“广东省专利金奖”“广东省著名商标”“广东省知识产权示范企业”“广东省创新百强”等。与此同时，金升阳公司在行业内率先通过了IATF16949汽车电子质量管理体系认证。

面对未来，金升阳将一如既往地践行“值得信赖”的宗旨，力争将民族工业品牌推向更广阔的国际舞台，服务世界。

主要产品介绍：

电源产品

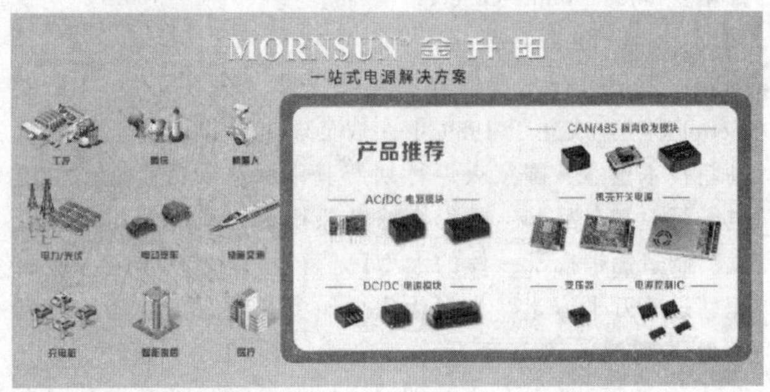

AC-DC机壳开关电源：35~350W LM系列；

AC-DC电源模块：1~240W；

适配器：5~65W桌面、插墙、活动脚式；

DC-DC电源模块：0.25~200W；

IC系列：0.1~60W；

工业总线隔离收发模块：CAN/485/232；

EMC辅助器、IGBT驱动器、隔离变送器等。

企业领导专访：

被采访人：尹向阳　董事长

▶请您介绍企业2018年总体发展情况。企业的核心竞争力有哪些？

虽然2018年行业增速整体下滑，但金升阳销售额仍保持两位数增长。

我认为创新是持续发展的源动力。金升阳采用“市场拉动+技术驱动”的创新模式，成功搭建起了贯穿研发设计到销售服务的全价值链创新体系，始终为工业、电力、能源、轨道交通、医疗等行业客户提供更精准的电源一站式解决方案。

20年来积累的技术研发实力、强大的生产能力、丰富的行业应用解决方案、专业的技术支持团队等都是我们的优势所在。金升阳每年将10%的营业额投入研发，现已建立武汉、西安、广州、长沙四大研发基地，拥有400余人的研发团队，截至目前，申请国内外知识产权900余项，其中发明专利申请470余项。

例如，我们在全球占有率最高的定电压电源产品有100多项专利，第三代产品在技术上采用了电路芯片化；超高压、超宽压输入的PV系列电源，采用可靠的高压多管均衡串联技术以及独特的电源启动专利技术，以匹配光伏系统对1200V或1500V高压输入的需求。

作为集研、产、销一体的全价值链企业，金升阳各环节都能自主把控，能为客户带来三大优势：第一，客户的需求反馈能快速传递至企业各环节，并能得到快速响应；第二，金升阳与客户之间没有中间环节，这避免了额外的价格上涨；第三，本地化的服务团队，能提供更全面的产品和技术服务。

▶您对电源行业（或您所在细分行业领域）未来市场发展趋势有什么看法？企业会迎来哪些机遇？如何把握？

目前中国工业迅猛发展，再加上国内“超级工程”项目的拉动作用以及中国的“一带一路”倡议带来的更多跨国合作项目等，整体趋势向好；而全球经济从2017年刚开始有回暖趋势，但今年受全球经济和政策发展不确定性的影响，全球电力器件行业出现了一定的增速下滑。这些市场变化对于电力器件行业来说既是难得的机遇，同时也是挑战。挑战主要来自三个方面：

1）中国本土行业高速发展。中国产业结构快速升级，新兴行业不断崛起并开始引领世界，如中国高铁、5G通信、电力传输行业、新能源汽车、光伏发电等，所以对电力器件也要求加快技术迭代速度，跟上行业技术革新的步伐。

2）国际企业在中国的本地化。中国的快速发展，使其成了全球争夺的市场，也成为国际企业的聚集地与元器件采购地，这些客户对产品的品质、性价比、服务等都提出了更高的要求。

3）国际电力器件市场竞争加剧。目前，国际市场需求的整体下降，导致国际电力器件竞争加剧，国际客户在要求保证产品质量的同时，对产品性价比与服务的要求也进一步提高。

要想在中国和全球市场竞争中取胜，企业的重点还是要提升综合实力和核心竞争力，不断进行技术创新，制造优秀的产品，服务好客户，让利给客户，才能立于不败之地。

自金升阳建立至今，我们通过改进生产工艺，不断进行技术创新，提高生产效率，降低劳动强度和生产成本。对于市场的高标准和高要求，金升阳将根据自身技术路线和市场趋势，不断开发更全面、更可靠的产品，同时着眼于新兴产业的突破，以2~3年更新换代的频率维持技术创新确保先进的技术，配合这些行业的发展去开发相应的电源产品，以满足这些行业的需求，尽我们所能，做好准备，消除市场变化的影响。

▶金升阳的创新具体体现在哪些方面？

在大家的潜意识里，模块电源电路相对简单，再怎么创新也仅仅只是对电路微调而已。但是越简单，突破就越难。

例如，Royer电路已经使用了60年，在这期间各厂家都只是进行电路微调达到性能的优化，而没有突破性的进展。然而，金升阳定电压输入第二代产品（R2系列）运用恒流驱动电路、缺口磁心与短路保护电路解决了轻负载效率低、高低温特性差和持续短路保护这个存在多年的行业问题。进而金升阳定电压输入第三代产品（R3系列）从原来的自励电路改用为他励电路并采用了集成IC技术，解耦了电源持续短路保护、容性负载和起动能力之间的相互制衡，实现了质的突破。没有其他定电压输入产品可以做到这一点。如上所述，金升阳的创新是市场驱动和技术驱动。

在营销战略方面，金升阳致力于通过整合营销解决客户的问题——关注行业热点和客户的痛点，解决客户的后顾之忧。为此，金升阳基于各行业建立了完善的市场路线图。为了提供更精确的解决方案，我们会对行业进行预研究，以了解应用中的确切需求和标准，然后进行产品研发，同时在研发期间考虑营销支持和技术服务。例如，我们对光伏产业进行了深入研究，我们分析系统的每个子部分、每个设备和每个应用程序，以了解确切的需求。

例如，我们向超级电容有轨列车提供的双向均衡电源。超级电容有轨列车是运用超级电容进行能量回收与实现动力，不同于锂电池的应用，在确保双向均衡的技术要求外，同时需具备低电压起动、高效率与大电流导通的应用。在深入了解客户痛点后，金升阳通过技术的攻关，为超级电容的应用实现了可靠的双向均衡电源，从而真正地解决了客户的后顾之忧。

在技术层面，金升阳要求“深入电源物理本质，突破行业技术难题”。不满足于电路技术微调实现的性能提升，金升阳深入研究电源的物理规律，不断优化电源电路与元器件的设计，实现不同性能的同时提升及解耦相互制衡。

金升阳的创新理念是坚持以社会价值先行的共赢。例如，近年来，金升阳通过技术的突破来降低成本，在各种物料与人工成本不断上涨的困境下，金升阳新推出的6~40W第三代DC-DC产品售价不但没有提高，还做到了降价，通过内部创新实现客户与企业双赢。我们在内部电路技术、产品性能和可靠性方面进行大量创新，不断改进生产技术等。

这也为我们的未来发展提供了新启示——在技术创新的同时进行品牌价值可视化创新。从多个角度和渠道呈现创造价值，如分享我们的技术创新成果、服务增强、外观设计创新、品牌价值传播。最后，让客户知道并认可金升阳。

15. 航天柏克（广东）科技有限公司（高层专访：叶德智副董事长兼总经理）

地址：广东省佛山市禅城区张槎一路 115 号华南电源创新科技园 4 座 1-9 楼

邮编：528051

电话：0757-82207158

传真：0757-82207159

邮箱：lxd@ baykee. net

网址：www. baykee. net

简介：航天柏克（广东）科技有限公司（以下简称“航天柏克”）是中国航天科工集团旗下从事尖端电源技术研发的骨干企业，是我国电源技术应用于“高、精、尖”领域的探路者，持续为航天防务、长征五号到七号、歼 20、大飞机及无人机、海上防务、数十条高铁等诸多国家重大项目提供高可靠性的电力保障。

航天柏克积极贯彻集团公司“科技强军 航天报国”的发展使命，依托航天的技术优势、军民产业复合型高学历人才优势，重点聚焦电源技术军民两用领域，专业从事研发、生产、销售于一体的军工级、工业级电源、定制化电源等，已形成网络能源、新能源、应急供电系统、行业专用电源、电能质量管理五大业务板块。目前，公司围绕智慧城市 & 大数据、智慧能源、轨道交通、军民融合等战略新兴产业，成立 9 大行业事业部，形成了 IDC 数据中心、通信电源系统、军工电源系统、海绵城市系统、光储充一体化智慧能源系统、轨道交通智能供电系统等全方位解决方案，致力于打造成为国际知名电气企业。

该公司组建了省级企业技术中心和省级工程中心，航天二院 6 名院士及一大批国家级突出贡献专家的参与是公司开展尖端技术研发的有力保障。目前，公司拥有专利技术 113 件，参与了 9 项行业标准制定，获得了广东省知识产权示范企业、广东省守合同重信用企业、广东省专利奖、广东省省级企业技术中心、禅城区质量奖企业（首批）、博士后创新实践基地、广东省高效节能型应急电源工程技术研发中心等荣誉与资质，所生产的不间断电源、应急电源产品获得广东省名牌产品、广东省高新技术产品证书。

该公司通过了 ISO 9001 质量管理体系认证、CE 认证、节能认证、泰尔认证、消防电子产品强制性认证、国军标质量管理体系认证等，具备军品电源及同源产品二级资质，承担了南京青奥会、广州亚运会 80%场馆、粤港澳大桥、广州电视塔、阳江核电站、广州白云机场、海南文昌卫星发射基地、粤赣高速、武广高铁在内的十多条高铁项目、中国大飞机项目等国家重点工程，是国家轨道交通应急电源基础设施供应的主力军。并与万达、中石化、阿里巴巴、上海宝之云数据中心、万国数据中心等建立了战略合作伙伴关系。

该公司在全国建设了 85 个营销网点，业务覆盖了华北、华南、华东、西南、西北五大片区。售后服务网络全面覆盖到全国主要城市，能以行业最快捷的本地化服务，为客户提供个性化、全方位的售前、售中服务和最可靠的售后保障，解决客户的后顾之忧。

主要产品介绍：

HTT 系列塔式高频机

HTT 系列 pro 型全新一代智能类模块高频机

HTT-P 系列是为各领域数据中心等用户的 IT 管理员开发的一套真正的在线双变换式、静态、三相不间断绿色电源系统，具有高效率、高功率密度、高可靠性、简易运维的特点，为现代新型数据机房解决了经费紧张、机房空间受限、专业管理等所面临的典型供电问题。

企业领导专访：

被采访人：叶德智　副董事长兼总经理

▶请您介绍企业 2018 年总体发展情况。企业的核心竞争力有哪些？

2018 年是公司战略转型的崛起关键年，总体经营情况良好，在航天科工集团的领导下，升级战略，通力超额达成公司既定的目标。

核心竞争力 1：军工品质保障体系

航天柏克依托航天的技术优势、军民产业复合型高学历人才优势，构建军品体系和军标创新体系。航天二院 6 名院士及一大批国家级突出贡献专家的参与是公司开展尖端技术研发的有力保障，随着人才的到位，也确保了企业在制度、体制、体系、研发等各个层面的科学建设。

核心竞争力 2：航企品牌文化助力科学发展

公司以央企航天科工品牌形象重塑企业文化，更新了航天的品牌标识，将“科技强军 航天报国”更加清晰地定义为公司的方向：做强电源主业。2018 年公司在港珠澳大桥项目、铁塔项目等国家重大事件的契机下，全面启动质量升级、产品升级、服务升级。

核心竞争力 3：军民融合战略定位

从前期的直接与高企院校参与军用电源开发，到 2017 年在民参军的方式上，我们经过一年的战略调整，确定与中国航天科工集团签订并购意向，这项决议是我们民参军协同发展的再生动力。航天科工军民融合产业实现营业收入 1332 亿元，占总营业收入的 65%。航天柏克是集团电子电力产业的中坚力量，专业从事研发、生产、销售军工级、工业级电源、定制化电源等的尖端技术及整体解决方案。

▶企业当前面临的难题或挑战是什么？准备用什么策略来应对？

电源行业整体发展趋势近年表现良好，呈现明显的上升趋势。然后，随着经济下行压力的增大，各类企业均面临资金短缺的困境，这一状况导致的结果是公司应收账款的持续增加，成为制约公司业务快速发展的重大障碍。

为保障公司的健康运行，未来三年公司的策略是实现平稳增长，对于账期过长的项目，将量力而行，有所取舍。

▶请您介绍企业2019年的发展规划及未来展望。

2019年，在更加严峻的国际和国内经济环境下，面对技术更迭、行业调整，公司以核心产品为基础，持续整合资源，提供系统集成及解决方案。

16. 合肥华耀电子工业有限公司（高层专访：周世兴总经理）

CETC 合肥华耀电子工业有限公司 ECU ELECTRONICS INDUSTRIAL CO.,LTD.

地址：安徽省合肥市蜀山区淠河路88号
邮编：230031
电话：0551-62731110
传真：0551-68124419-0
邮箱：sales@ ecu. com. cn
网址：www. ecu. com. cn

简介：合肥华耀电子工业有限公司（以下简称“华耀”）于1992年由中国电子科技集团第三十八研究所全资创办，专注于军用和民用电源类产品的研发、生产和销售。早在1996年就通过ISO质量认证、军方质量体系认证。凭借扎实的发展，现在的华耀已是国家级高新技术企业、国家企业技术中心、安徽省智能供电工程技术研究中心、安徽省产学研示范企业、安徽省技术创新示范企业、安徽省自主创新品牌示范企业、合肥市电源电子工程技术中心。

华耀拥有合肥、上海两大研发基地，相继成立院士工作站和博士后工作站，与南京航空航天大学、中科院等多所高校、科研机构紧密合作，拥有强大的研发及生产能力、标准化生产厂房、标准化作业流程和物料管理体系，具有国家第三方监测资格的实验室。20多年的不懈努力，华耀积累了丰富的电源行业经验，所生产的电源产品广泛应用于工业控制、国防安全、LED照明、新能源汽车、医疗、轨道交通等领域，产品销往美国、欧洲、澳大利亚等，并与多个世界500强公司结成优质合作伙伴关系，品牌和产品在业内具有较高的知名度和美誉度。

未来，华耀将一如既往地秉承“协作、创造、卓越”的核心价值观致力于打造国际化专业电源品牌和成为国际能源电子专家。

合肥华耀电子工业有限公司是：国内首家提供机载预警雷达批产电源的公司，是国内首家提供高空系留气球供配电系统的公司，是国内首家提供大型运输机襟缝翼控制电源的公司，是国内首家提供小型高频医用高压发生器的公司，是国内首家提供受控核聚变（EAST）辅助加热系统兆瓦级电源（PSM）的公司。

主要产品介绍：

DC-DC模块电源-1×1到标准砖全系列（30~1500W）

自主设计DC-DC模块电源系列，采用工业标准封装方式和引脚设计，可完全替代同类型进口电源。功率从30W到1500W，其产品性能、品质和可靠性均达到业界先进水平。能够为分布式供电架构提供标准的解决方案，满足各式直流电压转换和直流电源的需求，还可根据客户特殊要求迅速提供各种定制方案，为客户提供高效、贴心的服务。

企业领导专访：

被采访人：周世兴　总经理

▶请您介绍企业2018年总体发展情况。企业的核心竞争力有哪些？

2018年，公司围绕经营目标，开拓航天、军品、工业、特种高压电源市场业务有突破，全年实现收入同比增长15%。在科技创新方面，2018年又获得授权专利20余项。

作为央企中的电源企业，华耀的优势是可参与客户前期开发，快速响应标准产品平台上的快速改制需求。

1）技术优势：国家级技术创新平台建设，研发资源投入，聚焦AC-DC和DC-DC，不断完善提升技术水平。

2）产品优势：全面实施产品领先战略，充分了解客户需求，提供高质量产品；提升产品力；在模块电源，车载电源，工业电源，军工电源，做出精品，取代进口产品。

3）品控优势：国家认可的第三方测试机构，完善的测试标准和测试设备。两大生产基地，世界500强精益化生产工厂。

▶企业当前面临的难题或挑战是什么？准备用什么策略来应对？

1）优质客户对于产品可靠性验证要求越来越高。

策略：不断强化全员质量意识，建立可靠性保障体系（SJ20668标准、HALT/HASS/ORT试验能力），规范运行CNAS实验室。

2）技术创新投入的新动能发力慢。

策略：加强对目标市场需求和行业导向的了解，坚持围绕市场需求的前提下，加强产品领先战略的投入比例。

▶请您介绍企业2019年的发展规划及未来展望。

目前，华耀拥有六大产品线：系统级电源、高压脉冲电源、DC-DC 模块电源、新能源电动汽车车载电源、工业开关电源、LED 驱动电源。不断提供新产品，提供持续的客户价值，满足客户的电源需求是华耀的业务追求。

不断优化产品结构，提高电源可靠性，电源是应用广泛的行业，产业布局分散，质量管理分散。作为电科集团内的专业电源制造商，坚持高品质高可靠性电源，以“制造安全产品，驱动绿色世界”为使命，牢牢把握发展电源产业的主责主业，致力于成为国内领先的电能转化、电能管理和智能控制系统设备提供商，成为国内电源产业的领跑者。

17. 鸿宝电源有限公司（高层专访：王丽慧监事长）

HOSSONI 鸿宝®

地址：浙江省温州市乐清市柳市镇象阳工业区
邮编：325619
电话：0577-62762615
传真：0577-62777738
邮箱：774058299@ qq. com
网址：www. hossoni. com

简介：鸿宝集团·鸿宝电源有限公司（以下简称“鸿宝公司”）是一家专注于电源领域产品研发、制造、销售、信息及服务一体化的大型高新技术企业。30 多年来，公司拥有上海、浙江两大生产基地、300 余家专业协作工厂、500 余家国内销售代表，产品销往海外市场 150 多个国家与地区。公司专业生产各种稳压电源、EPS 应急电源、UPS 不间断电源、变频器、软起动器、变压器、充电器、绿色能源-太阳能/风能并离网逆变器、光伏控制器、铅酸/胶体蓄电池、断路器及 LED 灯具等 60 多个系列、3000 多个品种的电源产品，是国内电源行业“龙头”企业。

鸿宝公司作为中国电源学会常务理事单位，在同行业中率先通过 ISO 9001 质量管理体系、ISO 14001 环境管理体系、OHSAS18001 职业健康安全管理体系认证。所生产的产品先后获得 CE、CB、SEMKO、SASO 等国际产品质量认证，以及 CCC、CQC、信息产业部 TLC 等国内产品质量认证。“HOSSONI 鸿宝”牌商标被认定为“浙江著名商标”，“HOSSONI”商标在马德里国际商标体系中 100 多个国家成功注册。

“HOSSONI 鸿宝”牌电源产品连续被省、市评为“质量连续稳定产品”“质量信得过产品”“浙江名牌产品”“浙江出口名牌”；其中微电脑智能型充电器列入国家级“火炬计划”项目、荣获市科学技术进步奖；UPS 不间断电源曾荣获“产品质量国家免检”；太阳能/风能并离网逆变器列入浙江省重大项目。所有产品均由太平洋财产保险股份有限公司承保。

鸿宝公司连续被省、市人民政府评定为明星企业、出口创汇先进企业、重合同守信用企业、银行 AAA 信用、百强纳税大户和质量管理先进企业。“HOSSONI 鸿宝”品牌成为品质保证和优质服务体系的象征，在国内外赢得广泛的信誉和褒奖。

鸿宝公司一直对电源技术富有前瞻性理解，孜孜不倦追求完善的工艺和优质的产品质量，不断推陈出新；一直致力于满足用户不断变化的需求，致力于服务用户、社会、员工，创造共赢价值，维护国内、国际市场良好的电源企业形象；公司秉承“立鸿鹄之志，创电源瑰宝”，“我们要做最好的电源”的经营理念，逐步成为一个管理科学、技术先进、规模宏大、高效益的现代化名牌企业，“HOSSONI 鸿宝”品牌在世界电源的舞台上熠熠生辉。

主要产品介绍：

SJW 系列微电脑无触点补偿式电力稳压器

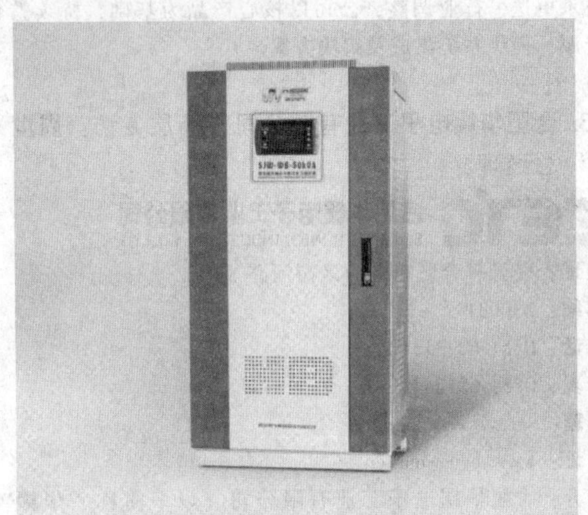

本产品采用高速 DSP 芯片为控制核心，利用计量控制、快速交流采样、有效值校正、电流过零切换和快速补偿稳压等技术，将智能仪表、快速稳压和故障诊断结合在一起，实现了无触点控制，使产品精密、安全高效、节能环保。用于金属加工、生产流水线、电梯、医疗器械、广播电视及大楼照明等需要稳定电压的用电环境中。

企业领导专访：

被采访人：王丽慧 监事长

▶请您介绍企业 2018 年总体发展情况。企业的核心竞争力有哪些？

2018 年，我国发展面临着国际国内复杂严峻的环境，同时公司也顶住了方方面面的压力，经受了多方面的考验。公司在董事会的正确领导下，全体员工共同努力，管理人员科学管理，我公司在逆境中稳步前进，品牌知名度有了更大的提高，新产品开发和市场投入进一步扩大，内部管理进一步完善，公司的整体销售也保持了一个平稳发展趋势。

▶企业当前面临的难题或挑战是什么？准备用什么策略来应对？

2018 年，许多中小企业非常难做，压力很大。既有成本压力，也有资金压力。到了 6、7 月份开始就出现了一些倒闭和关门现象，加上复杂的国际环境等，都影响了企业的发展和生存，在这种利润空薄，竞争激烈的形势下我们只有靠过硬的质量、在性价比方面以具有绝对优势的产品占领市场。

▶您对电源行业（或您所在细分行业领域）未来市场发展趋势有什么看法？企业会迎来哪些机遇？如何把握？

电源行业的需求量一直是比较大的，但是同时现在电源研发企业也很多，这就势必会导致竞争激烈和利润下滑。因此，电源行业当然无法和现在火热的互联网行业相比，但仍然算是个常青行业，比上不足比下有余。同时，在大功率方面，现在电力电子技术和电力系统结合得越来越紧密，将来电力电子在电力系统中的应用（如无功补偿，有源滤波，新能源并网发电等）会是一个新的行业发展点。公司将研发标准产品向市场及客户推广，积极拓展电子行业客户，展示公司研发设计能力、生产规模和质量管理能力。

18. 华东微电子技术研究所（高层专访：吴向东党委书记、副所长）

CETC 中国电科

地址：安徽省合肥市高新区合欢路 19 号
邮编：230088
电话：0551-65743712
传真：0551-63637579
邮箱：info43@ 163. com
网址：www. cetc43. com. cn

简介：华东微电子技术研究所，即中国电子科技集团公司第四十三研究所（以下简称“43 所”）创建于 1968 年，最初坐落于陕西凤县，1982 年整体搬迁至合肥，是我国最早从事微电子技术研究的国家一类研究所。43 所数十年如一日，致力于混合集成电路（HIC）及相关产品的研制与生产，为电子信息系统提供小型化解决方案，先后主持制定了《混合集成电路通用规范》（GJB2438）等 30 余项国家及行业通用规范和标准，已成为我国高端混合集成电路领域的领军者。

43 所现有员工 1500 多人，平均年龄 33 岁，其中高级工程师以上占比 25%，专业技术人员占比 44%，硕博以上占比 22%，含中国电科首席专家、高级专家、享受国务院政府津贴、突出贡献中青年专家等 50 多人。43 所拥有 8 个事业部，3 个中心，2 个全资子公司，分东、西两区，占地 170 亩（1 亩 = 666. 67 平方米）。

43 所拥有厚膜混合集成电路、薄膜混合集成电路、多芯片组件（LTCC）、SMT 模块电路、金属封装外壳、AlN 陶瓷材料等具有国际先进的生产线。其中，厚膜、薄膜、SMT 及金属外壳生产线通过国军标认证。此外，还拥有国家实验室、国防实验室和总装军用实验室三项资质认证的混合集成电路及电子元器件检测实验室。通过了 GB/T 19001—2000 质量管理体系、GJB 9001A—2001 军用产品质量体系、GB/T 28001—2001 职业健康安全管理体系、GB/T 24001—2004 环境管理体系等多项资质认证，安徽省高新技术企业，合肥市、安徽省文明单位。

主要产品有功率电路（DC-DC、AC-DC、DC-AC、EMI 滤波器、脉宽调制放大器）、转换器电路（SDC/RDC、DRC/DSC、F/V 变换）、精密电路（电压基准源、精密恒流源）、信号处理电路、放大器电路、专用混合集成电路和多芯片组件等，主导产品已形成系列化、标准化，广泛应用于航天、航空、船舶、电子、兵器、通信等高可靠电子设备及工业领域。

50 多年来，43 所为两弹一星、载人航天、探月工程和国防高新武器装备等百余项重点工程做出了突出贡献，部分技术和产品已达到或接近国际先进水平，荣获国家级科技进步奖和发明奖 300 多项，省、部级科技成果奖 100 多项。

同时，43 所积极投身国民经济建设，在新材料、新能源、LED 绿色照明、光电通信、新能源汽车等领域开拓进取，获得国内外市场认可，产品出口欧美亚等 20 多个国家和地区。

主要产品介绍：

1. 抗浪涌 DC-DC 变换器系列产品

抗浪涌 DC-DC 变换器现有输出功率为 6W、20W、40W、65W 四大系列的厚膜混合集成抗浪涌电源产品。全系列产品主要采用单端反激式电路拓扑，外形结构采用双列直插及扁平式金属全密封。输入电压范围为 15~50V，并可承受 80V/1s 的浪涌电压，产品的起动电流小。前端抗浪涌模块的产品体积小、输出功率大，可同时承受 80V/50ms、8V/50ms 的浪涌电压。

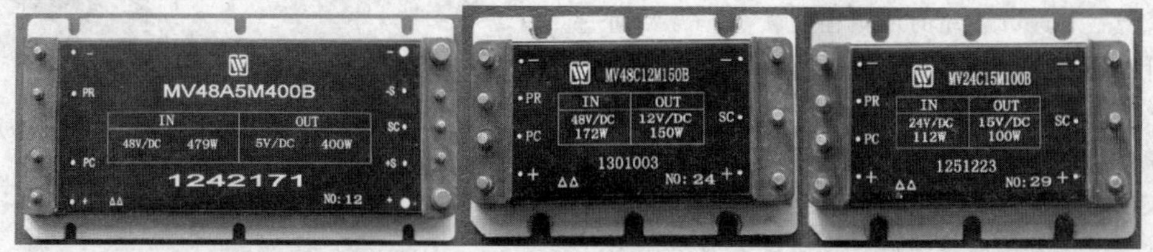

2. MV24 和 MV48 系列 DC-DC 变换器

MV24 和 MV48 系列 DC-DC 变换器采用软开关拓扑结构，变频调制，工作频率高达 1MHz；具有 1/4 砖、半砖、全砖三种封装外形，与国外同类产品引脚兼容。系列产品输出功率 75～500W，效率高达 83%～90%；具有输入过电压、欠电压封锁，输出过电压保护，输出过电流、短路保护功能，输入-输出隔离 AC 3000V。产品广泛适用于航空、航天、船舶、兵器、雷达、铁路等军民用高可靠电子系统。产品设计与制造完全满足 SJ 20668—1998《微电路模块总规范》和产品详细规范的要求。

3. 全砖 M300A 系列 DC-DC 变换器

全砖 M300A 系列 DC-DC 变换器采用 LLC 谐振软开关技术、BUCK 加 LLC 结构。电路由 BUCK 加 LLC 控制、主功率、变压器、二次侧整流部分及反馈电路等部分组成。该系列产品为模块式电路结构，采用 PCB 表面组装工艺，内部采用导热材料灌封，铝底板散热。外形与国外的同类产品完全兼容，并做到引脚互换。该系列产品广泛适用于航空、航天等高可靠电子系统。产品的设计和制造完全满足 SJ 20668—1998《微电路模块总规范》和产品详细规范要求。

企业领导专访：

被采访人：吴向东　党委书记、副所长

▶请您介绍企业 2018 年总体发展情况。企业的核心竞争力有哪些？

2018 年，43 所坚持稳中求进工作总基调，坚持新发展理念，有效应对外部环境变化，按照高质量发展的要求，统筹推进各项工作，主要经济指标均保持较好的增长，科技创新确定取得较大的突破，进一步巩固军用电源的领导地位。

▶企业当前面临的难题或挑战是什么？准备用什么策略来应对？

目前，电源产品对进口芯片的依赖程度较高，需要加快芯片的自主研发速度，加强科技创新投入，提高产品竞争力，促进企业健康发展。

▶您对电源行业（或您所在细分行业领域）未来市场发展趋势有什么看法？企业会迎来哪些机遇？如何把握？

未来我国电源市场发展前景较好，我们认为卫星通信与空间互联网、大数据、新能源汽车、5G 移动通信等领域将给电源市场带来新的发展机遇，GaN、SiC 等新一代半导体器件也将在推动电源技术进步过程中扮演越来越重要的角色。

43 所将加强对外技术合作，坚持创新，不断推进电源技术进步和产品升级，持续为客户提供有价值的产品和服务。

19. 宁波赛耐比光电科技股份有限公司（高层专访：张莉总经理）

Snappy

地址：浙江省宁波市鄞州区高新区科达路 56 号
邮编：315100
电话：0574-27902725
传真：0574-27902591
邮箱：chenxing@ snappy. cn
网址：www. snappy. cn

简介：宁波赛耐比光电科技股份有限公司（以下简称“赛耐比”）为国家高新技术企业，始创于 2003 年 8 月 20 日，现有员工 300 余名，是一家专业从事各种 LED 灯具、LED 光源、LED 驱动和相关配件的研发、制造和销售的企业。自 2010 年以来以开发生产 LED 电源为主业，产品的外观设计和质量深受全球客户好评。公司于 2015 年 12 月在新三板挂牌，2017 年 7 月经中国证监会宁波监管局批准，进入 IPO 创业板辅导，并计划于 2019 年正式在创业板上市。我们拥有一支创新型的技术团队，企业的核心竞争力是拥有完整且现代的管理经验和不断推出的新产品。

赛耐比，一个平均年龄只有 35 岁的管理团队，积极的、向上的、团结的、合作的，这就是我们！

主要产品介绍：

SNP100-VF-1/SNP100-VF-1S

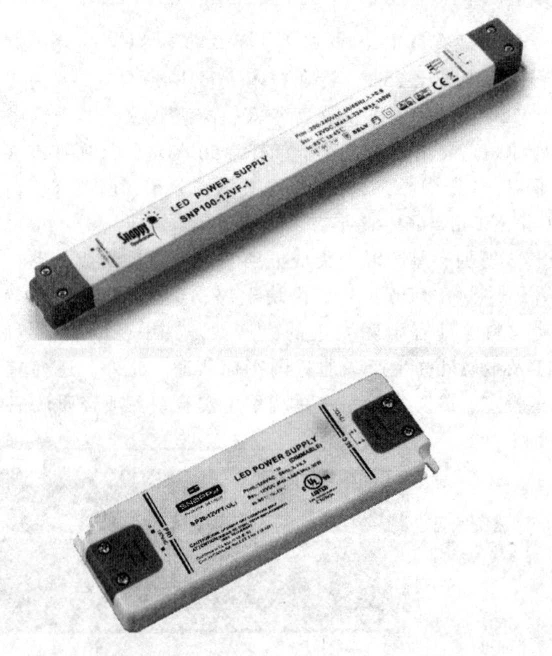

LED 驱动电源为长条超薄型设计，厚度仅有 18mm，广泛应用在各类广告灯箱、广告牌、霓虹灯等领域，也可以被应用在户内各类橱柜家具线型灯具领域。超薄条形设计可以极大地节省安装的空间。

企业领导专访：

被采访人：张莉　总经理

▶请您介绍企业 2018 年总体发展情况。企业的核心竞争力有哪些？

2018 年，我们坚持以科学发展观为指导，围绕年初制定的经营发展目标，团结一致，奋力拼搏，勤俭创业，开拓创新，抓机遇快发展，靠管理增效益，凭实干争一流，赛耐比呈现出全面、持续、快速、和谐发展的良好局面。在原材料价格大幅上涨的情况下，公司外贸出口保持平稳，国内销售大幅增长。公司接单、开票、盈利均保持增长，其中研发费占营收比突破 5%。

我们的核心竞争力是拥有完整且现代的管理经验和源源不断推陈出新的产品；拥有 3 项发明专利，37 项有权实用新型，正在逐步成为行业的领军者。

▶企业当前面临的难题或挑战是什么？准备用什么策略来应对？

在当前 LED 驱动电源国内外市场竞争激烈和原材料价格上涨的情况下，赛耐比的发展面临着各种矛盾和问题，解决好这些矛盾和问题，重点要在三个方面努力。一是靠自身练内功，加强管理，提高效益；二是靠加快发展，调整上、下游产业链结构，针对市场变化临时性与日常性备货并举，延长上游供应链条，降低采购成本；三是争取国家政策，吸纳各方支持，融合各界力量。只要我们始终坚定信心，按照现有思路，做到向上争取政策支持和内部加快发展、强化管理相结合，就一定能引领赛耐比公司又好又快地发展。

▶请您介绍企业 2019 年的发展规划及未来展望。

2019 年我们将面对更多的困难与风险，当然也是更大的挑战与机遇，我们将着重巩固欧洲市场的区域整合，从零散的中小客户群体逐渐整合到经销商服务的模式。继续提高以欧洲为主要市场的市场占有率，进一步夯实公司在细分市场地位，同时开拓北美和亚太市场，提升公司全球视野和夯实持续业绩增长的基础。

20. 深圳华德电子有限公司

WATT

地址： 广东省深圳市南山区南海大道蛇口兴华工业大厦 5 栋 A 座 6 楼

邮编： 518067

电话： 0755-26693168

传真： 0755-26693918

邮箱： wangg@ watt. com. cn

网址： /www. watt. com. cn

简介： 深圳华德电子有限公司建立于 1987 年，是随经济特区共同发展成长的专业电源技术公司。

该公司注重高端电源产品及技术的开发研究，已成规模的电源产品，涵盖了数据通信、医疗设备、工业设备、测量仪器、汽车及工程机械动力控制系统、高端计算机及服务器、民用航空飞行器等领域。

在不断发展和完善产品研发及销售平台的基础上，公司积极地引进国内外先进技术和专利技术，采取自主设计、定制、合作开发等灵活的方式，为全球的客户提供最佳的解决方案、高可靠产品及优质服务。

该公司不断强化企业的现代化管理水准和体系建设，重视人才，重视质量。以自动化的生产能力和先进的生产工艺使产品品质得到有效的保证。

主要产品介绍：

1. WP2162R 系列 PCB 敞开型单通道电源模块

2in×4in 160W系列 电源模块

尺寸 51mm×102mm×33mm（2in×4in×1. 3in）；

输入电压 90~264V/47~64Hz；

额定输出功率 160W；

直流输出电压 12V、24V、48V 可选；

另附 12V/1A 风扇通道；

整机效率大于 90%；具有输出过电流和过电压保护；

安规符合 IEC 60601/IEC 60950；

EMC 传导符合 EN55022 ClassB。

2. WP3362R 系列 PCB 敞开型单通道电源模块

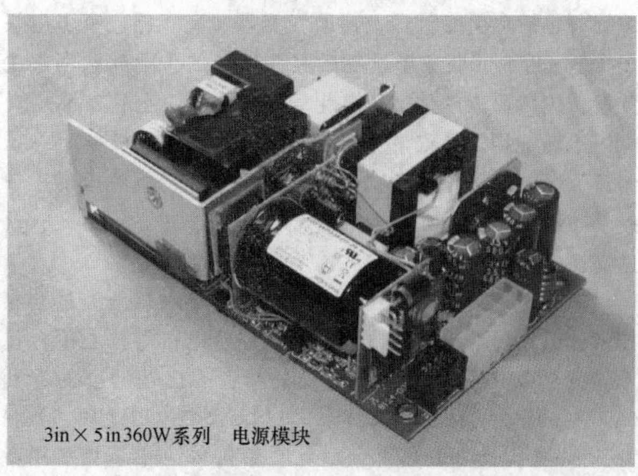

3in × 5in360W系列　电源模块

尺寸 76mm×127mm×33mm（3in×5in×1. 3in）；

输入电压 90~264V/47~64Hz；

额定输出功率 360W；

直流输出电压 12V、24V、48V 可选；

另附 12V/1A 风扇通道；

整机效率大于 90%；具有输出过电流和过电压保护；

安规符合 IEC 60601/IEC 60950；

EMC 传导符合 EN55022 ClassB。

3. WP1163R AC-DC 电源模块

尺寸 220mm×108mm×62mm；

采用主动 PFC，支持 100~240V 全球电压；

输出电压为 12V，额定功率为 1600W，转化效率高达 93%；

保护功能齐全，安全可靠。

21. 深圳市汇川技术股份有限公司

INOVANCE

地址：广东省深圳市龙华新区观澜街道高新技术产业园汇川技术总部大厦

电话：0755-29799595

传真：0755-29619897

网址：www. inovance. com

简介：深圳市汇川技术股份有限公司（股票简称：汇川技术，股票代码：300124）专注于工业自动化控制和新能源相关产品的研发、生产和销售，定位服务于中高端设备制造商，以拥有自主知识产权的工业自动化技术为基础，在经营过程中坚持进口替代、行业营销、为细分市场客户提供整体解决方案的经营模式，实现企业价值与客户价值共同成长。

经过十多年的发展，该公司已经从单一的变频器供应商发展成电气综合产品及解决方案供应商。目前，公司主要产品包括：①服务于智能装备 & 工业机器人领域的工业自动化产品，包括各种变频器、伺服系统、控制系统、工业视觉系统、传感器等核心部件及电气解决方案；②服务于新能源汽车领域动力总成核心部件，包括各种电机控制器、辅助动力系统等；③服务于轨道交通领域牵引与控制系统，包括牵引变流器、辅助变流器、高压箱、牵引电机和 TCMS 等；④服务于设备后服务市场的工业互联网解决方案，包括智能硬件、信息化管理平台等。公司产品广泛应用于新能源汽车、电梯、空压机、机器人/机械手、3C 制造、锂电设备、起重、机床、金属制品、电线电缆、塑胶、印刷包装、纺织化纤、建材、冶金、煤矿、市政、轨道交通、光伏等行业。

该公司是国家高新技术企业，掌握了高性能矢量变频技术、PLC 技术、伺服技术和永磁同步电机等核心平台技术。截至 2016 年 12 月 31 日，公司拥有已获证书的专利 630 项，其中发明专利 182 项，实用新型专利 367 项，外观专利 81 项。公司 2016 年新增发明专利 80 项，新增实用新型专利 51 项，新增外观专利 21 项。公司已向国家知识产权局申报，但尚未获得证书的专利申请 261 项，其中发明专利申请 165 项，实用新型专利申请 63 项，外观专利申请 33 项。公司及其控股子公司共取得 121 项软件著作权。

2017 年该公司的销售收入 47.78 亿元，同比增长 30.55%，归属于上市公司股东的净利润为 10.65 亿元，同比增长 14.24%；汇川技术相继入选“2017CCTV 中国上市公司 50 强社会责任十强”“2017 江苏省创新型企业百强榜单”、首批国家重点研发计划“智能机器人”重点专项支持、“2016 福布斯亚洲中小上市企业 200 强”“2015 年中国年度最佳雇主 100 强”企业。

汇川技术拥有苏州、杭州、南京、上海、宁波、长春、香港等 10 余家分公司，截至 2017 年 12 月 31 日，公司有员工 5687 人，其中专门从事研究开发的人员有 1405 人，占员工总数 24.7%。

为了持续提升产能，促进公司可持续发展，2013 年 7 月 4 日，苏州汇川二期工程开工建设。苏州汇川二期厂房总投资 6 亿元，总占地面积 200 亩（1 亩 = 666.67 平方米），总建筑面积 30 万平方米，二期厂房建设含生产车间、研发大楼、客户接待中心等项目，其中生产车间自开始建设，历时两年正式竣工，于 2015 年 9 月 17 日正式投产。苏州汇川技术二期厂房生产车间投产，满足了汇川技术未来发展对场地的需求，极大地提升了公司的产能，有助于促进公司可持续发展，助力汇川技术二次腾飞！

主要产品介绍：

1. 全新多传伺服系统 SV820N

全新多传伺服系统 SV820N，该系统采用双轴设计，不仅体积缩减 50%，还汇聚了性能强劲、便捷自如、应用灵活、安全可靠四大功能优势。汇川 SV820N 集成了位置、速度、转矩控制等模式，不同的控制模式适用于多种应用场合，同时 625K 电流环刷新周期，带来更加快速的动态响应。

2. MS1 电机

MS1 电机，紧凑小巧，350%转矩，动力强劲，可靠性更高（一步锁紧式连接器带来 IP67 高防护等级），同时提高抗震性，MS1 电机与 SV820N 伺服驱动器组成的伺服驱动系统带来更多优异动态性能：性能更强劲、运行更可靠、应用更灵活。

22. 深圳市英威腾电源有限公司（高层专访：尤勇总经理）

invt

地址：广东省深圳市光明新区马田街道松白路英威腾光明科技大厦 A 座 5 楼

邮编：518106

电话：0755-23535031

传真：0755-26782664

邮箱：wangpei0409@ invt. com. cn

网址：www. invt-power. com. cn

简介：深圳市英威腾电源有限公司是深圳市英威腾电气股份有限公司（股票代码：002334）的子公司，国家高新技术企业，专注于模块化 UPS 与数据中心关键基础设施一体化解决方案研发生产与应用，向全球客户提供高可靠、高品质的产品解决方案与全方位的优质服务。公司凭借专业的研发团队，先进的产品性能，高效的服务团队，一流的生产规模等综合优势，始终处于业界的领先地位。

该公司专注于数据中心关键基础设施产品线（高端模块化 UPS、智能 UPS、精密空调、精密智能配电、蓄电池、智能监控、微模块数据中心等），拥有产品的核心技术与 900 多项知识产权专利，产品以高可靠性，高性价比，赢得了广大客户的一致赞誉，产品广泛应用于政府、金融、通信、教育、交通、气象、广播电视、工商税务、医疗卫生、能源电力等各个领域及全球 80 多个国家和地区。

快速为客户提供全方位、专业的解决方案是公司的经营宗旨，持续创新是公司追求的目标。不断推出的具有竞争力的解决方案和优质服务满足了各行各业用户对于数据中心基础设施供电系统高可靠性和绿色智能化的需求。公司将致力于通过技术创新和品牌全球化运营，成长为数据中心基础设施电源及电力电子相关领域受人尊敬的世界级企业。

企业愿景：

成为全球领先、受人尊敬的工业自动化和能源电力领域的产品和服务提供者。

企业价值：

诚信：始终以诚信的心态面对所有的人。

创新：我们不断求索行业技术的发展趋势，不断创新产品为客户带来更大的价值。

坚持：不论商业环境如何快速多变，我们始终坚持对客户、合作伙伴、员工的承诺。

互信：我们致力于与所有的客户达成互信的原则，所有员工的互信亦是企业发展的源动力。

企业使命：

引领电源及电力电子领域科技发展，为创造更可靠、高效、节能的产品而不懈努力。

主要产品介绍：

RM 系列 25~200kVA 机架式模块化 UPS

该产品是一款具热插拔、可扩展性在线双变换 UPS 产品，系统容量为 25~200kVA，是现代化数据中心的理想选择。

企业领导专访：

被采访人：尤勇 总经理

▶请您介绍企业 2018 年总体发展情况。企业的核心竞争力有哪些？

2018 年公司各项财务指标保持高速增长的态势，在研发方面，公司对 UPS 电源产品线继续进行延伸，目前是业内 UPS 产品功率段最全的厂家，其中大功率段产品性能指标更是处于业内绝对领先地位。同时公司向市场推出了英智 ISmart 系列、威智 IWit 系列、腾智 ITalnt 系列等数据中心产品解决方案，一经推出获得用户端高度认可。在市场方面，英威腾电源公司国内及海外市场，在重点行业、重点客户及业务覆盖区域等多方面实现了重大突破，同时树立了轨道交通（地铁）、运营商、大型数据中心、广电、金融等多个行业及领域经典案例，并获得了来自海内外合作伙伴及终端用户一致好评。

公司的核心竞争优势在于强大的创新研发能力、奋发向上积极进取的优秀人才团队和完备的生产质量体系，以及优质的合作伙伴。我们清醒地认识到这些竞争力就是我们的立足之本，我们也将在这些方面继续努力。

▶企业当前面临的难题或挑战是什么？准备用什么策略来应对？

近年来，随着大数据、云计算等技术的快速发展，数据中心迎来了爆发式增长，在云时代配单架构新的要求下，更是对数据中心的动力系统形成挑战。作为数据中心供配电系统的重要组成部分，传统的数据中心不再适合行业的飞速发展，高可靠性、低碳环保和易维护的特性决定了模块化 UPS 成为数据中心供电系统未来发展的必然趋势，具备节能、高冗余、快速部署特点的模块化 UPS 逐渐成为用户的首选。英威腾电源公司作为模块化 UPS 领导者，模块化 UPS 市场占有率连续三年稳居行业第二位，这是我们的优势。

在国际方面，由于国际贸易和投资疲软、贸易紧张局势持续升级、新兴市场大国面临金融压力等一系列原因，2019 年经济前景不容乐观，加上外汇波动较大，国际竞争不断提升，这些因素势必对国内企业造成影响。

目前，公司一直处于急速发展的状态，所有的荆棘亦是我们奋力前行的动力，公司秉承一贯的创新机制，在以 UPS 电源为基础的前提下，加大数据中心及周边配套产品的投入，坚持自主创新，以适应市场不同用户的需求。我们相信在瞬息万变的市场大潮中，只有通过技术创新、强强联合、资源共享等才能实现共赢和企业的可持续发展。

▶请您介绍企业 2019 年的发展规划及未来展望。

2019 年，公司继续坚持以 UPS 电源产品发展为基础，持续布局数据中心基础设施及周边领域，坚持自主创新研发，以适应市场不同用户的需求。

英威腾电源公司将继续保持良好的经济增长态势。

▶您对电源行业（或您所在细分行业领域）未来市场发展趋势有什么看法？企业会迎来哪些机遇？如何把握？

随着互联网+的趋势推动，政务、教育、医疗等传统行业也加快了信息化建设的脚步，在IT设备需求的快速增长下，电源管理解决方案更是应趋势所需，模块化的概念正在被各行业的用户所认可。随着能源成本持续增加及用户对供电系统的灵活性、可用性等要求的进一步提高，模块化UPS必将得到更广泛的应用。

公司作为行业模块化UPS领导者企业，在大功率模块化UPS关键技术方面取得了突破性的成就，未来将继续加大行业主流模块化UPS产品的研发投入，为市场带来更具竞争力的优质产品和服务。

▶面对行业的激烈市场竞争，英威腾电源有限公司近期推出哪些创新产品？这些产品的推出基点考虑是什么？产品的创新点和主要特性是什么？产品的推广路线图是什么？

2018年公司各项财务指标仍旧保持高速增长的态势，在研发方面，公司对UPS电源产品线继续进行延伸，功率段实现1~1500kVA，目前是业内模块化UPS产品功率段最全的厂家，同时也是国内首家推出单模块50kVA的厂家。随着近些年来一体化UPS及微模块等集成产品在市场上越来越被接受，我们也顺应这种技术趋势，推出机架式模块化UPS，方便客户将模块化UPS快速集成到一体化系统里。同时公司自身也向市场推出了英智ISmart系列、威智IWit系列、腾智ITalnt系列等数据中心产品解决方案，这些产品的推出获得用户端的高度认可。

23. 深圳威迈斯新能源股份有限公司

地址： 广东省深圳市南山区科技园北区高新北六道银河风云大厦5楼

邮编： 518057

电话： 0755-86137021

传真： 0755-86137676

邮箱： sales@ vmaxpower. com. cn

网址： www. vmaxpower. com. cn

简介： 深圳威迈斯新能源股份有限公司（以下简称“威迈斯”）是以新能源汽车产业为核心业务的国家高新技术企业，于2009年进入新能源汽车领域，专注于新能源汽车车载电源的研发与制造，拥有业界领先的研发创新能力和工程制造能力，产品技术水平位居行业前列，威迈斯配套了国内外众多主流车型，促进国内新能源汽车产业化方向发展。

主要产品介绍：

6.6kW车载充电器、2.5kW DC-DC变换器总成

主要新产品有：

1）二合一集成产品；

2）三合一集成产品；

3）PLC模块；

4）无线充电产品。

可靠性高、成本低、重量轻、尺寸小是产品的设计目标。

24. 石家庄通合电子科技股份有限公司（高层专访：张逾良研发中心主任）

石家庄通合电子科技股份有限公司
Shijiazhuang Tonhe Electronics Technologies Co.,Ltd.

地址： 河北省石家庄市裕华区高新区漓江道350号

邮编： 050000

电话： 0311-86967416

传真： 0311-86080409

邮箱： thdz@ sjzthdz. com

网址： www. sjzthdz. com

简介： 石家庄通合电子科技股份有限公司（以下简称“通合电子”）成立于1998年（股票代码：300491）。通合电子是一家致力于电力电子行业，技术创新、产品创新、管理创新，以高频开关电源及相关电子产品研发、生产、销售和服务于一体，为客户提供系统解决方案的高新技术企业。

该公司坚持“技术立企”，专注于前沿技术发展平台，在研发领域持续投入，研发投入累计超过1.5亿元，是国内率先实现功率变换全程软开关的电力电子企业，累计获得专利60项。持续的研发投入，使公司在电力操作电源、充电站、车载电源领域实现了较高的市场占有率。2018年，并购西安霍威电源，发挥资本平台作用，拓展军工领域业务。

该公司核心技术保证了产品的高效率、高可靠性、低成本，为客户提供了高性价比的产品。历经十余年的快速发展，公司产品已涉及充换电站充电电源系统（充电桩）及电动汽车车载电源、电力操作电源模块和电力操作电源系统等多个领域，销售网络遍及全国20多个省市和自治区，产品远销海外。领先的技术优势、可靠的质量保证和卓越的服务品质赢得了国内外客户的一致好评。经过多年的努力，“通合电子”已成为行业知名品牌，为公司进一步发展奠定了坚实的基础。同时，公司还加强了新能源领域光伏发电、电机控制器等新产品的研制和产业化。公司将继续以“秉承创业精神、专注电力电子、高效利用能源、服务全球用户”为企业使命，秉承“贡献、共益、感念、高效、创新”的核心价值理念，为用户提供优质的产品和服务；同时充分利用资本市场的融资功能，加快新产品的开发进度，不断提高经营规模、市场占有率和盈利能力，全面提升公司的持续发展能力、创新能力和核心竞争力，致力于成为电力电子行业的领导者。

主要产品介绍：

新能源电动汽车充电电源及配套设备

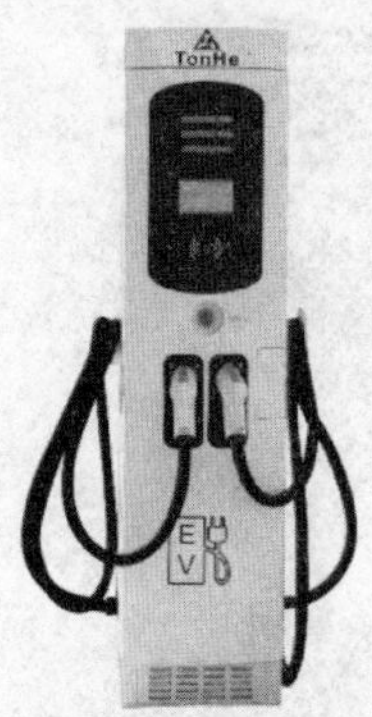

输入端连接电网，输出端连接电动汽车，为新能源电动汽车动力电池充电。包括充电模块、监控及其他配套设备。

企业领导专访：

被采访人：张逾良　研发中心主任

▶请您介绍企业2018年总体发展情况。企业的核心竞争力有哪些？

我公司主要产品涵盖电力操作电源、电动汽车充电桩、车载电源等，均具有自主知识产权，有一支长期深耕于电力电子行业的产、研、销队伍，有完善的供应链体系和营销网络。

▶企业当前面临的难题或挑战是什么？准备用什么策略来应对？

激烈的市场竞争，越来越低的利润率，紧跟客户需求和行业标准演进，不断推出性能更优、可靠性更好的产品。

▶您对电源行业（或您所在细分行业领域）未来市场发展趋势有什么看法？企业会迎来哪些机遇？如何把握？

随着能源和环境问题的加剧，新能源汽车必然会成为未来出行的主流，长期来看前景是非常好的，但当前确实也面临市场过热、竞争加剧的情况。这是挑战也是机会，我们会长期坚持在电力电子技术领域深耕，坚持投入技术和产品研发，为客户和行业提供更优质的产品，也为新能源汽车行业贡献自己的一份力量。

25. 温州大学

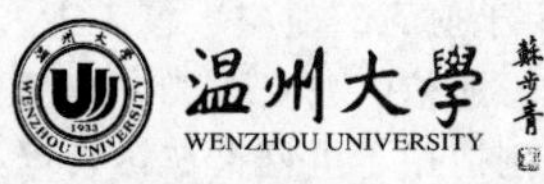

地址：浙江省温州市瓯海区茶山高教园区

邮编：325035

电话：0577-86598000

传真：0577-86689012

邮箱：wzdx@ wzu. edu. cn

网址：www. wzu. edu. cn

简介：温州大学是一所地方综合性大学，现有茶山和学院路两个校区，占地总面积1985亩（1亩=666.67平方米）；校舍面积101.28万平方米；教学科研仪器设备总值5.96亿元；校本部馆藏纸质图书181.5万册，电子图书约179.4万册，各类中外文电子期刊和资料数据库86个。截至2018年11月，有普通全日制在校生15203人，各类继续教育学生8725人；教职工1784人，各级各类人才工程入选者328人（545人次）；拥有双聘院士、国家“万人计划”人选、“长江学者”特聘教授等一批高层次人才。

学校在招44个本科专业，拥有国家级特色专业建设点2个、国家级专业综合改革试点1个、教育部卓越工程师教育培养计划试点专业5个，通过教育部工程教育专业认证2个。学校现拥有一级学科硕士学位授权点17个，硕士专业学位授权点12个。2017年被列为浙江省博士学位授予单位立项建设单位。

学校主持承担国家级科研项目541项、省部级项目930项。科研成果获得国家科技进步二等奖1项，教育部高等学校科学研究优秀成果奖一等奖1项、二等奖4项，教育部高等学校科学研究优秀成果奖二等奖1项、三等奖5项，中国专利优秀奖1项，浙江省自然科学奖一等奖1项，浙江省科学技术进步奖一等奖2项、二等奖14项、三等奖15项，浙江省哲学社会科学优秀成果一等奖7项、二等奖18项、三等奖38项等省部级以上奖励共113项。

学校“电气工程”学科是浙江省“十二五”重点学科、温州大学重中之重A类学科和“十三五”浙江省一流学科B类，拥有电气工程一级学科硕士学位授权点。该学科拥有电气数字化设计技术国家地方联合工程实验室、浙江省低压电器工程技术研究中心、浙江省低压电器技术创新服务平台、浙江省温州激光与光电产业技术创新服务平台-光电能源服务中心、机械工业用户侧光伏微网工程中心等国家级、省部级科技创新平台。学科建有3支省级创新团队，创新团队攻克了海岛/岸基大功率特种电源、低压电器领域的一批关键共性技术难题，形成了一批具有自主知识产权的技术成果。获教育部高等学校科学研究优秀成果一等奖1项、二等奖1项，中国机械工业科学技术奖特等奖1项、浙江省科技进步奖二等奖2项，中国专利优秀奖1项，中国产学研合作创新奖1项、发明创业特等奖1项，并且学科带头人戴瑜兴教授荣获“当代发明家”荣誉称号。

26. 温州现代集团有限公司

电能质量优化专家

地址：浙江省温州鹿城区金丝桥路20号

邮编：325000

电话：0577-88835717

传真：0577-88845711

邮箱：modern@ wzmodern. com

网址：www. wzmodern. com

简介：温州现代集团有限公司坐落于中国民营经济发源地——温州，是由原创办于1979年的温州市精密电子仪器厂经公司化改制，在1994年组建成立了温州现代集团有限公司，下辖温州现代电力成套设备有限公司、温州现代电器制造有限公司、上海华陶电器有限公司、苏州现代电工仪器有限公司等几个全资分公司。

该公司是电能质量产品（谐波治理/滤波补偿装置、稳压（节电）电源/变频电源、电抗器、CVT抗干扰电源、零线电流消除器等电能质量综合治理产品）、电源测试设备（调压器、测试台电源）和干式变压器的开发、设计和生产制造专业厂家，JB/T 7620—1994标准起草单位之一，ISO 9001：2008质量体系认证，信息产业部通信设备进网许可认证，美国通用电气（GE）公司中国地区稳压电源唯一供应商，美国EMERSON公司和上海三菱电梯稳压电源OEM商，航天科技集团环境试验认证，军用抗干扰电源定点生产厂家，是浙江省区外高新技术企业。

该公司产品已广泛应用于冶金、通信、国防军工、医疗设备、大型数据中心、精密仪器、实验室、广播电视、楼宇电梯、数控机床、生产流水线、交通设施、金融、教育、工矿企业等国民经济各个领域。

产品已覆盖欧洲、北美、澳洲等发达国家及东南亚、拉丁美洲、非洲和中东等发展中国家。

该公司始终如一的致力于坚持可靠的产品质量和提高用户满意度，所提供的优质设备和完善的售后服务得到了用户的一致好评。

主要产品介绍：

1. LBJ滤波节电柜

针对直流轧机和中频炉等产生大量谐波，污染电网的设备。该公司专业生产滤波节电柜 既可提高功率因数，又能抑制谐波，使系统运行稳定，节能效果明显。

2. DFC-CW零线电流消除器

在大型场所，由于大量使用节能照明灯具、计算机、

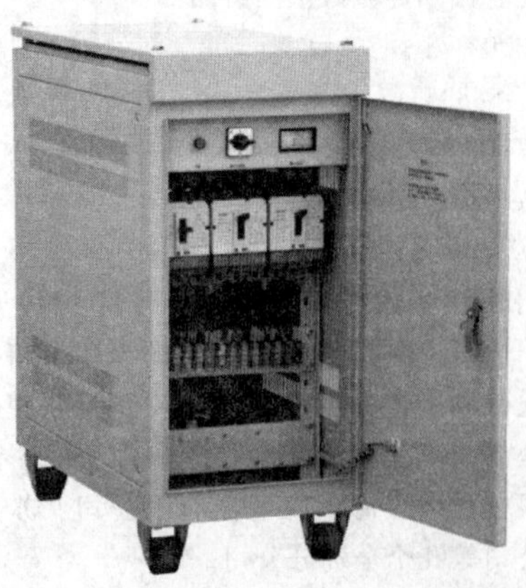

变频空调、UPS、EPS等负荷，在节能的同时会产生大量的3次谐波，该公司开发生产的零线电流消除器是解决各行业电气设备由于零线电流过大引起的设备故障和安全隐患的高科技产品。

3. SJD-Z智能化照明稳压节电柜

该公司开发生产的新型智能化照明稳压节电柜是根据照明的特性而设计的理想节电产品，大大地减少了照明系统的维护费用。节电率均达15%～25%以上，节电效果显著，一次投资长期受益。

4. TJA抗干扰电源-CVT

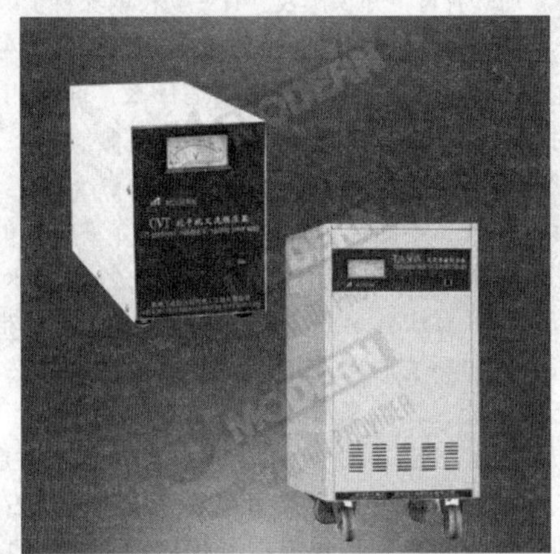

TJA抗干扰电源-CVT电源集隔离变压器、双向滤波器、宽范围稳压器优点于一体，输入输出隔离，对电网中的3～13次谐波、浪涌冲击、尖峰脉冲、雷击等干扰具有良好的抗干扰能力。目前，已广泛应用于航天、航空、核工业、铁路、医院、金融、证券、军工、通信、公安、工矿等需要更高、可靠性电源的场合，特别适用于电网谐波污染严重的配电线路中的仪器设备配套使用。

本系列电源产品质量通过航天科技集团（原航天部）检测及产品环境试验，为军用定点专配电源。

27. 无锡芯朋微电子股份有限公司（高层专访：易扬波副总）

芯朋微电子
Chipown
高性能电源芯片供应商

地址：江苏省无锡市新吴区龙山路2号融智大厦E座24层

邮编：214028

电话：0510-85217718

传真：0510-85217728

邮箱：sales-xp@ chipown. com. cn

网址：www. chipown. com

简介：无锡芯朋微电子股份有限公司（以下简称“芯朋微电子”）成立于2005年，注册资金7710万元人民币，是一家功率集成电路设计的高科技企业。总部位于江苏省无锡市高新技术开发区内，并在苏州和香港设有研发中心、在深圳设有销售服务支持中心、在厦门、中山和南京设立了客户支持实验室。芯朋微电子是国家重点规划布局内集成电路设计企业、高新技术企业，省民营科技企业，省创新型企业，中国电源学会常务理事单位，设有国家博士后工作站、江苏省功率集成电路工程中心、东南大学研究生联合培养基地、江苏省研究生工作站，无锡外国专家工作室等。公司已于2014年1月登陆“全国中小企业股份转让系统”，成为挂牌公众公司，股票简称“芯朋微”，股票代码为430512。

该公司具有国内领先的研发实力，特别在高低压集成半导体技术方面更是拥有业内领先的研发团队。公司基于自主研发的“高低压全集成核心技术平台”，致力于研发高集成度、高可靠性、高效低耗的智能绿色电源管理和驱动芯片，主要产品包括AC-DC、DC-DC、Motor Driver等，近几年，芯朋微电子的年销售额持续增长，支撑了公司持续加大研发与技术创新力度，发展核心技术，多年研发投入占公司销售收入的15%以上。

该公司在国内智能家电、标准电源、工业电表、移动数码等行业均取得了主流标杆客户认可，年出货8亿颗芯片，已成为市占率较高的龙头供应商，拥有良好的品牌优势。公司依靠技术优势扩展产品结构，积极开拓各类新型产品应用市场，并提供AC+DC+Driver全套电源解决方案，在智能家电市场的行业龙头地位不断巩固和增长；在标准电源市场高速扩张，已成为网通/机顶盒AC电源芯片市占率领先的品牌。目前，在研的新产品主要应用于各类新型工业电源、智能家电、直流电机、移动数码、快速/无线充电器、机顶盒/网关适配器等，市场容量巨大。

该公司建立了科技创新和知识产权管理的规范体系，在电路设计、半导体器件及工艺设计、可靠性设计、器件模型提取等方面积累了众多核心技术，芯朋微电子目前累计获得授权美国发明专利11项、国内发明专利超40项、授权实用新型10项，以及超70项集成电路布图设计证书；2012年取得“江苏省知识产权管理规范化示范单位”荣誉称号。获得15项江苏省高新技术产品认定、2项国家重点新产品认定。共承担过2项国家级科技重大专项、6项省级科技计划项目及多项市级科技计划项目等。

主要产品介绍：

超低待机功耗多模式准谐振原边反馈交直流转换器PN8395

PN8395集成超低待机功耗准谐振原边控制器及650V高雪崩能力智能功率MOSFET，用于高性能、外围元器件精简的充电器、适配器和内置电源。PN8395为原边反馈工作模式，可省略光电耦合器TL431，内置高压启动电路，可实现芯片空载损耗小于50MW，满足6级能效标准，该芯片提供了极为全面的智能保护功能。

企业领导专访：

被采访人：易扬波　副总

▶请您介绍企业2018年总体发展情况。企业的核心竞争力有哪些？

2018年芯朋微电子的AC-DC/DC-DC/Driver三大芯片产品线持续在智能家电、标准电源、移动数码、工业设备等主力市场布局深耕，以市场引领产品开发、以效果调整资源配置，取得了良好的效果。公司2018年整体出货量超过7亿颗芯片，发展速度相比2017年再次提升。

芯朋微电子核心技术均来自积累创新，经过多年的研发投入，在家电、标准电源、智能电表等行业能够以国产替代进口，成为国内行业标杆企业。

▶企业当前面临的难题或挑战是什么？准备用什么策略来应对？

人才及技术瓶颈。公司所处行业对专业人才的要求高，虽然公司已引进并储备了一定数量的高素质人才，但随着公司业务规模的不断扩大，可能无法满足今后业务发展带来的在技术、市场方面的需要。

公司将继续加强员工培训，加快培育一批素质高、业务能力强的集成电路设计人才、管理人才；其次，公司将加大外部人才的引进力度，尤其是行业技术专家、管理经验杰出的高端人才等，保持核心人才的竞争力；再次，公司将通过建立多层次的激励机制，充分调动员工的积极性、创造性，提升员工对企业的忠诚度。

▶请您介绍企业2019年的发展规划及未来展望。

巩固和加强公司在电源管理芯片的国内行业地位。通过建设研发中心，加强自主创新研发能力；通过开拓产品线、提升产品性能和拓宽产品应用领域，不断开发效率更高、功耗更低、集成度更高、智能交互更佳、输出功率段更齐全的电源管理芯片产品，提升公司核心竞争力；通过大力推进贴近客户的应用支持团队的建设和布局，优化管理流程，提升公司的品牌影响力和美誉度，扩大行业和区域覆盖面，积极开拓海内外市场。

▶您对电源行业（或您所在细分行业领域）未来市场发展趋势有什么看法？企业会迎来哪些机遇？如何把握？

2018年电源行业发展分化明显，部分市场门类的海外芯片厂商整合后逐步退出中国市场，使得相关国内IC公司份额显著上升。此外手机快充、汽车充电桩等持续发展态势很不错，成长迅速且利润丰厚。公司在红海市场聚焦服务中高端需求，继续品质优先的原则，以利润为导向稳健发展。在蓝海市场加大投入，快速迭代，以客户为导向积极推出新品。

28. 先控捷联电气股份有限公司（高层专访、陈冀生总经理）

先控
SICON EMI

地址： 河北省石家庄市石家庄经济技术开发区高新区湘江道 319 号第 14、15 幢

邮编： 050035

电话： 0311-85906057

传真： 0311-85903718

邮箱： wenjing. hao@ scupower. com

网址： www. scupower. com

简介： 先控捷联电气股份有限公司（股票代码：833426，以下简称“先控电气”）是行业领先的电力电子产品的设计和制造公司之一，始终致力于电力电子产品的研发、生产和推广。先控电气主要为数据中心基础设施、新能源汽车充电和绿色储能这三大业务领域提供完整的解决方案。

该公司总部位于河北石家庄，负责产品生产与制造；研发中心位于广东深圳，负责新产品的研发；并在全国设立了 27 个办事处，负责全国的销售、工程和售前售后服务。公司下设 4 个全资子公司，分别位于石家庄、北京、香港及上海，并已成为 Newfloor 架空地板在中国的总代理公司。

该公司秉承“专注、专业、卓越”的发展理念，完全实现了生产工业化、标准化、专业化和模块化，并通过了 ISO 9001、ISO 14001、OHSAS18001 等体系认证。先进的生产工艺在进一步保证产品交货周期的同时更是大大提升了产品品质。目前，公司拥有各项商标、专利和软件著作权共计 100 多项，先控电气还参与并起草了相关行业标准的制定。拥有中国电源学会常务理事单位、中国电动汽车充电技术与产业联盟理事单位、中国通信标准化协会会员、守合同重信用企业、河北省认定企业技术中心等众多头衔，连续多年被评为 10 强企业、10 大领军人物、河北省著名商标、河北省知名品牌、河北省中小企业名牌产品、石家庄高新区质量奖、充电设施行业杰出贡献企业、绿色与创新企业、数据中心优秀服务商等，并且获得“改革开放 40 年 · 工业铸魂”优秀企业“金鹰奖”、科学技术创新奖、AAA 级企业信用等级、优秀解决方案奖、用户信赖产品奖等荣誉。

因为专注，所以专业。先控电气始终保持技术的前瞻性，积极拓展新能源行业和绿色储能行业，开启了产品在创新、绿色、节能、环保、融合、创收的新里程碑。目前，数据中心产品主要包括各类 UPS 不间断电源系统、配电系统、电池柜、服务器机柜、防静电地板、模块化数据中心，除了数据中心产品外，还包括：直流充电桩、交流充电桩、直流充电电堆、充电终端、车载充电机、储能电池、双向变流器、BMS 管理单元、储能式 UPS 等多种产品系列。

先控电气产品多次入围各级政府单位，涉及国家重点项目、数据中心、电力、军事工业、轨道交通、金融、通信、能源、电动汽车充电行业等多个领域，产品覆盖全球 50 多个国家和地区。先控电气坚持在全球范围内贯彻可持续发展理念，实现社会、环境及利益相关者的和谐共生，为社会造福。

主要产品介绍：

模块化 UPS

先控电气在模块化 UPS 产业中，形成单台模块容量为 10kVA、25kVA、50kVA、60kVA，4 种模块组成不同容量段的 UPS 系统，系统容量涵盖 10～800kVA，将产品标准化，先控电气模块化 UPS 的技术和产品发展与整个 UPS 行业发展相辅相成。

企业领导专访：

被采访人：陈冀生　总经理

▶请您介绍企业 2018 年总体发展情况。企业的核心竞争力有哪些？

2018 年以来，国际国内市场风云变幻，在市场竞争加剧、劳动力成本上升等诸多因素影响下，公司的经营业绩出现波动，给公司实现“20518”战略目标带来了新的更大的挑战。

企业的核心竞争力：

(1) 拥有核心技术及自主品牌优势

公司在模块化 UPS、串联谐振变换技术及 DSP 控制技术方面达到国内领先水平，截至公开转让说明书出具日，公司已取得了实用新型专利 23 项、外观设计专利 7 项、计算机软件著作权 23 项、发明专利 2 项，还有 5 项发明专利正在申请中。经过多年的市场积累，先控已成为国内著名的 UPS 自主品牌。

(2) 在重要领域中拥有先发优势

凭借多年技术积累和市场开拓，公司在政府、通信、广电等领域积累了重点客户资源。公司是广电总局、中国电信、中国联动、中国移动、广东地铁、北京市政府、中石油等重点行业客户的全国选型入围或集中采购中标供应商。

2018 年度，公司发生的重大事件部分如下：先控电气荣膺“改革开放 40 年，工业铸魂”优秀企业“金鹰奖”；在中国联通集采项目中大展身手；顺利通过国网充电设备供应商资格审查；成为北京市政府采购中心协议供应商；荣获“亚洲数据中心年度保障之星”大奖；与国网电动汽车服务有限公司签署战略合作协议；先控高效模块化 UPS 电源产品入选工信部第二批绿色数据中心先进适用技术产品目录......

在 2016—2018 年期间公司为中国电信、中国联通多个

省市级分公司供应UPS电源。通过与上述重点客户建立、维持良好的合作关系，有助于扩大公司产品的知名度，为公司将来进一步拓展相关市场打下了基础。

(3) 完善的销售服务网络优势

公司拥有完善的营销服务体系和一支高素质的销售服务团队，在全国重点城市建立了营销服务网点，保证能够及时、快速地满足客户的需求。公司设有客服部，为客户提供工程安装、产品监测，并接受关于产品质量问题与服务质量问题的投诉。

▶企业当前面临的难题或挑战是什么？准备用什么策略来应对？

2018年以来，国际国内市场风云变幻，在市场竞争加剧、劳动力成本上升等诸多因素影响下，公司的经营业绩出现波动，给公司实现“20518”战略目标带来了新的更大的挑战，基于此，必须对现有的组织结构和营销模式进行改革，激发公司内部活力，提高市场竞争力。

首先，为更好更快地完成各项经营目标，推动研发营销一体化，强化产品和技术对市场前端的支持，要对组织架构进行重新调整，以研、产、供、销快速联动为目标，重点按产品在纵向、横向管理关系上进行重新划分和界定，成立两个事业部——充电事业部、机房事业部，公司对各事业部采用“目标总控、自主经营、独立核算，以绩奖惩”的管控模式，内部交易采用模拟市场运作。

其次，改革销售管理制度，加大对销售的考核力度，既注重过程管控，更关注完成结果，体现能者多得、业绩为王。成立合伙人销售平台，为销售人员提供更多自主权。要求销售人员要不用扬鞭自奋蹄，用实际结果来成就自己。

▶请您介绍企业2019年的发展规划及未来展望。

1）UPS产品继续保持行业领先地位，做到系列全，容量大，指标优，提高核心竞争力。

2）微模块数据中心，打造成“鼎尚”的主导产品线，达到行业一流水平，提高子公司抗风险能力，扩大新的经营增长点。

3）成立充电桩运营团队，产品要求达到行业一流水平，寻求合适的公司深度合作，形成行业的全产业链。

4）储能产品以PCS为主，达到行业领先水平，为全面推进奠定坚实的基础”。

力争到2020年，整体实现销售收入达到5亿元以上，利润达到1亿元以上，员工平均收入达到8万元以上，即公司的“20518”战略。以UPS传统数据中心、微模块数据中心、充电桩及充电桩运营、储能产品PCS五大产品为主线，优化五大产品线的运营团队，实现“先控”发展的更高目标。

29. 浙江东睦科达磁电有限公司

地址：浙江省德清县武康镇曲园北路525号

邮编：313200

电话：0572-8085881

传真：0572-8085880

邮箱：info@kdm-mag.com

网址：www.kdm-mag.com

简介：浙江东睦科达磁电有限公司（KDM）成立于2000年9月，位于杭州北郊，距上海150公里，占地面积4万平方米，是中国最具规模的软磁金属磁粉芯制造商，也是国家高新技术企业。

该公司通过了ISO 9001：2008和ISO 14001：2004体系认证，所有产品均符合欧盟RoHS规范。目前，公司年产能5亿只金属磁粉芯，主要产品有：铁硅铝磁粉芯（Sendust Cores）、硅铁磁粉芯（Si-FeCores）、铁硅镍磁粉芯（Neu Flux Cores）、铁镍磁粉芯（High Flux Cores）、铁镍钼磁粉芯（MPP Cores）、铁粉芯（Iron Powder Cores）及纳米晶磁粉芯（Nanodust Cores）、低成本铁硅（KW Cores）、超级铁硅铝（KS-HF Cores）等。产品主要应用于高效率电源、太阳能、风能、新能源汽车等领域。

主要产品介绍：

超级铁硅铝磁心

超级铁硅铝磁心（KS-HF系列）是KDM推出的一款新型磁性材料。该磁粉芯损耗低，DC-Bias特性好，能有效地解决铁硅铝磁心抗饱和能力差，铁硅磁心损耗大的问题，具有很高的性价比。

超级铁硅铝磁心（KS-HF系列）具有很广泛的应用场合。(26~60)μ 拥有较好的DC-Bias特性，可以适用于大多数大电流应用，如UPS、逆变器、工业电源等；(60~125)μ 是高磁导率的经济之选，可以应用于低功率开关电源、服务器电源等。

理事单位

30. 爱士惟新能源技术（江苏）有限公司

地址：江苏省苏州市高新区向阳路198号9栋

邮编：215011

电话：0512-69370998

传真：0512-69373159

邮箱：sales.china@aiswei-tech.com

网址：www. aiswewi-tech. com

简介：爱士惟（原名为“SMA 中国”），原隶属于全球知名的太阳能逆变器研发和制造企业 SMA Solar Technology AG（简称“SMA 集团”），是专业从事光伏逆变器研发和制造的企业集团。在上海、江苏苏州、江苏扬中均设有独立法人主体公司，分别承担商务中心、研发和管理中心、制造中心职能。总部设立在江苏省苏州市高新区，即核心企业爱士惟新能源技术（江苏）有限公司（简称“爱士惟江苏”，注册地苏州市高新区向阳路 198 号，注册资本 3.43 亿人民币，从事逆变器研发和制造的高新技术企业）注册所在地。

基于市场变化，SMA 集团为重整全球业务，于 2018 年 12 月 6 日决定对 SMA 中国进行重组，由以张勇博士带领的 SMA 中国管理层对中国境内包括艾思玛新能源技术（江苏）有限公司、艾思玛新能源技术（扬中）有限公司、艾思玛新能源技术（上海）有限公司在内公司的股权及业务进行整体收购。

爱士惟将在研发、生产、供应链和客户服务等各业务上继续与 SMA 集团紧密合作，独立运作公司原有业务并积极发展原业务范围之外的新业务、新产品和新市场。

凭借 SMA 领先技术的技术积累和延续，爱士惟参与多项国家标准和国际标准的制定，是中国质量认证中心《户用屋顶光伏系统认证规范》主要起草单位。

目前，爱士惟拥有 1～60kW 全系列光伏并网逆变器产品，产能总计 2GW，生产的逆变器产品已行销数十个国家和地区，把太阳能带给了全球用户。同时，通过国内外不断完善的售后服务体系，为客户带来了持续稳定的质量保障，以及更多的增值服务。

主要产品介绍：

ASW50K-LT/ASW60K-MT

ASW 系列（原 SOLID-Q 50/PRO 60）光伏逆变器为爱士惟最新一代逆变器产品，致力于高可靠性和卓越的性价比体验。该产品功率密度高，综合发电效率高，同时充分考虑客户的使用体验，安装简便，支持远程监控和维护。特别适合用于中国的大型户用屋顶光伏系统和小型的工商业屋顶光伏系统。

31. 北京创四方电子股份有限公司

地址：北京市朝阳区酒仙桥北路甲 10 号院 201 号楼 C 门三层

邮编：100015

电话：010-57589069

传真：010-57589168

邮箱：liup@ bingzi. com

网址：www. bingzi. com

简介：北京创四方电子股份有限公司（股票名称：创四方 股票代码：838834）是一家专业致力于各类小型精密电磁器件、精密电量传感器以及新能源电抗器和特种变压器和 AC-DC，DC-DC 模块电源的高新技术企业，公司总部位于北京市朝阳区中关村电子城 IT 产业园，集开发、生产和销售及配套为一体，拥有“BingZi 兵字”和“TransFar 创四方”两大自有品牌，产品覆盖全国并远销海外。公司自从 1992 年诞生中国第一款全封闭式变压器以来，产品品种和业务规模得到快速的发展，今天“BingZi 兵字”已成为业界知名品牌。拥有占地面积 80 余亩（1 亩 = 666.67 平方米），建筑面积 2 万平方米的福建生产基地。公司系中国电源学会理事单位，北京电源行业协会常务理事单位，中国电子质量管理协会单位会员，北京福建企业总商会常务副会长单位，ISO 9001—2008 质量体系认证单位，中国电子行业用户满意企业、用户满意产品单位。

经过多年的发展，该公司汇聚了一批高素质的专业技术人才，在各类产品上都能实现有针对性的专业性设计和高品质制造。所有产品都具有结构布局合理、隔离耐压高、散热好、环境适应能力强等显著优点，可广泛应用于工业控制系统、电力电子装置、智能仪器仪表、通用电器设备以及光伏、铁路、电力等不同行业复杂的使用环境中。

创四方公司的设计将以市场需求为导向，不断创新，关注客户并努力为客户创造价值，与业界同仁携手并进，共同为电子元器件市场和电力电子行业的繁荣与发展做出应有的贡献。

质量方针：

提供优质产品，满足顾客不断增长和变化的需求，实现市场领先和利润增长的目标，从而体现“创造一流，四海皆知，方显卓越”的企业宗旨。公司文化为“敬业、实干”“平等、尊重及团队精神”

公司目标：

以新颖的设计思想，独到的经营理念和卓有成效的管理为基础，立足创新，实现市场领先和利润增长。

主要产品介绍：

电量传感器

创四方是专业制造电量传感器的公司，以在行业内多年的经验积累，致力于各类传感器的开发及应用研究。有测量电流的，也有测量电压的，有开环直测式的，也有闭环磁平衡式的。有用于变频输出交流检测的，也有用于逆变直流检测的，还有用于电动汽车电机控制和电池管理的。

32. 北京大华无线电仪器有限责任公司

DAHUA Always Reliable

地址：北京市海淀区学院路 5 号
邮编：100083
电话：010-62937169
传真：010-62937171
邮箱：marketing@ dhtech. com. cn
网址：www. dhtech. com. cn

简介：北京大华无线电仪器有限责任公司（原国营 768 厂）始建于 1958 年，是我国最早建成的微波测量仪器大型军工骨干企业，现隶属北京电子控股有限责任公司。大华专注于测试仪器行业，是军工级测试解决方案供应商。目前，大华的电子产品已覆盖大功率直流电源、交流电源、电子负载、单路及多路线性电源等以及自动化测试系统及解决方案，拥有国内一流的研发技术团队，具有国际先进技术水平。大华的电子产品已广泛应用于军工、科研、高校、通信、工业控制、汽车电子和新能源等领域。

主要产品介绍：

DH27600 系列大功率电子负载

该系列大功率高速电子负载功率最高为 45kW，最大电压为 1200V，最大电流为 2400A；支持动态测试、短路测试；具备过电压、过电流、过功率等保护功能，标配 LAN/RS232/USB 接口，适合用于新能源、汽车电子、军工、航天、列车、通信电源等性能特性测试领域。

33. 北京中科泛华测控技术有限公司

地址：北京市海淀区西小口路 66 号东升科技园 A4 楼
邮编：100192
电话：010-82156688
传真：010-82156006
邮箱：sales@ pansino-solutions. com
网址：www. pansino-solutions. com

简介：作为国内领先的测控领域高科技企业，泛华致力于发展专业测控技术，为各行业用户提供高品质的测试测量解决方案和成套的检测设备。公司成立以来，始终坚持“以专业技术为立身之本，诚信服务为承诺，卓越品质为追求，精益求精为精神”，综合实力明显提高，从 1997 年公司成立至今，员工总人数超过 200 人，并实现了利税连年快速增长。

公司在众多关键领域拥有一批具备行业背景的测控技术专家，拥有丰富的测试测量工程经验和多项自主知识产权，主要研制和生产装备保障设备、自动化测试设备、试验数据管理平台、工程教育产品等。公司核心产品涉及国防军工、电子、汽车、能源、雷达通信、科研教学等行业。

34. 成都金创立科技有限责任公司

地址：四川省成都市新都区斑竹园镇斑大路 752 号
邮编：610506
电话：028-83988111
传真：028-83948431
邮箱：lyh_ong@ 163. com
网址：www. cdjcl. com

简介：成都金创立科技有限责任公司是一家以等离子技术产业化推广为目标的高科技公司。公司依托大型科研院校和控股企业、科研开发能力强、技术积累深厚。通过几年的努力，全面掌握了“等离子体发生器技术”及大功率脉冲电源技术。在环保领域实施“电弧等离子体技术应用开发”为专项的高科技项目、高压静电除尘专用电源及控制技术：在材料表面改性领域实施真空镀膜电源技术、等离子表面处理专用电源技术、形成了一定的研发能力和生产能力。

该公司现有环保、物理、材料、机械、真空、电气、电子等学科各类技术人员多人。专业从事低温等离子体技术应用、材料表面改性处理技术设备、大功率开关电源和专用脉冲电源研究生产型高科技企业。

该公司成功开发生产大功率开关电源和专用脉冲电源、高压电源、工业生产用微弧氧化设备、等离子抛光技术和成套表面处理设备。可根据用户对材料表面处理的需求，提供整套解决方案或研制非标设备。

该公司遵从平等互利、友好合作、坚持服务至上、信誉第一的宗旨，竭诚为科技界、实业界提供技术产品和各种形式的技术服务和合作。

主要产品介绍：

等离子体电源及发生器

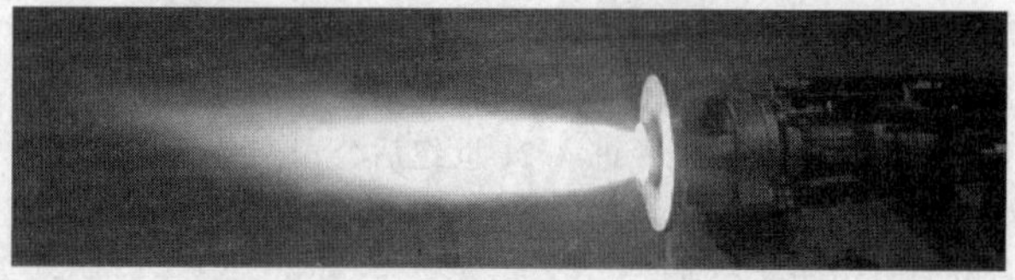

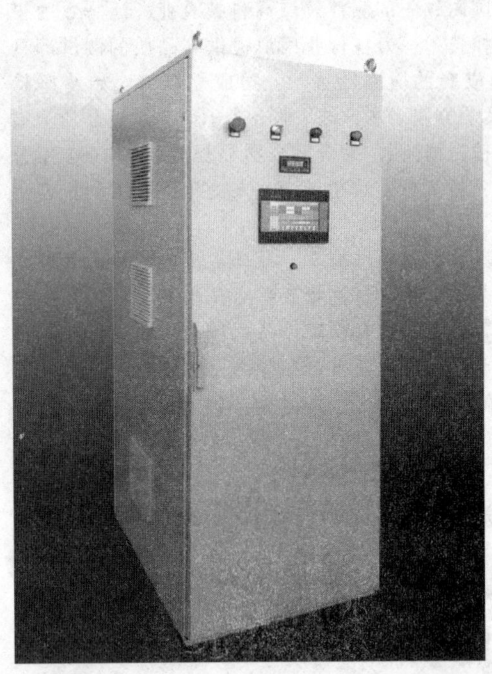

金创立公司的主要产品“等离子体电源及发生器”是等离子体技术的关键设备，等离子技术经过10多年的应用和开发，其应用的领域已经非常广泛。目前，等离子体技术已在材料、微电子、化工、机械及环保等众多学科领域中得到较广泛的应用，并已初步形成一个崭新的等离子体工业。

35. 重庆荣凯川仪仪表有限公司

荣凯川仪

Rongkai Chuanyi Co.,LTD

地址：重庆市北碚区澄江镇桐林村1号

邮编：400701

电话：023-86020089

传真：023-68221017

邮箱：rongkaizqq@ 163. com

网址：www. rongkai. com. cn

简介：重庆荣凯川仪仪表有限公司（以下简称“荣凯川仪”）是中国四联重庆川仪旗下的电源科技公司，是一家专业从事电力电子领域产品的生产、销售、研发为一体的高新技术企业。公司现已通过ISO 9001国际质量体系认证，建立了一套完整的质量监控体系。产品通过国家高新技术产品鉴定，并获得欧盟CE认证、TLC认证、英国NQA质量认证、中国计量中心EMC认证等。

荣凯川仪从事电源产品的研发、设计及生产制造已有40多年的历史，公司从20世纪70年代初开发出国内第一台晶闸管逆变器到20世纪90年代引进美国先进电源技术，通过不断消化、吸收、改进，于国内率先推出工业型UPS不间断电源及其系统；进入21世纪后公司产品经全面智能化升级改造，现已成为国内最具规模的智能化交直流不间断电源系统领军企业。

荣凯川仪拥有一支有多年从事国内外工业电源研究的技术精英，拥有一批先进的高精尖加工检测设备和先进的自动化流水线和成套产品生产线。目前，公司具备为年产600万吨钢铁项目、1200兆瓦机组、60万吨合成氨，80万吨乙烯、年产300万吨水泥生产线等大型工程提供UPS电源产品的配套能力。先后向北京地铁、重庆地铁、成都地铁、广州地铁、深圳地铁等国内重点工程提供UPS电源装置数万套。在占有国内市场的同时，公司积极拓展海外市场，为印尼、巴西、越南、缅甸等国家重点建设项目提供UPS电源配套产品，奠定了公司在国内外工业制造行业及轨道交通领域电源产品应用市场的主导地位。

面向未来，荣凯川仪将秉承“诚信、品质、人本、创新”的经营理念，以产业报国，造福员工的经营宗旨，以永不间断的创新精神，向“国内最大的绿色、节能、环保电源整体方案提供商”而迈进！

36. 佛山市杰创科技有限公司

地址：广东省佛山市南海区狮山镇罗村下柏工业区兴发路16号

电话：0757-86795444

传真：0757-86798148

邮箱：jiechuangkeji@ 163. com

网址：www. jc-power. com

简介：佛山市杰创科技有限公司（以下简称“杰创”）创建于1996年，2000年通过吸收和引进国内外先进的高频开关电源技术开发了目前市面上运用较为广泛的高频开关电源，产品中主要电子元器件模块以进口大功率绝缘栅双极型晶管“IGBT”模块为主功率器件，以超微晶（又称纳米晶）软磁合金材料及铁氧体为主变压器磁心，控制系统采用了自主研发的主控IP技术，结构上采用了冷轧板面、喷环氧树脂漆技术，提高了设备外表抗氧化、抗酸碱的效果。通过多年的生产实践和客户使用反馈，产品质量有了飞跃提升，在各表面处理行业如镀铬、镀铜、镀锌、镀镍、镀金、镀银、镀锡、合金电镀等各种电镀场所，以及在国防、冶金、电力、电解、阳极氧化、电铸、电泳、单晶硅加热、PCB等各个行业得到了大力的推广和应用；从电力应用和原材料上大大降低了客户的生产成本，该设备体积小、重量轻，是晶闸管体积的1/2，节能效果和晶闸管相比能节省15%以上，堪称“绿色环保电源”。

本着“杰出品质、创造未来”的企业精神，该公司不断向国内外客户提供不同种类的表面处理电源。多年来一直坚持技术变革创新，成立至今公司已拥有20多项实用新型及发明专利，并且已实际投入到产品使用中，使公司的技术水平始终处于本行业的技术领先前沿，公司坚持以发展作为永恒的主题，倡导“以人为本”的经营管理理念，培育“客源+资本”的核心竞争力，打造市场认可的品牌，注重提升公司价值、满足市场需求，为社会创造财富。

杰创力争做最适合的整流器，做最值得依赖的供应商。

主要产品介绍：

水冷型高频开关电源

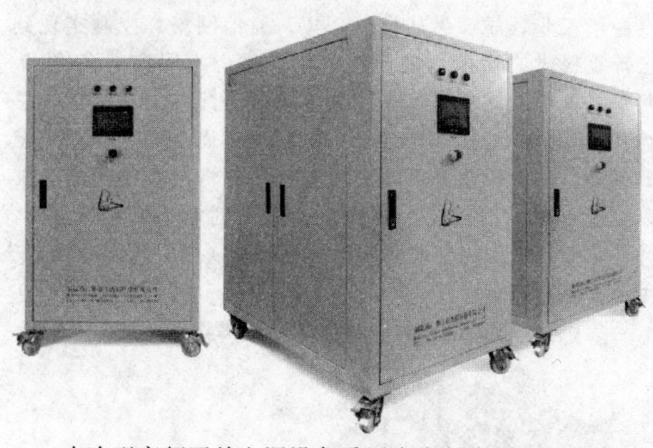

水冷型高频开关电源设备采用全密封水循环系统制冷，散热效果好。具有纹波系数低、控制精度高、电流分布均匀、均镀能力强等特点，体积小、重量轻、方便搬运。还具有软起动、过电流、过热等多项自动保护和声光报警功能，结构简单，方便安装和维护。内部效率、功率因数高，节能省电，绿色环保。

37. 广东全宝科技股份有限公司

地址：广东省珠海市斗门区白蕉科技工业园新科一路 23 号

邮编：519125

电话：0756-6290613

传真：0756-8888066

邮箱：wangld@ totking. com

网址：www. totking. com

简介：广东全宝科技股份有限公司（以下简称“全宝科技”）成立于 2002 年，是一家专业研发、生产印制电路用金属基导热覆铜板，并为客户提供全面导热散热材料解决方案的高科技企业。其旗下全资子公司珠海精路电子为客户提供一站式导热线路板解决方案及专业研发生产金属基导热线路板。经过 10 多年发展，公司拥有了 2 万多平方米自建厂房和 4 万多平方米的在建工业厂房项目，未来金属基 PCB 年产能将达到 120 万平方米。公司坚持研发创新，掌握产品核心技术，已获得 40 余项专利，且新技术专利在持续申请中。现已形成多个系列的金属基导热覆铜板产品，在高导热、高耐压、高 TG、无卤素等高阶产品细分领域的研发生产能力处于业界领先水平，公司获得高新技术企业认证，通过 IATF16949、ISO 14001 等国际管理体系认证，产品获得 UL/SGS/NQA 等专业机构认可，并符合欧盟 RoHS、REACH 标准，是大中华区首家获得 UL 全性能认证的企业。全宝科技不断开拓国内及国际市场，产品主要出口欧洲、北美及东南亚地区，并获得全球知名品牌客户的一致好评。全宝集团是国内行业领先者之一，作为主要起草人及起草单位承担行业及国家规范标准的编制工作。2009 年参与起草了《印制电路用金属基覆铜箔层压板》CPCA 4105—2010 行业标准；2014 年开始主导编制由中国国家标准化管理委员会立项的《印制电路用金属基覆铜箔层压板通用规范》国家标准（GB/T 36476—2018），该标准于 2018 年 6 月 7 日正式发布，2019 年 1 月 1 日开始实施。

主要产品介绍：

T 系列/S 系列高导热金属基覆铜板材料及高导热/高可靠性金属基电路板

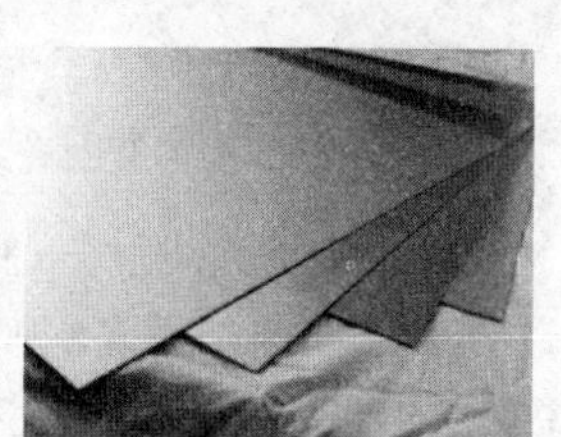

铝/铜/铁/不锈钢基覆铜板
铜厚：H-10oz（1oz=28.35g）
导热率：1.5～6W/(m·K)
应用：模块电源/汽车照明/汽车电子/安防/精密医疗仪器/高功率LED照明/功率半导体等

多种结构金属基线路板

4～6oz线路铜厚，高耐压
应用：模块电源

双层5/5oz铝基
应用：汽车电子

盲孔连通铜基 2oz铝基
应用：汽车车灯

双层铝基
应用：医疗设备

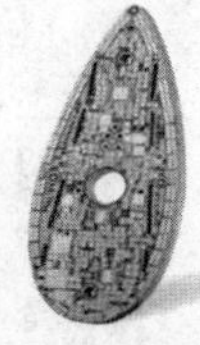

4层铝芯板
应用：设备

3D铝基弯折板
应用：车灯、LED照明

绝缘导热散热片
应用：功率半导体器件
(整流桥封装)

全宝集团为全球客户提供符合汽车及高端技术行业应用标准的高导热、高可靠性铝/铜/铁/不锈钢基覆铜板及技术结构创新的各种金属基导热电路板（单/双面/多层、厚铜、弯折、热电分离）技术方案和产品，其被广泛认证并应用于汽车电子/照明、工业电源模块、安防、精密医疗、高功率 LED 照明、半导体等高端技术行业。

38. 广州回天新材料有限公司

地址：广东省广州市花都区花港大道岐北路 6 号
邮编：510800
电话：020-36867996
传真：020-36867991
邮箱：dengbeiwei@ huitian. net. cn
网址：www. huitian. net. cn

简介：广州回天新材料有限公司是由湖北回天新材料（集团）股份公司投资组建的高新科技企业。湖北回天新材料股份有限公司是国内胶黏剂的龙头企业，回天品牌是民族胶黏剂优选品牌，“回天”是国内胶黏剂行业首家上市公司（股票代码：300041）。

广州回天新材料有限公司坐落于广州市花都区汽车产业开发区，占地 37 亩（1 亩 = 666.67 平方米），建筑面积 1.2 万平方米。公司完善并建立了法人治理结构等现代企业管理制度，有完整的科研、生产、质检和销售管理架构，建立健全了先进的质量和环境管理体系，并且已通过 ISO 9001：2000 ISO 14001：2004 国际质量和环境管理体系认证、美国 UL、SGS 等认证。公司专业科研所出身，拥有较雄厚的科研力量，中级以上职称的技术人员占总人数的 60%左右，硕士研究生占员工总数 10%以上。

广州回天新材料有限公司在硅橡胶、UV 光固化胶、丙烯酸酯胶、环氧胶等方面的基础研究处于国内领先地位。公司产品广泛应用于 LED 显示与照明、LCD 液晶显示、车灯、电源、电器、医疗、移动终端等行业，与美的、格兰仕、松下、比亚迪、利亚德、明纬、茂硕、三思、GE、天马等国内外知名企业形成了长期的合作伙伴关系，是国内光学、光电显示、医疗、电器、电工等领域用胶黏剂和密封剂的最大供应商之一。

主要产品介绍：

电源、逆变器导热灌封胶 5297

高导热灌封胶，导热系数可达 1.5W/(m · K)，黏度为 3500~4500cps，流动性好，耐高低温老化。

39. 广州致远电子有限公司

致远电子

地址：广东省广州市天河区车陂路黄州工业区 7 栋 2 楼
邮编：510660
电话：020-28267806
传真：020-28267891
邮箱：170452219@ 163. com
网址：www. zlg. cn

简介：广州致远电子有限公司隶属于广州立功科技股份有限公司，由著名嵌入式系统专家周立功教授于 2001 年创建。注册资金 5000 万元，是国家级高新技术企业，广东省高端测量与分析仪器工程技术研究中心、广东省高端测量与分析仪器企业技术中心，Intel ECA 全球合作伙伴和微软嵌入式系统金牌合作伙伴。

致远电子是国内知名的工业互联网生态系统领导企业，专注于工业领域，为从数据采集、通信网络、控制实现到云计算提供有竞争力的专业解决方案，为用户创造价值，并坚持聚焦战略，对高精度数据采集、无线通信、现场总线和嵌入式控制技术持续投入，以用户需求和前沿技术驱动创新，推动行业进步。致远电子每年将营业收入的 20%以上投入研发，超过 55%的员工从事创新、研究与开发，并在多个标准组织任职，为中国工业互联网发展创造价值。

主要产品介绍：

表贴式隔离 CAN 收发器、表贴式隔离 RS-485 收发器

致远电子表贴式隔离 CAN 收发器是一款应用于工业现场 CAN 总线传输及隔离的模块产品，能有效解决总线干扰、通信异常等问题。与传统的设计相比，表贴式产品不仅具备更高的集成度与可靠性，并且支持业内常用的贴片封装，适用于需要高稳定性 CAN 总线通信的场合，能够最大程度地提升用户的生产效能。

40. 杭州博睿电子科技有限公司

地址：浙江省杭州市萧山区蜀山街道万源路 1 号
邮编：311201
电话：0571-82616510
传真：0571-82610970
邮箱：jmli@ hzbrdz. com. cn
网址：www. hzbrdz. com. cn

简介：杭州博睿电子科技有限公司前身为博才电源，现为中国电源学会理事单位，中国电源工业协会常务理事单位，国家三会两盟会员单位，始创于 2005 年，多次承接国家重点攻关项目的研制，该公司研发团队主要由多位具有高级专业技术职称的资深科技精英组成，是一家集中大功率 LED 驱动电源、电动汽车智能充电器、智能家居模块电源，工业电源、中大功率电力和通信电源、医疗电源、激光电源，智能控制产品的研发、制造、销售为一体的节能环保产业型高新技术企业。公司所有产品均通过国际、国内安全和标准认证，严格贯彻和执行 ISO 9001/ISO 14001 国际管理体系，全面导入 6S 工厂管理理念，及先进的可靠性智能测试系统和失效模型分析，使公司的品牌知名度和产品品质，均得到了客户和业界的高度评价，并可按客户的需求，进行定制。

主要产品介绍：

激光电源、中大功率户外驱动电源、模块电源

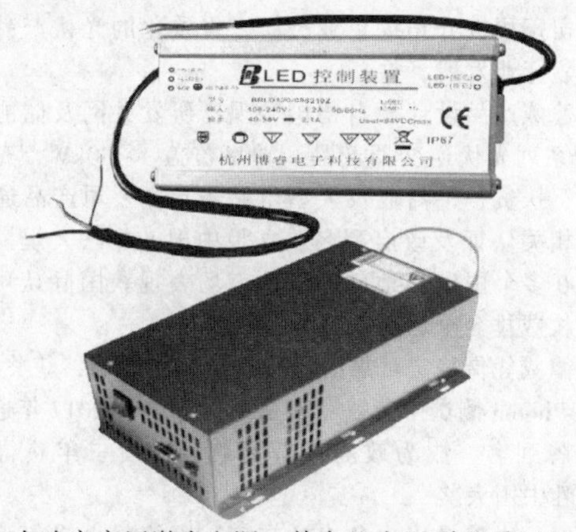

中大功率高压激光电源，其中几十瓦到几千瓦已有成熟稳定的产品，已获得多家激光设备厂家的选用，并以批量供应。中小功率国产激光器及激光电源已相对成熟。后续公司将在适用范围全球化，工作状态智能化，输出脉冲高频化，光效强度高功率化，产品规格标准化，加大研发投入。

41. 杭州飞仕得科技有限公司

地址：浙江省杭州市拱墅区祥园路 99 号 1 号楼 7 楼

邮编：310011

电话：0571-88172737

传真：0571-88173973

邮箱：support@ firstack. com

网址：www. firstack. com

简介：杭州飞仕得科技有限公司（Firstack）位于杭州北部软件园，致力于智能 IGBT 驱动器、功率半导体测试装备的研发和销售，是国家高新技术企业、国家双软企业、省级企业研发中心。作为全球首家将智能驱动引入到新能源发电领域的企业，Firstack 致力于通过数字化技术实现变流器全状态监控与保护，提升变流器长期运行可靠性，助力风场、光伏电站大数据化管理。凭借数字化带来的“高可靠性”“高灵活性”与“高智能化”，Firstack 已成功将智能驱动批量应用于军工、电力系统、轨道交通、地铁馈能等多个高可靠性领域，并已成为国内最大的风电变流器驱动供应商。目前有超过 10000 台风机变流器正搭载着 Firstack 智能驱动，在高原、草原、近海等恶劣自然条件下，稳定可靠地运行着。

主要产品介绍：

IGBT 驱动器

PM124-NPC（含飞仕得数字 IGBT 驱动软件 V1.0）是以 Firstack 数字型 IGBT 驱动为基础，针对 NPC 三电平方案开发的即插即用驱动，为客户解决 1500V 系统驱动方案。

42. 合肥博微田村电气有限公司

地址：安徽省合肥市蜀山区天智路 41 号华电工业园

邮编：230088

电话：0551-62724855

传真：0551-65311615

邮箱：WL@ ecthf. com

网址：http：//www. ecthf. com

简介：合肥博微田村电气有限公司位于安徽合肥高新区内，创办于 2000 年 6 月，注册资本 832. 65 万美元，是中国电子科技集团第 38 研究所和田村香港有限公司共同投资的高新技术企业。

该公司目前的主营产品是各种民用、工业用系列电抗器、EI 变压器、高频变压器、R 型变压器、大功率电抗器、变压器及电感器，自 2008 年开始逐步开发了 MDU/PDU、滤波器、智能充电机、高效逆变器、UPS 电源等新产品，主要产品通过 CSA、TüV 和 UL 认证，应用于工业装备、新能源、轨道交通、家用电器、医疗设备、智能电网等领域。

该公司依靠中国电子科技集团第 38 研究所的人才优势和科研开发能力，采用国际先进技术，将其应用到产品中。与此同时，在企业管理上还得到了田村在品质管理上的全面指导，用先进的生产管理模式生产高品质的产品，现已经成为富士通、大金、夏普、西门子、飞利浦、GE 能源、施耐德、海尔、格力等世界著名企业的合作伙伴。

该公司本着“尊重伙伴，激励创新，体现个人价值，承担社会责任”的企业价值观，以人为本，确立了明确的技术路线图，不断开发新技术、新产品、新工艺，通过技术创新来提高企业核心竞争力，先后通过质量管理、环境管理和职业健康安全管理体系认证；通过国家两化融合管理体系评定；获得“国家火炬计划重点高新技术企业”“中国电子元件百强企业第 45 名”等荣誉；组建了省级企业技术中心、省工程研究中心等研发平台，并建立了省级博士后科研工作站；申报国家专利 60 余项，获得授权发明专利 2 项及其他知识产权 32 项。

主要产品介绍：

变压器

该公司变压器产品包括工业用和民用，按功率分，小到几 kVA，大到 1200kVA；按类型分为单相变压器、三相变压器、环形变压器等。

43. 核工业理化工程研究院

地址：天津市河东区津塘路 168 号
邮编：300180
电话：022-84801274
传真：022-84801274
邮箱：hlhy_dy@ 163. com
网址：www. cnnc. com. cn

简介：核工业理化工程研究院系我国大型央企中国核工业集团公司所属的一所自然科学和工业应用研究院，始建于 1964 年，坐落于天津市河东区，目前承担着多项重点科研和生产任务，受到国家高度重视。五十余年来，为我国核工业建设和发展做出了重大贡献。现有在职职工 1100 余人，其中专业技术人员 700 余人，包括研究员和研究员级高级工程师 80 余人，副研究员和高级工程师 300 余人，助理研究员和工程师 300 多人。并有中科院院士 1 人，中国工程院院士 2 人，国家级有突出贡献的中、青年专家 3 人，省部级有突出贡献的中、青年专家 10 人，天津市授衔专家 4 人。

50 年来，在国家重点攻关科研项目共获科研成果奖 300 余项。其中国家级奖励 27 项，省部级科技进步奖 270 余项，国家专利共计 400 余项。

该院长期从事核技术开发研究，已发展成为多学科的综合性研究院。专业涉及基础理论、超净过滤、机械设计与制造、自动化控制、新材料、化工、理化分析、光电技术、科技信息、环境评价、质量保证等研究室。建立了多个装备先进具有现代化水平的试验室，配备了一批高精度仪器、仪表和设备。

核理化院在电源技术领域拥有多项核心技术，其中在大功率中频变频器、冗余并联中频变频器、中频感应加热电源、永磁体充磁电源和永磁同步电动机伺服控制器等技术方向都具有较强的科研和生产能力。

44. 江苏固德威电源科技股份有限公司

地址：江苏省苏州市虎丘区科技城昆仑山路 189 号
邮编：215163
电话：0512-62397998
传真：0512-62397972
邮箱：sales@ goodwe. com
网址：http：//www. goodwe. com/

简介：江苏固德威电源科技股份有限公司成立于 2010 年，总部位于苏州高新区，一直专注于太阳能光伏逆变器及智慧能源管理系统的研发、生产和销售。目前员工总数近 1500 人，其中核心研发人员超过 200 人。依托已有资源优势，公司正积极开拓绿色业务，以极致化的光伏产品和服务，引领行业发展。

固德威产品设计源自德国，现已研发并网及储能全线 10 多个系列光伏逆变器产品，功率覆盖 1 ~ 80kW，充分满足户用、扶贫、工商业及大型电站需求。公司产品通过了几十项相关认证及政府列名，立足中国，并已大规模销往全球 100 多个国家和地区。强劲市场表现获国际认可，成为 IHS 权威排名全球逆变器 10 强品牌。

固德威凭借稳定可靠的产品质量广受赞誉，获奖无数。在德国 Photon 测试中荣获“双 A”好评；在 2017 年通过工信部品牌列名，成为政府推荐品牌；连续三年获得莱茵 TüV 质胜中国大奖。

同时，本着对用户负责的态度，固德威也为旗下全线产品购买了产品责任险、错误与疏漏险，确保全球用户的安心使用。全新一代产品外观斩获国际设计大奖红点奖，开辟了时尚工业美学的新潮流。

不仅如此，固德威 ES 系列双向储能逆变器更是荣获政府列名“高新技术产品”，储能产品技术水平全球领先。目前，固德威已安装的百万套产品正以其稳定的表现和优异的性能让全世界重新认识中国智造。

主要产品介绍：

光伏逆变器

固德威的单相单路和三相双路 GW17K-DT 逆变器通过了德国 Photon 的严格测试，均荣获“双 A”评价，家用机型全球排名第 2，商用机型全球排名第 5，三相机采用先进的拓扑技术，具有更宽的电压范围，比同类产品能多发 10%以上的电量；固德威 ES 系列双向储能系统功能齐全、性能稳定、技术水平全球领先。

45. 江苏宏微科技股份有限公司

地址：江苏省常州市新北区华山中路 18 号
邮编：213022
电话：0519-85166088
传真：0519-85162297
邮箱：hygu@ macmicst. com
网址：www. macmicst. com

简介：江苏宏微科技股份有限公司成立于 2006 年，主要从事功率半导体器件 IGBT、VDMOS、FRED 等芯片及分立器件、模块、模块化整机产品的设计、研发、制造及销售。

公司宗旨：自主创新，设计、研发、生产国际一流的IGBT、VDMOS、FRED、分立器件及其模块，打造民族品牌，成为提供绿色高效节能电子产品和电力电子系统解决方案的专家。

宏微现为国家高新技术企业、国家高技术产业化示范基地、新型电力半导体器件领军企业、江苏省著名商标。设有江苏省企业院士工作站、江苏省新型高频电力半导体器件工程技术研究中心、江苏省认定企业技术中心、江苏省博士后创新实践基地；拥有授权中国专利76件，其中发明专利32件；获认定高新技术产品8只。作为国家IGBT和FRED标准的起草组长单位之一，已完成2项国标制定。

该公司自产IGBT、FRED芯片技术已达国际先进、国内领先水平，打破国外垄断，填补了国内的空白，现已形成批量生产规模。已开发IGBT、VDMOS、FRED、晶闸管、整流芯片模块共计300余个型号，年产量大于180万只，IGBT已有30余种封装种类，电流范围从10~1000A，电压范围从600~6500V；产品荣获中国电源学会科学技术奖一等奖、江苏省、市级科学技术进步奖、中国半导体创新产品和技术奖，广泛应用于工业控制、电动汽车充电桩及控制器、家用电器、新能源、照明等领域，产品绝大部分替代国外进口，个别产品在国内的市场份额已经占到了50%以上。

主要产品介绍：

IGBT模块、IGBT/MOSFET/FRED分立器件

a) IGBT模块

b) IGBT/MOSFET/FRED分立器件

宏微自主研发的m3i系列IGBT模块导通损耗低、开关速度快、短路能力强、可靠性高，在焊机、变频器等领域已广泛应用，1500V/3A高压MOS单管也已批量应用；RC IGBT在家用电磁炉领域已广泛应用。自主研发和生产的FRED恢复时间快、恢复特性软，在充电桩、UPS电源领域广泛应用。

46. 龙腾半导体有限公司

LONTEN 龙腾

Power the Future

地址：陕西省西安市西安经济技术开发区凤城12路1号出口加工区

邮编：710021

电话：029-8665 8666

传真：029-8665 8666

邮箱：sales@ lonten. cc

网址：http：//www. lonten. cc

简介：龙腾半导体有限公司是一家致力于新型功率半导体器件研发及销售于一体的高新技术企业。

2009年该公司在国内率先进行超结MOSFET的研发设计，2011年推出超结MOSFET系列产品，是国内超结MOSFET工艺平台系列产品最完善的公司，亦是国内第一家开发基于超结工艺150~300V MOSFET产品的公司。公司制定了国家超结MOSFET行业标准（标准号SJ/T 9014. 8. 2—2018），同时参与制订CASA联盟标准《SiC肖特基势垒二极管测试标准》。公司现已形成低压沟槽型功率MOSFET、高压平面功率MOSFET、超结功率MOSFET、屏蔽栅沟槽型功率MOSFET、绝缘栅双极型晶体管（IGBT）单管和功率模块等完整的功率器件产品系列。公司产品具有高能效、高可靠性及高性价比的优点，已在TV板卡电源、充电器、适配器、计算机及服务器电源、LED驱动电源、通信电源、充电桩、车载电源等消费类、工业类及汽车类领域得到广泛应用。公司通过ISO 9001：2015质量体系认证，在功率半导体器件及应用领域已申请专利总计86项，其中发明专利57项，美国发明专利1项。公司已获得多项资质，主要包括国家高新技术企业、陕西省科技创新型企业、中国电源学会理事单位、陕西省半导体协会理事单位、西安交通大学电气工程学院和微电子学院研究生联合培养基地。

主要产品介绍：

L4系列高压超级结功率器件

该系列产品采用先进的超级结技术制造，具有极低的导通电阻，特别适合高功率密度和高效率应用。具有极低的导通电阻和栅极电荷，显著降低导通和开关损耗，能提高电源系统的密度和效率，并具有很高的性价比，基于超级结MOSFET可以设计功率密度更高、效率更高和温升更低的电源。

47. 罗德与施瓦茨（中国）科技有限公司

ROHDE&SCHWARZ

地址：北京市朝阳区紫月路18号院1号楼（朝来高科技产业园）

邮编：100012

电话：010-64312828

传真：010-64379888

邮箱：info. china@ rohde-schwarz. com

网址：www. rohde-schwarz. com. cn

简介：罗德与施瓦茨（中国）科技有限公司作为一家独立的国际性科技公司，开发、生产以及销售面向专业用户的先进信息和通信技术产品。主要业务领域包括测试与测量、广播电视

与媒体、网络安全、安全通讯、监测与网络测试，覆盖多个行业及政府市场分支。公司成立 80 多年来，销售与服务网络遍及全球 70 多个国家和地区。截止到 2017 年 6 月 30 日，罗德与施瓦茨员工人数约为 10500 名。2016~2017 财年（2016 年 7 月至 2017 年 6 月），集团净营收约 19 亿欧元。公司总部设在德国慕尼黑，在亚洲和美国设有强大的区域中心。

主要产品介绍：

直流电源、示波器、电磁兼容

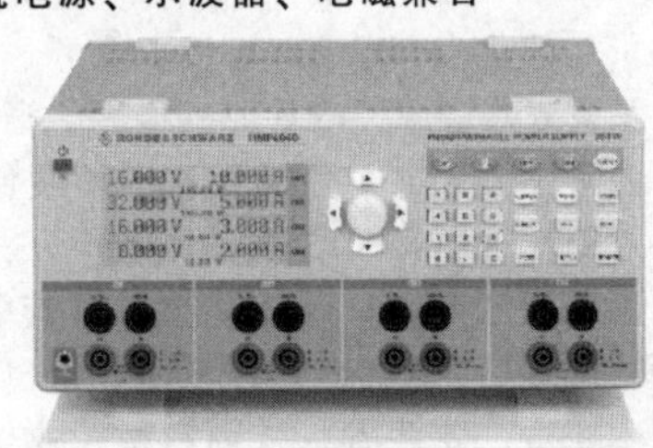

罗德与施瓦茨公司与电源相关的产品包括直流电源、示波器、电磁兼容等产品与系统。直流电源提供可编程功能，有外部调制功能。示波器结合电源完整性探头，具有高带宽、高灵敏度、极低噪声和超大偏置补偿，可为电源完整性测量提供了出色的解决方案。电磁兼容则帮助电源产品提供符合各种标准规定的 EMC 测试与认证摸底。

48. 南京中港电力股份有限公司

中港电力
ZG Power Supply

地址：江苏省南京市江宁区东麒路 6 号东山国际企业研发园 C2 栋

邮编：211103

电话：025-69618577-8013/8014

传真：025-69618574

邮箱：shayq@ zg-ps. com

网址：www. zg-ps. com

简介：南京中港电力股份有限公司，是一家以清洁能源汽车产业为核心业务的国家级高新技术企业，拥有汽车级体系认证标准的专业化工厂，秉承“以客户价值为导向，致力清洁能源汽车发展”的理念，致力于为客户提供高可靠性、高效率、高功率密度的电力电子解决方案。

该公司自 2013 年成立以来，业务快速发展，建立了业界一流的产品研发、测试及制造的软硬件平台，通过了 ISO 9001、ISO 14001、ISO 16949 等权威认证，赢得了北汽新能源、东风日产、长安、江淮、奇瑞、吉利、众泰、知豆等国内外一流的清洁能源汽车整车制造企业的信任合作。研制开发的清洁能源汽车车载产品广泛应用于纯电动及混动乘用车、纯电动商用车、纯电动客车、纯电动专用车等车型。

2016 年 10 月，公司完成 B 轮战略融资，北京工业、宝安集团（000009）、清研资本、江苏省高投、北大协同等知名公司成为公司战略股东。公司凭借科学的管理、稳定的质量、可靠的性能和合理的性价比，以及周到的售后服务为基础，将追求产品质量和售后服务零缺陷为目标，致力发展成为国内外一流的清洁能源汽车核心零部件供应商。

公司使命：聚焦客户需求，提供有竞争力的电力电子解决方案，持续为客户创造最大价值

企业愿景：致力发展成为国内外清洁能源汽车核心零部件供应商的领跑者

49. 南通新三能电子有限公司

THREECON
新三能电子 SUNION ELECTRONIC

地址：江苏省南通市通州区通州区兴仁镇工业园区

邮编：226371

电话：0513-86562926

传真：0513-86561788

邮箱：yb@ sunion. cc

网址：www. sunion. cc

简介：南通新三能电子有限公司成立于 1995 年，是专业从事电容器研发、制造和销售的国家级高新技术企业，也是东南大学、电子科技大学产学研合作伙伴，在电容器基础材料研究、电力电子专用电容器研究等领域取得了多项研究成果。

“Threecon”品牌涵盖电力电子薄膜电容器和铝电解电容器两大系列，主要为工业自动化、节能照明、新能源、IT、通信、电能质量、新能源汽车、轨道交通等领域提供配套服务。

优质的品质和满意的服务使该公司成功通过 PHILIPS、GE 等国际著名的跨国公司的供应商认证，成为全球供应链采购合格供方。公司还成为中国电源学会的理事单位、中国工业电器协会会员单位，产品被授予质量可信产品等荣誉称号。

该公司严格实行 IATF16949：2016 体系、ISO 14001 环境保证体系和 QC080000 有害物质控制体系。产品完全符合 RoSH 环保标准、UL 安全认证、CE 欧盟电工委员会安全标准。

该公司一贯注重技术创新，获得了“江苏省电容器工程技术中心”等光荣称号。截至 2018 年，公司拥有发明专利 25 项，实用新型专利 48 项。

公司目标：成为工业自动化、节能照明、IT、新能源及新能源汽车等产业专用电容器的首选品牌。

主要产品介绍：

固体电解电容器、贴片式铝电解电容器、引线式铝电解电容器、焊针式铝电解电容器、螺栓式铝电解电容器、薄膜电容器

该公司生产的固体电解电容器、贴片式铝电解电容器、引线式铝电解电容器、焊针式铝电解电容器、螺栓式铝电解电容器、薄膜电容器，广泛用于工业自动化、节能照明、新能源、IT、通信、电能质量、新能源汽车、轨道交通等领域。

50. 宁夏银利电气股份有限公司

地址：宁夏回族自治区银川市西夏区光明路 45 号
邮编：750021
电话：0951-5045200-8018
传真：0951-6837827
邮箱：tlf@ yinli. com. cn
网址：www. yinli. com. cn
简介：宁夏银利电气股份有限公司成立于 1992 年，位于宁夏银川（国家级）经济技术开发区光明路 45 号，注册资本 3000 万元，占地面积 2 万多平方米，是一家从事电力电子磁性器件的研发、生产、销售的高新技术企业，是国内同行业中唯一产品覆盖电力电子电磁元件全部应用领域的企业。2015 年 12 月 9 日，公司成功挂牌新三板，证券代码：834654。

该公司在国内电力电子行业居于领先地位，产品广泛应用于航空航天、船舶、轨道交通、新能源、电能质量、智能电网及新能源等领域，是国内唯一产品覆盖电力电子全部应用领域的企业。在公司发展的历程中，为中国 CRH3、CRH5、CRH380A 等多型号高铁动车组及数个国产型号的导弹、舰载直升飞机平台等配套特种变压器，并成功为我国“神州”系列一至六号载人航天飞船、“天宫一号”空间实验站配套变压器、电感器。公司拥有前景广阔的客户群，与全球规模最大、品种最全、技术领先的轨道交通装备供应商中国中车、光伏风电并网装置、市场占有率国内领先的企业特变电、深圳禾望、中国电力装备行业龙头企业许继电气等建立了长期稳定的合作关系。2018 年，公司成功研制新能源汽车配套汽车级功率电感及变压器，并比亚迪达成战略合作意向，进军新能源汽车电磁元件领域。

2008 年，银利电气在深圳成立子公司——深圳银利电器制造有限公司，主要从事批量产品的加工和制造，实现公司对外扩张的第一步。依靠不断的市场开拓和持续的技术创新，使公司在近几年内持续良性发展，规模逐年扩大。

主要产品介绍：

高频变压器

产品应用于国内铁路大力发展的拥有国家自主知识产权的 350 公里标准动车组辅助电源系统充电机上，采用二代低损耗纳米晶铁心，具有损耗低、体积小、效率高等特点，结构上采用高强度，高导热的树脂灌封，可以在极其恶劣环境下工作。

51. 赛尔康技术（深圳）有限公司

Salcomp
POWERING THE MOBILE WORLD

地址：广东省深圳市宝安区沙井镇新桥芙蓉工业区赛尔康大道
邮编：518125
电话：0755-27255111
传真：0755-27255255
邮箱：leon. liu@ salcomp. com
网址：www. salcomp. com
简介：赛尔康技术（深圳）有限公司是一家芬兰独资企业。赛尔康成立于 1975 年，公司总部位于芬兰。赛尔康在全球各地设有销售中心，在芬兰、深圳和台北设有研发中心，在中国、巴西和印度设有生产基地。

赛尔康致力于开发和提供最具创新和绿色环保的手机电源适配器产品及其他电源方案。赛尔康在全球手机电源适配器行业处于世界领先地位，公司年度总业绩达到 6.8 亿美元，主要客户涵盖了排名世界前列的手机制造商。赛尔康自主研发的电源产品适用于各类手机（包括智能手机）、无绳电话、蓝牙耳机、平板电脑、数码相框、路由器、机顶盒、POS 机、笔记本电脑等。

赛尔康技术（深圳）有限公司位于深圳市宝安区沙井芙蓉工业区，是国家评定的“高新技术企业”，同时赛尔康深圳的研发中心是深圳市评定的“企业技术中心”。赛尔康深圳现有 6000 多名员工，主要从事销售、研发和制造工作。

52. 山顿电子有限公司

SENDON®

地址：广东省惠州市惠城区仲恺高新区东江产业园兴德西路 2 号可立克工业园 T2 栋 4 楼
邮编：516000
电话：0752-2382517
传真：0752-2382517
邮箱：wangzhen@ sendon. cc
网址：www. sendon-china. com
简介：山顿电子有限公司成立于 2017 年，其前身为成立于 1984 年的山顿国际有限公司，是国内最早从事 UPS 电源研发、制造和服务的公司之一。山顿电子有限公司是 UPS 产业的先行者，是国内最早拥有高端电源方案体系的 UPS 电源厂商。产品广泛应用于金融、工业、交通、通信、政府、国防、医疗、电力、新能源、数据中心等行业，服务全球 30 多个国家和地区，10 多万用户，致力于打造环保节约型能源企业。

该公司通过了 ISO 9001 质量管理、ISO 14001 环境管理和 OHSAS18001 职业健康安全管理体系认证，产品通过了节能认证和中国泰尔认证中心权威认证。

该公司现有员工 600 余人，在北京、上海和广东有三个现代化的电源生产基地，在全国设立了多家办事处及。

山顿电子以环保节约为设计理念，以电力电子技术为核心，始终致力于数据中心关键基础设施产品（UPS、精密空调、精密配电、蓄电池、动力环境监控）、工业级交流电源产品的研发、制造和一体化解决方案应用开发。

主要产品介绍：

模块化 UPS 电源

山顿模块化 UPS 定位于为大容量数据中心提供高可靠、高能效、高质量供电的 UPS 设备。该设备实现了全模块化全冗余架构，即插即用冗余设计，真正实现了零单点故障，几乎可以完全解决所有的电源问题，如市电高压低压、电压瞬间跌落、减幅振荡、高压脉冲、电压波动、浪涌电压、谐波失真、杂波干扰、频率波动等电源问题。

53. 陕西柯蓝电子有限公司

CRIANE 柯蓝电子

地址： 西安市高新区草堂科技产业基地秦岭大道西 2 号科技企业加速器 11 号楼 3C

邮编： 710075

电话： 029-65659353

传真： 029-65659354

邮箱： Luhuan@ xaguanggu. com

网址： www. criane. com

简介： 陕西柯蓝电子有限公司成立于 2003 年 12 月，是一家专业从事通信测试维护系列设备的设计、开发、生产、销售、维修和技术服务的公司。公司现位于西安高新技术产业开发区草堂科技产业基地秦岭大道西 2 号科技企业加速器 11 栋楼 3C，公司注册资金为 1000 万元人民币。

公司产品主要包括通信用蓄电池测试维护类仪表、光纤通信测试维护类仪器仪表、后备电源油机测试维护设备、集中化智能化的监测系统等，并具有完全自主产权。公司是一家拥有核心技术、前沿技术、管理正规、质量可靠、信誉良好的国内规模较大、品种较齐全的通信设备智能检测、信号传输、光缆测量设备行业的领先企业。

公司对售出产品一律实行半年内包换新机，5 年内免费维修，终身技术服务等服务政策。柯蓝电子产品已经在全国各电信运营商、电力系统、通信专网、石油煤炭、金融系统、交通系统、公安系统及大型工矿企业、全军各军区、各兵种等行业领域广泛应用。

相信通过我们的创新和努力，将更好地为用户提供更优质的产品、先进的技术和全面的服务！

54. 上海长园维安微电子有限公司

CYG WAYON
Let's make electronics safer!

地址： 上海市浦东新区祝桥镇施湾七路 1001 号

邮编： 201207

电话： 021-68960650

传真： 021-68969990

邮箱： luolj@ way-on. com

网址： www. way-on. com

简介： 上海长园维安微电子有限公司（以下简称“长园维安”）是上海长园维安电子保护线路有限公司的全资子公司。公司成立于 2008 年，研发团队来自中国航天九院 771 所、中科院上海微系统研究所等相关领域资深人员。公司已申请 30 项发明专利，获得 7 项授权发明专利，15 项实用新型授权专利，10 项集成电路布图设计证书。

该公司致力于开发高性能的新型半导体保护器件，提供过电压及抗电磁干扰的电路保护产品，应用领域涵盖通信、安防监控、可充电电池、IT 设备、汽车电子、工控设备、各大消费类电子与动力电池等新兴战略产业。

该公司在电子线路保护领域的主要客户目前涵盖了全球该行业 80% 的高端客户：韩国的三星、日本的索尼、松下等，国内的华为、中兴、海康威视等。公司坚持以客户为中心、以市场为导向的理念，能对市场需求做出快速响应，不断地推陈出新、追求以最短研发周期使创新产品从实验室走向客户端。

主要产品介绍：

LDO 产品

长园维安 LDO 产品，型号有 102 种，低功耗系列，静态功耗 0.5μA，适用于移动、可穿戴设备，延长电池寿命。低噪系列，输出噪声 40μVRMS，满足音频及图像应用对噪声的苛刻要求。中高压系列，输入电压 2.25~40V，输出电流 0.1~3A，可满足多电池系统、汽车电子及工业电子等领域应用需求。

55. 上海超群无损检测设备有限责任公司

地址： 上海市松江区九亭镇松江高科技园区洋河浜路 188 号

邮编：201615
电话：021-37633088
传真：021-37633078
邮箱：sales@ sandt. com. cn
网址：www. sandt. com. cn

简介：上海超群无损检测设备有限责任公司是在国内外具有领先地位的专业 X 光设备制造商，在 X 光领域有超过 50 年的经验。本公司与电源相关的技术产品为高压电源(30~450kV)。

本公司专业设计、制造的主要产品包括 X 光实时成像系统、X 光实时线扫描系统、高精度高稳度高频 X 射线源、专用中高频 X 射线源、X 射线管、气绝缘便携式 X 射线探伤机、油绝缘移动式 X 射线探伤机、移动式金属陶瓷管 X 射线探伤机、工业用电子源等等。

产品应用和销售的领域涵盖航空航天、兵器工业、安全检查、骑车摩托车、铸件、医疗卫生、印刷、压力容器管道耐火材料等行业。本公司多数产品远销欧美市场，并在某些领域领先欧美竞争对手，获得好评。

56. 上海科梁信息工程股份有限公司

地址：上海市徐汇区宜山路 829 号海博 1 号楼 2 楼海博 2 号楼 1-3 楼
邮编：200233
电话：021-54234718
传真：021-54234721
邮箱：info@ keliangtek. com
网址：www. keliangtek. com

简介：上海科梁信息工程股份有限公司（以下简称“科梁”）是国内领先的嵌入式仿真测试解决方案提供商，专注于机电系统与电力电子系统控制相关测试技术。自 2007 年成立以来，致力于为中国高端装备制造、新能源等战略性新兴产业的研发与生产提供专业的嵌入式系统仿真与测试产品、一体化仿真测试系统以及全周期工程服务。

科梁立足于自主创新，并积极引进国内外先进技术，不断开拓研制出一系列具有鲜明特色的测试软硬件产品与专业解决方案。公司业务领域涉及高端装备、智能电网、电动汽车、电力机车等多个行业的研发、制造、科研与教育单位。业务范围覆盖系统开发的全生命周期，可为用户提供工程系统仿真分析、控制系统开发与快速原型、软件在环测试、控制系统在环测试、功率级装置在环测试、工程试验管理系统等一系列测试系统。并积极响应用户的应用需求，提供定制化开发与专业的工程咨询服务。

主要产品介绍：

综合能源系统实时仿真平台

综合能源系统实时仿真平台集合了热能、冷能、电能等多领域的多种能源，通过实时仿真系统解算模型，动态

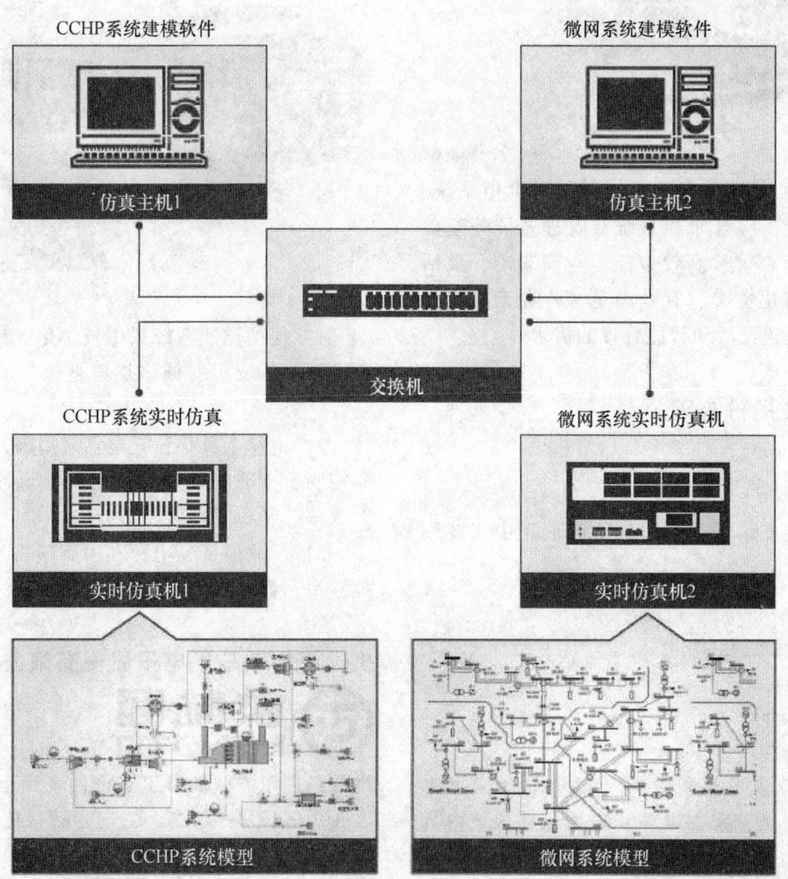

调节燃气供给速率、风力大小、光照强度、电池充放电电流、负载大小等各种能源的供应及传输效率，可得到不同工况下各种能源最经济、科学的配比关系，为综合能源系统的实施建设提供理论依据和数据支撑。

57. 深圳超特科技股份有限公司

地址：广东省深圳市宝安区宝安大道4018号华丰国际商务大厦516

邮编：518100

电话：0755-23223672

传真：0755-23223675

邮箱：2177732230@qq.com

网址：www.chinte.com.cn

简介：深圳超特科技股份有限公司是IT行业里一家全国性企业，公司以机房一体化解决方案、网络系统集成作为业务主架构，业务涵盖产品研发、生产与销售；工程设计、实施与服务；技术咨询与培训。

主要产品介绍：

微模块

微模块集成了数据中心所有子系统，包括机柜系统、供配电系统、制冷系统、综合布线系统和管理系统等基础设施，为客户提供快速部署、高效节能、空间紧凑、灵活扩展的新型数据中心解决方案，有效满足客户在云时代对数据中心高效可靠、快速灵活和智能管理的需求。

58. 深圳可立克科技股份有限公司

地址：广东省深圳市宝安区福永街道桥头社区正中工业厂区7栋1、2、4层

邮编：518103

电话：15218706362

传真：0755-29918005

邮箱：649849500@qq.com

网址：www.clickele.com

简介：深圳可立克科技股份有限公司（以下简称“可立克”）成立于2004年，是一家在电源和磁性元件领域内具有高增长性的高新技术企业，专业从事LED照明电源、动力电池充电器、通信电源、适配器、磁性元件等产品的研发设计、生产、销售和服务。公司已拥有数十条电源产品制造生产线和百条以上磁性元件产品生产线，年产电源3500万只以上、磁性元件1.6亿只以上的生产能力。

该公司自成立以来，保持了快速发展的态势。产品畅销国内外市场，80%产品远销欧美、澳洲、南美及亚洲等国家和地区，是亚太地区乃至国际市场有影响力的电源和磁性元件厂商之一。公司产品获得全球各国的安规认证，并取得ISO 9001 TS16949、QC080000国际质量体系、ISO 14001国际环境体系及BABT的认证。2011年还获得了ISO 14064低碳环保认证。在技术研发和工艺工程方面，可立克紧跟行业技术前沿，坚持自主创新，兼收并蓄，不断引进吸收先进技术和设计理念，现拥有100多人的研发队伍，拥有一整套现代化的电源验证和检测实验室（如EMI、EMS、HALT等）；研发中心已成为市级技术中心和广东省工程技术研究中心，每年获得多项专利。公司于2010年已获得广东省著名商标企业，品牌价值在不断提升。

可立克公司经过近5年的快速发展，于2015年12月在深圳证交所上市。为了更广更好地开拓市场，满足客户的需求，在2016年，可立克公司在美国成立分公司，以提高服务为宗旨，开拓创新实现跨越式发展。

主要产品介绍：

500W便携储能、电动工具快速充电器、高效逆变器电源

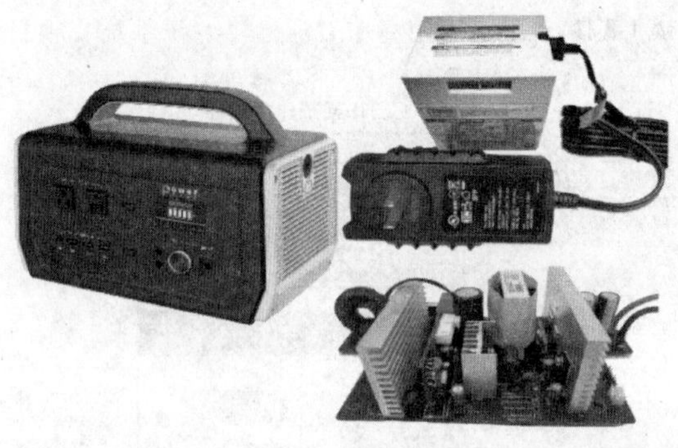

1）便携储能系统采用模块化设计，易安装与维护，锂电池管理系统可实施多层电池保护、故障隔离，具有高安全性。

2）电动工具快速充电器采用嵌入式软件，采用微处理器控制，精确监控电池的充放电状态，使电池性能得到最大效率的发挥。

3）高效逆变器电源利用高频软开关技术提高逆变的开关频率，提升能效，防干扰，高可靠。

59. 深圳欧陆通电子股份有限公司

地址：广东省深圳市宝安区西乡街道固戍二路星辉工业厂区厂房一、二、三（星辉科技园A、B、C栋）

邮编：518126

电话：0755-33857166

传真：0755-81453432
邮箱：zhongxiao@ honor-cn. com
网址：http：//www. honor-cn. com/

简介：深圳欧陆通电子股份有限公司（以下简称“欧陆通”）成立于1996年，是集开关电源的研发、设计、生产、销售于一体的国家高新技术企业。公司集中生产电源适配器、通信电源、服务器及存储器电源、网安设备电源、工控设备电源、企业级交换机电源、无线充电器、快充充电器等电源产品。

该公司总部位于深圳，同时在多个发达国家、地区设立分子公司及办事处，主要服务国际知名企业，产品远销美国、欧洲、韩国、日本等国家和地区。目前，公司已获得国家高新技术企业、深圳市博士后创新实践基地、广东省工程技术中心、深圳市企业技术中心、宝安区技术中心、深圳市自主创新示范企业、深圳知名品牌、深圳市质量百强企业等荣誉资质，年产值2019年可达15亿元人民币。

该公司为以技术为本，高度重视技术创新与积累。公司研发团队超200人，分布在中国（大陆和台湾）以及韩国，特别聘请国家“千人计划”电子行业专家为公司首席技术顾问，带领多名博士、硕士等专业人才投入公司产品的研发立项。近三年来，公司累计研发投入超1亿元，累计开展研发项目近300项。截至目前，公司已取得知识产权近200项，并多次获得市级奖项和殊荣。其中代表国内同行高水平的“新型通信用高压直流远供电源系统”项目荣获深圳企业创新纪录奖“产品研发创新项目奖”等多个奖项。公司产品未来研究方向趋于集成化、小型化、致力于提供绿色、智能、高效的电源产品，并借助现有产业基础，向新能源行业、产业互联网行业进一步发展。

主要产品介绍：

笔记本65WPD电源

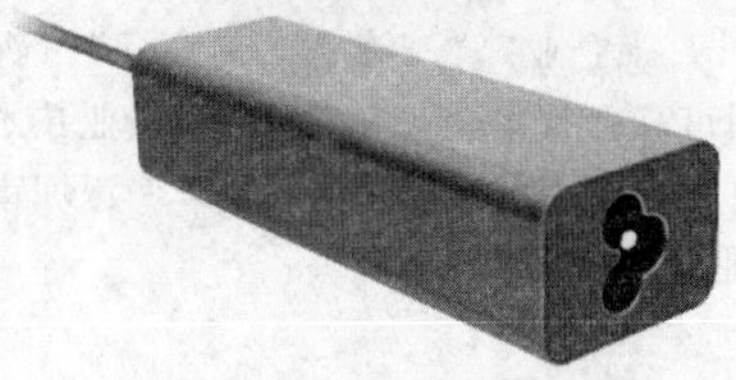

65RIC是一款全范围电压输入的PD充电器，采用Type-C连接器，PD电源专为小体积便捷桌面式计，外形美观。为减少加工过程对元器件造成损伤，该机大量采用AI插件及SMD贴片工艺，全范围交流输入，LED灯电源指示，支持PD3.0协议四段电压输出，程序可直接烧录，为客户需求提供快捷通道。

60. 深圳市保益新能电气有限公司

地址：广东省深圳市龙华新区深圳市龙华区大浪街道华荣路496号德泰科技工业园6号厂房4楼
邮编：518109
电话：0755-21070344
传真：0755-21070344
邮箱：lirong@ boynelectric. com
网址：www. boynelectric. com

简介：深圳市保益新能电气有限公司，双软企业及国家高新技术企业，坐落于深圳宝安区著名的高新奇科技创新园，拥有良好的研发环境及政府资源支持。公司本着技术创新、追求卓越、诚信合作共赢的经营理念，专注于数字电源的开发设计与生产，拥有多项自主知识产权，申请并获得40多项专利及软件著作权。产品涵盖双向逆变器、储能电源、铝基板模块电源、整流器等系列产品。公司AC-DC双向转换专利技术具备双向变换智能识别及快速自动切换等功能，在电池化成设备及储能产品上得到广泛应用。先进的数字控制技术及成熟的硬件模块化架构以及特有的专利方案，保证产品充分满足客户对性能及可靠性的需求。一直以来与国内、国际知名企业及研究所合作，获得客户的一致好评。

主要产品介绍：

AC-DC电源及DC-AC电源、AC-AC逆变器电源产品

该公司产品已广泛应用于雷达发射接收系统、舰船监测系统、无人机平台、车载通信电台以及装备、加固计算机、特种通信交换机、高速铁路系统等高可靠性行业，尤其是在需要高可靠性的国防领域发挥着不可替代的作用。

61. 深圳市铂科新材料股份有限公司

地址：广东省深圳市南山区高新技术产业园北区朗山路28号2栋3楼
邮编：518000
电话：0755-26654881
传真：0755-29574277
邮箱：sales@ pocomagnetic. com
网址：http：//www. pocomagnetic. com

简介：深圳市铂科新材料股份有限公司是一家成立于2009年的国家高新技术企业，公司自设立以来始终专注于合金软磁粉、合金软磁粉芯及相关电感元件产品的研发、生产和销售，为下游的电力电子设备实现高效稳定、节能环保运行提供高性能软磁材料、模块化电感以及整体解决方案，主要产品包括合金软磁粉、合金软磁粉芯及电感元件等。

该公司作为全球能够规模化生产全系列铁硅金属软磁粉芯的主要厂商，拥有一流的研发生产设备及员工700余人，粉体产能已达万余吨，可为广大客户及用户提供大批

量高性能的合金软磁产品。公司产品应用领域广泛，已广泛应用于光伏逆变器、变频空调、UPS、新能源汽车、充电桩等众多新兴领域，并获得了包括ABB、伊顿、华为、格力、美的、阳光电源、比亚迪等在内的众多行业领军企业的认可。

该公司将坚持致力于成为“全球领先的金属粉芯生产商和服务提供商”的企业愿景，秉承“让电更纯·静”的使命，紧密结合市场发展方向，通过持续的技术创新，为客户提供更“高效率、小体积、低噪音”的环保节能产品，服务更多的客户及应用领域。

主要产品介绍：

金属磁心铁硅3代-NPA

具有超低损耗的金属软磁材料。

特点：具有分布式气隙，高饱和磁通密度，超低损耗，低磁致伸缩系数，稳定的温度及频率特性。

应用：反激变压器，谐振电感，高频PFC电感。

62. 深圳市迪比科电子科技有限公司

地址： 广东省深圳市龙华新区大浪街道华荣路霖源工业区迪比科

邮编： 518000

电话： 0755-61861886

传真： 0755-61886160

邮箱： 1-gm007@ dbk. com. cn

网址： www. dbk. com. hk

简介： 深圳迪比科电子科技有限公司（以下简称“迪比科”）成立于2004年8月，注册资金5000万元人民币，国家级高新技术企业，是一家集技术研发、产品设计、生产及销售于一体的现代化高科技电子产品龙头企业。

该公司已从最初的传统制造加工企业成长为拥有研发设计、制造，到新批发零售、全渠道营销与供应链，再到后市场服务和产业生态服务，具有完整产业链优势的复合型企业。目前的业务范围包括移动电源、无线充电器、储能产品及储能方案、车充、HUB和智能产品、物联网等。客户群遍布全球市场，主要包括连全球知名连锁巨头沃尔玛、Target、Bestbuy、贝尔金、迪卡侬等，线上渠道巨头亚马逊、京东等，3C企业巨头富士康、紫米、华硕、联想，爱国者等，知名电商傲基、泽宝等。公司产品不仅畅销国内各市场，50%以上的产品更是远销美国、欧洲、韩国、日本、中东、南非、东南亚等国家和地区。

该公司总部在深圳，公司通过自主研发，掌握了锂电池系列产品领域中的一系列关键生产技术和工艺设计。目前公司已与华南理工大学签订进行产学合作，研发部门拥有200多人的研发工程队伍。近几年公司已拥有300多项专利。

63. 深圳市京泉华科技股份有限公司

地址： 广东省深圳市龙华区观澜街道桂月路325号

邮编： 518110

电话： 0755-27040111

传真： 0755-27040555

邮箱： everrise@ everrise. net

网址： www. jqh. cc

简介： 深圳市京泉华科技股份有限公司成立于1996年06月，注册资金6000万元人民币，是国家和深圳市高新技术企业。公司为客户提供自行研制的电源、磁性器件、特种变压器等产品，同时，还为客户提供上述产品的ODM服务和专用产品的开发、研制及配套服务。产品广泛应用于商业和个人电子设备上，客户包括APC、施耐德、伟创力、GE、SONY等国际知名企业。

该公司技术研发中心具有行业内领先的独立EMI实验室、传导实验室等，同时拥有如Chroma的电子负载仪、变频器、功率分析仪等，美国安捷伦的示波器、数据采集器、EMI测试仪、3C test的自动群脉冲发生器、自动周波跌落测试仪器、ESD静电测试仪器等先进的可靠性测试设备，完整的实验设施及高素质高技术的研发团队保证了能为顾客提供物超所值的一流产品。

十多年来公司以“开拓进取，诚信务实，树品牌”的经营理念，秉承“公平、公正、合理、竞争”的原则，以满足用户需求为宗旨，先后荣获“国家高新技术企业”“第24届中国电子元件百强企业”“广东省著名商标”“深圳市知名品牌”“深圳市高新技术企业”“深圳市企业技术研究中心”“深圳市自主创新百强民营中小企业”“深圳市鹏城减废行动先进企业”等荣誉称号。

64. 深圳市商宇电子科技有限公司

地址： 广东省深圳市光明新区田寮光明高新区森阳科技园1栋4楼

邮编： 518108

电话： 0755-23282881

传真： 0755-23282881

邮箱： 2851792752@ qq. com

网址： www. cpsypower. com

简介： 深圳市商宇电子科技有限公司（以下简称“商宇公司”）成立于2011年，是全球领先的电源设备制造商，研发、设计和制造包括UPS、精密空调、精密配电在内的数据中心动力设备、制冷设备及其相关技术，并提供相应的售后服务。公司通过其遍布全国28个省市的30多个核心代理商点向客户提供服务。商宇公司是国家高新技术企业，公司已取得ISO 9001、ISO 14001、OHSAS18001、中国电源协会理事单位，泰尔认证、节能认证、CE认证、广电入网许可证等多项行业认证。自主研发生产的模块化UPS CPY系列及绿色高效节能的HP系列高频UPS获得“数据中心优秀产品奖”；商宇公司产品广泛应用于政府、医疗卫生、金融、通信、教育、广电、能源、军队等各个行业领域，为多个国家重点工程项目提供高效产品，同时公司产品入围金融行业、国税系统、广电行业、互联网行业等。商宇公司拥有100多名经验丰富的服务工程师，遍布全国各地的商宇服务网点，为客户提供优质服务。

主要产品介绍：

UPS/蓄电池/一体化微模块/精密空调/精密配电

能最大限度地满足本机房目前及未来发展的需要，在整体上具有高度的安全性和可靠性。在软、硬件上均采用比较先进、均衡且可靠的技术，整体建设布局合理，简约整洁，有良好的视觉效果。能有足够易于的拓展空间。节约投资，具有较好的性能价格比。

65. 深圳市智胜新电子技术有限公司

地址： 广东省深圳市宝安区西乡固戍航城大道安乐工业区B1栋

电话： 0755-29083115

传真： 0755-83526199

邮箱： sale@ zeasset. com

网址： www. zeasset. com

简介： 深圳市智胜新电子技术有限公司成立于2004年，系从事大型铝电解电容器和超级电容器研发、生产与销售为一体的科技企业。公司先后荣获“深圳市高新技术企业”和“国家高新技术企业”称号，同时获得深圳市政府“民营成长工程计划企业”称号。

该公司设有研发中心，研发工程师占企业总人数的25%，均具有15年以上研发工作经验。拥有包括发明专利、实用新型专利及软件著作权共30项；同时承接深圳市科创委2013年新能源用铝电解电容器关键技术的研发项目。

该公司引进欧美、日本、中国台湾等国家和地区的先进生产设备，配备齐全与精密的检测和试验设备；已通过了ISO 9001质量管理体系、ISO 14001环境管理体系，以及RoHS环保认证和UL安全标准的权威认证；同时结合企业“7S”系统的工作落实，在管理环节、制造环节、服务环节等诸多方面实现了标准化、数据化、制度化，确保产品品质的保障。

该公司在以中国大陆为主要销售市场外，已先后与欧美、亚洲诸多厂商保持着长期与良好的合作关系，获得了客商的一致好评。

主要产品介绍：

大型铝电解电容器（螺栓型、焊针型）

应用领域：新能源设备、变频器、伺服驱动、光伏逆变器、通信电源、UPS、医疗设备、电焊机、变频家电，以及电动汽车、电力机车及新能源（太阳能、风能）等众多领域，并广泛用于开关电源等军工及民用产品。

66. 深圳市中电熊猫展盛科技有限公司

地址： 广东省深圳市坪山新区大工业区青兰二路6号兰亭科技工业园C栋3-4楼

邮编： 518118

电话： 0755-86238746　86238876

传真： 0755-86238829

邮箱： eng@ jensin. cn

网址： http：//www. jensin. cn

简介： 深圳市中电熊猫展盛科技有限公司成立于1996年，隶属于世界500强中国电子集团，是一家集研发、生产、销售为一体的国家级高新技术企业。公司成立至今，专注于高端电源、大功率电源的生产、制造，产品多服务于新能源、监控、金融、电力、医疗、通信等行业。20多年来，我们坚持为客户提供高品质的电源制造服务，客户多为国内外世界500强企业或行业领先企业。取得ISO 9001、TüV、PSE等管理认证，并获得DENSO、OKI、NEC、HITACHI、TOSHIBA、川崎重工、国网、南网等知名企业集团供应商资质认定。

该公司工厂建有7000平米高标准、自动化厂房，直接作业人员达到150名，拥有松下高速贴片线4条，30米流水线5条，月产能可达到10万台，同时拥有锡膏厚度测试仪、AOI自动光学检测系统、全自动电源测试系统、GPIB测试仪等多种检测设备。

基于对客户需求的精准把握，该公司坚持长期的研发投入，组建经验丰富、运作高效的研发团队，在深圳和南京均设立研发中心，申请多项发明专利，成为产品研发和技术革新的有利保障。公司开发的大功率智能快充模块等产品获得国内先进产品鉴定，高可靠的ATM取款机电源、工业机器人电源模块等广泛应用于各领域。

主要产品介绍：

商用设备ATM打印机电源、工业机器人电源

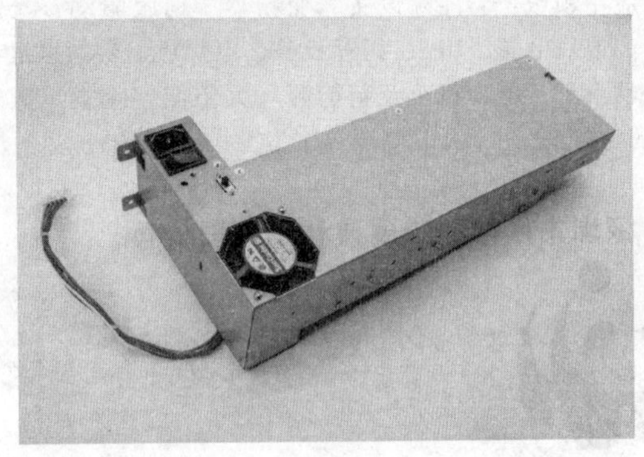

1）商用设备ATM打印机电源：具有结构紧凑、性能可靠、整机稳压精度高、输出效率高、输入电压范围宽的特点。具备短路、过电流、过电压及过温保护等功能，采用风机散热。符合信息技术设备安全标准。

2）工业机器人电源：完整的保护功能，满足24小时不间断工作，长寿命，智能待机，停电维持时间长，智能控制系统，可升级。

67. 四川长虹精密电子科技有限公司

地址：四川省绵阳市高新区绵兴东路35号

邮编：621000

电话：0816-2417857

传真：0816-2417198

邮箱：sinew. sales@ changhong. com

网址：www. changhong. com

简介：四川长虹精密电子科技有限公司始于1992年，一直致力于为客户提供专业、高品质的EMS电子产品制造服务。公司业务包括以SMT/AI为核心的OEM代工服务，功率组件、（变频）控制组件以及整机的ODM研发、制造服务，产业领域覆盖TV、冰箱空调等家用电器，空净、水净、加湿器等小家电，打印机、投影仪等办公设备，手机、通信、计算机、汽车等高精产品，医疗健康等专业特种产品类型。长虹精密公司拥有20余年丰富的SMT/AI、板卡等研发和制造经验以及快速反应的能力，总部位于绵阳，分别在中山、广元、合肥设立了分子公司。

68. 田村（中国）企业管理有限公司

地址：上海市黄浦区淮海中路527号新国际购物中心A座13楼

邮编：200001

电话：021-63879388

传真：021-63879268

邮箱：zhong. xue@ tamura-ss. co. jp

网址：https://www. tamuracorp. com/global/index. html

简介：田村（中国）企业管理有限公司成立于2003年（原"田村电子（上海）有限公司"），是日本田村集团海外最重要的产品研发和市场营销基地，现有员工近百名，其中研发中心员工占人数一半以上。

田村（中国）企业管理有限公司研发中心成立于2006年，主要从事高频开关电源、电感变压器等电子元器件的研发及市场开拓。主要客户遍及全球国际性知名企业，如三菱电机、Sony、丰田、欧姆龙、施耐德、牧田、FANUC、珠海格力等。根据田村集团的战略定位，上海研发中心与日本技术总部具有同等技术研发资质，是日系公司在中国展开高水平技术研发的少数公司之一；特别是通过不断的技术创新，上海技术研发中心正逐步成为国际新能源电源磁元件技术领域研发的开创者和领导者。

该公司具有完善的职业培训制度，坚持严谨、规范、高效的技术研发作风，通过严格的OJT开发实战训练，给本地员工提供与国际著名企业的世界一流研发队伍进行定期交流的技术平台。

田村集团的母公司——日本田村制作所是一家拥有90年历史，早于20世纪70年代在东京证券交易所上市的机电制造业国际性公司，田村集团在中国主要从事电子材料、电子元件、电路板焊接设备等业务，目前在台湾、香港、深圳、惠州、东莞、上海、苏州、常熟、合肥、北京等地方分别设立了大型生产基地、营业部、办事处及上海和台北两个研发机构。

主要产品介绍：

高频电抗器/变压器

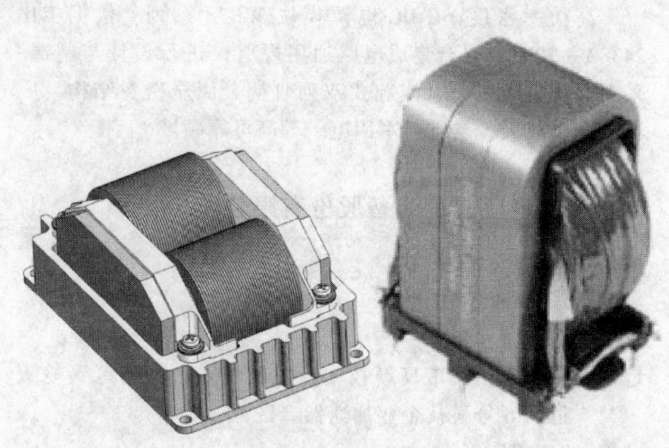

主要产品覆盖全部功率等级的光伏逆变器、变频空调、UPS、充电桩、车载等各种高频电抗器、变压器、共模电感等。通过对磁材料、绕线技术的不断创新，形成了领先世界的独特的磁集成技术、混合磁路技术、L-I Trimming 技术、Spike Blocker® 技术等一系列磁元件设计技术。

69. 无锡新洁能股份有限公司

地址：江苏省无锡市滨湖区高浪东路 999 号 B1 栋 2 层
邮编：214131
电话：0510-85629718
传真：0510-85620175
邮箱：info@ ncepower. com
网址：www. ncepower. com

简介：无锡新洁能股份有限公司成立于 2013 年 1 月，注册地为无锡市滨湖区，注册资本为 7590 万元人民币。公司致力于 MOSFET、IGBT 等国内最新一代功率半导体芯片的研发、设计及销售，并自建封测厂以延伸产业链。

该公司产品系列齐全，广泛应用于消费电子、汽车电子、工业电子、新能源汽车及充电桩、智能装备制造、轨道交通、光伏新能源等领域。目前已形成沟槽型功率 MOSFET、超结功率 MOSFET 和屏蔽栅沟槽型功率 MOSFET 三类主要产品系列，及 IGBT 和功率模块等新产品系列。各类产品使用先进的设计技术和制造工艺来实现半导体功率器件低导通损耗、低开关损耗和高可靠性，从而提升能源转换效率。同时，公司是国内率先量产全球先进技术的屏蔽栅功率 MOSFET 及超结功率 MOSFET 的企业之一。

该公司为国内功率半导体芯片设计龙头企业，2016 年和 2017 年均获中国半导体行业协会颁发的“中国半导体功率器件十强企业”称号。公司为高新技术企业、中国半导体行业协会会员、中国电源学会理事单位、江苏省功率器件工程技术研究中心、江苏半导体行业协会 2017 年度先进会员单位，并建立了江苏省研究生工作站。目前公司拥有 81 项专利，其中发明专利 31 项，且通过 ISO 9001 质量管理体系认证等多项认证。

该公司已开始最新一代 SiC 宽禁带半导体的研发设计，未来将进一步依托技术、品牌、渠道等综合优势，全力推进高端功率 MOSFET、IGBT 及新材料半导体的研发与产业化，并且持续布局功率器件领域最先进的技术和技术梯队，以提升公司核心产品竞争力和市场地位。

主要产品介绍：

MOSFET、IGBT 等新一代功率半导体器件

目前已形成沟槽型功率 MOSFET、超结功率 MOSFET 和屏蔽栅沟槽型功率 MOSFET 三类主要产品系列，及 IGBT 和功率模块等新产品系列。各类产品使用先进的设计技术和制造工艺来实现半导体功率器件低导通损耗、低开关损耗和高可靠性，从而提升能源转换效率。

70. 西安爱科赛博电气股份有限公司

爱科赛博
ACTIONPOWER

地址：陕西省西安市长安区西安市高新区信息大道 12 号
邮编：710119
电话：029-85691871
传真：029-85692080
邮箱：sales@ cnaction. com
网址：www. cnaction. com

简介：西安爱科赛博电气股份有限公司（以下简称“爱科赛博”）创立于 1996 年，位于西安高新区，占地面积 20 亩（1 亩 = 666. 67 平方米），厂房面积 18000 平方米，员工人数 450 余人。旗下有苏州爱科赛博电源技术有限责任公司、北京蓝军电器设备有限公司、江苏汉瓦特电力科技有限公司。

爱科赛博是陕西省第一批国家高新技术企业，国家火炬计划重点高新技术企业，公司具有全部军工产品科研生产资质，技术中心被认定为陕西省企业技术中心和陕西省电能质量工程研究中心。

专注电力电子，提高电能价值。爱科赛博专注于电力电子电能变换和控制领域，主要为用户提供高性能特种电源和新型电能质量控制设备，布局新能源电能变换设备，产品覆盖发电、供配电、用电全流程，主要应用于航空军工、特种工业、精密装备和电力新能源四大领域，是国内相关领域领先的设备制造商和解决方案提供商。

该公司以技术研发作为生存发展之本，研发实力是公司核心竞争力。目前掌握电力电子功率变换和控制领域相关的自主知识产权和核心技术，共取得和获受理专利 49 项，其中发明专利 20 项，参与国家和行业标准制定 10 余项，获得包括两项国家科技进步二等奖在内的多项技术奖励和成果，技术水平国内领先、国际先进。公司采用业内领先的 IPD 全流程全要素的集成产品开发管理方式，坚持产学研相结合，与西安交通大学等高等院校积极开展合作，积累了比较丰富的产学研管理经验、取得众多技术成果。

该公司始终秉承“洁净电能、绿色地球”的使命，加速技术创新和应用拓展，为客户持续提供创新产品和解决方案，创建一流品牌，使“中国智造、走向世界”。

主要产品介绍：

高性能特种电源和新型有源电能质量控制产品和解决方案

3～15kW 通用测试电源：

1）输入工频、中频、直流三种方式；

2）输入交流宽频范围 40～800Hz，宽压宽频输出范围 92～265V/40～900Hz；

3）RS485、CAN、LAN 三种接口用于远程控制和监控；

4）电流实时控制和截流技术，适应电机、整流、开关电源等冲击性负载。

71. 西安伟京电子制造有限公司

Weiking 伟京

地址：陕西省西安市高新技术开发区高新区锦业二路 87 号 3 号楼

邮编：710077

电话：029-65660060

传真：029-65660061

邮箱：sales@ weiking. com

网址：www. weiking. com

简介：西安伟京电子制造有限公司于 2004 年成立，是一家集电源模块和厚膜混合集成电路类产品研发、生产、销售和服务为一体的高新技术企业，现已形成了通用 DC-DC 电源模块、高电压输出 DC-DC 电源模块、低纹波输出 DC-DC 电源模块、线性稳压器、开关稳压器、电源滤波器、预稳压模块、保持模块、线性放大器、开关放大器及无刷马达驱动器等产品系列，能够为客户提供小功率军用直流变换的全套解决方案和直流无刷电机驱动解决方案。产品广泛应用于航天、航空、兵器、船舶等军工领域。

主要产品介绍：

高功率密度 DC-DC 产品

高功率密度 DC-DC 电源模块 WK38 系列，依据 GJB 2438A—2002《混合集成电路通用规范》进行设计与制造。采用混合集成工艺，浅腔式双列直插金属全密封结构。广泛应用于航天、航空、军用电子等高可靠领域。

72. 西安翌飞核能装备股份有限公司

地址：陕西省西安市高新技术开发区西安市高新区秦岭大道西 6 号科技企业加速器二区

邮编：710304

电话：029-68065000

传真：029-68065111

邮箱：infisrc@ infisrc. com

简介：西安翌飞核能装备股份有限公司成立于 2010 年，注册资本实缴人民币 4000 万元人民币，坐落于风景优美的西安高新区国家级科技企业加速器园区内，自有独立厂房，总建筑面积 5000 平方米。公司依托在测控技术、数据处理、智能互联、工业自动化及电力电子技术领域的优势和经验，主要为核能、军工、特种工业提供关键设备及行业解决方案，是集设备研发、制造、销售为一体的创新型技术企业。经过多年积累，公司已经形成由电力电子设备、工业自动化装备、工业及特种机器人装置、测控系统及其关键设备等四个主营方向。在特种工业、电力、安全以及核能细分领域的工业产品均取得多项填补国内空白的技术成果，实现多项工艺革新，并成功应用于多个国家重点项目及其他高端定制行业。公司重视科研投入，与国内多所知名高校开展产学研合作，全面提升技术创新、成果转化、人才培养能力。不仅具备了 MW 级专用电力电子设备、特种工业专用装置及机器人的研发试验能力，同时拥有业内最专业且具有丰富实践经验的专家团队，累计获得专利百余项。公司是国家级高新技术企业、西安市高新区规模以上企业，通过了质量、环境和职业健康管理体系、武器装备质量管理体系和军工装备科研生产单位三级保密资格的认证。该公司先后荣获核工业某公司 2016 年度战略采购优秀供应商、西安高新区 2016 年度战略性新兴产业明星企业、国家高新区瞪羚企业、西安名牌产品等荣誉。翌飞核装将通过专业领域内持之以恒的不懈追求，致力于成为核能、军工及特种工业领域国内一流的设备及综合解决方案提供商，为提升中国技术和中国实力贡献力量。

73. 厦门市爱维达电子有限公司

地址：福建省厦门市海沧新阳工业区霞阳路 39 号

邮编：361026

电话：0592-8105999

传真：0592-5746808

邮箱：market@ evadaups. com

网址：www. evadaups. com

简介：厦门市爱维达电子有限公司（以下简称“爱维达”）是一家总部位于福建省厦门市的提供全面电源解决方案及电源保护产品的设计、开发、生产、和销售的高科技公司。主要产品有UPS电源、太阳能、风能、光伏逆变器、LED驱动电源、通信电源、氢燃料电池逆变器等，产品功率容量从0.5~6400kVA。

该公司已获得“厦门市著名商标”“福建省著名商标”“中国UPS电源十强企业”“中国通信市场最有影响力行业品牌”“2010年中国行业信息化值得信赖品牌”等称号，并且已连续6年被评为厦门市成长型中小企业和纳税大户。

已通过了ISO 9001质量管理体系认证和ISO 14001环境管理认证以及ISO 18000职业健康安全管理体系。爱维达公司现有厂房面积10000平方米，现有员工175人，研究开发人员36人。

该公司在北京、天津、沈阳、乌鲁木齐、西安、西宁、兰州、济南、太原、武汉、长沙、郑州、杭州、南京、南昌、福州、广州、南宁、成都、重庆、昆明、海口等二十五个地方设有驻外分公司或办事处，组成了全国营销、服务网络。

74. 英飞凌科技（中国）有限公司

Infineon

英飞凌

地址：上海市浦东新区张江高科技园区松涛路647弄7-8号

邮编：201203

电话：4001 200 951

邮箱：xxx@ infineon. com

网址：www. infineon. com/cms/cn/

简介：英飞凌科技有限公司总部位于德国纽必堡，为现代社会的三大科技挑战领域——高能效、移动性和安全性提供半导体和系统解决方案。2012财年（截止到9月30日），公司实现销售额39亿欧元，在全球拥有约26，700名雇员。英飞凌科技公司的业务遍及全球，在美国苗必达、亚太地区的新加坡和日本东京等地拥有分支机构。英飞凌公司目前在法兰克福股票交易所（股票代码：IFX）和美国柜台交易市场（OTCQX）International Premier（股票代码：IFNNY）挂牌上市。

英飞凌科技（中国）股份公司（以下简称“英飞凌”）于1995年正式进入中国市场。自1996年在无锡建立第一家企业以来，英飞凌的业务取得非常迅速的增长，在中国拥有1300多名员工，已经成为英飞凌亚太乃至全球业务发展的重要推动力。英飞凌在中国建立了涵盖研发、生产、销售、市场、技术支持等在内的完整的产业链，并在销售、技术研发、人才培养等方面与国内领先的企业、高等院校开展了深入的合作。

主要产品介绍：

半导体

裸片业务、分立式IGBT、驱动IC、IGBT模块（低、中、高功率）、IGBT模块解决方案（含IGBT堆栈）、集成了控制器、驱动器和功率开关的智能功率模块、碳化硅MOSFET和模块

75. 英飞特电子（杭州）股份有限公司

INVENTRONICS
英飞特电子

地址：浙江省杭州市滨江区江虹路459号英飞特科技园

邮编：310052

电话：0571-56565800

传真：0571-86601139

邮箱：sales@ inventronics-co. com

网址：cn. inventronics-co. com

简介：英飞特电子（杭州）股份有限公司成立于2007年9月5日，是一家专业从事LED驱动电源研发、生产、销售及技术服务的高新技术企业。公司于2016年12月首次公开发行股票并在创业板上市（股票代码：300582）。公司董事长Guichao Hua先生是国家“千人计划”的电源行业专家，在行业内具有国际影响力。公司设有省级企业研究院、省级国际科技合作基地、杭州市院士工作站、企业博士后科研工作分站等，并先后承担和参与了“国家科技支撑计划”“国家高技术研究发展计划（国家863计划）”“国家重点研发计划”等重点研究开发项目。截至2017年6月30日，公司及子公司共拥有专利255项，其中有23项美国发明专利，117项中国发明专利。

该公司总部位于浙江省杭州高新（滨江）区，生产基地位于桐庐经济开发区，在欧洲和美国设有子公司，且在东南亚、印度、韩国、巴西、深圳等地设立办事处，建立了覆盖全球的独立营销和服务网络，产品销往全球50多个国家和地区，在国内外拥有较高的品牌知名度及美誉度。

秉承“驱动创新、全球领航”的品牌理念，英飞特电子将继续专注于开发高效率、高可靠、智能化LED驱动电源。推进创新的同时，紧握品质红线，不断丰富拓展产品线，以极具特色和差异化的产品继续引领行业发展。

主要产品介绍：

EBV

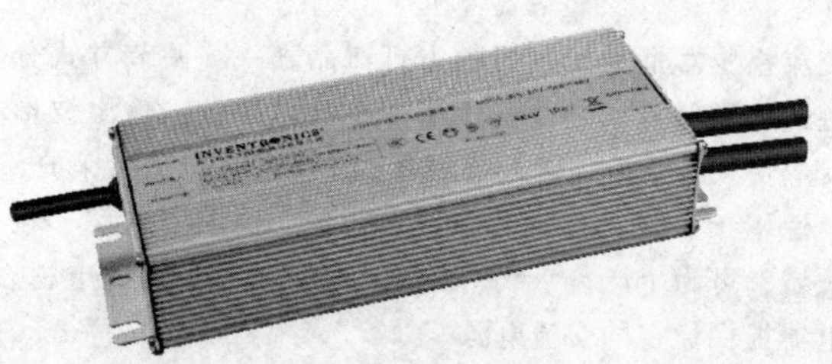

EBV系列为60~500W恒压驱动器产品，输入电压（AC）范围176~305V，具有超高的功率因数。此系列产品专为建筑照明，装饰照明及标识照明等应用而设计。高效及良好的散热，极大地提高了产品的可靠性，并延长了产品的寿命。全方位的保护，更是保证了此款产品的无障碍运转。

76. 浙江德力西电器有限公司

DELIXI
ELECTRIC

地址：浙江省温州市乐清市柳市德力西长虹工业城 4 单元

邮编：325604

电话：0577-62791202

传真：0577-62791203

邮箱：wax@ delixi. com

网址：www. delixi. com

简介：德力西集团是一家集资本运营、品牌运营、产业运营为一体的大型集团，现有员工 21000 余人。集团连续 16 年荣登中国企业 500 强。德力西构建以电气产业为主业，环保、大健康、交运物联等新兴产业为重点的发展格局。

德力西积极导入卓越绩效模式，坚持以质量创品牌，获得了“中国名牌产品”“全国质量管理奖”“全国文明单位”等荣誉。

德力西依托技术创新不断为客户提供优质产品和服务。德力西经批准设立了博士后科研工作站，攻关前沿课题，拥有全国同行生产企业首家国家企业技术中心，三次荣获国家科技进步奖。德力西电气产品服务于国防、冶金、交通、石油、化工等十几个重点行业的重大工程及援外项目，成功助力“神舟”“嫦娥”及“北斗”卫星导航系统工程，为我国航天事业做出了贡献，并被评为“天宫一号/神舟八号首次交会对接任务贡献单位”。

德力西努力践行“德报人类，力创未来”的企业使命，累计向社会捐款捐物达两亿多元，用于扶贫济困，支持教育、慈善、环保等事业，获得了中华慈善突出贡献奖。

主要产品介绍：

交流稳压器

交流稳压器是本本公司的主打产品之一，调节方式分为接触式和无触点式，均采用单片机技术控制，输出波形好、反应快、无失电、输入范围宽、适应性强多功能保护。

广泛用于工业、交通、邮电、通信、国防、铁路、科研等领域，可为生产流水线、电梯、医疗器械、广播电视、家用电器提供稳定的交流电源。

77. 浙江矛牌电子科技有限公司

地址：浙江省丽水市水阁工业区成大街 10 号

邮编：323000

电话：0578-2553355

传真：0578-2553355

邮箱：jmli@ spearpower. com

网址：www. spearpower. com

简介：浙江矛牌电子科技有限公司是一家以 LED 驱动电源、激光电源、开关电源和智能控制产品为主，集研发、生产、销售为一体的新兴绿色环保节能高新技术企业。公司拥有一支对 LED 驱动电源、激光电源、开关电源、工业和医疗电源、健身控制板等有多年设计和管理经验的资深团队，还拥有多条配备先进的生产流水线。严格贯彻 ISO 9001/ISO 14000 国际管理体系，全面导入 6S 管理理念及先进的可靠性智能测试系统，使公司品牌知名度和产品品质均得到了客户的高度评价及业界的充分肯定。产品广泛应用于健身器材、民用、工业、医疗、通信、安防、照明、电力电子等领域。

该公司的所有产品均已通过中国质量认证中心的 CQC、CCC 国内系列认证，还通过了 GS/VDE、UL、CUL、CE、CB、PSE、SAA、KC、BSMI、PSB、巴西等国际安规认证及能效认证。本公司所有产品均符合 ROSH、REACH、PAHS 等国际环保指令，产品远销国内外多个国家和地区。

该公司在杭州、广东、上海等地设有驻外分公司或办事处。公司研发中心于 2015 年 6 月取得 TUV-TMP 实验室资质，具有 CB 认证权限，拥有厂房面积 51 亩（1 亩 = 666.67 平方米）。公司引进了先进的生产设备，包括 5 台韩国三星的大型高速 SMT 设备，8 台无铅波峰焊接机，40 台注塑成型机，5 台 AI 自动插件机等，同时在生产线上配有国内外极为先进的全套综合自动化测试设备。

78. 浙江榆阳电子有限公司

地址：浙江省嘉兴市桐乡市经济开发区同德路 656 号

邮编：314500

电话：0573-89817002

传真：0573-89807000

邮箱：sales@ link-power. cn

网址：www. link-power. cn

简介：浙江榆阳电子有限公司为外商独资企业，公司前身杭州池阳电子有限公司创立于 1997 年，于 2010 年在浙江桐乡建新生产基地（浙江榆阳电子），公司占地面积 42100 平方米，现有员工 800 余人。

该公司以国家低碳节能产业政策为指引，立足新能源电子产业方向，目前已形成三大主营产业品线：电源驱动线、LED 照明产品线和智能产品线，应用领域遍布通信、公共安全、电机驱动、新能源、医疗电子、智能家居和汽车等行业，在世界范围内为工业和消费市场提供优质、安全、健康舒适的产品及服务。

该公司具有明显的区位优势。凤栖梧桐，水乡风韵，世界互联网峰会永久举办地、江南古镇——乌镇便坐落于桐乡，距离公司仅11公里；交通便利，宜居乐业，公司距离杭州50公里，上海145公里，苏州96公里，宁波165公里，沪杭高铁贯穿。

该公司一直以客户信任为己任，秉承以人为本的理念，坚持自主创新和精益管理，拥有一支配备精良的高素质研发、品管、工程、制造团队，力求为客户提供高性价比、富有市场竞争力的产品。

主要产品介绍：

通信开关电源、LED驱动、电机驱动电源

该公司主要产品：用于安防、通信和医疗等领域的电源，其涵盖功率范围5~160W，符合多国认证及能效认证。大功率、高PF的产品，优于业界水平；电机驱动电源，涉及24~160W高/低PF系列；高效可靠LED驱动电源，功率范围涵盖5~300W系列，调光/非调光方式，雷击等级达差模6kV/共模10kV。

79. 中国长城科技集团股份有限公司

地址：广东省深圳市南山区科技工业园长城大厦
邮编：518058
电话：0755-26639997
传真：0755-26631695
邮箱：yaokw@ greatwall. com. cn
网址：www. greatwall. cn

简介：中国长城科技集团股份有限公司是由中国电子信息产业集团有限公司（以下简称“中国电子”）所属中国长城计算机深圳股份有限公司、长城信息产业股份有限公司、武汉中原电子集团公司、北京圣非凡电子系统技术开发有限公司等四家骨干企业重组整合组成，注册资本29.4亿元。1997年在深交所上市（股票简称长城科技；代码000066）。

作为中国电子网络安全与信息化的专业子集团，中国长城科技集团股份有限公司核心业务覆盖自主可控关键基础设施及解决方案、军工电子、重要行业信息化等领域，是能够做到从芯片、整机、操作系统、中间件、数据库、安全产品到应用系统等计算机信息技术各方面完全自主可控且产品线完整的上市公司。相关业务水平处于国内领先地位，掌握众多自主可控和信息安全的核心技术，在军队国防、党政等关键领域和重要行业具有深厚的行业理解、丰富的服务经验、稳定良好的合作关系。公司在中国深圳、长沙、武汉、北京、株洲以及海外设有研发中心和生产基地，占地面积约130余万平方米，员工约1万5千人。

在电源领域，该公司自1989年开始从事开关电源的研发和制造，具有国内一流的研发团队，具有丰富的技术底蕴。长城电源在国内电源行业中率先通过了ISO 9001质量体系认证，荣获首张节能证书，同时长城电源也是微型计算机电源国家标准的主要起草单位。长城电源的产品包括服务器电源、台式机电源、通信产品电源、LED驱动电源、各种适配器。其产品已被浪潮、曙光、同方、富士康、Corsair等公司选用，产品远销欧美、日韩等国家和地区。

主要产品介绍：

服务器电源

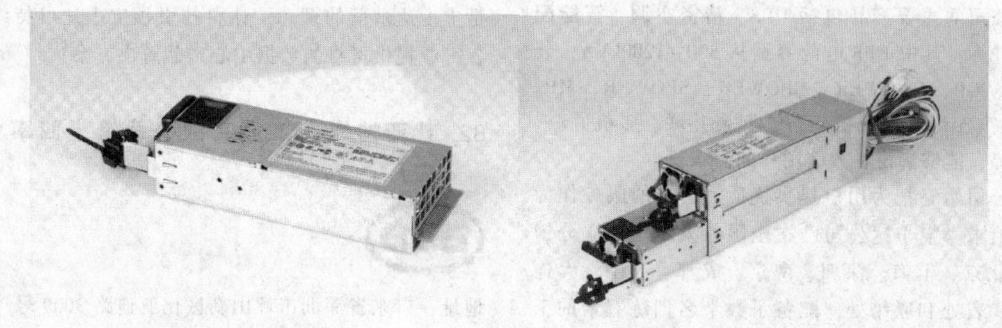

1U、2U、CRPS 标准结构，功率 500～3000W，可达到钛金效率，全数字化控制，PMBUS 1.3 通信协议，支持高压直流输入。

80. 珠海格力电器股份有限公司

GREE 格力

地址：广东省珠海市香洲区前山金鸡西路 789 号
邮编：519070
电话：0756-8974023
传真：0756-8668281
邮箱：hz@ cn. gree. com
网址：www. gree. com

简介：珠海格力电器股份有限公司是一家多元化、科技型的全球工业集团，产业覆盖空调、生活电器、高端装备、通信设备等领域，产品远销 160 多个国家和地区。公司现有近 9 万名员工，其中有 1.2 万名研发人员和 3 万多名技术工人，在国内外建有 14 个生产基地，分别坐落于珠海、重庆、合肥、郑州、武汉、石家庄、芜湖、长沙、杭州、洛阳、南京、成都以及巴西、巴基斯坦；同时建有长沙、郑州、石家庄、芜湖、天津 5 个再生资源基地，覆盖从上游生产到下游回收全产业链，实现了绿色、循环、可持续发展。

该公司现有 14 个研究院、74 个研究所、929 个实验室、2 个院士工作站（电机与控制、建筑节能），拥有国家重点实验室、国家工程技术研究中心、国家级工业设计中心、国家认定企业技术中心、机器人工程技术研发中心各 1 个，同时成为国家通报咨询中心研究评议基地。

经过长期沉淀积累，目前申请国内专利 49818 项，其中发明专利 23182 项，国际专利 1706 项，在 2018 年国家知识产权局排行榜中，格力电器排名居全国第六，家电行业第一。现拥有 24 项“国际领先”技术，获得国家科技进步奖 2 项、国家技术发明奖 1 项，中国专利奖金奖 4 项。据中标院统计发布，自 2011 年以来，格力顾客满意度、忠诚度连续 7 年保持行业第一。2018 年，公司荣获第三届“中国质量奖”。人均产值从 2012 年的 91.2 万元跃升至 2018 年的 149.6 万元。2018 年，公司营业总收入突破 2000 亿元，净利润超过 260 亿元，纳税 160.23 亿元，连续 12 年位居家电行业纳税第一。

主要产品介绍：

空调

作为一家专注于空调产品的大型电器制造商，格力电器致力于为全球消费者提供技术领先、品质卓越的空调产品。自主研发的超低温数码多联机组、高效直流变频离心式冷水机组、多功能地暖户式中央空调、1Hz 变频空调、R290 环保冷媒空调、超高效定速压缩机等一系列“国际领先”产品，填补了行业空白。

会员单位

广东省

81. 宝士达网络能源（深圳）有限公司

POWERSTAR® 宝士达 network power systems

地址：广东省深圳市宝安区松岗街道东方大道 22 号 B 栋
邮编：518105
电话：0755-27639970 27639971
传真：0755-27639972
邮箱：info@ powerstarups. com
网址：www. powerstarups. com

简介：宝士达网络能源（深圳）有限公司（以下简称“宝士达”）作为行业领先的高品质网络能源产品生产商，长期致力于数据中心产品的设计、制造、销售及服务，为客户提供可靠的数据中心产品解决方案。

宝士达公司的主要产品包括 UPS、精密空调、智能配电、监控软件等，其中 UPS 电源容量从 500～1200kVA，分为 HR、HP、GP、HPOWER、EPOWER、SPOWER、MP、MT 等多种系列，可实现单机运行、冗余并联、多机并联、模块化系统等，能够满足各方面用户的需求。

宝士达公司始终把为用户提供优质、迅捷的服务作为一种不懈的追求。宝士达公司已在全国各大城市建立分销服务点，在北京、上海、深圳、南京、成都、沈阳、大连等地均设有代表处和联络处，配备了数十名训练有素的工程技术及安装调试人员。

目前，宝士达的产品已广泛应用于军事、宇航、电信、医疗、金融、证券、科研、制造、商业、传播等领域。合作的重要客户有：IBM、INTEL、MICROSOFT、GOOGLE、APPLE、中国移动、中国电信、中国联通、人民银行、工商银行、交通银行、汇丰银行、招商银行、民生银行、浦发银行、兴业银行、银河证券、国泰君安证券、CAAC、上海浦东国际机场、北京首都国际机场、大众汽车、中科院、公安部、交通部、商务部、广电总局、海关总署、联想集团、方正集团、海尔集团、西昌卫星发射中心、酒泉卫星发射中心等。

创新是宝士达发展的不竭动力，“绿色、节能、环保”是宝士达永恒的理念。让科技引领宝士达可持续发展，为各行业提供可靠的数据中心产品解决方案！

82. 比亚迪汽车工业有限公司第十四事业部电源工厂

地址：广东省深圳市坪山新区比亚迪路 3009 号

邮编：518118
电话：0755-89888888
传真：0755-89937043
邮箱：weiqian1@ byd. com
网址：www. byd. com. cn

简介：比亚迪汽车工业有限公司第十四事业部（以下简称"比亚迪"）成立于 2008 年 1 月 1 日。经过 7 年不断发展壮大，现拥有员工 6000 余名，主要生产基地坐落于坪山工业园区。第十四事业部主要负责电动汽车核心零部件的研究开发与生产。事业部下设电动汽车研究所、电源工厂、电喷工厂、电控工厂、电机工厂、电动总成工厂、副总裁办公室、综合部、财务部、采购部、人力资源部、品质保障部。

在全球资源日期紧张的今天，比亚迪利用产品和技术优势，不断致力于新能源开发和电池储能技术开发。我们自主研发出具有世界领先水平的动力电池管理体系、主电机研发与制作、电机控制与驱动技术、动力电池充电系统、助力转向系统、发动机管理系统、高压配电箱总成、高压连接系统等。公司在 2008 年针对私家车市场率优先推出全球首款不依赖专业充电站的双模混合动力汽车 F3DM，此后又陆续推动出了纯电动汽车 e6、秦、唐等多款车型。纯电动车 e6 也得到国家领导人以及巴菲特、比尔·盖茨等众多国内外知名人士的一致好评。去年 5 月起，比亚迪新能源车综合销量持续超越海内外对手，稳居全球新能源汽车销量榜首。同时拥有先进的软件、硬件、结构件研发平台及共享资源，拥有电机、电控、电源全集成解决方案，安全可高，经济节能，科技环保。

第十四事业部将秉承公司"技术为王、创新为本"的发展理念，为公司新能源汽车发展打下坚实的基础。

83. 东莞宏强电子有限公司

地址：广东省东莞市南城区宏远路 22 号
邮编：523087
电话：0769-22414096
传真：0769-22414097
邮箱：sj_zhang@ decon. com. cn
网址：www. decon. com. cn

简介：成立于 1995 年的广东宏远集团下属企业东莞宏强电子有限公司主要从事铝电解电容器的研发、生产和销售服务，是广东省高新技术企业。公司通过长期和 SAE-MSL 的合作以及国际国内的科研工作，形成了拥有自主知识产权的技术工艺体系和多批发明、实用型专利，培养和造就了大批专业技术人才。公司先后通过了 IECQ、ISO 9001 质量管理体系认证、ISO 14001 环境管理体系认证，产品符合 RoHS、Reach 相关规定。未来，公司将进一步加强宏远集团下属关联企业的铝箔原材料垂直整合资源，突出专业化、精细化、个性化，使公司成为全球优质铝电解电容器的优秀供应商。

84. 东莞立德电子有限公司

地址：广东省东莞市塘厦镇东莞市塘厦镇莲湖第一工业区
邮编：523710
电话：13360650136
邮箱：Annie. Su@ l-e-i. com
网址：www. lei. com. tw

简介：东莞立德电子有限公司位于东莞市塘厦镇第一工业区，公司注册资本：8050 万港币，员工总人数近 4000 人。总公司于 2002 年 12 月于台北交易所正式公开上市，全球事业处分布在 10 个不同的地点遍及 6 个国家和地区。东莞立德电子有限公司主要生产和销售变压器、三相变压器、电抗器、整流器、充电器、电源供应器、半导体、元器件专用材料（多层线路板）、新型电子元器件（电力电子器件：电子安定器，不间断电源）、锂离子电池、数字放声设备（激光唱机）、宽带接人网通信系统设备（网络卡）、交换设备（交换机）、高端路由器（路由器）、数字音/视频编译码设备、电子专用设备（电源供应器，电磁锁）等各类电子元器件系列产品。

85. 东莞市百稳电气有限公司

地址：广东省东莞市常平九江水东深路 88 号
邮编：523000
电话：0769-81184549
传真：0769-86318670
邮箱：13823693076@ 139. com
网址：www. baiyundianqi. com. cn

简介：东莞市百稳电气有限公司是专业从事电力变压器、稳压器、调压器、UPS 的生产型产销公司。并经销和代理国内外名牌 UPS、EPS、除湿机等产品，保证了各行业对优质电源的需要。

该公司自建立以来便全面导人 ISO 质量管理体系，严格控制每个程序以保证产品合格率 100%。凭借多年完善的管理，公司通过了 ISO9001：2008 体系的认证，产品通过了 CE 认证。

该公司目前生产及营业场地 6000 余平方米，有本行业生产经验的员工 50 余人，其中研发及工程技术人员占 50%，并具备了齐全的工装和检测设备，借以保障公司产品完全有能力处于行业领先地位。

全国各地分布有办事机构。现在上海、苏州设立办公地点，并在深圳、厦门、北京等地建立销售售后服务点。以确保我们的售后服务工作能及时到位，充分满足对用户的承诺。

86. 东莞市必德电子科技有限公司

地址：广东省东莞市清溪镇浮岗易富路 49 号二楼
邮编：523660
电话：0769-82990950
传真：0769-82990960
邮箱：bead@ dg-bead. com
网址：www. dg-bead. com
简介：东莞市必德电子科技有限公司是专业生产电感器和相关设备研发制造的科技型企业，公司本着用户的特殊要求就是我们的专业追求，通过不断努力，已成为国内编带磁珠（RH）电感器最具规模的制造商。公司坚持诚信为本、精品立业的企业方针，以产品质量向零缺陷挑战、设备性能向智能化发展作为终极目标，力争为新老客户提供更加优质的产品和服务。

87. 东莞市瓷谷电子科技有限公司

地址：广东省东莞市厚街镇宝屯社区宝塘厦宝宏路 29 号 D 栋 3A
邮编：523000
电话：0769-85751860
传真：0769-85750505
邮箱：Ly@ cigu. cc
网址：www. cigu. cc
简介：东莞市瓷谷电子科技有限公司（CGE）位于中国广东省东莞市，公司于 2013 年成立，注册资金 100 万元人民币。是中国专业研发生产陶瓷电容器、薄膜电容器和压敏电阻器的大型民营企业之一。

该公司主要研发生产销售中高压陶瓷电容器（CC81/CT81）、安规交流陶瓷电容器（Y1/Y2）、金属膜安规交流电容器（X2）、金属膜电容器（CBB21/CL21）、氧化锌压敏电阻器（ZOV）。公司现有研发生产设备 100 台套，年生产能力 4 亿只。

该公司已经通过 ISO 9001：2008 质量管理体系认证，安规交流陶瓷电容器（Y1/Y2）已经通过了中国 CQC、美国/加拿大 CUL、德国 VDE、欧盟 ENEC、国际电工委员会 CB 等产品安全认证：金属膜安规交流电容器（X2）已经通过了中国 CQC、美国/加拿大 CUL、德国 VDE、欧盟 ENEC、韩国 KTL 产品安全认证；锌压敏电阻器（ZOV）已经通过了美国/加拿大 CUL、德国 VDE 产品安全认证。产品环保指标符合 ROHS2.0 版、REACH、无卤等指令要求。

该公司本着尊重知识和人才、着眼于全球市场、依靠过硬的品质和服务致力于发展民族自主产业，为广大用户提供超值期望的服务理念，大力推广电源类、机电类、光伏驱动类、小家电类和电视机显示器类等电子整机领域的应用，协助终端做好四样事情：“合理选型、合理应用、合理节约、齐全配套。”

88. 东莞市金河田实业有限公司

地址：广东省东莞市厚街镇广东省东莞市厚街镇汀山科技工业城
邮编：523943
电话：0769-85585691
传真：0769-85587456
邮箱：625614684@ qq. com
网址：www. goldenfield. com. cn
简介：东莞市金河田实业有限公司（以下简称“金河田”）成立于 1993 年，是一家集研发、生产、销售、服务于一体的民营高新技术企业。主要产品有电脑机箱、开关电源、多媒体有源音箱、键盘、鼠标等，是国内主要的“电脑周边设备专业制造商”之一。

金河田是国家高新技术企业，是中国优秀民营科技企业、广东省民营科技企业、广东省知识产权优势企业、广东省创新型试点企业和东莞市工业龙头企业等。金河田公司自主品牌“金河田”商标是中国驰名商标和广东省著名商标；金河田主导产品电脑机箱、开关电源、多媒体有源音箱均为广东省名牌产品。

金河田产品销售和服务网点已覆盖全国各大中城市，并进入了韩国、印度、俄罗斯、阿联酋、德国、巴西、澳大利亚等 40 多个国家和地区。

89. 东莞市镤力电子有限公司

地址：广东省东莞市常平镇桥沥南门路鸿泰科技园
邮编：523777
电话：0769-81089595
传真：0769-81089595-8016
邮箱：puretek@ 163. com
网址：www. dg-puretek. com
简介：东莞市镤力电子有限公司成立于 2009 年 7 月，是依托技术快速成长的高新科技企业。公司专业研发、生产、销售、服务高品质高频变压器、电感线圈；精密连接器、pogo pin 等电源配套及订制化产品，产品广泛应用于通讯通信、光纤网络、家电照明、便携式电子设备等领域和各类精密电子产品终端；2013 年开始在内陆多地开设加工分厂，通过 9 年的不断发展壮大，目前具备年综合生产能力 2 亿只。该公司拥有行业领先的生产、检测设备，同时拥有一批经验丰富的研发及管理团队，取得了多项实用新型专利、多项软件著作权、多项省高新技术产品和 30 多项各种认证，为服务客户提供强劲信心和品质保障。公司率先升级 ISO 9002：2015 国际质量管理体系认证，并建立完善的品管体系：持续提高、追求零缺陷、满足客户要求。始终以“客户至上、品质第一”为管理方针，秉承“专业、高效、诚信、服务”的合作精神，已经成为多家全球一流企业的合格（优秀）厂商。真诚期待您的支持与信赖，让我们携手共创佳绩、共享未来！

90. 佛山市禅城区华南电源创新科技园投资管理有限公司

地址：广东省佛山市禅城区张槎一路127号1座3层

邮编：528000

电话：0757-82580666 82208102

传真：0757-82503337

邮箱：495620638@ qq. com

网址：www. hndy. gd. cn

简介：1. 精细、集约化的电源产业综合体

华南电源创新科技园大力发展开关电源、逆变器、UPS、EPS等电源电子产业，打造现代电源及节能技术科技园区的标杆，推动电源产业精细化、集约化、国际化，建设集产品研发、生产、检测、展示、交易、人才培训、孵化中心等为一体的电源产业创新基地，成为汇集金融、科技、项目、商务会展等多位一体的电源产业综合体。

2. 优质信誉的电源专业园区

“中国首个电源创业主题园区”“全国现代电源（不间断电源）产业知名品牌创建示范区”“国家现代电源高新技术产业化基地培育单位”“中国电源学会副理事长单位”“中国电源学会现代电源产业基地”“佛山中德工业服务区生产基地”“禅城区低碳试点园区”。

3. 五大平台提供一体化专业服务

园区已引入科技服务平台、金融服务平台、人才服务平台、招商服务平台、园区合作平台五大平台，为入园企业提供技术升级、人才培养、金融支持、政策引导扶持、合作交流等一体化专业服务。

4. 都市里配套设施至齐全的厂房

华南电源创新科技园大力打造、扶持、发展电源电子类产业，以都市型厂房为核心，以总楼大楼和商业办公楼为服务载体，配备了会议办公、展厅、会展中心、培训中心、商会协会办公区、银行、自助服务中心、回廊书吧、中西餐厅、酒店、车位、人才公寓、员工饭堂、图书馆、超市、运动及休闲等配套设施。

5. 活性商务、产业空间

华南电源创新科技园是区域内规模最大的主题园区，总占地面积约330亩（1亩=666.67平方米），建成后总建筑面积达42.6万平方米，分核心区及外延区两部分进行打造。

总部大楼定位为电源企业总部办公、园区服务平台及产业商务配套的功能，目前部分主力商业及区域内的电商龙头开始陆续进驻，包括四星级标准精品酒店 、五星级豪华多功能影院、港台餐饮白领餐厅 、商协会平台 、互联网+电商企业，创客、创新孵化器等，签约面积超过2.3万平方米 。

商业办公楼，建筑面积约3.3万平方米，分为南塔（7层）和北塔（9层），首二层为商业旺铺，三层以上为商务办公，200~3000平方米活性商务空间自由组合。

园区都市型厂房，户型为方正的1300平方米和2000平方米空间，拥有独立产权，可租、可售、可按揭，五大服务平台促进产业发展，百强龙头企业率先抢驻。

6. 上市企业与骨干企业的选择

华南电源创新科技园的企业总数已经达到202家，累计入园的电源、电子类及其上下游产业的企业达90多家，占园区总企业数的46.5%，其中2015年新增入园企业达45家，包括：厦门科华、湖南科力远两家上市企业，佛山电源行业协会中的骨干企业（柏克、新光宏锐、众盈、欧立、飞星、朗博等）。

91. 佛山市哥迪电子有限公司

地址：广东省佛山市禅城区塘头村华粤泰物流中心6座二楼

邮编：528000

电话：0757-82724179

传真：0757-82721428

邮箱：market02@ gedi-lighting. com

网址：www. gedi-lighting. com

简介：佛山市哥迪电子有限公司是一家专门从事照明产品研发、生产、销售的综合性合资企业。公司创办于1987年，是最早进入照明行业的企业之一。

该公司一直信奉“以质量求生存，以信誉求发展，以管理求效益”管理理念。在充分引进吸收国内外先进技术的基础上，哥迪电子不断与国内多个科研机构交流合作，使技术更成熟，产品更稳定。产品全部采用高品质原辅材料，采用先进的生产设备、检测设备及仪器，保证了前期研发的准确性和先进性。以严格的生产管理体系为保障，使产品质量达到了国际先进水平。

该公司质量管理体系顺利通过了TüV德国莱茵公司的ISO 9000：2001认证，关键产品取得了VDE、UL、CUL、GS、SAA、TüV、CE、EMC等各种认证。

20年风雨兼程，哥迪一路走来，以诚立商，在竞争日益激烈的电子市场立于不败之地。今后，哥迪将以更高的效率研发新品，以更大的诚意谋求与海内外客户的合作。

92. 佛山市汉毅电子技术有限公司

汉毅

Han Yi

地址：广东省佛山市禅城区岭南大道北131号碧桂园城市

花园南区 3 座 28 楼
邮编：528000
电话：0757-63223916
传真：0757-83835018
邮箱：hanny@ hanny. com. cn
网址：www. hanny. com. cn
简介：佛山市汉毅电子技术有限公司，创建于 1997 年，现有生产基地 5 处，分别位于佛山市禅城区、佛山市顺德区陈村镇、佛山市顺德区伦教镇、东莞市长安镇、江西省南昌市。现有员工一千余人；主导产品为开关电源，开关电源年产量 2000 万件；公司拥有高速插件机 8 台。一个电磁干扰测量室。拥有波峰焊机、红外线温度测试仪、RoHS 光谱扫描仪、耐压测试仪、电参数测量仪、高频示波器、漏电流测试仪、晶体管多功能筛选仪、数字电桥等一大批电子电气测量设备。

该公司产品全部为自主研发，自有知识产权，拥有发明专利、实用新型专利三十余件；公司产品主要用于电子制冷饮水机、净水机、电子冰箱、超声波雾化器、数字音响等领域；公司主要客户有美的水家电、沁园水处理、安吉尔等。产品同时出口到德国，荷兰、美国、日本等发达国家。

该公司自 1999 年以来，一直是美的优秀供应商，同时多次获得沁园优秀供应商，质量优胜奖、安吉尔优秀供应商、质量优胜奖等荣誉！

93. 佛山市力迅电子有限公司

Netion®

地址：广东省佛山市三水区范湖工业园
邮编：528138
电话：0757-87360282
传真：0757-87360189
网址：www. netion. com. cn
简介：力迅电子有限公司（以下简称“力迅”）成立于 2001 年，公司位于佛山市三水区乐平镇范湖工业区，总资产 5500 多万元。是专注于电源、电子电力及新能源电力转换领域的高新技术企业。主营业务是为全球用户提供高端的电源、电子电力产品和全套电源及电力转换系统集成解决方案，产品涵盖全系列不间断电源（UPS），各种逆变电源、专用电源、蓄电池、机房监控系统、机房温控系统、机房配电系统等。

力迅至今已经通过 ISO 9001 国际质量体系认证，ISO 14001 国际环境体系认证，OHSAS18001 职业健康安全管理体系认证，多个系列产品荣获中国泰尔认证，欧洲 CE 认证，ROHS 认证，美国 UL 认证，FCC 认证，也取得了国内多个行业入围进网许可。

力迅拥有覆盖全国的营销网络和专业团队，力迅电子有限公司产品至今已在以下政府机构和大型行业成功中标、入围或采用。力迅电子有限公司同时承接着某些国际知名品牌的 OEM/ODM 指定任务，产品畅销欧洲、美洲、东南亚、中东、非洲等世界各地。

力迅秉承“领先的技术，钻石的品质，心级的服务”的一贯理念，以“创新不断，动力无限”的专业精神，致力成为全球用户心目中最可信赖的“世界领先的电源专家”。

94. 佛山市南海区平洲广日电子机械有限公司

GRJGRXJ
廣日電子機械

地址：广东省佛山市南海区平洲夏西工业区一路 3 号
邮编：528251
电话：0757-87691200
传真：0757-86791244
邮箱：windingchina@ 126. com
网址：www. windingchina. com
简介：广日电子机械有限公司是中国最大的环形绕线机械制造商之一。专业生产环形变压器绕线机，环形电感线圈绕线机，稳压器，调压器专用绕线机，矩形绕线机/包带机，环形小孔包带机，电力变压器绕线机，EI 型变压器绕线机，环形包绝缘胶带机以及环形线圈匝数/匝比测量仪等产品。

该公司已通过德国 TüV9001（2000）国际质量体系，良好的品质和完善的售后服务已赢得了众多客户的青睐和支持，产品远销东南亚及欧美等国家和地区。

95. 佛山市南海赛威科技技术有限公司

SiFirst®

地址：广东省佛山市南海区广东省佛山市南海区桂城深海路 17 号瀚天科技城 A 区 7 号楼六楼 604 单元
邮编：528200
电话：0757-81220912
传真：0757-81220912
邮箱：vivian@ sifirsttech. com
网址：www. sifirsttech. com
简介：佛山市南海赛威科技技术有限公司（以下简称“赛威科技”）成立于 2009 年，是由佛山市南海区高技术产业投资有限公司投资的佛山市首家集成电路设计企业。公司总部位于佛山市南海区瀚天科技城，在上海设有研发中心，深圳设有商务中心，中山和台湾设有办事处。业务覆盖全国，辐射全球。赛威科技拥有一支由留美博士，硕士及国内半导体资深设计专家组成的创新型精英设计团队，他们曾在国内外著名半导公司工作十年以上，具有广泛的理论基础和丰富的实践经验，在模拟与数字混合电路芯片设计领域里领导开发出多款世界一流的芯片产品。

96. 佛山市锐霸电子有限公司

地址：广东省佛山市高明区高明大道东 898 号

邮编：528511

电话：15015803879

传真：0757-88325003-111

邮箱：biqunliu@ r-box. com. cn

网址：www. r-box. com. cn

简介：锐霸电子有限公司（R-Box）是一家专业研发、设计、生产、销售LED驱动电源和各种工业开关电源，及为客户订制独家电源方案的制造商。产品主要应用于娱乐舞台灯具、LED商业建筑照明灯具、LED显示屏、工业电源。

R-Box有资深的研发团队，先进的生产设备（如多条SMT全自动流水线、老化室），专业的检测设备（如Chroma电子负载、自动测试系统ATS、EMC检测实验室）及严谨的生产、检测制程（100%测试、24小时老化）。确保产品拥有高可靠性和高性价比，各项技术参数完全符合安规要求和电磁兼容标准。新科技飞速发展的今天，我们将提供更新、更好的科技产品服务于用户。

R-Box一直致力于产品的创新，不断地努力，以为客户提供高可靠性和高性价比的电源解决方案为使命。

97. 佛山市顺德区冠宇达电源有限公司

地址：广东省佛山市顺德区伦教熹涌工业区解放东路南一号

邮编：528308

电话：0757-27736306 13380509161

传真：0757-27725706

邮箱：gve01@ gve-cn. com

网址：www. gve. com. cn

简介：佛山市顺德区冠宇达电源有限公司是多年专业生产开关电源的中型厂商，工厂面积25000平方米，员工1000多人，产能250多万台/月，拥有独立的研发机构，具备生产符合欧洲ROHS、WEEE指令产品的系统配置。主要优势产品：中大功率电源适配器/充电器，还生产外置电源、500~5000W大功率电源，产品通过UL、FCC、CCC、CQC、CE、GS、CB、KC、PSE、SAA、BIS等各国认证，产品三年质保，年返修率小于0.1%，长期供货于美的、格力、海尔等各大企业客户。

产品理念：101%放心好电源，更好的材料，更高的品质（IC用通嘉、富士、ON、ST，场效应管用东芝、富士，肖特基用富士、京瓷（英达），电容用红宝石、尼吉康、万裕）。

98. 佛山市顺德区国力电力电子科技有限公司

地址：广东省佛山市顺德区杏坛镇马齐工业园科技一路全业大厦3楼

邮编：528000

电话：0757-22895396

传真：0757-22895396

邮箱：824044840@ qq. com

网址：www. glpowercn. com

简介：佛山市顺德区国力电力电子科技有限公司是目前中国技术领先，品质卓越，实力雄厚的表面处理整流器与新型高频开关电源的专业生产企业之一，致力于向客户提供高端创新的满足其需求的产品，以及提供最佳解决方案与服务支持，确保客户创造长期持续的价值。公司主创团队多年来一直致力于大功率整流器与新型开关电源产品的研发和生产，有着丰富的电力电子、开关电源的研究、开发、设计、生产和实践经验，产品采用的核心技术已申报多项国家专利。

该公司以“国力”为品牌的系列产品及电源系统解决方案已经涵盖于电镀、电解、电化学、氧化、电泳、冶炼、表面处理、水处理环保、通信、加热等领域，并广泛地应用在航天、航空、钢铁、铜箔、汽车、电子、铝材、机械、稀土、核工业、气体、兵器工业等国家重点军改工程等行业以及国内铝轮毂电镀、活塞环镀铬、发泡镀镍、镍网铸镀、汽油机、柴油机起动电源、航空维修专用电源、铝合金硬质氧化、稀土电解等。为客户提供各种规格、大小功率的硅整流、晶闸管（电流：10~100000A；电压：1~2000V）、高频开关电源、脉冲电源等多个系列数十个品种，其中新型的特大功率开关电源（电流：10~50000A；电压：1~1000V）以进口大功率绝缘栅双极型晶体管“IGBT”模块为主功率器件，以超微晶（又称纳米晶）软磁合金材料为主变压器铁心，主控制系统采用了多环控制技术，结构上采取了防盐雾酸化措施，整机设计科学超前，稳定实用，性能优越、节能、稳定、高效！

该公司产品类型有：晶闸管整流电源、晶闸管换向电源、晶闸管电泳涂漆电源，十二相低纹波电源，高频开关电源，硬质氧化脉冲电源，大电流电解电源，铝型材氧化、着色电源，硅整流电源。公司研发的适用于军工、钢铁、重工机械等镀硬铬的大功率十二相低纹波换向电源，能够高效的解决全范围十二相输出、相电流不平衡度等问题，已成功用于航空、军工、重工机械等行业。同时公司开发的多波形氧化电源含直流、脉冲、直流叠加脉冲、双脉冲于一体，适用于铝、镁、钛等多种轻金属及其合金的氧化及硬质工艺，广泛应用于型材氧化、航空、军工重工机械等并出口越南、南非、泰国等国家。

该公司技术力量雄厚，生产设备先进，品质管理严格，设计创意新颖，售后服务完善，不断引进、吸收国内外先进电源技术，研发生产了适应国内外多个领域的各类电源类产品。公司研发机构研发出来的产品、项目及科研成果多年来成功销往并应用于国内外上千多家用户，晶闸管整流器及新型的开关电源产品同时销往美国、英国、韩国、西班牙、越南、南非、马来西亚、泰国等10多个国家。

公司宗旨：国力利国、诚信经营、品誉天下！

经营理念：创新　专业　实力　品质　诚信　共赢

竭诚为国内外广大用户服务，诚盼新老用户亲临指导。公司设计团体依托20多年的先进技术经验积累，密切结合最新市场动态及客户需求，融合整合现代化的生产营销理念，把握市场先机、用心服务于客户、持之以恒、追求卓越品质的优质产品，贡献服务于社会！国力电源深信：“中国制造、国力利国、品质永恒”！

99. 佛山市顺德区瑞淞电子实业有限公司

地址：广东省佛山市顺德区北滘镇坤洲工业区

邮编：528312

电话：0757-26666876

传真：0757-26606087

邮箱：sales@ recl. cn

网址：www. recl. cn

简介：佛山市顺德区瑞淞电子实业有限公司成立于 2005 年，是专业从事于整流桥器件设计、开发、封装测试和销售的国家高新技术企业。自成立以来，公司销售业绩持续保持高速增长，2018 年公司达到年产各类整流器件 1.2 亿只的规模。

该公司产品广泛应用于家用电器、LED 照明、通信电源、开关电源、消费电子、机器设备等领域。产品不仅在国内热销，还远销韩国、德国、西班牙、越南、美国、印度、意大利、俄罗斯等多个国家和地区。

该公司经过不断努力，建立了严格的质量、环保、安全管理体系，成功通过 ISO 9001：2015 质量体系认证，全部产品获得美国 UL 安全认证，并符合欧盟最新 RoHS 和 REACH 环保要求。公司产品共获得了 12 项国家授权的专利，其中国家发明专利 3 项。

未来，该公司将涉足 SMD 器件、MOS 器件、芯片制造等全产业链，在快恢复器件、MOS 器件、TO-220、TO-3P、模块、功率器件、SMD 器件方面扩大投资和生产线规模，根据市场需求开发生产更多产品来满足客户。瑞淞电子立志成为一流的半导体制造企业和客户首选的整流桥供应商。

100. 佛山市众盈电子有限公司

众盈电子
UNIPOWER ELECTRONIC

地址：广东省佛山市禅城区张槎镇张槎一路 115 号 7 座

邮编：528000

电话：0757-82962331

传真：0757-82021699

邮箱：svc@ svcpower. com

网址：www. svcpower. com. cn

简介：佛山市众盈电子有限公司建立于 2002 年，现有生产场地 16000 平方米，公司员工规模 400 多人，专业不间断电源设计、生产、销售服务为一体的高新技术企业，自主品牌的 SVC 产品认定为广东省著名产品，产品销售全国各地及东南亚、非洲各国，国内设立 30 多个分销商与 10 多个售后维修服务网点，为所有产品与客户保驾护航，力求出品精良，精益求精。

非凡十年，专注研发，高效生产。该公司建立有省级研发工程技术中心，拥有自主的核心技术及完善的知识产权管理体系与 ISO 9000 质量管理体系，已经从一间专业生产后备式 UPS 的工厂蜕变成一家集中、小功率后备式 UPS，中、大功率在线式 UPS 以及家用逆变器、太阳能逆变器、稳压器等多样化电源产品，并逐步向生活类电源产品方向迈进的企业。打造节能环保产品是众盈公司的发展方向。

该公司也为全球客人提供优质的 OEM 服务，提供高质量的产品和极具竞争力，赢得了客人的信任。“诚信、负责、守信”是公司获得持续良好口碑的基石，欢迎各界朋友加入。

101. 广东宝星新能科技有限公司

Prostar 宝星

地址：广东省佛山市南海区罗村联和工业西二区石碣朗大道 1 号

邮编：528226

电话：0757-81285481

传真：0757-81285480

邮箱：ups@ prostar-cn. com

网址：www. protar-cn. com

简介：广东宝星新能科技有限公司（以下简称“宝星新能集团”）成立于 1998 年，是专业设计、制造不间断电源（UPS）、应急电源（EPS）、稳压器、太阳能组件、太阳能离网/并网系统、太阳能逆变器和全密封免维护电池等电源产品的公司，宝星公司相继在北京、上海、广州、深圳、重庆、天津、南京等 30 多个省、市、自治区成立办事处和维修服务中心，在全国范围内建立了一套完善的销售、服务体系，以保证及时迅速地响应客户的各种需求和服务。经过 20 多年的市场开拓，宝星新能集团业务迅速发展，销售、物流、服务等机构日益完善。凭借雄厚的技术研发实力，可靠的产品品质，完备、快捷、高效的售后服务，得到了国内各行业用户的一致肯定和好评，产品广泛应用在中国的军工、政府、金融、数据中心、医疗、电信、电力、石化、财税等系统，宝星新能集团拥有专业资深的光伏工程师团队，丰富的光伏发电方案设计、施工、电站运营经验，为用户提供全程无忧的分布式光伏发电一站式服务。

“给世界永续光明与快乐”是宝星新能集团的企业使命，将始终不渝地坚持精益求精改善产品性能和电力电源解决方案给整个世界及其人民的能源需求做出奉献。

102. 广东创电科技有限公司

创电
CHADI

地址：广东省佛山市南海区桂城深海路瀚天科技城 A7 号楼 2 号门三楼、四楼

邮编：528000

电话：0757-86766288

传真：0757-86766800
邮箱：liaohui12@163. com
网址：www. ups-chadi. com

简介：广东创电科技有限公司成立于1997年，是国内较早从事电源研制和生产的厂家。核心产品为工业级大功率UPS电源系统、高频UPS电源、智能轨道交通供电系统。拥有10000m^{2}的现代化生产厂房，总价达800万元的研发设备和检测仪器仪表。现有员工120人，其中专职研发人员20名，熟练技工65名。公司多年来积极进取，不断创新，全面通过了ISO 9001质量管理体系认证，单台UPS功率可达到800kVA，并可实现不低于10台UPS电源系统的并机。

公司是国家高新技术企业，拥有“广东省大功率智能控制电源工程技术研究中心”和“广东省研究生联合培养基地”，组建了具有校企合作特色的研发队伍，近年承担了10余项纵向科技创新项目，拥有专利及软件著作权25项，获省部级科技进步奖一等奖2项，部级技术发明奖二等奖1项。

2018年，广州智光电气股份有限公司投资控股创电，合力打造智能电源和储能系统。创电将一如既往地致力于低压大功率交、直流电源研制、生产和销售，发挥在轨道交通UPS供电系统、工业级大功率UPS供电系统等传统优势，在技术、生产和市场上全面发力，持续为用户奉献高品质和高可靠的电源系统产品。

103. 广东大比特资讯广告发展有限公司

Big-Bit 大比特资讯 Big-Bit Information

地址：广东省广州市天河区黄埔大道西翠园街36号2楼
邮编：510630
电话：020-37880700
传真：020-37880701
邮箱：isc@big-bit. com
网址：www. big-bit. com；www. globalsca. com

简介：广东大比特资讯广告发展有限公司（以下简称“大比特资讯”）历经12的创业发展，已成长为中国电子制造业优秀的资讯提供商。

大比特资讯业务范围涉及行业门户网站、平面媒体宣传、市场调查、行业专题研讨会策划、展览展示、人力资源服务等一系列围绕中国电子制造业提升竞争力的服务举措。

大比特资讯旗下拥有以下成熟媒体：

1）大比特商务网　www. big-bit. com
2）磁性元件与电源网　mag. big-bit. com
3）半导体器件应用网　ic. big-bit. com
4）电源供应器网　power. big-bit. com
5）传感器应用网　sensor. big-bit. com
6）微电机世界网　emotor. big-bit. com
7）连接器世界网　conn. big-bit. com
8）中国电子制造人才网　www. emjob. com
9）《磁性元件与电源》杂志（月刊）

104. 广东丰明电子科技有限公司

BM

地址：广东省佛山市顺德区北滘镇工业园环镇东路1号
邮编：528311
电话：0757-26601282 18928664200
传真：0757-23608828
邮箱：bmsales@fm-cap. com
网址：www. bm-cap. com

简介：广东丰明电子科技有限公司是一家2004年成立的港资企业，位于经济发达的珠江三角洲黄金腹地——顺德北滘工业园。公司拥有现代化的工业生产基地，占地面积30000m，设备原值近9000万元，总投资规模过亿元，员工共有1000多名，电容器年生产产能约7亿只，公司后续还将不断投资完善生产设备的自动化、技术更新及提升，力争公司人均产能再上新台阶。

该公司目前主要生产电力电子电容、交直流滤波电容、高频高压谐振电容、IGBT吸收电容、CBB60、CBB61、CBB65、CBB20、CBB21、CBB80、MKP-X2型金属化薄膜电容器，产品广泛应用于各类电子设备、变频器、电源、光伏风电新能源行业、工业感应加热设备、照明灯具、空调器、电冰箱、洗衣机、电磁炉等家用电器及电力系统中。其中，电风扇用电容器、空调风机用电容器、电磁炉专用电容器三大主导产品的产销量连续领先业界多年，稳居全国第一。

为了增强客户对公司产品的信心，该公司已经获得了CQC、UL、CUL、TüV、VDE、CB等多项国内外产品认证，通过丰明人倾力打造的“BM”商标电容器现正销往全国各地电机、电器制造商，远销东南亚、非洲及欧美等国。后续公司还计划专项增资实验室检测硬件的扩充与完善，建立起行业内具有先进水平的产品实验室。

该公司以“科技、品质、环保”为核心，秉承“研发的产品市场满意、制造的产品我们满意、交付的产品顾客满意”的质量方针，以“顾客满意”为宗旨，坚持严格的质量管理，全面建立和执行ISO 9001国际质量管理体系和ISO 14001国际环境管理体系，现已发展成为品种齐全、质量可靠、绿色环保、技术先进、配套能力强的规模性企业，赢得了众多合作伙伴的一致好评，并被多家客户评为优秀供应商。

该公司竭诚欢迎广大用户的来电垂询和莅临，一定向您提供最优质的产品、最合理的价格、最佳的合作方式、最热情的服务，为共同的利益而真诚合作！

105. 广东捷威电子有限公司

JURCC

地址：广东省东莞市厚街镇白濠工业区
邮编：518132

电话：0769-81269920
传真：0769-81266732
邮箱：DMJ@ JURCC. COM
网址：WWW. JURCC. COM
简介：本公司主要致力于 X2 安规电容器和各种结构形式的金属膜盒式电容器的设计、开发、制造，拥有自主品牌 JURCC。公司全体人员共同努力，利用 10～20 年的时间，在金属膜盒式电容器领域占有重要的领导地位，成为品质稳定，性价比高，知名度高，受人尊敬的企业品牌。

目前正在建设自己的产业工业园，占地 7000 平方米，建筑面积 25000 平方米。预计 2019 年 1 月进驻，以全新的面貌迎接全新的事业。

106. 广东金华达电子有限公司

金华达 KINGWOOD

地址：广东省广州市天河区棠下涌东路大地工业区 C 栋 5 楼
邮编：510665
电话：020-38240010
传真：020-38259275
邮箱：13922298699@ 139. com
网址：www. 020k. net
简介：广东金华达电子有限公司成立于 1995 年 7 月，总部设于中国广州市，是一家中外技术合作高新科技企业，主要从事通信电源、电力电源、汽车照明等电源，防雷配电设备研发、生产、销售、工程设计施工等业务。公司自成立以来致力于打造“金华达”品牌，严格执行“技术领先、质量可靠、服务满意，客户至上”的经营方针，经过近年来的努力，金华达通信、电力电源产品广泛应用于通信，电力，铁路，军队等行业。并以优良的品质和服务，赢得了广大客户信赖。

2003 年金华达与欧洲企业合作共同开发了高级时尚车灯系列——金华达 HID 高压氙气车灯系列。主要用于奔驰、宝马、奥迪等高级汽车前车灯。目前，金华达 HID 高压氙气车灯系列的各项技术指标及品质达国际中高、国内领先地位，并符合 ECE R98 的近光配光性能要求。为国内车灯的革命注入了新的活力。产品热销海内外，并已在全国大部分地区拥有销售、服务网络。

107. 广东力科新能源有限公司

POWTECH

地址：广东省东莞市寮步镇横坑石岭工业区横东三路 9 号
邮编：523000
电话：0769-83527566
邮箱：Luisa-wang@ szpowtech. com. cn
网址：www. szpowtech. com. cn
简介：广东力科新能源有限公司成立于 2015 年，是深圳力科新能源全资子公司，总部坐落于琼宇林立的繁华之都——深圳福田 CBD 中心，公司致力于集二次锂电池研发、生产、销售于一体，集中为 3C 电子终端产品、医疗用品和储能基站提供能源解决方案和配套服务。力科秉持“研制最好的产品、提供最好的服务、创建最好的品牌”的管理理念，凝聚了一支拥有 15 年以上电池领域工作经验的高端技术人才和管理团队，打造由博士、硕士和行业资深专家组成的研发梯队，创建世界一流科研设备的实验室，配有有机仪器、无机仪器、气象色谱-质谱连用仪、扫描电镜、X 射线衍射仪等众多先进仪器。得益于团队精湛的技术和努力钻研的精神，公司已获得了多项发明专利和数十项国家认证证书。力科已全面实现 ISO 9001 质量管理体系、ISO 14001环境管理体系、以及 OHSAS18001 职业健康管理体系，为了进一步提升公司产品的国际竞争力，近年来，公司投入巨资引进了多条行业内领先的现代化全自动生产线，大大地提高了生产效率，不断为国内外客户提供更优异的品质和个性化的服务。公司注重与国际化接轨，所生产的聚合物锂离子电池、圆柱形锂离子电池均通过 UL1642、UL2054、CB、CE、PSE、KC、BIS、BSMI、GB31241 等多项国际安全认证和 ROHS，REACH 等环保体系要求，并销往国内 40 多个大中城市及北美、欧洲、东南亚、韩国、日本等国家和地区。

108. 广东南方宏明电子科技股份有限公司

SHM

地址：广东省东莞市望牛墩镇牛顿工业园
邮编：523216
电话：0769-22407479
传真：0769-22407481
邮箱：officeclerk@ gdshm. com
网址：www. gdshm. com
简介：该公司始建于 1988 年，原名为东莞宏明南方电子陶瓷有限公司。2001 年经国家批准设立广东南方宏明电子科技股份有限公司。公司位于东莞市望牛墩镇牛顿工业园，是国家高新技术企业、广东省技术创新优势企业、广东省守合同重信用企业等。公司注册商标 SHM® 荣获广东省著名商标称号。

该公司专业生产各种高品质瓷介电容器、压敏电阻器和热敏电阻器等。年综合生产能力超过 30 亿只。产品主要用于设备电源、通信器材、计算机、电视机、视听设备、空调、电子厨具、灯具和设备保护装置等。产品远销美洲、欧洲和亚洲诸国。在国内市场中，我们的产品被大部分知名大型电子设备生产企业采用，产品品质和服务在行业中享有很高的声誉。

该公司通过 ISO 9001：2015 质量体系认证，ISO 14001：2015 环境管理体系认证，GJB 9001B—2009 中国军工产品质量体系认证，GJB546B 贯彻国军标生产线认证，GB/T 29490—2013 知识产权管理体系认证等。产品符合国际、国军标、美国 EIA 标准和国际电工委员会 IEC 标准。安规瓷介电容取得美国 UL、德国 VDE、欧洲 ENEC、加拿大 CSA、中国 CQC、瑞士 SEV、瑞典 SEMKO、挪威 NEMKO、丹麦 DEM-

KO、芬兰 FIMKO 和韩国 KTC 安全质量认证；压敏电阻器取得中国 CQC、美国 UL 和德国 VDE 安全质量认证；NTC 热敏电阻器取得美国 UL、加拿大 CUL 认证；片式压敏电阻器取得美国 UL 安全质量认证；片式安规电容器取得中国 CQC、美国 UL、欧洲 ENEC、韩国 KTC 安全质量认证。

该公司的质量方针是“全员参与、品质先行、真诚服务、顾客满意”。

该公司的环境方针是“遵守法规，齐心协力，持续改进，预防污染，满足顾客环境要求，造福社会”。公司知识产权方针是“自主创新，有效运用，加大保护，科学管理”。

该公司的经营方针是“以市场客户为中心、开拓进取、务实创新、精益管理、控制成本、可持续发展”。

109. 广东施奈仕实业有限公司

施奈仕
SIRNICE®
电子工业胶粘剂方案服务商

地址：广东省东莞市东城区立新管理区金汇工业园

邮编：523000

电话：0769-81025555

传真：0769-222145555

邮箱：alisa@ sirnice. com

网址：www. sirnice360. com

简介：广东施奈仕实业有限公司隶属于施奈仕控股有限公司，负责中国南部战区市场运营，施奈仕集团创立于 2007 年，是集研发、制造、销售、服务、培训为一体化综合性电子工业胶粘剂方案服务民族企业。自有民族品牌知识产权，自主研发产品技术配方，自建实验检测中心，自有施胶机研发制造体系，自有全品类产品体系，自有质量控制体系，自有技术服务体系，自建教育培训体系。完整五维八度经营体系优势为您提供安全环保、品质稳定的电子工业胶粘剂方案服务。

110. 广东顺德三扬科技股份有限公司

Samyang
三扬股份

地址：广东省佛山市顺德区勒流街道富安工业区 B 区 30-3 号

邮编：528322

电话：0757-25563570

传真：0757-25566961

简介：广东顺德三扬科技股份有限公司（以下简称“三扬股份”）诞生于中国制造业基地顺德的土壤里，成长在全国各地客户的呵护下，发展在科技创新和人文先行的氛围中。三扬股份公司成立于 2004 年，2013 年完成股份制改革，2015 年登陆新三板，分别在 2015 年成立全资子公司三扬机器人公司和 2018 年成立全资子公司三扬网络科技公司。如今有四大业务板块，电源整流设备，拉链机机械设备，智能排产 MES/APS 系统和工业机器人。涵盖电力电子整流、金属拉链行业和工厂智能制造业，在业内树起品牌，形成口碑。

三扬股份的产品源于强大的创新能力。三扬股份历来重视产品信息化、自动化和智能化的研发，在微电子技术与精密机械制造领域具有多年行业经验，设立有省级工程中心——广东省精密金属拉链机装备工程技术研究中心，并获得近 20 项发明专利。三扬股份不断优化产品设计、提升产品运行效率与可靠性，以期更好地体现产品自动化、智能化、数据与系统集成的设计理念。稳定可靠的设计，量身定制的产品，细致周到的服务是客户回馈给三扬股份的口碑；制作工艺先进，测控技术精准，并将系统化管理模式融入自动化生产过程中，是三扬股份研发产品的一套设计理念。

四大类产品，齐头并进，还得益于强有力的服务保障。三扬股份注重销售维修服务中心网络的建立，目前，全国已建立有 9 个办事处，2 个独家代理商，近 20 个委托经销维修点。在物流和生产计划管理上，则利用信息化管理系统，能够准时地把产品交到用户手中。公司的生产及测试设备均从美国、德国、日本引进的国际顶尖加工设备，近年来在加工设备上的投入已经超过 5000 万。拥有 4 台马扎克卧式加工中心、6 台沙迪克慢走丝，15 台海天立式加工中心及多台初加工机床共超过 80 台精密加工设备，以及各类用于机器人本体生产，检验测量采用海克斯康三坐标测量仪，法国法宇激光跟踪仪来检查，确保了零件的精度。

该公司信息化管理方面，在生产车间已全面采用无纸化管理，通过自主开发的 SCADA（数据采集与监视控制系统）、MES（生产执行系统）、APS（高级排程系统）、PLM（产品生命周期系统）、QMS（质量管理系统）、WMS（仓储管理系统）组合成 MOM（制造运营管理系统），利用公司自主研发的通讯硬件及集团旗下的自动化机器人等先进设备，借助工业互联网等技术，帮助企业实现在生产计划、制造执行、采购进度、产能规划、仓储周转的全面透明化，可视化，信息化，全面为客户提供离散型制造业智能制造运营解决方案。

三扬股份向您描述智能制造未来的发展和描绘智慧工厂的前景，诠释工作是快乐之本，把梦想变成现实；三扬股份所做的产品总朝着这个方向努力、去改善您的工作环境，在您的工作中去体现、创造价值、实现梦想。三扬股份懂得如何为您最好地解决问题。

111. 广州德肯电子有限公司

地址：广东省广州市天河区科学城科学大道 118 号绿地中央广场 B1 栋 1510-1515

邮编：510663

电话：020-82512963

传真：020-82512962

邮箱：shufang@ pintech. com. cn

网址：www. pintech. com. cn

简介：品致（PinTech）是仪器仪表著名品牌，全球示波器探头第一品牌，示波器探头技术标准倡导者，“两点浮动”电压测试创始人泰克（Tektronix），是德国 Keysight、罗德与施瓦茨（R&S）等示波器厂商探头全球战略合作供应商。

公司在 20 世纪 80 年代初于中国台湾开始研发生产模拟示波器、万用表以及示波器探头等仪器设备，2003 年 3 月，公司专门成立示波器探头示研发部门，寄望在这一领域做精做强，为全球各大示波器厂商保驾护航，在这一年产品开始使用“品致 Pintech”商标，“品致”两字取之《易经》坤卦第二章“品物咸亨”“至哉坤元”中的“品与至”二字，至谐音致，蕴含精雕细琢出精品，视产品的品质为生命之含义。为更好地开拓国内业务需要，于 2006 年初公司把部分产品研发迁至中国大陆并注资 300 万人民币成立“广州德肯电子有限公司”。

经过品致人多年孜孜不倦辛勤的付出与对未来发展规划的愿景，至今公司产品已推出 50 多款，产品不断推陈出新，目前，已获得了多项国际发明专利和技术专利，产品销往全球 80 多个国家和地区，300 多所院校。

112. 广州德珑磁电科技股份有限公司

Deloop 德珑磁电

德 珑 磁 电

地址：广东省广州市番禺区石基镇金山村华创动漫产业园 B25 栋

邮编：511442

电话：020-31132998

传真：020-31120202

邮箱：sales@ deloop. com. cn

网址：www. deloopgroup. com. cn

简介：广州德珑磁电科技股份有限公司成立于 2010 年，注册资本 2500 万元人民币，总部设在广州。目前在广州、中山、云浮等地拥有多家全资子公司。

该公司是广东省高新技术企业、广州市民营科技企业、广州市科技创新小巨人企业，承担广东省广州市多个科技科研攻关项目，并成功申请了数十项的发明专利和实用新型专利。凭借雄厚的技术创新实力，公司在 2016 年夺得第五届中国创新创业大赛（广东赛区）新材料行业组决赛二等奖。

该公司致力于电磁器件、磁性材料、绝缘材料的研发与生产，广泛应用于智能家电、新能源、电动汽车、智能电网、节能照明、IT/通信设备等多个领域。

该公司拥有一批由高级工程师、电子学博士、材料学博士组成的资深研发团队，不断引进国内外先进技术以及加强自主研发创新能力。采用国内外先进的自动化制造设备和高效标准的生产线，严格执行 ISO 9001：2015、CQC、UL、IATF16949 等认证、满足欧盟 ROHS 指令等要求。

该公司凭借灵活的产品设计方案、专业的技术支持、过硬的品质成为国内外各知名品牌厂家电子器件主要供应商，在行业赢得广泛的赞誉，并与欧美及东南亚地区的客户建立了业务往来和长期友好合作关系。

113. 广州东芝白云菱机电力电子有限公司

GTMBU

地址：广东省广州市白云区江高镇神山管理区大岭南路 18 号

邮编：510460

电话：020-26261623

传真：020-26261285

邮箱：gtmbu@ gtmbu. com. cn

网址：www. gtmbu. com. cn

简介：广州东芝白云菱机电力电子有限公司成立于 2004 年，是由东芝三菱电机产业系统株式会社与广州白云电器设备股份有限公司共同出资组建的高科技公司。2008 年首次通过广东省高新技术企业认定，至今已连续 10 年通过认定，生产的高压低压变频器、不间断电源被认定为广东省高新技术产品。同时公司被认定为广东省守合同重信用企业、广州市安全生产标准化达标企业、广州市清洁生产企业。

该公司建有广东省电力电源及变频调速装置工程技术研究中心、广州市高低压电源工程技术研究开发中心。先后承担了广州市关键共性技术研究项目“起重机用变频器”、广州市科技攻关计划项目“6.6kV 高压 IGBT 变频器”、广州市专利技术产业化示范项目“高效节能型高压变频器产业化项目”、广州市白云区科技计划支撑项目“10kV 大容量高压 IGBT 变频器产业化”，荣获了广东省自主创新示范企业、广州市白云区促进专利授权奖二等奖、中国质量评价协会科技创新产品优秀奖等。

该公司拥有发明专利 1 件，实用新型专利 32 件，外观设计专利 14 件，计算机软件著作权 1 件。参加《电力工程直流电源设备通用技术条件及安全要求》（GB/T 19826—2014）标准修订、《冶金用变频调速设备》（GB/T 37009—2018）标准编制。

114. 广州高雅信息科技有限公司

高能立方

HIECUBE

地址：广东省广州市天河区龙洞第三工业区 A8 栋 210

邮编：510520

电话：020-29019513

传真：020-29019513

邮箱：hiecube@ foxmail. com

网址：www. hiecube. com

简介：广州高雅信息科技有限公司坐落于广州市天河区，毗邻广州科学城，是一家集研发、生产、销售及服务于一体的 AC-DC 电源模块的生产厂家。公司拥有专业的研发团队，产品研发经过立项评审、方案评审、样品测试、小批量试验、批量定型等设计论证和工程、制造验证及各种可靠性试验，全方位保证电源设计质量。

该公司生产的 AC-DC 电源模块使用先进的自动化生产

设备和工艺，使得产品一致性非常好。公司拥有国际先进测试设备，所有产品通过初测、老化和终测三次测试，从而保证了"HIECUBE"电源产品的高可靠性。提供 5~36W 中等功率电源模块产品，致力于在中小功率领域提供专业化的产品及服务。服务网络遍及全国 30 多个城市，可满足各地不同客户的供货需求。所生产电源模块已广泛应用于电力、工业控制、仪器仪表、医疗电子、轨道交通、通讯通信、安防、军工体系等领域。

多年来，广州高雅信息科技有限公司始终秉承着"以创新为本，让品质说会话"的原则做事。在这个竞争激烈的时代，毅然坚持以高性价比产品与客户建立稳健的合作关系，脚踏实地一步一步成为电源技术行业的佼佼者。

115. 广州汉铭通信科技有限公司

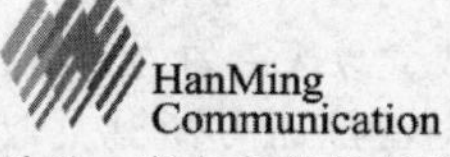

地址：广东省广州市天河区长福路 217 号长兴智汇商务中心 G 栋 407 室

邮编：510665

电话：020-38259019 38383476

传真：020-38259723

邮箱：Hmdanae_ yan@ 126. com

网址：www. gzhanming. com

简介：广州汉铭通信科技有限公司成立于 2003 年，公司总部位于广州市天河区智汇软件园，生产基地设在广州市花都区空港工业区，是一家专业从事定制化通信机柜开发、生产、销售和服务的民营高新技术企业。公司拥有完全知识产权，自主研发生产的户外通信一体化机柜广泛应用于中国电信、中国移动、中国联通、中国铁塔的基站建设，是广东省通信基础设施产业联盟首批会员单位。

该公司在华南地区建立了完善的销售渠道和服务网络，在北京设有办事处，与中国电信、中国联通、中国移动大三运营商以及中国铁塔建立了稳定信赖的长期合作关系，是中达电通、艾默生、海信、日立等知名企业的重要合作伙伴。

该公司坚持以客户为中心，一贯奉行"崇尚目标，诚信立业"的企业宗旨。全面的品质保证，完善的售后服务是我们郑重的承诺。我们通过建立企业社会责任长效机制，为客户创造最大价值，倡导员工团结协作，尊崇敬业创新的精神，使企业成为阳光企业。

汉铭通信将竭诚为广大用户服务，做用户最可靠的合用伙伴！

用智慧积累财富，用财富去实现利他事业，是汉铭的精神。

不予不取是汉铭的原则；让我们的伙伴都成为真正的赢家，是汉铭的责任。

弘扬这种精神，坚持这项原则，完成这份责任，是汉铭的使命 。

116. 广州华工科技开发有限公司

地址：广东省广州市天河区五山华南理工大学内 28 号楼西侧二楼

邮编：510641

电话：020-85511281

传真：020-85511287

邮箱：gqgong@ 32163. com

网址：www. 32163. com

简介：广州华工科技开发有限公司（原名：华南理工大学科技开发公司）是直属于华南理工大学的全资公司，在中国率先引进国外先进电力电子器件，先后获得日本富士电机功率半导体中国代理、日本日立电容器中国代理、日本三社电机半导体的中国代理。公司多年来致力于富士功率半导体在中国的推广与应用，是富士电机公司合作最长、最具实力的代理商。经过 20 多年的努力，业务遍及 UPS、变频器、逆变焊机、开关电源、风电、光伏、电动汽车等领域，与国内多家知名企业建立了长期稳定的合作关系，在中国电力电子半导体市场有着广泛的影响力。

广州华工科技开发有限公司实力雄厚，重守信誉，每种元件皆为原厂订购，库存充足，质量保证，交货最快，价格最优。公司以用户需求为导向，以产品、技术和服务为依托，为顾客提供完善的技术支持和选型方案。经过多年不懈的努力，同时在富士电机及广大客户的大力支持下，公司经营业务蓬勃发展，在长期的发展过程中，始终坚持"诚信经营，服务至上"的经营理念，不断完善发展，竭诚为广大用户提供最优质的服务。

117. 广州华智能源技术有限公司

地址：广东省广州市南沙区东涌镇马发街 16 号自编 2 栋 4 楼

邮编：511400

电话：020-22043698

传真：020-82000207

邮箱：tanwc@ hozonie. com

网址：www. hozonie. com

简介：广州华智能源技术有限公司成立于 2017 年，位于经济开发热土的广州市南沙区，是一家集科研、生产、销售、服务于一体的智慧电源运营商。公司遵循"共创、共赢、共享"的发展宗旨，坚持"研发创新，制造卓越"的产品理念，秉承"以用户为中心，满足并超越用户需求"的服务理念，践行"健康、价值、责任、合作、创新"的核心价值观，立志成为智慧电源行业的世界一流品牌。公司与广州香港科大霍英东研究院合作研发，在 UPS、EPS、锂电池、BMS、锂电后备系统、锂电馈能系统、锂电储能电站等领域拓展空间，并具备年产 300 万 kWh 锂电池和 200 万 kW 电源系统的生产能力，同时具备储能电站的设计、安装、管理能力。公司的客户包括：韩国 KT、SKT、韩国地铁及铁路、储能电站、日本住友财团、国内的小型电动车、UPS 配套锂电池、电信、轨道交通、石油化工、冶金、民航、军队等行业。

该公司以广州为中心，在深圳、成都、昆明、西安、北京、郑州、武汉、南宁、长沙、南昌、杭州、南京等地发展合伙公司、办事处、服务中心、代理商等合作伙伴，并在韩国、日本、菲律宾、印度、加拿大、美国等国发展代理商、OEM、ODM 等合作伙伴。广州华智能源技术有限公司坚持“以员工为本，让员工成为企业的真正主人”的用人理念，致力于实现“壮大平台、成就员工、造福顾客、奉献社会”的美好愿景。

118. 广州健特电子有限公司

JETEKPS健特

地址：广东省广州市经济技术开发区科技园 4 栋 2-6 楼
邮编：510730
电话：020-32029926
传真：020-32029929
邮箱：sales@ jetekcn. com
网址：www. jetekps. com

简介：广州健特电子有限公司（以下简称“广州健特”），成立于 2008 年，拥有一支资深研究与开发工程师队伍。是一家集研发、设计、生产、和销售为一体的企业。产品广泛应用于军工、铁路、电力、船舶、医疗、通信、自控等领域。各系列产品 以其出众的高可靠性、高稳定性及高性价比的特点深受各行业客户的喜爱。

健特人有着坚忍不拔、不屈不挠的钻研精神，多年来致力于磁电隔离技术和产品的研发与应用，并创造了高品质的 DC-DC 系列产品，公司是国内少数具有同时 具有塑封、灌封和包封电源厂家；同时具有微点焊、激光打标、无铅生产、车间温湿度控制系统的电源厂家之一。与此同时，公司通过了 ISO 9001：2008 质量管理体系认证、ISO 14001—2004 环境管理体系认证。随着各项标准的完善，广州健特成为中国电源模块研发制造技术与诚信方面，最值得信赖的公司之一。

广州健特以“技术创新、质量第一”为公司理念，以“诚信为本、用户至上”为原则，不断为客户推出高端技术产品。“制造业的使命是一切以客户的需求为导 向，对客户提供最好的产品，以优良的品质及快速负责的工作热忱来获取客户的信赖和支持，并为公司创造利润奠定基石，建立开创永继经营的有利条件，建立符合 持续改善品质管理要求”是广州健特务求技术创新、质量第一的品质承诺。

该公司产品与当前国家重点发展的轨道交通、电动汽车、智能电网、新能源、物联网等新兴行业大量需求关键电子零部件相匹配。产品质量和技术设计符合国际标准，兼容国内外大多数知名品牌，能满足振动、潮湿、高低温等工业级环境下工作条件。在电力控制、通信器材、仪器仪器、医疗设备、工业控制、汽车电子、安防监控、广电仪器、军工装备等行业得到广泛应用。

广州健特致力于满足客户的个性化要求，及时提供优质的产品。

服务网点遍布全国 20 多个城市，能够为客户提供个性化、全方位、最直接的服务。

未来，广州健特将不断努力开拓海外市场，并提供更优质、环保、高性价比的产品与服务。

119. 广州欧颂电子科技有限公司

OSEN欧芯

地址：广东省广州市越秀区大南路 2 号合润国际广场 26 楼
邮编：510000
电话：020-83309090
传真：020-81885936
邮箱：2880360350@ qq. com
网址：www. osen. net. cn

简介：广州欧颂电子科技有限公司是一家集研发、生产、销售、技术服务为一体的中小型高科技民营企业，拥有欧芯品牌。公司成立于 1999 年，成立以来一直在研科、创新等领域投入巨资，不断开发出新的产品，并建立起了一支技术力量雄厚的科研团队和精英销售管理团队，在各个方面都取得了一定的突破。公司的宗旨是助客户走向成功，让客户体验价值，公司的目标是把中国的半导体产业推向世界，为中国制造走向中国创造贡献一份力量。

该公司目前主要生产功放音响配对管、开关晶体管、整流肖特基二极管及场效应管，年生产能力已突破一亿只，产品的质量严格控制在国际标准的 99.9%以上，且正朝着零不良率目标努力。公司已先后获得 ISO 9001 质量体系、ROHS 欧盟环保标准和欧盟 CE 体系等的认证，现在已与多家大型功放音响、开关电源、电子镇流器、电焊机、逆变器、照明以及雾化加湿器等企业建立起合作伙伴，受到了广泛赞誉，也逐渐成为众多知名厂家的首选品牌。公司始终坚持以质量求发展、以科技求创新为发展目标，努力打造出功放音响管、开关晶体管、整流肖特基二极管以及场效应管中的精品。

120. 广州市宝力达电气材料有限公司

Bothleader®

地址：广东省广州市花都区花山镇南村
邮编：510880
电话：020-86947862
传真：020-86947863
邮箱：info@ gzbld. com
网址：www. gzbld. com

简介：广州市宝力达电气材料有限公司是电气绝缘漆的专业研发和制造厂家，是中国电器工业协会绝缘材料分会及中国电源学会会员单位，是全国绝缘材料标准化技术委员会成员，是我国绝缘漆行业国家标准和行业标准的主要起草单位。

该公司具有丰富的生产制造经验及各类中高级技术人才，拥有强大的研制开发能力，通过精心的设计，先进的生产工艺及完善的检测手段，确保产品性能优异，质量稳定，完全能满足用户的特殊要求。

该公司注重产品质量及职业健康安全管理，先后取得了ISO 9001：2008质量管理体系认证证书、危险化学品生产企业安全生产许可证、危险化学品从业单位安全标准化二级企业证书、广东省环保慈善单位称号。

广州市宝力达电气材料有限公司是广州市守合同重信用企业，以“专业、诚信”为宗旨，以顾客要求为最高标准，以用户满意为最终目的，以严格管理创最佳产品，竭诚为国内外用户提供优质产品和服务。

121. 广州市昌菱电气有限公司

地址：广东省广州市天河区中山大道西215号A216房

邮编：510665

电话：020-38915779

传真：020-38915769

邮箱：shoryo@ cl-ele. com

网址：www. cl-ele. com

简介：广州市昌菱电气有限公司是一家以供应UPS电源为核心的电源综合解决方案供应商。是日本三菱UPS中国总代理，东芝三菱TMEIC品牌UPS中国全国代理，日本共立（KYORITSU）双电源转换开关中国代理。

广州市昌菱电气有限公司的主要成员由三菱电机（香港）有限公司原三菱UPS中国事业部人员组成。公司拥有包括多名留学生在内的博士、硕士等高级人才，公司董事长原在三菱UPS的基干工厂——神户工厂从事技术工作，后调任三菱电机（香港）有限公司三菱UPS中国事业部经理，统管三菱UPS在中国的销售和服务工作。其他工程技术人员也在日本三菱UPS神户工厂接受过严格的专业训练，多年来一直负责三菱UPS在中国的技术支持工作，在三菱UPS中国事业的发展过程中发挥了重要作用。

2008年5月，广州市昌菱电气有限公司获得ISO认证机构颁发的ISO 9001：2008质量管理体系认证证书（证号：11408Q10251R0S），成为UPS销售与服务行业少有的通过ISO认证的企业。引入国际标准的ISO质量管理体系，使昌菱电气的管理水平迈上了一个新台阶，为企业提高核心竞争力和进入国际竞争创造了有利的条件。

该公司非常重视可持续发展。在提供销售和技术的服务的同时，非常重视技术研发工作，目前已在UPS技术、LED照明和其他电源技术领域取得了多项国家专利。

122. 广州市锦路电气设备有限公司

地址：广东省广州市天河区中山大道89号C211房

邮编：510665

电话：020-85566613

传真：020-85565253

邮箱：cici@ gzkingroad. com

网址：www. gzkingroad. com

简介：广州市锦路电气设备有限公司努力融合创新，不断开拓进取，永续稳健运营，自2004年成立以来，长期致力于UPS电源、EPS电源、机房通信产品及机房节能产品的研发、生产、销售及服务，是国内领先的绿色电源系统集成供应商之一，同时还和国际著名品牌：美国3M公司、美国PROTEK公司、法国SOCOMEC公司等展开了深入、密切的合作。

公司产品品质卓越，性能稳定，优质服务于广州亚运会主会场、亚运场馆、广州塔、广州地铁、武汉地铁等标志性行业客户，并荣获客户的一致好评。

公司坚持于“大行业、大客户、大项目、大团队”的营销理念，秉承“开拓，进取，创新”的创业精神，保证产品从研发到售后服务整个环节的高质高效地运转，最大限度地满足客户发展与改进的需求，以“科技创新”的观念不断提升客户的竞争力和赢利能力。

123. 海丰县中联电子厂有限公司

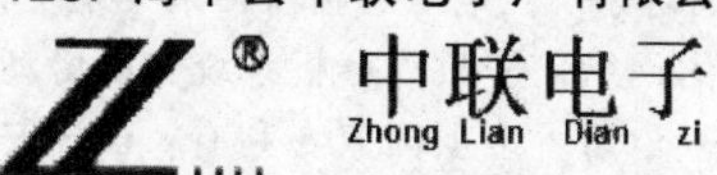

地址：广东省海丰县金园工业区A六座

邮编：516411

电话：0660-6400997

传真：0660-6405708

邮箱：eee@ zldyc. com

网址：www. zldyc. com

简介：海丰县中联电子厂有限公司成立于1991年，位于海丰县城金园工业区。拥有自己的工业园区，占地面积为14600平方米，自建厂房建筑面积为4千多平方米，拥有现代化生产流水线4条，具有完善的生产、研发和检测设备。公司目前有员工100多人，其中科研、工程技术人员30多名。

该公司为国内电源行业知名高新技术企业及国内最早进入开关电源邻域的专业研发生产厂家之一。专业从事各类开关电源、充电机等电源设备的研发、生产、销售，可为客户度身定制各种开关直流稳压电源和充电机等系列产品（电压1000V内，电流6000A内）。公司推出的系列开关电源和系列充电机已在UPS/EPS、电力自动化、广播电视、仪器仪表、通信系统和工业控制、电镀氧化、元器件老化、部队等邻域广泛应用，用户遍及全国各地。

该公司的产品品种多、种类全，产品详情请登录公司的网站查看。

124. 浩沅集团股份有限公司

地址：广东省广州市天河区龙口东路34号1903

邮编：510635

电话：020-85519378

传真：020-85519378

网址：www. gzhooy. com

简介：浩沅集团股份有限公司是一家集团式经营的股份制公司，旗下公司包括：电子技术研究院、山肯实业、慧能软件、汉林装饰、维谛制冷技术、铭登蓄电池。集团式经营的范围包括：机房工程及产品、电力产品、安防监控、综合布线、装修工程和服务、机电安装等，同时代理：NET恩亿梯整体配电保护方案、艾默生整体机房产品、施耐德物理架构、海康威视监控产品、美国LEVITON合布线和智能照明、山肯UPS，蓄电物理架构、整体机房动力环境监控、理士蓄电池、佳力图机房精密空调等国内外知名品牌产品，配套工程项目使用。浩沅集团股份公司与相关业务公司保持紧密的联系联合开发和参与本公司产品的研究、开发、创新等。

浩沅集团股份有限公司通过ISO 9001质量体系认证、ISO 14001环境体系认证、OHSAS18001职业健康安全体系认证，是一家高新认证企业，公司也自主开发了多项软件著作权包括：电力运维管理系统、电力远程监控采集系统、远程电源监控系统、电力网络信号故障分析系统、机房动力环境监控系统平台等。申请了多项国家专利有：UPS安全电路、防爆UPS电源、UPS电源电路等。产品通过了国家泰尔中心认证，欧盟CE认证，美国联邦通信认证FCC，欧盟强制性有害物质认证RoHs和产品质量检测报告等机构检测。为了更好地服务各行业用户同时赢得各用户的青睐。

浩沅集团股份有限公司是一家承载着社会责任使命感的企业，公司内部成立了基金会，以公司销售总额为基数，合理分配，精准服务社会。同时也承载着企业每位员工的梦想。

125. 华为技术有限公司

地址：广东省深圳市龙岗区坂田华为基地

邮编：518129

电话：0755-28780808

传真：0755-89550100

邮箱：vivian. huhua@ huawei. com

网址：www. huawei. com

简介：华为技术有限公司（以下简称“华为”）是全球领先的信息与通信解决方案供应商。华为于1987年成立于中国深圳，发展到2011年已经有将近12万员工。华为围绕客户的需求持续创新，与合作伙伴开放合作，在电信网络、终端和云计算等领域构筑了端到端的解决方案优势。华为致力于为电信运营商、企业和消费者等提供有竞争力的综合解决方案和服务，持续提升客户体验，为客户创造最大价值。目前，华为的产品和解决方案已经应用于140多个国家，服务全球1/3的人口。

华为以丰富人们的沟通和生活为愿景，运用信息与通信领域专业经验，消除数字鸿沟，让人人享有宽带。为应对全球气候变化挑战，华为通过领先的绿色解决方案，帮助客户及其他行业降低能源消耗和二氧化碳排放，创造最佳的社会、经济和环境效益。

126. 辉碧电子（东莞）有限公司广州分公司

INVENTUS™
POWER

地址：广东省东莞市清溪镇上元路23号

邮编：523600

电话：0769-87731085

传真：0769-87731709

邮箱：jegi. zhang@ inventuspower. com

网址：http：//inventuspower. com

简介：Inventus Power是一家为全球提供创新电源解决方案的生产制造企业。拥有超过48年的卓越经验，公司将继续以专业的知识，引领设计和制造可再充电电源行业，包括锂电池包、蓄电池充电器、拓展坞、高效能电源等。该公司的合作伙伴主要包括医疗、军工政府及商业等OEM工业市场。

该公司拥有6家具有战略地位的先进制造工厂，具备提供成本效益及大批量生产的能力。拥有近40万英尺以上的制造空间和一整套的内部设计、模具、测试设备，有能力在世界范围内管理从设计到生产的复杂项目。每一个制造工厂都通过了ISO 9001：2008认证并且产品都符合EISA、ROHS和CEC规定要求。

辉碧电子（东莞）有限公司是美资企业Inventus Power旗下的独资子公司，总部设在美国芝加哥，于1987年4月1日在东莞市清溪镇建立生产基地，是最先在清溪镇投资的三家外商企业之一。公司现有员工1400多人，厂区占地约3万平方米。

127. 惠州三华工业有限公司

三华

地址：广东省惠州仲恺高新区14号小区

邮编：516006

电话：0752-2771183

传真：0752-2771199

邮箱：luojh@ cnsanhua. com

网址：www. cnsanhua. com

简介：惠州三华工业有限公司的主要产品为逆变电源、太阳能风能并网逆变电源、LCD、LED彩电和计算机显示用电源及适配器、打印机复印机用电源及新兴医疗器械等高科技含量的产品。公司产品市场前景广阔，销量一直保持全国前三甲。公司通过了ISO 9001：2000、ISO 14001、CQC、UL、VDE等认证，获历届广东省、首批国家级高新技术企业、惠州市软件和系统集成行业协会首批会员企业之一，是TCL、Sony、Samsung、松下、创维、长城、日本JVC、美国P&G等国内外知名企业的合作伙伴，海外销售客户遍及欧洲、北美、日本、巴西、印度及东南亚等地。

多年来，一直凭借着稳定可靠的产品质量、极具竞争优势的产品价格、全面及时的售后服务，被三星、松下、长城、TCL等国际知名公司评为“优秀供应商”“十佳供应商”等荣誉称号。

128. 乐健科技（珠海）有限公司

RAYBEN® Technologies

地址：广东省珠海市斗门区新青科技工业园西埔路8号

邮编：519180

电话：0756-6320666

传真：0756-6320558

网址：www. rayben. com

简介：乐健科技（珠海）有限公司，是LED封装散热管理技术领域领头羊。凭借20多年对散热基板的研发、设计与制造经验，成功开发出多款拥有国际专利、以MHE®（微热交换器）为特色的高导热散热基板，开启了散热基板应用的新纪元。MHE® 301借鉴金属直导理念，将功率元件直接焊接在铜柱或铝柱上，并以铜柱或铝柱为散热通道将热量直接导出，实现热量的高效传导。MHE® 901系列散热基板，利用高导热陶瓷片（AlN、Al2O3、Si3N4等）局部嵌埋至FR4，形成耐电压高、导热性能优异且可实现多层线路设计的复合基板材料。鉴于MHE®系列基板在导热与可靠性等方面的出色表现，现已成为高热密度应用如IGBT、SSD基板设计的最佳选择。

乐健集团致力于服务全球尖端客户，总部位于香港，已在美国、德国、中国台湾和日本设立分支机构，以便快速响应客户的需求。

129. 理士国际技术有限公司

地址：广东省深圳市南山区深圳市南山区南海大道新保辉大厦5楼

邮编：518052

电话：0755-86036060

传真：0755-26951222

邮箱：domestic@ leoch. com

网址：www. leoch. com

简介：理士国际技术有限公司（以下简称“理士国际”）始于1999年，是专门从事蓄电池的研制、开发、制造和销售的国际化高科技企业，香港主板上市企业（股票代码：00842. HK）。

经过多年发展，理士国际已成长为全球知名的蓄电池制造商及出口商，现有员工10000余人。企业在北美、欧洲、亚太等地成立有海外销售公司及仓库，以及国内近50个销售公司和办事处，产品销往全球110多个国家和地区。

理士国际多年专注于蓄电池领域，为运营商、企业客户和消费者提供有竞争力的解决方案、产品和服务，研发制造的备用型、起动型、动力型全系列蓄电池广泛应用于通信、电力、广电、铁路、新能源、数据中心、UPS、应急灯、安防、园艺工具、汽车、摩托车、高尔夫球车、叉车、电动车、童车等十几个相关产业，年生产能力总和超过2000万kVA·h。在广东、江苏、安徽和国外马来西亚、斯里兰卡、印度建有8个区域性生产基地，占地面积110多万平方米，拥有97条电池生产线。

理士国际引进国内外先进设备和仪器，并与国内知名高校进行持续地技术交流合作，建立产学研基地提高了企业自主创新能力，在广东、安徽、江苏建有3个专业实验室，技术研发人员500余人，拥有超过900项专利。

130. 全天自动化能源科技（东莞）有限公司

APM® 全天科技 APM TECHNOLOGIES

地址：广东省东莞市南城街道联科产业园7栋201

邮编：523960

电话：0769-22028588

传真：0769-22026771

邮箱：mk@ apmtech. cn

网址：www. apmtech. cn

简介：全天自动化能源科技（东莞）有限公司是一家集研发、生产、销售于一体，专注于可编程电源、自动化测试系统、自动化生产设备、船舶智能系统、太阳能逆变器研发的高新技术企业。公司拥有完善的产品策划、研发、实验、测试、质量控制系统，已通过ISO 9001体系认证。全天科技研发团队由博士、硕士和行业资深专家等100多人组成，并通过与国内外科研团队和各大重点院校保持长期的战略合作关系，从而在根本上保证产品和服务处于行业领先地位。用专业技术及科技不断推动创新突破，全天科技至今已申请了多项发明专利，并获得多项实用新型专利、外观专利、软件著作权等专利成果。产品通过CE、CQC、VDE、SAA、FCC、CSA等认证。从开始到现在，从过去到未来，全天科技始终秉持“精益求精、追求卓越”的企业精神，提供客户“全天，24小时不间断服务”。

131. 山特电子（深圳）有限公司

SANTAK An Eaton Brand

地址：广东省深圳市宝安72区宝石路8号

邮编：518100

电话：0755-27572666

网址：www. santak. com. cn

简介：山特电子（深圳）有限公司根植中国30余年，凭借雄厚的技术研发实力，可靠的产品品质，完备、快捷、高效的售后服务体系，得到了国内各行业用户的一致肯定，产品已广泛应用于政府、金融、电信、电力、交通、科研院所、制造业及军队等行业，数以千万的用户正在依靠山特UPS为其设备提供安全、可靠的电源环境。山特于2008年加入伊顿，成为伊顿的全资子公司，伊顿是一家全球知名的动力管理公司，年销售额达到204亿美金，在全球拥有 9.9 万名员工，产品销往超过 175 个国家和地区。如需进一步信息请访问公司中文网站。

132. 汕头市新成电子科技有限公司

地址： 广东省汕头市泰山路珠业北街 2 号
邮编： 515000
电话： 0754-8813426
传真： 0754-8813429
邮箱： sc@ xincheng-in. com
网址： www. xincheng-ic. com
简介： 汕头市新成电子科技有限公司成立于 2002 年 7 月，是中国专业制造陶瓷电容器、负温度热敏电阻、薄膜电容器和压敏电阻器的大型民营科技企业之一，是 2016 年国家认定通过高新技术企业，市级元器件工程技术研究中心，并拥有自主的注册商标证，2 项发明专利，4 项实用新型专利，3 项软件著作权及广东省认定高新技术产品 4 项．是中国船舶重工集团公司第七一二研究所、江苏大学联合共建产学研和研究生实习基地长期合作单位。

公司主营产品（服务）所属技术领域：电子信息-新型电子元器件-敏感元器件与传感器。公司经过 10 多年的积累与沉淀，拥有一支高效的管理团队，集研发、生产、营销为一体，自动生产设备已实现规模化生产，产品通过 ISO 9001质量管理体系认证、并获颁英国 UKAS 认证证书，全系列产品符合并通过 SGS 环保要求和中国 CQC、美国 UL/CUL、德国 VDE 及 ENEC 等安规标准。产品被广泛应用于工业电子设备、通信、电力、交通、医疗设备、汽车电子、家用电器、测试仪器、电源设备等领域，产品质量处于国内领先水平。

133. 深圳奥特迅电力设备股份有限公司

 奥特迅

地址： 广东省深圳市南山区科技园北区松坪山路 3 号奥特迅电力大厦
邮编： 518057
电话： 0755-26520500
传真： 0755-26615880
邮箱： atcsz@ 163. net
网址： www. atc-a. com
简介： 深圳奥特迅电力设备股份有限公司（以下简称“奥特迅”）是大功率直流设备整体方案解决商，是直流操作电源细分行业的龙头企业。公司成立于 1998 年，位于深圳高新技术产业园区，是国家级高新技术企业，于 2008 年在深圳证券交易所成功上市，公司销售额连续九年位居同业榜首并负责起草或参与制定了多项国家及电力行业标准。

奥特迅秉持“拥有自主知识产权，独创行业换代产品”之理念，致力于新型安全、节能电源技术的研发，创新新型电源技术在多领域的应用，研究开发的多项技术填补国内空白，产品有直流操作电源系列，核电安全电源系列，电动汽车充电站完整解决方案，通信高压直流电源系列。主要应用在电动汽车、通信、核电、智能电网、太阳能储能、水电、风能等新能源领域，如在举世瞩目的长江三峡工程、西电东送工程、南水北调工程、岭澳核电站、大亚湾核电站以及全国最大规模的深圳大运中心充电站均有奥特迅的产品在运行。

134. 深圳蓝信电气有限公司

蓝信电气 LANXIN ELECTRICAL

地址： 广东省深圳市宝安区沙井街道南浦路 531 号 7 层 E 区
邮编： 518104
电话： 0755-23311001
传真： 0755-23068500
邮箱： lxpower809@ 163. com
网址： www. lxpower. com. cn
简介： 深圳蓝信电气有限公司是一家专业从事电力系统操作电源及电力自动化设备研发、生产、销售和服务的创新型高新技术企业。公司的主要产品有：交直流一体化电源、小容量直流电源、多功能直流电源、电力专用 UPS、蓄电池在线监测系统及变电站综合自动化设备，可应用于各级变电站、开闭所、环网柜、柱上开关和箱式变电站等场合。

该公司秉承“诚信、创新、专业、共赢”的理念，始终坚持“质量立企，塑造精品，为顾客创造价值”的经营战略。经过多年的积累和发展，公司拥有一批电源及电力自动化领域的技术精英，在国内电源和电力自动化产品等领域占据领先地位，公司产品已达到国内、国际同类产品的领先水平。

该公司拥有完整的产品系列，能满足从小容量客户终端到大容量变电站、发电厂的需求。公司自主研发生产的小容量直流电源、多功能直流电源、电力专用 UPS 等产品，具有节约资源、小型化、智能化和高可靠性等特点，获得了广大客户的欢迎和认可，已广泛应用于全国各大电力、铁路、钢铁、煤炭、化工、石油、矿山、交通运输等行业，用户遍及全国各地并出口到海外。

该公司在科研和开发方面的投资占年营业额的 10% 以上，拥有先进的研发，测试，生产仪器设备，集中了电源和电力自动化领域最优秀的行业专家，并与国内多家科研单位和高等院校建立了良好的合作关系，产品不断创新，目前在智能电网相关领域进行了大量科研并取得了丰硕的成果。

深圳蓝信电气有限公司诚邀合作伙伴，共同为广大用户提供优质的产品和服务。

135. 深圳麦格米特电气股份有限公司

MEGMEET

地址： 广东省深圳市南山区粤海街道学府路 63 号荣超高新

区联合总部大厦 34 层和深圳市南山区科技园北区朗山路资格信息港 5 层

邮编：518057

电话：0755-86600500 86600666

传真：0755-86600999

邮箱：megmeet@ megmeet. com

网址：www. megmeet. com

简介：深圳麦格米特电气股份有限公司（深交所挂牌上市，股票代码：002851）成立于 2003 年，注册资本金 3. 13 亿元人民币，是一家以电力电子及工业控制技术为核心的首批国家级高新技术企业。公司以成为全球一流的电气控制与节能领域的方案提供者为愿景，业务涵盖工业自动化、轨道交通、新能源汽车、清洁能源、智能家电等多领域，产品广泛应用于医疗、通信、IT、电力、交通、光伏、油田采油、警用装备、工业焊机、工业微波、变频空调、变频微波、平板显示、户外彩屏、智能卫浴等多个行业，产品销售覆盖欧美、印度、巴西、韩国、日本等 40 多个国家，共赢得了 800 多家客户的信赖。

该公司自成立以来，务实创新，凭借人才与技术优势，取得了快速发展。其中，每年较高强度投入产品研发，研发费用逐年提高，目前已拥有 3000 余名员工，专业研发工程师 650 余名。同时，公司铸平台促发展，建立了业界一流的产品研发、测试及制造的软硬件平台，现已获得 414 项专利授权（数据截至 2019 年 1 月 4 日），荣获中国电源学会常务理事单位称号，被授予广东省电源工程技术中心、深圳市技术研究开发中心、深圳市微波能控制技术工程技术研究中心、深圳市知识产权优势企业、深圳市窄间隙焊接技术工程实验室、南山区纳税百强等荣誉，在科技创新方面多次摘得深圳市科学技术奖等多个奖项。

136. 深圳青铜剑科技股份有限公司

青铜剑科技

Bronze Technologies

地址：广东省深圳市南山区高新区南区南环路 29 号留学生创业大厦二期 22 楼

邮编：518000

电话：0755-33379866

传真：0755-86329521

邮箱：info@ qtjtec. com

网址：www. qtjtec. com

简介：深圳青铜剑科技股份有限公司（以下简称“青铜剑科技”）是中国 IGBT 驱动领军企业，由清华大学和剑桥大学博士团队创立于 2009 年，获得中国中车、涌金集团、清华力合等国内知名企业和风投基金的支持。总部位于深圳科技园，在上海、南京、青岛、西安设有分支机构。

青铜剑科技以 IGBT 驱动技术、电量传感技术和碳化硅功率器件技术为核心，为新能源、智能电网、电动汽车、轨道交通、节能环保、国防军工等领域超过 300 家客户提供优质的电力电子核心元器件和解决方案，是中国中车、中船重工、阳光电源、金风科技、特变电工等数十家上市公司的合格供应商。

青铜剑科技凝聚“清华”同“剑桥”智慧，打造电力电子行业的隐形冠军。

137. 深圳市爱维达新能源科技有限公司

EVADA

地址：广东省深圳市宝安区沙井街道新玉路北侧圣佐治科技工业园 A3 栋 4 楼

邮编：518104

电话：0755-23123688

传真：0755-23123698

邮箱：hjg@ evadasz. com

网址：www. evadaups. com

简介：深圳市爱维达新能源科技有限公司（以下简称“爱维达”）为厦门市爱维达电子有限公司控股子公司，爱维达是一家致力于提供全面电源解决方案及电源保护产品的设计、开发、生产、和销售的高科技公司，是科技部认定的高新技术企业和市重合同守信用单位。是福建省电源学会常务理事单位，厦门电力电器产业联盟理事单位，厦门光电协会理事单位。承担过八项市科技计划和三项国家重点新产品计划。

作为爱维达在深圳的子公司，将从事新能源产品的研发、销售、服务为一体的高新技术企业，生产产品有太阳能光伏控制器、风能控制器、LED 驱动电源、各种通信订制电源，覆盖全国各地的 28 个办事处为用户提供全方位的售前、售后服务体系。

注重客户利益和满足客户的需要是爱维达公司的一贯宗旨，爱维达人将以“敬业，诚信，合作，创新”经营理念一如既往地向广大用户奉献出优质的产品和服务。爱维达公司将以“成为行业规模化、专业化的制造企业，新技术、新产品的研发中心”为目标，向国际型企业迈进。

138. 深圳市安科讯实业有限公司

ACT®

地址：广东省深圳市盐田区北山大道北山工业区 5 号楼

邮编：518083

电话：0755-25552808

传真：0755-25558229

邮箱：lixiaohui@ szaction. com service015@ szaction. com

网址：www. szaction. com

简介：深圳市安科讯实业有限公司成立于 1999 年，是一家集产品研发、生产和销售为一体的高新技术企业。依靠多年积累的行业技术经验和自身强大的研发创新能力，在彩色平板显示领域不断取得突破，现有产品包括：数字电视、数码相框、手机、笔记本、电源等。产品主要销往欧美、澳大利亚、亚洲等 20 多个国家和地区。

通过 ISO 9001：2008、TS16949：2002 及 ISO 14001：2004 体系认证，建立了一套从产品研发、生产、到出货的

全过程品质管理体系，产品取得了 CCC、CE、FCC、UL 等产品认证证书。

139. 深圳市安托山技术有限公司

地址：广东省深圳市宝安区沙井镇新沙路安托山高科技工业园 6 栋
邮编：518104
电话：0755-33842888
传真：0755-33923833
邮箱：salesc@ atstek. com. cn
网址：www. atstek. com. cn

简介：深圳市安托山技术有限公司是深圳市安托山投资发展有限公司下属的一家致力于逆变器、光伏发电系统、电子电控产品的开发、生产、销售的高科技企业，产品辐射新能源、通讯、电力、工业控制及其他高科技领域，属国家高新技术企业和深圳市高新技术企业。公司已通过 ISO 9001—2008质量体系认证和 ISO 14001—2004 环境体系认证。

该公司位于深圳市沙井安托山高科技工业园内。安托山集团投资 10 多亿元人民币建造的安托山沙井高科技工业园，占地 28 万平方米，总建筑面积 86 万平方米，有商住楼 4 栋 13 单元，高标准工业厂房 21 栋，是集工业、研发、商住、商务酒店为一体的大型综合性高科技工业园区。

该公司拥有数位国务院津贴的专家，聚集了电力电子、热学、结构、硬件、软件等多学科的一支梯次配置合理的技术骨干队伍，整个团队具有强大的新产品开发和快速响应能力。

该公司在设计、工艺和设备等方面均达到国际先进水平，生产工艺机械化、自动化程度高；并配备有一级实验室，引进国际先进检测设备，建立完备的试验、检测系统，确保产品保持国际国内领先水平。产品选用经过长期验证的、高可靠性的元器件，以精细的工艺流程，100%的受控过程，经过严格完备的测试与评审，制造出高品质和高可靠性的 ATSTEK 精品。

安托山本着精益求精的原则，顺应产品绿色潮流，响应人类社会与自然环境的和谐发展，走可持续性发展之道路，在规范的管理体系运行下，以良好的质量，合理的价格来满足专业用户的需求。根据客户提出的产品性能指标，我们会以最快、最好、最到位的解决方案，为客户提供优质的服务。

140. 深圳市柏瑞凯电子科技有限公司

PolyCap®柏瑞凯

地址：广东省深圳市龙华新区清祥路 1 号宝能科技园 7 栋 A 座四楼
邮编：518111
电话：0755-33086600
传真：0755-33692186
邮箱：polycap@ polycap. cn
网址：www. polycap. cn

简介：柏瑞凯（PolyCap）电子科技有限公司（以下简称“柏瑞凯”）是一家总部位于深圳市的国家级高新技术企业，专注于新型固态电解质铝电容器研制、生产和销售，拥有完备且先进的固态铝电容器制造技术和国内最大规模生产线，产品系列齐全。产品工作电压范围涵盖 2.5～250V，最长工作寿命可达 105℃/5000 小时，最高工作温度可达 135℃，产品技术指标居国际先进水平。

该公司高度重视科技创新，积极实施产品和制造技术创新，已申请 21 项国家专利，获授权发明专利 5 项，立志打造具有较强创新动能的高科技民族品牌。

先后通过 ISO 9001：2008 质量管理体系认证及 ISO 14001：2004 环境管理体系认证。

生产基地位于江西省赣州市经济开发区，赣州市柏瑞凯工业园总占地面积 80 亩（1 亩=666.67 平方米），一期工程于 2016 年 7 月竣工启用，2019 年 1 月达到月产 80000kpcs 高质量固态铝电容器；二期工程筹备中，建设完成后的赣州生产基地产能将达到月产 150000kpcs 高质量固态铝电容器。

公司愿景：成为全球固态铝电容器主要制造商之一。

141. 深圳市比亚迪锂电池有限公司

地址：广东省深圳市龙岗区宝龙工业城宝坪路 1 号
邮编：518116
电话：0755-89888888 ext. 553256
传真：0755-89643262
邮箱：Fu. cejian@ byd. com

简介：深圳市比亚迪锂电池有限公司（以下简称“比亚迪锂电”）成立于 1998 年，是比亚迪股份有限公司的全资子公司。现有产品主要包括锂离子电池、聚合物电池、磷酸铁锂电池、硅铁模块、UPS、DPS、通信电源等，广泛应用于手机、电动车、通信基站、光伏路灯、储能基站、轨道交通等领域。2009 年，锂离子电池总销量超过 5 亿只，在全球手机电池领域，市场占有率位居前列。

比亚迪锂电 2010 年开始和国内运营商紧密合作，配套通信基站-48V 开关电源、48V 整流模块、通信 UPS 以及 48V 通信用电池产品，2014 年为中国移动研发供应 HVDC336V 高压直流设备。2014～2016 年相继中标电信、移动、联通等集团招标项目，同时双方高层签订多项战略合作项目。

比亚迪一直致力于清洁能源的研发应用，旨在减少环境污染，保护家园，造福人类。新能源汽车、太阳能路灯、家庭能源等产品已广泛应用于国内外。为了解决城市日趋严重的交通拥堵，比亚迪于 2016 年斥巨资建设云轨试验线，随着 10 月 13 日通车而低调进入云轨交通领域。将云轨修到人员密集区域如商场、学校、医院、小区门口，提高出行效率、增加居民幸福感，促进城市发展社会和谐进步，此目标与 Build Your Dreams（BYD）的企业宗旨相适应。

142. 深圳市创容新能源有限公司

地址：广东省深圳市松岗街道燕川北部工业园研发中心楼7层

邮编：518107

电话：0755-29948998

传真：0755-29948906

邮箱：sales@ csdcap. com

网址：www. csdcap. com

简介：深圳市创容新能源有限公司专业生产销售全系列金属化薄膜电容，各种工业大电容，X2 安规电容，CBB 电容等。公司自 2001 年创立以来，凭借全套先进的进口设备和精湛的生产工艺以及全面推行国际质量体系，使我们的产品以优异的品质在电力电子行业、新能源汽车、风能发电、太阳能发电等光伏行业，以上乘的服务和极具竞争力的价格赢得了广大客户良好的声誉和口碑。

143. 深圳市东辰科技有限公司

DCTEC

地址：广东省深圳市宝安区宝城 68 区留仙二路鸿辉工业区 2 号厂房

邮编：518101

电话：0755-26632038

传真：0755-26633000

邮箱：market@ dctec. com. cn

网址：www. dctec. com. cn

简介：深圳市东辰科技有限公司成立于 2004 年，注册资本 3068 万元，是专注于 Dctec 品牌高频开关电源的研发、生产与销售的高科技企业。东辰科技坚持以服务客户为己任，立足于自主研发，专业从事高频开关电源的定制服务。

东辰聚集和培养了大量电源行业的精英，组成了强大的研发、生产、品控和管理队伍。拥有 10000 多平米的研发与生产基地，员工近 300 人。于 2005 年 3 月顺利通过 ISO 9001 质量体系认证，从 2006 年 3 月开始导入 ROHS 管理体系，多数产品通过了 UL、TUV、CE、CSA、CCC、PCT、EK、IRAM、NOM 等多项认证，并获得了数十项产品发明专利。

现有 600 余种 AC-DC、DC-DC、DC-AC 客户定制产品的种类和系列，功率覆盖 2～10000W 等级，广泛应用于移动通信、网络通信、服务器、金融 ATM、工业控制、医疗设备、高速铁路、新能源以及其他高科技领域。欢迎广大客户来电咨询，我们将为您提供专业的参考建议和解决方案。

144. 深圳市飞尼奥科技有限公司

Fineio

地址：广东省深圳市南山区桃源街道大园工业区 7 栋 1 楼

邮编：518052

电话：0755-82838425

传真：0755-82838444

邮箱：hr-fineio@ fineio. com

网址：www. fineio. com

简介：深圳市飞尼奥科技有限公司（以下简称“飞尼奥”）是一家集创新、高新技术、代理贸易为一体的企业，公司成立之初为德国 INF INEON 代理商，INF INEON 中国区第三方设计公司及战略合作伙伴，公司拥有国内顶尖的自主研发设计方案，包括家电、工业加热、直流电机等，客户覆盖全国 20 多个省市主要城市。有优秀工程团队及销售团队，能为客户提供全方位的更加贴心的配套服务。

145. 深圳市港特科技有限公司

港特科技
KTRANSFORMERS

地址：广东省深圳市宝安区松岗街道燕川社区广田路永建鸿工业园 2 栋

邮编：518105

电话：0755-29095011 29095012 29095055

传真：0755-29095058

邮箱：ktt@ kttchina. com

网址：www. kttchina. com

简介：港特公司具有 10 余年丰富的变压器研发、生产经验的积累，已成为电源行业知名的优质供应商，公司始终坚持“诚信是企业的生命，创新是公司的灵魂”的企业发展理念。本公司引进了先进的生产与检测设备，以完善的品质管理，严格的生产工艺要求以及优质的售后服务，更以专业的技术研发使之不断的创新突破。

146. 深圳市皓文电子有限公司

地址：广东省深圳市南山区西丽学苑大道 1001 号智园 A5 栋 5 楼

邮编：518000

电话：0755-26805439

传真：0755-26696592

邮箱：cherry. chen@ hawun. com

网址：www. hawun. com

简介：深圳市皓文电子有限公司（以下简称“皓文电子”）是一家专业从事电源产品设计、生产和销售的企业。公司成立于 2001 年，总部位于深圳市南山智园，在深圳和成都分别设有研发中心，工厂位于深圳市光明新区，办公及研发面积 4000 多平方米，工厂面积近 5000 平方米。皓文电子先后通过 ISO /GJB9001 质量体系认证，具备相关保密资质，并荣获国家级高新技术企业称号，专利及软件著作权均超过 20 项，产品广泛应用于军工、铁路、通信、工业控制及新能源等领域。

皓文电子经过多年的技术积累，拥有高素质的专业设计团队和先进的技术开发平台，技术实力达到世界领先水平。皓文电子一直致力于设计和生产具有高可靠性、高效率的电源产品，产品具有高功率密度、宽范围、高电压输入、系列化等特点，并广泛应用于雷达、无人机、加固计算机、电台、导弹、火控和通信设备等国防项目。皓文电子坚持自身不断创新，努力成为提供高端可靠开关电源产品和服务的领先供应商，为国防事业的发展贡献最坚实的力量。

147. 深圳市禾望电气股份有限公司

地址：广东省深圳市南山区西丽镇官龙村第二工业区 11 栋
邮编：518055
电话：0755-86026786
传真：0755-86114545
邮箱：hopewind@ hopewind. com
网址：www. hopewind. com

简介：深圳市禾望电气股份有限公司（股票代码：603063）专注于新能源和电气传动产品的研发、生产、销售和服务，主要产品包括风力发电产品、光伏发电产品和工业传动产品等，拥有完整的大功率电力电子装置及监控系统的自主开发及测试平台。公司通过技术和服务上的创新，不断为客户创造价值，现已成为国内新能源领域最具竞争力的电气企业之一。

在新能源领域，禾望产品系列覆盖国内 850kW ~ 8.0MW 风电变流器、50kW ~ 1.0MW 光伏逆变器 1.0 ~ 2.0MW 光伏并网逆变房等主流机型；在工业传动领域，禾望提供 0.4kW ~ 60MW 的传动成套解决方案，可广泛应用石油、化工及其他各种工业应用场合；在电能质量改善和治理领域，禾望提供单机 30kVar ~ 10MVar 的 APF、SVG 和特种电源产品，其广泛应用于地铁、广电、冶金、石油、汽车制造、造纸、机房等多个领域和行业；在港口码头领域，禾望提供 0.5kW ~ 20MW 的变频电源岸电系统，可广泛应用于大型港口、大型游轮码头以及各种专用码头的变频变压供电场合；在电动车行业，禾望提供 4 ~ 20kW 充电模块及 30 ~ 320kW 充电机，结合风光一体技术，可为城市交通提供清洁动力。

148. 深圳市核达中远通电源技术股份有限公司

地址：广东省深圳市龙岗区深圳市龙岗区宝龙街道宝龙社区宝龙二路 36 号
邮编：518116
电话：0755-32886829
传真：0755-33229850
邮箱：yeshunli@ vapel. com
网址：www. vapel. com

简介：深圳市核达中远通电源技术股份有限公司隶属广东核电集团是国家核准认定的高新技术企业。20 多年专业致力于 VAPEL 品牌高频开关电源的研发、生产和销售。公司已通过 ISO 9001 国际质量体系认证、ISO 14001 国际环境体系认证和 TS16949 汽车质量体系管理认证。是北汽福田、海马、宇通、长春一汽、长安汽车、华为、中兴、诺基亚、爱立信、惠普等国内外知名企业的优秀供应商。

公司总部设在深圳，拥有 80000 多平方米的开发和生产基地。现有员工 1900 多人，400 多人的研发队伍，具有强大的新产品开发和快速响应能力。公司每年研发投入占上年销售收入 10% 左右。巨资建设各种国际标准实验室，配置国际先进的实验设备，采用国际先进的测试手段，进行各种元器件应力分析、高低温及其循环试验、震动试验、冲击试验、交变湿热试验、安规测试、EMC 测试、MTBF 分析试验、FMEA 分析试验、加速老化试验、HALT 实验等，保证了 VAPEL 电源产品的高可靠性。

电源通过 UL、TüV、CE、CSA、CCC、TLC 等国内外的产品安规认证，其中 TüV 达到 ACT 水平，UL 达到 CTDP 水平。现有 8000 余种 AC-DC、DC-DC、DC-AC 标准产品、非标准产品、客户定制产品的种类和系列，功率覆盖 2 ~ 15000W 等级，广泛应用于新能源、通信、电力、工业控制、仪器仪表、医疗、铁路、军工等其他高科技领域。自主研发设计的电动汽车交直流智能充电桩满足低速车、乘用车、物流车、大巴车、装备车等所有车型和各种充电方式。模组化全系列宽电压车载充电机、车载转换电源，满足所有电动汽车车载充电机应用和所有车型的电源转换。是国内最全面的电动车电源厂家。是国内最全面的电动车电源、充电桩研发、生产、销售厂家，国内外地区均已被大批量应用。

149. 深圳市华天启科技有限公司

地址：广东省深圳市宝安区松岗镇罗田社区井山路 14 号
邮编：518105
电话：0755-27103658
传真：0755-81751932
邮箱：szhuaqi@ 163. com
网址：www. huatianqi. com

简介：深圳市华天启科技有限公司是一家专业从事有机硅胶粘剂、导热硅胶片、电子灌封胶等产品研发、生产和销售一体的高科技企业。公司成立于 2007 年，坐落在美丽的鹏城，毗邻广深高速松岗站，占地面积 10000 平方米，建有 6000 平方米生产厂房和 1000 平方米工程研发中心，公司主导的“华天启”品牌单双组分胶粘剂、导热硅脂、硅胶片等系列产品已享誉国内外，产品质量及售后服务深受客户的欢迎和好评。华天启是一家国家高新技术认证企业，有多个研发专利，公司通过了 ISO 14001 认证与 ISO 9001 质量管理认证。产品通过了 UL、TüV、ROHS、RVHC 等各项认证。广泛开展同中科院等知名研究所及大学合作，确保产品的技术领先性。并以雄厚的技术实力、先进的生产工艺、齐全的检测手段、完善的生产销售管理使该公司产品有了坚固的质量保证，不断扩大产品应用领域。历年来，多次被客户评优秀供商。取得丰硕成果。公司的产品类型有：粘接密封类胶粘剂、敷形类胶粘剂、灌封类胶粘剂、导热类胶粘剂、硅胶片等。产品囊括了单组分室温硫化硅橡胶、双组分室温硫化硅橡胶、双组分加成型硅橡胶、导热硅脂（散热膏、传温油）、有机硅树脂等胶粘剂，以及导热硅胶片、导热双面胶等产品。

150. 深圳市坚力坚实业有限公司

CHNKONGFU®

地址：广东省深圳市宝安区沙井街道蚝乡路教师村 3 栋 102 室

邮编：518104

电话：0755-27722489

传真：0755-27722739

邮箱：sz27727887@ 126. com

网址：www. china-jlj. com

简介：自主研发系列高效开关电源厚膜集成电路。自置半导体封装设备，产能为每月 28 万片。涵盖 PFC、BUCK、BOOST、RD、PP、BTL、SR 等拓扑，供电源整机选配。

151. 深圳市捷益达电子有限公司

Jeidar® UPS systems

地址：广东省深圳市宝安区固戍东方建富愉盛工业园 12 栋 2 楼

邮编：518126

电话：0755-26696338

传真：0755-26811099

邮箱：jeidar@ 163. com

网址：www. jeidar. com

简介：深圳市捷益达电子有限公司（以下简称“捷益达”）1993 年成立，是集研发、生产、销售、服务为一体的电源专业制造商，是获得中国政府认定的国家高新技术企业、深圳市高新技术企业、深圳市双软企业和深圳市自主创新企业。

捷益达在中国多个省市建立办事与服务机构，并在海外多个国家建立了品牌经销商和服务商。具备年产电源 15 万台的生产能力。目前产品有商用 UPS 电源、工业用 UPS 电源、通讯用逆变电源、光伏并离网逆变电源、电力专用 UPS 电源、蓄电池及动环监控产品。23 年来，捷益达产品以先进的技术、高可靠的品质、高性价比以及突出的服务，赢得了各行业用户的好评。

捷益达在持续推动品牌的建设的战略下，以自主创新，掌握产品的核心技术，走国际化、标准化、规范化的管理之路；在产品的研发和制造上，捷益达始终围绕着“高可靠的根本理念”，采用国际先进技术和制造工艺精益求精。捷益达以客户为至尊，珍惜所有为公司付出努力的员工，以及与公司一起携手合作的伙伴。

“真诚、互信、沟通、合作”，捷益达愿与您携手同行！

152. 深圳市金威源科技股份有限公司

Goldpower 金威源

地址：广东省深圳市坪山新区大工业区聚龙山片区金威源工业厂区 A 栋第 1-3 层，B2 栋第 1-5 层

邮编：518118

电话：0755-84636021

传真：0755-83432651

邮箱：info@ goldpower. com. cn

网址：www. gopowermall. com

简介：深圳市金威源科技股份有限公司（以下简称“金威源”）成立于 2001 年，总部设在深圳，是业界领先的整体电源解决方案提供商，系国家核准认定的集研发、生产、销售、服务于一体的国家级高新技术企业。

金威源现有员工 600 余人，核心团队和技术骨干均来自 985、211 国内知名高校，授权专利已有百余项，产品远销 30 余个国家和地区。金威源已拥有电动汽车智能充电云管理平台，同时也拥有 8 大系统平台，其中狗刨网 gopowermall. com 是金威源旗下的全球化电源生态链共享平台。

金威源专注于电力电子及其控制技术的研究与应用，坚持创新驱动、在设计中构建质量优势、成本优势。在通信、电力、电动汽车、轨道交通、金融自助设备、商业显示（LED）、新能源节能环保等众多领域构筑了端到端整体解决方案优势，为中兴、华为、中国电信、移动、联通，印度信实公司等国内外知名企业提供有竞争力的电源技术解决方案、产品和服务，致力于推动社会绿色发展、可持续发展，矢志打造长青基业，并努力成长为电源行业领域具有全球产业影响力的企业。

153. 深圳市巨鼎电子有限公司

深圳市巨鼎電子有限公司 SHENZHEN JUDING ELECTRONICS CO.,LTD.

地址：广东省深圳市宝安区宝田一路 231 号凤凰岗第三工业区 B5 栋

邮编：518102

电话：13600193824

传真：0755-26974522

邮箱：lin_ bai74@ hotmail. com

网址：www. judingpower. com

简介：深圳市巨鼎电子有限公司是一家专业的高频开关电源制造商，成立于 1998 年，一直专注于开关电源的研发、生产、销售与服务，致力于为客户提供高品质的、高可靠的电源产品和完美的电源解决方案。

该公司产品包括 AC-DC 一次电源、DC-DC 二次电源、ADAPTER 适配器电源、DC-AC 逆变电源、PFC 功率因素校

正电源及 UPS 不间断电源等 6 大系列，1000 多种标准与非标电源产品，单机电源功率涵盖 0.5～5000W。

该公司产品目前在国内电子检测设备和银行监控等应用领域处于领先地位，其中集中供电电源成为唯一一家入围多家银行监控工程的产品。

“高质求生存，低价赢客户，优服促发展”是公司的经营宗旨。制造高品质、高可靠性的电源产品仅仅是公司迈出的第一步，为每一个客户提供最完美的电源解决方案才是最终目标。

“创新源于专业制造，放心自在巨鼎电源”！

每一个产品，巨鼎人都将为您精诚打造！

154. 深圳市康奈特电子有限公司

地址：广东省深圳市龙华新区深圳市龙华区观湖街道松元厦社区大布头路 321 号

邮编：518110

电话：0755-28199177

传真：0755-28168210

邮箱：szcnntxue@ 126. com

网址：www. szcnnr. com

简介：深圳市康奈特电子有限公司（CNNT）具有 20 多年的电联接器产品、电子接口产品定制开发与生产经验，同时致力于各类新能源电联接口与电子接口的研发与生产，凭借多年来的 OEM/ODM 连接器制造经验、先进的管理模式、完善的工艺设施及精细的模具加工技术和装备，加之雄厚的经济实力，创立了自己的连接器品牌（CNNT）。产品包括印制电路板接线端子（ERTB 系列）、组合式接线端子（PLTB 系列）、通用导轨接线端子（DRTB 系列）、功率型接线端子（BRTB 系列）、穿墙式接线端子（QCTB 系列）、贯通式接线端子（DSTB 系列）、变压器接线端子（TFTB 系列）、新能源汽车专用接线端子（HSTB 系列、EVC 系列）、母线系统及其他电气辅件产品。公司生产的各系列产品可满足各行各业的不同电气连接需求。

155. 深圳市库马克新技术股份有限公司

地址：广东省深圳市宝安区石岩街道塘头宏发工业园 3 栋 2 楼

邮编：518108

电话：0755-81785111

传真：0755-81785108

邮箱：business@ cumark. com. cn

网址：www. cumark. com. cn

简介：深圳市库马克新技术股份有限公司（以下简称“库马克”）成立于 2001 年 3 月 19 日，并于 2014 年在全国中小企业股份转让系统挂牌（证券代码：831251）。公司是一家专注于电力电子传动与自动化产品研发、生产和销售的国家级高新技术企业，依靠优异的技术和多年积累的行业应用经验，为用户提供高效可靠的智能驱动产品和自动化完整解决方案。

该公司的高、中、低压系列智能变频器及其自动化集成产品，具有广泛的应用前景，是通过信息化弱电信号控制强电、从而驱动电动机实现各类机械调速和运动控制的信息化电力电子设备，可被广泛应用于数控机床和机器人、海洋工程装备及船舶、轨道交通装备、节能与新能源汽车、农业机械装备、物流与仓储、电力、煤炭、石化、化工、环保、制药、有色金属、钢铁等领域，可以帮助生产企业提高装备自动化水平、节能增效、降低生产成本，帮助装备制造业产品绿色智能化升级换代、提高市场竞争力。

该公司目前拥有专利 30 多项，各种技术资质及企业荣誉百来项。在国际化进程中，库马克将以“智能驱动创造美好生活”为企业使命，以“务实高效、开拓创新”的企业精神，克服一切困难，实现企业愿景。未来的库马克，是服务的库马克、高科技的库马克、世界的库马克！

156. 深圳市鹏源电子有限公司

地址：广东省深圳市福田区新闻路侨福大厦 4F

邮编：518034

电话：0755-82947272

传真：0755-82947262

邮箱：sales@ szapl. com

网址：www. szapl. com

简介：深圳市鹏源电子有限公司（以下简称“鹏源电子”）是一家专业为新型能源产品提供核心电子零件的代理商，既提供包括各类 IGBTs、MOSFET、快速二极管、整流桥、晶闸管、碳化硅二极管和场效应管和控制 IC 等关键的半导体器件，也提供薄膜电容器、铝电解电容器、电流传感器和高压直流继电器等产品，能为功率变换的各个环节提供关键的元器件。

鹏源电子不仅拥有专业的销售工程师团队，能为客户提供正确、高效和经济的元器件方案，同时还拥有业界领先的宽禁带半导体应用实验室，能为客户提供高效率的技术支持。公司先后完成针对电动汽车、光伏逆变器等相关应用的几十个项目的研发，形成了几十项专利技术和软件著作权。鹏源电子也与相关的大学院校展开深入的合作，是华南理工大学的研究生培养基地。

该公司代理的产品包括 ixys，wolfspeed，Tamura，Payton，Hjc，Panjit，ICEL，Electronic Concepts 等。

157. 深圳市瑞必达科技有限公司

地址：广东省深圳市宝安区福永街道桥头社区富桥第二工业区北 A3 幢

邮编：518103
电话：0755-33850600
传真：0755-29912756
邮箱：guoguiyuan@ rbdpower. com
网址：www. rbdtechcom
简介：深圳市瑞必达科技有限公司（以下简称“瑞必达”）是瑞达国际集团旗下的全资子公司，成立于2006年，是一家集研发、制造、销售和服务于一体的高新技术企业，产品远销40多个国家和地区。公司产品广泛应用于智能家居、智能医疗、康复保健、智能办公、工业自动化、大型装备等多个领域，瑞必达现已成为领先的开关电源产品、控制系统及解决方案供应商之一。

瑞必达始终坚持“专注、高效、创新、共赢”的经营理念，秉持追求极致的工匠精神，为客户提供卓越的产品和解决方案。工厂通过了ISO 9000品质保障体系和ISO 14001环境管理体系，相关产品通过了TüV、CB、CE、UL、FCC、PSE、C-Tick、CCC、EMC、EAC、KC、RCM、ETL、GS、DOE、RoHS等各项国际安全规范认证。

经过10年多的发展，瑞必达先后被评为广东省质量检验协会理事单位、中国电源学会会员单位、深圳知名品牌、医疗电源10年新兴品牌。目前，已与国内外多家最具实力的客户建立了长期稳定的战略合作关系。

158. 深圳市瑞晶实业有限公司

深圳市瑞晶实业有限公司

地址：广东省深圳市南山区西丽镇丽山路民企科技园3栋6楼
邮编：518055
电话：0755-88860609
传真：0755-26515068
邮箱：zhen. xiuping@ rjsz. net
网址：www. rjsz. net
简介：深圳市瑞晶实业有限公司成立于1997年，是一家集科、工、贸于一体的民营股份制企业，坐落于深圳市内著名的大型工业区——西丽红花岭工业区，毗邻深圳著名学府——深圳大学城，以及西部风景旅游点：西丽湖度假村、动物园等。工业区内配套完善，交通十分便利。

该公司目前主要从事开关电源类产品的研制、开发、生产。现公司拥有10000m^{2}生产平台，1000名员工和一批专业技术骨干，生产装配线20条及4台SMT自动贴片机，各种专业电子测试仪器，信赖性测试设备，及可同时BURN—IN 7200pcs的老化室。日平均产能35k，峰值产能可达到50k。2005年的年产值已超过亿元大关。

1999年开始为国外内主流通信设备及相关厂商提供各类规格的开关电源，工业电源，LED驱动电源。主要客户包括了深圳中兴通讯股份有限公司、福建星网锐捷通讯股份有限公司、德赛电子（惠州）有限公司，韩国LG等大型厂商。

2006年中国电子科技集团公司（CETC）第九研究所（原信息产业部电子九所）与我司合资合作，资产整合后注册资本为959万元，现今该公司是国有控股的军转民形式的股份制科技企业，依托于九所这一强大技术后盾，致力于发展成为国内一流的电源产品研制、生产、销售一体化的专业公司。

2009年，深圳市瑞晶实业有限公司成为深圳市LED产业标准联盟核心会员单位（该联盟是深圳市计量院与标准局牵头创建），积极参加深圳市LED产业标准的制定工作，并已成为深圳市有关LED产业中电源产品核心生产厂家。

159. 深圳市三和电力科技有限公司

三和电力科技
SANHE POWER TECH

地址：广东省深圳市南山区西丽镇官龙村第二工业区6号厂房1-3楼
邮编：518000
电话：0755-26749992
传真：0755-26749991
邮箱：samwha2002@ vip. 163. com
网址：www. samwha-cn. com
简介：深圳市三和电力科技有限公司是一家立足于深圳的高科技企业，主要从事以电力节能为中心的高科技产品的研发、制造，同时与大专院校联合承担科研开发课题。凭借多年的研发和生产经验，公司在无功补偿、滤波方面积累了丰富的经验，多项技术引领行业发展，公司受国家委托参与了多个国家行业标准起草和制定工作。公司的核心技术：供电系统的无功补偿技术和智能型控制；供电系统高、低压谐波治理；供电系统的稳定性分析；电容器装置的安全运行；柔性输电技术SC、SVC、SVG、APF、UPFC系统稳定的产品质量、专业化的咨询、一流的服务，使三和电力每天都迈向新的高度。

160. 深圳市实润科技有限公司

地址：广东省深圳市福田区彩田路中银大厦B座9A-9E室
邮编：518026
电话：0755-83517204
传真：0755-82468308
邮箱：alex@ sprintek. com. cn；rafael@ sprintek. com. cn
网址：www. sprintek. com . cn
简介：深圳市实润科技有限公司是一家专业的电力电子器件代理商。以“成就你我”的心为来自全球的电子元器件生产厂家和中国的设计工程师们架起一座畅通的“桥梁”，一直致力于产品线拓展和新项目推广是我们不断发展的基石。依托中国和深圳地区近30多年的高速发展，现已成为中国范围内，工业领域最值得信赖的合作伙伴。

该公司产品线包括：碳化硅二极管、快恢复二极管、肖特基二极管、桥式整流器、三相整流桥、高压硅堆整流二极管、IGBT、MOSFET、SIC MOSFET、整流二极管模块、快恢复二极管模块、肖特基二极管模块、晶闸管模块、三相整流模块、隔离光耦、驱动光耦、高速光耦、电流传感器、电压传感器、IGBT 驱动器、安规电容、电解电容、薄膜电容器、电力薄膜电容、平面电感、平面变压器以及高压直流继电器等。

在科技与市场日新月异的今天，我们将不断的扩展更多的产品线，挖掘更新的市场机会，和我们的供应商和客户伙伴一起成长。积累成实，润泽万物，成就你我！

161. 深圳市思科赛德电子科技有限公司

地址：广东省深圳市光明新区新坡头工业区 3 栋

邮编：518106

电话：0755-28769022

传真：0755-28769522

邮箱：jiaolong@ sceddz. com

网址：www. sceddz. com

简介：深圳市思科赛德电子科技有限公司专业从事接线端子的研发、生产和销售，是亚太地区最大接线端子制造商之一。公司总部位于深圳，2014 年在苏州设立分厂，全集团现共有员工 1000 余人。

公司通过了 ISO 9001：2008 质量管理体系认证、ISO 4000环境管理体系认证，产品具有 UL、CUL、CE、VDE、CQC 等安规认证，产品符合 ROHS、REACH 欧盟环保标准，拥有富恶化 UL、VED 标准的实验室。公司始终坚持“众和德厚、诚接天下”的核心理念，用科学技术打造品牌，用真诚服务塑造信誉，持之以恒，锐意进取，把最好的产品和服务奉献给广大客户。

162. 深圳市斯康达电子有限公司

地址：广东省深圳市宝安区福永桥头社区永福路吉安泰工业园 3 栋

邮编：518000

电话：0755-26016812

传真：0755-26016813

邮箱：skonda@ skonda. com. cn

网址：www. skonda. com. cn

简介：深圳市斯康达电子有限公司是国家级高新技术企业，专注于 SKONDA 品牌的市场开拓。多年来公司凭借优质的测试方案和过硬的产品品质，以及良好的客户服务，积累并得到了大量行业客户的认可。主营业务包含：OBC/DD 测试系统，充电桩测试系统，电动车测试系统，电源测试系统，PCBA 测试系统，电子负载，回馈式负载，交流电源，直流电源，双向电源，自动测试系统集成，生产测试自动化方案和技术服务等，并与众多世界知名仪器企业合作，已成为电源和电子产品完整测试方案的供应商。

公司秉承以市场为导向，以成为测试领域知名企业为远景目标。其依靠研发创新为核心力，凭借丰富的行业经验，运用先进的技术，开发出适应市场需求的产品。其产品被广泛应用于家电、电机、电动工具、开关电源、医疗电子、信息通信、灯具照明、电子元器件、低压配电、电池检测、新能源等众多领域。

高科技技术型企业持续发展的核心竞争力源于技术领先，创新的技术源动力是拥有高素质、专业级人才。深圳市斯康达电子有限公司 90% 以上员工具备大学本科以上学历，30% 以上员工具备研究生学历。由他们组成的研发、营销和售后服务团队，具备非常高的创造力、开拓力和职业素养。开发出独特、精准和稳定的测试设备，提供最完整、全面的解决方案，服务好每一位客户，正是斯康达人一直追求的价值目标。

过硬的品质和优质的服务是我们对客户的承诺，打造中国知名测试仪器品牌是我们的不懈追求！

163. 深圳市威日科技有限公司

地址：广东省深圳市龙华新区大浪街道英泰工业园 5 栋三楼 A 区

邮编：518109

电话：0755-28133003

传真：0755-29787957

邮箱：vr2008@ 126. com

网址：www. weiri. net. cn

简介：深圳市威日科技有限公司（以下简称“威日公司”）/深圳市兆伟科技开发有限公司位于深圳宝安区龙华二线拓展区内，是以开发生产电子元件检测仪器和元件数控自动生产设备为主的高科技型公司。现公司有九大类别 30 余种型号产品：精密 LCR 测试仪、精密直流电阻测试仪、变压器综合参数测试仪、直流叠加程控恒流源、磁性材料功耗测试仪、绝缘耐压安规测试仪、无刷电机程控绕线机、CNC 自动排线式绕线机、无刷电机数控驱动器。威日公司还正在研制开发电容纹波测试仪、精密电解电容测试仪、高频功率计、开关电源综合参数测试仪等新产品。公司所投产的所有产品都要收集国内外最新的相关产品进行详细研究，综合各家之所长，并加上公司独创的电路及根据从广大用户收集来的意见改进的电路，形成既有先进性又符合用户需求的独创产品。

164. 深圳市伟鹏世纪科技有限公司

WeledPower®

地址：广东省深圳市宝安区福永街道和平村蚝业路祥利工业园 A 栋 2 楼

电话：0755-29107971

传真：0755-86104343

邮箱：sales@ wepedpower. com

网址：www. weleddianyuan. com

简介：深圳市伟鹏世纪科技有限公司（以下简称“伟鹏世纪”）是一家国家级高新技术企业，公司成立于 2008 年，注册资金 1000 万元，是全球先进的电源解决方案供应商和国内电源行业的标志性企业；也是深圳知名品牌、广东省著名商标企业。公司现在拥有员工 400 人，办公及厂房面积 10000 平方米，拥有独立的标准测试实验室。伟鹏世纪作为一个专业的 LED 电源生产商及方案解决商，10 年来只专注于高端的 LED 驱动电源。在全体员工以及近千家客户的认可与大力支持下，公司的产能突破了 100 万台/月。伟鹏世纪经过十年快速发展，重新树立全新的目标“专注于北美高端 LED 灯具驱动电源”，致力成为全球最可靠的 LED 驱动电源生产制造商。

165. 深圳市新能力科技有限公司

新能力 SINOLY

地址：广东省深圳市宝安区 67 区留仙二路中粮商务公园 3 栋 303A

邮编：518101

电话：0755-83409828

传真：0755-83417621

邮箱：sinoly@ sinoly. com

网址：www. sinoly. com

简介：深圳市新能力科技有限公司自 1999 年成立以来，就全身心致力于绿色直流电源、直流储能、节能技术及计算机控制技术的研究、开发和生产，是国家科技部、财政部、深圳市科技局和财政局重点扶持的高科技企业。

公司产品现包括：地铁屏蔽门电流系统、智能照明系统、模块化直流不间断电源、电力高频开关电源模块、微机高频开关电源监控器、智能电力参数仪表、智能电能表、电能质量谐波分析仪表、电力操作电源小系统、BZW 系列壁挂电源和 XPZM 微机控制高频开关直流系统。公司分别通过了电力工业部电力设备及仪表检测中心和国家继电器检测中心的严格检验，并通过英国赛瑞的认证 SIRA ISO 9001：2000 质量的体系认证。

作为国内首家电力操作电源系统解决方案服务商，公司产品自成体系，为客户提供全方位的多种电力操作电源产品和解决方案。公司秉承“创新、合作、服务、双赢”的经营理念；坚持“全员参与、制造优质产品，坚持改进，满足客户需求”的方针政策；崇尚“求实创新，质量第一；用户至上，服务社会”的服务宗旨。以可靠的质量、优质的性能、互惠的价格、殷实的服务与社会各界广大用户共进步、同发展。

166. 深圳市兴龙辉科技有限公司

GD GOLDEN DRAGON

地址：广东省深圳市龙岗区横岗镇西坑村西湖工业区 19 栋

邮编：518002

电话：0755-89737829/89737228/89737666

传真：0755-89737108/89737118

邮箱：admin@ unitefortune. com

网址：www. gd-battery. com

简介：深圳市兴龙辉科技有限公司成立于 1998 年，是一家专门从事设计、制造镍氢电池、锂电池、聚合物电池的生产企业，产品广泛应用于数码/摄像机、PDA、手机、无绳电话等。

自公司成立以来，始终坚持“技术第一，品质卓越，顾客至上”的原则。其先进的品质检测设备及严格的质量管理体系确保金龙电池在生产过程中品质更完善，性能更稳定。

经过多年的研究与发展，凭借良好的产品品质与不断的技术创新，金龙品牌电池已逐渐成为国内电池业畅销产品。其产品同时远销美国、欧洲、东南亚、中东等国家与地区。

公司热烈欢迎新老客户前来参观与指导，并期待着与您进一步的合作！

167. 深圳市雄韬电源科技股份有限公司

VISION

地址：广东省深圳市南山区深圳湾科技生态园二区 7 栋 B 座 7 楼 9-12 号

邮编：518051

电话：0755-66851118

传真：0755-84318700

邮箱：sales@ vision-batt. com

网址：www. senry-batt. com

简介：雄韬集团，全球知名的智慧储能解决方案服务企业之一，1994 年成立于深圳，现有员工近 4000 人。2014 年于深交所上市，股票代码 002733，2017 年销售额达 26 亿。公司拥有三大研发生产基地——深圳雄韬科技园、越南雄韬科技园、湖北雄韬生产基地，总占地面积 370000 平方米，集团铅酸年产能达 600 万 kVAh，锂电年产能达 11 亿 Wh。在中国内地、中国香港、新加坡、印度、欧洲以及美国等地均设有分公司或办事处，服务网络遍布全球 100 多个国家和地区。如今，雄韬集团正在为全球 100 多个国家和地区的通信、UPS、电动交通工具、光伏、风能、电力、电子及数码设备等产业领域提供完善的产品应用方案与技术服务。公司全球主要合作伙伴有维谛（前身为艾默生）、施耐德（Schneider Group）、易事特、中国移动、中兴、华为、南方电网、中国电信、东风汽车、五洲龙汽车等。

168. 深圳市英可瑞科技股份有限公司

地址：广东省深圳市南山区马家龙工业区 77 栋

邮编：518052
电话：0755-26586000
传真：0755-26545384
邮箱：increase@ increase-cn. com
网址：www. increase-cn. com

简介：深圳市英可瑞科技股份有限公司成立于2002年，是专注于电力电子产品的研发、生产和销售的高新技术企业，定位服务于中高端直流电源系统制造商，以拥有自主知识产权为基础，在经营过程中坚持走自主研发、技术创新的道路，为客户提供设备配套及其服务，实现企业价值与客户价值共同成长。

2016年公司实现销售收入约6亿元。目前公司有员工240余人，其中专门从事研究开发的人员有50余人。经过15年的发展，英可瑞公司在技术研发能力、产品品质和市场占有率方面在电源行业内已经占有一定的地位。公司主要产品有汽车充电电源、电力电源、通信电源、工业电源等。产品已经大量运行在国内及世界各地，广泛地应用于汽车充电、电力、铁路、城市交通、冶金、能源等多种行业。

为了致力于新能源电动汽车的市场开拓，公司自2011年开始从事汽车直流充电模块的开发，目前有3.5kW、7.5kW、10kW、15kW系列共计40余款型号的产品；充电桩标准系统从21~450kW多个功率等级的覆盖。参与的典型项目有北京APEC会议中心充电站、首都国际机场充电站、上海公交充电站、南京公交充电站、苏州公交充电站、国家高速公路充电站等项目，在新能源汽车充电桩领域享有较好的美誉度。

169. 深圳市振华微电子有限公司

中国·振华

地址：广东省深圳市南山区高新技术工业村W1-B栋
邮编：518057
电话：0755-26525998
传真：0755-26520788
邮箱：shzjg11@ ceczhsys. com
网址：www. zhm. com. cn

简介：深圳市振华微电子有限公司于1994年成立，隶属于中国振华（集团）科技股份有限公司，地址位于深圳市高新技术工业村。公司注册资本6810万元，总资产为2.14亿元，共有员工500人。

公司主要产品为厚膜混合集成电路、高压直流电源系统，有独立的研发中心及可靠性实验室。

公司于1994年被评为深圳市首批高新技术企业，先后获得信息部军工电子质量先进单位、信产部军工电子质量年活动先进单位及总装备部、国防科工委、信息产业部“十五”军用电子元器件科研生产先进单位，2010年评为国家级高新技术企业。

公司拟申报专利50项，已授权33项，其中实用性专利31项，发明专利2项。

170. 深圳市知用电子有限公司

CYBERTEK
Test & Measurement

地址：广东省深圳市龙岗区黄阁北路天安数码城4栋A1702
邮编：518100
电话：0755-86628000
传真：0755-86368000
邮箱：cybertek@ cybertek. cn
网址：www. cybertek. cn

简介：深圳市知用电子有限公司（CYBERTEK）是一家专注于专业测试仪器领域的高科技公司。公司开发的高性能高频电流/电压探头和传感器、高精度电流互感器、全数字化电磁兼容接收机及专业测量附件等产品系列，广泛用于电子产品研发生产的各个领域，性能全面达到世界先进水平。目前是国内唯一一家掌握高频电流探头核心科技的生产厂家，打破了国外公司的长期技术垄断格局。公司创始人及其开发团队在精密传感器、数字信号处理、射频技术等方面经过长期的技术积累，拥有了相关的知识产权和专利以及核心专业技术能力。公司的研发生产体系在ISO 9000质量管理体系的管理下，产品通过了各种认证（如CE）和多个国家权威计量单位的计量。通过提供各类高性能的测量和测试解决方案，为客户快速研发生产高可靠高性能低成本的产品提供强有力的保障，从而使客户实现产品与服务的增值。

171. 深圳市中科源电子有限公司

CPET®

地址：广东省深圳市光明新区新湖街道楼村社区世峰科技园D栋
邮编：518106
电话：0755-23429158
传真：0755-23429958-808
邮箱：vike@ szcpet. com
网址：www. szcpet. com

简介：CPET致力于电源、家电、灯具老化设备、自动化设备、测试仪器、软件产品等多类相关产品的研发、制造、销售与服务，在华东与华南设有营销服务机构，在国内拥有40多家合作伙伴，是业界典范的老化测试设备制造商。

CPET始终以技术创新为发展的源动力，非常重视对研发的投入，现已获得发明专利与软件著作权50多项，获得了深圳市双软企业、深圳市优秀软件类企业、深圳市高新技术企业、国家级高新技术企业等殊荣，CPET产品广泛应用于电源的研发设计、生产测试、电池、LED照明、家电、光伏、电力新能源等产业。

CPET已服务于全球上千家客户，如飞利浦、三星、松下、视源、雷士、三雄极光、兆驰、茂硕、比亚迪、英飞特、鸣志等知名企业，CPET在国内外市场上享有较高的品牌知名度和美誉度。

现在 CPET 在产品创新上不断获得成功，但 CPET 人从未停下前进的脚步，以客户为中心，不断追求着更好的技术、品质、服务、价值为经营理念。

让我们共同见证中国创造。

172. 深圳市卓越至高电子有限公司

地址：广东省深圳市龙岗区龙城街道新联社区嶂背一村园湖路横二巷 18 号 3 楼

邮编：518126

电话：0755-89395358 13828861046

传真：0755-22640117

邮箱：andrew. zhao@ excellenttop. com. cn

网址：www. etopower. com

简介：深圳市卓越至高电子有限公司是一家优秀的电源解决方案供应商，拥有十余年的电源研发和制造经验，公司致力于以“卓越质量，高效服务”为宗旨，竭诚为客户提供最优质的产品和服务。公司电源产品系列包括：通用标准工业开关电源产品、LED 驱动电源产品、安规适配器充电器、标准模块电源产品、标准仪器电源产品、特种定制电源产品等，产品广泛用于通信、IT 和 AV 类电子、电力电子、自动化控制、铁路、军工、医疗等行业。公司重视技术、重视人才，不断强化内部管理，狠抓产品质量。公司的产品 100%经过高温老化，符合 CCC、CE、GS、KCC、SAA、UL 等多个国家权威机构的安全认证的标准。公司拥有对外经营权，在保证内销的同时，公司产品也大量销往欧美、日本、印度、中东等国家和地区。

为了保证及时交货，公司一直保持标准品库存，为您解决燃眉之急。如果您不能从公司的产品目录上找到合适的电源解决方案，或者您无法在市场上找到合适您规格的产品，请联系我们，我们强大的研发队伍和多年不同行业的研发经验一定能按您的需求为您开发定制出令您满意的产品。

公司奉行“诚信、严谨、创新、高效”的理念，坚持以顾客满意为中心、以环境友好为己任、以安全健康为基点、以品牌形象为先导的价值观，一如既往地为国内外顾客提供优质的技术服务和电源产品。

173. 深圳欣锐科技股份有限公司

SHINRY 欣锐科技

地址：广东省深圳市南山区学苑大道 1001 号南山智园 C1 栋 14 层

邮编：518055

电话：0755-86261588

传真：0755-86329100

邮箱：evcs@ shinry. com

网址：www. shinry. com

简介：欣锐科技（全称：深圳欣锐科技股份有限公司，股票代码：300745）自 2006 年初进入新能源汽车产业，专注新能源汽车高压“电控”解决方案（其主要技术集中在车载 DC/DC 变换器和车载充电机，统称为车载电源），欣锐科技拥有车载电源原创性核心技术的全部自主知识产权，在车载电源和大功率充电领域积累了丰富的研发及产业经验，拥有业界领先的研发创新能力及工程制造能力，产品技术水平居行业前列。

174. 深圳中瀚蓝盾技术有限公司

地址：广东省深圳市南山区西丽街道新锋路 728 创意办公社区 F2 栋 3 楼

邮编：518000

电话：0755-83021690

传真：0755-83021987

邮箱：zhouxinapeng@ hz-tech. com. cn

网址：www. hz-tech. com. cn

简介：深圳中瀚蓝盾技术有限公司是一家专业从事各类电源产品的设计、开发、生产和销售服务的高新技术企业，总部位于广东省深圳市。

公司自主研发设计的系列电源，具有高可靠性、高功率密度、重量轻、效率高及多种保护功能等特点，能满足各种环境要求。公司拥有先进的研发中心和生产试验检验中心。集聚了设计经验丰富的电源专家和专业技术高超的工程技术人员，配备了包括全自动电源测试系统在内的精良先进的测试仪器，配备了全套的电源加工生产和各种环境筛选试验设备。

公司通过了 GB/T 19001—2016 及 GJB 9001C—2017 质量管理体系认证，拥有完善的质量管理体系，产品设计开发完全按照军品标准进行，确保了每台电源的可靠性和质量的稳定性。用军工技术打造优质电源，以可靠质量赢得用户信赖，产品配套于航空航天、军工、工业控制等领域。

175. 协丰万佳科技（深圳）有限公司

地址：广东省深圳市龙岗区平湖街道良安田社区良白路 179 号

邮编：518111

电话：0755-84687810

传真：0755-84688817

邮箱：trm1@ hipfunggroup. com

网址：www. hipfunggroup. com

简介：协丰万佳科技（深圳）有限公司是香港协丰公司在中国内地投资兴建的企业，公司在中国内地的加工生产基地主要向客户提供各种电子产品加工生产服务，完全有能力满足各种 OEM 客户的需求和各种复杂产品的加工要求。

公司于 2002 年 5 月积极地引进无铅焊接技术，现今完全有能力生产无铅产品，目前公司的生产设备可以满足欧洲市场。

此外，公司还加强了环境管理体系，参与了一些客户的“绿色伙伴”计划，并根据 ROHS 指示减少、逐渐停止或随后禁止采购和使用破坏环境的物质。

公司在亚洲和美国都设有采购办事处，在中国澳门设立了一个办事处以满足一些特别客户的需求，具有稳定的人力资源、国际最新和专门的生产设备、良好的质量控制，可保证准时交货，与相关方保持互利的合作与信任，使公司与来自日本、美国、欧洲及澳大利亚等大型电子公司客户保持着良好的商业合作关系。

176. 新加坡英富美有限公司深圳代表处

地址：广东省深圳市罗湖区嘉宾路 2002 号 35 楼

邮编：518001

电话：0755-36905610

传真：0755-36905610

邮箱：info@ infomatic. com. sg

网址：www. infomatic. com. sg

简介：新加坡英富美有限公司（Infomatic Pte Ltd）于 2008 年在新加坡成立，早期下属于台湾翘慧事业股份有限公司软件事业部门，负责 PLECS 在台湾进行销售与技术支持。并于 2016 年在深圳设立业务代表处，2018 年在深圳设立英富美（深圳）科技有限公司。目前在中国及东南亚地区提供电力电子设计与仿真相关产品。公司代理的产品 PLECS 可以应用于系统设计、实时仿真和硬件测试电力电子与电气系统，并能降低客户的研发成本与避免测试过程中产生设备损坏风险。

177. 亚源科技股份有限公司

地址：广东省深圳市龙岗区横岗街道马六路 10 号

邮编：518115

电话：0755-28607677

传真：0755-28600134

邮箱：inquiry@ apd. com. tw

网址：www. apd. com. tw

简介：全球电子产业发展趋势快速变迁，质量要求提高、研发生产时程缩短，已是大势所趋。亚源集团深耕电力电子技术二十余年，凭借高质量与弹性化生产设计能力，已成为特定应用领域的技术领导者。在全球电信基础建设高速发展的浪潮中，亚源集团的电源产品，已在各国网通设备中具有可观的市场。在全球医疗设备市场中，亚源集团更已成为一线大厂的重要合作伙伴。在迅速发展的各项电子外围设备市场中，亚源集团供应的优质产品，早已成为不可或缺的高能效可靠组件。凭借着精益求精的工程师精神，以及对技术与质量的执着，亚源集团长年投注高比例的研发资源，累积了专业技术能力。如今，在自动化设计、产品安全耐受度，以及 EMC 等关键技术，亚源集团皆已成为业界的领先者。客户的信赖来自于我们永无止境的质量追求。面对电源产品严格的安规要求，亚源集团对于质量的执着未曾松懈。多年来，各大产品线的稳定可靠的质量，已赢得客户一致信赖。亚源集团持续创新的脚步从不停歇，近年已投入太阳光电变流器领域。未来，将持续深耕网通、医疗电源领域，开发更多样化的客制电源产品，为企业发展带来崭新动能。

178. 伊戈尔电气股份有限公司

EAGLERISE
伊戈尔电气股份有限公司
EAGLERISE ELECTRIC & ELECTRONIC (CHINA) CO., LTD.

地址：广东省佛山市南海区简平路桂城科技园 A3 号

邮编：528200

电话：0757-86256765-888

传真：0757-86256886

邮箱：sales@ eaglerise. com

网址：www. eaglerise. com

简介：伊戈尔电气股份有限公司始立于 20 世纪 90 年代，总部位于中国佛山，现有 2 个生产基地，2 个研发中心，拥有标准厂房 120000 平方米，员工约 2100 余人，致力于向全球市场提供最优质的电力、电源及电源组件产品和解决方案，主要产品系列有 LED 驱动器、开关电源、电源变压器、电感器、特种变压器、电抗器、配电变压器共七大类 400 余个品种，广泛应用于照明、电力、新能源、工控等行业。伊戈尔电气坚持以市场为导向，以客户为中心，在日本、美国、德国分别设有驻外机构，在全球范围内围绕着有价值的客户群，建立并发展着互惠互利的良好合作关系。

179. 亿铖达（深圳）新材料有限公司

億鋮達
®YIK SHING TAT

地址：广东省深圳市宝安区宝城 76 区前进二路 38 号亿铖达大厦

邮编：518000

电话：0755-27473328

传真：0755-27473196

邮箱：willie@ yikst. com；xiaojuntao@ yikst. com

网址：www. yikst. com

简介：亿铖达（深圳）新材料有限公司成立于 2010 年，是一家以生产与销售电子工业高分子辅材为主的高新技术企业。总部位于广东省深圳市，有东莞和昆山两个生产基地，总占地 46000 平方米。

亿铖达（深圳）新材料有限公司拥有一支以博士、硕士为主的优秀研发团队。公司已经通过 ISO 9001 质量管理体系和 ISO 14001 环境管理体系以及 QC080000 等质量认证。先进的技术和一流的设备使得产品从研制、原料、采购、生产制造等一系列制程都在严密的控制下进行，确保优良的产品质量。公司秉承“发展与环保并重”理念，现形成以敷型涂覆、底部填充、结构粘接、导热与导电材料、密封固定、低 VOC 塑胶清漆为主的主要产品系列。广泛应用于智能家电、汽车电子、变频电源、军工设备、3C 产品、工业控制、能源系统等领域。

亿铖达始终坚持“以更优的公司服务，为客户创造更大的价值，以更高的服务理念，为社会承载更多重任”的企业宗旨，不断努力、创新科技力量，倾力打造质优价良的国际品牌，为各类型客户提供专业、快捷的服务。

180. 中和全盛（深圳）股份有限公司

地址：广东省深圳市光明新区高新西路 11 号研祥科技工业园研发楼 7 楼 05 单元

邮编：518107

电话：0755-23696836

传真：0755-23696839

邮箱：zhqs88@ 163. com

简介：中和全盛（深圳）股份有限公司成立于 2016 年，是一家多元化发展的科技技术企业，由北京恒安公司（是一家致力于提供高效节能的电源解决方案，帮助用户更好地管理电力资源的专业电源制造商）、智充科技（是集电动汽车充电桩产品设计、研发、制造及商业运营为一体的高新技术企业，着力打造基于互联网共享经济模式的“X-CHARGER 智充”充电产品）和华泰源通技术服务公司（专注农产品追溯平台的研发和销售）组合而成，致力于新能源领域、环保领域的研发、生产，是覆盖认证、咨询、企业孵化、政府扶持项目技术支持、企业管理和战略规划服务综合服务的一体平台企业。

目前，公司总部位于深圳市光明新区研祥智谷，拥有专业工作团队，其中专门从事核心平台技术的研究、应用技术的研究和产品开发的研发团队 67 人，与深圳中科院、华南理工大学、中山大学等进行产学结合，在新能源领域，2017 年公司研发出 C-6 智能直流充电桩，全方面雷达定位，实现 15~40min 的智能快充，广泛运用于公交系统和共享新能源汽车平台，荣获了德国工业红点设计大奖，产品通过了中国质量认证中心的国标和能标认证。

公司不断投入在传统的不间断电源、应急电源、智能配电等产品的创新和优化，致力于为客户提供智能电源整体解决方案，通过平台化实现大数据的共享。

担当、负责是我们的社会责任感和使命，为实现农业产品的质量追溯和监督，华泰源通与中国农垦中心联合开发出了一套农业产品的质量追溯平台，在农业部的支持，2017 年度面向全国进行推广和普及，为产品的溯源提供依据，为广大用户提供放心安全的食品。

创新、包容和责任是我们发展的价值观，担当、负责是我们的社会责任感和使命，您的支持是我们前行的动力，欢迎您的加盟！

181. 中惠创智（深圳）无线供电技术有限公司

ZONECHARGE
中惠创智

地址：广东省深圳市龙岗区龙城街道留学人员（龙岗）创业园一园 133-134 室

邮编：518172

电话：0755-28993997

传真：0755-84564996

邮箱：contact@ zonecharge. com

网址：www. zonecharge. net

简介：中惠创智（深圳）无线供电技术有限公司成立于 2015 年，注册资金 2000 万元，公司主要经营范围：无线供电技术及其产品的生产研发、电子技术研发等。公司致力于当今科技前沿的无线供电和充电技术的研究及产业化运营。公司是目前世界上首家全面掌握点对点、轨道式、平面式、空间式和大功率无线供电技术的高新技术企业。目前中惠创智一共拥有核心知识产权专利技术 215 项，其中授权 64 项，发明专利 5 项，也是世界上第一个能把三维立体无线供电技术进行实景展示的公司。

目前公司研发的磁共振无线供电模块，功率范围从 50W~3. 3kW，传输效率高达 90%以上，广泛应用于机器人无线充电、无尾厨房、电动单车无线充电、无人机无线充电等行业。

2015 年 9 月，在第四届中国创新创业大赛中，中惠创智无线供电项目一举夺得全国总决赛第一名。2016 年 1 月，“三维无线供电技术的研究与应用”经国家科技部认定处于国际领先水平。

2018 年 9 月，公司获得国家高新技术企业称号；2018 年 10 月，获得中国首届无线传能技术比武大赛优秀奖；2018 年 11 月，参与主导无线电能传输分技术委员会的厨房电器的无线供电标准。

182. 中山市电星电器实业有限公司

地址：广东省中山市东凤镇安乐工业区广珠路 238 号

邮编：528425

电话：0760-28132828

传真：0760-28161013

邮箱：sales@ kebopower. com

网址：www. kebopower. com

简介：中山市电星电器实业有限公司成立于 1984 年 9 月，坐落于美丽发达的珠江三角洲地区，是一家至今已有 27 年发展历史的民营出口企业。公司主要生产交流稳压器和不间断电源，集注塑、五金加工、丝印、插元件和装配于一体，并拥有专业的研发团队和与时俱进的营销团队，销售范围遍布全球 93 个国家和地区，产品质量和服务得到全球客户的高度肯定和信赖。公司秉承“质量为本、管理立业、以客为尊、持续改进”的企业文化和精神，不断发展壮大，并逐年取得了业绩新高！

183. 珠海格力新元电子有限公司

地址：广东省珠海市斗门区龙山工业区龙山二路东 8 号

邮编：519110

电话：0756-5789888

传真：0756-5789800

邮箱：xinyuanscb9@ cn. gree. com

网址：www. gree-jd. com

简介：珠海格力新元电子有限公司创建于 1988 年，是一家专业从事电子元器件及电控组件的研发、生产、销售及服务的高新技术企业，是全球知名家电企业——珠海格力电器股份有限公司的全资子公司。

公司坐落于美丽的南海滨城——珠海，占地近 10 万平方米，现有员工 1300 余人，年销售额超过 12 亿元。产品主要有铝电解电容器、金属化薄膜电容器、IPM 智能功率模块、家用电器及工业用控制器，产品广泛应用于新能源汽车、光伏风电逆变器、智能电网、工业焊机、UPS、变频器、伺服器等工业领域及空调、冰箱、洗衣机、环保照明等消费类市场。

公司以格力“成就百年世界品牌”愿景为指引，以提升中国电子工业基础为己任，坚定不移地执行“生产优质产品，争创优良服务，追求顾客满意，实现持续改进”的质量方针，秉承“忠诚、友善、勤奋、进取”的格力精神，以“掌握核心科技”为理念，不断地进行科技创新与管理创新。

公司拥有实力雄厚的技术研发、服务团队，试验、检测资源丰富，技术研发费用投入持续增加。截至目前，公司拥有各项专利 30 余项，各产品系列不断扩充完善；通过了包括 TS16949 在内的管理体系认证及 VDE、UL、CQC 等系列产品认证。公司先后获得“AAAA 级标准化良好行为企业”“中国电子元件行业百强企业”“AAA 企业信用评级”“广东省名牌产品”“高新技术产品”等荣誉。

放眼未来，格力新元将依托“格力”这个优质平台，与更广大客户携手合作，共同践行“让世界爱上中国造”!

184. 珠海科达信电子科技有限公司

地址：广东省珠海市香洲区梅华西路 1089 号 2 栋 601

邮编：519070

电话：0756-8658523

传真：0756-8620978

邮箱：marinasun@ qq. com

网址：www. zhcodasun. com

简介：珠海科达信电子科技有限公司是专业致力于交流稳压器及相关动力设备的研制、生产和销售的高新技术企业，拥有着一大批多年从事电源开发的专业技术人员。公司不断创新，为用户提供最符合国情电网环境的优质电源产品，提供动力系统的全方位技术解决方案。

秉承“科技为先，诚信为本”的企业理念，以满足用户的需求为己。1997 年自主研制开发出国内第一台“晶闸管步进调压式无触点电力稳压器”，先后获得八项国家专利。该产品一经推出，其卓越的技术性能即受到广大用户的认可和欢迎，并得以迅速推广使用。几年来，它倡导了“无触点”稳压技术新概念，在工业和信息化部及各省份的选型检测中连续名列榜首，一度成为替代传统机械稳压器的最佳产品。

多年来，公司不仅重视产品的质量，更看重对用户的服务，为用户提供技术咨询、产品配套、精心选型及完善的售前、售中、售后全方位的服务，用优异的产品质量和完善的售后服务来赢得各方用户的信赖。

目前公司生产的稳压器在全国二十几个省、市、自治区应用于国防、广电、通信、金融、民航、医疗、厂矿等不同行业。

185. 珠海山特电子有限公司

地址：广东省珠海市唐家湾镇哈工大路 1 号-1-C102

邮编：519000

电话：0756-3388866

传真：0756-3388877

邮箱：ata@ ataups. com

网址：www. ataups. com

简介：珠海山特电子有限公司是目前国内具有较完整产品系列的不间断电源（UPS）和免维护蓄电池生产制造企业之一。ATA 是珠海山特电子有限公司的自主品牌。

公司的产品主要有不间断电源（UPS）、逆变器、稳压电源以及免维护蓄电池。其中不间断电源有后备式、高频在线式、工频在线式、在线互动式等几大系列 100 余种规格；免维护蓄电池有世界各种型号汽车电池以及广泛用于通信、电力、消防等各个行业的 2~24V 电池。以上产品能够满足世界不同用户的要求，并可根据客户要求设计生产，接受 OEM 订单。

公司采用先进的设备进行生产，产品质量的管理体系通过 ISO 9001 国际质量管理体系认证，并大力引进世界著名企业的管理理念，以确保满足用户对高品质产品的要求。

ATA 品牌的系列产品广泛用于金融证券、医疗、通信、教育、交通等各个领域，并大量出口至东南亚、中东、南非和欧美等世界各个地区。

186. 珠海泰坦科技股份有限公司

地址：广东省珠海市石花西路 60 号泰坦科技园

邮编：519015

电话：0756-3325899

传真：0756-3325889

邮箱：titans@ titans. com. cn

网址：www. titans. com. cn

简介：泰坦全称为“中国泰坦能源技术集团有限公司”，为香港联交所主板上市企业（股票代码 2188），包括珠海泰坦科技股份有限公司、珠海泰坦自动化技术有限公司、珠海泰坦新能源系统有限公司、北京优科利尔能源设备公司等企业，公司以电力电子为主要行业定位，集科研、制造、营销一体化，围绕发电、供电、用电的各类用户，运用先进的电力电子和自动控制技术，解决电能的转换、监测、控制和节能的需求，通过技术创新和新技术新产品的推广应用取得企业的发展。公司成立于 1992 年 9 月，总部设在风景优雅的珠海市石花西路泰坦科技园。公司拥有专业化、高素质的员工团队和雄厚的研发实力，以及覆盖全国的营销和技术服务网络。

公司研制和营运的主要产品有：电力直流产品系列、电动汽车充电设备、电网监测及治理设备、风能太阳能发电系统等产品。

187. 珠海泰芯半导体有限公司

HUGEIC泰芯半导体

地址：广东省珠海市香洲区唐家湾镇金唐路 1 号港湾一号科创园港 11 栋三楼

邮编：519080

电话：0756-3666670

传真：0756-3666670

邮箱：wuyajie@ huge-ic. com

网址：www. huge-ic. com

简介：珠海泰芯半导体有限公司成立于 2016 年，是一家拥有全球领先技术的芯片设计初创公司，公司总部位于珠海，并在深圳设立市场和销售中心，在美国硅谷设立射频研发中心。公司不仅拥有一支经验丰富的电力电子方案设计团队，且还有一支超过十年芯片研发经验的技术支持团队。虽然成立不久，但是公司在处理器、电力电子、嵌入式、混合信号等方面有着深厚的技术积累。

公司专注于集成电路设计，主要从事低功耗无线物联网通信、工业实时控制处理器等系统级芯片的研发和销售，为智能电网、充电桩、电机控制、数字电源等产品领域提供具有竞争力的专业芯片、解决方案和方便进行二次开发的软件平台。

泰芯半导体有限公司向来以“科技创新，写意人生”为宗旨，秉承“诚信、敬业、责任、创新”的企业精神，不断提升产品品质、服务和性价比，为共同构建安全、便携、稳定、轻松的高品质生活而不懈努力！

188. 专顺电机（惠州）有限公司

CSEpower

地址：广东省惠州市博罗县石湾镇科技产业园科技大道一号

邮编：516127

电话：0752-6928301

传真：0752-6928311

邮箱：csc@ csepower. com

网址：www. csepower. com

简介：专顺电机在台湾，成立于 1978 年，是一家致力于变压器设计和制造的专业厂商，并在变压器行业取得了骄人的成绩。2002 年成立了专顺电机（惠州）有限公司，工厂位于中国惠州市石湾镇，占地面积 60000 多 m^2，现有员工 1500 多人。为更好地服务客户，还在苏州、菲律宾、印度设立生产服务据点。公司的主要产品包括：电源变压器、UPS 变压器、环形变压器、自耦变压器、三相变压器、高频变压器、线圈、非晶电抗器等。经过多年的努力公司已成为许多全球知名品牌客户的一级供货商。

公司始终以质量和创新的理念来经营管理。通过了 UL 认证（Class B、F、H、N、R）。及 TUV ISO 9001 质量认证，并全面执行 RoHS 标准。公司有的欧洲研发团队，也有经验丰富的管理人员和高效熟练的员工。公司现代化设备使我们成为变压器行业的先驱，并为客户提供物美价廉的产品。

完善的质量体系，严格的原材料和生产质量检测以及优质的售后服务，树立了客户对公司产品的信心，在国际及国内市场享有较好信誉，期待与您的真诚合作！

上海市

189. 艾普斯电源（苏州）有限公司

地址：上海市徐汇区古美路 1515 号 19 号楼 1203 室

邮编：200233

电话：021-54452200

传真：021-54451502

邮箱：qin. zhang@ acpower. net

网址：www. preenpower. com

简介：艾普斯电源成立于 1989 年，为一家横跨两岸、世界领先的交流及直流电源供应器制造商，专注于电力电子领域，运用电源转换的核心技术拓展市场，致力发展电源相关解决方案（Total Power Solutions）。主要产品为：交流电源供应器、直流电源供应器、能馈型电网模拟电源、航空军用电源及稳压电源、不间断系统（UPS）、测试解决方案等，客户涵盖世界 500 强与主要认证机构。艾普斯电源二十多年来以研发+生产+销售+售前/售后服务，经营自有品牌，2010 年更以新品牌「Preen」（Power & Renewable Energy）踏入新能源产业。

190. 昂宝电子（上海）有限公司

地址：上海市张江高科技园区华佗路 168 号商业中心 3 号楼

邮编：201203

电话：021-50271718

传真：021-50271680

邮箱：andrew_ lin@ on-bright. com

网址：www. on-bright. com

简介：昂宝电子（上海）有限公司（以下简称“昂宝电子”）坐落在中国国家级信息技术产业基地——上海浦东张

江高科技园区，是一家从事高性能模拟及数模混合集成电路设计的企业。

公司专注于设计、开发、测试和销售基于先进的亚微米 CMOS、BIPOLAR、BICMOS、BCD 等工艺技术的模拟及数字模拟混合集成电路产品，以通信、消费类电子、计算机及计算机接口设备为市场目标，致力成为世界一流的模拟及混合集成电路设计公司。

昂宝电子拥有一批来自国内外顶尖半导体设计公司的资深专家组成核心技术团队，既有在模拟及混合集成电路领域多款成功产品的开发经验，也带来了鲜活的创新思维。核心技术团队的数位成员来自美国的著名半导体公司，拥有超过 40 项美国专利。通过将这支资深的技术专家队伍与本地优秀的设计人才相结合，昂宝电子可为客户提供高品质、具有成本竞争力的半导体精品芯片、解决方案以及优良的服务。在这竞争日益激烈的市场，昂宝电子坚持以创新、务实、高效、共赢为经营理念，为您提供最适合的半导体解决方案，是您最佳的策略合作伙伴。

主要产品涵盖：电源管理 IC，高速、高精度数/模和模/数转换器，无线射频 I_C，混合信号的系统级芯片（SOC）。

191. 登钛电子技术（上海）有限公司

DENSITYPOWER

地址：上海市浦东新区张江高科蔡伦路 1690 号 2 号楼 302 室

邮编：201203

电话：021-50875986

传真：021-50876659

邮箱：Sam. zuo@ densitypower. com

网址：www. densitypower. com

简介：登钛电子技术（上海）有限公司（Density Power）于 2012 年成立于美国纽约，公司拥有雄厚的技术背景、研发实力和经验丰富的管理团队，公司的核心管理和技术团队平均拥有 20 多年的电源行业经验。公司致力于全球领先的高效率、高功率密度、高可靠性电源转换器的研究、生产和销售，并为客户提供电力电子变换器、高可靠性应用电源的完整解决方案。公司旨在为中国和亚太地区的客户提供快速、高效、优质的本地化支持和服务，并在上海设立研发中心，在深圳设有专业的生产工厂。

“以技术驱动为核心，以客户满意为宗旨”，公司配备专业的技术应用、技术支持和客户服务团队，为客户提供专业的技术支持和优质的服务。公司拥有业界一流的技术和管理团队，完善的管理流程体系，先进的研发、测试、生产设备和系统平台。其中包括：自主知识产权的先进的自动化电源测试系统、全自动电源热降额测试系统、高效节能型能量回馈老化测试系统等，及专业的电源生产工厂。公司通过了 ISO 9001 和 IATF16949 体系认证。

公司产品主要包括：DC/DC 模块、AC/DC、平面磁性器件产品等，并为客户提供专业的定制服务和解决方案。产品广泛应用于工业控制、电力、轨道交通、新能源汽车、医疗器仪表等高可靠性的领域。其中 DC/DC 电源拥有丰富的产品线，包括宽电输入范围的微低功率、中功率及高功率产品，功率涵盖 1W 到 2000 多 W。

“锐意创新、务实诚信、客户至上、合作共赢”，是 Density Power 一直秉承的经营理念。公司不仅给客户提供可靠性的电源产品，而且为客户提供增值的整体电源解决方案和服务。

192. 美尔森电气保护系统（上海）有限公司

MERSEN

Eldre | Ferraz Shawmut | m.schneider | R-Theta

地址：上海市松江区书山路 55 弄 6、7、8 号

邮编：201611

电话：021-67602388

传真：021-67760722

邮箱：liuxiong. mao@ mersen. com

网址：www. ep-cn. mersen. com

简介：美尔森电气保护系统（上海）有限公司作为世界领先的电气保护专家，为市场提供高品质的、安全可靠且不断创新的产品和符合客户需求的解决方案，从而帮助客户优化他们的电力效率，满足不同客户的需求。公司拥有世界上最全面的中低压熔断器产品及熔断器底座、浪涌保护器、散热冷却产品、大电流隔离开关、低压接触器以及叠层母线等，广泛应用于电力控制、输配电、大功率低压配电和电力电子等领域。

193. 敏业信息科技（上海）有限公司

地址：上海市浦东新区锦绣东路 1999 号 523 室

邮编：201206

电话：021-68788771

传真：021-68788771

邮箱：yanjunsc@ myemc. net. cn

简介：公司成立于 2010 年，以黄敏超博士为引领的 20 位国际化电磁专家团队，全球率先创办上海正远 EMC 整改及培训中心，为国内外企业提供 EMC 技术服务及 EMC 技术培训服务。公司的技术服务地域从北美、欧洲到国内各大主要城市，行业领域覆盖医疗、通信、家电、电力、新能源发电、电动汽车、照明、军工和航天等。

EMC 技术服务已为国内外近百家知名企业提供电磁兼容整改服务，同时获得了相关领域的多项专利。

公司在产业化进程中，首款专业设计分析仪器“TALE EMI 滤波器设计师 MY-EM-180X”系列已上市，该仪器所能替代的市场产品有“频谱仪、网络分析仪、LISN、差共模分离器”，再配套公司自主开发的滤波器设计仿真软件与上位机软件，使工程研发中滤波器的选择与设计变得便捷和精准，获得国内外专家的一致好评。

主营业务：

1. EMC 技术服务

1）EMC 测试及解决方案；

2）EMC 正向设计；

3）EMC 诊断。

2. EMC 培训

1）EMC 实操培训公开课；

2）企业定制培训；

3）EMC 技术沙龙与视频课程。

3. EMI 滤波器设计师系列诊断仪器功能概述

1）噪声源定位；

2）电磁噪声诊断；

3）插入损耗测试；

4）差共模分离；

5）滤波器仿真设计。

194. 上海大周信息科技有限公司

地址：上海市徐汇区古美路 1648 号 C 座 205 室

邮编：200233

电话：021-6495928

传真：021-6495928

邮箱：sales@ greatzhou. com

网址：www. greatzhou. com

简介：上海大周信息科技有限公司致力于成为顶尖的直流微电网关键产品提供商以及 1500V 以下工业直流微电网系统集成服务商。

公司成立于 2010 年，总部位于上海漕河泾高科技开发区。公司长期关注电力电子、新能源发电与微电网领域的相关技术发展，尤其看好直流电技术路线。

公司主要服务于能源互联网范畴下的新能源发电、储能及储能设备测试、工业节能、科研实验等领域，用户包括电网公司、发电集团、电力装备企业、工矿企业、售电公司及领域内的科研机构和高校等。

公司自成立以来，充分发挥长期与前沿科技紧密接触的优势，站在科技与工业的交汇处，敏锐观察未来趋势，并结合工业需求，充分利用上海信息便利和科研人才众多的优势，为用户提供完备的相关产品及系统服务。

企业网站：www. greatzhou. com

办公地点：上海徐汇区漕河泾古美路 1648 号 C101 室

联系方式：021-64959258　sales@ greatzhou. com

195. 上海德创电器电子有限公司

地址：上海市普陀区同普路 1225 弄 16 号

邮编：200333

电话：021-52704506

传真：021-52700380

邮箱：edetron@ intech-tron. com

网址：www. e-detron. com

简介：上海德创电器电子有限公司（以下简称“德创电源”）是一个具有近 20 年历史的专业电源供应公司，位于上海市长征经济开发区。厂房面积近 $3000m^2$，现有员工 300 多人，是国内最早也是最大的电力系统自动化装置开关电源供应商之一，在电力系统自动化领域极具影响力，其品牌和产品得到了业界和电力系统自动化专业市场的肯定及认可。德创电源集自主研发设计与生产制造于一体，公司不仅拥有一支具有多年丰富电力系统自动化装置电源设计经验的设计团队，并且有多条配备先进的制造和检测设备的生产线。德创电源以可靠电源供应作为公司的立命之本，可靠是电源最基本的要求，也是赖以生存和发展的保障。因此，德创电源始终把建立、健全质量管理体系作为质量管理的重点，根据质量管理体系，从原材料检验到样品检验、生产过程巡检、测试中心例行试验、成品检验等，建立了完整的品质保证流程，确保给客户最可靠的电源供应。公司通过 ISO 9000 质量管理体系认证、CCC、ESD 和 UL、TUV 工厂认证，部分产品远销欧、美市场，是上海地区最具规模的专业电源公司之一。

196. 上海谷登电气有限公司

谷登电气
GOODEN

地址：长宁区新华路 543 号 10 楼 C 座

邮编：200052

电话：021-62813011

传真：021-32813010

邮箱：gddy@ sh-gddy. com

网址：www. sh-gddy. com

简介：上海谷登电气有限公司（以下简称“谷登”），是一家集研发、生产、销售为一体的现代化企业。谷登公司所生产的产品，有着严格的质量检测手段，配备先进的试验设备，对质量层层把关。企业通过了 ISO 9001 国际质量管理体系认证，谷登公司所生产的仪器、仪表等产品均已通过国家有关检测机构认可，并取得了证书；同时由 Auger Certificationg&Testing Service LTD. 检测达到 CE 认证，出口欧洲。

上海谷登电气有限公司主要产品包括：变频电源、直流电源、开关电源、稳压器、稳压电源、低压变压器、隔离变压器、UPS 等，其中自主研发的高精度大功率无触点智能稳压电源，获得国家专利证书（专利号：1228994）。产品广泛应用于冶金、石化、电力、建筑、市政、环保、国防、水利等行业，部分产品与成套设备一起出口。

谷登公司的宗旨是：以人为本，诚信经营。

197. 上海豪远电子有限公司

地址：上海市宝山区呼兰路 515 弄 3 号 A 区

邮编：200431
电话：021-66213593
传真：021-66213591
邮箱：hy1288@ 126. com
网址：www. haoyuandianzi. com
简介：上海豪远电子有限公司是一家致力于各类电源变压器、稳压电源、逆变电源、开关电源等产品的开发、设计、制造、销售、服务于一体的民营高科技企业。公司自1997年成立至今，一直秉承以客户为中心、以产品质量为根本的指导思想，在激烈的市场竞争中站稳了脚跟，取得了骄人的成绩。公司先后通过了ISO 9001：2000国际质量管理体系认证、中国质量认证中心CQC认证、欧盟CE认证、环保认证，部分产品已通过UL认证，并荣获国家“3·15诚信承诺单位”“2006年全国产品质量稳定合格企业”“百家知名品牌企业”等荣誉称号，经过员工的辛勤努力，公司赢得了海内外客商的一致赞誉和好评，产品出口世界各地。

根据发展需要2003年10月公司投资1000多万元在安徽马鞍山建成了占地22亩（1亩 = 666.6m^2）规模庞大的马鞍山豪远电子工业园，形成了以上海总公司为窗口，以马鞍山为生产基地的集团化发展模式。

公司不仅仅是生产产品，更着重于品质与信誉，“以客户为中心，以品质为先驱”是公司的宗旨，希望能成为您信赖的合作伙伴。

198. 上海华羿电气有限公司

华羿电气 SHANGHAI

地址：上海市杨浦区翔殷路128号1号楼B座123-124室（上海理工大学国家大学科技园）
邮编：200433
电话：021-35072926
传真：021-56688889
邮箱：13901680595@ 139. com
网址：www. huayi-power. com
简介：上海华羿电气有限公司成立于1999年，是一家专业生产直流电源、EPS应急电源、消防照明及设备专用EPS应急电源、UPS企业。公司共有员工100多人，其中工程技术人员30多人。公司总部位于上海理工大学国家科技园，主要是从事研发、设计、销售、售后服务及部分生产。二分部位于军工路2390号，主要从事产品制造加工，三分部位于青浦区天一路451号，主要从事结构制造。制造采用日本进口的数控冲床、数控折弯机、数控剪板机、数显铜排加工机、低压开关实验台、耐压实验仪、恒温箱、模拟负载箱、CL312三项电能表现场校验仪、CHXLW微电阻测试仪、LBO-522日本LEADER示波器、HSI801电涌绝缘测试仪、QT2型半导体管特性图示仪、HF2811C型LCR数字电桥等先进加工、检测设备。

企业具有先进的生产、检测手段和国内一流的制造技术，企业一直以“质量为本，科技立业”为宗旨，把产品的质量视为企业的生命，公司按ISO 9001标准建立了质量管理体系，2002年获得了该质量体系认证证书，2003年7月获得中国国家强制性产品3C认证证书，公司获得公安部消防产品合格评定中心颁发的消防应急灯具专用应急电源国家强制性产品认证证书及消防设备应急电源国家强制性产品认证证书，开发的GZTW智能型系列直流电源柜1998年在香港获得世界华人发明博览会银质奖。公司于2003年加入中石化总公司战略合作伙伴。

公司生产的直流电源、EPS应急电源、消防照明及设备专用EPS应急电源、UPS、智能照明控制柜、交流稳压电源、电机分批自起动柜及低压开关柜MAS（MNS）在燕山石化、安庆石化、新疆塔河石化、扬子石化、中石化仪征化纤、天津石化、泰州东联石化、镇海石化、四川维尼纶厂、青岛炼化、青岛石化、济南石化、海南炼化、茂名石化、中原油田、中海油、中化集团泉州石化、中化集团南京南化、海宁供电局、上海南桥50万V变电站、上海宝钢、宝钢湛江基地、武钢武汉基地、武钢广西防城港基地、首钢水城钢厂基地、上海国际博览中心等国家重点工程中获得一致的好评，被中国石化总公司、中海油公司、中化集团公司及冶金、电力等国家重点企业选为资源市场成员之一。

199. 上海吉电电子技术有限公司

地址：上海市闵行区纪展路288号
邮编：201107
电话：021-52964208
传真：021-52964207
邮箱：zhaorunjie@ jd-ele. com
网址：www. jd-ele. com
简介：上海吉电电子技术有限公司成立于2005年，是全球诸多家著名半导体、电子元器件、工控产品生产企业在亚太地区的重要代理商，已通过ISO 9001和邓白氏体系认证。在北京、深圳、沈阳、南京、株洲、重庆、香港等重点城市以及日本、新加坡都设有分公司。

公司坚守“品质第一，诚信经营，精益服务”的企业宗旨，多年来活跃并成长于电梯、EV新能源车、电力新能源、轨道交通、FA工业自动化以及智能系统等领域；与众多世界知名电子制造商和研发机构结为战略合作伙伴，优选最新技术产品，助力高科技制造企业提升科技含量和市场竞争力，实现合作的最大价值。

公司拥有优秀的销售团队、产品设计与技术开发团队以及专业的生产制造团队，为客户定向研发、制造专用设备与产品；采用与国际接轨的先进的企业经营管理系统，高效优质地进行企业运营与供应链管理；公司致力于推广节能高效、绿色环保的产品，与环境和谐共存、推动持续发展。

公司秉承企业的社会责任，连续5年被评为“上海市民营百强企业”“上海市先进企业”。公司未来将不断开拓新领域、提升技术新能级，不懈追求零缺陷执行与流程创新，为中国智能制造2025做出新贡献。

200. 上海科泰电源股份有限公司

COOLTECH®
科泰電源

地址：上海市青浦区天辰路 1633 号
邮编：201799
电话：021-69758000
传真：021-69758500
邮箱：project@ cooltechsh. com
网址：www. cooltechsh. com

简介：上海科泰电源股份有限公司于 2002 年在青浦工业园成立。公司立足于发电设备制造，逐步向集团化、多元化产业发展。公司于 2008 年完成股份制改造，并于 2010 年在深圳交易所正式挂牌上市（股票代码：300153）。

电力设备制造是公司的第一主业。位于上海青浦的电力设备成套厂房面积约 8 万平方米，拥有大、中、小功率自动化组装流水线，6 间设备测试台位及配备国际一流设备的钣金车间，产品包括标准型机组、静音型机组、移动发电车、拖车型机组、集装箱型机组、方舱型机组等备用电源整体解决方案，并具有混合能源、分布式电站等新型电力系统的设计、制造和运维能力。标准化、智能化、环保性、高品质是公司设备产品的主要特点。

全资子公司上海捷泰新能源汽车有限公司专注于新能源汽车整体解决方案，提供新能源汽车的设计开发、租赁、维修保障、充电设施建设及车辆运营，服务对象以纯电动物流车为主，应用领域包括快递物流、冷链物流、商超配送、第三方同城货运等多个领域。

近年来，公司获得了“上海市高新技术企业”“上海市实施卓越绩效管理先进企业”“AAA 资信等级企业”“上海市明星侨资企业”“中国电器工业最具影响力企业”等诸多荣誉。“科泰电源（COOLTECH）”品牌被评为“上海名牌”“上海市著名商标”“2016 年度推荐出口品牌”，得到了社会各界的广泛认可。

目前，公司围绕上述两大主业，实行双轮驱动的发展战略。其中电力设备制造板块，向上游配套件制造和下游以混合能源、分布式电站为代表的新型电力系统应用延伸，实行全产业链制造；新能源汽车板块，定位为新能源物流车一站式解决方案供应商。两大板块以储能为纽带联为一体，相互依存，双向促进，协同发展，共同打造一流品质，一流服务，绿色发展，环境友好，以人为本，安全第一，科学规范，智慧运营的中国制造企业。

201. 上海全力电器有限公司

全力电源

地址：上海市普陀区金沙江路 891 号
邮编：200062
电话：021-62535836
传真：021-62558838
邮箱：querli@ querli. com
网址：www. querli. com

简介：上海全力电器有限公司坐落于上海市嘉定区南翔蓝天开发区，占地面积 2 万平方米，建筑面积 1.2 万平方米，是中国电源学会会员单位，是一家专业从事各种交直流电源研究、开发、生产、销售于一体的综合性企业。

公司创办以来，一贯坚持“以质量求生存，以科技求发展”的发展纲领，不断引进和吸收国内外新技术、新工艺、新器件，产品品质不断提高，功能不断完善，性能更加可靠。全力人本着“追求永无止境”的理念，不断创新、努力开拓，先后取得中国电工产品安全认证（长城认证）、ISO 9001 国际质量体系认证，并由中国人民保险公司承担质量责任保险。经过 10 年拼搏、奋斗，现已发展成为具有多项国内领先技术，以高科技为基础的初具规模的电源生产基地。目前公司生产的产品主要有精密净化交流稳压器、直流稳压电源、逆变电源、各种充电机、调压器、变压器等十大系列 300 多种规格，年产各种产品达 10 万台（套），产品畅销全国近 100 个城市，部分产品远销国际市场，深受国内外用户的好评。

202. 上海申睿电气有限公司

Shen Rui Electric
申睿电气

地址：上海市宝山区长逸路 15 号复旦软件园 B 栋 1209-1210 室
邮编：200441
电话：18516606048
传真：021-65682881
邮箱：xiangwei. zeng@ sre-power. com
网址：www. sre-power. com

简介：上海申睿电气有限公司是有一家由归国留学人员创办的高科技企业，成立于 2014 年，专注于高端定制电源的研发、销售和生产。在工业电源、直流电机控制、电梯、打印机、激光投影和 LED 驱动等行业有广泛的应用。是富士康、伟创力、台达、捷普、美国易达、英国欧捷等众多大客户的合格供应商。公司 70%以上的电源产品外销欧美。在新能源行业的太阳能发电和风力发电业务，聚焦于全系统的主控部分研发和生产。上海申睿电气有限公司是上海嘉定区小千人企业获得者，获“创业新锐”称号及“上海市创新创业人才资助企业”“享受外企待遇企业”等荣誉称号，是变频器行业协会和电源协会的会员单位。公司的产品线已涵盖机顶盒电源、平板电脑适配器、医疗电源、工业电源、电机驱动电源、LED 室内/外照明驱动电源、通信电源、激光光源驱动及电源、风力发电、光伏发电等诸多领域。

203. 上海申世电气有限公司

Runzi®

地址：上海市嘉定区北和公路 68 号
邮编：201807

电话：021-59160872
传真：021-39968137
邮箱：runzi@ runzi. cc
网址：www. runzi. cc
简介：上海申世电气有限公司主要从事电抗器系列、功率电阻系列、制动单元等电力电子产品的研发、制造、销售及服务。应用的领域包括：变频传动、光伏发电、风力发电、无功补偿等。公司严格执行 ISO 9001，是精细化管理、傻瓜式作业的极力倡导企业，全过程实现产品质量的稳定控制。

204. 上海文顺电器有限公司

WENSHUN
Automatic Electric Power Test Solution

地址：上海市浦东新区沈梅路 290 号
邮编：201318
电话：021-50864311
传真：021-64293473
邮箱：idfx@ 163. com
网址：www. sh-wenshun. com
简介：上海文顺电器有限公司是一家专业从事非标负载和电力测试设备研发和制造的企业，致力于电力负载测试领域，为用户提供多元化的解决方案，公司始终坚持引进国内外先进技术、集成创新、自主研究、合作开发的发展战略，拥有一支技术全面的高素质研发及生产队伍，坚持以客户需求为导向，为追求用户体验，产品均可按用户需求进行定制设计。f

公司的产品现已应用于发电机发动机组、UPS、新能源汽车充电桩、太阳能、铁道机车、军工科研院所等行业内的各个领域，是各类产品研发和出厂检验中不可或缺的专用仪器。

205. 上海稳利达科技股份有限公司

地址：上海市嘉定区高石公路 2439 号
邮编：201816
电话：8008203007
传真：021-63533418
邮箱：sales@ wenlida. com
网址：www. wenlida. com
简介：上海稳利达科技股份有限公司（以下简称“稳利达”）成立于 1995 年，是专业生产稳压器、变压器、节电器、无源（有源）谐波滤除装置、太阳能逆变器等系列产品的大型生产基地及电源系统服务供应商。目前公司正致力于发展绿色、环保、节能、安全等新能源产品的开发。以“行业专用稳压器”“变压器”“谐波滤除装置”“节能产品”为基础，努力将公司创建为国内新能源产品制造现代企业。多年来，公司以先进技术、优异产品、稳定质量和一流的服务，在市场上赢得了美誉度。产品远销欧美、东南亚、南美洲、中东、非洲等世界各地。

公司现有：上海嘉定和浙江嘉善二处标准型生产基地和研发中心。

先后成立：北京、广州、青岛、济南、长春、沈阳、西安、重庆、成都、苏州、新疆分公司与办事处。

公司荣获：泰尔产品认证证书、国家广播入网认定证书、CCC 认证、ISO 14001 环境管理体系认证、ISO 9001 质量管理体系认证、太阳能产品认证证书、高新成果转化证书、CE 证书、SGS 认证供应商、SONCAP 认证等一系列认证。

公司客户：华为、中兴、海尔、海信、中国移动、中国石油、百超、斗山、三菱重工、海德堡、梅兰日兰、上海明珠、娃哈哈、胜利油田、中国英利、时风集团、临工机械、正泰集团、朝阳轮胎、上海宝钢等知名企业。

企业资质：国家工业和信息化部“稳压器”行业标准起草单位。

206. 上海香开电器设备有限公司

地址：上海市松江区香车路 299 号
邮编：201611
电话：021-61556222
传真：021-69787227
邮箱：3279693437@ qq. com
网址：www. xkaitech. com
简介：上海香开电器设备有限公司（以下简称“上海香开”）坐落在交通便利、环境优美的国家级经济技术开发区——松江车墩工业园，是一家集 EPS、UPS、消防巡检柜的生产销售和安装服务为一体的无区域性股份制企业。

上海香开自创立以来，一直践行“科技创新，以质量求生存，以服务求发展”的经营方针，所生产的 EPS、UPS、消防巡检柜等产品广泛服务于民用建筑、工矿企业、消防、交通设施、金融设施、电力系统和人防设施等行业。

近来，上海香开优质高效地完成了中国电信湖北东西湖运营中心、南京南站、上海第一人民医院南院、南昌红谷滩绿地中央广场、北京民航空管局、西安唐延路隧道、平顶山博物馆、甘肃酒泉发电厂、世博会中国国家馆改造等众多国家大中型项目，受到客户的广泛赞誉。

207. 上海阳顿电气制造有限公司

YUTTON®阳顿

地址：上海市嘉定区招贤路 655 号张江高科嘉定园
邮编：201800
电话：021-33519445
传真：021-33519449
邮箱：576025192@ qq. com
网址：www. yutton. com
简介：上海阳顿电气制造有限公司致力于为用户提供智慧电源系统及解决方案，总部位于上海市嘉定区招贤路 655

号张江高科嘉定园，是上海交通大学的电源研发基地、上海市高新技术企业、中国电源学会会员。

公司通过了 ISO 9000 质量管理、ISO 14000 环境管理和 OHSAS18000 职业健康安全管理体系认证，主力产品 UPS 通过了中国泰尔认证中心权威认证，拥有多项与电源有关的发明专利、数十项实用新型专利和软件著作权。主导产品涵盖了不间断电源、应急电源、直流操作电源、稳压电源等。2017 年 1 月，公司与上海交通大学合作，设立了电源基地，致力于研发高端电源产品及电源管理系统。2018 年 6 月，公司研发的新一代不间断电源产品被上海市科委认定为高新技术成果转化项目。2018 年 10 月，公司被批准为上海市第一批高新技术企业。

公司产品主要应用于全国各地的智慧城市建设、智慧交通、智慧医疗、教育、酒店、电气成套、工业控制、消防控制、智能制造等重要领域，是众多机房工程公司、系统集成公司、安防智能化公司、建筑工程公司和电气成套总包公司的常年战略合作伙伴。

208. 上海鹰峰电子科技股份有限公司

EAGTOP
all for you,all for inverter

地址：上海市松江区石湖荡工业园唐明路 258 号
邮编：201617
电话：021-57842298
传真：021-57847517
邮箱：zhaozhanglong@ eagtop. com
网址：www. eagtop. com
简介：上海鹰峰电子科技股份有限公司（以下简称“鹰峰电子”）是以专业研发、生产电力电子无源器件为发展方向的高新技术企业，是国内领先的无源器件解决方案供应商。主要产品包括薄膜电容器、电抗器、叠层母线、水冷散热器、相变热管散热器及电阻器等，公司先后通过了 SQC ISO 9001：2008 质量管理认证体系和 ISO/TS 16949—2009 质量管理认证体系。

鹰峰电子不断致力于产品的开拓与创新，为新能源汽车、光伏发电、风力发电、轨道交通、工业传动等行业客户提供极具竞争力的无源器件综合解决方案和服务，持续了解客户需求，配合客户共同研发，提升用户体验，为用户创造最大价值。

209. 上海远宽能源科技有限公司

ModelingTech
远 宽 能 源

地址：上海市杨浦区长阳路 2588 号科技园 306 室
邮编：200090
电话：021-65011357
传真：021-65011629
邮箱：info@ modeling-tech. com
网址：www. modeling-tech. com
简介：上海远宽能源科技有限公司（以下简称“远宽能源”）专注于电力与能源行业中的控制与仿真等应用领域，远宽能源的核心研发人员均拥有丰富的电力专业知识与软件开发经验，具备 LabVIEW 开发认证 CLD 与 CLED，有着多年实时仿真系统和建模经验。同时，远宽能源也是美国国家仪器有限公司在电力与能源行业的重要合作伙伴。

远宽能源是世界上少数几家掌握电力与电力电子实时仿真核心技术的公司之一，远宽能源的技术核心——StarSim 电力与电力电子仿真软件最大的特点是不仅可以如传统的仿真软件一样支持在 PC 上的非实时的离线仿真，还能在实时 CPU 和 FPGA 组成的硬件平台上直接支持电力与电力电子系统的实时仿真。远宽能源也据此发表了多篇学术论文，取得了一些专利与软件授权，同时也获得了上海市的创新基金立项支持。

远宽能源在新能源与电力电子实时仿真与控制领域，如混合电动车的电机控制器硬件在环测试、无功功率补偿系统控制与实时仿真、双馈风力发电系统控制与实时仿真、直流输电系统控制与仿真等领域都有成功的案例。远宽能源已经为国内多家知名的科研单位与院校如中国电科院、北京电科院、江苏电科院、清华大学、上海交通大学、华中科技大学、华北电力大学、华南理工大学等提供产品与服务，深受客户的好评。

210. 上海瞻芯电子科技有限公司

瞻芯电子
INVENTCHIP TECHNOLOGY

地址：上海市浦东新区南汇新城镇海洋一路 333 号 8 号楼 3 楼
邮编：201306
电话：021-60780173
传真：021-60780172
邮箱：jian. chen@ inventchip. com. cn
网址：www. inventchip. com. cn
简介：上海瞻芯电子科技有限公司（以下简称“瞻芯电子”）是一家由海归博士领衔的碳化硅（SiC）半导体高科技公司，于 2017 年 7 月在上海临港科技城园区成立。瞻芯电子聚集了海内外一支经验丰富的 SiC 工艺及器件设计、SiC MOSFET 驱动芯片设计、电力电子系统应用、市场推广、运营及商务等方面的高素质核心团队。

瞻芯电子是中国第一家掌握 6 英寸 SiC MOSFET 和 SBD 工艺以及 SiC MOSFET 驱动 IC 芯片的公司，计划于 2022 年前打造完全国产、车规级 SiC MOSFET 和 SBD 全系列产品线。

211. 上海正远电子技术有限公司

正远EMC中心
Mickey Solution

地址：上海浦东新区锦绣东路 1999 号 524 室
邮编：201206

电话：021-60487428

邮箱：yanjunsc@ foxmail. com

简介：上海正远电子技术有限公司成立于2010年，并创办上海正远EMC整改及培训中心，以黄敏超博士为引领的20位国际化EMC团队，全球率先创办上海EMC整改与培训中心，为国内外企业提供EMC整改以及工程师培训服务。公司的技术服务地域从北美、欧洲到国内各大主要城市，行业领域覆盖医疗、通信、电力、新能源发电、电动汽车、照明、军用、航天和家电等。

EMC整改业务已为国内外数百家知名企业提供电磁兼容整改服务，如DELTA、SALVI、INVENTRONICS、上海电气集团、宁波远东照明、阳光电源、方太集团等。

电磁兼容培训业务中，2016年全球首创“EMC实操培训”业务，真正让工程师在操作专用仪器和工具中进行实际样机EMC整改学习，掌握电磁兼容的实际诊断和整改技能。目前已完成3000多人次的电磁兼容理论培训，实操培训学员已超过60人。参加的工程师来自多个行业：通信、医疗、家电、电动汽车、轨道交通、光伏发电、风力发电、航运、航天和军用等；地域有深圳、广州、北京、天津、成都、重庆、苏州、无锡、杭州、宁波和上海多地；同时也在各地高校进行研究生的授课培训，如浙江大学、上海交通大学、上海海事大学、北京交通大学、北京工业大学、成都电子科技大学和重庆大学。

公司主营：EMC理论及实操培训、EMC整改服务、EMC企业专家定制服务、EMC正向设计服务、EMC设计评审、EMC设计规范。

212. 上海众韩电子科技有限公司

CKB 上海众韩CKB

地址：上海市虹口区欧阳路196号法兰桥创意园区10号楼308室

邮编：200081

电话：021-55159880

传真：021-55159883

邮箱：ckb@ ckb-sh. com

网址：www. ckb-sh. com

简介：上海众韩电子科技有限公司成立于2007年，作为30家海内外元器件厂商的授权一级代理，上海众韩以“信赖、专业、全面、迅速”，致力于高品质电子元器件的推广。代理产品包括：电容、电感、IC、变压器、触摸屏等。终端客户涉及：工业仪表控制、新能源汽车、轨道交通、航空航天、家电等。总部位于上海，已在沈阳、天津、青岛、郑州、合肥、无锡、苏州、宁波等多个城市设立办事处。

213. 上海灼日新材料科技有限公司

地址：上海市松江区长塔路85号

邮编：201617

电话：021-51872995

传真：021-51872995

邮箱：4381505@ qq. com

网址：www. jorle. net

简介：上海灼日新材料科技有限公司致力于环氧树脂、有机硅、聚氨酯新材料的研发、生产和销售，一直以电子封装材料为主要研发方向，着重开发电子、电气、电力、太阳能及其他行业所需要的各类特殊封装材料。

“科技，点燃灼日的魅力”，灼日新材料是勇于追求、不断超越、积极创新的企业，公司将始终不渝地以诚信为纽带，构建信任的桥梁，与您携手，同步世界。

214. 思源清能电气电子有限公司

Sieyuan

地址：上海市闵行区华宁路3399号

邮编：201108

电话：021-61610996

传真：021-61610996

邮箱：fsy. 204582@ sieyuan. com

网址：www. sieyuan. com

简介：思源清能电气电子有限公司（以下简称“思源清能”）是一个研发型的企业，2008年3月，以6660万元的资金在上海注册成立，并在北京设立子公司（北京思源清能电气电子有限公司）作为研究团队。2016年公司扩大规模，注册资金增加至10000万元，同时增加了充电技术作为公司营业范围。公司专注于大功率电力电子技术在电能质量治理领域的应用，推出了具有国际领先水平的动态无功补偿与谐波治理装置、有源电力滤波装置等电能质量综合治理解决方案。思源清能电气电子有限公司关注公司高新技术领域——新能源及节能技术领域，以电能质量和电力电子技术为核心，开创中国静止无功补偿技术在电力系统的运用第四代技术的创新，实现阶跃动态补偿的电能质量技术。自2008年成立以来，与清华大学柔性直流输配电所密切合作，截至目前已经完成产品八大系列260种型号的产品序列，完成专利申请150多项，实现销售额25亿元，累计完成各种现场履约工程设计项目6000多项，产品获得客户不断认可。

215. 西屋港能企业（上海）股份有限公司

地址：上海市虹桥商务区万科时一区T1-816室

邮编：201103

电话：021-57153777

网址：www. whk. hk

简介：西屋港能企业（上海）股份有限公司于2009年在上海市工业综合开发区创立，注册资本10180万元，占地23000平方米，建筑面积21000平方米，是一家专业从事新能源电动汽车充电设施和高低压成套开关设备、箱式变电站等输配电设备研发设计、生产制造及销售服务的高新技术企业。2015年完成股份制改制并在全国中小企业股权转让系统挂牌上市，股票简称：西屋港能，股票代码：835115。公司以“开拓进取·创新求变·务实高效·追求卓越”的经营理念，始终坚持“持久地为用户提供优质的产品和满意的服务”的质量方针，着力引进高端的技术和管理人才，为专注新能源电动汽车充电领域以及输配电控制设备的研发和前沿市场拓展，致力以不断健全的技术创新体系、不断完善的质量保证体系和不断超越的售后服务体系为用户提供个性化的终极服务打下坚实的基础。公司视产品质量为企业的生命，先后取得ISO 9001质量管理体系认证、ISO 14001环境管理体系认证和OHSAS18001职业健康安全管理体系认证。在中国强制性“CCC”认证的基础上并通过高压自愿性“PCCC”认证。

公司以先进的科技引领，可靠的产品质量，高效快捷的客户服务，诚实信用的经营作风，为生存环境的改善，高品质生活的追求尽心尽力。为了同一片天空下的美好健康生活，我们将在绿色新能源的创新道路上不断前行。

大事记：

2009年：由美国西屋电气全资成立；

2010年：为Westinghouse、ABB、Schneider加工电气成套开关柜；

2012年：引进有源谐波治理和智能变频技术；

2014年：基于谐波和智能变频技术开发智能充电技术；

2015年：完成企业股份制改革，在新三板上市；

2016年：进军新能源领域，产品获得国网、上海电科所的新国际认证。

216. 伊顿电源（上海）有限公司

EATON
Powering Business Worldwide

地址：上海市长宁区临虹路280弄3号

邮编：100022

电话：021-52000099

网址：www.eaton.com.cn

简介：伊顿是一家全球领先的动力管理公司，年销售额达204亿美元。我们提供各种节能高效的解决方案，以帮助客户更有效、更安全、更具可持续性地管理电力、流体动力和机械动力。伊顿致力于利用动力管理技术和服务，提高人类生活品质和环境质量。伊顿在全球拥有约9.9万名员工，产品销往超过175个国家和地区。

自1993年进入中国以来，伊顿通过并购、合资和独资的形式在中国市场持续稳步增长，旗下所有业务集团——电气、宇航、液压和车辆都已在中国制造产品和提供服务。2004年伊顿把亚太区总部从香港搬至上海。伊顿大中国区目前拥有29个主要的生产制造基地，超过10000名员工、6个研发中心。

伊顿公司旗下伊顿电气集团百年来一直致力于电力应用安全，为客户提供包括整体方案前期规划、产品配置和售后服务在内的一站式服务，更有丰富的产品系列，涵盖电源品质、输入输出配电、机柜、制冷和机房气流管理、电力监控和管理，为客户提供高效、安全、可靠的整体解决方案。

217. 中达电通股份有限公司

DELTA 台达
中达电通股份有限公司

地址：上海市浦东新区民夏路238号

邮编：201209

电话：021-58635678

传真：021-58630003

邮箱：jue.yang@deltaww.com

网址：www.deltagreentech.com.cn

简介：1992年中达电通股份有限公司（以下简称“中达电通”）成立于上海，自营业以来，保持着年均增长26%的高速发展，为工业级用户提供高效可靠的动力、视讯、自动化及节能应用解决方案。在工业自动化领域的市场占有率位居前列，同时也是视讯显控及网络通信基础设施方案的重要厂商。

中达电通整合母公司台达集团优异的电力电子及控制技术，持续引进国内外性能领先的产品，在深入了解客户营运环境的基础上，依据各行各业工艺需求，提出完整解决方案，为客户创建竞争优势。公司秉持“环保、节能、爱地球”的经营使命，在绿色能源、节能减排、楼宇节能的技术领域，陆续开展多项新应用。

为满足客户对不间断运营的需求，中达电通在全国有71个分支机构及11个维修中心。依靠训练有素的技术服务团队，中达电通为客户提供个性化、全方位的售前、售中服务和最可靠的售后保障。

20余年深耕，在1300多名员工的努力下，中达电通2017年的营业额约38亿人民币。未来，中达电通更将不断推陈出新，藉由与客户的紧密合作，共同开创更智能、更环保的未来。

中达电通——可靠的工业伙伴！

北京市

218. 北京柏艾斯科技有限公司

PAS 柏艾斯

地址：北京市顺义区林河开发区林河大街28号

邮编：101300

电话：010-89494921

传真：010-89494925

邮箱：ayu@passiontek.com.cn

网址：www.passiontek.com.cn

简介：北京柏艾斯科技有限公司是一家专业的电参数隔离测量方案提供商，公司成立于 2004 年，经过多年的高速发展，公司拥有完善的生产体系、研发体系、质量保证体系及高素质的销售及客服队伍。公司员工均经过严格的专业技术培训，拥有强大的技术开发、生产和销售的实力。

公司早在 2005 年就已顺利通过了 ISO 9000 质量体系认证并严格执行，部分产品通过了 CE 等国内国际权威认证。公司掌握最核心的电测量技术，拥有数十项专利技术，如电磁隔离技术、霍尔零磁通技术、磁通门技术、柔性罗氏线圈技术等，技术水平与世界水平同步，多项产品填补国内空白。

PAS 系列产品型号齐全，包含霍尔电流传感器、霍尔电压传感器、电流变送器、电压变送器、功率变送器、漏电流变送器、开关量变送器以及智能电量变送器等产品。公司提供 OEM、ODM 服务，已经为大量定制用户提供了高品质的可靠产品，并获得了用户的一致好评，使企业在日趋激烈的市场竞争中更具优势。

219. 北京北创芯通科技有限公司

北京北创芯通科技有限公司
Beijing Creative Chip Expert Technology Co., Ltd

地址：北京市经济技术开发区运成街 2 号泰豪智能大厦 B 座 401
邮编：100176
电话：010-56928318
传真：010-56928318
邮箱：sales@ rtcce. com
网址：www. rtcce. com

简介：北京北创芯通科技有限公司是一家专业从事电力及电力电子实时半实物仿真、电力系统分布式同步测控、无人平台智能感知识别系统的高科技公司，其成立于 2009 年。目前已有自主品牌 SpaceR 的多个系列近 20 款产品投入批量生产：分体式/一体式实时仿真平台、嵌入式实时仿真控制器、FPGA 小步长实时仿真平台、变电站无线同步测控系统、主动配电网微型同步相量测量单元、智能配电单元、无人平台智能感知识别控制系统、电网异物激光清除器等。

公司与多家高校和科研机构在技术合作、人才交流等方面建立了长期伙伴关系。公司技术团队拥有丰富的行业经验，已参与并完成了电力系统、电力电子、自动化控制、信息安全等领域的多项创新科技项目。公司秉持锐意进取、合作共赢的精神创建开放式平台，助力电力能源、工业控制、海军船舶、兵器军工、航空航天、教育科研等领域项目研发和产品设计，帮助客户创新以提高市场竞争力。

220. 北京锋速精密科技有限公司

地址：北京市朝阳区酒仙桥东路 1 号 M3 楼东一层
邮编：100016
电话：010-64364661
传真：010-64360466
邮箱：qjt@ bjsharpspeed. com
网址：www. bjsharpspeed. cn

简介：北京锋速精密科技有限公司成立于 2013 年 8 月，为一家法人独资的民营高科技企业，隶属于北京金橙子科技股份有限公司。

北京锋速精密科技有限公司具备深厚的软件、电子、机械一体化开发能力，拥有完备的软硬件设计开发团队和机械加工生产车间。自成立以来，公司全力专注于激光调阻机的研发生产。北京锋速精密科技有限公司依托母公司在激光控制领域 10 余年的技术积累，结合自身优势，自主设计开发出独特的激光调阻技术，该方法现在已成功申请发明专利（专利号：201410258503. 9），公司自主研发出拥有自主知识产权的 Trimlab 调阻软件系统。公司以成为世界最顶尖的激光调阻专家为目标，致力于为合作伙伴提供高品质的产品和服务，实现合作共赢。

221. 北京航天星瑞电子科技有限公司

航天星瑞®
XRPOWER

地址：北京经济技术开发区万源街 18 号四层
邮编：100176
电话：010-67878915
传真：010-67888906
邮箱：sale@ xrpower. com
网址：www. xrpower. com

简介：北京航天星瑞电子科技有限公司是一家高新技术企业，位于北京经济技术开发区。公司致力于航空航天和各种军用领域测控电源设备以及民用测控电源的设计、开发、生产、服务，是中国电源学会会员单位。

公司成立之初就确立了高技术、高质量、高可靠的产品策略，并始终以“宽一寸、深百里”的经营理念在所处的电源行业中精耕细作，立志成为国内电源行业的著名企业。同时公司以“以人为本、诚信于心”的管理理念对待员工和客户，努力体现企业的社会价值，成为一个广受尊重的企业。

公司主要产品包括程控直流电源、程控中频交流电源、大功率直流电源、军品定制电源。此外，还可根据用户需求设计专用电源，提供军用测控系统供配电解决方案。公司各类军品电源产品已应用于海军、陆军、空军以及火箭军的多种武器系统。

公司拥有国军标质量管理体系认证证书、保密资格单位证书、武器装备科研生产许可证以及装备承制单位注册证书。我们渴望与客户一起为国家国防事业的发展做出贡献！

222. 北京恒电电源设备有限公司

地址：北京市海淀区温泉路 26 号

邮编：100086
电话：010-62451119
传真：010-62451121
邮箱：wuchao@ hendan. com. cn
网址：www. hendan. com. cn

简介：北京恒电电源设备有限公司是北京恒电创新科技有限公司全资子公司，是我国最早研发、生产 UPS 的高新技术企业之一，也是我国最早研发、生产新能源电源的企业之一。公司成立于 1993 年，注册资金 2000 万元，在北京海淀区拥有自己的生产基地。

恒电电源自主研制、开发、制造的恒电牌（HENDAN）系列电源产品获得德国莱茵公司 ISO 9001、TUV、CE 等国际认证。2003 年被国家发展和改革委列入“可再生能源项目”合格供应商名单。多种产品取得国家金太阳认证。

从 20 世纪 90 年代第一台 HENDAN 牌电源问世到今天，恒电电源在电源领域拥有 20 多年的研发、生产经验，在新能源领域也已经拥有 15 年以上的经验。凭借丰富的行业积累，恒电电源多年来不断为客户提供完整、满意的解决方案，以及细致入微的全面的咨询及定制化服务。

恒电电源产品在金融、证券、邮电、通信、国防、医疗、铁路、交通、税务、教育、电力、水力等国内外重点行业领域里都有应用。并且，恒电电源的新能源产品被广泛应用于金太阳工程、三江源自然保护区生态移民工程、光明工程及供电到乡工程等新能源和地域性扶贫项目中。

弘扬民族工业，打造恒电品牌，恒电电源要以高品质的产品，系统化的管理，周到全面的服务成为中国及世界电源品牌的佼佼者。

223. 北京汇众电源技术有限责任公司

地址：北京市海淀区上地七街一号
邮编：100085
电话：010-62974051
传真：010-62974057
邮箱：Huizhong_ gyj@ 163. com
网址：www. huizhong. com. cn

简介：北京汇众电源技术有限责任公司始建于 1986 年，位于海淀区上地七街一号，自有土地 10000 平方米，3 栋科研及生产大楼，建筑面积 23500 平方米。30 年来一直致力于电源产品的设计、开发、生产和服务，获得了丰富的工艺理念、可靠的技术储备和全系统质量管理经验，建立了一支稳定可靠的职工队伍。2008 年，获国家科技进步奖一等奖。

产品包括：模块电源、车载电源、逆变电源、军用微电路电源和高精度定制电源。

主要应用于航天、航空、船舶、兵器、铁路通信、电力等领域。

资质认证：武器装备质量管理体系认证证书、军工保密资格证书、武器装备科研生产许可证、武器装备承制资格单位证书、TS16949 汽车行业管理体系认证。

224. 北京机械设备研究所

地址：北京市海淀区永定路 50 号（142 信箱 208 分箱）
邮编：100854
电话：010-88527004
传真：010-68386215
邮箱：m15027842488@ 163. com

简介：航天科研系统是我国最大的科研系统之一。中国航天科工集团（即原中国航天工业总公司）第二研究院（北京机械设备研究所隶属于第二研究院）是航天科研系统中的一个重要的、多学科及专业的综合性科研单位，有两弹一星功勋奖章获得者黄纬禄、有 6 名中国工程院院士、2000 多名高级科研人员和 4000 多名中级科研人员。其中既有我国电子界、宇航界的老前辈，又有实践经验十分丰富的中、青年科技专家。

我院不仅承担多种类型飞行器系统的总体、控制、制导、探测、跟踪、动力及地面系统的设计与生产，还承担空间高科技产品的研制；不仅承担国内的重大科研项目，还承担着外贸出口任务。研究院采用现代科学的系统工程管理方法，把众多的研究所与生产厂有机地组成一体。近年来，共获国家与国防科工委各种发明奖以及重大科技成果奖数千项。

我院拥有现代化的科学研究设备，尤其是电子和光学仪器设备大都是全国一流的；拥有具备世界先进水平的计算机系统与控制系统仿真实验室；有 863 高科技技术等多个国家重点实验室，可为从事科研工作提供先进的研究与测试手段。

225. 北京京仪椿树整流器有限责任公司

地址：北京市丰台区三顷地甲 3 号
邮编：100040
电话：010-88680221
传真：010-88681899
网址：www. chunshu. com

简介：北京京仪椿树整流器有限责任公司始创于 1960 年，总部位于北京市丰台区，隶属于北京控股集团有限公司，注册资金 7284 万元，资产总额超过 2. 2 亿元，是我国最早生产电力电子器件和电力电子变流装置的高新技术企业。

公司目前拥有市级企业技术中心、博士后科研工作站以及北京市优秀创新工作室，与清华大学、北京交通大学联合研制开发产品，与西安理工大学联合开展工程硕士培养。2000 年通过 ISO 9001 质量体系认证，2008 年通过 GJB/Z 9001A-2001 军工质量管理体系认证。

公司产品秉承“优质环保、高效节能”的发展方向，电源产品主要有电解电镀电源、LED 用蓝宝石炉电源、电弧炉电源、中频感应加热电源、多晶硅还原炉电源、氢化炉电源、单晶炉电源、铸锭炉电源等系列装置。近年来，公司致力于开关电源、有源滤波器 APF、静止无功发生器、PWM 整流器、直流斩波电源等产品领域的研究与开发。

公司为航天科技集团提供了世界最大的单套电源系统；在国内首创实现了 MW 级开关电源在多晶制备直流系统的应用，并推广到多个行业；拥有自主知识产权 20 余项；连续 3 年获得北京市科学技术奖。

226. 北京力源兴达科技有限公司

地址：北京市海淀区西三旗建材城中路 12 号院 27 号楼
邮编：100096
电话：010-82922202
传真：010-82926631
邮箱：hr@ liyuanxingda. com. cn
网址：www. liyuanxingda. com. cn

简介：北京力源兴达科技有限公司成立于 2001 年 3 月 30 日，注册资本 2500 万元，注册地址：北京市昌平区科技园区超前路 37 号 6 号楼 4 层 1201 号，经营地址：北京市海淀区西三旗建材城中路 12 号院 27 号楼；自 2009 年 12 月成为北京市高新技术企业，分别于 2012 年 10 月 30 日、2015 年 11 月 24 日通过北京市高新技术企业复审。2013 年 1 月 28 日成为中关村高新技术企业，2016 年 1 月 28 日通过中关村高新技术企业复审。

公司主要开发设计、生产制造各种交流/直流变换器（AC/DC）、直流/直流变换器（DC/DC）、直流/交流变换器（DC/AC），电容和电池充电等中小功率（3～3000W）的模块化高频开关电源产品。公司研发团队开发了电力系统、工业自动化系统、通信系统、铁路信号及铁路通信、仪器仪表、军用车载电源（电池）、机载电源（发电机）、舰载电源（发电机）等各类设备以提供高稳定性的供电、转换电压、实现供电保护功能。多年来保持研发队伍稳定，和军工企业、科研院校建立了合作机制，不断开发新技术、新工艺，保证产品的技术质量，使公司产品始终保持行业领先地位。

公司拥有从业人员 198 人，其中大专以上学历占总人数的 50%以上。本科以上学历 52 人，占总人数的 26%，大专 53 人，占总人数的 27%；公司研发人员主要毕业于电力电子、电气自动化、测控技术与仪器、电子科学技术信息等专业，具有专业技术教育背景，大力加强了公司的研发技术力量，通过研发人员的努力工作，使公司研发出质量稳定、技术先进的电源产品，得到了用户的肯定。公司研发实行项目负责制度，发挥了研发技术人员的积极性、探索性及自主空间发展，保证了研发人员的稳定性，使研发项目顺利进行。

公司在发展过程中，取得了 1 项实用新型专利，40 项软件著作权，2 项发明专利在申请过程中。取得的证书有：质量管理体系认证证书、武器装备质量体系认证证书、安全生产标准化三级企业证书、三级保密资格单位证书等，目前正在申请武器装备科研生产许可证及装备承制单位资格证书。

227. 北京铭电龙科技有限公司

地址：北京市顺义区中关村顺义园林河大街 21 号
邮编：101300
电话：010-89493662 89493772
传真：010-89491003
邮箱：Whl6688@ 126. com
网址：www. mdlkj. cn

简介：北京铭电龙科技有限公司注册于北京市中关村顺义园，是集研发、生产、销售于一体的高科技企业，在国内开关电源及电源解决方案等领域处于领先地位。主要生产军品电源、工业电源、车载电源、通信电源、LED 驱动电源等高可靠的电源产品。生产车间拥有成套先进的生产设备和检测仪器，公司通过国军际 GJB 9001B—2008 标准质量管理体系。

公司拥有一支超强研发能力的专业团队，在高压电源、超宽输入电压电源、数字电源、软开关谐振、LLC 谐振、全桥移相软开关等开关电源技术前沿领域，取得了巨大成果，填补了国内的技术空白，并申请了具有完全知识产权的专利，使公司处于遥遥领先的地位。公司拥有 34 个大系列，几千个型号的成熟产品供客户选择，公司的系列电源产品已广泛应用于通信、铁路、航天航空、车载设备、电力设备等领域，取得了广大客户的认可，多个型号已列装。

除上述众多产品与服务外，铭电龙科技尊重客户需求，给客户提供完整的技术解决方案和定制产品，只需客户提出具体的需求，公司将提供整套的技术解决方案和定制产品。

228. 北京群菱能源科技有限公司

地址：北京市大兴区亦庄经济技术开发区科创十四街汇龙森科技园 33 号楼 B 座 6 层
邮编：100176
电话：010-56532068
传真：010-56532088
邮箱：bjqunling@ 163. com
网址：www. bjqunling. com

简介：北京群菱能源科技有限公司（以下简称“群菱能源”）是专业致力于新能源检测及系统集成、高校电气实验室建设、电动汽车充电站检测及系统集成、电源测试设备研发与制造的高科技生产型企业，公司注册资金 10888 万，目前拥有员工 200 多名，其中包括 60 多人的研发团队，由行业内知名专家、教授以及一批有开拓创新精神的博士、硕士组成。得益于多年能源检测领域不断地研究与探索，群菱能源在新能源及充电设施检测、配电网/微电网仿真动态模拟试验平台、蓄电池维护测试等相关行业拥有核心竞争力。

凭借优质的产品与服务，群菱能源屡获殊荣，获得

“2018年度充电设施行业杰出贡献企业”“2018年度国家电网有限公司专利奖”“2018年度新能源最具潜力价值企业奖”“2018年度中国储能产业最佳智能装备供应商”“2018年度充电桩零部件优秀品牌企业”，2017年荣获“中国机械工业科学技术奖三等奖”“南方电网公司科技进步奖二等奖”“GES2017年度最佳微网实验系统供应商”等20多项国内外大奖，顺利通过“国家高新技术企业”“中关村高新技术企业”“ISO 9001、GB/T 19001质量管理体系”“国军标质量管理体系”等10多项认证。

229. 北京森社电子有限公司

地址：北京市朝阳区双桥西里7号院
邮编：100121
电话：010-85361516
传真：010-85368977
邮箱：2850326117@ qq. com
网址：www. bjsse. com. cn

简介：北京森社电子有限公司是专业设计、生产、销售（霍尔）电流、电压传感器/变送器（即宇波模块）的高新技术企业，公司前身是北京七零一厂传感器事业部。

20世纪80年代初，公司在国内率先开展了霍尔技术的研究。1989年，通过引进国外先进的闭环霍尔传感器技术，研制生产了（霍尔）电流、电压传感器/变送器，目前已生产了上千个品种，可测量直流、交流及脉冲电流或电压，电流量程从10mA～100kA；电压量程从10mV～10kV，产品覆盖了工业及军工应用的各个领域。

1999年，宇波模块的设计、生产及服务通过ISO 9001质量管理体系认证。

2004年，北京七零一厂国企改制，正式注册成立北京森社电子有限公司。

2012年，全面贯彻执行国军标GJB 9001B—2009标准，取得武器装备质量体系认证证书。

2018年，参与起草国家行业标准《核聚变装置用电流传感器检测规范》，并于2018年6月6日发布实施。

230. 北京韶光科技有限公司

地址：北京市海淀区知春路108号豪景大厦B座2002室
邮编：100086
电话：010-62105512
传真：010-62101976
邮箱：xuyp@ shaoguang. com. cn；duanr@ shaoguang. com. cn
网址：www. shaoguang. com. cn

简介：北京韶光科技有限公司成立于1998年，是国内最早从事代理仙童功率器件产品的公司，公司主要致力于半导体器件的推广，如MOFET、IGBT单管及模块、超快恢复二极管及模块。公司还代理美格纳、东芝、瑞萨及南京晟芯的IGBT、MOS、FRD单管及模块产品（适应半导体国产化的趋势），晟芯半导体产品由原美国知名半导体厂商工程师设计，单管产品由原仙童代工厂等代工生产，晟芯的质量管控贯穿在产品实现的整个过程当中，尤其是增加了晟芯自己的二次测试步骤，确保交付到客户手中的产品有100%的质量保证。公司的产品主要应用于充电桩、开关电源（AC/DC、DC/DC）、逆变电源、UPS/EPS、通信电源、车载电源、电焊机、特种电源、马达控制器、高频感应加热、纺织机械、仪器仪表等。公司在北京、深圳、南京、上海、佛山、成都设有办事处，各办事处都设有技术支持部门，技术实力雄厚，可以给客户提供技术解决方案，解决客户的技术难题。公司在北京、上海、南京、深圳均设有库房，备有大量的现货库存，价格具有竞争性，并且可为客户配套服务。

以质量和诚信占有市场是公司始终坚持的宗旨。以创新和共赢求发展。光阴如织，时间似箭，世界在变，商海也在剧变，唯一不变的是，我们对事业永恒的追求。挑战与机遇同在，我们时刻充满自信。

231. 北京世纪金光半导体有限公司

地址：北京亦庄经济技术开发区排干渠西路17号
邮编：100176
电话：010-56993369
传真：010-56993389
邮箱：sales@ cengol. com
网址：www. cengol. com

简介：北京世纪金光半导体有限公司成立于2010年12月24日，注册资金23656万元，位于北京经济技术开发区，其前身为始建于1970年的“国营542厂”（即中原半导体研究所）。公司主营宽禁带半导体晶体材料、外延和器件的研发与生产，是半导体领域国防重点研制企业、国家级高新技术企业、中国国防科技工业协会理事单位、中国宽禁带功率半导体产业联盟理事单位、中国半导体材料协会会员单位。

公司经过40多年的发展，已成为第二代、三代半导体晶体材料、外延、器件、模块的研发、设计、生产与销售的科技型企业，是国内首家贯通整个碳化硅全产业链的高新技术企业，既碳化硅高纯粉料→单晶材料→外延材料→器件→功率模块制备。

公司主要产品为碳化硅（SiC）高纯粉料、碳化硅（SiC）单晶片、磷化铟（InP）单晶片、锑化镓（GaSb）单晶片、碳化硅（SiC-SiC）同质外延片、氮化镓（SiC-GaN）基外延片、石墨烯、碳化硅（SiC）SBD器件、碳化硅（SiC）MOSFET器件、碳化硅（SiC）功率模块、IGBT模块等。

公司拥有强大的技术研发团队，团队主要成员由具有博士、硕士学历的技术人员和教授、研究员等高级职称人员组成，研发力量雄厚。自成立以来，陆续转接并承担了国家科研任务50多项，其中国家科技重大专项8项，取得了国家专利近百项。

公司作为一家充满活力的现代化企业，愿同国内外朋友广泛合作，共同创造半导体行业辉煌的未来。

232. 北京索英电气技术有限公司

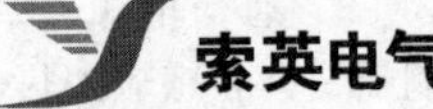

地址：北京市海淀区永丰产业基地永捷北路3号永丰科技企业加速器（一区）A座

邮编：100094

电话：010-58937318

传真：010-58937315

邮箱：soaring@ soaring. com. cn

网址：www. soaring. com. cn

简介：北京索英电气技术有限公司（以下简称“索英电气”）创立于2002年，是国内最早专注于电能回收、可再生能源发电设备及系统自主研发、生产和销售的国家级高新技术企业。

凭借十几年扎根节能回馈技术和三相逆变技术领域的研发优势，索英电气已为全球各顶级电源企业提供了一体化的适合多种电源产品的节能回馈型老化测试系统。有效实现企业产线智能化管理的同时，可极大降低测试环节的电能开销（节能效率最高达95%以上），降低生产成本、提高老化产能、降低火灾隐患。

公司2003年便率先推出我国第一套自主研发并实现商业化应用的三相节能回馈负载，其先进的技术、较高的回馈效率、智能化的应用设计得到了众多国际大型电源企业的一致好评，且已成为艾默生、华为、中兴、GE、Power-One等全球知名企业的长期独家供应商，至今已连续10年国内市场占有率第一，是我国电源老化节能测试领域的市场开拓者！

通过索英电气提供的测试老化节能改造，每年为全球各地的电源制造企业减少高达1亿多度的电力开销，相当于每年减排10万多吨CO_2，极大地降低了成本，提升了品质，真正实现了绿色制造。

233. 北京通力盛达节能设备股份有限公司

TONLIER

地址：北京市经济技术开发区科创14街9号

邮编：101111

电话：010-81508899

传真：010-81508855

邮箱：sales@ tonlier. com

网址：www. tonlier. com

简介：北京通力盛达节能设备股份有限公司是集节能产品研发、生产、销售及服务为一体的综合型高新技术企业，是我国最早研制智能通信电源、最早参加起草技术标准和最具专业实力的企业。公司以节能减排、保护环境理念为核心，努力成为我国节能环保产业的领军企业。

公司主营产品有通信用高频开关电源系统（包括室内型、室外一体化型、室内外壁挂型、嵌入型）、机房智能换热空调、LED路灯、LED驱动电源等，是北京市认定的质量AAA级单位。

公司先后通过了ISO 9001质量管理体系认证、ISO 14001环境管理体系认证和GB/T 28001—2011职业安全管理体系认证，不断引进先进的ERP（企业资源管理）系统和CRM（客户管理）系统，使企业运营管理效率和市场竞争力不断提升。

公司技术一直瞄准国际先进水平，奉行生产一代、研制一代的产品创新策略，确立市场化的设计思想，组建了一支敬业、团结、奋进的研发队伍。公司现拥有专利几十项、多项软件著作权证书，是北京市专利工作试点单位，被评为国家级高新技术企业。

234. 北京汐源科技有限公司

SYOURCE

地址：北京市朝阳区建国路15号院甲1号4-101

邮编：100024

电话：010-89943450

传真：010-65747411

邮箱：sales@ syource. com

网址：www. syource. com

简介：北京汐源科技有限公司专业从事胶粘剂电子半导体材料及配套相关设备，拥有专业的技术人员，在电源、新能源、光通信、半导体、汽车电子等行业可为客户提供一站式解决方案。公司代理经销汉高、LORD、3M、道康宁、诺信等品牌，与多家电源、新能源、航空航天、军工单位合作。

在技术快速发展的今天，公司视客户的需求超过一切。专注品质，用心服务。汐源科技已通过了ISO 9000认证，拥有自主品牌，响应习主席的号召，自主研发高性能电子材料，填补了国内部分技术空白，促进了国内科技创新及军民融合发展。公司致力于帮助客户提高生产力并降低成本。

经销产品包含：导热材料，导电材料，绝缘材料，三防涂敷，结构粘接、灌封设备，点胶设备，涂敷设备等。

235. 北京新雷能科技股份有限公司

新雷能®

地址：北京市昌平区南邵镇双营中路139号新雷能大厦

邮编：102299

电话：010-81913666

传真：010-81913612

邮箱：webmaster@ suplet. com

网址：www. suplet. com

简介：北京新雷能科技股份有限公司成立于1997年，是专业从事芯片电源、模块电源、定制电源、大功率电源及嵌入式电源系统的北京市高新技术企业，是深圳证券交易所创业板上市企业（股票代码 300593）。公司可为客户提供从芯片级电源、模块电源、定制电源到系统级电源的全套解决方案。产品包括：微电路 DC/DC、AC/DC 模块电源，厚膜混合集成电路 DC/DC 模块电源，微电子 DC/DC 芯片封装式电源，大功率风冷、液冷电源，铁路专用电源，电力专用电源，CPCI/VPX 电源，POE 电源，电源逆变器、滤波器，通信整流器及嵌入式电源系统，集成电路等。产品广泛应用于航天、航空、通信、铁路、电力、安防等领域。公司长期坚持“科技领先”发展战略，累计拥有发明 26 项，实用新型 21 项，软件著作权 36 项。被北京市经信委评为“北京市企业技术中心”，被北市发展和改革委审定为航空航天级电源及整机系统关键技术“北京市工程实验室”。公司工程实验室可按照国家相关标准在厂内全流程进行元器件和产品的筛选及环境可靠性试验，同时对在研产品进行元器件电应力降额、热应力降额、热成像分析、环路稳定性分析、EMC、安规、电性能、雷击浪涌等测试，保证产品设计可靠性。

236. 北京银星通达科技开发有限责任公司

银星通达
SILVER STAR SCIENCE & TECHNOLOGY

地址： 北京市西城区北三环中路甲 29 号华尊大厦 A 座 403 室
邮编： 100029
电话： 010-82021883-884
传真： 010-62034689
邮箱： yxtd@ silverst. com
网址： www. silverst. com
简介： 北京银星通达科技开发有限责任公司前身创建于 1994 年 5 月，是北京中关村高新技术企业。公司自成立以来，始终致力于国际知名品牌电源产品在国内市场的推介工作，是国内外各知名品牌 UPS、特种电源、蓄电池、机柜、发电机以及相关电子产品的销售、服务代理商；是专业从事各行业数据中心机房建设、UPS 供配电、制冷、监控等系统整体解决方案的提供商。公司与中环物研环境质量检测中心合作，具有国家质量监督部门批准的对机房环境、基础设施检测资质；可为数据中心提供设计规划、竣工验收、等级评定、测试鉴定等服务项目。多年来，公司同仁不断开拓进取，凭借良好的敬业精神、过硬的专业技术及竭诚服务于用户的意识，得到了广大用户和业界的认可。公司自 2004 年起至今通过了 ISO 9001 质量管理体系认证，并历年被北京市工商行政管理局评为“守信企业”，被北京市企业评价协会评为“北京市信用企业”，并获得“中国电源行业诚信企业”证书。公司是中央国家机关政府采购中心、北京市政府采购中心信息类产品协议供货商。

公司秉承“和谐、求实、敬业、创新”的理念，追求绿色环保、高效节能的目标，努力为广大用户提供专业科学的技术、安全可靠的方案、周到精湛的服务，力争成为用户最可信赖的基础设施解决方案、电源供电系统专家。

237. 北京英博电气股份有限公司

iNpower
英博电气

地址： 北京市丰台区南四环西路 188 号总部基地 10 区 2 号楼
邮编： 100070
电话： 010-63805588
传真： 010-82600608
邮箱： info@ inpower. net
网址： www. in-power. net
简介： 北京英博电气股份有限公司（以下简称“英博电气”）成立于 2004 年 3 月，是中外合资的高新技术企业，公司总部设立在北京市中关村高新技术产业园，目前在全国设有 2 个研发中心、4 个全资及控股子公司和 25 个办事处，构建了覆盖全国的营销和服务网络。英博电气历经多年发展，已成为集新能源和电力电子技术研发、设备制造、工程服务为一体的高科技企业。英博电气视创新为企业发展之本，以客户需求为导向，提供让客户满意的产品及服务为宗旨，面对新的发展机遇，英博电气已构建电力电子、电能质量、储能器件、新能源 4 大业务板块，聚焦轨道交通、数据通信、半导体、市政基建、汽车制造、钢铁冶金、轻工业、石油化工等多个核心行业，为客户提供新能源和电力电子技术的整体解决方案。英博电气作为国家电能质量标准委员会成员、中国节能协会节能服务产业委员会成员、中国电源学会成员，为推动行业技术与标准的发展做出了巨大贡献，被列为首批工信部推荐工业节能服务公司，并荣获国家重点火炬计划高新技术企业、国家重点高新技术企业、电能质量十佳企业、北京市创新型企业等多个荣誉称号。同时，公司先后通过 ISO 9001、ISO 14001、OHSAS18001 体系认证和中国质量认证中心的 CCC 认证。

238. 北京宇翔电子有限公司

地址： 北京市朝阳区东直门外西八间房万红西街 2 号
邮编： 100015
电话： 010-64320432-2076
传真： 010-64320432-8082
邮箱： anhuali789@ 163. com
简介： 北京宇翔电子有限公司是一家专业从事半导体集成电路和分立器件设计制造的企业。公司于 2012 年由宇翔公司（原北器三厂）、北器五厂、北器六厂以及莎威公司（原国营 878 厂）等几家企业整合重组而成，具有 40 余年研发、生产半导体器件的悠久历史。

公司建有一条 4 英寸铝栅 CMOS 集成电路制造线和一条 6 英寸双极集成电路制造线；具备军（民）用集成电路和分立器件三大类数百种型号上千种规格产品的设计、研发、生产和服务的能力。

公司产品包括：数字集成电路，如 CC4000 系列、C000 系列、54HC 系列、BH 系列专用集成电路等；电源管理电路，如 CW7800/CW7900 固定正/负压电压调整器系列、CW117/CW137 可调正/负压电压调整器系列、LDO 低压差电压调整器系列、PWM 脉冲宽度调制器、精密电压基准电路等；半导体分立器件，如 PN 硅单结晶体管、开关/稳压/恒流二极管、SBD-SiC 二极管、TVS 瞬态电压抑制二极管、JFET、MOSFET 及 SOT/SOD/DFN/QFN 等多种封装形式产品。

公司执行 GB/T 19001 质量管理体系和 IECQ-HSTM QC080000 控制要求，产品质量安全可靠。

顾客的想法就是我们的目标，公司将一如既往地为新老客户提供高品质的产品和优质的服务。

239. 北京长城电子装备有限责任公司

地址： 北京市海淀区学院南路 30 号
邮编： 100082
电话： 010-62250747
传真： 010-62250376
邮箱： bgwr@ china. com
网址： www. bgwr. com. cn

简介： 北京长城电子装备有限责任公司位于北京市海淀区中关村科技园区，坐落在学院南路 30 号，是中国船舶重工集团的成员单位之一，现为国家高新技术企业和中关村高新技术企业、北京市企业技术中心。公司注册资本 20725. 83 万元，占地面积 36000 平方米，建筑面积 52000 平方米，正式员工 500 余人。

现公司主要从事以船舶电子配套为主的相关研制生产业务；公司在特种电源、水下通信、电控系统、汽车电子产品等领域具有完整的科研生产能力。在仪器仪表、通信设备、机电设备、海洋工程设备等方面，公司拥有完善的整机组装部门及相应的流水生产线，拥有 SMT、波峰焊、组装生产线以及相关数控机械加工设备，同时具备机电电子产品环境测试与可靠性试验检测测试能力（CNAS 认可、DILAC 认可、国防实验室认可及国家计量认证），能够独立承接环境与可靠性以及应力筛选等多项试验。

本公司通过 GJB 9001C、GB/T 19001—2016、GB/T 14000、GB/T 28001—2011 和 TF16949 等体系认证。公司成立 40 余年以来，坚持“不正不选、不精不做、不优不休”的质量方针，使公司的产品及服务持续地满足用户的需要。

240. 北京智源新能电气科技有限公司

地址： 北京市大兴区金苑路 26 号金日科技园 A 座 6 层 613 室
邮编： 100000
电话： 400-150-8836
传真： 010-62947495
邮箱： majianli501@ 163. com
网址： www. zyxndq. com

简介： 北京智源新能电气科技有限公司是一家致力于电力电子电能变换和控制领域的国家级高新技术企业，主要提供提升配网电能质量的设备相关技术和解决方案，目前产品有有源电力滤波器、低压静止无功发生器、配网三相不平衡、有源前端、微电网系统等。在低压配网直流输电、机车能量回馈等方面有深厚的技术储备。

公司以技术研发作为企业生存发展之本，研发实力是公司核心竞争力。目前掌握电力电子功率变换和控制领域相关的自主知识产权和核心技术，共取得和获受理专利 4 项，其中发明专利 2 项，取得软件著作权 10 项。由清华教授、专家和博、硕士组成的核心研发团队共 18 人。公司坚持产学研相结合，与清华大学、中国矿业大学、兰州理工大学、北方工业大学等高等院校积极开展合作，积累了比较丰富的产学研管理经验，取得众多技术成果。

241. 北京中天汇科电子技术有限责任公司

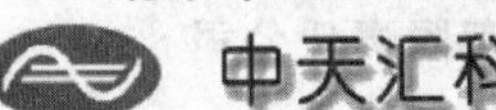

地址： 北京市昌平区沙河镇七里渠育荣教育园区（北门）
邮编： 102206
电话： 010-80707609
传真： 010-80707609-8009
邮箱： sun-zthk@ sohu. com
网址： www. zthk. com. cn

简介： 北京中天汇科电子技术有限责任公司系一家专业的电力电子制造企业，具有 18 年生产开关电源的历史。产品累计生产达数万余台，广泛应用于通信设备、广播发射、电力自动化、EPS 等多个行业。

中天汇科公司注册于北京中关村昌平科技园区，是中国电源学会的团体会员，并取得了高新技术企业认证。公司下设开发部、生产部、销售部、质管部等部门，并拥有一批高新技术人才，其中具有大专学历以上的人员（含高级职称）占员工的 60%。

公司自创业以来以诚为本，坚持以科技为先导，与中国矿业大学紧密合作，以知名教授及高级工程师为技术后盾，不断地研制出各种新型的电力、电子产品。

公司已通过 ISO 9001：2000 质量体系认证，产品的安全及电气性能完全符合 YD/T 731—2000 高频开关整流器标准，并通过了北京市产品质量监督检验所及国家电力科学院等权威部门的检测。

242. 华康泰克信息技术（北京）有限公司

地址： 北京市海淀区上地中关村软件园 10 号楼 205
邮编： 100094

电话：010-82826018

传真：010-82826233

邮箱：xuxiaomei@ wahcom. cn

网址：www. wahcom. cn

简介：华康泰克信息技术（北京）有限公司（以下简称“华康泰克”）于2010年注册成立，性质为有限责任公司，公司注册地处于石景山区八大处高科技园区，是一家集技术开发、生产销售和技术服务为一体的高科技企业，注册资金为5000万元。

公司自成立以来，一直致力于工程系统以及电力解决方案的开发与研究，主要承接机房工程、配电及UPS系统工程、音频及视频会议系统、计算机系统集成等项目。公司近年来经过不懈努力，凭借自身的技术力量推出多元化、全系列的工程系统解决方案，同时根据不同客户的需求，采用革新与演进、继承和发展相结合的策略，为用户提供各种全面的工程解决方案。

华康泰克依靠自身的技术实力以及良好的行业实践经验，依靠清华大学研究院的技术研发平台联合开发出拥有自主品牌的各种电源系列，电源涵盖1~800K UPS系列、-48V通信电源系列、220V电力操作电源、一体化交直流电源系统以及混合供电系统（风、光、油、储能混合），为各个行业的客户提供全面一体化个性解决方案，并取得了良好的成绩和声誉。

公司拥有一支专业的技术服务队伍，多位工程师通过数据中心应用环境集成设计顾问证书，能够及时修复和解决高技术、高难度的不间断电源故障问题，受到客户的一致好评。2010年成立质量管理委员会，任命管理者代表组织标准化小组。并在产品实现过程中严格实施，坚持内部评审和管理评审，确保体系运行有效。严格挑选、优先合格供方；坚持配套设备、原材料、元器件入库前的100%检验制度；严把生产过程质量关、系统集成测试关、产品出厂检验关，实现了产品质量的持续稳定、安全可靠。

公司将保持诚信经营的理念，不断提高质量管理水平，确保质量管理体系持续、有效运行，确保产品质量稳中有升，努力为客户提供更加优良、稳定可靠、安全的产品，提供更加及时、周到、优质的服务，力争成长为行业的积极推动者和领跑者！

243. 威尔克通信实验室

地址：北京市海淀区学院路40号研7楼B座300-507号

邮编：100191

电话：010-62301146

传真：010-62301146

邮箱：jczx@ chinawllc. com

网址：www. chinawllc. com

简介：威尔克通信实验室是公正权威的国家第三方信息通信实验室，从事网络信息安全服务、软件及信息系统评测、第三方委托检测验收、工业和信息化部电信设备进网认证检测、泰尔认证检测、行业/企业标准制定、新领域项目课题合作研究等检测评估和技术服务。

实验室前身为1990年成立的邮电部数据通信产品质量监督检验中心，隶属于数据通信科学技术研究所（1972年成立），并作为国家数据通信工程技术研究中心的依托单位，是我国第一家从事数据通信的标准编制、产品进网检测、技术研究、支撑政府的国家机构。2003年经信息产业部批准在信息产业部数据通信产品质量监督检测中心的基础上组建了中国威尔克通信实验室/北京通和实益电信科学技术研究所有限公司，成为独立法人单位、国家高新技术企业和中关村高新技术企业。

实验室开展的电源类产品泰尔认证/委托测试业务涵盖通信系统用户外机柜、通信用高频开关整流器、通信用高频开关电源系统、通信用不间断电源、通信用配电设备、传输设备用电源分配列柜、通信用直流—直流变换设备、通信用逆变设备、通信用交流稳压器、通信用直流-直流模块电源、室外型通信电源系统、无触点交流稳压器、通信用240V直流供电系统、通信设备用电源分配单元（PDU）等。

244. 中科航达科技发展（北京）有限公司

地址：北京市大兴区黄村镇兴华大街绿地财富中心D座712

邮编：100085

电话：010-82758895

传真：010-82758895-8002

邮箱：xy@ bjzkhd. com；wxq@ bjzkhd. com

网址：www. bjzkhd. com

简介：中科航达科技发展（北京）有限公司（以下简称“中科航达”）注册于北京市海淀区中关村科技园北区，依托于中科院以及中关村科技园强大的科研平台，以及多年积淀的雄厚技术背景，专注于铁路、电力、军工以及公网、专网等高端通信设备所需要的整体化电源提供方案的设计、研发、生产以及产品销售，为信息产业、国防电力以及铁路系统提供全方位、高品质的电源解决方案。

主要产品包括：研制应用满足于通信交换、基站、电源系统、监控传输设备、铁路信号、铁路通信、工业自动化控制、电力监控以及传输系统的自动化控制、航空、航天和军工等领域有特殊要求的高功率密度模块电源以及模块拼装化多输出系统电源产品。

一体化、智能化、低能耗是中科航达电源产品发展的终极目标，通过为铁路、电力以及军工行业服务所积累的近20年的设计经验，目前已为国内主流设备厂家提供了全面、系统、智能化的电源解决方案。凭借强大的技术创新以及强大的市场开发能力；以GJB 9001B—2009质量体系思想作为管理核心，以完备的市场体系作为技术支持和服务保障；为客户提供全面、迅捷、智能化的电源解决方案。

江苏省

245. 百纳德（扬州）电能系统股份有限公司

BND

地址：江苏省仪征市新集镇工业集中区创业路 10 号
邮编：211403
电话：0514-80857711
传真：0514-80857711-821
邮箱：online@ bnd-ups. com
网址：www. bnd-ups. com

简介：百纳德（扬州）电能系统股份有限公司（以下简称“百纳德”）为国内领先的备用、应急电源系统解决方案供应商，国家认定的高新技术企业，在南京设立了产品研发中心。公司生产和销售自主开发的 UPS/EPS、交直流稳压电源、精密净化电源、直流电源、逆变器、铅酸免维护蓄电池等全系列电源相关产品。

自百纳德创立以来，公司的产品和服务得到了政府、轨道交通、高速公路、金融、科研高校、医疗、石油化工、广电、电力、军队、工矿和其他系统用户的一致认可。为用户提供了性能优良、质量可靠、价格合理、服务一流的产品，既是百纳德人一直不变的承诺，也是公司持之以恒的努力。公司按用户的需求，为客户量身定制适合的产品和技术解决方案，超越用户的期望，提供超值的产品和服务。

百纳德人坚持“创新”与“服务”相结合，相信只有不断开发技术先进、性能优良、质量可靠的产品，才能在激烈的市场竞争中立于不败之地。因此，公司不仅非常重视自身技术人才的引进与培养，而且特别注重与高等院校、科研机构的合作。公司的研发中心目前拥有 22 名本行业资深开发工程师，下设信息部、研发部、工艺部、试验室和技术部。到目前为止，获得了 11 项专利证书。2013 年，公司成为南京理工大学教授柔性进企业定点单位、研究生实习基地，双方合作成立了联合研发中心。2016 年，公司又与南京航空航天大学合作，共同开发了国内外技术领先的 UPS 系统，并对现有产品进行全面技术升级。

公司倡导“海纳百川、以德为先”的企业文化，以“严谨细致、高效卓越”为管理理念，以“为用户提供超值的产品和服务”为经营宗旨。百纳德人以千方百计满足和超越用户的期望为工作目标，从售前方案选型、免费提供技术支持，到售中现场考察、检测用电环境、设备安装调试，再到设备售后 3 年免费保养维护、产品使用情况定期跟踪，以一丝不苟的严谨细致，为用户提供优质的产品和服务。正是凭借十几年不变的承诺与实践，如今百纳德已成为一个值得信赖的知名品牌，一个受人尊敬的企业。

246. 常熟凯玺电子电气有限公司

地址：江苏省常熟市高新技术产业开发区金麟路 16 号 3B
邮编：215558
电话：0512-52956256
传真：0512-52956356
邮箱：ruanxuejiao@ kxeeg. com
网址：www. kxeeg. com

简介：常熟凯玺电子电气有限公司成立于 2014 年 9 月，注册资本人民币 3000 万元，拥有科研及生产性设备 1600 万元，科研及生产场地 2000 余平方米，位于上海交通大学常熟科技园（江苏省苏州市常熟市金麟路 16 号 3B）。上海凯玺电子电气有限公司为其控股方。目前公司已通过 ISO 9001、ISO 14001、CE、MSDS 等体系认证。合法授权使用上海凯玺电子电气有限公司的“凯玺”商标。是江苏省民营科技企业（第 EC20150314 号）、常熟领军人才高科技创新型企业、中国电源学会会员单位。

公司以人才为基石，创新为引领，精益生产，追求卓越，打造高端电源明星企业；专门从事各型不同频率的高端电源、射频集成电路、新型微波元器件与系统、工程软件类产品的生产、销售及新技术研发。

公司与多家国内外优秀大学及大型专业科研单位有着良好的互补合作关系。现有主要技术人员：中国科学院院士 1 名，正副教授 4 名，博士 3 名，硕士 2 名，高级工程师 2 名，工程师 7 名，会计师 1 名，ISO 9000 内审员 6 名。已申请国家发明专利 2 项，享有授权专利 1 项。

“可靠、绿色、优秀、强大”是我们的信条！

247. 常州东华电力电子有限公司

地址：江苏省常州市金坛区下塘桥 108 号
邮编：213200
电话：0519-82358200
传真：0519-82359200
邮箱：tzb8896@ qq. com
网址：www. donghuaelec. com

简介：常州东华电力电子有限公司成立于 2008 年，注册资金 100 万元，是规模化的电力半导体模块制造企业，是一家拥有自主知识产权的高新技术企业，公司地处长江三角洲，交通便利，现拥有年产 50 万只电力半导体模块的自动化生产线 1 条，拥有员工 30 人。

目前主要产品有：晶闸管、快速晶闸管、整流管和超快恢复二极管等各种桥臂模块、单（三）相整流桥模块、单（三）相交流开关模块、绝缘型降压硅堆模块以及三相整流桥与晶闸管集成的模块、NBC 焊机及充电机专用硅整流组件、IGBT 单管、MDST 组合模块以及 IPM（智能功率模块）等。产品已广泛用于军工、通信、电子、交直流电机控制、励磁电源、斩波调速、光电电源、控温调光、静止无功补偿、电镀电解、交流无触点动力开关、数控机械、交流电机软起动以及各种工业自动化工业装置、逆变电源等多种行业，并在多项国家重点工程项目中得到了应用，部分产品已配套出口，稳定、可靠的产品质量深受广大用户好评。

公司秉承“亲如一家，多干实事，品质优先”的企业精神，不断引进先进技术及设备为客户提供完善的技术支持和诚挚的售后服务。公司渐渐建立了属于自己的领域，并愿景于创造出自己的品牌，跻身于行业发展的前端！

248. 常州瑞华电力电子器件有限公司

地址： 江苏省金坛市社头工业园 8 号
邮编： 213231
电话： 0519-68080108
传真： 0519-68080121
邮箱： Meijun. zhou@ ruihuaelec. com
网址： www. ruihuaelec. com

简介： 常州瑞华电力电子器件有限公司属国内最早也是最具实力的专业化、规模化电力半导体模块制造企业之一，是一家拥有自主知识产权的国家级高新技术企业，拥有江苏省著名商标，成立了江苏省电力半导体器件模块工程中心，同行业中首批通过了 ISO 9000 质量管理体系认证及 ISO 14000 环境体系认证。

目前，畅销国内外市场的产品主要有：晶闸管、快速晶闸管、整流管和超快恢复二极管等各种桥臂模块以及单（三）相整流桥模块、单（三）相交流开关模块、绝缘型降压硅堆模块以及三相整流桥与晶闸管集成的模块、NBC 焊机及充电机专用硅整流组件、IGBT 单管、MDST 组合模块以及 IPM（智能功率模块）等，产品均通过了国家电力电子产品质量监督检验中心的测试以及 UL 认证和 CE 认证。

公司与西安电力电子技术研究所、清华大学、燕山大学等知名院校签署了长期产学研合作协议；成立了浙江大学汪槱生院士工作站以及燕山大学研究生工作站；与国外专家团签订了长期的技术合作协议，全面引进国外知名公司的封装工艺、设计理念以及品质管理等。公司拥有一支由教授、高工、硕士等高级专业技术人员组成的研发团队，该研发团队勇于创新、坚持创新，取得了多项自主创新成果，并多次参与电力电子产品国家及行业标准的编审，现已拥有 20 多项国家专利。

249. 常州市创联电源科技股份有限公司

创联电源 CHUANGLIAN POWER SUPPLY

地址： 江苏省常州市钟楼区童子河西路 8 号
邮编： 213023
电话： 0519-85215050
传真： 0519-85215252
邮箱： 114058011@ qq. com
网址： www. cl-power. com

简介： 常州市创联电源科技股份有限公司（以下简称“创联电源”）成立于 2000 年 3 月，公司位于长江下游金三角地区重要的中心城市—江苏常州；公司占地面积 20000m²，注册资本 2800 万元，拥有员工 600 余人。

创联电源专业从事 LED 显示屏电源、景观亮化电源、防水驱动电源、工业控制电源等产品的研发、制造与销售，公司拥有先进的自动化生产线，包括 ROHS 生产线、AI 自动插件生产线、SMT 贴片生产线等，日生产电源 3 万多台，年产各类电源超过 900 万台，公司所有产品均进行 24h 满载高温老化测试，产品老化一次合格率大于 99%，年返修率小于 2‰，确保了产品出厂品质。

创联电源广泛应用于 LED 显示屏、工业控制、广告标识、景观亮化、安防监控、楼宇照明、实验室、金融、电力、通信、医疗、机床设备、磨边设备、交通、航运、停车、游戏机等多个领域，同时也可根据客户需求，针对规格尺寸、功率、电压、电流等参数进行产品定制，最大限度地满足客户需求。创联电源产品大部分都通过了 3C、UL、CE、TUV、CB、FCC、KC、BIS 等各国认证，除了满足国内市场的需求，创联电源还远销欧洲、美洲、非洲、中东及东南亚 50 多个国家和地区。创联电源一直致力于打造卓越的产品品质，公司拥有 2 个研发部门 40 多人的研发团队，配备有一整套国际先进的测试仪器与设备，以年销售额 2%的研发经费投入建设了行业领先的试验室，公司及产品分别荣获高新技术企业、高新技术产品称号。

创联电源拥有遍布全国的销售网络，通过完善的质量跟踪与售后服务体系，能快捷、周到地为客户提供全方位服务。

经过 18 年的稳步发展与市场验证，创联电源已经成为国内最具规模的品牌电源研发制造基地和电源行业标杆企业！

公司一直秉持创新驱动、联合发展的理念，以产品创新、品质优良、服务优先的经营理念不断推动开关电源领域的技术革新与进步，以对合作伙伴负责、对行业负责、对社会负责的态度，为城市添光彩，为光源提供恒久动力源。

250. 常州市武进红光无线电有限公司

HGPOWER® 红光

地址： 江苏省常州市武进青洋路桂阳路 1 号
邮编： 213176
电话： 0519-86733545 86732495
传真： 0519-86731270
邮箱： ww@ hgpower. com
网址： www. hgpower. com

简介： 常州市红光无线电有限公司成立于 1998 年，一直致力于交换式电源产品的开发及生产。目前公司已成为国内知名的开关电源生产基地，拥有先进的生产工艺和完善的品质保证体系，主要产品全部通过 CCC、UL、CE、GS、FCC 认证，并通过国际 ISO 9001：2008、ISO 14000：2004、GJB 9001B—2015、TS16949：2015 等到质量体系认证。

目前公司产品广泛应用于家电、通信网络、LED 驱动、电动汽车充电、模块电源等领域，公司现有固定资产15000万元，厂房及宿舍面积达50000m²，生产开关电源2万台/天。

公司拥有一支作风严谨、高素质的研发队伍，可以灵活高效地为客户提供全面的电源解决方案。

创一流品质，持续不断推出高效、节能、绿色电源产品，打造中国电源品牌是我们的宗旨。

251. 固纬电子（苏州）有限公司

GW INSTEK
固緯電子

地址：江苏省苏州市新区珠江路521号
邮编：215011
电话：0512-66617177
传真：0512-66617277
邮箱：marketing@ instek. com. cn
网址：www. gwinstek. com. cn

简介：固纬电子（苏州）有限公司（以下简称“固纬电子”）成立于1975年，深耕大陆市场20余年，是台湾首批电子测试测量仪器领域的上市公司。中国营运总部与制造基地坐落于江苏省苏州市，是全球主要的专业电子测试仪器生产厂之一。固纬电子延续40多年信誉与用心经营，据点遍布中国、美国、日本、韩国、马来西亚、印度及欧洲荷兰等地，行销服务全球五大洲近100个国家和地区。产品阵容一应俱全，包括示波器、频谱分析仪、信号发生器、电源、基础测试测量仪器、智能实验室系统、电力电子开发设计与实训系统（PTS）、电池测试系统、自动测试系统（ATE）以及可靠性环境试验设备、可靠性委托测试验证、录像监控系统等共400多种产品，广泛应用于电工电子产业的研发设计、生产制造、高校教育实验实训、科研、军工和其他电子相关领域。

固纬电子深耕产业市场，与众多知名企业长期深入合作，研发设计的产品更符合行业测试需求。根据与产业长期的深入合作，固纬电子提供了大量符合各个产业的测试方案，如电源测试方案、EMC测试方案、汽车电子电源测试方案、手持式设备测试方案等。

252. 赫能（苏州）新能源科技有限公司

地址：江苏省苏州市太仓市经济开发区禅寺路[illegible]француз泾弄68号
邮编：215400
电话：0512-53986668
传真：0512-53985398
邮箱：745195970@ qq. com
网址：www. helnon. com

简介：赫能（苏州）新能源科技有限公司是一家以新能源、UPS（不间断电源）、EPS（应急电源）、消防巡检柜、火灾探测设备、光伏并网逆变器、汽车充电桩、直流屏、交直流稳压电源等研究、开发、生产、经营、销售推广等多行业发展的高新企业。公司坐落于历史文化名城和5A级风景旅游城市——苏州，是国家高新技术业产地，长江三角洲重要的中心城市之一。

公司生产的系列产品广泛应用于工业、金融、通信、教育、交通、地产、广播电视、医疗卫生、能源电力等各个行业领域。现已经全面通过ISO 9001：2015质量管理体系认证、ISO 14001：2015环境管理体系认证、TLC泰尔认证、CE等认证。产品通过国家质量检测检验部门的多项权威认证。

公司自成立以来，一直秉承“筑显赫品质，创绿色能源”的经营理念，为广大客户提供优质的产品质量和服务，公司产品畅销全国各大城市，业务涉及国内和海外，我们的目标是：创品牌企业，致力于成为智慧能源领导者，使公司成为技术领先，管理科学，设备先进，服务优良的全球智慧能源、电源制造商。

253. 镓能国际半导体有限公司

GaNPOWER

地址：江苏省苏州市工业园若水路388号纳米技术国家大学科学园F0411室
邮编：215000
电话：13472720575
邮箱：information@ iganpower. com
网址：www. iganpower. com

简介：镓能国际半导体有限公司是由全球化合物半导体仿真器领域独角兽公司——加拿大科光量子半导体有限公司创始人兼董事长李湛明博士联合加拿大工程院院士、电力电子领域著名专家、美国电工与电子学会会士、加拿大皇后大学刘雁飞教授，多伦多大学终身教授吴伟东教授以及功率器件半导体界资深专家傅玥博士共同创立。公司主要产品为650V及1200V氮化镓功率器件及先进系统解决方案。

254. 江苏坚力电子科技股份有限公司

地址：江苏省常州市钟楼区香樟路52号
邮编：213023
电话：0519-86926679
传真：0519-86960580
邮箱：505241319@ qq. com
网址：www. czjianli. com

简介：江苏坚力电子科技股份有限公司（原常州坚力电子）是我国规模与研发实力并举的EMI/EMC电源滤波器制造商。自20世纪60年代生产滤波器以来，积累了60多年的专业制造经验，在国内同行业中率先通过了ISO 9001质量体系认证，并通过了ISO 14001环境管理体系、OHSAS 18001职业健康管理体系以及武器装备质量管理体系认证。

先进的测试设备和严格的品质管理形成了公司的独特优势，历年来公司滤波器主要品种已先后通过了UL、CSA、VDE等国际安规认证。

公司产品广泛应用于各种仪器仪表、医疗设备、电力电源、通信电源、军事设备、驱动及控制设备等，还曾多次为国家重点工程——洲际火箭、电子方舱、运载火箭、考察船、飞船系列以及世界最大的射电望远镜等配套。公司产品畅销海内外，拥有国内外各领域的优秀客户。公司能在4~6周内为您提供0.5~2000A各种规格的单相、三相交流电源滤波器和直流电源滤波器。专业的研发团队可为客户设计和制造各种特规滤波器，以帮助客户的设备有效地抑制电源线传输的电磁干扰，满足电磁兼容（EMC）规范的要求。

255. 江苏兴顺电子有限公司

SEMITEC®

地址：江苏省泰州市兴化市昭阳工业园二区宏泰路18号

邮编：225700

电话：13338883596

传真：0523-83234146

邮箱：shenqi@ jsxingshun. com

网址：www. jsxingshun. com

简介：江苏兴顺电子有限公司系日本SEMITEC独资企业，地处江苏省兴化市昭阳工业园二区。主要产品有热敏电阻及压敏电阻、温度传感器，广泛应用于现代通信、工业交通、家用电器、汽车电子及办公自动化等领域。近几年来公司充分发挥日本SEMITEC敏感元件所具有的国际领先水平的优势，拥有具有国内领先水平和国际先进水平的全自动化生产线及各类检测试验设备，产品通过美国UL、加拿大CSA、德国VDE和中国CQC认证，公司已成为国内最大的集研发、生产和销售于一体的NTC热敏电阻和压敏电阻的制造商，并已成为索尼、松下、佳能、LG、三星、台达、冠捷、海信、格力、长虹、长城、TCL、康佳等国内外知名企业的主要供应商。公司近期发展目标是建成SEMITEC的重要生产基地。

256. 雷诺士（常州）电子有限公司

雷诺士® | Reros®

地址：江苏省常州市新北区华山中路38号

邮编：213001

电话：0519-85190886

传真：0519-85190886

邮箱：xinhua@ rerosups. com

网址：www. rerosups. com

简介：雷诺士（常州）电子有限公司是国内知名电源设备制造商，是集设计、生产、销售、服务于一体的高科技股份制企业。公司总部及科研生产基地坐落于国家级常州高新技术开发区，毗邻上海、南京，是国内电源设备制造重点企业之一。目前拥有两大生产基地、4个生产厂区，工厂占地面积35000平方米。

公司长期从事电源产品的制造与销售，在产品的电源设计、制造工艺，出厂检验、开通调试等方面具有丰富的经验。主要产品有：UPS（不间断电源）、EPS（应急电源）、精密空调、精密配电柜、稳压电源、电池以及机房一体化集成配套设备，为国内多家知名品牌UPS厂商提供OEM服务，相关产品已经出口到包括欧美在内的80多个国家和地区。公司产品具有个性化、智能化、环保化、品质高等特点。同时公司具备强大的技术研发实力，能根据用户需求，量身定制非标电源产品，以满足特殊供电环境的需求。

公司已通过ISO 9001质量管理体系、ISO 14001环境管理体系以及ISO 18001职业健康安全管理体系的认证。相关产品已经连续入围“中央政府采购网”“国税总局采购平台”，企业获得“江苏省高新技术企业”“绿色与创新企业”“江苏省UPS研发机构”“中国通企业协会会员”“中国电源学会会员单位”“最具用户满意度品牌”等荣誉称号。雷诺士产品广泛应用于医疗卫生、政府机关、税务金融、电力、教育、铁路、冶金、科研、消防、交通、国防、航空航天、广电等重要领域，在各个行业发挥着电力保护神的重要作用。

257. 溧阳市华元电源设备厂

华元电源 创新、节能、环保、可靠

地址：江苏省溧阳市经济开发区民营路3号

邮编：213300

电话：0519-87383088

传真：0519-87383088

网址：www. huayuan-power. com. cn

简介：溧阳市华元电源设备厂是江苏省科技型民营企业，主要从事开关电源领域的新技术、新产品的研发和生产，拥有多项专利技术和专有技术。

由于该厂在研发和生产的所有产品中坚持创新、节能、环保、可靠的四大原则，努力帮助解决用户在使用原产品中存在的效率不高、环保及可靠性差等技术问题，受到了用户的欢迎。

该厂产品广泛应用于工业、交通、通信、化工、电光源、新能源、高能物理、军工等领域，部分产品出口到欧美、日本等国家和地区。

该厂的特大功率开关电源、低压大电流电源在国内外更具有独特的技术优势。

258. 南京泓帆动力技术有限公司

地址：江苏省南京市江宁区诚信大道885号

邮编：210000

电话：025-52168511
传真：025-52168511
邮箱：info@ sailingdeep. com
网址：www. sailingdeep. com
简介：南京泓帆动力技术有限公司致力于深度掌握控制系统 MBD 和机电设计 MBD 技术，为学院、科研机构和制造企业提供全面的高效工具链和完整工作流的技术服务。目前主要从事智能电网领域电力电子设备和运动控制领域高性能控制平台和开发平台的研制。

259. 南京时恒电子科技有限公司

地址：江苏省中国南京市江宁区湖熟镇金阳路 18 号
邮编：211121
电话：025-52121868
传真：025-52122373
邮箱：export@ shiheng. com. cn
网址：www. shiheng. com. cn
简介：南京时恒电子科技有限公司（以下简称“时恒电子”）为中国电子元件行业协会（CECA）理事单位、中电元协敏感元器件与传感器分会常务理事单位，中国电源学会会员单位，《电子元件与材料》期刊常务理事单位。公司为国家高新技术企业、江苏省民营科技企业。建有经江苏省科学技术厅批准的江苏省 NTC 热敏陶瓷材料工程技术研究中心，授权和受理专利 42 件，其中发明专利 15 件，具有很强的研发实力。

2018 年 11 月 26 日，被评选为“南京市优秀民营企业”，受到南京市委、市政府表彰。

时恒电子是集研发、生产、销售为一体的民营科技企业，产品有 NTC 热敏电阻器、NTC 温度传感器、PTC 热敏电阻器和氧化锌压敏电阻器等敏感元器件，其中 NTC 热敏电阻器系列产品涵盖了浪涌抑制、温度补偿、精密测温、温度控制等应用，是国内专业生产 NTC 热敏电阻器及其温度传感器的骨干企业，具有年产各种测温元件及测温型芯片 8 亿只的规模。

时恒电子通过了 ISO 9001 质量管理体系认证、IATF16949 质量管理体系认证、ISO 14001 环境管理体系认证、GB/T 29490—2013 知识产权管理体系认证，为 AAA 信用等级企业；注册商标被江苏省工商行政管理局认定为“江苏省著名商标”；产品被南京市人民政府授予“南京名牌产品”称号。作为行业重点企业，被行业协会指定参与了国家“十三五”规划的起草。

时恒电子凭借独特的工艺方法和领先的技术，生产的产品具有高精度、高可靠性、高稳定性等突出特点，处于行业领先水平，主要产品均通过了 CQC、UL、CUL、TUV 等认证，汽车级产品通过了 AEC-Q200 测试。时恒电子紧跟国际发展动态，不断研发出具有国际先进水平的新产品，多项科技项目获得包括国家火炬计划、国家科技部创新基金在内的各级政府的立项和资助。公司有江苏省高新技术产品 8 个、江苏省重点推广应用的新技术新产品 4 个、南京市新兴产业重点推广应用新产品 3 个。

260. 南京天正容光达电子销售有限公司

 南京天正容光达电子销售有限公司 

地址：江苏省南京市江宁区天册路 6 号
邮编：211103
电话：025-52290531
传真：025-85313313
邮箱：gybsales@ tzrgd. com
网址：www. tzrgd. com
简介：南京天正容光达电子销售有限公司是国内薄膜电容器行业历史最悠久、产销规模和综合实力最强的企业之一，主导产品为“南容”牌全系列薄膜电容器，目前年产值 6000~7000 万元。

公司 1958 年建厂，1974 年开始薄膜电容器的研发和生产，是国内最早从事薄膜电容器制造的先驱企业。

2004 年改制成立南京天正容光达电子（集团）有限公司。

2011 年，在南京江宁科学园占地 80 余亩（1 亩 = 666. 67 平方米）、总投资上亿元的新园区正式投入使用。

2018 年成立南京天正容光达电子销售有限公司。

261. 苏州锴威特半导体有限公司

地址：江苏省张家港市杨舍镇沙洲湖科创园 A1 幢 9 层
邮编：215600
电话：0512-58979952
传真：0512-58979952
邮箱：sales@ convertsemi. com
网址：www. convertsemi. com
简介：苏州锴威特半导体有限公司成立于 2015 年，位于张家港市高新技术产业开发区，设有西安子公司和无锡研发中心。公司专注于智能功率器件与智能功率集成芯片的研发、生产和销售，先后获评张家港市创业领军人才、姑苏天使计划以及姑苏创业领军人才重点项目，是省民营科技企业及国家高新技术企业。

公司的主要成员在功率半导体领域累积了 10 年以上的产品开发经验，已成功开发了 7 个系列，共计超 200 个产品，功率器件产品主要包括：VDMOS、SJ MOSFET、Smart-MOS、集成 FRD 或 ESD 功率器件，智能功率集成芯片产品主要包括：功率驱动芯片、工业控制芯片、智能电源管理芯片等。产品广泛应用于工业控制、家用电器、电动车、机器人、无人机、充电桩等领域。拥有品牌客户 60 多家，与台湾汉磊科技股份有限公司签署有自主知识产权的功率器件相关技术专有协议，成为汉磊仅次于英飞凌的第 2 大客户；与西安卫光科技有限公司签署有战略合作协议、独家民品代工和高端功率器件研发协议。公司通过了 ISO

9001、ISO 14001 体系认证。目前累计申请专利 22 项，获得发明专利授权 3 项，实用新型专利授权 8 项，高新技术产品认证 4 项，集成电路布图保护 6 项，其中“1500V 高压功率 MOSFET CS4N150”产品获得 2017 年第十二届中国半导体创新产品和技术奖。未来，公司将逐步组建或引入配套资源，在西安和苏州形成以功率半导体和功率集成电路为核心的产业园。

262. 苏州纽克斯电源技术股份有限公司

纽克斯
LUMLUX

地址：江苏省苏州市相城区黄埭镇春兰路 81 号

邮编：215143

电话：0512-65907797-8169

传真：0512-65907792

邮箱：fei. wang@ lumlux. com

网址：www. lumlux. com

简介：苏州纽克斯电源技术股份有限公司成立于 2006 年，是一家专业致力于大功率驱动电源及智能控制系统等产品的研发、生产、销售的高新技术企业。产品主要应用于道路照明、景观照明、植物照明及隧道照明。公司拥有标准厂房 22000 多平方米，各类专业员工 500 多名，拥有发明专利 6 项，实用新型专利 100 多项。实验室 2010 年获得北美认证的 CSA 授权，产品获得 CE、CSA、CCC、UL、FCC 等认证。

263. 苏州市申浦电源设备厂

SPDY
申浦电源

地址：江苏省苏州市吴中区甪直镇凌港村甪胜路（胜浦大桥南 100 米）

邮编：215127

电话：0512-65043983

邮箱：515596668@ qq. com

网址：www. sz-spdy. com

简介：公司坐落于美丽富饶的长江三角洲，南临苏沪机场路，北靠 312 国道，交通便利，环境优美，本厂技术先进，实力雄厚，是集科研生产一体化的专业企业。

公司专业生产 BT-33 型多功能大功率晶闸管触发板、BT-1 型多功能恒流压调节板、整流器、晶闸管调压器、直流调速器、电子负载、充电机、恒流源及各种规格的晶闸管调压变流设备、普通硅整流设备、大功率高频开关电源、贵金属电镀用脉冲电源、铝氧化用大功率脉冲电源、蓄电池生产测试用大功率充放电电源、大功率直流电机调速装置及其他蓄电池生产测试用相关设备。

公司的市场营销策略是：优质低价，服务快捷，相同档次的产品我们的价格达到最低。

公司将以一流的创业精神、全新的质量观念、优质的服务态度和精诚的团结信念广结中外朋友，共谋事业发展。

264. 苏州西伊加梯电源技术有限公司

地址：江苏省苏州市工业园杏林街 78 号新兴产业工业坊 11 号厂房 1 楼 B 单元

邮编：215121

电话：0512-65072152

传真：0512-65072153

邮箱：info@ cet-power. cn

网址：www. cet-power. cn

简介：西伊加梯（CE+T）集团成立于 1937 年，总部位于比利时，并在英国、卢森堡、美国、中国、印度先后设立了分公司。1985 年进入电信设备制造领域；1990 年开发出世界上第一台大功率可并联逆变电源系统。长期以来，CE+T 在大功率可并联逆变电源产品领域始终保持国际领先地位，是欧美主要电信营运商和电信设备制造商的长期合作伙伴。

2016 年，西伊加梯电源赢得了谷歌小盒子挑战赛的冠军。

西伊加梯的电源拥有独特的 TSI 技术和升级版的 ECI 技术。公司主要产品为模块化逆变器及其集成系统、模块化 UPS 及其集成系统。

模块化逆变器产品功率范围从 500VA~20kVA 不等，直流输入电压为 24V/48V/110V/220V，交流输出电压为 120V/230V，产品系列为 Bravo、Media、Nova、Veda 等。集成系统的功率范围从 10~225kVA。

模块化 UPS 产品 Agil，交流输入电压为三相 380V/400V/415V，直流输入电压为 ±204V，交流输出为单相 230V 或三相 380V，功率为 20kVA。集成系统的功率范围从 40~640kVA。

265. 太仓电威光电有限公司

EPE
電威光電有限公司
ETHER POWER
ELECTRONICS TECHNOLOGY CO.,LTD.

地址：江苏省苏州市太仓市城厢镇新毛区新港西路 66 号

邮编：215414

电话：0512-82775558

传真：0512-82776898

邮箱：epe@ powerepe. com

网址：www. powerepe. com

简介：太仓电威光电有限公司是一家专业研发与生产舞台灯光电源、车用 HID 电源、LED 驱动电源的江苏省高新技术企业。公司通过自身的研发能力及先进的生产技术、先进的生产设备和齐全的试验、检验、测试设施，以及严格的产品监控措施，在 2004 年通过了 ISO/TS16949 国际质量管理体系认证和 ISO 14001 环境管理体系认证。

公司以优质的产品、良好的信誉和完善的服务赢得了国内外客商的普遍赞誉。公司占地 37 亩，注册资本 3600

万元，拥有10000平方米的现代化厂房，公司拥有一个现代化的研发中心，一个现代化的实验室，为了确保产品的高可靠性，自建实验室，对产品进行各项环境测试、老化测试、高低温测试、电磁兼容测试，从而确保公司产品的安全、可靠。

公司坚持“不断以高性能、高可靠的产品服务于市场”的经营理念，其国内外市场不断得到扩大，产品遍布美国、南美、俄罗斯、大洋洲等地区。

266. 无锡东电化兰达电子有限公司

TDK

地址：江苏省无锡市滨湖区行创二路6号

邮编：214028

电话：0510-85281029

传真：0510-85282585

邮箱：sales-sh@ cn. tdk-lambda. com

网址：www. cn. tdk-lambda. com

简介：无锡东电化兰达电子有限公司（TDK-Lambda）是全球领先的工业电源制造商，创立至今已有70年的历史，隶属于世界著名电子元器件品牌TDK集团。产品广泛应用于医疗、智能电网、轨道交通、测试测量、科研、半导体、通信等行业，约占全球工业电源1/5的市场。在北美、欧洲与中东、东南亚、日本和中国等14个国家和地区拥有研发中心、生产基地、销售网络和客户服务系统，向全球客户提供安全可靠的开关电源产品、方案和技术支持。

TDK-Lambda立足中国超过20年，工厂位于江苏省无锡市新加坡工业园区，年产值已达6亿元，员工近千人，在北京、大连、无锡、南京、上海、杭州、成都、西安、武汉、长沙、深圳、广州、中国香港和中国台北设立了销售分公司或办事处。其中，上海分公司作为TDK-Lambda中国的研发中心、销售和市场总部，与美国、以色列、英国、德国、新加坡和日本等集团公司有着广泛密切的交流与合作，一直致力于高可靠性AC-DC、DC-DC开关电源的新产品研发和技术革新，提高效率，降低噪声，为持续改善社会与自然环境做出贡献。

267. 扬州凯普电子有限公司

KPR

地址：江苏省高邮市高邮镇工业园区戴庄路

邮编：225600

电话：0514-84540882

传真：0514-84540883

邮箱：service@ yzkprdz. com. cn

网址：www. kpr-c. com

简介：扬州凯普电子有限公司是一家致力于军用高可靠性全系列薄膜电容的研发、制造、营销和服务的高新技术企业。

公司通过引进国内外最先进的制造和试验设备、自主研发及与高校科研院所合作已建立市级研发和工程中心和江苏省研究生工作站，并获得多项有自主知识产权的专利技术。公司在研制过程中，完全按照GJB 9001B、TS16949等标准体系构建并有效运行，系列产品获得“江苏省高新技术产品”“江苏新产品新技术”多项认定，并均通过专业机构的认证。

公司以市场需求与科技发展为导向，以一流的品质、完善的服务为依托，获得了全球客户的信赖，产品广泛应用于军事装备、新能源汽车工业控制及消费电子等多个领域，并可根据客户的设计要求提供个性化定制产品。

268. 越峰电子（昆山）有限公司

地址：江苏省昆山市黄浦江北路533号

邮编：215337

电话：0512-57932888

传真：0512-50369559

邮箱：info@ acme-ferrite. com. tw

网址：www. acme-ferrite. com. tw

简介：越峰电子材料股份有限公司成立于1991年9月5日，是中国台湾聚合化学（USI）转投资企业。总公司设在中国台湾台北市，在中国台湾、中国大陆和马来西亚策略性布局了4个生产基地。1994年在台湾桃园成立台湾观音厂，2000年在江苏昆山成立越峰电子（昆山）有限公司，2005年在广东增城成立越峰电子（广州）有限公司，2009年在马来西亚怡宝成立越峰马来西亚厂。越峰电子材料股份有限公司于2005年2月17日在台湾证券柜台买卖中心正式上柜，股票代码为8121。

越峰电子（昆山）有限公司主要业务为锰锌及镍锌软磁铁氧体磁铁心的研发、制造及销售，公司已经通过ISO 9001、ISO 14001和IATF 16949认证。公司为台湾最大的锰锌铁氧体专业制造商，传承欧洲先进技术，专业生产软磁铁氧体磁铁心，为中国前三大软磁铁氧体磁铁心制造商。铁氧体磁铁心是电感类被动电子元器件的主要材料，广泛应用于3C、网络通信、工业自动化、云端伺服、汽车电子、电动汽车及新能源工业等相关行业，公司是电子业的上游供货商。

公司致力于电子原材料的研发，秉持市场与技术的开发策略，不断提升自我能力，不论在技术研发、市场营销、经营管理上均居行业领先地位，在汽车电子、网络通信及云端伺服行业获得国际品牌大厂的承认，在我们设定的市场区域内成为行业领导者。

269. 张家港市电源设备厂

地址：江苏省张家港市长安中路599号

邮编：215600

电话：0512-58683869

传真：0512-58674019

邮箱：zjgpower@ hotmail. com

简介：江苏省张家港市电源设备厂位于风景秀丽、美丽富饶的长江三角洲畔的新兴城市——张家港市，紧靠苏锡常沪等发达地区，交通便捷。

工厂始创于1983年，主要生产通信电源、高频开关稳压电源、直流稳压恒流电源、逆变电源、变频电源、交流稳压电源、UPS（不间断电源）和中频电源等各种电源，是集开发、生产、销售、工程设计施工等多种业务于一体的专业工厂。产品以体积小、重量轻、效率高、智能化程度高、维护操作方便等诸多优点赢得了用户的一致好评。

本厂通过了ISO 9001质量体系认证，形成了完备的质量管理体系（原材料采购、物料管理、产品制造与质量控制、生产技术工艺与设备管理、产品储运等）。我们将紧随国际电力电子技术的发展步伐，不断研发更高性能的电源系列产品，以高标准、高品质、高性价比来满足广大用户的要求，同时我们也为客户量身定做电源产品来满足用户的特殊需求。

浙江省

270. 杭州奥能电源设备有限公司

地址：浙江省杭州市拱墅区莫干山路1418-29号奥能电源
邮编：310000
电话：0571-88966622-8019
传真：0571-88966989
邮箱：chenxl@ on-eps. com
网址：www. on-eps. com

简介：杭州奥能电源设备有限公司是一家集开发、生产、销售、服务为一体的国家高新技术企业和软件企业，专业生产逆变电源、UPS、高频开关电源、电力用智能一体化电源、高压直流电源（HVDC）系统、新能源电动汽车充换电系统等系列产品，是一体化解决方案的主流供应商。

“质量第一，客户至上”是公司的经营理念，公司奉献给用户的不仅是品质优良的产品，同时也是优质、可靠、及时的服务。随着企业的不断发展，公司已全面贯彻执行ISO 9001质量管理体系并顺利通过认证。

客户的满意是我们永远的追求！

创一流企业是我们最终的目标！

企业使命：致力于为社会节能做出贡献，并在此过程中，为全体员工追求物质与精神两方面幸福搭建平台。

企业愿景：成为行业内极具实力和倍受尊敬的企业。

核心价值观：创造价值、创造快乐、守正出奇、敬业爱岗、分享共赢。

发展理念：做大、做专、做快、做强。

员工管理理念：以人的发展为本。

271. 杭州快电新能源科技有限公司

地址：浙江省杭州市滨江区秋溢路500号1号楼2楼
邮编：310053
电话：0571-87700871
传真：0571-87700502
邮箱：yejun@ efastcharge. cn
网址：www. efastcharge. cn

简介：杭州快电新能源科技有限公司（以下简称“杭州快电”）是一家专注于电力电子产品和新能源技术的高科技企业，公司坐落于风光秀丽的钱塘江南岸杭州滨江高新技术产业开发区，公司主要业务为面向行业应用的电源一体化系统、新能源电动汽车充换电系统、电力电源和储能装置的研发设计、生产制造以及系统集成和服务，向客户提供从前端设备到后端系统的完整解决方案。

杭州快电成立之初，就立志为电力能源行业贡献技术先进、质量稳定的产品，致力于为各行业提供高效稳定的电源产品和电源管理平台的整体解决方案，为新能源汽车制造商、新能源汽车车主、充电设施运营商提供充电设备、充电系统以及充电运营整体解决方案，为客户提供一站式服务。公司长期扎根于交直流电源产品领域，并与浙江大学、武汉大学、国网电科院等国内知名高校院所建立合作研究机制，在电源设备的关键技术上具有深厚的技术底蕴，具备多个发明专利和软件著作权。经过多年的快速发展，杭州快电如今已拥有一个自动化生产基地以及高新技术研发中心，在全国各个主要城市设有销售与服务办事处，已经在智能电网、工业电源、电动汽车充换电、电力电源和储能领域具备了很强的自主开发、生产、服务优势。同时，公司在电源系统的行业应用中积累了丰富的建设和服务经验，在新能源电动汽车领域中也形成了对充电设备、充电站整体建设、充电运营等产业链的全覆盖。

近年来，杭州快电先后引入一系列质量管理体系来持续提高企业管理水平，确保产品质量和服务水平，公司具有质量管理体系、职业健康安全管理体系以及环境管理体系认证证书，产品均通过国家权威检测机构的认证测试。公司几年来不断总结产品投运期间的各种使用经验，坚持改进升级，不断优化产品设计，持续提高产品性能。杭州快电的电源一体化解决方案和电动汽车充换电解决方案，以时尚的外观、良好的用户体验揽获客户青睐，合作伙伴遍布全国，产品远销海外。

杭州快电将与合作伙伴一道，利用先进的技术创造零污染的绿色生活方式，不断为中国的新能源战略助力。

272. 杭州乐充电子有限公司

地址：浙江省杭州市萧山区萧山经济技术开发区桥南区块鸿达路356号
邮编：310000

电话：0571-85090568

传真：0571-85090568

邮箱：sunia. jiang@ lecpower. com

网址：www. lecpower. com

简介：杭州乐充电子有限公司是一家致力于为新能源充电领域提供高效率、高功率密度、智能化、高可靠性的电力电子解决方案、产品及服务的高新技术企业，是中国电源学会团体会员、浙江省新能源汽车产业联盟会员、浙江省汽车工业技术创新协会团体会员。

公司依托于多位来自世界500强企业的技术及管理专家，拥有原创性核心技术的自主知识产权；在新能源汽车充电管理系统、解决方案等方面积累了丰富的技术及市场应用经验。公司自主研发、生产的新能源汽车车载充电机、车载直流（DC）变换器、大功率直流充电桩、闪充充电器等产品，受到客户高度认可和广泛好评。公司高度注重品质管控，严格执行严苛的专业测试/验证流程（如SVT、应力分析、热测试评估、软件测试、电磁兼容测试分析、DVT、可靠性测试、安规测试等）；

公司拥有丰富的研发及产业经验，生产基地先后获得TS16949：2016、ISO 14001：2015、ISO 9001：2015等体系认证；拥有40000多平方米的新能源产业基地，员工1200多人，有14条全自动化SMT生产线，30多条组装流水线，拥有业界国际领先的生产制造设备，公司产品及服务遍及全球各地。

273. 杭州铁城信息科技有限公司

地址：浙江省杭州市拱墅区祥园路108号A座5楼

邮编：310012

电话：0571-88192882

邮箱：67434608@ qq. com

网址：www. tccharger. com

简介：杭州铁城信息科技有限公司创建于2003年12月，是致力于打造专业电动汽车车载充电机及DC/DC转换器等新能源汽车主要零部件研发、生产、销售的国家高新技术企业。公司秉承“以责任求发展，以信誉赢天下”的经营理念，开拓创新、锐意进取，开发出了一系列具有高技术水准的产品，当前产品市场占有率为40%，我们一直以引领行业内优质产品为发展方向，并因此成为行业内的标杆型企业。

274. 杭州祥博传热科技股份有限公司

地址：浙江省杭州市萧山区金城路1068号水务大厦B座1201室

邮编：311200

电话：0571-82308151

传真：0571-82308081

邮箱：xenbo@ xenbo. com

网址：www. xenbo. com

简介：杭州祥博传热科技股份有限公司（以下简称“祥博传热”）是一家专业对电力电子热管理系统产品集研发、制造、销售及技术服务为一体的国家高新技术企业，公司已于2017年3月6日正式在新三板挂牌上市，股票代码为871063。

祥博传热成立的研发中心——杭州祥博电力电子传热高新技术研究开发中心是杭州市级高新技术研发中心，重点研发用于特高压直流输电、柔性直流输电、轨道交通、新能源汽车、光伏发电、风力发电等装置的散热技术和产品。研发队伍及技术支持由一支来自散热器行业专家及在相关领域从业多年的专家和博士、硕士专业人才组成。祥博传热凭着专业的技术团队和创新的技术理念先后承担了国家火炬计划项目、科技部创新基金项目、浙江省重大科技专项、萧山区重点科技项目等各级科技项目的研发任务，科研成果丰硕，掌握了行业内最前沿的工艺和生产技术。近年来，祥博传热已取得30余项专利，并研发了数十项省级新产品和新技术。凭着强大的技术研发和创新能力祥博传热已成为了行业的引领者，祥博是《电力半导体器件用散热器标准》和《静止无功补偿装置水冷却设备》的起草单位，并参与制定了《柔性直流输电设备监造技术导则》等行业标准。

祥博传热的产品和技术广泛应用于直流输电、新能源汽车、风力发电、轨道交通、电能质量治理等领域。多年来祥博传热以技术研发为基础，以客户需求为导向，以满足市场为目标，实现了个性化技术服务。凭着扎实的技术实力，祥博传热进入了国内输变电行业、机车行业所需的高端市场，同时也满足了欧美及中东市场对高端产品的需求。祥博传热已与中国电科院、许继集团、西安西电、荣信集团、南瑞继保、中国中车、ABB、BOMBARDIER等国内外知名企业建立了稳定的业务合作关系。祥博传热在安徽省绩溪县建有占地面积33300m^{2}的专业生产基地，装备了国际领先的真空钎焊和搅拌摩擦焊等生产线，并配备了先进的检测设备，能满足各类中高档散热设备的生产加工，是我国电力半导体器件用散热器行业最具竞争力的企业，是国内首家搅拌摩擦焊通过EN15085焊接体系认证的单位。祥博传热专注于散热技术的创新发展，立志成为该行业的引领者与资源的整合者，引领世界大功率半导体散热器的科技进步，“创精湛传热技术，树百年祥博品牌”是祥博人的追求和目标。

275. 杭州易泰达科技有限公司

地址：浙江省杭州市上城区钱江路58号太和广场3号楼15楼

邮编：310008

电话：0571-85464125

传真：0571-85464128

邮箱：sales@ easi-tech. com

网址：www. easi-tech. com

简介：杭州易泰达科技有限公司（以下简称“杭州易泰达”）是国内领先的电源、电机和驱动器设计工具解决方案提供商，长期为国防军工、航空航天、铁道船舶、汽车、工业自动化、家电、电梯、石油化工、新能源等行业提供产品与咨询服务，能够提供涉及电子产品设计各个方面（如电磁场、电路、温升、结构应力、电磁兼容性）问题的仿真软件产品。

杭州易泰达专注于以电源、电机及其控制系统为主的机电系统的仿真软件开发及电机和控制器技术的产品研发，是国内唯一电磁场仿真软件的供应商。杭州易泰达以系统建模与仿真技术为纽带，为客户提供电力电子及电源高效设计的高性能仿真平台 SIMetrix/SIMPLIS，从电力电子、开关电源、变频驱动、旋转电机到负载机构的电路、机械、磁场、温升等多物理场耦合机电系统专业仿真平台 Portunus，电机快速优化设计与分析平台 EasiMotor，以及国内首个“CAE+互联网+云计算”仿真工具革命性解决方案 EasiMotor Online。公司致力于切实解决用户难题并不断改进用户体验，通过专业的技术知识和服务流程，为客户提供经济、高效、可靠的解决方案和专业的咨询服务，以帮助客户实现技术创新、提高效益和增强竞争力。

276. 杭州远方仪器有限公司

EVERFINE远方

地址：浙江省杭州市滨江区滨康路 669 号

邮编：310053

电话：0571-86699998

传真：0571-86673318

邮箱：emc@ emfine. cn

网址：www. emfine. cn

简介：杭州远方仪器有限公司是远方光电（股票代码：300306）的全资子公司，专业从事电磁兼容（EMC）& 电子测量仪器的研发及 EMC 实验室整体解决方案的提供，是国内最早独立进行全系列电磁兼容测试仪器研发的国家重点高新技术企业。建有企业院士工作站、博士后工作站、省企业技术中心、省研发中心等科研平台，并多次承担国家高技术研究发展计划（863 计划）课题和省市级重大科技攻关项目，拥有国内外发明专利 30 余项。2013 年被评为福布斯潜力上市公司 100 强企业（排名第四）。

经过多年的技术发展与积累，公司的 EMC& 电子测量仪器已远销全球 70 多个国家和地区，应用于 LED 和照明、家用电器、电动工具、低压电器、医疗器械、国网电力、通信、广播音视频、汽车电子、军工等领域，客户包括中国科学院、中国计量科学研究院（NIM）、ETL 国际认证实验室、中检集团、深圳计量院、广东省出入境检验检疫局、清华大学、浙江大学、四川大学、飞利浦、三星、松下、西门子、海尔、美的、TCL 等著名国际检测认证机构、跨国企业、研究所及高校。

277. 杭州中恒电气股份有限公司

ZHONHEN中恒

地址：浙江省杭州市滨江区东信大道 69 号

邮编：310053

电话：0571-56532188

传真：0571-86699755

邮箱：zhangning@ hzzh. com

网址：www. hzzh. com

简介：杭州中恒电气股份有限公司（股票代码：002364，以下简称“中恒电气”）自 1996 年创立以来，始终秉承“至诚至精，中正恒久”的企业价值观，以“致力于创新应用电力电子和互联网技术，为用户提供世界一流的产品”为使命，稳健务实，精简高效，快速成长。

中恒电气一直专注于主营业务，围绕两大业务板块深耕细作，在电力信息化板块，为电网企业、发电（含新能源）企业、工业企业的“自动化、信息化、智能化”建设与运营提供整体解决方案；在电力电子产品制造板块，为客户提供通信电源系统、高压直流（HVDC）电源系统、电力操作电源系统、新能源电动汽车充换电系统等产品及电源一体化解决方案。

中恒电气始终以市场为导向，不断发掘客户的需求，坚持技术驱动、持续创新，不断为客户创造新的价值，为客户提供增值服务，是行业的领军企业。国家电网、南方电网、中国移动、中国电信、腾讯、阿里巴巴、百度、戴尔等都是公司长期合作的核心客户。

“守拙出奇，恒久致远”，中恒人既坚守自己的信念，也善于抓住时代机遇，依托自身深厚的电力行业背景，以及跨界的技术优势，实现从软件和设备供应商向智慧能源综合解决方案服务商的升级，逐步将产业重点转向能源互联网，完成公司跨领域的产业整合。

278. 弘乐集团有限公司

HONLE

地址：浙江省乐清市柳市镇象阳产业功能区

邮编：325604

电话：0577-61762777

传真：0577-61755177

邮箱：linfor@ honle. com

网址：www. honle. com

简介：弘乐集团有限公司是国内知名的电源供应商，是中国电源学会会员。公司自创立以来，一贯坚持“科技是第一生产力”的理论导向，以品牌战略为先导，凭着对电源技术前瞻性的理解，以完善的工艺和对品质的孜孜追求，为各行各业的精密设备提供安全稳定的电力供给保障，在国内外市场上树立了良好形象。

公司以“弘扬和谐，乐享世界”的企业精神为核心，先后推出稳压电源、精密净化电源、直流电源、逆变电源、调压器等系列的多种电源产品，实行供、销一体化。公司在电源的品种、质量、规模和管理模式等方面已得到了完善，使公司产品质量达到先进技术水平，畅销全国，部分出口国外，深受广大客户的好评。

公司始终以“质量求生存，创新求发展”的方针，通过了 ISO 9001 质量管理体系认证公司产品由中国人民保险公司承保。

279. 康舒电子（东莞）有限公司杭州分公司

AcBel

地址：浙江省杭州市西湖区西园八路 11 号 D 座 3 楼
邮编：310030
电话：0571-87997535
传真：0571-87963179
邮箱：mary_ wu@ acbel. com
网址：www. acbel. com
简介：康舒科技创立于 1981 年，一直谨守创新、和谐、超越的经营理念，并以客户满意为目的行事，经过持续不断的技术创新及客户开拓，以电源管理技术为核心的康舒科技已成为众多世界一级大厂的主要合作伙伴，并进入全球电源供应器产业的领导厂商之列。

康舒科技目前以中国台湾为全球研发总部，在中国大陆、美国及马来西亚等地亦设有专业研发团队。近年来，康舒科技有感于地球暖化情形日益显著，除了积极改进产品设计以提高电源供应器产品的电力转换效率，协助客户的终端系统节能减碳外，也积极投入照明、能源及电力通信等新领域，期以电源管理的核心技术为基础，发展出整体解决方案。

杭州分公司作为康舒科技的电能转换研发部，主要围绕电动汽车用各类电源开展应用，客户遍及整车厂、动力电池厂及国家电网等，产品包括车载产品、非车载产品和动力电池的管理与均衡系统等。公司为优秀人才搭建了良好的发展平台，在这里，您将接触到业界领先的技术和富有激情的工作团队。

280. 宁波博威合金材料股份有限公司

boway 博威合金

地址：浙江省宁波市鄞州经济开发区宏港路 288 号
邮编：315145
电话：400-9262-798
传真：0574-83064819
邮箱：sales@ pwalloy. com
网址：www. pwalloy. com
简介：宁波博威合金材料股份有限公司创建于 1993 年，注册资本 627219708 元人民币，拥有博威云龙、博威滨海、博威尔特（越南）三大工业园区，占地面积 36. 44 万平方米，员工 3000 余人，其中博士、硕士以上学历的专业研发人员有 49 人。公司于 2011 年 1 月在上交所主板上市（股票代码：601137），历经多年发展，现已成为中国首批创新型企业、国家技术创新示范企业、中国重点高新技术企业、国际铜加工协会（IWCC）董事单位和技术委员会委员，拥有博士后科研工作站、国家认可实验室、国家认定企业技术中心和国家地方联合工程研究中心。根据公司战略，公司构建起“新材料”“新能源”“资本合作”三轮驱动的产业格局，近年来完成新材料创新项目 50 多项，目前已申报 65 项发明专利，其中授权国家发明专利 37 项，美国发明专利 1 项。公司主导或参与我国有色合金棒、线 21 项国家标准、5 项行业标准的编制，推动我国有色合金材料产业快速发展。

281. 温州楚汉光电科技有限公司

地址：浙江省温州市乐清市柳市镇前州工业区南河路 25 号
邮编：325604
电话：0577-62861001
传真：0577-62861003
邮箱：Info@ chinachuhan. com
网址：www. chinachuhan. com
简介：温州楚汉光电科技有限公司是一家拥有自主知识产权的专业从事低压电源及大功率 LED 电源研发、制造、销售的高科技企业。公司目前涉及的产品系列包括开关电源、LED 电源、逆变器、整流器，产品广泛应用于高低压配电、仪表仪器电源、景观照明、商业照明、工矿照明等领域。公司以“专业，合作，诚信”为原则，以严于律己的管理，获得广大国内外客户的青睐。

282. 浙江艾罗网络能源技术有限公司

地址：浙江省杭州市西湖区西溪路 525 号浙大科技园 A 西 506
邮编：310007
电话：0571-56260099
传真：0571-56075753
邮箱：guohuawei@ solaxpower. com
网址：www. solaxpower. com
简介：浙江艾罗网络能源技术有限公司是国内并网逆变器的重要生产厂家，公司的注册商标“SolaX Power”品牌在可再生能源领域已经经营了近 3 年，公司自 2011 年开始，每年都参加至少 5 次以上的国际大型光伏产品展览会，如德国的 Intersolar 展会、上海的 SNEC 展会、澳大利亚和英国等国的展会，并通过德国《Photon》杂志以及行业网络等媒体对“SolaX Power”品牌进行广泛宣传进一步提升了公司产品的国际知名度。其中 17kW 机器取得 Photon 双 A 证书。继欧洲推出世界上第一台储能机之后，公司独立自主研发并推出亚洲第一台储能机 X-Hybrid（3kW、3. 7kW、5kW），自 2011 年起借助浙江大学的科技实力研发、生产、销售逆变器，产品推广至全世界，主要遍布欧盟、澳大利亚及东南亚等地区。并且在英国、荷兰、澳大利亚设有仓库及售后服务中心，借助浙大桑尼能源科技有限公司在全球的销售渠道将公司的产品推向更广阔的市场。公司的宗旨是为客户提供一个更加先进，更加可靠、安全、经济的光伏产品和能源系统方案，满足世界日益增长的能源需求。2013 年 3 月，公司的产品有单相机 1.5～5kW、三相机 10～17kW 和 2013 年 12 月 1 日储能机 3～5kW。

以“SolaX Power”为品牌的光伏逆变器产品远销 47 个国家，积累了 100 多个行业客户，这些“SolaX Power”品牌逆变器等产品先后成功应用于国内外的很多家庭，这些标志性项目的完成，巩固了公司在业内的地位，取得了良好的业绩和品牌效应。

283. 浙江创力电子股份有限公司

地址：浙江省温州市龙湾区高新技术产业园区 F 幢 2 楼

邮编：325013

电话：0577-86557922

传真：0577-86557923

邮箱：gulitao@ makepower. cc

网址：www. makepower. cc

简介：浙江创力电子股份有限公司成立于 1996 年，发展至今已成为一家集科技、工贸为一体的高科技企业。目前，公司是在国内通信行业从事微电子技术开发与推广应用及系统整合的知名企业，是专门从事各类数据测量、传输及设备自控、信息技术等产品的设计、开发、生产及系统整合的高新技术企业。

通过多年的经营发展，公司已通过国家高新技术企业和浙江省软件企业的认定，2005 年被接纳为中国电源学会、中国通信电源标准协会会员单位。自 2002 年以来，公司一直坚持贯彻各类国际先进体系标准，先后通过了 ISO 9001 质量管理体系、ISO 14001 环境管理体系、OHSAS18001 职业健康安全管理体系、ISO 20000 信息技术服务管理体系、ISO 27001 信息安全管理体系的认证。

公司管理规范，质量保证体系完善，公司管理层创新意识和开拓能力强，有较强的新产品研究攻关能力，从事新产品生产的条件、项目实施所需的设施基本具备，原材料的来源、供应渠道有可靠保障，环境保护措施达标，劳动保护与安全健康管理工作实际有效。自成立以来，公司已获得各类授权专利 151 项，其中发明专利 4 项，另有计算机软件著作权 21 项，公司牵头或参与行业标准制定达 30 余项。

284. 浙江高泰昊能科技有限公司

地址：浙江省杭州市拱墅区莫干山路 1418-50 号电子机械功能区 2 幢 5 楼

邮编：310000

电话：0571-85826623

传真：0571-88909603

邮箱：gthn@ qualtech. com. cn

网址：www. qualtech. com. cn

简介：浙江高泰昊能科技有限公司是一家致力于发展新能源领域电池管理系统和电动汽车整车控制系统集研发、设计、生产与销售于一体的高新技术企业，是国内技术领先，市场占有率高的电动汽车电池管理系统（BMS）供应商和整车控制器（VCU）供应商。公司于 2011 年成立，目前已形成了本、硕、博完整的研发团队，累计已经有近 15 万台车的项目供货经验。

公司成立至今，积累了大量的行业经验和运营模式（如杭州微公交模式、电动汽车换电模式、电动汽车随借随还租赁模式），已形成包括电池管理系统、整车控制系统、高压配电箱和电池充换电站/储能站控制系统等四大产品线，覆盖了新能源电动汽车基础设施建设和整车控制的关键产品领域，产品并可以应用于储能领域的电池管理系统。基于多年对 BMS、VCU 的研究积累，公司拥有业界领先的核心技术，公司 BMS、VCU 产品性能领先、可靠性高，目前产品已广泛应用于国内各大整车厂的纯电动大巴车、纯电动乘用车、纯物流车、储能系统上，产品已经通过严格测试和整车厂量产运营，经过产业化运作，目前公司对接的客户已覆盖全国 18 个省市地区。

公司已通过 IATF16949/ISO 9001 质量管理体系认证，规范了产品的开发和生产的流程，严格把控产品质量，使得公司的产品在国内处于领先地位。公司已申请并通过了 4 项发明专利和 15 项实用新型专利，以及 20 余项著作权和软件产品登记证书。公司已经获取软件企业资质，同时获取了国家高新企业资质，公司的“电动汽车电池安全智能管理系统”获得国家创新基金项目的资助并通过验收。

公司本着服务客户、客户至上的原则，针对客户需求所研发和生产了具有高可靠性、高性价比的系列汽车级产品，公司专注于电动汽车动力总成控制系统的开发和应用，积极快速响应客户需求，第一时间解决客户问题，为电动汽车整车行驶和电池安全保驾护航。

浙江高泰昊能科技有限公司期待与您精诚合作，发挥协同创新优势，以求互惠互利，共同推进中国新能源产业的发展！

285. 浙江海利普电子科技有限公司

地址：浙江省海盐县武原镇新桥北路 339 号

邮编：314300

电话：0573-86169999

传真：0573-86158001

邮箱：holipmarketing@ holip. com

网址：www. holip. com

简介：浙江海利普电子科技有限公司（以下简称“海利普”）成立于2001年，于2005年纳入丹佛斯（Danfoss）旗下，成为其全资子公司。丹佛斯是丹麦大型的跨国工业制造公司，创立于1933年。丹佛斯以推广应用先进的制造技术，并关注节能环保而闻名，是制冷和空调控制、供热和水控制以及传动控制等领域处于世界重要地位的产品制造商和服务供应商。

历经十余载翻天覆地的变化，海利普已发展成一家集研发、生产、销售于一体的高新技术企业，同时也是国内较早拥有省级变频研发中心的企业。海利普是目前国内重要的变频器生产厂家之一，其核心产品HLP系列变频器，广泛应用于空压机、包装、印刷、纺织、印染、石油、化工、建筑、建材、橡胶、塑料、造纸、食品、饮料、环保、水处理、机床等行业，先后被列入国家重点新产品（2002. 7-2005. 7）、国家火炬计划项目（2002. 7-2005. 7），并被授予浙江省名牌产品等荣誉。

为了持续推进丹佛斯“中国第二故乡市场”的首要战略，海利普作为丹佛斯中国的核心成员，因地制宜地开展了一系列重要行动计划；同时也进一步巩固了海利普在国产变频器领域的重要地位。如今，海利普已经成为丹佛斯亚太地区的制造以及物流中心，海利普所在的生产基地——海盐工业园区已成为丹佛斯全球重要的工业园区，年生产量可达180万台变频器。

286. 浙江宏胜光电科技有限公司

地址：浙江省乐清市柳市镇柳黄路2285号5楼

邮编：325604

电话：0577-61676211

传真：0577-61676212

邮箱：9029226@ qq. com

简介：浙江宏胜光电科技有限公司创立于2010年3月，是一家集开发、设计、生产、销售、服务于一体的高科技专业化电源制造企业。

公司重视人才的培养与引进，坚持以人为本的理念，拥有一批高素质专业人才。公司员工200余人，其中高级技术人员10多人，专业管理人员20余人，质检人员10余人；年产量达200多万台电源，厂房面积5000多平方米；公司注册资金1020万元，是国内最具规模的开关电源专业制造企业。

公司以产品质量为方针，注重产品的研发及技术的更新；同时公司引进全自动插件机、自动化生产流水线，采用精确完善的检测设备，筛选优质的进口电子元件；产品经过100%烧机老化、耐压检测，合格率高达99%以上，通过先进的管理和流程，铸就高品质的电源产品。

公司主要产品包括：防水电源，防雨电源，AC-DC单组、多组开关电源，超薄型、小体积、导轨型、大功率开关电源，DC-DC开关电源，充电开关电源，适配器开关电源，逆变器开关电源等上千种电源规格产品。另外，公司可快速开发各种非标电源及特殊定做规格电源产品，来满足客户对不同产品的需要。产品广泛应用于LED亮化工程、LED显示屏、监控设备、医疗设备、工控自动化、电力通信等领域。

企业宗旨：服务员工、服务顾客、服务社会。

企业方针：技术创新，质量创新，服务创新。

企业口号：全力打造中国电源第一品牌。

公司竭诚欢迎各界朋友前来考察、洽谈、合作，共图发展！

287. 浙江暨阳电子科技有限公司

暨阳电子

地址：浙江省诸暨市暨阳街道大侣路60号

邮编：311800

电话：0575-87327588

传真：0575-87995599

邮箱：wangyang@ zjjiyangdz. com

网址：www. zjjiyangdz. com

简介：浙江暨阳电子科技有限公司是一家集研发设计、生产制造、销售服务于一体的专业磁环电感元件生产企业。由浙江菲达集团公司（股票代码：600526）与诸暨斯通电子有限公司实行股份制合作成立而来，现注册资金为3500万元。

公司专注为电源系统、电源适配器、LED照明、消费电子、新能源汽车、光伏电源等领域提供最适合的电感配套解决方案。公司拥有20年的自动化设备研发经验，目前拥有发明专利3项、其他专利15项。其自主研发的磁环全自动绕线机、自动上锡机、全自动检测机，均填补了国内磁环全自动化生产制造的空白，是真正实现了磁环电感全自动化生产的制造企业。

公司现有员工135人，其中研发技术人员15人，工厂厂房总面积为10000平方米。目前拥有全自动绕线机200台，可日绕线100万只，日产电感70万只，具备大批量稳定供货的能力。公司已通过ISO 9001质量管理体系认证。

288. 浙江巨磁智能技术有限公司

MAGTRON

地址：浙江省嘉兴市南湖区昌盛南路36号智慧产业创新园四号楼201室

邮编：314000

电话：0573-82660267

传真：0573-82660100

邮箱：liang. chen@ magtron. com

网址：www. magtron. com. cn

简介：浙江巨磁智能技术有限公司是一家专业从事智能传感器芯片技术开发与应用的高科技企业，为全球智能磁电传感产业发展提供极具创新的 SoC 单芯片级别解决方案，将创新产品带给智能交通、汽车、新能源、机器人、运动控制、轨迹追踪等多个行业和应用。

公司核心开发基于巨磁阻（GMR）及磁通门（Fluxgate）传感集成的单芯片 SoC 产品，为业界带来全球首发 Quadcore 集成 FPGA 可编程及 DSP 的电流传感器 SoC 芯片，可实现任意电流等级、任意增益以及真正的零漂移，单芯片封装芯片 MS 系列产品将优化光耦放大器或互感器等采样方式，将电阻变得更加智能，彻底改变使用电流传感器昂贵以及光耦电路匹配等现状，而全集成可编程的传感器模块 ME、MC 等系列，将为节省客户成本、实现任意电流增益，为客户提供便捷的定制服务。全球首款集成磁通门以及安全自检功能单芯片 Self-Check 的剩余电流检测芯片方案 MT 系列，以及其各个功率段漏电流传感模块（RC-MU），为新能源电动汽车、充电站以及光伏逆变器提供了一种超高性价比的产品方案，已经成为行业众多领先厂家应用开发的不二选择。

289. 浙江琦美电气有限公司

QME® 琦美电气 QIMEI ELECTRC

地址：浙江省乐清市北白象象塔南路 63 号
邮编：325604
电话：0577-62898207
传真：0577-62897207
邮箱：284687208@ qq. com
网址：www. qmdianqi. com

简介：浙江琦美电气有限公司坐落在享有三山之一的雁荡山脚下，位于中国“电气之都”柳市。公司是一家专业从事高科技电源电子产品的研发、生产及销售于一体的企业。公司技术实力雄厚，积累多年与欧洲知名电气公司、国内知名高院校的合作技术成果和经验，研发并制造了国内外领先的高科技电源系列产品。

经过多年克难攻坚，公司已形成以省市为办事处的经销网络，产品用户遍及全国各地，如：智能建筑、消防、交通、体育中心、地铁、电信、军工、银行、工厂、证券、医院等各个用电单位及居民楼。公司主要产品包括：双电源、稳压电源、EPS 消防应急电源系列、UPS 系列、消防巡检柜、电气火灾监控系统、消防监控系统、蓄电池、应急电源变压器、直流配电柜、变频恒压供水控制柜、智能软启动控制柜、自耦减压启动柜、逆变电源、直流屏、智能操控电源、智能高频电源模块、变频电源系列等电源产品。

公司将继续以“科技创新、机制创新、管理创新、营销创新”的理念，坚持以人为本，打造和谐企业，始终如一地走“以质量立厂、以科技兴业”的发展道路，不断投入新产品研发，全力进行新产品推广，更加完善售后服务保障机制，努力满足客户对产品功能、质量和服务的需求。琦美人把“追求卓越、回报社会”视为自己的奋斗目标，在前进的道路上积极进行改革创新，不断调整产品结构，实施品牌战略，真诚与国内外客商及社会人士携手并进，引领科技，共创辉煌！售优质产品、保一流服务，是所有琦美人永远不变的服务承诺！

290. 浙江腾腾电气有限公司

TTN
TTN ELECTRIC

地址：浙江省温州市鹿城轻工产业园区创达路 28 号
邮编：325019
电话：0577-56968888
传真：0577-56556999
邮箱：hr@ ttnpower. com
网址：www. tinglang China. com

简介：浙江腾腾电气有限公司系国家高新技术企业、浙江省科技型中小型企业、浙江省级企业技术研究开发中心、浙江省专利示范企业，是中国电源学会会员单位、中国电器工业协会会员单位。公司成立于 1994 年，是一家集研发、生产、销售各种规格光伏离网发电系统、智能交直流稳压电源、UPS、EPS、智能家居、电脑万年历等产品为一体的现代化电气行业翘楚。在公司 100 多类 1000 余种研发产品中，共覆盖家庭、工业、农业、消防、通信、医疗等诸多领域，销售网点 500 多处，遍及全国各地，办事机构延伸到莫斯科、法兰克福、洛杉矶、迪拜、拉各斯等国际大都市，产品畅销至全球 50 多个国家和地区。目前，新研发的 3D 打印设备即将投产，产品系列包含从单头单色打印到多头多色打印，材质包含打印塑料及打印金属；GPRS 智能路灯控制系统，通过网络控制调节，为现在普遍使用的路灯系统节省 40%以上的电能；IGBT 智能高频电子式稳压电源产品为各领域高、精、尖设备的必备配套产品，此项科技产品的研发成功将是国际上高端电源产品中的一次革命。之外，公司正在与西北工业大学合作研发大功率激光电源、伺服电机等高科技系列产品。

291. 浙江宇光照明科技有限公司

地址：浙江省绍兴市柯桥区平水镇会稽村工业集聚区
邮编：312051
电话：0575-85739999
传真：0575-85730969
邮箱：info@ universelite. com
网址：www. uvlte. com

简介：浙江宇光照明科技有限公司是一家专业生产照明产品的科技型企业。公司占地面积约 50 亩（1 亩 = 666. 67 平方米），建筑面积 30000 平方米，注册资金 568 万美元，总投资 1080 万美元。现有员工 300 余人，其中具有中高级职称人员 50 多人。公司秉承“诚实守信，品质为先，客户至上，持续发展”的经营理念，是一家重品质、守诚信、服务优、发展快的稳健型企业。

浙江宇光照明科技有限公司是研究和制造绿色环保电光源产品的专业厂家，专注于生产无极灯、HID 气体放电灯及 LED 等三大系列产品。公司是国家重点扶持高新技术企业、浙江省科技型企业、浙江省清洁生产试点示范企业、浙江省创新型中小企业、中国无极灯联盟副理事长单位、复旦大学教育科研实验基地、无极灯国家标准起草单位。公司拥有强大的技术研发团队与实力，设立了宇光照明省级高新技术企业研究开发中心，每年均有几十项创新技术获得国家专利。公司通过 ISO 9001：2008、ISO 14000 管理体系认证；产品符合 CCC、CE、FCC、CB、UL 等认证。

美好灯光、美好世界，宇光照明将专注于照明领域，服务于全球照明事业，为人类创造更加美好的明天而不懈努力。

292. 浙江长春电器有限公司

地址：浙江省嘉兴市桐乡市高桥经济园区 2 幢
邮编：314515
电话：0573-87533046
传真：0573-87536088
邮箱：info@ ccele. com
网址：www. ccele. com
简介：浙江长春电器有限公司位于杭嘉湖平原的中心、举世闻名的钱江大潮和中国皮革之都——海宁市，东邻上海西靠杭州，航空、高铁、公路四通八达。公司始建于 1974 年，历史悠久，公司主要生产 DS12、DS14、DS16、QDS8 系列直流快速断路器，DM4、DM8G 系列磁场断路器，HD18 系列电动、手动隔离刀开关以及交流、直流成套设备等产品。产品适用于矿山开采、金属冶炼及城市电车、轻轨、地铁的牵引、过载保护及发电机组的励磁保护。

浙江长春电器有限公司拥有一支优秀的员工队伍，技术力量雄厚，生产设备齐全，检测仪器先进，生产能力强大，能够满足广大用户的需求。公司致力发展绿色环保系列产品，企业通过 ISO 9001：2008 认证。并坚持“以质量求生存、以信誉求发展、质量第一、信誉至上、诚信为本、客户为先”的宗旨，积极进取、开拓创新，做客户满意的产品，为广大用户服务。

293. 中川电气科技有限公司

地址：浙江省乐清市经济开发区纬六路 219 号
邮编：325600
电话：0577-62772888
传真：0577-62779168
网址：www. jonchan. com
简介：中川电气科技有限公司成立于 1997 年，总部位于浙江乐清市。是国内领先的智能消防应急疏散指示系统供应商，是国家级高新技术企业、浙江省 AAA 级纳税信用企业、中国消防协会消防电子分会委员单位。公司专注于智能型消防应急疏散指示产品、EPS 消防应急电源、UPS、稳压电源等产品的研发、生产、销售和服务。经过二十几年的发展，现已成为国内智能应急疏散系统和电源行业的龙头企业之一。公司现有员工 300 多人，其中拥有大专及以上学历员工占 50%以上。产品广泛应用于机场、高铁车站、大型商业综合体、展览馆、体育馆等重要公众场合以及移动数据中心等关键部门。企业在同行业中率先通过 ISO 9001、ISO 14001、OHSAS18001 体系认证，并与国内高等院校、消防研究所展开技术合作，将每年的销售收入 5%以上投入到新产品的研发和技术创新中，加强了技术和产品的领先地位，已累计取得设计专利 60 多项。

山东省

294. 海湾电子（山东）有限公司

地址：山东省济南市高新技术开发区孙村片区科远路 1659 号
邮编：250104
电话：0531-83130301
传真：0531-83130303
邮箱：mk_ king@ gulfsemi. com
网址：www. gulfsemi. com
简介：海湾电子（山东）有限公司（以下简称“海湾电子”）是以专业玻璃钝化及玻球封装技术，提供电子照明、LED 照明、LED 电源供应器、工业类电源、仪器仪表等业界广泛使用的整流器件；20 多年来直接服务于各领域的国际知名公司（如 Samsung、Philips、GE、Emerson、Delta、Panasonic、Sharp 等）。

长期以来，海湾电子依托二极管最先进的玻璃球钝化工艺技术，已完整开发了 Philips 原 BYV、BYM、BYT 等系列产品，满足业界对高性能、高可靠性产品的需求；海湾电子又相继引进了外延、玻璃钝化技术，替代原 SANKEN、ON SEMI、TOSHIBA、IR 等知名公司的系列产品，满足业界对高频率、低 VF、高效整流的需求；海湾电子还大量开发了肖特基、高性能桥堆等系列产品，满足各个领域的整流方案。

295. 济南晶恒电子有限责任公司

地址：山东省济南市历下区和平路 51 号
邮编：250013
电话：400-055-0531
传真：0531-86947096
邮箱：zhangxy@ jinghenggroup. com

网址：www. jingheng. cn

简介：1958年，济南晶恒电子（集团）有限责任公司（以下简称“晶恒集团”）的前身济南市半导体元件实验所成立，成为我国首批自行研发生产二极管的单位。60多年来，晶恒集团为国家历次火箭、导弹、卫星、航天器的研制，提供了大量优质、可靠的半导体器件。

济南晶恒集团是一家综合性多元化的集团企业，拥有自主知识产权的芯片设计能力和年产二极管晶圆100万片、半导体分立器件100亿只、引线框架40亿只、开关电源6万台的能力。

晶恒集团拥有先进的生产设备和自动化流水线；从芯片、框架到半导体器件成品，产业链完备。产品包含全系列肖特基管及快恢复、超快恢复管，全系列TVS管、稳压管，全系列触发管和各式桥类整流器，MOS管、集成模块等。晶恒集团在不断丰富产品的同时，建立了完善的质量保障体系，凭借国家军工级检验中心和国家二级计量中心，以及国内最全、类型最多的高精度检测设备，在质量管控和产品检定上达到国际先进水平。

公司产品应用于各大行业，如汽车、电源，家电，电表、安防、通信、照明、太阳能等多个领域，远销世界各地，与多家国际知名公司保持密切合作。

296. 临沂昱通新能源科技有限公司

昱通新能源

地址：山东省临沂市高新区新华路中段

邮编：276000

电话：0539-7109391

传真：0539-7109391

邮箱：wsc76821@ 163. com

网址：www. ytxny. cn

简介：临沂昱通新能源科技有限公司是以生产电子变压器、滤波器、电感、锰锌软磁铁氧体为主的高新技术企业。产品主要应用于家电、通信、绿色照明、汽车电子、太阳能等领域。

297. 青岛航天半导体研究所有限公司

地址：山东省青岛市高新区新悦路87号

邮编：266114

电话：0532-85718548

传真：0532-85718548

网址：www. qdsri. com

简介：青岛航天半导体研究所有限公司，原为创建于1965年的青岛半导体研究所，2011年年底，青岛市国资委与中国航天科工集团对其进行了重组，性质为全资国有。

公司现有职工310人，占地面积96022平方米，拥有21975平方米的工业厂房（含净化厂房4000平方米）和11105平方米的后勤保障楼。公司是我国高可靠电子元器件研究与生产定点单位，为国家重点工程承担配套研制生产任务已有50多年的历史，产品主要用于航空、航天、兵器、船舶、电子、石油和工业控制等领域。

公司通过了GJB 9001A—2001质量管理体系认证，被认定为高新技术企业、青岛市企业技术中心等。厚膜混合集成电路生产线年生产能力为5万只，微电路模块（SMT）生产线年生产能力为5万只，电力电子器件生产线年生产能力为50万只。

1）信号变换类混合集成电路产品：（V/F、I/F、F/V、V/I、C/V）转换器、滤波器、加速度计伺服电路、陀螺解调电路、单片集成电路、运算放大器等。

2）电源功率类产品：中小功率DC/DC、DC/AC、高低压电源模块；Interpoint、Victor兼容产品；二、三相陀螺电源、功率模块、尖峰浪涌抑制器等。

3）电力电子类产品：中小功率整流器件、晶闸管、MOSFET功率器件、晶体管、IGBT模块、固态继电器等。

4）压力、振动、温度传感器等。

298. 青岛威控电气有限公司

VECCON

地址：山东省青岛即墨市大信镇天山三路42号

邮编：266000

电话：13792896685

传真：0532-82530096-3008

邮箱：wenjuan. miao@ veccon. com. cn

网址：www. veccon. com. cn

简介：青岛威控电气有限公司始创于2006年，是一家专门从事煤矿用防爆变频器、智能微电网系统、储能PCS和特种变频器研发、制造，为矿山、可再生能源发电、储能等行业提供系统解决方案和产品的专业化公司。公司是国家高新技术企业、山东省守合同重信用企业、青岛市大功率变频器工程研究中心、青岛市矿用防爆变频器技术研发中心、青岛市企业技术中心、青岛市智能微网专家工作站、青岛市专精特新示范企业、即墨市工业设计中心、青年文明号，并荣获“德勤-青岛明日之星”等称号，通过了国家ISO 9001质量管理体系认证，2015年4月23日，公司在青岛蓝海股权交易中心正式挂牌，成功登陆价值优选版。

公司拥有一支高学历、高素质的专业化员工队伍，博士、硕士及本科学历员工人数占公司总人数的50%以上。建有高度协同的，包括PLM、ERP、MES等的数字化管理系统，被认定为青岛市信息化和工业化深度融合示范企业。公司拥有完备的软、硬件研发能力，是国内煤矿隔爆变频器组件核心供应商，公司自主研发的煤矿用两象限、四象限防爆变频器，性能先进，质量可靠，销量稳定，市场占有率达到40%以上，产品性能已达到国内领先水平，公司自主研发的3300VAC系列矿用三电平变频器，是国内首套研发并投入现场使用的煤矿生产核心设备，经科技局、经信委专家联合鉴定，性能已达到国际先进水平，比肩西门子、ABB等跨国企业。

公司顺应国家政策号召，响应国家推进节能减排、实现能源可持续发展的宏远目标，积极向风力发电储能，风、光、电融合的智能微电网等领域进行拓展，致力于“清洁能源”“智能电网”方面产品的研究，并取得了较好的社会效应和环境效应，协同研发了国内第一个风储互补演示验证系统，公司研发的针对铅酸、锂电、全钒液流电池、锌溴电池、飞轮等化学、物理储能系统的 PCS、DC/DC 变换器等，已在英利集团 863 课题“园区智能微电网关键技术研究与集成示范”、国家电网辽宁电力科学研究院风光储微电网系统、中科院大连化学物理研究所的全钒液流电池系统等项目中投入并验收通过。公司研发的智能微电网系统，已获得国家科技部中小企业创新基金扶持。公司目前正在承担《国家重点研发计划“智能电网技术与装备”重点专项 2017》“10MW 级液流电池储能技术”项目（编号2017YFB0903500）中，多模式运行三电平 PCS 设备的研制工作。

在企业发展壮大的同时，公司始终坚持“责任、创新、协助、共赢”的核心价值观，践行“以人为本、管理规范、专业敬业、预防为主、开拓创新、永续经营”的质量理念，从客户的价值实现出发，遵循价值管理的规律，打造与客户一体的价值管理链条，是公司对“践行良知、恒以致远”宗旨的具体实现。公司始终坚持企业效益与社会效益并重，携手同行，共同推动企业和行业的健康发展。

299. 青岛云路新能源科技有限公司

地址：山东省青岛市即墨区蓝村镇火车站西
邮编：266232
电话：0532-82599910
传真：0532-82593000
邮箱：kaifa-ht@ yunlu. com. cn
网址：www. yunlu. com. cn

简介：青岛云路新能源科技有限公司成立于 2007 年，其前身为成立于 1996 年的青岛云路电气有限公司，目前公司专业从事电磁器件的研发、制造、销售和服务，是国家火炬计划重点高新技术企业。

1. 公司组织结构

公司拥有青岛、珠海、合肥三大生产基地，下设珠海、合肥 2 家子公司，在青岛城阳设立分公司 1 家。

2. 公司产业板块结构

公司主要包括家电磁性器件、工业新能源磁性器件、汽车磁性器件三大产业板块。主要产品有微波炉变压器、变频空调电抗器、PFC 电感、EMI 滤波器、光伏变流器专用滤波水冷电抗器、光伏逆变器配套变压器、超高压水冷饱和电抗器、一体成型贴片电感、模块电源等 1000 余种电磁器件产品，2018 年总销售额达 20 亿元。其中，微波炉变压器的生产能力和市场占有率位居世界前三，变频空调电抗器连续 12 年排名国内领先，市场占有率长期保持在 60% 以上。

3. 公司研发能力

公司建有山东省企业技术中心 1 个，设有总面积 1800m^2 的家电、工业及新能源电磁器件研发中心、汽车级磁性元器件实验中心，新建磁性微电子器件研发实验室 1 个，配套大型仪器设备 100 余台/套。公司拥有一支以国家千人计划、万人计划专家为核心的专业研发队伍，具有博士、硕士、本科学历的研发人员达到 100 余名，研发团队具有丰富的研发经验和较强的和自主创新能力。公司承担多项省市级重点项目，拥有有效授权专利 100 余项，曾获中国专利山东明星企业转强。

4. 公司产品应用客户及认证

公司主要客户为国内外一线家电、新能源品牌企业，产品出口到亚洲、欧洲、北美洲等数 10 个国家和地区。

公司先后通过 ISO 9001、ISO 14001、IECQ QC080000、UL、CCEE、TUV、CQC、IAFT 16949 等认证。

公司在致力于为客户提供精湛一流产品和服务的同时，也让全球两亿以上的用户在使用产品时享受（节能、环保、安全、高效）快乐。

云路秉承“为人、为学，建设智慧云路”的企业理念，创新务实，以客户、投资方、合作方及社会共赢为宗旨，打造国内最大、世界领先的电磁器件产、学、研基地，做国内外同行先进技术的领跑者。

300. 山东艾瑞得电气有限公司

地址：山东省济南市高新技术开发区工业南路 44 号
邮编：250017
电话：13370513108
传真：0531-83166186
邮箱：yanjifeng0806@ 126. com
网址：www. sderid. com

简介：山东艾瑞得电气有限公司是按照股份公司制度规范设立的科技型企业，注册资金 1100 万元，总部设于济南市高新区，成立至今已设立东北、华南、华东 3 个办事处。

公司致力于现代电力电子技术和产品的研发、制造、销售和服务，主要提供电源及小环境供电系统整体解决方案；主营产品有 ERD 系列 UPS、EPS 应急电源、智能节能系列稳压稳频电源、逆变电源等多种产品。

公司利用区域销售网络完成对目标地区的覆盖，保持快速市场反应能力，以及快速的售前支持能力和本地化售后服务支持能力；同时，加强专业销售队伍和技术支持工程师等配套力量，使之更专业化、系统化、高效化地满足市场订单与项目服务的需求。

公司自成立之后相继获得各级认证，并通过了 ISO 9001：2008 质量管理体系认证。ERD/S 系列稳压电源、EPH/L 不间断电源（UPS）、AND/S 逆变电源等产品在国内得到社会各界广泛认同。在基础交通、政府机关、通信、金融、证券、军队、电力、广电、教育、石油化工、医疗卫生、制造等行业拥有大量的用户和广阔的市场。

301. 山东镭之源激光科技股份有限公司

地址：山东省济南市高新技术开发区颖秀路1356号知慧大厦二楼左首

邮编：250000

电话：0531-88190005

传真：0531-88190005-814

邮箱：2881582403@ qq. com

网址：www. laserpwr. com

简介：山东镭之源激光科技股份有限公司是一家专业从事电源设备的开发、设计、生产和销售，并为客户提供技术咨询、培训、安装、维修等售前、售后服务的高新技术企业。公司下辖全资子公司两家，分公司一家，拥有总资产超1亿元，员工100余人，年生产各类电源10万多台套。公司于2015年9月30日在全国中小企业股转系统上市，股票代码为833611。

公司主要产品为激光电源、医疗美容电源系统，系综合利用激光器放电特性和电气电子信息技术的集成创新供电产品及解决方案，包括气体激光电源（如CO_2、氦氖、CO等）、固体激光驱动电源（如半导体、YAG等）、高压电源、开关电源以及其他特种电源一体化解决方案。定制化、智能化、安全性、稳定性是公司产品的主要特点。

我们通过15年持续的研发投入，在不断提升创新能力的同时，凭借在行业内领先地位和技术优势，积极参与各种学术研讨，申请并授权了多项专利，并先后获得ISO9001质量管理体系认证、欧盟国家CE认证等。

多年来，公司坚持“以客为主，甘当配角；竭诚服务，精益求精”的经营宗旨，视质量为生命，诚意接受广大用户的监督，并真诚希望能够成为您事业成功的助手。

302. 山东山大华天科技集团股份有限公司

HOTEAM山大华天

地址：山东省济南市高新技术开发区颖秀路2600号山大华天

邮编：250101

电话：0531-82959900 82670168

传真：0531-82670075

邮箱：huatianwth@ 126. com

网址：www. huatian. com. cn

简介：山东山大华天科技集团股份有限公司创立于1991年，2000年改制为股份有限企业，注册资本6000万元。公司主要从事电力电子产品的研发、制造和销售，核心技术均由公司自主研发，主要业务领域包括电能质量综合治理产品、应急电源与智能消防电子产品、机房工程总包等三大类业务，主要产品包含有源电力滤波器、动态无功补偿装置、静止无功发生器、智能电能质量优化装置、能馈负载、再生制动能量逆变回馈装置、电力负荷智能分配装置、应急电源、消防应急照明与疏散指示系统、电气火灾监控系统、消防设备电源监控系统、防火门监控系统等。

公司拥有省级企业技术中心、山东省电能质量控制工程中心、山东省电能质量控制工程实验室三大技术创新平台，科研成果丰硕。先后通过了ISO 9001质量管理体系认证、ISO 14001环境管理体系认证、OHSAS18001职业健康安全管理体系认证，公司产品通过了CCC、CQC、CE认证。公司承担过多项国家级、省市级科技项目，拥有知识产权100余项，多次荣获国家和省部级科技进步奖，公司产品曾荣获国家重点新产品、山东名牌等荣誉；“山大华天”被认定为山东省著名商标。

303. 山东省纽特动力科技有限公司

纽特
NEWTEQ

地址：山东省济南市槐荫区美丽路158号

邮编：250000

邮箱：info@ newteqdynamics. com

网址：www. newteqdynamics. com

简介：山东纽特动力科技有限公司于2018年成立，位于济南市槐荫区德迈信息产业园内。公司注册资本1000万元人民币。创始团队由多名海归博士组成，从业经验丰富。公司得到了山东济南当地政府的大力支持。公司倡导工程师文化，鼓励科技创新。公司目前专注于为未来能源交通运输领域的新兴需求提供精准解决方案。产品目前涵盖大功率DC/DC变换器、双向隔离DC/DC变换器、商务车辆的非动力用储能及功率转换产品等。

304. 山东圣阳电源股份有限公司

圣阳电源
SACRED SUN

地址：山东省济宁曲阜市圣阳路1号

邮编：373100

电话：0537-4438666

传真：0537-4428475

邮箱：sydy@ sacredsun. cn

网址：www. sacredsun. cn

简介：山东圣阳电源股份有限公司（股票代码为002580）创建于1991年，2011年在深交所中小板上市。公司目前拥有总资产20亿元，员工2000余人，下属4家全资子公司，市场地位居国内行业前列，是全球同业知名企业之一，是国家级高新技术企业，拥有国家认定企业技术中心。公司面向海内外市场，向客户提供储能电源、备用电源、动力电源及系统集成电源产品和解决方案。

305. 山东泰开自动化有限公司

地址：山东省泰安市高新区龙潭南路10号泰开南区工业园

邮编：271000

电话：0538-8933196/8933065

传真：0538-8933196/8933065

邮箱：tk8933196@ 126. com

网址：www. tkzdh. cn

简介：山东泰开自动化有限公司专业从事直流一体化电源的研制生产，是一家顺应国家电力发展，特别是响应国家电网公司提出“建设坚强智能电网”的需要而崛起的高新技术企业。公司拥 1000m^2 的科研楼和 2500m^2 的生产场地。

公司拥有卓越的管理队伍和优秀的研发人才，其中本科以上学历专业技术人员占 75%以上，是一支充满朝气和富有协作精神的团队。

公司十多年专注于电力电网电源产品的研发，先后开发出了 GZG49 智能高频直流电源系统、TKDY49 电力用直流和交流一体化不间断电源系统、TKE 电动汽车充电系统、TECP 微机型通信电源系统、PK-20/800 UPS 电源系统等系列产品，形成了门类齐全的产品系列，所有产品均通过了国家权威机构严格测试和入网测试，其中 GZG49 智能高频直流电源系统于 2017 年获得“山东名牌”称号。

公司拥有多种国际领先的检测仪器和先进的生产设备，具备了良好的生产和试验检测环境。目前，公司产品广泛应用于国家电网工程及地产、冶金、石油、煤炭、化工、轨道交通等行业，用户遍布国内 30 多个省区并出口到俄罗斯、印度、厄瓜多尔、坦桑尼亚等国家。

安徽省

306. 安徽首文高新材料有限公司

地址：安徽省宿州市经济开发区金泰二路

邮编：234000

电话：0557-3250935

传真：0557-3256788

邮箱：sales@ swmagnetic. com

网址：www. swmagnetic. com

简介：安徽首文高新材料有限公司是一家专业从事金属磁粉芯系列产品研发、生产和销售的高新技术企业，由中国首钢国际贸易工程公司（简称“中首”）和安徽博文集团共同出资成立，并由中首公司控股。公司成立于 2010 年 6 月，项目整体规划占地面积约 240 亩（1 亩 = 666.67m^2），其中包括一期 7000m^2 厂房、6000m^2 办公楼和科研楼等。公司位于安徽省宿州市经济技术开发区，配备了一流的生产、研发和检测设备，并拥有一支经验丰富、技术实力雄厚的科研队伍，核心技术人员均在磁性材料领域工作多年。公司采用现代化的管理体系，按照国际化标准进行生产过程中的管控，从而保证了产品的稳定性和先进性，并先后顺利通过了 RoHS 认证以及 ISO 9001 认证。同时，公司与宿州市人民政府、合肥工业大学于 2011 年 6 月合作成立了磁性材料工程技术研究院。

公司所有产品均符合国际质量标准，并始终致力于为用户提供高性能的产品以及优质的服务，满足用户的不同需求。我们期待与您携手，共创未来。

307. 安徽中鑫半导体有限公司

地址：安徽省宣城市郎溪县经济开发区分流东路

邮编：213000

电话：0519-69806757

传真：0519-83660336

邮箱：czzg88@ vip. 163. com

网址：www. cz-zg. com，cn

简介：安徽中鑫半导体有限公司成立于 2010 年，是一家民营技术企业。公司占地面积 30 亩，一期厂房面积达到了 5000m^2，内有全套的二极管自动生产线。公司有员工 200 余人，其中研发人员为 18 人，具有多年的生产经验。公司有“ZG”商标自主品牌。公司主要生产各种型号的二极管，产品远销国内外。公司具备强劲的技术开发能力，先进的技术设备，完善的检测手段以及全面的售后服务，通过了 ISO 9001：2000 认证，SGS 环保认证及 CTI 认证，从而为客户提供优质的产品和高效的服务。公司以市场需求与科技发展为导向，本着“质量第一，用户至上”和以科技为依托，以信誉求发展，获得了广大客户的信赖。产品广泛应用于照明、通信、家电、电源、工业控制、汽车电子、绿色能源、军事装备等各个领域，并可根据客户的需求定制产品。

308. 合肥东胜汽车电子有限公司

东胜电子
DONGSHENG ELECTRONICS

地址：安徽省合肥市高新区创新产业园 2 期

邮编：230000

电话：0551-65553849

邮箱：dsdz@ dsxny. net

网址：www. dsqcdz. net

简介：合肥东胜汽车电子有限公司（简称“东胜电子”）是由合肥东胜新能源汽车股份有限公司（简称“东新股份”，股票代码：839945）投资控股的一家专业从事新能源汽车关键零部件研发、生产及销售的高新技术企业。东新股份于 2014 年开始涉足新能源汽车零部件领域，2016 年产品已批量供应于国内各大汽车主机厂商。为更好地拓展新能源业务板块，实现产业化发展，2017 年东新股份出资成立东胜电子，将新能源业务全部移至其下。为打造企业核心竞争力，汇聚高科技研发人才，了解新能源汽车最前沿的技术及市场，东胜电子于2017年在深圳成立全资子公司——深圳东胜汽车电子科技有限公司，与母公司技术部协同，专门从事新能源汽车电控系统的研究。公司始终专注于新能源汽车关键零部件领域，专业为客户提供电源及辅助控制系统和热管理系统关键零部件，矢志成为世界一流的新能源汽车零部件供应商。

309. 合肥海瑞弗机房设备有限公司

HAIRF® 海瑞弗

地址：安徽长丰双凤经济开发区辉山路以东
邮编：231131
电话：0551-63358563
传真：0551-6335856
邮箱：445733446@ qq. com
网址：www. hairf. com. cn

简介：合肥海瑞弗机房设备有限公司是全球领先的机房制冷系统及关键电源系统供应商。公司旗下主要产品为机房精密空调、UPS、免维护铅酸蓄电池、STS、智能配电系统、雷电防护产品等。

公司采用机房精密空调解决方案、交流不间断电源解决方案、直流不间断电源解决方案、低压配电解决方案、动力环境集中监控解决方案组成了一体化的IXC/IDC机房动力系统整体解决方案。

公司专业的系统工程师以及国际化的销售和服务团队遍及墨西哥、俄罗斯、巴基斯坦、阿尔及利亚、印度尼西亚和中国，为四大洲30多个国家的用户保驾护航。充分满足用户的售前技术支持、设备现场安装调试以及后期设备运行维护、备件供应等全方位的服务需求。

310. 合肥科威尔电源系统有限公司

地址：安徽省合肥市高新区望江西路4715号沪浦工业园2栋
邮编：230088
电话：0551-65837951-6210
传真：0551-65837953-6006
邮箱：yan. wang@ kewell. com. cn
网址：www. kewell. com. cn

简介：合肥科威尔电源系统有限公司是一家专注于测试领域的创新型科技公司，专业致力于电力电子变换技术的研发和应用，是国内领先的专业测试电源及系统解决方案提供商。总部位于安徽合肥，下设北京、深圳、上海、西安4个分公司及重庆、德国柏林两个办事处。公司是国家级高新技术企业、安徽省创新型示范企业、合肥市光伏测试电源工程技术研究中心、合肥市科技小巨人培育企业、合肥市工业设计中心、合肥市企业技术中心。

公司为新能源发电、新能源汽车（纯电动、混合动力、燃料电池等）、航空军用、轨道交通及通用器件测试等众多行业开发、制造以电力电子变换及测控技术为基础的关键性测试装备（ATE）。

公司注重研发团队的建设及技术创新，先后与合肥工业大学、南京理工大学等高校建立长期的“产、学、研”合作关系，并为南京航空航天大学、华中科技大学、浙江大学、西安交通大学、西安理工大学电力电子专业在校学生提供助学金。

“专业、价值、服务”是公司核心的文化，公司将以专业的产品和服务为客户、公司及员工创造价值！

311. 合肥联信电源有限公司

地址：安徽省合肥市高新区玉兰大道61号联信大楼
邮编：230088
电话：0551-65323322
传真：0551-65313339
邮箱：hflx88@ 163. com
网址：www. lianxin. net

简介：合肥联信电源有限公司（以下简称“联信”）位于合肥国家高新技术开发区，成立于1997年9月，注册资金1.05亿元，连续5年通过中国消防协会AAA级信用企业认定。联信以打造应急电源第一品牌为目标，坚持走自主研发与科技创新之路，产品有消防应急照明电源、消防设备动力电源、节能型不间断电源、交直流电源、轨道站台门电源等，广泛应用于文化场馆、医疗卫生、商业综合、学校教育、数据机房、高速交通、高铁地铁、煤化石化和机场车站等各种项目的重要负载，包括应急照明、疏散指示、消防泵、喷淋泵、冷却水泵、排烟风机、消防电梯和防火卷帘门等。联信参与15个城市的地铁电源投标，中标和配套上海、武汉、广州、深圳、杭州、合肥地铁项目。

产品应用于首都体育馆等20个场馆，国家非典实验室等100多个医院，北京交通大学等50多所院校，南京禄口等12个机场，安粮城市广场等50多个综合体，绩黄高速50多条公路隧道，以及煤化石化40多个乙二醇、甲醇项目。

作为合肥市应急电源工程研究中心，联信向用户提供最优质的500VA~500kVA全系列350个品种应急电源产品。自主创新的电源主机模块化抽屉式工艺设计，延长主机寿命受到用户欢迎，全国最大功率500kVA光纤传输应急电源，良好运行多年；应急照明集中控制系统获得国家发明专利证书；与中科大建立紧密的战略合作关系，主编4项工信部产品行业标准。公司成熟、先进、适用、安全、可靠的应急电源产品，行销全国各地！

312. 合肥通用电子技术研究所

地址：安徽省合肥市高新区玉兰大道机电产业园

邮编：230088

电话：0551-65842896

传真：0551-65317880

邮箱：api_ power@ 126. com

网址：www. apii. com. cn

简介：合肥通用下辖合肥通用电子技术研究所和合肥通用电源设备有限公司，位于合肥市高新区机电产业园内，公司采用科研和生产相结合的方式，科技研发有效地保证了产品技术的领先地位，专业化的生产及时高效地将研发成果转化为电源产品。

公司坚持走“专业定制”之道，秉承“造电源精品，创世界品牌”的企业目标，致力于解决系统设备的馈电问题，为广大客户提供性能稳定的开关电源。从研发生产到服务一次性通过了 GJB 9001A-2001 认证，目前电源在业内以性能稳定而著称，并受到广大客户的青睐和好评，合肥通用已广泛应用到自动控制、军工兵器、智能办公、医疗设备以及科研实验等领域，并累计向业界提供了 120 多万台高品质电源。

合肥通用拥有两条生产线，两条装配线，两条产品老化线，一条产品测试线和高低温老化房等，引进国外先进的测试仪、频谱分析仪、多功能电子负载、存储示波器等检测仪器。公司本着“效益源于质量，质量源于专注”的企业宗旨，严把质量关，强化细化过程管理，精雕细琢，成就完美。

313. 宁国市裕华电器有限公司

RUVA®

地址：安徽省宁国市振宁路 31 号

邮编：242300

电话：0563-4183768

传真：0563-4012888

邮箱：czy@ ngyh. com

网址：www. ngyh. com

简介：宁国市裕华电器有限公司是一家专注于集薄膜电容器研发、设计、生产、销售及售后服务于一体的国家级高新技术企业，拥有国际先进水平的薄膜电容器生产设备和高精度的试验、检测设备。公司已荣获安徽省名牌产品、安徽省著名商标、省认定企业技术中心等荣誉，先后通过 ISO 9001 质量管理体系认证、ISO 14001 环境管理体系认证、TS16949 质量管理体系认证、武器装备质量管理体系认证，主导产品薄膜系列电容器先后通过 CQC、德国 VDE、TUV、美国 UL、加拿大 CSA 等国际权威认证。

自 1997 年成立以来，公司坚持以市场需求为导向，以技术创新作为企业发展的动力源，培育了一支研发经验丰富、自主创新能力极强的专业研发队伍，拥有多个国家发明及实用新型专利。公司是全国电力电子电容器标准化技术委员会委员单位、全国能源行业无功补偿和谐波治理装置标准化技术委员会委员单位，还是上述两项标准起草单位。

目前，公司的薄膜电容器产品已在光伏发电逆变器、风力发电变流器、无功补偿及谐波治理（SVG）、冰箱压缩机等领域取得了骄人的业绩，公司更将下一步市场目标锁定到高铁、城铁及新能源汽车（混合动力及纯电动汽车）、国家直流输电工程领域的薄膜电容器。今后我们在技术上进一步提升，牢牢将产品占据市场前沿技术制高点，不断加大高端智能制造设备的投入，以期在未来的新能源产品领域，处于行业领先位置。

“科学管理、追求卓越、竭诚服务、遵信守约”是公司的经营宗旨，争创一流的产品和一流的服务，是公司努力追求的目标；致力于智能电网、电力新能源等新领域是公司未来发展的方向，前进中的裕华电器愿与各界朋友携手共进，共创美好明天。

314. 天长市中德电子有限公司

地址：安徽省天长市天冶路 98 号

邮编：239300

电话：0550-7304948

传真：0550-7306809

邮箱：zdec@ zdec. cn

网址：www. zdec. cn

简介：天长市中德电子有限公司成立于 2005 年 1 月。公司通过专业化的研发、设计、生产组织体系及以客户为中心的营销服务体系，致力于为客户提供优质的软磁产品及系统整体解决方案。公司所有制性质为民营有限责任公司，注册资本 7886 万元。公司顺应新材料、新能源领域发展趋势，谨遵“实业回馈社会”的企业愿景，牢记对顾客、员工、社会的责任，目前已成为国内软磁行业前十名的企业。

公司位于安徽省天长市天冶路 98 号和经济开发区经七路纬一路交叉口，公司生产厂地 74000 平方米，研发试验室 2000 平方米，有试验检测设备 70 多台套。通过 ISO 9001：2015 质量管理体系认证和 ISO 14001：2015 环境管理体系认证。2016 年 10 月被再次认定为国家高新技术企业，2016 年被评为天长市“二十强企业”，2015 年 9 月被认定为安徽省技术中心企业。2014 年 10 月被认定为滁州市创新型企业、两化融合企业。2014 年 12 月公司注册商标“盛德”字母图形商标被安徽省工商局评为安徽省著名商标。

315. 中国科学院等离子体物理研究所

地址：安徽省合肥市蜀山区蜀山湖路 350 号（合肥市 1126 信箱）

邮编：230031

电话：0551-65591322

传真：0551-65591310

邮箱：shyhuang@ ipp. ac. cn

网址：www. ipp. ac. cn

简介：中国科学院等离子体物理研究所电源及控制研究室主要从事脉冲电源的研究、开发、运行和维护工作，并为托克马克核聚变装置的运行提供电源。

近年来，研究所致力于高功率脉冲电源技术、超导储能技术、二次换流技术、大功率直流发电机励磁控制等方面的研究，并取得了较为成熟的研究成果和实践经验。研究所主要承担了EAST、HT-7、HT-6B、HT-6M等托卡马克装置的磁体电源及辅助加热电源的设计、运行和维护等课题。

目前，研究所拥有一套自主设计的直流断路器型式试验设备，该试验系统主要由4台脉冲发电机组成，该电机单台额定输出电流50kA，额定电压500V 。多年来，我们已依据国家标准、欧洲标准和IEC标准，多次为众多国内外断路器厂家进行型式试验。

研究所拥有一支非常专业的科研团队，主要从事大功率变流技术、电力电子技术、高压绝缘技术、自动控制、电磁兼容和接地技术等方面的研究。截至目前，研究所曾先后获得46次国家科技奖和22项国家技术专利。此外，研究所还招收相关专业的硕士和博士研究生，至今已培养出51位硕士、博士毕业生，他们大都在国内外高新技术领域的科研院校和企业中表现出色。研究所现有在读研究生24名。

同时，研究所还与众多企业、国际科研院所和组织保持着紧密的交流和合作，如，ABB变流器公司、中日核心大学项目、美中磁约束装置研讨组、德国马普学会、通用原子能公司核聚变工作组等。

湖南省

316. 长沙竹叶电子科技有限公司

地址：湖南省长沙市岳麓区高新区尖山路39号中电软件园5栋601室

邮编：410000

电话：0731-85149001

传真：0731-85144728

邮箱：cszydz@ sina. com

网址：www. cszydz. com. cn

简介：长沙竹叶电子科技有限公司是位于美丽的岳麓山旁、尖山湖畔中电软件园内的一家民营企业。2010年由长沙市工商局批准成立，注册资本1000万元。公司拥有各类技术管理人才35人，技术人员8人，拥有发明专利1项，在申请发明专利3项，软件著作权2项。2017年公司通过了国家保密局三级保密资质、国军标体系认证、武器装备承制资格认证，且已被列入湖南省2017年第二批拟认定高新技术企业名单。公司主要为客户提供模块电源、滤波器的定制和研发服务。公司不断完善科研生产条件、整合优势资源，踏实为客户提供电源最优解决方案。目前产品已广泛应用于航天、航空、铁路、通信、雷达发射、接收系统、船舰系统、无人机、医疗、纺织、新能源以及装备、弹载系统、加固计算机、军用通信交换机等高可靠性行业。企业宗旨是成为全国特种电源行业的一流服务商。

317. 湖南东方万象科技有限公司

地址：湖南省长沙市芙蓉区万家丽北路569号银港水晶城E4栋304房

邮编：410016

电话：0731-88156696

传真：0731-88156695

邮箱：470798290@ qq. com

简介：湖南东方万象科技有限公司成立于2006年7月，注册资金508万，是计算机机房辅助设备（不间断电源系统、开关电源、低压配电系统、环境监控系统、设备监控系统、机房精密空调）的专业服务商和设备供应商，以向客户提供最好、最专业的服务为宗旨，面向通信、银行、保险、证券、外企、军队系统以及科研院所等重要部门的交换机房、计算机机房和仪器设备机房提供全线产品和其相关的售前售后技术服务。

318. 湖南丰日电源电气股份有限公司

地址：湖南省浏阳市工业园

邮编：410331

电话：0731-83281148

传真：0731-83281113

网址：www. fengri. com

简介：湖南丰日电源电气股份有限公司是国内最早生产蓄电池和直流电源、电气成套设备的专业企业之一，产品注册的“丰日”牌为中国驰名商标。

公司是国家高新技术企业，成立了化学电源研发中心，并与中南大学等高等院校长期合作，共同进行电池、电源新产品的开发创新；拥有56项国家级专利，3项国际专利。

公司产品经全国20余省市通信、电力、铁路、广电、部队、工矿等行业数千家单位的多年使用，并与德国西门子公司、日本东芝公司、美国GE公司、法国阿尔斯通公司、美国EMD公司、加拿大庞巴迪等大公司长期合作配套，以其质量稳定、价格合理、服务周到赢得了用户的一致好评和信赖。

公司坚持贯彻“诚信服务顾客、产品件件质优、管理持续改进、铸造丰日品牌”的方针，致力于不断革新产品技术，优化生产工艺，严格产品的过程控制。公司通过了ISO 9001质量管理体系和ISO14001环境管理体系、GB/T 28001-2001职业健康安全管理体系认证。

319. 湖南科明电源有限公司

地址：湖南省长沙市麓谷工业园桐梓坡西路183号
邮编：410205
电话：0731-88996378
传真：0731-88996468
邮箱：keming@ sina. com
网址：www. hnkmdy. com

简介：湖南科明电源有限公司是以国家大型企业湖南仪器仪表总厂为中方于1994年11月在长沙高新开发区成立的高新技术企业，是从事各种交、直流电源装置的专业厂家。产品获得国家级新产品证书及国家新技术新产品金奖。公司全部产品均通过了国家权威检测机构的型式试验和省（部）级鉴定。

公司主要产品有通信电源屏，电力用交直流电源屏（高频开关电源、晶闸管全控桥整流电源），一体化电源系统，电力、通信用高频开关直流电源及高频模块，晶闸管全控桥智能充电机，直流系统微机监控系统，蓄电池自动巡检装置，蓄电池综合测试系统（恒流放电、容量及内阻检测），微机绝缘在线监测装置，绝缘、电压、闪光多功能继电器，低压配电成套设备等，是国内配套最为齐全的直流电源生产专业厂家之一。

公司1999年通过了ISO 9001质量管理体系认证，拥有先进的设备和检测仪器及雄厚的技术力量，并有专门的训练有素的技术服务队伍。公司生产的直流电源屏及低压配电成套设备已广泛用于全国各省市铁路、电力、冶金化工等系统，享有良好的声誉。在铁路近年的国家重点工程高铁、客专、货运专线建设中多次中标，设备运行良好。

公司的交直流电源产品曾多次在国际和国内重大项目招标中中标，并有部分产品销往白俄罗斯、越南、印度、巴基斯坦、巴西等国外市场。

公司为中国直流电源十佳企业。

320. 湖南晟和电源科技有限公司

地址：湖南省长沙市高新开发区桐梓坡西路468号威胜科技园二期工程11号厂房1-8号
邮编：410205
电话：0731-88619957
传真：0731-88619957
邮箱：seehre@ seehre. com
网址：www. seehre. com

简介：湖南晟和电源科技有限公司成立于2016年，是一家专业从事电源整体解决方案研发与应用的高新技术企业。公司重点关注仪器仪表、新能源、轨道交通、音视频、通信、PoE、适配器、充电器等行业客户需求，并为其提供专业而完整的电源技术服务及相关配套产品。公司成立以来，已与威胜集团等行业标杆企业建立了长期战略合作关系，并得到了合作伙伴的高度认可。公司坚持以市场需求为导向，引进多项国内外先进的生产及试验设备，并与多家高校科研院所展开合作。依托于高水平、高学历的专业研发队伍，已成功申报多项自主知识产权的专利技术，所研发的技术解决方案和专业产品在众多领域得到了广泛应用。公司重视产品与服务质量，在同行业中率先通过了ISO 9001质量管理体系认证，并按照体系要求运行及持续改进，提升内部管理水平。未来，公司将秉承“电源解决方案与服务专家”的使命，坚持“至诚致精，合作共赢”的经营宗旨，积极倡导电源技术创新，为客户提供优质的电源产品和解决方案，力争成为电源行业标杆。勇于进取，敢于探索，奋力拼搏，大胆创新，相信现在和未来，每一位客户都将因享用我们的电源产品和服务而持久受益！

321. 湘潭市华鑫电子科技有限公司

华鑫电子
WHOOSH electronic

地址：湖南省湘潭市雨湖区二环线
邮编：411100
电话：0731-52338338
传真：0731-52328738
邮箱：2355842968@ qq. com
网址：www. hnhxdz. com

简介：湘潭市华鑫电子科技有限公司位于风景秀丽的湘江河畔、伟人毛泽东的故乡——湘潭市，是一家集电源产品研发、生产、销售于一体的科技实体公司，拥有一支专业、资深的研发团队和管理队伍。公司旗下产品有开关电源、电源适配器两大类别。产品广泛应用于工业自动化、LED照明、显示、城市亮化及通信、医疗、矿山等领域。

公司拥有高标准的现代化生产设备设施，先后通过ISO9001：2008质量管理体系认证、国家强制CCC认证、欧盟CE、韩国KC认证，并于2008年正式吸纳为中国电源学会会员单位。

公司自成立就确立了“诚信开拓市场、品质巩固市场、服务决胜市场”的经营方针和诚信、敬业、创新、卓越的企业精神。不断进取，以高度严谨的敬业态度，致力于成为全球最大的电源供应商。

河北省

322. 保定科诺沃机械有限公司

地址：河北省保定市高阳县庞口农机市场中区14栋10号
邮编：071504
电话：0312-6854777 6856777

传真：0312-6853699
邮箱：pangdun_ pd@ 163. com
网址：www. pdnjpj. cn

简介：保定科诺沃机械有限公司是专业生产充电机、蓄电池、起动机的企业，公司已通过 ISO 9001：2008 质量管理体系认证，由清华大学教授指导研究，拥有先进的检测和生产设备，和国内众多电动三轮车厂配套，产品行销国内 27 个省市及中东、东南亚等国家和地区。公司以优异的质量、合理的价格、良好的服务赢得了海内外广大客户的青睐。

公司被评为中国电源学会会员单位，省、市、消费者信得过单位，省、市守合同、重信用单位等众多荣誉称号。

大鹏一日同风起，扶摇直上九万里！跨入新世纪，公司全体员工以不断创新、赶超一流的气势，奋力开拓、积极进取，为您创造更满意的产品．提供更优质的服务。我们愿与广大新老朋友携手发展、共创辉煌！

323. 盾石磁能科技有限责任公司

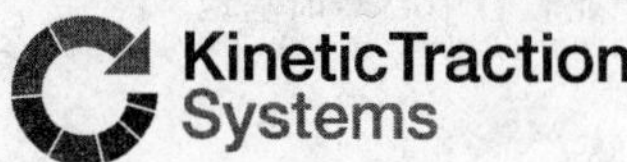

地址：河北省唐山市高新区东方大厦 3 楼 1108 号
邮编：063000
电话：4009931908
邮箱：dscnkj@ dscnkj. com
网址：www. dscnkj. com

简介：盾石磁能科技有限责任公司成立于 2014 年 4 月，分别在唐山、石家庄及正定高新技术开发区建立了飞轮技术研发和生产基地，并在北京设立子公司、美国设有全资海外子公司、英国设有研发设计中心。公司已被认定为高新技术企业、河北省创新驱动发展示范企业、河北省储能行业重点支持科技型企业，荣获 2016 年度中国储能产业最佳飞轮储能技术研究进步奖及 2017 年度中国储能产业最佳飞轮储能示范项目奖；公司飞轮储能装置获得中国铁科院、电科院权威认证，并通过了 ISO 9001 质量管理体系认证，GTR 飞轮产品已列入《河北省重点领域首台（套）重大技术装备产品目录》。公司利用高速磁悬浮电机及控制核心技术，形成了磁飞轮、磁悬浮超低温余热发电机和磁悬浮离心鼓风机 3 个产品线，均属于新能源、节能减排、环保等国家重点支持新兴产业；主要业务领域包括城市轨道交通、高铁、新能源发电、余热回收、电机节能等领域。公司面向客户提供集技术研发、生产制造、方案设计、工程建设、安装调试、售后服务、融资服务等于一体的一站式储能和节能系统解决方案。公司致力于打造全球领先的飞轮科技公司，一贯秉承“创新、包容”的企业核心文化，及“与员工一起成长，与客户共同发展”的核心价值观。

324. 河北汇能欣源电子技术有限公司

地址：河北省石家庄市鹿泉经济开发区御园路 99 号光谷科技园区 B1 栋
邮编：50051
电话：0311-67361830
传真：0311-67368590
邮箱：hnxy04@ 163. com
网址：www. xypower. net

简介：河北汇能欣源电子技术有限公司于 2004 年 8 月注册成立，地址位于石家庄市鹿泉经济开发区御园路 99 号光谷科技园 B1 栋，是一家拥有着以享受国家津贴的电源专家为代表的科研队伍，以国家级产品可靠实验室为依托，以军用特种高频电源为核心产品的研发、生产、销售、服务为一体的高新技术企业。

公司先后取得及荣获河北省高新技术企业、河北省软件企业、河北省军民融和型企业、质量管理体系认证、武器装备生产三级保密资格单位认证、A 类装备承制单位资格认证，并编入《中国人民解放军装备承制单位名录》。

公司结合多项核心成熟知识产权并引进国内外先进技术，开发生产了多个系列、百余种型号的电源产品，其具有功率密度高、可靠性高、转换效率高、稳压范围宽、抗震性强等特点。广泛配套使用于雷达、航空管制、电子对抗、加速器等军用设备，用户遍及电子、航空航天、船舶、整机工厂等企业和科研机构。

依托可靠技术发展至今，公司产品已成为军工开关电源领域内最强的生产企业之一。公司将继续秉承“专业、敬业、务实、创新”的发展理念，以技术创新、产品研制、人才培育等市场竞争优势和丰厚的技术力量，不断地为国防发展、社会稳定和企业建设提供更加强有力的技术支持和人才保障。

325. 河北远大电子有限公司

地址：河北省沧县薛官屯乡工业园
邮编：061037
电话：0317-4883888
传真：0317-4889185
邮箱：570774485@ qq. com
网址：www. czyuanda. com

简介：河北远大电子有限公司始建于 1996 年，位于河北省沧州市薛官屯乡工业园，是生产各种非标准电源、电子变压器、电源变压器、煤矿防爆变压器、变频变压器、电抗器、交流电源、交流稳压电源的专业公司。厂区面积 23300 平方米，厂房建筑面积 16800 平方米，有 7 个车间，1 个研发中心。

公司拥有变压器、电源专业人才、员工 130 人，其中研发人员 18 人，技术人员 20 人，销售人员 8 人，拥有先进的设备和雄厚的技术力量，以及遍及山东、山西、河南、河北、北京、上海、陕西、东北三省等十几个省市的销售网络，煤矿防爆变压器已占到全国市场 65%的份额。

公司荣获纳税功臣称号，获得河北省科技型中小企业称号。并于2002年通过了ISO 9001：2000质量管理体系认证，2009年通过了CE认证，公司生产的电源变压器、牵引变压器、控制变压器、高压限流变压器、变频变压器、煤矿防爆变压器、电抗器等产品，随机销往美国、日本、中东等地，并获得了广泛认可和赞誉。创造100%高可靠、高品质产品是公司的质量方针。

公司广交各界朋友，竭诚为客户服务，可为客户加工定制特殊产品。公司正在进行技术开发的新产品主要有三大项：①SH15系列非晶合金铁心电力变压器、②SHM系列全密封电力变压器、③干式电力变压器。其空载损耗比普通变压器降低约70%，节能效果十分显著。干式电力变压器也获得了广泛的应用，既环保又安全，该项目于2014年1月份正式投产。

我们与客户共同努力，创造一个实现双赢的美好合作环境！

326. 任丘市先导科技电子有限公司

地址：河北省任丘市城东津保南路北张工业区
邮编：062562
电话：0317-2968283
传真：0317-3369058
邮箱：hbxdkj@ 126. com
网址：www. xdkjw. com

简介：任丘市先导科技电子有限公司始建于2001年，是一家集科研、生产、销售于一体的现代化科技型企业。公司技术力量雄厚，生产设备先进，专业生产蓄电池充放电设备、电动车充电机及电动汽车充电桩、充电站。蓄电池充放电设备以其独特的功能设计，新型的专利技术，广泛应用于蓄电池生产企业；“征程”牌系列电动汽车充电机现已行销全国各地，为国内众多电动汽车生产厂家选为优质配套产品，深受广大消费者的青睐，并已成功打入韩国及东南亚市场。

2005年公司正式加入中国电源学会，成为优秀会员单位。在有关专家的精心指导和公司全体员工的不懈努力下，公司产品质量和管理水平突飞猛进，于2006年顺利通过ISO 9001：2000质量管理体系认证，为企业进一步发展奠定了坚实的基础。

“铸诚信、保质量”乃企业发展之根本，我们将一如既往地为您提供一流的产品和完善的服务。先导人愿与各位同仁携手，共同步入更加辉煌的明天！

327. 唐山尚新融大电子产品有限公司

地址：湖北省唐山市滦南县职业教育中心实训基地
邮编：063500
电话：0315-4166302
传真：0315-4166301
邮箱：creativemix@ 126. com
网址：www. creativemix. cn

简介：唐山尚新融大电子产品有限公司创立于2008年4月，公司分为电力电子事业部、军品及标准事业部、定制批产事业部三大事业部。公司致力于为军用电源电路、UPS、智能电网、轨道交通、光伏并网逆变器、通信电源提供磁性元器件系统化解决方案，是国内少数同时具备金属磁粉芯、非晶纳米晶磁芯、平面变压器、电感器、MIL-STD-1553B总线变压器、平面磁集成滤波器研制、生产力的综合性科技企业。已通过ISO 9001及GJB 9001B-2009认证和武器装备制造单位三级保密认证。公司依托磁电结合核心竞争力，为广大客户提供感性器件解决方案！

福建省

328. 福建联晟捷电子科技有限公司

地址：福建省福州市晋安区华林路338号锦绣福城东区25层1913单元
邮编：350013
电话：0591-87516665
传真：0591-87515299
邮箱：zhongtianxiu@ lianshengjie. com
网址：www. lsjie. com

简介：福建联晟捷电子科技有限公司是一家以网络能源产品为主营，集设计、销售、安装和维护于一体的综合性公司。公司自2004年成立以来，相继成为美国伊顿、美国艾诺斯、德国世图兹、法国SAFT、意大利雷乐士等国际知名企业在中国的合作伙伴。

公司秉承“依靠科学管理，创建一流工程，提供优质服务”的质量方针，承接了众多项目，使我们的业务在金融、石油化工、天然气、政府、交通、电力、大型工业企业等多个领域取得了良好的发展。

面对未来，福建联晟捷电子科技有限公司的奋斗目标是本着“坚持不懈，将科技与应用完美结合，为用户提供最有利的应用解决方案，为客户创建竞争优势”的理念，为用户提供全线高科技产品和专业化服务。

329. 福州福光电子有限公司

地址：福建省福州市马尾区马江路18号M9511工业园4#

楼五层东侧（自贸试验区内）

邮编：350000

电话：0591-83305858

传真：0591-83375868

邮箱：companyg@ fuguang. com

网址：www. fuguang. com

简介：福州福光电子有限公司成立于1993年，逐步由单一的商贸企业，发展成为专注于仪器仪表的研发、制造、生产、销售，并提供全套测试维护解决方案的高科技企业。产品涉及电源维护、线路线缆、通信网络等工业测试设备领域，销售服务网络覆盖全国各省市，客户遍及移动、电信、联通、电力、铁路、石化、广电、部队及各企业专网等，目前公司注册资金3600万元，年仪表销售额近2亿元。产品品牌更远销美国、俄罗斯、意大利、西班牙、加拿大、泰国、马来西亚等全球30多个国家和地区。

330. 厦门赛尔特电子有限公司

地址：福建省厦门市翔安火炬高新区翔安西路8067号

邮编：361101

电话：0592-5715838

传真：0592-5715839

邮箱：xc. chen@ setfuse. com

网址：www. setfuse. com

简介：公司成立于2000年，位于厦门市火炬高新区（翔安）产业区，拥有5万多平方米的研发生产基地。公司专业从事过温、过电压和过电流的电路保护元器件的研发、生产及销售。拥有140多人的实力强大的研发团队，其中包括享受国家特殊津贴的教授及多名硕士博士研究生，拥有美国UL授权的目击测试实验室（WTDP）及自动化设备研发中心，是厦门高新技术企业、自主创新企业、国家火炬计划项目承担单位、科技进步奖获奖单位。

公司产品包括温度熔丝、热保护型压敏电阻、线绕电阻、大电流受控熔断器等，其中多项产品均有独立自主知识产权，产品覆盖全国30多个省市自治区，出口欧美、非洲、东南亚等世界各地，亦得到微软、飞利浦、惠普、摩托罗拉、中国电信、中国移动、华为等国际国内众多知名企业的青睐，公司的“SET”品牌获得福建省著名商标称号。

公司秉承“推动全面品管，满足客户需要；持续改善质量，提升竞争能力；共建永续经营，创造全员福利”的质量方针，组建了高效、务实的组织结构体系，本着“参与，成长，共享”的产品研发理念，通过不断的创新，为消费者提供高品质和高品位的电路保护元器件，为用户提供安全可靠的产品及适时方便的服务。

331. 厦门市三安集成电路有限公司

厦门市三安集成电路有限公司
Xiamen Sanan Integrated Circuit Co., Ltd.

地址：福建省厦门市同安区洪塘镇民安大道753-799号

邮编：361009

电话：0592-6300232

邮箱：clark_ li@ sanan-ic. com

网址：www. sanan-ic. com

简介：厦门市三安集成电路有限公司位于厦门市火炬（翔安）高新技术开发区内，项目总规划用地281亩，总投资额30亿元人民币。公司是涵盖微波射频、高功率电力电子、光通信等领域的化合物半导体制造企业；具备衬底材料、外延生长以及芯片制造的产业整合能力，拥有大规模、先进制程能力的MOCVD外延生长制造线。

332. 厦门兴厦控恒昌自动化有限公司

地址：福建省厦门市集美区汽车工业城（三期）灌口南路598号

邮编：361023

电话：0592-6368300

传真：0592-6368308

邮箱：liping-feng@ hcxec. com

网址：www. hcxec. com

简介：厦门兴厦控恒昌自动化有限公司是一家致力于电力系统配网自动化设备研发、生产、销售和服务的高新技术企业。公司汇聚了各类专业人才，吸收消化国内外先进技术，将专注于在智能电网、节能减排等绿色能源建设方面提供更先进、更环保、更可靠完善的全套智能电气解决方案。

自公司成立以来，致力于持续自主研发创新，先后开发了拥有自主知识产权并获得多项国家专利的各类产品，如户外柱上智能断路器、户外智能分界负荷开关、智能交直流一体化电源系统、新型插框式直流电源屏、小微分布式电源装置、基于总线布置方案的电动机保护装置等。目前产品广泛应用在各类发电厂、冶金、石化和矿山、国家电网、南方电网、云数据中心、轨道交通、通信行业、城镇建设等领域。公司严格按照ISO 9001质量管理体系和ISO 14000环境管理体系要求运作，良好的企业信誉、产品质量和售后服务深得用户信赖，也赢得了许多中外客商的好评。

厦门兴厦控恒昌自动化有限公司将秉承“科技创新，顾客满意”的理念，以新技术、高质量的产品和服务为客户创造价值。

天津市

333. 安晟通（天津）高压电源科技有限公司

地址：天津市河东区津塘路174号

邮编：300180

电话：022-58714976

传真：022-58714976

邮箱：tjanshengtong@ 163com

网址：www. anshengtong. cn

简介：安晟通（天津）高压电源科技有限公司坐落于天津市北方创业园，公司长期致力于高压电源研发、设计，生产工作，产品涉及稳压电源、恒流电源、脉冲电源、专用特种电源等各类军、民两用电源及相关产品，在现有的产品中有多项产品居国内外领先地位，应用领域覆盖军工、航空、航天、兵器、机载、雷达、船舶、通信、科研及仪器仪表、工业控制等众多领域。主要产品有充放电类高压电源、静电纺织设备高压电源、静电喷涂电源、X 射线电源、低压系统供电模块、臭氧高压电源、X 光管高压电源、高压点火电源、电子枪高压电源、等离子高压电源、高精密度模块电源。

公司长期与国内多所高校建立横向竖向联合，拥有一支活力四射、积极向上并富有创新精神的专业技术团队，为公司的技术研发提供了保证。

公司注册资金 300 万元，企业奉行“以顾客为关注焦点，并根据客户要求量体裁衣”，研制各种高低压电源。“科技领先，优质服务，遵信守约”是我们的企业理念。

公司遵循以人为本、以客户为中心、以市场为导向、以创新为手段的经营思想，依托于科技，以先进、科学、严谨、务实的管理为基础，以规范化、标准化、合理化、高效率为原则，努力建造现代企业制度，力求早日跻身世界先进科技企业的行列。

334. 东文高压电源（天津）股份有限公司

地址：天津市河西区洞庭路 24 号 C 座

邮编：300220

电话：022-24311577

传真：022-24311533

邮箱：sales@ tjindw. com

网址：www. tjindw. com

简介：东文高压电源（天津）股份有限公司是国家级高新技术企业，坐落于天津市河西区洞庭路 24 号 C 座，占地 4000 多平方米。公司创立于 1998 年，以高压电源为核心产业，研发生产了近千余种军、民两用高压电源，应用于航空、航天、兵器、船舶等领域。应用范围有：惯性导航、雷达通信、电子对抗、等离子体推进及变轨、电磁脉冲武器、声呐、水下非声探测、核探测、激光测距、大功率激光武器及超声探伤、高端医疗分析和高端精密分析仪器等。公司注册资金 500 万元，在职员工百余人。2015 年在新三板挂牌上市，现已取得了军工科研生产的全部 4 个资质。

迄今为止共申请专利 130 余项，已获授权专利 100 余项，其中发明专利 30 余项，有多项产品在国家科技部及天津市立项，并获得资金支持。

军工资质：2008 年通过国家相关军工保密资格认证；2013 年通过国军标体系认证；2015 年通过军工科研生产相关认证；2015 年通过总装备部相关认证。

335. 天津市华明合兴机电设备有限公司

地址：天津市东丽区华明镇南坨工业园区

邮编：300300

电话：022-84901298

传真：022-84900608

邮箱：tjhmhx@ 126. com

网址：www. tjhmhx. com

简介：天津市华明合兴机电设备有限公司坐落于天津华明高新区，毗邻天津滨海国际机场。公司紧紧抓住国家电力事业建设飞速发展的契机，依靠科技力量，研发生产与低压电器配套相关的高端产品，在国内同行业中居于领先水平，受到用户的广泛赞誉，被称为“低压电器制造专家”。

天津市华明合兴机电设备有限公司成立于 1997 年，占地面积 14000 平方米，建筑面积 7600 平方米，现有员工 150 余人，其中工程技术人员 35 人。公司自成立以来，已形成具有自主知识产权的核心技术，顺利通过 ISO 9001 质量管理体系认证。公司主要产品有：电源自动转换开关、电涌保护器、微型断路器、塑壳断路器、电弧保护断路器、自复式过欠电压保护器、控制与保护开关电器、应急电源、电气火灾监控产品、低压电器成套等系列产品，广泛应用于军事基地、重点工业、公安消防、高层楼宇、公益设施等相关行业。产品畅销东北、华北、西北、中南地区和京津两市，销售网络覆盖国内 20 多个省市自治区。

336. 天津市鲲鹏电子有限公司

地址：天津市静海经济开发区金海道 18 号

邮编：301600

电话：022-68687673

传真：022-68680568

邮箱：kunpeng_ vip@ 126. com

网址：www. tj-kp. cn

简介：天津市鲲鹏电子有限公司创建于 1984 年，厂区面积 23000 余平方米，建筑面积 18000 余平方米，毗邻京沪高速，环境优美，交通便利。

公司现有资深设计人员 14 人，其中高级人才 6 名。具有国内外同行业先进的生产设备 100 余台套，其中计算机自动绕线机 28 台，R 型绕线机 6 台，大型自动箔式绕线设备 5 套，真空浸漆流水线 2 条，全自动真空环氧浇注设备和干燥设备 2 套及与生产配套机械冲压设备 18 台套，各种检测仪器 55 台套。

公司主要产品有 EPS，UPS，变频电源，专用单相、三相变压器，电抗器，其中 SB 三相隔离变压器最大可做到 25000kVA；单相、三相电源变压器、R 型变压器；环型变压器；单相、三相 C 型变压器；各种高频开关变压器和电感器，及按客户要求加工定制的各种特殊变压器。

公司生产的电力系统配电变压器已获得国家认证。生产的 SB10、S11、S13、S15 等系列油浸变压器、干式变压器、非晶合金变压器和配套电抗器，功率为 30~25000kVA。在 2012 年国家质检总局的质量抽查中，产品质量全部达标，获得好评。

公司年产各类变压器、电源模块、稳压电源 55 万台套以上，铁路智能综合信号电源系统 1200 台套，产品行销全国。产品广泛应用于科研、电子、能源、交通、医疗、安防、家用电器、节能产品、光伏和风能发电等领域。

企业通过 ISO 9000：2008 质量管理体系认证和 ISO 14000 环境管理体系认证，产品通过 CQC 认证和 CE 认证及国家大型企业优秀供应商认证。

2011 年公司获得科技型企业称号，2013 年、2016 年获得国家高新技术企业称号并承接了国家科技研发项目，已获得专利 19 项其中发明专利 3 项。多次为国家重点工程和出口项目配套，在国内同行业中居领先地位。

鲲鹏人愿与您携手共进，创造美好未来！

湖北省

337. 武汉泰可电气股份有限公司

地址：湖北省武汉市洪山区珞狮南路 519 号明泽丽湾 1 栋 C 单元 14 层

邮编：430070

电话：027-87227071/2

传真：027-87227071/2

邮箱：gba8786@ 163. net；124707646@ qq. com

网址：www. tkdl. net

简介：武汉泰可电气股份有限公司（以下简称“泰可电气”）是在 2015 年 1 月新三板上市的企业（证券代码：831921）、国家级高新技术企业、软件企业。公司从事电力行业高压输电线路在线监测系统、感应电源及通信系统、无线能量传输系统、变电站微机防误闭锁系统、配网设备等电力装备的生产制造、安装调试服务，是集研发、生产、销售和服务为一体的经济实体。泰可电气自 2000 年成立以来，依托武汉大学等多所国内一流高等院校的支持，自主研发了多项新型高科技产品并拥有完全的知识产权，企业已通过了 ISO 9001：2008 质量管理体系认证。企业目前拥有员工 30 多人，50%的员工为技术研发人员，90%的员工具备大学以上学历，在经营实践中立足电力行业、服务电力生产，积累了丰富的行业经验，赢得了业内普遍赞誉和客户信赖。

338. 武汉武新电气科技股份有限公司

地址：湖北省武汉市武湖工业园立山路

邮编：430345

电话：027-82341783

传真：027-82341251

邮箱：wx9000@ sina. cn

网址：www. woostar. cn

简介：武汉武新电气科技股份有限公司是专注于电力电子变换与控制装备研发及应用的国家高新技术企业，成立于 1995 年，位于武汉“长江新城”核心区，占地 4 万余平方米。公司于 2015 年登陆“新三板”，股票代码为 832349。

公司致力于为商业伙伴提供电能质量控制装备［SVG（静止无功发生器）、APF（有源滤波）、LBD（有源不平衡补偿）、MEC（电能质量综合优化模块）等］、微电网控制装备与系统（光伏发电与电动汽车充电系统）、智能配网成套电气设备及智慧能源管理云平台解决方案，在行业内享有较高盛誉。

公司拥有 100 余人的研发技术团队，先进的高、低压电力电子全载试验平台，立足自主创新，获得数十项专利及软件著作权，并与清华大学、华中科技大学有着紧密的合作关系，是中国电源学会会员单位。公司坚持产品领先战略，先后获国家火炬计划项目、中央预算内电能质量产业化投资项目，获批省工程研究中心等 5 个省级研发平台、省著名商标等荣誉；产品通过了 3C 认证、CGC 认证、CQC 认证、零电压穿越及电网适应性等多项国内外产品认证及检验，并参与行业标准制定，力求持续领先。

公司坚持亲近客户的经营理念，提供基于赋能模式的快速响应和远程服务，持续为商业伙伴带来超值回报，以崭新形象与商业伙伴共谋发展。

339. 武汉新瑞科电气技术有限公司

地址：湖北省武汉市东湖新技术开发区财富一路 8 号

邮编：430205

电话：027-87166123

传真：027-87166933

邮箱：bob_ wang@ 126. com

网址：www. newrock. com. cn

简介：武汉新瑞科电气技术有限公司成立于 2000 年，位于武汉市东湖新技术开发区东二产业园内，是集研发、生产、销售为一体的高新技术企业。公司占地 13 亩，拥有现代化的生产厂房和专业的生产及检验设备，现有员工 70 余人，是中国电源学会会员单位、武汉电源学会秘书处挂靠单位，通过 ISO 9001：2000 质量管理体系认证，是多家军工企业的合格分承制方。公司设有 3 个事业部：电子元器件事业部、特种变压器事业部及电源事业部。公司在温州、深圳等地设立办事处，并在香港成立子公司，服务遍及全球。

公司的电子元器件事业部一直致力于功率半导体及其配套的电力电子元器件的代理销售，包括 IGBT 模块、晶闸管、整流桥、LEM 传感器、台湾 SUNON 风扇、铃木电解电容等；特种变压器事业部长期为广大科研院所及电源设备厂家设计、生产多种有特殊用途和特殊要求的变压器和电感产品；电源事业部主要生产特种用途的逆变电源、充电机等电源产品。

340. 武汉永力科技股份有限公司

地址： 湖北省武汉东湖新技术开发区流芳园南路 19 号永力产业园
邮编： 430223
电话： 027-87927990 87927991 87927992
传真： 027-87927916
邮箱： yl@ ylpower. com
网址： www. ylpower. com

简介： 武汉永力科技股份有限公司成立于 2000 年 9 月，位于中国光谷武汉，是一家专业从事电源技术研究和应用的高新技术企业。公司拥有移相式全桥软开关变换技术、三相有源功率因数校正技术、大功率恒流并联均流技术、射频环境的抗干扰技术、计算机控制技术等多项核心技术及专利，可为客户量身定制 AC-DC、DC-DC、DC-AC 系列电源产品。

公司产品具有体积小、重量轻、效率高、可靠性强、绿色环保等显著特点，特别是大功率通信发射机电源、干扰发射机电源、雷达发射机电源、船舶压载水环保处理设备配套电源等产品，其电磁兼容性、抗干扰能力和环境适应性方面，多项指标优于国内同类产品，获得了用户的广泛好评，被重点应用于军队武器装备系统、重大国防科研项目及中央预算内投资项目。

公司是多家科研院所及企业的军用装备、民用设备配套物资合格供方。公司致力于将科技与应用工程完美结合，为客户提供最有竞争力的产品技术解决方案。

广西壮族自治区

341. 广西吉光电子科技有限公司

JICON 吉光电子 | ELECTRONICS TECHNOLOGY

地址： 广西壮族自治区贺州市平安东路
邮编： 542899
电话： 0774-5132000
传真： 0774-5132111
邮箱： jiconoffice@ jicon. net
网址： www. jicon. net

简介： 广西吉光电子科技有限公司是通过 ISO 9001 质量管理体系、ISO 14001 环境管理体系和 GB/T 29490—2013 企业知识产权管理规范认证的高新技术企业、国家知识产权优势企业和自治区企业技术中心，注册资本金 1. 25 亿元。

公司一直致力于铝电解电容器的研发、生产和销售，产品覆盖全系列引线式、焊针式和螺栓式铝电解电容器，产品各项性能指标稳定可靠，质量水平居于国内领先地位，部分产品达到国际先进水平，广泛应用于工业变频器、通信电源、UPS、工业焊机、家用电器、电子消费品、汽车电子、风能和太阳能等领域。

经过 30 多年的发展，公司拥有注册商标 2 个，软件著作权 1 项，共申报专利 40 项（发明专利 12 项，实用新型 28 项）。

公司将始终坚持“专业、创新、健康、价值”的企业精神和“为顾客创造价值”的经营理念，把“创一流品牌，建一流公司”作为企业的发展目标，力争把“吉光电子”打造成为技术、产品和服务输出的一流品牌和一流公司。

342. 广西科技大学

地址： 广西壮族自治区广西柳州市城中区东环大道 268 号
邮编： 545006
电话： 0772-2685979
传真： 0772-2687698
邮箱： zhangyin0830@ 126. com
网址： www. gxut. edu. cn

简介： 广西科技大学是一所以工为主，专业涵盖工、管、理、医、经、文、法、艺术、教育等 9 大学科门类，直属广西壮族自治区政府管理的普通高等学校。学校坐落在南中国古人类“柳江人”的发祥地、广西工业支柱和广西第二大城市——柳州市。学校现有东环、柳石和柳东（规划建设中）3 个校区，占地面积近 4700 亩；面向全国 27 个省（区、市）招生，有全日制本专科学生、研究生、留学生共 25000 余人；设 20 个二级学院，19 个研究所（中心），4 个附属医院，77 个本专科专业；有专任教师 1400 多人。学校现有硕士学位授权一级学科 7 个，二级学科 1 个，7 个硕士专业学位授权点，3 个博士学位授予权立项建设学科。

中国电源学会团体会员单位主要依托电气与信息工程学院（以下简称“学院”），学院具有良好的师资队伍，现有教授 19 人，副教授 38 人，具有博士学位 20 余人，在读博士的教师 10 余人。现有“控制科学与工程”一级学科硕士点和“电子信息”专业学位硕士点，开设电气工程、自动化、测控技术与仪器、机器人工程等7个本科专业，现有在校全日制本科生1700多名，全日制硕士研究生120多名。建有教育部工程研究中心1个，广西区重点实验室1个，广西高校重点实验室1个等科研平台。

343. 桂林斯壮微电子有限责任公司

地址：广西壮族自治区桂林市国家高新区信息产业园D-8号

邮编：541004

电话：0773-5858088/5852696/5825199/5852939

传真：0773-5855299/2183788

邮箱：gsme@ gsme. com. cn；sales@ gsme. com. cn

网址：www. gsme. com. cn

简介：桂林斯壮微电子有限责任公司以设计、开发、生产各种高性能半导体功率器件为主营业务，目前主要产品有低导通电阻和低栅电荷密度的功率场效应晶体管（Low Rdson、LowQg MOSFET）及低导通电压的肖特基二极（LowVF）、开关二极管、稳压二极管等“桂微”牌产品，产品广泛应用于开关电源适配器UPS、逆变器变频器、移动通信基站、智能家居产品、物联网硬件产品、汽车电子产品、安防系统、智能手机及其附属产品、计算机及其附属产品、小型视听多媒体终端产品等消费类电子信息产品、家用电器、工业自动化控制设备等。

“桂微”牌产品不断提高专业水平，为客户提供高性能和低成本的优质产品，推行“精益求精、卓越品质、客户满意”的品质政策，努力成为客户必备的优质供应链伙伴。

四川省

344. 成都顺通电气有限公司

地址：四川省成都市龙泉驿区界牌工业园区

邮编：610100

电话：028-84854598

传真：028-84859059

邮箱：cdstdq@ vip. 163. com

简介：成都顺通电气有限公司坐落在国家级成都经济技术开发区内，是一家通过了ISO 9001质量管理体系认证，并专业致力于直流电源系统、低压成套开关设备、消防应急电源系统的研究、开发、生产和销售的高新技术企业。公司与电子科大、佛山大学等高校长期紧密合作，成立了电子科大顺通电气技术研发中心。现拥有成熟的产品研发、生产组织、市场营销和服务的能力，并能根据顾客的要求提供个性化的成熟的产品解决方案。

公司自行研发的具有自主知识产权的消防应急电源系统已一次性通过了国家消防电子产品质量监督检验中心（沈阳）的型式检验，并取得了国家公安部消防评定中心（北京）颁发的产品型式认可证书；公司生产的低压成套开关设备（SP系列产品）已通过了中国质量认证中心的型式检验，并取得了中国国家强制性产品认证证书（CCC产品认证）；公司生产的GZDW微机型高频开关直流电源系统也已一次性通过了国家继电器质量监督检验中心的型式检验，并取得了GZDW微机型高频开关直流电源系统产品型号使用证书及四川省经委颁发的产品鉴定证书及已取得国家知识产权局的专利证书，同时被艾默生网络能源有限公司认证为电力电源合作厂等，使顺通公司的电源产品具备了推向市场、服务社会的良好条件。

345. 四川厚天科技股份有限公司

地址：四川省天府新区仁寿视高经济开发区

邮编：610200

电话：028-85186517

传真：028-85186517

邮箱：hdn@ sc-hdn. com

网址：www. sc-hdn. com

简介：四川厚天科技股份有限公司致力于电力电子技术研究，专注于电能质量治理领域和新能源领域，公司聚集了一批国内电力系统及自动化、计算机和自动控制领域的专家和研究人员。公司立足于自主开发，积极跟踪和掌握电力电子技术的发展，与国内相关高校和研发机构、团体有良好的合作关系。

公司是高新技术企业，研发团队由研发经验丰富的教授、博士、硕士、专业研发人员等组成。在大功率电力电子应用和供配电成套设备领域不断创造佳绩，并不断成长和壮大。产品涉及电力、石油、煤炭、机械、冶金等行业的电能质量服务和供配电成套设备等。

公司产品涉及35kV及以下配电、电能质量、优化控制与节能降耗整体解决方案；柔性交流输配电装置技术；输配电系统稳定性分析、电能质量咨询、治理服务；电动汽车的整体充电方案和太阳能逆变设备的研发和制造。

公司有较强的成套配套能力，有先进的调试、测试仪器、高压试验设备和数控冲、剪、切等机床，可以完成从研发、设计、生产、调试、测试、成套等所有的产品制作流程。

346. 四川英杰电气股份有限公司

地址：四川省德阳市金沙江西路686号

邮编：618000

电话：0838-2900585 2900586

传真：0838-2900985

邮箱：injet@ injet. cn

网址：www. injet. cn

简介：四川英杰电气股份有限公司成立于 1996 年，是专业的工业电源、特种电源、功率控制器的设计与制造企业。

公司是国家级高新技术企业，被评为省级企业技术中心，被授予院士专家工作站。通过多年的发展，公司已形成了完善的技术创新体系，被评为众多的专利技术，公司自 2002 年起通过了 ISO 9001 质量管理体系认证和 3C 认证等。

公司自成立以来，始终以自主研发为核心，产品广泛应用于石油、化工、冶金、机械、建材等传统行业及核电、光伏、晶体生长、半导体、特种金属材料等新兴行业，销往世界多个国家和地区。

公司位于具有中国“西部鲁尔”之称的“中国重大技术装备制造业基地”“联合国清洁技术与再生能源装备制造业国际示范城市”——四川省德阳市，占地 80 余亩。公司以技术创新为核心，以质量提升为突破，持续开展管理优化，提升公司综合实力和核心竞争力，为客户提供优质的产品和高效的服务，创“英杰”品牌，立志成为一流的设备制造商。

其他

347. 大连零点信息动力科技有限公司

地址：辽宁省大连市甘井子区轻工苑 1 号

邮编：116034

电话：0411-86322338

邮箱：zero_ chensong@ 163. com

网址：www. zero-dl. com

简介：大连零点信息动力科技有限公司成立于 2015 年 1 月，注册资金 5000 万元，是东北老工业基地拥有新型工业化、信息化理念的科技、行业创新企业，在节能环保领域聚焦于战略性新兴产业和传统制造业融合，是依托于高校、行业机构、技术专家等科研力量，以“专注节能环保、创造社会价值”为使命的新型科技公司。

大连零点信息动力科技有限公司作为集节能环保产品设计、研发、制造和专业智能控制服务于一体的现代服务公司，通过组建顶尖的技术和服务团队，整合高校、行业机构和技术专家等优良资源，采用行业先进技术，并与国内外多个权威节能环保机构保持良好的技术交流，针对项目进行现场评估，为客户制定专属的节能环保方案，与客户共同分享技术价值和服务价值。

348. 航天长峰朝阳电源有限公司

地址：辽宁省朝阳市电源路 1 号

邮编：122000

电话：0421-2732351

传真：0421-2828501

邮箱：50hz@ vip. sina. com

网址：www. 4nic. com. cn

简介：航天长峰朝阳电源有限公司是经中国航天科工集团批准，由中国航天科工防御技术研究院和朝阳市电源有限公司于 2007 年 9 月 5 日投资组建的国有控股公司，注册资金 11760 万元。

公司前身为朝阳市电源有限公司，成立于 1986 年，是国内第一家专业电源公司，具有多年的电源设计制造和测试经验，是当前国内最大的专业电源生产基地。以“4NIC”“航天电源”及“CASIC 中国航天科工集团”为品牌，生产了 30 多个系列 30 余万品种稳压电源、恒流电源、UPS、脉冲电源、滤波器等各种电源和电源相关产品。应用领域覆盖航空、航天、兵器、机载、雷达、船舶、机车、通信及科研等领域，尤其是在需要高可靠性的军工领域发挥着不可替代的作用，为国家的国防建设和经济建设做出了卓越贡献。

公司位于辽宁省朝阳市电源路 1 号，现址占地 20 多万平方米，建筑面积 15 万平方米。新厂区占地面积 42 万平方米，建筑面积 20 万平方米。公司在国内 30 多个主要城市设有办事处，履行“航天电源就在您身边”的承诺。企业奉行“以顾客为关注焦点，量体裁衣做电源”的经营战略，满足个性化需求。

349. 洛阳隆盛科技有限责任公司

隆盛科技
ROSEN
ROSEN TECHNOLOGY

地址：河南省洛阳市西工区凯旋西路 25 号

邮编：471009

电话：400-0379-613

传真：0379-63917137

邮箱：rosen. rosen@ 163. com

网址：www. rosen-tech. com

简介：洛阳隆盛科技有限责任公司成立于 1996 年 4 月，位于驰名中外的十三朝古都——洛阳，是中国航空工业集团公司洛阳电光设备研究所下属的一家全资子公司。公司成立 20 多年来，专注于设计和制造高效率、高可靠性的电源产品，已经形成了定制电源、模块电源、标准电源、系统电源和 DC/DC 转换器五大电源专业方向，成为国内军品电源领域颇具影响力的综合性电源企业。

公司现有员工330余人，配套完善的研发、生产、调测以及环境试验中心，总面积约8000平方米，年生产能力达近万台套。公司作为河南省的高新技术企业，具备全套的军工产品生产与服务资质。目前已拥有应用于航天、航空、兵器、船舶、雷达、机车、通信等多个领域10余种各具优势和特色的系列产品，并持续为510多家用户以及多项国家重点工程提供数万台套电源产品，受到用户的一致好评。

“怀凌云之志，铸稳定之源”，隆盛人秉承“用军工技术打造优质电源，以可靠质量赢得用户信赖”的理念，依托成熟的航空技术和多年的电源研发经验，不断努力开拓和超越自我，竭诚为每一位客户提供优质的产品和真诚的服务。

350. 勤发电子股份有限公司

地址：台湾省新北市汐止区大同路一段239号11楼

电话：+886-2-26478100

传真：+886-2-26478200

邮箱：helen@ chinfa. com

网址：www. chinfa. com

简介：勤发电子股份有限公司自1985年创立以来，秉持着不断地创新思考、成为世界级全方位解决方案的翘楚、满足客户的需求及长期经营的理念。是一家通过ISO9001、UL、TUV认证的公司。所有交换式电源供应器产品皆自行研发设计与生产，不论在技术研发、质量稳定度或降低成本上，以多年的经验来满足客户对交换式电源供应器的各种要求，并追求更卓越效能的交换式电源供应器。

AC/DC power module：3-40W. AC/DC DIN Rail mountable power supply：5-960W. DC/DC DIN Rail mountable power supply：15-40W. AC/DC DIN Rail compact size power supply：120W-480W. AC/DC enclosed power supply：20-150W. Battery charger：30W&60W. DC UPS controller：30A. Redundant module：10A&20A. "

351. 陕西长岭光伏电气有限公司

长岭光伏

地址：陕西省宝鸡市清姜路75号

邮编：721006

电话：0917—3607661

传真：0917—3607661

邮箱：13772662816@ 163. com

网址：www. changlingpv. com

简介：陕西长岭光伏电气有限公司（以下简称“长岭光伏电气公司”）由陕西长岭电气有限责任公司和陕西光伏产业有限公司共同出资组建，注册资本2亿元人民币。公司主要从事光伏逆变器、控制器、汇流箱、配电柜、安装支架、追日系统等光伏发电相关配套产品的开发、生产、销售、服务及以上产品的进出口业务。

陕西长岭电气有限责任公司的前身国营第七八二厂，是国家“一五”期间投资建设的156项重点工程之一，国家军工骨干企业。经过50多年的发展，已形成以军工电子产品、纺织机电产品、家用电器产品和太阳能光伏产品为支柱的大型国有企业。公司总资产16.8亿元，在职员工4300余人，其中各类专业技术人员1000余人。公司拥有先进的电子产品装联生产线、家用电器产品生产线及大批性能优良的机械加工设备、齐全的环境实验设备和先进的精密检测设备，先后通过了GJB 9001质量管理体系认证、ISO 10012计量体系认证和ISO 14001环境管理体系认证，是国家技术监督局批准的一级计量单位，荣获全国电子行业用户满意先进单位、全国诚信企业、陕西省质量服务双满意企业等荣誉称号。

长岭光伏电气公司可为用户提供BIPV、BAPV、LSPV、CPV等光伏发电系统的整体解决方案，提供逆变器、汇流箱、配电柜、电站监控系统、安装支架、追日系统等产品及光伏电站设计、施工、安装调试、系统检测、软件升级、技术咨询、人员培训等多方面的服务。

公司坚持“品质第一，规范管理，持续改进，用户满意”的质量方针，通过了GB/T 28001—2011/OHSAS18001：2007职业健康安全管理体系认证、GB/T 19001—2016/ISO 9001：2008质量管理体系认证、GB/T 24001—2016/ISO 14001：2004环境管理体系认证，建立了完善的质量管理体系。

352. 陕西中科天地航空模块有限公司

地址：陕西省西安市阎良区阎良航空基地航空四路中小企业园A3栋

邮编：710089

电话：029-81662836

传真：029-81662837

邮箱：zktd268@ 126. com

网址：www. sxzktd. cn

简介：陕西中科天地航空模块有限公司成立于2011年3月，公司注册资金2000万元，是一家专业从事军用DC-DC、DC-AC变换器研发、生产的高科技企业。公司长期致力于产品的研发，拥有授权专利18项（发明专利1项、实用新型专利11项，外观专利6项）等一系列微电路模块的自主知识产权，产品的设计制造满足SJ 20668—1998《微电路模块总规范》的要求，电路的试验方法和程序按GJB 548B—2005《微电子器件试验方法和程序》进行。公司产品已经通过国家武器装备质量体系认证和GB/T 19001—2008/ISO 9001：2008标准质量管理体系认证等多项认证。公司已取得三级保密资格证书，省、市高新技术企业证书。中科天地人始终依靠严格标准、严格过程控制，绝不放过一个缺陷来保证产品的可靠性。经过不断创新与改进，产品质量一直稳中求进，受到了广大客户的一致好评。近几年来，公司军用DC-DC、DC-AC变换器等产品参与了国家航空航天、兵器领域多个重点项目，为国家航空、航天、大运、战车、基站雷达、兵器、计算机系统、测量系统、仪表、设备信号电源，提供精准、可靠的电源。

353. 天水七四九电子有限公司

地址：甘肃省天水市泰州区双桥路 14 号
邮编：741000
电话：0938-8631053
传真：0939-8214627
网址：www. ts749. cn

简介：天水七四九电子有限公司是由原天水永红器材厂改制重组的高新技术企业。公司前身国营永红器材厂 1969 年始建于甘肃省秦安县，1995 年整体搬迁至甘肃省天水市。公司占地面积 16675 平方米，总资产 1.15 亿元，拥有各种仪器仪表 768 台套，现有职工 306 人，专业技术人员 95 人。公司是国内最早研制生产集成电路的企业之一，主要产品有：单片集成电路、混合集成电路、电源模块（包括厚膜化电源）三大类产品 600 多个品种，产品以其优良的品质广泛应用于航空、航天、兵器、船舶、电子、通信及自动化领域。曾为“长征系列”火箭、“风云”卫星、“嫦娥”探月工程、“神舟”号宇宙飞船等多个重点工程提供过高质量的产品，曾荣获“省优” “部优”及“国家重点新产品”称号。

354. 郑州科能达科技有限公司

地址：河南省郑州市高新区莲花街电子电器产业园西区工业厂房 10 号楼 2 单元 4 楼
邮编：450001
电话：18703633559
传真：0371-55890092
邮箱：2116770532@ qq. com
网址：www. zzknd. cn

简介：郑州科能达科技有限公司是河南省高新技术企业、河南省软件企业、河南省优秀民营企业，是我国较早专业从事消防应急电源、大功率高频开关直流电源和远程监控系统软件的研发、生产、销售和技术服务的骨干企业。公司拥有 EPS 自主知识产权研发，并与许继集团建立了长期合作伙伴关系，成为许继集团民用 EPS 供货商。公司产品涵盖了通信、电力、网络、军工、广播电视、交通、税务等多个行业的电源供给。先后为国家最重要的政府机关、部队、中国电信、中国联通、全国各地电网、铁路、科研单位等直接客户提供产品和服务，深得客户的信赖。

公司销售网络遍布全国各地，先后在部分较大省市建立办事处，负责售前方案设计、技术支持、售中技术沟通及售后全方位的服务。聚焦客户关注的问题和需求，提供有竞争力的产品和优质的服务，不断满足用户的不同需求，提升客户的竞争力和赢利能力是公司永远的使命。为客户服务是科能达存在的唯一理由，客户需求是科能达发展的源动力，高可靠性、高性价比、高品质服务是我们永恒追求的目标！

355. 中国科学院近代物理研究所

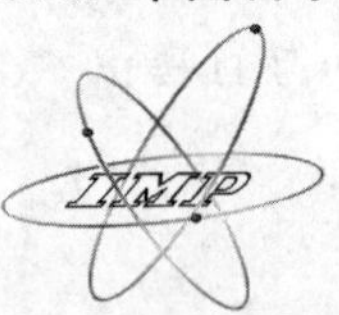

地址：甘肃省兰州市南昌路 509 号
邮编：730000
电话：0931-4969563
传真：0931-4969560
网址：www. impcas. ac. cn

简介：中国科学院近代物理研究所创建于 1957 年，以重离子核物理基础研究和相关领域的交叉研究为主要方向，相应发展加速器物理与技术及核技术。60 多年来，中科院近代物理研究所已成为国际上有较高知名度的中、低能重离子物理研究中心之一。与此同时，兰州重离子加速器（HIRFL）也发展成为我国规模最大、加速离子种类最多、能量最高的重离子研究装置，主要技术指标达到国际先进水平。

中国科学院近代物理研究所电源室负责兰州重离子加速器（HIRFL）励磁电源系统以及供配电系统的设计、运行、维护工作。60 多年来，近代物理研究所电源技术在大功率高稳定度直流稳流电源技术、大功率脉冲开关电源技术以及特种电源技术方面形成自己鲜明的特色。研究所电源技术由直流输出发展到脉冲输出，由慢脉冲发展到快脉冲，由模拟控制发展到全数字控制，电源性能不断提高，满足了重离子加速器的发展需要。

会员企业按主要产品索引

通用开关电源（84）

1. 安晟通（天津）高压电源科技有限公司
2. 北京航天星瑞电子科技有限公司
3. 北京汇众电源技术有限责任公司
4. 北京铭电龙科技有限公司
5. 北京通力盛达节能设备股份有限公司
6. 北京新雷能科技股份有限公司
7. 北京中天汇科电子技术有限责任公司
8. 常州市武进红光无线电有限公司
9. 东莞市必德电子科技有限公司
10. 东莞市镤力电子有限公司
11. 东莞市石龙富华电子有限公司
12. 佛山市汉毅电子技术有限公司
13. 佛山市南海赛威科技技术有限公司
14. 佛山市锐霸电子有限公司
15. 佛山市顺德区冠宇达电源有限公司
16. 佛山市顺德区国力电力电子科技有限公司
17. 固纬电子（苏州）有限公司
18. 广东金华达电子有限公司
19. 广州市昌菱电气有限公司
20. 海湾电子（山东）有限公司
21. 杭州博睿电子科技有限公司
22. 杭州乐充电子有限公司
23. 杭州铁城信息科技有限公司
24. 合肥博微田村电气有限公司
25. 合肥华耀电子工业有限公司
26. 合肥通用电子技术研究所
27. 河北汇能欣源电子技术有限公司
28. 湖南晟和电源科技有限公司
29. 华东微电子技术研究所
30. 辉碧电子（东莞）有限公司广州分公司
31. 镓能国际半导体有限公司
32. 康舒电子（东莞）有限公司杭州分公司
33. 溧阳市华元电源设备厂
34. 全天自动化能源科技（东莞）有限公司
35. 任丘市先导科技电子有限公司
36. 陕西中科天地航空模块有限公司
37. 上海德创电器电子有限公司
38. 上海谷登电气有限公司
39. 上海吉电电子技术有限公司
40. 上海申睿电气有限公司
41. 上海正远电子技术有限公司
42. 深圳华德电子有限公司
43. 深圳可立克科技股份有限公司
44. 深圳蓝信电气有限公司
45. 深圳麦格米特电气股份有限公司
46. 深圳欧陆通电子股份有限公司
47. 深圳市柏瑞凯电子科技有限公司
48. 深圳市保益新能电气有限公司
49. 深圳市航嘉驰源电气股份有限公司
50. 深圳市核达中远通电源技术股份有限公司
51. 深圳市坚力坚实业有限公司
52. 深圳市金威源科技股份有限公司
53. 深圳市京泉华科技股份有限公司
54. 深圳市巨鼎电子有限公司
55. 深圳市库马克新技术股份有限公司
56. 深圳市瑞必达科技有限公司
57. 深圳市瑞晶实业有限公司
58. 深圳市威日科技有限公司
59. 深圳市新能力科技有限公司
60. 深圳市知用电子有限公司
61. 深圳市中电熊猫展盛科技有限公司
62. 深圳市卓越至高电子有限公司
63. 深圳威迈斯新能源股份有限公司
64. 深圳中瀚蓝盾技术有限公司
65. 思源清能电气电子有限公司
66. 四川英杰电气股份有限公司
67. 四川长虹精密电子科技有限公司
68. 台达电子企业管理（上海）有限公司
69. 天津市华明合兴机电设备有限公司
70. 威尔克通信实验室
71. 温州楚汉光电科技有限公司
72. 无锡东电化兰达电子有限公司
73. 武汉永力科技股份有限公司
74. 西安爱科赛博电气股份有限公司
75. 湘潭市华鑫电子科技有限公司
76. 协丰万佳科技（深圳）有限公司
77. 亚源科技股份有限公司
78. 张家港市电源设备厂
79. 浙江德力西电器有限公司
80. 浙江宏胜光电科技有限公司
81. 浙江矛牌电子科技有限公司
82. 浙江榆阳电子有限公司
83. 中国长城科技集团股份有限公司
84. 珠海泰坦科技股份有限公司

UPS 电源（75）

1. 艾普斯电源（苏州）有限公司
2. 安徽博微智能电气有限公司
3. 百纳德（扬州）电能系统股份有限公司
4. 宝士达网络能源（深圳）有限公司
5. 北京恒电电源设备有限公司
6. 北京韶光科技有限公司
7. 北京银星通达科技开发有限责任公司
8. 长沙竹叶电子科技有限公司
9. 重庆荣凯川仪仪表有限公司
10. 佛山市力迅电子有限公司

11. 佛山市众盈电子有限公司
12. 福建联晟捷电子科技有限公司
13. 广东宝星新能科技有限公司
14. 广东创电科技有限公司
15. 广东志成冠军集团有限公司
16. 广州东芝白云菱机电力电子有限公司
17. 广州华智能源技术有限公司
18. 广州市昌菱电气有限公司
19. 广州市锦路电气设备有限公司
20. 杭州奥能电源设备有限公司
21. 航天柏克（广东）科技有限公司
22. 航天长峰朝阳电源有限公司
23. 浩沅集团股份有限公司
24. 合肥海瑞弗机房设备有限公司
25. 合肥联信电源有限公司
26. 赫能（苏州）新能源科技有限公司
27. 弘乐集团有限公司
28. 鸿宝电源有限公司
29. 湖南东方万象科技有限公司
30. 湖南丰日电源电气股份有限公司
31. 湖南科明电源有限公司
32. 华康泰克信息技术（北京）有限公司
33. 华为技术有限公司
34. 辉碧电子（东莞）有限公司广州分公司
35. 科华恒盛股份有限公司
36. 雷诺士（常州）电子有限公司
37. 理士国际技术有限公司
38. 山东艾瑞得电气有限公司
39. 山东山大华天科技集团股份有限公司
40. 山东泰开自动化有限公司
41. 山顿电子有限公司
42. 山特电子（深圳）有限公司
43. 上海谷登电气有限公司
44. 上海华翌电气有限公司
45. 上海香开电器设备有限公司
46. 上海阳顿电气制造有限公司
47. 深圳奥特迅电力设备股份有限公司
48. 深圳蓝信电气有限公司
49. 深圳市比亚迪锂电池有限公司
50. 深圳市皓文电子有限公司
51. 深圳市捷益达电子有限公司
52. 深圳市京泉华科技股份有限公司
53. 深圳市商宇电子科技有限公司
54. 深圳市新能力科技有限公司
55. 深圳市雄韬电源科技股份有限公司
56. 深圳市英威腾电源有限公司
57. 深圳市振华微电子有限公司
58. 深圳市中电熊猫展盛科技有限公司
59. 四川厚天科技股份有限公司
60. 苏州西伊加梯电源技术有限公司
61. 威尔克通信实验室
62. 厦门市爱维达电子有限公司
63. 厦门市三安集成电路有限公司
64. 先控捷联电气股份有限公司
65. 新加坡英富美有限公司深圳代表处
66. 伊顿电源（上海）有限公司
67. 易事特集团股份有限公司
68. 浙江德力西电器有限公司
69. 浙江琦美电气有限公司
70. 浙江腾腾电气有限公司
71. 郑州科能达科技有限公司
72. 中川电气科技有限公司
73. 中达电通股份有限公司
74. 中兴通讯股份有限公司能源产品部
75. 珠海山特电子有限公司

模块电源（65）

1. 安晟通（天津）高压电源科技有限公司
2. 北京创四方电子股份有限公司
3. 北京航天星瑞电子科技有限公司
4. 北京汇众电源技术有限责任公司
5. 北京铭电龙科技有限公司
6. 北京群菱能源科技有限公司
7. 北京韶光科技有限公司
8. 北京新雷能科技股份有限公司
9. 北京银星通达科技开发有限责任公司
10. 北京宇翔电子有限公司
11. 长沙竹叶电子科技有限公司
12. 常州市武进红光无线电有限公司
13. 东文高压电源（天津）股份有限公司
14. 广州高雅信息科技有限公司
15. 广州健特电子有限公司
16. 广州金升阳科技有限公司
17. 广州致远电子有限公司
18. 杭州奥能电源设备有限公司
19. 杭州博睿电子科技有限公司
20. 航天长峰朝阳电源有限公司
21. 合肥东胜汽车电子有限公司
22. 合肥华耀电子工业有限公司
23. 河北汇能欣源电子技术有限公司
24. 湖南晟和电源科技有限公司
25. 华东微电子技术研究所
26. 华为技术有限公司
27. 辉碧电子（东莞）有限公司广州分公司
28. 乐健科技（珠海）有限公司
29. 雷诺士（常州）电子有限公司
30. 洛阳隆盛科技有限责任公司
31. 南京中港电力股份有限公司
32. 勤發電子股份有限公司
33. 青岛航天半导体研究所有限公司
34. 山东镭之源激光科技股份有限公司
35. 山顿电子有限公司
36. 陕西中科天地航空模块有限公司

37. 深圳蓝信电气有限公司
38. 深圳市爱维达新能源科技有限公司
39. 深圳市安托山技术有限公司
40. 深圳市保益新能电气有限公司
41. 深圳市皓文电子有限公司
42. 深圳市核达中远通电源技术股份有限公司
43. 深圳市金威源科技股份有限公司
44. 深圳市三和电力科技有限公司
45. 深圳市新能力科技有限公司
46. 深圳市英威腾电源有限公司
47. 深圳市振华微电子有限公司
48. 深圳中瀚蓝盾技术有限公司
49. 石家庄通合电子科技股份有限公司
50. 思源清能电气电子有限公司
51. 四川英杰电气股份有限公司
52. 苏州西伊加梯电源技术有限公司
53. 太仓电威光电有限公司
54. 天津市鲲鹏电子有限公司
55. 天水七四九电子有限公司
56. 温州楚汉光电科技有限公司
57. 无锡东电化兰达电子有限公司
58. 无锡芯朋微电子股份有限公司
59. 武汉泰可电气股份有限公司
60. 武汉永力科技股份有限公司
61. 西安伟京电子制造有限公司
62. 协丰万佳科技（深圳）有限公司
63. 张家港市电源设备厂
64. 中科航达科技发展（北京）有限公司
65. 中兴通讯股份有限公司能源产品部

新能源电源（光伏逆变器、风力变流器等）（64）

1. 安泰科技股份有限公司非晶金属事业部
2. 北京北创芯通科技有限公司
3. 北京动力源科技股份有限公司
4. 北京恒电电源设备有限公司
5. 北京索英电气技术有限公司
6. 常州市创联电源科技股份有限公司
7. 东莞立德电子有限公司
8. 佛山市众盈电子有限公司
9. 广东宝星新能科技有限公司
10. 广东顺德三扬科技股份有限公司
11. 杭州博睿电子科技有限公司
12. 杭州铁城信息科技有限公司
13. 航天柏克（广东）科技有限公司
14. 合肥东胜汽车电子有限公司
15. 湖南晟和电源科技有限公司
16. 华为技术有限公司
17. 科华恒盛股份有限公司
18. 乐健科技（珠海）有限公司
19. 临沂昱通新能源科技有限公司
20. 龙腾半导体有限公司
21. 南京中港电力股份有限公司
22. 宁夏银利电气股份有限公司
23. 任丘市先导科技电子有限公司
24. 山东泰开自动化有限公司
25. 陕西长岭光伏电气有限公司
26. 上海吉电电子技术有限公司
27. 上海申睿电气有限公司
28. 上海稳利达科技股份有限公司
29. 上海远宽能源科技有限公司
30. 深圳可立克科技股份有限公司
31. 深圳麦格米特电气股份有限公司
32. 深圳青铜剑科技股份有限公司
33. 深圳市爱维达新能源科技有限公司
34. 深圳市安托山技术有限公司
35. 深圳市保益新能电气有限公司
36. 深圳市东辰科技有限公司
37. 深圳市皓文电子有限公司
38. 深圳市核达中远通电源技术股份有限公司
39. 深圳市汇川技术股份有限公司
40. 深圳市捷益达电子有限公司
41. 深圳市康奈特电子有限公司
42. 深圳市威日科技有限公司
43. 深圳市雄韬电源科技股份有限公司
44. 深圳市中电熊猫展盛科技有限公司
45. 深圳威迈斯新能源股份有限公司
46. 石家庄通合电子科技股份有限公司
47. 四川厚天科技股份有限公司
48. 台达电子企业管理（上海）有限公司
49. 田村（中国）企业管理有限公司
50. 温州楚汉光电科技有限公司
51. 无锡新洁能股份有限公司
52. 武汉泰可电气股份有限公司
53. 厦门市爱维达电子有限公司
54. 厦门市三安集成电路有限公司
55. 先控捷联电气股份有限公司
56. 新加坡英富美有限公司深圳代表处
57. 亚源科技股份有限公司
58. 阳光电源股份有限公司
59. 伊戈尔电气股份有限公司
60. 易事特集团股份有限公司
61. 浙江腾腾电气有限公司
62. 中达电通股份有限公司
63. 中兴通讯股份有限公司能源产品部
64. 珠海格力电器股份有限公司

通信电源（61）

1. 北京动力源科技股份有限公司
2. 北京新雷能科技股份有限公司
3. 北京中天汇科电子技术有限责任公司
4. 长沙竹叶电子科技有限公司
5. 东莞市石龙富华电子有限公司
6. 佛山市顺德区冠宇达电源有限公司
7. 广东创电科技有限公司

8. 广东金华达电子有限公司
9. 广东顺德三扬科技股份有限公司
10. 广州市锦路电气设备有限公司
11. 杭州中恒电气股份有限公司
12. 浩沅集团股份有限公司
13. 合肥联信电源有限公司
14. 湖南丰日电源电气股份有限公司
15. 华康泰克信息技术（北京）有限公司
16. 华为技术有限公司
17. 康舒电子（东莞）有限公司杭州分公司
18. 科华恒盛股份有限公司
19. 雷诺士（常州）电子有限公司
20. 理士国际技术有限公司
21. 勤發電子股份有限公司
22. 山东镭之源激光科技股份有限公司
23. 山东泰开自动化有限公司
24. 山顿电子有限公司
25. 上海科泰电源股份有限公司
26. 上海申睿电气有限公司
27. 深圳奥特迅电力设备股份有限公司
28. 深圳华德电子有限公司
29. 深圳可立克科技股份有限公司
30. 深圳麦格米特电气股份有限公司
31. 深圳欧陆通电子股份有限公司
32. 深圳市爱维达新能源科技有限公司
33. 深圳市安托山技术有限公司
34. 深圳市柏瑞凯电子科技有限公司
35. 深圳市保益新能电气有限公司
36. 深圳市比亚迪锂电池有限公司
37. 深圳市东辰科技有限公司
38. 深圳市航嘉驰源电气股份有限公司
39. 深圳市核达中远通电源技术股份有限公司
40. 深圳市金威源科技股份有限公司
41. 深圳市巨鼎电子有限公司
42. 深圳市瑞晶实业有限公司
43. 深圳市雄韬电源科技股份有限公司
44. 深圳市英可瑞科技股份有限公司
45. 深圳市英威腾电源有限公司
46. 深圳市卓越至高电子有限公司
47. 深圳威迈斯新能源股份有限公司
48. 深圳中瀚蓝盾技术有限公司
49. 苏州西伊加梯电源技术有限公司
50. 台达电子企业管理（上海）有限公司
51. 威尔克通信实验室
52. 无锡东电化兰达电子有限公司
53. 武汉永力科技股份有限公司
54. 厦门市爱维达电子有限公司
55. 亚源科技股份有限公司
56. 浙江矛牌电子科技有限公司
57. 浙江榆阳电子有限公司
58. 中达电通股份有限公司
59. 中国长城科技集团股份有限公司
60. 中科航达科技发展（北京）有限公司
61. 中兴通讯股份有限公司能源产品部

特种电源（52）

1. 安徽博微智能电气有限公司
2. 安晟通（天津）高压电源科技有限公司
3. 安泰科技股份有限公司非晶金属事业部
4. 北京北创芯通科技有限公司
5. 北京创四方电子股份有限公司
6. 北京大华无线电仪器有限责任公司
7. 北京航天星瑞电子科技有限公司
8. 北京恒电电源设备有限公司
9. 北京汇众电源技术有限责任公司
10. 北京京仪椿树整流器有限责任公司
11. 北京铭电龙科技有限公司
12. 北京新雷能科技股份有限公司
13. 北京长城电子装备有限责任公司
14. 常州市创联电源科技股份有限公司
15. 成都金创立科技有限责任公司
16. 东文高压电源（天津）股份有限公司
17. 佛山市顺德区冠宇达电源有限公司
18. 佛山市顺德区国力电力电子科技有限公司
19. 广东创电科技有限公司
20. 广东顺德三扬科技股份有限公司
21. 杭州飞仕得科技有限公司
22. 杭州快电新能源科技有限公司
23. 杭州远方仪器有限公司
24. 航天柏克（广东）科技有限公司
25. 航天长峰朝阳电源有限公司
26. 合肥华耀电子工业有限公司
27. 合肥科威尔电源系统有限公司
28. 河北汇能欣源电子技术有限公司
29. 核工业理化工程研究院
30. 乐健科技（珠海）有限公司
31. 溧阳市华元电源设备厂
32. 山东镭之源激光科技股份有限公司
33. 陕西中科天地航空模块有限公司
34. 深圳华德电子有限公司
35. 深圳青铜剑科技股份有限公司
36. 深圳市皓文电子有限公司
37. 深圳市振华微电子有限公司
38. 深圳市卓越至高电子有限公司
39. 深圳中瀚蓝盾技术有限公司
40. 四川英杰电气股份有限公司
41. 苏州市申浦电源设备厂
42. 太仓电威光电有限公司
43. 武汉泰可电气股份有限公司
44. 武汉新瑞科电气技术有限公司
45. 武汉永力科技股份有限公司
46. 西安爱科赛博电气股份有限公司
47. 西安伟京电子制造有限公司

48. 西安翌飞核能装备股份有限公司
49. 扬州凯普电子有限公司
50. 伊戈尔电气股份有限公司
51. 浙江矛牌电子科技有限公司
52. 中科航达科技发展（北京）有限公司

照明电源、LED 驱动电源（43）

1. 北京通力盛达节能设备股份有限公司
2. 常州市创联电源科技股份有限公司
3. 常州市武进红光无线电有限公司
4. 东莞立德电子有限公司
5. 东莞市石龙富华电子有限公司
6. 佛山市哥迪电子有限公司
7. 佛山市汉毅电子技术有限公司
8. 佛山市南海赛威科技技术有限公司
9. 佛山市锐霸电子有限公司
10. 广东金华达电子有限公司
11. 海湾电子（山东）有限公司
12. 杭州博睿电子科技有限公司
13. 合肥华耀电子工业有限公司
14. 康舒电子（东莞）有限公司杭州分公司
15. 溧阳市华元电源设备厂
16. 宁波赛耐比光电科技股份有限公司
17. 赛尔康技术（深圳）有限公司
18. 上海豪远电子有限公司
19. 上海申睿电气有限公司
20. 上海稳利达科技股份有限公司
21. 深圳麦格米特电气股份有限公司
22. 深圳市爱维达新能源科技有限公司
23. 深圳市安托山技术有限公司
24. 深圳市比亚迪锂电池有限公司
25. 深圳市东辰科技有限公司
26. 深圳市航嘉驰源电气股份有限公司
27. 深圳市金威源科技股份有限公司
28. 深圳市巨鼎电子有限公司
29. 深圳市中电熊猫展盛科技有限公司
30. 深圳市卓越至高电子有限公司
31. 太仓电威光电有限公司
32. 温州楚汉光电科技有限公司
33. 无锡新洁能股份有限公司
34. 厦门市爱维达电子有限公司
35. 湘潭市华鑫电子科技有限公司
36. 亚源科技股份有限公司
37. 伊戈尔电气股份有限公司
38. 英飞凌科技（中国）有限公司
39. 英飞特电子（杭州）股份有限公司
40. 浙江矛牌电子科技有限公司
41. 浙江榆阳电子有限公司
42. 浙江宇光照明科技有限公司
43. 中国长城科技集团股份有限公司

EPS 电源（40）

1. 百纳德（扬州）电能系统股份有限公司
2. 北京动力源科技股份有限公司
3. 北京银星通达科技开发有限责任公司
4. 常州市武进红光无线电有限公司
5. 成都顺通电气有限公司
6. 重庆荣凯川仪仪表有限公司
7. 福建联晟捷电子科技有限公司
8. 广东宝星新能科技有限公司
9. 广东创电科技有限公司
10. 广东志成冠军集团有限公司
11. 广州华智能源技术有限公司
12. 广州市锦路电气设备有限公司
13. 航天柏克（广东）科技有限公司
14. 浩沅集团股份有限公司
15. 合肥联信电源有限公司
16. 赫能（苏州）新能源科技有限公司
17. 鸿宝电源有限公司
18. 湖南科明电源有限公司
19. 科华恒盛股份有限公司
20. 雷诺士（常州）电子有限公司
21. 理士国际技术有限公司
22. 赛尔康技术（深圳）有限公司
23. 山东艾瑞得电气有限公司
24. 山东山大华天科技集团股份有限公司
25. 上海华翌电气有限公司
26. 上海香开电器设备有限公司
27. 上海阳顿电气制造有限公司
28. 深圳华德电子有限公司
29. 深圳市捷益达电子有限公司
30. 深圳市商宇电子科技有限公司
31. 深圳市英威腾电源有限公司
32. 四川厚天科技股份有限公司
33. 天津市华明合兴机电设备有限公司
34. 新加坡英富美有限公司深圳代表处
35. 易事特集团股份有限公司
36. 浙江德力西电器有限公司
37. 浙江琦美电气有限公司
38. 浙江腾腾电气有限公司
39. 郑州科能达科技有限公司
40. 中川电气科技有限公司

其他（38）

1. 保定科诺沃机械有限公司
2. 北京北创芯通科技有限公司
3. 北京锋速精密科技有限公司
4. 北京机械设备研究所
5. 北京索英电气技术有限公司
6. 北京中大科慧科技发展有限公司
7. 比亚迪汽车工业有限公司第十四事业部电源工厂
8. 成都金创立科技有限责任公司
9. 大连零点信息动力科技有限公司
10. 东文高压电源（天津）股份有限公司
11. 佛山市禅城区华南电源创新科技园投资管理有限

公司

12. 固纬电子（苏州）有限公司
13. 广东大比特资讯广告发展有限公司
14. 广东全宝科技股份有限公司
15. 杭州飞仕得科技有限公司
16. 杭州易泰达科技有限公司
17. 湖南东方万象科技有限公司
18. 美尔森电气保护系统（上海）有限公司
19. 敏业信息科技（上海）有限公司
20. 宁波博威合金材料股份有限公司
21. 上海超群无损检测设备有限责任公司
22. 深圳青铜剑科技股份有限公司
23. 深圳市安科讯实业有限公司
24. 深圳市迪比科电子科技有限公司
25. 深圳市华天启科技有限公司
26. 深圳市兴龙辉科技有限公司
27. 亿铖达（深圳）新材料有限公司
28. 深圳欣锐科技股份有限公司
29. 四川长虹精密电子科技有限公司
30. 温州大学
31. 武汉泰可电气股份有限公司
32. 武汉武新电气科技股份有限公司
33. 浙江高泰昊能科技有限公司
34. 浙江巨磁智能技术有限公司
35. 浙江榆阳电子有限公司
36. 浙江长春电器有限公司
37. 中国科学院等离子体物理研究所
38. 中国科学院近代物理研究所

稳压电源（器）（37）

1. 艾普斯电源（苏州）有限公司
2. 安晟通（天津）高压电源科技有限公司
3. 百纳德（扬州）电能系统股份有限公司
4. 北京大华无线电仪器有限责任公司
5. 东文高压电源（天津）股份有限公司
6. 佛山市汉毅电子技术有限公司
7. 佛山市顺德区冠宇达电源有限公司
8. 佛山市众盈电子有限公司
9. 广州德肯电子有限公司
10. 海丰县中联电子厂有限公司
11. 杭州远方仪器有限公司
12. 航天长峰朝阳电源有限公司
13. 合肥科威尔电源系统有限公司
14. 合肥通用电子技术研究所
15. 河北汇能欣源电子技术有限公司
16. 弘乐集团有限公司
17. 鸿宝电源有限公司
18. 江苏宏微科技股份有限公司
19. 山东艾瑞得电气有限公司
20. 山东镭之源激光科技股份有限公司
21. 上海谷登电气有限公司
22. 上海豪远电子有限公司
23. 上海华翌电气有限公司
24. 上海全力电器有限公司
25. 上海稳利达科技股份有限公司
26. 深圳欧陆通电子股份有限公司
27. 深圳市巨鼎电子有限公司
28. 苏州市申浦电源设备厂
29. 天津市鲲鹏电子有限公司
30. 温州现代集团有限公司
31. 协丰万佳科技（深圳）有限公司
32. 张家港市电源设备厂
33. 浙江德力西电器有限公司
34. 浙江腾腾电气有限公司
35. 中川电气科技有限公司
36. 珠海科达信电子科技有限公司
37. 珠海山特电子有限公司

变频电源（器）（32）

1. 艾普斯电源（苏州）有限公司
2. 北京大华无线电仪器有限责任公司
3. 北京动力源科技股份有限公司
4. 北京航天星瑞电子科技有限公司
5. 北京京仪椿树整流器有限责任公司
6. 广州德肯电子有限公司
7. 广州东芝白云菱机电力电子有限公司
8. 海湾电子（山东）有限公司
9. 杭州铁城信息科技有限公司
10. 杭州远方仪器有限公司
11. 合肥科威尔电源系统有限公司
12. 核工业理化工程研究院
13. 勤發電子股份有限公司
14. 青岛威控电气有限公司
15. 全天自动化能源科技（东莞）有限公司
16. 山东艾瑞得电气有限公司
17. 上海谷登电气有限公司
18. 深圳市汇川技术股份有限公司
19. 深圳市康奈特电子有限公司
20. 深圳市库马克新技术股份有限公司
21. 深圳市知用电子有限公司
22. 四川长虹精密电子科技有限公司
23. 苏州市申浦电源设备厂
24. 台达电子企业管理（上海）有限公司
25. 天津市鲲鹏电子有限公司
26. 西安爱科赛博电气股份有限公司
27. 新加坡英富美有限公司深圳代表处
28. 张家港市电源设备厂
29. 浙江海利普电子科技有限公司
30. 中达电通股份有限公司
31. 珠海格力电器股份有限公司
32. 珠海泰坦科技股份有限公司

蓄电池（31）

1. 百纳德（扬州）电能系统股份有限公司
2. 保定科诺沃机械有限公司

3. 北京银星通达科技开发有限责任公司
4. 佛山市力迅电子有限公司
5. 佛山市众盈电子有限公司
6. 福建联晟捷电子科技有限公司
7. 福州福光电子有限公司
8. 广东宝星新能科技有限公司
9. 广东力科新能源有限公司
10. 广东志成冠军集团有限公司
11. 广州市昌菱电气有限公司
12. 广州市锦路电气设备有限公司
13. 合肥海瑞弗机房设备有限公司
14. 赫能（苏州）新能源科技有限公司
15. 鸿宝电源有限公司
16. 湖南丰日电源电气股份有限公司
17. 湖南科明电源有限公司
18. 辉碧电子（东莞）有限公司广州分公司
19. 理士国际技术有限公司
20. 山东圣阳电源股份有限公司
21. 上海香开电器设备有限公司
22. 深圳市比亚迪锂电池有限公司
23. 深圳市商宇电子科技有限公司
24. 深圳市雄韬电源科技股份有限公司
25. 先控捷联电气股份有限公司
26. 易事特集团股份有限公司
27. 浙江创力电子股份有限公司
28. 浙江琦美电气有限公司
29. 中川电气科技有限公司
30. 珠海山特电子有限公司
31. 珠海泰坦科技股份有限公司

直流屏、电力操作电源（29）

1. 安徽博微智能电气有限公司
2. 北京恒电电源设备有限公司
3. 北京智源新能电气科技有限公司
4. 常州市创联电源科技股份有限公司
5. 成都顺通电气有限公司
6. 重庆荣凯川仪仪表有限公司
7. 福建联晟捷电子科技有限公司
8. 杭州奥能电源设备有限公司
9. 杭州快电新能源科技有限公司
10. 杭州中恒电气股份有限公司
11. 合肥联信电源有限公司
12. 湖南丰日电源电气股份有限公司
13. 湖南科明电源有限公司
14. 美尔森电气保护系统（上海）有限公司
15. 勤發電子股份有限公司
16. 山东泰开自动化有限公司
17. 上海大周信息科技有限公司
18. 上海香开电器设备有限公司
19. 深圳奥特迅电力设备股份有限公司
20. 深圳蓝信电气有限公司
21. 深圳市三和电力科技有限公司
22. 深圳市商宇电子科技有限公司
23. 深圳市英可瑞科技股份有限公司
24. 石家庄通合电子科技股份有限公司
25. 西屋港能企业（上海）股份有限公司
26. 厦门兴厦控恒昌自动化有限公司
27. 浙江琦美电气有限公司
28. 郑州科能达科技有限公司
29. 珠海泰坦科技股份有限公司

功率器件（28）

1. 北京韶光科技有限公司
2. 北京世纪金光半导体有限公司
3. 北京宇翔电子有限公司
4. 常州东华电力电子有限公司
5. 常州瑞华电力电子器件有限公司
6. 广州华工科技开发有限公司
7. 广州欧颂电子科技有限公司
8. 桂林斯壮微电子有限责任公司
9. 济南晶恒电子有限责任公司
10. 镓能国际半导体有限公司
11. 江苏宏微科技股份有限公司
12. 乐健科技（珠海）有限公司
13. 龙腾半导体有限公司
14. 南京时恒电子科技有限公司
15. 青岛航天半导体研究所有限公司
16. 汕头市新成电子科技有限公司
17. 上海吉电电子技术有限公司
18. 上海瞻芯电子科技有限公司
19. 上海长园维安微电子有限公司
20. 上海众韩电子科技有限公司
21. 深圳市飞尼奥科技有限公司
22. 深圳市康奈特电子有限公司
23. 深圳市鹏源电子有限公司
24. 深圳市实润科技有限公司
25. 苏州锴威特半导体有限公司
26. 无锡新洁能股份有限公司
27. 武汉新瑞科电气技术有限公司
28. 厦门市三安集成电路有限公司

半导体集成电路（27）

1. 昂宝电子（上海）有限公司
2. 北京铭电龙科技有限公司
3. 北京宇翔电子有限公司
4. 佛山市南海赛威科技技术有限公司
5. 桂林斯壮微电子有限责任公司
6. 湖南晟和电源科技有限公司
7. 济南晶恒电子有限责任公司
8. 镓能国际半导体有限公司
9. 江苏宏微科技股份有限公司
10. 龙腾半导体有限公司
11. 敏业信息科技（上海）有限公司
12. 青岛航天半导体研究所有限公司
13. 上海吉电电子技术有限公司

14. 上海瞻芯电子科技有限公司
15. 上海长园维安微电子有限公司
16. 上海众韩电子科技有限公司
17. 深圳市坚力坚实业有限公司
18. 深圳市鹏源电子有限公司
19. 深圳市实润科技有限公司
20. 苏州锴威特半导体有限公司
21. 无锡芯朋微电子股份有限公司
22. 无锡新洁能股份有限公司
23. 厦门市三安集成电路有限公司
24. 浙江高泰昊能科技有限公司
25. 中惠创智（深圳）无线供电技术有限公司
26. 珠海格力电器股份有限公司
27. 珠海泰芯半导体有限公司

电源测试设备（24）

1. 北京大华无线电仪器有限责任公司
2. 北京中科泛华测控技术有限公司
3. 广州致远电子有限公司
4. 杭州飞仕得科技有限公司
5. 龙腾半导体有限公司
6. 罗德与施瓦茨（中国）科技有限公司
7. 陕西柯蓝电子有限公司
8. 上海科梁信息工程股份有限公司
9. 西安爱科赛博电气股份有限公司
10. 全天自动化能源科技（东莞）有限公司
11. 艾普斯电源（苏州）有限公司
12. 山东山大华天科技集团股份有限公司
13. 北京森社电子有限公司
14. 深圳市中科源电子有限公司
15. 北京群菱能源科技有限公司
16. 合肥科威尔电源系统有限公司
17. 深圳市知用电子有限公司
18. 广州德肯电子有限公司
19. 固纬电子（苏州）有限公司
20. 杭州远方仪器有限公司
21. 上海正远电子技术有限公司
22. 北京北创芯通科技有限公司
23. 陕西长岭光伏电气有限公司
24. 威尔克通信实验室

电焊机、充电机、电镀电源（23）

1. 保定科诺沃机械有限公司
2. 北京京仪椿树整流器有限责任公司
3. 北京群菱能源科技有限公司
4. 北京韶光科技有限公司
5. 佛山市顺德区国力电力电子科技有限公司
6. 广东顺德三扬科技股份有限公司
7. 海丰县中联电子厂有限公司
8. 杭州奥能电源设备有限公司
9. 杭州快电新能源科技有限公司
10. 杭州铁城信息科技有限公司
11. 合肥东胜汽车电子有限公司
12. 康舒电子（东莞）有限公司杭州分公司
13. 溧阳市华元电源设备厂
14. 南京中港电力股份有限公司
15. 宁波赛耐比光电科技股份有限公司
16. 任丘市先导科技电子有限公司
17. 上海全力电器有限公司
18. 深圳市振华微电子有限公司
19. 深圳威迈斯新能源股份有限公司
20. 石家庄通合电子科技股份有限公司
21. 四川英杰电气股份有限公司
22. 苏州市申浦电源设备厂
23. 西屋港能企业（上海）股份有限公司

电子变压器（22）

1. 北京创四方电子股份有限公司
2. 东莞立德电子有限公司
3. 东莞市必德电子科技有限公司
4. 东莞市镤力电子有限公司
5. 佛山市哥迪电子有限公司
6. 广州德珑磁电科技股份有限公司
7. 合肥博微田村电气有限公司
8. 河北远大电子有限公司
9. 江苏宏微科技股份有限公司
10. 临沂昱通新能源科技有限公司
11. 宁夏银利电气股份有限公司
12. 青岛云路新能源科技有限公司
13. 上海豪远电子有限公司
14. 上海全力电器有限公司
15. 深圳可立克科技股份有限公司
16. 深圳市港特科技有限公司
17. 深圳市京泉华科技股份有限公司
18. 深圳市库马克新技术股份有限公司
19. 天津市鲲鹏电子有限公司
20. 温州现代集团有限公司
21. 武汉新瑞科电气技术有限公司
22. 专顺电机（惠州）有限公司

电容器（20）

1. 北京英博电气股份有限公司
2. 东莞宏强电子有限公司
3. 东莞市瓷谷电子科技有限公司
4. 广东丰明电子科技有限公司
5. 广东南方宏明电子科技股份有限公司
6. 广州华工科技开发有限公司
7. 南京天正容光达电子销售有限公司
8. 南通新三能电子有限公司
9. 宁国市裕华电器有限公司
10. 汕头市新成电子科技有限公司
11. 上海鹰峰电子科技股份有限公司
12. 上海众韩电子科技有限公司
13. 深圳市柏瑞凯电子科技有限公司
14. 深圳市创容新能源有限公司
15. 深圳市鹏源电子有限公司

16. 深圳市三和电力科技有限公司
17. 深圳市实润科技有限公司
18. 深圳市智胜新电子技术有限公司
19. 扬州凯普电子有限公司
20. 珠海格力电器股份有限公司

电源配套设备（自动化设备、SMT 设备、绕线机等）(20)

1. 北京锋速精密科技有限公司
2. 北京群菱能源科技有限公司
3. 北京森社电子有限公司
4. 佛山市南海区平洲广日电子机械有限公司
5. 佛山市顺德区国力电力电子科技有限公司
6. 固纬电子（苏州）有限公司
7. 广州市昌菱电气有限公司
8. 敏业信息科技（上海）有限公司
9. 任丘市先导科技电子有限公司
10. 陕西长岭光伏电气有限公司
11. 深圳市康奈特电子有限公司
12. 深圳市库马克新技术股份有限公司
13. 深圳市新能力科技有限公司
14. 深圳市知用电子有限公司
15. 深圳市中科源电子有限公司
16. 思源清能电气电子有限公司
17. 四川长虹精密电子科技有限公司
18. 唐山尚新融大电子产品有限公司
19. 天津市华明合兴机电设备有限公司
20. 浙江创力电子股份有限公司

电抗器（18）

1. 北京创四方电子股份有限公司
2. 北京英博电气股份有限公司
3. 东莞立德电子有限公司
4. 江苏坚力电子科技股份有限公司
5. 宁夏银利电气股份有限公司
6. 青岛云路新能源科技有限公司
7. 上海豪远电子有限公司
8. 上海申世电气有限公司
9. 上海稳利达科技股份有限公司
10. 上海鹰峰电子科技股份有限公司
11. 深圳市铂科新材料股份有限公司
12. 深圳市京泉华科技股份有限公司
13. 深圳市三和电力科技有限公司
14. 田村（中国）企业管理有限公司
15. 温州现代集团有限公司
16. 伊戈尔电气股份有限公司
17. 浙江东睦科达磁电有限公司
18. 专顺电机（惠州）有限公司

电感器（16）

1. 安泰科技股份有限公司非晶金属事业部
2. 北京柏艾斯科技有限公司
3. 东莞市必德电子科技有限公司
4. 东莞市镤力电子有限公司
5. 广州德珑磁电科技股份有限公司
6. 合肥博微田村电气有限公司
7. 临沂昱通新能源科技有限公司
8. 宁夏银利电气股份有限公司
9. 青岛云路新能源科技有限公司
10. 上海众韩电子科技有限公司
11. 深圳市铂科新材料股份有限公司
12. 唐山尚新融大电子产品有限公司
13. 田村（中国）企业管理有限公司
14. 武汉新瑞科电气技术有限公司
15. 浙江东睦科达磁电有限公司
16. 专顺电机（惠州）有限公司

磁性元件/材料（15）

1. 安徽首文高新材料有限公司
2. 安泰科技股份有限公司非晶金属事业部
3. 东莞市必德电子科技有限公司
4. 广州德珑磁电科技股份有限公司
5. 临沂昱通新能源科技有限公司
6. 上海正远电子技术有限公司
7. 上海灼日新材料科技有限公司
8. 深圳市铂科新材料股份有限公司
9. 深圳市鹏源电子有限公司
10. 深圳市威日科技有限公司
11. 唐山尚新融大电子产品有限公司
12. 天长市中德电子有限公司
13. 田村（中国）企业管理有限公司
14. 越峰电子（昆山）有限公司
15. 浙江东睦科达磁电有限公司

滤波器（14）

1. 北京英博电气股份有限公司
2. 北京智源新能电气科技有限公司
3. 东莞市镤力电子有限公司
4. 广州德珑磁电科技股份有限公司
5. 江苏坚力电子科技股份有限公司
6. 青岛云路新能源科技有限公司
7. 山东山大华天科技集团股份有限公司
8. 陕西中科天地航空模块有限公司
9. 上海申世电气有限公司
10. 上海鹰峰电子科技股份有限公司
11. 上海正远电子技术有限公司
12. 四川厚天科技股份有限公司
13. 唐山尚新融大电子产品有限公司
14. 温州现代集团有限公司

PC、服务器电源（10）

1. 长沙竹叶电子科技有限公司
2. 东莞市金河田实业有限公司
3. 海湾电子（山东）有限公司
4. 山顿电子有限公司
5. 深圳欧陆通电子股份有限公司
6. 深圳市柏瑞凯电子科技有限公司

7. 深圳市东辰科技有限公司
8. 深圳市航嘉驰源电气股份有限公司
9. 协丰万佳科技（深圳）有限公司
10. 中国长城科技集团股份有限公司

电阻器（9）

1. 北京锋速精密科技有限公司
2. 东莞市瓷谷电子科技有限公司
3. 广东南方宏明电子科技股份有限公司
4. 江苏兴顺电子有限公司
5. 南京时恒电子科技有限公司
6. 汕头市新成电子科技有限公司
7. 上海申世电气有限公司
8. 上海鹰峰电子科技股份有限公司
9. 厦门赛尔特电子有限公司

机壳、机柜（6）

1. 安徽博微智能电气有限公司
2. 广州汉铭通信科技有限公司
3. 弘乐集团有限公司
4. 陕西长岭光伏电气有限公司
5. 先控捷联电气股份有限公司
6. 伊顿电源（上海）有限公司

胶（6）

1. 北京汐源科技有限公司
2. 广东施奈仕实业有限公司
3. 广州回天新材料有限公司
4. 上海灼日新材料科技有限公司
5. 深圳市华天启科技有限公司
6. 亿铖达（深圳）新材料有限公司

绝缘材料（4）

1. 北京汐源科技有限公司
2. 广州市宝力达电气材料有限公司
3. 上海灼日新材料科技有限公司
4. 深圳市华天启科技有限公司

风扇、风机等散热设备（1）

1. 杭州祥博传热科技股份有限公司

第八篇　电源重点工程项目应用案例及相关产品

2018 年电源重点工程项目应用案例

1. 无线充电用纳米晶超宽超薄带产品项目

参与单位：

安泰科技股份有限公司纳米晶制品分公司
地址：北京市海淀区永丰基地永澄北路 10 号 B 区
电话：010-58712633　传真：010-58712642
网址：www. atmcn. com/fjjssyb
E-mail：nano@ atmcn. com

主要产品：

非晶、纳米晶带材；功率变换元器件；电磁兼容类铁心及器件；电力测量类铁心及器件

项目概况：

近年来随着手机无线充电技术的兴起，带动了对具有高导磁、低损耗，纳米晶超宽超薄带的需求。由于手机行业的高标准要求，不仅对带材宽度、厚度提出了要求，而且还对带材的表面质量提出了更高的要求，诸如传统纳米晶带材表面存在的气泡、孔洞、劈裂、划痕及棱等缺陷，都会造成模组表面不良而不被行业所接受，因此开发高表面质量的纳米晶超宽超薄带迫在眉睫。

本项目基于优化的快速凝固技术，通过系统工艺控制开发出最大宽度达 80mm，厚度达 14~18μm 的超薄纳米晶带材，表面平整均匀，无气泡、孔洞、劈裂等缺陷，并实现批量化制备，产品应用于手机无线充电用导磁片。该技术目前处于国际领先水平。

产品应用概况/解决方案：

我公司产品现已在小米、华为以及三星等多个品牌的多个型号产品上获得了成功应用，例如三星的 J5、J7 和 Note 系列手机，我公司的导磁片产品主要应用于无线充电模块的接收端，该产品要求纳米晶带材宽度为 50~55mm，带材表面要求无任何劈裂、孔洞、鼓包、划痕等缺陷，否则会出现绝缘膜隆起等缺陷而导致一些未知的隐患。以三星 Note8 产品举例，由于该机型同时具有无线充电和 NFC 功能，两者使用频率不同，对导磁材料性能要求较高，在 200kHz 频率条件下，电感 LS 需达到 6.13μH，电阻低于 1.62Ω，同时在 13.56MHz 频率条件下，频率 Fre 需达到 12.25MHz，VSWR 低于 2.1，如需在两种频率下均达到客户要求，需要降低材料损耗，增加高频磁导率。首先，通过改变热处理工艺，增加初始磁导率，再经碎化降损后，材料可以在保持较高磁导率的同时，减少损耗。另外，三星体系对产品外观要求较高，表面不平整位置尺寸需小于 0.02mm，我公司针对此产品的高要求，优化了制带工艺，目前，项目开发已经完成，开始持续批量供货，最终成功获得了一定份额的订单，仅 2017 年下半年导磁片项目的创收即超过了 2000 万元。相信随着无线充电项目的推广，纳米晶带材将会有更广阔的应用空间。

(Near Field Communication，NFC)，即近距离无线通信技术。是一种短距离的高频无线通信技术，允许电子设备之间进行非接触式点对点数据传输，在 10cm（约 3.9in）内交换数据。可以替代现在大量的 IC 卡（包括信用卡）场合商场刷卡、公交卡、门禁管制，以及车票、门票等。此种方式下，有一个极大的优点，那就是卡片通过非接触读卡器的 RF 域供电，即便是寄主设备（如手机）没电也可以工作。

无线充电技术（Wireless charging technology）源于无线电能传输技术，可分为小功率无线充电和大功率无线充电两种方式。小功率无线充电常采用电磁感应式，如对手机充电的 Qi 方式。大功率无线充电常采用谐振式，由供电设备（充电器）将能量传送至用电的装置，该装置使用接收到的能量对电池充电，并同时供其本身运作之用。

无线充电产业链分为接收和发射两个部分，接收端上下游产业链分为芯片、磁性材料、传输线圈、模组制造、系统集成。而发射端分为芯片、线圈模组、方案设计。现在市场上的解决方案中，纳米晶带材主要应用于无线充电的接收端，配合传输线圈一同实现高效率电磁转换的目的。

NFC 和无线充电应用要求导磁片具有更高的磁导率，同时由于手机、笔记本电脑、平板电脑等产品轻薄化的需求，接收端模块应具有尽可能小的厚度。针对以上应用的需求，解决方案如下：非晶、纳米晶合金熔炼→制带（带材厚度为 20μm 及以下）→热处理→覆膜→模切→与铜线圈集成模组。其中纳米晶带材的磁性能由热处理过程调制，在具体的应用中，导磁片的形状由接收端的整体方案决定，并配合铜线圈共同设计。

产品优势及应用成果：

第一，手机、平板电脑等产品的无线充电接收端总厚度要求约 100μm，因此具有较小厚度的非晶、纳米晶带材在尺寸设计上具有先天的优势；第二，为提高无线充电的效率，要求导磁材料具有较高的磁导率，而非晶、纳米晶材料的高磁导率特性与此要求契合；第三，当无线充电效率提高时，导磁片中磁性材料的工作点会由低变高，具有更大饱和磁感的非晶、纳米晶软磁合金带材在相同工况下

的温升相比传统的铁氧体更低。

非晶、纳米晶软磁合金带材的导磁片解决方案已成功应用于三星、华为、LG 等手机产品，以及 TI-watch 等领域。目前，国内外多款手机计划增设无线充电功能，本项目涉及的导磁片将获得更大的舞台，纳米晶软磁合金带材市场将迎来新一轮的拉动。

2. 港珠澳大桥应急电源项目

参与单位：

北京动力源科技股份有限公司

地址：北京丰台科技园区星火路 8 号

电话：010-83682266

网址：www. dpc. com. cn

E-mail：dpczl@ dpc. com. cn

主要产品：

可并联模块化 EPS 应急电源

项目概况：

2018 年 10 月 24 日，港珠澳大桥全线贯通，中国再次成为世界瞩目的焦点。港珠澳大桥从规划开始，前后历经 14 年的努力，创造了多项世界第一，为中国制造添上了一笔浓重的色彩。北京动力源科技股份有限公司（以下简称动力源）应急电源荣幸成为港珠澳大桥应急电源的供应商，为港珠澳大桥的安全运行保驾护航！

产品应用概况/解决方案：

可并联模块化应急电源是动力源集 20 年电力电子技术及产品的研发、制造经验推出的模块化应急电源产品，业内领先的高性能 DSP 全数字控制与可并联冗余的模块化设计，为用户提供可靠、安全、高效、灵活扩展的应急供电解决方案。

港珠澳大桥项目中，动力源应急电源用于为港珠澳口岸的消防和应急照明灯具提供交流应急供电电源，单台电源功率分别为 3kW、10kW、20kW，满足了港珠澳口岸消防应急供电的使用要求，为港珠澳大桥的安全运行提供了用电保障。

产品优势及应用成果：

动力源模块化应急电源产品已经广泛应用在各个行业的交流应急供电领域，在产品应用中突出体现了模块化设计所带来的更可靠、更简便的产品特性，得到了市场和客户的认可，产品具有高效、柔性、安全、智能等优势。

1）电源模块化设计，逆变充电一体化，减少系统配电复杂度，增强系统可靠性。

2）电源后备运行，市电优先供电，最大限度减少用户用电耗损。

3）模块化，可并联，N+1 冗余，灵活升级扩容，模块体积小，重量轻，支持热插拔，方便用户安装、维护。

4）积木式设计：功率模块可并联，积木式搭接，实现单、三相系统按需扩展；电池积木式配置，可根据用户容量和后备时间灵活配置电池组数。

5）切换时间≤3ms，保证切换时用户设备不断电，令用户使用更安心、可靠。

6）全面的保护机制，标配多项电压、电流、电池保护及异常告警功能，具备开机自检及自动年月检。

7）具有输出分路检测和保护功能，任一分路故障均不影响其他分路的正常输出。

8）支持历史故障记录保存十年，系统参数不会因断电而丢失。

9）LCD，支持触摸屏显示，信息直观丰富，便于用户操作、使用、维护。

10）智能监控，RS485 通信接口，支持 FAS、BAS、远程监控，用户随时掌握设备状态。

11）支持电池容量和内阻检测，方便用户对电池的管理和维护电池充电电流可设，满足不同容量电池的充放电需求。

3. 南瑞集团有限公司 2018 年通用元器件框架采购项目

参与单位：

北京森社电子有限公司

地址：北京市朝阳区双桥西里 7 号院

电话：010-85361615

网址：www. bjsse. com. cn

E-mail：2850326117@ qq. com

主要产品：

电压传感器、电流传感器、变送器

项目概况：

1）南瑞集团有限公司（国网电力科学研究院有限公司）是国家电网公司直属单位，实行一体化运行管理，是产业规模和技术水平行业领先的电气设备成套供应商，是我国电工电气装备领域卓越的 IT 企业。主要从事电力自动化及保护、电力信息通信、电力电子、智能化电气设备、发电及水利自动化设备、轨道交通及工业自动化设备、非晶合金变压器的研发、设计、制造、销售、工程服务与工程总承包业务。

2）参照《中华人民共和国招标投标法》和《中华人民共和国招标投标法实施条例》和《电子招标投标办法》等有关法律、法规和规章的规定，本采购项目已具备采购条件，现对该项目进行采购。

3）项目实施单位：南瑞集团下属分/子公司（包含但不限于安徽中天/南京三能/国电南瑞用电分公司）。

产品应用概况/解决方案：

特高压交直流多直流在线协调决策整体解决方案。

采用的关键技术经查新均为国内外首创：

1）提出基于广域多源信息的数据整合和电网运行状态识别方法，充分考虑电网 SCADA、PMU、安控系统实时数据和离线典型方式数据，提高电网运行数据的精度和状态识别的可靠性。

2）提出一套完备的预防、紧急、校正控制交直流措施安全稳定控制性能量化指标计算体系和融合集群并行计算的快速协调决策方法，实现了大电网多种安全稳定约束下交直流在线、实时协调决策，有效提升了交直流协调优化决策的速度和精度。

3）提出在线协调控制策略的可靠性保障技术，通过可靠性判别实现离线与在线紧急控制策略的自动切换，提高在线控制策略的可靠性与时效性，解决在线策略适应实时工况快速变化难的问题，提升了应对复杂、相继故障的防御能力。

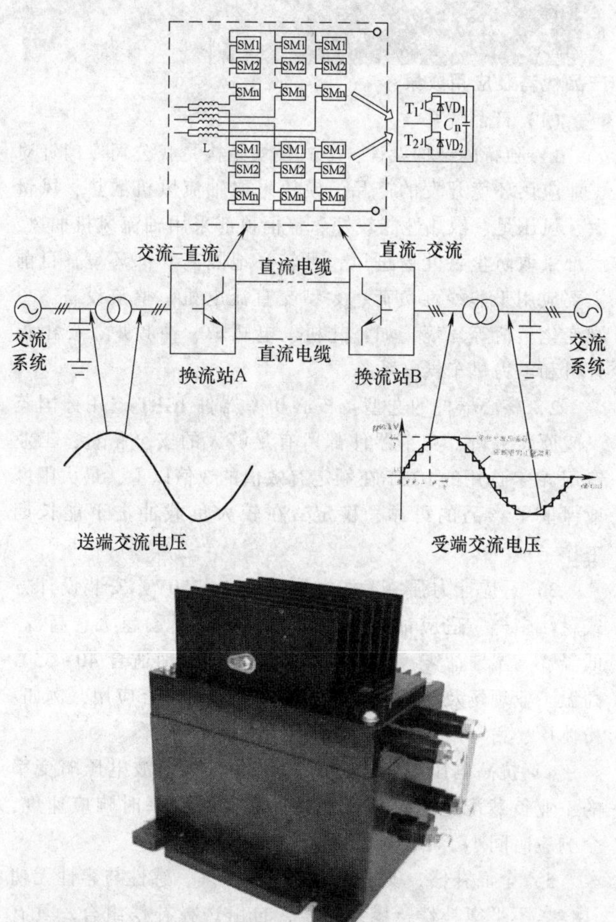

产品优势及应用成果：

1）上海电网“大受端城市电网安全稳定预警和控制系统”已投入调度运行，该系统的建成多次成功化解了负荷高峰期给电网安全稳定运行带来的威胁，大幅度提升了上海电网乃至华东电网应对严重交直流故障的能力和特高压交直流的受电能力。

2）宁夏电网“特高压交直流、多直流协调控制系统”已投入调度运行，为调度运行人员进行交直流运行方式调整、在线紧急控制策略优化、实时校正控制决策提供了强有力的技术支撑，有效提升了特高压交直流混联电网运行特性的把握和协调决策水平。

3）特高压交直流、多直流在线协调决策技术目前正在国调、华中分调、西北分调、江苏省调等多个网省调进行推广应用，随着交直流混联大电网的快速发展，研究成果必将在国内得到广泛的应用，也将产生重大的社会和经济效益。

4）在上海南汇柔性直流输电示范工程中，提供了双端控制保护系统及直流测量系统，于 2011 年 7 月投运。

5）在南澳三端柔性直流输电工程中，提供了金牛站换流阀（100MW）及直流测量系统，于 2013 年 12 月投运。

6）在舟山五端柔性直流输电工程中，提供了全部五端控制保护系统、三端换流阀（400MW/300MW/100MW）及直流测量系统，于 2014 年 7 月投运。

4. 新疆某能源股份有限公司硅芯高频炉电能质量治理项目

参与单位：

北京智源新能电气科技有限公司

地址：北京市大兴区金苑路 26 号 A613

电话：010-62947495　传真：010-62947495

网址：www. zyxndq. com

E-mail：in@ zyxndq. com

主要产品：

（1）电能质量产品

电能质量产品是采用现代电力电子技术和基于高速 DSP 器件的数字信号处理技术制成的新型电力谐波治理及无功补偿专用设备，通过外部 CT 实时检测负载的谐波和无功分量，采用 PWM 变换技术，将与谐波和无功分量大小相等、方向相反的电流注入供配电系统中，实现抑制谐波、动态无功补偿的功能。

（2）微电网系统

微电网系统（风光储互补微网供电系统）是集风能、太阳能及蓄电池储能等多种能源发电技术及系统化智能控制技术为一体的复合可再生能源发电系统，具有环保、绿色、节能等特点，尤其适合山区等传统供电不方便的偏远地方。风光储互补发电系统是由风力发电机、太阳电池方阵、蓄电池组、集中控制器、离网逆变器、电缆及支撑和辅助件等组成一个发电系统，夜间和阴雨天无阳光时由风能发电，晴天时由太阳能发电，在既有风又有太阳的情况下两者同时发挥作用。另外，在无太阳及无风时，由蓄电池为负载提供电源，实现全天候的发电功能。

项目概况：

在新疆某能源股份有限公司一分公司，硅芯制备生产线配有 80kW 硅芯高频炉 15 台，硅芯高频炉在运行时产生大量的谐波电流流入电网，致使网侧谐波电流及谐波电压畸变率超标，严重影响了电网的安全运行和设备的正常工作。

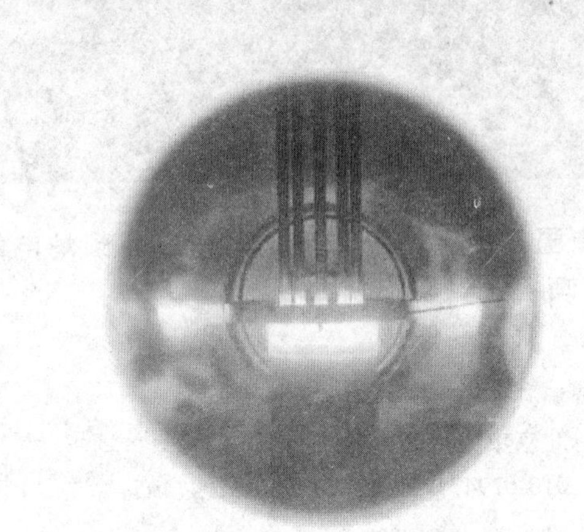

产品应用概况/解决方案：

通过测试数据，得知单台硅芯炉侧谐波电流在未治理前谐波畸变很大，不仅导致单台电源输出不稳定，而且还存在电源相互之间干扰的问题，针对此现象，在每台 80kW 硅芯高频炉旁分别就地安装了一台 100A 的有源电力滤波器，一方面采用有源滤波将单台电源谐波调整到一定的范围内；另一方面通过在单台电源进线端增加进线电抗器，使电源晶闸管导通角度提高，增加了电源的稳定性，同时消除了各个单台电源间的相互干扰问题。在滤波的基础上增加了无功功率的就近实时补偿，使单台无功功率因数达到 0.92 以上，不仅可释放变压器的容量，减少变压器损耗，而且可取消变压器室的无源电容补偿，降低谐波进一步放大的几率，减少了电容器的损坏。

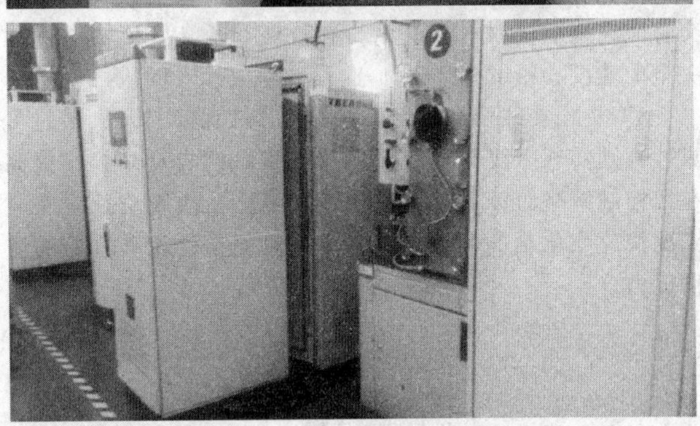

产品优势及应用成果：

（1）产品优势

1）独特的结构设计：立式模块结构是我公司专门针对工业应用环境开发的产品，模块采取轴流风机散热，风量大、风压足、散热性能较好。整柜顶部采用轴流风机抽风，底部采取防尘百叶窗进风，可较好地隔离外部环境，目前主要应用于非线性负荷、大型交直流电机、整流设备、急剧变化负荷等环境，如：轧机、电弧炉、中频炉、矿山提升机和电力机车供电系统。

2）核心器件的选型：核心功率器件 IGBT 选用德国英飞凌原装进口，功率器件都留有足够大的安全裕量，工业专用 APF 选用的 IGBT 在额定有效值的 3 倍以上，最大限度地保证了产品的可靠、稳定，在较大负载冲击下能长期工作。

3）适应能力强：工作电压从 210～750V，安装设计方式灵活多样。适应油机供电、电压幅值率偏差大、高温、低温、高湿、盐雾、腐蚀等场合。尤其特别适合 40～55℃高温工业现场及环境恶劣尤其粉尘较大的场合应用，例如：粉体厂、粉石厂、瓷砖厂和水泥厂等。

4）抗高电压畸变：适用在 5%～25%谐波电压畸变率的工业负载配电系统应用，具有微秒级的瞬时响应速度，全响应时间小于 10ms。

5）全面补偿、安全稳定：谐波治理、感性与容性无功补偿、不平衡补偿、零线补偿，自由选择补偿组合。具有自动限流运行与全面的故障保护功能，安全稳定。

6）先进的控制策略和拓扑结构设计：采用 LCL 拓扑结构滤波，在输出谐波电流的情况下，不会引入高频 IGBT 开关谐波干扰，并且适用于任何现场电网系统阻抗，不会发生谐振。

7）故障自诊断自启动功能：装置具有非装置自身问题导致停机自恢复功能，自恢复之前需对外部电网及装置本身进行自动诊断，诊断通过方可自启动。如果是外部电网问题，设备将不再启动，并给上位机传输装置故障告警，点亮装置自身故障指示灯。

8）远程物联网监控功能：可采集三相系统电压、电流、有功功率、无功功率、功率因数、谐波含量和装置输出谐波电流等数据，通过 GPRS 模块上传到数据库。支持下载手机 APP 及网页浏览，可对设备进行实时监测、历史数据下载及设备开机/停机等操作。

（2）应用成果

通过配置工业级电能质量治理装置后，其系统电压和电流波形补偿至正弦状态，其中功率因数由 0.75 补偿至 0.98，电压总畸变由 6.8% 下降至 3.0%；电流总畸变由 118.7%下降至 7.5%，谐波滤除率高达 93.7%，补偿效果优异；其中 5 次谐波电流有效值由 39.5A 下降至 1.1A；7 次谐波电流有效值由 32.3A 下降至 0.3A；11 次谐波电流有效值由 17A 下降至 0.5A；13 次谐波电流有效值由 9.7A 下降至 0.3A。

补偿前 补偿后

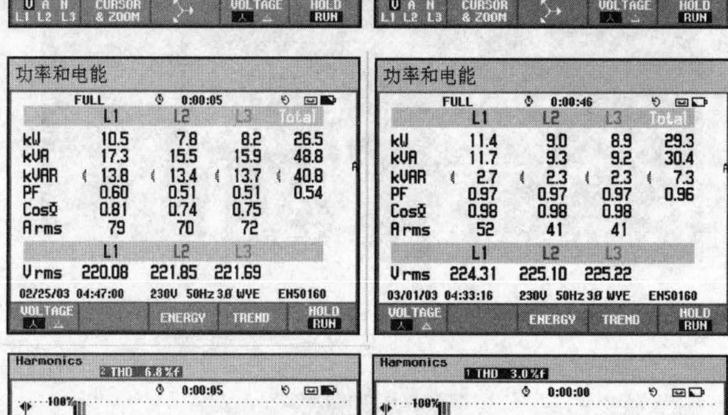

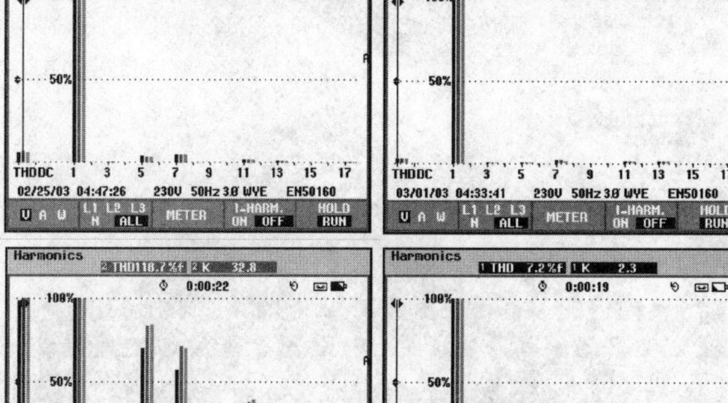

5. 中昊晨光化工研究院等离子体处理危废项目

参与单位：

成都金创立科技有限责任公司
地址：成都市新都区斑竹园镇斑大路 752 号
电话：028-83988111 传真：028-83948431
网址：www. cdjcl. com
E-mail：lyh_ ong@ 163. com

主要产品：

逆变电源、脉冲电源、真空镀膜电源、大功率开关电源、专用脉冲电源、高压电源和专用自动控制系统等设备。

项目概况：

2014 年 4 月，为中昊晨光化工研究院（以下简称中昊公司）有机氟残液处理焚烧炉改造提供了所需的电源和发生器，由于使用效果理想，国家发展改革委于 2015 年 5 月批准了中昊公司关于对现有焚烧炉全部使用等离子技术进行改造的申请，中昊公司 8 套焚烧炉的改造将全部采用金创立科技有限责任公司的电源和发生器，彻底解决了多年来有机氟残液的危害。

产品应用概况/解决方案：

在等离子体处置炉中，投放到炉内第一燃烧室中的有机废弃物被高温高密度的等离子体分解，高熔点的金属氧化物经还原反应为金属而被熔化，低沸点的物质被气化、裂解，有机废物运行在不低于1200～1400℃的高温中，分子键在强大的冲击下，分解成基本原子结构，此过程是非燃烧过程，99.9%的二噁英类的物质能被完全分解，在此高温中病源微生物被彻底消灭。被气化及分解出来的气体形成烟气进入第二燃烧室进行充分燃烧，更加彻底地消除了气体夹带飞灰的现象。通过热交换器使烟气温度降至低于400℃，然后采用极冷技术使烟气在0.2s内急速冷却到100℃以下，从而越过二噁英易生成的温度区，扼制二噁英的合成，最后进入尾气处理系统。

产品优势及应用成果：

近年来，等离子技术在现代工业中得到广泛应用，尤其在工业、医疗、化工、核工业等危险废物处置上日益显现威力，为环境保护发挥着越来越重要的作用。我们曾运用这一技术，成功研制出电弧等离子体医疗危废处理装置。目前，正在制造工业固废、工业液（汽）危废物处理装置，已着手研究电弧等离子体核危废处理装置以及在新材料、晶体工业高炉无油点火等不同领域的应用。其学术理论先进，具有新颖的创新性，创新目标符合国家环保和可持续性发展战略，具有极佳的环保效益和经济、社会效益。主要技术指标先进，预期成果不仅有科技理论创新性，而且具有巨大的产业化前景，有望产生我国自主知识产权的高危废物处理系统，在国际高科技环保项目中，将取得明显竞争优势。

6. HW逆变器高导热灌封胶项目

参与单位：

广州回天新材料有限公司

地址：广州市花都区花港大道岐北路6号

电话：020-36867996

网址：www.huitian.net.cn

E-mail：dengbeiwei@huitian.net.cn

主要产品：

高导热灌封胶

项目概况：

新项目逆变器功率上升，体积变小，发热量大，因此需要灌封高导热灌封胶，快速将热量传导到外壳散热器上，降低热量，延长使用寿命。

产品应用概况/解决方案：

（1）项目解决方案

回天高导热灌封胶5297。

（2）项目应用概况

1）长期高低温测试，胶体不开裂，能保持良好粘接性（底涂）；

2）胶体柔韧性良好；

3）温升测试效果优异，能快速降低磁心温度；

4）黏度低，4000cps，流动性良好，能渗透到磁心内部，有良好的排泡性；

5）长期高温测试，胶体不起泡，线性膨胀系数低；

6）胶体外观保持良好，无异常变化；

7）有良好的绝缘性；

8）密度适中；

9）阻燃等级达到UL94V-0，RTI达到150℃。

5297解决了该项目的导热及阻燃问题，工艺性及耐老化性良好。

7. 港珠澳大桥项目

参与单位：

航天柏克（广东）科技有限公司

地址：广东省佛山市禅城区张槎一路115号华南电源创新科技园4座

电话：0757-82207158

网址：www.baykee.net

E-mail：lxd@baykee.net

主要产品：

EPS、UPS

项目概况：

举世瞩目的港珠澳大桥横跨伶仃洋，东接香港，西接珠海、澳门，是中国交通史上技术最复杂，建设要求及标准最高的工程之一。该桥被业界誉为桥梁界的“珠穆朗玛峰”，被英国《卫报》誉为“新世界七大奇迹”之一。港珠澳大桥的海底隧道双向6车道，设计时速100km，使用寿命120年，可抵抗8级地震和16级台风，并具备防撞、防锚、防火、防水、防爆等功能。

产品应用概况/解决方案：

为了攻克关键技术，港珠澳大桥项目组3年期间无数次到达大桥现场进行考察，基于负载特征描述和供电实际环境，经过缜密的方案论证，为港珠澳大桥定制了专用电源解决方案。

(1) EPS应用于港珠澳大桥全线桥梁段监控设施、航道标、助航标志、健康检测、消防设施等特别重要负荷；口岸到泵房内消费泵；海底隧道内监控设备、应急照明、海底隧道洞口泵房（负二层）消防泵；海底隧道内的废水泵房。

(2) UPS应用于监控系统机房、收费系统机房、通信系统，保证港珠澳大桥主体工程监控系统、通信系统、收费系统通行不断电。

产品优势及应用成果：

(1) IP等级行业最高——IP65

面对高盐雾的腐蚀环境，EPS设备必须满足抗盐雾要求，所有器件均采用了防潮、防震、防盐雾及防腐措施，完美解决了环境难题，满足了工程需求。

(2) 长寿，超强生命力设计

港珠澳大桥设计使用寿命为120年，航天柏克的电源设计寿命远超正常配件的选择。在结构上，为了抵抗高强度地震和台风等自然灾害，该系列产品使用了军用隔振装置，采用了不锈钢304机器板材，料厚不小于2.0mm，优于普通机箱0.5~1mm。其次采用喷涂舰船漆的防腐措施，机箱、柜体内外两面，设备壳体内表面均喷涂舰船漆。

(3) 快速切换，切换时间小于1.2ms

为了适应港珠澳大桥应急照明系统的要求，特别是保障高压钠灯、金卤灯、气体放电灯切换稳定可靠运行的要求，航天柏克EPS通过技术升级，静态晶闸管切换时间≤1.2ms，避免灯具再次起动，适用各种应急灯具供电要求，大大延长了灯具寿命。

(4) 所有配套电池均采用锂电池

电池作为核心部件，方案采用超低温、高倍率、长寿命铁锂电芯模块化设计，内置主动平衡BMS控制及保护电路。

8. 山东恒安纸业四期产线配电稳压系统

参与单位：

鸿宝电源有限公司

地址：浙江省乐清市象阳工业区

电话：0577-62762615　传真：0577-62777738

网址：www.hossoni.com

E-mail：774058299@qq.com

主要产品：

SJW系列微电脑无触点补偿式电力稳压器

项目概况：

山东恒安纸业新上四期工程是集造纸、后加工和智能立体仓为一体的高档生活用纸项目，项目总投资10亿元人民币，于2018年4月建成投产。

1) 生产环境安全要求高，传统的柱式补偿式电力稳压器属于有电刷触点接触，触点温升高甚至有火花产生，而生产材料及产成品均属于易燃纸品，存在安全隐患。

2) 生产设备频繁起动且起动电流大，造成电网电压波动大，传统的柱式补偿式电力稳压器响应时间及电压调整速度无法保证生产设备正常运行。

3) 生产设备开机24h连续运行，传统的柱式补偿式电力稳压器属于机械调压稳压模式，机械噪声及磨损大，产品可靠性低。

产品应用概况/解决方案：

综合以上造纸及后期加工产线的特殊性，我公司在多年生产的补偿式电力稳压器的基础上进行工艺升级，成功研制并生产出造纸产线专用的微电脑无触点补偿式电力稳压器，主要对稳压器做了以下优化改进：

1) 优化无触点稳压器的柜体工艺，外壳防护等级达到IP42以上，对机内关键部位增加风机散热，稳压器使用安全等级高。

2) 采用最新的DSP运算计量芯片控制技术、快速交流采样技术、有效值校正技术、电流过零切换技术和快速补偿稳压技术，将智能仪表、快速稳压和故障诊断结合在一起，使稳压器实现安全、高效、精密。

3) 提高无触点稳压器的模块组电流等级，实现稳压器耐受动力负载频繁起动冲击不损坏，保证负载设备正常运行。

产品优势及应用成果：

1) 高效率：有效功率达到99%以上。

2) 高精度：稳压精度（±1%~±5%可调）。

3) 稳压模式可调：根据使用要求，同调及分调两种稳压模式可调。

4) 智能仪表显示：智能仪表实时显示电流、电压、功率等。

5) 高速反应：稳压反应速度在40ms以内。

6）无畸变：采用电流过零切换技术，输出波形无畸变。

7）损耗低：电力损耗小于 0.5%，节省大量电费。

8）保护功能齐全：设有过电压、欠电压、过载、短路等故障显示及保护功能。

9）预置功能强：保护限值可以任意设定。

10）过载能力强：可在 100%额定条件下连续使用，可承受瞬时过载不损坏。

11）适用性强：可在各种恶劣电网环境及复杂负载情况下连续稳定工作。

9. 大规模多端交直流混合柔性配网互联工程

参与单位：

科华恒盛股份有限公司

地址：厦门火炬高新区火炬园马垄路 457 号

电话：0592-5160516　传真：0592-5162166

网址：www.kehua.com.cn

主要产品：

高端电源、云基础产品及服务、新能源产品

项目概况：

唐家湾多端交直流混合柔性配网互联工程是南方电网推进国家能源局首批“互联网+”智慧能源示范项目建设的重要里程碑，成功引导了一系列标志性、带动性强的重点产品和装备推广应用，形成了柔性直流配电网系统技术标准规范。

在广东电网公司的牵头建设下，科华恒盛股份有限公司（以下简称科华恒盛）协同广东省电力设计研究院、广东省输变电工程公司、广东电科院能源技术有限责任公司、清华大学、南方电网科学研究院等单位共同参建，一道攻克多项能源互联网关键技术，一口气创下“世界首例±10kV、±375V、±110V 三电压等级多端柔性直流联网示范工程”　“世界最大容量的±10kV 中低压柔直换流阀（20MW）”“世界首创应用三端口直流断路器”“世界首创应用集成 IGCT 交叉钳位换流阀”等 7 项“世界之最”。

产品应用概况/解决方案：

科华恒盛作为国内行业首家直流母线光储充产品集成供应商，为工程提供国际先进的光储充一体化直流微网解决方案，助力探索直流供电新模式。

科华恒盛将先进的光伏发电系统、微网储能系统、新能源汽车充电系统融入项目中，实现国内首例充电站同时对接两个监控平台（直流微电网监控管理系统平台、广东省充电设施管理平台），也是南方电网首个能源互联网充电系统应用案例和样板工程，助力项目实现各类资源接入、消纳与运营管理综合示范。

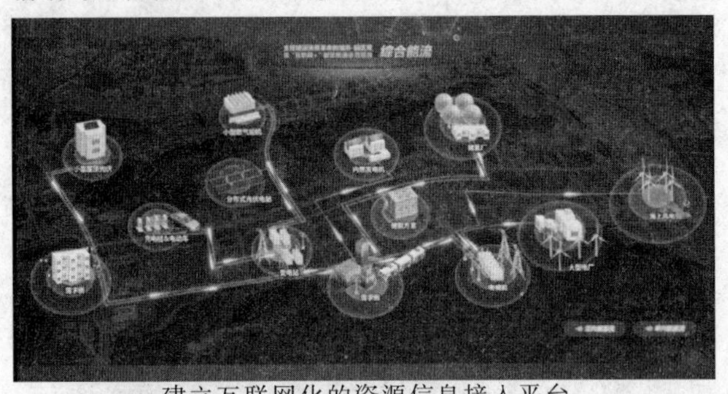

建立互联网化的资源信息接入平台

产品优势及应用成果：

该项目的两项技术成果达到了国际先进水平，其一即科华恒盛提供的光储充一体化直流微网解决方案及应用于 DC±375V 侧的电源产品，包含公司自主研发的 DC-DC 储能变流器、DC-DC 光伏变流器、DC-DC 充电桩等，作为国际先进的光储充一体化直流微网示范应用的核心设备，助力智慧能源项目探索直流供电新模式。

多年来，科华恒盛积极主动融入“互联网+”智慧能源战略行动计划，推动储能、微网技术在新能源领域的应用，积极研究，降低发电成本。目前，科华恒盛在光伏发电系统、微网储能系统、新能源汽车充电系统等能源互联网基础设施及综合监控管理上拥有丰富的应用经验，探索通过基础设施建设、智能化管理、能源交易平台 3 个层面的建设，为能源互联网项目更广泛的应用提供实践样本。

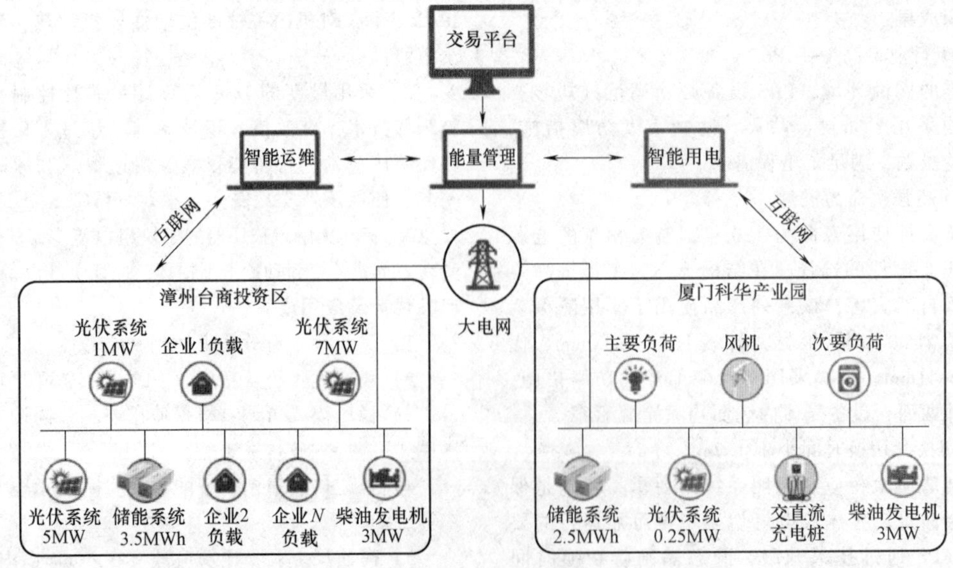

10. 浙江石化4000万t/年炼化一体化项目高可靠电源方案

参与单位：

科华恒盛股份有限公司

地址：厦门火炬高新区火炬园马垄路457号

电话：0592-5160516 传真：0592-5162166

网址：www.kehua.com.cn

主要产品：

高端电源、云基础产品及服务、新能源产品

项目概况：

浙江石化4000万t/年炼化一体化项目位于舟山鱼山岛，是目前全球投资最大的单体产业，也是全球在建最大的炼化一体化项目，总占地面积为1307.9公顷，相当于1300多个足球场。

项目建设内容包括炼油及芳烃工艺装置、乙烯及下游装置和相关配套设施。项目建成后将实现芳烃、烯烃一体化，利用率从单做炼油的90%提升到98%，加速我国石化产品结构调整，增产高附加值的炼化产品，规划每年产出4000万t炼油、800万t对二甲苯、280万t乙烯，可广泛应用于汽车、建筑、电子、制药、印刷、家用电器、日化、绝缘材料、包装、造纸、纺织、颜料、鞋类和家具制造等领域。

产品应用概况/解决方案：

作为最主要的电源解决方案供应商，科华恒盛股份有限公司（以下简称科华恒盛）为该项目的乙烯化工、炼油芳烃、公用工程、码头储运等关键负载提供完整工业级高可靠电源保护方案，包含200余套（10~120kVA）业界领先的工业级UPS设备、70余套（10~100kVA）EPS设备，为核心仪表、DCS、电气、电信等控制系统创造了一个良好的用电环境。

同时，该项目的4个配套码头满足原油及成品油运输、后方热电厂燃料等运输、仓储需求。科华恒盛为其关键负载提供工业级UPS及EPS设备，为“大码头、大仓储”提供高可靠电源保护及应急电源保护，确保“超级工厂”安全生产、最大化生产效率和盈利能力。

产品优势及应用成果：

相较传统石化项目，炼化一体化项目工艺极为复杂、生产上下游装置紧密耦合、技术密集，且生产装置大型化、密集化，物料多为易燃易爆、有毒有害物质，生产设备常处于高温高压或低温深冷的极端环境。为提高生产流程的安全性，实现自动化，多采用DCS（Distribute Control System）、ESD等系统。其中DCS对电源可靠性有着很高的要求。

如何为生产提供高可靠电力保障，确保作业人员安全，实现厂区电力设备及环境监控，将“安全”和“效率”落实到每个生产环节，一直是科华恒盛长期探索并坚持的一件事。

针对DCS涉及精密仪器的特殊需求，科华恒盛为该项目的乙烯化工、炼油芳烃、公用工程、码头储运等关键负载提供了完整工业级高可靠电源保护方案，为核心仪表、DCS、电气、电信等控制系统创造了一个良好的用电环境，防止各类精密仪器因瞬间失电导致的设备失控、误动作，杜绝任何电力安全问题引发事故造成的重大人员伤害、严重经济损失及环境污染。

除了浙江石化，科华恒盛还为中石化（福建联合石化、海南石化、中科炼化、洛阳炼化、胜利油田、西南油气田、中原油田等）、中石油（大庆炼化、兰州石化、管道公司、大庆油田、辽河油田等）、中海油（惠州炼化、海上平台等）、大连恒力石化、恒逸文莱、中金石化、万华化学等石化行业客户提供以UPS、EPS、DC-BANK为代表的不间断电源系列产品，为石化行业提供全方位、定制化、高可靠不间断电源保护方案。

11. 多端中压直流配电网示范工程

参与单位：

上海科梁信息工程股份有限公司

地址：上海市宜山路829号海博1号楼2楼 海博2号楼1~3楼

电话：021-54234718 传真：021-54234721

网址：www.keliangtek.com

E-mail：info@keliangtek.com

主要产品：

OP55600仿真机、OP5700仿真机、OP4510仿真机

项目概况：

2018年9月3日，国内首个五端柔性直流配电示范工程在贵州大学新校区投入试运行。该示范工程是南网公司的重点科技项目的配套工程，也是国内首个融合交直流配电网、交直流微电网、分布式电源和电动汽车充电等多种配用电新技术的柔性交直流互联配电项目。该项目关键设备和系统级的仿真，使用了RT-LAB实时仿真系统，由深圳供电局和上海科梁信息工程股份有限公司（以下简称上海科梁）共同完成。

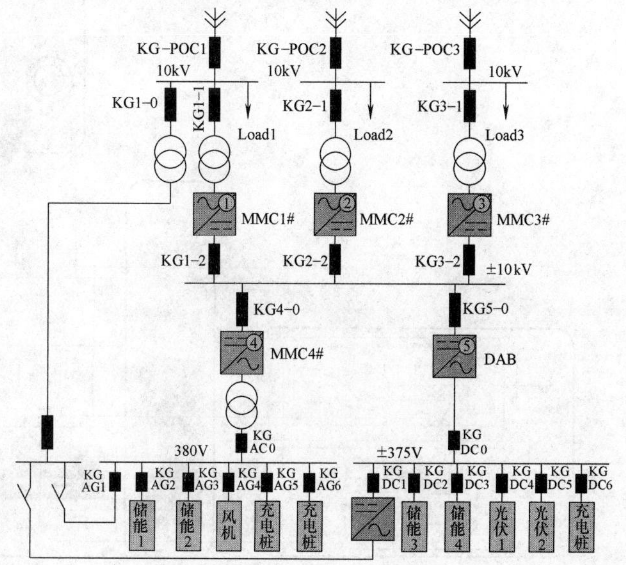

产品应用概况/解决方案：

上海科梁拥有多年的微网建模和现场调试经验，基于RT-LAB实时仿真平台开发了交直流微网仿真测试系统，建立了包括发电机、光伏、风机、储能、交直流负荷等在内的精确模型，可进行交直流微网的稳态、暂态仿真，并能够对分布式电源并联接入时带来的谐振、谐波，微网所涉及的直流侧直接接入分布式电源和储能设备，以及向直流负荷直接供电等在内的若干重要技术问题进行深入研究。

针对项目示范工程实时仿真需求，项目组首次实现了20kV电压等级直流变压器的次微秒步长实时仿真，处于业界领先地位。就具体方案而言，上海科梁技术人员分别以FPGA仿真高频电力电子拓扑，以CPU仿真交直流电网，通过高速IO和104规约与控保装置对接，圆满实现了示范工程关键设备的稳态和暂态仿真需求。

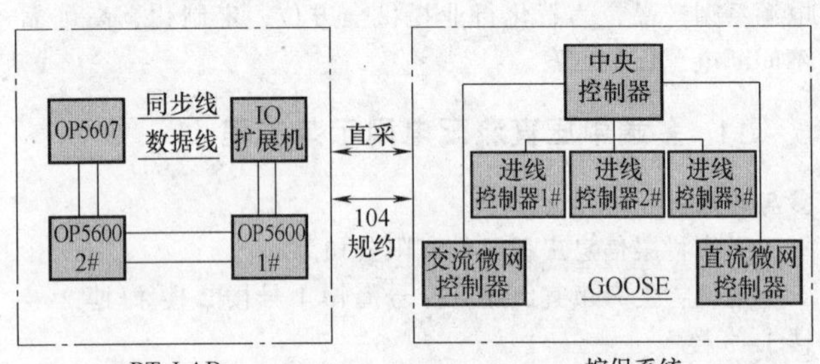

RT–LAB　　　　控保系统

产品优势及应用成果：

1）产品优势

OP5700主要由搭载两颗Intel Xeon CPU的主板、Xilinx的FPGA芯片和高速IO板卡组成。FPGA的计时器分辨率为5ns，可支持最小步长145ns的高精度实时仿真。当使用eHS模式时，所有的计算性能将被激活。所以即便是电力电子或是电磁暂态仿真都能在OP5700中模拟而不失实时性。

2）应用成果

该项目为国内首个五端柔性直流配电示范工程，上海科梁通过与贵州电科院、深圳供电局、四方继保、贵州大学等单位高效合作，基于RT-LAB实时仿真平台搭建的半实物仿真系统，准确地实现了多电压等级、多端直流配电系统的各类暂态过程仿真。从而为工程控保系统的闭环测试提供了必要条件，对于系统级控制保护系统功能验证具有重要的意义，为示范工程项目提供了可靠的试验论证依据和最接近工程实际的虚拟仿真环境，为客户有效缩短了仿真测试时间，降低了测试验证成本，提高了测试工作效率。

该项目仿真工作顺利开展，进一步提升了上海科梁在直流配电方面的技术积累，丰富和完善了电力系统及电力电子实时仿真模型库，为未来复杂、大容量、柔性直流配电的HIL测试提供了有力支撑。

用于现场测试的小型RT–LAB机柜

带可选附件的中型RT–LAB机柜

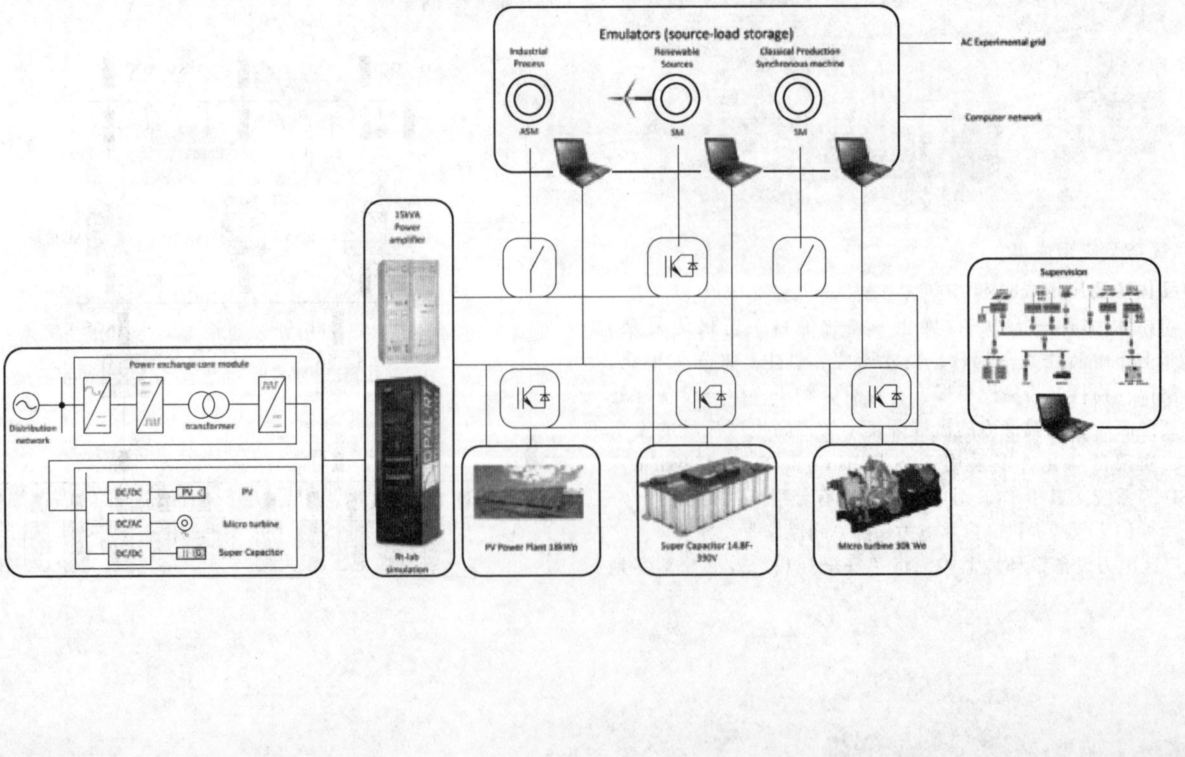

12. 合肥工业大学—电气虚拟仿真与实践创新实验室

参与单位：

上海远宽能源科技有限公司

地址：上海市杨浦区长阳路2588号科技园306室

电话：021-65011357　传真：021-65011629

网址：www. modeling-tech. com

E-mail：xu. liu@ modeling-tech. com

主要业务：

从事新能源专业技术、计算机专业技术领域内的技术开发、技术转让、技术咨询、技术服务，计算机系统集成，计算机、软件及辅助设备的销售。

项目概况：

ModelingTech虚拟仿真实验室整个系统由完整的仿真侧、控制侧、实验信号转接接口以及示波器组成，能够在平台上完成并网系统、电力电子装置、微电网等方向的仿真与控制实验。该实验室将面向研究生开课使用，辅助开展仿真与控制设计类实验课程，提高学生的科研与实践水平，同时也将为后续开展国家虚拟仿真实验教学项目的申报工作做好准备。

1）进行研究生实验教学：结合研究生仿真教学的课程，给学生自己动手搭建系统拓扑、仿真算法、理解控制理论的机会，并在基础学习实践后完成自主的课题设计。

2）作为科研论文验证平台：能够用作科研平台，对研究课题中实物搭建比较困难的研究对象进行仿真模拟，配合控制算法进行实验效果验证，辅助学生完成科研论文。

3）信息化与拓展性：作为新型教学实验室的初步建设，要具备后期功能升级的拓展性；同时要具备与虚拟仿真项目建设相结合的灵活性，具备接入互联网的拓展能力。

产品应用概况/解决方案：

ModelingTech电力电子实时仿真实验平台基于国际领先的FPGA亚微秒小步长仿真技术，旨在为电气相关专业的本科生和研究生提供性能优异的创新实验平台，辅助进行相关课程的创新与设计型实验。

1）实时仿真器：基于FPGA技术的小步长仿真，具有极强的开放性，支持电力电子系统模型的自由搭建和实时仿真，并且支持实时运行时拓扑的任意变化，能够兼容Simulink模型的下载，利用仿真的方式模拟实际系统确保了电气操作实验的安全性、设计类实验的灵活性。

2）实验控制器：算法开放的实验DSP控制器，将现有的嵌入式开发课程与电气专业知识相结合，构建互补的课程建设体系（也可配置为包含丰富教学资源的MT控制机箱）。

3）信号转接板：实验时可通过转接板观察实验动态响应，在真实信号的指导下理解控制效果与实验原理。

4）实验内容覆盖：电力电子技术、电机控制、光伏发电并网技术、风力发电并网技术、新能源微电网系统等，并支持灵活自定义课程。

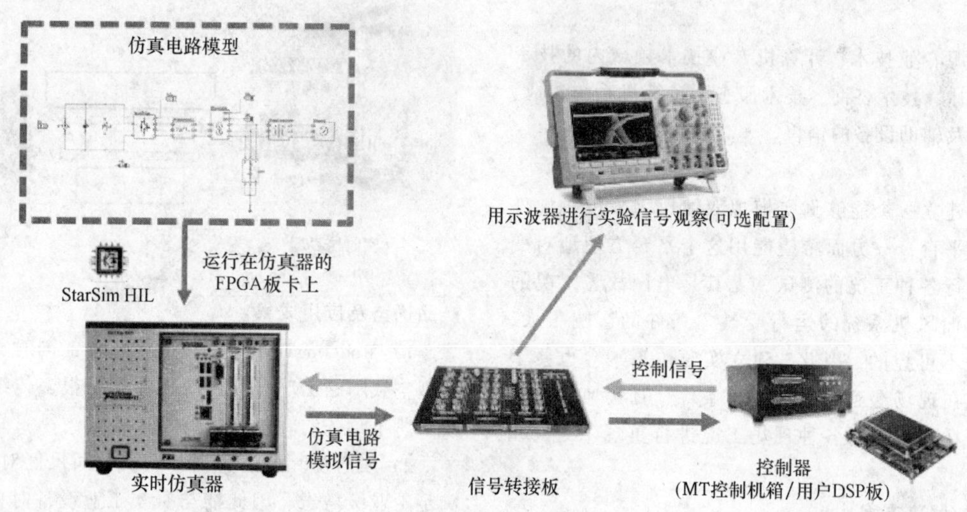

产品优势及应用成果：

1）ModelingTech MT-5000实时仿真器作为学生教学使用，能完成多种电力电子系统、新能源系统、电机控制等系统的实时仿真，与控制器对接，能完成多种不同种类实验的闭环实验。

2）实时仿真器和控制器有真实的物理信号输出，可以进行观测和记录，在保证安全性的前提下接近真实的物理设备调试场景，能提供安全、生动、直观的教学加实践流程，有利于培养学生的操作能力、分析调试能力、设计能力和创新意识。

3）实时仿真器和控制器具有开放且可修改的系统，不仅仿真侧可自由设计电力电子拓扑，控制侧算法与模型也可开放修改，比封闭的实物试验台更契合创新型、设计型实验教学方向。

4）ModelingTech MT-8000实时仿真器能提供强大的并行运算能力，能满足老师和科研人员对大系统和高实验环境的实验需求，能用实验的方法验证自己的理论研究，协助科研工作者进行研究。

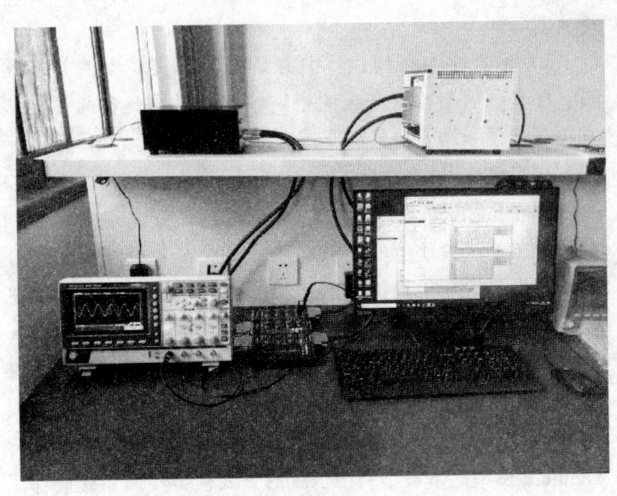

13. 远景能源—双馈风机变流器控制器硬件在环测试（HIL）平台

参与单位：

上海远宽能源科技有限公司

地址：上海市杨浦区长阳路 2588 号科技园 306 室

电话：021-65011357　传真：021-65011629

网址：www. modeling-tech. com

E-mail：xu. liu@ modeling-tech. com

主要业务：

从事新能源专业技术、计算机专业技术领域内的技术开发、技术转让、技术咨询、技术服务，计算机系统集成，计算机、软件及辅助设备的销售。

项目概况：

项目需要建立一个能够真实模拟双馈风力发电机硬件在环实时仿真平台，一方面希望能用这个平台方便地对变频器控制器进行各种工况的测试，尤其是电网故障工况的测试；另一方面风机系统的运行受气象条件的影响很大，但气象条件是不可控的。因此，建立实时仿真平台也便于重现风机系统在现场遇到的各种气象条件、真实地重现现场工况，方便在实验室对各种现场工况进行重现、测试和调试。

产品应用概况/解决方案：

利用 ModelingTech 的大小步长联合仿真的技术，实现对整个控制器的测试和现场工况的重现，StarSim 基于 FPGA 的 1μs 小步长仿真技术，具有极强的开放性，支持电力电子系统模型的自由搭建和实时仿真，并且支持实时运行时拓扑的任意变化，从而实现对整个风机的模拟和各种工况的模拟；利用 StarSim 基于 CPU 的大步长仿真技术，实现对整个电网的模拟，实现并网等工况的模拟，并通过实际的 I/O 口与控制器对接，完成整个闭环控制的测试。

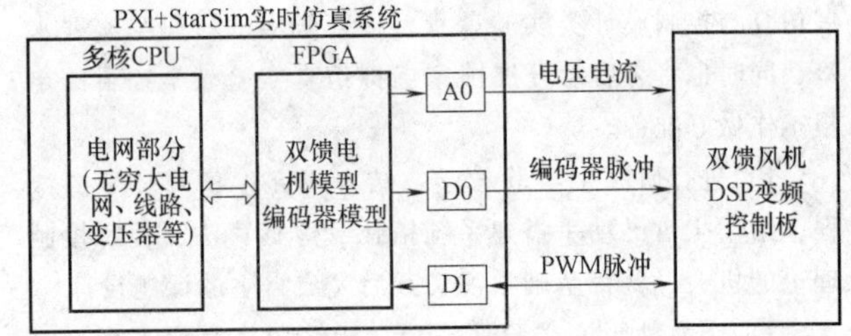

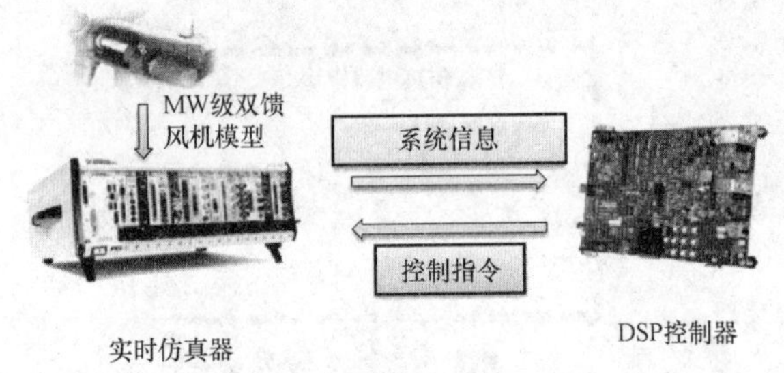

产品优势及应用成果：

1）ModelingTech 提供实时仿真器能同时支持双馈风机模型空载励磁工况和并网工况，这是很多传统的电机仿真模块所不具备的。

2）实时仿真器能实现与真实时间尺度对应的实时性，满足工业级需求，因此能与真实工业设备对接，完成对工业设备的测试工作，目前已为远景、禾望、电科院等客户提供服务。

3）实时仿真器能提供安全可靠的实验环境，并且能很好地模拟一些故障工况或者实际现场环境，为工业生产研发提供更安全、更接近现场的工况，实现更多故障的测试、调试平台。

4）实时仿真器体积小，能够完美模拟真实工业设备，提供开发可修改系统；能够在产品研发开始阶段参与对产品的测试，减少后期的修改时间，提高研发效率。

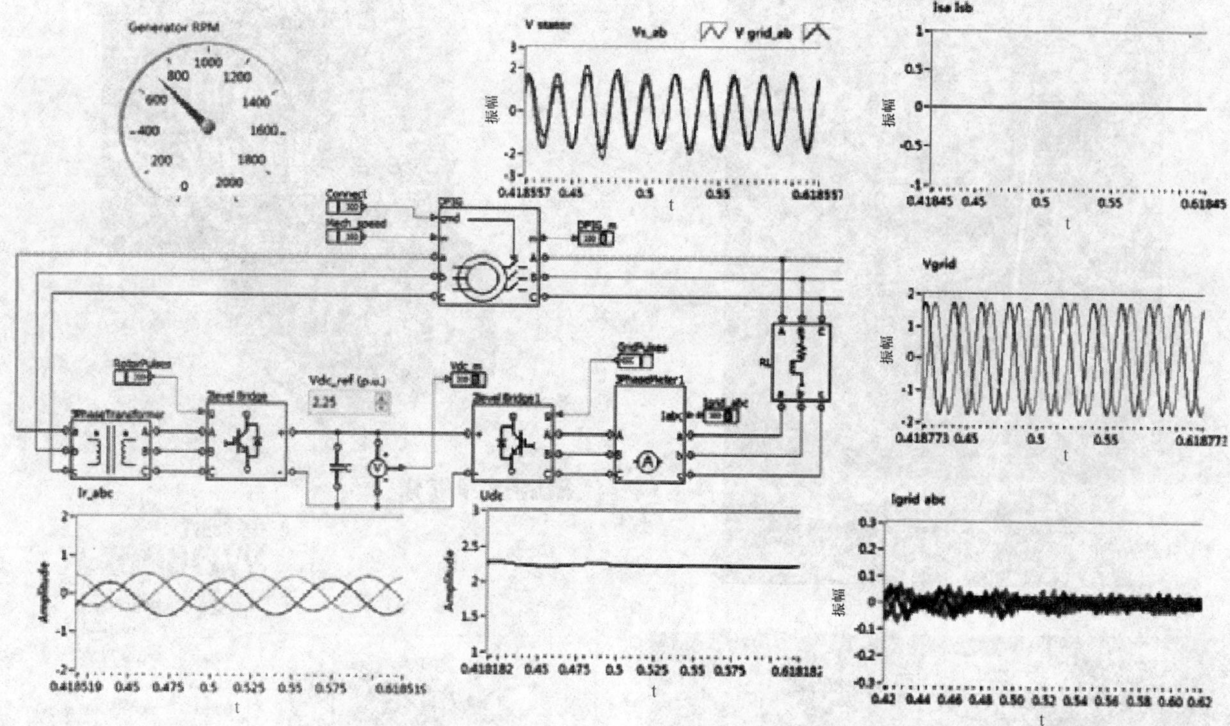

14. 清华大学设计研究院有限公司机房建设及网络系统集成项目

参与单位：

深圳超特科技股份有限公司

地址：深圳市宝安区宝安大道4018号华丰国际商务大厦516

电话：0755-23223672

网址：www.chinte.com.cn

E-mail：2177732230@qq.com

主要产品：

UPS、精密空调、铅酸蓄电池、动环监控

项目概况：

清华大学由中华人民共和国教育部直属，中央直管副部级建制，位列“211工程”“985工程”“世界一流大学和一流学科”。随着研究信息的发展，对信息系统的数据接入、数据处理、数据存储、数据计算、网络稳定和网间传输提出了更高的要求，因此对机房的改造和建设越显重要。

产品应用概况/解决方案：

客户经过慎重考虑，在同行业竞争中，最终选择了深圳超特科技股份有限公司（以下简称超特科技）超特科技工程师经过现场勘查及客户的需求，不断优化设计方案，为清华大学设计研究院信息机房提供安全、高效、节能的机房一体化解决方案，其中包含不间断电源数台、精密空调、动环监控、铅酸蓄电池及配件等架构硬件设备机房基础，保障了该信息机房安全、高效、稳定运行，超特科技凭借优越的产品质量和优质的服务，获得了客户的高度赞许和好评。超特科技会一直秉承“诚信经营、服务至上”的市场理念，为客户创造更多的价值。

产品优势及应用成果：

UPS采用高新DSP技术性能优良、外观简洁大方、ECO模式提供节能效果，工业设计应用于各种恶劣条件，安全、稳定、高效、易安装；精密空调高效节能、稳定长寿、专业智能、快速布置，满足通信行业各种环境调节需求；铅酸蓄电池采用AGM隔板和高灵敏度的安全阀，自放电、均匀性能好、使用温度范围广、少维护、密封设计、使用寿命长；动环监控高度集成、功能强大、标准化接口总线供电无需外接电源、支持多种配置管理方式、提供用户管理权限、安全、可靠、保密。

型号	WD600K
市场定位	高端游戏玩家
额定功率	600W
温控风扇直径	12CM
转换效率	80Plus金牌(可达92%)
12V供电能力	45A
电压范围	90-264VAC 全电压
PFC类型	主动式
电路结构	LLC + DC-DC数字稳压
背线支持	背部走线(全网管线材)
处理器接口	4+4P
显卡接口	(6+2P)*2
硬盘接口	4SATA, 2HDD
推荐搭配	GTX1080 AMD RX VEGA

15. 面向高端市场的 WD600K 项目

参与单位：

深圳市航嘉驰源电气股份有限公司

地址：深圳市龙岗区坂田坂澜大道航嘉工业园

电话：0755-89606666　传真：0755-89606333

网址：www.huntkey.com

E-mail：secy4@huntkey.net

主要产品：

台式电脑电源、行业电源、手机充电器、适配器、电源转换器等

项目概况：

WD600K项目定位高端游戏玩家，主打高性价比，产品通用性和兼容性较强，具有相当的市场潜力和成本优势，为满足不断增加的功耗和性能需求，满足金牌效率要求，并加强12V输出，以利于提升公司在高端电源领域的开发技术能力，扩充电源产品线，提升公司品牌在高端市场的知名度，提高市场份额。

产品应用概况/解决方案：

满足全电压输入范围，效率达到金牌要求，12V输出供电能力达到45A，应用于全球市场，尤其是对能效要求高的欧美市场，定位高端游戏玩家，主打高性价比。

辅助电源采用PI的TNY288控制IC，可靠性高，待机功耗小。主输出采用虹冠的CM6500（PFC）与CU6901（LLC/SR）的方案，效率高，可靠性高。12V输出采用大电流、低导通电阻的功率MOSFET，损耗小，温度低，可靠性高，且LLC方案动态负载适应性高，轻松应对现在高端显卡剧烈的负载变化，减小动态噪声值，改善客户体验感。5V/3.3V采用ANPEC的APW7159的解决方案，单颗芯片控制5V和3.3V且相互独立，改善交叉负载变化对输出电压的影响，提高电源的工作稳定性。输出线材采用全网管包线，并支持高端游戏机箱背部走线的需求，通用性强。

产品优势及应用成果：

产品满足全电压范围输入，可以满足全球市场，也能避免输入电压不稳带来的宕机风险。满足金牌效率要求，满足最新的能源之星7.0的要求，可以轻松打入全球市场，能效补贴会带来额外收益，省电会带来生命周期内的电费节省。12V采用同步整流方案，在动态条件下输出电压变化小，电磁噪声改善效果明显，玩大型游戏时更稳定，最大输出达到 45A，轻松应对旗舰显卡；5V/现 3.3V 采用 DC-DC 稳压设计，独立环路控制，交叉负载表现良好，在玩游戏大作或者特殊工作下，可安心使用，轻松应对负载的剧烈变化，采用 12cm 静音风扇，配合特别设计的温控电路，强强打造静音游戏体验。

16. 吉林网络广播电视台项目

参与单位：

深圳市英威腾电源有限公司

地址：深圳市光明区马田街道松白路英威腾光明科技大厦 A 座 3 楼

电话：0755-23535026　传真：0755-26782664

网址：www. invt-power. com. cn

E-mail：songjie@ invt. com. cn

主要产品：

UPS、电池、空调、配电柜、密封通道、动力环境监控

项目概况：

吉林电视台创建于 1959 年 10 月 1 日，为全国最早创建的五家电视台之一。机房面积为 $210m^2$，建设了两套英威腾腾智 ITalent 系列产品，实现对数据中心基础设施动力、环境、门禁等进行统一全面智能化管理。

产品应用概况/解决方案：

我司售前售后相关施工人员通过前期现场勘测、设计、设备进场、施工到项目的调试、验收，最后给客户交付产品。

1）机柜设备安装、并柜解决方案。

2）UPS 设备安装、开机、调试等解决方案。

3）配电柜安装、上电、调试等解决方案。

4）空调安装、开机、调试等解决方案。

5）封闭通道设备安装、并柜、调试等解决方案。

6）动力环境监控设备安装、调试等解决方案。

7）整体微模块的联调解决方案。

产品优势及应用成果：

我司此次提供的腾智微模块化产品具有：

（1）安全可靠

1）所有部件均遵循国内、国际标准化生产标准，保证产品质量。

2）数据中心产品化、工程产品化可靠性高达 99.999%。

3）数据中心配电和制冷系统按照国际 A 级机房设计（国际标准 Tier IV 级别）。

4）UPS 供电设备采用模块化 N+X 冗余设计，提高系统可靠性。

5）集成智能监控系统，确保机房运营的安全可靠。

（2）高效节能

1）行级空调、模块化 UPS、封闭冷热通道、智能配电柜等联合应用可使全年平均 PUE 降至 1.50。

2）采用列间空调制冷，封闭制冷空间实现就近精确制冷，极大地提升了制冷效率，与传统机房比较可节能 25% 以上。

3）采用 N+X 纯在线高效率的模块化 UPS，可实现智能休眠功能，节省更多能耗。

4）高密部署，单柜最大功率可达 10kW。

5）供配电一体化集成，节约空间，可多部署 1～2 个设备机柜。

6）远程运维无人值守，节省 TCO。

（3）简单快速

1）标准化部件，模块化架构，匹配业务快速按需部署。

2）无需专业机房，可直接安装在楼宇水泥地面上，减少外配套工程。

3）产品标准化、模块化、即插即用，安装便捷，大大缩短业务上线周期。

（4）智能管理

1）可实现对数据中心基础设施动力、环境、视频、门禁等进行统一监控管理。

2）具有告警管理、报表管理、用户管理、能效管理等功能，可实现全面智能管理。

17. 中国联通三江源国家大数据中心项目

参与单位：

深圳市英威腾电源有限公司

地址：深圳市光明区马田街道松白路英威腾光明科技大厦 A 座 3 楼

电话：0755-23535026　传真：0755-26782664

网址：www. invt-power. com. cn

E-mail：songjie@ invt. com. cn

主要产品：

UPS、电池、空调、配电柜、密封通道、动力环境监控

项目概况：

中国联通三江源（国家级）大数据基地建设项目计划总投资 15 亿元人民币，总规模 5000 架运行能力，项目分三期建设。其中一期项目投资约 3 亿元，建设 1400 架机架，出租 400G 电路。

产品应用概况/解决方案：

我司为保障青海联通连续供电需求，采用 20 套 500kVA UPS（RM500/50）给青海联通大数据提供持续不间断供电。

产品优势及应用成果：

在供电系统方面，本机房采用 20 台英威腾 500kVA UPS 主机组成多套 2（N+1）架构。保证用户数据运行的高可靠性。免维护铅酸蓄电池全部采用开放式电池架摆放，便于维护和散热。

18. 面向金融领域市场的打印机电源应用项目

参与单位：

深圳市中电熊猫展盛科技有限公司

地址：深圳市坪山新区大工业区青兰二路 6 号兰亭科技工业园 C 栋 3-4 楼

电话：0755-86238746/86238876/86238849

传真：0755-86238829

网址：www. jensin. cn

E-mail：eng@ jensin. cn

主要产品：

ATM 电源、工业机器人电源、绿色照明电源（智能家居照明、显示屏电源、常规 LED 照明、户外 LED 路灯等产品）、商用设备电源（打印机、传真机、通信电源等产品）、电动工具智能模块、安防监控电源、大功率智能充电模块

项目概况：

随着全球金融领域服务业的快速发展，未来数年海内外金融领域市场的打印机应用项目将持续稳定增长，涉及银行、铁路及公共交通、事业机关办公和各大型商场超市等应用的自助打印系统，其市场规模在数百亿元以上。有数据统计 2018 年海内外金融领域市场打印机项目产品新增量已达 1800 万台以上，到 2020 年，海内外金融打印机项目年新增装机量将突破 2000 万台。当今社会金融领域飞速发展，各种金融活动已经遍布生活的每个角落。人们生活的方方面面都与金融活动密不可分。金融领域市场打印机项目电源产品作为金融活动的重要输出工具，它对金融领域服务的效率和质量起着至关重要的作用。金融打印机项目的应用为现代社会生活带来了可观的效益。其打印机项目电源产品作为金融领域系统重要的组成部分，研制金融领域类打印机电源项目同样具有深远的社会意义。研制高功率、高效率、高可靠性的金融领域打印机电源项目产品，将有可观的经济效益和良好的市场前景。

产品应用概况/解决方案：

主要工作内容为：AC 输入经整流器整流后变为脉动直流，同时主开关控制 IC 得到起动电路提供的电压开始工作，输出开关脉冲驱动两组功率开关，主开关变压器在开关脉冲的激励下进行开关为负载提供能量，同时也为 PFC 单元控制器 IC 提供工作电压，PFC 单元开始工作，滤除电路中高次谐波的同时为主功率转换器输出一个稳定的高压直流电压，主功率变换器输出 60V，同时还为 24V、5V、

-12V提供电输入电压。电路进入稳态工作状态，为打印机提供所需电力。

技术关键和技术途径：主功率单元，采用磁自复位技术，简化了磁元件设计，同时也降低了开关电压应力，实现了软开关，提高了效率，减少了 EMI 干扰。同时选用了业界高端 PWM 控制芯片，它集成了多项保护功能，可实现简单灵活的系统设计，减少了系统元件，提高了可靠性。PFC 单元采用连续模式 BOOST 功率因数校正电路，具有低峰值电流应力、低谐波失真、低磁性元件损耗以及较好的 EMI 特性等优点。

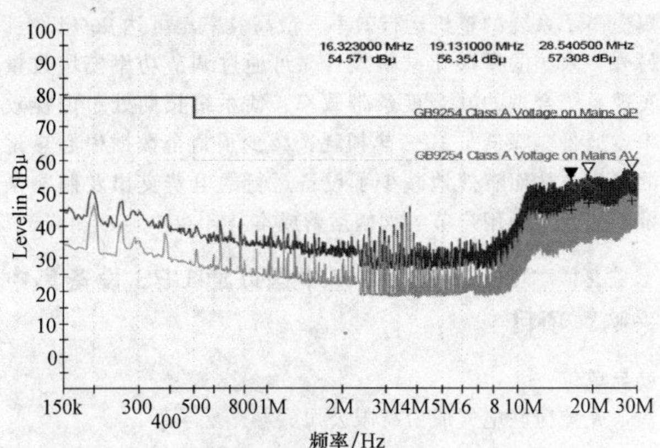

产品设计方案
高功率PFC+双管正激+DC-DC转换

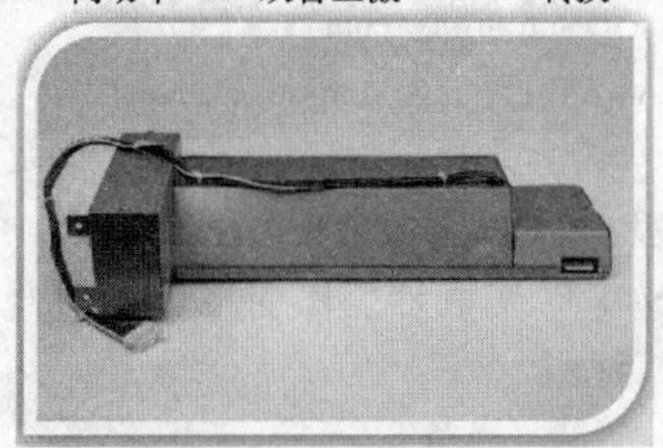

产品技术指标

工作电压范围：AC 100～240V
最大输出功率：202W
转换效率：85%@220VAC满载
浪涌电流：15A peak 100VAC@25℃
漏电流：<3.5mA，110VAC/60Hz输入
具备过电流、过电压、过温等保护功能。
绿色节能环保，工业化技术指标
尺寸：380.5L×167W×79H(mm)
产品符号RoHS标准

产品优势及应用成果：

在本项目中，采用了多个成熟可靠的电路拓扑，合理优化组合电路结构，具有高功率、高效率、高可靠性的特点。采用大功率软开关控制技术及电路模块化设计，为金融打印机完美提供所需电能，同时满足了金融打印机的各种时序要求。其外观设计精巧，金融打印机电源相对其他打印机电源有更高的附加值，有着可观的经济效益和良好的市场前景。本产品符合 FCC Class A、VCCI Class A、EN55022 Class A、JEC-212、EN61000-3-2、JIS C 61000-3-2 等安全标准。新款大功率金融打印机电源还顺利通过了 2018 年度华东电子磁电科技项目产品鉴定，获得了多家客户的一致好评。产品主要销往日本、欧美及东南亚等金融领域市场，主打系列产品年销售额已突破 6000 万元人民币。

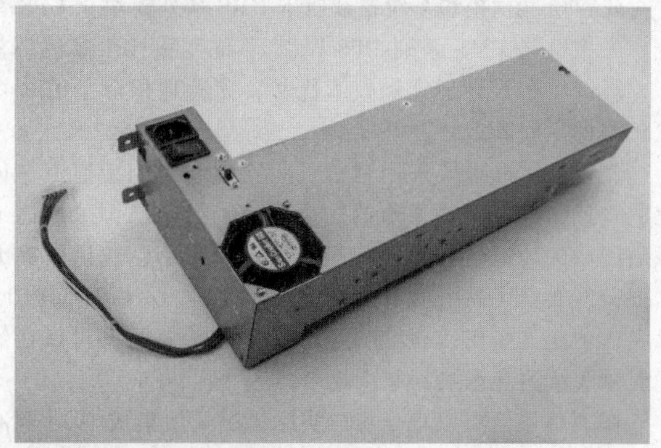

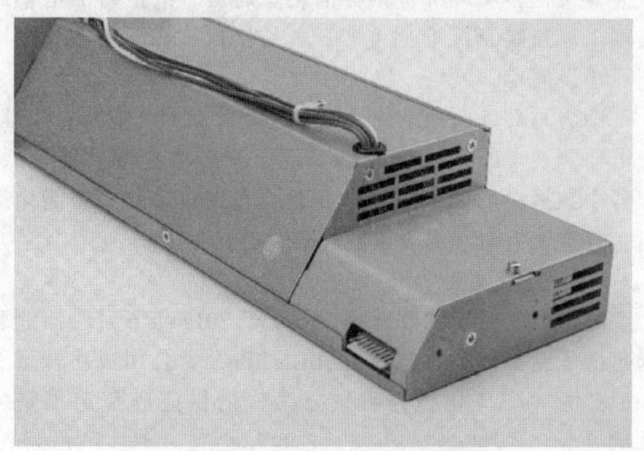

19. 河北医科大学第四医院信息化建设项目

参与单位：

先控捷联电气股份有限公司
地址：石家庄高新区湘江道 319 号第 14、15 幢
电话：400-612-9189　传真：0311-85903718
网址：www. scupower. com
E-mail：Wenjing. hao@ scupower. com

主要产品：

UPS、模块化 UPS、微模块、逆变电源、充电桩、储能式 UPS、PCS 双向变流器、储能电池防静电地板、配电柜等

项目概况：

河北医科大学第四医院暨河北省肿瘤医院，是一所以诊治肿瘤为重点的集医疗、教学、科研、预防保健为一体的大型综合性“三级甲等”医院。随着医院规模的扩大，信息化技术的逐渐提高，加强医院信息化建设是提高医院管理水平、促进医院科学发展和全面建设的重要保证。

产品应用概况/解决方案：

河北医科大学第四医院作为河北省的重点医院，新增的两个机房均采用了先控捷联电气股份有限公司（以下简称先控电气）的微模块数据中心。

微模块数据中心采用先进的设计理念，将封闭冷热通道、UPS 系统、服务器机柜、网络交换柜、精密空调系统、精密配电系统、消防及照明系统、动力与环境监测系统完美地整合在一起，有效地避免了不必要的浪费，增加了系统的可靠性，加快了机房建造速度，降低了实施成本。

产品优势及应用成果：

（1）产品优势

先控电气微模块系统搭载旗下CMS系列模块化UPS系统。先控电气CMS系列UPS以其“高可靠性、绿色、节能、环保”的设计理念和技术优势，完美地保障了IDC机房负载的不间断运行。

微模块制冷系统采用精密行间空调和封闭冷通道一体化的设计，实现冷热通道的完全隔离。行间空调采用前出风后回风的方式，送风距离短、循环风阻小，送风效率大大提升，实现了高密度下高效制冷及散热，大幅降低PUE，系统内的空调采用N+1的配置模式，互为备用，可以在维护时减少或避免影响到制冷效果。

微模块系统可以根据客户实际情况灵活集成19寸标准服务器机柜，实现部件的标准化。通道、机柜与配电单元实现工厂预制及标准化生产；产品接口统一、工程界面清晰，建设简单，风格一致。

动力与环境监测系统通过温湿度、烟感、漏水、门禁、配电监测及UPS监测、空调监测、视频监控等功能模块，使各个数据中心的数据互联互通，实现自动化、智能化运行，打造无人值守的智慧型数据中心。

（2）应用成果

先控电气微模块数据中心产品于2017年6月为河北联通打造了新一代高效节能的IDC机房，为公司成功转型为IDC机房“一体化整体解决方案”的供应商奠定了坚实基础。

20. 上海交通大学超算中心项目

参与单位：

先控捷联电气股份有限公司

地址：石家庄高新区湘江道319号第14、15幢

电话：400-612-9189　传真：0311-85903718

网址：www. scupower. com

E-mail：wenjing. hao@ scupower. com

主要产品：

UPS、模块化UPS、微模块、逆变电源、充电桩、储能式UPS、PCS双向变流器、储能电池防静电地板、配电柜等

项目概况：

超级计算机是一个国家科研实力的体现，它对国家安全、经济和社会发展具有举足轻重的意义。它影响着航空航天、制造业、新材料、气象气候、工程技术等诸多领域的发展。为了更好地发展，我国各大高校也陆续开始筹建自己的超算机房，以满足各自的科研需求。

上海交通大学作为一所拥有百年以上历史的名校，是我国科技人才输出的中坚力量，为了各个科研项目的快速、稳定、高效的发展，院校决定成立自己的超算中心。

产品应用概况/解决方案：

超算机房的电力供应系统直接影响到超算机房的成败！经过层层筛选，先控电气旗下CMS-800/50模块化UPS系统凭借超高性价比，最终获得了校方的青睐！

先控电气CMS系列模块化UPS系统，以其“高可靠性、绿色、节能、环保”的设计理念和技术优势，完美地保障了IDC机房负载的不间断运行。

产品优势及应用成果：

本次提供的CMS-800/50模块化系统，采用业界极具优势的功率模块，功率密度高，单模块功率高达50kVA。

该UPS的各个模块之间具有故障隔离功能，不存在任何因果关系。任意一个模块的故障均不会影响整个系统的稳定运行。系统支持模块的在线热插拔，因此在更换模块时直接将新模块插入到正在运行的机柜中即可。在维修时也不需要转换旁路，而是直接从系统中退出故障模块即可，简单快捷、安全可靠。

系统采用标准的模块化结构及高频化的功率电路，大幅提高了系统的整机运行效率，最高效率点可达96%以上。另外，系统的模块化结构设计，可通过调节功率模块数量实现系统合理的冗余度及带载率，使系统长期处于最佳效率点运行，降低了UPS热损耗，减少了整个数据中心热量的产生，从而有效地减少了设备运行的电费支出及制冷系统的能耗，为用户节约大幅运营成本。

21. “2017—2018年中国联通UPS设备集中采购”项目

参与单位：

先控捷联电气股份有限公司

地址：石家庄高新区湘江道319号第14、15幢

电话：400-612-9189　传真：0311-85903718

网址：www. scupower. com

E-mail：wenjing. hao@ scupower. com

主要产品：

UPS、模块化UPS、微模块、逆变电源、充电桩、储能式UPS、PCS双向变流器、储能电池防静电地板、配电柜等

项目概况：

“2017-2018年中国联通UPS设备集中采购”项目已经于3月2日完成评标。根据此前招标公告，本次集采共涉及三大类、19种容量规格的产品，采购规模为2263套，采购预算为23833.5万元。

产品应用概况/解决方案：

先控电气成功入围“2017-2018年中国联通UPS设备集中采购”项目，所参加的两个标段（第2包：40～500kVA大中型高频UPS，第3包：100～500kVA大中型模块化UPS）全部中标。此次获得联通公司垂青的是先控电气旗下的CMS系列大功率模块化UPS和DSM系列高频双变换在线式UPS，两个标段中标金额共5400多万元。

产品优势及应用成果：

先控电气旗下的CMS系列大功率模块化UPS产品方案和DSM系列高频双变换在线式UPS产品方案，被评为中国电源学会科学技术创新奖、河北省中小企业名牌产品、石家庄高新区质量奖、用户信赖产品奖、优秀解决方案奖等，依托产品高效可靠的性能，先控电气获得“改革开放40年·工业铸魂”优秀企业‘金鹰奖’、10强企业、十大领军人物、河北省著名商标、河北省企业技术中心、河北省知名品牌、绿色与创新企业、数据中心优秀服务商等荣誉。

公司系列产品得到了广泛应用，典型案例如下：

1）为2008年北京奥运会提供供电保障；

2）为2014年APEC会议水立方国际盛宴提供电力安全保障服务；

3）广泛应用于三大运营商及国家广电项目：

① 应用于中国移动上海、北京、江苏、四川、重庆、广东、广西、贵州、天津、山东、河南、河北等多个省市分公司，并助力中国移动南方基地机房建设。

② 应用于中国联通上海、北京、宁夏、天津、浙江、重庆、广西、河北、内蒙古自治区、山东等多个省市分公司，为其关键设备提供安全供电保障。

③ 应用于中国电信北京、上海、广西、湖北、重庆、新疆维吾尔自治区、宁夏、广东、浙江、山东等多个省市分公司，保证了通信设备供电的稳定性和扩容的灵活性，从而提高运行的可靠性。

④ 2009年6月，先控电气UPS获得国家广电总局的入网认定证书。至今陆续为国家广播电影电视总局“电台管理局”、国家新闻出版广电总局、河北省广播电视卫星地球站、河南广电以及其他多个省市的广电单位提供设备，保证供电的可靠性。

1. 数据中心

先控电气模块化UPS系统不仅成功应用于平安北京IDC项目，为全市监控存储、指挥系统服务等关键设备提供有力的电力保障；并应用于润泽IDC机房一期、二期项目，满足包括通信数据中心在内的大型关键设备对高可靠电源系统的要求；还应用在贵州天眼、杭州下沙数据中心、贵州翔明IDC机房、成都万国数据中心、上海腾讯数据中心、浙江海瑞数据中心、江苏广和IDC机房、山西云计算数据中心等各种大、中、小型数据中心机房，为数据中心机房做电力保障。

2. 交通业

先控电气UPS广泛应用于首都机场、上海浦东机场、重庆江北国际机场、吕梁机场、新疆高速公路、山西省高速公路、石安高速等项目；为武广高铁、兰渝线铁路、武汉火车站等多个铁路沿线提供高效节能、便于维护的模块化UPS；并应用于广州地铁、南京地铁、天津地铁等多个省市的地铁项目，为地铁安全运营提供可靠的电力保障。

3. 石油石化及制造业

先控电气是中国石油天然气集团公司物资供应商准入企业，多年来，为中石油、中石化下属的大庆油田、玉门油田、华北油田、新疆乌鲁木齐中石油、中海石油、沈阳油库、上海中石化、山东中石化等提供大量的不间断电源产品。

先控电气优质高效的UPS解决了制造业生产线电网质量不稳定的问题，为制造业-中芯国际、京东方、三星电子、造船厂、汽车制造公司等企业的关键生产设备提供优质的不间断电力供应。

22. 青海格尔木500MW光伏“领跑者”项目

参与单位：

阳光电源股份有限公司

地址：安徽省合肥市高新区习友路1699号

电话：0551-65327878

网址：www. sungrowpower. com

E-mail：sales@ sungrowpower. com

主要产品：

光伏逆变器、储能系统、风能变流器等

项目概况：

该项目由阳光电源股份有限公司（以下简称阳光电源）联合三峡新能源开发建设，于2018年12月29日并网发电，是目前国内一次性建成规模最大的光伏“领跑者”项目，项目平均上网电价为0.316元/kW·h，低于当地脱硫煤标杆上网电价，是全国首个发电侧平价上网光伏电站。

产品应用概况/解决方案：

针对“领跑者”技术标准及高原环境限制，阳光电源充分发挥自身系统集成技术优势，推出更高集成度、更高可靠性和更低成本的全生命周期解决方案，通过应用自主研发的逆变一体箱式中压逆变器、1500V光伏系统、平单轴智能跟踪系统、容配比优化等先进方案，创先设计出“三新合一”超融合智慧光伏系统解决方案，该方案集成、融合、优化了业内领先的新技术、新材料、新设备，使得系统综合成本下降，综合效率提升，显著降低了项目LCOE，极大地提升“领跑者”基地品牌形象，成为推动我国能源转型升级的典型样本！

产品优势及应用成果：

阳光电源1500V系列产品，转换效率超99%，可有效提升发电量；同时，采用IP68智能风扇散热，不仅夏季可以高温不降额，还可有效延长设备寿命。相比1000V产品，阳光电源1500V产品在降本增效方面优势明显，因而在业内备受青睐。从推出中国首款1500V集中逆变器到推出全球首款1500V组串逆变器再到打造国内首个1500V标杆电站，阳光电源始终走在1500V技术的最前沿。截至目前，阳光电源1500V系列产品不仅在中国，在欧洲、美国、印度、越南等国家和地区都广受欢迎，全球累计应用超5GW。

23. 2018青岛上合组织峰会景观亮化工程

参与单位：

英飞特电子（杭州）股份有限公司

地址：浙江省杭州市滨江区江虹路459号英飞特科技园

电话：0571-56565800 传真：0571-86601139

网址：cn. inventronics-co. com

E-mail：sales@ inventronics-co. com

主要产品：

RHV-350W、EBV-60W/100W/150W/350W/400W

项目概况：

为迎接青岛上合组织峰会，青岛对浮山湾沿海景观带建筑进行照明改造，向全球来宾展示了一场绚烂夺目的灯光秀，英飞特电子（杭州）股份有限公司有幸参与其中，凭借优质的LED驱动产品、高效的服务助力上合组织峰会，获得了广泛的认可和赞扬，并荣获“上合组织青岛峰会照明优质产品供应商”奖。

产品应用概况/解决方案：

该项目中运用了RHV-350W、EBV-350W/400W、EBV-60W/100W/150W驱动电源。

RHV-350W是一款350W恒压输出的开关电源，具有AC176~264V宽输入电压范围，效率高。该系列产品适用于景观照明、建筑照明、装饰照明、标牌照明和其他类似应用。

EBV-350W/400W是一款350W、400W恒压输出IP67LED驱动电源，具有AC176~305V宽输入电压范围，效率高。该系列产品适用于建筑照明、装饰照明、标识照明和其他类似应用。

EBV-60W/100W/150W是一款60W、100W、150W恒压输出IP67驱动电源，具有AC176~305V宽输入电压范围，该系列产品适用于建筑照明、装饰照明、标识照明和其他类似应用。

产品优势及应用成果：

RHV-350W：铝制外壳设计，内部半灌胶处理，不仅能保护电子元件防尘、防雨，同时还能达到有效散热，提高了产品的可靠性。RHV系列具有3项独特优势，高防雷，4kV/6kV的高浪涌防护，大大延长了电源的维护周期；超静音，无风扇设计，自然风冷散热，免去噪声的烦恼；更安全，同一支路可以接入更多数量的电源，超低漏电流<0.7mA。

EBV-60W/100W/150W/350W/400W：紧凑的外壳设计、良好的散热更适用于越来越精致和紧凑的灯具，4kV/6kV防雷和长寿命设计，极大地提高了产品的可靠性。

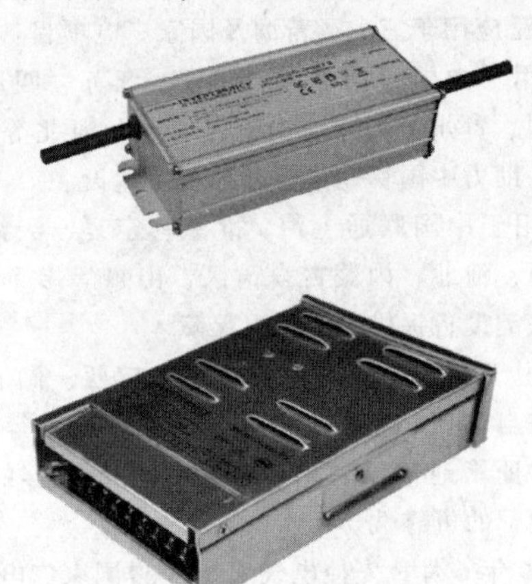

24. “金三角”金融商业核心区灯光夜景提升工程

参与单位：

英飞特电子（杭州）股份有限公司

地址：浙江省杭州市滨江区江虹路459号英飞特科技园

电话：0571-56565800 传真：0571-86601139

网址：cn. inventronics-co. com

E-mail：sales@ inventronics-co. com

主要产品：

LED驱动电源

项目概况：

为迎接改革开放40周年和深圳经济特区成立38周年，深圳市罗湖区政府根据《深圳市城市环境品质提升行动总指挥部办公室关于印发深圳市景观照明提升行动计划的通知》对区域景观照明进行提升，打造“国内领先、国际一流”的特区城市风貌，打造独特的数字化夜景精品，形成深圳独特的夜景名片。

项目的建设范围为“金三角”金融商业核心区灯光夜景提升。具体包括：罗湖口岸片区、国贸人民南片区、东门商业步行街片区、人民公园路、笋岗路、滨河大道、船步路、春风路、沿河路、布心路、泥岗路沿线184个建筑子项、4个广场子项（老街广场、时代广场、文化广场、西广场）和1个桥梁子项（彩虹桥和芙蓉桥）外立面景观照明提升。

产品应用概况/解决方案：

在此次提升项目中，采用英飞特 EBV-350S024SV LED 驱动电源，其输入电压范围为 AC176～305V，具有超高的功率因数，该款产品是专为建筑照明、装饰照明及标识照明等应用而设计。EBV-350S024SV LED 驱动电源具有良好的散热设计，产品的高可靠性和超长使用寿命可以大幅降低 LED 灯具的维护成本。同时，全方位的保护，包括防雷保护、过电流保护、过电压保护、短路保护及过温保护，也保证了 LED 灯具的无障碍运转。

产品优势及应用成果：

EBV-350S024SV LED 驱动电源，其输入电压范围为 AC176～305V，具有超高的功率因数，该款产品是专为建筑照明，装饰照明及标识照明等应用而设计。EBV-350S024SV LED 驱动电源具有良好的散热设计，产品的高可靠性和超长使用寿命可以大幅降低 LED 灯具的维护成本。同时，全方位的保护，包括防雷保护、过电流保护、过电压保护、短路保护及过温保护，也保证了 LED 灯具的无障碍运转。

EBV-350S024SV 产品特性：

1）效率高达 93.5%；

2）恒压输出；

3）防雷保护：线对线 4kV，线对地 6kV；

4）全方位保护：过电流保护，过电压保护，短路保护，过温保护；

5）防水等级：IP67；

6）5 年质保。

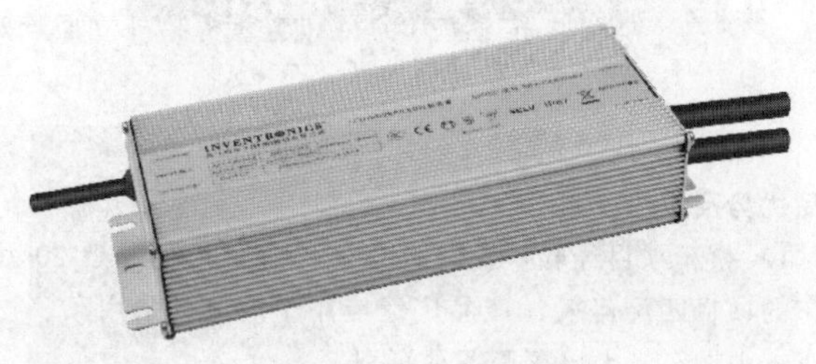

25. 英飞特助力深圳市沙河高尔夫球场灯光全面升级改造

参与单位：

英飞特电子（杭州）股份有限公司

地址：浙江省杭州市滨江区江虹路 459 号英飞特科技园

电话：0571-56565800 传真：0571-86601139

网址：cn. inventronics-co. com

E-mail：sales@ inventronics-co. com

主要产品：

LED 驱动电源

项目概况：

2018 年 7 月，中国第一座 LED 灯光球场——深圳沙河高尔夫球场照明项目顺利完工。深圳沙河高尔夫球场坐落于深圳湾畔，占地面积达 150 万 m^2，当中大部分以填海方式建造，开放使用的有 27 洞国际标准球场和晚间照明的 18 洞灯光夜场。由于球场设计和使用时间多年，树木茂盛，遮挡物过多，加上临海固有的高温高湿环境以及旧时建造的技术局限、灯杆分布不合理等问题，球场在照明效果和耗能方面已难以满足夜间实际的打球需求。为彻底解决沙河高尔夫球场夜场灯光昏暗的问题，深圳市电明科技股份有限公司对现有球场灯具全部进行了更换，为球会打造了全新的灯光球场，营造了一个良好的夜场打球环境。此次改造项目中，电明科技的 LED 灯具全部使用了英飞特电子 1200W 超大功率驱动电源 EFD 系列。

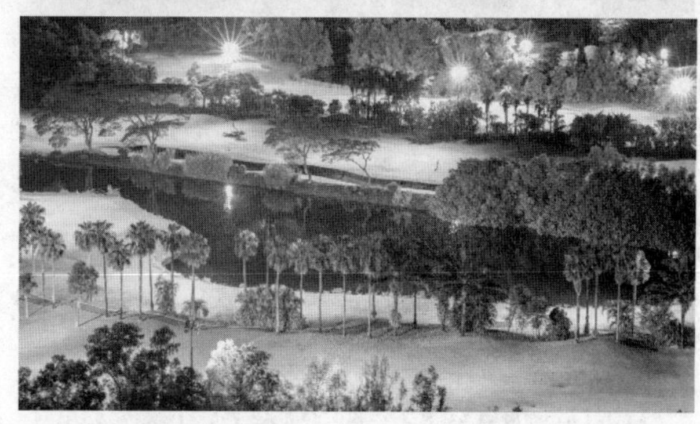

产品应用概况/解决方案：

在夜间打高尔夫球必须有足够照度的照明，这给面积非常大的高尔夫球场照明提出了相当高的要求。高尔夫球场使用的灯具基本为大功率灯具，使用英飞特 1200W 超大功率电源，与使用功率较低的电源相比，可以减少电源的使用数量和安装重量，从而降低了安装工作的难度，加快工程施工进度，缩短工期。另外，高尔夫球场的照明要求高，设计复杂，灯具的维护工作更具挑战性，1200W 超大功率 LED 电源具有良好的散热设计，产品的高可靠性和超长使用寿命能够帮助降低高尔夫球场灯具的维护成本。同时，高尔夫球场的灯杆是升降杆，白天将灯杆降下，夜晚升起。英飞特 1200W EFD 系列 LED 电源可分离式独立安装，降低灯杆的总重量，方便灯杆的升降，简化球场照明的日常操作。

产品优势及应用成果：

深圳沙河高尔夫球场照明改造项目是英飞特 1200W 超大功率 EFD 系列 LED 驱动电源在国内球场的首次应用，也是国内首个使用该功率级 LED 驱动电源的球场照明项目。英飞特 1200W 超大功率 LED 驱动电源具有创新性以及极强的市场竞争力，将持续助力国内球场照明、植物照明、集鱼灯、高杆灯、码头灯等大功率照明应用。产品优势：优化/简化超大功率灯具设计，降低布线和接线盒成本，电源可以独立式安装，优化的散热设计，更轻的系统重量，简化的系统控制设计。

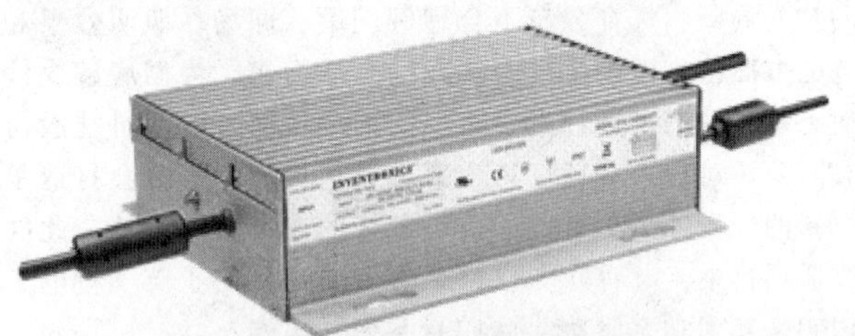

26. 大港 44MWh 集装箱储能项目

参与单位：

浙江高泰昊能科技有限公司

地址：浙江省杭州市拱墅区莫干山路 1418-50 号电子机械功能区 2 号楼 3-5 层

电话：0571-87168879

网址：www. qualtech. com. cn

E-mail：gthn@ qualtech. com. cn

主要产品：

BMS（电池管理系统）系列，含 BCU 电池管理系统一体机、BMU 电池管理系统从控、BGCS 电池管理系统主控、储能系列 BMS 等，EVCU（整车控制器）系列，TBOX 智能车联网信息终端系列，高压盒（含高压控制板），仪表、BCM

项目概况：

1）该项目主要包含 10MWh+16MWh+10MWh+8MWh 4 个子系统运行，总计 44MWh。

2）此系统主要用于变电站的调峰调频。

3）目前项目已经正式运营。

产品应用概况/解决方案：

电池类型：磷酸铁锂。

架构：三级架构储能电池管理系统主要由 SBAU（三级主控）、SBCU（二级组控）、SBMU（从控）组成。

SBMU 是电池管理系统从控模块，负责电池箱内的电压、温度采集与上报。SBCU 作为电池管理系统的组控模块，连接 SBMU，通过 CAN 获取电池箱内的电池电压温度等信息，负责电池的电流采集、绝缘的检测等功能，以及相关的告警的识别。SBCU 接受 SBAU 的策略调度。SBAU 是电池管理系统三级控制系统，通过 CAN 总线获取所有电池簇的状态信息，根据系统既定策略，进行电池保护。

提供产品：SBMU、SBCU、SBAU、工控屏（包含上位机）、线束等。

概况：该项目主要包含 10MWh + 16MWh + 10MWh + 8MWh 4 个子系统运行。

主要用于变电站的调峰调频。

产品优势及应用成果：

1）整车项目经验：我们的 BMS 产品已应用于近 20 万台车的项目匹配经验，产品广泛应用于纯电动乘用车、物流车、中巴车、大巴车等各种车型。

2）储能系统应用：在储能方面已成熟应用于集装箱储能、后备电源、家庭储能等系统；目前已应用储能系统近 150MWh，其中有国家级示范项目、出口德国 500kW 集装箱储能项目、出口国外家庭储能项目。

3）高泰昊能特色：芯片团队开发、管控的 BMS；基于整车研发平台设计的 BMS。

4）此大港 44MWh 目前已正式运营，且运行正常。

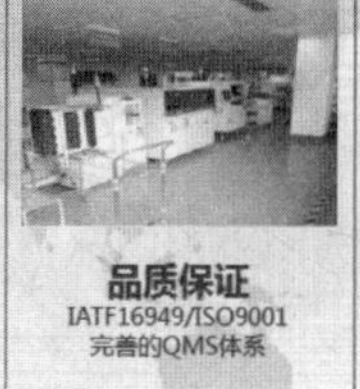

27. 腾讯重庆 T-block 项目

参与单位：

中兴通信股份有限公司

地址：深圳市南山区西丽留仙大道中兴通信工业园研一楼

电话：0755-26774170　传真：0755-26771999

网址：www. zte. com. cn

E-mail：Li. li51@ zte. com. cn

主要产品：

通信电源、新能源电源、模块电源、电动汽车充电和驱动

项目概况：

腾讯重庆 T-block 项目位于重庆北碚区秦和路，区域面积 2000m²，交付一组标准 T-block 方案，功率密度 7kW/机柜，包含 2 套配电模块、14 套 IT 模块、7 套间接蒸发制冷模块、1 套运维模块、1 套办公模块、1 套空调接驳模块。

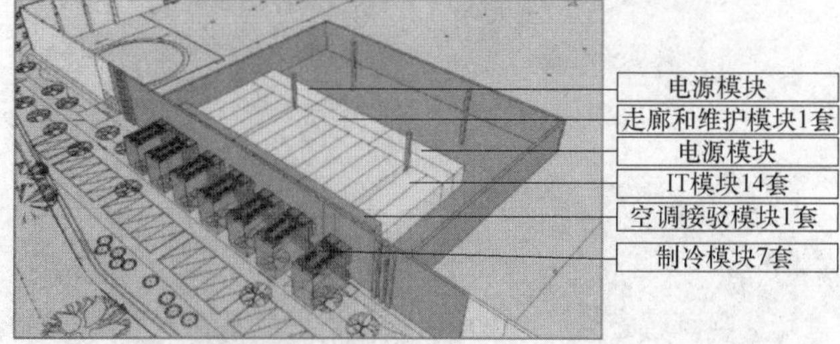

（1）项目亮点

1）项目采用 ZEGO 全模块方案，将设备集成为一个个的功能模块，并在工厂预制完成后发货，现场只需要进行简单拼接，现场安装工作仅用时 2 周。

2）项目采用间接蒸发冷却机组制冷，且内置多种制冷策略，根据外部环境变化自动调节，最大化降低系统 PUE。

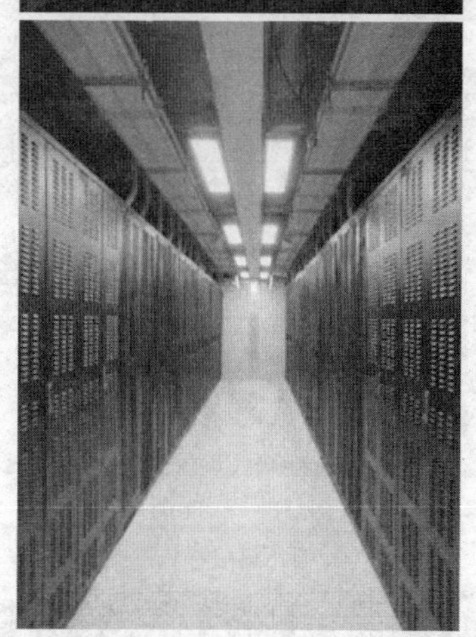

（2）客户价值

1）自然冷却制冷，结合自动调整的制冷策略，最大化减少制冷系统的耗能，降低系统 PUE，提升数据中心的用电效率。

2）全模块方案，直接部署在钢架构预制建筑内，模块防护等级高，不需建筑改造，节省成本。

3）快速部署全模块方案，满足客户快速建设以及后续灵活部署的要求。

产品应用概况/解决方案：

（1）中兴通信 ZEGO 全模块数据中心

中兴通信 ZEGO 全模块数据中心是指数据中心通过预先设计，同时系统（包含硬件和软件在内）在出厂前预先完成组装、集成和测试，从而缩短施工现场部署时间，提高性能的可预见性的系统组态。

ZEGO 基于全模块理念设计，可以根据客户需要，进行不同模块的设计组合，实现不同密度的灵活设计。系统分为配电系统（UPS 模块、高压直流模块、低压模块、中压模块、柴发模块、光伏模块）；制冷系统（制冷模块、AHU 模块、蓄冷模块）；IT 系统（IT 模块）；辅助系统（NOC 模块、办公模块等）。

（2）ZEGO 全模块组成

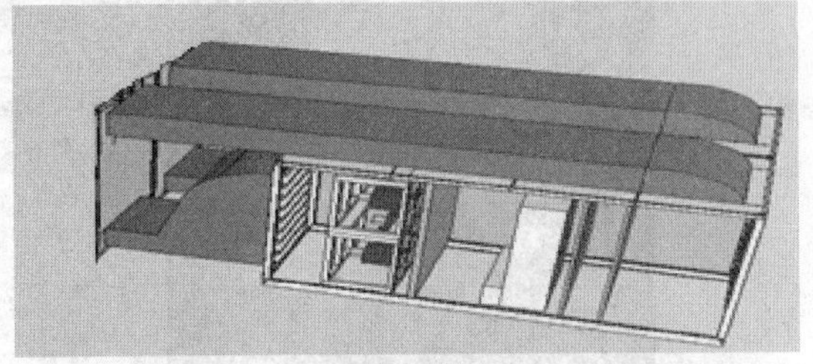

制冷模块

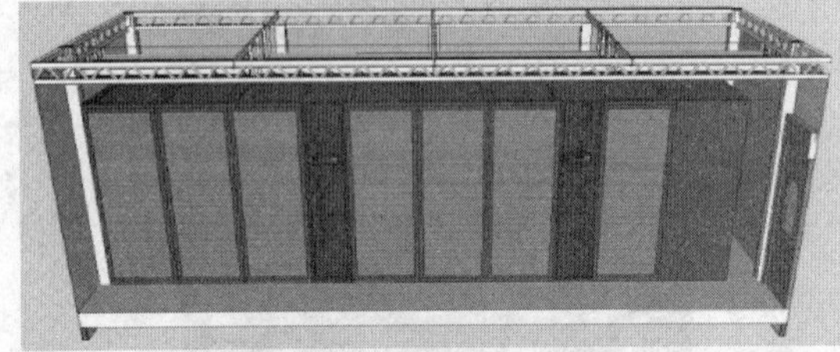

IT模块

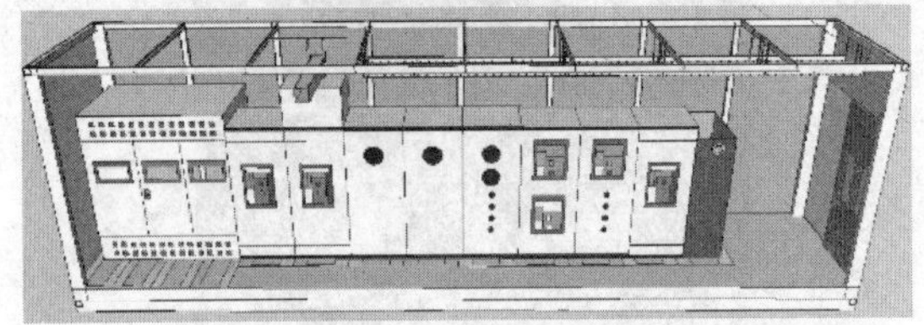

中压模块+消防

低压模块+消防

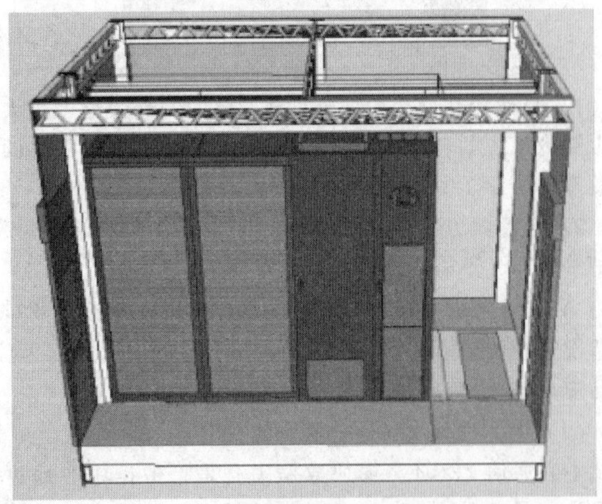

UPS模块

油机模块

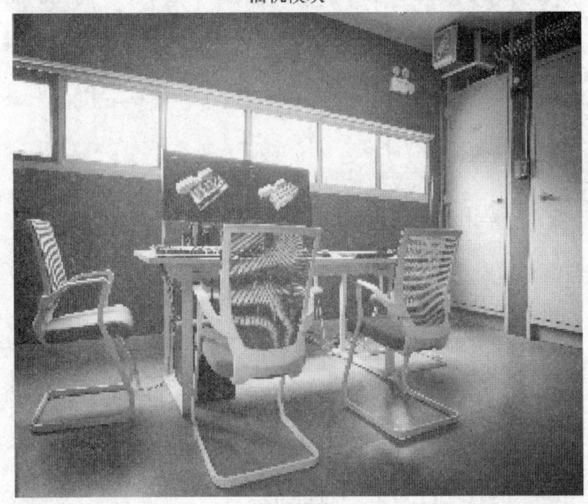

辅助模块

（3）ZEGO 全模块数据中心典型形态

垂直扩展型

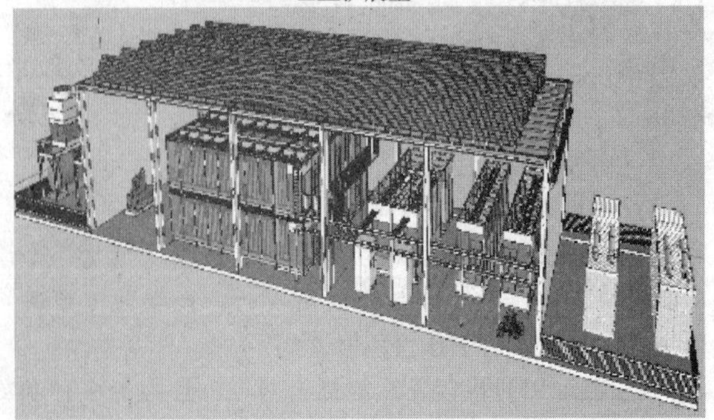

复合扩展型

横向扩展型

（4）典型应用场景

1）拥有闲置空间：比如一处空仓库，不但可以利用闲置空间还能避免新建建筑可能引起的工期延误和施工成本。

2）时间紧迫的新建项目：来自时间成本压力，用户期望尽早交付。

3）多租户设计数据中心情况：需要将 IT 设施按租户分区操作，并扩展电源系统和制冷系统资源。

4）数据中心希望以“分阶段”“可重复”的方式部署设备。

5）在租赁场地上运行的数据中心，租赁业务可以使得客户不需要浪费资金用于固定资产投资。

产品优势及应用成果：

（1）产品优势

全模块数据中心是一种预先设计、组装和集成，且事先测试过的数据中心物理基础设施系统（电源、制冷系统等），它们作为标准化“即插即用式”模块被运输到数据中心现场。由于模块化的供配电系统和制冷系统是以标准化方式建设和安装数据中心物理基础设施，因此可以大幅地节省成本。相比传统数据中心供电和制冷基础设施而言，标准化、预组装和集成化的数据中心电源和制冷基础设施模块可以加快至少 60% 的部署速度，并且节约 13% 以上的初期投入成本。

但目前市面上各种类型的预组装模块之间有着重大的区别。有的并不具备预制式全模块的关键属性，给客户分析及业务选择带来困扰，有时甚至会带来实际的业务危害。

有的“模块化设计”虽然是一次性设计，但所有组装、安装和集成都在施工现场完成。无法有效节省时间和成本。

全模块数据中心对比

	全模块方案	传统微模块方案
部署时间	以 1000 个机架为例，可以在 6 个月内完成设计、交付、安装及运行	通常需要 12 个月以上
PUE	可做到 1.2 以下	可做到 1.4 以下
设计	通过模型设定，工厂预制完成所有模块组装及测试	设备采购后发货，在现场将每个设备拼装，安装过程和传统数据中心无异，只能做到标准化设计，无法达到标准化预制
部署密度	可以通过两层堆叠，有效利用厂房空间，提升机架部署密度	单层设计，无法堆叠，密度低
运行效率	基础设施模块采用标准化和模块化的内部组件，可以按照预期设定 PUE，实现模块最佳效率	复杂的定制化及安装过程会造成系统运行不佳，降低效率

（2）应用成果

以全模块产品理念、预制集装箱形态及模块化拼接方式打造的腾讯西部项目经工信部 24h 不间断带载实测 PUE ≤1.10，标志着我国在绿色数据中心建设方面达到国际领先水平。腾讯重庆 TB 项目是全模块方案国内大规模优秀实践，引领行业技术创新。

28. 电能质量治理项目

参与单位：

珠海泰芯半导体有限公司

地址：广东省珠海市香洲区唐家湾镇金唐路 1 号港湾一号科创园港 11 栋 3 楼

电话：0756-3666670　传真：0756-3666670

网址：www.huge-ic.com

E-mail：wuyajie@huge-ic.com

主要产品：

静止无功发生器（SVG）、泰芯 TXF6200 工业实时控制处理器

项目概况：

某工矿企业由于工厂中使用了变频器、轧机、电焊机、中频炉、整流设备等负载，导致系统存在无功分量和谐波，谐波电流使变压器产生附加损耗从而引起过热，容易使绝

缘介质加速老化，带来了安全隐患。通过加入泰芯设计的电能质量治理装置后，成功将功率因数降到 0.99，减少了无功和谐波，降低了工厂生产安全隐患。

产品应用概况/解决方案：

该产品由 APF 和 SVG 组成。该工厂使用泰芯设计的电能质量治理装置，通过静止无功发生器（SVG）外部 CT 对该工矿企业的变频器、轧机、电焊机、中频炉、整流设备等负载进行实时检测，观察其负载电流的实时变化；再利用静止无功发生器的指令电流运算进行计算，从而得出补偿无功电流指令信号以驱动 IGBT，使逆变模块发出符合该工矿企业所需的无功补偿电流，最终实现无功实时跟踪补偿的目的。加入了我司设计的电能质量治理装置之后，该工矿企业成功地从每月由于无功需要上缴上万元罚款转变为将功率因数降低至 0.99，获得电力公司嘉奖。

产品优势及应用成果：

（1）产品优势

1）采用先进大功率电力电子开关器件，能够快速限定跟踪负载变化，实现实时跟踪补偿控制；

2）采用高速处理芯片，改进重复控制算法，快速跟踪电流，响应时间达 μs 级；

3）能够自适应调节，稳定性极强，适合各种复杂应用场合；

4）有快速保护机制，有效防止事故发生；

5）有抽屉式和壁挂式两种，安装灵活，适应各种应用场合。

（2）应用成果

1）在上述应用的工矿企业中，通过增加我司设计的电能质量治理装置，有效地减少了谐波，降低了工作过程中产生的损耗，改善了系统过热的情况，有效延长了系统工作寿命。

2）某省人民医院，由于新增了许多新型医疗设备，如 CT 机、核磁共振等，在运行过程中对系统造成较大冲击，影响医院配电系统的供电质量，导致电力电容器寿命缩短、医院信息管理系统部分计算机工作异常。经检测，低压母线电压畸变率 THD_u 为 4%，电流畸变率 THD_i 为 30%，短时 THD_i 可达到 45%以上。增加了我司设计的电能质量治理装置后，电压畸变率 THD_u 降到 1%，电流畸变率 THD_i 降到 1.5%，补偿效果明显，成功解决了该医院的电能质量问题。

01补偿前电流状况

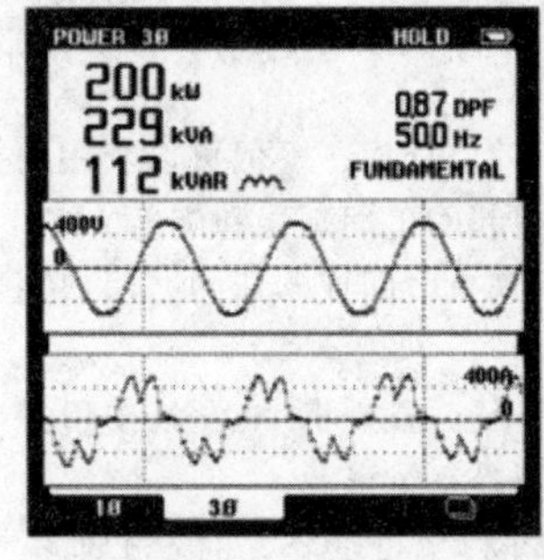

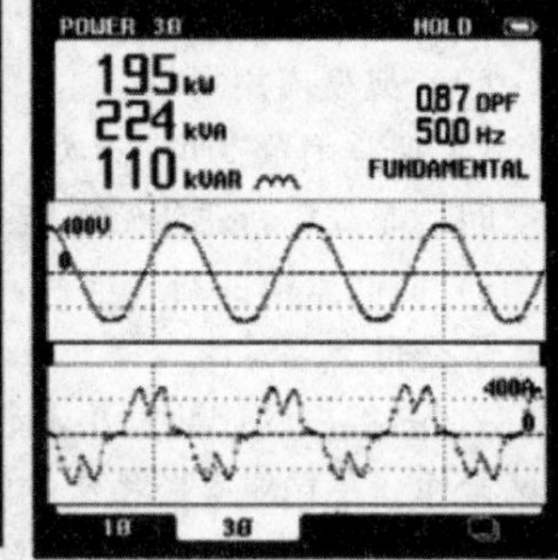

01补偿后电流状况

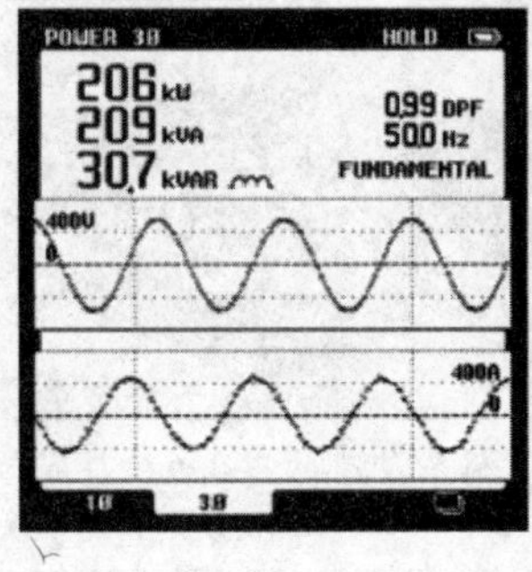

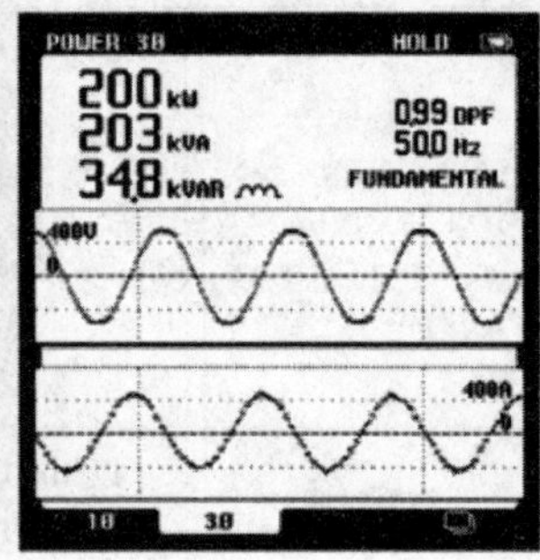

2018年电源产品主要应用市场目录

产品名称或规格型号	上市时间	公司名称	2017年度销售额	技术特点	产品图片
1. 金融/数据中心					
ZEGO 微模块数据中心	2013年	中兴通信股份有限公司	未统计	采用模块化架构设计，具有绿色节能、建造灵活、管控智能的特点，是当前室内大中型数据中心建设的主流选择	
CMS 系列（10～800VA）模块化 UPS	2006年	先控捷联电气股份有限公司	未统计	形成单台模块容量为10kVA、25kVA、30kVA、50kVA、60kVA的模块，组成不同容量的UPS系统，将产品标准化；可四台并机使用，该产品可用性高，可靠性高，投资、运营、维护成本低	
HTT 系列 pro 型全新一代智能类模块高频机	2018年	航天柏克（广东）科技有限公司	未统计	1）能量共享功能（PSM）（市电模式电池可双向工作） 2）10in彩色触摸屏 3）自老化功能 ECT 4）市电软切入（Power Walk In，PWI） 5）可自定义的输入信号	
集成 BKYT 系列供配电一体化 UPS	2018年	航天柏克（广东）科技有限公司	未统计	1）集成 BKH-M 系列模块化 UPS 的所有性能要求 2）集成主路配电功能要求 3）集成分路配电功能要求 4）集成集中监控功能要求	
极简式人性化设计 BK-PD 系列智能精密配电柜	2018年	航天柏克（广东）科技有限公司	未统计	1）标准化程序涵盖业内90%的配电方案 2）系统设有密码保护 3）报故障时可以精准定位 4）可设置各输入输出开关容量及互感器量程 5）傻瓜式菜单，操作直观	

（续）

产品名称或规格型号	上市时间	公司名称	2017年度销售额	技术特点	产品图片
更高性价比BK-IMG系列一体化微模块数据中心	2018年	航天柏克（广东）科技有限公司	未统计	1）上电即用，1h快速部署 2）高效节能，PUE<1.2 3）可为用户提供最大29U的IT设备使用空间，高于行业25U 4）采用手机APP、短信、微信等移动设备进行监控 5）10.1英寸C触摸大屏幕，方便IT管理员极简操控	
IDP数据中心动力管控系统	2010年	北京中大科慧科技发展有限公司	未统计	IDP数据中心动力管控系统（以下简称“IDP系统”）是针对数据中心动力系统安全的综合管理，包括全项电力参数监测、分析、评估、预警以及电能质量治理等多项功能，是有效提高数据中心动力运维水平和保障数据中心运行安全的成熟产品及解决方案	
数字阵列UPS	2018年	安徽博微智能电气有限公司	未统计	快：快速部署，迅速扩容；易：易用性，高可用性。数字阵列UPS相较传统UPS，采用10.4英寸彩色触摸显示屏，显示内容直观、丰富，用户可通过显示屏直接了解运行状况。数字阵列UPS配置自动启动和诊断功能，无需用户过多操作即可正常运行	
大功率金融打印机电源	2018年	深圳市中电熊猫展盛科技有限公司	580万元	小型化、高功率密度、有源PFC、软开关全桥拓扑等电路，实现一体化的方案。软开关全桥拓扑关键技术，具有开关频率高、重量轻、体积小、EMI噪声小、开关应力小等特点	
BMS-B-120	2018年	深圳欧陆通电子股份有限公司	未统计	1）塑胶外壳设计 2）具有预冲、横流、恒压模式充电，具有2档充电电流控制 3）具有被动均衡充电管理功能 4）具有电量计管理功能 5）电池包为3S1P模式	
U1A-E12000-DRB-11A	2018年	深圳欧陆通电子股份有限公司	未统计	1）54.5mm slim细长的金属外壳设计 2）功率可以达到2000W 3）采用初次双路数字化DSP控制 4）具有boot loader和Black Box功能 5）满足交流全范围和HVDC 340V输入工作	

（续）

产品名称或规格型号	上市时间	公司名称	2017 年度销售额	技术特点	产品图片
U1A-D10550-DRB-11H	2018 年	深圳欧陆通电子股份有限公司	未统计	1）满足 EMI CLASS B 2）雷击满足共模 4kV/差模 2kV 3）双 DSP 数字化控制 4）主板背面无贴片零件，工艺简单	
C1D-B11800-DRB-11A	2018 年	深圳欧陆通电子股份有限公司	未统计	1）0.5U 高度外壳设计，水平冗余并联设计 2）自身无风扇设计，靠系统风流散热 3）功率可以提升到 1800W 4）低压直流 36～60V 输入，多路输出，并有隔离输出，主路采用直入直出模式，并有短路保护的对管开关设计	
C1A-DH4500-11A	2018 年	深圳欧陆通电子股份有限公司	未统计	1）水平三并机设计 2）裸板设计 3）支持 DC/DC 转换 4）支持 USB 通信接口 5）无线材多路端子输出模式	
ADS-65hi	2018 年	深圳欧陆通电子股份有限公司	未统计	输入电压：AC90～264V；输出电压/电流：DC24V/2.7A；输出功率：65.0W；外壳尺寸：111.0mm×56.0mm×31.5mm； 性能特点： 1）SSR 方案 2）能效标准：DOE VI 能效标准，空载功耗<100mW/AC230V 3）抗 SURGE 能力：差模±2.5kV，共模±4KV 4）抗 ESD 能力：接触±8kV/空气±15KV	
ADS-12DA	2018 年	深圳欧陆通电子股份有限公司	未统计	输入电压：AC90～264V；输出电压/电流：DC5.0V/2.0A；输出功率：10.0W；外壳尺寸：43.0mm×27.5mm×43.0mm 性能特点： 1）SSR 方案 2）能效标准：DOE VI 能效标准，空载功耗<100mW/AC230V 3）抗 SURGE 能力：差模±1kV，共模±2kV 4）抗 ESD 能力：接触±8kV/空气±15kV	
模块化不间断电源 TOP20～60ks	2017 年	上海阳顿电气制造有限公司	1200 万元	输入功率因数达 0.99，输出功率因数达 1.0	

（续）

产品名称或规格型号	上市时间	公司名称	2017 年度销售额	技术特点	产品图片
TSI BRAVO DC240V AC230V	2010 年	苏州西伊加梯电源技术有限公司	未统计	模块化逆变器，最多 32 个模块并联工作，适用于高压直流数据中心，功率密度高，2U/10kVA，交直流双输入，输出效率高达 96%	
ECI BRAVO DC380V AC230V	2016 年	苏州西伊加梯电源技术有限公司	未统计	模块化逆变器，最多 32 个模块并联工作。适用于高压直流数据中心，功率密度高，2U/12kVA，交直流双输入，输出效率高达 96%	
电能质量：三电平 APF-100A、三电平 SVG-100kVar、三相不平衡治理装置型号	2017 年	深圳青铜剑科技股份有限公司	未统计	针对 400V 配电系统拥有全方位电能质量治理功能，实时监控用电状态，模块化结构，傻瓜式操作与维护	

2. 工业/制造业

产品名称或规格型号	上市时间	公司名称	2017 年度销售额	技术特点	产品图片
导轨电源 EDP 系列	2016 年	合肥华耀电子工业有限公司	未统计	经济型、超薄设计的全新系列导轨电源，功率涵盖 45～240W，满足宽范围输出可调；具备过载/过电压/过温/短路等保护功能，安全可靠	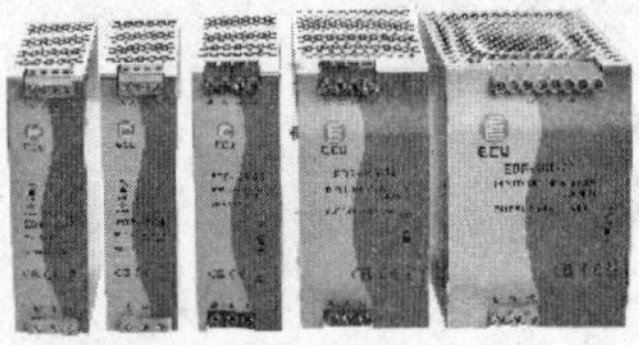
智能配电系统	2016 年	安徽博微智能电气有限公司	未统计	1）PDU 组件产品符合 IEC/UL60601 标准，元器件符合 UL 标准和 RoHS 2）兼容多国电压，输入电压调整范围：AC200V/AC380V/AC400V/AC415V/AC440V/AC480V 3）能可靠安全地输出所需电压，输出电压稳定，且每路输出均有保护单元，更好地保护各路输出负载 4）主回路电源经过滤波处理 5）具有门禁、漏电、浪涌等保护功能	
定电压输入 R3 系列	2018 年	广州金升阳科技有限公司	未统计	MORNSUN 定电压输入第三代产品（R3 系列）从原来的自励电路改用为他励电路并采用了集成 IC 技术，解耦了电源持续短路保护、容性负载和起动能力之间的相互制衡，实现了质的突破，解决了行业内多年来的难题	

（续）

产品名称或规格型号	上市时间	公司名称	2017 年度销售额	技术特点	产品图片
LDE/LHE 系列	2018 年	广州金升阳科技有限公司	未统计	高性价比 LDE/LHE 系列产品，功率段覆盖 2~60W，通过自主研发的集成电路技术使体积减小了 20%，同时较大幅度地提升了产品性能，容性负载能力达 5600μF，适用于 EMC 要求较高的环境	
LM 机壳开关电源	2018 年	广州金升阳科技有限公司	未统计	金升阳 35~350W 的 AC/DC 机壳开关电源，隔离电压从一般要求的 AC2500V 提升至 AC4000V，工作温度可低至 -30℃，且满足 5000m 海拔应用	
工业机器人电源	2017 年	深圳市中电熊猫展盛科技有限公司	300 万元	完整保护的功能，满足 24h 不间断工作，长寿命，具备智能待机等特点；停电维持时间长，能在停电状态下提供记录和保存各种数据的时间；电源自带软件智能控制系统，可监控电源工作状态，可升级	
同步高频开关电源	2010 年	佛山市杰创科技有限公司	未统计	更稳定更节能，多模块，独立单元，抽屉式组合模式，全密封全水冷，防尘防水	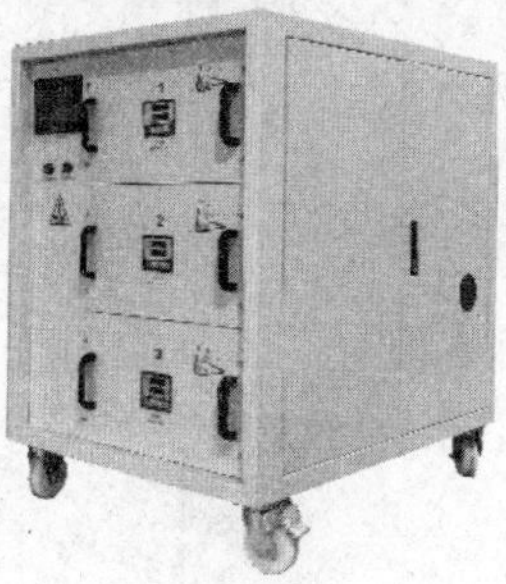
电流传感器	2010 年	北京森社电子有限公司	2000 万元	可同时测量交流、直流和脉冲电流，量程从 0.25mA~100kA，产品已广泛地应用于国内电力电子技术领域	
电压传感器	2010 年	北京森社电子有限公司	600 万元	可同时测量交流、直流和脉冲电流，量程从 0.1V~20kV	

（续）

产品名称或规格型号	上市时间	公司名称	2017年度销售额	技术特点	产品图片
变送器	2010年	北京森社电子有限公司	400万元	可分别测量直流、交流电流和电压，产品应用领域广泛，在同类产品中处于技术领先水平	
仪表芯片	2016年	湖南晟和电源科技有限公司	400多万元	低成本，外围电路简单，适应范围广	
HE12P24LRN	2016年	广州高雅信息科技有限公司	100万元	小体积，高性能	
同步整流器高频电源	2017年	佛山市顺德区国力电力电子科技有限公司	400万元	产品操作方便，工作稳定，效率能达到96%，节能省电	
氧化交直流着色电源	2015年	佛山市顺德区国力电力电子科技有限公司	400万元	控制系统先进，工作稳定，多种波形，输出连续可调，产品无色差	
GM42-XXXYYY适配器	2017年	佛山市顺德区冠宇达电源有限公司	未统计	外壳具有良好的防水功能，采用新型新配方的磁心材料，性能优于PC44，磁路得到优化，体积小，功率密度大	

（续）

产品名称或规格型号	上市时间	公司名称	2017 年度销售额	技术特点	产品图片
3. 充电桩/站					
智能充电模块	2015 年	中兴通信股份有限公司	未统计	具有全段恒功率输出、高效、超高功率密度、稳定、可靠、超强环境适应能力等优势	
EVDS 系列直流充电桩	2014 年	先控捷联电气股份有限公司	未统计	EVDS 系列直流充电桩有落地式、壁挂式、移动式、便携式多种；宽电压输入范围；功率因数大于 0.99；单枪输出、双枪输出、四枪输出	
EVDS 系列直流充电桩	2015 年	先控捷联电气股份有限公司	未统计	可同时提供多路直流输出，且每路输出功率均动态可调，满足不同车辆的充电需求，具有可靠性高、可用性高、可维护性高、效率高等优点	
TH750Q38ND-AX	2017 年	石家庄通合电子科技股份有限公司	未统计	本产品为我司研发的数字化控制双恒功率段充电模块，输入为三相四线，输出电压范围 200~750V；产品采用业界领先的谐振电压型双环控制的开关电源技术和三相三电平功率因数校正技术，具有体积小、重量轻、效率高、高可靠等优点	
贝壳型壁挂式交流充电桩	2017 年	杭州奥能电源设备有限公司	未统计	壁挂式交流充电桩专用于居民用小型电动汽车进行交流充电；输出功率 7kW，支持智能充电模式，可视化远程调控，设备安全性能高，兼容适配国标、欧标、美标；适用于私家车停车位、地下车库、办公楼宇、商场、酒店、公路路肩、公共停车场及室内、室外场地	
壁挂式交流充电桩	2017 年	杭州奥能电源设备有限公司	未统计	壁挂式交流充电桩专用于居民用小型电动汽车进行交流充电；输出功率 7kW，支持智能充电模式，可视化远程调控，设备安全性能高，兼容适配国标、欧标、美标；适用于私家车停车位、地下车库、办公楼宇、商场、酒店、公路路肩、公共停车场及室内、室外场地	

（续）

产品名称或规格型号	上市时间	公司名称	2017 年度销售额	技术特点	产品图片
60kW 双枪直流充电桩	2017 年	杭州奥能电源设备有限公司	未统计	采用三相四线制供电，为非车载电动汽车动力电池提供充电，功率大，输出电压、电流变化范围大，实现快充的要求。产品具备 APP 智能控制、计费计量、后台通信、控制保护等功能，支持单/双枪不同使用场景	
移动式直流充电机	2018 年	杭州奥能电源设备有限公司	未统计	移动式直流充电机适用于高速公路充电服务区、公交集团公司停车场、旅游景点停车场、旅游线路中转站、商业广场停车场等站式充电场所，实现用户即充即走的充电需求。输出功率有 6kW/15kW/30kW 三种输出功率可选	
电源	2017 年	广州德肯电子有限公司	360 万元	电源的功能是提供给用电器所需的稳定电压。由于现在各种用电器都要求工作在稳定的电压之下，所以电源不但要提供所需的电压，而且所提供的电压还要是稳定的。电源广义上包括了电源和电源电路，常见的电源有市电提供的 220V 交流电，还有就是各种电池。常见的电源电路有各种的稳压电源、不间断电源等，这些电源电路要将电源提供的电压处理成用电器所需要的电压，并且处理后的电压是稳定的	
4. 新能源					
光伏逆变器	2003 年	阳光电源股份有限公司	368459 万元	22 年光伏逆变技术积累，全球最大的光伏逆变器企业，逆变设备全球累计出货超 79GW	
储能系统	不详	阳光电源股份有限公司	38307 万元	国内最早的储能系统厂商之一，截至 2018 年底，已在全球超 720 个重要项目中运用	

（续）

产品名称或规格型号	上市时间	公司名称	2017年度销售额	技术特点	产品图片
1500V 逆变升压一体机 SPI2500 ~ 3400K-B-H	2019年	科华恒盛股份有限公司	未统计	集成1500V高效集中式光伏逆变器，集成多功能箱变测控装置，智慧运行管理；整机系统标准化生产，一致性好，高效稳定；交钥匙产品，缩短施工周期，减少施工成本	
三相储能变流器 BCS1250 ~ 1500K-B-H	2018年	科华恒盛股份有限公司	未统计	具备双向变流，对蓄电池进行充放电；先进的孤岛效应检测技术、低电压穿越、无功补偿等功能；直流1500V，降低了系统成本；高功率密度，降低了系统用电成本	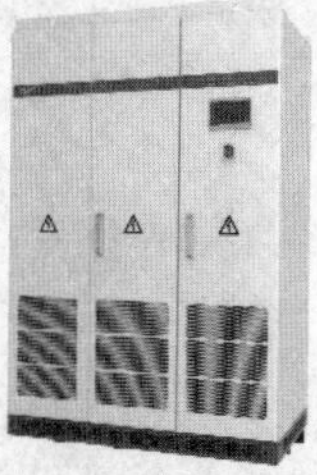
三相并网组串逆变器 SPI125K ~ 160K-B-H	2018年	科华恒盛股份有限公司	未统计	采用全新三电平的拓扑技术，最高转换效率高达99%；户外IP65防尘防水设计，3000m以下不降额运行；智能诊断技术，精准识别和定位发电异常组串；并网电流谐波<3%，与电网适应更绿色	
50kW 储能变流器	2018年	北京动力源科技股份有限公司	300万元	DSP全数字控制，转换效率达98.6%以上；标准模块化设计，扩展方便，电池分组控制；并网、离网运行模式快速切换	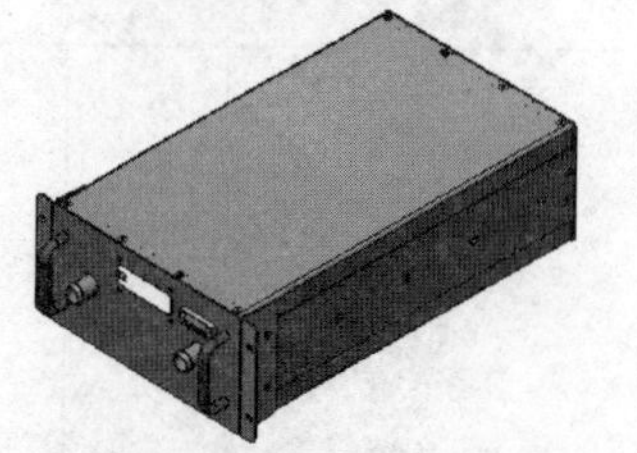
10kW 双向 DC-DC 变流器	2018年	北京动力源科技股份有限公司	100万元	智能化控制技术，转换效率高达97%以上；模块化、标准化设计，可多台并联；电压范围宽，可适应多种类型电池	
功率优化器（POM60/380）	2018年	北京动力源科技股份有限公司	200万元	组件级MPPT调节，效率高。电源线载波通信实现组件状态监控。还可用于光伏储能系统中对直流电池充电。输出电压和串联的数量可变	
并网逆变器	2018年	北京动力源科技股份有限公司	300万元	两路独立PV输入，电压范围宽，适应复杂环境；支持远程监控，多种通信；多机并联智能电网自适应，自然冷却，噪声低，可靠性高	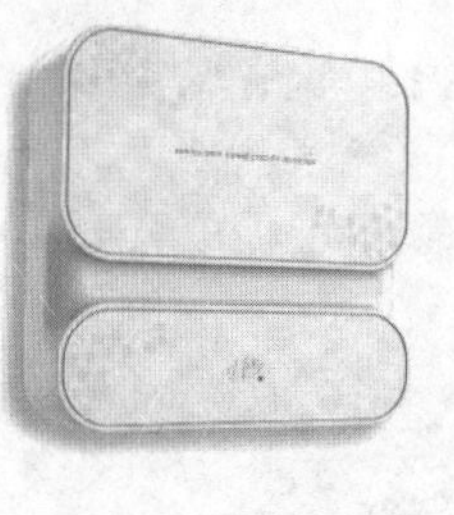

（续）

产品名称或规格型号	上市时间	公司名称	2017 年度销售额	技术特点	产品图片
车载 DC-DC 转换器 G3 MINI 3kW	2016 年	合肥华耀电子工业有限公司	未统计	小体积设计搭载 97% 的转换效率；输出功率为 3kW；200～720V 宽范围电压输入；采用国际先进的数字模拟混合控制技术，输入与输出完全电气隔离，更加安全可靠	
PV 系列	2018 年	广州金升阳科技有限公司	未统计	金升阳针对光伏发电环节，攻克了超宽范围高压设计难题，推出了 DC200～1500V 超宽范围高压输入的 15～200W PV 系列电源	
车载电源	2018 年	深圳威迈斯新能源股份有限公司	60545 万元	产品具有体积小，重量轻，效率高，充电稳定，寿命长，防护等级高，可靠性高，抗震能力强等特点	
储能 DC/DC 变流器	2017 年	西安爱科赛博电气股份有限公司	未统计	电池充放电控制：完成对电池组的充放电管理，充电时采用先恒流限压、再恒压限流的分段式充电方式；放电具有恒流与恒功率两种模式，放电电流和功率可设。直流电压支撑：DC/DC 可运行在稳压模式，通过控制两侧能量双向流动，维持直流母线侧电压稳定。容量可扩展：功率单元模块化设计，易于系统容量扩展	
储能双向变流器	2017 年	西安爱科赛博电气股份有限公司	未统计	基于虚拟同步机控制技术；充电、放电自动控制，能量双向流动；空间矢量控制，有功、无功的解耦控制；功率因数大，范围可调，具备动态无功补偿；在能源管理系统的调度下，参与电网的调峰，有效缓解电网提供功率的压力；支持并网运行及孤网运行；孤网时交流电压、频率支撑；系统动态响应快，满足对电动汽车等临时性暂态负荷的需求；完善的保护功能，有效保证逆变器安全运行；三电平电路拓扑，具备应对不平衡负载的能力	

（续）

产品名称或规格型号	上市时间	公司名称	2017年度销售额	技术特点	产品图片
CTW	2018年	田村（中国）企业管理有限公司	未统计	高频电抗器，组装方便，自动化生产程度高	
DH17800系列直流电源	2018年	北京大华无线电仪器有限责任公司	未统计	大功率，精度高，功率密度大	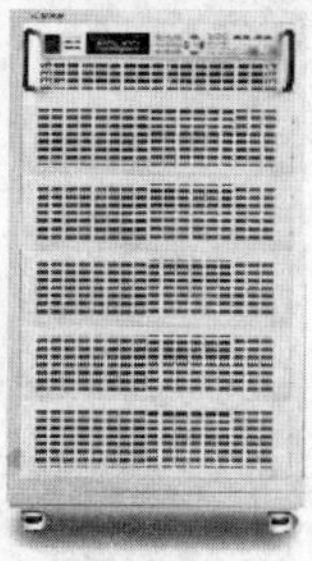
DH27600系列直流电源	2018年	北京大华无线电仪器有限责任公司	未统计	大功率，精度高，功率密度大	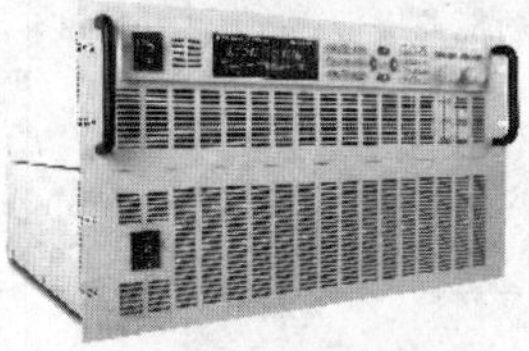
铁硅3代-NPA	2017年	深圳市铂科新材料股份有限公司	未统计	具有超低损耗的金属软磁材料	
铁硅2.5代-NPH-L	2016年	深圳市铂科新材料股份有限公司	未统计	适用于更高频率、高功率器件的低损耗金属粉芯	
NPU 75μ软磁粉芯	2018年	深圳市铂科新材料股份有限公司	未统计	低频率范围Sendust 60μ的优选方案	
单晶炉加热电源	2015年	佛山市杰创科技有限公司	未统计	采用专利设计变压器，更节能。主辅电源合并成一台机，辅助电源有效减少主电源高温负荷时间，降低故障率	

（续）

产品名称或规格型号	上市时间	公司名称	2017 年度销售额	技术特点	产品图片
5297	2017 年	广州回天新材料有限公司	200 万元	导热系数 1.5W/(m·K)，低黏度	
隔离型双向 DC-DC	2018 年	上海大周信息科技有限公司	75 万元	采用 LLC 软开关拓扑、高频电气隔离技术，产品效率更高，性能更稳定可靠	
新能源电源	2018 年	湖南晟和电源科技有限公司	200 多万元	高功率密度，高可靠性，高性价比	
电池包充放电测试系统	2016 年	合肥科威尔电源系统有限公司	3500 万元	纯数字化电源，具有能量回馈、精度高、电压范围宽等优点。电源同时支持多路并联，可根据需求定制不同的电流和功率	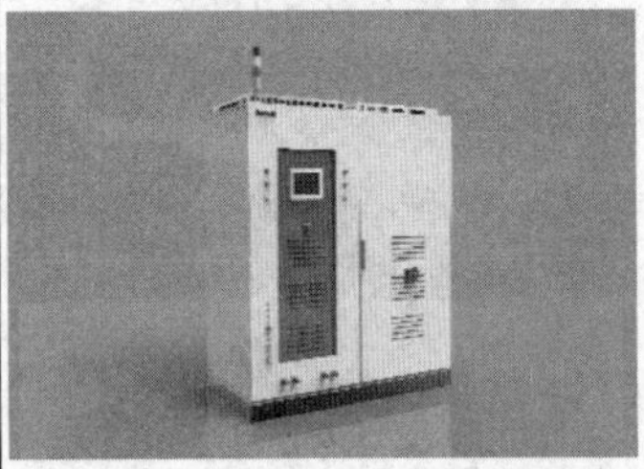
燃料电池电堆/发动机测试系统	2017 年	合肥科威尔电源系统有限公司	4000 万元	适用于燃料电池电堆/发动机的研发测试、成品出厂测试及来料检验等应用场合	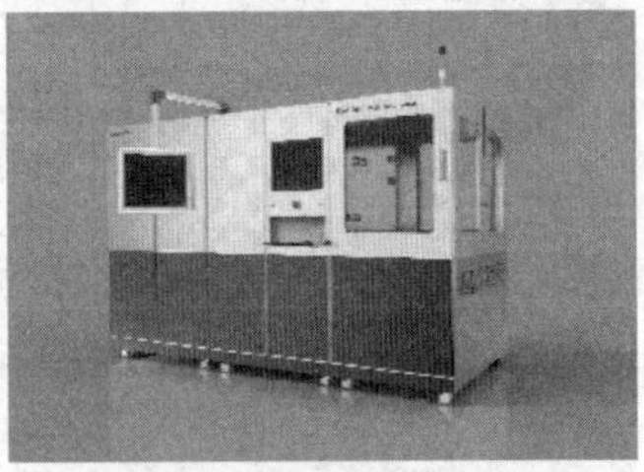
KDC 系列高精度可编程直流电源	2018 年	合肥科威尔电源系统有限公司	未统计	高精度高动态响应特性，采用全数字控制，控制精度高、响应速度快、输出调节范围广，最大输出电压高达 1500V，单机最大输出功率为 15kW	
光伏系统驱动方案：4QP0430T12-SUN1-I、4QP0430T12-FUJI、4QP0115T12-3L-F、4QP0430T12-Danfoss	2011～2017 年	深圳青铜剑科技股份有限公司	未统计	针对 1500V 系统和 1000V 系统光伏逆变器推出的高性价比、高可靠性的驱动方案，适配英飞凌、富士、丹弗斯、赛米控等各类型封装	

(续)

产品名称或规格型号	上市时间	公司名称	2017年度销售额	技术特点	产品图片
GPR50070A	2018年	深圳市金威源科技股份有限公司	1000万元	电动汽车充电高效模块具有96.4%的转换效率,大幅降低充电桩功耗,提升充电桩经济效益	
GPR75040B	2018年	深圳市金威源科技股份有限公司	2000万元	输出200~750V直流,满足全部充电车辆需求,电源转换效率达96.4%	
MD5k-800S48	2016年	北京铭电龙科技有限公司	350万元	高功率密度,高电压输入	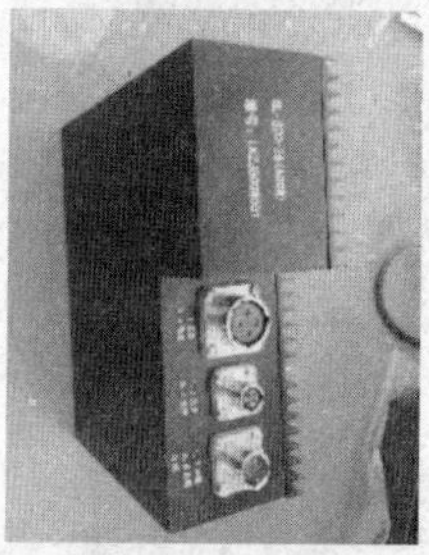
BMS	不详	浙江高泰昊能科技有限公司	5800万元	1)高可靠性:基于整车系统考虑的完善FMEA分析 2)高适应性:灵活的主从搭配方案,适配不同的PACK需求 3)高集成度:主控集成绝缘采集、继电器黏连检测功能,整体性价比提高 4)高同步性:先进的电流电压同步采集方案,及时内阻计算,更准确高效 5)先进的全时均衡策略:有效控制电芯的不一致性	
EVCU	不详	浙江高泰昊能科技有限公司	550万元	1)安全可靠:多级保护可定制 2)芯片应用:高规格汽车级处理器芯片 3)先进算法:先进的力矩转换控制,完善的预警系统 4)防护等级:IP67 5)自主研发的整车控制器目前运用在6万辆新能源汽车上无一故障	

（续）

产品名称或规格型号	上市时间	公司名称	2017年度销售额	技术特点	产品图片
5. 传统能源/电力操作					
OP5700仿真机	2017年	上海科梁信息工程股份有限公司	未统计	OP5700主要由搭载2颗Intel Xeon CPU的主板、Xilinx的FPGA芯片和高速IO板卡组成。FPGA的计时器分辨率为5ns，可支持最小步长145ns的高精度实时仿真。当使用eHS模式时，所有的计算性能将被激活。所以即便是电力电子或是电磁暂态仿真都能在OP5700中模拟而不失实时性	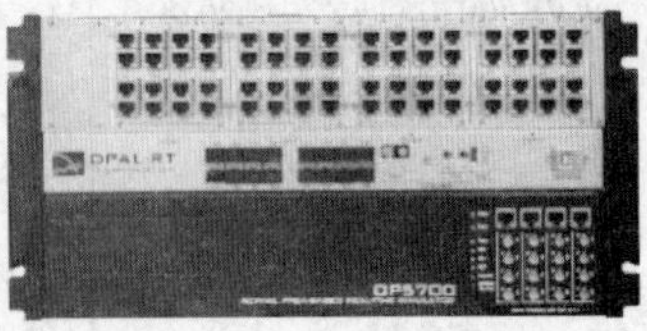
OP5600仿真机	2016年	上海科梁信息工程股份有限公司	未统计	OP5600是为一款实时仿真计算平台，可以实现FPGA上的电机、实现多种拓扑电力电子桥的亚微秒仿真，实现FPGA仿真的同时，CPU上可以同步进行机械、动力学的ms级仿真，以及电网的μs级仿真，实现系统的多速率运行。能够满足客户多种HIL系统测试的需求	
OP4510仿真机	2015年	上海科梁信息工程股份有限公司	未统计	OP4510集成了128路带有信号调理功能的快速I/O通道、RS422通道（可选低速光纤通道）、高速通信口（SFP），并与Simulink、SimPowerSyst兼容	
TSI BRAVO 220VDC 230VAC	2008年	苏州西伊加梯电源技术有限公司	未统计	模块化逆变器，最多32个模块并联工作。功率密度高，2U/10kVA，交直流双输入，输出效率高达96%	
继电保护/电力操作电源	1998年	北京新雷能科技股份有限公司	未统计	由系统各配电单元组成，可根据功率需要灵活配置模块单元数量及配电设计	
仪表电源	2016年	湖南晟和电源科技有限公司	400多万元	宽工作电压范围，纹波小，自身功耗低，EMC性能稳定	

（续）

产品名称或规格型号	上市时间	公司名称	2017年度销售额	技术特点	产品图片
配网三相不平衡调节器	2016年	北京智源新能电气科技有限公司	95.0582万元	具备零序、负序、无功、谐波同时补偿；支持远程APP操控；独立风道设计，散热好；容量自适应调节；静音	
信号发生器	2011年	广州德肯电子有限公司	420万元	信号发生器是一种能提供各种频率、波形和输出电平电信号的设备。在测量各种电信系统或电信设备的振幅特性、频率特性、传输特性及其他电参数时，以及测量元器件的特性与参数时，用作测试的信号源或激励源。信号发生器又称信号源或振荡器，在生产实践和科技领域中有着广泛的应用。各种波形曲线均可以用三角函数方程式来表示。能够产生多种波形，如三角波、锯齿波、矩形波（含方波）、正弦波的电路被称为函数信号发生器	
6. 电信/基站					
-48V直流电源系列	1994年	中兴通信股份有限公司	未统计	行业领先的峰值效率和功率密度，新一代室外Pad电源助力5G创新	
100%适应5G基站的专业设计BK-WP系列5G通信基站电源系统	2018年	航天柏克（广东）科技有限公司	未统计	1）外观防护等级为IP55，防水、防尘、防腐、防潮、耐高温 2）外形体积和重量均适应环境复杂多样的安装场合 3）综合输出的电源种类多，满足市电、光伏、风能等能源获取与转换功能 4）集成化设计，电池主机一体化 5）全正面的操作和维护，可以挂墙和抱杆安装，有效节约空间 6）完善的交、直流侧防雷设计，适应多雷暴地	

（续）

产品名称或规格型号	上市时间	公司名称	2017 年度销售额	技术特点	产品图片
TSI BRAVO DC48V AC230V	2007 年	苏州西伊加梯电源技术有限公司	未统计	模块化逆变器,最多 32 个模块并联工作。功率密度高,2U/10kVA,交直流双输入,输出效率高达 96%	
TSI MEDIA DC48V AC230V	2008 年	苏州西伊加梯电源技术有限公司	未统计	模块化逆变器,最多 32 个模块并联工作。功率密度高,2U/6kVA,交直流双输入,输出效率高达 96%	
ECI BRAVO DC48V AC230V	2016 年	苏州西伊加梯电源技术有限公司	未统计	模块化逆变器,最多 32 个模块并联工作。功率密度高,2U/12kVA,交直流双输入,输出效率高达 96%	
E ONE	2017 年	苏州西伊加梯电源技术有限公司	未统计	一体化逆变器,体积小,重量轻,效率高,风扇根据负载调速。有 350VA、1kVA 两款	
整流器	2009 年	北京新雷能科技股份有限公司	未统计	全数字控制;标准 1U 高度;交流输入;输出电压 24V/48V;输出电流 15~100A	
GPAD152M54-1A	2018 年	深圳市金威源科技股份有限公司	1500 万元	新一代 5G 高效智能电源,使用效率达到 95%,低功耗,高效率	
网路通信电源	2018 年	亚源科技股份有限公司	未统计	亚源集团持续研发网络通信电源设备的高质量、高效能及环保电源供应器,符合多国安规及 EMC 认证,应用范围广泛	
48V 锂电充电机	2018 年	杭州乐充电子有限公司	未统计	高可靠、智能化、便于维护管理	

（续）

产品名称或规格型号	上市时间	公司名称	2017年度销售额	技术特点	产品图片
7. 照明					
EUK 系列	2017年	英飞特电子(杭州)股份有限公司	未统计	效率高达93.5%；防雷保护：线对线6kV，线对地10kV；全方位保护：过温保护，过电压保护，短路保护；IP67；SELV	
高导热低热阻汽车用K系列金属基覆铜板及线路板	2018年	广东全宝科技股份有限公司	未统计	超低热阻、高耐热性及高绝缘层可靠性，符合汽车用电子材料测试要求	
5299	2010年	广州回天新材料有限公司	12000万元	导热系数0.65W/(m·K)，流平性好	
柔性电流探头	2012年	广州德肯电子有限公司	230万元	由于线圈轻巧柔软且可以拆卸，使用灵活，可以探测到许多霍尔探头无法达到的地方，例如UPS机箱内部或者直径很大的设备上。可以准确、快捷地测量出想要的电流数值	
电源导热灌封胶/CS-9811G	2010年	深圳市华天启科技有限公司	未统计	专门为LED防水电源研制，具有高导热、高阻抗、耐老化、EMC/EMI干扰低、94V0防火等级、针对灌胶设备调制流动性	
8. 轨道交通					
单相输出滤波电抗器	2016年	宁夏银利电气股份有限公司	未统计	采用低损耗磁心，遇大电流时不易饱和，损耗低，体积小，在-40~150℃的环境下，能保持参数不变	

（续）

产品名称或规格型号	上市时间	公司名称	2017年度销售额	技术特点	产品图片
60kW 高频变压器	2013年	宁夏银利电气股份有限公司	未统计	采用了低损耗高饱和点的铁心，体积小，重量轻、效率高，将励磁电感和谐振电感集成一体	
15kW 高频变压器	2012年	宁夏银利电气股份有限公司	未统计	通过变压器本身参数精确的一致性，保证四路电路的平衡性，减少系统的整体重量	
TSI BRAVO 110VDC 230VAC	2008年	苏州西伊加梯电源技术有限公司	未统计	模块化逆变器，最多32个模块并联工作。功率密度高，2U/10kVA，交直流双输入，输出效率高达96%	
铁路模块电源	1997年	北京新雷能科技股份有限公司	未统计	高效率；宽输入范围；标准尺寸；环境适应性强；符合铁路相关应用标准	
工业定制电源	1997年	北京新雷能科技股份有限公司	未统计	用户定制外形规格；转换效率高；宽输入电压范围；输入过、欠电电压保护；单路或多路输出；输出过电压、过电流、短路保护	
有源滤波器	2004年	北京英博电气股份有限公司	4000万元	有源滤波器能够瞬时适应负载及系统谐波含量幅值的变化，以便其在任何时刻都有最佳响应	

（续）

产品名称或规格型号	上市时间	公司名称	2017年度销售额	技术特点	产品图片
CPCI110V	2016年	北京铭电龙科技有限公司	120万元	符合国际标准的产品，高可靠	
9. 车载驱动					
DFD40-90 燃料电池 DC-DC 变换器	2018年	北京动力源科技股份有限公司	1000万元	电气隔离，高变比，高效率，功率密度高	
DFD36-120 燃料电池 DC-DC 变换器	2018年	北京动力源科技股份有限公司	500万元	电气隔离，高变比，高效率，功率密度高	
THQZ3000-27	2012年	石家庄通合电子科技股份有限公司	1500万元	主要应用在大巴车的车载空调系统，采用了"谐振电压型双环控制多谐振"专利技术，可实现谐振式全程软开关，干扰小，与系统的兼容性更好。同时采用纯自冷冷却方式，防护水平达到了IP67，适用环境更加广泛	
TSI BRAVO DC24V AC230V	2008年	苏州西伊加梯电源技术有限公司	未统计	模块化逆变器，最多32个模块并联工作。功率密度高，2U/6KVA，交直流双输入，输出效率高达96%	
电机模拟器	2018年	合肥科威尔电源系统有限公司	未统计	能满足电动汽车用驱动电机控制器的功能测试、性能测试、耐久测试、系统标定、故障诊断以及功能安全测试	
新能源汽车驱动方案：6AP0215T08-HPD2、6AP0215T08-HPD、6AP0108T07-HP1、2QP0115T12-C、2QP0320T12-C	2016-2017年	深圳青铜剑科技股份有限公司	未统计	针对新能源汽车电机控制器推出的高可靠性、高性价比即插即用型驱动方案，配套英飞凌、富士等品牌车用IGBT使用	

（续）

产品名称或规格型号	上市时间	公司名称	2017 年度销售额	技术特点	产品图片
电动汽车产品：DC/DC 电源、电动汽车驱动器	2017 年	深圳青铜剑科技股份有限公司	未统计	针对新能源电动汽车、新能源燃料电池汽车开发的车载电力变换及电机控制器，具有功率密度高、电压范围广、功能完善、可靠性高等优点	
车载充电机	2018 年	杭州乐充电子有限公司	未统计	高可靠、高效率、智能化、多重保护	
车载 DC 变换器	2018 年	杭州乐充电子有限公司	未统计	高可靠、高效率、智能化、多重保护	
10. 计算机/消费电子					
WD600K	2018 年	深圳市航嘉驰源电气股份有限公司	240 万元	方案更加成熟、兼容性更优、转换效率高、成本有优势	
UES42WC	2018 年	东莞市石龙富华电子有限公司	未统计	PD 快充及 USB 兼备，外观美观，小巧	
PN8395	2018 年	无锡芯朋微电子股份有限公司	25 万元	高压启动技术，低待机功耗；全工作模式以及自适应谷底开通技术；高雪崩能力智能高压 MOS，抗电网冲击能力强	

（续）

产品名称或规格型号	上市时间	公司名称	2017 年度销售额	技术特点	产品图片
无线充电用导磁片	2015 年	安泰科技股份有限公司纳米晶制品分公司	2030 万元	高磁导率，低损耗，高饱和磁感，厚度超薄，柔韧性好	
UPS 计算机服务电源	2015 年	深圳市中电熊猫展盛科技有限公司	460 万元	小型化、功率密度高，具有高可靠性的短路、过温，过电流等保护功能	
ADT-39CFC	2018 年	深圳欧陆通电子股份有限公司	未统计	全电压输入的插墙型 USB TYPE C PD 适配器，采用 USB Type-C 接口连接器，支持 TYPE C PD 3.0 协议，五段输出电压。具有体积小、温度低、效率高、性能稳定等优点。 1）宽电压输入：AC100～240V 2）体积小：57mm×57mm×28mm 3）效率高：满足 6 级能效 DOE VI 4）支持 PD 2.0/3.0 协议 5）可输出 5 段电压 5V/9V/12V/15V/20V 6）输出功率：45W 7）保护种类：短路保护、过载保护、过电流保护、过电压保护、过温保护	
ADT-65RIC	2018 年	深圳欧陆通电子股份有限公司	未统计	全电压输入的桌面型 USB TYPE C PD 适配器，采用 USB type-C 输出接口连接器，支持 PD 3.0 协议，四段输出电压。具有体积小、温度低、效率高、性能稳定等优点 1）细长小巧外形，长 108mm×宽 35.7mm×厚 27mm 2）通用全范围交流电压输入 AC100～240V 3）空载功耗<0.1W 4）满足 6 级能效 DOE VI 5）支持 PD2.0/3.0 协议 6）输出 4 段电压：5V、9V、15V、20V，最大输出功率 65W	

（续）

产品名称或规格型号	上市时间	公司名称	2017年度销售额	技术特点	产品图片
ADS-15KC	2018年	深圳欧陆通电子股份有限公司	未统计	输入电压：AC90～264V；输出电压：DC32V；输出功率：15W；尺寸：60(L)mm×58.5(W)mm×28.3(H)mm 1）SSR方案，高PK打印峰值电流，超强睡眠待机，可支持时序峰值电流，高寿命（55℃环境温度，寿命达到35000h） 2）高效率，低空载功耗；COC T2能效标准，空载功耗230V小于0.075W 3）高抗ESD能力：可承受接触15kV/空气8kV 4）宽工作环境温度0～55℃	
ADS-10KB	2018年	深圳欧陆通电子股份有限公司	未统计	输入电压：AC90～264V；输出电压：DC22V；输出功率：10W；尺寸：89.8(L)mm×42.8(W)mm×29.9(H)mm 1）最高峰值功率可以达到33W 2）具有OVP、SCP、OTP、OPP锁死功能 3）空载功耗<0.1W 4）满足六级能效	
ADS-12FQA	2018年	深圳欧陆通电子股份有限公司	未统计	输入电压：AC180～264V；输出电压/电流：DC12V/1.0A；输出功率：12.0W；外壳尺寸（长×宽×高）：61.5mm×34.5mm×43mm 性能特点： 1）PSR方案 2）能效标准：COC T2能效标准，空载功耗<75mW/AC230V 3）抗SURGE能力：差模±6kV，共模±6kV 4）抗ESD能力：接触±8kV/空气±15kV 5）能过PLC 6）能过QLN	
ADS-24FUA	2018年	深圳欧陆通电子股份有限公司	未统计	输入电压：AC180～264V；输出电压/电流：DC12V/2.0A；输出功率：24.0W；外壳尺寸（长×宽×高）：73.0mm×36.0mm×47.0mm 性能特点： 1）SSR方案 2）能效标准：COC T2，空载功耗<75mW/AC230V 3）抗SURGE能力：差模±6kV，共模±6KV 4）抗ESD能力：接触±8kV/空气±15kV 5）能过PLC 6）能过QLN	

（续）

产品名称或规格型号	上市时间	公司名称	2017年度销售额	技术特点	产品图片
ADS-210NL	2018年	深圳欧陆通电子股份有限公司	未统计	全电压输入的桌面型电源适配器，适合全球不同地域的使用环境，有稳定的输出电压。具有通用性强，方便携带，温度低，效率高，性能稳定等优点 1）通用全范围交流电压输入 2）空载功耗<0.3W 3）满足6级能效 4）支持不同地域的使用环境 5）保护种类：短路保护、过载保护、过电流保护、过电压保护、过温保护	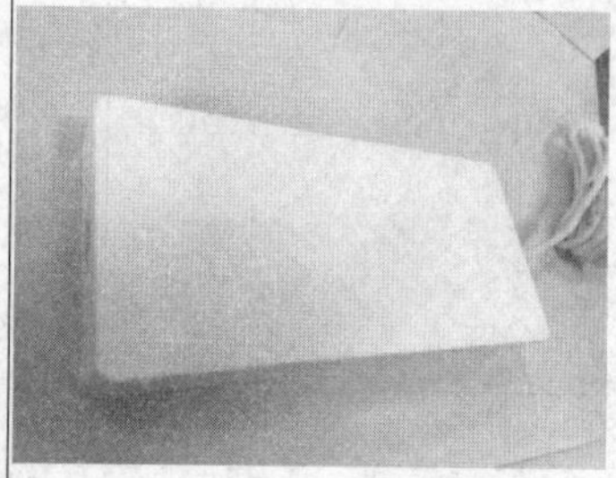
ADS-60JIA	2018年	深圳欧陆通电子股份有限公司	未统计	输入电压：AC88～280V；输出电压/电流：DC19/3.0A；输出功率：57.0W；外壳尺寸（长×宽×高）：96.0mm×54.0mm×29.5mm 性能特点： 1）SSR方案 2）能效标准：COC T2能效标准，空载功耗<150mW/230V 3）抗SURGE能力：差模±2kV，共模±4kV 4）抗ESD能力：接触±8kV/空气±15kV 5）噪声：<26.0dB/1.0cm 6）OTP：外设过温保护（OTP）	
ADS-90PLA	2018年	深圳欧陆通电子股份有限公司	未统计	输入电压：AC88～280V；输出电压/电流：DC20.0V/4.0A；输出功率：80.0W；外壳尺寸（长×宽×高）：96.0mm×54.0mm×29.5mm 性能特点： 1）PFC+SSR反激式方案 2）能效标准：DOE VI，空载功耗<210mW/AC115V/AC230V 3）抗SURGE能力：差模±2kV，共模±4kV 4）抗ESD能力：接触±8kV/空气±15kV 5）噪声：<25.0 dB/1.0cm 6）OTP：外设过温保护（OTP）	
ADS-40RJ	2018年	深圳欧陆通电子股份有限公司	未统计	1）低功耗：满足COC V5 Tier 2能效标准 2）长寿命：整机寿命长达5年 3）高OCP：1.6倍以上OCP电流输出，高启动能力 4）可转换插脚：全球插脚可换，产品通用性强	

（续）

产品名称或规格型号	上市时间	公司名称	2017年度销售额	技术特点	产品图片
ADS-110DL	2018年	深圳欧陆通电子股份有限公司	未统计	1）宽输入电压：AC90～264V全球输入电压 2）高效率：满足DOE VI能效标准 3）高PF值：PF值大于0.95	
低压线性稳压电源系列	2015年	上海长园维安微电子有限公司	200万元	静态功耗低至0.5μA，漏失电压低于100mV，可大大延长手机寿命	
低噪线性稳压电源系列	2016年	上海长园维安微电子有限公司	100万元	噪声低于40μVRMS，纹波一支笔优于70dB@1kHz，满足音视频苛刻要求	
高压线性稳压电源系列	2017年	上海长园维安微电子有限公司	80万元	44个型号，输入电压覆盖2.2～40V，输出电流0.1～3A，满足多电池系统、汽车电子及工业电子需求	
9661E	2011年	广州回天新材料有限公司	2000万元	固化速度快，粘接力好	
通用电源	2017年	湖南晟和电源科技有限公司	800多万元	防雷，6级能效，性能稳定	

（续）

产品名称或规格型号	上市时间	公司名称	2017 年度销售额	技术特点	产品图片
消费类电源	2018 年	亚源科技股份有限公司	未统计	亚源集团研发的一系列应用于 IT 设备的高质量、高效环保电源供应器，符合多国安规及 EMC 认证，产品应用范围广	
11. 航空/航天					
DC-DC 模块电源全砖 1500W	2016 年	合肥华耀电子工业有限公司	未统计	最新全砖 1500W DC-DC 模块电源效率高达 94%，具备逻辑控制功能和并联功能；另具备齐全的保护功能与优异的散热性能；引脚与封装可兼容进口模块	
DC-DC 模块电源 1/2 砖 500W	2016 年	合肥华耀电子工业有限公司	未统计	最新 1/2 砖功率高达 500W，兼备高效率与高功率密度，具备逻辑控制功能与并联功能，另具备齐全的保护功能；引脚与封装可兼容进口模块	
航天专用模块电源	1999 年	北京新雷能科技股份有限公司	未统计	宽应用温度范围（-55 ~ +105℃）；适应严酷应用环境；单路或多路输出；全金属屏蔽	
厚膜工艺电源	2006 年	北京新雷能科技股份有限公司	未统计	宽应用温度范围（-55 ~ +105℃）；裸芯片键合工艺；金属气密封装；可长时间存储；适应严酷应用环境	
特种定制电源	1999 年	北京新雷能科技股份有限公司	未统计	满足用户空间需求，提供定制外形和接口服务；宽范围交流输入；多路输出；多种保护和附加功能可选；输入输出加强滤波；低输出纹波噪声；配置电源智能管理系统；适用于特种应用环境	
模块组合集成电源	1999 年	北京新雷能科技股份有限公司	未统计	模块自由搭建组合，开发周期短；输入输出宽范围可选；外形接口方式多样；快速灵活响应用户需求	

（续）

产品名称或规格型号	上市时间	公司名称	2017年度销售额	技术特点	产品图片
大功率电源系统	1999年	北京新雷能科技股份有限公司	未统计	由模块单元、监控单元及配电单元组成，可根据功率需要灵活配置模块单元数量及配电设计	
DC/DC电源	2013年	深圳市皓文电子有限公司	1500万元	具有高功率密度、体积小、可靠性高等特点；产品采用软开关技术、平面工艺技术、铝基板工艺；线路可靠，工艺成熟，模块化的设计对系统电源的拼装开发非常便捷	
机载电源	2016年	长沙竹叶电子科技有限公司	未统计	满足GJB181A—1994实验	
MD90-28T15&05	2015年	北京铭电龙科技有限公司	650万元	宽温度范围-55～+125℃，高可靠	
12. 环保/节能					
共模电感铁心	2010年	安泰科技股份有限公司纳米晶制品分公司	1800万元	具有优良的电感和阻抗频率特性，在较大频率范围内保持高阻抗特点，优良的温度稳定性	
等离子电源及发生器	2007年	成都金创立科技有限责任公司	1200万元	全逆变设计制造，高效率，体积小；发生器寿命长，易安装操作	
微弧氧化电源	2007年	成都金创立科技有限责任公司	400万元	全逆变设计制造，高效率，体积小，可以多台并联使用，方便灵活	

（续）

产品名称或规格型号	上市时间	公司名称	2017 年度销售额	技术特点	产品图片
冷等离子电源	2015 年	成都金创立科技有限责任公司	未统计	属于双界质等离子阻挡放电电源，具有电压高，脉冲特性好等特点	
污水处理脉冲电源	2017 年	佛山市顺德区国力电力电子科技有限公司	200 万元	电源结构合理，控制系统先进，工作稳定节能，频率可调范围大，电子换向功能强大	
电容器 UHPC	2004 年	北京英博电气股份有限公司	2914 万元	UHPC 型电容器具有自愈功能，这样使得电容器在承受过载和极高的峰值电流时，具有超强的耐受能力	
电抗器	2004 年	北京英博电气股份有限公司	2275 万元	有效地吸收电网谐波，改善了系统的电压波形，提高了系统的功率因数，并能有效地抑制合闸涌流及操作过电压	
13. 安防/特种行业					
坦克应急启动电源——24V/48V 直流电陆军装备	2018 年	航天柏克（广东）科技有限公司	未统计	1）1h 即可充满，大容量锂电池智能快充 2）零下 40℃正常充放电 3）可以保证一个班组野外执勤 1 周左右的电力供应 4）内置战术级防水强光电筒	
C1A-A10045-S-C1	2018 年	深圳欧陆通电子股份有限公司	未统计	1）五金外壳设计 2）具有 RS485 通信接口 3）交流电源模块、电池包、通信控制板放置在同一个产品内 4）包含电源输出和电池包输出两种供电模式	

（续）

产品名称或规格型号	上市时间	公司名称	2017 年度销售额	技术特点	产品图片
ADS-10RH	2018 年	深圳欧陆通电子股份有限公司	未统计	输入电压：AC90～264V；输出电压：DC5V；输出功率：10W；尺寸：49(L)mm×37(W)mm×27(H) 1)PSR 方案，低成本，体积小，低输出纹波 2)高效率，低空载功耗；VI 能效标准，空载功耗(230V)小于 0.1W 3)高抗 ESD 能力：可承受接触 8kV/空气 6kV	
高频纯在线式不间断电源 PR3320-400ks	2017 年	上海阳顿电气制造有限公司	2060 万元	输入功率因数为 0.99，输出功率因数为 1.0	
CPCI 特种计算机电源	2017 年	长沙竹叶电子科技有限公司	未统计	兼容 CPCI 接口，自主可控	
VPX 数字电源	2018 年	长沙竹叶电子科技有限公司	未统计	满足 VITA6.2 国际标准，自主可控国产化要求	
医疗电源	2018 年	亚源科技股份有限公司	未统计	亚源集团多年深耕医疗产品电源供应器，致力于建构良好的品质系统，于 2015 年通过了 ISO13485《医疗器械质量管理体系用于法规的要求》	
14. 通用产品					
模块化 UPS	2017 年	广东志成冠军集团有限公司	4000 万元	输入功率因数高、体积小、容量扩展性好、效率高、热插拔、电池节数动态可调、绿色环保、可靠性高	

（续）

产品名称或规格型号	上市时间	公司名称	2017 年度销售额	技术特点	产品图片
一体化 UPS	2016 年	广东志成冠军集团有限公司	未统计	体积小重量轻，搬运方便，适应恶劣的电网环境，性能好，可靠的三防设计满足室外工作	
磷酸铁锂电池	2014 年	广东志成冠军集团有限公司	8400 万元	体积小，能量密度大，可定制，智能电池均衡管理，可靠性高	
高频机 UPS	2013 年	广东志成冠军集团有限公司	未统计	体积小，效率高，输入功率因数高，超宽输入电压范围，完善的保护功能，可靠性高	
工频机 UPS	2010 年	广东志成冠军集团有限公司	4200 万元	IGBT 整流，DSP 全数字化控制，效率高，智能管理，可靠性高	
KR 系列智能化高效率在线式 UPS（1~10kVA）	2015 年	科华恒盛股份有限公司	未统计	输出功率因数 > 0.99，输入电流谐波 < 5%，提高了电源利用率，本系列产品符合《通信用不间断电源》标准一类产品标准	
KR33 系列高频化三进三出 UPS（300~800kVA）	2015 年	科华恒盛股份有限公司	未统计	此系列设计采用新的配置，其中包括确保正弦输入电流的 IGBT 整流器，以取代传统的晶闸管整流器。同时 300kVA 及以上产品兼容隔离变压器，可完全避免输入端因电网异常给负载设备带来的影响	

（续）

产品名称或规格型号	上市时间	公司名称	2017 年度销售额	技术特点	产品图片
“慧能”模块化数据中心解决方案	2015 年	科华恒盛股份有限公司	未统计	采用高集成高标准设计，整合 IT 机柜、配电单元、封闭组件等功能独立的单元，实现 IDC 数据中心的完整功能。模块内组件可灵活拆卸、搬运，现场快速组装后投入使用	
UE12LV	2018 年	东莞市石龙富华电子有限公司	未统计	符合各国安规认证，性价比超高，满足各类行业需求	
UES150-SPA	2017 年	东莞市石龙富华电子有限公司	未统计	符合通信、照明、医疗等多领域安规认证	
SJW-WB50-800kVA	2015 年	鸿宝电源有限公司	19700 万元	1）反应速度最快可达 40ms； 2）LCD 液晶显示运行和故障参数； 3）实现了无触点控制，使产品精密、安全高效、节能环保	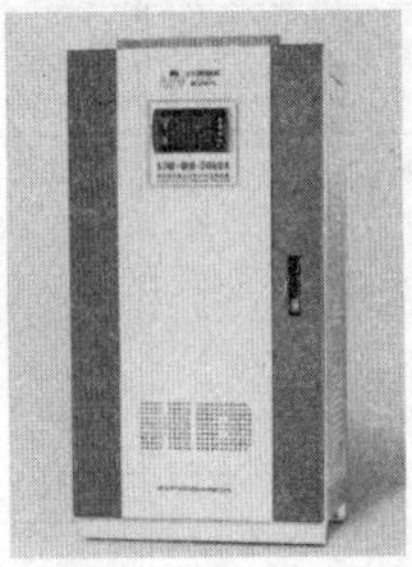
模块化逆变电源	2018 年	北京动力源科技股份有限公司	5000 万元	采用逆变充电一体化设计，减少了系统配电复杂度，切换时间≤3ms，保证切换时用户设备不断电，安全、可靠、可灵活扩展	
消防应急照明和疏散指示系统	2018 年	北京动力源科技股份有限公司	1000 万元	POWERBUS 总线技术，无极性二总线，系统响应快，布线方便，通信抗扰性强，通信速率高，纠错能力强、系统容量大、挂载能力强	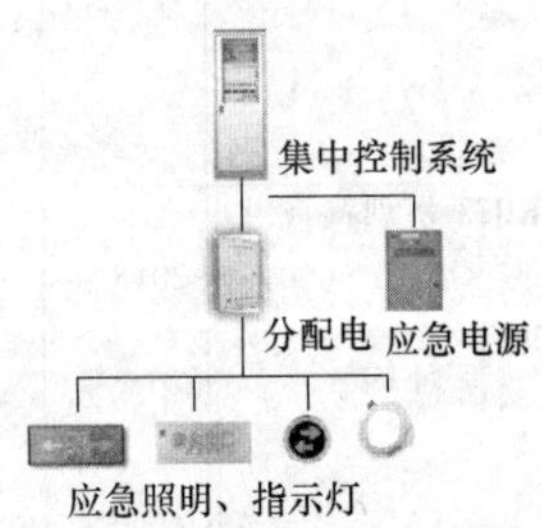 集中控制系统 分配电 应急电源 应急照明、指示灯

（续）

产品名称或规格型号	上市时间	公司名称	2017年度销售额	技术特点	产品图片
纳米晶带材	2000年	安泰科技股份有限公司纳米晶制品分公司	8200万元	兼备铁基非晶合金的高饱和磁感应强度及钴基非晶合金的高磁导率、低矫顽力和低损耗	
RM系列UPS	2010年	深圳市英威腾电源有限公司	11802.3万元	随需配置更加灵活，性价比更高，隔离风道散热效率高，机柜间并联可以提高系统总容量，安全性高	
HT11系列UPS	2011年	深圳市英威腾电源有限公司	802.7万元	1）智能化电池管理，超强的网络管理功能 2）高速智能DSP控制 3）输出功率因数高达 4）自老化功能	
HT33系列UPS	2011年	深圳市英威腾电源有限公司	2479万元	高分辨率；更高功率密度，更适应机房高密度发展趋势；更高效率，平均修复时间（MTTR）降至5min，返修更加迅速	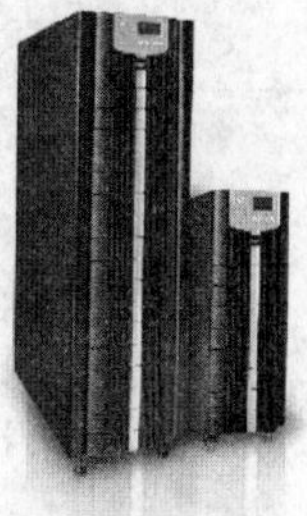
HT31系列UPS	2011年	深圳市英威腾电源有限公司	1682.7万元	1）业内最高的输出功率因数 2）高速智能DSP控制，实现完美的系统性能与保护功能 3）可靠、稳定的正弦波输出 4）超宽输入电压范围	
HR系列UPS	2011年	深圳市英威腾电源有限公司	527.2万元	支持机架式、塔式安装；客户配置灵活，安装更加快捷方便；功率因数为1；全新极简的内部设计；自老化模式	

（续）

产品名称或规格型号	上市时间	公司名称	2017年度销售额	技术特点	产品图片
TND高精度全自动交流稳压器	2015年	浙江德力西电器有限公司	5412.3万元	采用单片机技术控制，其造型新颖，产品稳压范围宽，无附加失真，具有过载、过电压、短路等保护，是一种理想的交流稳压电源	
NCR无触点交流稳压器	2018年	浙江德力西电器有限公司	56.5万元	实现了快速稳压、多重智能保护和无触点稳压，彻底解决了有触点稳压器的机械磨损、噪声问题以及响应慢等缺点	
Pre-A100系列精密可编程交流电源	2015年	西安爱科赛博电气股份有限公司	未统计	该系列产品可以在较大范围内模拟电网变动与扰动，精度高，可编程功能丰富；适合在工业与消费电子、航空军工、核工业等不同领域的产品开发、测试、制造中使用	
MAC系列电能质量综合治理模块	2014年	西安爱科赛博电气股份有限公司	未统计	MAC采用电力电子换流技术，“10kg、88mm、55dB”，以轻、薄、静等卓越指标领跑业界，是目前业内功率密度较大的电能质量综合治理模块，技术指标达到国际领先水平	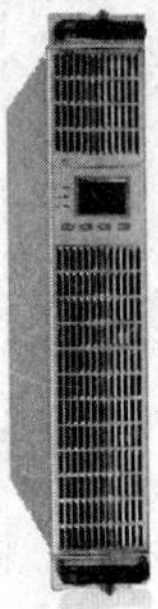
3-15kW通用测试电源	2018年	西安爱科赛博电气股份有限公司	未统计	用于地面、舰船、车载、机载、航空、航天雷达、导航等中频电子及电气设备的测试与供电；单相、三相工频用电设备的测试与供电；宽范围可调电压/频率源；中频/工频单相转换三相中频/工频；涵盖GJB572A—2006及GJB181A—2003的相关测试	
DH1790系列直流电源	2017年	北京大华无线电仪器有限责任公司	未统计	功率密度高，精度高，输出范围宽	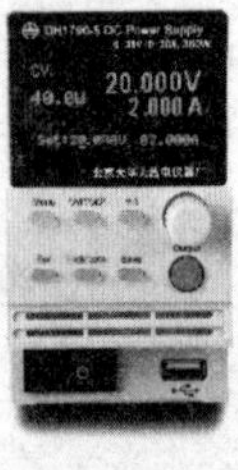

（续）

产品名称或规格型号	上市时间	公司名称	2017 年度销售额	技术特点	产品图片
电梯液晶显示系统	2015 年	上海吉电电子技术有限公司	2200 万元	低成本高画质液晶显示系统，高分辨率全视角 LCD 显示屏，支持动画显示，支持不同的显示风格，支持视频多媒体播放，高端产品显示内容支持网络发布	
电梯监控物联网系统	2015 年	上海吉电电子技术有限公司	1300 万元	电梯运行数据采集，包括运行信息、故障信息、报警信息，支持远程语音报警，支持远程数据传输和数据管理及分析，每个服务器支持 10 万部电梯联网，支持服务器集群，支持负载平衡设备，为厂家、保养公司、质量监督部门提供实时的电梯运行数据和分析统计	
SIERRA 48VDC 230VAC	2017 年	苏州西伊加梯电源技术有限公司	未统计	全双向模块化电源，适应各种交直流应用。最多 32 个模块并联工作。功率密度高，为 2U/12kVA，输出效率高达 96%	
SIERRA 380VDC 230AC	2017 年	苏州西伊加梯电源技术有限公司	未统计	全双向模块化电源，适应各种交直流应用。最多 32 个模块并联工作。功率密度高，为 2U/12kVA，输出效率高达 96%	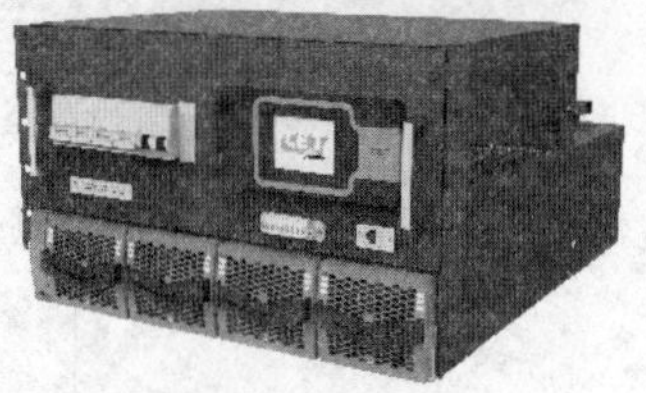
通用模块电源	1997 年	北京新雷能科技股份有限公司	未统计	高效率；高功率密度；工业标准尺寸，兼容性好；使用方便	
有源电力滤波器	2015 年	北京智源新能电气科技有限公司	1274.9934 万元	立式结构设计，离心大容量风机散热，绝缘、防尘、散热效果好；采用 LCL 滤波，结合有源阻尼，可在高电压畸变下稳定运行	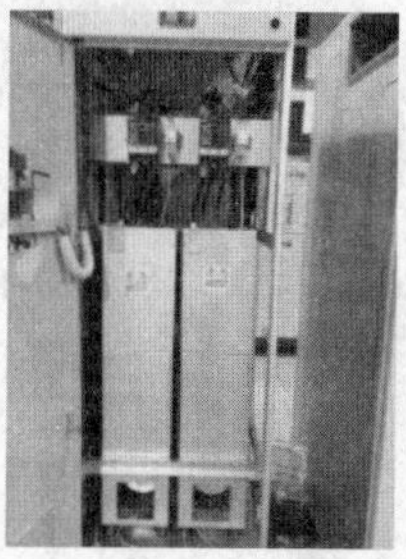

（续）

产品名称或规格型号	上市时间	公司名称	2017年度销售额	技术特点	产品图片
静止无功发生器	2015年	北京智源新能电气科技有限公司	583.2134万元	立式结构设计，离心大容量风机散热，绝缘、防尘、散热效果好；采用LCL滤波，结合有源阻尼，可在高电压畸变下稳定运行	
定制产品：IGBT动态测试平台、电力电子积木PEBB、微网系统	2017年	深圳青铜剑科技股份有限公司	未统计	支持客户定制，及强大的控制功能及应用接口，完整的系统拓扑设计或定制	
PLECS Simulation Software for Power Electronics	2002年	英富美（深圳）科技有限公司	未统计	电力电子系统级别仿真软件。元件库涉及电能转换系统的电气回路、磁性元件、散热回路、机械以及控制部分	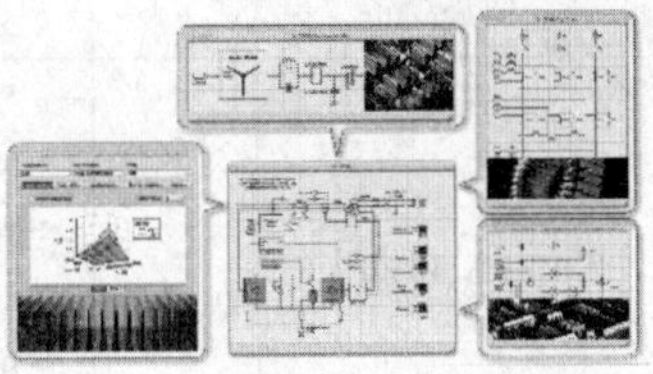
PLECS RT Box	2016年	英富美（深圳）科技有限公司	未统计	实时仿真器采用最新技术，可以根据电路规模自由扩展，足以实现各种半实物仿真或控制器快速原型设计功能	
粘接固定白胶/CS-831W	2011年	深圳市华天启科技有限公司	未统计	专门针对电源上元器件的粘接固定，具有韧性强、粘接力高、耐高温、绝缘好等性能特点	
TXF6200	2018年	珠海泰芯半导体有限公司	未统计	高端系列，单芯片替代多颗同类芯片工作；双核架构，升级版复杂算法硬化ERPU；更丰富的通信外设和GPIO；完善的SDK	

（续）

产品名称或规格型号	上市时间	公司名称	2017年度销售额	技术特点	产品图片
TXF5201	2018年	珠海泰芯半导体有限公司	未统计	轻便系列；双核架构，复杂算法硬化 RPU，高效并行计算；集成常用通信接口；完善的 SDK，开发周期短	
TXF5200	2018年	珠海泰芯半导体有限公司	未统计	轻便系列；双核架构，复杂算法硬化 RPU，高效并行计算；通用开发平台，图形化软件和丰富的例程，开发周期短	
低正向肖特基二极管	2011年	济南晶恒电子有限责任公司	1亿元	特殊芯片工艺技术，正向 VF 低，漏电 IR 低，符合6级能效，高可靠性	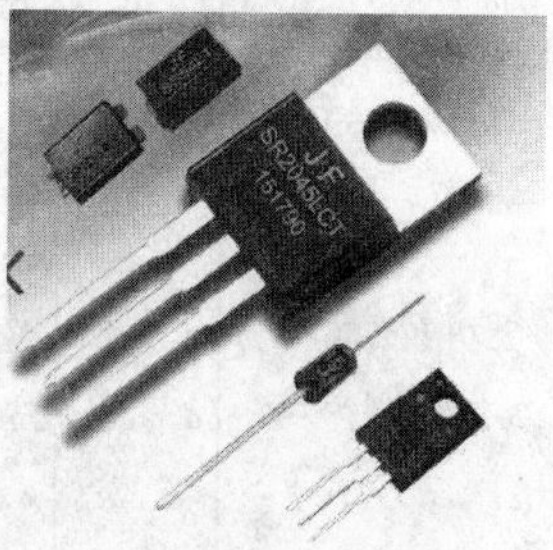
碳化硅肖特基二极管	2015年	济南晶恒电子有限责任公司	3000万元	零反向恢复电流 零正向恢复电压，高频工作，极其快速的开关时间	
大功率超快恢复二极管	2012年	济南晶恒电子有限责任公司	6000万元	高效芯片工艺，Low VF 低正向，漏电 IR 低，TRR 快，可靠性高	

（续）

产品名称或规格型号	上市时间	公司名称	2017 年度销售额	技术特点	产品图片
同步整流器	2016 年	济南晶恒电子有限责任公司	1000 万元	满足能源之星要求，等效于超低 VF 肖特基二极管的整流器件，可用于 Flyback 电源架构的二次侧整流	
15. 电源配套产品					
小功率高频逆变铁心	2000 年	安泰科技股份有限公司 纳米晶制品分公司	2400 万元	低损耗，高饱和磁感应强度	
大功率高频主变铁心	2016 年	安泰科技股份有限公司 纳米晶制品分公司	820 万元	高饱和磁感应强度、高磁导率、低矫顽力、低损耗，较好的温度稳定性	
功率变压器	2012 年	安泰科技股份有限公司 纳米晶制品分公司	790 万元	低损耗，高饱和磁感应强度	
IC 系列	2018 年	广州金升阳科技有限公司	未统计	金升阳研发 IC 长达 6 年之久，目前产品线包括 AC/DC 电源控制芯片、DC/DC 电源控制芯片、RS485 接口芯片、电源辅助启动芯片等。依托针对性的专业化设计，金升阳的芯片在性能优化上更符合电源及信号接口的应用，能让设计方案达到更优的效果	

（续）

产品名称或规格型号	上市时间	公司名称	2017年度销售额	技术特点	产品图片
打印机电源	2013年	深圳市中电熊猫展盛科技有限公司	2500万元	待机功耗低，峰值功率大，高可靠性的保护功能，产品广泛应用于海内外市场	
通用开关电源	2018年	浙江德力西电器有限公司	36.8万元	小型、超薄设计，重量轻；全范围交流输入、效率高、输出纹波小；采用低功耗设计，热消耗少，空载功耗小	
高导热、高耐压电源用S系列金属基覆铜板及线路板	2010年	广东全宝科技股份有限公司	未统计	高导热、高耐压及高绝缘层可靠性，符合电源行业可靠性测试要求	
WS65-2AAC-ZUPS电梯行业AC/DC不间断电源	2013年	上海吉电电子技术有限公司	300万元	输出两路DC 12V和DC 24V，无缝切换，带电池不良报警，满足电梯行业最新标准	
WS10-1QDC-ZUPS电梯行业AC/DC不间断电源	2014年	上海吉电电子技术有限公司	420万元	无缝切换，带电池容量不足和电池不良报警，满足电梯行业最新标准	
七合一光子美容电源LER2600-3-V3系统	2016年	山东镭之源激光科技股份有限公司	未统计	多功能集成，大功率OPT电源、IPL电源、射频电源、带预燃激光电源、整机系统检测控制、独创大电流插拔器	

（续）

产品名称或规格型号	上市时间	公司名称	2017年度销售额	技术特点	产品图片
CO_2 激光电源 HY-T80	2013年	山东镭之源激光科技股份有限公司	未统计	兼容性好，完美适应市场 30~150W 的 CO_2 激光器，具有开路保护功能，110V 和 220V 可选，带有手动出光测试功能，有状态指示灯	
半导体激光器电源 HLD0154	2017年	山东镭之源激光科技股份有限公司	未统计	人机交互界面，上位机设置，串口通信或本地控制，多功能串口，输出电流零过冲、零反冲，电压自适应，低纹波低噪声	
直流屏	2010年	郑州科能达科技有限公司	1580万元	三相四线制，两路交流自动切换；电池巡检、支路绝缘、开关量等功能可选；高可靠性，高智能化	
eps	2013年	郑州科能达科技有限公司	2060万元	纯正弦波输出，运行平稳；故障声光报警，操作方便简单；节能性好，耗电极低；自动保护，电池寿命长	
UPS	2010年	郑州科能达科技有限公司	760万元	纯正弦波输出，运行平稳；故障声光报警，操作方便简单；节能性好，耗电极低；自动保护，电池寿命长	
TXF系列芯片	2019年	珠海泰芯半导体有限公司	未统计	具有 32bit-RISC 核和算法硬核 ERPU，结合事件处理单元、高精度 A/D 转换器和丰富的 PWM 等，使其可以实现高速的闭环控制	

CHESHING CHAMPION

广东志成冠军集团有限公司
地址：东莞市塘厦镇田心工业区
邮编：523718
电话：0769-87282699
传真：0769-87927259
网址：www.zhicheng-champion.com
E-mail：liux@zhicheng-champion.com

模块化UPS

2018年销售额：4000万元

产品简介：

本模块化UPS是目前一款先进的、高效率的、高性能的双转换纯在线UPS冗余并联系统。由功率模块、旁路模块和显示模块三大部分组成，在整机中可以对各个模块进行热插拔操作，系统中功率模块的功率有20kVA、30kVA、40kVA多款，具有输入功率因数高、体积小、容量扩展性好、效率高、电池节数动态可调和绿色环保等优点。

产品创新性：

- 电池节数动态调整：本产品的电池输入采用了±16节～±20节，电池节数总量低，配置更方便。
- 强大的扩展性：它采用了模块叠加式设计，UPS容量可增可减。
- 更高的节能性：逆变效率高达95%以上，为用户节约了宝贵的能源。
- 更好的环保性：采用了CCM电流连续运作方式，大大降低了电源干扰，输入功率因数近似于1（0.99），输入总谐波失真度（THD）小于4%。
- 高功率密度：本产品的工作效率高，功率密度大。
- 高输出功率因数：本产品提供了产品功率密度及有功传输比，输出功率因数达到1。

产品面向市场：

金融/数据中心，电信/基站，工业/自动化，制造、加工及表面处理，轨道交通，传统能源/电力操作，新能源，计算机，消费电子，航空航天，安防，环保/节能，特种行业。

主要参数：

型号		CPHP2320-A40	CPHP2600-A40
输出容量		40～320kVA	40～600kVA
单模块容量		40kVA	
模块数量		1～8个	1～15个
交流输入	输入相数	三相四线输入（额定电压AC380V）；50Hz	
	电压范围	线电压AC304～483V；相电压AC176～280V	
	频率范围	40～70Hz	
	电流谐波	满载＜3%　　半载＜5%	
	功率因数	0.99	
	旁路同步范围	AC176V～250V	
旁路输入	输入相数	三相四线输入（额定电压AC380V）；50Hz	
	输入范围	AC380V±10%/±15%/±20%（面板可设定）	
	输入频率	50Hz（60Hz）±1Hz±2Hz±3Hz（可面板调整）	
	过载能力	150%正常工作，10倍额定值100ms切换	
输出	输出相数	三相四线输入（额定电压AC380V）	
	输出电压	AC380V±1%或AC220V±1%	
	输出频率	50±0.01Hz（锁相期间为市电频率）	
	功率因数	1.0	
	峰值因数	3：1	
	动态电压瞬变范围	±5%	
	瞬变响应恢复时间	≤20ms	
	电压失真度	≤2%（线性负载）；≤5%（非线性负载）	
	过载能力	105%～125%；10min；150%～150%,30s,10min保护；≥150%，3s	
	效率	≥94%	
电池	电池节数	±16～±20节可调	
通信		RS232或RS422、RS485、网卡	

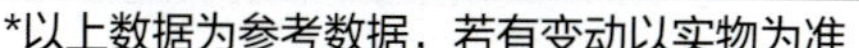

*以上数据为参考数据，若有变动以实物为准

模块化数据中心

科华恒盛股份有限公司
地址：厦门火炬高新区火炬园马垄路457号
邮编：361006
电话：0592-5160516
传真：0592-5162166
网址：www.kehua.com.cn

产品简介：

KeCloud系列微模块数据中心解决方案以微模块为独立单位进行工厂预制、快速部署的数据中心，其中可包含多个不同功能、不同功率的微模块配合使用，满足客户快速部署、扩展业务的需求。

产品创新性：

高安全可靠

- 严格执行国内数据中心建设标准和规范，采用高可靠性设计标准，最大限度保障IT 设备稳定运行；
- 具备完整的安全策略和可靠安全手段，器件/ 部件/ 系统/ 防护多重可靠设计。

绿色高能效

- 高封闭性冷通道设计，通过CFD 热仿真评估，使通道内气流组织调整至最优；
- 高效率列间空调，靠近热源配置，送、回风距离短，可精确制冷；
- 选用EC 变频节能器件，提升系统能效；
- 模块化不间断电源，效率高达96%，可选ECO 经济模式、模块休眠模式等，节能效益显著。

快速部署

- 只需要根据客户的IT 需求、建筑空间，即可提供模块化的建设方案； 模块可灵活拆卸、搬运，现场快速组装后投入使用，后期扩容互不影响，最大化地提高了交付速度。微模块安装进度可达6人·5天/套。

降低综合成本

- 模块化设计，降低客户时间成本；
- 高能效的系统设计，低PUE值，节省能耗达20%~30%；
- 减少日常运行费用，降低后期运营成本；
- 缩短资金的占用周期，提高投资回报率。

产品面向市场：

金融/数据中心；计算机。

主要参数：

主要参数 \ 型号	K12	K18	K22	B18
长×宽×高	6680×3600×3150	8540×3600×3150	8440×3600×2650 8440×3600×2850	10000×3600×2650 10000×3600×2850
IT机柜数	12	18	22	18
模块最大功率/kW	80	120	100	40
单柜平均功率/（kW/R）	6.5	6.5	4.5	2
配电架构	2N			
电源配置	1路市电+1路高压直流		2路UPS	
机柜尺寸（长×高×宽）	600×1200×2500（52U）		600×1200×2000（42U）/600×1200×2200（47U）	
制冷类型	冷冻水列间空调		风冷列间空调	
制冷量/kW	25×（3+1）	25×（5+1）	35×（3+1）	25×（3+1）
后备时间/min	30	25	可选	120
电池监控	内阻、电压、温度		可选	内阻、电压、温度

Huntkey 航嘉

深圳市航嘉驰源电气股份有限公司
地址：深圳市龙岗区坂田坂澜大道航嘉工业园
邮编：518129
电话：0755-89606503
网址：www.huntkey.com
E-mail：：secy4@huntkey.net

WD600K

2018年销售额：240万元

产品简介：

- 额定600W，80Plus金牌转换效率，国内使用最高可超过91%效能，节能省电。
- 单路45A强电流，满足N卡/A卡高端旗舰显卡供电需求。
- 主动PFC+LLC谐振+同步整流SR+DC-DC数字稳压设计，电压精度高，交叉负载表现优秀。
- 采用大量固态滤波电容、高品质日系电容，输出电流纹波小，有效延长硬件的使用寿命。
- 12cm液压静音风扇，搭配智能温控设计，为用户、玩家打造静音舒适的使用环境。
- 线材主体网管包裹，CPU输出650mm长线材设计，满足中高端游戏机箱背部走线需求。
- 线材人性化划扣设计，方便插拔。

产品创新性：

- 采用LLC谐振+同步整流SR+DC-DC设计，高转换效率，绿色节能。
- 线材人性化划扣设计，方便插拔。

产品面向市场：

计算机；安防；环保/节能。

主要参数：

Huntkey航嘉

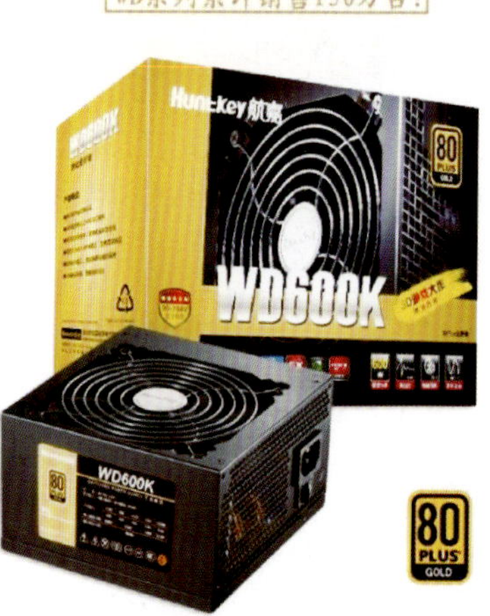

型号	WD600K
市场定位	高端游戏玩家
额定功率	600W
温控风扇直径	12cm
转换效率	80Plus金牌(可达92%)
12V供电能力	45A
电压范围	90～264VAC 全电压
PFC类型	主动式
电路结构	LLC + DC-DC数字稳压
背线支持	背部走线（全网管线材）
处理器接口	4+4P
显卡接口	(6+2P)*2
硬盘接口	4SATA, 2HDD
推荐搭配	GTX1080 AMD RX VEGA

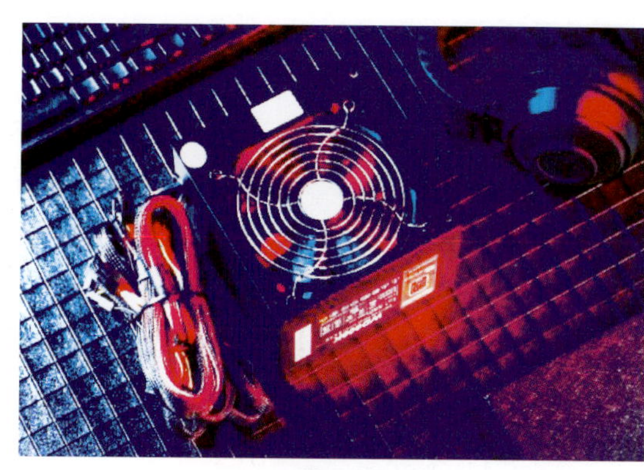

PowerGear 60C 60W USB-C笔记本电脑充电器

台达电子企业管理（上海）有限公司
地址：上海市浦东新区民雨路182号
邮编：201209
电话：021-68723988
传真：021-68723996
网址：www.delta-china.com.cn
E-mail：Huabin.li@deltaww.com

产品简介：

PowerGear 60C 60W USB-C笔记本电脑充电器是世界体积最小、高功率且高效率的充电器，尺寸仅有6×3×3cm^3，是一般笔记本电脑变压器体积的1/3，将60W电功率融入55cc的小巧容积内，搭载USB PD充电技术，可自动辨识输出5种电压组合（5V、9V、12V、15V、20V），满足多种行动装置的充电需求，完整解决民众的充电需求。

产品创新性：

● 电源技术创新

PowerGear 60C 不仅仅是创新规格，同时也在突破既有的电源技术，更颠覆了消费者的充电方式。在电源技术上，使用台达专利——3D折叠电路板技术，搭配平板式变压器，将所有内部零件空间做到最小化，并通过FR4材质与多层板制程，不仅能缩减组件所需空间，同时降低电磁干扰与耗能，兼顾效率与安全。PowerGear 60C产品有多项专利技术在里面，比一般产品少了3/4体积，减少了1/3重量，提高了70%自动化制程，更创造出高达92%的电源转换率。

● 人性化设计

推出两种不同插头版本，折叠版可轻巧收纳携带，拥有双向旋紧设计的专利；也可选择变换国际转换插头（美规、欧规、英规），支持超过在150个国家充电，浑然一体的表面设计，无论在何处，都可以一手掌握满满电力。

产品面向市场：

消费电子。

主要参数：

AC 输入	110～240V/1.6A 50～60Hz
输出	5V/3A，9V/3A，12V/3A，15V/3A，20V/3A
输出功率	60 W
尺寸	30.4mm×30.4mm×60mm
重量	85g
内建保护机制	InnerShield™

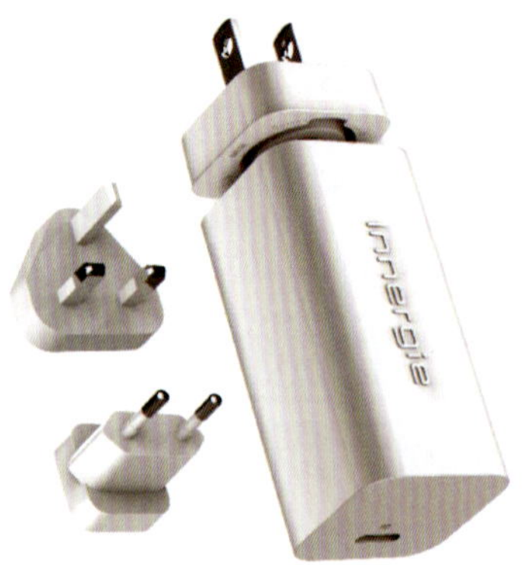

SUNGROW
Clean power for all

阳光电源股份有限公司
地址：安徽省合肥市高新区习友路1699号
邮编：230088
电话：0551-65327878
网址：www.sungrowpower.com
E-mail：sales@sungrowpower.com

SG3125HV-20

2018年销售额：20000（约）万元

产品简介：

光伏并网逆变器SG3125HV主要用于大型光伏发电系统，将光伏组件的直流电转化为交流电，是光伏电站的核心设备之一。

产品创新性：

SG3125HV-20，额定功率为3.125MW，最高转换效率为99%，支持1.15倍过载，采用智能风扇控制技术，能够保证50℃环境下不降额，非常适用于中东地区炎热的气候环境，最大限度提高发电效益。产品性能安全可靠，两台逆变器可以组成6.25MW的方阵，大幅节省投资及运维成本，适用于25MW以上平坦的大型地面、水面光伏电站。

产品面向市场：

新能源。

产品图片：

-48V直流电源系列

中兴通讯股份有限公司
地址：深圳市南山区西丽留仙大道中兴通讯工业园研一楼
邮编：518055
电话：0755-26774170
网址：www.zte.com.cn
E-mail：Li.li51@zte.com.cn

产品简介：

中兴通讯股份有限公司提供全系列的-48V电源系统，容量从600W～240kW，结构形式包括组合式、嵌入式、壁挂式、分立式等，满足各种容量及各种场景对直流电源的需求。

中兴通讯股份有限公司提供的直流电源系统具备高可靠性、高效率、高功率密度的特点。产品经过严格的实验室检验和长期的市场应用，24年持续不间断的产品研发、投入和市场应用，确保了产品的可靠性。

产品创新性：

- 新一代3000W的模块峰值效率高达98.1%，行业领先。
- 新一代3000W的模块功率密度高达50W/in^3，行业领先。
- 新一代室外pad电源，IP防护等级达到IP66，行业最高。
- 铁塔共享电源，具备多用户计量、多用户下电管理等功能。

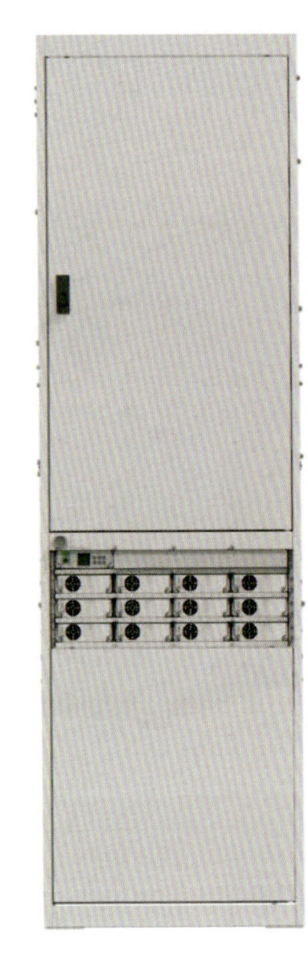

产品面向市场：

电信/基站。

主要参数：

参数	描述
产品版本号	ZXDU68 S601 V5.0
交流输入	
输入制式	单路三相输入　1×100 A/3P断路器
可波动输入电压范围	AC80～300V（AC176~300V可带满载）
直流输出	
输出电压	DC-53.5V（DC-42~-58V可调）
输出电流	≤600A
系统效率	≥95.5%（50%～100%额定功率）
蓄电池接入	2路，500A熔丝
直流配电路数	支持4个租户独立的一二次下电分路接入
工作环境	
工作温度范围	-40℃~+75℃（-40 ℃～55 ℃时 整流器可满载输出）
结构	
尺寸(W×D×H)	600mm×600mm×2000mm
重量	约80kg（不包含整流器的重量）
设计标准	
电磁兼容DIN/EN	符合IEC61000和55022的要求
传导和辐射	符合EN55022B级的要求

安徽博微智能电气有限公司
地址：安徽省合肥市高新技术开发区香樟大道168号
邮编：230088
电话：0551-624724742
网址：www.ecrieepower.com
E-mail：syl@ecthf.com

数字阵列充电桩

2018年销售额：500万元

产品简介：

BWCH系列数字阵列充电桩是业界领先的高频模块化充电机产品，应用软件与硬件双重保护方案，采用先进的软开关LLC控制技术，实现了模块化的并联冗余设计，如有模块遭遇不可抗力的损坏，其余未损坏的模块还能正常工作，保证了产品的高可靠性。

产品创新性：

● 高可靠性

模块冗余，一键式急停，风道隔离技术与模块化功率器件的使用，延长了寿命，安全可靠。

● 超强适应性

采用全新的智能化电池充电管理方案，兼容各种铅酸和锂电池组充电模式，实现了卓越的充电管理与控制。

● 模块配置灵活

单个功率模块为1.6K和3.2K输出，输出电压12V、24V、48V模块可选，同一机箱可以支持各种电压模块更换。支持热插拔，扩容方便，减少后期投资成本。

● 友好的人机交互界面

5in HMI触摸屏，信息量丰富，图形化界面，操作简便。

产品面向市场：

工业/自动化，AVG，电动车。

主要参数：

机型		BWCH12-R/T-（1/2/3/4/5）	BWCH24-R/T-（1/2/3/4/5）	BWCH48-R/T-（1/2/3/4/5）	BWCH48-TP-（1/2/3/4）
输出	脉冲电压/V	14.4	28.8	57.6	57.6
	浮充电压/V	13.8	27.6	55.2	55.2
	恒电流/A	100/200/300/400/500	55/110/165/220/275	27.5/55/82.5/110/137.5	55/110/165/220
	电池漏电流	<1mA			
输入	电压范围	交直流混用:AC90～264V（单相,三相四线）DC 127～370V			
	功率因素	AC0.97/230V（满载）			
	最高效率	≥91.0%	≥92.5%	≥93.5%	≥93.5%
	漏电流	<2mA/AC240V			
功能	输出电压调整	75%～125%			
	输出电流调整	20%～100%			
	温度补偿	-3mV/℃/cell/（12V=6cells，24V=12cells，48V=24cells）			
	LCD显示屏	5寸触摸屏			
保护		低压/过电压/短路/过温/逆接			
环境	工作温度	-30～70℃			
	工作湿度	20%～90%（无冷凝）			
安规与电磁兼容	安全规范	通过UL60950-1，TUV EN60950-1，EAC TP TC004认证			
	耐压	I/P-O/P:AC3kV I/P-FG:AC2kV O/P-FG:AC1.5kV			
	绝缘阻抗	I/P-O/P,I/P-FG,O/P-FG:100MOhms/DC500V/25℃/70%RH			
	电磁兼容发射	符合EN55022（CISPR22）Conduction Class B,Radiation Class A;EN61000-3-2,-3			
	电磁兼容抗扰度	符合EN61000-4-2,3,4,5,6,8,11,EN61000-6-2（EN500822），轻工业级,criteria A			

纳米晶带材

2018年销售额：8900万元

安泰科技股份有限公司非晶金属事业部
地址：北京市海淀区永丰基地永澄北路10号B区
邮编：100094
电话：010-58712633
传真：010-58712642
网址：http://www.atmcn.com/fjjssyb/
E-mail：nano@atmcn.com

产品简介：

纳米晶带材主要由铁、硅、硼、铜、铌等元素组成，在106℃/s的冷却速度下制备，经特定退火工艺处理后，获得具有超细尺寸晶粒（约10nm）的软磁合金材料。

此类新型金属功能材料的显著特点：生产制造流程短，一步成型，节约能耗；其突出优点在于兼备了铁基非晶合金的高饱和磁感应强度及钴基非晶合金的高磁导率和低损耗，能够很好地满足高频低损耗的性能要求。主要用于制作高端共模电感、高频变压器、各类电流互感器以及高端磁放大器等产品；相关铁心器件主要应用于新能源汽车电能管理系统、驱动系统、手机无线充电模块、轨道交通、除尘电源、光伏发电并网逆变器、数字电子产品、电网中的智能电表等，以满足电力电子技术向高频、大电流、小型化、节能等趋势发展的要求。

产品创新性：

- 高饱和磁感/高磁导率/低损耗。
- 超薄:厚度可达14μm以下。
- 超宽:宽度最大可达80mm。

产品面向市场：

轨道交通，充电桩/站，车载驱动，新能源，消费电子，环保/节能，工业电源，电力电气。

主要参数：

材料牌号	居里温度	晶化温度	密度/(g/cm^3)	电阻率/($\mu\Omega\cdot cm$)	饱和磁感应强度/T	饱和磁致伸缩系数
1K107系列	~570℃	~530℃	7.20	120	1.25	$<1\times10^{-6}$
低磁导	~560℃	~510℃	7.20	120	1.10~1.30	$<1\times10^{-6}$

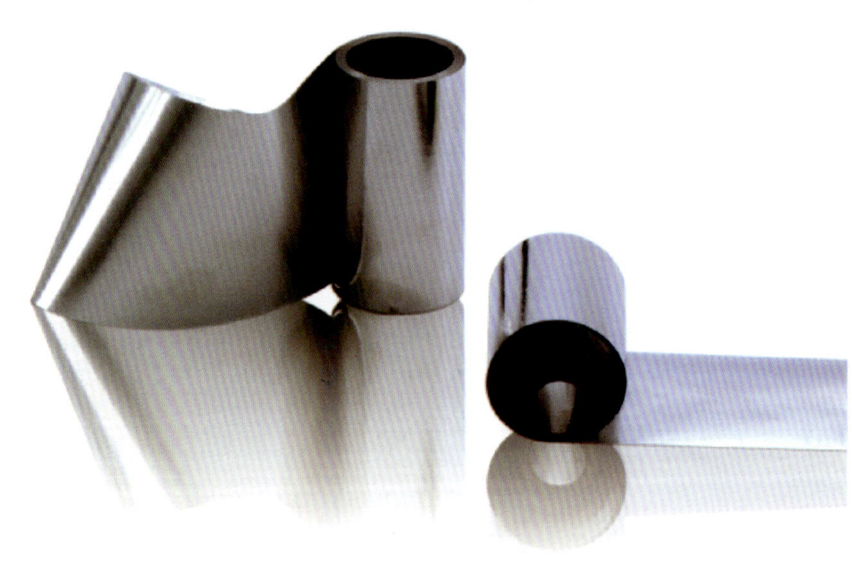

北京动力源科技股份有限公司
地址：北京丰台科技园星火路8号
邮编：100070
电话：010-83682266
网址：http://www.dpc.com.cn/
E-mail：dpczl@dpc.com.cn

燃料电池DC-DC变换器

2018年销售额：2000万元

产品简介：

DC-DC变换器作为氢燃料电池发动机系统的关键部件，用于将燃料电池输出的低压直流电升压为高压直流输出，为电动汽车提供电能，同时为动力电池充电。

DC-DC变换器通过对燃料电池发动机输出功率的精确控制，实现整车动力系统之间的功率分配以及优化控制。产品可适配多种电堆类型。

产品创新性：

- 输入端与输出端电气隔离。
- 系统瞬态响应快速良好。
- 谐振软开关技术，升压电比高达1：12。
- 功率密度高达96%以上。
- 安全高效、智能灵活。

产品面向市场：

车载驱动，新能源。

主要参数：

技术参数				
型号	DFD30-60	DFD36-120	DFD40-90	DFD50-110
额定工作点	60V×500A	120V×300A	80V×487A	110V×470A
输入电压范围/V	DC 60～120	DC 120～240	DC 80～160	DC 80～180
最大输入电流/A	550	300	487	470
输入额定功率（最大功率）/kW	30	36	40	50
输出电压范围	匹配整车动力电池电压范围,额定电压范围DC 250～750V（支持定制）			
额定点效率	96%			
辅电输入电压/V	DC 10～36			
保护功能	输入过、欠电压保护，输入过电流保护，输出过、欠电压保护，过温保护，通信保护等			
隔离端口	FC输入、高压输出、低压输出、辅电输入，通信口			
防护等级	IP67			

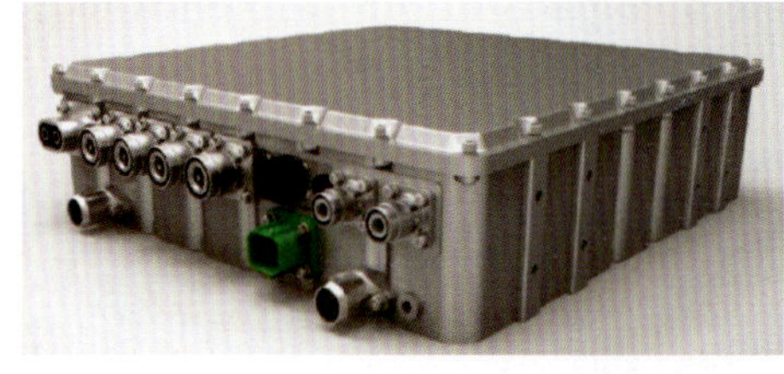

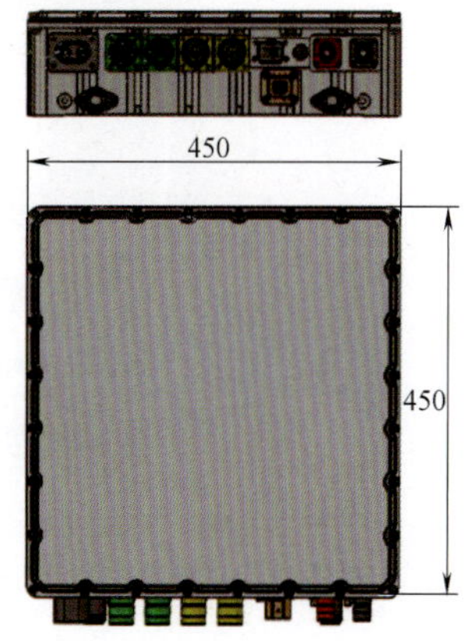

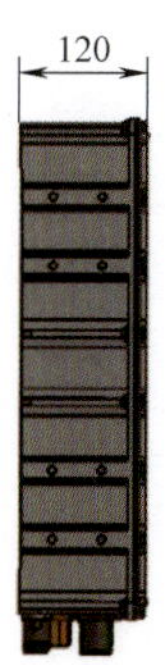

IDP数据中心动力管控系统

北京中大科慧科技发展有限公司
地址：北京市海淀区东北旺村南1幢5层517号
邮编：100094
电话：010-82484848
传真：010-82484848-8006
网址：www.zdkh.net
E-mail：zdkh@zdkh.net

产品简介：

IDP数据中心动力管控系统（以下简称“IDP系统”）是针对数据中心动力系统安全的综合管理系统，包括全项电力参数监测、分析、评估、预警以及电能质量治理等多项功能，是有效提高数据中心动力运维水平和保障数据中心运行安全的成熟产品及解决方案。

产品创新性：

- 采用开关交错纹波对消技术。
- 采用IPM模块，单模块容量大，可靠性高。
- 采用两电平逆变器技术，成熟可靠。
- 采用螺栓电容，并联数量少，基本没有故障隐患。
- 使用大容量ABB高分断能力断路器，可保证IDP系统故障时可靠分断，防止事故扩大。
- 符合国家标准要求，安全性高。
- 采用富士工业级接触器，多继电器并联且无反馈点。
- 内置防雷模块，可以避免或降低前级避雷器泄漏雷电波对设备的损伤。
- 治理模块模拟量采用互感器、变送器实现隔离；结构稳定、可靠。
- 采用冗余设计，多重保护，可以保证故障时设备的安全。

产品面向市场：

金融/数据中心，军方信息中心，大型装备信息系统。

主要参数：

- 4个差分电压通道（0~2750V，RMS）。
- 4个差分电流通道（0~6A，RMS）。
- 可以用于任何电网，如单相、三线或四线系统（Y联结和Δ联结）。

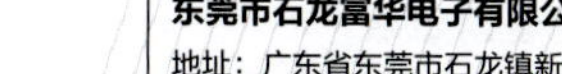

东莞市石龙富华电子有限公司
地址：广东省东莞市石龙镇新城区黄洲祥龙路富华电子工业园
邮编：523326
电话：0769-86022222
传真：0769-86023333
网址：www.fuhua-cn.com
E-mail：fuhua@fuhua-cn.com

电源适配器

2018年销售额：88000万元

产品简介：

石龙富华电子有限公司面向全球客户致力于各种类型的ITE电源、医疗电源、LED驱动电源、消费类电源（充电器、移动电源）、模块化电源与无线充电器品牌供应、大客户OEM/ODM批量定制及DIY礼品电源创意定制服务。

产品创新性：

自主研发，获得多项专利。

产品面向市场：

电信/基站，工业/自动化，制造、加工及表面处理，照明，车载驱动，计算机，消费电子，安防，环保/节能，特种行业，医疗。

主要参数：

医疗电源待机功耗小，效率高，符合能源之星第六代标准；符合IEC601601-1 3.1版与医疗产品2MOPP标准；平均无故障时间10万h；UE ITE电源涵盖4~120W，符合IEEE802.3af/IEEE 802.3at标准，兼容10/100/1000（Mbit/s）数据传输内置网络转换接头满足I.T.E.，6kV抗雷击要求。

新能源汽车电控系统DC-link薄膜电容器

佛山市欣源电子股份有限公司
地址：广东省佛山市南海区西樵科技工业园内
邮编：528211
电话：0757-86866051
传真：0757-86816598
网址：www.nh-xinyuan.com.cn
E-mail：xydz@nh-xinyuan.com.cn

产品简介：

该器件具有体积小、比容量大和耐压高等特点，研制具有较高的技术和工艺难度。本项目将通过运用超薄高温聚丙烯薄膜介质材料优化工艺，解决生产中的关键技术问题，生产并开展示范应用。本项目的实施将会提高国产电控器的水平提高，有效地推动国产新能源汽车的发展。

产品创新性：

- 结构：采用新型进口全自动卷绕机绕制。
- 介质：高方阻金属化聚丙烯薄膜。
- 母排结构：叠层母排结构材料。

产品面向市场：

轨道交通，充电桩/站，车载驱动，新能源。

基本参数：

- 额定容量：100~1800μF　容量范围：±5%（J），±10%（K）
- 额定电压：DC450~900V　介质损耗：<0.0002
- 自放电参数：>10000s（2℃±5℃，1min）　存储温度范围：-40~+105℃

金升阳
MORNSUN®

广州金升阳科技有限公司
地址：广州市黄埔区科学城科学大道科汇发展中心科汇一街5号
邮编：510663
电话：020-38601850
传真：020-38602273
网址：www.mornsun.cn
E-mail：sales@mornsun.cn

AC/DC内置机壳开关电源——LM系列

2018年销售额：70191.55万元

产品简介：

- AC/DC机壳开关电源：35～350W LM系列。
- AC/DC电源模块：1～240W。
- 适配器:5～65W桌面、插墙、活动脚式。
- DC/DC电源模块：0.25～200W。
- IC系列：0.1～60W电源控制IC，接口芯片，启动芯片。
- 工业总线隔离收发模块：CAN/485/232。
- 辅助器：EMC滤波器，浪涌抑制器，脉冲群抑制器，EMI辅助器，共模电感滤波器。
- IGBT：IGBT驱动器，IGBT驱动器电源。
- 隔离变送器：信号调理模块、信号隔离器。

产品创新性：

金升阳的LM系列机壳开关电源，基于20年积淀的电源设计及质量管控平台全新推出。

- 包含7个通用功率段：35W、50W、75W、100W、150W、200W、350W。
- 输出电压范围：5V、12V、15V、24V、36V、48V。
- 适应高海拔环境，满足5000m海拔应用。
- 拓宽工作温度范围，-30～+70℃。
- 隔离电压从一般要求的AC2500V提升至AC4000V。
- 全面EMC测试项目，保护功能齐全。EMI性能满足CISPR32/EN55032 CLASS B。
- 高效率，高可靠性，高寿命。
- 符合IEC62368、UL62368、EN62368、EN60335家电类认证以及GB4943认证标准（CE、CCC认证中），符合IEC/EN60335-1（PD3）和IEC/EN61558-1，2-16适合家电应用。
- 属于通用型产品，可广泛应用于工控、智能安防、智能电网、物联网等领域。

产品面向市场：

电信/基站，工业/自动化，制造、加工及表面处理，轨道交通，充电桩/站，车载驱动，传统能源/电力操作，新能源，安防，环保/节能。

主要参数：

- 功率段：35～350W。
- 稳压输出、低纹波噪声。
- 低待机功耗。
- 自然风冷（除350W带风扇开关控制，直流风扇强制风冷）。
- 保护功能齐全：具有短路、过电流、过电压及过温保护功能。
- 可承受AC300V浪涌输入5s（产品不损坏）。
- 可输出临界过电流值1h（常温25℃，额定输入电压，产品不损坏）。
- 可承受5G振动测试。
- 满足5000m海拔应用。
- EMI性能满足CISPR32/EN55032 CLASS B。
- 可接受三防定制。
- 3年保质。

HTT系列 模块化UPS（不间断电源）

2018年销售额：2000万元

航天柏克（广东）科技有限公司
地址：广东省佛山市禅城区张槎一路115号华南电源创新科技园4座
邮编：528051
电话：0757-82207158
传真：0757-82207159
网址：www.baykee.net
E-mail：lxd@baykee.net

产品简介：

HTT-P系列是为各领域数据中心等用户的IT管理员开发的一套真正的在线双变换式、静态、三相不间断绿色电源系统，具有高效率、高功率密度、高可靠性、简易运维的特点，为现代新型数据机房解决了经费紧张、机房空间受限、专业管理等所面临的典型供电问题。

安全可靠，系统新保障；

节能高效，性能新指标；

全数字化，智能新提升；

安全便捷，全新易运维设计。

产品创新性：

● 能量共享互助设计

HTT系列P型UPS的电池模块在市电模式下双向工作，既可以充电也可以放电。当输入整流器达到功率的设定值时，电池模块就会停止充电，而反向工作进入放电模式帮助整流器为逆变器提供能量。

● 自老化设计

HTT系列P型UPS配置了ECT自老化测试（在线馈网负载测试）功能，提供了灵活的负载测试解决方案。

● 微储功能设计

零成本投入能赚钱的UPS。

产品面向市场：

金融/数据中心，轨道交通，充电桩/站，新能源，环保/节能，特种行业。

主要参数：

● N+1冗余并机功能，并机负载不均流度<5%。
● 负载125%可持续10min。
● 输入功率因数>0.99，输入谐波<2%（线性负载）。
● 输出电压稳压精度达±1%；输出波形失真度<2%（线性负载）。
● 整机效率>94%。

合肥华耀电子工业有限公司
ECU ELECTRONICS INDUSTRIAL CO.,LTD.

合肥华耀电子工业有限公司
地址：安徽省合肥市蜀山区淠河路88号
邮编：230031
电话：4006659997/0551-62731110
传真：0551-68124419-0
网址：www.ecu.com.cn
E-mail：sales@ecu.com.cn

DC-DC模块电源-1*1到标准砖全系列（30~1500W）

2018年销售额：380万元

产品简介：

华耀自主设计的DC-DC模块电源系列，采用工业标准封装方式和引脚设计，可完全替代同类型进口电源。从1*1到标准砖全系列（标准砖为1/16砖到全砖），功率由30~1500W，其产品性能、品质和可靠性均达到业界先进水平。

华耀能够为分布式供电架构提供标准的解决方案，可以满足各式各样直流电压转换和直流电源的需求，还可根据客户特殊要求迅速提供各种定制方案，为客户提供高效、贴心的服务。

产品创新性：

- 采用先进的关键技术，实现大功率、小体积、超高压输入砖块。
- 全面采用软开关、同步整流、平面变压器等先进技术及先进工艺，实现最高功率达1500W，最高输入电压达DC650V的全砖电源模块。

产品面向市场：

金融/数据中心，电信/基站，工业/自动化，制造、加工及表面处理，轨道交通，航空航天，环保/节能，特种行业。

主要参数：

- 高功率密度：最高达195W/in^3。
- 高效率：最高达95%。
- 宽范围输入。
- 宽电压调节范围。
- 预偏置电压启动/输入过、欠电压保护/输出过电流保护/输出过电压保护。
- 逻辑控制功能。
- 金属外壳封装、塑壳封装、开板等多种安装方式可选。

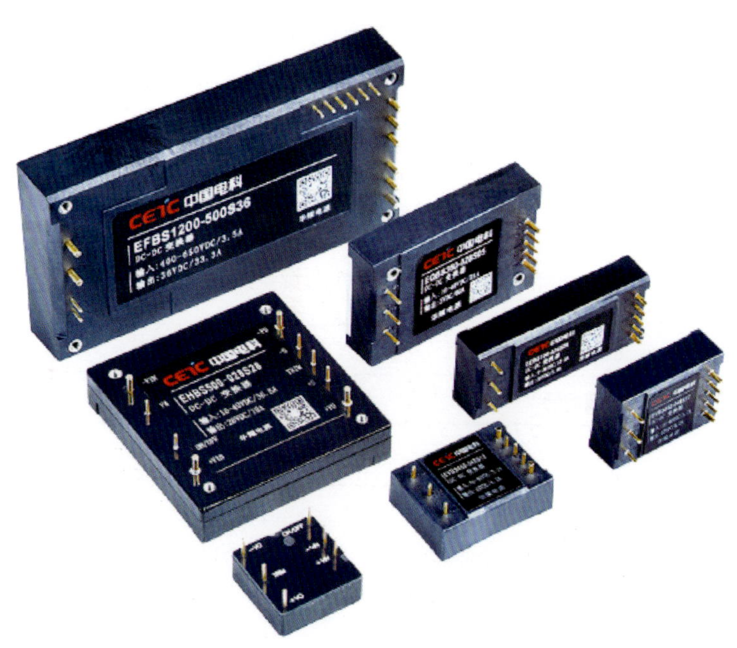

DJW、SJW-WB系列微电脑无触点补偿式电力稳压器

2018年销售额：19700万元

鸿宝电源有限公司
地址：浙江省乐清市象阳工业区
邮编：325619
电话：0577-62762615
传真：0577-62777738
网址：www.hossoni.com
E-mail：774058299@qq.com

产品简介：

SJW系列微电脑无触点补偿式电力稳压器，采用高速DSP芯片为控制核心，利用运算计量控制技术、快速交流采样技术、有效值校正技术、电流过零切换技术和快速补偿稳压技术，将智能仪表、快速稳压和故障诊断结合在一起，实现了全无触点控制，使得产品精密安全、高效、节能、环保。

产品广泛应用于工业、交通、邮电、国防、铁路、科研等领域的大型机电设备、金属加工设备、生产流水线、电梯、医疗器械、刺绣轻纺设备、空调、广播电视、家用电器及大楼照明等需要稳定电压的用电环境。

产品创新性：

采用了DSP芯片作为主控核心全数字化控制，采用电力电子器件全无触点调压，稳压精度可达±1%，响应速度可高达40ms，有效功率可达99%，采用过零电流切换技术使得输出波形无畸变、无断流、无浪涌等。

产品面向市场：

金融/数据中心，电信/基站，工业/自动化，制造、加工及表面处理，照明，轨道交通，传统能源/电力操作，新能源，计算机，消费电子。

主要参数：

说明附录：

产品主要技术参数

产品型号：	SJW-WB***VA	
额定容量：	50~1000kVA	
相数：	三相	
输入稳压范围：	□220V □380V □400V 其他：	□±15% □±20% □±25% □±30% 其他：
输出电压：	□220V □380V □400V 其他：	
稳压精度：	□±1% □±3% □±5%（可设置）	
效率：	≥98%	
频率：	50Hz/60Hz	
响应时间：	<40ms	
绝缘等级：	E级	
绝缘电阻：	整机对地绝缘电阻>5MΩ	
绝缘强度：	AC 2500V/1min无飞弧放电、无击穿	
输出波形：	输出波形无畸变，无谐波增量	
瞬时过载能力：	2倍额定电流	
显示方式：	LCD显示	
工作方式：	长期连续运行	
保护功能：	过载、过电压、欠电压、短路、断相、相序、过温	
散热方式：	强迫风冷	

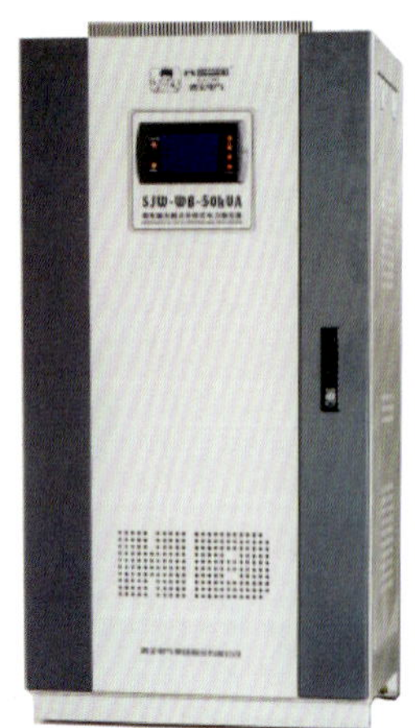

CETC 中国电科

华东微电子技术研究所
地址：安徽省合肥市高新区合欢路19号
邮编：230088
电话：0551-65743712
传真：0551-63637579
网址：www.cetc43.com.cn
E-mail：info43@sina.com

电源组件、单机

2018年销售额：3000万元

产品简介：

电源组件又称组合电源，是整机系统中电源分系统的整体解决方案。它将用户系统所需要的二次电源全部整合到一个组件中，并满足用户的环境试验、电磁兼容等系统要求。其广泛应用于航天、航空、船舶、通信、交通等领域。

产品创新性：

- 高度灵活：既有标准产品VPX 3U、6U，也可定制，为用户提供一揽子解决方案。
- 兼容性好：满足整机系统电磁兼容性等环境应用要求。

产品面向市场：

电信/基站，工业/自动化，轨道交通，新能源，航空航天。

主要参数：

- 输入电压：28V、12V、48V、270V可选。
- 输出电压路数：仅受体积限制，已完成的案例最多达30路。
- 输出功率：根据实际需求，已完成的项目最高达8000W。
- 电磁兼容性能：GJB151的CE102、CS101、CS106、RE101等。
- 通信功能：CAN、I^2C、RS422/232/485、SPI、EarthCAT、以太网标准的VPX 3U、6U电源组件。

LED驱动电源 SNP100-VF-1/SNP100-VF-1S

宁波赛耐比光电科技股份有限公司
地址：宁波市高新区科达路56号
邮编：315100
电话：0574-27902725
传真：0574-27902591
网址：www.snappy.cn

产品简介：

LED驱动电源，长条超薄型设计，厚度仅有18mm，广泛应用在各类广告灯箱、广告牌、霓虹灯等领域，也可以被应用在户内各类橱柜家具线型灯具领域。超薄条形设计可极大地节省安装的空间。

产品创新性：

- 产品性价比颇高，电路中设计有短路、过载和过温保护功能。
- 产品符合CLASS 2要求，寿命为30000h以上。

产品面向市场：

照明。

主要参数：

型号	恒输出电压	Load	最大输出电流	PF	Ta	Tc	L×W×H（长×宽×高）
SNP100-12VF-1	12V	0～100W	8.33A	≥0.9	45℃	85℃	320.6×30×18.2
SNP100-24VF-1	24V	0～100W	4.17A	≥0.9	45℃	85℃	320.6×30×18.2
SNP100-12VF-1S	12V	0～100W	8.33A	≥0.9	45℃	85℃	320.6×30×18.2
SNP100-24VF-1S	24V	0～100W	4.17A	≥0.9	45℃	85℃	320.6×30×18.2

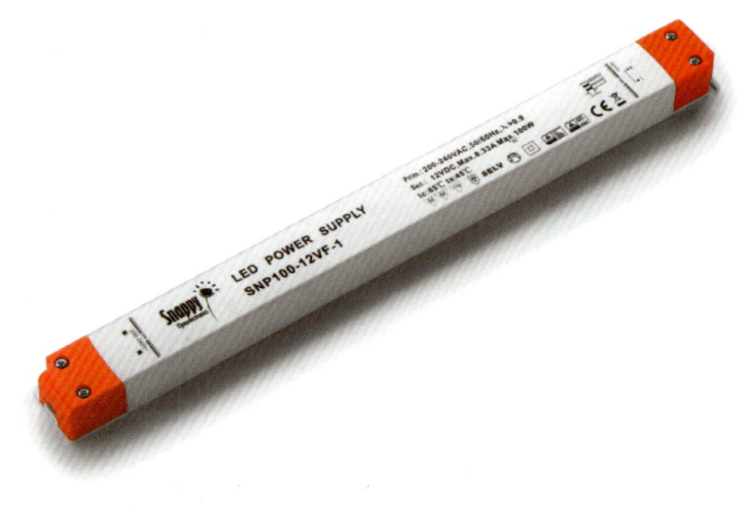

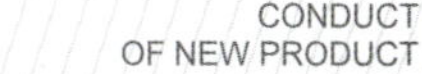

深圳市汇川技术股份有限公司
地址：深圳市龙华新区观澜街道高新技术产业园汇川技术总部大厦
电话：0755-29799595
传真：0755-29619897
网址：www.inovance.com

全新多传伺服系统SV820N

产品简介：

全新多传伺服系统SV820N，该系统采用双轴设计，不仅体积缩减50%，还汇聚了性能强劲、便捷自如、应用灵活、安全可靠的四大功能优势。汇川SV820N集成了位置、速度、转矩控制等模式，不同的控制模式适用于多种应用场合，同时625K电流环刷新周期，带来更加快速的动态响应。

产品创新性：

● 防护工艺

采用独立风道的设计，减少对电子元器件的污染。

采用三防漆自动喷涂工艺，敏感器件、信号浸胶防护。

IP67端子式MS1系列电机采用一步式紧锁端子连接器，电机的防护等级可以达到IP67，提高了伺服电动机的耐环境性。

● 轴数灵活匹配

针对双头机可以选择一台4轴SV820N驱动器　SV820N2S2C2C-FH。

针对四头机可以选择两台3轴SV820N驱动器　SV820N2S2C1C-FH。

● 抱闸电机无需外接继电器

SV820N内置抱闸继电器输出功能，在精雕机多Z轴应用的设备，可以省掉Z轴抱闸继电器，同时也简化了系统配电，提高了接线效率。

● 简化系统配线及工人操作

采用23BIT绝对值编码器，减少外部的超程限位光电开关，简化精雕机的系统配置及重新上电需要回原点等复杂操作。

● 产品模块化设计

风扇更换只需10s，无需拆机，整流单元、逆变单元设计实现故障隔离，不会导致连锁损坏，并且每个单元都可单独维护，只需拧两个螺钉，30s即可完成。

产品面向市场：

工业/自动化，新能源，环保/节能。

RM系列25～600kVA模块化UPS（PM25X、PM30X）

2018年销售额：9042.4万元

深圳市英威腾电源有限公司
地址：深圳市光明区马田街道松白路英威腾光明科技大厦A座3楼
邮编：518106
电话：0755-86667263
传真：0755-26782664
网址：www.invt-power.com.cn
E-mail：songjie@invt.com.cn

产品简介：

RM主机柜具有丰富的模块产品线25kVA/30kVA，功率模块的高度仅为3U。

系统主机配置10.4in彩色大触摸LCD显示屏。

核心功率器件采用集成封装的IGBT模块。

热插拔静态旁路监控模块。

超宽电压输入范围，高输入功率因数。

全数字化控制，远程EPO功能。

维护“零门槛”、电池冷启功能。

产品创新性：

RM主机柜系统设置为智能休眠模式后，当模块的负载率小于休眠负载级别时，控制器根据当前负载量决定进入休眠模式的模块数量，并根据所设置的轮休时间进行休眠轮换，为您节省能耗，真正实现绿色节能，同时提高系统的综合使用寿命。

RM模块化的UPS通过设置自主老化模式即可进行系统满载测试，为您省去租用超大负载箱、负载箱工程施工等烦恼，轻松地为您实现绿色带载测试及快速工程验收。

产品面向市场：

金融/数据中心，电信/基站，制造，轨道交通，传统能源/电力操作。

通合科技 300491
TonHe
石家庄通合电子科技股份有限公司
地址：石家庄高新区漓江道350号
邮编：050000
电话：0311-66577110
网址：www.sjzthdz.com
E-mail：caojianglei@sjzthdz.com

直流电源模块

2018年销售额：8000万元

产品简介：

本产品为我公司研发的数字化控制双恒功率段充电模块，输入为三相四线，输出电压范围为200～750V。产品采用业界领先的谐振电压型双环控制的开关电源技术和三相三电平功率因数校正技术，具有体积小、重量轻、效率高、高可靠等优点。本产品的环境适应性强，可在国内大多数地区使用。

产品创新性：

- 充电效率高，充电机峰值效率达96%。
- 功率因数高，输入电流总谐波失真率低。
- 采用数字均流技术，并机不均流度< ±3%。
- 充电模块采用快速插拔安装方式，更换简单安全。
- 充电模块具有CAN 总线接口与上位机监控单元通信。

产品面向市场：

充电桩/站。

主要参数：

● 技术参数：

型号项目	TH750Q50ND-AX
恒功率范围	600～750V
工作电压	AC 380V±30%
工作频率	50Hz±5Hz
输出电压	200～750V
输出电流	3～50A
峰值效率	≥95.8%
功率因数	≥0.99
待机功耗	<10W
外形尺寸(长×高×宽)	468mm×85mm×220mm

注：产品不断创新，性能继续提升，本技术参数仅供参考。

● 输出特性曲线

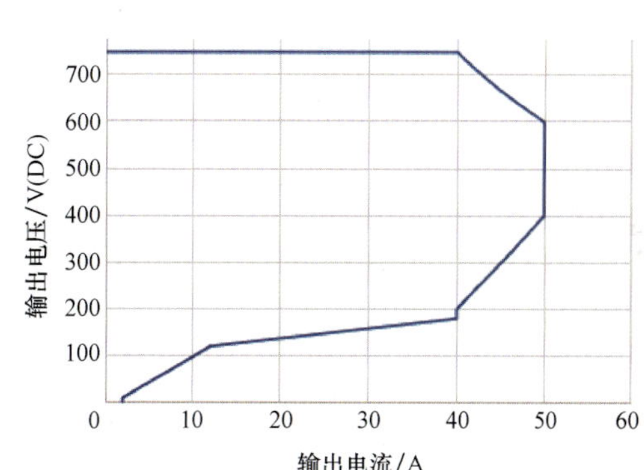

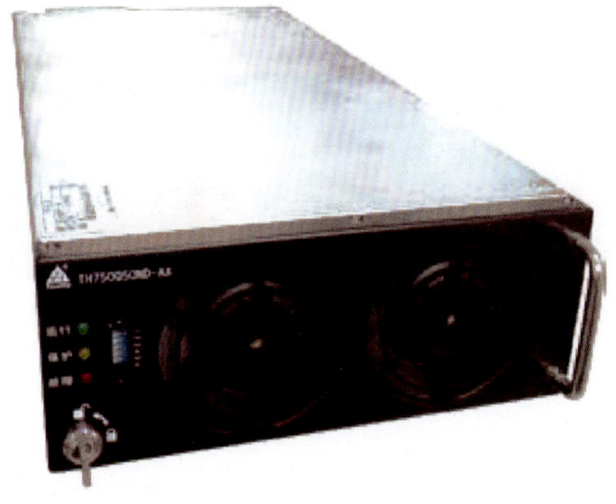

超低待机功耗多模式准谐振原边反馈交直流转换器PN8395

2018年销售额：25万元

无锡芯朋微电子股份有限公司
地址：江苏省无锡市新吴区龙山路2号融智大厦E座24层
邮编：214028
电话：0510-85217718
网址：http://www.chipown.com/
E-mail：sales-xp@chipown.com.cn

产品简介：

PN8395集成超低待机功耗准谐振原边控制器及650V高雪崩能力智能功率MOSFET，用于高性能、外围元器件精简的充电器、适配器和内置电源。PN8395为原边反馈工作模式，可省略光电耦合器TL431，支持CCM和DCM两种工作模式。内置高压起动电路，可实现芯片空载损耗（AC230V）小于50mW。在恒压模式，采用准谐振、多模式技术与PWM频率切换技术共同提高效率并消除音频噪声，使得系统满足6级能效标准，频率抖动技术可实现较好的EMI特性；在恒流模式，输出电流和功率可通过CS脚的电阻进行调节。该芯片提供了极为全面的智能保护功能，包含逐周期过电流保护、过电压保护、开环保护、过温保护、输出短路保护和CS开/短路保护等。

产品创新性：

PN8395其卓越性能得益于六大专利技术：

- 高压起动技术：可实现200ms快速启动、50mW待机功耗。
- 全工作模式以及自适应谷底开通技术：降低功率管温度，提高转换效率，SOP可实现18W电源应用。
- 高雪崩能力智能高压MOSFET：典型耐压700V，抗电网冲击能力强，尤其适合印度市场。
- 集成高压电流采样管：精确采样功率管电流，可实现CS电阻异常短路保护。
- 逐级限频控制技术：改善动态，满足5kV以上等级EFT测试。
- 软驱动技术：减缓开关速度，提高EMC裕量。

产品面向市场：

工业/自动化，消费电子，安防。

主要参数：

AC-DC PSR SMPS Converter-交直流隔离式原边反馈开关电源转换芯片

Product	Character	SW Voltage	Standby Power	R_{DS}（on）	VDD Operation Voltage	Output Power	CC/CV precision	Package	Note
PN8395	CC/CV PSR Converter	650V	≤50mW	1.6Ω	10～30V	24W	±5%	DIP8/SOP8	Charger/Adapler

SICON EMI 先控

先控捷联电气股份有限公司
地址：石家庄高新区湘江道319号第14、15幢
邮编：050035
电话：400-612-9189
传真：0311-85903718
网址：www.scupower.com
E-mail：wenjing.hao@scupower.com

CMS系列模块化UPS

2018年销售额：25000万元

产品简介：

先控CMS系列模块化UPS，是先控电源遵循“节能、绿色、环保”的新概念而推向市场的一款高端模块化UPS产品，其不仅包含了传统UPS的整流、滤波、充电、逆变器的装置，还具备智能型的电源保护功能，并且采用了平均电流控制整流技术、顺位主从同步控制技术、多级分散式控制技术和三阶正弦波逆变等多项新概念技术，在大幅提高了设备的可用性、可靠性的基础上降低了设备的投资、运营、维护成本。

产品创新性：

- 先控CMS系列模块化UPS系统容量有50kVA、60kVA、90kVA、100kVA、120kVA、150kVA、200kVA、250kVA、300kVA、350kVA、400kVA、500kVA、600kVA、800kVA多个系列，功率模块有10kVA（额定输入电压：DC±384V）、25kVA（额定输入电压：DC±384V）、30kVA（额定输入电压：DC±240V）、50kVA（额定输入电压：DC±240VDC/±384V两种）5种，用户可随意选择。
- 该系列产品实现完全的系统级模块化设计理念，实现由具备完整UPS功能的功率模块和标准化模块化的系统结构，构成的标准化的高性能模块化UPS。功率模块具备整流、逆变、充电及全部控制功能；具备高功率密度要求；具备更佳的并联特性，环流抑制、均流精度和并联数量；具备完善的故障隔离措施。系统结构具备零风险、快速在线扩容、升级、修复功能；冗余措施，最大限度减少配电瓶颈。

产品面向市场：

金融/数据中心，电信/基站，工业/自动化，照明，轨道交通，航空航天，安防，环保/节能。

主要参数：

- 系统容量范围：10~800kVA。
- 额定输入电压：±240V/±384V。
- 整机效率：≥95%。
- 输入总谐波失真THD_i：<3%。
- 输入功率因数（PF）：≥0.99。
- UPS交流输出功率因数：0.9~1。

纳米复合磁粉芯

浙江东睦科达磁电有限公司
地址：浙江省德清县武康镇曲园北路525号
邮编：313200
电话：0572-8088064
传真：0572-8085880
网址：www.kdm-mag.com
E-mail：kda@kdm-mag.com

产品简介：

纳米复合磁粉芯是由东睦科达研发的新一代合金磁粉芯。主要特点：饱和磁感应强度达13000G，磁导率为26～125μ，磁心损耗低，同时具有良好的直流偏置能力，无噪声，是替代铁镍和MPP产品的低成本选择。

产品创新性：

- 降低了产品的镍含量，能控制产品的成本。
- 同时具有低损耗和高饱和磁感应强度的优点。
- 磁致伸缩系数低，不容易产生噪声。

产品面向市场：

金融/数据中心，传统能源，轨道交通

主要参数：

- 磁导率：26～125μ。
- 直流偏置能力%μ：65%（@100 Oe 60μ）。
- 磁心损耗：200mW/cm^3（@50kHz/1000G 60μ）。

Goldpower 金威源

深圳市金威源科技股份有限公司
地址：深圳市坪山区青兰二路41号金威源科技园B2栋3楼
邮编：518000
电话：0755-84636021
传真：0755-84636021
网址：http://www.goldpower.com.cn
E-mail：info@goldpower.com.cn

GPR/GPAD系列

2018年销售额：50000万元

产品简介：

GPR系列模块采用智能电源管理解决方案，对新能源电动汽车高效充电管理，单模块实现30kW恒流、恒功率模式充电，效率高达96.4%。

GPAD系列5G电源，具有500~2500W电源模块，解决了高密度基站供电。

产品创新性：

- GPR系列模块解决单体电源功率最高达到50kW，具有全电压段恒功率输出等特点。
- GPAD系列电源针对5G行业应用研发的高效，智能高端通信电源综合解决方案。

产品面向市场：

金融/数据中心，电信/基站，工业/自动化，制造、加工及表面处理，照明，轨道交通，充电桩/站，新能源，特种行业。

主要参数：

功率等级：50kW，广泛应用于各类充电桩/充电堆等相关设备。
满足国网公司最新恒功率功能要求。
恒功率范围:300~750V。
输出可调节范围（DC）：200~750V。
最大输出电流：100A。
稳压精度：≤±0.5%。
稳流精度：≤±1%。
并机不均流度：≤±3%。
纹波系数：≤±1%。
模块效率：≥96.4%。
功率因数：≥0.99。
工作环境温度：-40~70℃。

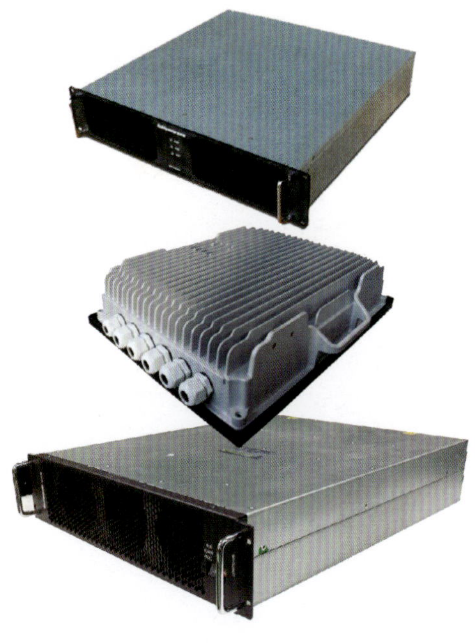